化学工作者手册

物理化学实用手册

孙艳辉 何广平 马国正 左晓希 林晓明 编

化学工业出版社

·北京·

本书是一本综合性物理化学实用手册，涵盖了物理化学的基础理论知识、实验操作技术、部分相关大型仪器的使用方法以及部分较实用的物理化学常用数据资料。其特点在于实用性和速查功能，同时简要介绍了一些新的热点知识。本手册理论与实践兼备，内容丰富，将物理化学工作者日常工作中真正需要查询的知识尽可能地收纳其中。

　　本手册不仅可供理工科院校化学及相关专业师生使用，对广大科学研究、工程技术人员和化学工作者均有参考查阅使用的价值。

图书在版编目（CIP）数据

物理化学实用手册/孙艳辉等编. —北京：化学
工业出版社，2015.10
（化学工作者手册）
ISBN 978-7-122-25060-5

Ⅰ.①物… Ⅱ.①孙… Ⅲ.①物理化学-手册 Ⅳ.
①O64-62

中国版本图书馆 CIP 数据核字（2015）第 207220 号

责任编辑：成荣霞　　　　　　　　　　文字编辑：李锦侠
责任校对：宋　玮　　　　　　　　　　装帧设计：王晓宇

出版发行：化学工业出版社（北京市东城区青年湖南街 13 号　邮政编码 100011）
印　　刷：北京永鑫印刷有限责任公司
装　　订：三河市胜利装订厂
710mm×1000mm　1/16　印张 43　字数 869 千字
2016 年 6 月北京第 1 版第 1 次印刷

购书咨询：010-64518888（传真：010-64519686）　　售后服务：010-64518899
网　　址：http://www.cip.com.cn
凡购买本书，如有缺损质量问题，本社销售中心负责调换。

定　　价：168.00 元

前　　言

物理化学是化学学科的一个重要分支，是研究所有物质体系的化学行为的原理、规律和方法的学科。涵盖从宏观到微观、从体相到表相、从静态到动态、从定性到定量，从平衡态到非平衡态的性质与规律的研究，是化学以及在分子层次上研究物质变化的其他学科领域的重要理论基础。物理化学的理论和技术已渗透到其他领域如生命科学、材料科学、医药科学等，并形成诸多边缘或交叉学科。这些学科的发展已经离不开物理化学。

在实际工作和学习中，相关读者常常希望手头拥有一本内容全面又简单明了，既包括基本理论又有相关实验技术指导，并且有相对全面的常用数据资料可供查阅的物理化学工具书。本手册正是为适应上述需要而编写的。

一、本手册分为三篇，具体如下。

第一篇：基本原理。包含六章，分别是第 1 章热力学、第 2 章热力学的应用、第 3 章化学动力学、第 4 章电化学、第 5 章界面化学和第 6 章胶体和高分子分散系统。每一章又分为基本概念、基本公式与基本定律、规律等，均按照类别以清晰的条目列出，方便读者查阅。

第二篇：基本操作技术与仪器。包含八章，分别是第 7 章热化学测试技术与仪器、第 8 章动力学测试技术与仪器、第 9 章电化学测试技术与仪器、第 10 章光学测量技术与仪器、第 11 章压力的测量与控制、第 12 章界面化学测量技术与仪器、第 13 章胶体大分子体系测量技术与仪器，以及第 14 章大型测试仪器简介。每一章分别从相关物理化学参数的测试技术原理、测试方法、仪器操作技能、注意事项（仪器维护）等方面进行论述。第 14 章大型仪器简介包含红外光谱仪、荧光光谱仪、拉曼光谱仪、X 射线粉末衍射仪、扫描电子显微镜、透射电子显微镜和原子力显微镜等大型仪器的使用和维护，并辅以实测分析说明，让读者更清楚地了解该仪器的适用范围。

第三篇：常用数据。包含 11 章。分别是第 15 章国际单位制、第 16 章基本物理化学常数、第 17 章热化学数据、第 18 章溶液热力学和相平衡热力学数据、第 19 章电化学数据、第 20 章动力学数据、第 21 章胶体和界面相关数据、第 22 章部分仪器常数等常用物理化学数据资料。

索引：为方便读者检索，按汉语拼音排序的方法制作了索引目录，基本涵盖了所有关键术语。读者在查阅某些内容时，可先通读全书目录，可快速查到所需资料，若目录中未能详尽列出，可再辅以书后索引查找。

二、本手册理论部分基本概念仅简述概念的基本内容，定律、理论等只介绍内容，未介绍历史进展和过程；基本公式介绍公式本身及其使用条件，不叙述公式的推导。读者若需更深入地了解相关内容，请阅读相关著作。

三、本手册收录数据为日常工作、研究和学习中所需要的重要且常用数据。因本手册不是单纯的数据手册，因而就全面性和数据量而言，会少于一些专门的数据手册。

四、本手册不包含结构化学、统计热力学和气体热力学相关基本理论、实验操作技术和仪器以及相关的数据。

本手册力求全面，但不求包罗万象，突出实用性与方便性，将物理化学工作者日常工作中真正需要查询的知识收纳其中，方便读者查阅。

本书由孙艳辉、何广平、马国正、左晓希、林晓明编写。其中孙艳辉负责编写第一篇基本原理部分的第1章热力学、第2章热力学的应用（溶液热力学和相平衡、化学平衡热力学），第二篇基本操作技术与仪器部分的第7章热化学测试技术与仪器，以及第三篇常用数据表的整理；何广平负责编写第一篇基本原理部分的第3章化学动力学、第5章界面化学、第6章胶体和高分子分散系统，第二篇基本操作技术与仪器部分的第12章界面化学测量技术与仪器、第13章胶体大分子体系测量技术与仪器；马国正负责编写第二篇基本操作技术与仪器部分的第8章动力学测试技术与仪器、第10章光学测量技术与仪器和第11章压力的测量与控制，以及索引制作；左晓希负责编写第一篇基本原理部分的第4章电化学，第二篇基本操作技术与仪器部分的第9章电化学测试技术与仪器；林晓明负责编写第二篇基本操作技术与仪器部分的第14章大型测试仪器简介。

在编写过程中，编写人员参考了诸多国内外兄弟院校的物理化学教材、物理化学实验教材与相关化学专著及手册，从中得到许多启发，在此深表谢意。本手册在编写过程中，华南师范大学化学与环境学院领导及物理化学研究所各位同事给予了大力支持和帮助；同时也得到化学工业出版社的积极支持，在此谨致谢忱。

编写一本不但涉及经典的物理化学基础理论、操作技术，而且要紧跟当前研究热点与应用的全面系统的物理化学手册，需要非常扎实的理论基础、广博而深厚的知识和丰富的实践经验，在手册编写过程中虽然编写者认真编写、几经修改，但由于水平有限，疏漏及欠妥之处在所难免，希望读者不吝指正。

编　者

2015 年 10 月于华南师范大学

目　　录

第一篇　基本原理

第二篇 基本操作技术与仪器

第三篇　常用数据

第一篇　基本原理

第1章　热力学

1.1　热力学基本概念

1.1.1　热力学的一般概念

（1）系统和环境

系统是指被人们选作研究的对象，如反应器中进行的某种化学反应，烧杯里盛装的某种溶液等。也称为体系。

环境是指和所研究的系统有相互联系的外界，这种联系是指系统和环境间有物质和能量的交换。

根据和环境联系的不同情况，系统可分成三种。

开放系统：与环境既有物质又有能量交换的系统，也称敞开系统。

隔离系统：与环境既无物质又无能量交换的系统，也称孤立系统。

封闭系统：与环境有能量交换而无物质交换的系统，在经典热力学中，如不特别指明，研究的多是封闭系统。

（2）过程和途径

当系统和环境间发生物质和能量交换时，系统的状态就会发生变化，这种变化称为**过程**。

途径则是指变化过程所遵循的具体路线。

由于进行过程的条件不同，便有各种不同的过程，如下。

等温过程：系统的始态和终态的温度相等，并且始终等于环境温度的过程。例如水在 373.15K 温度下汽化为相同温度的水蒸气的过程。

等压过程：系统的始态和终态的压力相等，并且始终等于环境压力的过程。例如在 1 个标准大气压❶下，液态水加热升温的过程。

等容过程：系统的体积保持不变的过程。如在氧弹反应器中进行的燃烧反应。

---

❶　1 个标准大气压＝100kPa。

绝热过程：系统和环境间没有热交换的过程。如在杜瓦瓶中进行的酸碱中和反应。

如果从过程的本质考虑，则分为化学变化过程和物理变化过程。

化学变化过程：即化学反应过程。

物理变化过程：又分为相变过程（如蒸发、升华、熔化、凝结等）和无相变的简单状态变化过程（如压力、体积或温度等变量变化的过程）。

（3）状态和状态性质

系统中决定状态的所有性质均不随时间而变化时，系统处于一种"定态"，称为"热力学平衡状态"，简称状态。

某一系统的状态是通过某些化学性质（化学成分）和物理性质（温度、压力、体积、质量、密度、浓度等）去表征的，这类表征系统状态的性质称为**状态性质**。

（4）状态方程、状态变量和状态函数

状态方程：同一系统的各个性质之间是互相关联、互相制约的，要确定该系统的状态并不需要知道全部状态性质，而只需要知道其中 $n-1$ 个即可，另一个状态性质，其数值依赖于其他状态性质，若把这种相互关系用函数和独立变量（或变数，下文中全部用变量表示）的形式表示出来就称为**状态方程**。如理想气体状态方程 $pV=nRT$。

状态函数：就是系统的状态性质，其数值仅取决于系统所处的状态，而与系统的历史无关；它的变化值仅取决于系统的始态和终态，而与变化的途径无关。

状态变量：把状态方程中作为独立变量的状态性质称为**状态变量**。

（5）过程方程和过程函数

过程方程：联系某个系统的初始状态和终了状态的各状态函数之间的方程，热力学上称为**过程方程**。这类方程式通常用可测量 p、V 和 T 来表达。如等温过程方程式为：$p_1V_1=p_2V_2=$ 常数。

过程函数：指描述系统状态变化过程的物理量，功、热等都是过程函数。

过程函数不只与起初和最终的状态有关，也和中间经过的路径有关。

（6）广度性质和强度性质

广度性质（或广延性质、容量性质）：是指与系统中物质的数量成正比的性质，如体积、质量。广度性质具有加和性，如一瓶气体的体积是瓶中各部分气体体积的总和。

强度性质：是指与系统中物质的数量无关的性质，如温度、压力、密度、黏度和各种摩尔性质（由广度性质除以物质的量 n 而得，如摩尔体积、摩尔热容等）。强度性质没有加和性，如一瓶气体的温度或压力的数值和瓶内任何部分气体的温度或压力的数值是相同的。

（7）热力学平衡

当系统的诸性质皆不随时间而改变时，该系统处于一定的状态，也就是**热力学平衡状态**。

热力学平衡实际上应该同时包含下列平衡。

热平衡：系统的各部分温度相同。

力平衡：系统内各部分间、系统和环境间，都不存在不平衡的作用力。在不考虑重力的情况下，系统内各部分的压力相等。

相平衡：当系统不止一个相时，物质在各相间的分布达到平衡，各相的组成和数量不随时间而变，即在相间没有物质的净转移。例如水和水蒸气共存时的液相和气相的平衡。

化学平衡：如果系统内有化学反应正在进行，当反应达到平衡时，系统的组成将不再随时间而改变。若组成会随时间而变化，系统就不处于热力学平衡态。

1.1.2　热力学第一定律的基本概念

1.1.2.1　热力学第一定律

（1）能量守恒和转化定律

能量守恒和转化定律是人类根据大量生产实践和科学实验总结出来的一条基本规律。自然界的一切物质都具有能量，能量有各种不同的形式，能够从一种形式转化为另一种形式。在转化中能量的总值不变。简言之，能量既不能创造也不能消灭。

（2）热力学第一定律

热力学第一定律是把能量守恒和转化定律用在热、功等能量形式的转化过程中所得到的一种特殊形式。根据能量守恒定律，在封闭系统中，当系统的状态发生变化时，热力学能的变化量等于系统与环境间交换的热量和功的和。

（3）热力学能（U）

也称为内能，是组成系统的所有质点的能量的总和，其中有分子的动能、转动能、振动能、分子间位能、电子运动能、原子核内的能量等。系统的状态一经确定，其热力学能就只有一个确定的、唯一的数值。热力学能是状态函数，热力学能的变化可由始态和终态决定，而与变化所经历的途径无关。当系统和环境之间发生能量传递时，热力学能可转化为其他形式的能量，转化的基本形式有两种：做功和传热。

（4）第一类永动机

当系统发生一个循环过程后，如果系统完全复原，而环境却可以凭空得到一份能量，这就有可能构成一种机器，无需付出任何代价，便可以无休止地向外输出能量，这是一种**永动机**，人类历史上称为**第一类永动机**。显然，这是违反能量守恒定律的。

1.1.2.2　功（W）

功：功是系统在状态发生变化时，系统和环境间传递的一种能量。最常见的功是机械功，它等于力乘以在力的方向上发生的位移。

体积功：体积功属于机械功，是指系统由于体积变化而反抗外压所做的功。包括**膨胀功或压缩功**。定义式：$\delta W_e = -P_{ex}dV$。

无用功：在等压化学过程中体积功通常不可能加以利用，故又称为无用功。实际上这种称呼是有条件的，内燃机所利用的正是体积功，可见体积功并非真正无用，问题在于人们是否选择了利用它的条件。目前少见此种提法。

有用功：相对于无用功，把其他非体积功叫有用功。其中有克服液体表面张力而使表面积发生变化时系统所做的**表面功**；一定量电荷通过某一电位差所做的**电功**等。

功的取号规定：功的取号采用 IUPAC（国际纯粹与应用化学联合会）1990 年推荐的方法：环境对系统做功，W 为正值；系统对环境做功，W 为负值。这也是我国国家标准（GB）的用法。功的单位为能量单位 J（焦耳）。

1.1.2.3 热力学可逆过程

（1）准静态过程

系统内外压力相差无限小，实现过程的时间无限长。过程进行中，系统无限趋近于平衡状态。因此整个过程是由无限多个无限趋近于平衡的状态所组成的，这种过程叫做**准静态过程**。

（2）热力学可逆过程

当系统从某一状态经过某一过程变化到另一状态后，系统能够沿相反方向恢复原来的状态，并且在环境中不会留下任何影响，即环境也完全恢复到原来的状态，这样的过程叫做**可逆过程**。通常无耗散效应的准静态过程可认为是可逆过程。

（3）不可逆过程

当系统从某一状态经过某一过程变化到另一状态后，即使系统能够沿相反方向恢复原来的状态，但却给环境留下了影响，则该过程为**不可逆过程**。

1.1.2.4 热（Q）

（1）热

热是分子运动的一种表现形式，是大量分子做混乱运动的度量。分子无规则运动的强度越大，即分子的平均平动能越大，物体的温度就越高。当两个温度不同的物体互相接触时，由于无规则运动的混乱程度不同，它们就有可能通过分子的碰撞而交换能量。"热"是由于温度不同，而在体系和环境间交换或传递的能量。

热的取号：热量是一个和过程密切相关的量，也是与过程有关的函数，不是状态函数。**在热力学中规定：体系向环境放热，Q 取负值，体系从环境吸热，Q 取正值。热**的单位为能量单位 J（焦耳）。

（2）等容热（Q_V）

若一个系统经历一个等容变化过程或一个化学反应在体积不变的密闭容器中进行反应，其与环境交换的热，称为**等容热**。在不做非体积功的条件下，其数值等于热力学能的改变量（ΔU）。

（3）等压热（Q_p）

若一个系统经历一个等压变化过程或一个化学反应在等压条件下进行，其与环境交换的热，称为**等压热**。在不做非体积功的条件下，其数值等于焓的改变量（ΔH）。

1.1.2.5 焓（H）和焓变（ΔH）

焓是一个状态函数，等于热力学能 U 和 pV 乘积的和，即 $H=U+PV$。焓不是能量，但具有能量的量纲。目前无法确定焓的绝对值。

焓变：封闭系统由始态变化到终态，焓的变化值称为焓变，该值取决于始态和终态，和变化的途径无关。在封闭系统中，只做体积功的等压过程的热等于焓变，即 $Q_P = \Delta H$。

1.1.2.6　热容

（1）热容

是体系在不发生相变和化学变化的情况下，温度升高 **1K** 所需吸收的热量，单位 **J·K^{-1}**。

（2）平均热容 C

使系统的温度从 T_1 升至 T_2，所需热量的平均值，单位 J·K^{-1}

（3）比热容

质量为 1kg 的物体，升高温度 1K 所需的热量称为**比热容**。单位是 J·K^{-1}·kg^{-1}。

（4）等压热容

在等压下使系统升温 1K 所需的热量，用 C_p 表示**等压热容**，单位：J·K^{-1}

（5）等容热容

在等容条件下使系统升温 1K 所需的热量，用 C_V 表示**等容热容**，单位：J·K^{-1}

（6）摩尔热容

物质的量为 1mol 的物体，升高温度 1K 所需的热量称为**摩尔热容**，单位为 J·K^{-1}·mol^{-1}。

（7）等压摩尔热容

在等压条件下使物质的量为 1mol 的物体升温 1K 所需的热量，用 $C_{p,m}$ 表示，单位 J·K^{-1}·mol^{-1}。

（8）等容摩尔热容

在等容条件下使物质的量为 1mol 的物体升温 1K 所需的热量，用 $C_{V,m}$ 表示，单位 J·K^{-1}·mol^{-1}。

1.1.2.7　节流过程

（1）节流过程

又称 **Joule-Thomson 效应，是实际气体在绝热装置中的特殊膨胀过程。** 在一个绝热装置中，使一定量的实际气体（温度 T_1，体积 V_1）在压力 p_1 下缓慢通过用棉花或软木塞制成的多孔塞（其作用是使气体不能快速通过，并且在塞的两边能维持一定的压力差），变成压力 p_2（$p_2 < p_1$）、体积 V_2、温度 T_2 的气体，这个过程称为**节流过程。节流过程是等焓过程。**

（2）Joule-Thomson 系数

表示经节流过程后，气体温度随压力的变化率：$\mu_{\text{J-T}} = \left(\dfrac{\partial T}{\partial p} \right)_H$。它是系统的强度性质。因为节流过程的 d$p < 0$，所以当：

$\mu_{J-T}>0$，经节流膨胀后，气体温度降低；

$\mu_{J-T}<0$，经节流膨胀后，气体温度升高；

$\mu_{J-T}=0$，经节流膨胀后，气体温度不变。

（3）转化温度

当 $\mu_{J-T}=0$ 时的温度称为转化温度，这时气体经焦-汤实验，温度不变。

（4）等焓线

为了求 μ_{J-T} 的值，要以相同的初始状态做若干个节流过程实验。在 p-T 图上得到若干个等焓点，连接得到等焓线，如图 1-1-1 所示。在线上任意一点的切线 $\left(\dfrac{\partial T}{\partial p}\right)_H$，就是该温度压力下的 μ_{J-T} 值。

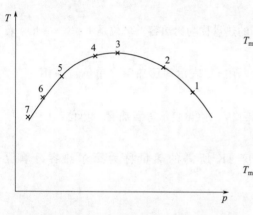

图 1-1-1　气体等焓线示意图　　　　图 1-1-2　气体的转化曲线示意图

（5）转化曲线

选择不同的起始状态 $p_1 T_1$，作若干条等焓线。将各条等焓线的极大值相连，就得到一条虚线，如图 1-1-2 所示。将 T-p 图分成两个区域。$\mu_{J-T}>0$ 的区域，是制冷区，在这个区内，可以把气体液化；$\mu_{J-T}<0$ 的区域，是制热区，在该区内，气体通过节流过程温度反而升高。

1.1.3　热化学基本概念

（1）标准态

因物质的热力学能、焓等热力学量的绝对值目前还无法测定，只能测定其随温度、压力等参数变化而改变的值，又因为参加反应的物质可能有不同的状态，因此选择一种基线以便比较和计算，这一基线就是**标准态**。

气体的标准态：不论是纯气体，还是在气体混合物中，规定温度为 T、标准压力 $p^{\ominus}=100\text{kPa}$ 时且具有理想气体性质的状态（假想态）为气体的标准态。

纯液体的标准态：处在标准压力 $p^{\ominus}$ 时的纯液体为标准态。

纯固体的标准态：处于标准压力 $p^{\ominus}$ 时的纯固体为标准态。

（2）反应进度

表示反应的进展程度，将反应系统中任何一种反应物或生成物在反应过程中物质的量的变化 Δn_B 与该物质的计量系数 ν_B 的商定义为该反应的反应进度，$d\xi = \dfrac{dn_B}{\nu_B}$。为使反应进度的值统一为正值，规定反应物的化学计量系数为负值，生成物的为正值。根据这一定义，反应进度只与化学反应方程式的写法有关，而与选择系统中何种物质来表达无关。应进度 ξ 的单位是 mol。

（3）化学反应热效应

在只做体积功的化学反应系统中，当系统发生反应之后，要使产物的温度回到反应前始态时的温度，系统放出或吸收的热量，称为该反应的热效应。

（4）等压反应热效应（Q_p）

反应在等压条件下进行所产生的热效应，如果不做非体积功，则等压反应热效应等于反应的焓变，即 $Q_p = \Delta H$。

（5）等容反应热效应（Q_V）

反应在等容条件下进行所产生的热效应，如果不做非体积功，则等容反应热效应等于反应的热力学能变，即 $Q_V = \Delta U$。氧弹热量计中测定的是等容反应热效应。

（6）中和热

在稀溶液中，强酸和强碱发生中和反应生成 1mol 液态水时的反应热叫做中和热。

（7）积分溶解热（$\Delta_{sol} H$）

一定量溶质（通常取为 1mol）溶解在一定量溶剂中的热效应。由于所用溶剂量不同，溶解热也不一样，故通常都取无限稀释溶液作为比较标准。这个溶解过程是一个溶液浓度不断改变的过程。在等压过程中，溶解热就等于溶解的焓变值。单位：$J \cdot mol^{-1}$。

（8）微分溶解热 $\left[\dfrac{\partial (\Delta_{sol} H)}{\partial n_B}\right]_{T,P,n_A}$

在给定浓度的溶液里，加入 dn_B mol 溶质时，所产生的热效应与加入溶质量的比值为微分溶解热。微分溶解热也可以理解为：在大量给定浓度的溶液里，加入 1mol 溶质时，所产生的热效应。单位：$J \cdot mol^{-1}$。

（9）积分稀释热（$\Delta_{dil} H$）

将定量溶剂加入一定量溶液中使溶液稀释过程的热效应的总和。它的值可以从积分溶解热求得。单位：$J \cdot mol^{-1}$。

（10）微分稀释热 $\left[\dfrac{\partial (\Delta_{sol} H)}{\partial n_A}\right]_{T,P,n_B}$

在一定浓度的溶液中加入 dn_A 溶剂所产生的热效应与加入溶剂量的比值，为微分稀释热。微分稀释热的值无法直接测定，从积分溶解热曲线上作切线求得。单位：$J \cdot mol^{-1}$。

（11）解离热（$\Delta_{dis}H_m^{\ominus}$）

解离热是指 1mol 弱电解质解离过程的热效应。

（12）相变热

是指各种相变过程（如蒸发、冷凝、熔化、凝固、升华、晶形转变等）的热效应。

（13）蒸发热

指纯物质由液态变为气态所吸收的热，用 $\Delta_{vap}H$ 表示。

（14）熔化热

指纯物质由固态变为液态所吸收的热，用 $\Delta_{fus}H$ 表示。

（15）升华热

指纯物质由固态变为气态所吸收的热，用 $\Delta_{sub}H$ 表示。

以上相反过程的相变热，与上述大小相等，但符号相反。

（16）反应的标准摩尔焓变（$\Delta_r H_m^{\ominus}$）

在标准压力 $p^{\ominus}=100kPa$ 和给定温度下，反应按所给反应方程式进行，当反应进度为 1mol 时，即 $\xi=1mol$，所产生的热效应。

（17）化合物的标准摩尔生成焓（$\Delta_f H_m^{\ominus}$）

每种化合物都有确定的能量，目前尚不可测其绝对值。但是，如果选择一个参考标准，使各化合物的能量可以互相比较其相对大小，就避开了能量绝对值不可测的问题。在标准压力下，给定反应温度时，由最稳定的单质合成标准状态下单位质量物质 B 的焓变，称为物质 B 的标准摩尔生成焓，用 $\Delta_f H_{m,298}^{\ominus}$ 表示。

（18）物质的标准摩尔燃烧焓

是 1mol 物质在标准压力 $p^{\ominus}$ 下完全燃烧时的热效应。完全燃烧的含义是使 C、H、S、N、Cl 等元素的燃烧产物变为 $CO_2(g)$、$H_2O(l)$、$N_2(g)$、$HCl(aq)$、$SO_2(g)$，而金属元素变成游离态的单质。用 $\Delta_c H_m^{\ominus}$ 表示。

（19）键的分解能

将化合物气态分子的某一个键拆散成气态原子所需的能量，称为键的分解能即键能，可以用光谱方法测定。

（20）键焓

在含有若干个相同键的多原子分子中，键焓是若干个相同键键能的平均值。在双原子分子中，键焓与键能数值相等。

（21）标准摩尔离子生成焓

因为溶液是电中性的，正、负离子总是同时存在，不可能得到单一离子的生成焓。所以，规定了一个目前被公认的相对标准：标准压力下，在无限稀的水溶液中，H^+ 的标准摩尔生成焓为零，即 $\Delta_f H_{m,H^+(aq)}^{\ominus}=0$。其他离子生成焓都是与这个标准比较的相对值。

（22）盖斯定律

俄国人盖斯总结的反应总热量守恒定律（即盖斯定律）：一个反应若可分为几

步进行，则各分步反应热效应的总和，与一步完成这个反应的热效应相同。

1.1.4　热力学第二定律的基本概念

1.1.4.1　热力学第二定律

（1）自发过程

是指没有外力推动，便能自动进行的过程。所有自发进行的过程都是单向的，发生以后都不会自动恢复原状，除非有外界的干涉。因此当一个系统自发进行某一过程后，如果要让它恢复原状，就必须对它做功，结果环境发生变化，即环境没有复原。一切自发过程都是不可逆的。

（2）热力学第二定律

一切自发过程都是不可逆的，这是热力学第二定律的一种经验表达。

克劳修斯（Clausius）说法：不可能把热从低温物体传到高温物体，而不引起其他变化。

开尔文（Kelvin）说法：不可能从单一热源取出热使之完全变为功，而不发生其他变化。

奥斯特瓦尔德（Ostward）说法：第二类永动机是不可能造成的。

（3）第二类永动机

从单一热源吸热使之完全变为功而不留下任何影响的机器。因为原则上并不违反第一定律，故和第一类永动机有所不同，称为第二类永动机。

1.1.4.2　卡诺循环

（1）热机

吸收热量并将其中一部分转换为机械功向外输出动力的原动机。在两个热源之间经过循环过程才能连续工作，热机工作时，工作物质总是从某一高温热源（比如锅炉）吸热，然后将所吸收的热一部分转化为功，其余部分流入低温热源（空气）。循环过程中工作物质恢复了原状，并周而复始地连续工作。热转化为功的比例多少，反映出热机的效率。

（2）卡诺循环

1824 年，法国工程师卡诺（N. L. S. Carnot）设计了一个循环：以理想气体为工作物质，在一个理想热机中，系统与高温热源（T_h）接触，进行等温可逆膨胀，吸热 Q_h，对外做功 W_1；系统与热源隔绝，进行绝热可逆膨胀，对外做功 W_2，温度从 T_h 降至 T_c；系统与低温热源（T_c）接触，进行等温可逆压缩，放热 Q_c，环境对系统做功 W_3；系统与热源隔绝，进行绝热可逆压缩，环境对系统做功 W_4，温度从 T_c 升回 T_h，系统复原，完成一个循环过程。所吸收的热量 Q_h 一部分通过理想热机对外做功 $W=(W_1+W_2+W_3+W_4)$；另一部分 Q_c 的热量放给低温 T_c 热源。该循环热转化为功的比例最大，在热力学第二定律的发展中是一个重要的里程碑。

（3）卡诺热机

按照卡诺循环运行的热机是可逆热机，也叫卡诺热机。

（4）热机效率

循环过程中气体从高温热源吸收热量 Q_h，对外做功 W，W 与 Q_h 绝对值之比称为热机效率 η。

（5）卡诺定理

工作在两个不同温度热源间的一切热机，以卡诺热机的效率最大，且与工作物质无关。在卡诺循环中，可逆过程的热效应与其热源温度的比值（即可逆过程的热温商）的总和等于零；而不可逆循环则该比值小于零。

（6）制冷机

获得并且能够维持低温的装置称为制冷机。热量不会自发地从低温热源移向高温热源，为此需要外界做功。将卡诺热机倒开，就变成了制冷机。此时环境对系统做功 W，系统从低温热源（T_c）吸取热量 Q'_c，而传给高温热源（T_h）的热量为 Q'_h，其中 $|Q'_h| = |Q'_c| + |W|$。

（7）冷冻系数

将制冷机从低温热源所吸的热与环境对系统所做的功之比值称为冷冻系数，用 β 表示。

（8）热泵

热泵的工作原理与制冷机相仿。把热量从低温物体传到高温物体，使高温物体温度更高。热泵的工作效率等于：向高温物体输送的热与电动机所做的功的比值。热泵与制冷机的工作物质是氨、溴化锂（氟里昂类已逐渐被禁用）。此类型热泵又称为物理热泵。

（9）化学热泵

利用化学反应的可逆性作为热泵的工作物质，根据化学反应不同可分为：①络合反应体系，如氯化钙/甲醇、氯化钙/甲胺等；②化学吸附体系，如分子筛/水、分子筛/氨等；③催化反应体系，如环己烷/苯、四氢合金体系等。

1.1.4.3　熵、熵增原理

（1）熵（S）

1865 年克劳修斯定义可逆过程的热温商为一个新的状态函数——熵，用 S 表示，量纲为 $J \cdot K^{-1}$。如果指 1mol 物质的熵值，则其单位是 $J \cdot K^{-1} \cdot mol^{-1}$。

（2）熵变（ΔS）

系统由初态变化到终态，熵的改变值，只有可逆过程的热温商才等于熵变，不可逆过程的热温商 $\dfrac{Q_{不可逆}}{T}$ 不等于熵变，它只能称为热温商。

（3）熵增加原理

隔离系统中一切能自发进行的过程都是熵增大的过程，这就是熵增加原理。当系统的熵值达到最大时，便达到了平衡状态，这是过程进行的限度。

（4）环境熵变（ΔS_{sur}）

热力学中环境常被视作巨大的储热器（或称热源）和做功机器。当系统与环境发生热交换时，实际交换的热量 Q 对温度为 T 的储热器只是微小变化，可视为温度不变，因此，对环境而言变化过程总是以可逆方式进行，则在任何情况下环境的熵变都等于系统交换的热量 $Q_{环境}$ 与环境温度 T 的商。

1.1.4.4　自由能

（1）亥姆霍兹自由能（A）

反映可逆等温条件下，系统做功本领的物理量。是由德国科学家 Helmholtz 定义的系统的状态函数，等于热力学能减去温度和熵的乘积。$A = U - TS$，A 又称为功函，在德文中 Arbeit 意为"功"，故用符号 A 表示。单位：J。

（2）亥姆霍兹自由能变（ΔA）

在等温可逆过程中，一个封闭系统亥姆霍兹自由能的减少，等于它所能做的最大功。在等温不可逆过程中，则系统所做的功小于其亥姆霍兹自由能的减小。

（3）吉布斯自由能（G）

反映等温等压可逆过程中，封闭系统所做非体积功的本领。是由美国科学家吉布斯（Gibbs）引入的系统的状态函数，等于焓减去温度和熵的乘积。$G = H - TS$，又称自由能或吉布斯函数。单位：J。

（4）吉布斯自由能变（ΔG）

等温、等压、可逆过程中，封闭系统对外所做的最大非膨胀功等于系统 Gibbs 自由能的减少值。若是不可逆过程，系统所做的非膨胀功小于 Gibbs 自由能的减少值。

（5）标准摩尔反应 Gibbs 自由能变化值

在温度 T 时，当反应物和生成物都处于标准态时，发生反应进度为 1mol 的化学反应的 Gibbs 自由能变化值，称为标准摩尔反应 Gibbs 自由能变化值，用 $\Delta_r G_m^{\ominus}(T)$ 表示。单位：$J \cdot mol^{-1}$。

（6）标准摩尔生成吉布斯自由能

因为 Gibbs 自由能的绝对值不可测，所以只能用相对标准，即将标准压力下稳定单质的生成 Gibbs 自由能看作零，则：在标准压力下，由稳定单质生成单位物质的量化合物时 Gibbs 自由能的变化值，称为该化合物的标准摩尔生成 Gibbs 自由能，用下述符号表示：$\Delta_f G_m^{\ominus}$（化合物，物态，温度）。单位：$J \cdot mol^{-1}$。

1.1.5　热力学第三定律的基本概念

（1）热力学第三定律

在 0K 时，任何完整晶体的熵等于零。所谓完整晶体即晶体中的原子或分子只有一种排列形式（如 NO 可以有 NO 和 ON 两种排列形式，则不能看作是完整晶体，N_2O 和 CO 等也是如此）。在这个基础上求得的各物质的熵值，都为正值。

（2）规定熵

如同热力学研究中基准态的选取一样，人为规定一些参考值作为熵的零点，以此来求熵的相对值,这些相对值就称为规定熵。根据"在 0K 时,完整晶体的熵值等于零"的规定,所求得的物质在其他状态下的熵值,称为该物质在所处状态下的规定熵,并用规定熵代表物质的熵。

(3)标准熵

标准压力下物质的规定熵叫做标准熵。用符号 $S_{(T)}^{\ominus}$ 表示。

1.1.6　经典热力学

经典热力学主要讨论的是平衡态和可逆过程热力学。经典热力学以宏观现象所归纳的两个定律(热力学第一定律和第二定律)为基础,具有高度的可靠性和普遍性,但有一定的局限性,其局限性来源于考虑问题的方法和研究方法。经典热力学的研究方法主要采取宏观归纳法,研究大量粒子(或称之为基本结构单元)所组合成的体系的宏观行为(而不管其结构)或规律。其结论不适用于少数粒子所构成的体系,也不包含时间变量,所处理的对象是平衡体系或从一个平衡态过渡到另一个平衡态的过程,而且限制在体系与环境之间不发生物质交换的封闭体系(对于多相体系,相与相之间可以有物质的交换。但整个体系仍然是封闭的)。这些都构成经典热力学的特点。经典热力学认为:体系总是自发地趋向于平衡,趋向于无序,但实际上趋向平衡、趋向无序并不是自然界的普遍规律。

1.1.7　非平衡态热力学

(1)不可逆过程热力学

从封闭体系推广到敞开体系,热力学的这种推广,形成了一门新的学科——不可逆过程热力学。不可逆过程热力学是一个宏观理论,研究在不可逆过程中处于非平衡态的物理系统的热力学现象。它对于非平衡现象的解释终究是有限度的,特别是热力学理论无法阐明各种复杂结构的形成机制及系统的涨落特性,这些需要更深入的理论——非平衡态统计物理学完成。

(2)非平衡态热力学

是热力学的一个分支,和平衡态热力学相对,自然界中发生的一切实际过程都是非平衡态下进行的不可逆过程。是主要研究在非零合力、流动及产生熵,但没有时间变动的隐定态中的状态的一门学科。当一开放系统被允许达到一隐定态时,它会安排自己达到最小的总熵值。非平衡态热力学所讨论的中心问题是熵产。局域平衡假设是非平衡态热力学的中心假设。伊利亚·普里高津和昂萨格对非平衡态热力学的确立和发展作出了重要贡献。

(3)局域平衡假设(local-equilibrium hypothesis)

① 把所讨论的处于非平衡态(温度、压力、组成不均匀)的系统,划分为许多很小的系统微元,简称系统元(system element)。每个系统元在宏观上足够小,以至于它的性质可以用该系统元内部的某一点附近的性质来代表;在微观上又足够大,即它包含足够多的分子,多到可用统计的方法进行宏观处理。

② 在 t 时刻，把划分出来的某系统元从所讨论的系统中孤立出来，并设经过 dt 时间间隔，即在 ($t+dt$) 时刻该系统元已达到平衡态。

③ 由于已假定 ($t+dt$) 时刻每个系统元已达到平衡，可按平衡态热力学的方法为每一个系统元严格定义其热力学函数，如 S、G 等，即 ($t+dt$) 时刻平衡态热力学公式皆可应用于每个系统元。即，处于非平衡态系统的热力学量可以用局域平衡的热力学量来描述。

应该明确，局域平衡假设的有效范围是偏离平衡不远的系统。

（4）熵产

非平衡态热力学所讨论的熵变由两部分构成：一是由系统与环境交换热量而来 ($d_e S$)，$d_e S = \dfrac{\delta Q}{T_{sur}}$；另一部分是系统内部不可逆的热流而引起的熵变 $d_i S$，称为熵产 (entropy production) 即 $dS = d_e S + d_i S$。对封闭系统，$d_e S$ 是系统与环境进行热量交换引起的熵流 (entropy flow)；对敞开系统，$d_e S$ 则是系统与环境进行热量和物质交换共同引起的熵流。可以有 $d_e S > 0$、$d_e S < 0$ 或 $d_e S = 0$。对隔离系统，$d_e S = 0$。则 $d_i S = dS \geq 0$ （＞不可逆过程；＝可逆过程）。由此可得出，熵产是一切不可逆过程的表征($d_i S > 0$)，即可用 $d_i S$ 量度过程的不可逆程度。

（5）熵产速率

将 $d_i S$ 对时间微分，即 $\sigma = \dfrac{d_i S}{dt}$，$\sigma$ 叫熵产速率 (entropy production rate)，即单位时间内的熵。严格来说，这是系统元中熵产的速率，实为单位体积、单位时间内的熵产。

（6）线性非平衡态热力学

满足唯像方程中的线性关系的非平衡态热力学称为线性非平衡态热力学 (thermodynamics of no-equalibrium state of linear)。

（7）定态

在隔离系统中，不论系统初始处于何种状态，系统中所有的广义推动力和广义通量自由发展的结果总是趋于零，最终达到平衡态。然而若对一个系统强加一个外部条件，如把一温度梯度加到容器左右两器壁间产生气体的热扩散，在系统两端强加温度梯度，会引起一个浓度梯度，于是系统中同时有一个引起热扩散的力 X_q 和一个引起物质扩散的力 X_m，以及相应热扩散通量 J_q 和物质扩散通量 J_m。但是由于给系统强加的限制是恒定的热扩散力 X_q，而物质扩散力 X_m 和物质扩散通量 J_m 可以自由发展，发展的结果是系统最终会到达一个不随时间变化的状态，这时 $J_m = 0$，气体混合物系统的浓度呈均匀分布，但热扩散通量依然存在。因此，这个不随时间变化的状态不是平衡态，而是非平衡定态，简称定态 (constant state)。

（8）耗散结构

Prigogine（普利高津）的耗散结构理论对非平衡态热力学的研究做出了重要

贡献。Prigogine 把一切远离平衡条件下，因体系与环境间不断地进行物质和能量交换而形成和维持的有序结构称为耗散结构。

在平衡态和近平衡态，涨落是一种破坏稳定有序的干扰，但在远离平衡态条件下，非线性作用使涨落放大而达到有序。偏离平衡态的开放系统通过涨落，在越过临界点后"自组织"成耗散结构，耗散结构由突变而涌现，其状态是稳定的。耗散结构理论指出，开放系统在远离平衡状态的情况下可以涌现出新的结构。地球上的生命体都是远离平衡状态的不平衡的开放系统，它们通过与外界不断地进行物质和能量交换，经自组织而形成一系列的有序结构。可以认为这就是解释生命过程的热力学现象和生物进化的热力学理论基础之一。

（9）自组织过程

体系由一种无序状态变为有序状态，或从一种初级有序状态向更高级的有序状态变化称为自组织过程。当体系处于稳定状态时，它不会向其他状态变化，不可能发生自组织过程。只有体系处于不稳定状态时，才可能出现自组织现象，向着一个新的有序结构变化。体系状态的不稳定性是产生自组织过程的前提条件。

1.2　热力学基本定律与基本关系式

1.2.1　热力学第零定律

如果两个热力学系统中的每一个都与第三个热力学系统处于热平衡（温度相同），则它们彼此也必定处于热平衡。这一结论称为"热力学第零定律"。热力学第零定律给出了温度的定义和温度的测量方法。即处在同一热平衡状态的所有的热力学系统都具有一个共同的宏观特征，这一特征是由这些互为热平衡系统的状态所决定的一个数值相等的状态函数，这个状态函数被定义为温度。

1.2.2　热力学第一定律

热力学第一定律就是把能量守恒和转化定律用在热、功等能量形式的转化过程中所得到的一种特殊形式。根据能量守恒定律，当封闭系统的状态发生变化时，热力学能的变化量等于系统与环境间交换的热量和功的总和。

常见的热力学第一定律基本关系式如下。

（1）微分式

$$dU = \delta Q + \delta W_e + \delta W_f \quad （不考虑场效应的任何系统） \qquad (1\text{-}1\text{-}1)$$
$$dU = \delta Q + \delta W_e \quad （不考虑场效应、不做非体积功的任何系统） \quad (1\text{-}1\text{-}2)$$

（2）积分式

$$\Delta U = Q + W_e + W_f \quad （不考虑场效应的任何系统） \qquad (1\text{-}1\text{-}3)$$
$$\Delta U = Q + W_e \quad （不考虑场效应、不做非体积功的任何系统） \quad (1\text{-}1\text{-}4)$$

1.2.3　热力学第二定律

几种不同描述如下。

一切自发过程都是不可逆的，这是热力学第二定律的一种经验表达。

克劳修斯（Clausius）说法：不可能把热从低温物体传到高温物体，而不引起其他变化。

开尔文（Kelvin）说法：不可能从单一热源取出热使之完全变为功，而不发生其他变化。

奥斯特瓦尔德（Ostward）说法：第二类永动机是不可能造成的。

热力学第二定律的数学表示式

（1）微分式

$$dS \geqslant \frac{\delta Q}{T} \tag{1-1-5}$$

或

$$dS - \frac{\delta Q}{T} \geqslant 0 \tag{1-1-6}$$

（2）积分式

$$\Delta S \geqslant \frac{Q}{T} \tag{1-1-7}$$

或

$$\Delta S - \frac{Q}{T} \geqslant 0 \tag{1-1-8}$$

式中等号应用于可逆过程，不等号应用于不可逆过程，这一方程式叫做克劳修斯不等式，它是热力学第二定律的数学表示式，也是热力学第二定律的最具概括性的一般形式。一个过程是否可逆，可以用该过程实际进行时的热温商（其值不一定等于熵变）和理想的可逆过程的热温商（其值等于熵变）的比较来判断。

对于隔离系统：

$$\delta S_{隔离} \geqslant 0 \quad 或 \quad \Delta S_{隔离} \geqslant 0 \tag{1-1-9}$$

由于隔离系统的热力学能 U 和体积 V 不变，故此式也可写成：

$$(dS)_{U,V} \geqslant 0 \quad 或 \quad (\Delta S)_{U,V} \geqslant 0 \tag{1-1-10}$$

1.2.4 热力学第三定律

热力学第三定律的几种表述如下。

"在热力学温度为 0K（即 $T=0K$）时，一切完美晶体的熵值等于零"。所谓"完美晶体"是指没有任何缺陷的规则晶体。据此，利用量热数据，可计算出任意物质在各种状态下（物态、温度、压力）的熵值。这样得到的纯物质的熵值称为量热熵或第三定律熵，也称规定熵。

普朗克把这一定律改述为：当绝对温度趋于零时，固体和液体的熵也趋于零。

$$\lim_{T \to 0}(\Delta S)_T = 0 \tag{1-1-11}$$

1912 年，能斯特又将这一规律表述为：不可能使一个物体冷却到热力学温度为 0K。又称为能斯特热定理。

　　1940 年 R. H. 否勒和 E. A. 古根海姆还提出了热力学第三定律的另一种表述形式：任何系统都不能通过有限的步骤使自身温度降低到 0K，称为 0K 不能达到原理。在化学热力学中，多采用前面的表述形式。

1.2.5　焦耳定律

　　理想气体的热力学能和焓仅是温度的函数，与压力、体积等因素无关。其关系式表达为：$U = f(T)$；$H = f(T)$

$$\left(\frac{\partial U}{\partial V}\right)_T = 0 \tag{1-1-12}$$

$$\left(\frac{\partial U}{\partial p}\right)_T = 0 \tag{1-1-13}$$

$$\left(\frac{\partial H}{\partial p}\right)_T = 0 \tag{1-1-14}$$

$$\left(\frac{\partial H}{\partial V}\right)_T = 0 \tag{1-1-15}$$

　　以上都称为焦耳定律。

1.2.6　赫斯（盖斯）定律

　　俄国人赫斯总结出反应总热量守恒定律（即赫斯定律）："一个反应若可分为几步进行，则各分步反应热效应的总和，与一步完成这个反应的热效应相同"。在此，必须强调，完成反应的一步或几步所处的条件是相同的。例如同为等压或等容，而且反应所指的始态和终态也应该完全相同。

1.2.7　反应热与温度的关系——基尔霍夫（G. R. Kirchhoff）定律

　　焓变值与温度的关系式称为 Kirchoff 定律。

　　（1）积分式

$$\Delta_r H_{T_2} = \Delta_r H_{T_1} + \int_{T_1}^{T_2} \Delta_r C_p \, dT \tag{1-1-16}$$

其中：

$$\Delta_r C_p = \sum \nu_B C_{p,B} \tag{1-1-17}$$

ν_B 为计量方程中的系数，对反应物取负值，生成物取正值。

　　① 温度范围不大时，忽略 C_p 随温度 T 的变化。认为 $\Delta_r C_p$ 是一个常数，则得出：

$$\Delta_r H_{T_2} = \Delta_r H_{T_1} + \Delta C_p (T_2 - T_1) \tag{1-1-18}$$

　　② 温度范围较大时，必须考虑 $C_p = f(T)$ 的函数关系

$$C_p = a + bT + \frac{c}{T^2} \tag{1-1-19}$$

　　则基尔霍夫定律表示为：

$$\Delta_r H_{T_2} = \Delta_r H_{T_1} + \int_{T_1}^{T_2} (\Delta a + \Delta b T + \Delta c T^{-2}) \mathrm{d}T$$

$$= \Delta_r H_{T_1} + \Delta a (T_2 - T_1) + \frac{\Delta b}{2}(T_2^2 - T_1^2) - \Delta c \left(\frac{1}{T_2} - \frac{1}{T_1}\right) \quad (1\text{-}1\text{-}20)$$

（2）微分形式

$$\frac{\mathrm{d}(\Delta_r H)}{\mathrm{d}T} = \Delta_r C_p \qquad (1\text{-}1\text{-}21)$$

它表明：热效应随温度的变化率，等于该反应引起的热容的变化。

1.2.8 卡诺定理

在一个理想热机中，工作物质（理想气体）在两个热源之间按照卡诺循环工作时，热转化为功的比例最大。按照卡诺循环运行的热机为可逆热机。所有工作于同温热源和同温冷源之间的热机，其效率都不能超过可逆热机，即可逆热机的效率最大。若以 η_{IR} 表示不可逆热机效率；η_R 表示可逆热机效率，卡诺定理可表示为：

$$\eta_R \geqslant \eta_{IR} \quad \text{或} \quad \eta = \frac{Q_1 + Q_2}{Q_2} \leqslant \frac{T_2 - T}{T_2} \qquad (1\text{-}1\text{-}22)$$

式中，等号适用于可逆热机，不等号适用于不可逆热机。T_1 代表高温热源；T_2 代表低温热源；Q_2 代表系统从高温热源吸收的热量；Q_1 代表系统向低温热源放出的热量。将式（1-1-22）整理，得：

$$\frac{Q_1}{T_1} + \frac{Q_2}{T_2} \leqslant 0 \qquad (1\text{-}1\text{-}23)$$

上式表明，在卡诺循环中，可逆过程的热效应与其热源温度的比值（即可逆过程的热温商）的总和等于零；而对于不可逆循环则该值小于零。

Carnot 定理推论：所有工作于同温热源与同温冷源之间的可逆热机，其热机效率都相等，即与热机的工作物质无关。

1.2.9 克劳修斯不等式与熵增加原理

（1）克劳修斯不等式

$$\sum_i \left(\frac{\delta Q_i}{T_i}\right)_{IR, A \to B} \leqslant \Delta S_{A \to B} \qquad (1\text{-}1\text{-}24)$$

δQ_i 是实际过程的热效应；T_i 是环境温度。"<"号，**表明系统经不可逆过程由 A 变到 B，过程的热温商之和小于过程的熵变。**"="号，为可逆过程或表示系统达到平衡态。

对于微小变化：

$$\mathrm{d}S \geqslant \frac{\delta Q}{T} \qquad (1\text{-}1\text{-}25)$$

这些都称为 Clausius 不等式，也可作为热力学第二定律的数学表达式。

（2）熵增加原理

对于绝热系统，$\delta Q = 0$，所以 Clausius 不等式为：

$$dS \geqslant 0 \tag{1-1-26}$$

等号表示绝热可逆过程；不等号表示绝热不可逆过程。

熵增加原理可表述为：在绝热条件下，趋向于平衡的过程使系统的熵增加。

或者说在绝热条件下，不可能发生熵减少的过程。

如果是一个隔离系统，环境与系统间既无热的交换，又无功的交换，则熵增加原理可表述为：一个隔离系统的熵永不减少。

$$dS_{iso} \geqslant 0 \tag{1-1-27}$$

1.2.10　玻尔兹曼公式

熵值和热力学概率（Ω）之间的函数关系式为：

$$S = k\ln\Omega \tag{1-1-28}$$

此式称为玻尔兹曼公式，k 为玻尔兹曼常数。这个公式把体系的宏观物理量 S 和微观量 Ω 联系起来，成为经典热力学和统计热力学互相沟通的桥梁。

1.2.11　等压热容与等容热容的关系

对于一般封闭系统：

$$C_p - C_V = \left[p + \left(\frac{\partial U}{\partial V} \right)_T \right] \left(\frac{\partial V}{\partial T} \right)_p \tag{1-1-29}$$

对理想气体：

$$C_p - C_V = nR \tag{1-1-30}$$

当 $n = 1\text{mol}$ 时，

$$C_{p,\,m} - C_{V,\,m} = R \tag{1-1-31}$$

1.2.12　理想气体的 ΔU 和 ΔH

对于理想气体：

$$\Delta U = Q_V = \int C_V dT \tag{1-1-32}$$

$$\Delta H = Q_p = \int C_p dT \tag{1-1-33}$$

若忽略 C_V、C_p 与温度的关系，假定其为常数，则

$$\Delta U = C_V(T_2 - T_1) \tag{1-1-34}$$

$$\Delta H = C_p(T_2 - T_1) \tag{1-1-35}$$

1.2.13　理想气体的绝热过程方程

理想气体在绝热可逆过程中，p、V、T 三者遵循的绝热过程方程可表示为：

$$pV^{\gamma} = K_1 \tag{1-1-36}$$

$$TV^{\gamma-1} = K_2 \tag{1-1-37}$$

$$p^{1-\gamma}T^{\gamma} = K_3 \tag{1-1-38}$$

式中，K_1、K_2、K_3均为常数，$\gamma = C_p/C_V$。在推导过程中，引进了理想气体、绝热可逆过程和C_V是与温度无关的常数等限制条件。

1.2.14　等压热效应与等容热效应的关系

对于理想气体，在等温条件下：

$$Q_p = Q_V + RT\Delta n_g \tag{1-1-39}$$

或

$$\Delta_r H = \Delta_r U + RT\Delta n_g \tag{1-1-40}$$

式中，Δn_g为气体产物的量和气体反应物的量的差值。所以，只有当气体参加反应，而且反应前后气态反应物的化学计量数不等时，Q_p和Q_V值才有所不同。对于只有液体或固体参加的反应，二者是相同的。

1.2.15　热力学函数之间的关系式

① 五个热力学函数之间通过定义式互相联系，即：

$$H = U + pV \tag{1-1-41}$$
$$G = H - TS \tag{1-1-42}$$
$$A = U - TS \tag{1-1-43}$$
$$G = A + pV \tag{1-1-44}$$

② 热力学第一定律和第二定律的联合式

$$-\delta W \leqslant -(dU - T_{环境}dS) \tag{1-1-45}$$

其适用条件是等温，若把功分成体积功$-p_{ex}dV$和非体积功$\delta W'$两部分，则上式可写成：

$$dU - TdS \leqslant -p_{ex}dV + \delta W' \tag{1-1-46}$$

此式就是热力学第一定律和第二定律的联合式，不等号适用于不可逆过程，等号适用于可逆过程。

1.2.16　热力学基本方程

$$dU = TdS - pdV \tag{1-1-47}$$

这是热力学第一与第二定律的联合公式，适用于组成恒定、不做非膨胀功的封闭系统。由式（1-4-41）～式（1-4-43）可得以下基本方程：

$$dH = TdS + Vdp \tag{1-1-48}$$
$$dA = -SdT - pdV \tag{1-1-49}$$
$$dG = -SdT + Vdp \tag{1-1-50}$$

1.2.17　特征微分方程式和特征函数

上述四个热力学基本方程式，它们的特点是分别以两个特征变量去表示某一对应的热力学函数，即：

$$U = f(S, V)、H = f(S, p)、A = f(T, V)、G = f(T, p) \tag{1-1-51}$$

故称为特征微分方程式，适用于除体积功外无其他功的单相封闭系统。之所以称为"特征"，是因为在所指定的特征变量条件下，对应的热力学函数具有特殊的物理意义，用作过程自发性的判据时，可以得到特征的判则。该热力学函数称为特征函数，特征微分方程式中的独立变量称为特征变量。

1.2.18　对应系数关系式

从四个基本公式式（1-1-47）～式（1-1-50）导出的关系式为：

$$T = \left(\frac{\partial U}{\partial S}\right)_V = \left(\frac{\partial H}{\partial S}\right)_p \qquad (1\text{-}1\text{-}52)$$

$$p = -\left(\frac{\partial U}{\partial V}\right)_S = -\left(\frac{\partial A}{\partial V}\right)_T \qquad (1\text{-}1\text{-}53)$$

$$V = -\left(\frac{\partial H}{\partial p}\right)_S = -\left(\frac{\partial G}{\partial p}\right)_T \qquad (1\text{-}1\text{-}54)$$

$$S = -\left(\frac{\partial A}{\partial T}\right)_V = -\left(\frac{\partial G}{\partial T}\right)_p \qquad (1\text{-}1\text{-}55)$$

对于 U、H、S、A、G 等热力学函数，只要其特征变量选择适当，就可以从一个特性函数求得所有其他热力学函数，从而可以把一个热力学系统的平衡性质完全确定下来。

1.2.19　麦克斯韦关系式

$$\left(\frac{\partial T}{\partial V}\right)_S = -\left(\frac{\partial p}{\partial S}\right)_V \qquad (1\text{-}1\text{-}56)$$

$$\left(\frac{\partial T}{\partial p}\right)_S = -\left(\frac{\partial V}{\partial S}\right)_p \qquad (1\text{-}1\text{-}57)$$

$$\left(\frac{\partial S}{\partial V}\right)_T = -\left(\frac{\partial p}{\partial T}\right)_V \qquad (1\text{-}1\text{-}58)$$

$$\left(\frac{\partial S}{\partial p}\right)_T = -\left(\frac{\partial V}{\partial T}\right)_p \qquad (1\text{-}1\text{-}59)$$

使用麦克斯韦关系式时，要特别注意各偏导数脚注所标明的条件，例如 $\left(\frac{\partial T}{\partial V}\right)_S$ 和 $\left(\frac{\partial V}{\partial T}\right)_p$ 是有不同意义和数值的。由此可见，麦克斯韦关系式的主要意义就是可以借助容易由实验测定的温度 T、压力 p 等状态函数的偏微分来计算出那些不易由实验测定的状态函数的偏微分。例如：

$$\left(\frac{\partial U}{\partial V}\right)_T = T\left(\frac{\partial S}{\partial V}\right)_T - p = T\left(\frac{\partial p}{\partial T}\right)_V - p \qquad (1\text{-}1\text{-}60)$$

$$\left(\frac{\partial H}{\partial p}\right)_T = T\left(\frac{\partial S}{\partial p}\right)_T + V = -T\left(\frac{\partial V}{\partial T}\right)_p + V \qquad (1\text{-}1\text{-}61)$$

可通过实验测定 T、p、$\left(\frac{\partial p}{\partial T}\right)$ 和 $\left(\frac{\partial V}{\partial T}\right)_p$，而求出 $\left(\frac{\partial U}{\partial V}\right)_T$ 和 $\left(\frac{\partial H}{\partial p}\right)_T$ 的数值。

1.2.20　热力学判据

当特征变量保持不变时，特性函数的变化值可以用作判据。因此，对于组成不变、不做非膨胀功的封闭系统，可用作判据的有：

$$(dS)_{U, V} \geqslant 0 \tag{1-1-62}$$

$$(dA)_{T, V} \leqslant 0 \tag{1-1-63}$$

$$(dG)_{T, p} \leqslant 0 \tag{1-1-64}$$

$$(dU)_{S, V} \leqslant 0 \tag{1-1-65}$$

$$(dH)_{S, p} \leqslant 0 \tag{1-1-66}$$

$$(dS)_{H, p} \geqslant 0 \tag{1-1-67}$$

其中，常用判据为式（1-1-62）～式（1-1-64），式（1-1-65）～式（1-1-67）用得少。分别如下。

（1）可逆与不可逆

① 熵判据 $dS - \dfrac{\delta Q}{T} \geqslant 0$　＝号，可逆；＞号，不可逆。

② 亥姆霍兹自由能判据 $(dA)_T \leqslant \delta W$　＝号，可逆；＜号，不可逆。

③ 吉布斯自由能判据 $(dG)_{p,T} \leqslant \delta W_f$　＝号，可逆；＜号，不可逆。

（2）自发方向和限度

① 隔离系统条件下有熵判据：$(dS)_{U,V} \geqslant 0$　＝号，平衡；＞号，自发。

② 等温等容条件下，非体积功为零，亥姆霍兹自由能判据：$(dA)_{T,V} \leqslant 0$　＝号，平衡；＜号，自发。

③ 等温等压条件下，非体积功为零，吉布斯自由能判据：$(dG)_{p,T} \leqslant 0$　＝号，平衡；＜号，自发。

1.2.21　化学反应等温式

化学反应等温方程式是描述等温条件下，反应自由能变化和体系组成关系的数学式。可以判断非标准状态下，**不同体系组成时反应进行的方向和限度**问题。对气相反应 $a\mathrm{A} + b\mathrm{B} \rightleftharpoons d\mathrm{D} + e\mathrm{E}$

有：
$$\Delta_r G_m = \Delta_r G_m^{\ominus} + RT \ln \frac{(p_D / p^{\ominus})^d \ (p_E / p^{\ominus})^e}{(p_A / p^{\ominus})^a \ (p_B / p^{\ominus})^b} \tag{1-1-68}$$

式中，$\Delta_r G_m^{\ominus} = -RT \ln K_p^{\ominus}$，$K_p^{\ominus}$ 为反应的标准热力学平衡常数，代入式（1-1-68）可得：

$$\Delta_r G_m = -RT \ln K_p^{\ominus} + RT \ln \frac{(p_D / p^{\ominus})^d (p_E / p^{\ominus})^e}{(p_A / p^{\ominus})^a (p_B / p^{\ominus})^b} \tag{1-1-69}$$

式（1-1-68）和式（1-1-69）称为**范特霍夫（Van't Hoff）化学反应等温方程式**，式中各物质的分压是给定的实际分压，用符号 J_p 来表示，称为压力商，上式转化为：

$$\Delta_r G_m = -RT \ln K_p^{\ominus} + RT \ln J_p = RT \ln \frac{J_p}{K_p^{\ominus}} \tag{1-1-70}$$

若 $J_p < K_p^{\ominus}$，则 $\Delta_r G_m < 0$，反应自发进行；若 $J_p = K_p^{\ominus}$，则 $\Delta_r G_m = 0$，处于

化学平衡状态。若 $J_p > K_p^{\ominus}$，则 $\Delta_r G_m > 0$，正反应不能自发进行，但逆反应却可以自发进行。

1.2.22　吉布斯自由能与温度的关系式——吉布斯-亥姆霍兹方程

微分式：
$$\left(\frac{\partial \Delta G}{\partial T}\right)_p = \frac{\Delta G - \Delta H}{T} \tag{1-1-71}$$

不定积分式：
$$\frac{\Delta G}{T} = -\int \frac{\Delta H}{T^2} \mathrm{d}T + I \tag{1-1-72}$$

式中，I 是积分常数。

定积分式：
$$\frac{\Delta G(T_2)}{T_2} - \frac{\Delta G(T_1)}{T_1} = -\int_{T_1}^{T_2} \frac{\Delta H}{T^2} \mathrm{d}T \tag{1-1-73}$$

以上式（1-1-71）～式（1-1-73）称为吉布斯-亥姆霍兹（Gibbs-Helmholtz）方程式。

$$\left[\frac{\partial\left(\dfrac{\Delta A}{T}\right)}{\partial T}\right]_V = -\frac{\Delta U}{T^2} \tag{1-1-74}$$

该式也称为吉布斯-亥姆霍兹方程式。等式左方是体积不变时，（$\Delta A/T$）对 T 的偏微商。

1.2.23　ΔG 与压力的关系

不定积分式：
$$\left(\frac{\partial \Delta G}{\partial p}\right)_T = \Delta V \tag{1-1-75}$$

定积分式：
$$\Delta G_2 - \Delta G_1 = \int_{p_1}^{p_2} \Delta V \mathrm{d}p \tag{1-1-76}$$

ΔG_1 和 ΔG_2 分别是系统在同一温度、不同压力下的吉布斯自由能的变化。

1.2.24　非平衡态热力学基本关系式

（1）熵产速率

将熵产 $\mathrm{d}_i S$ 对时间微分，即：
$$\sigma = \frac{\mathrm{d}_i S}{\mathrm{d}t} \tag{1-1-77}$$

σ 叫熵产速率（entropy production rate），即单位时间内的熵。严格来说，这是系统元中熵产的速率，实为单位体积、单位时间内的熵产。

（2）推动力和通量（或力和流）

系统在不可逆过程中熵产速率为：

$$\sigma = \frac{1}{T}\left(-\sum_B \nu_B \mu_B\right)\frac{d\xi}{dt} > 0 \tag{1-1-78}$$

式中，$\dfrac{d\xi}{dt}$ 为单位时间的反应进度，即化学反应的转化速率，在非平衡态热力

学中，把它称为**通量（flux）或流**，用 J_K 表示。而 $\dfrac{-\sum\limits_B \nu_B \mu_B}{T}$ 是反应进行的**推动力**

(force) 或简称力。因此，系统中不可逆化学反应引起的熵产速率，可作为**推动力**
X_K 与通量 J_K 的乘积，其值一定大于零。

当系统中存在温度差、浓度差、电势差等推动力时，都会发生不可逆过程而引
入熵产。这些推动力称为**广义推动力（generalized force）**，而在广义推动力下产生
的通量，称为**广义通量（generalized flux）**。

（3）系统的总熵产速率

系统的总熵产速率为：

$$P = \sum_V \sigma dV \tag{1-1-79}$$

则为一切广义推动力与广义通量乘积之和，即：

$$P = \sum X_K J_K \tag{1-1-80}$$

这是非平衡态热力学中总熵产速率的基本方程。

（4）唯像方程、唯像系数

当系统达到平衡态时，同时有 $X_K = 0$；$J_K = 0$；$P = 0$；当系统临近平衡态
（或离平衡态不远时）并且只有单一很弱的推动力时，广义通量和广义推动力间呈
线性关系：

$$J = LX \tag{1-1-81}$$

我们所熟知的一些经验定律，如傅里叶热传导定律、牛顿黏度定律、费克第一
扩散定律和欧姆电导定律，它们的数学表达式均可用式（1-1-81）这种线性关系所
包容。其中的比例系数 L，称为**唯象系数**（phenomenological coefficient），可由实
验测得，对以上几个经验定律，则 L 分别为热导率、黏度、扩散系数和电导率。

若所讨论的非平衡态系统中有一个以上的广义推动力，广义通量和广义推动力
间的关系为：

$$J_K = \sum_i L_{K,i} X_{K,i} \tag{1-1-82}$$

该线性关系称为**唯象方程**（phenomenological equation）。满足唯像方程中的
线性关系的非平衡态热力学称为线性非平衡态热力学（thermodynamics of no-qual-
ibrium state of linear）。

（5）昂萨格倒易关系

设系统中存在两种广义推动力 X_1 和 X_2，推动两个不可逆过程同时发生，由

此引起两个广义通量 J_1 和 J_2。则可建立唯象方程如下：

$$\left.\begin{array}{l} J_1 = L_{11}X_1 + L_{12}X_2 \\ J_2 = L_{21}X_1 + L_{22}X_2 \end{array}\right\} \qquad (1\text{-}1\text{-}83)$$

式中，L_{11}、L_{22} 为自唯象系数（auto-phenomenological coefficient）；L_{12}、L_{21} 为交叉唯象系数（crose phenome—nological coefficient）或干涉系数（interference coefficient）。1931 年，昂萨格（Onsager L）推导出交叉唯象系数存在如下对称性质：

$$L_{12} = L_{21} \qquad (1\text{-}1\text{-}84)$$

该式称为**昂萨格倒易关系**（Onsagers′ reciprocity relations）。满足倒易关系的近平衡区叫严格线性区。

式（1-1-84）表明，当系统中发生的第一个不可逆过程的广义通量 J_1 受到第二个不可逆过程的广义推动力 X_2 的影响时，第二个不可逆过程的广义通量 J_2 也必然受第一个不可逆过程的广义推动力 X_1 的影响，并且表征这两种相互干涉的交叉唯象系数相等。昂萨格倒易关系是非平衡态热力学的重要成果，被许多实验事实所证实。

（6）最小熵产原理（principle of minmization entropy production rate）

在非平衡态的线性区（近平衡区），系统处于定态时熵产速率取最小值。它是 1945 年由普里高津提出的。数学表达式为：

$$\frac{\mathrm{d}P}{\mathrm{d}t} \leqslant 0 \quad (<0，偏离定态；=0，定态) \qquad (1\text{-}1\text{-}85)$$

最小熵产原理表明以下几点。

① 在非平衡态的线性区，非平衡定态是稳定的。设想，若系统已处于定态，假若环境给系统以微扰（或涨落），系统可偏离定态。而由最小熵产生原理可知，此时的总熵产生值大于定态的总熵产生值，而且随时间的变化总熵产生值要减少，直至达到定态，使系统又回到定态，因此非平衡定态是稳定的。

② 在非平衡态的线性区（即在平衡态附近）不会自发形成时空有序的结构，并且即使由初始条件强加一个有序结构（如前述的热扩散例子），但随着时间的推移，系统终究要发展到一个无序的定态，任何初始的有序结构都将会消失。换句话说，在非平衡态线性区，自发过程总是趋于破坏任何有序，走向无序。

（7）耗散结构理论

耗散结构理论指出，系统从无序状态过渡到耗散结构有几个必要条件：一是系统必须是开放的，即系统必须与外界进行物质、能量的交换；二是系统必须是远离平衡状态的，系统中物质、能量流和热力学力的关系是非线性的；三是系统内部不同元素之间存在着非线性相互作用，并且需要不断输入能量来维持。

耗散结构理论认为，一切孤立体系的自发变化总是朝着最混乱无序的方向进行，直至达平衡。一个生物有机体一旦被与环境隔绝开，成为孤立体系，它就会死亡、解体，从一种结构和功能有序变为无序的混乱状态。在这种情况下，生物有机体服从热力学第二定律。但活的生物有机体不是孤立体系而是远离平衡的开放体系，它与外界环境不断地进行物质和能量交换时，就有可能维持自身的有序组织结构，而不向平衡态变化。还可能产生自组织过程，向更加有序的组织结构方向进化。

1.3　热力学量与热力学状态函数的计算

1.3.1　不同过程的体积功 W_e

1.3.1.1　单纯 p、V、T 变化

（1）体系向真空膨胀

$W_e = 0$。

（2）体系等容变化

$W_e = 0$。

（3）体系在等压或等外压下膨胀或压缩

$$W_e = -p_e(V_2 - V_1) = -p_e \Delta V \tag{1-1-86}$$

（4）体系在可逆条件下膨胀或压缩：对理想气体，等温过程：

$$W = \int_{V_1}^{V_2} -P \, dV = -\int_{V_1}^{V_2} \frac{nRT}{V} dV \tag{1-1-87}$$

$$W = -nRT \ln \frac{V_2}{V_1} \tag{1-1-88}$$

（5）理想气体绝热过程的体积功

$$W = \Delta U = \int_{T_1}^{T_2} C_V \, dT = C_V(T_2 - T_1)（假设 C_V 与温度无关） \tag{1-1-89}$$

绝热可逆过程：

$$W = C_V(T_2 - T_1) = C_V T_1 \left[\left(\frac{V_1}{V_2} \right)^{\gamma-1} - 1 \right]（式中的 \gamma = \frac{C_p}{C_V}） \tag{1-1-90}$$

1.3.1.2　相变过程的功

正常相变过程均为等温等压过程，其体积功计算公式如下。

以凝聚相相变过程为例：

$$W_e = -p_e(V_2 - V_1) = -p_e \Delta V \tag{1-1-91}$$

因凝聚相发生相变时，体积变化不大，有时可以忽略体积功。

① 气-固相变：

$$W = -P_e(V_g - V_s) \tag{1-1-92}$$

② 液-气相变：

$$W = -P_e(V_g - V_1) \tag{1-1-93}$$

若将蒸气近似看作理想气体，忽略凝聚相体积，则式（1-1-92）和式（1-1-93）转化为：

$$W = -pV_g = -nRT \tag{1-1-94}$$

1.3.1.3　有气体参与的化学反应的功

等压反应：

$$W_e = -p\Delta V_g = -(\Delta n)_g RT \tag{1-1-95}$$

1.3.2　不同过程的热 Q

1.3.2.1　单纯 p、V、T 变化

（1）绝热过程

$Q=0$。

（2）体系向真空膨胀

理想气体：$Q=0$。

（3）体系等容变化

理想气体：

$$Q_V = \Delta U = \int_{T_1}^{T_2} C_V \mathrm{d}T = C_V(T_2 - T_1)（假设 C_V 不随温度变化）\tag{1-1-96}$$

（4）体系等压变化

$$Q_p = \Delta H = \int_1^2 C_p \mathrm{d}T = C_p(T_2 - T_1)（假设 C_p 不随温度变化）\tag{1-1-97}$$

（5）理想气体在等温可逆条件下膨胀或压缩

$$Q = -W_e = nRT \ln \frac{V_2}{V_1} \tag{1-1-98}$$

1.3.2.2　相变过程的热

（1）可逆相变

$Q = \Delta H_{相变}$。

（2）不可逆相变

可借助赫斯定律设计可逆过程求得。

以水在常温常压下的汽化热 ΔH_x 为例，设计如下三个可逆过程：①常温水可逆升温至 373K 的水，吸热 ΔH_1；②373K 的水汽化为 373K 的水蒸气（正常相变点的可逆相变）吸热 $\Delta H_2 = \Delta H_{相变}$；③再将 373K 的水蒸气降温至常温水蒸气，放热 ΔH_3。

据此可得：

$$\Delta H_x = \Delta H_1 + \Delta H_2 + \Delta H_3$$

$$\Delta H_x = nC_{p,\mathrm{m},\mathrm{l}}(T_{正常} - T_{常温}) + \Delta H_{相变} + nC_{p,\mathrm{m},\mathrm{g}}(T_{常温} - T_{正常})$$

$$\tag{1-1-99}$$

1.3.2.3　化学反应的热效应

（1）化学反应热效应的计算

对任意化学反应 $0 = \sum\limits_B \nu_B B$

① 利用物质生成焓计算

$$\Delta_r H_m^{\ominus} = \sum_B \nu_B \Delta_f H_m^{\ominus}(B) \qquad (1\text{-}1\text{-}100)$$

ν_B 为计量方程中的系数，对反应物取负值，生成物取正值。即：反应的标准摩尔焓变等于产物的标准摩尔生成焓的总和减去反应物标准摩尔生成焓的总和。

② 利用物质燃烧焓计算

$$\Delta_r H_m^{\ominus} = -\sum_B \nu_B \Delta_C H_m^{\ominus}(B) \qquad (1\text{-}1\text{-}101)$$

ν_B 为计量方程中的系数，对反应物取负值，生成物取正值。即反应热效应等于反应物燃烧焓的总和减去产物燃烧焓的总和。

③ 利用键焓计算

$$\Delta_r H_m^{\ominus} = \sum \overline{D}_{反应物} - \sum \overline{D}_{产物} \qquad (1\text{-}1\text{-}102)$$

（2）中和热的计算

强酸强碱的中和热是 $H^+(aq) + OH^-(aq) = H_2O(l)$ 反应的热效应 $\Delta_r H_m^{\ominus}$。

$$\Delta_r H_m^{\ominus} = \sum (\Delta_f H_m^{\ominus})_{产物} - \sum (\Delta_f H_m^{\ominus})_{反应物} \qquad (1\text{-}1\text{-}103)$$

当有弱酸、弱碱参加反应时，其热效应数值不同，因为这时必须考虑弱电解质的离解热。

$$\Delta_r H_m^{\ominus} = \Delta_{dis} H_{m,\,弱酸弱碱}^{\ominus} + \Delta_r H_{m,\,强酸强碱}^{\ominus} \qquad (1\text{-}1\text{-}104)$$

（3）离解热计算

$$\Delta_{dis} H_m^{\ominus} = \Delta_f H_{m,\,ions(aq)}^{\ominus} - \Delta_f H_{m,\,B(aq)}^{\ominus} \qquad (1\text{-}1\text{-}105)$$

以上式（1-1-103）～式（1-1-105）所做的计算中都是假设反应是在无限稀释的溶液中进行的，如果实际情况不是稀溶液，则要考虑稀释热效应。

1.3.3　不同过程的热力学能变 ΔU

1.3.3.1　单纯 p、V、T 变化

（1）绝热过程

$\Delta U = W$。

（2）体系向真空膨胀

理想气体：$\Delta U = 0$。

（3）体系等容变化

理想气体，假设等容热容 C_V 与 T 无关。

$$dU = C_V dT; \quad \Delta U = \int_{T_1}^{T_2} C_V dT = C_V(T_2 - T_1) \qquad (1\text{-}1\text{-}106)$$

（4）体系等压变化

对理想气体，无论是等压变化，还是等容变化，其热力学能变化值的计算公式一样，如式（1-1-106）。

（5）体系在等温可逆条件下膨胀或压缩

理想气体：$\Delta U = 0$。

1.3.3.2　相变过程的热力学能变 ΔU

按照热力学第一定律：

$$\Delta U = Q + W_e \tag{1-1-107}$$

按照焓的定义式，$H = U + pV$ 可求：

$$\Delta U = \Delta H - \Delta(pV) \tag{1-1-108}$$

1.3.3.3　化学反应的热力学能变化值

若不做非体积功，同式（1-1-107）和式（1-1-108）。

1.3.4　不同过程的焓变 ΔH

1.3.4.1　单纯 p、V、T 变化

（1）理想气体等温过程

$\Delta H = 0$。

（2）理想气体等容过程

$$假设 C_p 与 T 无关，\Delta H = \int_{T_1}^{T_2} C_p \, \mathrm{d}T = C_p(T_2 - T_1)$$

$$\tag{1-1-109}$$

（3）理想气体等压过程

对理想气体，无论是等压变化，还是等容变化，其焓变值的计算公式一样，如式（1-1-109）。

（4）绝热过程

按照焓的定义式，可计算其焓变：

$$\Delta H = \Delta U + \Delta(pV) \tag{1-1-110}$$

1.3.4.2　相变过程的焓变

（1）可逆相变

焓变等于相变热：

$$\Delta H = Q_p \tag{1-1-111}$$

（2）不可逆相变

通过状态函数特点设计可逆过程求得。同 1.3.2.2 节中式（1-1-99）。

1.3.4.3　化学反应的焓变

（1）等压化学反应

参见 1.3.2.3 节中式（1-1-100）～式（1-1-102）。

（2）等容化学反应

$$\Delta H = Q_V + (\Delta n)_g RT \tag{1-1-112}$$

1.3.5　不同过程的熵变 ΔS

1.3.5.1　环境熵变

$$\Delta S_{环境} = \frac{Q_{环境}}{T} = -\frac{Q_{体系}}{T} \tag{1-1-113}$$

1.3.5.2　单纯 p、V、T 变化过程的熵变

（1）等温过程熵变的计算

① 理想气体的等温可逆膨胀（或压缩过程）

$$\Delta S = nR\ln\frac{V_2}{V_1} = nR\ln\frac{p_1}{p_2} \tag{1-1-114}$$

② 理想气体自由膨胀过程　可将该过程设计为等温可逆膨胀过程。

$$\Delta S = nR\ln\frac{V_2}{V_1} \tag{1-1-115}$$

③ 理想气体等温等压混合过程

$$\begin{aligned}\Delta S &= n_A R\ln\frac{V_A+V_B}{V_A} + n_B R\ln\frac{V_A+V_B}{V_B}\\ &= -n_A R\ln x_A - n_B R\ln x_B\\ &= -R\sum_i n_i \ln x_i\end{aligned} \tag{1-1-116}$$

式中，x_i 为物质的量分数。

（2）变温过程熵变的计算

对无化学变化、无相变，只有体积功的可逆变温过程：

$$\mathrm{d}S = \frac{C\mathrm{d}T}{T};\ \ \Delta S = \int_{T_1}^{T_2}\frac{C\mathrm{d}T}{T} \tag{1-1-117}$$

① 等压过程

$$\Delta S = S_2 - S_1 = \int_{T_1}^{T_2}\frac{\delta Q_p}{T} = \int_{T_1}^{T_2}\frac{nC_{p,\mathrm{m}}}{T}\mathrm{d}T \tag{1-1-118}$$

若 $C_{p,\mathrm{m}}$ 为常数，则：

$$\Delta S = nC_{p,\mathrm{m}}\ln\frac{T_2}{T_1} \tag{1-1-119}$$

② 等容过程

$$\Delta S = nC_{V,\mathrm{m}}\ln\frac{T_2}{T_1} \tag{1-1-120}$$

③ 理想气体任意状态变化过程

$$\Delta S = nC_{p,\mathrm{m}}\ln\frac{T_2}{T_1} + nR\ln\frac{V_2}{V_1} \tag{1-1-121}$$

$$\Delta S = nC_{p,\mathrm{m}}\ln\frac{T_2}{T_1} + nR\ln\frac{p_1}{p_2} \tag{1-1-122}$$

$$\Delta S = nC_{V,\mathrm{m}}\ln\frac{T_2}{T_1} + nR\ln\frac{V_2}{V_1} \tag{1-1-123}$$

可以证明式（1-1-121）～式（1-1-123）相等。

1.3.5.3　相变过程的熵变

（1）可逆相变过程的熵变

$$\Delta S = \frac{Q}{T}$$

（2）不可逆相变过程的熵变

设计一可逆途径（一定包含等温等压可逆相变过程）来完成。

以过冷液体的凝固为例，设想以下三个可逆过程：①过冷液体可逆升温至正常相变点；②液体在正常相变点的可逆相变；③固体从正常相变点可逆降温到原温度。

据此可得：

$$\Delta S_x = \Delta S_1 + \Delta S_2 + \Delta S_3$$

$$= C_{p,\text{ m(l)}} \ln \frac{T_2}{T_1} + \frac{\Delta H_{\text{m, 凝固}}^{\ominus}}{T_f} + C_{p,\text{ m(s)}} \ln \frac{T_2}{T_1} \tag{1-1-124}$$

1.3.5.4 化学反应的熵变

（1）物质的规定熵计算

物质在温度 T 时的熵值可由下式计算：

$$S = \int_0^T \frac{C_p}{T} dT = \int_0^T C_p \, d\ln T \tag{1-1-125}$$

计算的起点是 0K，终点是 TK，考虑各种相变过程，积分可得：

$$S(T) = S(0) + \int_0^{T_f} \frac{C_{p,\text{ 固}}}{T} dT + \frac{\Delta H_{\text{熔化}}}{T_f} + \int_{T_f}^{T_b} \frac{C_{p,\text{ 液}}}{T} dT + \frac{\Delta H_{\text{蒸发}}}{T_b} + \int_{T_b}^{T} \frac{C_{p,\text{ 气}}}{T} dT \tag{1-1-126}$$

式中，T_f、T_b 为熔点和沸点；ΔH 为相应的熔化热和蒸发热。

（2）化学反应熵变的计算

对任意反应：$0 = \sum_B \nu_B B$，当温度为 T，各组分均处于标准态时，反应的标准摩尔熵变为：

$$\Delta_r S_m^{\ominus} = \sum_B \nu_B S_{m,B}^{\ominus} \tag{1-1-127}$$

式中，ν_B 为物质 B 的化学计量系数，反应物为负，产物为正。

（3）任意温度下化学反应的熵变

$$\Delta_r S_m^{\ominus}(T) = \Delta_r S_m^{\ominus}(298.15\text{K}) + \int_{298.15\text{K}}^{T} \frac{\sum_B \nu_B C_{p,\text{ m}}(B) dT}{T} \tag{1-1-128}$$

反应在 298.15K 时的熵变值可通过查得各反应物质的标准熵数据，通过式（1-1-127）计算得到。

1.3.6 不同过程的吉布斯自由能变 ΔG

（1）根据热效应和熵变数据计算吉布斯自由能变

$$dG = dH - T dS$$

或

$$\Delta G = \Delta H - T \Delta S \tag{1-1-129}$$

（2）根据标准生成吉布斯自由能计算反应自由能的变化

$$\Delta_r G_m^{\ominus} = \sum \Delta_f G_{m,\,产物}^{\ominus} - \sum \Delta_f G_{m,\,反应物}^{\ominus} \tag{1-1-130}$$

或一般地表示为

$$\Delta_r G_m^{\ominus} = \sum_B \nu_B \Delta_f G_{m,\,B}^{\ominus} \tag{1-1-131}$$

（3）可逆相变过程

$$\Delta G = 0$$

（4）安排成可逆电池反应

$$\Delta G = -nEF \tag{1-1-132}$$

1.3.7　不同过程的亥姆霍兹自由能变 ΔA

$$\Delta A = \Delta U - \Delta(TS) \tag{1-1-133}$$

若是等温过程，则：

$$\Delta A = \Delta U - T\Delta S \tag{1-1-134}$$

1.3.8　绝热反应系统极值温度的计算

反应方程式为：$a\mathrm{A} + b\mathrm{B} \longrightarrow c\mathrm{C} + d\mathrm{D}$，反应体系的初始状态为 p，T_1（已知），在等压下进行近似绝热反应，终态为 p，T_2（待求）。设计如下过程：

$$p,\ T_1（已知）\quad a\mathrm{A}+b\mathrm{B} \xrightarrow[\text{等压，}\Delta_r H_m = 0]{\text{绝热反应}} c\mathrm{C}+d\mathrm{D} \quad p,\ T_2（待求）$$

$$\Delta H_{m(1)} \Big\downarrow \qquad\qquad\qquad\qquad \Big\uparrow \Delta H_{m(2)}$$

$$p,\ 298.15\mathrm{K} \quad a\mathrm{A}+b\mathrm{B} \xrightarrow[\Delta_r H_m(298.15\mathrm{K})]{\text{等温、等压反应}} c\mathrm{C}+d\mathrm{D} \quad p,\ 298.15\mathrm{K}$$

先将反应体系从初始态改变到 298.15K，让该反应在 298.15K、等温等压条件下进行，然后再把产物从 298.15K 改变到 T_2（T_2 是绝热反应该体系所能达到的最高温度）。由状态函数的性质可得：$\Delta_r H_m = \Delta H_{m(1)} + \Delta_r H_{m(298.15\mathrm{K})} + \Delta H_{m(2)} = 0$

式中，$\Delta H_{m(1)} = \displaystyle\int_{T_1}^{298.15\mathrm{K}} \sum_B C_p（反应物）\mathrm{d}T$；$\Delta H_{m(2)} = \displaystyle\int_{298.15\mathrm{K}}^{T_2} \sum_B C_p（生成物）\mathrm{d}T$。

根据 $\Delta H_{m(1)} + \Delta_r H_{m(298.15\mathrm{K})} + \Delta H_{m(2)} = 0$，即可得出终态温度 T_2 值。

第 2 章　热力学的应用

2.1　基本概念

2.1.1　多组分系统热力学的基本概念

（1）多组分系统

多组分系统可以是单相的，也可以是多相的。通常所说的多组分单相系统，是两种或两种以上的物质以分子大小混合而成的均匀系统。

（2）混合物

由两种或两种以上的物质互相混合而成的均相系统称为混合物。按聚集状态分为气态混合物、固态混合物（又称固溶体）和液态混合物（通常称为溶液）。在热力学中，对混合物中的任何组分都按照相同的方法来处理，如标准态的选择、化学势的表达式等，都遵守相同的经验定律。按照热力学行为分为理想混合物和非理想混合物。

理想混合物：完全符合经验定律，当两个或两个以上的组分形成理想混合物时，没有热效应，总体积等于各纯组分体积的加和，没有因混合而发生体积的变化。

非理想混合物：其中的组分可能对符合的经验定律发生偏差，需要对其浓度进行修正，将浓度用活度代替。

（3）溶液

从本质上讲，混合物和溶液并无区别，都属于多组分系统，有溶剂和溶质之分的为溶液，无溶剂、溶质之分的为混合物。

（4）偏摩尔量

在等温、等压条件下，在大量的定组成系统中，加入单位物质的量的 B 物质所引起广度性质 Z 的变化值。或在等温、等压、保持 B 物质以外的所有组分的物质的量不变的有限系统中，改变 dn_B 所引起广度性质 Z 的变化值。

（5）化学势

保持热力学函数的特征变量和除 B 以外其他组分不变，某热力学函数随物质的量 n_B 的变化率称为化学势。通常实验都是在等温、等压下进行的，所以如不特别指明，化学势就是指偏摩尔 Gibbs 自由能。

2.1.2　多组分系统的组成表示法

（1）物质 B 的质量浓度 ρ_B

用 B 的质量 m_B 除以混合物的体积 V：

$$\rho_B \overset{def}{=\!=\!=} \frac{m_B}{V} \qquad (1\text{-}2\text{-}1)$$

单位：$kg \cdot m^{-3}$。

（2）质量分数

B 的质量 m_B 与混合物的质量之比：

$$w_B = \frac{m_B}{\sum m_A} \times 100\% \qquad (1\text{-}2\text{-}2)$$

（3）物质的量浓度

B 的物质的量与混合物体积 V 的比值：

$$c_B = \frac{n_B}{V} \qquad (1\text{-}2\text{-}3)$$

单位：$mol \cdot m^{-3}$。

（4）摩尔分数

指 B 的物质的量与混合物总的物质的量之比，又称为物质的量分数：

$$x_B = \frac{n_B}{\sum n_A} \qquad (1\text{-}2\text{-}4)$$

（5）质量摩尔浓度 m_B

溶质 B 的物质的量与溶剂 A 的质量之比：

$$m_B = \frac{n_B}{m_A} \qquad (1\text{-}2\text{-}5)$$

单位：$mol \cdot kg^{-1}$。

（6）摩尔比 r_B

溶质 B 的物质的量与溶剂 A 的物质的量之比：

$$r_B = \frac{n_B}{n_A} \qquad (1\text{-}2\text{-}6)$$

2.1.3　气体混合物热力学的基本概念

（1）逸度

表示体系在所处的状态下，分子逃逸的趋势，是一种物质迁移时的推动力或逸散能力。

（2）逸度因子

表示非理想气体偏离理想气体行为的程度，等于气体 B 的逸度与其分压力之比，也称为逸度系数。

（3）压缩因子

在描述真实气体的 p、V、T 性质时，将理想气体的状态方程用压缩因子 Z 加以修正，即 $pV = ZnRT$。压缩因子的定义为：

$$Z = (pV)/(nRT) = (pV_m)/(RT) \qquad (1\text{-}2\text{-}7)$$

压缩因子的量纲为 1。Z 的大小反映出真实气体对理想气体的偏差程度。Z 的数值与温度、压力有关。

（4）对比压力

是实际气体的绝对压力与其临界压力的比值，对比压力的单位是 1。

（5）对比温度

其值等于气体所处实际状态下的热力学温度与其临界温度的比值。

（6）超临界流体

达到某温度时，气体的密度等于液体的密度，这时气-液界面消失，液体和气体混为一体，在该温度之上无论论多大压力，都无法使气体液化，这种状态称为临界状态。高于临界状态的物系，既具有液体性质，又具有气体性质，被称为超临界流体。超临界流体具有液体一样的溶解能力，气体一样的扩散速率。

2.1.4　溶液热力学的基本概念

（1）溶质和溶剂

在液态溶液中，把液体组分当作溶剂，把溶解在液体中的气体或固体叫做溶质。当液体溶于液体时，通常把含量较多的一种叫做溶剂，较少的一种叫做溶质。但是在理论上，溶液中的任何组分都是等同对待的，所以溶质与溶剂的区分完全是习惯性的。在热力学中，溶液系统的溶剂和溶质采用不同的方法来处理，如标准态的选择、化学势的表达式，虽然在形式上相同，但其内涵不同，它们遵守的经验定律也不同。

（2）稀溶液

稀溶液分为理想稀溶液和非理想稀溶液。

理想稀溶液：在一定的温度和压力下，在一定的浓度范围内，溶剂遵守拉乌尔（Raoult）定律，溶质遵守亨利（Henry）定律，这种溶液称为理想稀溶液。

非理想稀溶液：是指溶剂对拉乌尔定律发生偏差，溶质对亨利定律发生偏差，溶剂和溶质的浓度要用活度来进行修正。

（3）理想液态混合物

不分溶剂和溶质，任一组分在全部浓度范围内都符合 Raoult 定律；从分子模型上看，各组分分子大小和作用力彼此相似，在混合时没有热效应和体积变化，这种混合物称为理想液态混合物。

2.1.5　稀溶液的依数性

（1）稀溶液的依数性

指定溶剂的类型和数量后，某些性质只取决于所含溶质粒子的数目，而与溶质的本性无关。出现依数性的根源是：由于非挥发性溶质的加入，使溶剂的蒸气压降低。溶剂蒸气压下降的数值与溶质的摩尔分数成正比，而与溶质的性质无关。稀溶液的依数性质包括：沸点升高、凝固点降低、具有渗透压。

（2）纯液体的凝固点

在大气压力下，纯物固态和液态的蒸气压相等，固-液两相平衡共存时的温度。

（3）稀溶液的凝固点

溶剂和溶质不形成固溶体，纯溶剂固-液两相平衡共存的温度。

（4）凝固点降低

稀溶液的凝固点比纯溶剂的凝固点低，降低值只与溶质的量有关。

（5）纯液体的沸点

在大气压力下，液体的蒸气压等于外压时的温度，这时气-液两相平衡共存。

（6）稀溶液的沸点

是指纯溶剂气-液两相平衡共存的温度。

（7）沸点升高

稀溶液的沸点比纯溶剂的沸点高，升高值只与溶质的量有关。

（8）渗透压

纯水的化学势大于稀溶液中水的化学势，两者之间放置一半透膜只允许水分子通过，为了阻止水分子渗透，在稀溶液一侧必须外加的最小压力称为渗透压。

（9）反渗透

若外加压力大于渗透压，水分子向纯水方向渗透，称为反渗透，可用于海水淡化、污水处理等。

2.1.6　真实溶液（非理想溶液）

（1）活度

为使理想溶液（或极稀溶液）的热力学公式适用于真实溶液，用来代替浓度的一种物理量。

（2）活度因子

活度因子（activity factor）表示实际混合物中，B 组分的摩尔分数与理想混合物的偏差，其量纲是 1。

（3）渗透因子

溶液中溶剂占多数，用渗透因子 φ 来表示溶剂的非理想程度。

$$\varphi = \frac{\ln r_{x,\,A} + \ln x_A}{\ln x_A} \tag{1-2-8}$$

（4）超额函数

用超额函数表示整个溶液的非理想程度。

① 超额 Gibbs 自由能（G^E）　　表示实际混合过程中的吉布斯自由能变化值 $\Delta_{mix}G^{re}$ 与理想混合时的吉布斯自由能变化值 $\Delta_{mix}G^{id}$ 的差值：

$$G^E = \Delta_{mix}G^{re} - \Delta_{mix}G^{id} = \sum_B n_B RT \ln r_B \tag{1-2-9}$$

② 超额体积（V^E）　　表示实际混合过程中的体积变量 $\Delta_{mix}V^{re}$ 与理想混合时体积变量 $\Delta_{mix}V^{id}$ 的差值：

$$V^{E} = \Delta_{\mathrm{mix}} V^{\mathrm{re}} - \Delta_{\mathrm{mix}} V^{\mathrm{id}} \tag{1-2-10}$$

$$V^{E} = RT \sum_{B} n_{B} \left(\frac{\partial \ln r_{B}}{\partial p} \right)_{T} \tag{1-2-11}$$

③ 超额焓（H^{E}）　表示实际混合过程中的焓变 $\Delta_{\mathrm{mix}} H^{\mathrm{re}}$ 与理想混合时焓变 $\Delta_{\mathrm{mix}} H^{\mathrm{id}}$ 的差值：

$$H^{E} = \Delta_{\mathrm{mix}} H^{\mathrm{re}} - \Delta_{\mathrm{mix}} H^{\mathrm{id}} \tag{1-2-12}$$

$$H^{E} = -RT^{2} \sum_{B} n_{B} \left(\frac{\partial \ln r_{B}}{\partial T} \right)_{p} \tag{1-2-13}$$

④ 超额熵（S^{E}）　表示实际混合过程中的熵变 $\Delta_{\mathrm{mix}} S^{\mathrm{re}}$ 与理想混合时的熵变 $\Delta_{\mathrm{mix}} S^{\mathrm{id}}$ 的差值：

$$S^{E} = \Delta_{\mathrm{mix}} S^{\mathrm{re}} - \Delta_{\mathrm{mix}} S^{\mathrm{id}} \tag{1-2-14}$$

$$S^{E} = -R \sum_{B} n_{B} \ln r_{B} - RT \sum_{B} n_{B} \left(\frac{\partial \ln r_{B}}{\partial T} \right)_{p} \tag{1-2-15}$$

（5）正规溶液

溶液的非理想性完全由混合热效应引起，这种非理想溶液称为正规溶液，其特点为：$S^{E} = 0$，$G^{E} = H^{E}$。

（6）无热溶液

溶液的非理想性完全是由混合熵效应引起的，所以称为无热溶液，其特点为：$H^{E} = 0$，$G^{E} = -TS^{E}$。

2.1.7　相平衡的基本概念

① 相：系统内部物理和化学性质完全均匀的部分称为相。

② 相平衡：当系统不止一个相时，物质在各相间的分布达到平衡，各相的组成和数量不随时间而变，即在相间没有物质的净转移。

③ 相图：研究多相系统的状态如何随温度、压力和组成等强度性质的变化而变化，并用图形来表示，这种图形称为相图。

④ 相律：研究多相平衡系统中，相数、独立组分数与描述该平衡系统的变数之间的关系。它只能作定性的描述，而不能给出具体的数值。

⑤ 自由度：确定平衡系统的状态所必需的独立强度变量的数目称为自由度，用字母 f 表示。这些强度变量通常是压力、温度和浓度等。

⑥ 物种数：系统内所有物种数的和，用 S 表示。

⑦ 独立组分数：它的数值等于系统中所有物种数 S 减去系统中独立的化学平衡数 R，再减去各物种间的强度因数的限制条件 R'，用 C 表示。

⑧ 相点：表示某个相状态（如相态、组成、温度等）的点称为相点。

⑨ 物系点：相图中表示系统总状态的点称为物系点。单组分系统，物系点和相点重合。

⑩ 三相点：对于单组分，气液固三相共存的点称为三相点，其温度和压力皆

由系统自定。

⑪ 亚稳态：通常指过冷液体不凝固、过热液体不蒸发以及过饱和蒸气不液化等现象，均处于不稳定状态，称为亚稳态。

⑫ 临界状态：随着温度的升高，饱和蒸气压变大，气体的密度不断变大。而液体由于受热膨胀，其密度不断变小。达到某温度时，气体的密度等于液体的密度，这时气-液界面消失，液体和气体混为一体，在该温度之上无论用多大压力，都无法使气体液化，这种状态称为临界状态。

⑬ 临界温度：达到临界状态的温度称为临界温度，用 T_C 表示。

⑭ 临界压力：达到临界状态的压力称为临界压力，用 p_C 表示

⑮ 一级相变：一般所讲的相变如气相、液相和固相间的转变过程中，有焓的变化、摩尔体积的突变和熵的变化，也即化学势的一级偏微商在相变过程中发生突变，这种相变称为一级相变。相变过程中压力随温度的变化值可由 Clapeyron 方程求算。

⑯ 连续相变：在相变过程中 $\Delta V = 0$，$\Delta H = 0$，Clapeyron 方程无法应用，化学势的二级偏微商发生突变，称这类相变为连续相变或二级相变。属于二级相变的有：两种液相氦在 λ 点上的转变，亦称 λ 相变；普通金属在低温下与超导体之间的转变；铁磁体与顺磁体的转变；合金中有序与无序的转变。

⑰ 超流液体：超流体是一种物质状态，完全缺乏黏性。在常压下即使温度低至趋近于 0K，在其蒸气压下也不凝结为固态。如果将超流体放置于环状的容器中，由于没有摩擦力，它可以永无止境地流动。例如液态氦在 −271℃ 以下时，内摩擦系数变为零，液态氦可以流过半径为 10^{-5} cm 的小孔或毛细管，这种现象叫做超流现象（superfluidity），这种液体叫做超流体（superfluid）。

⑱ 超导体：指导电材料在温度接近 0K 的时候，物体分子热运动下材料的电阻趋近于 0 的性质；零电阻和抗磁性是超导体的两个重要特性。

⑲ 液晶态：结晶态和液态之间的一种形态，是在一定温度范围内呈现既不同于固态、液态，又不同于气态的一种特殊物质态，它既具有各向异性的晶体所特有的双折射性，又具有液体的流动性和连续性，而其分子又保持着固态晶体特有的规则排列方式。其结构介于晶体和液体之间，所以也称它为介晶态。

⑳ 恒沸点：在气液平衡相图中，在一定条件下，液相线与气相线有一共同的最低点或最高点，即溶液的组成与其相平衡的蒸气组成相同，溶液在蒸馏时其沸点保持恒定，并且浓度不因蒸发的进行而有所改变，即具有恒沸点。

㉑ 恒沸混合物：指沸点和组成不因蒸馏的进行而改变的溶液。

㉒ 蒸馏：蒸馏是一种热力学的分离工艺，它是利用混合液体或液-固体系中各组分沸点不同，使低沸点组分蒸发，再冷凝以分离整个组分的单元操作过程，是蒸发和冷凝两种单元操作的联合。它的优点在于不需使用系统组分以外的其他溶剂，从而保证不会引入新的杂质。

㉓ 分馏：混合液沸腾后蒸气进入分馏柱中被部分冷凝，冷凝液在下降途中与

继续上升的蒸气接触，二者进行热交换，蒸气中高沸点组分被冷凝，低沸点组分仍呈蒸气上升，而冷凝液中低沸点组分受热气化，高沸点组分仍呈液态下降。结果是上升的蒸气中低沸点组分增多，下降的冷凝液中高沸点组分增多。如此经过多次热交换，就相当于连续多次的普通蒸馏，以致低沸点组分的蒸气不断上升，而被蒸馏出来，高沸点组分则不断流回蒸馏瓶中，从而将其分离。

㉔ 精馏：利用混合物中各组分挥发能力的差异，通过液相和气相的回流，使气、液两相逆向多级接触，在热能驱动和相平衡关系的约束下，使得易挥发组分（轻组分）不断从液相往气相中转移，而难挥发组分却由气相向液相中迁移，使混合物得到不断分离，该过程称为精馏。

㉕ 水蒸气蒸馏：利用完全不互溶双液体系在达到相平衡时，气相的总压等于水蒸气分压和组分 A 分压之和。当气相总压等于外压时，液体便在远低于组分 A 的正常沸点的温度下沸腾，随水蒸气蒸出。在水蒸气蒸馏操作中，水蒸气起到载热体和降低沸点的作用。原则上，任何与料液不互溶的气体或蒸气皆可使用，只不过水蒸气价廉易得，冷却后容易分离，故最为常用。

㉖ 露点：在一定压力下，气相混合物冷却到一定温度开始有露珠样的液体凝聚下来，该温度点称为露点。

㉗ 泡点：在一定压力下，液相混合物开始起泡沸腾的温度点称为泡点。

㉘ 液相线（泡点线）：将不同组分的泡点都连起来，就是液相组成线。

㉙ 气相线（露点线）：将不同组分的露点都连起来，就是气相组成线。

㉚ 临界溶解（会溶）温度：在部分互溶体系液液平衡相图中，两组分的互溶度相等时的温度称为临界溶解温度，也称为临界会溶温度。

㉛ 步冷曲线：将二组分固相系统首先加热熔化，再记录冷却过程中温度随时间的变化曲线，即步冷曲线。

㉜ 低共熔混合物：在二组分固液平衡相图中，存在一个比两个纯组分的熔点都低的温度，析出组成与液相混合物相同的均匀固态混合物，称为低共熔混合物。低共熔混合物并非化合物，原则上它可以被机械方法分离为两纯组分。它具有比较特殊的致密结构，质量均匀，强度大，在冶金工业中有重要意义。低共熔混合物并不限于二组分。这个析出的温度称低共熔温度或低共熔点（eutectic point）。

㉝ 转熔温度：对于形成不稳定化合物的二组分，这种化合物没有自己的熔点，在熔点温度以下的某个温度就分解为与化合物组成不同的液相和固相。该分解温度称为异成分熔点或转熔温度，或不相合熔点。

㉞ 转熔反应：转熔反应即为包晶反应。在具有不相合熔点的固相完全不互溶相图中，指在结晶过程先析出相（旧的固相）与剩余液相（有确定成分）发生反应生成另一种（新）固相的恒温转变过程。

㉟ 区域熔炼：区域熔炼是制备高纯物质的有效方法。一般是将高频加热环套在需精炼的棒状材料的一端，使之局部熔化。加热环再缓慢向前推进，已熔部分重

新凝固。由于杂质在固相和液相中的分布不等，用这种方法重复多次，杂质就会集中到一端，从而得到高纯物质。

㊱ 分凝系数：在固-液两相平衡区，设杂质在固相和液相中的浓度分别为 C_s 和 C_1，则分凝系数 K_s 为：$K_s = \dfrac{C_s}{C_1}$。

㊲ 枝晶偏析：固-液两相不同于气-液两相，析出晶体时，不易与熔化物建立平衡。较早析出的晶体含高熔点组分较多，形成枝晶，后析出的晶体含低熔点组分较多，填充在最早析出的枝晶之间，这种现象称为枝晶偏析。

㊳ 退火：为了使固相合金内部组成更均一，就把合金加热到接近熔点的温度，保持一定时间，使内部组分充分扩散，趋于均一，然后缓慢冷却，这种过程称为退火。

㊴ 淬火：在金属热处理过程中，使金属突然冷却，来不及发生相变，保持高温时的结构状态，这种工序称为淬火。

㊵ 固溶体：指溶质原子溶入金属溶剂的晶格中所组成的合金相。两组元在液态下互溶，固态也相互溶解，且形成均匀一致的物质。形成固溶体时，含量多者为溶剂，含量少者为溶质，溶剂的晶格即为固溶体的晶格。

置换固溶体：溶质原子占据溶剂晶格中的结点位置而形成的固溶体称置换固溶体。当溶剂和溶质原子直径相差不大，一般在 15% 以内时，易于形成置换固溶体。铜镍二元合金即形成置换固溶体，镍原子可在铜晶格的任意位置替代铜原子。

间隙固溶体：溶质原子分布于溶剂晶格间隙而形成的固溶体称间隙固溶体。间隙固溶体的溶剂是直径较大的过渡族金属，而溶质是直径很小的碳、氢等非金属元素。其形成条件是溶质原子与溶剂原子直径之比必须小于 0.59。如铁碳合金中，铁和碳所形成的固溶体——铁素体和奥氏体，皆为间隙固溶体。

缺位型固溶体：晶格结点位置上出现空位的一种固溶体。例如用三价铝离子置换尖晶石（$MgAl_2O_4$）中的二价镁离子时，为了保持电中性，每加入两个三价铝离子，必须置换出三个二价镁离子，留下一个正离子空位而构成缺位固溶体。缺位固溶体较置换固溶体和间隙固溶体的晶格扭曲大，畸变较严重，故晶体的活性较高。

㊶ 萃取：又称溶剂萃取或液液萃取，亦称抽提，是利用物质在两种互不相溶（或微溶）的溶剂中溶解度或分配系数不同，使溶质从一种溶剂中转移到另外一种溶剂中的方法。

2.1.8　典型相图分析和应用

2.1.8.1　单组分相图

研究压力与温度对单组分状态的影响，通常横坐标为温度，纵坐标为压力。如图 1-2-1～图 1-2-3 所示，分别为水、二氧化碳和碳的相图。

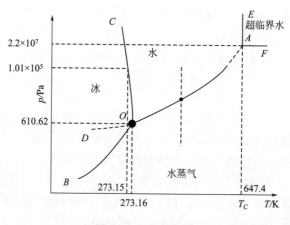

图 1-2-1　水的相图

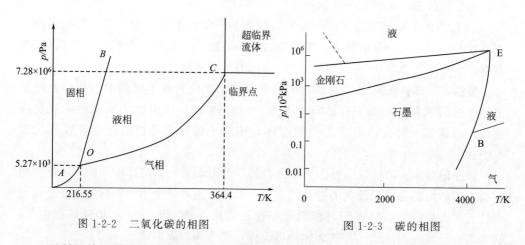

图 1-2-2　二氧化碳的相图　　　　　图 1-2-3　碳的相图

可利用单组分相图分析各相态存在的条件及相互转化的条件。可利用单组分相图的超临界区域进行超临界流体的应用。

2.1.8.2　二组分相图

按照相律，二组分相数至少为1，自由度最大为3，所以要表示二组分系统状态图，需用三个坐标的立体图表示。为处理问题方便，通常保持一个变量为常量，从立体图上得到平面截面图。保持温度不变，得压力-组成图（$p\text{-}x$ 图），较常用；保持压力不变，得温度-组成图（$T\text{-}x$ 图），常用；保持组成不变，得温度-压力图（$T\text{-}p$ 图），不常用。按照物质相态不同，又可分为气液平衡相图、固液平衡相图和固固平衡相图。

（1）理想的二组分液态混合物——完全互溶的双液系

两个纯液体可按任意比例互溶，每个组分都服从 Raoult 定律，这样的系统称为理想的液体混合物。如苯和甲苯，正己烷与正庚烷等结构相似的化合物可形成这种系统。图中，l 为液相，g 为气相。下同。

① $p\text{-}x$ 相图　见图 1-2-4。

② $T\text{-}x$ 相图　见图 1-2-5。

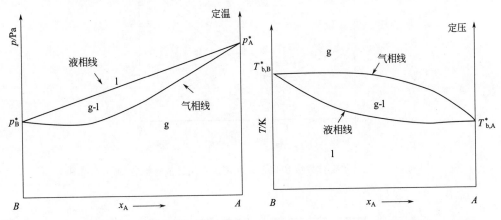

图 1-2-4　完全互溶的双液系 $p\text{-}x$ 相图　　　　图 1-2-5　完全互溶的双液系 $T\text{-}x$ 相图

可利用完全互溶二组分相图进行有机物的蒸馏或精馏进行分离提纯。

（2）非理想的二组分液态混合物

① 对拉乌尔定律发生正偏差，在 $p\text{-}x$ 图上出现最高点；在 $T\text{-}x$ 图上出现最低点，即最低恒沸点 C。

a. $p\text{-}x$ 图　见图 1-2-6。

b. $T\text{-}x$ 图　见图 1-2-7。

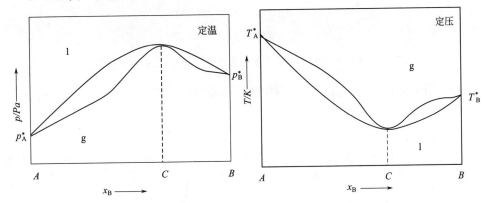

图 1-2-6　对拉乌尔定律发生正偏差的　　　　图 1-2-7　对拉乌尔定律发生正偏差的
　　非理想二组分液态混合物 $p\text{-}x$ 相图　　　　　　非理想二组分液态混合物 $T\text{-}x$ 相图

② 对拉乌尔定律发生负偏差，在 $p\text{-}x$ 图上出现最低点；在 $T\text{-}x$ 图上出现最高点，即最高恒沸点 C。

a. $p\text{-}x$ 图　见图 1-2-8。

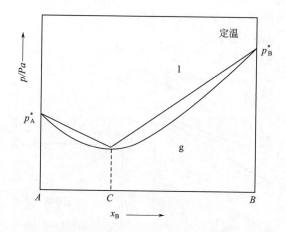

图 1-2-8　对拉乌尔定律发生负偏差的非理想二组分液态混合物 p-x 相图

b. T-x 图　见图 1-2-9。

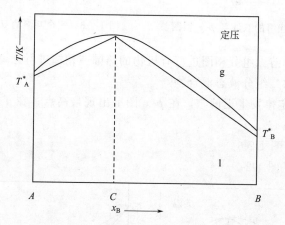

图 1-2-9　对拉乌尔定律发生负偏差的非理想二组分液态混合物 T-x 相图

可利用恒沸物的稳定性制作标准物质，或精馏得到恒沸物和某一纯组分。

（3）部分互溶的双液系

① 具有最高会溶温度。

如图 1-2-10 所示，水-苯胺系统在常温下只能部分互溶，达溶解平衡时分为两层。上层（左半支）是水中饱和了苯胺，下层（右半支）是苯胺中饱和了水，B 点温度称为最高会溶温度，高于这个温度，水和苯胺可无限混溶。

D 点：在 313K 下，苯胺在水中的饱和溶解度。E 点：在 313K 下，水在苯胺中的饱和溶解度。B 点：水与苯胺完全互溶。DB 线是苯胺在水中的溶解度曲线；EB 线是水在苯胺中的溶解度曲线；A' 和 A'' 称为共轭配对点。

② 具有最低会溶温度。

如图 1-2-11 所示，在 T_B（约为 291.2K）以下，两者可以任意比例互溶，升高温度，互溶度下降，出现分层；T_B 以下是单一液相区，以上是两相区。

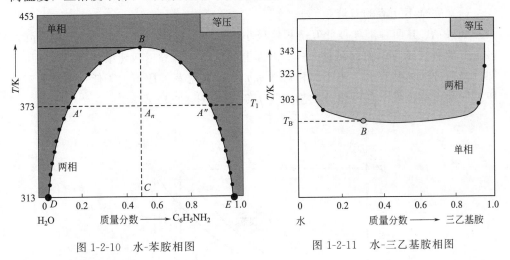

图 1-2-10 水-苯胺相图

图 1-2-11 水-三乙基胺相图

③ 同时具有最高、最低会溶温度。

如图 1-2-12 所示，在最低会溶温度 T_C（约 334K）以下和在最高会溶温度 $T_{C'}$（约 481K）以上，两液体完全互溶。在这两个温度之间只能部分互溶，形成一个完全封闭的溶解度曲线，曲线之内是两液相共存区。

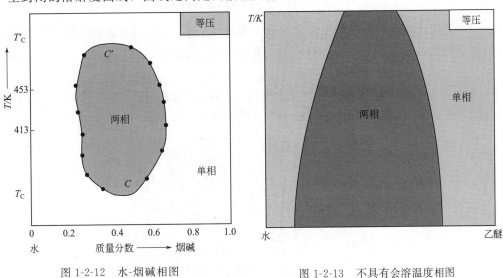

图 1-2-12 水-烟碱相图

图 1-2-13 不具有会溶温度相图
（水-乙醚的溶解度）

④ 不具有会溶温度。

一对液体在它们存在的温度范围内，不论以何种比例混合，一直是彼此部分互溶，不具有会溶温度。乙醚与水组成的双液系，在它们能以液相存在的温度区间内，一直是彼此部分互溶，不具有会溶温度。如图 1-2-13 所示。

可利用部分互溶双液系相图进行萃取条件的确定。

（4）完全不互溶的双液系

如果 A、B 两种液体彼此互溶程度极小，以致可忽略不计，则 A 与 B 共存时，各组分的蒸气压与单独存在时一样。液面上的总蒸气压等于两纯组分饱和蒸气压之和。当两种液体共存时，不管其相对数量如何，其总蒸气压恒大于任一组分的蒸气压，而沸点则恒低于任一组分的沸点其 p-T 图如图 1-2-14 所示。

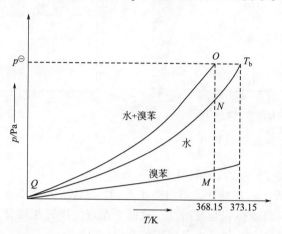

图 1-2-14　完全不互溶液体相图

可利用水与某些有机物形成完全不互溶的双液系，（双液系的沸点比两个纯物的沸点都低，很容易蒸馏）进行水蒸气蒸馏提纯或分离有机物。

（5）简单的低共熔二元相图

① 形成最低共熔混合物的二元金属相图，以 Bi-Cd 相图为例。

图上有 4 个相区：如图 1-2-15 所示。有三条多相平衡曲线。

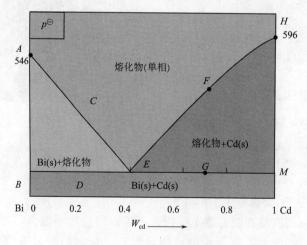

图 1-2-15　Bi-Cd 二元相图

ACE 线：Bi(s)＋熔液共存时的熔液组成线。*HFE* 线：Cd(s)＋熔液共存时的熔液组成线。*BEM* 线：Bi(s)＋熔液＋Cd(s)三相平衡线，三个相的组成分别由 *B*、*E*、*M* 三个点表示。有三个特殊点：*A* 点是纯 Bi(s) 的熔点；*H* 点是纯 Cd(s)的熔点；*E* 点是 Bi(s)＋熔液＋Cd(s)三相共存点。因为 *E* 点温度低于 *A* 点和 *H* 点的温度，称为低共熔点。在该点析出的混合物称为低共熔混合物。

利用生成最低共熔物相图，一方面可降低某些金属的熔点，在冶炼方面节约能源；另一方面利用低共熔物具有致密的特殊结构，形成过程中两种固体呈片状或粒状均匀交错在一起，这时系统有较好的强度。

② 形成最低共熔混合物的水-盐相图。

以水-硫酸铵相图为例，如图 1-2-16 所示。

图上有 4 个相区，有三条多相平衡曲线。*LA* 线：冰＋溶液两相共存时，溶液的组成曲线，也称为冰点下降曲线。*AN* 线：硫酸铵(s)＋溶液两相共存时，溶液的组成曲线，也称为盐的饱和溶解度曲线。*BAC* 线：冰＋硫酸铵 (s)＋溶液三相共存线。有两个特殊点：*L* 点是冰的熔点，因为盐的熔点极高，受溶解度和水的沸点的限制，在图上无法标出。*A* 点是冰＋硫酸铵(s)＋溶液三相共存点。溶液组成在 *A* 点以左者冷却，先析出冰；在 *A* 点以右者冷却，先析出硫酸铵(s)。

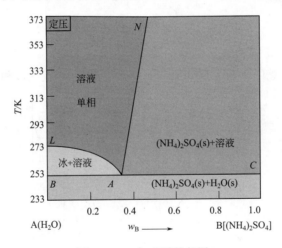

图 1-2-16　水-硫酸铵相图

可利用水-盐相图，通过结晶法精制盐类。也可在化工生产和科学研究中配制合适的水-盐系统，可以得到不同的低温冷冻液。

(6) 形成化合物的系统

① 稳定化合物，包括稳定的水合物，它们有自己的熔点，在熔点时液相和固相的组成相同。属于这类系统的有：$CuCl_2$-KCl；Au(s)-2Fe(s)；CuCl(s)-$FeCl_3$(s)；酚-苯酚；$FeCl_3$-H_2O 的四种水合物；Mn(NO_3)$_2$-H_2O 的两种水合物；H_2SO_4-H_2O 的三种水合物。

以 CuCl(s)-FeCl$_3$(s) 相图 （见图 1-2-17）为例：CuCl 与 FeCl$_3$ 可形成化合物 C，H 是 C 的熔点，在 C 中加入 A 或 B 组分都会导致熔点降低。

这张相图可以看作由 A 与 C 和 C 与 B 的两张简单的低共熔相图合并而成。所有的相图分析与简单的二元低共熔相图类似。

图中有两条三相线 DE_1F 和 GE_2J；有三个熔点 K、M、H；H 点是 C 的熔点；两个低共熔点 E_1 和 E_2。

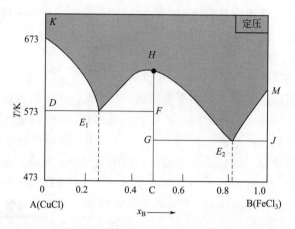

图 1-2-17　CuCl(s)-FeCl$_3$(s)相图

水与硫酸能形成三种稳定的水合物 $H_2SO_4 \cdot H_2O$（AB）、$H_2SO_4 \cdot 2H_2O$（A_2B）、$H_2SO_4 \cdot 2H_2O$（A_4B）（见图 1-2-18）。图中 L 代表液相。

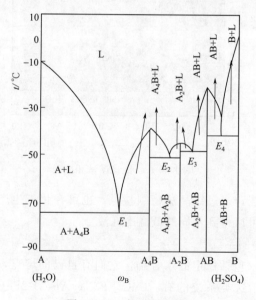

图 1-2-18　水-硫酸相图

② 形成不稳定化合物。

这种化合物没有自己的熔点，在熔点温度以下就分解为与化合物组成不同的液相和固相。如：$CaF_2 \cdot CaCl_2(s) \rightleftharpoons CaF_2(s) + $熔液（见图 1-2-19）。

属于这类系统的还有：K-Na；$2KCl\text{-}CuCl_2$；$Au\text{-}Sb_2$。

分解温度称为异成分熔点或转熔温度；FON 线也是三相线，但表示液相组成的点在端点 N；FON 线也称为不稳定化合物的转熔线。

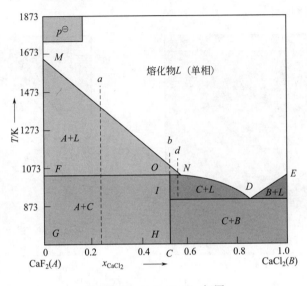

图 1-2-19　$CaF_2\text{-}CaCl_2$ 相图

（7）液、固相都完全互溶的相图

① 两个组分在固态和液态时能彼此按任意比例互溶而不生成化合物，也没有低共熔点。以 Au-Ag 相图为例（见图 1-2-20）。

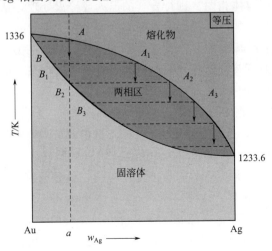

图 1-2-20　Au-Ag 相图

梭形区之上是熔液单相区，梭形区之下是固体溶液单相区，梭形区内固-液两相共存。上面是熔液组成线，下面是固溶体组成线。

② 完全互溶固溶体出现最低或最高点：当两种组分的粒子大小和晶体结构不完全相同时，它们的 T-x 图上会出现最低点或最高点，如图 1-2-21 所示。此外，Na_2CO_3-K_2CO_3；Ag-Sb；Cu-Au；KCl-KBr 等系统会出现最低点。但出现最高点的系统较少（见图 1-2-20）。

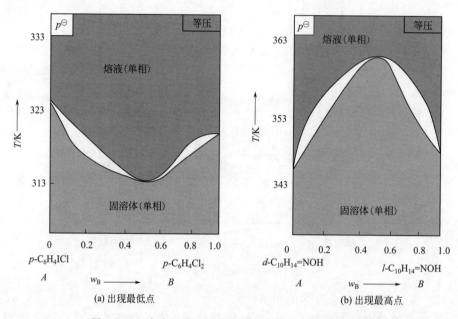

图 1-2-21　完全互溶固溶体出现最低点或最高点的相图

利用完全互溶固溶体相图，进行合金的退火或淬火处理，从而使固相合金内部组成更均一。即把合金加热到接近熔点的温度，保持一定时间，使内部组分充分扩散，趋于均一，然后缓慢冷却，这种过程称为退火。或者：在金属热处理过程中，使金属突然冷却，来不及发生相变，保持高温时的结构状态，这种工序称为淬火。

（8）固态部分互溶的二组分系统

两个组分在液态可无限混溶，而在固态只能部分互溶，形成类似于部分互溶双液系的帽形区。在帽形区外，是固溶体单相，在帽形区内，是两种固溶体两相共存。属于这种类型的相图形状各异，现介绍两种类型：①有一低共熔点；②有一转熔温度。

图 1-2-22 为有一低共熔点的固态部分互溶的二组分系统相图，有三个单相区：AEB 线以上，熔液单相区；AJF 以左，固溶体Ⅰ单相；BCG 以右，固溶体Ⅱ单相。有三个两相区：AEJ 区，熔液相＋固溶体Ⅰ；BEC 区，熔液相＋固溶体Ⅱ；$FJECG$ 区，固溶体Ⅰ＋固溶体Ⅱ；AE、BE 是熔液组成线；AJ 是固溶体Ⅰ的组成曲线；BC 是固溶体Ⅱ的组成曲线；JEC 线为三相共存线。$FJECG$ 区是两个固溶体的固相互相轭共存区；两个固溶体彼此互溶的程度从 JF 和 CG 线上读出；

E 点为 Ⅰ ＋ Ⅱ 两个固溶体的低共熔点。

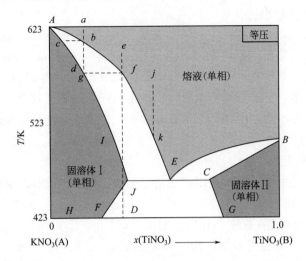

图 1-2-22　有一低共熔点的固态部分互溶的二组分系统相图

图 1-2-23 为有一转熔温度的固态部分互溶的二组分系统相图,有三个单相区: BCA 以左,熔液单相区; ADF 区,固溶体 Ⅰ 单相; BEG 以右,固溶体 Ⅱ 单相。

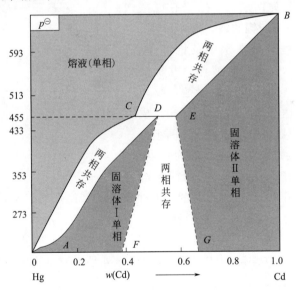

图 1-2-23　有一转熔温度的固态部分互溶的二组分系统相图

有三个两相区: ACD 区,熔液相＋固溶体 Ⅰ; BEC 区,熔液相＋固溶体 Ⅱ; $FDEG$ 区,固溶体 Ⅰ ＋固溶体 Ⅱ。

AC、BC 是熔液组成线; AD 是固溶体 Ⅰ 的组成曲线; BE 是固溶体 Ⅱ 的组成曲线。有一条三相线, CDE 线为三相共存线, Ⅰ(s) $\rightleftharpoons$ Ⅱ(s) $\rightleftharpoons$ L(l)。其中,熔液的组成为 C 点;固溶体 Ⅰ 的组成为 D 点;固溶体 Ⅱ 的组成为 E 点。CDE 对

应的温度称为转熔温度。升温到转熔温度时，固溶体 I 消失，转化为组成为 C 的熔液和组成为 E 的固溶体 II。

可利用固态部分互溶相图，利用杂质在不同固体中的溶解度不同，进行区域熔炼，从而制备高纯物质。可以制备 8 个 9 以上的半导体材料（如硅和锗），5 个 9 以上的有机物或将高聚物进行分级。一般是将高频加热环套在需精炼的棒状材料的一端，使之局部熔化。加热环再缓慢向前推进，已熔部分重新凝固。由于杂质在固相和液相中的分布不等，用这种方法重复多次，杂质就会集中到一端，从而得到高纯物质。

2.1.8.3 三组分相图

保持温度和压力都不变，可用正三角形平面图表示组成对系统状态的影响。

（1）部分互溶的三液体系统

① 有一对部分互溶系统　例如，醋酸（A）和氯仿（B）能无限混溶，醋酸（A）和水（C）也能无限混溶。但氯仿和水只能部分互溶。如图 1-2-24 所示，在其组成的三组分系统相图上出现一个帽形区，在 a 和 b 之间，溶液分为两层：一层是在醋酸存在下，水在氯仿中的饱和液，如一系列 a 点所示；另一层是氯仿在水中的饱和液，如一系列 b 点所示；这对溶液称为共轭溶液。在物系点为 c 的系统中加醋酸，物系点向 A 移动，到达 c_1 时，对应的两相组成为 a_1 和 b_1。继续加醋酸，使 B、C 两组分互溶度增加，连接线缩短，最后缩为一点，O 点称为等温会溶点或褶点。这时两层溶液界面消失，成单相。组成帽形区的 aOb 曲线称为双结点溶解度曲线或双结线。

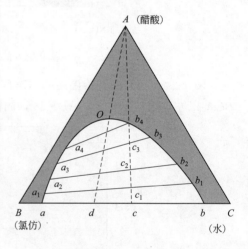

图 1-2-24　有一对部分互溶的三液系统相图

② 有两对部分互溶系统　乙烯腈（A）与水（B）、乙烯腈与乙醇（C）只能部分互溶，而水与乙醇可无限混溶，在相图上出现了两个溶液分层的帽形区。如图 1-2-25（a）所示，在温度为 T_1 时，帽形区之外是溶液单相区。在 aDb、cFd 内两相共存。各相的组成可从连接线上读出。

随着温度降低至 T_2，两边帽形区扩大，最后叠合。如图 1-2-25（b）所示，在 $abdc$ 内两相共存。在 $abdc$ 外为溶液单相。但上、下两个溶液单相区内，A 的含量不等。

③ 有三对部分互溶系统　乙烯腈（A）-水（B）-乙醚（C）在温度为 T_1 时，彼此都只能部分互溶，因此正三角形相图上有三个溶液分层的两相区。如图 1-2-26（a）所示，在帽形区以外，是完全互溶单相区。

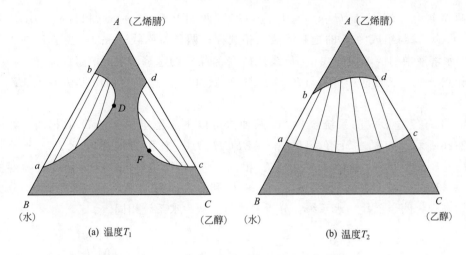

图 1-2-25　有两对部分互溶的三液系统相图

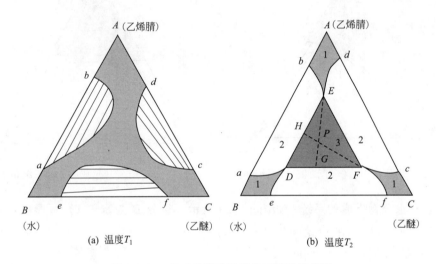

图 1-2-26　有三对部分互溶的三液系统相图

降低温度至 T_2，如图 1-2-26（b）所示，三个帽形区扩大以至重叠。靠近顶点的三小块用 1 表示的是单相区，2 表示的三小块是三组分彼此部分互溶的两相区。中间的 EDF 区是三个彼此不互溶溶液的三相区。这三个溶液的组成分别由 D、E、F 三点表示。

利用三组分相图，对沸点靠近或有共沸现象的液体混合物，可以用萃取的方法分离。通常利用 A 与 B 完全互溶，A 与萃取剂 S 也能互溶，而 B 与萃取剂互溶度很小的原理，进行萃取分离。一般根据分配系数，选择合适的萃取剂。

（2）二固体和一液体的水盐系统

① 固体盐 B、C 与水的系统　如图 1-2-27 所示，该三元相图中，有一个单相区——$ADFE$ 是不饱和溶液单相区；两个两相区——BDF 是 B（s）与其饱和溶

液两相共存；CEF 是 $C(s)$ 与其饱和溶液两相共存；一个三相区——BFC 是 $B(s)$、$C(s)$ 与组成为 F 的饱和溶液三相共存；两条特殊线——DF 线是 B 在含有 C 的水溶液中的溶解度曲线；EF 线是 C 在含有 B 的水溶液中的溶解度曲线；一个三相点——F 点是饱和溶液与 $B(s)$、$C(s)$ 三相共存点。B 与 DF 以及 C 与 EF 的若干连线称为连接线。

② 有复盐形成的系统　B、C 两种盐可以生成稳定的复盐 D 的相图，如图 1-2-28 所示。包括一个单相区——$AEFGH$ 为不饱和溶液单相区；三个两相区——BEF、DFG 和 CGH；两个三相区——BFD、DGC；三条饱和溶解度曲线——EF、FG、GH；两个三相点——F 和 G。如果用 AD 连线将相图一分为二，则变为两个二盐一水系统。分析方法与二盐一水系统相同。

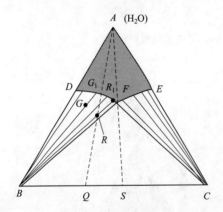

图 1-2-27　固体盐 B、C 与水的三元系统相图

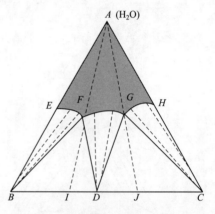

图 1-2-28　有复盐形成的三元系统相图

③ 有水合物生成的系统　如图 1-2-29 所示，组分 B 与水（A）可形成水合物 D。对 ADC 范围内的讨论与图 1-2-27 相同，只是 D 表示水合物组成。E 点是 $D(s)$ 在纯水中的饱和溶解度。当加入 $C(s)$ 时，溶解度沿 EF 线变化。BDC 区是 $B(s)$、$D(s)$ 和 $C(s)$ 的三固相共存区。Na_2SO_4-$NaCl$-H_2O 为此类系统，生成的水合物为：$Na_2SO_4 \cdot 10H_2O$。如果 $C(s)$ 也形成水合物，设为 D'，作 DD' 线，在 DD' 线以上的相图分析与图 1-2-27 相同。在 DD' 线以下为一四边形，连接对角线，把四边形分成两个三角形，可通过实验确定究竟哪一条对角线是稳定的。

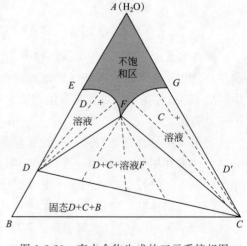

图 1-2-29　有水合物生成的三元系统相图

这类相图很多，很复杂，但在盐类的重结晶、提纯、分离等方面有实用价值。

（3）三组分低共熔系统的相图

以金属 Sn、Bi 和 Pb 形成三个二元低共熔相图为例，如图 1-2-30 所示。它们的低共熔点分别为 l_1、l_3 和 l_2，低共熔点在底边组成线上的位置分别为 C、D 和 B。将平面图向中间折拢，使代表组成的三个底边 Sn-Bi、Bi-Pb 和 Pb-Sn 组成正三角形，得到三维的正三棱柱形的三组分低共熔相图，纵坐标为温度。该相图包括：一个单相区——在花冠状曲面的上方是熔液单相区；三个两相区——在三个曲面上是熔液与对应顶点物的固体两相共存区分别是：曲面 Bi-$l_3l_4l_1$ 上，熔液和 Bi(s) 平衡，曲面 Pb-$l_2l_4l_3$ 上，熔液和 Pb(s) 平衡；曲面 Sn-$l_1l_4l_2$ 上，熔液和 Sn（s）平衡。三个三相共存点——在每个低共熔点 l_1、l_3 和 l_2 处，是三相共存。如果 Sn-Pb 系统在 l_2 处加入 Bi，低共熔点沿 l_2l_4 线下降，到达 l_4 时有金属 Bi 析出。l_2l_4、l_3l_4、l_1l_4 汇聚于 l_4，是 Sn(s)-Pb(s)-Bi(s)-溶液四相共存。温度再降低，液相消失，三固体共存。

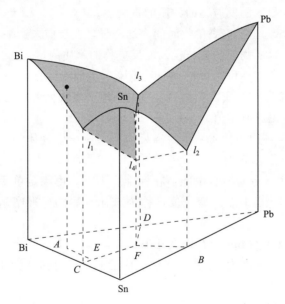

图 1-2-30　金属 Bi-Sn-Pb 三元金属相图

2.1.9　化学平衡的基本概念

① 化学平衡：反应系统中各物质的数量不再随时间而改变，正向反应速率等于逆向反应速率，系统达到动态平衡。

② 化学反应亲和势：1922 年，比利时热力学家 De donder 首先引进了化学反应亲和势的概念。他定义化学亲和势 A 为：

$$A \xlongequal{\text{def}} -\left(\frac{\partial G}{\partial \xi}\right)_{T,p} \tag{1-2-16}$$

对于一般的化学反应，$A>0$，反应正向进行；$A<0$，反应逆向进行；$A=0$，反应达到平衡。

③ 化学反应耦合：设系统中发生两个化学反应，若一个反应的产物在另一个反应中是反应物之一，则这两个反应称为耦合反应。

④ 同时平衡：在一个反应系统中，如果同时发生几个反应，当到达平衡态时，这种情况称为同时平衡。在处理同时平衡的问题时，要考虑每个物质的数量在各个反应中的变化，并在各个平衡方程式中同一物质的数量应保持一致。

⑤ 标准平衡常数：又称为热力学平衡常数，它仅是温度的函数。在数值上等于平衡时的"逸度商"，是量纲为1的量。因为它与标准化学势有关，所以又称为标准平衡常数。

⑥ 经验平衡常数：根据反应体系不同，采用平衡时各物质的压力商、活度商、浓度商等表示的平衡常数称为经验平衡常数，其单位视具体情况而定。

⑦ 平衡转化率：或称最高转化率、理论产率，反应达平衡时，反应物转化为产物的物质的量与投入的反应物的物质的量之比。

⑧ 实际转化率：为了提高单位时间内的产量，在反应未达平衡前就停止反应，这时反应物转为产物的物质的量与投入的反应物的物质的量之比。

⑨ 复相反应：有气相和凝聚相（液相、固体）共同参与的反应称为复相化学反应。

⑩ 分解压：某固体物质发生解离反应时，所产生气体的压力，称为解离压力，显然这个压力在定温下有定值。

⑪ 分解温度：某固体物质发生解离反应时，所产生气体的压力等于外压时所对应的温度，称为分解温度。

⑫ 标准摩尔生成吉布斯自由能：在标准压力下，由稳定单质生成单位物质的量的化合物时 Gibbs 自由能的变化值，称为该化合物的标准摩尔生成 Gibbs 自由能，$\Delta_f G_m^{\ominus}$。

⑬ 标准摩尔反应 Gibbs 自由能变化值：在温度 T 时，当反应物和生成物都处于标准态，发生反应进度为 1mol 的化学反应的 Gibbs 自由能变化值，称为标准摩尔反应 Gibbs 自由能变化值，用 $\Delta_r G_m^{\ominus}$ 表示。

⑭ 转折温度：通常将 $\Delta_r G_m^{\ominus}(T)=0$（$K^{\ominus}=1$）时的温度称为转折温度，意味着反应方向在这里发生变化。

2.2　基本定律与关系式

2.2.1　多组分体系热力学的基本公式

（1）偏摩尔量的集合公式

$$Z=\sum_{B=1}^{k} n_B Z_B \tag{1-2-17}$$

说明系统的总的容量性质等于各组分偏摩尔量的加和。

（2）吉布斯-杜海姆方程

说明偏摩尔量之间具有一定联系。某一偏摩尔量的变化可从其他偏摩尔量的变化中求得。

$$\sum_{B=1}^{k} n_B \mathrm{d}Z_B = 0 \tag{1-2-18}$$

（3）组成可变的均相多组分系统的热力学基本方程

$$\mathrm{d}U = T\mathrm{d}S - p\mathrm{d}V + \sum_B \mu_B \mathrm{d}n_B \tag{1-2-19}$$

$$\mathrm{d}H = T\mathrm{d}S + V\mathrm{d}p + \sum_B \mu_B \mathrm{d}n_B \tag{1-2-20}$$

$$\mathrm{d}A = -S\mathrm{d}T - p\mathrm{d}V + \sum_B \mu_B \mathrm{d}n_B \tag{1-2-21}$$

$$\mathrm{d}G = -S\mathrm{d}T + V\mathrm{d}p + \sum_B \mu_B \mathrm{d}n_B \tag{1-2-22}$$

（4）纯理想气体化学势等温式

$$\mu(T,\ p) = \mu^{\ominus}(T,\ p^{\ominus}) + RT\ln\frac{p}{p^{\ominus}} \tag{1-2-23}$$

（5）混合理想气体各物质的化学势

$$\mu_B(T,\ p) = \mu_B^{\ominus}(T) + RT\ln\frac{p_B}{p^{\ominus}} = \mu_B^{*}(T,\ p) + RT\ln x_B \tag{1-2-24}$$

$\mu_B^{*}(T,\ p)$ 是纯气体 B 在指定 T，p 时的化学势，不是标准态。

（6）实际气体化学势

$$\mu(T,\ p) = \mu^{\ominus}(T) + RT\ln\left(\frac{p\gamma}{p^{\ominus}}\right) = \mu^{\ominus}(T) + RT\ln\frac{f}{p^{\ominus}} \tag{1-2-25}$$

（7）混合实际气体中各物质的化学势

$$\mu_B(T,\ p) = \mu_B^{\ominus}(T) + RT\ln\frac{f_B}{p^{\ominus}} \tag{1-2-26}$$

2.2.2　溶液热力学的基本定律与关系式

（1）拉乌尔定律

在定温下，稀溶液中，溶剂的蒸气压等于纯溶剂蒸气压 p_A^{*} 乘以溶液中溶剂的摩尔分数 x_A。也可表述为：溶剂蒸气压的降低值与纯溶剂蒸气压之比等于溶质的摩尔分数。

$$p_A = p_A^{*} x_A \tag{1-2-27}$$

$$\Delta p_A = p_A^{*} \cdot x_B \tag{1-2-28}$$

（2）亨利定律

在一定温度和平衡状态下，气体在液体中的溶解度与该气体的平衡分压 p 成正比。溶解度用不同的表示方法，得到不同的亨利定律表达式：

$$p_B = k_{x,B} x_B \tag{1-2-29}$$

$$p_B = k_{m,B} m_B \tag{1-2-30}$$

$$p_B = k_{c,B} c_B \tag{1-2-31}$$

式中，$k_{x,B}$、$k_{m,B}$、$k_{c,B}$ 都称为亨利系数。

（3）理想液体混合物中任意组分的化学势等温式

$$\mu_{B(l)} = \mu_{B(l)}^* + RT\ln x_B \approx \mu_{B(l)}^\ominus(T) + RT\ln x_B \tag{1-2-32}$$

$\mu_{B(l)}^*$ 不是标准态化学势，而是在温度 T、液面上总压 p 时纯 B 的化学势。由于压力对凝聚相影响不大，$\mu_{B(l)}^*$ 可以近似认为等于标准态化学势 $\mu_{B(l)}^\ominus$。

（4）理想稀溶液各组分的化学势

① 溶剂的化学势：

$$\mu_A(T,p) = \mu_A^\ominus(T) + RT\ln(p_A/p^\ominus) = \mu_A^*(T,p) + RT\ln x_A \tag{1-2-33}$$

$\mu_A^*(T,p)$ 是等温、等压时，纯溶剂 $x_A = 1$ 的化学势，它不是标准态。

② 溶质的化学势：

$$\mu_B(T,p) = \mu_B^*(T,p) + RT\ln x_B \tag{1-2-34}$$

$$\mu_B(T,p) = \mu_B^\square(T,p) + RT\ln\frac{m_B}{m^\ominus} \tag{1-2-35}$$

$$\mu_B(T,p) = \mu_B^\triangle(T,p) + RT\ln\frac{c_B}{c^\ominus} \tag{1-2-36}$$

式中，$\mu_B^*(T,p)$、$\mu_B^\square(T,p)$、$\mu_B^\triangle(T,p)$ 分别是 $x_B = 1$，$m_B = m^\ominus = 1\text{mol}\cdot\text{kg}^{-1}$，$c_B = c^\ominus = 1\text{mol}\cdot\text{dm}^{-3}$ 时，且服从亨利定律的假想态的化学势。

（5）实际液体混合物中各组分的化学势等温式

$$\mu_{B(l)} = \mu_{B(l)}^* + RT\ln a_{x,B} \approx \mu_{B(l)}^\ominus(T) + RT\ln a_{x,B} \tag{1-2-37}$$

式中，$a_{x,B}$ 称为用摩尔分数表示的相对活度，简称活度，是量纲为 1 的量。

（6）实际稀溶液各物质的化学势等温式

① 溶剂的化学势：

$$\mu_A(T,p) = \mu_A^\ominus(T) + RT\ln(p_A/p^\ominus) = \mu_A^*(T,p) + RT\ln a_{x,A} \tag{1-2-38}$$

② 溶质的化学势：

$$\mu_B(T,p) = \mu_{x,B}^*(T,p) + RT\ln a_{x,B} \tag{1-2-39}$$

$$\mu_B(T,p) = \mu_{m,B}^\square(T,p) + RT\ln a_{m,B} \tag{1-2-40}$$

$$\mu_B(T,p) = \mu_{c,B}^\triangle(T,p) + RT\ln a_{c,B} \tag{1-2-41}$$

式中，$a_{x,B}$、$a_{m,B}$、$a_{c,B}$ 分别为用摩尔分数、质量摩尔浓度、物质的量浓度表示的相对活度，简称活度，是量纲为 1 的量。

（7）液体的混合、转移和分离过程所需最小非体积功的问题

可逆过程：$W_{f,R} = \Delta G(T,p) = \sum n_B G_{B,m,\text{终}} - \sum n_B G_{B,m,\text{始}}$

$$=\sum n_{\mathrm{B}}\mu_{\mathrm{B},\,m,\,\text{终}} - \sum n_{\mathrm{B}}\mu_{\mathrm{B},\,m,\,\text{始}} \tag{1-2-42}$$

(8) 双液系活度因子的关系——Gibbs-Duhum 方程

$$x_1 \mathrm{dln}\gamma_1 + x_2 \mathrm{dln}\gamma_2 = 0 \tag{1-2-43}$$

(9) 稀溶液的依数性

① 凝固点降低公式：

$$\Delta T_{\mathrm{f}} = T_{\mathrm{f}}^* - T_{\mathrm{f}} \tag{1-2-44}$$

$$\Delta T_{\mathrm{f}} = k_{\mathrm{f}} m_{\mathrm{B}} \tag{1-2-45}$$

式中，T_{f}^* 为纯溶剂的凝固点；T_{f} 为稀溶液中溶剂的凝固点；$k_{\mathrm{f}} = \dfrac{R(T_{\mathrm{f}}^*)^2}{\Delta_{\mathrm{fus}} H_{\mathrm{m,A}}^*} \cdot M_{\mathrm{A}}$，称为凝固点降低常数，与溶剂性质有关，$\mathrm{K} \cdot \mathrm{mol}^{-1} \cdot \mathrm{kg}$；$\Delta_{\mathrm{fus}} H_{\mathrm{m,A}}^*$ 为纯溶剂 A 的摩尔熔化焓；m_{B} 为溶质 B 的质量摩尔浓度，$\mathrm{mol} \cdot \mathrm{kg}^{-1}$。

② 沸点升高公式：

$$\Delta T_{\mathrm{b}} = T_{\mathrm{b}} - T_{\mathrm{b}}^* \tag{1-2-46}$$

$$\Delta T_{\mathrm{b}} = k_{\mathrm{b}} m_{\mathrm{B}} \tag{1-2-47}$$

式中，T_{b} 为稀溶液中溶剂的沸点；T_{b}^* 为纯溶剂的沸点；$k_{\mathrm{b}} = \dfrac{R(T_{\mathrm{b}}^*)^2}{\Delta_{\mathrm{vap}} H_{\mathrm{m,A}}^*} \cdot M_{\mathrm{A}}$，称为沸点升高常数，与溶剂性质有关，$\mathrm{K} \cdot \mathrm{mol}^{-1} \cdot \mathrm{kg}$；$\Delta_{\mathrm{vap}} H_{\mathrm{m,A}}^*$ 为纯溶剂 A 的摩尔蒸发焓；m_{B} 为溶质 B 的质量摩尔浓度，$\mathrm{mol} \cdot \mathrm{kg}^{-1}$。

③ 渗透压 Π：

$$\Pi V = n_{\mathrm{B}} R T \tag{1-2-48}$$

$$\Pi = C_{\mathrm{B}} R T \tag{1-2-49}$$

(10) 利用稀溶液依数性测定分子量

$$M_{\mathrm{B}} = k_{\mathrm{f}} \frac{m(\mathrm{B})}{m(\mathrm{A}) \Delta T_{\mathrm{f}}} \tag{1-2-50}$$

$$M_{\mathrm{B}} = k_{\mathrm{b}} \frac{m(\mathrm{B})}{m(\mathrm{A}) \Delta T_{\mathrm{b}}} \tag{1-2-51}$$

$$M_{\mathrm{B}} = \frac{m(\mathrm{B})}{\Pi V} R T \tag{1-2-52}$$

式（1-2-50）～（1-2-52）中，$m(\mathrm{A})$、$m(\mathrm{B})$ 分别为溶剂 A 和溶质 B 的质量。

(11) 分配定律

用来描述溶质在两个互不相溶的液体中的分配规律。在一定温度和压力下，如果一种物质溶解在两个同时存在的互不相溶的液体中，达到平衡后，若溶质在两液体中分子形态相同，该物质在两相中的浓度比等于常数：

$$K = \frac{C_i^{\alpha}}{C_i^{\beta}} \tag{1-2-53}$$

式中，C_i^{α}、C_i^{β} 分别为溶质 i 在溶剂 α 和 β 中的溶解度；K 为分配常数，此式

称为**分配定律**。

2.2.3　相平衡中的基本定律与关系式

（1）相律

$$f = C - \Phi + 2 \tag{1-2-54}$$

式中，f 为自由度；C 称为独立组分数；Φ 为相数；2 代表温度和压力。若除温度、压力外，还要考虑其他因素（如磁场、电场、重力场等）的影响，则相律可表示为：

$$f = C - \Phi + n \tag{1-2-55}$$

（2）克拉贝龙（Clapeyron）方程

单组分系统的两相平衡中，表明压力随温度的变化率（单组分相图上两相平衡线的斜率）受焓变和体积变化的影响：

$$\frac{\mathrm{d}p}{\mathrm{d}T} = \frac{\Delta H}{T \Delta V} \tag{1-2-56}$$

若为 1mol 物质的相变，则气-液、固-液和气-固平衡的 Clapeyron 方程分别为：

$$\frac{\mathrm{d}p}{\mathrm{d}T} = \frac{\Delta_{vap} H_m}{T \Delta_{vap} V_m} \tag{1-2-57}$$

$$\frac{\mathrm{d}p}{\mathrm{d}T} = \frac{\Delta_{fus} H_m}{T \Delta_{fus} V_m} \tag{1-2-58}$$

$$\frac{\mathrm{d}p}{\mathrm{d}T} = \frac{\Delta_{sub} H_m}{T \Delta_{sub} V_m} \tag{1-2-59}$$

式中，$\Delta_{vap} H_m$ 为摩尔气化焓；$\Delta_{sub} H_m$ 为摩尔升华焓；$\Delta_{fus} H_m$ 为摩尔熔化焓。

（3）克劳修斯-克拉贝龙（Clausius-Clapeyron）方程

对气-液或气-固两相平衡，假设气体为理想气体，将液体或固体体积忽略不计，则

$$\frac{\mathrm{d}\ln p}{\mathrm{d}T} = \frac{\Delta_{vap} H_m}{RT^2} \tag{1-2-60}$$

或

$$\frac{\mathrm{d}\ln p}{\mathrm{d}T} = \frac{\Delta_{sub} H_m}{RT^2} \tag{1-2-61}$$

假定摩尔气化焓 $\Delta_{vap} H_m$、摩尔升华焓 $\Delta_{sub} H_m$ 的值与温度无关，得积分方程：

$$\ln \frac{p_2}{p_1} = \frac{\Delta_{vap} H_m}{R}\left(\frac{1}{T_1} - \frac{1}{T_2}\right) \tag{1-2-62}$$

$$\ln \frac{p_2}{p_1} = \frac{\Delta_{sub} H_m}{R}\left(\frac{1}{T_1} - \frac{1}{T_2}\right) \tag{1-2-63}$$

不定积分式：

$$\lg p = \frac{A}{T} + B\lg T + CT + D \tag{1-2-64}$$

式中，A、B、C、D 均为常数，适用的温度范围较宽。

（4）杠杆规则

任意两相平衡区，两相的数量可以借助力学中的杠杆规则求算，以物系点为支点，支点两边连接线的长度为力矩，计算两相的物质的量或质量，如图 1-2-31 所示。在气、液两相平衡区，以 C 为支点，CD 和 CE 的长度分别为力矩；液相、气相物质的量分别为 n_1 和 n_g，则：

$$n_1 \cdot CD = n_g \cdot CE \tag{1-2-65}$$

或

$$m_1 \cdot CD = m_g \cdot CE \tag{1-2-66}$$

若已知：

$$n(总) = n(\mathrm{l}) + n(\mathrm{g}) \tag{1-2-67}$$

或以气、液两相的质量 m_g 和 m_1 表示：

$$m(总) = m(\mathrm{l}) + m(\mathrm{g}) \tag{1-2-68}$$

联立式（1-2-65）和式（1-2-67）或式（1-2-66）和式（1-2-68），可计算两相的物质的量或质量。

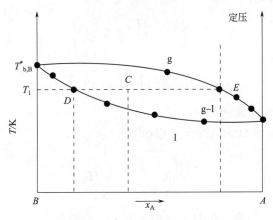

图 1-2-31　杠杆规则计算示意图

2.2.4　化学平衡的基本定律与关系式

（1）化学反应的平衡条件

等温等压下：

$$\left(\frac{\partial G}{\partial \xi}\right)_{T,p} = 0 \tag{1-2-69}$$

$$\sum_{\mathrm{B}} \nu_{\mathrm{B}} \mu_{\mathrm{B}} = 0 \tag{1-2-70}$$

$$(\Delta_{\mathrm{r}} G_{\mathrm{m}})_{T,p} = 0 \tag{1-2-71}$$

（2）化学反应等温方程式

① 对于气相反应系统：

$$\Delta_r G_m = \Delta_r G_m^{\ominus}(T) + RT \ln \frac{(f_G/p^{\ominus})^g (f_H/p^{\ominus})^h \cdots\cdots}{(f_D/p^{\ominus})^d (f_E/p^{\ominus})^e \cdots\cdots}$$

$$= \Delta_r G_m^{\ominus}(T) + RT \ln Q_f \qquad (1\text{-}2\text{-}72)$$

式中，$\Delta_r G_m^{\ominus}$（T）称为化学反应标准摩尔 Gibbs 自由能变，它仅是温度的函数；Q_f 称为"逸度商"，可以通过各物质的逸度求算。通过 $\Delta_r G_m$（T，p）来判断反应的方向和限度。

② 对于液相反应系统：

$$(\Delta_r G_m)_{T,\,p} = \Delta_r G_m^{\ominus}(T) + RT \ln \prod_B a_{x,\,B}^{\nu_B} \qquad (1\text{-}2\text{-}73)$$

式（1-2-72）和式（1-2-73）中，$\Delta_r G_m(T,\,p) < 0$，反应向正向进行；$\Delta_r G_m$（T，p）$= 0$，反应达到平衡，$\Delta_r G_m(T,\,p) > 0$，反应可以逆向进行。

（3）标准平衡常数表达式

$$K^{\ominus} \xlongequal{\text{def}} \exp\left(-\frac{\sum\limits_B \nu_B \mu_B^{\ominus}(T)}{RT}\right) \qquad (1\text{-}2\text{-}74)$$

① 气相反应系统：

$$K_p^{\ominus} = \prod_B \left(\frac{p_B}{p^{\ominus}}\right)_e^{\nu_B} \qquad (1\text{-}2\text{-}75)$$

② 液相反应系统：

$$K_a^{\ominus} = \prod_B (a_{x,\,B})_e^{\nu_B} \qquad (1\text{-}2\text{-}76)$$

（4）温度对化学平衡的影响

范特霍夫（van't Hoff）等压方程如下。

微分式：

$$\left(\frac{\partial \ln K^{\ominus}}{\partial T}\right)_p = \frac{\Delta_r H_m^{\ominus}}{RT^2} \qquad (1\text{-}2\text{-}77)$$

在一定的温度区间内，$\Delta_r H_m^{\ominus}$ 与温度无关，得积分式：

$$\ln \frac{K^{\ominus}(T_2)}{K^{\ominus}(T_1)} = \frac{\Delta_r H_m^{\ominus}}{R}\left(\frac{1}{T_1} - \frac{1}{T_2}\right) \qquad (1\text{-}2\text{-}78)$$

（5）估计反应的有利温度

$$T(\text{转折}) = \frac{\Delta_r H_m^{\ominus}(298.15\text{K})}{\Delta_r S_m^{\ominus}(298.15\text{K})} \qquad (1\text{-}2\text{-}79)$$

（6）化学平衡转化率与产率的计算

$$\alpha_B = \frac{n_{B,\,0} - n_{B,\,e}}{n_{B,\,0}} \times 100\% \qquad (1\text{-}2\text{-}80)$$

第 3 章　化学动力学

3.1　动力学的基本概念

3.1.1　动力学的一般概念

3.1.1.1　反应速率

化学反应速率定义为单位时间内、单位体积中化学反应进度的变化，其定义式为：

$$r = \frac{1}{V} \times \frac{\mathrm{d}\xi}{\mathrm{d}t} \tag{1-3-1}$$

因

$$\mathrm{d}\xi = \frac{\mathrm{d}n_B}{\nu_B}$$

则

$$r = \frac{1}{V\mathrm{d}t}(\frac{\mathrm{d}n_B}{\nu_B}) \tag{1-3-2}$$

对于等容反应有：

$$r = \frac{1}{\nu_B}(\frac{\mathrm{d}c_B}{\mathrm{d}t}) \tag{1-3-3}$$

式中，ν_B 为化学反应式中物质 B 的计量系数，对反应物取负值，对生成物取正值。

3.1.1.2　反应速率方程与速率常数

在恒定的温度下，反应速率通常是反应系统中某些物质浓度的函数，则反应速率 r 与物质浓度 c 的函数关系式称为化学反应的**速率方程**。速率方程常与反应物浓度的幂乘积成正比例。

对于任意反应　$a\mathrm{A} + b\mathrm{B} + \cdots \longrightarrow y\mathrm{Y} + z\mathrm{Z} + \cdots$　速率方程可写为：

$$r = \frac{1}{\nu_A} \times \frac{\mathrm{d}c_A}{\mathrm{d}t} = kc_A^{\alpha}c_B^{\beta} \tag{1-3-4}$$

式中，k 为反应速率常数（或称为反应速率系数），等于参加反应的物质都处于单位浓度时的反应速率，又称为**反应的比速率**。不同反应有不同的速率常数，速率常数与反应温度、反应介质（溶剂）、催化剂等有关。对给定的反应，在一定的温度条件下 k 是一个常量。α、β 必须由实验确定。

反应速率常数有两种表示方法，即反应速率常数 k 和某物质的反应速率常数 k_B，各物质反应速率常数之间的关系为

$$k = \frac{1}{a}k_A = \frac{1}{b}k_B = \frac{1}{y}k_Y = \frac{1}{z}k_Z \qquad (1\text{-}3\text{-}5)$$

3.1.1.3　基元反应与非基元反应

基元反应：指反应物粒子（可以是原子、离子、分子、自由基等）一步直接转化为生成物的反应。只包含一种基元反应的总包反应称为简单反应。

非基元反应：如果一个化学反应经过若干个简单的反应步骤，最后转化为产物分子，这种反应称为**非基元反应**。亦或称为复杂反应。

3.1.1.4　反应级数与反应分子数

反应级数：在反应速率方程式中，$r = kc_A^\alpha c_B^\beta$，各物质浓度项的指数之代数和称为该反应的级数，用 n 表示，称为反应级数。上式中 $n = \alpha + \beta$，其中，α 和 β 分别称为物质 A 和 B 的级数。反应级数表示反应物浓度对反应速率的影响程度的大小。

通常将反应级数为零和简单正整数的反应称为具有简单级数的反应，具有简单级数的反应不一定是基元反应。

反应分子数：基元反应中反应物种的分子数目之和称为反应分子数，是指在基元反应中同时直接参加反应的化学粒子（分子、原子、离子、自由基）的数目，它必为整数。

3.1.1.5　反应机理或反应历程

复杂反应中所包含的基元反应表示了反应所经历的途径，也称反应机理或反应历程。

3.1.1.6　活化能与表观活化能

在化学反应中并不是所有的分子都能参加反应，只有那些能量比平均能量大过一定数值的分子才能起反应，这种分子叫做**活化分子**。

对于基元反应，活化分子所具有的平均能量和所有分子平均能量的差值称为**活化能**。活化能可看作是分子进行反应需要克服的能峰。对于非基元反应的活化能，它是组成该反应的各步基元反应的活化能的代数和，又称为**表观活化能**。

3.1.2　复杂反应的基本概念

3.1.2.1　对峙反应

正向反应和逆向反应同时进行的反应称为**对峙反应**，又叫可逆反应。组成对峙反应的正反应和逆反应的级数可以相同，也可以不同。对峙反应中，随着时间的增加，反应物的浓度逐渐减小，正反应速率渐渐变小，而产物的浓度因反应的进行而逐渐增加，逆反应速率便渐渐增大，最后达到某一时刻，正反应和逆反应的速率相等，反应达到平衡，此时反应所涉及的各物质的浓度都不再随时间而发生变化，只要时间足够长，这种平衡状态终将会达到，这是对峙反应的特点。

3.1.2.2　平行反应

反应物同时平行地进行的不同反应称为**平行反应**。通常将生成期望产物的反应称为主反应，其余为副反应。组成平行反应的几个反应的级数可以相同，也可以不同。平行反应中各产物生成量之比等于其速率常数之比，且比值为定值。如果希望多获得某一种产品，则需要设法改变速率常数的比值。选择适当的催化剂或改变温度可以改变速率常数的比值，这是平行反应的特征。

3.1.2.3　连续反应

连续反应指的是反应进行时其中间各步骤是前后串联的，即前一步的生成物就是下一步的反应物，如此依次连续进行，这种反应称为连续反应。反应过程中必然形成某种中间产物，中间产物的浓度在反应过程中出现极大值，是连续反应的特点。

3.1.3　链反应的基本概念

链反应为一种具有特殊规律的复合反应，只要用光、热、辐射或其他方法引发，就能通过活性组分（自由基或自由原子）的生成和消失发生一系列的连续反应，如同链条一样自动进行下去，这类反应称为**链反应**。链反应一般分为三个阶段，包括**链的引发、链的传递和链的终止过程**。按照链的发展方式把链反应分成直链反应和支链反应两种。

3.1.3.1　直链反应

直链反应的链传递过程中，每消耗一个自由基（或原子），只产生一个新的自由基（或原子），即直链反应中自由基的数目（或称反应链数）不变。

3.1.3.2　支链反应

支链反应的链传递过程中，一个自由基（或原子）消失的同时，产生两个或两个以上新自由基，即自由基（或称反应链数）不断增加。支链反应中产生的新的自由基（或原子）又可以参加直链或支链反应，使反应速率迅速增加。

3.1.3.3　支链爆炸与热爆炸

由于支链反应引起反应速率迅速增加，甚至达到爆炸的程度，这种爆炸称为**"支链爆炸"**。当一个放热反应在无法散热的情况下进行时，系统的温度急剧上升，而升温的结果又使反应速率按指数规律增加，并放出更多的热，使反应速率几乎无休止地增加，最终导致发生爆炸。这种爆炸称为**"热爆炸"**。

3.1.4　光化学反应的基本概念

3.1.4.1　光化学反应

只有在光的作用下才能进行的化学反应或由于化学反应产生的激发态粒子在跃迁到基态时能放出光辐射的反应都称为**光化学反应**。一个反应若包含多个基元步骤，只要有一个步骤是光化学反应，则整个过程也称为光化学反应。

通常，光化学反应所涉及的光的波长为 $100 \sim 1000nm$，即包括紫外、可见和近红外波段。

光子能量：1mol 光量子能量称为一个 "Einstein"。波长越短，能量越高。

    光化学反应与热化学反应的区别：热化学反应所需的活化能来源于分子间碰撞的动能，而光化学反应的活化能来源于所吸收光子的能量，通常光化学反应的活化能小于一般热化学反应的活化能；光化学反应的速率与热化学反应速率都随温度而变，且遵守阿仑尼乌斯方程，但光化学反应的反应速率受温度影响明显较小，活化能常常只有 $30\text{kJ} \cdot \text{mol}^{-1}$；在一定温度、压力下，热化学反应总是自发地向吉布斯自由能降低的方向进行，而不少的光化学反应则能使系统的吉布斯自由能增加，光化学反应的动力学性质和平衡性质都与照射反应物的光强度有关；光化学反应比热化学反应更具有选择性。

3.1.4.2　光化学反应的初级过程和次级过程

    光化学反应由初级过程和次级过程组成。

    初级过程 $\qquad\qquad\qquad A + h\nu \longrightarrow A^*$ (1-3-6)

    式中，A^* 表示分子 A 的电子激发态。在光化学反应的初级过程中，一个反应分子吸收一个光子而被活化，吸收的光量子数等于被活化的反应物微粒数。

    次级过程 $\qquad\qquad\qquad A^* \longrightarrow P$ (1-3-7)

    次级过程中，激发态的 A^* 以某种方式转变为产物 P，若该转化方式是唯一的，则产物 P 的量就等于 A 所吸收光子的量，通常 A^* 转化为产物的方式是多样的。

3.1.4.3　量子产率

    光化学反应中，反应物吸收光子形成活化分子后，活化分子有可能直接变为产物，也可能和低能量分子发生碰撞而失活，或引发其他次级反应。为了衡量光化学反应的效率，引入量子产率的概念，用 Φ 表示。

    对一指定的反应，根据产物生成的分子数目定义量子产率：

$$\Phi \stackrel{\text{def}}{=\!=} \frac{\text{生成产物分子数}}{\text{吸收光子数}} = \frac{\text{生成产物的物质的量}}{\text{吸收光子的物质的量}} \qquad (1\text{-}3\text{-}8)$$

    根据反应物消失的物质的量定义量子产率：

$$\Phi \stackrel{\text{def}}{=\!=} \frac{\text{发生反应的分子数}}{\text{吸收光子数}} = \frac{\text{发生反应的物质的量}}{\text{吸收光子的物质的量}} \qquad (1\text{-}3\text{-}9)$$

由于受化学反应式中计量系数的影响，式（1-3-8）和式（1-3-9）计算量子产率的值有可能不等。

    以反应速率（r）与吸收光子的速率（I_a）之比来定义量子效率。即

$$\Phi = \frac{\text{指定过程的反应速率}}{\text{吸收光子速率}} = \frac{r}{I_a} \qquad (1\text{-}3\text{-}10)$$

    反应速率（r）可用任何动力学方法测量，吸收光子速率（I_a）可用化学露光计测量。因此量子效率可由实验测定。

3.1.4.4　光化学平衡

    存在光化学反应过程的化学平衡称为光化学平衡。光化学平衡的特点是物质的

平衡浓度与光照强度有关，若反应为

$$2A \underset{热反应}{\overset{h\nu}{\rightleftharpoons}} A_2$$

则 $r_{正} = I_a = aI_0$　（I_0 为入射光的强度，a 为吸收光占入射光的分数）

$$r_{逆} = k_{-1}c_{A_2}$$

平衡时　　　　　　　　　　　$I_a = k_{-1}c_{A_2}$

或　　　　　　　　　　　$c_{A_2} = I_a / k_{-1}$　　　　　　　　　　　（1-3-11）

即平衡浓度 c_{A_2} 与吸收光的强度成正比，与反应物 c_A 的浓度无关。这是光化学平衡的特点。

光化学的平衡常数与纯热化学的平衡常数不同，它只在一定光强下为一常数，光强改变它也随之而变，光化学反应的平衡常数不能通过热力学数据 $\Delta_r G_m^\ominus$ 来计算。等温等压下，$\Delta_r G_m > 0$ 的某些反应，可以在光的作用下进行，这是因为光源供给了系统能量。若吸收的光能包含到反应物的总能量中，实质上总体仍然是 $\Delta_r G_m < 0$，反应还是向吉布斯自由能减少的方向进行，一旦去掉光照，光化学平衡立即被破坏，从而转入正常的热平衡。

3.1.4.5　光敏剂与感光反应

有些物质不能直接吸收某种波长的光而进行光化学反应，但若在系统中加入另一种物质，它能吸收这样的辐射，然后把光能传递给反应物，使反应物发生作用，而本身在反应前后并不参与反应，则这样的外加物质称为**感光剂**。这样的反应称为**感光反应**。

3.1.4.6　化学发光

化学发光是化学反应过程中发出的光，可看成是光化学反应的逆过程。由于在化学反应过程中产生了激发态分子，当这些激发态分子回到基态时同时放出了辐射，引起化学发光。这种辐射的温度较低，故又称**化学冷光**。

（1）振动弛豫

在同一电子能级中，处于较高振动能级的电子将能量变为平动能或快速传递给介质，自己迅速降到能量较低的振动能级，这一过程只需几次分子碰撞即可完成，称为振动弛豫。

（2）内部转变

在相同的重态中，电子从某一能级的低能态按水平方向窜到下一能级的高能态，这一过程中能态未变，称为内部转变。

（3）系间窜跃

电子从某一重态等能地窜到另一重态，如从 S_1 态窜到 T_1 态，这一过程重态改变了，而能态未变。

（4）荧光

当激发态分子从激发单重态 S_1 态的某个能级跃迁到 S_0 态并发射出一定波长的

辐射时，称为荧光。荧光寿命很短，约 $10^{-9} \sim 10^{-6}$ s，入射光停止，荧光也立即停止。

（5）磷光

当激发态分子从三重态 T_1 跃迁到 S_0 态时所放出的辐射称为磷光，这种跃迁重度发生了改变。磷光寿命稍长，约 $10^{-4} \sim 10^{-2}$ s。由于从 S_0 到 T_1 态的激发是禁阻的，所以，处于 T_1 态的激发分子较少，磷光较弱。

3.1.5　催化反应的基本概念

3.1.5.1　催化剂与催化反应

催化剂：在一个化学反应系统中加入少量某种物质（可以是一种到几种），若能显著增加反应速率，而其本身的化学性质和数量在反应前后都不发生变化，则该物质为这一反应的"催化剂"。

催化反应：有催化剂参加的反应称为"催化反应"。

阻化剂：减慢反应速率的物质，称为阻化剂。

催化剂毒物：固体催化剂的活性中心被反应物中的杂质占领而失去活性，这种杂质称为毒物。毒物通常是具有孤对电子元素（如 S、N、P 等）的化合物，如 H_2S、HCN、PH_3 等。

暂时性中毒：如加热或用气体或液体冲洗，催化剂活性恢复，这称为催化剂暂时性中毒。

永久性中毒：如用上述方法都不起作用，称为催化剂永久性中毒，必须重新更换催化剂。

催化反应可分为均相催化反应、多相催化反应和生物催化反应（即酶催化反应）。

3.1.5.2　均相催化

均相催化反应是指反应系统与催化剂处于同一相中的反应，包括气相催化和液相催化。按催化剂种类不同，液相催化又分为酸碱催化、络合催化和酶催化。

（1）气相催化反应

气相催化反应常用的催化剂有 NO、水蒸气等。例如，NO 可催化 SO_2 或 CO 的氧化反应，水蒸气也能催化 CO 等的氧化反应。少量的碘蒸气可促进一些醛、醚等的热分解反应。

（2）液相催化反应

液相中最常见的催化反应是酸碱催化反应。脱水、水合、聚合、酯的水解、聚醛缩合等反应需要酸碱性的催化剂，为酸碱催化反应，酸碱催化都是离子型反应。络合催化也属液相催化反应。

① 酸碱催化反应　酸碱催化在化工生产中的应用很广泛。质子转移是酸碱催化的主要特征。酸催化时，反应物（X）从酸（BH）那里接受质子，生成的 HX^+

再起反应。这是酯类水解、酮烯醇互变异构和蔗糖转化的基本过程。

$$BH + X \longrightarrow B^- + HX^+ \tag{1-3-12}$$

碱催化时，质子从反应物（XH）转移到催化剂（B）上，生成的 X^- 再进一步反应，这是有机化合物的异构化和卤化及醇醛缩合反应的历程。

$$XH + B \longrightarrow X^- + BH^+ \tag{1-3-13}$$

不仅一般酸碱有催化作用，而且凡是能接受质子的物质或放出质子的物质，它们在适当条件下也具有催化作用。这里凡是能给出质子的物质称为广义酸，凡是能接受质子的物质称为广义碱。广义酸或广义碱可以是中性分子，也可以是离子。

通常将仅由溶液中的氢离子（或氢氧根离子）引起的催化反应称为**特殊酸（或碱）催化**；将由溶液中的各种广义酸（或碱）引起的催化反应称**广义酸（或碱）催化**。

② 络合催化反应（均相配位络合催化）　溶液中的均相络合催化（均相配位络合催化），其原理是反应物分子通过与过渡金属化合物为主体的催化剂配位络合而得到活化，接着在配位界内进行反应，最后解体为反应物。

络合催化剂一般都是过渡金属化合物，由于过渡金属原子或离子具有空价电子轨道，易形成络合形成体——中心原子或离子，它们具有很强的络合能力。这样，具有孤对电子的配位体就容易与它们结合形成配位键，构成各类型的络合物。选择合适的形成体和配位体是制造高效络合催化剂的关键。

3.1.5.3　酶催化反应

（1）酶催化反应

酶是动植物和微生物产生的具有催化能力的蛋白质分子，是由氨基酸按一定顺序聚合起来的大分子，质点大小为 $3\sim100nm$，因此酶催化介于均相催化与多相催化之间。酶催化与生命现象密切相关，能加速各种氧化、还原、水解、脱水、脱氧、酯化、缩合等反应，生物化学反应条件温和，可在常温下进行。

（2）酶催化反应特点

① 高选择性　酶催化具有很好的选择性，有些酶甚至只对某个特定的反应有催化作用。这种催化的专一性来源于酶和底物（反应物）作用时，具有高度的立体定向匹配作用。

② 高催化活性　酶的催化活性极高，约为一般酸碱催化剂的 $10^8\sim10^{11}$ 倍。酶的高活性还体现在酶催化所需的条件比较温和。如常温常压下生物体内可进行糖类、脂肪、蛋白质的合成和分解；工业上合成氨则需在高温（约 770K）、高压（约 30MPa）及特殊设备中进行，且转化率低（7%～10%），而某些植物体中存在的固氮酶，可在常温常压下固定空气中的氮，并将它还原成氨。

③ 有特殊的温度效应　随温度上升，催化反应速率先上升，然后下降，有极大值。这是由于酶是蛋白质，高温下蛋白质变性，酶被破坏所致。

（3）米歇尔斯常数 K_M

米歇尔斯常数等于反应速率达到最大速率一半时的基质浓度。

3.1.5.4　多相催化反应

（1）多相催化反应

反应物与催化剂处在不同相中的催化作用，称为多相催化反应。这里通常是指反应物为液体或气体，而催化剂为固体的情况。

（2）固体催化剂

固体催化气相或液相的反应，该固体称为固体催化剂。如导体型的金属（Fe、Ni、Pt、Pd、Cu、Ag 等）在加氢、脱氢、氢解等方面有催化作用，作为金属催化剂的组分，一般为周期表中第Ⅷ族过渡金属或副族元素，因其含有部分空 d 轨道，可用于化学吸附；半导体型的金属氧化物和硫化物（NiO、ZnO、CuO、Cr_2O_3、WS_2 等）在氧化、还原、脱氢、环化、脱硫等方面有催化作用；绝缘体型的金属氧化物（Al_2O_3、SiO_2、MgO 等）在脱水、异构化方面有催化作用；固体酸（如 SiO_2-Al_2O_3 等）在裂解、烷基化、歧化、水合、聚合等方面有催化作用，等等。

（3）液相催化剂

（如吸附于固体载体上的 H_3PO_4、H_2SO_4 等）可催化聚合、裂解、异构化等反应。

（4）主催化剂

工业生产中，多相催化剂的组成比较复杂，其中能使反应速率得到显著改善的主要活性组分称为主催化剂。

（5）助催化剂

在催化剂中，少量添加物的加入能提高催化剂的效率，但它们单独使用时并不具有催化活性，或只有极微小的活性，这种组分称为助催化剂。如合成氨时，铁是主催化剂，Al_2O_3 和 K_2O 是助催化剂。加入的 Al_2O_3 有利于催化剂形成多孔的海绵状结构，从而增大催化剂的活性表面，还能防止 α-Fe 在高温下烧结。在 Fe-Al_2O_3 的基础上再加入 K_2O，可使活性进一步增加，K_2O 可将偏向 N_2 的电子传给 α-Fe 中的 d 轨道，使其电子密度增大，降低电子逸出功，有利于 N_2 的吸附，从而提高催化活性。

（6）载体

在催化剂的制备中，常将催化剂分散并负载在某些物质如硅胶、活性炭、硅藻土、活性 Al_2O_3、浮石、钛分子筛等上面，这些物质称为载体。载体是催化剂的骨架，它具有多方面的作用，如增加催化剂的表面积、改善催化剂的机械强度、提高催化剂的热稳定性和导热性等。

3.1.5.5　自催化反应与化学振荡反应

（1）自催化反应

在某些化学反应中，反应产物本身可作为反应的催化剂，这种反应称为自催化反应。

（2）化学振荡反应

一般的化学反应最终都能达到组分浓度不随时间而改变的平衡状态，而在自催化反应中，有一类是发生在远离平衡态的系统中，在反应过程中的一些参数（如压力、温度、热效应等）或某些反应中间产物的浓度会随时间或空间位置作周期性的变化，人们称之为"化学振荡"。根据"化学振荡"的特点，当系统中某一组分浓度的变化规律在适当条件下能显示出来时，可形成色彩丰富的时空有序现象（如空间结构、振荡、化学波等）。

（3）发生振荡反应的条件

① 必须是远离平衡的敞开系统。

② 反应历程中需含有反馈步骤，往往是自催化步骤。

③ 系统必须具有双稳态，可以在两个稳态间来回振荡。

3.1.6　在溶液中进行的反应

3.1.6.1　笼效应

笼效应是指反应分子在笼中进行多次碰撞（或振动），这种碰撞或振动将一直持续到反应分子从笼中被挤出。分子在一个笼中停留的时间可长达 10^{-10} s，在这段时间内，要进行 100～1000 次的振动。分子从笼中"逃"出，经扩散又掉落到另一个笼中，这种扩散跳动完全是随机的。如图 1-3-1 所示，某一反应物分子 A 和另一种反应物分子 B 正好通过扩散进入同一笼中，A 和 B 在笼中才会发生多次反复碰撞。在

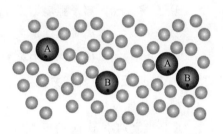

图 1-3-1　处于溶剂分子笼中的反应物分子 A、B 以及偶遇对〔A：B〕

一个笼中的反复碰撞称为一次偶遇（encounter），A 和 B 则称为一个偶遇对〔A：B〕。可见，溶液中的化学反应是分步进行的，首先，反应物分子 A 和 B 在笼中偶遇形成偶遇对，然后偶遇对转化为产物，最后产物从笼中被挤出。

从"分子笼"的形成与"笼效应"可以看到溶剂分子的存在虽然限制了反应物分子做远距离的移动，减少了与远距离分子的碰撞机会，但却增加了"偶遇对"中反应物分子的重复碰撞，因此，总的碰撞频率并未降低。与气相反应相比，气体分子的碰撞是连续进行的，而溶液中分子的碰撞是间断进行的，一次偶遇包含了多次碰撞，所以单位时间内的碰撞总数不会有数量级上的变化，溶剂分子的存在不会使活化分子数减少。若溶剂与反应物分子间无特殊作用，一个反应在气相和液相中进行的反应速率相近。

3.1.6.2　原盐效应

在稀溶液中如果作用物都是电解质，则反应速率与溶液的离子强度有关。加入电解质将改变溶液离子强度，因而改变离子反应的速率，这种效应称为**原盐效应**。

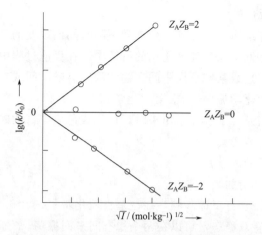

图 1-3-2　离子强度及离子电荷对反应速率的影响

如图 1-3-2 所示。

① $Z_A Z_B > 0$，离子强度增大，k 增大，正原盐效应。

② $Z_A Z_B < 0$，离子强度增大，k 减小，负原盐效应。

③ $Z_A Z_B = 0$，离子强度不影响 k 值，无原盐效应。

3.1.7　快速反应的研究方法

3.1.7.1　快速反应

凡是半衰期小于 1s 的反应称为**快速反应**。快速反应的速率系数对一级反应约为 $1 \sim 10^9 s^{-1}$，对二级反应约为 $1 \sim 10^{11} dm^3 \cdot mol^{-1} \cdot s^{-1}$。

3.1.7.2　流动法

若反应物在混合期间就发生了相当大的浓度变化，可以采用流动法研究。该方法是设法使反应物连续地通过一反应器，在反应器中发生部分反应并建立稳态，流出的是未反应的反应物及产物的混合物。反应器中的混合室是特别设计的，使反应物在受压下在约 $10^{-3} s$ 内混合，并高速（可达 $10 m \cdot s^{-1}$）通过观察管，混合物在观察管中连续反应。在固定流速下用分光光度计或其他仪器测定管中各不同位置的浓度，或在不同流速下测定同一位置的浓度。这样可以测定半衰期只有几毫秒的反应。

3.1.7.3　弛豫法

当反应时间远小于 $10^{-3} s$ 时，就不能采用混合法，用弛豫法可以将时间范围缩至 $10^{-9} s$。弛豫法是指一个平衡系统因受到外来因素的快速干扰（如快速改变温度、压力、浓度、电场强度等），使体系偏离原平衡位置并迅速向新的平衡位置移动，再通过快速的物理方法（如电导、分光光度测量法等）追踪反应体系的变化，直到建立新的平衡状态。体系从不平衡态恢复到新的平衡态的过程叫弛豫，弛豫时间与速率系数、平衡常数、物种平衡浓度有着一定的函数关系，若用实验测出弛豫时间，可根据函数关系式求出反应的速率系数。

3.1.7.4 闪光光解法

闪光光解是一种利用强闪光使分子发生分解产生自由原子或自由基碎片的技术，然后用光谱或其他方法测定产生碎片的浓度，并监测它们随时间的衰变行为。在闪光光解中产生的自由基的浓度很高，使得该技术成为鉴定及研究自由基十分有效的手段。

闪光光解法的优点是可用闪烁时间比要检测物种寿命短得多的强闪光，从而发现许多反应的中间产物，有效地研究反应极快的原子复合反应动力学。

3.1.8 分子反应动态学

分子动态学是在分子水平上，即从微观的角度来研究一次分子碰撞行为中的动态性质，分子动态学主要研究分子如何碰撞，如何进行能量交换；碰撞中化学键的变化情况；形成的分子如何分离与检测等。在分子的反应碰撞中，分子发生化学反应而转变为其他物种（产物分子），在这个过程中，不但有平动能与内部能的交换，同时化学反应的速率非常之快，体系的波尔兹曼分布可能来不及维持，体系处于非平衡态。

3.1.8.1 化学发光光谱

分子吸收光的时间一般在 $10^{-15}\,\mathrm{s}$，是极快的，而生成电子激发态后将发生一系列的过程，从秒级至 $10^{-12}\,\mathrm{s}$。如果在实验中能做到光的脉冲时间比待研究过程的速率更快，而且能监测到浓度很低的瞬间产物的快速衰减过程，就能使快速过程动力学研究成为可能。闪光光解法在光化学及快速反应动力学的研究中起了重要的作用。近年来，由于脉冲激光问世，用高强度及短脉冲（约 $10^{-12}\,\mathrm{s}$）激光作光源，配合以各种瞬间测量技术及计算机的应用，使闪光光解动力学的研究在研究光化学和光物理的初级过程、鉴定各种自由基或中间产物以及测定它们引起的基元反应的速率系数上有了进一步的发展。

3.1.8.2 交叉分子束实验

交叉分子束技术是指可以使分子在指定的量子态下进行反应，配合其他检测仪器，可以得到诸如分子在进行一次碰撞后生成的产物是由中间络合物生成还是由一次碰撞生成等态-态反应过程的信息。

3.2 化学动力学的基本原理、方法与公式

3.2.1 质量作用定律

对于基元反应 $\qquad\qquad\qquad a\mathrm{A}+b\mathrm{B}\longrightarrow\mathrm{P}$

其质量作用定律表示为 $\qquad\qquad r=kc_{\mathrm{A}}^{a}c_{\mathrm{B}}^{b}$ $\qquad\qquad\qquad$ (1-3-14)

式（1-3-14）表示基元反应的速率与所有反应物浓度项的幂乘积成正比，其中浓度指数恰是反应式中各相应物质化学计量数的绝对值。其中，比例系数 k 为基元反应的速率常数。

　　质量作用定律只适用于多组分均相系统的基元反应，因为只有这种系统才有"浓度"的概念，对于纯固体或纯液体，反应速率与浓度无关。基元反应中反应物分子数的总和称为"反应分子数"。

3.2.2　不同级数反应的速率方程

不同级数反应具有不同的速率方程及动力学特征。

3.2.2.1　一级反应

反应速率与反应物浓度的一次方成正比的反应称为一级反应，表示为：

$$r = -\frac{\mathrm{d}c_A}{\mathrm{d}t} = k_1 c_A \tag{1-3-15}$$

对一级反应的速率方程求定积分后，得速率方程的积分式：

$$\ln\frac{c_{A,0}}{c_A} = k_1 t \tag{1-3-16}$$

也可以产物浓度 x 表示，即：

$$\ln\frac{a}{a-x} = k_1 t \quad （a \text{ 为反应物 A 的起始浓度}） \tag{1-3-17}$$

一级反应的特点是：

① 浓度与时间的线性关系为 $\ln\frac{1}{a-x} \sim t$；

② 半衰期为 $t_{1/2} = \frac{\ln 2}{k_1}$，半衰期与反应物浓度无关；

③ 反应速率系数 k 的量纲为（时间）$^{-1}$。

3.2.2.2　二级反应

反应速率与反应物浓度的二次方成正比的反应称为二级反应。可表示为：

$$r = k_2 c_A c_B \tag{1-3-18}$$

或

$$r = k_1 c_A^2 \tag{1-3-19}$$

二级反应有以下两种情况。

（1）反应物 A、B 的初始浓度相同（$a = b$）

速率方程的微分式为

$$r = -\frac{\mathrm{d}c_A}{\mathrm{d}t} = k_2 c_A^2 \tag{1-3-20}$$

速率方程的定积分式为

$$\frac{1}{c_A} - \frac{1}{c_{A,0}} = k_2 t \tag{1-3-21}$$

若以产物浓度（x）表示，则 $\dfrac{1}{a-x} - \dfrac{1}{a} = k_2 t$ （a 为 A 的初始浓度） $\tag{1-3-22}$

此类二级反应的特点是：

① 浓度与时间的线性关系为 $\dfrac{1}{c_A} \sim t$；

② 反应的半衰期为 $t_{1/2} = \dfrac{1}{k_2 a}$，半衰期与初始浓度成正比；

③ 反应速率系数 k 的量纲为（浓度）$^{-1}$ · （时间）$^{-1}$。

若二级反应只有一种反应物 A，则速率方程的形式与上面相同，但应注意，此时式中的 k_2 应为 k_A，并且 $k_2 = \dfrac{1}{2} k_A$。

（2）反应物 A、B 的初始浓度不同（$a \neq b$）

速率方程的微分式为
$$r = -\frac{\mathrm{d}c_A}{\mathrm{d}t} = k_2 c_A c_B \tag{1-3-23}$$

速率方程的定积分式为
$$\frac{1}{a-b} \ln \frac{b(a-x)}{a(b-x)} = k_2 t \tag{1-3-24}$$

浓度与时间的线性关系
$$c = \ln \frac{b(a-x)}{a(b-x)} - t \tag{1-3-25}$$

半衰期
$$t_{1/2(A)} \neq t_{1/2(B)} \tag{1-3-26}$$

3.2.2.3　三级反应

反应速率与反应物浓度的三次方成正比的反应称为三级反应。例如
$$r = k_3 c_A c_B c_C$$
$$r = k_3 c_A^2 c_B$$
$$r = k_3 c_A^3$$

若 $a = b = c$（a、b、c 分别 A、B、C 的起始浓度）

速率方程微分式为：
$$r = -\frac{\mathrm{d}c_A}{\mathrm{d}t} = k_3 c_A c_B c_C = k_3 c_A^3 \tag{1-3-27}$$

速率方程定积分式为：
$$\frac{1}{2} \left[\frac{1}{(a-x)^2} - \frac{1}{a^2} \right] = k_3 t \tag{1-3-28}$$

三级反应的特点是：

① 浓度与时间的线性关系为 $\dfrac{1}{(a-x)^2} \sim t$；

② 半衰期为 $t_{1/2} = \dfrac{2}{2k_3 a^2}$；

③ 式中 k 的量纲为（浓度）$^{-2}$ · （时间）$^{-1}$。

3.2.2.4　零级反应

反应速率与物质浓度无关的反应称为零级反应。

速率方程微分式为：$r = \dfrac{\mathrm{d}x}{\mathrm{d}t} = k_0$　（用产物浓度表示）

速率方程定积分式为：$x = k_0 t \tag{1-3-29}$

零级反应的特点是：

① 浓度与时间的线性关系为 $x \sim t$；

② 半衰期为 $t_{1/2} = \dfrac{a}{2k_0}$；

③ 式中 k 的量纲为（浓度）·（时间）$^{-1}$。

总之，对 n 级的简单反应（$n \neq 1$），起始浓度均相同时，速率方程定积分式为

$$\frac{1}{n-1}\left[\frac{1}{(a-x)^{n-1}} - \frac{1}{a^{n-1}}\right] = kt \tag{1-3-30}$$

半衰期为：

$$t_{1/2} = A\frac{1}{a^{n-1}} \quad (A \text{ 为常数}) \tag{1-3-31}$$

k 的量纲为（浓度）$^{1-n}$·（时间）$^{-1}$。表 1-3-1 给出了具有简单级数反应的动力学反应的速率方程及其特点。

表 1-3-1　具有简单级数反应的动力学反应的速率方程及其特点

级数	类型	微分式	积分式	线性关系	半衰期	速率系数的量纲
0	$A \longrightarrow P$	$\dfrac{dx}{dt} = k_0$	$k_0 t = x$	$(a-x) \sim t$	$\dfrac{a}{2k_0}$	浓度·时间$^{-1}$
1	$A \longrightarrow P$	$\dfrac{dx}{dt} = k_1(a-x)$	$k_1 t = \ln\dfrac{a}{a-x}$	$\ln(a-x) \sim t$	$\dfrac{\ln 2}{k_1}$	时间$^{-1}$
2	$A+B \longrightarrow P$ ($a=b$)	$\dfrac{dx}{dt} = k_2(a-x)^2$	$k_2 t = \dfrac{1}{a-x} - \dfrac{1}{a}$	$\dfrac{1}{a-x} \sim t$	$\dfrac{1}{k_2 a}$	浓度$^{-1}$·时间$^{-1}$
	$A+B \longrightarrow P$ ($a \neq b$)	$\dfrac{dx}{dt} = k_2$ $(a-x)(b-x)$	$k_2 t = \dfrac{1}{a-b}$ $\ln\dfrac{b(a-x)}{a(b-x)}$	$\ln\dfrac{b(a-x)}{a(b-x)} \sim t$	$t_{1/2(A)} \neq t_{1/2(B)}$	浓度$^{-1}$·时间$^{-1}$
3	$A+B+C \longrightarrow P$ ($a=b=c$)	$\dfrac{dx}{dt} = k_3$ $(a-x)^3$	$k_3 t = \dfrac{1}{2}$ $\left[\dfrac{1}{(a-x)^2} - \dfrac{1}{a^2}\right]$	$\dfrac{1}{(a-x)^2} \sim t$	$\dfrac{3}{2}\dfrac{1}{k_3 a^2}$	浓度$^{-2}$·时间$^{-1}$
n ($n \neq 1$)	$A \longrightarrow P$	$\dfrac{dx}{dt} = k_n(a-x)^n$	$k_n t = \dfrac{1}{n-1}$ $\left[\dfrac{1}{(a-x)^{n-1}} - \dfrac{1}{a^{n-1}}\right]$	$\dfrac{1}{(a-x)^{n-1}} \sim t$	$\dfrac{2^{n-1}-1}{k_n(n-1)}\dfrac{1}{a^{n-1}}$	浓度$^{1-n}$·时间$^{-1}$

3.2.3　几种典型复杂反应的速率方程

3.2.3.1　1-1 级对峙反应

$$A \underset{k_{-1}}{\overset{k_1}{\rightleftharpoons}} B$$

设 $c_{A,0} = a$，$c_{B,0} = 0$，x 为生成物的浓度，x_e 为平衡时生成物的浓度，K 为平衡常数。则该对峙反应的速率方程为：

$$k_1 + k_{-1} = \frac{1}{t}\ln\frac{x_e}{x_e - x} \tag{1-3-32}$$

反应达平衡时：

$$\frac{k_1}{k_{-1}} = \frac{x_e}{a - x_e} = K \tag{1-3-33}$$

3.2.3.2　一级平行反应

$$A \begin{array}{c} \stackrel{k_1}{\nearrow} B \\ \stackrel{k_2}{\searrow} C \end{array}$$

设 $c_{A,0} = a$，$c_{B,0} = c_{C,0} = 0$，t 时刻 B、C 的浓度分别为 x_1，x_2，则该平行反应的速率方程为：

$$k_1 + k_2 = \frac{1}{t} \ln \frac{a}{a - x_1 - x_2} \tag{1-3-34}$$

反应到 t 时刻时，两个平行产物浓度之比为：

$$\frac{k_1}{k_2} = \frac{x_1}{x_2} \tag{1-3-35}$$

3.2.3.3　1-1 级连串反应

$$A \xrightarrow{k_1} B \xrightarrow{k_2} C$$

设 $c_{A,0} = a$，$c_{B,0} = c_{C,0} = 0$，t 时刻 A、B、C 的浓度分别为 x、y、z，则 t 时刻中间产物 B 和最终产物 C 的浓度分别为：

$$y = \frac{k_1 a}{k_2 - k_1} (e^{-k_1 t} - e^{-k_2 t}) \tag{1-3-36}$$

$$z = a \left[1 - \frac{k_2}{k_2 - k_1} e^{-k_1 t} + \frac{k_1}{k_2 - k_1} e^{-k_2 t} \right] \tag{1-3-37}$$

t_m 时刻，中间产物达最大值 y_m 为：

$$y_m = a \left(\frac{k_1}{k_2} \right)^{\frac{k_2}{k_2 - k_1}} \tag{1-3-38}$$

$$t_m = \frac{\ln \dfrac{k_1}{k_2}}{k_2 - k_1} \tag{1-3-39}$$

3.2.4　反应级数的测定方法

几种常用的反应级数确定法如下。

3.2.4.1　积分法（或尝试法）

根据各类速率方程的积分式确定反应级数的方法，称为积分法。通常由实验测定不同时刻 t 的反应物的浓度 c 的数据，分别利用各级反应的 $c \sim t$ 关系作图，若得直线，即为该关系所对应的反应级数。也可将 $c \sim t$ 数据代入各级反应的速率系数表达式，若计算结果得一常数，即为该式所对应的反应级数。无论作图或计算，都是利用速率方程的积分式进行尝试，所以又称尝试法。积分法是一种常用的确定级数的方法，但是对那些实验时间持续得不够长，转化率低的反应，此法显得不够灵敏，很难区分出具体的级数。

3.2.4.2　微分法

考虑以下简单反应：

$$A \longrightarrow P$$

设 A 的浓度为 c，反应级数为 n，则其速率方程式为：

$$r = -\frac{dc}{dt} = kc^n \tag{1-3-40}$$

取对数得

$$\lg r = \lg k + n \lg c \tag{1-3-41}$$

故以 $\lg r$ 对 $\lg c$ 作图应为一直线，该直线的截矩为 $\lg k$，斜率为反应级数 n，即：

$$n = \frac{d\lg r}{d\lg c} \tag{1-3-42}$$

或写成

$$n = \frac{\Delta \lg r}{\Delta \lg c} = \frac{\lg r_1 - \lg r_2}{\lg c_1 - \lg c_2} \tag{1-3-43}$$

要作出 $\lg r$-$\lg c$ 图，必须求出各浓度时的反应速率，为此先以实验测得的数据，作浓度与时间的关系图，从图上求出不同浓度时的斜率以得到各相应的 r 值，然后再作图求反应级数 n。

3.2.4.3　半衰期法

当反应物的起始浓度皆相同时，半衰期与浓度的关系可用通式表示为：

$$t_{1/2} = \frac{2^{n-1} - 1}{(n-1)k_n a^{n-1}} \tag{1-3-44}$$

$$= B \frac{1}{a^{n-1}}$$

式中，B 对一定反应来说是一定值；n 为反应级数。取对数得：

$$\lg t_{1/2} = (1-n)\lg a + \lg B \tag{1-3-45}$$

实验测得若干组数据后，即可通过联立方程式或用作图法求出反应级数。

3.2.4.4　孤立法

当速率方程中含有多种物质时，反应速率方程有如下形式：

$$r = kc_A^{\alpha} c_B^{\beta} c_C^{\gamma} \tag{1-3-46}$$

可以用孤立法求级数。孤立法即除某一反应物（如 A）外，设法让其余反应物（如 B、C）都大大过量，使它们的浓度在整个反应中近似不变，这样即得：

$$\left(\frac{\partial \ln r}{\partial \ln c_A}\right)_{B, C} = \alpha \tag{1-3-47}$$

速率方程变为：

$$r = k' c_A^{\alpha} \tag{1-3-48}$$

即：

$$\ln r = \alpha \ln c_A + \ln k' \tag{1-3-49}$$

利用作图等方法，可以求得 A 的分级数 α，再用同样的方法求得 B 和 C 的分级数 β 和 γ。

改变物质数量比例法为孤立法的另一种形式。设速率方程式为 $r = k c_A^\alpha c_B^\beta c_C^\gamma$，若设法保持 A 和 C 的浓度不变，而将 B 的浓度加大一倍，若反应速率也比原来加大一倍，则可以确定 c_B 的指数为 1。同理，若保持 B 和 C 的浓度不变而将 A 的浓度加大一倍，若速率增加为原来的 4 倍，则可确定 c_A 的指数为 2。这种方法可应用于较复杂的反应。

3.2.5　范特霍夫规则

温度升高 10K，反应速率大约增加到原来的 2～4 倍。这一规则称为范特霍夫规则。若以 k_T 和 k_{T+10} 分别表示温度为 T 和 $(T+10)$K 时的速率系数，则有如下近似关系：

$$\frac{k_{T+10}}{k_T} = 2 \sim 4 \tag{1-3-50}$$

这一规则可用于粗略估计一般反应的速率和温度的关系。

3.2.6　阿伦尼乌斯原理

对于具有明确反应级数的化学反应，其反应速率系数与温度的关系服从阿伦尼乌斯公式。阿伦尼乌斯公式具有以下形式：

指数式为：
$$k = A e^{-\frac{E_a}{RT}} \tag{1-3-51}$$

式中，E_a 为活化能；A 为指前参量。

对数式为：
$$\ln k = -\frac{E_a}{RT} + \ln A \tag{1-3-52}$$

微分式为：
$$\frac{\mathrm{d}\ln k}{\mathrm{d}T} = \frac{E_a}{RT^2} \tag{1-3-53}$$

定积分式为：
$$\ln \frac{k_2}{k_1} = \frac{E_a}{R}\left(\frac{T_2 - T_1}{T_1 T_2}\right) \tag{1-3-54}$$

3.2.7　基元反应的微观可逆性原理

微观可逆性原理，即某基元反应的逆反应必然也是基元反应，且正反应和逆反应通过相同的过渡态。因此，正、逆反应活化能的差值正好等于反应热效应。

在等容下进行的对峙反应为：

$$A \underset{k_{-1}}{\overset{k_1}{\rightleftharpoons}} P$$

对于正反应有：
$$\frac{\mathrm{d}\ln k_1}{\mathrm{d}T} = \frac{E_1}{RT^2} \tag{1-3-55}$$

对于逆反应有：
$$\frac{\mathrm{d}\ln k_{-1}}{\mathrm{d}T} = \frac{E_{-1}}{RT^2} \qquad (1\text{-}3\text{-}56)$$

式中，E_1、E_{-1} 为正逆反应的活化能，两式相减得：
$$\frac{\mathrm{d}\ln(k_1/k_{-1})}{\mathrm{d}T} = \frac{E_1 - E_{-1}}{RT^2} \qquad (1\text{-}3\text{-}57)$$

式中，$\dfrac{k_1}{k_{-1}} = K$，即反应的平衡常数。将此式和化学反应等压方程式

$$\frac{\mathrm{d}\ln K^{\ominus}}{\mathrm{d}T} = \frac{\Delta_{\mathrm{r}} H_{\mathrm{m}}}{RT^2} \qquad (1\text{-}3\text{-}58)$$

比较即得：
$$\Delta_{\mathrm{r}} H_{\mathrm{m}} = E_1 - E_{-1} \qquad (1\text{-}3\text{-}59)$$

可见反应的热效应等于正、逆反应活化能的差值。若 $E_{-1} > E_1$，则 $\Delta_{\mathrm{r}} H_{\mathrm{m}} < 0$，是放热反应。若 $E_{-1} < E_1$，则 $\Delta_{\mathrm{r}} H_{\mathrm{m}} > 0$，为吸热反应。

3.2.8　活化能的计算方法

3.2.8.1　活化能的计算

可根据阿伦尼乌斯公式的各种形式 ［式（1-3-51）～式（1-3-54）］ 计算反应活化能。

3.2.8.2　活化能的估算方法

（1）分子间的基元反应

设以下反应为放热反应：$A—B + C—D \longrightarrow A—C + B—D$

若反应物分子的键能为 D_{A-B} 和 D_{C-D}，则活化能为：
$$E_{\mathrm{a}} = 0.30(D_{A-B} + D_{C-D})$$

即反应所需活化能约为待破化学键键能的 30%。这表明反应的进行并不要求把原有化学键全部解散，而是生成某种活化的中间物，然后转化为产物，故 E_{a} 小于待破化学键的键能总和。

（2）自由基参加的基元反应

通式：$A \cdot + B—C \longrightarrow A—B + C \cdot$

这类反应的反应物中，自由基的活性很大，反应容易进行，活化能约为
$$E_{\mathrm{a}} = 0.055 D_{B-C}$$

即活化能约为待破化学键的键能的 5.5%。

（3）自由基的化合反应

如　　　　　　　　$Cl \cdot + Cl \cdot + M \longrightarrow Cl_2 + M$

式中，M 代表某些惰性分子，因为自由基活性很大，反应中又无需破坏化学键，故
$$E_{\mathrm{a}} = 0$$

（4）分子裂解成自由基的反应

如　　　　　　　　　　$Cl\!-\!Cl + M \longrightarrow 2Cl \cdot + M$

反应时分子中的化学键需要完全解开，而且不生成任何新的化学键，其活化能即等于键能

$$E_a = D_{Cl-Cl}$$

3.2.9　处理复杂反应的近似方法

3.2.9.1　平衡假设法

考虑某一总包反应 $A+B \longrightarrow P$，假设该反应是通过下述两步完成的

$$A \underset{k_{-a}}{\overset{k_a}{\rightleftharpoons}} M \quad （快）$$

$$M + B \xrightarrow{k_b} P \quad （慢）$$

式中，M 表示中间物。如果第二步是决定速率的慢步骤，则此反应的速率方程式为

$$r = k_b [M][B] \tag{1-3-60}$$

式 (1-3-60) 中的中间物浓度 [M] 可通过**平衡假设法**求得，即认为在上述反应的两个步骤中，第一步的速率快，因而在反应开始以后，它较快到平衡，且平衡不受第二步的影响，前提是 k_{-a} [M] $\gg k_b$ [M] [B]。据此可得

$$K = \frac{k_a}{k_{-a}} = \frac{[M]}{[A]} \tag{1-3-61}$$

或　　　　　　　　　　$$[M] = \frac{k_a}{k_{-a}}[A] \tag{1-3-62}$$

将式 (1-3-62) 代入式 (1-3-61) 得

$$r = k_b \frac{k_a}{k_{-a}}[A][B] = k_2[A][B] \tag{1-3-63}$$

将式 (1-3-63) 所导出的速率方程式和经验速率方程式相比较，并比较根据导出的速率方程式求出的表观活化能与实验测定的活化能的大小，以及对中间产物的分析等，可判断所提机理的合理性。

3.2.9.2　稳态处理法

设反应 $A+B \longrightarrow P$ 是通过中间物 M 分两步完成的，即

$$A \underset{k_{-a}}{\overset{k_a}{\rightleftharpoons}} M \quad （快）$$

$$B + M \xrightarrow{k_b} P（慢）$$

稳态处理法的假设是：反应经过一定时间后，有可能达到某一稳态，此时总反应速率维持某一定值，即中间物浓度 [M] 不再随时间而变化。因此有：

$$\frac{d[M]}{dt} = k_a[A] - k_{-a}[M] - k_b[B][M] = 0 \tag{1-3-64}$$

由式 (1-3-64) 求得：

$$[M] = \frac{k_a[A]}{k_{-a} + k_b[B]} \tag{1-3-65}$$

总反应速率取决于慢步骤，即：

$$r = k_b[B][M] \tag{1-3-66}$$

将式（1-3-65）代入式（1-3-66）可得：

$$r = k_b k_a \frac{[A][B]}{k_{-a} + k_b[B]} \tag{1-3-67}$$

根据式（1-3-67），如果 $k_{-a} \gg k_b[B]$，则反应显现二级，这和平衡假设法处理的结果一样。如果 $k_b[B] \gg k_{-a}$，则反应将显现一级。

3.2.10　基元反应速率理论

3.2.10.1　简单碰撞理论

碰撞理论是根据分子运动理论提出来的，它把反应分子看作是刚性圆球，并作以下假设。

① 两个分子要发生反应必须相互碰撞，但并不是每一次碰撞都能立即发生反应。因为在一般条件下，分子间的碰撞次数是很多的，例如在 298K、$1p^{\ominus}$ 时，$1cm^3$ 内碘化氢分子在每秒钟内的碰撞总次数约为 10^{28} 次，假如每一次碰撞都能引起反应，则所有反应都将在一瞬间完成，这显然是与事实不符的。

② 只有活化分子的碰撞才有可能引起化学反应。因为只有活化分子所具有的能量才足够大，使得活化分子间的相互碰撞能量超过某一最低的**阈能值（E_c）**，才能发生反应。故活化分子的碰撞称为**有效碰撞**。活化分子越多，发生化学反应的可能性越大。**阈能值（E_c）**表示分子相互碰撞并发生反应所需要的最小相对平动能的大小。

根据上述假设可以导出速率系数的计算公式。考虑气相双分子的恒容反应

$$A + B \longrightarrow P$$

$$r = -\frac{d[A]}{dt} = -\frac{1}{LV} \times \frac{dN_A}{dt} \tag{1-3-68}$$

令 Z_{AB} 代表单位体积内 A 和 B 的碰撞频率，亦即单位体积单位时间内 A、B 间的碰撞总数，N_A^* 代表体积 V 内活化分子的数目，则单位体积中 A 分子的消耗速率为碰撞总数 Z_{AB} 和活化分子所占分数的乘积

$$r = -\frac{1}{V} \times \frac{dN_A}{dt} = -L\frac{d[A]}{dt} = Z_{AB}\frac{N_Z^*}{N_A} = Z_{AB}q \tag{1-3-69}$$

式（1-3-69）中 $\frac{N_Z^*}{N_A}$ 称为有效碰撞分数，以 q 表示。式中 Z_{AB} 与 q 可以单独计算。

（1）双分子气体反应的碰撞频率 Z

同种分子
$$Z_{AA} = 2\pi d^2 L^2 \sqrt{\frac{RT}{\pi M_A}} c_A^2 \qquad (1\text{-}3\text{-}70)$$

不同分子
$$Z_{AB} = \pi d^2 L^2 \sqrt{\frac{8RT}{\pi \mu_M}} c_A c_B \qquad (1\text{-}3\text{-}71)$$

其中，折合质量
$$\mu_M = \frac{M_A M_B}{M_A + M_B} \qquad (1\text{-}3\text{-}72)$$

（2）有效碰撞分数

$$q = \frac{N_A^*}{N_A} = \exp(-E_c / RT) \qquad (1\text{-}3\text{-}73)$$

由式（1-3-73）可见：随着温度升高、能量超过阈能 E_c 的活化分子的比例将迅速增加。

（3）双分子气体反应速率常数

同种分子
$$k = 2\pi d^2 L \sqrt{\frac{RT}{\pi M_A}} \exp\left(-\frac{E_c}{RT}\right) \qquad (1\text{-}3\text{-}74)$$

不同分子
$$k = \pi d^2 L \sqrt{\frac{8RT}{\pi \mu_M}} \exp\left(-\frac{E_c}{RT}\right) \qquad (1\text{-}3\text{-}75)$$

其中，E_c 为阈能。

3.2.10.2　过渡态理论（对于双分子气相反应）

按照过渡态理论的基本出发点，在由反应物到产物的转变过程中，需要经过一种过渡状态，生成中间化合物，又叫活化络合物，它与反应物之间处于平衡状态，而反应速率由活化络合物的分解速率决定。

根据上述假设可以导出速率系数的计算公式。

（1）以压力表示的反应速率系数

$$k_p = \frac{k_B T}{h} (p^{\ominus})^{-1} \exp\left(\frac{\Delta_r^{\neq} S_m^{\ominus}}{R}\right) \exp\left(-\frac{\Delta_r^{\neq} H_m^{\ominus}}{RT}\right) \qquad (1\text{-}3\text{-}76)$$

式中，k_B 为玻尔兹曼常量；h 为普朗克常量；$\Delta_r^{\neq} S_m^{\ominus}$ 为活化熵；$\Delta_r^{\neq} H_m^{\ominus}$ 为活化焓。

（2）以浓度表示的反应速率系数

$$k_c = \frac{k_B T}{h} \left(\frac{RT}{p^{\ominus}}\right) \exp\left(\frac{\Delta_r^{\neq} S_m^{\ominus}}{R}\right) \exp\left(-\frac{\Delta_r^{\neq} H_m^{\ominus}}{RT}\right) \qquad (1\text{-}3\text{-}77)$$

3.2.10.3　各种活化能及其关系

（1）反应活化能 E_a

反应活化能是唯象宏观量。对于基元反应，将具有平均能量的反应物分子变成具有平均能量的活化分子所必须给予的能量，称为反应的活化能。

$$E_a = E^* - E \qquad (1\text{-}3\text{-}78)$$

对于复合反应，活化能没有明确的物理意义，仅仅是组成复合反应的一系列基元反应活化能的组合，其组合方式取决于表观速率系数与基元反应速率系数之间的关系。

（2）阈能 E_c

E_c 是分子发生有效碰撞时，指定态反应所需的最低平动能。它与温度无关，是微观量：

$$E_a = E_c + \frac{1}{2}RT \tag{1-3-79}$$

（3）能垒 E_b

E_b 是反应物形成活化络合物时，活化络合物最低能级与反应物最低能级的势能差。

$$E_b = E_0 - \left[\frac{1}{2}h\nu^{\neq} - \frac{1}{2}h\nu_0(反应物)\right]L \tag{1-3-80}$$

E_0 是活化络合物的零点能与反应物零点能之差。

3.2.10.4 单分子反应理论

林德曼根据碰撞理论提出了单分子反应的时滞论，其论点为活化分子的能量仍来源于双分子的热碰撞，但将碰撞的相对平动能转为分子的内部能量并使其集中到要断裂的化学键上是需要一定时间的，而在这一滞留时间内，活化分子有可能再次碰撞而失活，或者分解为产物。若以 M 表示反应分子或非反应粒子，则单分子反应 A⟶P 的历程可表示为：

$$A + M \xrightarrow{k_1} A^* + M$$
$$A^* + M \xrightarrow{k_{-1}} A + M$$
$$A^* \xrightarrow{k_2} P$$

活化分子 A^* 极不稳定，对以上历程应用稳态近似处理：

$$\frac{dc_{A^*}}{dt} = k_1 c_A c_M - k_{-1} c_{A^*} c_M - k_2 c_{A^*} = 0 \tag{1-3-81}$$

解出 $c_{A^*} = \frac{k_1 c_M}{k_{-1} c_M + k_2} c_A$，因此单分子反应 A⟶P 的速率为

$$r = \frac{dc_P}{dt} = k_2 c_{A^*} = \frac{k_2 k_1 c_M}{k_{-1} c_M + k_2} c_A \tag{1-3-82}$$

此式有两种极限形式，具体如下。

① 高压时，由于频繁的碰撞使去活化速率 $k_{-1} c_M c_{A^*}$ 比活化分子分解速率 $k_2 c_{A^*}$ 大得多，即 $k_{-1} c_M \gg k_2$，式（1-3-82）变为 $\frac{dc_P}{dt} = \frac{k_2 k_1}{k_{-1}} c_A = k' c_A$，真正表现为一级反应，式中，$k' = \frac{k_2 k_1}{k_{-1}} = k_\infty$ 称为高压极限单分子速率系数。早期的动力学数据都是在这个压力范围内获得的。

② 低压时，由于碰撞而失活的分子少，活化分子在第二次碰撞前有足够的时间分解或异构化，即分解速率 $k_2 c_{A^*}$ 极快，即 $k_{-1} c_M \ll k_2$，式（1-3-82）变为 $\dfrac{\mathrm{d} c_P}{\mathrm{d} t} = k_1 c_M c_A$，反应为二级。

③ 在高压极限与低压极限之间，式（1-3-82）表示反应无级数。在反应系统中，随着 c_M 从很小增至很大，反应速率表达式（1-3-82）就从 $r = k_1 c_M c_A$ 逐渐转化为 $r = k' c_A$，反应表观级数处于二级向一级的转化过程中。

一般情况下，对结构复杂分子的反应，由于活化后停滞时间长，未分解前易消活性，故多为一级反应，而对简单的反应，碰撞后活化分子分解迅速，多为二级反应。

3.2.11　光化学基本定律

3.2.11.1　光化学第一定律

由于光化学反应是在光的作用下发生的，所以，只有被反应物吸收的光才有可能引起化学反应，这个规律称为**光化学第一定律**。又称为 Grotthus-Draper 定律。

3.2.11.2　光化学第二定律

在光化反应的初级阶段中，被活化的分子数（或原子数）等于吸收的光量子数，即一个被吸收的光子只活化一个反应物分子，这个规律称为**光化学第二定律**。又称为 Stark-Einsten 定律。

3.2.11.3　Lambert-Beer 定律

平行的单色光通过浓度为 c、长度为 d 的均匀介质时，未被吸收的透射光强度 I_t 与入射光强度 I_0 之间的关系为：

$$I_t = I_0 \exp(-\kappa d c) \tag{1-3-83}$$

式中，κ 为摩尔吸收系数，与入射光的波长、温度和溶剂等条件有关。

3.2.12　光化学反应的速率方程

设某光化学反应的计量方程为

$$A_2 + h\nu =\!\!= 2A$$

拟定其反应机理为：

$$(1)\ A_2 + h\nu \xrightarrow{k_1} A_2^* \qquad （光化初级过程）$$

$$(2)\ A_2^* \xrightarrow{k_2} 2A \qquad （活化分子解离）$$

$$(3)\ A_2^* + A_2 \xrightarrow{k_3} 2A_2 \qquad （活化分子失活）$$

根据反应机理推导光化学反应的速率方程式，可得

$$r = \frac{1}{2} \frac{\mathrm{d}[A]}{\mathrm{d} t} = k_2 [A_2^*] \tag{1-3-84}$$

用稳态近似把中间产物的浓度用反应物浓度表示。根据反应机理

$$\frac{d[A_2^*]}{dt}=I_a-k_2[A_2^*]-k_3[A_2^*][A_2]=0 \tag{1-3-85}$$

反应①为光化反应的初级过程，A^* 的生成速率等于吸收光速率 I_a，与反应物 A 的浓度无关。

根据稳态近似，得：

$$[A_2^*]=\frac{I_a}{k_2+k_3[A_2]} \tag{1-3-86}$$

将式（1-3-86）代入式（1-3-84）得

$$r=k_2[A_2^*]=\frac{k_2I_a}{k_2+k_3[A_2]} \tag{1-3-87}$$

$$\phi=\frac{r}{I_a}=\frac{k_2}{k_2+k_3[A_2]} \tag{1-3-88}$$

3.2.13　催化反应

3.2.13.1　酸碱催化反应机理分析

以广义酸催化的反应速率方程为例，分析酸碱催化过程。设反应物为 S，产物为 P，已知催化反应历程为：

(1) $S+HA\underset{k_{-1}}{\overset{k_1}{\rightleftharpoons}}SH^++A^-$

(2) $SH^++H_2O\xrightarrow{k'_2}P+H_3O^+$

由于 SH^+ 是一个活泼的中间产物，可应用稳态处理法，则

$$\frac{dc_{SH^+}}{dt}=k_1c_Sc_{HA}-k_{-1}c_{SH^+}c_{A^-}-k'_2c_{SH^+}c_{H_2O}=0 \tag{1-3-89}$$

$$c_{SH^+}=\frac{k_1c_Sc_{HA}}{k_{-1}c_{A^-}+k_2} \tag{1-3-90}$$

式中，$k_2=k'_2c_{H_2O}$，由于是稀水溶液，c_{H_2O} 可作为定值，反应速率为：

$$r=\frac{dc_P}{dt}=k'_2c_{SH^+}c_{H_2O}=\frac{k_1k_2c_Sc_{HA}}{k_{-1}c_{A^-}+k_2} \tag{1-3-91}$$

进一步考虑广义酸 HA 的解离平衡，$HA+H_2O\rightleftharpoons H_3O^++A^-$

$$K_{HA}=\frac{c_{H_3O^+}c_{A^-}}{c_{HA}} \tag{1-3-92}$$

K_{HA} 为解离平衡常数，将（1-3-92）代入式（1-3-91）

$$r=\frac{k_1k_2c_Sc_{HA}c_{H_3O^+}}{k_{-1}K_{HA}c_{HA}+k_2c_{H_3O^+}} \tag{1-3-93}$$

由式（1-3-93）可知：

① 若 $k_2\gg k_{-1}c_{A^-}$，即 $k_2c_{H_3O^+}\gg k_{-1}K_{HA}c_{HA}$，则中间产物反应极快，得：

$$r=k_1c_Sc_{HA} \tag{1-3-94}$$

反应由步骤（1）控制，速率正比于广义酸的浓度，是广义酸催化。

② 若 $k_2 \ll k_{-1}c_{A^-}$，中间产物反应极慢，得：

$$r = \frac{k_1 k_2 c_S c_{H_3O^+}}{k_{-1} k_{HA}} \tag{1-3-95}$$

反应由步骤（2）控制，速率正比于氢离子的浓度，是氢离子催化。

更广泛地说，广义酸 HA 和氢离子 H^+，广义碱 A^- 和氢氧根离子 OH^- 对酸碱催化反应都有影响，即使没有酸碱催化剂，反应也能在一定程度上进行。所以，酸碱催化的反应速率系数通常可以表示为

$$k = k_0 + k_a c_{H_3O^+} + k_b c_{OH^-} + k_{HA} c_{HA} + k_{A^-} c_{A^-} \tag{1-3-96}$$

式中，k_0、k_a、k_b、k_{HA}、k_{A^-} 分别为非催化反应、酸催化、碱催化、广义酸催化、广义碱催化的速率系数。通常，并不是式中每一项对速率系数都有贡献，在强酸中，H^+ 的催化起主要作用；在强碱中，OH^- 的催化起主要作用。

研究均相酸碱催化时应注意溶液中的离子强度会影响活度因子，从而影响 H^+ 的浓度，所以反应如受 H^+ 或 OH^- 催化，反应速率必随离子强度而变化。

3.2.13.2　络合催化反应机理（均相配位络合催化）

络合催化的一般机理可以表示为：

$$\begin{array}{c} | \\ -M-Y+X \\ | \\ \square \end{array} \xrightarrow{\text{络合}} \begin{array}{c} | \\ -M-Y \\ | \\ X \end{array} \xrightarrow{\text{插入反应}} \begin{array}{c} | \\ -M-X-Y \\ | \\ \square \end{array} \tag{1-3-97}$$

式中，X 为反应物分子；M 为形成体；□ 为空位中心；Y 为配位体。反应物分子 X 首先与配位数不饱和的络合物直接配位（或取代原配位体），占据空位中心。然后 X 可再插入不稳定的 M—Y 键中，形成 M—X—Y，留下空位中心。随后，又可重新进行络合和插入，不断循环。络合催化已广泛应用于加氢、脱氢、氧化、异构化、水合、羟基合成、聚合等化工生产中。均相催化的缺点是催化剂与反应混合物不易分离而导致回收困难。

3.2.13.3　酶催化反应机理

酶催化反应的反应机理认为，酶催化反应首先是酶（E）与基质（S）生成中间络合物［ES］，并存在平衡，然后络合物分解，生成产物（P），释放出酶。而络合物分解是决速步骤，一般机理可表示如下：

$$S + E \underset{k_{-1}}{\overset{k_1}{\rightleftharpoons}} [ES] \tag{1-3-98}$$

$$[ES] \xrightarrow{k_2} P + E \tag{1-3-99}$$

应用稳态近似法可以得到中间产物［ES］的浓度

$$\frac{dc_{ES}}{dt} = k_1 c_E c_S - k_{-1} c_{ES} - k_2 c_{ES} = 0$$

$$c_{ES} = \frac{k_1 c_E c_S}{k_{-1} + k_2} = \frac{c_E c_S}{K_M} \tag{1-3-100}$$

式中，$K_M = \dfrac{k_{-1} + k_2}{k_1}$，为米歇尔斯常数。上式表明，$K_M = \dfrac{c_E c_S}{c_{ES}}$，它相当于络合物的不稳定常数。若 $c_{E,0}$ 为酶的初始浓度，根据物料平衡，$c_E = c_{E,0} - c_{ES}$，代入式（1-3-100）得

$$c_{ES} = \frac{c_{E,0} c_S}{K_M + c_S}$$

由于决速步骤为络合物分解，故

$$r = \frac{dc_P}{dt} = k_2 c_{ES} = \frac{k_2 c_{E,0} c_S}{K_M + c_S} \tag{1-3-101}$$

根据式（1-3-101），当基质浓度很大时，$c_S \gg K_M$，酶几乎都变成络合物，反应速率达到最大值而与基质的浓度 c_S 无关，$r_{max} = k_2 c_{E,0}$，即反应速率对基质 c_S 为零级。r_{max} 称为最大反应速率。当基质浓度很小时，$c_S \ll K_M$，$r = \dfrac{k_2}{K_M} c_{E,0} c_S$，表示反应速率对基质 c_S 为一级。酶催化反应速率与基质浓度的关系见图 1-3-3。

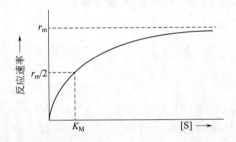

图 1-3-3　酶催化反应速率与基质浓度的关系

为理解米歇尔斯常数 K_M 的意义，可将 $r_{max} = k_2 c_{E,0}$ 代入式（1-3-101）得

$$r = \frac{dc_P}{dt} = \frac{r_{max} c_S}{K_M + c_S}$$

移项得

$$\frac{r}{r_{max}} = \frac{c_S}{K_M + c_S} \tag{1-3-102}$$

当 $r = \dfrac{1}{2} r_{max}$ 时，$K_M = c_S$，即说明：米歇尔斯常数 K_M 等于反应速率达到最大速率一半时的基质浓度。将式（1-3-102）改写为：

$$\frac{1}{r} = \frac{K_M}{r_{max}} \times \frac{1}{c_S} + \frac{1}{r_{max}} \tag{1-3-103}$$

在保持 $c_{E,0}$ 一定时，以 $\dfrac{1}{r}$ 对 $\dfrac{1}{c_S}$ 作图，从直线的斜率 $\left(\dfrac{K_M}{r_{max}}\right)$ 和直线的截距 $\left(\dfrac{1}{r_{max}}\right)$，可以求出 K_M 和 r_{max}。

3.2.13.4　气-固多相催化反应的一般机理

多相催化反应发生在催化剂表面，故必然要经历以下 5 个步骤：①反应物分子

从气相本体向催化剂表面（包括内部孔隙）扩散；②反应物在催化剂表面吸附；③反应物在催化剂表面反应并生成产物；④产物从催化剂表面脱附；⑤脱附的产物从催化剂表面向气相本体扩散。总反应速率通常由最慢的一步控制，如吸附速率控制、表面反应控制、扩散控制等。当反应条件（如温度等）改变时，同一反应的控制步骤也会发生转化。

对于双分子反应，通常有两种机理：①两种反应物分子 A 及 B 吸附在催化剂表面进行反应，而且表面反应是速率控制步骤，这是朗格谬尔-欣谢尔伍德（Langmur-Hinshelwood）机理；②气相中的反应物之一（如 A）与吸附在表面上的另一反应物（如 B）进行反应，称露迪尔（Radial）机理，如图 1-3-4 所示。

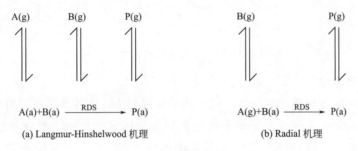

(a) Langmur-Hinshelwood 机理　　　　　　　　(b) Radial 机理

图 1-3-4　两种多相催化机理示意图

a—表示吸附态；g—表示气态；RDS—速率控制步骤

3.2.14　快速反应的研究方法

3.2.14.1　流动法

流动法是设法使反应物连续地通过一反应器，在反应器中发生部分反应并建立稳态，流出的是未反应的反应物及产物的混合物。反应器中的混合室是特别设计的，使反应物在受压下在约 10^{-3} s 内混合，并高速（可达 $10\,\mathrm{m \cdot s^{-1}}$）通过观察管，混合物在观察管中连续反应。在固定流速下用分光光度计或其他仪器测定管中各不同位置的浓度，或在不同流速下测定同一位置的浓度。这样可以测定半衰期只有几毫秒的反应。若反应物在混合期间就发生相当大的浓度变化，可以采用流动法。

设有一液相简单反应

$$A + B \xrightarrow{\ k\ } C\text{（彻底搅拌）}$$

稳态时浓度分别为 c_A、c_B 和 c_C，根据 $\dfrac{\mathrm{d}c_C}{\mathrm{d}t} = kc_A c_B$，及从体系反应开始至观察管固定位置所用的时间 $t = \dfrac{V}{R}$（V 为对应的液体体积，R 为流经观察管的流速），按照质量衡算 $kc_A c_B V = R c_C$，若准确测定出 c_A、c_B 和 c_C，便可求出快速反应的速率系数 k。该方法要求混合时间必须短于被测反应的半衰期。图 1-3-5 为流动法示意图。

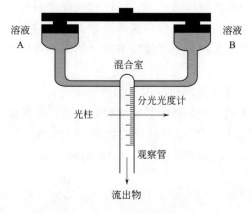

图 1-3-5　流动法示意图

3.2.14.2　弛豫法

当反应时间远短于 10^{-3} s 时，就不能采用混合法，用弛豫法可以将时间范围缩至 10^{-9} s。弛豫法是指一个平衡系统因受到外来因素的快速干扰（如快速改变温度、压力、浓度、电场强度等），使体系偏离原平衡位置并迅速向新的平衡位置移动，再通过快速的物理方法（如电导、分光光度测量法等）追踪反应体系的变化，直到建立新的平衡状态。体系从不平衡态恢复到新的平衡态的过程叫弛豫，弛豫时间与速率系数、平衡常数、物种平衡浓度有着一定的函数关系，若用实验测出弛豫时间，可根据函数关系式求出反应的速率系数。

设有快速对峙反应
$$A+B \underset{k_b}{\overset{k_f}{\rightleftharpoons}} C$$

反应速率为：
$$\frac{dc_C}{dt} = k_f c_A c_B - k_b c_C \tag{1-3-104}$$

若 k_f 或 k_b 很大，不可能用通常的方法测定，当体系在某一条件下已达平衡时，用上述特殊方法使体系偏离平衡态（如对 $\Delta_r H_m \neq 0$ 的反应可用脉冲激光使反应体系温度在 10^{-6} s 中突升数度等），设新的平衡态浓度分别为 $c_{A,e}$、$c_{B,e}$、$c_{C,e}$，体系距离新平衡点的浓度差为 x_0，而在未达平衡的瞬间体系距新平衡态浓度差为 x，可推导出

$$\ln \frac{x}{x_0} = -[k_f(c_{A,e} + c_{B,e}) + k_b]t \tag{1-3-105}$$

或写为：
$$x = x_0 e^{-[k_f(c_{A,e} + c_{B,e}) + k_b]t} x \tag{1-3-106}$$

由式（1-3-106）可知，受到微扰的体系，是按指数衰减规律恢复到平衡的，该过程具有一级反应动力学的特征。对这类过程要定义一个特征时间，即弛豫时间 τ，来衡量它衰减的速率，弛豫时间 τ 是指体系恢复到距新平衡点浓度差 x_0 的 $\frac{1}{e}$ 所

需的时间（即 $\tau = \dfrac{x_0}{e} = 0.3679 x_0$ 时的时间）。根据此定义及式（1-3-106），求得

$$\tau = \frac{1}{k_f(c_{A,\,e} + c_{B,\,e}) + k_b}$$

对于其他级数的快速对峙反应，可用同样的方法导出弛豫时间 τ 的表示式，列于表 1-3-2 中。

表 1-3-2 几种简单快速对峙反应弛豫时间的表示式

对峙反应	$1/\tau$ 的表达式
$A \underset{k_b}{\overset{k_f}{\rightleftharpoons}} P$	$(k_f + k_b)$
$A + B \underset{k_b}{\overset{k_f}{\rightleftharpoons}} P$	$k_f(c_{A,e} + c_{B,e}) + k_b$
$A \underset{k_b}{\overset{k_f}{\rightleftharpoons}} G + H$	$k_f + k_b(c_{G,e} + c_{H,e})$
$A + B \underset{k_b}{\overset{k_f}{\rightleftharpoons}} G + H$	$k_f(c_{A,e} + c_{B,e}) + k_b(c_{G,e} + c_{H,e})$

弛豫技术需要在几微秒内追踪记录弛豫过程中浓度随时间的变化，测定弛豫时间，从而算出快速反应的速率系数 k_f 和 k_b。目前使用的具有高速电子记录装置的电导法或光谱法都能达到要求，速率系数很大的 H^+ 与 OH^- 反应的速率就是利用弛豫技术测定的。

3.2.14.3 闪光光解法

闪光光解是一种利用强闪光使分子发生分解产生自由原子或自由基碎片的技术，然后用光谱或其他方法测定产生碎片的浓度，并监测它们随时间的衰变行为。在闪光光解中产生的自由基的浓度很高，使得该技术成为鉴定及研究自由基的十分有效的手段。

闪光光解装置原理如图 1-3-6 所示。图中，A 为放置反应物的石英管，其两端有平面窗口，B 为与 A 平行的石英制闪光管，其中充以惰性气体，两端有金属电极，由高压充电的电容 C 通过金属电极放电而启动，能产生能量高、持续时间短的强烈闪光。这种闪光被 A 管中的反应物吸收的瞬间，就会激发电子，发生光解反应。光解产物的碎片（主要是自由原子或自由基）可通过另一闪光

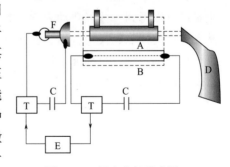

图 1-3-6 闪光光解示意图

灯 F，照射 A 管一端的平面窗口，由在另一端窗口外的检测器 D 记录这些产物的吸收光谱，从而实现监测碎片的衰变行为。

闪光光解的时间分辨率取决于闪光灯 B 管的闪烁时间，当 B 管的闪烁时间为

$20\mu s$，F 管的闪烁时间为 $2\sim 3\mu s$ 时，则测得一级速率系数至 $10^6\,s^{-1}$（半衰期为 $10^{-6}\,s$），二级反应速率系数可达 $10^{11}\,mol^{-1}\cdot dm^3\cdot s^{-1}$，当用激光器（超短脉冲激光）代替闪光管时，则可检出半衰期为 $10^{-9}\sim10^{-12}\,s$ 的自由基。

闪光光解法的优点是可用闪烁时间比要检测物种寿命短得多的强闪光，从而发现许多反应的中间产物，有效地研究了反应极快的原子复合反应动力学。另外，它还可为光谱检测提供很长的光程（A 管可长达 1m）。

3.2.14.4　交叉分子束实验

交叉分子束技术是指可以使分子在指定的量子态下进行反应，配合其他检测仪器，可以得到诸如分子在进行一次碰撞后生成的产物是由中间络合物生成还是由一次碰撞生成等态-态反应过程的信息。交叉分子束实验如图 1-3-7 所示。

在真空度极高的反应室内，使反应物分子 A、B 在分子源 A、源 B 内产生，并成为垂直的两个分子束，每个分子束都是从符合麦克斯韦速率分布的分子中选择指定的速率分子而产生的（通过速率选择器）。两束分子在 O 处相交，由于分子束流量极小，在到达 O 前不会发生任何碰撞，这样一定量子态的 A 分子和 B 分子到达 O 处相遇并发生单一的反应碰撞或非反应碰撞，产物分子及未反应的反应物分子被散射到达各处，可以用绕 O 点旋转的检测器（如四极质谱仪）在不同的角度处检测到。由于全部的

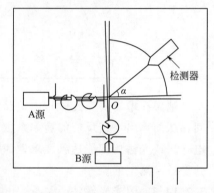

图 1-3-7　交叉分子束实验图

仪器都在真空中，在 O 点向四周散射的产物分子可以不经碰撞到达检测器处，以保证被检测的产物分子必是初生态的分子。

在分子束实验中，主要测量的量是产物分子的角度分布及能量分布，单从这两个量就可以得到一些经典动力学实验所得不到的关于基元反应的种种新信息，如：基元反应的阈能、反应截面、基元反应的反应能的选择性、产物分布的特殊性等。由于束源的限制，目前能采用分子束的方法完成的化学反应并不多，但是这些态-态反应的新信息对化学动力学的研究与发展无疑是十分有益的。

第4章 电化学

4.1 电化学的基本概念

4.1.1 电解质溶液的基本概念

（1）导体

能够导电的物质称为**导体**。导体分为两类：第一类导体是金属，靠自由电子的迁移导电；电解质溶液、电解质熔融盐是第二类导体，靠离子的迁移导电。

（2）电导 G 和电导率 κ

第一类导体常用电阻 R 来表示导电性能，而第二类导体常用电阻的倒数，即电导（G）来表示导电性能：

$$G = \frac{1}{R} \tag{1-4-1}$$

电阻与导体的长度 l、截面积 s，以及电阻率 ρ 有关，即

$$R = \rho \frac{l}{s}$$

故电导也和电极面积 s、电极距离 l 有关，即

$$G = \frac{1}{\rho \dfrac{l}{s}} = \frac{1}{\rho} \times \frac{s}{l} \tag{1-4-2}$$

式中，$\dfrac{1}{\rho}$ 为**电导率**，又叫**比电导**，用 κ 表示，它是一种表示导电性能的物理量。

$$\kappa = G \frac{l}{s} \tag{1-4-3}$$

当电极面积 $s = 1\text{m}^2$，电极距离 $l = 1\text{m}$ 时，可得

$$\kappa = G \frac{\text{m}}{\text{m}^2}$$

所以电导率就是电极面积为 1m²、电极距离为 1m 时溶液的电导，实际上就是边长为 1m 的 1m³ 溶液的电导。在 SI 单位中，κ 的单位是 $\text{S} \cdot \text{m}^{-1}$。

（3）摩尔电导率 Λ_m

摩尔电导率是指相距 1m 的两片平行电极间放置含有 1mol 电解质的溶液时所具有的电导，用 Λ_m 表示。摩尔电导率 Λ_m 与电导率的关系如下：

$$\Lambda_m = \frac{\kappa}{c} \tag{1-4-4}$$

（4）离子迁移率

在外电场作用下，正、负离子向两极移动的速率 r_+ 和 r_- 与两电极间的电位降 E 成正比，而与极间距离 l 成反比，这可表示为

$$r_+ = U_+ \frac{\mathrm{d}E}{\mathrm{d}l} \tag{1-4-5}$$

$$r_- = U_- \frac{\mathrm{d}E}{\mathrm{d}l} \tag{1-4-6}$$

式中，$\frac{\mathrm{d}E}{\mathrm{d}l}$ 为电位梯度，即单位距离上的电位降；U_+、U_- 为比例系数，它是电位梯度等于 $1V \cdot m^{-1}$ 时离子的移动速率，称为离子迁移率（又称离子淌度），单位是 $m^2 \cdot S^{-1} \cdot V^{-1}$。

（5）离子迁移数

某离子的迁移数 t_i，就是指该离子传递的电量 Q_i 在全部离子传递的总电量 Q 中所占的分数。

$$t_i = \frac{Q_i}{Q} \tag{1-4-7}$$

4.1.2 原电池的基本概念

（1）原电池

原电池就是将化学能转变成电能的装置。 图 1-4-1 所示的装置就是一种原电池，把锌插入硫酸锌溶液中，铜插入硫酸铜溶液中，用盐桥把两种溶液连接起来（能让离子通过，保持电的通路），如果把电流计接在铜与锌之间，就可以发现有电流通过，可见利用这个装置，可以获得电能，这个电能是从化学能转化来的。

（2）阴极和阳极；正极和负极

由于金属 Zn 比 Cu 活泼，所以二者组成电池时，Zn 电极上发生氧化反应

$$Zn \longrightarrow Zn^{2+} + 2e^-$$

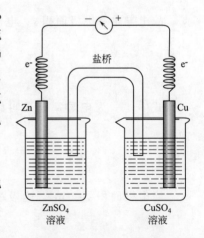

图 1-4-1　原电池结构示意图

产物 Zn^{2+} 扩散到溶液中，留在电极上的电子沿着外电路流向 Cu 电极。因为 Zn 电极发生氧化反应，所以称为**阳极**。电流是从正极流向负极的，而电子流动的方向与之相反。因此，由于 Zn 电极输出电子，电势低，是**负极**。在 Cu 电极上，由于有电子输入，溶液中的 Cu^{2+} 在电极表面与电子结合还原为 Cu，反应式为：

$$Cu^{2+} + 2e^- \longrightarrow Cu$$

Cu 电极发生还原反应，电势又比较高，所以是阴极，也是正极。整个电池的反应为：

$$Zn + Cu^{2+} \longrightarrow Zn^{2+} + Cu$$

（3）双电层

金属晶格是由正离子和运动着的自由电子组成的。当锌插到水中以后，在极性水分子的作用下，金属晶格中的锌离子会进入水中，结果水中因有过剩的正离子而带正电，同时，金属表面因留有电子而使负电荷过剩，于是带上负电。在电性引力的作用下，水中的锌离子不会因为扩散而远离锌电极，而是有序地分布在电极的附近，形成所谓的**双电层**。

（4）液接电势

在两种溶液的接触界面上，也会因离子迁移的速率不同，造成正、负离子在溶液界面两侧分布不均匀而出现电势差，这就是**液接电势**。

（5）金属的接触电势

由于各金属的电子脱出功不同，所以两种金属相接触时，将发生电子由一种金属向另一种金属转移，使其中一种金属带正电；另一种金属带负电，因而在界面上形成电势差。这个电势差的电场阻止电子的进一步转移，最后在界面上形成一种动态平衡，这时两金属间便有一个固定的电势差，即**金属的接触电势**。

（6）电池的电动势

电池的电动势是指电池内部各个相界面电势差的代数和，包括四个部分：①正电极与溶液之间的电势差 $\varepsilon_{正}$；②负电极与溶液之间的电势差 $\varepsilon_{负}$；③在两种溶液接触界面上的液接电势 $\varepsilon_{液接}$，这个电势值较小，可用盐桥的装置使之接近于消除；④金属间的接触电势 $\varepsilon_{接触}$。

（7）可逆电池

凡是能够用热力学可逆过程进行放电或充电的电池，叫做可逆电池。一个可逆电池必须满足以下两个条件。

① 电池反应是可逆的　这是可逆电池的必要条件，没有这个条件，体系根本不能复原，就不能实现可逆过程。

② 能量变化是可逆的　可逆电池还需满足另一个充分条件，即要求通过的电流无限小。这时，如果能把放电时所放出的能量全部储存起来，则用这些能量去充电，恰好能使体系和环境都复原，这就是能量变化可逆的意思。

（8）标准氢电极

标准氢电极是将镀铂黑的铂电极插入含 H^+ 的离子活度为 1 的盐酸溶液中（浓度为 $1.184 mol \cdot dm^{-3}$

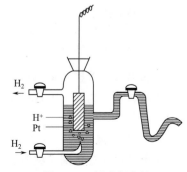

图 1-4-2　标准氢电极

的 HCl)，并通入 1 个标准大气压的 H_2 构成（见图 1-4-2）。电极反应为：

$$\frac{1}{2}H_2(1p^\ominus) \longrightarrow H^+ (a_{H^+}=1) + e^-$$

标准氢电极在任何温度下的标准电极电势都等于零。

（9）标准电极电势 $\varphi^\ominus$

标准氢电极与待测电极组成的电池的电动势，就是该电极的电极电势（或称电极电位）。

例如锌的相对电极电势是以下电池的电动势

$$Pt, H_2 (1p^\ominus) \mid H^+ (a_{H^+}=1) \parallel Zn^{2+} (a_{Zn^{2+}}) \mid Zn$$

电池反应为 $H_2 + Zn^{2+} \longrightarrow 2H^+ (a_{H^+}=1) + Zn$

根据电动势和溶液浓度的关系可得：$E = E^\ominus - \frac{RT}{2F}\ln\frac{a_{H^+}^2 a_{Zn}}{a_{H_2} a_{Zn^{2+}}}$

由于 $a_{H^+}=1$，$a_{H_2}=1$，$a_{Zn}=1$，故可简化为 $E = E^\ominus + \frac{RT}{2F}\ln a_{Zn^{2+}}$

根据规定，$E = \varphi_右 - \varphi_左$，现在左边电极是标准氢电极，把它选作参考点，令其电势为零，所以，$E = \varphi_右$，这里 φ 表示电极电势。

故 $$\varphi = \varphi^\ominus + \frac{RT}{2F}\ln a_{Zn^{2+}}$$

式中，$\varphi^\ominus$ **为标准电极电势，简称标准电势。**

标准电极电势是参加电极反应的各物质的活度都等于 1 时的电极电势，其值可由实验测定，也可以从热力学数据计算得到。

（10）可逆电极的种类

构成可逆电池的电极，其本身必须是可逆的。根据电极的结构及其电极电势方程式的特点，可以把各类可逆电极分成以下三类。

① 第一类电极 **由金属浸在含有该金属离子的溶液中构成。**

如 $Zn^{2+} \mid Zn$ $Zn^{2+} + 2e^- \rightleftharpoons Zn$

$H^+ \mid H_2, Pt$ $H^+ + e^- \rightleftharpoons \frac{1}{2}H_2$

一般表示为： $M^{n+} + ne^- \rightleftharpoons M$

电极电势方程式为： $$\varphi = \varphi^\ominus + \frac{RT}{nF}\ln a_{M^{n+}}$$

这类电极的反应都是对阳离子可逆的，电极电势由阳离子的活度决定。因为氢电极、氧电极和卤素电极的电极表达式和电极反应与金属电极十分相像，所以也归为第一类电极。

② 第二类电极 **由金属及其表面上覆盖的一薄层该金属的难溶盐，再将其插入含有该难溶盐负离子的溶液中构成，故也称为金属难溶盐电极。**

这一类电极电势稳定，常被用作参考电极。一般式为：$M, MA(s) \mid A^{n-}$。

电极反应为

$$MA(s) + ne^- \Longrightarrow M + A^{n-}$$

例如，银-氯化银电极，可表示为 Ag，AgCl（s）| Cl⁻

其电极反应可写为 AgCl（s）＋e⁻═══Ag（s）＋Cl⁻

电极电势方程式为 $\varphi = \varphi^{\ominus} + \dfrac{RT}{F}\ln\dfrac{1}{a_{Cl^-}} = \varphi^{\ominus} - \dfrac{RT}{F}\ln a_{Cl^-}$

在 298K 时，$\varphi = \left[0.2222 - 0.05915\lg a_{Cl^-}\right]$ V

甘汞电极属于第二类电极。

③ **第三类电极**　第三类电极是由惰性金属（如铂）插在含有不同氧化态的某种离子的溶液中构成，这里的惰性金属只起导电作用，而不同氧化态的高、低价态离子之间的氧化还原反应在金属与溶液的界面上进行。所以该类**电极称为氧化-还原电极。**

通式为：Ox·Red | Pt

电极反应为：$Ox + ne^- \longrightarrow Red$

电极电势方程式是：$\varphi = \varphi^{\ominus} + \dfrac{RT}{nF}\ln\dfrac{a_{Ox}}{a_{Red}}$

这类电极的特点是：参加电极反应的氧化态和还原态物质都是可溶解的，而不在电极上析出，电子的传导由浸入溶液中的惰性电极（Pt）负担，它提供进行电子交换反应的场所。

4.1.3　电解池的基本概念

（1）电解池

电解池是借助于电能引起化学反应的电化学反应装置。图 1-4-3 所示的装置为电解池。两个电极可以用相同材料或不同材料的导体制成，与外电路工作电源负极相连接的电极因为电势比较低，所以是**负极**，溶液中的阳离子在该电极表面得到电子发生还原反应，所以该电极即是**阴极**；相反，与工作电源正极相连接的电极即为**正极**，阳离子在正极上发生氧化反应（有时阳极材料本身也会发生氧化），所以该电极即是**阳极**。例如，用两个铜电极插入 $CuSO_4$ 溶液中，与外电源正极相接的 Cu 电极不断被氧化，所以电极反应为：

$$Cu(s) \longrightarrow Cu^{2+}(aq) + 2e^-$$

所以该电极是正极，也是阳极。与外电源负极相连接的 Cu^{2+} 不断被还原，所以电极反应为：

$$Cu^{2+}(aq) + 2e^- \longrightarrow Cu(s)$$

所以该电极是负极，也是阴极。由此可见，在电解池中电极的极性与电极本身的性质无关，而是由与之相连的外电源的电极极性决定的。原电池和电解池的能量转换和电极名称的相互关系如表 1-4-1 所列。

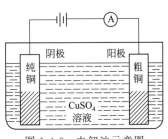

图 1-4-3　电解池示意图

表 1-4-1　原电池和电解池的比较

项　目	电　池	电解池
能量转换	化学能转化为电能	电能转化为化学能
阴极	发生还原反应的电极	发生还原反应的电极
阳极	发生氧化反应的电极	发生氧化反应的电极
正极	发生还原反应,输入电子	发生氧化反应,与外电源正极相连,送出电子
负极	发生氧化反应,送出电子	发生还原反应,与外电源负极相连,输入电子
电极名称相互关系	负极即阳极,正极即阴极	阴极即负极,阳极即正极

（2）离子的析出电势

离子的析出电势就是离子在电极上开始以明显的速度放电析出时的电极电势。

（3）电解过程

如果要使电能转变为化学能，就必须把电流通入电解质溶液，使它在电极上产生化学变化，即发生电解过程。

（4）分解电压

分解电压是使电解质在两电极上连续不断地进行分解所需的最低电压。

（5）理论分解电压

为了使反应在电极上进行，首先要求外加电压起码要达到从理论上计算出来的平衡电动势，叫做**理论分解电压**，用 E_{eq} 表示。

（6）电极的极化

电流通过电极时，电极的平衡状态受到破坏，电极电势偏离了平衡电势值。这种在**电流通过电极时，电极电势偏离平衡值的现象，习惯地称为电极的极化。**

（7）超电势（过电位）

极化程度的大小由电极电势对平衡电势的偏离数值的大小来衡量。设平衡电势为 φ_{eq}，极化电极的电势为 φ，则两者的差值

$$\Delta\varphi = \varphi - \varphi_{eq} \tag{1-4-8}$$

把极化电极的电势与其平衡电势的差值，称为**超电势（过电位）**。对阳极来说，φ 随电流密度的增加而增大，$\Delta\varphi$ 为正值，若用 η_a 表示阳极超电势，则

$$\eta_a = \Delta\varphi \tag{1-4-9}$$

对阴极来说：随电流密度的增加而负值增大，故 $\Delta\varphi$ 为负值，若用 η_c 表示阴极超电势且取正值，则

$$\eta_c = -\Delta\varphi \tag{1-4-10}$$

（8）极化曲线

表示电解过程中电流密度与电极电势的关系，由此画出的 i-φ 曲线，常称为**极化曲线**。原电池和电解池的极化曲线如图 1-4-4 所示。

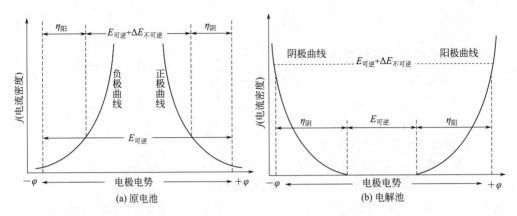

图 1-4-4　原电池和电解池的极化曲线

（9）浓差极化与浓差超电势

考虑反应 $O + ze^- \longrightarrow R$，设 R 为不溶性析出物，如 Zn^{2+} 还原析出为金属的情形。若离子在溶液中扩散的速率是慢步骤，则电极表面附近和溶液本体的 Zn^{2+} 的浓度会有所不同。随着电解的进行，阴极表面附近液层中的 Zn^{2+} 不断在电极表面析出，浓度降低，这时如果从溶液本体通过扩散来补充的 Zn^{2+} 不足，就会造成电子在电极上"堆积"使其电势偏离平衡值，从而产生**浓差极化。因浓差极化而产生的超电势叫浓差超电势。**

（10）电化学极化与活化超电势

当离子在电极表面发生的电化学和化学过程是慢步骤时，会发生**电化学极化现象**。因为这时 Zn^{2+} 来不及将外电源送到阴极上的电子全部"吃掉"，造成电极表面有过量的电子"堆积"（与平衡状态相比），电极电势便偏离平衡值，向负方移动，即阴极极化。这种因电化学极化而产生的超电势称为**活化超电势**。

4.2　电化学的基本规律与公式

4.2.1　法拉第定律

电解过程中，通过电解池的电量和析出物质的量之间有一定的关系，这个关系就是电解定律，称为法拉第（Faraday）定律。它的内容是"**电解时，在电极上发生反应的物质的量和通过电解池的电量成正比**"。

如果在电解槽中发生如下反应：

$$M^{z+} + z_+ \, e^- \longrightarrow M$$

式中，e^- 为电子；z_+ 为电极反应式中电子转移的计量数。若欲从含有 M^{z+} 的溶液中沉积出 1mol 金属 M，设反应进度为 1mol，则需要通过 z_+ mol 的电子。

因此，当通过的电量为 Q 时，可以沉积出的金属 M 的物质的量 n 为：

$$n = \frac{Q}{z_+ F} \tag{1-4-11}$$

4.2.2 电导率和浓度的关系

对于强电解质溶液来说，当浓度较小时，电导率随离子浓度的增大而增加，但当浓度增大到某一范围以后，电导率反而会随浓度的增大而下降。图1-4-5为电导率和浓度的关系。

一般来说，在溶液浓度较小时，离子数目增多的因素起主导作用，故电导率随浓度的增加而增大，当溶液浓度较大时，离子间的相互作用便显著增强，这一因素变得起主导作用，电导率便随浓度的增加而下降。

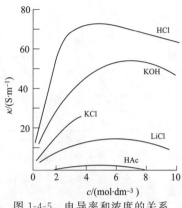

图 1-4-5 电导率和浓度的关系

4.2.3 摩尔电导率与浓度的关系

无论是强电解质还是弱电解质，溶液的摩尔电导率 Λ_m 均随浓度的减小而增大，这是因为摩尔电导率限制了溶质的物质的量为1mol，对于弱电解质而言，浓度减小，弱电解质的离解度增加，参与导电的离子数目增多，故摩尔电导率增大；而对强电解质来说，浓度减小，离子间的相互作用力减弱，离子运动的速率增加，摩尔电导率增大。但强、弱电解质的变化规律是不相同的。

对强电解质而言，科尔劳施（Kohlrausch）总结了大量实验结果，得出了如下结论：在浓度极稀的溶液中（通常 $c < 0.001 \text{mol} \cdot \text{dm}^{-3}$），强电解质溶液的摩尔电导率 Λ_m 与浓度的平方根 $\sqrt{c}$ 呈线性关系，用公式表示为：

$$\Lambda_m = \Lambda_m^{\infty}(1 - \beta\sqrt{c}) \tag{1-4-12}$$

式中，β 在一定温度下对一定的电解质和溶剂而言是一个常数；Λ_m^{∞} 为无限稀释时电解质溶液的摩尔电导率，又称为**极限摩尔电导率**。

图1-4-6为摩尔电导率和浓度的关系。从图1-4-6可以看出：Λ_m^{∞} 对 $\sqrt{c}$ 的直线关系不适用于弱电解质，如图中的 CH_3COOH，即使浓度相当小，Λ_m^{∞} 还是会陡直上升。

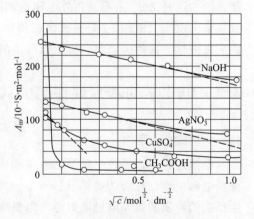

图 1-4-6 摩尔电导率和浓度的关系

4.2.4 离子独立移动定律

在无限稀释时，所有电解质全部电离，且离子间一切相互作用均可忽略，离子在电场作用下的移动速度只取决于该离子的本性，而与共存的其他离子的性质无关。因此，电解质溶液无限稀释时的摩尔电导率 Λ_m^∞ 应为阴、阳离子的无限稀释摩尔电导率 $\Lambda_{m,+}^\infty$、$\Lambda_{m,-}^\infty$ 之和。即

$$\Lambda_m^\infty = \nu_+ \lambda_+^\infty + \nu_- \lambda_-^\infty \tag{1-4-13}$$

式中，$\nu_+ \lambda_+^\infty$、$\nu_- \lambda_-^\infty$ 为阳、阴离子的极限摩尔电导率；ν_+、ν_- 为化合物分子中正离子和负离子的数目。

4.2.5　强电解质溶液的离子互吸理论

1923 年德拜和休克尔提出了离子互吸理论。他们认为，强电解质在水溶液中完全电离，强电解质溶液与理想行为的偏差可归为离子间电性的相互作用。

显然，由于电性相互吸引，在紧靠正离子的周围，负离子存在的机会多，在紧靠负离子的周围，则正离子存在的机会多。因此溶液中的任何一个离子都会被电荷符号相反的**"离子氛"** 所包围（见图 1-4-7）。**"离子氛"** 是一种形象的描述，这样的反电荷是围绕着中心离子时隐时现的，其存在有一定的概率。它的总电荷和中心离子的电荷量正好相等，但符号相反。图中的 ρ 称为离子氛半径，在那个距离处，一个薄层的球壳体积中所含的相反电荷达到最大值。

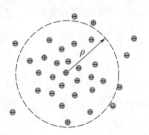

图 1-4-7　离子氛示意图

离子氛的半径是随着单位体积中离子总电荷的增多而变小的。离子浓度越大，价数越高，离子氛半径就越小，它对中心离子的运动所起的阻滞作用就越大。在没有外加电场作用的情况下，中心离子任何方向的平移运动都要受到具有相反电荷的离子云的牵制，使它不能起到一个独立存在的离子运动的作用。德拜-休克尔从电解质溶液中离子相互吸引的基本假设出发，推导出适用于 $0.005\text{mol} \cdot \text{dm}^{-3}$ 以下的强电解质稀溶液的活度系数公式：

$$\ln\gamma_B = -\frac{z_B^2 e^3}{(\varepsilon k T)^{\frac{3}{2}}} \sqrt{\frac{2\pi L}{1000}} \sqrt{\frac{1}{2}\sum m_B z_B^2} \tag{1-4-14}$$

式中，z_B 为离子的价数；e 为单位电荷的电量；ε 为溶剂的介电常数；k 为玻尔兹曼常数；L 为阿伏伽德罗常数；$\sum m_B z_B^2$ 为溶液中所有离子的浓度乘以其价数平方的总和，通常把其值的一半称为**离子强度 I**，对于稀溶液，有：

$$I = \frac{1}{2}\sum m_B z_B^2 \tag{1-4-15}$$

离子强度的概念最早是从实验数据的概括中提出来的。离子间相互作用的强弱与溶液中离子的数量和电荷密切相关，所以离子强度在一定程度上反映了离子间相互作用的强弱。

4.2.6　德拜-休克尔极限定律

在一定温度下的指定溶剂中，式（1-4-14）可以简化为

$$\lg \gamma_B = -Az_B^2 \sqrt{I} \tag{1-4-16}$$

上面讨论的都是单个离子的活度系数。

如果式（1-4-16）用平均活度系数表示，则可导出形式上与其相似的公式

$$\lg \gamma_{\pm} = -A \mid z_+ z_- \mid \sqrt{I} \tag{1-4-17}$$

当在 298K 的水溶液中时，常数 $A = 0.509$，于是

$$\lg \gamma_{\pm} = -0.509 \mid z_+ z_- \mid \sqrt{I}$$

方程式（1-4-17）又称为**德拜-休克尔极限定律**。这一定律可用来计算强电解质稀溶液中离子的平均活度系数。平均活度系数可以从电动势、蒸气压、冰点和溶解度等的测定中求得。式（1-4-17）表明，离子的平均活度系数将随着溶液中离子强度的增大而减小，而且离子的价数越高，这种减小的趋势就越显著。

4.2.7　德拜-休克尔-翁萨格电导理论

在离子间不存在净运动时，离子氛是球形对称的，组成离子氛的中心离子和异号电荷间的作用力在各个方向上都相等。但在电场作用下，离子发生迁移，这时由于离子氛的存在，会影响离子迁移的速率，从而影响摩尔电导率。

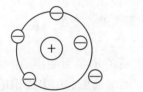 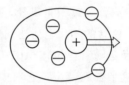

(a) 当离子不存在净运动时的离子氛　　　(b) 在外电场作用下因离子运动而产生的变化

图 1-4-8　运动着的离子氛的变化

在离子发生迁移运动时，需要考虑一种运动着的离子氛的变化（见图 1-4-8）。一方面，因为离子间的静电吸引力仍然存在，移动着的中心离子在新的位置要重组其周围的离子氛；另一方面，原来的离子氛因失去中心离子要解体。离子氛的建立和解体都要有一定的时间，这一时间称为**弛豫时间**。在离子连续不停地迁移的过程中，松弛时间无法达到，结果在运动着的离子的前方，其离子氛不可能完全形成，而在其后方的离子氛则来不及完全解体，因而出现一种变形的不对称离子氛［见图 1-4-8(b)］。总的效果是使离子氛的电荷中心落在运动着的中心离子后面的某一短距离处。因为中心离子的电荷和离子氛的电荷是相反的，所以出现一种对运动着的中心离子向后拖拽的吸引力，称为**弛豫力**，其大小与离子氛半径、溶液的介电常数、温度等成反比。

此外，还有一种**电泳力**必须考虑。当中心离子在溶液中迁移时，它会受到一种黏性流体的阻滞作用。由于离子间不是相隔无穷远，使这种阻滞作用受到强化，因为相反电荷的离子都带着它们周围的溶剂分子在做方向相反的运动，彼此互相摩擦、阻滞，从而降低离子的迁移速率，并因之影响其电导率，电泳力的大小与离子

氛半径和溶液的黏度成反比。

根据这种考虑，经过一定的数学处理，提出摩尔电导率和浓度的关系式为：

$$\Lambda_m = \Lambda_m^\infty - (A + B\Lambda_m^\infty)c^{\frac{1}{2}} \tag{1-4-18}$$

此式称为德拜-休克尔-翁萨格（Onsager）方程式，式中，A、B 皆为常数，例如，298K 时，水溶剂的 A 值为 $60.20(S \cdot cm^2 \cdot mol^{-1})/(mol \cdot dm^{-3})^{\frac{1}{2}}$，$B$ 值为 $0.229 \ (mol \cdot dm^{-3})^{-\frac{1}{2}}$。

方程式（1-4-18）同科尔劳施经验式［式（1-4-12）］即 $\Lambda_m = \Lambda_m^\infty \ (1 - \beta\sqrt{c})$ 一样，表明了 Λ_m 和 $\sqrt{c}$ 的相互关系。

4.2.8 Ostwald 稀释定律

考虑弱电解质醋酸，其电离方程式为：

$$CH_3COOH \rightleftharpoons H^+ + CH_3COO^-$$

电离平衡时 $c \ (1-\alpha)$ αc αc

则电离常数

$$K = \frac{\alpha^2 c/c^\theta}{1-\alpha} \tag{1-4-19}$$

将 $\alpha = \dfrac{\Lambda_m}{\Lambda_m^\infty}$ 代入可得

$$K = \frac{\Lambda_m^2 c/c^\theta}{\Lambda_m^\infty(\Lambda_m^\infty - \Lambda_m)} \tag{1-4-20}$$

式（1-4-20）称为 **Ostwald 稀释定律**。此稀释定律只适用于弱电解质，因为强电解质在溶液中几乎全部电离，因此不遵守 Ostwald 稀释定律。有了 Λ_m、Λ_m^∞ 数据，从式（1-4-20）可以计算弱电解质的电离度和电离平衡常数。表 1-4-2 列出了用电导法测定的醋酸的电离常数值。

表 1-4-2   在各种不同冲淡度（$\frac{1}{c}$）的水溶液中醋酸的摩尔电导率 Λ_m、电离度 α 和电离常数 K

$\frac{1}{c}$/dm$^3 \cdot$ mol^{-1}	$\Lambda_m/10^{-4}$S $\cdot$ m$^2 \cdot$ mol^{-1}	$\alpha/\times 10^2$	$K/\times 10^5$
13.57	6.086	1.570	1.845
27.14	8.591	2.216	1.851
108.56	16.98	4.380	1.849
868.4	46.13	11.90	1.850
3474.0	86.71	22.36	1.855
6948.0	116.80	30.13	1.870

4.2.9 可逆电池的表示方法

电池是一种把化学能转变为电能的反应装置，而实现这种转变，起码需要两个电极，一种或几种电解质溶液。

电池的表示方法和书写惯例如下。

① 两相或两种溶液之间的界面用"｜"表示：如锌和硫酸锌溶液之间，表示为：$Zn \mid ZnSO_4$，硫酸锌和硫酸铜之间表示为：$ZnSO_4 \mid CuSO_4$。

② 两电极组成电池时，把负极写在左边，负极发生氧化反应；正极写在右边，正极发生还原反应。电解质记于两电极之间，例如

$$Zn \mid ZnSO_4 \mid CuSO_4 \mid Cu^{2+}$$

若以 E 表示此电池的电动势，φ_+、φ_- 分别表示正极和负极的电极电势，则规定

$$E = \varphi_右 - \varphi_左 = \varphi_+ - \varphi_- \quad (1\text{-}4\text{-}21)$$

③ 两溶液之间如有盐桥连接（如装满了饱和 KCl 溶液的 U 形管，叫做**盐桥**，其作用是消除液接电势，如图 1-4-9 所示），则用"‖"表示。如

$$Zn \mid ZnSO_4 \parallel CuSO_4 \mid Cu$$

④ 由气体或同种金属的不同价离子组成电极时，必须用惰性电极（如铂）作为电子的传导体，可表示为：$Pt, H_2 \mid H^+$；$Pt \mid Fe^{2+}, Fe^{3+}$。

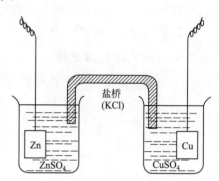

图 1-4-9　盐桥连接的电池

⑤ 要注明电池所处的温度和压力，若不注明就表示电池处在 298K 和标准压力下。构成电池的各种物质要标明物态，溶液要注明浓度（活度），气体要注明压力和依附的惰性电极。如 $Zn \mid Zn^{2+} (0.1mol \cdot kg^{-1}) \parallel H^+ (0.01mol \cdot kg^{-1}) \mid H_2 (1p^{\ominus}), Pt$。

4.2.10　热力学与电化学的关系式

在等温等压的可逆过程中，体系吉布斯自由能的减少等于其所做的最大有用功，即 $-\Delta_r G_{T,p} = W'_{max}$。如果非膨胀功只有电功，则

$$\Delta_r G_{T,p} = -nEF \quad (1\text{-}4\text{-}22)$$

式中，n 为电池输出电荷的物质的量，$n = 1mol$；E 为可逆电池电动势，V；F 为法拉第常数，$F \approx 96485 C \cdot mol^{-1}$。

如果可逆电动势为 E 的电池按照电池反应式，且反应进度 $\xi = 1mol$，则

$$(\Delta_r G_m)_{T,p} = \frac{-nEF}{\xi} = -nEF \quad (1\text{-}4\text{-}23)$$

式中，n 为按照所写的电极反应，在反应进度为 1mol 时，反应式中电子的计量系数。式 (1-4-23) 把摩尔反应自由能变化和可逆电池电动势联系起来，知道了 $\Delta_r G_m$ 可计算 E，而实验测得 E 后，也可算出 $\Delta_r G_m$。若测得了电池温度系数，从 E、$\left(\frac{\partial E}{\partial T}\right)_p$ 可求 $\Delta_r H_m$，$\Delta_r S_m$。

$$\Delta_r S_m = zF\left(\frac{\partial E}{\partial T}\right)_p \tag{1-4-24}$$

$$\Delta_r H_m = \Delta_r G_m + T\Delta_r S_m = -zEF + zFT\left(\frac{\partial E}{\partial T}\right)_p \tag{1-4-25}$$

还可求出电池反应的热效应：

$$Q_R = T\Delta_r S_m = zFT\left(\frac{\partial E}{\partial T}\right)_p \tag{1-4-26}$$

可由电池反应的标准电动势求得反应的标准平衡常数：

$$E^{\ominus} = \frac{RT}{nF}\ln K_a^{\ominus} \tag{1-4-27}$$

4.2.11　能斯特方程——可逆电极电势与各组分活度的关系

若电极反应为：

$$\text{氧化态} + z e^- \longrightarrow \text{还原态}$$

则它的电极电势方程式为：

$$\varphi = \varphi^{\ominus} + \frac{RT}{zF}\ln\frac{a_{\text{氧化态}}}{a_{\text{还原态}}} \tag{1-4-28}$$

4.2.12　能斯特方程——可逆电池电动势与各组分活度的关系

对于反应

$$a\text{A} + b\text{B} \Longrightarrow d\text{D} + e\text{E}$$

其电动势：

$$E = E^{\ominus} - \frac{RT}{nF}\ln\frac{a_{\text{D}}^d a_{\text{E}}^e}{a_{\text{A}}^a a_{\text{B}}^b} \tag{1-4-29}$$

式中，$E^{\ominus}$ 为标准电动势。

在 298.15K 时，将有关常数代入可得　　$E = E^{\ominus} - \dfrac{0.02569}{n}\ln\dfrac{a_{\text{D}}^d a_{\text{E}}^e}{a_{\text{A}}^a a_{\text{B}}^b}$

或　　　　　　　　　　$E = E^{\ominus} - \dfrac{0.05915}{n}\lg\dfrac{a_{\text{D}}^d a_{\text{E}}^e}{a_{\text{A}}^a a_{\text{B}}^b}$

式（1-4-29）就是参加电池反应的各物质的活度对电动势影响的关系式，常称为**能斯特（Nernst）方程式**。

根据 E 的符号可以判断电池反应的方向：当 $E>0$ 时，$\Delta_r G_m<0$，说明该电池反应在所给条件下可以自发进行；当 $E<0$ 时，$\Delta_r G_m>0$，说明该反应在所给条件下不能自发进行。

4.2.13　金属在电极上的析出规律

因离子析出电势不同，电解反应就有次序问题，例如在一定条件下进行电解时，溶液中有某些物质（离子、分子等）在电极上发生得失电子的反应，而另一些则不能。离子析出反应的次序可用离子析出电势的大小来判断。

在测定超电势（指电解反应开始进行时的超电势值）后，可按下式计算析出电势

$$\varphi_{a,\text{析出}} = (\varphi_a)_{eq} + \eta_a \tag{1-4-30}$$

$$\varphi_{c,\text{析出}} = (\varphi_c)_{eq} - \eta_c \tag{1-4-31}$$

式中，$\varphi_{a,\text{析出}}$、$\varphi_{c,\text{析出}}$ 为阳极的析出电势和在阴极的析出电势。计算中必须注意溶液的浓度、温度等对平衡电势的影响，而不能只用标准电极电势。算出析出电势后，便可按下述规则判断电解反应的次序：**阳极首先进行的氧化反应是电极电势的负值较大（或正值较小）的反应，阴极首先进行的还原反应是电极电势的正值较大（或负值较小）的反应。**

4.2.14 塔费尔方程式

以氢离子析出的电化学极化过程为例，认为水化氢离子（$H^+ \cdot 4H_2O$）在电极上析出的过程是：

$$H^+ \cdot 4H_2O + e^- \xrightarrow[-4H_2O]{\text{放电}} H \xrightarrow{\text{复合}} \frac{1}{2}H_2$$

在电极材料、溶液组成、温度等条件不变的情况下，超电势与电流密度有如下关系

$$\eta = a + b\ln i \tag{1-4-32}$$

式中，a、b 皆为常数，a 在数值上等于电流密度为 $1A \cdot cm^{-2}$ 时的超电势。这个经验公式是 1905 年由塔费尔（Tafel）首先提出的，常称为**塔费尔方程式**。这个公式并不是在任何电流密度范围内都适用，从该方程式会导出 $i \to 0$ 时，$\eta \to -\infty$ 的结论，这是和事实（$\eta \to 0$）不符的。实际上在低电流密度范围内，超电势与电流密度存在以下比例关系：

$$\eta = \omega i \tag{1-4-33}$$

式中，ω 为与电极性质等因素有关的常数。

塔费尔方程式具有某种普遍意义，它表示电化学反应速率和超电势或极化电极电势的关系，反映了电极反应的动力学规律性。

4.3 电化学的应用

4.3.1 电导测定的应用

4.3.1.1 测定体系的离子浓度或活度随时间的变化情况

电导率是一个与离子浓度呈线性关系的物理量，利用电导率仪测定或监测系统的电导率，就可以知道系统的离子浓度或活度随时间的变化情况。例如，在乙酸乙酯与氢氧化钠发生皂化反应的过程中，只要用电导率仪监测反应系统的电导率随时间的变化情况，就相当于监测反应系统的 OH^- 的浓度随时间的变化情况，因此，

可以测定皂化反应的速率系数。

4.3.1.2　弱电解质的电离度和电离常数的测定

当电解质 100% 电离，即 $\alpha=1$ 时，这时 1mol 电解质内所含的全部离子都参与导电，相应的电导率为 Λ_m^∞，当溶液具有较大的浓度时，电导率降低为 Λ_m。由于电解质中的一部分没有电离，这个时候的电离度等于 α。根据 Λ_m 和 Λ_m^∞ 的定义式，将二者相除得

$$\frac{\Lambda_m}{\Lambda_m^\infty}=\frac{\alpha(U_++U_-)F}{(U_+^\ominus+U_-^\ominus)F}$$

近似地认为 $U_+=U_+^\infty$，$U_-=U_-^\infty$，则有

$$\frac{\Lambda_m}{\Lambda_m^\infty}=\alpha \tag{1-4-34}$$

据此，在测定摩尔电导率以后，可求得电离度。

4.3.1.3　难溶盐类溶解度的测定

由于溶液很稀，溶液中离子的浓度很低，水的电导率对整个电解质溶液的电导率的贡献不可忽略，因此，难溶盐的电导率必需扣除水的电导率，即

$$\kappa_{溶液}=\kappa_{难溶盐}+\kappa_{H_2O}$$

$$\kappa_{难溶盐}=\kappa_{溶液}-\kappa_{H_2O} \tag{1-4-35}$$

此外，可以认为

$$\Lambda_m(盐溶液)\approx\Lambda_m^\infty(盐溶液)=\nu_+\Lambda_{m,+}^\infty+\nu_-\Lambda_{m,-}^\infty \tag{1-4-36}$$

利用公式 $\Lambda_m=\dfrac{\kappa}{c}$，便可计算难溶盐的饱和溶液的浓度，从而求得难溶盐的溶解度。$\kappa_{溶液}$、κ_{H_2O} 可通过实验测定。

4.3.1.4　电导滴定

在化学分析的滴定过程中，溶液组成不断在改变，溶液的电导率也跟着改变，这种改变在滴定终点前后有所不同，因此测定溶液电导率的变化，可以确定滴定终点。这种滴定叫做**电导滴定**。当溶液有颜色，不便利用指示剂时，电导滴定的方法就显得更加有效。

以 NaOH 滴定 HCl 为例：

$$Na^++OH^-+H^++Cl^-=\!=\!=Na^++Cl^-+H_2O$$

在盐酸溶液中加入 NaOH 溶液，相当于用 Na^+ 取代 H^+ 去负担传导电荷的任务，由于 Na^+ 的迁移率是 5.19，H^+ 为 36.3，即 Na^+ 的迁移速率远小于 H^+，这种代替必然导致溶液电导率的减小。当到达终点后，再加 NaOH，等于增加了溶液中的导电离子（因为这时 HCl 已被中和完毕），故溶液的电导率重新增加。如果用溶液的电导率对所加入的 NaOH 的体积作图，可得如图 1-4-10 的图形。在实际测量中，只要在等当点前后各测出若干数据分别作两条直线，其交点即为等当点。

电导滴定还可应用于强酸滴定弱酸，一些沉淀反应也可以使用电导率滴定。如图 1-4-11 和图 1-4-12 所示。

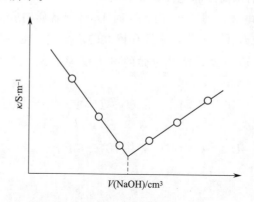

图 1-4-10　用 NaOH 标准液滴定 HCl

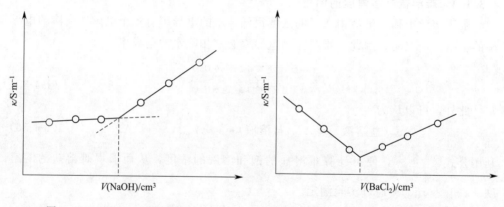

图 1-4-11　用 NaOH 滴定 HAc　　　　图 1-4-12　用 BaCl₂ 滴定 Tl₂SO₄

4.3.1.5　检验水的纯度和海水中的含盐量

测定水质纯度的方法常用的主要有两种：一种是化学分析法；另一种是电导法。化学分析法能够比较准确地测定水中各种不同杂质的成分和含量，但分析过程复杂费时，操作烦琐。电导法快速，可连续检测。锅炉用水、工业废水、实验室用的蒸馏水、去离子水、二次亚沸蒸馏水等，都可用电导法进行水质纯度检验。

水的电导率反映了水中无机盐的总量，是水质纯度检验的一项重要指标。水的电导率越小（或电阻率越大），表示水的纯度越高。纯水的理论电导率为 $0.055 \text{mS} \cdot \text{cm}^{-1}$，离子交换水的电导率为 $0.1 \sim 1 \text{mS} \cdot \text{cm}^{-1}$，普通蒸馏水的电导率为 $3 \sim 5 \text{mS} \cdot \text{cm}^{-1}$，自来水的电导率为 $500 \sim 1000 \text{mS} \cdot \text{cm}^{-1}$。

在海洋考察中可利用电导率仪快速测定海水的电导率，电导率越大，说明海水中的含盐量越高，以此获得海水中的含盐量的分布情况。根据含盐量的大小，可为开发盐场（希望含盐量高）和选择埋设海底电缆（希望含盐量低）的工程提供参考。

4.3.2　电动势测定的应用

4.3.2.1　计算热力学函数 $\Delta_r G_m$，$\Delta_r H_m$，$\Delta_r S_m$

可逆电池的电动势是原电池热力学的一个重要的物理量。从上一节的讨论可知，它是一个可以精确测定的量。通过测得不同温度下的可逆电动势，便可求得相应电池反应的热力学函数的变化值、非体积功以及过程热。

（1）由可逆电动势计算电池反应的吉布斯自由能变化值

根据公式 $\Delta_r G_m = -nEF$　或　$\Delta_r G_m^\ominus = -nE^\ominus F$

已知电动势值就可以算出该条件下的自由能变化。

（2）由可逆电动势及温度系数计算电池反应的 $\Delta_r S_m$ 和 $\Delta_r H_m$

同 4.2.10 节热力学与电化学关系式［式（1-4-24）～式（1-4-26）］，即：

电池反应的熵变 $\Delta_r S_m$

$$\Delta_r S_m = -\left(\frac{\partial \Delta_r G_m}{\partial T}\right)_p = zF\left(\frac{\partial E}{\partial T}\right)_p$$

式中，$\left(\frac{\partial E}{\partial T}\right)_p$ 为电池的温度系数，若取平均值，则用 $\left(\frac{\Delta E}{\Delta T}\right)_p$ 表示，其意义是温度变化 1K 时电动势的改变值，单位是 $V \cdot K^{-1}$。

电池反应的焓变 $\Delta_r H_m$：

$$\Delta_r H_m = -zFE + zFT\left(\frac{\partial E}{\partial T}\right)_p$$

可见，从可逆电动势的温度系数 $\left(\frac{\partial E}{\partial T}\right)_p$ 便可计算出电池反应的 $\Delta_r S_m$ 和 $\Delta_r H_m$。$\Delta_r H_m$ 在量值上等于该反应在没有非体积功的情况下进行时的等温等压反应热。由于能够非常精确地测定电动势，故用电动势法测出的一些反应热效应往往比量热法测得的数据更为精确一些。

在等温情况下，可逆反应的热效应为：

$$Q_R = T\Delta_r S_m = zFT\left(\frac{\partial E}{\partial T}\right)_p$$

从 $\left(\frac{\partial E}{\partial T}\right)_p$ 的数值为正或为负，可确定可逆电池在工作时是吸热还是放热。

4.3.2.2　根据金属和其简单离子组成的电极的 $\varphi^\ominus$ 值的大小，可以排成金属活动顺序

K　Ca　Na　Mg　Al　Zn　Fe　Sn　Pb（H）Cu　Hg　Ag　Pt　Au

　　　　　　　　　　　　　　　　　　　　→活动性减小

应用此规律可以判断反应的方向，即排在（H）前面的金属可以从非氧化性酸中置换出氢气，排在（H）后面的金属则不能，排在前面的金属可把后面的金属从

其盐溶液中置换出来。

这个判断的实质是，若前面排序中任意两个金属电极组成电池，其标准电动势 $E^{\ominus}>0$，$\Delta_r G_m^{\ominus}<0$，置换反应可自发进行；若 $E^{\ominus}<0$，则 $\Delta_r G_m^{\ominus}>0$，置换反应不能自发进行。

所以根据金属活动顺序对置换反应方向性的判断是一种标准条件下的热力学判断，只能指出反应的可能性，不能说明反应的快慢。根据置换反应实验结果得到的金属活动顺序结果，不仅包括了热力学因素，还包括了动力学因素，从而造成金属钙排在钠的前面。显然，作为一种热力学判断，把钙排在钠后面是不够严格的。

此外，必须注意此规律的使用条件：298K 水溶液，参加反应的各简单离子的活度和活度系数皆为1。条件改变时，置换反应的方向往往会颠倒，甚至完全不能应用此规律。

4.3.2.3　计算标准平衡常数

根据式 $\qquad E^{\ominus}=\dfrac{RT}{nF}\ln K^{\ominus}$ 得

$$\ln K^{\ominus}=\frac{nFE^{\ominus}}{RT} \tag{1-4-37}$$

由式（1-4-37）可以计算电池反应的标准平衡常数及其特例，例如络合物的稳定常数和难溶物质的溶度积。

4.3.2.4　测量溶液的 pH 值和离子浓度

有些电极的电势由溶液中氢离子的活度决定，因此利用这类电极为指示电极，与某种已知电极电势的参考电极组成电池，测其电动势，便可以算出溶液中氢离子的活度，得到 pH 值。下面介绍两种较常用的指示电极。

（1）醌-氢醌电极

醌-氢醌是一种暗褐色的晶体，结构式为：

它在水中的溶解度很小，溶解后，部分离解为等摩尔的醌和氢醌：

$$C_6H_4O_2 \cdot C_6H_4(OH)_2 \Longleftrightarrow C_6H_4O_2 + C_6H_4(OH)_2$$

这种电极很易制备，在被测溶液中撒入少许醌-氢醌，使其饱和，再插入铂丝便成，再和参考电极（例如饱和甘汞电极）用盐桥连接起来，便构成电池：

$$Hg \mid Hg_2Cl_2(s) \mid KCl(饱和) \parallel H^+(a_{H^+}待测)醌\text{-}氢醌 \mid Pt$$

在醌-氢醌电极上的反应是

$$
\begin{array}{c}
\text{O} \\
\parallel \\
\bigcirc \\
\parallel \\
\text{O}
\end{array}
+2H^+ +2e^- \rightleftharpoons
\begin{array}{c}
\text{OH} \\
\mid \\
\bigcirc \\
\mid \\
\text{OH}
\end{array}
$$

醌　　　　　　　　　　氢醌

电极电势方程式
$$\varphi = \varphi^{\ominus} + \frac{RT}{nF}\ln\frac{a_{\text{醌}}\, a^2_{H^+}}{a_{\text{氢醌}}}$$

若溶液中其他盐类的浓度很小，且考虑到醌-氢醌的溶解度很小，则可以认为 $a_{\text{醌}} = a_{\text{氢醌}}$。已知 298K 时 $\varphi^{\ominus}_{\text{氢醌}} = 0.6994\text{V}$，所以

$$\varphi = 0.6994 + 0.05915\lg a_{H^+} = 0.6994 - 0.05915\text{pH}$$

所测电池电动势
$$E^{\ominus} = \varphi^{\ominus}_{+} - \varphi^{\ominus}_{-} = \varphi_{\text{氢醌}} - \varphi_{\text{甘汞}}$$

因饱和甘汞电极的电位为 0.2415V，故

$$E = (0.6994 - 0.05915\text{pH} - 0.2415)\text{V} = (0.4579 - 0.05915\text{pH})\text{V}$$

$$\text{pH} = \frac{(0.4579 - E)\text{V}}{0.05915\text{V}}$$

所以，测得 E 便可由此算出 pH 值。这种方法使用方便，有不少优点。但它也有缺点，即被测溶液中不能含有氧化剂或还原剂，否则会和醌-氢醌起反应；另外，在 pH>8 的溶液中，氢醌易被空气中的氧所氧化，也不能使用。

（2）玻璃电极

用一种特制的玻璃吹成很薄的圆球，里面放进 0.1mol·dm^{-3} 盐酸和银-氯化银电极，玻璃球放在待测溶液中。这时玻璃膜的两边便产生电势差，其大小取决于待测溶液中的 H^+ 的离子浓度，这就是**玻璃电极**。玻璃电极的表示式为 Ag，AgCl｜HCl（0.1mol·dm^{-3}）｜玻璃薄膜｜H^+（a_{H^+} 待测）

电极电势公式是

$$\varphi_{\text{玻}} = \varphi^{\ominus}_G + \frac{RT}{F}\ln a_{H^+}$$

$$= \varphi^{\ominus}_G - 0.05915\text{pH}(298\text{K 时})$$

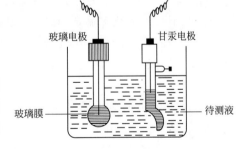

图 1-4-13　用玻璃电极测量 pH 值的原电池示意图

式中，$\varphi^{\ominus}_G$ 是一常数，其值与玻璃电极的性质和构造有关。测量时，把玻璃电极与一参考电极（通常采用甘汞电极）组成电池（见图 1-4-13）。

玻璃电极｜溶液（pH＝?）｜甘汞电极（$c_{KCl} = 1.0\text{mol·dm}^{-3}$）

这时电池的电动势为

$$E = \varphi_{\text{甘}} - \varphi_{\text{玻}} = 0.2800 - (\varphi^{\ominus}_G - 0.05915\text{pH})$$

所以

$$pH = \frac{E - 0.2800 + \varphi_G^{\ominus}}{0.05915} \qquad (1\text{-}4\text{-}38)$$

如果先用一已知 pH 值的缓冲液测得 E 值，便可算出 $\varphi_G^{\ominus}$。但实际测定时不必计算 $\varphi_G^{\ominus}$，而是先用一已知 pH 值的溶液进行校正，再测未知液的 pH 值，这时所得读数便是待测液的 pH 值了。

玻璃电极不受溶液中氧化剂和还原剂的作用，在 pH 值较高时也可使用，是实验室常用的一种测定 pH 值的电极。

近年来，对于 Na^+、K^+、Li^+、Ca^{2+}、NH_4^+、Ag^+、Cu^{2+}、Pb^{2+}、Cd^{2+} 等阳离子、卤素、CN^-、S^{2-} 等阴离子也有了类似于玻璃电极的离子选择电极，其电势只随溶液中某一特定离子浓度的变化而变化，因此可以采用类似于 pH 计的方法测定这些离子的浓度，所用的仪器叫做离子计，已在分析工作中使用。

4.3.2.5　电势滴定

测量滴定过程中电池电势的改变情况，可以找出滴定的终点。这种分析方法叫做电势滴定。现以酸碱滴定为例加以说明。

选一指示电极，如玻璃电极，它的电极电势与溶液的 pH 值有关。

$$\varphi = \varphi_G^{\ominus} - 0.05915pH$$

若组成电池：指示电极 ‖ 甘汞电极

则

$$E = \varphi_{甘汞} - \varphi_{指} = \varphi_{甘汞} - \varphi_G^{\ominus} + 0.05915pH$$
$$= E^{\ominus} + 0.05915pH \qquad (1\text{-}4\text{-}39)$$

$E^{\ominus}$ 是常数，它与 pH 值无关，故此电池的电势只随溶液的 pH 值而定，由于当滴定至接近终点时，pH 值会产生突跃，故电势也会产生相应的突变，用仪器可以指示电势的突跃变化，从而可定出终点。图 1-4-14 为用碱滴定酸时，电势随加入碱的量而变化的图形。除酸碱滴定外，氧化还原反应、

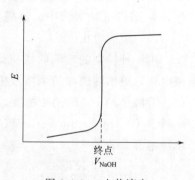

图 1-4-14　电势滴定

沉淀反应等滴定也可用电位滴定法，其优点是快速、自动，不受溶液颜色或沉淀的干扰。

4.3.2.6　电解质的离子平均活度系数测定

以氢电极和甘汞电极构成的单液电池为例，可求出不同浓度 HCl 溶液的 $\gamma_{\pm}$。

$$Pt(s) \mid H_2(p^{\ominus}) \mid HCl(m) \mid Hg_2Cl_2(s) \mid Hg(l) \mid Pt(s)$$

负极：$1/2H_2(p^{\ominus}) \longrightarrow H^+ (m) + e^-$

正极：$1/2Hg_2Cl_2(s) + e^- \longrightarrow Hg + Cl^- (m)$

电池反应：$1/2H_2(p^{\ominus}) + 1/2Hg_2Cl_2(s) \longrightarrow Hg(l) + HCl (m)$

电池的电势　$E = (E_{甘汞}^{\ominus} - E_{H^+/H_2}^{\ominus}) - \frac{RT}{F}\ln a_{H^+} a_{Cl^-}$

对于 1-1 价型电解质，$m_+ = m_- = m$，故

$$a_{H^+} a_{Cl^-} = r_+ \frac{m_{H^+}}{m^\ominus} r_- \frac{m_{Cl^-}}{m^\ominus} = (r_\pm \frac{m}{m^\ominus})^2$$

代入 E 的计算式得

$$E = E^\ominus - \frac{RT}{F}\ln[(m\gamma_\pm)^2/(m^\ominus)^2]$$

$$= E^\ominus_{甘汞} - \frac{2RT}{F}\ln\frac{m}{m^\ominus} - \frac{2RT}{F}\ln\gamma_\pm$$

只要查得 $E^\ominus_{甘汞}$ 和测得不同浓度 HCl 溶液的电势 E，可求出不同浓度时的 $\gamma_\pm$ 值。

4.3.2.7　电势-pH 值图的应用

以电极电势和 pH 值为坐标，作电极电势随 pH 值变化的曲线，这就是电势-pH 值图

电势-pH 值图的主要应用如下。

① 电极电势的数值反映了物质的氧化还原能力，可以判断电化学反应进行的可能性。

② 从各种物质的电势-pH 值图上可以直接判断，在一定的 pH 值范围内何种电极反应将优先进行。

③ 在水溶液中的元素分离、湿法冶金和金属防腐等方面有广泛的应用。

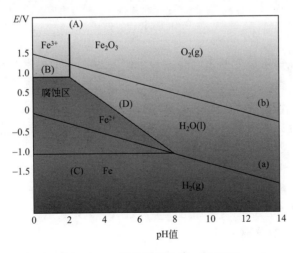

图 1-4-15　铁的防腐电势-pH 值图

以铁的防腐电势-pH 值图为例（见图 1-4-15），是将铁与水的电势-pH 值图合并，垂线（A）表示非氧化还原反应，水平线（B）表示与 pH 值无关的氧化还原反应，水平线（C）也表示与 pH 值无关的氧化还原反应，斜线（D）表示与 pH 值有关的氧化还原反应，加上 $H_2O(l)$ 的电势-pH 值图，处在高电势的为正极

（还原），处在低电势的为负极（氧化），处在高电势的氧化态可以氧化处在低电势的还原态，$O_2(g)$ 在酸性溶液中可以将 $Fe(s)$ 氧化成 Fe^{2+} 和 Fe^{3+}，$O_2(g)$ 在碱性溶液中可以将 $Fe(s)$ 氧化成 $Fe_2O_3(s)$。

4.3.3　电解池电极反应的应用

4.3.3.1　金属的析出顺序判断

当电解金属盐类（MA）的水溶液时，溶液中的阳离子 M^+ 和 H^+ 均趋向阴极，还原电极电势愈正者，其氧化态优先还原而析出。

例如，298K 时，用锌电极作为阴极电解 $a_{\pm}=1$ 的 $ZnSO_4$ 水溶液。若在某一电流密度下氢气在锌极上的超电势为 0.7V，锌在阴极上的超电势可以忽略，查表得 $E^{\ominus}_{Zn^{2+},Zn}=-0.7630V$。在常压下电解时，要判断阴极上析出的物质是氢气还是金属锌，需要分别计算出锌和氢气在阴极的析出电势：

因 $a_{Zn^{2+}}=1$，故

$$\varphi_{Zn^{2+},Zn}=\left[\varphi^{\ominus}_{Zn^{2+},Zn}-\frac{0.05916}{2}\lg\frac{1}{a_{Zn^{2+}}}\right]V=-0.7630V$$

氢气在阴极上析出时的平衡电势

$$\varphi_{H^+,H_2(g),r}=\varphi^{\ominus}_{H^+,H_2(g)}+\frac{0.05916}{2}\lg\frac{a^2_{H^+}}{p_{H_2}/p^{\ominus}}$$

电解在常压下进行，氢气析出时应有 $p_{H_2}=101.325kPa$，水溶液可近似认为中性，并假定 $a_{H^+}=10^{-7}$，于是

$$\varphi_{H^+,H_2(g),r}=\left[\varphi^{\ominus}_{H^+,H_2(g)}+\frac{0.05916}{2}\lg\frac{(10^{-7})^2}{101.325/p^{\ominus}}\right]V=-0.4141V$$

考虑到氢气在锌电极上的超电势 $\eta_c=0.7V$，故析氢时的极化电极电势

$$\varphi_{H^+,H_2(g),x}=\varphi_{H^+,H_2(g),r}-\eta_c=-1.114V$$

可见，若不存在氢的超电势，因 $\varphi_{H^+,H_2(g),r}$ 比 $\varphi_{Zn^{2+},Zn}$ 更正，应当在阴极上析出氢气；而由于氢超电势的存在，$\varphi_{Zn^{2+},Zn}$ 比 $\varphi_{H^+,H_2(g),r}$ 更正，故实际是 Zn 优先在阴极上析出。

以上分析，未考虑浓差极化，这可以通过搅拌使之降至可忽略不计。

一般来说，电解时，一方面应该注意因电解池中溶液浓度的改变所引起的反电势的改变，同时还要注意控制外加电压不宜过大，以防止氢气也在阴极同时析出。

4.3.3.2　金属离子的分离

若溶液中含有多种金属离子，可利用金属析出电势的不同将它们分离。$\varphi_{阴,析}$ 越正的离子，越易获得电子而还原成金属，电解时，阴极电势在由高变低的过程中，各种离子按其对应的 $\varphi_{阴,析}$ 由高到低的次序而先后析出。

例如，有一含 $0.01mol\cdot dm^{-3}$ 的 Ag^+ 和 $1mol\cdot dm^{-3}$ 的 Cu^{2+} 的硫酸盐溶液，其中 $c_{H^+}=1mol\cdot dm^{-3}$，如忽略金属析出的超电势，则两种离子开始时的析出电势分别为

$$\varphi_{Ag^+Ag,\ x} = \varphi^{\ominus}_{Ag^+Ag} + 0.05916 \lg c_{Ag^+}$$

$$= (0.7991 + 0.05916 \lg 0.01)V = 0.681V$$

$$\varphi_{Cu^{2+}Cu,\ x} = \varphi^{\ominus}_{Cu^{2+}Cu} + \frac{0.05916}{2}\lg 1$$

$$= (0.337 + \frac{0.05916}{2}\lg 1)V = 0.337V$$

因 $\varphi_{Ag^+Ag,x} > \varphi_{Cu^{2+}Cu,x}$，所以当阴极电势达 0.681V 时，Ag 优先在阴极开始析出，假定溶液中的 $c_{Ag^+} = 10^{-7}mol \cdot dm^{-3}$ 时认为 Ag^+ 已全部沉积，则此时

$$\varphi_{Ag^+Ag} = (0.7991 + 0.05916 \lg 10^{-7})V = 0.385V$$

而 Cu^{2+} 开始析出的电势是 0.337V，因此，只要控制阴极电势在 0.337V 以上，则只会是 Ag 析出，从而实现将此溶液中的 Ag^+ 与 Cu^{2+} 分离。此时，可将阴极取出称量其电解前后的净增值即为析出 Ag 的量。然后，再插入另一新的电极，继续增加外电压，可使 Cu^{2+} 沉积。

通常，电流密度较小时，金属离子析出超电势可以忽略，这样，就可用能斯特方程作一些离子分离的估算。例如，298K 时，对一价金属离子，其浓度从 $1mol \cdot dm^{-3}$ 降至 $10^{-7}mol \cdot dm^{-3}$ 时，$\Delta E = 0.41V$。所以，要使两种一价金属离子电解分离，两者的电极电势要相差 0.41V 以上；同理，要使两种二价金属离子电解分离，两者的电极电势要相差 0.21V 以上。

4.3.3.3　金属共沉积（合金电镀）

要实现两种金属的共沉积，应具备以下两个基本条件。

① 两种金属中至少有一种金属能单独从其盐的水溶液中沉积出来：尽管在大多数情况下，形成合金的两种金属都能单独从其盐的水溶液中沉积出来，但有些不能单独沉积的金属如钨、钼等，可以在铁族金属的诱导下与之共沉积。

② 要使两种金属共沉积，它们的析出电位要十分接近或相等。否则电位较正的金属会优先沉积，甚至排斥电位较负金属的析出。

为了实现金属的共沉积，一般采取以下措施。

① 选择金属离子合适的价态：同一金属不同价态的标准电极电位有较大差异，一般应选择易溶于水且标准电位与共沉积金属较接近的价态的化合物。

② 改变金属离子的浓度：在标准电位相差不大时，通过改变金属离子的浓度（或活度），增大电位比较正的金属离子的浓度，使其电位负移，从而使两种析出金属的电位接近。

③ 加入适当的络合剂：使游离态的金属离子浓度降低，析出电位接近而共沉积。适当的络合剂，不仅可使金属离子的平衡电位向负方向移动，还能增加阴极极化。

④ 加入添加剂：添加剂尽管用量少，但它可以显著地增大或减小阴极极化，这种作用对金属离子有选择性。因此，加添加剂可以调整或改变金属的沉积电位，

使合金发生共沉积。

两种金属在阴极上共沉积时，相互之间存在着一定的作用。同时，电极材料的性质、电极表面状态、零电荷电位和双电层结构等都可能对形成的合金镀层产生影响。

在合金电沉积中，基体材料的性质对阴极上金属离子的放电和析氢可能会产生两方面的影响：一是产生去极化作用，使金属离子的还原过程变得容易；二是增大极化作用，使阴极还原过程受到影响。两种或两种以上的金属离子共沉积形成合金时，由于双电层中离子浓度和双电层结构的改变，离子的还原速度也将发生变化。此外，由于溶液中有两种或两种以上的金属离子存在，可能会形成多核配位离子或缔合离子，从而影响金属离子在阴极表面的析出。

4.3.3.4　隔膜法电解食盐水工艺

电解反应的次序和析出电势可应用于指导工业生产，下面介绍隔膜法电解食盐水工艺。

在用隔膜法电解食盐水时，两极的主要反应是 Cl^- 的氧化和 H^+ 的还原，两极只有 Cl_2 和 H_2 析出。

阳极反应：
$$Cl^- \longrightarrow \frac{1}{2}Cl_2 + e^-$$

阴极反应：
$$H_2O + e^- \longrightarrow \frac{1}{2}H_2 + OH^-$$

阳极电势为：$\varphi_a = \varphi_{Cl_2/2Cl^-}^{\ominus} - 0.05915 \lg a_{Cl^-}$

在实际生产中，阳极电解液中 NaCl 的浓度约为 $4.53 \text{mol} \cdot \text{dm}^{-3}$，活度系数为 0.672，$\varphi_{Cl_2/Cl^-}^{\ominus} = 1.36\text{V}$，故

$$(\varphi_{Cl_2})_{eq} = 1.36 - 0.05915 g(4.53 \times 0.672) = 1.332\text{V}$$

阴极电势为：
$$\varphi_- = \varphi_{H_2O/H_2,OH^-}^{\ominus} + 0.05915 \lg \frac{1}{p_{H_2}^{\frac{1}{2}} a_{OH^-}}$$

设 $p_{H_2} = 1 p^{\ominus}$，而 $\varphi_{H_2O/H_2,OH^-}^{\ominus} = -0.828\text{V}$，故

$$(\varphi_{H_2})_{eq} = -0.828 - 0.05915 \lg a_{OH^-}$$

实际生产的阴极电解液中 $c_{OH^-} = 2.5\text{mol} \cdot \text{dm}^{-3}$，活度系数为 0.73，故

$$(\varphi_{H_2})_{eq} = -0.828 - 0.05915 \lg(2.5 \times 0.73) = -0.843\text{V}$$

生产中阴极一般采用 Fe，阳极采用石墨，H_2 在铁上的超电势取 0.39V（电流密度为 $1000\text{A} \cdot \text{m}^{-2}$），$Cl_2$ 在石墨上的超电势取 0.25V（电流密度为 $1000\text{A} \cdot \text{m}^{-2}$），所以

$$(\varphi_{Cl_2})_{析出} = 1.332 + 0.25 \approx 1.58\text{V}$$

$$(\varphi_{H_2})_{析出} = -0.843 - 0.39 \approx -1.23\text{V}$$

如果有 OH^- 放电，则其电极反应为：$2OH^- - 2e^- \longrightarrow H_2O + \frac{1}{2}O_2$

并有
$$\varphi_{O_2} = \varphi_{O_2/OH^-}^{\ominus} + \frac{0.05915}{2} \lg \frac{p_{O_2}^{\frac{1}{2}}}{a_{OH^-}^2}$$

设 $p_{O_2} = 1p^{\ominus}$，又知 $\varphi_{O_2/OH^-}^{\ominus} = 0.401V$，故
$$(\varphi_{O^2})_{eq} = 0.401 - 0.05915 \lg a_{OH^-}$$
$$= 0.401 - 0.05915 \lg 10^{-7} (设阳极液为中性) = 0.82V$$

在石墨阳极上，$\eta_{O_2} \approx 1V$，所以 $(\varphi_{O_2})_{析出} \approx 0.82 + 1 = 1.82V$

金属离子放电析出的超电势一般可忽略不计，于是 $(\varphi_{Na})_{析出} \approx -2.71V$

比较 Cl_2、O_2 和 H_2、Na 的析出电势可知，在电解食盐水时，阳极一般只发生 Cl^- 的氧化，析出 Cl_2，阴极只能发生 H_2O 的还原，析出 H_2。

当然，电极上还会有副反应发生。例如在电流密度较大时（$1000A \cdot m^{-2}$），阳极上除了析出氯气外，还有少量氧气放出来，电极反应为 $4OH^- - 4e^- \longrightarrow 2H_2O + O_2$，这使石墨阳极受到氧化而被损坏。

反应为
$$C + 4OH^- - 4e^- =\!=\!= 2H_2O + CO_2$$

在阴极上，钠离子是不可能析出的。但是氯气可以溶解在溶液中，如果它扩散到阴极上，则可以被还原
$$Cl_2 + OH^- \longrightarrow HClO + Cl^-$$
$$HClO + H^+ + e^- \longrightarrow \frac{1}{2}Cl_2 + H_2O$$
$$\frac{1}{2}Cl_2 + e^- \longrightarrow Cl^-$$

根据以上考虑，显然应该选择氢超电势低而价格又低廉的金属作阴极，铂的氢超电势最低，但太贵，故用铁。阳极要选择耐氧化，并且氯超电势低而氧超电势高的材料，石墨是合适的。

4.3.3.5 电解精炼

把含有杂质的不纯金属作阳极，通过电解在阴极取得纯金属的方法叫电解精炼，例如铜的电解精炼。

电解精炼时，阳极反应和阴极反应是同一反应的正反应和逆反应：
$$Cu \underset{阴极反应(析出)}{\overset{阳极反应(溶解)}{\rightleftharpoons}} Cu^{2+} + 2e^-$$

因此理论分解电压是零伏，槽电压非常小，大约为 $0.3V$。电解液为加有硫酸的硫酸铜溶液。

电解精炼时，电势比铜大的杂质金属 Au、Ag 和 Pt 不会发生阳极溶解，因此从阳极表面落入槽底成为阳极泥，从中可以回收贵金属。电势比铜小的杂质金属如 Pb、Sn、Ni、Co、Fe、Zn 均发生电化学溶解，以二价离子的形式进入溶液，但因这些金属离子的析出电势较铜为负，故它们不会在阴极还原析出。As、Sb、Bi 的析出电势与 Cu 接近，当电流密度提高、铜离子浓度偏低和电解液循环不良时有可

能析出。但是通过控制条件，可以只使溶液中的析出电势较正的铜离子在阴极还原析出，从而得到高纯度的金属铜。

4.3.3.6 电合成

电合成是指利用电解氧化（在阳极）和电解还原（在阴极）合成无机物或有机物的制备物质的方法。

电合成具有以下几个特点。

① 可以给在电极上发生氧化还原反应的分子提供足够的能量。通过选择适当的电极材料来改变超电势，采用非水溶剂以避免高电势下析出 H_2 和 O_2 以及熔盐电解，可以把电解氧化的电势提高到 $+3V$，电解还原的电势提高到大约 $-3V$。许多用作氧化剂或还原剂的"高能"化工产品，正是用电合成法制取的。

② 电合成法常在室温和常压下进行。据计算，超电势改变 1V，就能使反应活化能降低 $40kJ \cdot mol^{-1}$ 左右，这使反应速率增加 107 倍，而为达同样目的，温度必须从室温升高到 300℃以上。

③ 容易控制电解反应的方向。一方面是通过选用不同的电极材料，如硝基苯电解还原时，若用氢超电势较高的 Pb、Cu、Sn、Hg 作阴极，可得最终还原产物苯胺；若用 Ag、C、Ni 作阴极，只能得到苯胺。另一方面是利用恒电势装置控制电势电解，可以使反应按人们希望得到的产物的方向进行。

④ 产品纯净，不会因外加氧化剂或还原剂带进杂质，或造成环境污染。

任何能从阴极取得电子的物质都可能在阴极进行电解还原，任何能在阳极失去电子的物质都可能在阳极进行电解氧化。电合成时要选好电极材料、电解液和隔膜。电解氧化时常用 Pt、Au、石墨、PbO_2 以及涂钌和铂的 Ti 作电极，电解还原时则常用 Pb、Hg、Fe、Cu 等作电极。溶剂必须是惰性的，且能够溶解导电的电解质和无机、有机反应物。隔膜的作用是把阳极液和阴极液分开，以使产物不致混合而迁移到另一电极上发生反应。常用的隔膜有细孔陶瓷、烧结玻璃、石棉布和离子交换膜等。

4.3.3.7 电镀

电镀是通过电解的方法在金属制品表面覆盖一层致密、牢固、光滑、均匀的镀层，借以达到防护装饰等目的。因目的不同，可有不同的镀种，例如为了防腐可镀锌、镀镍、镀铬等，为了既能防腐而又美观可镀铬、镀银，为了提高表面的反光能力可镀钢、镀银、镀铬。

电镀时，把待镀零件和直流电源的负极相连，把金属（一般是和镀层相同的金属）和直流电源的正极相连，两者一起放到电镀槽中，电镀槽中盛放含有欲镀金属的离子的盐溶液（还添加有其他物质）。接通电源后，就可以在一定电流密度、温度和 pH 值等条件下进行操作。电镀装置如图 1-4-16 所示。

电镀液的主要成分随镀种不同而异，一般来说，可以包含以下各种物质。

① 欲镀金属的盐类，可以是简单盐，也可以是络合物。

② 形成络盐的络合剂，如 NaCN、氨三乙酸。

③ 提高导电能力的物质，如 NH_4Cl、Na_2SO_4、酸和碱等。

④ 调节 pH 值的缓冲剂，如硼酸。

⑤ 添加剂，它可改善镀液的电化学性能，使镀层具有优良的物理性能，目前有机添加剂获得了广泛的应用。

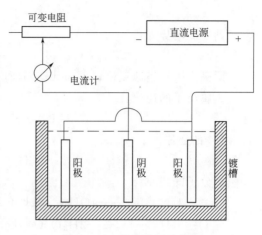

图 1-4-16　电镀装置示意图

要获得一定质量的电镀层，不但要有合适的镀液，而且还要控制好其他各种条件（即电解规范），例如电流密度、温度、pH 值、阴极移动等。它们彼此联系，相互制约。所以要得到合格的金属镀层，就要在生产实践中根据不同镀液的性能和对镀层的不同要求从各因素的相互联系上来控制好工艺条件。除此以外，还要充分重视镀件表面的预处理。例如磨光、抛光、滚光等整平处理，以及除油、酸洗和镀前弱腐蚀等。

4.3.4　金属腐蚀与防腐

引起金属腐蚀的原因有化学作用和电化学作用两种。

4.3.4.1　金属腐蚀的电化学原因

金属总是会含有杂质或其他组分（如钢铁中还含有炭），因为杂质的性质与金属不同，故它们在溶液中的电势不同，电势不同的区域就会构成类似于原电池的两极，而金属自身又使两极短路，这样，这种由金属与其中的杂质所构成的微电池就不断地在放电，而导致其中一种组分溶解，产生金属腐蚀现象（见图 1-4-17）。

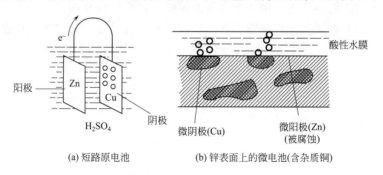

(a) 短路原电池　　　　　(b) 锌表面上的微电池(含杂质铜)

图 1-4-17　原电池和微电池

在微电池中进行一对共轭反应，阳极是金属的溶解：

$$M + xH_2O \longrightarrow M^{n+} \cdot xH_2O + ne^-$$

通常是指铁的溶解，反应为：

$$Fe \longrightarrow Fe^{2+} + 2e^-$$

其平衡电势为：

$$\varphi^{\ominus}_{Fe^{2+}/Fe} = -0.4402V$$

阴极则进行还原反应，称为共轭阴极反应，它可能有以下三种情形。

金属离子的还原：

$$M^{n+} + ne^- \longrightarrow M$$

H^+ 的还原：

$$2H^+ + 2e^- \longrightarrow H_2 \qquad \varphi^{\ominus}_{H^+/H_2} = 0$$

氧分子的还原：

$O_2 + 2H_2O + 4e^- \longrightarrow 4OH^-$ （碱性介质），$\varphi^{\ominus}_{O_2/OH^-} = 0.401V$

或 $O_2 + 4H^+ + 4e^- \longrightarrow 2H_2O$ （酸性介质），$\varphi^{\ominus}_{H^+O_2/H_2O} = 1.23V$

以上三个共轭阳极反应的电极电势都比 $\varphi^{\ominus}_{Fe^{2+}/Fe}$ 大，故所组成的腐蚀电池都能自发放电，导致铁的腐蚀。

金属与杂质形成的微电池在数量上往往是很多的，因为杂质分散在金属的各个不同的区域，每一块杂质都可成为一个电极，所以，微电池常常是造成腐蚀的主要原因。

除金属接触和金属与杂质可组成局部电池外，机械加工的不同，也会造成金属的不同区域具有不同的电势，而形成微电池，引起腐蚀。

4.3.4.2 影响腐蚀速率的因素

腐蚀速率由通过微电池的腐蚀电流来决定，能增加腐蚀电流的因素都可增大腐蚀速率。

(1) 金属本性

不同的金属具有不同的平衡电势，且其溶解时的阳极极化曲线有不同的斜率，因而会有不同的腐蚀电流。例如把相同的铜铆钉打在锌板和铁板上，所产生的效果将不一样。设共轭阴极反应相同，则因锌的平衡电势较负，由锌和铜构成的腐蚀电池具有较大的 i'_{corr}，即锌的腐蚀速率将大于铁（见图 1-4-18）。

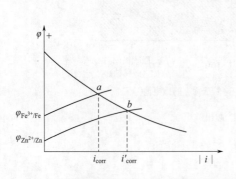

图 1-4-18　金属平衡电势对腐蚀电流的影响

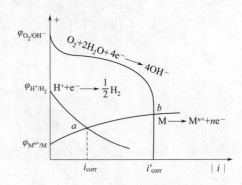

图 1-4-19　共轭阴极反应对腐蚀电流的影响

（2）共轭阴极反应

不同的共轭阴极反应，将明显影响腐蚀电流的大小，从而有不同的腐蚀速率。例如阴极上若发生 O_2 的还原，阴极极化曲线形状如图 1-4-19 所示，它和阳极极化曲线的交点在 b，若为 H^+ 还原，则交点在 a，故前者造成的腐蚀电流 i'_{corr} 较大。

（3）介质

介质的 pH 值对腐蚀速率有很显著的影响。在酸性介质中，不仅共轭阴极反应的电势会因 H^+ 浓度升高而变正，使腐蚀加快，而且还会使腐蚀产物溶解，或者发生化学腐蚀作用等而加快腐蚀速率。

（4）其他因素

搅拌、介质的流动、温度升高、表面粗糙、灰尘堆积等都可增大微电池的腐蚀电流，使腐蚀的速率加快。

4.3.4.3　金属保护

（1）金属保护层

用电镀或其他方法在物件上覆盖一层耐蚀而致密的金属或合金，可防止腐蚀。根据镀层性质的不同，分为两种不同情况：一种是阳极性镀层，如在铁上镀锌，在镀层有破坏时，锌是负极，发生锌的溶解，铁被保护［见图 1-4-20（a）］；另一种是阴极性镀层，如在铁上镀锡，在镀层有破损时，锡是正极，铁是负极，结果发生铁的溶解，反而加速了铁的腐蚀［见图 1-4-20（b）］。

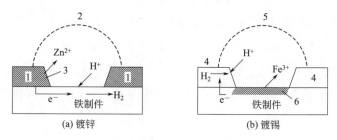

(a) 镀锌　　　　　　　　　　(b) 镀锡

图 1-4-20　铁上镀锌和镀锡时腐蚀作用的比较
1—铁制件上锌镀层；2—电解质溶液薄膜；3—锌被腐蚀；
4—铁制件上锡镀层；5—电解质溶液薄膜；6—铁被腐蚀

（2）非金属保护膜

如涂漆、喷漆等。这种保护层要注意保护，如有破损，基体金属便会发生腐蚀。

（3）阴极保护

用电化学的方法使欲保护的金属成为阴极，进行阴极极化，当其电势达到某一数值时，金属的腐蚀停止，该电势称为防蚀电势。例如钢在天然水或土壤中的防蚀电势是 $-0.77V$（对饱和甘汞电极）。具体方法可用一电极电势较负而且价格较廉的金属（如锌、铝）使它和欲保护的工件（如锅炉、船身等）接触钉牢，构成电池，工件是电池的阴极，发生阴极极化，当电势达到防蚀电势时，便受到保护。这时被联结上去的金属是作为牺牲阳极而使用的，在防腐过程中它本身逐渐被腐蚀溶解掉〔见图 1-4-21（a）〕。

也可采用一外加电源，使被保护的工件和电源的负极相连成为阴极，以某些导体（如石墨、高硅铸铁、铅银合金、镀铂钛等）作为惰性阳极，调节电流使工件进行阴极极化并达到防蚀电势〔见图 1-4-21（b）〕。

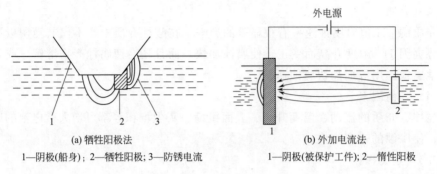

(a) 牺牲阳极法   (b) 外加电流法

1—阴极(船身); 2—牺牲阳极; 3—防锈电流   1—阴极(被保护工件); 2—惰性阳极

图 1-4-21   阴极保护示意图

以上两种方法叫做阴极保护法。地下输油管道和某些化工设备采用阴极保护法后，可以大大减轻腐蚀。

（4）加缓蚀剂

在介质中加入某些有机物或无机物，可以改变阳极反应或阴极反应的速率，增大极化作用，改变极化曲线的斜率，从而使腐蚀电流降低（见图 1-4-22），减缓腐蚀作用。某些常用的缓蚀剂列于表 1-4-3 中。

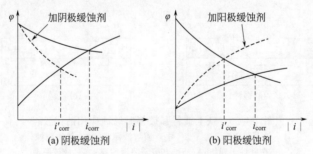

(a) 阴极缓蚀剂   (b) 阳极缓蚀剂

图 1-4-22   缓蚀剂的影响

表 1-4-3   常用的缓蚀剂

金属	介质	有机缓蚀剂	无机缓蚀剂
Fe	酸性	苯胺、乙胺、吡啶	As_2O_3
		喹啉、甲醛、甲苯	$NaAsO_2$
		基硫脲、硫二甘醇、	$K_2Cr_2O_7$
		氮(杂)菲	
	中性	苯甲酸钠	Na_2SO_3
钢	酸性	(同 Fe)	

续表

金属	介质	有机缓蚀剂	无机缓蚀剂
Cu	中性 酸性 中性	苯甲酸钠 硫脲	$K_2Cr_2O_7$、$KMnO_4$ $Ca(HCO_3)_2$、 $Ka[Fe(CN)_6]$ 铬酸盐

（5）使金属钝化

一定条件下，由于阳极反应受到阻碍从而使金属或合金的化学稳定性增强的现象叫钝化。金属钝化后，金属的耐蚀性能将会大大提高。某些金属的 $\varphi_{临}$ 和 $i_{临}$ 值见表 1-4-4。

金属处于钝态的原因是因为表面生成了一层致密的耐蚀性能良好的钝化膜，其组成可能是氧化物、氢氧化物或难溶盐等。根据金属的这种性质发展出两种阳极保护法。此法是使被保护金属和外电源的正极相连进行阳极极化而使其钝化，而以铂、镍、铜、磁性氧化铁等作为惰性阴极与电源负极相连（见图 1-4-23），例如高温下处于浓硫酸介质中的钢制储槽和生产碳酸氢铵的碳化塔，采用这种保护方法效果良好。阴极保护法和阳极保护法总称为电化学保护法。

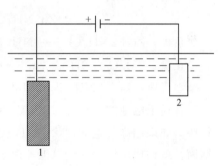

图 1-4-23　阳极保护示意图
1—阳极；2—惰性阴极

表 1-4-4　某些金属的 $\varphi_{临}$ 和 $i_{临}$ 值

金　属	电解液	$\varphi_{临}/V$	$i_{临}/(mA \cdot cm^{-3})$
18 → 8 不锈钢	10% H_2SO_4	—	2.2
Ni	0.5mol · dm^{-3} H_2SO_4	+0.15	10
Cr	0.5mol · dm^{-3} H_2SO_4	+0.35	32
Fe	0.5mol · dm^{-3} H_2SO_4	+0.46	200
	10% H_2SO_4		1000

用化学方法也可以使金属处于钝态。例如把钢铁制件置于由 $NaOH + NaNO_2 + Na_3PO_4 \cdot 12H_2O$ 配制的溶液中加热煮沸，可使表面产生一层蓝黑色的氧化物薄膜，起保护作用，称为"发蓝"。

4.3.5　化学电源的种类

4.3.5.1　干电池

干电池也称一次电池，即电池中的反应物质在进行一次电化学反应放电之后就不能再次使用了。常用的有锌锰干电池、锌汞干电池、镁锰干电池等。

锌锰干电池是日常生活中常用的干电池，其结构如图 1-4-24 所示。

正极材料：MnO_2、石墨棒。

负极材料：锌筒。

电解质：NH_4Cl、$ZnCl_2$ 及淀粉糊状物。

电池符号可表示为：

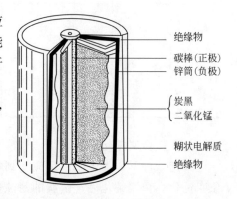

图 1-4-24　锌锰干电池的结构示意图

绝缘物
碳棒(正极)
锌筒(负极)
炭黑
二氧化锰
糊状电解质
绝缘物

$$Zn \mid NH_4Cl \cdot ZnCl_2 \mid MnO_2(c)$$

负极：$Zn + 2NH_4Cl \longrightarrow (NH_3)_2ZnCl_2 + 2H^+ + 2e^-$

正极：$2MnO_2 + 2H^+ + 2e^- \longrightarrow 2MnOOH$

总反应：$Zn + 2NH_4Cl + 2MnO_2 \longrightarrow (NH_3)_2ZnCl_2 + 2MnO$

锌锰干电池的电动势为 1.5V。因产生的 NH_3 气被石墨吸附，引起电动势下降较快。如果用高导电的糊状 KOH 代替 NH_4Cl，正极材料改用钢筒，MnO_2 层紧靠钢筒，就构成碱性锌锰干电池，由于电池反应没有气体产生，因此内电阻较低，电动势为 1.5V，比较稳定。

4.3.5.2　铅酸蓄电池

这是一种二次电池，它可以循环使用，放完电后，可以充电，使之复原，重新使用，起到把电能储蓄起来的作用，故又称为蓄电池。优点是：电动势较高，内阻小，使用温度范围宽，原料丰富，价格低，电量和电能效率高。缺点是：板极强度差，怕震动，较笨重，充电时有酸雾，自放电强烈，并有 H_2 放出。如不注意易引起爆炸。这种电池广泛用于汽车、拖拉机、小型运输车、实验室等。

蓄电池的负极是海绵状的铅，黑灰色，正极是过氧化铅，呈深褐色；电解液是相对密度 d（旧称比重）为 1.2 左右的硫酸。蓄电池的容器通常用金属铅、塑料、玻璃等制成。

铅酸蓄电池和其充、放电曲线可简明地用图 1-4-25 和图 1-4-26 表示。

$$Pb \mid H_2SO_4(d = 1.22 \sim 1.28) \mid PbO_2$$

负极反应：　　　　　$Pb + SO_4^{2-} \Longleftrightarrow PbSO_4 + 2e^-$

正极反应：　$PbO_2 + 4H^+ + SO_4^{2-} + 2e^- \Longleftrightarrow PbSO_4 + 2H_2O$

电池反应为：　$Pb + PbO_2 + 2H_2SO_4 \underset{充电}{\overset{放电}{\Longleftrightarrow}} 2PbSO_4 + 2H_2O$

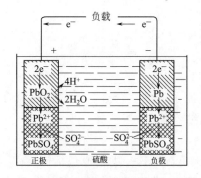

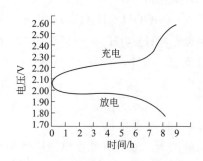

图 1-4-25　铅酸蓄电池的放电过程图解　　　图 1-4-26　铅酸蓄电池的充放电曲线

根据能斯特方程式可得：

$$E = E^{\ominus} - \frac{RT}{2F}\ln\frac{a^2_{H_2O}}{a^2_{H_2SO_4}} = E^{\ominus} - \frac{RT}{F}\ln\frac{a_{H_2O}}{a_{H_2SO_4}}$$

298K 时，将各定值代入得：　　　$E = 2.041 + 0.05915 \times \lg\frac{a_{H_2O}}{a_{H_2SO_4}}$

可见铅酸蓄电池的电动势与硫酸的浓度有关。有一个经验式可以粗略地表征这个关系：

$$E = (0.84 + d_{288K})V$$

式中，d_{288K} 为硫酸溶液的相对密度。

例如，相对密度为 1.2，则 $E = 2.04V$。实用中，常常通过测量硫酸的相对密度推断电池放电的情况，而决定是否应对电池充电，当相对密度降到 1.05，电池电压降为 1.8V 时，应对电池充电，不能继续放电，否则将会损坏电池。

4.3.5.3　镍氢电池

镍氢电池是由氢离子和金属镍组成的，KOH 作电解液。电量储备比镍镉电池多 30%，比镍镉电池更轻，使用寿命也更长，并且对环境无污染。镍氢电池中的"金属"部分实际上是金属氢化物。许多种类的金属都已被运用到镍氢电池的制造上，最常见的是 AB_5 一类，A 是稀土元素的混合物（或者）再加上钛（Ti）；B 则是镍（Ni）、钴（Co）、锰（Mn），（或者）还有铝（Al）。所有这些化合物扮演的都是相同的角色：可逆地形成金属氢化物。电池充电时，氢氧化钾（KOH）电解液中的氢离子（H^+）会被释放出来，由这些化合物将它吸收，避免形成氢气（H_2），以保持电池内部的压力和体积。当电池放电时，这些氢离子便会经由相反的过程而回到原来的地方。

（1）充电时

正极反应：$Ni(OH)_2 + OH^- \longrightarrow NiOOH + H_2O + e^-$

负极反应：$M + H_2O + e^- \longrightarrow MH + OH^-$

总反应：$M + Ni(OH)_2 \longrightarrow MH + NiOOH$

（2）放电时

正极：$NiOOH + H_2O + e^- \longrightarrow Ni(OH)_2 + OH^-$

负极：$MH + OH^- \longrightarrow M + H_2O + e^-$

总反应：$MH + NiOOH \longrightarrow M + Ni(OH)_2$

式中，M 为储氢合金；MH 为吸附了氢原子的储氢合金。最常用储氢合金为 $LaNi_5$。

4.3.5.4　银-锌蓄电池

电解液为碱液的碱性蓄电池广泛用作航天电源。这一类电池包括镍-镉蓄电池、银-镉蓄电池和银-锌蓄电池。其中银-锌电池是 20 世纪 50 年代出现的一种高能电池，它的比能量高，为铅蓄电池的 4～5 倍，它能大电流放电（见图 1-4-27），放电电压平稳，自放电较小，有良好的机械性能，缺点是原料价格贵，内部易短路。主要用在宇宙航行、人造卫星、火箭、导弹和高空飞行等领域。

银-锌电池可表示为：

$Zn | KOH$ 溶液$(40\%) | Ag_2O(Ag_2O_2), Ag$

负极是锌，电极反应为：

$$Zn + 2OH^- \longrightarrow Zn(OH)_2 + 2e^-$$

或　　$Zn + 2OH^- \longrightarrow ZnO + H_2O + 2e^-$

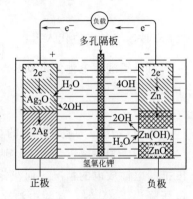

正极是氧化银（含有部分过氧化银），电极反应为 $Ag_2O_2 + H_2O + 2e^- \longrightarrow Ag_2O + 2OH^-$。总反应为：

$$Ag_2O_2 + Zn + H_2O \underset{充电}{\overset{放电}{\rightleftharpoons}} Zn(OH)_2 + Ag_2O$$

图 1-4-27　银-锌电池的放电过程

相应于此反应的 $E^\ominus = 1.85V$

$$Ag_2O + Zn + H_2O \underset{充电}{\overset{放电}{\rightleftharpoons}} Zn(OH)_2 + 2Ag$$

相应于此反应的 $E^\ominus = 1.59V$

4.3.5.5　锂-二氧化锰非水电解质电池

以锂为负极的非水电解质电池有几十种，其中性能最好、最有发展前途的是锂-二氧化锰非水电解质电池，这种电池以片状金属为负极，电解活性 MnO_2 作正极，高氯酸及溶于碳酸丙烯酯和二甲氧基乙烷的混合有机溶剂作为电解质溶液，以聚丙烯为隔膜，电池符号可表示为：

$$Li \mid LiClO_4 \mid MnO_2 \mid C(石墨)$$

负极反应：$Li =\!=\!= Li^+ + e^-$

正极反应：$MnO_2 + Li^+ + e^- =\!=\!= LiMnO_2$

总反应：$Li + MnO_2 =\!=\!= LiMnO_2$

这种电池的电动势为 2.69V，质量轻、体积小、电压高、比能量大，充电

1000 次后仍能维持其能力的 90%，储存性能好，已广泛用于电子计算机、手机、无线电设备等领域。

4.3.5.6　钠-硫电池

这种电池以熔融的钠作电池的负极，熔融的多硫化钠和硫作正极，正极物质填充在多孔的炭中，两极之间用陶瓷管隔开，陶瓷管只允许 Na^+ 通过。放电分三步进行。

（1）第一步放电

负极：$Na \Longrightarrow Na^+ + e^-$

正极：$2Na^+ + 5S + 2e^- \Longrightarrow Na_2S_5$（l）

总反应：$2Na + 5S \Longrightarrow Na_2S_5$（l）

负极上生成的 Na^+ 通过陶瓷管，进入正极与硫进行作用，生成 Na_2S_5，使正极成为 S 和 Na_2S_5 的混合物，直到被全部转化成 Na_2S_5 为止，当正极的硫被消耗完之后转为第二步放电反应。

（2）第二步放电

负极：$2Na \Longrightarrow 2Na^+ + 2e^-$

正极：$2Na^+ + 4Na_2S_5 + 2e^- \Longrightarrow 5Na_2S_4$（l）

总反应：$2Na + 4Na_2S_5 \Longrightarrow 5Na_2S_4$（l）

当 Na_2S_5 作用完后，电池放电转入后期工作。

（3）第三步放电

负极：$2Na \Longrightarrow 2Na^+ + 2e^-$

正极：$2Na + Na_2S_4 + 2e^- \Longrightarrow 2Na_2S_2$（l）

总反应：$2Na + Na_2S_4 \Longrightarrow 2Na_2S_2$（l）

钠-硫电池的电动势为 2.08V，可作为机动车辆的动力电池。为使金属钠和多硫化钠保持液态，放电过程应维持在 300℃左右。

4.3.5.7　锂离子电池

20 世纪 90 年代初，人们才成功研制出锂离子电池。锂离子电池用具有石墨结构的碳材料取代金属锂负极，正极采用锂与过渡金属的复合氧化物。相对于传统的二次电池，锂离子电池由于具有高容量、轻质量、高电压、无记忆效应、不污染环境等优点，很快被人们所接受，并迅速占领了电池市场。锂离子电池已经成功用于移动电话、数码相机、笔记本电脑、摄像机和电动工具等便携式电子产品，目前还在向电动汽车、储备电源、军事航天等多种新兴的重要领域发展。

锂离子电池的工作原理就是指其充放电原理。当对电池进行充电时，电池的正极上有锂离子生成，生成的锂离子经过电解液运动到负极。而作为负极的炭呈层状结构，它有很多微孔，到达负极的锂离子就会嵌入到炭层的微孔中，嵌入的锂离子越多，充电容量越高。同样道理，当对电池进行放电时（即使用电池的过程），嵌在负极炭层中的锂离子脱出，又运动回到正极。回到正极的锂离子越多，放电容量越高。不难看出，在锂离子电池的充放电过程中，锂离子处于从正极→负极→正极的运动状态。如果把锂离子电池形象地比喻为一把摇椅，摇椅的两端为电池的两极，则锂离子就像是在摇椅的两端来回奔跑。所以，锂离子电池又称为"摇椅式电池"（见图 1-4-28）。

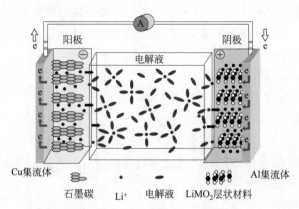

图 1-4-28 "摇椅式"锂离子电池结构示意图

4.3.5.8 燃料电池

上面介绍的化学电源有一个共同的特点：电池本身含有进行反应所必需的各种物质。电池工作时仅和外界进行能量的交换，而无物质的交换，可把这些电池看成是一个封闭的电化学反应器。与此不同，燃料电池则是开放的电化学反应器，它工作时不仅和外界进行能量的交换，而且还进行物质的交换，燃料（如 H_2）和氧化剂（如空气中的 O_2）都从外面输入，电池本身实际上仅仅是一个能量转换器。

燃料电池是 20 世纪 60 年代出现的一种发电装置，其特点是把燃料的化学能直接转化为电能。

燃料电池以还原剂（氢气、煤气、天然气、甲醇等）为负极反应物，由氧化剂（氧气、空气等）为正极反应物，由燃料极、空气极和电解质溶液构成。电极材料多采用多孔炭、多孔镍、铂、钯等贵重金属以及聚四氟乙烯，电解质则有碱性、酸性、熔融盐和固体电解质等几种。下面以研究得比较多的 H_2-O_2 燃料电池为例（见图 1-4-29）进行说明。

负极反应：$H_2 \longrightarrow 2H^+ + 2e^-$

（在碱性溶液中为：$H_2 + 2OH^- \longrightarrow 2H_2O + 2e^-$）

正极反应：$\frac{1}{2}O_2 + 2H^+ + 2e^- \longrightarrow H_2O$

（在碱性溶液中：$\frac{1}{2}O_2 + 2H_2O + 2e^- \longrightarrow 2OH^-$）

总反应为：$H_2 + \frac{1}{2}O_2 \longrightarrow H_2O$

电池的热力学平衡电势为 1.23V，实际上由于过电势、欧姆电势降等原因，工

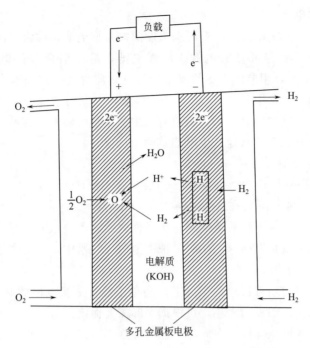

图 1-4-29　H_2-O_2 燃料电池的工作原理示意图

作电压随工作电流的增大而降低，例如 $i = 2A \cdot dm^{-2}$，电压为 0.9V。此时它的能量转换效率仍高达 72%。由于在燃料电池中，燃料的化学能直接转化为电能，不经过热这一中间形式，故其能量转换效率一般都较高。燃料电池的实际效率可达 50%～85%，而目前柴油发电机组的最高效率也只有 40% 左右。

H_2-O_2 燃料电池目前已应用于航天、军事通信、电视中继站等领域，随着成本的下降和技术的提高，有望得到进一步的商业化作用。

4.3.5.9　微生物燃料电池

微生物燃料电池是燃料电池中特殊的一类，它利用微生物作为反应主体，将燃料的化学能直接转化为电能。其工作原理与传统的燃料电池存在许多相同之处。

1911 年植物学家 Potter 用酵母和大肠杆菌进行试验，发现微生物也可以产生电流。从此，开始了生物燃料电池的研究。现在，研究较多的微生物燃料电池是将发酵过程中产生氢气的微生物细胞直接固定在氢氧燃料电池的阳极，如将卷筒式的铂电极放入含有微生物的悬浮液中，悬浮液即与丙烯酰胺聚合形成凝胶。在电极表面进行的发酵过程可直接提供阳极所需的燃料氢气，而发酵过程的副产物则可作为次级燃料进一步被利用。例如产生的甲酸在凝胶中向阳极扩散，并在阳极发生电化学氧化生成氢离子和二氧化碳。对于上述体系，氢气是主要的发酵产物。但当发酵液通过阳极时，代谢产生的甲酸也作为燃料在阳极直接氧化，因此氢气并不是阳极电流的唯一来源。在最优化的操作条件下，含 0.4g 湿微生物细胞（相当于 0.1g 干细胞）的电池可以达到 0.4V 的输出电压和 0.6mA 的输出电流。

4.3.5.10　海洋电池

1991 年，我国首创以铝-空气-海水为能源的新型电池，称为海洋电池。它是一种无污染、长效、稳定可靠的电源。海洋电池，是以铝合金为电池负极，金属（Pt、Fe）网为正极，用取之不尽的海水作为电解质溶液，靠海水中的溶解氧与铝反应产生电能的。海水中只含有 0.5% 的溶解氧，为获得这部分氧，将正极制成仿鱼鳃的网状结构，以增大表面积，吸收海水中的微量溶解氧。这些氧在海水电解液作用下与铝反应，源源不断地产生电能。两极反应为：

负极（Al）：$4Al - 12e^- \Longrightarrow 4Al^{3+}$

正极（Pt 或 Fe 等）：$3O_2 + 6H_2O + 12e^- \Longrightarrow 12OH^-$

总反应式：$4Al + 3O_2 + 6H_2O \Longrightarrow 4Al(OH)_3 \downarrow$

海洋电池本身不含电解质溶液和正极活性物质，不放入海洋时，铝极就不会在空气中被氧化，可以长期储存。用时，把电池放入海水中，便可供电，其能量比干电池高 20～50 倍。

电池设计使用周期可长达一年以上，避免了经常更换电池的麻烦。即使更换，也只是换一块铝板，铝板的大小，可根据实际需要而定。

海洋电池没有怕压部件，在海洋下任何深度都可以正常工作。海洋电池，以海水为电解质溶液，不存在污染，是海洋用电设施的能源新秀。

4.3.5.11　液流电池

液流电池是由 Thaller（NASA Lewis ResearchCenter, Cleveland, United States）于 1974 年提出的一种电化学储能技术。液流储能电池系统由电堆单元、电解质溶液及电解质溶液储供单元、控制管理单元等部分组成。液流电池系统的核心是由电堆（电堆是由数十节一起进行氧化-还原反应）和实现充、放电过程的单电池按特定要求串联而成的，结构与燃料电池电堆相似。

图 1-4-30 是液流电池的原理图，正极和负极电解液分别装在两个储罐中，利用送液泵使电解液通过电池循环。在电堆内部，正、负极电解液用离子交换膜（或离子隔膜）分隔开，电池外接负载和电源。电堆和电解液储罐可以分别放置，因此可因地制宜放置。

从理论上讲，离子价态变化的离子对可以组成多种氧化还原液流电池。其中锌-溴电池（ZBB）、多硫化钠-溴电池（PSB）和全钒（VFB）液流电池最受关注。锌-溴液流电池具有较高的能量密度（可以达到 70W·h/kg），且材料成本较低，ZBB 能源公司是锌-溴液流电池的主要生产厂商。由于锌电极在充电过程中易形成树状结晶，导致其储能容量衰减快、使用寿命短，通常，锌-溴电池的额定工作电流密度为 $40mA/cm^2$；且溴的强腐蚀性也使该型号电池的设计难度较大。多硫化钠-溴液流电池也具有材料成本低的优点，但长期使用正、负极电解液互串引起的容量和性能衰减问题难以解决，目前国内外对多硫化钠-溴液流电池的研究开发处于停滞状态。从目前发展看，全钒液流电池被认为是最具产业化前景的液流电池技术。

全钒液流电池（VFB）正极电对为 VO^{2+}/VO^{2+}，负极为 V^{2+}/V^{3+}。电解质在电池中循环。全钒液流电池充放电时，电极发生如下反应。

正极：$VO^{2+}+H_2O-e^- \longrightarrow VO^{2+}+2H^+$

负极：$V^{3+}+e^- \longrightarrow V^{2+}$

与其他储能电池相比，全钒液流电池有以下特点。

① 电池的输出功率取决于电堆的大小和数量，储能容量取决于电解液容量和浓度，因此它的设计非常灵活，要增大输出功率，只要增加电堆的面积和电堆的数量，要增大储能容量，只要增加电解液的体积。

② 全钒液流电池的活性物质为溶解于水溶液的不同价态的钒离子，在全钒液流电池充、放电过程中，仅离子价态发生变化，不发生相变化反应，充放电应答速度快。

③ 电解质金属离子只有钒离子一种，不会发生正、负电解液活性物质相互交叉污染的问题，电池使用寿命长，电解质溶液容易再生循环使用。

④ 充、放电性能好，可深度放电而不损坏电池，自放电低。在系统处于关闭模式时，储罐中的电解液无自放电现象。

⑤ 液流电池选址自由度大，系统可全自动封闭运行，无污染，维护简单，操作成本低。

⑥ 电解质溶液为水溶液，电池系统无潜在的爆炸或火灾危险，安全性高。

⑦ 电池部件多为廉价的碳材料、工程塑料，材料来源丰富，且在回收过程中不会产生污染，环境友好。

⑧ 能量效率高，可达 70%，性价比高。

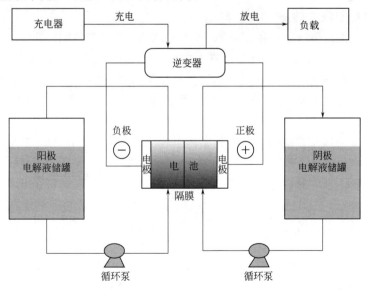

图 1-4-30　液流电池原理图

⑨ 启动速度快，如果电堆里充满电解液，可在 2min 内启动，在运行过程中充放电状态切换只需要 0.02s。

⑩ 可实时、准确监控电池系统荷电状态（SOC），有利于电网进行管理、调度。全钒液流电池适用于调峰电源系统、大规模光伏电源系统、风能发电系统的储能以及不间断电源或应急电源系统。

4.3.6 超级电容器

超级电容器（supercapacitor，ultracapacitor）又叫双电层电容器（electrical double-layer capacitor）、电化学电容器（electrochemcial capacitor，EC）、黄金电容、法拉电容，通过极化电解质来储能。它是一种电化学元件，但在其储能的过程中并不发生化学反应，这种储能过程是可逆的，也正因为如此，超级电容器可以反复充放电数十万次。超级电容器可以被视为悬浮在电解质中的两个无反应活性的多孔电极板，在极板上加电，正极板吸引电解质中的负离子，负极板吸引正离子，实际上形成两个存储层，被分离开的正离子在负极板附近，负离子在正极板附近（见图 1-4-31）。

超级电容器是建立在德国物理学家亥姆霍兹提出的界面双电层理论基础上的一种全新的电容器。众所周知，插入电解质溶液中的金属电极表面与液面两侧会出现符号相反的过剩电荷，从而使相间产生电位差。那么，如果在电解液中同时插入两个电极，并在其间施加一个小于电解质溶液分解电压的电压，这时电解液中的正、负离子在电场的

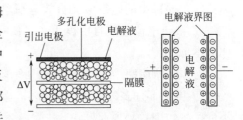

图 1-4-31　超级电容器的结构

作用下会迅速向两极运动，并分别在两个电极的表面形成紧密的电荷层，即双电层。

它所形成的双电层和传统电容器中的电介质在电场作用下产生的极化电荷相似，从而产生电容效应，紧密的双电层近似于平板电容器，但是，由于紧密的电荷层间距离比普通电容器的电荷层间距离要小得多，因而具有比普通电容器更大的容量。

双电层电容器与铝电解电容器相比内阻较大，因此，可在无负载电阻情况下直接充电，如果出现过电压充电的情况，双电层电容器将会开路而不致损坏器件，这一特点与铝电解电容器的过电压击穿不同。同时，双电层电容器与可充电电池相比，可进行不限流充电，且充电次数可达 10^6 次以上，因此双电层电容不但具有电容的特性，同时也具有电池的特性，是一种介于电池和电容之间的新型特殊元器件。

（1）工作原理

超级电容器是利用双电层原理的电容器。当外加电压加到超级电容器的两个极板上时，与普通电容器一样，正极板存储正电荷，负极板存储负电荷，在超级电容器的两极板上电荷产生的电场作用下，在电解液与电极间的界面上形成符号相反的

电荷，以平衡电解液的内电场，这个电荷分布层叫做双电层，因此电容量非常大。当两极板间电势低于电解液的氧化还原电极电位时，电解液界面上的电荷不会脱离，超级电容器为正常工作状态（通常为 3V 以下）；当电容器两端电压超过电解液的氧化还原电极电位时，电解液将分解，为非正常状态。由于随着超级电容器放电，正、负极板上的电荷被外电路泄放，电解液界面上的电荷相应减少。由此可以看出：超级电容器的充放电过程始终是物理过程，没有化学反应。因此性能是稳定的，与利用化学反应的蓄电池是不同的。

（2）应用领域

① 税控机、税控加油机、真空开关、智能表、远程抄表系统、仪器仪表、数码相机、掌上电脑、电子门锁、程控交换机、无绳电话等的时钟芯片、静态随机存贮器、数据传输系统等微小电流供电的后备电源。

② 智能表（智能电表、智能水表、智能煤气表、智能热量表）作电磁阀的启动电源。

③ 太阳能警示灯、航标灯等太阳能产品中代替充电电池。

④ 手摇发电手电筒等小型充电产品中代替充电电池。

⑤ 电动玩具电动机、语音 IC、LED 发光器等小功率电器的驱动电源。

⑥ 电动汽车的快速启动。

⑦ 电力系统中的电网改造 户外开关。

⑧ 风力发电时的海上风机。

（3）特性

超级电容器在分离出的电荷中存储能量，用于存储电荷的面积越大、分离出的电荷越密集，其电容量越大。传统电容器的面积是导体的平板面积，为了获得较大的容量，导体材料卷制得很长，有时用特殊的组织结构来增加它的表面积。传统电容器是用绝缘材料分离它的两极板，一般为塑料薄膜、纸等，这些材料通常要求尽可能地薄。超级电容器的面积是基于多孔碳材料的，该材料的多孔结构允许其面积达到 $2000 m^2 \cdot g^{-1}$，通过一些措施可得到更大的表面积。超级电容器电荷分离开的距离是由被吸引到带电电极的电解质离子尺寸决定的。该距离比传统电容器薄膜材料所能获得的距离更小。这种庞大的表面积再加上非常小的电荷分离距离使得超级电容器较传统电容器而言有惊人的大静电容量，这也是其"超级"所在。

（4）技术特性

① 充电速度快，充电 10s～10min 可达到其额定容量的 95％ 以上。

② 循环使用寿命长，深度充放电循环使用次数可达（1～50）万次。

③ 能量转换效率高，过程损失小，大电流能量循环效率≥90％。

④ 功率密度高，可达 $300～5000W \cdot kg^{-1}$，相当于电池的 5～10 倍。

⑤ 产品原材料构成、生产、使用、储存以及拆解过程均没有污染，是理想的绿色环保电源。

⑥ 安全系数高，长期使用免维护。

⑦ 超低温特性好，可工作于－30℃的环境中。

⑧ 检测方便，剩余电量可直接读出。

（5）分类

① 按原理分为双电层型超级电容器和赝电容型超级电容器。

a. 双电层型超级电容器

（a）活性炭电极材料，采用了高比表面积的活性炭材料经过成形制备电极。

（b）碳纤维电极材料，采用活性碳纤维成形材料，如布、毡等经过增强、喷涂或熔融金属增强其导电性以制备电极。

（c）碳气凝胶电极材料，采用前驱材料制备凝胶，经过炭化活化得到电极材料。

（d）碳纳米管电极材料，碳纳米管具有极好的中孔性能和导电性，采用高比表面积的碳纳米管材料，可以制得非常优良的超级电容器电极。

以上电极材料可以制成以下两种电容器。

（a）平板型超级电容器　在扣式体系中多采用平板状和圆片状的电极，另外也有 Econd 公司的产品为典型代表的多层叠片串联组合而成的高压超级电容器，可以达到 300V 以上的工作电压。

（b）绕卷型溶剂电容器　采用电极材料涂覆在集流体上，经过绕制得到，这类电容器通常具有更大的电容量和更高的功率密度。

b. 赝电容型超级电容器　包括金属氧化物电极材料与导电聚合物电极材料。金属氧化物材料包括 NiO_x、MnO_2、V_2O_5 等，作为正极材料，活性炭作为负极材料，制备超级电容器。导电聚合物材料包括 PPY、PTH、PAni、PAS、PFPT 等经 P 型、N 型或 P/N 型掺杂制取电极，以此制备超级电容器。这一类型的超级电容器具有非常高的能量密度，除 NiO_x 型外，其他类型多处于研究阶段，还没有实现产业化。

② 按电解质类型可以分为水性电解质和有机电解质。

a. 水性电解质

（a）酸性电解质　多采用 36％的 H_2SO_4 水溶液作为电解质。

（b）碱性电解质　通常采用 KOH、NaOH 等强碱作为电解质，水作为溶剂。

（c）中性电解质　通常采用 KCl、NaCl 等盐作为电解质，水作为溶剂，多用于氧化锰电极材料的电解液。

b. 有机电解质　通常采用以 $LiClO_4$ 为典型代表的锂盐、以 $TEABF_4$ 为典型代表的季铵盐等作为电解质，有机溶剂如 PC、ACN、GBL、THL 等作为溶剂，电解质在溶剂中接近饱和溶解度。

（6）充放电时间

超级电容器可以快速充放电，峰值电流仅受其内阻限制，甚至短路也不是致命的。实际上取决于电容器单体大小，对于匹配负载，小单体可放 10A，大单体可放 1000A。另一放电率的限制条件是热，反复地以剧烈的速率放电将使电容器温度升高，最终导致断路。

超级电容器的电阻阻碍其快速放电，超级电容器的时间常数 τ 为 $1\sim2s$，完全给阻-容式电路放电大约需要 5τ，也就是说如果短路放电大约需要 $5\sim10s$（由于电极的特殊结构，它们实际上得花上数个小时才能将残留的电荷完全释放）。

（7）与电池的比较

超级电容器不同于电池，在某些应用领域，它可能优于电池。有时将两者结合起来，将电容器的功率特性和电池的高能量存储结合起来，不失为一种更好的途径。

超级电容器在其额定电压范围内可以被充电至任意电位，且可以完全放出。而电池则受自身化学反应限制工作在较窄的电压范围内，如果过放，可能会造成永久性破坏。

超级电容器的荷电状态（SoC）与电压构成简单的函数，而电池的荷电状态则包括多样复杂的换算。

超级电容器与其体积相当的传统电容器相比可以存储更多的能量，电池与其体积相当的超级电容器相比可以存储更多的能量。在一些功率决定能量存储器件尺寸的应用中，超级电容器是一种更好的途径。

超级电容器可以反复传输能量脉冲而无任何不利影响，相反，如果电池反复传输高功率脉冲，其寿命将大打折扣。超级电容器可以快速充电而电池快速充电则会受到损害。超级电容器可以反复循环数十万次，而电池寿命仅几百个循环。

（8）工艺流程

超级电容器的工艺流程为：配料→混浆→制电极→裁片→组装→注液→活化→检测→包装。

超级电容器在结构上与电解电容器非常相似，它们的主要区别在于电极材料。早期的超级电容器的电极采用炭，炭电极材料的表面积很大，电容的大小取决于表面积和电极之间的距离，这种炭电极的大表面积再加上很小的电极距离，使超级电容器的容值可以非常大，大多数超级电容器可以做到法拉级，一般情况下容值范围可达 $1\sim5000F$。

超级电容器通常包含双电极、电解质、集流体、隔离物四个部件。超级电容器是利用活性炭多孔电极和电解质组成的双电层结构获得超大的电容量的。在超级电容器中，采用活性炭材料制作成多孔电极，同时在相对的两个多孔炭电极之间充填电解质溶液，当在两端施加电压时，相对的多孔电极上分别聚集正、负电子，而电解质溶液中的正、负离子将由于受电场作用分别聚集到与正、负极板相对的界面上，从而形成双集电层。

4.3.7 电化学传感器

（1）工作原理

电化学传感器通过与被测气体发生反应并产生与气体浓度成正比的电信号来工作。典型的电化学传感器由传感电极（或工作电极）和反电极组成，并由一个薄电解层隔开。

气体首先通过微小的毛管开孔与传感器发生反应，然后是憎水屏障，最终到达电极表面。采用这种方法可以允许适量气体与传感电极发生反应，以形成充分的电信号，同时防止电解质漏出传感器。

穿过屏障扩散的气体与传感电极发生反应，传感电极可以采用氧化机理或还原机理。这些反应由针对被测气体而设计的电极材料进行催化。

通过电极间连接的电阻器，与被测气体浓度成正比的电流会在正极与负极间流动。测量该电流即可确定气体浓度。由于该过程中会产生电流，电化学传感器又常被称为电流气体传感器或微型燃料电池。

在实际中，由于电极表面连续发生电化学反应，传感电极电势并不能保持恒定，在经过较长一段时间后，它会导致传感器性能退化。为改善传感器性能，人们引入了参考电极。参考电极安装在电解质中，与传感电极邻近。固定的稳定恒电势作用于传感电极。参考电极可以保持传感电极上的这种固定电压值。参考电极间没有电流流动。气体分子与传感电极发生反应，同时测量反电极，测量结果通常与气体浓度直接相关。施加于传感电极的电压值可以使传感器针对目标气体。

（2）基本结构

电化学传感器包含以下主要元件。

① 透气膜（也称为憎水膜） 透气膜用于覆盖传感（催化）电极，在有些情况下用于控制到达电极表面的气体分子量。此类屏障通常采用低孔隙率特氟隆薄膜制成。这类传感器称为镀膜传感器。或者，也可以用高孔隙率特氟隆膜覆盖，而用毛管控制到达电极表面的气体分子量。此类传感器称为毛管型传感器。除为传感器提供机械性保护之外，薄膜还具有滤除不需要的粒子的功能。为传送正确的气体分子量，需要选择正确的薄膜及毛管的孔径尺寸。孔径尺寸应能够允许足量的气体分子到达传感电极。孔径尺寸还应该防止液态电解质泄漏或迅速燥结。

② 电极 选择电极材料很重要。电极材料应该是一种催化材料，能够在长时间内执行半电解反应。通常，电极采用贵金属制造，如铂或金，在催化后与气体分子发生有效反应。视传感器的设计而定，为完成电解反应，三种电极可以采用不同材料来制作。

③ 电解质 电解质必须能够促进电解反应，并有效地将离子电荷传送到电极。它还必须与参考电极形成稳定的参考电势并与传感器内使用的材料兼容。如果电解质蒸发过于迅速，传感器信号会减弱。

④ 过滤器 有时候传感器前方会安装洗涤式过滤器以滤除不需要的气体。过

滤器的选择范围有限，每种过滤器均有不同的效率度数。多数常用的滤材是活性炭，活性炭可以滤除多数化学物质，但不能滤除一氧化碳。通过选择正确的滤材，电化学传感器对其目标气体可以具有更高的选择性。

（3）影响因素

① 压力　电化学传感器受压力变化的影响极小。然而，由于传感器内的压差可能损坏传感器，因此整个传感器必须保持相同的压力。

② 温度　电化学传感器对温度也非常敏感，因此通常采取内部温度补偿。但最好尽量保持标准温度。一般而言，在温度高于 25℃ 时，传感器读数较高；低于 25℃ 时，读数较低。温度影响通常为每摄氏度 $0.5\%\sim1.0\%$，视制造商和传感器类型而定。

③ 目标气体　电化学传感器通常对其目标气体具有较高的选择性。选择性的高低取决于传感器类型、目标气体以及传感器要检测的气体浓度。最好的电化学传感器是检测氧气的传感器，它具有良好的选择性、可靠性和较长的预期寿命。其他电化学传感器容易受到其他气体的干扰。干扰数据是利用相对较低的气体浓度计算得出的。在实际应用中，干扰浓度可能很高，会导致读数错误或误报警。

电化学传感器的预期寿命取决于几个因素，包括要检测的气体和传感器的使用环境条件。一般而言，规定的预期寿命为 1～3 年。在实际中，预期寿命主要取决于传感器使用中所暴露的气体总量以及其他环境条件，如温度、压力和湿度。

电化学传感器对工作电源的要求很低。实际上，在气体监测可用的所有传感器类型中，它们的功耗是最低的。因此，这种传感器广泛用于包含多个传感器的移动仪器中。它们是有限空间应用场合中使用最多的传感器。

第 5 章   界面化学

5.1   界面化学的基本概念

5.1.1   界面与表面

界面：密切接触的两相之间的过渡区（约有几个分子的厚度）称为**界面**。物质通常有气、液、固三种状态，根据接触物体相态的不同，可以有气-液、气-固、液-液、液-固和固-固界面，但不存在气-气界面。

表面：通常将凝聚相与饱和了其蒸气的空气之间的几个分子厚度的过渡区称为凝聚相的**表面**，如气-液、气-固表面。

5.1.2   表面功、表面自由能、表面张力

表面功：由于处于表面层的分子受到垂直于液体表面且指向液体内部的净吸力的作用，因此，如果要扩大表面，把内部分子移到表面上来，就必须克服液体内部对表面分子的这种不平衡力的作用而对体系做功，结果使体系的能量增加，而环境由此消耗的功就叫做表面功。即在等温、等压、恒组成的条件下，可逆地使表面积增加 dA 所需要对体系所做的功，其值为：

$$W' = \gamma dA \tag{1-5-1}$$

式中，γ 为比例系数，相当于等温、等压、恒组成的条件下，可逆增加单位表面积所必须做的表面功。在此条件下，环境对体系做的表面功等于体系的 Gibbs 自由能的增加量，即

$$dG = \delta W' = \gamma dA \tag{1-5-2}$$

或

$$\gamma = \left(\frac{\partial G}{\partial A}\right)_{T,\ p,\ n_1,\ n_2,\ \cdots,\ n_i} \tag{1-5-3}$$

表面自由能：式（1-5-3）中，γ 称为表面 Gibbs 自由能，即组成恒定的封闭系统在等温、等压条件下，可逆改变单位表面积所引起的 Gibbs 自由能的变化值。单位是 $J \cdot m^{-2}$。在 298K 时，纯水的 $\gamma = 7.275 \times 10^{-2} J \cdot m^{-2}$。

表面张力：由于表面层的分子受到液相分子的向内拉力，有缩小表面积的趋势，故可以想象液体表面上处处存在着一种张力，称为表面张力。表面张力是使液面缩小的一种力，可理解为与表面相切、与"净吸力"相互垂直，并均匀和垂直地作用在单位长度边界上的力（单位为 $N \cdot m^{-1}$）。表面张力是物质的一种特性，并与温度、压力、组成以及共存的另一相的性质等因素有关。

纯液体的表面张力通常是指液体与饱和了其本身蒸气的空气接触而言的。固体表面也有表面张力存在，但目前没有直接可靠的测定方法，主要使用一些间接方法测定或从理论上估算固体的表面张力。

5.1.3　弯曲表面下的附加压力

设在液面上有一小块表面 AB，如图 1-5-1 所示，如果表面是水平的，则表面张力 γ 也是水平的［见图 1-5-1（a）］，当平衡时，沿周界的表面张力互相抵消，合力为零，此时液面下的液体所受到的压力与液面上相等，即 $p' = p_0$。如果液面是弯曲的，则沿 AB 周界上的表面张力 γ 不是水平的，平衡时，表面张力将产生一合力 p_s，而使弯曲液面下的液体所受实际压力与 p_0 不同。当液面为凸形时［见图 1-5-1（b）］,合力指向液体内部，液面下的液体所受实际压力 $p' = p_0 + p_s$；当液面为凹形时［见图 1-5-1（c）］，合力指向液体外部，液体的实际压力 $p' = p_0 - p_s$。这一合力 p_s，即为弯曲表面受到的附加压力。附加压力的方向总是指向曲率中心。附加压力的大小与表面的曲率半径有关。

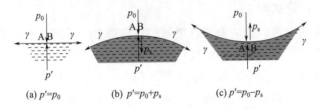

(a) $p'=p_0$　　　(b) $p'=p_0+p_s$　　　(c) $p'=p_0-p_s$

图 1-5-1　弯曲液面下的附加压力

杨-拉普拉斯（Young-Laplace）公式描述了附加压力与曲率半径及表面张力的关系。

杨-拉普拉斯（Young-Laplace）公式的一般形式为：

$$p_s = \gamma \left(\frac{1}{R'_1} + \frac{1}{R'_2} \right) \tag{1-5-4}$$

当弯曲表面为球面时，$R'_1 = R'_2 = R$，则上式简化为：

$$p_s = \frac{2\gamma}{R} \tag{1-5-5}$$

5.1.4　弯曲表面上的蒸气压

纯液体在一定温度下有一定的饱和蒸气压，这是对通常情况下的液体（较大量的水平液面的液体）来说的。若把液体分散成许多小液珠，体系的总能量将因表面积的增大而增加，并且由于表面张力的作用，液滴愈小，其液面产生的附加压力愈大，由于蒸气压与外压成正比，因此，等温下与之相平衡的蒸气压也愈大。开尔文（Kelvin）公式描述了弯曲液面上蒸气压与表面张力及曲率半径之间的关系。

$$RT \ln \frac{p_r}{p_0} = \frac{2\gamma M}{R'\rho} \tag{1-5-6}$$

式中，对凸面，R 取正值，R 越小，液滴的蒸气压越高，越容易挥发；对凹面，R 取负值，R 越小，液滴中的蒸气压越低，越不易挥发。该式对固体粒子同样适用。

5.1.5　毛细管现象

由于液体对毛细管的润湿性能不同，管中液面可呈凹形或凸形曲面，因而受到不同方向的附加压力，导致液体在管内上升或下降一定高度 h。

图 1-5-2 中液体在管内上升或下降一定高度 h 与液体的表面张力 γ、密度 ρ、液体与毛细管壁的接触角 θ 以及毛细管半径 r 的关系为

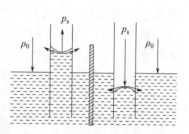

$$h = \frac{2\gamma}{\Delta\rho g r}\cos\theta \qquad (1\text{-}5\text{-}7)$$

式中，$\Delta\rho$ 为液体与气体的密度差，通常可以忽略气体的密度。凹液面时，$\theta < 90°$，$h > 0$，毛细上升；凸液面时，$\theta > 90°$，$h < 0$，毛细下降。

图 1-5-2　弯曲液面下的附加压力

5.1.6　亚（介）稳状态

由于体系高度分散，比表面积急剧增加，将产生一系列表面现象。如微小液滴具有较大的饱和蒸气压，微小晶体有较大的溶解度等，这些表面现象的存在使得在蒸气冷凝、液体凝固、沸腾、溶液结晶等过程中，由于最初形成的新相粒子极其微小，其比表面积和表面自由能都很大，体系中要产生新相极为困难，因此，新相难以生成将导致一些现象的发生，如过饱和蒸气、过冷或过热液体，以及过饱和溶液，这些状态称为**亚稳状态**。亚稳状态是热力学不稳定状态，一旦新相生成，亚稳状态失去稳定，体系则达到稳定的相态。

（1）过饱和蒸气

当气体凝结成液体时，首先要有小液滴产生，而小液滴的蒸气压大于平面液体的蒸气压，若蒸气的过饱和程度不够，则小液滴既不能产生，也不可能存在。这种按照相平衡的条件，应当凝结而未凝结的蒸气，称为过饱和蒸气。

（2）过冷液体

过冷液体温度低于凝固点但仍不能凝固或结晶的液体称为过冷液体。这是由于晶体内原子或分子的排列是有规律的，而液体内是无规律的。结晶中心有助于这种无序到有序的转化。投入少许该物质的晶体便可诱发结晶，并使过冷液体的温度回升至凝固点。

（3）过热液体

液体在沸腾时，不仅在液体表面上进行气化，而且在液体内部要自动地生成微小气泡，然后小气泡逐渐长大并上升至液面。在沸点时，平面液体的饱和蒸气压等于外压（一般为 101kPa），而最初形成的半径极小的气泡内的饱和蒸气压虽然也接近于外压，但小气泡一经形成，所需承受的压力除外压（p_0）外，还有液体的静

压力（$\rho g h$）和附加压力 p_s，气泡越小，p_s 越大，所以气泡内的压力远远小于需要承受的压力，小气泡不可能存在。这种按照相平衡的条件，达到正常沸点而不沸腾的液体，称为过热液体。若要使小气泡存在，必须继续加热，使小气泡内蒸气的压力等于或超过它需要承受的压力，小气泡才可能产生，此时液体的温度必然高于正常沸点。当大量小气泡突然生成时，液体爆沸。

（4）过饱和溶液

开尔文公式对于溶质的溶解度也可适用，只要将式中的蒸气压换成溶质的饱和浓度即可，即微小晶体颗粒的饱和浓度大于普通晶体的饱和浓度。温度一定时，晶体颗粒越小，则 $1/R'$ 越大，溶解度也越大。所以当溶液在定温下浓缩时，溶质的浓度逐渐增大，达到普通晶体的饱和浓度时，对微小晶体来说却仍未达到饱和状态，因而不可能析出。若要自动生成微小晶体，还需进一步蒸发溶液，达到一定的过饱和程度，小晶体才可能不断析出。这种按照相平衡的条件，应当析出而未析出晶体的溶液，称为过饱和溶液。

（5）毛细管凝聚现象

由于凹面液体的饱和蒸气压比平面液体的小，若液体在毛细管内呈凹液面，则一定温度下对平面液体尚未达到饱和的蒸气对凹面液体却可能达到饱和而在毛细管中凝结为液体，这种现象为毛细管凝聚。

5.1.7 溶液的表面吸附与表面超量

（1）溶液的表面吸附

溶液的表面张力随溶质的性质及浓度而变化，所以溶液会自动调节表面层的浓度以尽量降低表面吉布斯自由能，导致溶液表面层的组成与本体溶液的组成不同，这种现象称为溶液的表面吸附。

正吸附和负吸附：若溶质在表面层的浓度大于它在体相中的浓度，则为正吸附，反之为负吸附。

（2）表面超量

单位面积的表面层所含溶质的量比同量溶剂在本体溶液中所含溶质的量的超出值称为表面超量。

（3）吉布斯吸附公式

描述了溶质的表面吸附量 Γ 与溶质的活度和表面张力随溶质活度变化率之间的关系。

$$\Gamma_2 = -\frac{a_2}{RT} \times \frac{\mathrm{d}\gamma}{\mathrm{d}a_2} \tag{1-5-8}$$

5.1.8 液-液界面的铺展

当液体 B 滴在不相溶的另一种液体 A 的表面时，可能会形成一层薄膜覆盖在 A 的表面，这种现象称为液体 B 在液体 A 表面的铺展。

铺展系数:

$$S_{B/A} = \gamma_A - \gamma_B - \gamma_{AB} \tag{1-5-9}$$

式中,γ_A、γ_B 及 γ_{AB} 分别为液体 A、B 的表面张力及 A-B 间的界面张力。若 $S_{B/A} > 0$,则 B 能在 A 的表面铺展;若 $S_{B/A} < 0$,则 B 不能在 A 的表面铺展。

5.1.9　表面膜与表面压

(1) 不溶性表面膜

某些难溶的有机液体能在水的表面铺展成单分子膜,称为**不溶性表面膜**。展开的表面膜能对水中的漂浮物体产生推动力,人们将膜对单位长度的浮物所施加的力称为表面压 π,并经热力学分析可得到

$$\pi = \gamma_0 - \gamma \tag{1-5-10}$$

式中,γ_0 为纯水的表面张力;γ 为铺膜后水的表面张力。该式表明,表面压等于因铺膜而使水的表面张力的降低值。

(2) LB 膜

在铺有单分子膜的 Langmuir 膜天平中,在固定表面压下,让一个固体(金属或玻璃)基板上下垂直运动,可将不溶性单分子膜转移到固体基板上,组建成单分子层或多分子层膜,称为 Langmuir-Blogett (LB) 膜。由于形成单分子层的物质及转移膜的方式不同,可以形成三种不同结构的多分子层,如图 1-5-3 所示。

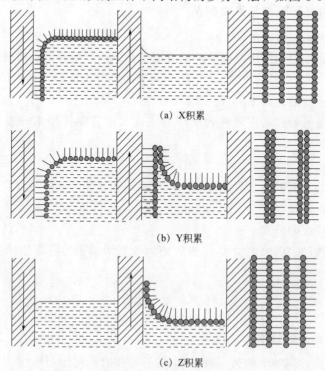

(a) X 积累

(b) Y 积累

(c) Z 积累

图 1-5-3　不同结构的 Langmuir-Blogett (LB) 膜

　　X 型多分子层是在一次次浸入基板时只有单分子层的疏水部分和板接触，在板上沉积形成的，而当基板拉出时水面上无膜；Z 型膜则恰恰相反，是在一次次拉出基板时只有单分子层的亲水部分连接到板上，而将板反复浸入时水面上无单分子膜；Y 型多分子层是在浸入和拉出基板时都通过浮着的单分子层形成的，是最普通的排列形式。

　　LB 膜的厚度可以从零点几纳米至几纳米，是具有高度各向异性的层状结构，各层单分子膜几乎没有缺陷。它提供了在分子水平上利用人工控制的排布方式组建分子聚集体的光明前景，例如：用作非线性光学材料、集成电路元件的电子束抗蚀层、高聚物多分子层膜记忆元件、超导记忆元件等。特别是单分子膜与自然界中存在的生物膜有许多相似之处，所以长期以来，科学家们希望利用 LB 膜技术制备生物材料，并致力于将酶结合到 LB 膜中，制成具有特殊识别功能的生物传感器。

5.1.10　液-固界面的润湿作用

　　液体与固体接触时，随着液体和固体自身表面性质及固-液界面性质的变化，可存在沾湿、浸湿及铺展三种润湿情况，并分别用黏附功、浸湿功及铺展系数来判断。

　　沾湿：在黏附过程中，消失了单位液体表面和固体表面，产生了单位液-固界面。

　　黏附功：在等温等压条件下，单位面积的液面与固体表面黏附时对外所做的最大功称为黏附功，它是液体能否润湿固体的一种量度。黏附功越大，液体越能润湿固体，液-固结合得越牢。黏附功就等于这个过程表面吉布斯自由能变化值的负值。

　　黏附功：

$$W_a = \gamma_{s-g} + \gamma_{l-g} - \gamma_{s-l} \tag{1-5-11}$$

$W_a \geqslant 0$ 时，液体能沾湿固体。

　　浸湿：浸湿过程是将气-固界面转变为液-固界面的过程。而液体表面在这个过程中没有变化。

　　浸湿功：等温、等压条件下，将具有单位表面积的固体可逆地浸入液体中所做的最大功称为浸湿功，它是液体在固体表面取代气体能力的一种量度。只有浸湿功大于或等于零时，液体才能浸湿固体。在浸湿过程中，消失了单位面积的气体表面和固体表面，产生了单位面积的液-固界面，所以浸湿功等于该变化过程中表面自由能变化值的负值。

　　浸湿功：

$$W_i = \gamma_{s-g} - \gamma_{s-l} \tag{1-5-12}$$

$W_i \geqslant 0$ 时，液体能浸湿固体。

　　铺展：铺展是液-固界面取代气-固界面的过程，同时还扩大了气-液界面。

　　铺展系数：

$$S_{l/s} = \gamma_{s-g} - \gamma_{l-g} - \gamma_{s-l} \qquad (1-5-13)$$

$S_{l/s} \geq 0$ 时，液体可以在固体表面上自动铺展。

由于 γ_{l-g} 及 γ_{s-l} 尚不能由实验直接测定，所以上述判据并不实用。人们习惯上根据接触角来判断液体对固体的润湿程度。

5.1.11 润湿作用与接触角

如果液体能自发附在固体表面上，或能在其上面铺展开，即称为**润湿过程**。将少量液体滴在固体表面上时，会形成一定形状的液滴，在液滴的投影图像上，在气、液、固的三相交界处，气液界面张力与固液界面张力之间的夹角（含液体在内），称为**接触角**，它的大小取决于三种界面张力的相对值。

接触角与各界面张力的关系可表示为

$$\cos\theta = \frac{\gamma_{s-g} - \gamma_{s-l}}{\gamma_{l-g}} \qquad (1-5-14)$$

规定 $\theta < 90°$ 时，液体能润湿固体，$\theta > 90°$ 时，液体不能润湿固体。$\theta = 0°$ 时为完全润湿，$\theta = 180°$ 时为完全不润湿。将上式与黏附功、浸湿功及铺展系数的定义式相结合可得

$$W_a = \gamma_{l-g}(1 + \cos\theta) \qquad (1-5-15)$$
$$W_i = \gamma_{l-g}\cos\theta \qquad (1-5-16)$$
$$S_{l/s} = \gamma_{l-g}(\cos\theta - 1) \qquad (1-5-17)$$

式（1-5-15）～式（1-5-17）为沾湿、浸湿和铺展过程的接触角判据。

能被水所润湿的固体，称为**亲水性固体**，如石英、硫酸盐等，不被水所润湿的固体，称为**憎水性固体**，如石蜡、某些植物的叶、石墨等。

5.1.12 表面活性剂

（1）表面活性剂的结构

能显著降低水的表面张力的物质称为**表面活性剂**，它们都是由亲水基团和亲油基团构成的两亲性分子。表面活性物质的分子中，一般含有两类基团，一种为憎水性基团，或称亲油性基团，属非极性基团，它多半是直链或带侧链或带芳环的有机烃基；另一种为亲水性基团，或称憎油性基团，多为极性基团，因此，表面活性剂是同时具有较强极性和非极性基团结构的两亲分子。

（2）表面活性剂的分类

因这些基团的特性不同，所以表面活性物质的分类方法有多种，但最常用的一种分类方法是根据它在水溶液中所显示表面活性的部分的离解性质来分类，据此可分为以下四类：阴离子型、阳离子型、非离子型和两性型。

阴离子表面活性剂：指在水中能离解，表面活性由阴离子产生的一类。例如脂肪醇硫酸酯钠。

$$ROSO_3Na \longrightarrow ROSO_3^- + Na^+$$

阳离子表面活性剂：指在水中能离解，起表面活性作用的是阳离子的一类。例如烷基三甲基氯化铵。

$$RN(CH_3)_3Cl \longrightarrow RN^+(CH_3)_3 + Cl^-$$

两性表面活性剂：指同一分子中含有阴离子和阳离子两种基团的一类表面活性物质。它在水溶液中既可作碱式离解，也可作酸式离解。具有代表性的物质是蛋白质，其分子中含有氨基酸，氨基酸中既有羧基—COOH，具酸性，又有氨基—NH_2，具碱性，随溶液酸性的不同，可作不同的离解。

高分子表面活性剂：是相对分子质量在数千至 1 万以上的表面活性物质。最早的高分子表面活性剂是天然海藻酸钠和各种淀粉，20 世纪 50 年代开始合成各种高分子表面活性剂，并按上述四种类型分类。

生物表面活性剂：糖酯类、中性酯、脂肪酸、含氨基酸类酯、磷脂、蛋白质等。

Gemini 表面活性剂：是由两个离子头基靠连接基团通过化学键而连接的，由此造成了两个表面活性剂单体离子相当紧密的连接，致使其碳氢链间更容易产生强相互作用，即加强了碳氢链间的疏水结合力；而且离子头基间的排斥倾向受制于化学键力而被大大削弱，极大地提高了表面活性。其临界胶束浓度常约为构成它的单一两亲分子的相应值的 1/100。由于 Gemini 表面活性剂中两个离子头基间的化学键连接不破坏其亲水性，从而为具有高表面活性的 Gemini 表面活性剂的广泛应用提供了基础。

Bola 型表面活性剂：是由两个极性头基用一根或多根疏水链连接键合起来的化合物，当连接基团的数量和方式不同时，Bola 化合物根据分子形态可划分为 3 种类型，即单链型、双链型和半环型。由于分子链的两端同时存在 2 个头基，容易产生分子间相互作用，或者粒子间架桥作用，从而使分散体系性能有所不同。Bola 表面活性剂的表面活性不高，但在生物模拟方面有应用前景。可形成高热稳定性的模拟类脂膜，在催化、纳米材料合成、药物缓释等方面有应用。

Dendrite 型表面活性剂：它是从一个中心核分子出发，由支化单体逐级扩散伸展开来的结构，或者由中心核、数层支化单元和外围基团通过化学键连接而成的。目前已经有聚醚、聚酯、聚酰胺、聚芳烃、聚有机硅等类型。树枝状大分子的特性是其分子结构规整，分子体积、形状和末端官能团可在分子水平上设计与控制，因此成为高分子学科的热门课题。按照需求对其端基进行改性，就可得到相应的树枝状高分子表面活性剂。

AB 型嵌段高分子表面活性剂：一般用于涂料中的颜填料的分散。从分子结构上看，AB 型嵌段高分子表面活性剂中 A 嵌段和 B 嵌段分别类似于表面活性剂的亲水头基和疏水尾链。AB 嵌段高分子表面活性剂在颜填料表面采取尾型吸附形态，A 嵌段是亲颜料的锚固基团，B 嵌段是亲溶剂的溶剂化尾链。

A 嵌段可以是酸、胺、醇、酚等官能团，通过离子键、共价键、配位键、氢键及范德华力等相互作用吸附在颗粒表面，由于含有多个吸附点，可以有效地防止分散剂分子脱附，使吸附紧密且持久。B 嵌段可以是聚醚、聚酯、聚烯烃、聚丙烯酸酯等基团，分别适用于极性和非极性溶剂。

稳定颗粒主要依靠 B 嵌段形成的吸附层产生的空间位阻作用起到使颜料分散的作用。所以对作为溶剂化尾链的 B 嵌段的长度和均一性有极高的要求，希望可以形成厚度适中且均一的吸附层，如果 B 嵌段过长，可能会起架桥作用，引起分散体系黏度增大，甚至发生絮凝沉淀。通常认为位阻层的厚度为 20nm 时，可以达到最好的稳定效果。

（3）表面活性剂的 Kraff 点与浊点

离子型表面活性剂的溶解度随着温度的升高缓慢增加，当达到某一温度时溶解度迅速上升，在溶解度-温度曲线上出现转折，此温度点称为 Kraff 点（T_K），达到 Kraff 点时，体系形成胶束，T_K 越高，亲油性越大。

非离子型表面活性剂的溶解度随温度的升高而降低，当温度降低到一特定值时突然变"浑浊"，非离子型表面活性剂出现浑浊的最低温度称为"浊点"。可通过浊点判断非离子型表面活性剂的亲水亲油性大小。

（4）表面活性剂的 HLB 值

表面活性剂的亲水亲油性取决于分子中亲水基和亲油基的强弱。用亲水亲油平衡值 HLB（hydrophile and lipopile balance）可表征表面活性剂的亲水亲油性。

HLB 值是一个相对值，规定亲油性强的石蜡（完全没有亲水性）的 HLB 值为 0；亲水性强的聚乙二醇（完全是亲水基）的 HLB 值为 20，以此为标准，定出其他表面活性剂的 HLB 值。

$$\begin{aligned}\text{表面活性剂的 HLB 值}&=\frac{\text{亲水基部分的摩尔质量}}{\text{表面活性剂的摩尔质量}}\times\frac{100}{5}\\&=\frac{\text{亲水基质量}}{\text{憎水基质量}+\text{亲水基质量}}\times\frac{100}{5}\\&=\text{亲水基质量}\times\frac{1}{5}\text{（\%）}\end{aligned}\tag{1-5-18}$$

HLB 值越小，表面活性剂的亲油性越强，反之亲水性越强。

表面活性剂的 HLB 值与其性能和作用有关，根据表面活性剂的 HLB 值，可以大体了解它的用途（见表 1-5-1）。

表 1-5-1　表面活性剂的 HLB 值范围及其用途

HLB 值范围	主要用途	HLB 值范围	主要用途
1～3	消泡剂	12～15	润湿剂
3～6	油包水型(W/O)乳化剂	13～15	洗涤剂
8～18	水包油型(O/W)乳化剂	15～18	增溶剂

（5）表面活性剂的活性——表面活性剂效率和有效值

表面活性剂效率：使水的表面张力明显降低所需要的表面活性剂的浓度。显然，所需浓度愈低，表面活性剂的性能愈好。

表面活性剂有效值：能够把水的表面张力降低到的最小值。显然，能把水的表面张力降得愈低，该表面活性剂愈有效。

表面活性剂的效率与有效值在数值上常常是相反的。例如，当憎水基团的链长增加时，效率提高而有效值降低。

（6）临界胶束浓度 cmc

表面活性剂在水中随着浓度增大，表面上聚集的活性剂分子会形成定向排列的紧密单分子层，多余的分子在体相内部也三三两两地互相靠拢，聚集在一起形成**胶束**，这开始形成胶束的最低浓度称为**临界胶束浓度**。这时溶液性质与理想性质发生偏离，如图 1-5-4 所示，在表面张力对浓度绘制的曲线上会出现转折。继续增加活性剂浓度，表面张力不再降低，而体相中的胶束不断增多、增大。

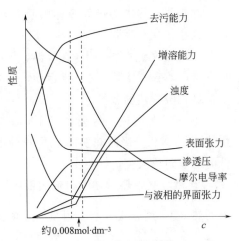

图 1-5-4　表面活性剂溶液性质与浓度的关系

5.1.13　固体表面的吸附——化学吸附和物理吸附

5.1.13.1　物理吸附

物理吸附仅仅是一种物理作用，没有电子转移，没有化学键的生成与破坏，也没有原子重排等，有以下特点。

① 吸附力是由固体和气体分子之间的范德华引力产生的，一般比较弱。

② 吸附热较小，接近于气体的液化热，一般在几千焦每摩尔以下。

③ 吸附无选择性，任何固体可以吸附任何气体，当然吸附量会有所不同。

④ 吸附稳定性不高，吸附速率与解吸速率都很快。

⑤ 吸附可以是单分子层的，也可以是多分子层的。

⑥ 吸附不需要活化能，吸附速率并不因温度的升高而变快。

5.1.13.2　化学吸附

化学吸附相当于吸附剂表面分子与吸附质分子发生了化学反应，在红外、紫外-可见光谱中会出现新的特征吸收带，具有以下特征。

① 吸附力是由吸附剂与吸附质分子之间产生的化学键力，一般较强。

② 吸附热较高，接近于化学反应热，一般在 $40kJ \cdot mol^{-1}$ 以上。

③ 吸附有选择性，固体表面的活性位只吸附与之可发生反应的气体分子，如酸位吸附碱性分子，反之亦然。

④ 吸附很稳定，一旦吸附，就不易解吸。

⑤ 吸附是单分子层的。

⑥ 吸附需要活化能，温度升高，吸附速率和解吸速率加快。

5.1.13.3　吸附热与测定方法

（1）吸附热的定义

在吸附过程中的热效应称为吸附热。物理吸附过程的热效应相当于气体凝聚热，很小；化学吸附过程的热效应相当于化学键能，比较大。

吸附是放热过程。固体在等温、等压下吸附气体是一个自发过程，$\Delta G < 0$，气体从三维运动变成吸附态的二维运动，熵减小，$\Delta S < 0$，$\Delta H = \Delta G + T \Delta S$，$\Delta H < 0$。

（2）吸附热的分类

① 积分吸附热　等温条件下，一定量的固体吸附一定量的气体所放出的热，用 Q 表示。积分吸附热实际上是各种不同覆盖度下吸附热的平均值。显然覆盖度低时的吸附热大。

② 微分吸附热　在吸附剂表面吸附一定量气体 q 后，再吸附少量气体 dq 时放出的热 dQ，用公式表示吸附量为 q 时的微分吸附热为：$\left(\dfrac{\partial Q}{\partial q} \right)_T$。

（3）吸附热的测定

① 直接用实验测定　在高真空体系中，先将吸附剂脱附干净，然后用精密的量热计测量吸附一定量气体后放出的热量。这样测得的是积分吸附热。

② 从吸附等量线求算　在一组吸附等量线上求出不同温度下的 $(\partial p / \partial T)_q$ 值，再根据克劳修斯-克莱贝龙方程得：

$$\left(\frac{\partial \ln p}{\partial T} \right)_q = \frac{Q}{RT^2} \tag{1-5-19}$$

式中，Q 为某一吸附量时的等量吸附热，近似地看作微分吸附热。

（4）色谱法

用气相色谱技术测定吸附热。

5.1.13.4　吸附平衡与吸附量

（1）吸附平衡

气相中的分子可以被吸附在固体表面上，已被吸附的气体分子也可以脱附（或解吸）而逸回气相。固定了温度及吸附质的分压之后，当吸附速率与脱附速率相等，即单位时间内被吸附的气体量与脱附的气体量相等时，达到吸附平衡状态，此时吸附在固体表面上的气体量不再随时间而变化。

（2）吸附量

在达到吸附平衡的条件下，每克吸附剂所能吸附的气体的物质的量（x）或这些气体在标准状况下所占的体积（V），称为吸附量 q，即

$$q = \frac{x}{m} \quad \text{或} \quad q = \frac{V}{m} \tag{1-5-20}$$

式中，m 为吸附剂质量，g。吸附量可以用实验方法直接测定。

（3）吸附量与温度、压力的关系

对于一定的吸附剂与吸附质的体系，达到吸附平衡时，吸附量是温度和吸附质压力的函数，即：
$$q=f(T,p)$$

通常固定一个变量，求出另外两个变量之间的关系，例如：

T＝常数，$q=f(p)$，得吸附等温线；

p＝常数，$q=f(T)$，得吸附等压线；

q＝常数，$p=f(T)$，得吸附等量线。

① 吸附等温线　在一定温度下，达到吸附平衡时吸附量和压力的关系曲线称为**吸附等温线**，可由实验测定。常见的吸附等温线有以下 5 种类型，如图 1-5-5 所示。图中 p/p_s 称为比压，p_s 是吸附质在该温度时的饱和蒸气压，p 为吸附质的压力。

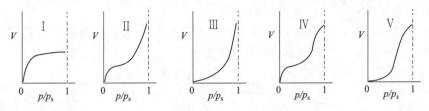

图 1-5-5　五种类型的吸附等温线

从吸附等温线可以反映出吸附剂的表面性质、孔分布以及吸附剂与吸附质之间的相互作用等有关信息。

② 吸附等压线　保持压力不变，吸附量与温度之间的关系曲线称为吸附等压线，如图 1-5-6 所示。吸附等压线不是用实验直接测量的，而是在实验测定等温线的基础上画出来的。

吸附等压线绘制方法：在实验测定的一组吸附等温线上，选定比压为 0.1，作垂线与各等温线相交。根据交点的吸附量和温度，作出一条 q-T 曲线，这就是比压为 0.1 时的等压线。可见，保持比压不变，吸附量随着温度的升高而下降（见图 1-5-7）。

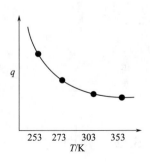

图 1-5-6　吸附等压线

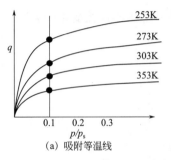

（a）吸附等温线

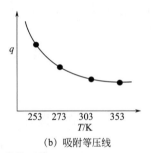

（b）吸附等压线

图 1-5-7　根据吸附等温线绘制吸附等压线

用相同的方法，选定不同的比压，可以画出一组吸附等压线。

③ 吸附等量线　保持吸附量不变，压力与温度之间的关系曲线称为吸附等量线。如图 1-5-8 所示。吸附等量线不是经实验直接测量的，而是在实验测定等温线的基础上画出来的。

吸附等量线绘制方法： 在实验测定的一组吸附等温线上，选定吸附量为 q_1，作水平线与各等温线相交。根据交点的温度与压力，画出一条 $p\text{-}T$ 线，这就是吸附量为 q_1 时的吸附等量线，可见，保持吸附量不变，

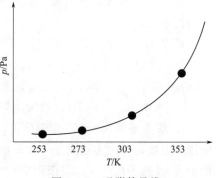

图 1-5-8　吸附等量线

当温度升高时，压力也要相应增高（见图 1-5-9）。从等量线上可以求出吸附热。选定不同的吸附量，可以画出一组吸附等量线。

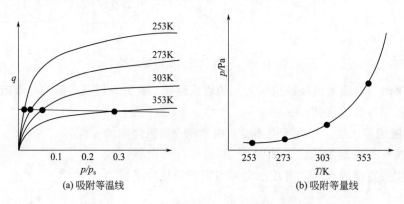

图 1-5-9　根据吸附等温线绘制吸附等量线

5.2　界面化学的基本原理、方法与公式

5.2.1　界面的热力学性质

对于组成不变的系统，当有表面功存在时，各热力学函数变化的关系式为：

$$dU = TdS - pdV + \gamma dA_s \tag{1-5-21}$$

$$dH = TdS + Vdp + \gamma dA_s \tag{1-5-22}$$

$$dA = -SdT - pdV + \gamma dA_s \tag{1-5-23}$$

$$dG = -SdT + Vdp + \gamma dA_s \tag{1-5-24}$$

由以上四式可得表面能的广义定义：

$$\gamma = \left(\frac{\partial U}{\partial A_s}\right)_{S,V} = \left(\frac{\partial H}{\partial A_s}\right)_{S,p} = \left(\frac{\partial A}{\partial A_s}\right)_{T,V} = \left(\frac{\partial G}{\partial A_s}\right)_{T,p} \tag{1-5-25}$$

式中，γ 为在指定相应变数的条件下，每增加单位表面积时，系统的热力学函数的增量。

5.2.2 表面张力与温度的关系

5.2.2.1 从分子运动角度

温度升高时，一般液体的表面张力都会降低。由于随着温度升高，分子间的平均距离增加，表面层分子受到内部分子的吸引力跟着减弱，因此要使分子从其内部迁移到表面上来也就容易些，因此，表面张力随着温度的升高而降低。

5.2.2.2 从热力学分析

由式（1-5-26）～式（1-5-29）的全微分性质可得表面张力与温度的关系式：

$$\left(\frac{\partial S}{\partial A_s}\right)_{T,V} = -\left(\frac{\partial \gamma}{\partial T}\right)_{A_s,V} \tag{1-5-26}$$

$$\left(\frac{\partial S}{\partial A_s}\right)_{T,p} = -\left(\frac{\partial \gamma}{\partial T}\right)_{A_s,p} \tag{1-5-27}$$

$$\left(\frac{\partial U}{\partial A_s}\right)_{T,V} = \gamma - T\left(\frac{\partial \gamma}{\partial T}\right)_{A_s,V} \tag{1-5-28}$$

$$\left(\frac{\partial H}{\partial A_s}\right)_{T,p} = \gamma - T\left(\frac{\partial \gamma}{\partial T}\right)_{A_s,p} \tag{1-5-29}$$

以式（1-5-26）为例分析：左方为正值，因为表面积增加，熵总是增加的。所以，表面张力随温度的升高而下降。由于表面张力随温度的升高而降低，由式（1-5-21）～式（1-5-24）可知，增大表面积时，系统的熵、热力学能及焓都增加，它们的增量可以通过表面张力及其随温度的变化关系进行计算。

（3）表面张力与温度的经验关系方程

Ramsay-Shields 方程：

$$\gamma = k V_m^{-\frac{2}{3}}(T_c - T - 6.0) \tag{1-5-30}$$

式中，T_c 为临界温度；V_m 为液体的摩尔体积；k 为经验参数，对非缔合的非极性液体，$k \approx 2.2 \times 10^{-7} J \cdot K^{-1}$，适用于大多数液体。

Guggenheim 方程：

$$\gamma = \gamma_0 (1 - \frac{T}{T_c})^n \tag{1-5-31}$$

式中，n、γ_0 为经验参数，对有机液体 $n = 11/9$，对金属 $n \approx 1$；但对 Cd、Fe、Cu 合金及一些硅酸盐液体，温度升高，表面张力增大。

5.2.3 溶液表面张力与浓度的关系

希什科夫斯基（Щищковский）经验式将大多数有机物的稀水溶液 γ 与 c 的关系表示为

$$\gamma_0 - \gamma = b\gamma_0 \lg\left(1 + \frac{c}{K}\right) \tag{1-5-32}$$

式中，γ_0 和 γ 分别为纯溶剂和溶液的表面张力；b 为常数，同系物的 b 值相同，脂肪酸类的 b 值约为 0.411；K 是与物质本性有关的常数，含碳数增加时，K 值降低：

$$\frac{K_n}{K_{n+1}} \approx 3.1 \qquad (1\text{-}5\text{-}33)$$

由式（1-5-32）可知，当 $c = K$ 时，对于脂肪酸类表面活性剂，$\gamma_0 - \gamma / \gamma_0 = 0.411\lg 2 \approx 0.12$，所以 K 是使纯水的表面张力降低 12% 的溶液的浓度。

式（1-5-32）也可表示为：

$$\gamma_0 - \gamma = \frac{b\gamma_0}{2.303}\ln\left(1 + \frac{c}{K}\right) \qquad (1\text{-}5\text{-}34)$$

当浓度很低时，

$$\gamma_0 - \gamma = \frac{b\gamma_0}{2.303K}c = ac \qquad (1\text{-}5\text{-}35)$$

此时表面张力的降低与溶液浓度成正比。

5.2.4　Young-Laplace 公式-弯曲表面下的附加压力

由于表面张力的作用，弯曲表面下的液体或气体受到一附加压力 p_s，凸面液体所受压力比平面液体大，而凹面液体所受压力则比平面液体小。p_s 与液体的曲率半径有关，杨-拉普拉斯（Young-Laplace）公式的一般形式为：

$$p_s = \gamma\left(\frac{1}{R'_1} + \frac{1}{R'_2}\right) \qquad (1\text{-}5\text{-}36)$$

当液面可视为球形时，p_s 的数值与曲率半径 R' 的关系为

$$|p_s| = \frac{2\gamma}{R'} \qquad (1\text{-}5\text{-}37)$$

由式（1-5-37）可见：

① 液滴愈小，所受到的附加压力愈大；

② 若液面是凹形的，则曲率半径 R 为负值，附加压力 p_s 为负值，即凹面下液体所受到的压力比在平面下要小，即 $p = p_0 - p_s$；

③ 对于平面液体，$\gamma = \infty$，$p_s = 0$，即水平液面下不存在附加压力；

④ 如果是液泡（如肥皂泡），因有内外两个表面，均产生指向球心的附加压力，则泡内气体所受压力比泡外压力大，其压差为：

$$p_s = 2 \times \frac{2\gamma}{r} = \frac{4\gamma}{r} \qquad (1\text{-}5\text{-}38)$$

5.2.5　毛细管中液体升高或降低公式

由于液体对毛细管的润湿性能不同，管中液面可呈凹形或凸形曲面，因而受到不同方向的附加压力，导致液体在管内上升或下降一定高度 h。h 与液体的表面张力 γ、密度 ρ、液体与毛细管壁的接触角 θ 以及毛细管半径 r 的关系为

$$h = \frac{2\gamma}{\Delta\rho g r}\cos\theta \tag{1-5-39}$$

式中，$\Delta\rho$ 为液体与气体的密度差，通常可以忽略气体的密度。凹液面时，$\theta<90°$，$h>0$，毛细上升；凸液面时，$\theta>90°$，$h<0$，毛细下降。

5.2.6 Kelvin 公式-弯曲表面上的蒸气压

由于弯曲表面有附加压力，液体所受的实际压力与平面液体不同，因此其蒸气压也与平面液体的蒸气压不同，Kelvin 公式表达了半径为 R'、表面张力为 γ 的弯曲表面蒸气压 p' 与平面液体蒸气压 p_0 的关系：

$$RT\ln\frac{p'}{p_0} = \pm\frac{2\gamma M}{\rho R'} \tag{1-5-40}$$

式中，凸液面时，$p'>p_0$，且 R' 越小，p' 越大；凹液面时，$p'<p_0$，且 R' 越小，p' 越小。

对于晶体的溶解度与晶体颗粒大小的关系也具有 Kelvin 方程的形式，即：

$$RT\ln\frac{C_r}{C} = \frac{2M\gamma_{(s)}}{r\rho_{(s)}} \tag{1-5-41}$$

式中，C_r 为微小晶体的溶解度；C 为普通晶体的溶解度；M 为摩尔质量；$\gamma_{(s)}$ 及 $\rho_{(s)}$ 分别为固体的界面张力及密度。

5.2.7 Yung 方程-接触角与各界面张力的关系

见前文式（1-5-14）：

$$\cos\theta = \frac{\gamma_{s-g} - \gamma_{s-l}}{\gamma_{l-g}}$$

式中，$\theta>90°$ 为不润湿，$\theta<90°$ 为润湿，$\theta=0°$ 为完全润湿，$\theta=180°$ 为完全不润湿。

5.2.8 润湿方程

（1）润湿能力的判断

液体与固体接触时，随着液体和固体自身表面性质及固-液界面性质的变化，可存在沾湿、浸湿及铺展三种润湿情况，并分别用黏附功、浸湿功及铺展系数来判断。

见前文式（1-5-11）～式（1-5-13）。

黏附功　　　　　　　　$W_a = \gamma_{s-g} + \gamma_{l-g} - \gamma_{s-l}$

浸湿功　　　　　　　　$W_i = \gamma_{s-g} - \gamma_{s-l}$

铺展系数　　　　　　　$S_{1/s} = \gamma_{s-g} - \gamma_{l-g} - \gamma_{s-l}$

$W_a \geqslant 0$ 时，液体能沾湿固体；$W_i \geqslant 0$ 是液体浸湿固体的条件；$S_{1/s} \geqslant 0$，液体可以在固体表面上自动铺展。

（2）润湿方程

由于 γ_{l-g} 及 γ_{s-l} 尚不能由实验直接测定，所以上述判据并不实用。通常根据接触角来判断液体对固体的润湿程度。

见前文式（1-5-15）～式（1-5-17）：

$$W_a = \gamma_{l-g}(1+\cos\theta)$$

$$W_i = \gamma_{l-g}\cos\theta$$

$$S_{l/s} = \gamma_{l-g}(\cos\theta - 1)$$

此三式为沾湿、浸湿和铺展过程的接触角判据。应该注意润湿的热力学判据与习惯上采用的接触角判据的区别，例如当 $90°<\theta<180°$ 时，由 $W_a = \gamma_{l-g}(1+\cos\theta)$ 可知，此时 $W_a>0$ 可发生沾湿现象，属于润湿的情况之一。但因 $\theta>90°$，习惯上判定为不润湿。此时两种判据是不统一的，必须注意这种区别，明确 $\theta>90°$ 时，虽然由接触角的习惯判据判断为不润湿，但从热力学分析可知，此时固液接触时，仍使体系的吉布斯自由能降低。

5. 2. 9　吉布斯（Gibbs）吸附等温式

溶质吸附量和溶液活度以及表面张力变化的关系称为**吉布斯吸附等温式**：

$$\Gamma_2 = -\frac{a_2}{RT} \times \frac{d\gamma}{da_2} \tag{1-5-42}$$

对于稀溶液，可用溶质的浓度代替活度，并可略去下角标，表示为：

$$\Gamma = -\frac{c}{RT} \times \frac{d\gamma}{dc} \tag{1-5-43}$$

式中，Γ 为溶质在表面层的吸附量，即表面超量；c 为溶质在溶液中的平衡浓度；R 为气体常数；T 为温度；γ 为表面张力；$\frac{d\gamma}{dc}$ 为溶液表面张力随浓度的变化率。若 $\frac{d\gamma}{dc}<0$，则 $\Gamma>0$，表明凡增加浓度使表面张力减小的溶质在表面层发生正吸附；若 $\frac{d\gamma}{dc}>0$，则 $\Gamma<0$，表明凡增加浓度使表面张力增大的溶质在表面层发生负吸附。

5. 2. 10　单分子截面积和单分子层厚度计算公式

随浓度增加，吸附量开始显著增加，到一定浓度时，吸附量达到饱和，可从吸附等温线得到物质的饱和吸附量 Γ_∞（mol·m^{-2}），由所求得的 Γ_∞ 可求得被吸附分子的截面积：

$$S_o = 1/(\Gamma_\infty N_A) \quad (N_A \text{ 为阿伏伽德罗常数}) \tag{1-5-44}$$

若已知溶质的密度 ρ，分子量 M，就可计算出吸附层厚度 δ：

$$\delta = \frac{\Gamma_\infty M}{\rho} \tag{1-5-45}$$

5. 2. 11　表面压与表面张力的关系

表面压 π 与液体表面张力的关系为：

$$\pi = \gamma_0 - \gamma \tag{1-5-46}$$

式（1-5-46）表明，表面压是膜对单位长度浮物所施之力，其数值等于因铺膜而使水的表面张力的降低值。因为 $\gamma_0 > \gamma$，所以浮物被推向纯水一边。表面压 π 可由朗格缪尔（Langmuir）膜天平直接测定。

5.2.12　Langmuir 吸附理论与等温吸附方程式

（1）Langmuir 吸附理论

理论认为吸附剂表面上每一个吸附中心都是等效的，被吸附分子间不存在相互作用，吸附是单层的，而且在一定条件下吸附可建立动态平衡，平衡时吸附速率和解吸速率相等。Langmuir 吸附理论在此基础上得出等温吸附方程。

（2）Langmuir 等温吸附方程

$$\theta = \frac{bp}{1+bp} \tag{1-5-47}$$

式中，θ 为覆盖率，$\theta = \dfrac{\text{吸附面积}}{\text{总表面积}}$，表示单位表面上被气体分子所覆盖的面积；$b$ 为常数，其值大小反映出吸附能力的强弱，称为吸附系数，$b = \dfrac{k_a}{k_d}$，k_a、k_d 分别为吸附速率系数和脱附速率系数；p 为被吸附气体的压力。

如果以 Γ 表示一定量的吸附剂所吸附的物质量，以 Γ_∞ 表示一定量吸附剂所能吸附的最大物质量，即饱和吸附量，则

$$\theta = \Gamma / \Gamma_\infty \tag{1-5-48}$$

故朗格缪尔吸附等温方程式也可表示为：

$$\Gamma = \Gamma_\infty \theta = \Gamma_\infty \frac{bp}{1+bp} \tag{1-5-49}$$

当气体压力 p 很小时。$1+bp \approx 1$ 则得：

$$\Gamma = \Gamma_\infty bp \tag{1-5-50}$$

式中，吸附量与压力成正比。如果 p 很大，则认为 $1+bp \approx bp$，则 $\Gamma = \Gamma_\infty$，吸附达到饱和，吸附量不再随着压力而变化。为求得饱和吸附量 Γ_∞，可用作图法，为此将式（1-5-49）重排，得：

$$\frac{1}{\Gamma} = \frac{1}{\Gamma_\infty} + \frac{1}{\Gamma_\infty b} \times \frac{1}{p} \tag{1-5-51}$$

根据式（1-5-51），以 $\dfrac{1}{\Gamma}$ 对 $\dfrac{1}{p}$ 作图应得一直线，从其截矩可求得 Γ_∞，从其斜率求得 b。

5.2.13　Freundlich 吸附理论与吸附方程

Freundlich 吸附理论假设：a. 吸附为单分子层吸附；b. 固体表面是不均匀的；c. 没有饱和吸附值。Freundlich 吸附理论可用于物理吸附、化学吸附、溶液吸附。

弗伦德里希吸附方程为：

$$\frac{x}{m} = K p^{1/n} \tag{1-5-52}$$

式中，x 为被吸气体量；m 为吸附剂的质量；p 为吸附达到平衡时气体的压力；K 和 n 为经验常数。当用来处理固体在溶液中的吸附时，式（1-5-52）可写作

$$\frac{x}{m} = K c^{1/n} \tag{1-5-53}$$

式中，c 为溶液的浓度。

在 Freundlich 吸附等温方程中，通常 K 与吸附容量有关，K 越大，吸附剂的吸附容量越大；$1/n$ 与吸附强度有关，$1/n$ 越大，表示吸附剂越容易吸附物质。Freundlich 吸附公式对压力的适用范围比 Langmuir 公式要宽。

5.2.14 Temkin equation（焦姆金）吸附方程

Temkin equation 理论模型认为：a. 吸附为单分子层吸附；b. 固体表面是不均匀的。吸附方程为：

$$\Gamma = A\ln(Bp) = \frac{RT}{a}\ln(Bp) \tag{1-5-54}$$

式中，A、B 均为常数，公式适用于覆盖率不大（或中等覆盖）的情况，用于处理一些工业上的催化过程，如合成氨过程、造气变换过程。

5.2.15 BET 吸附理论与 BET 多分子层吸附等温式

BET 吸附理论认为：a. 吸附为多分子层吸附；b. 固体表面均匀，被吸附分子之间没有相互作用；c. 第一层以上的吸附热相同，即第二层及以后各层的吸附热接近于凝聚热。各层吸附分子间存在吸附平衡。

BET 多分子层吸附等温式为：

$$\frac{p}{V(p_0 - p)} = \frac{1}{V_m C} + \frac{C-1}{V_m C} \times \frac{p}{p_0} \tag{1-5-55}$$

式中，p 为吸附气体的平衡压力；p_0 为同一温度下该气体的饱和蒸气压；V 为 1g 固体吸附剂吸附的气体体积；V_m 为 1g 固体表面被单分子层盖满时所吸附的气体体积；C 为常数。

BET 公式广泛用于测量固体的比表面积。用 $\frac{p}{V(p_0-p)}$ 对 $\frac{p}{p_0}$ 作图可得一直线，斜率是 $\frac{C-1}{V_m C}$，截矩是 $\frac{1}{V_m C}$，由此便可求出 C 和 V_m，根据 V_m，又知 V 和 p，便可算出一个单分子吸附层的分子数目，再以每个分子的截面积乘以这个数目，便求得吸附剂的吸附面积。

$$S = \frac{A_m L V_m}{22.4} \tag{1-5-56}$$

5.3　表面活性剂

5.3.1　表面活性剂的作用

表面活性剂的主要作用包括润湿、增溶、乳化与破乳、分散与絮凝、起泡与消泡、洗涤去污以及抗静电等，它们被广泛应用于工农业生产以及日常生活的各个领域中。

（1）润湿作用

在生产和生活中，人们常常要改变液体与固体之间的润湿程度，即人为地改变接触角 θ 或液体的表面张力 $\gamma_{l\text{-}g}$ 和固-液的界面张力 $\gamma_{l\text{-}s}$。这可借助表面活性物质来实现。

例如在农药中加入少量的润湿剂（如烷基硫酸酯盐、烷基苯磺酸盐等），提高药液对植物表面的润湿程度，使其在植物叶子表面铺展，待水分蒸发后，留下均匀的一薄层药剂，以提高农药利用率和杀虫效果。可是在制造防水布时，则希望提高纤维的抗湿性能，即将布用表面活性剂处理后提高其 $\gamma_{l\text{-}s}$ 值，以增加防水布的憎水性。又如，用泡沫浮选法来提高矿石的品位。其基本原理是将磨碎的粗矿倾入水池中，加入一些表面活性物质（亦称为捕集剂和起泡剂），捕集剂分子以极性基选择吸附在有用矿粒的表面，把非极性基朝向水中，使矿粒表面变成憎水性，即由于 θ 值增大而变得不润湿。如果从水底通入气体使之起泡，则这些已成憎水性的小矿粒就附着在气泡上，上升到液面，经收集、灭泡和浓缩，这就提高了矿物的品位。矿石中所夹带的泥砂、岩石等不能与所加表面活性剂结合，表面是亲水性的，因而仍留在水底而被除去。

（2）增溶作用

在溶剂中添加表面活性剂后能明显增加本来不溶或微溶于溶剂的物质的溶解度的现象称为增溶作用。增溶作用一般是发生在浓度大于 cmc 之后，增溶作用可以使被溶物的化学势大大降低，使整个体系更加稳定，但它不同于真正的溶解作用，因为增溶后溶液的依数性并没有明显变化，这说明增溶过程中溶质并未被拆开成分子或离子，而是"整团"溶解在溶液中。增溶的方式与被增溶分子的结构及胶束的类型有关，如内部溶解型、插入型、吸附型等。图 1-5-10 为胶束中增溶作用的示意图。

作为增溶剂分子的表面活性剂 HLB 值通常要求在 15 以上，同时应具有长而直的碳链，有利于胶团的形成。当表面活性剂具有相同的亲油链长时，非离子型表面活性剂的增溶能力一般比离子型表面活性剂强。

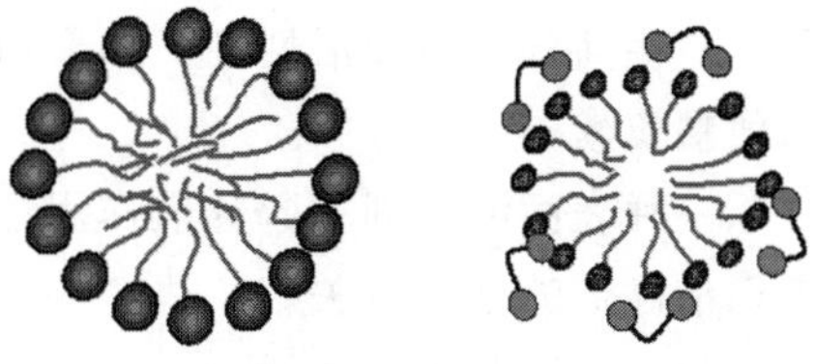

图 1-5-10　胶束中增溶作用的示意图

　　增溶作用的应用很广，包括去污过程的增溶作用。如肥皂、洗涤剂除去油污时，洗涤过程中被洗涤的油污从清洗物表面下来，并增溶到表面活性剂胶束或反胶束中，不会重新沉淀到被清洗物的表面，提高了洗涤效果。制药工业也经常应用增溶效应，如氯霉素的溶解度为 0.25％，加入 20％吐温-80 后，溶解度可增大到 5％，其他维生素类、激素类药物也可用吐温来增溶，以提高难溶性药物的溶解与吸收。一些生理现象也与增溶作用有关，例如不能被小肠直接吸收的脂肪，是依靠胆汁的增溶作用才能被有效吸收的。工业上合成橡胶的乳化聚合，就是利用增溶作用将原料溶于肥皂液中再进行聚合反应，以控制反应的速率和产物的聚合度。

　　（3）分散与絮凝作用

　　固体粉末均匀分散在某一液体中的现象，称为**分散**。图 1-5-11 为表面活性剂的分散作用。粉碎好的固体粉末混入液体后会聚沉，而加入某些表面活性剂可在固体粉末表面起到表面吸附和定向排列作用，通过降低表面张力、形成溶剂化膜与电垒等作用，使固体粉末颗粒稳定地悬浮在溶液中，这种作用称为**表面活性剂的分散作用**。例如，油污在洗涤剂的作用下分散在水中，颜料在表面活性剂的作用下分散在油中成为油漆。

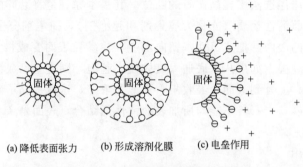

(a) 降低表面张力　　(b) 形成溶剂化膜　　(c) 电垒作用

图 1-5-11　表面活性剂的分散作用

　　另一方面，使分散在液体中的颗粒相互凝聚的现象称为絮凝。具有这种作用的表面活性剂称为**絮凝剂**。例如，污水净化处理就使用絮凝剂，黏土-水胶体分散体系中，黏土颗粒表面带负电，极性水分子能在黏土颗粒周围形成水化膜，若在其中加入阳离子表面活性剂（如季铵盐类），则与黏土结合，并能中和黏土表面的负电荷，使黏土表面具有亲油性，从而增加了与水的界面张力，黏土颗粒易于絮凝。另外，一些高分子表面活性剂，如聚丙烯酰胺类，它能与许多颗粒一起产生架桥吸附而使颗粒絮凝。

　　一种表面活性剂是起分散作用还是絮凝作用，与固体表面性质、介质性质以及表面活性剂的性质有关。

　　（4）起泡和消泡作用

　　液体泡沫是气体分散在液体中所形成的高度分散体系。"泡"是液体薄膜包围着的气体，而泡沫则是很多气泡的聚集体。泡沫是热力学不稳定体系，由于气-液界面的张力大，而且气体密度总是低于液体密度，因此气泡很容易破裂。**利用表面活性剂作为起泡剂，使之形成较稳定的泡沫的过程称为起泡。** 图 1-5-12 为表面活性剂的起泡作用。起泡作用常用于洗涤、泡沫灭火、矿物的泡沫浮选、水处理工程中的离子浮选以及食品加工工艺中。但在一些生产过程中，如中草药提取、微生物发酵、制糖工艺以及蒸发过程中产生的大量泡沫，将给工艺设计和生产操作带来很大的麻烦。**泡沫的抑制和破灭称为消泡。** 使用消泡剂消泡是一种常用的消泡方法。消泡剂的表面张力低于气体液膜的表面张力，容易在起泡液膜表面顶走原来的起泡剂，使泡沫液膜局部表面张力降低或破坏膜弹性，降低液膜黏度而起到消泡作用。

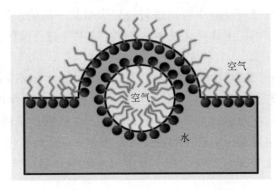

图 1-5-12　表面活性剂的起泡作用

（5）洗涤作用

洗涤作用是将浸在某一介质中的固体表面的污垢去除的过程。 它包括润湿、乳化、起泡、增溶等过程。污垢通常由油脂和灰尘组成，水中加入洗涤剂后，洗涤剂中的憎水基团吸附在污物和固体的表面，降低了污物与水和固体与水的界面张力，通过机械振动等方法使污物从固体表面脱落，通过起泡、增溶、乳化作用使污物易于脱离并使除下的污物乳化、分散，并增溶于表面活性剂形成的胶束中，同时洗涤剂分子在洁净的固体表面形成吸附膜以防止污物重新沉淀，达到洗涤的目的。

5.3.2　表面活性剂的应用

（1）胶束催化与吸附胶束催化

对于一种易溶于油和一种易溶于水的反应物之间的化学反应，其反应速率在某些表面活性剂存在时可有明显提高。

胶束催化的一般机理包括：①浓集作用；②介质效应。影响胶束催化的因素包括表面活性剂分子结构与类型；反应底物的分子结构；盐的影响；有机添加物的影响。

（2）界面分子组装技术

　　① 气-液界面的分子组装——L-B 膜组装　两亲有机分子在空气/水界面可形成单分子膜，通过 L-B 方法将样品垂直转移到固体载片上，形成单层膜或多层膜，这类有机单层膜的形成是基于施加的外界表面压力的诱导，因而它仅处于亚稳态。L-B 膜在界面转移后由于松弛或重结晶等原因会产生很多表面缺陷，利用"缺陷"将其有序化，从而获得纳米级的表面有序结构。

　　② 液-液界面分子组装——液-液界面组装需要两种互不相溶的溶剂来实现，对于配位聚合物的构建，这一点非常有利。因为用于组装配位聚合物的金属离子往往是水溶性的，而配体分子则多数是油溶性的，金属离子和配体分子可以在两相界面处发生配位作用，生成配位聚合物。液-液界面的优点在于可以选择两相中的物质来实现不同结构配位聚合物的组装，并且可以通过调节两相浓度等手段来控制反应进程，界面的性质也使得反应中可以平行得到大量均一的纳米级配位聚合物。液-液界面的缺点则在于不能生成尺寸较大的晶体，不利于进行配位聚合物晶体结构方面的表征。

　　③ 固-液界面分子组装——自组装膜（self assembled membrnaes，通常简称为 SAMs）　是指具有适当结构的分子（如两亲分子）在无外力作用下通过分子间化学键或弱相互作用自发地形成自由能最低、稳定、立体有序结构的单层或多层膜。自组装单分子膜的生成是一个自发的过程，是将金属或金属氧化物浸入含活性分子的稀溶液中，通过化学键自发吸附在基片上形成取向规整、排列紧密的有序单分子膜。

第6章　胶体和高分子分散系统

6.1　胶体和高分子系统基本概念

6.1.1　分散体系和胶体

① 分散体系：一种或几种物质分散在另一种物质中所形成的体系叫做分散体系。

② 分散相和分散介质：被分散的物质称为分散相，而寄存分散相的物质，称为分散介质。

③ 分散度：把物质分散成细小微粒的程度称为分散度。把一定大小的物质分割得越小，则分散度越高，比表面积也越大。

④ 比表面积：比表面积有两种常用的表示方法，一种是单位质量的固体所具有的表面积；另一种是单位体积固体所具有的表面积。比表面积通常用来表示物质分散的程度。

⑤ 胶体：胶体是指分散相粒子大小为 $10^{-9} \sim 10^{-7}$ m（$1 \sim 100$nm）的分散体系。胶体分散体系一般有三种：a. 通常不溶解的物质在适当的条件下以分子聚集体形式分散在溶剂中，形成外观均匀但有很大相界面的溶液，扩散慢，不能通过半透膜，称为憎溶液胶，是热力学不稳定系统；b. 高分子化合物的溶液，其粒子大小在胶体范围之内，因而具有胶体的一些特性（扩散慢，不透过半透膜，有丁达尔效应等），但它是分子分散的真溶液，溶质与溶剂之间不存在界面，因而是热力学稳定系统；c. 表面活性剂的胶束溶液，常称为缔合胶体，也属热力学稳定系统。

⑥ 憎液溶胶的基本特性：特有的分散程度，不均匀性（多相性），聚结不稳定性。

6.1.2　溶胶的胶团结构

① 胶核：由许多原子和分子聚集形成的不溶性物质组成的溶胶粒子的核心称为**胶核**。

② 胶粒：吸附在胶核表面的定电位离子和部分带相反电荷的离子（称反离子）包围在胶核的周围组成**吸附层**，胶核和吸附层组成**胶粒，胶粒带电**。

③ 胶团：紧邻吸附层的是由反离子组成的**扩散层**，胶核、吸附层和扩散层合称为**胶团**。胶团是电中性的。

胶粒＝胶核＋被吸附离子＋紧密层反离子

胶团＝胶粒＋扩散层反离子

④ 胶团结构：以 AgI 溶胶为例。设由 $AgNO_3$ 和 KI 溶液制备 AgI 溶胶时，KI 溶液过量，则形成的胶粒首先是由 m 个 AgI 分子形成晶体 $[(AgI)_m]$，称为**胶核**。胶核表面可吸附溶液中过量的 I^- 而带上负电荷（设吸附了 n 个 I^-）。由于静电吸引作用，带负电的胶核吸引溶液中的反离子（K^+），使一部分 K^+ $[(n-x)$ 个$]$ 进入紧密层，另一部分 K^+（x 个）则分布在扩散层。AgI 胶核连同吸附的 I^- 以及紧密层中的 K^+ 构成胶粒，胶粒与扩散层构成胶团，如图 1-6-1 所示。

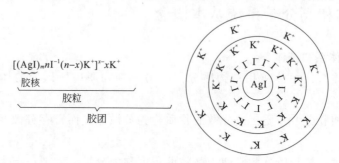

图 1-6-1　AgI 胶团的结构示意图

胶团的结构表达式：$[(AgI)_m nI^- (n-x)K^+]^{x^-} \cdot xK^+$

6.1.3　胶体的动力学性质

（1）布朗运动

胶粒在介质中做不规则运动，称为布朗运动。布朗运动是由于分散介质分子以不同大小和不同方向的力对胶体粒子的不断撞击而产生的，由于受到的力不平衡，胶体粒子连续以不同方向、不同速度做不规则运动，布朗运动是液体分子运动的结果。

在分散体系中，分散相粒子越小，布朗运动越激烈；而且运动激烈的程度不随时间而改变，但随着温度的升高而增加；随着分散相粒子的增大，布朗运动减弱，当粒子半径大于 $5\mu m$ 时，布朗运动消失。

（2）扩散现象

胶粒的布朗运动必然使溶胶表现出扩散现象，即胶粒能自发地从浓度大的一方向着浓度小的一方移动。扩散能力的大小用扩散系数表示。扩散系数即在浓度梯度为 1 时，每秒钟通过单位面积的物质的量。

（3）涨落现象

当用超显微镜观察溶胶粒子的运动时会发现，在一个较大的体积范围内，溶胶粒子的分布是均匀的，由于粒子的布朗运动，小体积内粒子的数目有时较多，有时较少，这种粒子数的变动现象称为涨落现象。涨落现象是由于分子运动而引起局部涨落，产生光散射的结果。

（4）沉降与沉降平衡

胶体粒子因质量较大会在重力作用下逐渐下沉，甚至与介质分离，这种过程就是沉降。沉降作用会使胶体粒子浓集而产生随高度分布的浓度差，随之引起与沉降方向相反的扩散作用。当沉降速度与扩散速度相等时，系统形成一定的浓度梯度，并达到了一种动态平衡的状态，称为沉降平衡。

（5）渗透与渗透压

溶胶扩散作用的一个重要现象是产生渗透压（Π），由于溶胶的粒子比小分子真溶液中的溶质分子大，对于只允许溶剂分子通过的半透膜，溶胶体系中的溶剂分子将通过半透膜，自低浓度向高浓度扩散，使溶剂分子扩散的扩散力与使溶剂分子穿过半透膜的渗透力大小相等，方向相反。

可借用稀溶液的渗透压公式来计算渗透压：

$$\Pi = \frac{n}{V}RT \tag{1-6-1}$$

式中，n 为体积为 V 的溶胶中所含胶粒的物质的量。

由于溶胶的粒子比小分子真溶液中的溶质分子大，而且不稳定，所以不能制成较高的浓度，因此其渗透压及冰点降低、沸点升高等效应都很不显著，甚至难以测出。但对于高分子溶液或胶体电解质溶液，由于它们的溶解度大，可以配制相对高浓度的溶液，且稳定，因此渗透压广泛应用于测定高分子物质的摩尔质量。

6.1.4　胶体的光学性质

（1）Tyndall 效应

当一束光线通过胶体时，在入射光的垂直方向可以看到一个浑浊发亮的圆锥体光柱，这种现象最早在 1869 年由丁达尔（Tyndall）发现，称为**丁达尔效应**。丁达尔效应是胶体粒子对光的散射现象，散射出来的光称为散射光或乳光。

丁达尔效应是溶胶的重要特征，是区分溶胶与小分子溶液的最简便的方法。

（2）Rayleigh（瑞利）散射定律

1871 年，Rayleigh 研究了大量的光散射现象，发现散射光的强度与多种因素有关。

$$I = \frac{24\pi^3 N V^2}{\lambda^4}\left(\frac{n_1^2 - n_2^2}{n_1^2 + 2n_2^2}\right)^2 I_0 \tag{1-6-2}$$

式中，I 为散射光强度；I_0 为入射光强度；λ 为入射光的波长；N 为单位体积内胶粒的数目；V 为每个胶粒的体积；n_1、n_2 分别为分散相与分散介质的折射率。式（1-6-2）称为 **Rayleigh 散射定律**，由此定律可知：

① 散射光强度与入射光波长的四次方成反比，入射光波长愈短，散射愈显著，所以可见光中，蓝、紫色光散射作用强；

② 分散相与分散介质的折射率相差愈显著，则散射作用亦愈显著；

③ 散射光强度与单位体积中的粒子数成正比。

（3）浊度

分散系统的光散射能力常用浊度表示。浊度的定义为：

$$\frac{I_t}{I_0} = e^{-\tau l} \tag{1-6-3}$$

式中，I_t 和 I_0 分别为投射光和入射光的强度；l 为样品池长度；τ 为浊度。它表示在光源、波长、粒子大小相同的情况下，通过不同浓度的分散系统时，其透射光的强度将不同，用以表示分散系统的光散射能力。

6.1.5　胶体的电学性质

6.1.5.1　电动现象

电泳和电渗是因电而动，流动电势和沉降电势是因动而生电，四者统称为**电动现象**。

① 电泳：在外电场作用下，分散相的粒子向着带异电的电极运动的现象称为电泳。

② 电渗：在外电场作用下，液体通过多孔性固体而运动的现象叫做电渗。

③ 流动电势：胶体溶液在加压或重力等外力的作用下，当液体流经多孔膜或毛细管时，在多孔膜或毛细管两端会产生电势差。这种因流动而产生的电势称为流动电势。

④ 沉降电势：在重力场的作用下，带电的分散相粒子，在分散介质中迅速沉降时，使底层与表面层的粒子浓度悬殊，从而产生电势差，这就是沉降电势。

电动现象的存在，说明了胶体粒子在液体介质中是带电的。由于整个胶体溶液是电中性的，所以如果胶粒带正电，则介质必定带负电。

6.1.5.2　双电层结构与电动电位

胶体粒子由于吸附、电离等原因带有电荷，因整个溶胶系统是电中性的，介质中必然有带相反电荷的离子。这些反离子一方面受到静电吸引力有向胶粒表面靠近的趋势，形成**吸附层**；另一方面又受到热扩散作用而趋于在液相中分布，形成**扩散层**，这样，胶粒表面电荷与周围液体介质中的反离子就形成了**扩散双电层结构**。当分散相和分散介质做相对运动时，吸附层和扩散层之间存在的电势差称为**电动电势**，用希腊字母 ξ（zeta）表示。

6.1.6　溶胶的稳定性

溶胶为高度分散的多相体系，特有的分散程度使其比表面积很大，表面能很高，有自动聚集而下沉的趋势，为热力学不稳定体系。尽管如此，许多溶胶仍然可以稳定存在，甚至放置数十年也不会沉降。其原因包括下述三种。

（1）溶胶的动力稳定性

溶胶体系的分散相粒子很小，分散介质分子以不同大小和不同方向的力对胶体粒子不断撞击而产生的胶粒的布朗运动，阻碍了粒子在重力场中的下沉，溶胶的这种性质称为动力稳定性。

溶胶粒子越小，布朗运动就越激烈，动力稳定性越强，溶胶就越不容易发生聚沉。温度、介质黏度会影响胶粒的动力稳定性。介质黏度高可导致胶体粒子沉降阻力增大，从而增强溶胶的动力稳定性。

（2）胶粒带电的稳定作用

ζ-电势表明溶胶体系中分散相和分散介质做相对运动时，吸附层和扩散层之间存在的电势差。当胶粒相互靠近到扩散层重叠时，由于胶粒之间的静电斥力使胶粒重新分开，避免了聚集下沉，保持了溶胶的稳定性。ζ-电势越大，说明胶粒所带的电荷越多，它们之间的电性斥力就越大，溶胶越稳定，相反，ζ-电势越小，说明胶粒所带的电荷越少，溶胶越不稳定，当 ζ-电势等于零时，胶粒不带电，溶胶最不稳定。

（3）溶剂化的稳定作用

在溶液中离子是溶剂化的，胶粒吸附的离子通过水化作用，在胶粒的外面组成一个水化薄膜层，它阻止了胶粒的互相碰撞而引起的合并，使溶胶具有稳定性。特别是高分子化合物溶液，其稳定因素中溶剂化作用往往比电荷的作用更重要。例如明胶、琼胶、血清蛋白等，在等电点（即 ζ-电势等于零）下，仍然保持一定的稳定性。

以上三个因素都将影响胶粒的稳定性，但胶粒带电的稳定作用是防止胶粒聚沉的主要因素。这些因素并不一定要同时具备，而且所起作用的大小，也因溶胶的性质而有所不同。一切可以增加 ζ-电势和溶剂化作用的因素都可以提高溶胶的稳定性，相反，一切可以降低 ζ-电势和溶剂化作用的因素，都会减弱乃至破坏溶胶的稳定性。

（4）聚沉作用与聚沉值

当向溶胶中加入无机电解质时，因双电层的扩散层受到压缩，ζ-电势降低，粒子间的静电斥力减小，因而会失去稳定性。通常把无机电解质使溶胶沉淀的作用称为聚沉作用。

电解质的聚沉能力用聚沉值表示。聚沉值是指在规定的条件下使溶胶完全聚沉所需要的电解质的最低浓度，以 $mol \cdot L^{-1}$ 表示。聚沉值越小，聚沉能力越强。

（5）电解质对溶胶聚沉作用的影响

① 舒尔采-哈迪（Schulze-Hardy）规则　电解质中能使溶胶聚沉的主要是反离子，反离子价数越高，聚沉能力越强。反离子分别为一价、二价、三价时，其聚沉值分别为 $25 \sim 150 mmol \cdot L^{-1}$、$0.5 \sim 2 mmol \cdot L^{-1}$ 和 $0.01 \sim 0.1 mmol \cdot L^{-1}$，即聚沉值的比例大体为 $(1/1^6) : (1/2^6) : (1/3^6)$，聚沉值与反离子价数的六次方成反比。

② 感胶离子序　相同价数的反离子聚沉值虽然相近，但也有差别，其顺序为：

$Li^+ > Na^+ > K^+ > NH_4^+ > Rb^+ > Cs^+$；

$Mg^{2+} > Ca^{2+} > Sr^{2+} > Ba^{2+}$；

$SCN^- > I^- > NO_3^- > Br^- > Cl^- > F^- > Ac^- > 1/2 SO_4^{2-}$。

这种顺序称为感胶离子序。

上述规则只适用于不与溶胶发生任何特殊反应的电解质，决定溶胶电势的离子和特性吸附离子等都不应包含在内。

③ 同号离子的影响　一些同号离子，特别是高价离子或有机离子，由于强烈的范德华吸引作用而在胶粒表面吸附，从而改变了胶粒的表面性质，降低了反离子的聚沉能力，对溶胶有稳定作用。例如对于 As_2S_3 负溶胶，KCl 的聚沉值是 $49.5 mmol \cdot L^{-1}$，KNO_3 是 $50 mmol \cdot L^{-1}$，甲酸钾是 $85 mmol \cdot L^{-1}$，乙酸钾是 $110 mmol \cdot L^{-1}$。

④ 不规则聚沉　当高价反离子或有机反离子为聚沉剂时，可能发生不规则聚沉现象，即少量的电解质使溶胶聚沉，浓度高时沉淀又重新分散成溶胶，而浓度再高时，又使溶胶聚沉。

不规则聚沉的发生是由于高价或大的反离子在胶粒表面的强烈吸附。电解质浓度超过聚沉值时溶胶聚沉，此时胶粒的 ζ 电势降至零附近。浓度再大，胶粒会吸附过量的高价或大离子而重新带电，于是溶胶又重新稳定，但此时所带电荷与原来相反。再加入电解质，由于相应的反离子的作用又会使溶胶聚沉。此时，粒子表面对大离子的吸附已经饱和，故再增加电解质也不能使沉淀重新分散。

（6）高分子化合物对溶胶稳定性的影响

① 空间稳定作用　高分子在粒子表面的吸附所形成的大分子吸附层阻止了胶粒的聚结，这一类稳定作用称为空间稳定作用。空间稳定作用的主要实验规律如下。

a. 高分子稳定剂的结构特点　作为有效的稳定剂，高分子物质必须一方面与胶粒有很强的亲和力，以便牢固地吸附在粒子的表面上；另一方面又要与分散介质或溶剂有良好的亲和性，以使分子链充分伸展，形成较厚的吸附层，达到保护粒子的目的。

b. 高分子的浓度与分子量的影响　一般来说，分子量越大，高分子在粒子表面上形成的吸附层越厚，稳定效果越好。许多高分子存在一临界摩尔质量，低于此摩尔质量的高分子无保护作用。吸附的高分子应达到一定的浓度，才能在胶粒表面上形成一个包围吸附层而起到保护作用。若加入的高分子数量小于起保护作用所必需的量，则不但不起保护作用，往往还会使溶胶对电解质的敏感性增加，聚沉值减小，这就是所谓的**敏化作用**。

② 高分子的絮凝作用　在溶胶中加入少量的可溶性高分子物质，可导致溶胶迅速沉淀，沉淀呈疏松的棉絮状，这种现象称为高分子的絮凝作用，产生絮凝作用的高分子称为**絮凝剂**。

与聚沉作用相比，絮凝作用速度快，效率高，絮凝剂用量少（有时只需百万分之几），沉淀疏松。

絮凝的机理通常认为是高分子的"桥联作用"，即在高分子浓度较稀时，高分子可同时吸附在多个粒子上，通过"搭桥"的方式将两个或更多的粒子拉在一起而导致絮凝。"搭桥"的必要条件是粒子上存在空白表面。当高分子浓度很大时，粒子表面已完全被吸附的高分子所覆盖，因此不会通过搭桥而絮凝，此时高分子起保护作用。影响絮凝的主要因素如下。

a. 絮凝剂的分子结构　　絮凝效果好的高分子一般具有链状结构，而具有交联或支链结构的高分子絮凝效果就差。另外，分子中有水化基团和能在胶粒表面吸附的基团，因有良好的溶解性和架桥能力而有较好的絮凝效果。对于高分子电解质，一般来说，离解度越大，荷电越多，分子越伸展，越有利于架桥；但若高分子所带电荷符号与胶粒相同，则高分子带电越多，静电排斥越强，而越不利于在胶粒上吸附。常常存在一最佳离解度，此时絮凝效果最好。

b. 絮凝剂的相对分子质量　　一般相对分子质量越大，桥联越有利，絮凝效果越好，具有絮凝能力的高分子相对分子质量应不低于 10^6，但相对分子质量太大，不仅溶解困难，而且架桥的胶粒相距太远，不易聚集而会使絮凝效果差。

c. 絮凝剂的浓度　　高分子浓度太低时，桥联作用差，但浓度高时胶粒的空白表面积小，所以应存在一最佳浓度。研究结果表明，最佳浓度值大约为胶粒表面高分子吸附量为饱和吸附量的一半时的浓度，即相当于胶粒表面的一半被高分子所覆盖，此时架桥概率最大。

③ 溶剂的影响　　在良溶剂中，高分子链段伸展，吸附层厚，因而稳定性强。在不良溶剂中，高分子的稳定作用变差。

6.1.7　高分子化合物

（1）高分子化合物

通常把平均摩尔质量大于 $10kg \cdot mol^{-1}$ 的化合物称为高分子化合物。高分子化合物包括天然高分子化合物和人工合成高分子化合物。

（2）高分子化合物的特性

① 分散相能自动分散到分散介质中，在这种自发形成的高分子化合物溶液中，溶质粒子和溶剂之间没有界面，因而这些溶液是单相体系，在热力学上是稳定的和可逆的。而胶体体系是多相态，即分散相的粒子和分散介质之间存在巨大界面，是多相体系，在热力学上是不稳定的和不可逆的。

② 由于高分子化合物溶液中，溶质粒子和溶剂之间没有界面，是热力学上稳定的和可逆的体系，所以高分子化合物的本质是真溶液，但又不能和低分子真溶液等同，如它的分散相质点不能通过半透膜，扩散速度较小及黏度性质等都和低分子真溶液截然不同。

（3）高分子溶液的黏度

高分子溶液的黏度比普通溶液的黏度要大得多，主要原因是：①溶液中高分子的柔性使无规线团状的高分子占有较大的体积，对介质的流动产生阻碍；②高分子的溶剂化作用，使大量溶剂被束缚在高分子无规线团中，流动性变差；③高分子链段间因相互作用而形成一定的结构，流动时内摩擦阻力增大。这种由于在溶液中形成某种结构而产生的黏度称为**结构黏度**。当对溶液施以外加切力时，会引起溶液中结构的变化，导致结构黏度改变。因此，高分子溶液的流变行为一般不服从牛顿黏性定律。

将高分子溶液的黏度 η 与纯溶剂的黏度 η_0 进行不同的组合，可以得到高分子溶液黏度的几种表示法（见表 1-6-1）。这几种黏度表示法不仅给研究问题带来了方便，而且可以考察各种因素对黏度的贡献。

表 1-6-1　高分子溶液黏度的表示法

名称	符号	定　义	物理意义
相对黏度	η_r	$\eta_r = \eta / \eta_0$	溶液黏度与溶剂黏度的比值
增比黏度	η_{sp}	$\eta_{sp} = \dfrac{\eta - \eta_0}{\eta_0} = \eta_r - 1$	高分子溶质对黏度的贡献
比浓黏度	$\dfrac{\eta_{sp}}{c}$	$\dfrac{\eta_{sp}}{c} = \dfrac{1}{c} \cdot \dfrac{\eta - \eta_0}{\eta_0}$	单位浓度高分子溶质对溶液黏度的贡献
特性黏度	$[\eta]$	$[\eta] = \lim\limits_{c \to 0} \dfrac{\eta_{sp}}{c} = \lim\limits_{c \to 0} \dfrac{\ln \eta_r}{c}$	单个高分子溶质分子对溶液黏度的贡献

（4）高分子溶液的渗透压与 Donnan 平衡

在高分子溶液中，由于高分子的柔性和溶剂化，其渗透压要比相同浓度的小分子溶液大。但高分子溶液一般浓度很小，溶液中溶质的分子数不多，所以高分子溶液的依数性效应较小，溶剂的渗透压也小。

对于高分子电解质，在溶液中存在电离平衡：

$$Na_z P \longrightarrow z Na^+ + P^{z-} \tag{1-6-4}$$

P^{z-} 表示高分子离子，称聚离子或大离子。若将高分子电解质与纯水用只允许水和小离子通过，而大离子不能通过的半透膜隔开，并设聚电解质的浓度为 c_1，则溶液中产生（$z+1$）个离子，所以产生的渗透压为：

$$\Pi_1 = (z+1)c_1 RT \tag{1-6-5}$$

但是，当用半透膜将高分子电解质与小分子电解质隔开时，小离子可透过半透膜自由扩散，而大离子不能透过半透膜被束缚在膜的一侧。当达到渗透平衡时，小分子电解质在膜两侧的浓度不等，形成一定的分布。这种现象称为**唐南（Donann）平衡或膜平衡**。

6.1.8　乳状液与泡沫

乳状液：是由一种或几种液体以小液滴的形式分散在另一种不相混溶的液体中所形成的分散系统。其中小液滴的直径一般大于 10^{-7} m，用显微镜可以清楚地观察到。由于液滴对可见光的反射和折射，大多数乳状液外观为不透明或半透明的乳白色。

泡沫：以气体为分散相的分散系统。

乳状液和泡沫比较，两者都是多相系统，因界面积大而属热力学不稳定系统，常因聚结不稳定性而使系统遭到破坏。为了维持乳状液和泡沫在一定程度上的稳定性，在制备时必须加入第三种物质作为稳定剂，分别称为**乳化剂和起泡剂**。稳定剂能显著降低界面吉布斯自由能，并在界面定向排列形成保护膜而使系统趋于稳定。

6.1.9　牛顿流体与非牛顿流体

牛顿流体：凡符合牛顿黏度公式的流体称为牛顿流体。其黏度只与温度有关，在定温下有定值，不因切应力或切变速率的改变而改变。

非牛顿体：其黏度与切应力或切变速率有关。分为塑性流体、假塑性流体及胀性流体。

流变学与流变性质：流变性质即物质在外力作用下流动与变形的性质。流变学为研究物质在外力作用下流动与变形的科学。

6.1.10　触变性流体

触变性流体：流体黏度不仅与切变速率大小有关，而且与系统遭受切变的时间长短有关。此类流体称为触变性流体。触变性流体分为触变性系统和震凝性系统。

6.1.11　黏弹性流体

在一物体上施加切力时，该物体产生形变，形变与切力成正比，并服从胡克定律，如果除去切力，储存于物体内部的能量立即释放，物体立刻恢复到原来的状态，这种流体称为黏弹性流体。

6.1.12　凝胶

（1）凝胶

凝胶是胶体的一种特殊存在形式，是一种介于固体和液体之间的形态。凝胶可以显示一些固体的特征，例如：无流动性、有一定的几何外形，有弹性、强度和屈服值。凝胶也保留一些液体特征，例如：离子在凝胶中的扩散速率在以水为介质的凝胶中与在水溶液中相近。凝胶的内部是由固-液或固-气两相构成的分散体系，分散介质是连续的，分散相也是连续的。

（2）弹性凝胶

由柔性的线性高分子化合物所形成。例如橡胶、琼脂、明胶。特点：具有弹性；分散介质的脱除与吸收具有可逆性，并且对分散介质的吸收具有选择性。

（3）刚性凝胶

由刚性分散颗粒连成网络结构的凝胶。刚性分散颗粒通常为无机物颗粒。如 SiO_2、TiO_2、V_2O_5、Al_2O_3。特点：对分散介质的吸收与脱除不具有可逆性；对溶剂的吸收不具有选择性。

（4）凝胶的性质

① 膨胀　凝胶吸收液体或蒸汽使体积或质量明显增加的现象称为凝胶的膨胀，

也称溶胀，以膨胀度和膨胀速率表征。膨胀机理包括以下几个阶段。

第一阶段：液体分子进入凝胶网络，与凝胶分子相互作用形成溶剂化层。特点：速度快；$\Delta V_{凝胶} < V_{吸收溶剂}$；溶剂分子与凝胶分子结合紧密。溶剂分子从无序向有序转变，熵值降低，体系放出膨胀热。

第二阶段：溶剂分子向凝胶网络内部渗透。特点：速度慢；$V_{吸收溶剂} \gg V_{干凝胶}$；产生膨胀压。

② 离浆　离浆是凝胶老化过程的表现形式。也称脱（液）水收缩现象。发生离浆时，凝胶和液体总体积不变，构成凝胶网络的颗粒相互靠近，排列得更加有序。凝胶的离浆是膨胀的逆过程（对弹性凝胶）。

③ 吸附　刚性凝胶的干胶大都具有多孔状的毛细管结构，比表面积很大，所以表现出较强的吸附能力。弹性凝胶的高分子链收缩成紧密结构，而不是多孔结构，其吸附能力比刚性凝胶低得多。

④ 触变现象　溶胶和凝胶之间转变。

6.1.13　气凝胶

（1）气凝胶

又称为干凝胶。当凝胶脱去大部分溶剂后，使凝胶中液体含量比固体含量少得多，或凝胶的空间网状结构中充满的介质是气体，外表呈固体状，即为干凝胶，也称为气凝胶。如明胶、阿拉伯胶、硅胶等。气凝胶也具有凝胶的性质。值得注意的是，气凝胶的组成通常是非晶的，例如，致密的石英是晶体，但是二氧化硅气凝胶是非晶的，有点像泡沫玻璃。目前研究结晶态金属氧化物气凝胶是材料领域的前沿研究之一。

（2）气凝胶结构与用途

气凝胶 99％是由气体构成的，外观看起来像云一样。内部有数百万个小孔和皱褶，如果把 1cm³ 的气凝胶拆开，会填满一个足球场。小孔不仅能像海绵一样吸附污染物，还能充当气穴。气凝胶内含大量空气，典型的孔洞线度在 1～100nm 范围，孔洞率在 80％以上，是一种具有纳米结构的多孔材料，在力学、声学、热学、光学等诸方面均显示出其独特的性质。不仅使得该材料在基础研究中引起人们的兴趣，而且在许多领域蕴藏着广泛的应用前景。

6.2　胶体和高分子分散系统的基本理论，方法与公式

6.2.1　布朗运动的位移公式

$$\bar{x} = \left(\frac{RT}{L} \times \frac{t}{3\pi\eta r} \right)^{\frac{1}{2}}$$

(1-6-6)

式中，$\bar{x}$ 为粒子沿 x 方向的平均位移；t 为观察时间；r 为粒子半径；η 为介

质黏度；L 为阿伏伽德罗常数。

6.2.2 扩散系数公式

$$D = \frac{RT}{L} \times \frac{1}{6\pi\eta r} \tag{1-6-7}$$

式中，D 称为扩散系数，其物理意义是：单位浓度梯度下，在单位时间内通过单位截面的物质量。D 表征物质的扩散能力，其单位为 $m^2 \cdot s^{-1}$。粒子越小，介质黏度越小，温度越高，则 D 越大，粒子扩散能力越强。

6.2.3 沉降与沉降平衡

胶粒沉降速度为：

$$v = \frac{2}{9} \frac{r^2(\rho - \rho_0)g}{\eta} \tag{1-6-8}$$

沉降平衡时的浓度分布公式为：

$$\frac{c_2}{c_1} = \exp\left[-\frac{4}{3}\pi r^3(\rho - \rho_0)g(h_2 - h_1)\frac{L}{RT}\right] \tag{1-6-9}$$

式中，c_1、c_2 分别为高度 h_1、h_2 处粒子的浓度；ρ、ρ_0 分别为胶粒和介质的密度；r 为粒子半径；g 为重力加速度。

6.2.4 瑞利散射公式

瑞利（Ravleigh）公式描述无色溶胶的光散射现象。假设①散射粒子比光的波长小得多（粒子小于 $\lambda/20$），可看作点散射源；②溶胶浓度很稀，即粒子间距离较大，无相互作用，单位体积的散射光强度是各粒子的简单加和；③粒子为各向同性、非导体、不吸收光。

见前文式（1-6-2）

$$I = 24\pi^3 \frac{NV^2}{\lambda^4} \times \left(\frac{n_1^2 - n_2^2}{n_1^2 + 2n_2^2}\right)^2 I_0$$

式中，I 为散射光强度；I_0 为入射光强度；λ 为入射光的波长；N 为单位体积内胶粒的数目；V 为每个胶粒的体积；n_1、n_2 分别为分散相与分散介质的折射率。

6.2.5 电动电位计算公式

对于不同形状的胶粒，其 ξ 电位数值计算公式为：

$$\xi = K\pi\eta u/(\varepsilon w) = \frac{K\pi\eta}{\varepsilon} \times \frac{s/t}{E/L} \tag{1-6-10}$$

式中，K 为与胶粒形状有关的常数（对于球形胶粒，$K=6$，棒形胶粒，$K=4$）；η 为分散介质的黏度，$Pa \cdot s$；ε 为分散介质的介电常数，$c \cdot V^{-1} \cdot m^{-1}$；$s$ 为电泳管中胶体溶液界面在 t 时间（s）内移动的距离，m；u 为电泳移动的速度，$m \cdot s^{-1}$；E 为加于测定管两端的电压，V；L 为两电极之间的距离，m；w 为电位梯度，$V \cdot m^{-1}$；ξ 为电位，V。

6.2.6　高分子的摩尔质量

通常高分子化合物的摩尔质量不均一，具有一定的分布。因此，测定的摩尔质量是统计平均值，称为平均摩尔质量。统计平均方法不同，平均摩尔质量也不同。常用的有以下几种。

（1）数均摩尔质量 $\overline{M_n}$

设某一高分子溶液中，含摩尔质量为 M_1、$M_2 \cdots M_i$ 各组分的分子数各为 N_1、$N_2 \cdots N_i$，则数均摩尔质量为：

$$\overline{M_n} = \frac{N_1 M_1 + N_2 M_2 + \cdots + N_i M_i}{N_1 + N_2 + \cdots + N_i} = \frac{\sum_i N_i M_i}{\sum_i N_i} = \sum_i x_i M_i \quad (1\text{-}6\text{-}11)$$

式中，x_i 为 i 组分的分子在该溶液中所占的分数，即 $x_i = \dfrac{N_i}{\sum_i N_i}$。

（2）质均摩尔质量 $\overline{M_w}$

i 组分的质量 $w_i = N_i M_i$，则：

$$\overline{M_w} = \frac{\sum_i N_i M_i^2}{\sum_i N_i M_i} = \frac{\sum_i w_i M_i}{\sum_i w_i} = \sum_i \overline{w_i} M_i \quad (1\text{-}6\text{-}12)$$

式中，$\overline{w_i}$ 为 i 组分的质量分数，即 $\overline{w_i} = \dfrac{w_i}{\sum_i w_i}$。

（3）Z 均摩尔质量 $\overline{M_z}$

$$\overline{M_z} = \frac{\sum_i N_i M_i^3}{\sum_i N_i M_i^2} = \frac{\sum_i w_i M_i^2}{\sum_i w_i M_i} = \frac{\sum_i Z_i M_i}{\sum_i Z_i} \quad (1\text{-}6\text{-}13)$$

式中，$Z_i = w_i M_i$。

（4）黏均摩尔质量 $\overline{M_\eta}$

$$\overline{M_\eta} = \left[\frac{\sum_i N_i M_i^{(\alpha+1)}}{\sum_i N_i M_i} \right]^{1/\alpha} = \left[\frac{\sum_i w_i M_i^\alpha}{\sum_i w_i} \right]^{1/\alpha} = \left[\sum_i \overline{w_i} M_i^\alpha \right]^{1/\alpha} \quad (1\text{-}6\text{-}14)$$

式中，α 为经验常数，其值一般为 $0.5 \sim 1.0$。

一般情况下，$\overline{M_z} > \overline{M_w} > \overline{M_\eta} > \overline{M_n}$，只有单分散系统（分子大小是均匀的），各种平均摩尔质量相等。摩尔质量的多分散性可以用摩尔质量分布图来描述，习惯上也用多分散性系数 d 来表示：

$$d = \overline{M_w} / \overline{M_n} \quad (1\text{-}6\text{-}15)$$

式中，d 值越大，分子大小分布范围越宽。通常 d 值为 $1.5 \sim 20$。

6.2.7　DLVO 溶胶稳定理论

大量研究表明，胶体质点之间存在着范德华吸引作用，而质点在相互接近时又因双电层的重叠而产生排斥作用，胶体的稳定性就取决于质点间的吸引与排斥作用的相对大小。20 世纪 40 年代，前苏联学者 Deijaguin 和 Landau 与荷兰学者 Verwey 和 Overbeek 分别提出了关于各种形状质点之间的相互吸引能与双电层排斥能的计算方法，并据此对溶胶的稳定性进行了定量处理，形成了能比较完善地解释胶体稳定性和电解质影响的理论，称为 DLVO 理论。现简介如下。

（1）胶粒间的范德华引力势能

分子间的范德华引力包括诱导力、偶极力和色散力。对于大多数分子，色散力在三种力中占主导地位。胶体粒子是大量分子的聚集体。Hamaker 假设，质点间的相互作用等于组成它们的各分子对之间相互作用的加和，并由此推导出不同形状粒子间的范德华引力势能公式。对于两个彼此平行的平板粒子，单位面积上的引力势能为：

$$V_A = -\frac{A}{12\pi D^2} \tag{1-6-16}$$

式中，D 为两板之间的距离；A 为 Hamaker 系数，规定引力势能为负值。

对于两个相同的半径为 a 的球形粒子，它们之间的引力势能为

$$V_A = -\frac{Aa}{12H} \tag{1-6-17}$$

式中，H 为两球之间的最短距离。

以上两式表明，范德华引力势能 V_A 随距离的增大而降低。Hamaker 系数 A 是一个重要的参数，其数值直接影响 V_A 的大小。A 与组成质点的分子之间的相互作用有关，是物质的特征常数，其单位与能量单位相同，一般在 $10^{-19} \sim 10^{-20}$ J 之间。

（2）胶粒间的斥力势能

带电的质点和双电层中的反离子作为一个整体是电中性的，只要彼此的双电层不重叠，两带电质点之间并不存在静电斥力。但当质点接近到使它们的双电层发生重叠，改变了双电层的电荷与电势分布时，便产生排斥作用。

对于两个平行的平板粒子，单位面积上的斥力势能为：

$$V_R = \frac{64 n_0 kT \gamma_0^2}{\kappa} \exp(-\kappa D) \tag{1-6-18}$$

式中，D 为两板间的距离；n_0 为溶液内部单位体积中的正（或负）离子数。在 Stern 双电层模型中，κ 和 γ_0 的意义分别是

$$\kappa = \left(\frac{2 n_0 z^2 e^2}{\varepsilon kT}\right)^{\frac{1}{2}} \tag{1-6-19}$$

$$\gamma_0 = \frac{\exp(ze\psi_\delta/2kT) - 1}{\exp(ze\psi_\delta/2kT) + 1} \tag{1-6-20}$$

式中，z 为电解质的价数；κ 为一个很重要的参数，其倒数具有长度的单位，通常称其倒数为双电层的厚度。κ 与电解质浓度和价数成正比，所以电解质浓度增加，κ 值增大，双电层变薄。γ_0 是 ψ_δ 的复杂函数。

对于两个相同的球形粒子间的斥力势能为：

$$V_R = \frac{64\pi a n_0 kT\gamma_0^2}{\kappa^2} \exp(-\kappa H) \tag{1-6-21}$$

式中，a 为质点半径；H 为两质点间的最短距离。

（3）胶粒间的总相互作用势能

胶粒间的总相互作用势能 V 是引力势能与斥力势能之和，即

$$V = V_A + V_R$$

图 1-6-2 所示为 V_A、V_R 及 V 随粒子间距离变化的情况。随着胶粒间距的增大，V_A 下降的速度比 V_R 缓慢得多。当胶粒间距很大时，粒子间无相互作用，V 为零。当两粒子靠近时，首先起作用的是引力势能，因而 V 为负值。

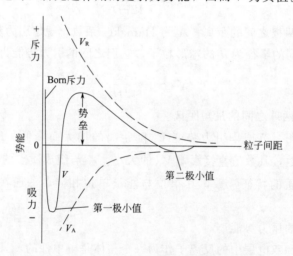

图 1-6-2 V_A、V_R 及 V 随粒子间距离变化的情况

随着粒子间距缩短，V_R 的影响逐渐大于 V_A，因而 V 逐渐增大变为正值，形成一个极小值，称第二极小值。两粒子靠近到一定距离后，V_A 的影响又超过 V_R，V 又逐渐变小而成为负值，在曲线上出现一个峰值，称为势垒。当胶粒相距很近时，由于电子云的相互作用而产生 Born 斥力势能使 V 急剧上升，又形成一个极小值，称为**第一极小值**。

势垒的大小是胶体能否稳定的关键。粒子要发生聚沉，必须越过这一势垒才能进一步靠近。如果势垒很小或不存在，粒子的热运动完全可以克服它而发生聚沉，因而呈现聚结不稳定性。如果势垒足够大，粒子的热运动无法克服它，则粒子不能

聚结，胶体将保持相对稳定。

（4）临界聚沉浓度

电解质是影响 V 的重要因素。当电解质的浓度变化时，κ 随之变化而影响 V。图 1-6-3 是不同电解质浓度时，κ 对 V 的影响示意图。由图 1-6-3 可见，κ 值越大，势垒越低。将势垒为零时的电解质浓度称为**临界聚沉浓度**，即通常所称的聚沉

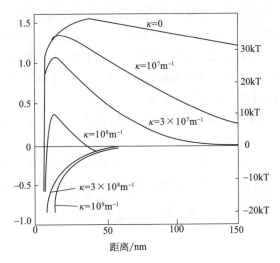

图 1-6-3　不同电解质浓度下，κ 对 V 的影响

（$a=10^{-7}$m，$A=10^{-19}$J，$T=298$K，$\psi_0=25.6$mV）

值。经过一定的简化，根据 DLVO 理论，可以推出以水为介质时的临界聚沉浓度为：

$$c=常数\frac{\varepsilon^3(kT)^5\gamma_0^4}{A^2z^6} \tag{1-6-22}$$

式（1-6-22）表明，聚沉值与离子价数的六次方成反比，恰好与 Schulze-Hardy 规则相符，证明了 DLVO 理论的正确性。

6.2.8　胶体的流变性质

胶体体系的流变性质与胶体粒子的性质、粒子与粒子间的相互作用以及粒子与溶剂之间的相互作用有关。

（1）流变学研究的两种方法

数学方法——用数学的方法描述物体的流变性质，而不追究其内在的原因。

实验方法——从物体所表现出来的流变性质联系到物体内部结构的实质性问题。

可通过对胶体分散体系流变性质的研究，估计胶粒质点的大小、形状，以及质点与介质间的相互作用。通过流变性质的变化，研究体系状态的变化。用于解决生产中的重要问题（油漆、牙膏、陶土成形、照相乳剂的涂布、钻井用泥浆等），包

括产品质量、工艺流程设置等。

（2）分散体系的黏度与流变性质

液体流动时，为克服内摩擦需要消耗一定的能量，倘若液体中有质点存在，则液体的流线在质点附近受到干扰，就需要消耗额外的能量。因此，溶胶或悬浮液的黏度高于纯溶剂的黏度。通常将溶液与纯溶剂黏度的比值称为相对黏度。相对黏度的大小与质点的大小、形状、浓度质点与介质的相互作用有关。

① 稀分散体系的黏度与流变性质：稀分散体系符合牛顿流体的流变性质及变化规律。体系黏度与切应力无关，仅用黏度可表示稀溶液体系的流变性质。纯液体、低分子稀溶液和稀分散体系符合此体系。影响稀分散体系黏度的因素包括分散相浓度、温度、质点形状，质点大小、电荷。

② 浓分散体系的流变性质：体系黏度与切应力相关，通过流变曲线来表示液体的流变性质。

流变曲线：切变速率 D 与切应力 τ 的关系曲线。流变曲线表征浓分散体系的流变性质。通过流变曲线特性将浓分散体系分为牛顿型流体、**塑性型流体**、**假塑性型流体**、**胀性型流体**、**触变型流体**。

6.2.9　凝胶

（1）凝胶的形成条件

在适当的条件下，分散颗粒连成网络结构而形成凝胶——胶凝需满足的条件：①降低分散物质在溶剂中的溶解度，使分散相能够析出；②析出的分散颗粒连成网络结构，而不会聚结成大颗粒沉降下来。

（2）形成凝胶的方法

① 改变温度：利用升、降温实现凝胶过程。

② 转换溶剂：用分散相溶解度较小的溶剂替换溶液或溶胶中的原有溶剂。

③ 加入电解质：高分子溶液中加入大量电解质，可引起胶凝。起作用的是电解质中的负离子。

④ 进行化学反应：交联反应或化学反应生成不溶物的同时生成大量小晶粒，小晶粒搭成骨架形成凝胶。

6.2.10　乳状液

（1）乳状液的类型及鉴别

根据乳状液内、外相的性质，将乳状液分为两种类型，外相为水、内相为油的称为**水包油型乳状液**，用 O/W 表示；外相为油、内相为水的称为**油包水型乳状液**，用 W/O 表示。

乳状液的类型主要取决于乳化剂的性质，一般认为，水溶性乳化剂有利于形成 O/W 型乳状液，油溶性乳化剂有利于形成 W/O 型乳状液。两种类型的乳状液在外观上并无明显区别，可利用以下几种方法鉴别。

① 稀释法：乳状液可以被外相液体所稀释，所以能被水稀释的乳状液应为 O/W 型，能被有机液体稀释的乳状液应为 W/O 型。

② 染色法：将少量水溶性染料（如亚甲基蓝）加到乳状液中，若只有小液滴被染上颜色，则为 W/O 型乳状液；若整个乳状液被染上颜色，则为 O/W 型乳状液。使用油溶性染料则结果恰好相反。

③ 电导法：由于水溶液导电能力强，而油相导电能力差，所以电导率大的乳状液应为 O/W 型，电导率小的乳状液则为 W/O 型。

（2）乳状液的稳定与破坏

① 乳状液不稳定的表现

a. 分层 由于乳状液中油相和水相的密度不同，液滴在重力作用下上浮和下沉，沉降的快慢与两相密度差、外相黏度、液滴大小等因素有关。沉降或上浮的结果使乳状液分为两层，其中一层中分散相比原来的多，而另一层则相反。分层使乳状液的均匀性变差，但乳状液并未真正破坏，只是分成了内相浓度不同的两层乳状液［见图 1-6-4（a）］。

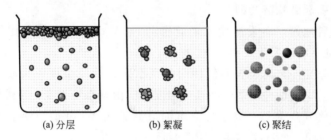

(a) 分层   (b) 絮凝   (c) 聚结

图 1-6-4 乳状液不稳定的表现

b. 絮凝 由于范德华引力的作用，乳状液的液滴也可能聚集成团，即发生絮凝。在絮团中，原来的液滴仍然存在［见图 1-6-4（b）］，经搅动可使絮团重新分散。絮团又像一个大液滴，能促使乳状液分层加速。液滴带电后产生的双电层静电斥力对絮凝起阻碍作用，因此，加入电解质可以改变乳状液的聚集速度，其影响规律类似于溶胶的聚沉。

c. 聚结 倘若絮团中的液滴发生凝并，絮团则真的变成一个大液滴，搅动后也不会重新分散，这种现象称为聚结［见图 1-6-4（c）］。聚结导致了液滴数目的减少和乳状液的完全破坏——油水分离，因此，絮凝是聚结的前奏，聚结则是乳状液破坏的直接原因。

② 影响乳状液稳定性的主要因素

a. 界面张力 乳状液是界面积很大的多相系统，液滴有自发聚结以降低界面能的趋势。显然，油水界面张力的降低是乳状液稳定的首要条件。作为乳化剂的表面活性剂能在油、水界面发生吸附作用而降低界面张力，所以制备乳状液时需选择一种能最大限度降低界面张力的乳化剂。降低界面张力是形成乳状液的必要条件，而要保证乳状液的稳定，还需考虑其他因素。

b. 界面膜的性质　乳状液中的液滴由于不停地做布朗运动而频繁地相互碰撞，如果在碰撞过程中界面破裂，则两个液滴将结合成一个大液滴。这一过程继续下去，可使系统的自由能降低，从而导致乳状液的破坏。因此，界面膜的机械强度是决定乳状液稳定性的另一个主要因素。界面膜的强度主要取决于乳化剂的浓度，只有乳化剂浓度达到一定程度，才能形成紧密排列、定向吸附的界面膜。界面膜的强度取决于乳化剂的结构和组成。此外，双电层的存在和外相的黏度都能影响液滴的絮凝速度以致影响乳状液的稳定性。

③ 乳状液的变型与破坏

a. 乳状液的变型　乳状液的变型是指在某些情况下，O/W 型乳状液转变成 W/O 型乳状液及其相反的过程。实质上，变型过程是原来的乳状液液滴聚结成连续相，而原来连续的分散介质分散成液滴的过程。导致乳状液变型的主要因素如下。

（a）相体积的改变。若在乳状液中不断加入内相物质，在内相体积分数超过一定数值后，可引起乳状液变型。

（b）改变乳化剂。若设法使原来能稳定 O/W 型乳状液的乳化剂变为能稳定 W/O 型的，则乳状液发生变型。

（c）改变温度。非离子表面活性剂的亲水亲油性受温度影响较大，温度升高时，亲水性变差，亲油性增加。在某一温度时，由亲水性强变为亲油性强，它所稳定的乳状液也将发生变型，高于此温度时乳状液为 W/O 型，低于此温度时则为 O/W 型，这一温度为相转变温度（PIT）。

（d）加入电解质。电解质浓度大时，离子型表面活性剂的离解度下降，亲水性随之降低，这种亲水亲油性质的变化，最终可能导致它所稳定的乳状液变型。

b. 乳状液的破坏　破坏乳状液，以达到油、水两相分离的目的，这就是**破乳**。破乳可以采用物理方法，例如升高温度可以降低分散介质的黏度，增加分散液滴互相碰撞的强度，从而降低乳状液的稳定性；利用离心力场使乳状液浓缩；在高压电场下使带电的水滴在电极附近放电而凝结；利用超声波加速液滴间的聚集；在加压情况下使乳状液通过吸附层，等等。

破乳也可以采用化学方法，主要是加入破乳剂破坏吸附在界面上的乳化剂。破乳剂也是表面活性剂，它具有相当高的表面活性，能将界面上的乳化剂顶替走，而它本身因具有支链结构，不能在界面上紧密排列成牢固的界面膜而使乳状液的稳定性大大降低。

第二篇　基本操作技术与仪器

第7章　热化学测试技术与仪器

7.1　热化学测试技术基础

7.1.1　温标

温度数值的表示方法叫做"温标"，即温度间隔的划分与刻度的表示。目前常用的温标有以下几种。

（1）摄氏温标

摄氏温标是经验温标之一，亦称"百分温标"。温度符号为 t，单位是摄氏度，国际代号"℃"。摄氏温标是以在标准大气压下，纯水的冰点为 0℃，沸点为 100℃，在两个标准点之间分为 100 等分，每等分代表 1℃。摄氏温标（t，单位为℃）与热力学温标（T，单位为 K）的关系为：

$$t = T - 273.15 \tag{2-7-1}$$

（2）华氏温标

华氏温标是经验温标之一，在美国的日常生活中，多采用这种温标。规定在标准大气压下 NH_4Cl（氯化铵）和水的混合物的凝固点为 0℉，水的冰点为 32℉，沸点为 212℉，在水的冰点和沸点两个标准点之间分为 180 等分，每等分代表 1 华氏度，华氏温度单位用字母℉表示。摄氏温标（t）与华氏温标（$T_{华氏}$）之间的关系：

$$T_{华氏} = \frac{9}{5}t + 32 \tag{2-7-2}$$

或

$$t = \frac{5}{9}(T_{华氏} - 32) \tag{2-7-3}$$

（3）热力学温标

热力学温标亦称"开尔文温标"、"绝对温标"，单位以开（K）表示。定义：1K 等于水的三相点的热力学温度的 1/273.16。由于水的三相点在摄氏温标上为 0.01℃，所以 0℃＝273.15K。热力学温标的零点，即绝对零度，记为"0K"。

（4）兰氏温标

兰氏温标是美国工程界使用的一种温标，单位以°R表示。兰氏温标以水的三相点的热力学温标 273.16K 作为 491.688°R。华氏温标（$t_{华氏}$）与兰氏温标（$T_{兰氏}$）的关系为：

$$t_{华氏} = T_{兰氏} - 459.67 \qquad (2-7-4)$$

（5）国际实用温标

国际实用温标是国际间的协议性温标，是世界上温度数值的统一标准。是为了保证国际间温度量值的统一，由国际计量委员会从准确与实用的角度出发不断修改、对比，最终确定的标准温度。目前采用的国际实用温标是国际计量委员会在第 18 届国际计量大会第七号决议授权于 1989 年会议通过的 1990 年国际温标 ITS—90。一切温度计的示值和温度测量的结果（极少数理论研究和热力学温度测量除外）都应该表示成国际实用温标温度，它的温度数值可以表示成开尔文温度（T）或摄氏温度（t），其关系为：

$$t_{90} = T_{90} - 273.15 \qquad (2-7-5)$$

国际实用温标是以一些可复现的平衡态（定义固定点）的温度值以及在这些固定点上分度的标准内插仪器作为基础的。固定点之间的温度由内插公式确定。定义固定点为标准大气压（压强 $p^{\ominus} = 100\text{kPa}$）下一些纯物质的相平衡态。目前采用的 1990 国际温标（ITS-90）的固定点见表 2-7-1。为了将国际实用温标从定义变成现实的温度标准，许多国家都由本国的计量机构负责制定实用温标。

表 2-7-1　ITS-90 的固定点定义

物质	平衡态	温度 T_{90}/K	物质	平衡态	温度 T_{90}/K
^{3}He 或 ^{4}He	VP[①]	3～5	Ga	MP[②]	302.9146
e-H$_2$[③]	TP[④]	13.8033	In	FP[⑤]	429.7485
e-H$_2$（或 He）	VP(CVGT)[⑥]	约 17	Sn	FP	505.078
e-H$_2$（或 He）	VP(CVGT)	约 20.3	Zn	FP	692.677
Ne	TP	24.5561	Al*	FP	933.473
O$_2$	TP	54.3358	Ag	FP	1234.94
Ar	TP	83.8058	Au	FP	1337.33
Hg	TP	234.3156	Cu*	FP	1357.77
H$_2$O	TP	273.16			

① VP——蒸气压点，即沸点。

② MP——熔点（在一个标准大气压 101325Pa 下，固、液两相共存的平衡温度）。

③ e-H$_2$——平衡氢，即正氢和仲氢的平衡分布，在室温下正常氢含 75% 正氢、25% 仲氢。

④ TP——三相点（固、液和蒸气三相共存的平衡点）。

⑤ FP——凝固点。

⑥ CVGT——等容气体温度计点。

* 第二类固定点。

(6) 理想气体温标

理想气体在定容下的压力（或定压下的体积）与热力学温度呈严格的线性函数关系，$T_{(p)} = ap$ 或 $T_{(V)} = aV$。氦、氢、氮等气体在温度较高、压强不太大的条件下，其行为接近理想气体。所以，这种气体温度计的读数可以校正成为热力学温标，测温属性是理想气体的压强或体积。

7.1.2 温度计的种类与适用范围

国际温标规定，从低温到高温划分为四个温区，在各温区分别选用一个高度稳定的标准温度计来度量各固定点之间的温度值。这四个温区及相应的标准温度计见表 2-7-2。

表 2-7-2 四个温区的划分及相应的标准温度计

温度范围	0.65~5.00K	3.0~24.5661K	13.8033~1234.93K	>1234.93K
标准温度计	蒸气压温度计	定容气体温度计	铂电阻温度计	光学高温计

7.1.3 常见的温度计

7.1.3.1 膨胀式温度计

利用气体、液体、固体热胀冷缩的性质测量温度。主要包括以下几种。

(1) 气体温度计

① 工作原理 利用一定质量的气体作为工作物质的温度计。用气体温度计来体现理想气体温标为标准温标。

② 基本结构 气体温度计是在容器里装有氢气或氦气（因氢气和氦气的液化温度很低，接近于绝对零度，其性质可外推到理想气体，测温范围广）。这种温度计有两种类型：定容气体温度计和定压气体温度计。定容气体温度计是气体的体积保持不变，压强随温度改变。定压气体温度计是气体的压强保持不变，体积随温度改变。西蒙气体温度计为一类定容气体温度计，主要由三部分组成（见图 2-7-1）。

a. 感温泡：用紫铜加工而成，因紫铜导热性良好，可以改善温泡和待测温物体的热接触。

b. 压力指示器：采用弹簧管精密真空表。它有一弹性弯管通过杠杆连接到指针上。当管内气体压力变化时，弹簧管发生形变，带动指针指示相应的真空度，一般情况下弹簧管的体积可认为不变，因而可供制作简单的定容气体温度计。

c. 连接感温泡和压力指示器的毛细管：毛细管的作用是充当压力传输管，可

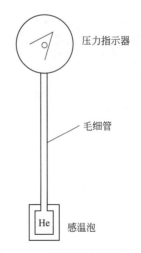

图 2-7-1 西蒙气体温度计示意图

选内径为 $0.2\sim0.5\text{mm}$ 的不锈钢管。

将毛细管分别与感温泡及压力指示器焊接后抽至 10^{-1} Pa 量级的真空,充入氦气并置换几次,最后封入少量氦气,理想气体状态方程为:$pV_m = RT$(V_m 为气体摩尔体积)。则对气体温度计有:

$$\frac{pV'}{T_0} + \frac{pV}{T} = \frac{p_0V'}{T_0} + \frac{p_0V}{T_0} = nR = 常数 \tag{2-7-6}$$

式中,p 为气体压力;T 为绝对温度;n 为温度计内的气体的摩尔数;R 为普适气体常数;V 为感温泡的体积;V' 为真空表内弹簧管的体积以及附加的密封铅管管道的体积(总称"死体积");p_0 为室温为 T_0 时气体温度计内的气体压力。忽略毛细管的体积,则当感温泡进入液氮中时,温泡内气体温度下降至 T,压力亦相应变为 p,由式(2-7-6)可得:

$$T = \frac{\alpha T_0 p}{(1+\alpha)p_0 - p} \tag{2-7-7}$$

式中,$\alpha = V/V'$。如果 V' 和 V 两者之一或都不知道,可由式(2-7-7)写成如下形式:

$$\alpha = \frac{(p - p_0)T}{p_0 T - p T_0} \tag{2-7-8}$$

由其他温度计测得室温后,读出真空表相应于室温 T_0 的 p_0,再读出感温泡置于液氮沸点 T(已知)时真空表的读数 p,可得出 α。

也可以将式(2-7-6)写成以下形式:

$$\frac{1}{T}(VT_0) + V' = \frac{1}{p}(p_0V' + p_0V) \tag{2-7-9}$$

若令:

$$\beta = \frac{p_0(V + V')}{VT_0}, \quad \theta = \frac{V'}{VT_0} \tag{2-7-10}$$

则有

$$\frac{1}{T} = \beta\frac{1}{p} - \theta \tag{2-7-11}$$

式中,$\dfrac{1}{T}$ 与 $\dfrac{1}{p}$ 呈线性关系,利用作图法可建立 p-T 关系。

③ 使用与维护 该类温度计精确度很高,多用于精密测量。造成西蒙气体温度计的误差有多方面因素,如真空表读数误差,热分子压差效应引起的误差,温泡体积热胀冷缩变化,处于温度梯度内的毛细管体积对 α 值的影响等。其中真空表读数不精确是主要原因,使用时需注意。

(2)液体温度计

① 工作原理 利用感温液体随温度变化而发生的体积变化与玻璃随温度变化而发生的体积变化之差来测量温度。

② 基本结构　玻璃液体温度计的结构由装有感温液（或称测温介质）的感温泡、玻璃毛细管和刻度标尺三部分组成。感温液是封装在温度计感温泡内的测温介质，具有体膨胀系数大，黏度小，在高温下蒸气压低，化学性能稳定，不变质以及在较宽的温度范围内能保持液态等特点。常用的有水银、甲苯、乙醇和煤油等液体。下面以水银温度计为例。

水银温度计是实验室常用的温度计，具有较高的精确度，可直接读数，使用方便；但易损坏。水银温度计适用范围为 238.15～633.15K（水银的熔点为 234.45K，沸点为 629.85K），如果用石英玻璃作管壁，充入氮气或氩气，最高使用温度可达到 1073.15K。常用的水银温度计刻度间隔有：2℃、1℃、0.5℃、0.2℃、0.1℃ 等，与温度计的量程范围有关，可根据测定精度选用。

③ 使用与维护

a. 读数校正　使用前应进行校验（可采用标准液温多支比较法进行校验或采用精度更高的温度计校验）。

（a）以纯物质的熔点或沸点作为标准进行校正。

（b）以标准水银温度计为标准，与待校正的温度计同时测定某一体系的温度，将对应值一一记录，做出校正曲线。标准水银温度计由多支温度计组成，各支温度计的测量范围不同，交叉组成－10～360℃范围，每支都经过计量部门的鉴定，读数准确。

b. 露茎校正

水银温度计有"全浸"和"非全浸"两种。非全浸式水银温度计常刻有校正时浸入量的刻度，在使用时若室温和浸入量均与校正时一致，所示温度是正确的。全浸式水银温度计使用时应当全部浸入被测体系中，达到热平衡后才能读数。全浸式水银温度计如不能全部浸没在被测体系中，则因露出部分与体系温度不同，必须进行校正。这种校正称为露茎校正。如图 2-7-2 所示，校正公式为：

$$\Delta t = \frac{kn}{1-kn}(t_测 - t_环) \qquad (2\text{-}7\text{-}12)$$

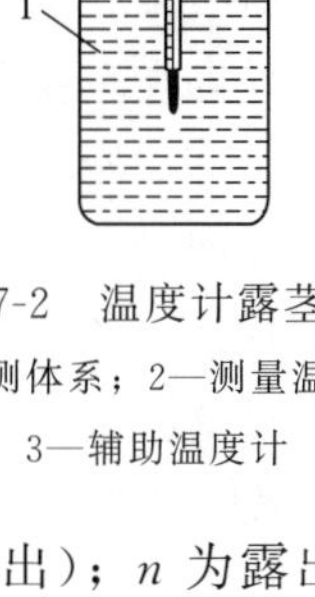

图 2-7-2　温度计露茎校正
1—被测体系；2—测量温度计；
3—辅助温度计

式中，$\Delta t = t_实 - t_测$，为读数校正值；$t_实$ 为实际温度值；$t_测$ 为温度计的读数值；$t_环$ 为露出待测体系外水银柱的有效温度（从放置在露出一半位置处的另一支辅助温度计读出）；n 为露出待测体系外部的水银柱长度，称为露茎高度，以温度差值表示；k 为水银相对于玻璃的膨胀系数，使用摄氏度时，$k=0.00016$，上式中 $kn \ll 1$，所以 $\Delta t \approx kn(t_测 - t_环)$。则待测体系的实际温度 $t_实$ 为：$t_实 = t_测 + \Delta t$。

c. 不允许使用温度超过该种温度计最大刻度值的测量值。

　　d. 温度计有热惯性，应在温度计达到稳定状态后读数。读数时应在温度凸形弯月面的最高切线方向读取，目光平视。

　　e. 水银温度计应与被测工质流动方向相垂直或呈倾斜状。

　　f. 水银温度计常常发生水银柱断裂的情况，消除方法有以下两种。

　　（a）冷修法：将温度计的测温包插入干冰和酒精混合液中（温度不得超过$-38℃$）进行冷缩，使毛细管中的水银全部收缩到测温包中为止。

　　（b）热修法：将温度计缓慢插入温度略高于测量上限的恒温槽中，使水银断裂部分与整个水银柱连接起来，再缓慢取出温度计，在空气中逐渐冷却至室温。

　　（3）双金属温度计

　　① 工作原理　工业用双金属温度计的主要元件是一个用两种或多种金属片叠压在一起组成的多层金属片，利用两种不同金属在温度改变时膨胀系数不同的原理进行工作。

　　② 基本结构　双金属温度计是将绕成螺纹旋转状的双金属片作为感温器件，并把它装在保护套管内，其中一端固定，称为固定端，另一端连接在一根细轴上，称为自由端。在自由端线轴上装有指针。当温度发生变化时，感温器件的自由端随之发生转动，带动细轴上的指针产生角度变化，在标度盘上指示对应的温度。为提高测温灵敏度，将金属制成螺旋卷形状，当多层金属片的温度改变时，各层金属膨胀或收缩量不等，使得螺旋卷卷起或松开。由于螺旋卷的一端固定而另一端和一可以自由转动的指针相连，因此，当双金属片感受到温度变化时，指针即可在一圆形分度标尺上指示出温度来。

　　③ 用途　双金属温度计是一种测量中低温度的现场检测仪表。可以直接测量各种生产过程中的$-80\sim500℃$范围内液体蒸气和气体介质温度。

　　④ 分类　按双金属温度计指针盘与保护管的连接方向可以把双金属温度计分成轴向型、径向型、135°向型和万向型四种。

　　a. 轴向型双金属温度计：指针盘与保护管垂直连接。

　　b. 径向型双金属温度计：指针盘与保护管平行连接。

　　c. 135°向型双金属温度计：指针盘与保护管成135°连接。

　　d. 万向型双金属温度计：指针盘与保护管连接角度可任意调整。

　　⑤ 使用与维护

　　a. 双金属温度计在保管、安装、使用及运输过程中，应尽量避免碰撞保护管，切勿使保护管弯曲、变形。安装时，严禁扭动仪表外壳。

　　b. 仪表应在$-30\sim80℃$的环境温度内正常工作。

　　c. 仪表经常工作的温度最好能在刻度范围的$(1/2)\sim(3/4)$处。

　　d. 双金属温度计保护管浸入被测介质中的长度必须大于感温元件的长度，一般浸入长度大于$100mm$，$0\sim50℃$量程的浸入长度大于$150mm$，以保证测量的准确性。

e. 各类双金属温度计不宜用于测量敞开容器内介质的温度，带电接点温度计不宜在工作震动较大的场合使用，以免影响接点的可靠性。

7.1.3.2　电阻温度计

工作原理：利用金属导体和半导体电阻的温度函数关系制成的传感器，称为电阻温度计。金属热电阻的电阻值和温度一般可以用近似关系式表示：

$$R_t = R_0[1 + \alpha(t - t_0)] \tag{2-7-13}$$

式中，R_t 为温度 t 时的阻值；R_0 为温度 t_0（通常 $t_0 = 0℃$）时的电阻值；α 为温度系数。

根据感温元件不同分为金属电阻温度计和半导体电阻温度计。金属电阻温度计主要有铂、金、铜、镍等纯金属电阻温度计及铑铁、磷青铜合金电阻温度计；半导体温度计主要有碳、锗等电阻温度计。精密的铂电阻温度计是目前最精确的温度计，温度覆盖范围为 $14 \sim 904K$，其误差可低至万分之一摄氏度，它是能复现国际实用温标的基准温度计。

电阻温度计的应用范围已经由中、低温度（$-200 \sim 850℃$）范围扩展到 $1 \sim 5K$ 的超低温领域和高温（$1000 \sim 1200℃$）范围。

(1) 铂电阻丝式电阻温度计

铂电阻丝式电阻温度计测温范围为 $-259.3467 \sim 961.78℃$。标准铂电阻温度计是目前测量温度时能达到的准确度最高、稳定性最好的温度计。根据 IEC（国际电工委员会）规定，铂电阻有 Pt1、Pt100 和 Pt1000 三种分度号，即 $R_0 = 10\Omega$、$R_0 = 100\Omega$ 和 $R_0 = 1000\Omega$。

① 基本结构　普通铂电阻丝式电阻温度计由电阻体、绝缘套管、保护管、接线盒和连接电阻体与接线盒的引出线等部件组成。绝缘套管一般使用双芯或四芯氧化铝绝缘材料，引出线穿过绝缘管。电阻体和引出线均装在保护管内。铂电阻体常见形式如图 2-7-3 所示。另一种是铠装热电阻，是将电阻体与引出线焊接好后，装入金属小套管，再充填以绝缘材料粉末，最后密封，经冷拔、旋锻加工而成的组合体。由于铠装热电阻的体积可以做得很小，因此它的热惯性小，反应速率快。除电阻体部分外，其他部分可以做任何方向的弯曲，因此它具有良好的耐震动和抗冲击的性能，并且不易被有害介质侵蚀，其使用寿命比普通热电阻长。

电阻丝式热电阻温度计具有许多优点：性能稳定，测量范围宽且精度高。电阻丝式热电阻温度计与热电偶不同，它不需要设置温度参考点。

② 使用与维护

a. 热电阻测温仪表常用来测量 $-200 \sim 600℃$ 之间的温度。

b. 热电阻的显示仪表必须与热电阻配套。

c. 动态误差。由于电阻体体积较大，热容量大，其动态误差比热电偶大，这也制约了热电阻在快速测温中的应用。

d. 连线电阻变化与热电阻阻值变化产生叠加，引起测量误差。应采用三线制

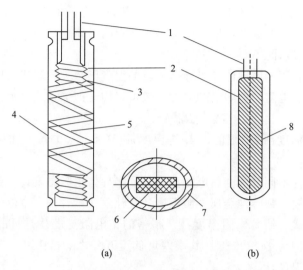

图 2-7-3　铂电阻体的结构

1—引出银线；2—铂丝；3—锯齿形云母骨架；4—保护用云母片；

5—银绑带；6—铂电阻横截面；7—保护套管；8—石英骨架

接法予以消除。

　　e. 热电阻通电发热引起误差。在实际测温中，热电阻流过电流使热电阻发热，从而引起误差。为避免工作电流的热效应，流过热电阻的电流应尽量小（一般应小于 5mA）。

　　(2) 半导体热敏电阻温度计

　　① 工作原理　热敏电阻温度计是一种传感器电阻，电阻值随着温度的变化而改变，且体积随温度的变化较一般的固定电阻要大很多。不同于电阻温度计使用纯金属，在热敏电阻器中使用的材料通常是陶瓷或聚合物。两者也有不同的温度响应性质，电阻温度计适用于较大的温度范围；而热敏电阻通常在有限的温度范围内实现较高的精度，通常是 $-90 \sim 130{}^{\circ}\!C$。热敏电阻最基本的特性是其阻值随温度的变化有极为显著的变化，以及伏安曲线呈非线性。半导体的电导是温度的函数，因此可由测量电导而推算出温度的高低，并能做出电阻-温度特性曲线。这就是半导体热敏电阻温度计的工作原理。

　　假设，电阻和温度之间的关系是线性的，则：

$$\Delta R = k \Delta T \qquad (2\text{-}7\text{-}14)$$

　　式中，ΔR 为电阻变化；ΔT 为温度变化；k 为一阶的电阻温度系数。热敏电阻可以依 k 值大致分为两类：k 为正值，电阻随温度上升而增大，称为正温度系数（**PTC**，positive temperature coefficient）热敏电阻；k 为负值，电阻随温度上升而减小，称为负温度系数（**NTC**，negative temperature coefficient）热敏电阻。此外还有一种临界温度热敏电阻（**CTR**，critical temperature resistance），在一定温度范围内，其电阻会有大幅的变化。

当电路正常工作时，热敏电阻温度与室温相近、电阻很小，串联在电路中不会阻碍电流通过；而当电路因故障而出现过电流时，热敏电阻由于发热功率增加导致温度上升，当温度超过开关温度时，电阻会瞬间剧增，热敏电阻动作后，电路中电流有了大幅度的降低，回路中的电流迅速减小到安全值。由于高分子 PTC 热敏电阻的可设计性好，可通过改变自身的开关温度来调节其对温度的敏感程度，因而可同时起到过温保护和过流保护两种作用。

② 基本结构　半导体热敏电阻灵敏度比电阻丝式热电阻高得多，且体积可以做得很小，故动态特性好，尤其适于在 $-100 \sim 300 ℃$ 之间测温。按照其结构可分为三类：a. 带玻璃保护套管的；b. 柱形的；c. 带密封玻璃柱的，如图 2-7-4 所示。

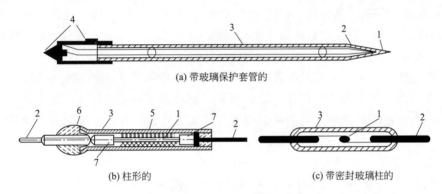

(a) 带玻璃保护套管的

(b) 柱形的　　　　　　　　　　　　　　(c) 带密封玻璃柱的

图 2-7-4　半导体热敏电阻结构

1—电阻体；2—引出线；3—玻璃保护套管；4—引出极；5—锡箔；6—密封材料；7—导体

NTC 型热敏电阻主要由锰、铁、镍、钴、钛、钼、镁等复合氧化物高温烧结而成。现在还出现了以碳化硅、硒化锡、氮化钽等为代表的非氧化物系 NTC 热敏电阻材料。NTC 热敏电阻器广泛用于测温、控温、温度补偿等方面。

PTC 热敏电阻是以 $BaTiO_3$、$SrTiO_3$ 或 $PbTiO_3$ 为主要成分的烧结体，其中掺入微量的 Nb、Ta、Bi、Sb、Y、La 等氧化物进行原子价控制而使之半导化，常将这种半导化的 $BaTiO_3$ 等材料简称为半导（体）瓷；同时还添加了增大其正电阻温度系数的 Mn、Fe、Cu、Cr 的氧化物和起其他作用的添加物，采用一般陶瓷工艺成形、高温烧结而使钛酸铂等及其固溶体半导化，从而得到正特性的热敏电阻材料。PTC 型热敏电阻可用于开关型温度检测元件。

CTR 热敏电阻构成材料是钒、钡、锶、磷等元素氧化物的混合烧结体，是半玻璃状的半导体，也称 CTR 为玻璃态。骤变温度随添加锗、钨、钼等的氧化物而变。若在适当的还原气氛中五氧化二钒变成二氧化钒，则电阻急变温度变大；若进一步还原为三氧化二钒，则急变消失。产生电阻急变的温度对应于半玻璃半导体物性急变的位置，因此产生了半导体-金属相移。此外，CTR 能够用于控温报警等。

③ 使用与维护　热敏电阻温度计的优点：a. 灵敏度较高，其电阻温度系数

要比金属大 10～100 倍以上，能检测出 10^{-6}℃的温度变化；b. 工作温度范围宽，常温器件适用于 −55～315℃，高温器件适用温度高于 315℃（目前最高可达到 2000℃），低温器件适用于 −273～−55℃；c. 体积小，能够测量其他温度计无法测量的空隙、腔体及生物体内血管的温度；d. 使用方便，电阻值可在 0.1～100kΩ 间任意选择；e. 易加工成复杂的形状，可大批量生产；f. 稳定性好，过载能力强。

热敏电阻也可作为电子线路元件用于仪表线路温度补偿和温差电偶冷端温度补偿等。利用 NTC 热敏电阻的自热特性可实现自动增益控制，构成 RC 振荡器稳幅电路、延迟电路和保护电路。在自热温度远大于环境温度时阻值还与环境的散热条件有关，因此在流速计、流量计、气体分析仪、热导分析仪中常利用热敏电阻这一特性，制成专用的检测元件。PTC 热敏电阻主要用于电气设备的过热保护、无触点继电器、恒温、自动增益控制、电机启动、时间延迟、彩色电视机自动消磁、火灾报警和温度补偿等方面。使用时，应做到以下几点。

a. 检测　检测时，用万用表欧姆挡（视标称电阻值确定挡位，一般为 R×1 挡），具体可分两步操作。首先，常温检测（室内温度接近 25℃），用鳄鱼夹代替表笔分别夹住 PTC 热敏电阻的两引脚测出其实际阻值，并与标称阻值相对比，二者相差在 ±2Ω 内即为正常。实际阻值若与标称阻值相差过大，则说明其性能不良或已损坏。其次，加温检测，在常温测试正常的基础上，即可进行第二步测试——加温检测，将一热源（例如电烙铁）靠近热敏电阻对其加热，观察万用表读数，此时如看到万用表读数随温度的升高而改变，表明电阻值在逐渐改变（负温度系数热敏电阻器 NTC 阻值会变小，正温度系数热敏电阻器 PTC 阻值会变大），当阻值改变到一定数值时显示数据会逐渐稳定，说明热敏电阻正常，若阻值无变化，说明其性能变劣，不能继续使用。

b. 测试　测试时应注意以下几点。

（a）R_t 是生产厂家在环境温度为 25℃时所测得的，所以用万用表测量 R_t 时，亦应在环境温度接近 25℃时进行，以保证测试的可信度。

（b）测量功率不得超过规定值，以免电流热效应引起测量误差。

（c）注意正确操作。测试时，不要用手捏住热敏电阻体，以防止人体温度对测试产生影响。

（d）注意不要使热源与 PTC 热敏电阻靠得过近或直接接触热敏电阻，以防止将其烫坏。

c. 缺点

（a）阻值与温度的关系非线性严重。

（b）元件的一致性差，互换性差。

（c）元件易老化，稳定性较差。

（d）除特殊高温热敏电阻外，绝大多数热敏电阻仅适合 0～150℃范围，使用时必须注意。

7.1.3.3　温差电偶温度计——热电偶

将两种不同金属导体的两端分别连接起来，构成一个闭合回路，一端加热，另一端冷却，则两个接触点之间由于温度不同，将产生电动势，导体中产生电流。因为这种温差电动势是两个接触点温度差的函数，所以利用这一特性制成温度计。这种温度计测温范围很大。例如，铜和康铜构成的温差电偶的测温范围为 200～400℃；铁和康铜构成的温差电偶的测温范围为 200～1000℃；由铂和铂铑合金（铑 10%）构成的温差电偶的测温范围可达上千摄氏度；铱和铱铑（铑 50%）可用在 2300℃；钨和钼（钼 25%）则可高达 2600℃。

（1）工作原理

热电偶温度计的工作原理如下。

① 热电效应　把两种不同的导体或半导体接成图 2-7-5 所示的闭合回路，如果将它的两个接点分别置于温度为 T 及 T_0（假定 $T > T_0$）的热源中，则在其回路内就会产生热电动势（简称热电势），这个现象称为热电效应。

在热电偶回路中所产生的热电势由两部分组成：接触电势和温差电势。温差电势是在同一导体的两端因其温度不同而产生的一种热电势。图中的 A、B 导体都有温差电势，分别用 $E_A(T, T_0)$、$E_B(T, T_0)$ 表示。接触电势是当两种不同的导体 A 和 B 接触时，由于

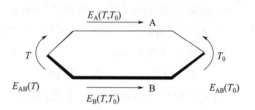

图 2-7-5　热电偶回路热电势分布

两者电子密度不同（如 $N_A > N_B$），电子在两个方向上扩散的速率不同，结果在 A、B 的接触面上便形成一个从 A 到 B 的静电场 E，在 A、B 之间也形成一个电位差 $E_A - E_B$，即为接触电势。其数值取决于两种不同导体的性质和接触点的温度。分别用 $E_{AB}(T)$、$E_{AB}(T_0)$ 表示。这样在热电偶回路中产生的总电势 $E_{AB}(T, T_0)$ 由四部分组成：

$$E_{AB}(T, T_0) = E_{AB}(T) + E_B(T, T_0) - E_{AB}(T_0) - E_A(T, T_0) \quad (2\text{-}7\text{-}15)$$

由于热电偶的接触电势远远大于温差电势，且 $T > T_0$，所以在总电势 $E_{AB}(T, T_0)$ 中，以导体 A、B 在 T 端的接触电势 $E_{AB}(T)$ 为最大，故总电势 $E_{AB}(T, T_0)$ 的方向取决于 $E_{AB}(T)$ 的方向。因 $N_A > N_B$，故 A 为正极，B 为负极。

热电偶总电势与电子密度及两接点温度有关。当热电偶材料一定时，热电偶的总电势为温度 T 和 T_0 的函数差。又由于冷端温度 T_0 固定，则对一定材料的热电偶，其总电势 $E_{AB}(T, T_0)$ 就只与温度 T 呈单值函数关系：

$$E_{AB}(T, T_0) = f(T) - C \quad (2\text{-}7\text{-}16)$$

每种热电偶都有它的分度表（参考端温度为 0℃），分度值一般取温度每变化 1℃ 所对应的热电势的电压值。

② 中间导体定律　将 A、B 构成的热电偶的 T_0 端断开，接入第三种导体毫伏表（一般用铜导线连接），只要保证两个接点温度一样就可以对热电偶的热电势进行测量，而不影响热电偶的热电势数值，这称为中间导体定律。同样，应用这一定律可以采用开路热电偶对液态金属和金属壁面进行温度测量。

③ 标准电极定律　如果两种导体（A 和 B）分别与第三种导体铂标准电极（C）组成的热电偶产生的热电势已知，则由这两个导体（A 和 B）组成的热电偶产生的热电势，可以由下式计算：

$$E_{AB}(T,\ T_0)=E_{AC}(T,\ T_0)-E_{BC}(T,\ T_0) \tag{2-7-17}$$

只要知道一些材料与标准电极相配的热电势，就可以用上述定律求出任何两种材料配成热电偶的热电势。

（2）基本结构

① 材料要求　为了保证测量精确度，对热电偶电极材料有以下要求。

a. 在测温范围内，热电性质稳定，不随时间变化。

b. 在测温范围内，电极材料要有足够的物理化学稳定性，不易氧化或腐蚀。

c. 电阻温度系数要小，电导率要高。

d. 组成的热电偶，在测温中产生的电势要大，并希望这个热电势与温度呈单值的线性或接近线性关系。

e. 材料复制性好，可制成标准分度，机械强度高，制造工艺简单，价格便宜。

热电偶的热电特性仅取决于选用的热电极材料的特性，而与热极的直径、长度无关。

② 热电偶的结构和制备　在制备热电偶时，热电极的材料、直径长度的选择、热电偶的电阻值，应根据测量范围、测定对象的特点，以及电极材料的价格、机械强度而定。

热电偶接点常见的结构如图 2-7-6 所示。

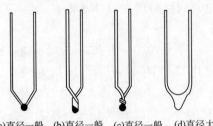

(a)直径一般　(b)直径一般　(c)直径一般　(d)直径大于
为0.5mm　为1.5～3mm　为3～3.5mm　3.5mm

图 2-7-6　热电偶接点常见的结构

热电偶热接点可以对焊，也可以预先把两端线绕在一起再焊。应注意绞焊圈不宜超过 2～3 圈，否则工作端将不是焊点，测量时有可能带来误差。

普通热电偶的热接点可以用电弧、乙炔焰、氢气吹管的火焰来焊接。当没有这些设备时，也可以用简单的**点熔装置**来代替。用一只可调变压器把市用 220V 电压调至所需电压，以内装石墨粉的铜杯为一极，热电偶作为另一极，在已经绞合的热电偶接点处，蘸上一点硼砂，熔成硼砂小珠，插入石墨粉中（不要接触铜杯），通电后，使接点处发生熔融，成一光滑圆珠即成。

（3）使用与维护

图 2-7-7 所示为热电偶的校正、使用装置。使用时将热电偶的一个接点放在待测物体中（热端），而将另一端放在储有冰水的保温瓶中（冷端），这样可以保持冷端的温度恒定。校正一般是通过用一系列温度恒定的标准体系，测得热电势和温度的对应值来得到热电偶的工作曲线。国际电工委员会（IEC）制定了 8 种常用热电偶的标准，即 IEC584-1 和 IEC 584-2 中所规定的：S 分度号（铂铑 10-铂）；B 分度号（铂铑 30-铂铑 6）；K 分度号（镍铬-镍硅）；N 分度号（镍铬硅-镍硅）；T 分度号（铜-康铜）；E 分度号（镍铬-康铜）；J 分度号（铁-康铜）；R 分度号（铂铑 13-铂）等热电偶。表 2-7-3 列出了热电偶的基本参数。

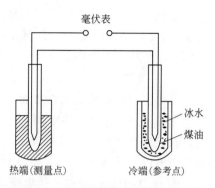

图 2-7-7　热电偶的校正、使用装置

表 2-7-3　标准化热电偶基本参数（选自 GB 4993—85 及 ZBN 05004—88）

类别	材质及组成	新分度号	旧分度号	长期使用温度范围/℃	短期使用温度/℃	热电势系数/(mV·K⁻¹)	允许偏差/℃
廉价金属	铁-康铜	J	FK	−40～800	1200	0.0540	2.5%t 或 0.75%t
	铜-康铜	T	CK	−270～350	400	0.0428	0.5%t 或 0.4%t
	镍铬-康铜	E	EA-2	−270～870	1000	0.0695	2.5%t 或 0.75%t
	镍铬-镍硅/镍铬-镍铝	K	EU-2	−270～1200	1300	0.0410	1.5%t 或 0.4%t
	镍铬硅-镍硅	N	—	−270～1200	1300	—	1.5%t 或 0.4%t
贵金属	铂铑 10-铂	S	LB-3	0～1600	1700	0.0064	<1100,15%t >1100,0.25%t
	铂铑 13-铂	R	—	0～1600	1600	—	<1000,1.5%t >1000,0.25%t
	铂铑 30-铂铑 6	B	LL-2	600～1700	1800	0.00034	0.25%t
非标准化	钨铼 5-钨铼 26	WR	—	0～2500	2800	—	<1000,10%t >1000,1.0%t
	铱铑 40-铱	IR	—	0～1900	2000	—	<1000,10%t >1000,1.0%t

注：表中 t 为被测温度，单位为℃。

① 铂铑 10-铂热电偶　由纯铂丝和铂铑丝（铂 90%，铑 10%）制成。其复制精度和测量的准确性较高，可用于精密温度测量和作为基准热电偶，有较高的物理化学稳定性。主要缺点是热电势较弱，在长期使用后，铂铑丝中的铑分子产生扩散现象，使铂丝受到污染而变质，从而引起热电特性失去准确性，成本高。可在

1300℃以下温度范围内长期使用。

② 镍铬-镍硅（镍铬-镍铝）热电偶　由镍铬与镍硅制成，化学稳定性较高，可用于 900℃以下温度范围。复制性好，热电势大，线性好，价格便宜。虽然测量精度偏低，但基本上能满足工业测量的要求，是目前工业生产中最常见的一种热电偶。镍铬-镍铝和镍铬-镍硅两种热电偶的热电性质几乎完全一致。由于后者比前者在抗氧化性及热电势稳定性方面都有很大提高，因而逐渐代替了前者。

③ 铂铑 30-铂铑 6 热电偶　这种热电偶可以测 1600℃以下的高温，其性能稳定，精确度高。由于其热电势在低温时极小，因而冷端在 40℃以下范围时，对热电势值可以不必修正。

④ 镍铬-康铜热电偶　热电偶灵敏度高，价廉。测温范围在 800℃以下。

⑤ 铜-康铜热电偶　两种材料易于加工成漆包线，而且可以拉成细丝，因而可以做成极小的热电偶，时间常数很小，为毫秒级。其测量低温性极好，可达 −270℃。测温范围为 −270～400℃，而且热电灵敏度也高。它是标准型热电偶中准确度最高的一种，在 0～100℃ 范围内可以达到 0.05℃（对应热电势为 $2\mu V$ 左右），在医疗方面得到了广泛的应用。

各种热电偶都具有不同的优缺点，在选用热电偶时应根据测温范围、测温状态和介质情况综合考虑。

7.1.3.4　辐射高温计

是根据物体的辐射能与温度之间的关系来测量温度的仪表。所有的物体当其温度高于绝对零度时都发射出辐射能量，其辐射能量的波长范围约为 $0.01～100\mu m$。探测元件从被测对象接收到的能量 W 可用斯特藩·玻尔兹曼方程 [$j* = \varepsilon\sigma T^4$，其中辐射度 $j*$ 具有功率密度的量纲 $J \cdot S^{-1} \cdot m^{-2}$]，即 $W \cdot m^{-1}$。热力学温度 T 的标准单位是开尔文，ε 为黑体的辐射系数；若为绝对黑体，则 $\varepsilon = 1$。比例系数 σ 称为斯特藩·玻尔兹曼常数或斯特藩常量。该常数的值约为 5.670373（21）$\times 10^{-8}$ $W \cdot m^{-2} \cdot K^{-4}$。通过测量能量 W 就可确定物体的温度 T。辐射高温计分为全辐射高温计和部分辐射高温计。

（1）全辐射高温计

① 工作原理　根据物体在整个波长范围内的辐射能量与其温度之间的函数关系设计制造。

② 基本结构　用辐射感温器作为一次仪表，电子电位差计作为二次仪表，属于透镜聚焦式感温器，具有铝合金外壳，前部是物镜，壳体内装有热电堆补偿光栏，在靠近热电堆的视场光栏上有一块调挡板，挡板的作用是调节照射到热电堆上的辐射能量，使产品具有统一的分度值，在可拆卸的后盖板上装有目镜，借以观察被测物体的影像。

辐射感温器把被测物体的辐射能，经过透镜聚焦在热敏元件上，热敏元件把辐射能转变为电参数，由已知的热电势与物体温度之间的关系通过二次仪表测出热电势，显示出温度值，这个温度值需用物体的全辐射黑体系数予以校正或用铂铑 10-铂热电偶直接插入高温盐浴炉中配以直流电位差计测量温度，然后与仪表显示温度对比，用以校准高温计测量温度的准确程度。

③ 使用与维护　辐射高温计是非接触式简易辐射测温仪表，它是根据物体的热辐射效应原理来测量物体的表面温度的，它适用于冶金、机械、硅酸盐及化学工业部门中连续测量各种熔炉、高温窖、盐浴池等的温度，以及用于其他不适宜装置热电偶的地方，配合适当的显示仪表，可以指示、记录、自动调节被测温度。

a. 安装　仪表为固定安装式，感温器可在 $10\sim80℃$ 的环境下使用，在环境温度超过 $80℃$ 或空气介质中含有水蒸气、烟雾时可借助于水冷、通风等辅助装置来降低环境温度，吹净测量通道中的烟气，以减小测量误差。

b. 使用及维护　辐射高温计在测量中不与被测物体接触，安装现场的环境因素会对测量造成很大的影响。外来光的干扰是指从外来光源入射到被测表面上并且被反射混入到测量光中。如室外测量时的阳光，室内测量时的照明光，附近加热炉和火焰等。对一些固定的难以避免的外来光源设置遮蔽装置，如果工作在很高的环境温度中，遮蔽装置又合成新的热源，需用水或空气对它进行冷却，减小它的辐射，还可以改变测量方向，躲过外来光的照射。

被测表面和辐射温度计之间测量时行经的空间距离叫光路。在生产现场的空气中，存在着水蒸气、二氧化碳、游离的浮渣、烟雾、油雾、粉尘。水蒸气和二氧化碳气体介质对辐射能的吸收具有选择性，对某些波长的辐射能有吸收能力，而对另一些波长的辐射能则易透过，浮渣、烟雾、油雾和粉尘等物质对辐射能的吸收是无选择性的，但伴有散射，减弱了入射到温度计中的辐射能，导致出现测量误差，可以用干净的压缩空气来清扫光路将烟雾吹散，对盐浴炉经常脱氧捞渣，以保持盐面呈正常光亮度。

辐射感温器的物镜必须保持清洁，采用通风装置用压缩空气吹测量通道，压缩空气必须经过过滤，再送入通风管中，防止水气、灰尘、沾污透镜产生误差，应经常清洗、揩拭。

连接电缆从辐射感温器中引出，导线应放在金属软管中，保持有良好的电气屏蔽和可靠的机械保护。从辐射感温器的目镜中所看到的被测对象的影像必须将热电堆完全盖上，以保证热电堆充分接受被测对象辐射的能量，若被测对象的影像不正确，可调整辐射感温器与被测对象之间的距离，以放大影像。

辐射高温计的二次仪表与辐射高温器的分度必须一致，定期检定。在安装后要定期清洗镜头灰尘，留意周围环境有无机械振动，探头有无偏离，如存在应及时排除，并定期对准，以保证正确反映炉温。

（2）部分辐射高温计

① 工作原理　利用被测物体的部分波段辐射能与温度之间的关系来测量物体温度，又称窄带辐射温度计。

② 基本结构　部分辐射高温计由某一较窄响应波段的光学系统和探测元件组成。被测物体的部分热辐射经调制盘和滤色片后照到探测元件上，再经放大由仪表记录。探测元件通常采用光导型或光生伏打型，它们决定传感器的响应波段。例如，采用硫化铅时响应波长范围为 $0.6 \sim 3.0 \mu m$，时间常数为毫秒量级。如采用硅光电池，则响应波段为 $0.4 \sim 1.1 \mu m$，时间常数可至微秒量级。采用红外辐射探测技术还可使辐射测温范围向低温扩展。

部分辐射高温计有多种形式，如远程红外测温仪、红外线光源探测仪、红外线亮度测温仪、光电温度计等。

③ 使用及维护　这类传感器的优点是响应速度快，测量精度高，稳定性好，测量下限低，可测量微小目标，而且比较窄的敏感谱带可以减少或消除在瞄准光路中由于气体的吸收和发射率所造成的不良影响。部分辐射高温计常用于测量静止或运动的灼热体表面温度，如测量生产中的钢板、镀锡铁皮、快速加工件、电机或电缆接头温度等。一般测温范围为 $100 \sim 1500℃$，采用红外探测元件时可扩展至常温范围。

使用注意事项和维护同"全辐射高温计部分"。

7.1.3.5　温差温度计-贝克曼温度计

（1）贝克曼温度计

贝克曼（Beckmann）温度计是精密测量温度差值的温度计，是一种移液式的内标温度计，水银球与储汞槽由均匀的毛细管连通，其中除水银外是真空。刻度尺上的刻度一般只有 $5℃$ 或 $6℃$，最小刻度为 $0.01℃$，可以估算到 $0.002℃$。测量精度较高；还有一种最小刻度为 $0.002℃$，可以读准到 $0.0004℃$。一般只有 $5℃$ 量程。

① 构造原理　储汞槽是用来调节水银球内的水银量的。借助储汞槽调节，可用于测量介质温度在 $-20 \sim 155℃$ 范围内变化不超过 $5℃$ 或 $6℃$ 的温度差。储汞槽背后的温度标尺只是粗略地表示温度数值，即储汞槽中的水银与水银球中的水银相连时，储汞槽中水银面所在的刻度就表示温度的粗略值。因为水银球中的水银量是可以调节的，因此贝克曼温度计不能用来准确测量温度的绝对值。例如，刻度尺上 $1°$ 并不一定是 $1℃$，可能代表 $5℃$、$74℃$ 等。

贝克曼温度计的刻度有两种标法：一种是最小读数刻在刻度尺的上端，最大读数刻在下端，用来测量温度下降值，称为下降式贝克曼温度计；另一种，最大读数刻在刻度尺上端，最小读数刻在下端，称为上升式贝克曼温度计。

② 基本结构　其结构（见图 2-7-8）与普通温度计不同，在它的毛细管 2 上端，加装了一个水银储槽 4，用来调节水银球 1 中的水银量。因此虽然量程只有 $5℃$，却可以在不同范围内使用。一般可以在 $-6 \sim 120℃$ 内使用。

③ 使用方法　使用前必须调节贝克曼温度计，包括（Ⅰ）接通水银柱；（Ⅱ）调节水银量；（Ⅲ）验证所调温度，调节方法如下。

a. 根据被测温度高低，调节水银球的汞量。

调节汞量的目的是使温度计在测量起始温度时，毛细管中的水银面位于刻度尺的合适位置上。例如用下降式贝克曼温度计测凝固点降低时，起始温度（即纯溶剂的凝固点）的水银面应在刻度尺的 1℃ 附近。这样才能保证在加进溶质而使凝固点下降时，毛细管中的水银面仍处在刻度标尺的范围之内。因此在使用贝克曼温度计时，首先应该将它插入一个与所测的起始温度相同的体系内。待平衡后，如果毛细管内的水银面在所要求的合适刻度附近，就不必调整，否则应按下述三个步骤进行调整。

（a）水银丝的连接　要调节水银球中的汞量，必须使储汞槽中的水银和毛细管中的水银相连接。若水银球内的水银量过多，毛细管内的水银面已过 b 点（如图 2-7-8 所示），此时将温度计慢慢倒置，并用手指轻敲储汞槽处，使储汞槽 4 内的水银与 b 点处的水银相连接，然后将温度计倒转过来。若水银球内的水银量太少，可用右手握住温度计中部，将温度计倒置，用左手轻敲右手的手腕（注意：不能用劲过猛，切勿使温度计与桌面等相撞），此时水银球内的水银就会自动流向储汞槽，再使之与储汞槽中的水银相连。

（b）调节水银球中的汞量　调节的方法很多，现以下降式贝克曼温度计为例，介绍一种常用的方法。

设 T_0 为实验欲测的起始摄氏温度（例如纯液体的凝固点），在此温度下欲使贝克曼温度计中毛细管的水银面恰在 1° 附近，则需将已经连接好水银丝的贝克曼温度计悬于一个温度为 T 的水浴中（$T = T_0 + 1 + R$），其中 R 为贝克曼温度计中 a 到 b 一段所相当的温度。一般情况下，R 值约为 2℃，准确的 R 值可由下法测得：将贝克曼温度计和普通温度计同时插入盛水的烧杯中，加热水浴，使贝克曼温度计中的水银丝逐渐上升，通过普通温度计读出 a 到 b 段所相当的温度差，便是 R 值。待贝克曼温度计在 T℃ 水浴中达到平衡后，用右手握住温度计中部，由水浴中取出，立即用左手沿温度计的轴向轻敲右手的手腕，使水银丝在 b 点处断开（注意在 b 点处不得留有水银）。这样就使得体系的起始温度（T_0）正好在贝克曼温度计的 1° 附近，若不在 1° 附近，应重新调整。

例如，测定苯的凝固点降低值。纯苯 $T_0 = 5.51$℃，$R = 2.5$℃。则 $T = 5.51 + 2.5 + 1 = 9.01$℃。将贝克曼温度计悬于 9℃ 左右的水中，按前述方法进行调整，调节后的温度计悬于 5.51℃ 的苯中时，水银面恰好在 1° 附近。

若是上升式贝克曼温度计，水银量的调节方法同上，在 T_0 温度时，调整后的温度计水银面应在 4° 附近。

调好后的贝克曼温度计应注意不要倒置，最好将之插在冰水溶液中，以免毛细管中的水银与储汞槽中的水银相连。

（c）验证所调温度　把调好的贝克曼温度计断开水银丝后，插入 t℃ 的水中，检查水银柱是否落在预先确定的刻度内，如不合适，应检查原因，重新调节。

由于不同温度下水银的密度不同，因此在贝克曼温度计上每 100 小格未必真正代表 1℃，因此在不同温度范围内使用时，必须作刻度的校正，校正值见表 2-7-4。

表 2-7-4　贝克曼温度计读数校正值

调整温度/℃	读数 1°相当的摄氏度数	调整温度/℃	读数 1°相当的摄氏度数
0	0.9936	55	1.0093
5	0.9953	60	1.0104
10	0.9969	65	1.0115
15	0.9985	70	1.0125
20	1.0000	75	1.0135
25	1.0015	80	1.0144
30	1.0029	85	1.0153
35	1.0043	90	1.0161
40	1.0056	95	1.0169
45	1.0069	100	1.0176
50	1.0081		

b. 读数　读数值时，贝克曼温度计必须垂直，而且水银球全部浸入所测温度的体系中。由于毛细管中的水银面上升或下降时有黏滞现象，所以读数前必须先用手指轻敲水银面处，消除黏滞现象后用放大镜读取数值。读数时应注意眼睛要与水银面水平。

c. 量程调解　这里介绍两种温度量程的调解方法。

（a）恒温浴调解法

ⓐ 首先确定所使用的温度范围。例如测量水溶液凝固点的降低需要能读出 1～−5℃ 之间的温度读数；测量水溶液沸点的升高则希望能读出 99～105℃ 之间的温度读数；至于燃烧热的测定，则室温时水银柱示值在 2～3℃ 之间最为适宜。

ⓑ 根据使用范围，估计水银柱升至毛细管末端弯头处的温度值。一般的贝克曼温度计，水银柱由刻度最高处上升至毛细管末端，还需要升高 2℃ 左右。根据这个估计值来调节水银球中的水银量。例如测定水的凝固点降低时，最高温度读数拟调节至 1℃，那么毛细管末端弯头处的温度应相当于 3℃。

ⓒ 另用一恒温浴，将其调至毛细管末端弯头所应达到的温度，把贝克曼温度计置于该恒温浴中，恒温 5℃ 以上。

ⓓ 取出温度计，用右手紧握它的中部，使其近乎垂直，用左手轻击右手小臂，这时水银即可在弯头处断开。温度计从恒温浴中取出后，由于温度差异，水银体积会迅速变化，因此，这一调节步骤要求迅速、轻快，但不必慌乱，以免造成失误。

　　ⓔ 将调节好的温度计置于预测温度的恒温浴中，观察其读数值，并估计量程是否符合要求。例如凝固点降低法测摩尔量中，可用 0℃ 的冰水浴予以检验，如果温度值落在 3~5℃ 处，意味着量程合适。若偏差过大，则应按上数步骤重新调节。

　　(b) 标尺读数法　对操作比较熟练的人可采用此法。该法是直接利用贝克曼温度计上部的温度标尺，而不必另外用恒温浴来调节，其操作步骤如下。

　　ⓐ 首先估计最高使用温度值。

　　ⓑ 将温度计倒置，使水银球和毛细管中的水银徐徐注入毛细管末端的球部，再把温度计慢慢倾斜，使储槽中的水银与之相连接。

　　ⓒ 若估计值高于室温，可用温水，或倒置温度计利用重力作用，让水银流入水银储槽，当温度标尺处的水银面到达所需温度时，轻轻敲击，使水银柱在弯头处断开；若估计值低于室温，可将温度计浸于较低的恒温浴中，让水银面下降至温度标尺上的读数正好到达所需温度的估计值，同法使水银柱断开。

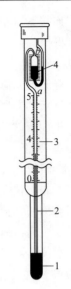

图 2-7-8　贝克曼温度计
1—水银球；2—毛细管；
3—温度标尺；4—水银储槽；
a—最高刻度；b—毛细管末端

　　ⓓ 与上法同，试验调节的水银量是否合适。

　　d. 注意事项

　　(a) 贝克曼温度计由薄玻璃制成，比一般水银温度计长得多，易损坏。所以一般应放置于温度计盒中，或者安装在使用仪器架上，或者握在手中。不应任意放置。

　　(b) 调节时，注意勿让它受剧热或剧冷，还应避免重击。

　　(c) 调节好的温度计，注意勿使毛细管中的水银柱再与储槽里的水银相连接。

　　(2) 精密温差测量仪

　　目前，代替贝克曼温度计用来测量微小温度差的仪器是**数字式贝克曼温度计**。常见型号的主要技术指标为：温差测量 ±19.99℃；温差分辨率 0.001℃；温差测量的最大范围为 -50~180℃。

　　① 测量原理　温度传感器将温度信号转换成电压信号，经过多极放大器组成测量放大电路后变为对应的模拟电压量。单片机将采样值数字滤波和线性校正，将结果实时送至四位半的数码管显示和 RS232 通信口输出。

　　② 使用与维护

　　a. 测量前的准备

　　(a) 将仪器后面板的电源线接入 220V 电源插座。

　　(b) 检查感温插头编号（应与仪器后盖的编号相符）并将其和后盖的"Rt"

端子对应连接紧（槽口对准）。

(c) 将探头插入被测物中，深度应大于 50mm，打开电源开关。

b. 温度测量

(a) 将面板"温度-温差"按钮置于"温度"位置（抬起位），显示器显示数字并在末尾显示"℃"。表明仪器处于温度测量状态。

(b) 将面板"测量-保持"按钮置于测量位置（抬起位）。

c. 温差测量

(a) 将面板"温度-温差"按钮置于"温差"位置（按下位），此时显示器最末显示"．"，表明仪器处于温差测量状态。

(b) 将面板"测量-保持"按钮置于测量位置（抬起位）。

(c) 按被测物的实际温度调节"基温选择"，使读数的绝对值尽可能小。实际温度可用本仪器测量，记录数字 T_1。

d. 保持功能的作用 当温度和温差变化太快无法读数时，可将面板"测量-保持"按钮置于"保持"位置（按下位）。读数字完毕后转换到"测量"位置，跟踪测量。

7.1.3.6 集成温度计简介

集成温度计也称集成温度传感器，是将温度敏感元件和信号放大电路、运算和温度补偿电路、基准电源电路等采用微电子技术和集成工艺集成在一片极小的半导体芯片上，从而构成集测量、放大、电源供电回路于一体的高性能的测温传感器。它极大地提高了测量温度准确性和灵敏度，是目前温度测量的发展方向，是实现测温智能化、小型化（微型化）、多功能化的重要途径。

（1）设计原理

利用半导体 PN 结的电流电压与温度有关的特性。

（2）分类

集成温度传感器可分为：模拟型集成温度传感器和数字型集成温度传感器。模拟型的输出信号形式有电压型和电流型两种。电压型的灵敏度多为 $10\mathrm{mV} \cdot ℃^{-1}$（以摄氏温度 0℃ 作为电压的零点），电流型的灵敏度多为 $1\mu\mathrm{A} \cdot \mathrm{K}^{-1}$（以热力学温度 0K 作为电流的零点）；数字型又可以分为开关输出型、并行输出型、串行输出型等几种不同的形式。

7.1.4 温度控制-恒温槽的组装与适用范围

7.1.4.1 恒温控制技术

恒温控制可分为两类。一类是利用物质的相变点温度来获得恒温，如液氮（77.3K）、干冰（194.7K）、冰-水（273.15K）、$Na_2SO_4 \cdot 10H_2O$（305.6K）、沸水（373.15K）、沸点萘（491.2K）等。如果介质是纯物质，则恒温的温度就是该介质的相变温度，而不必另外精确标定。其缺点是温度的选择受到很大限制，恒温温度不能随意调节。另外一类是利用电子调节系统进行温度控制，如电冰箱、恒温水浴、高温电炉等。此方法控温范围宽，可以任意调节设定温度。

电子调节系统种类很多，包括三个基本部件，即变换器、电子调节器和执行系统。变换器的功能是将被控对象的温度信号变换成电信号；电子调节器的功能是对来自变换器的信号进行测量、比较、放大和运算，最后发出某种形式的指令，使执行系统进行加热或制冷。电子调节系统按其自动调节规律可以分为断续式二位置控制和比例-积分-微分（PID）控制两种，简介如下。

（1）断续式二位置控制

实验室常用的电烘箱、电冰箱、高温电炉和恒温水浴等，大多采用这种控制方法。变换器的形式有多种，简单介绍如下。

① 双金属膨胀式　利用不同金属的线膨胀系数不同，选择线膨胀系数差别较大的两种金属，线膨胀系数大的金属棒在中心，另外一个套在外面，两种金属内端焊接在一起，外套管的另一端固定，见图 2-7-9。在温度

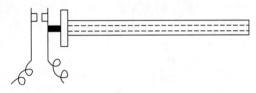

图 2-7-9　双金属膨胀式温度控制器示意图

升高时，中心的金属棒便向外伸长，伸长长度与温度成正比。通过调节触点开关的位置，可使其在不同温度区间内接通或断开，达到控制温度的目的。其缺点是控温精度差，一般有几 K 范围。

② 接触温度计——导电表　电接点接触温度计是可以导电的特殊温度计，又称为导电表，图 2-7-10 为其结构示意图。接触温度计的控制主要是通过继电器来实现的。它有两个电极，一个是固定电极，与底部的水银球相连，另一个是可调电极，为金属丝，由上部伸入毛细管内。顶端有一磁铁，可以旋转螺旋丝杆，用以调节金属丝的高低位置，从而调节设定温度。当温度升高时，毛细管中的水银柱上升与金属丝接触，两电极导通，使继电器线圈中的电流断开，加热器停止加热；当温度降低时，水银柱与金属丝断开，继电器线圈通过电流，使加热器线路接通，温度又回升。如此，不断反复，被测体系的温度限制在一个相应的微小区间内，从而达到恒温的目的。控温精度在 1K 以内，实验室组装恒温槽常用此类导电表。

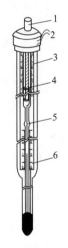

图 2-7-10　电接点温度计示意图
1—磁性螺旋调节器；2—电极引出线；
3—上标尺；4—指示螺母；
5—可调电极；6—下标尺

③ 动圈式温度控制器　导电表、双金属膨胀类变换器不能用于高温，而动圈式温度控制器可用于高温控制。采用能工作于高温的热电偶作为变换器，动圈式温度控制器的原理如图 2-7-11 所示。

　　插在电炉中的热电偶将温度信号变为电信号，加于动圈式毫伏表的线圈上。该线圈用张丝悬挂于磁场中，热电偶的信号可使线圈有电流通过而产生感应磁场，与外磁场作用使线圈转动。当张丝扭转产生的反力矩与线圈转动的力矩平衡时，转动停止。此时动圈偏转的角度与热电偶的热电势成正比。动圈上装有指针，指针在刻度板上指出了温度数值。指针上装有铝旗，在刻度板后装有前后两半的检测线圈和控温指针，可机械调节左右移动，用于设定所需的温度。加热时铝旗随指示温度的指针移动，当上升到所需温度时，铝旗进入检测线圈，与线圈平行切割高频磁场，产生高频涡流电流使继电器断开而停止加热；当温度降低时，铝旗走出检测线圈，使继电器闭合又开始加热。这样使加热器断续工作。炉温升至给定温度时，加热器停止加热，低于给定温度时再开始加热，温度起伏大，控温精度差。

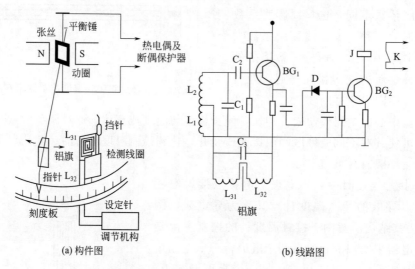

(a) 构件图　　　　　　　　　　　(b) 线路图

图 2-7-11　　动圈式温度控制器的原理

（2）比例-积分-微分控制（PID）

　　断续式二位置控制器只存在通、断两个状态，电流大小无法自动调节，控制精度较低，特别在高温时精度更低。PID调节器使用可控硅控制加热电流随偏差信号大小而作相应变化，提高了控温精度。

　　可控硅自动控温仪仍采用动圈式测量机构，但其加热电压按比例（P）-积分（I）-微分（D）调节，达到精确控温的目的。PID调节中的比例调节是调节输出电压与输入量（偏差电压）的比例关系。比例调节的特点是在任何时候输出和输入之间都存在一一对应的比例关系，温度偏差信号越大，调节输出电压越大，使加热器加热速度越快；若温度偏差信号变小，则调节输出电压变小，加热器加热速率变小；偏差信号为 0 时，比例调节器输出电压为零，加热器停止加热。这种调节，速度快，但不能保持恒温，因为停止加热会使炉温下降，下降后又有偏差信号，再进行调节，使温度总是在波动。为改善恒温情况而再加入积分调节。积分调节是调节输出量与输入量随时间的积分成比例关系，偏差信号存在，经长时间的积累，就会有足够的输出信号。若把比例调节、积分调节结合起来，可在偏差信号大时，比例调节起作用，调节速度快，很快使偏差信号变小；当偏差信号接近零时，积分调节起作用，仍能有一定的输出来补偿向环境散发的热量，使温度保持不变。微分调节是调节输出量与输入量变化速度之间的比例关系的。不论偏差本身数值有多大，只要这偏差稳定不变，微分调节就没有输出，所以微分调节不能单独使用。控温过程中加入微分调节可以加快调节过程。当偏差信号变小，偏差信号变化速率也变小时，积分调节发挥作用，随着时间的延续，偏差信号越小，发挥主要作用的就越是积分调节，直到偏差为 0 温度恒定。所以 PID 调节有调节速度快、稳定性好、精度高的自动调节功能。

7.1.4.2　简单恒温槽的组装

恒温槽是实验室中常用的一种以液体为介质的恒温装置，根据温度控制范围，可用以下液体介质：$-60 \sim 30 ℃$用乙醇或乙醇水溶液；$0 \sim 90 ℃$用水；$80 \sim 160 ℃$用甘油或甘油水溶液；$70 \sim 300 ℃$用液体石蜡、汽缸润滑油、硅油等。

恒温槽由浴槽、电接点温度计、继电器、加热器、搅拌器和温度计组成，如图 2-7-12 所示。

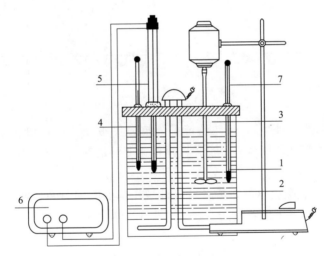

图 2-7-12　恒温槽装置示意图

1—浴槽；2—加热器；3—搅拌器；4—温度计；5—电接点温度计；6—继电器；7—贝克曼温度计

恒温槽的温度控制装置属于"通""断"类型，当加热器接通后，恒温介质温度上升，但热量的传递需要时间，因此常出现温度传递的滞后。因此恒温槽控制的温度有一个波动范围，并非某一固定不变的温度。控温效果可以用灵敏度 Δt 表示：

$$\Delta t = \pm \frac{t_1 - t_2}{2} \tag{2-7-18}$$

式中，t_1 为恒温过程中介质浴的最高温度；t_2 为恒温过程中介质浴的最低温度。

控温灵敏度测定步骤如下。

① 接通电源，使加热器加热，观察温度计读数，到达设定温度时，旋转电接点温度计调节器上端的磁铁，使金属丝刚好与水银面接触（此时继电器应当跳动，绿灯亮，停止加热），然后再观察几分钟，如果温度不符合要求，则需继续调节。

② 作灵敏度曲线：将贝克曼温差测量仪的探头放入恒温槽中，稳定后，按温差测量仪的"设定"，使其显示值为 0，然后每隔 30s 记录一次，读数即为实际温度与设定温度之差，连续观察 15min。改变设定温度，重复上述步骤。

③ 结果处理：将时间、温差读数用坐标纸绘出温度-时间曲线；求出该套设备的控温灵敏度。

图 2-7-13 给出了四种不同灵敏度曲线：曲线（a）表示恒温槽灵敏度较好；曲线（b）表示恒温槽灵敏度较差；曲线（c）表示加热器功率太大；曲线（d）表示加热器功率太小或散热太快。

影响恒温槽灵敏度的因素很多，主要有以下几个方面。

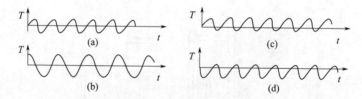

图 2-7-13　控温灵敏度曲线

a. 恒温介质流动性好，传热性能好，控温灵敏度就高；加热器功率要适宜，热容量要小，控温灵敏度就高；搅拌器搅拌速度要足够大，才能保证恒温槽内温度均匀。

b. 继电器电磁吸引电键，后者发生机械作用的时间愈短，断电时线圈中的铁芯剩磁愈小，控温灵敏度就愈高；电接点温度计热容小，对温度的变化敏感，则灵敏度高。

c. 环境温度与设定温度的差值越小，控温效果越好。

7.1.5　超级恒温槽

（1）简介

超级恒温槽是相对于普通恒温槽的控温精度较低而发展起来的。它只能加热，不能制冷，因而只可提供室温以上的精确控温，一般最高温度在 300℃ 以下，可有不同容积供选择。由于最高温度不同，也可称为水槽、油槽。

（2）仪器特点

采用智能微机控制、操作简单、温度稳定性好、有上下限温度超温报警、PID

自动控制。智能微机可修正温度测量偏差，使数显分辨率达到 0.1℃。有内、外循环，外循环时可将槽内恒温液体外引，连接需要恒温测定的仪器建立第二恒温场。例如超级恒温槽可用于阿贝折光仪、分光光度计、旋光仪等仪器进行恒温测定。

（3）基本结构

超级恒温槽的基本结构如图 2-7-14 所示。

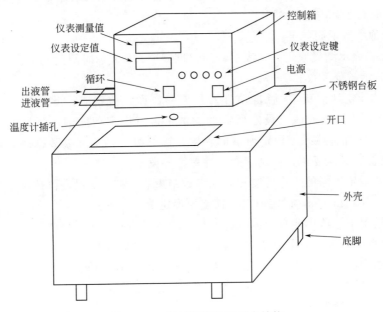

图 2-7-14　超级恒温槽的基本结构

（4）操作步骤

① 在槽内加入液体介质，液体介质液面不能低于工作台板 20mm。

② 液体介质的选用。

a. 室温＋8～80℃时，液体介质一般选用纯净水。

b. 工作温度 80～90℃时，液体介质一般选用水油混合液。

c. 工作温度 95℃以上时，液体介质一般选用油，并选择油的开杯闪点值应当高于工作温度 15℃以上。（注：这里的工作温度指的是槽内液体介质要达到的温度。）

③ 循环泵的连接。

a. 内循环泵的连接，将出液管与进液管用软管连接即可。

b. 外循环泵进行外循环的连接，将出液管用软管接在槽外部容器进口，将进液管接在槽外部容器出口。

④ 如工作温度＞100℃，建议连接管采用金属管或耐高温硅胶管。

⑤ 插上电源，开启"电源"开关，开启"循环"开关。

⑥ 仪表操作如下：

a. 仪表按键说明：如下。

◀ 移位键　　▲ 加键　　▼ 减键　　SET 设定功能键

b. 温度设定：按设定功能键进入温度设定值设定状态。设定值末位闪烁，此时先按移位键后按加键，设定所需的工作温度，再按设定功能键并保存设定值，此时测量显示的是当前槽内液体介质的温度，此后微机进入自动控制状态。所设定的工作温度应高于室内温度8℃。

c. 其他参数说明如下。

（a）SC表示测量修正；T表示时间比例周期；P表示时间比例带；I表示积分系数；d表示微分系数。

（b）按设定功能键5s后自动进入其他参数设定值状态，此时测量窗口显示"SC"字样，按加键或减键设定所需的参数，再按设定功能键，测量值窗口显示"T"字样，按加键或减键设定所需的参数，以此类推到全部参数修改完毕，再按设定功能键5s又恢复正常控制状态，并保存各设定值。

注意：设定所需的工作温度和其他参数结束后，在15s以内再按设定功能键保存设定值，如超出15s，设定值自动恢复原设定值。

一般情况下，请不要自行修改各参数，除测量值修正可以修改。

⑦ 待测量值到达工作温度时，对照插入槽内实验所要求的温度计，修正测量值与实际槽内的温度差［操作方法与第⑥条c里面（b）相同］，稳定一段时间即可进行实验或测试。

（5）使用注意事项

① 使用前槽内应加入液体介质。

② 使用电源50Hz，220V，电源功率要大于或等于仪器的总功率，电源必须有良好的"接地"装置。

③ 仪器应安置于通风干燥处，后背及两侧离开障碍物300mm距离。

④ 使用完毕，所有开关置于关机状态，拔下电源插头。

（6）用途

超级恒温槽广泛应用于精细化工、生物工程、医药食品、冶金、石油、农业等领域。为用户提供了高精度的恒温场源，是研究院、高等院校、工矿企业实验室、质检部门理想的恒温设备。

7.2　热化学测量技术及仪器

测量体系状态变化过程的热效应统称为热化学测量。它是物理化学实验中一项重要的实验技术，最常见的热化学测量技术是量热技术和差热分析技术。

7.2.1　量热技术

量热技术是一种测量发生物理的或化学的变化过程热效应的技术，例如，用于测定物质的热容及各种反应热（如中和热、溶解热、燃料与食物的燃烧热、有机化合物的燃烧热）等。按其测量原理可分为补偿式和温差式两大类；按工作方式又可分为绝热、恒温和环境恒温三种。

7.2.1.1　补偿式量热（电热补偿式、相变补偿式）

补偿式量热仪是把研究体系置于量热仪中，待测体系发生热效应时将引起体系温度的变化。补偿式量热法将以热流的形式及时连续地予以补偿，使体系温度保持恒定。利用相变潜热、电-热（或电-制冷）效应来实现温度补偿。

（1）相变补偿量热

假设将一反应体系置于冰水浴中，其热效应将使部分冰融化或使部分水凝固。已知冰的单位质量熔化焓，假设反应体系放热，只要测得冰转变为水的质量，就可求得热效应的数值。反之，反应体系发生吸热反应，也同样可以通过冰增加的质量来求得热效应。这种量热仪除了冰-水为环境介质外，也采用其他类型的相变介质。这类量热仪简单易操作，灵敏度和准确度都较高，热损失小，但热效应是处于相变温度这一特定条件下发生的。这类方法为确定热效应的环境温度提供了热化学数据，但也限制了量热仪的使用范围。表 2-7-5 给出了几种常见相变体系及其特定温度和相变热。

表 2-7-5　几种常见相变体系及其特定温度和相变热

相平衡体系	相变温度		相变热/kJ·mol^{-1}	外界压力/Pa
	T/K	$t/℃$		
氮（液-气）	77.35	-195.8	5.572	10^5
干冰（固-气）	194.7	-78.5	25.23	10^5
氨（液-气）	240	-33	23.29	10^5
水（固-液）	273.15	0	6.0	10^5
二苯醚（固-液）	300.1	26.9		10^5
$Na_2SO_4 \cdot 10H_2O(s)\text{-}[(Na_2SO_4(s)+H_2O)]$	305.3	32.38	80.77	10^5
丙酮（液-气）	329.3	56.15	31.97	10^5
水（液-气）	373.15	100	42.4	10^5

（2）热效应补偿量热

对于一个吸热的化学或物理变化过程，可将研究体系置于一液体介质中，利用电热效应对其补偿，使介质温度保持恒定。要求电加热时热损失足够小，可忽略不计，这时所吸收的热量可由加热器所消耗的电压（U）、电流（I）和时间（t）的精确测量直接求得。如果不考虑研究体系的介质与外界的热交换，该变化过程所吸收的热量可用公式计算：

$$\Delta H = Q_p = \int U(t) \cdot I(t) \mathrm{d}t \qquad (2\text{-}7\text{-}19)$$

若电压电流不随时间变化，则：

$$\Delta H = Q_p = IUt = I^2 Rt \qquad (2\text{-}7\text{-}20)$$

介质温度可根据需要予以设定，温度变化情况可用高灵敏度的温差温度计测量，电压、电流、时间的测量精度远高于温度的测量。只要介质恒温良好，热量的测得值就准确可靠。介质与外界的热交换、介质搅拌及其他因素的影响所产生的热量可以通过空白实验予以校正。对于放热效应就要使用电制冷元件，利用帕提尔（Peltier）效应来补偿。在两种不同金属组成的回路中通一定电流，双金属的接点上将分别形成冷端和热端。帕提尔功率在两端的分配比例与电流大小有关。两端功率相等时的回路电流为 I_0，在某一小于 I_0 的工作电流 I 时，其制冷功率为：

$$P_{冷} = \eta I (1 - I/I_0) \qquad (2\text{-}7\text{-}21)$$

式中，η 为帕提尔系数，它与所用元件材料及工作温度有关。实际上，由于冷热端之间的导热，将使制冷效率低于计算值，这会给放热效应带来一定的测量误差。

7.2.1.2　温差式量热（时间温差式、位置温差式）

热量计中发生的热效应，导致热量计的温度发生变化，热量的测量可以用不同时间 t 或在不同位置 x_i 测得的温度差来表示：

$$\Delta T = T(t_1) - T(t_2) \text{ 或 } \Delta T = T(x_1) - T(x_2) \qquad (2\text{-}7\text{-}22)$$

（1）时间温差测量法

参见氧弹量热计。热效应：

$$Q_V = C_{计} \Delta T \qquad (2\text{-}7\text{-}23)$$

式中，$C_{计}$ 为量热计的热容或量热计的水当量，包括构成量热计的各部件、工作介质以及研究体系本身。$C_{计}$ 与测量时的温度以及与热效应造成的温差有关。量热计与环境的热交换（热漏）在所难免。因此 $C_{计}$ 必须用已知热效应值的标准物质或用电能，在相同的实验条件下进行标定，再以雷诺作图法予以校正。

（2）位置温差测量

研究体系的热效应以一定的热传递的形式向量热仪或周围环境散热，这就在体系与环境之间存在着温度梯度。同时测量两个位置的温度，由其温度差对位置积分来计算出热效应。

7.2.2　量热计及其测量技术

量热的仪器称为量热计（或称热量计）。按测量原理和技术可分为补偿式和温差式两大类；按工作方式又可分为绝热、恒温和环境恒温三种。量热计结构主要包括外筒、内筒、温度计和搅拌器。外筒主要起到保温作用，内筒直接充当反应容器；温度计用来测量反应的温度变化；搅拌器用来使反应物混合均匀，提高温度测量的准确性和反应的完全性。以下介绍几种常用量热计。

7.2.2.1　氧弹量热计（属于温差式中的环境恒温式）及其测量技术

（1）量热计的构造

氧弹量热计的构造如图 2-7-15 所示。内筒以内的部分（包括盛水桶 3 以及其内部的水、氧弹 5、搅拌棒 12 等）为仪器的主体系。燃烧反应在氧弹 5 内进行，通过贝克曼温度计 4 测量其温度变化求得反应放出的热量。为了不与内筒以外的部分发生热交换：①在量热计外面设置一个套壳（即图中外筒水套 10）以减少热传导，此套壳是恒温的（也有绝热式的）；内筒下方用绝热支架 6 架起，上方由绝热胶板 9 覆盖；为了使体系温度很快达到均匀，由搅拌电机 7 带动搅拌棒 12 进行搅拌，为防止通过搅拌棒 12 传导热量，金属搅拌棒上端用绝热塑料 8 与搅拌电机连接；②内筒与外筒空气层绝热，并设置一层挡板 2，以减少空气的对流；③为了减少热辐射，量热计壁采用高度抛光。另外，燃烧点火是用附加的电气装置来完成的。

图 2-7-16 是氧弹的构造。氧弹是用不锈钢制成的，主要部分有厚壁圆筒 1、弹盖 2 和螺帽 3 紧密相连；在弹盖 2 上装有用来充入氧气的进气孔 4 和电极 6，电极 6 直通弹体内部，同时作为燃烧皿 7 的支架；为了将火焰反射向下而使弹体温度均匀，在另一电极 8（同时也是进气管）的上方还装有火焰遮板 9。为了保证样品在氧弹内完全燃烧，氧弹中应充以高压氧气，因此要求氧弹密封、抗腐蚀，测定粉末样品时必须将样品压成片状，以免充气时冲散或者在燃烧时飞散开来，造成实验误差。

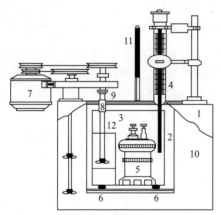

图 2-7-15　氧弹量热计

1—恒温夹套；2—挡板；3—盛水桶；
4—贝克曼温度计；5—氧弹；6—绝热支架；
7—搅拌电机；8—绝热塑料；9—绝热胶板；
10—外筒水套；11—指示外筒水温的温度计；12—搅拌棒

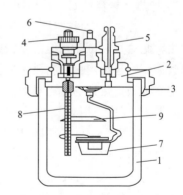

图 2-7-16　氧弹的构造

1—厚壁圆筒；2—弹盖；3—螺帽；4—进气孔；
5—排气孔；6—电极；7—燃烧皿；
8—电极（同时也是进气管）；9—火焰遮板

（2）燃烧热的测量原理

从上述量热计的构造可知，量热计的内筒，包括其内的水、氧弹及搅拌棒等近似构成了一个绝热体系。通过贝克曼温度计测量出燃烧反应前后的温度改变 ΔT，若已知量热计的热容 C（升高单位温度时所吸收的热量），则产生的总热量为 $C\Delta T$。

由能量守恒原理可知，此热量的来源应包括样品燃烧放热和点火丝放热两部分：

总热量＝样品燃烧放热＋点火丝燃烧放热

即：

$$C\Delta T = nQ_V + m_{点火丝}Q_{点火丝} \qquad (2\text{-}7\text{-}24)$$

式中，n 为待测物质的量；Q_V 为待测物质的恒容摩尔燃烧热；$Q_{点火丝}$ 为单位质量点火丝的燃烧热；$m_{点火丝}$ 为点火丝的质量；ΔT 为样品燃烧前后量热计温度的变化值。

通常用已知 Q_V 的物质标定量热计热容量 C，一般采用高纯度的苯甲酸作为标准物质。当求出量热计热容量 C 之后，即可利用上式通过实验测定其他物质的恒容热。

可利用等压热与等容热之间的转化关系式 $Q_p = Q_V + (\Delta n)RT$ 计算出反应的等压热效应。进而利用基尔霍夫方程式 $\Delta_r H_{T_2} = \Delta_r H_{T_1} + \int_{T_1}^{T_2} \Delta_r C_p \, dT$ 计算出 298.15K 时反应的等压热效应，可与文献值比较，检验测量的准确性。

（3）燃烧热测定步骤

① 量热计热容量 C（量热计常数）的标定　利用量热计测量物质变化的热效应时，必须首先标定量热计的热当量。一般采用两种方法：一是电学测量法，也称绝对法，此法直接可靠，但需要精密仪器和实验技术，一般用来提供标准物质的燃烧热数据；二是利用标准物质法来标定量热计。国际热化学会议正式推荐苯甲酸作为标定氧弹型量热计的热当量的标准物质。方法如下。

a. 样品压片。用台秤称取约 0.6g 苯甲酸，用分析天平准确称量一段（约 9cm）点火丝的质量 m_1，用压片机将点火丝压入苯甲酸片，除去表面碎屑。放入已知质量的坩埚内称准样品（必须精确到 0.2mg）。

b. 安装点火丝。将已准确称量过的苯甲酸片放入氧弹的坩埚中。两端的点火丝接在氧弹的接线柱上，旋紧氧弹盖，用万用表检查两电极确保通路。

c. 氧弹充氧。由氧气钢瓶经氧弹进气孔针形阀充入约 3MPa 氧气，为确保充分燃烧，应反复充放 2～3 次，达到所需压力后应保持 30s。

d. 测量温差。用量筒准确量取 3000mL 蒸馏水倒入盛水桶内，将氧弹放在水筒的固定座上，然后接上点火电极插头，盖上筒盖，将已调节好的贝克曼温度计插入水中，开动搅拌器开关。待温度稳定上升后，每隔 1min 记录一次贝克曼温度计的读数，在记录第十个读数的同时，迅速合上点火开关进行通电点火，若点火器上的指示灯亮后熄灭，温度迅速上升，这表示氧弹内样品已燃烧。自合上点火开关后，读数改为每隔 30s 一次，当温度升到最高点后，读数仍可改为 1min 一次，继续记录温度 10min，实验结束。

e. 检查是否完全燃烧。取出氧弹，放出余气，最后旋开氧弹盖，检查样品燃烧的情况。若氧弹中没有未燃尽的剩余物，表示燃烧完全；反之，则表示燃烧不完全，实验失败。取出燃烧后剩余的点火丝称重，从点火丝质量中减除。

② 测定样品的反应热　称取 0.5g 左右的待测样品，按上述操作步骤测定燃烧过程的温度变化 ΔT，按计算公式 $C\Delta T = nQ_V + m_{点火丝}Q_{点火丝}$ 即可求得反应的恒容热 Q_V。

③ 雷诺温差校正　因体系与周围环境的热交换无法完全避免，它对温度测量值的影响可用雷诺（Renolds）温度校正图校正。若燃烧过程中量热计温度随时间变化的曲线如图 2-7-17 中的曲线 $abcd$ 所示。其中 ab 段表示实验前期，b 点相当于开始燃烧之点；bc 段相当于燃烧反应期；cd 段则为后期。由于量热计与周围环境之间有热量交换，所以曲线 ab 和 cd 常常发生倾斜，在量热实验中所测得的温度变化值 ΔT，可以按如下方法确定（雷诺温差校正法）：取 b 点所对应的温度 T_1，

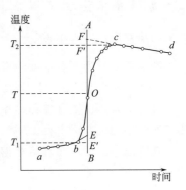

图 2-7-17　绝热较差时温差校正图

c 点所对应的温度 T_2，其平均温度 $\dfrac{T_1 + T_2}{2}$ 为 T；

经过 T 点作横坐标的平行线 TO 与曲线 $abcd$ 相交于 O 点；然后通过 O 点作垂线 AB，该垂线与 ab 线和 cd 线的延长线分别交于 E、F 两点，则 E、F 两点所表示的温度差即为所求的燃烧前后温度的变化值 ΔT。图中 EE' 表示由环境辐射进来的热量所造成的温度升高，这部分是必须扣除的；而 FF' 表示因量热计向环境辐射出去的热量所造成的温度降低，这部分是必须加上的。经过上述温度校正所得的温度差 EF 表示了由于样品燃烧使量热计温度升高的数值。

如果燃烧前量热计的水温稍低或量热计绝热性能较好，则反应后期的温度将升高，在这种情况下的 ΔT 仍然按上述方法进行校正。

④ 等压燃烧热的确定　利用公式 $Q_p = Q_V + (\Delta n)_g RT$ 可计算出反应的等压热效应。可利用基尔霍夫方程计算 298.15K 下反应的热效应，与文献值比较，确定实验的准确度。

7.2.2.2　绝热温差式量热计——溶解热和稀释热的测量技术

（1）溶解热的测定——标准物质法标定量热计能当量

① 基本原理　溶解热分为积分溶解热和微分溶解热。积分溶解热即在等温等压条件下，1mol 溶质溶解在一定量的溶剂中形成某指定浓度的溶液时的焓变，称为摩尔溶解焓（热），用公式表示如下：

$$(\Delta_{sol}H_m)_{T,p,n_A} = \frac{(\Delta_{sol}H)}{n_B} \qquad (2\text{-}7\text{-}25)$$

式中，n_B 为溶解于溶剂 A 中的溶质 B 的物质的量。若形成溶液的浓度趋近于零，积分溶解热也趋近于一定值，称为无限稀释积分溶解热。积分溶解热可由实验直接测定。

微分溶解热是等温等压下，在大量给定浓度的溶液里加入 1mol 溶质时所产生的热效应，可表示为 $\left[\dfrac{\partial(\Delta_{sol}H)}{\partial n_B}\right]_{T,p,n_A}$。

微分稀释焓定义为等温等压下，在大量给定浓度的溶液里加入 1 摩尔溶剂时所产生的热效应，可表示为 $\left[\dfrac{\partial(\Delta_{sol}H)}{\partial n_A}\right]_{T,p,n_B}$。

摩尔稀释焓为两个浓度的摩尔溶解焓之差：

$$\Delta_{dil}H_m = \Delta_{sol}H_m(n_{0,2}) - \Delta_{sol}H_m(n_{0,1}) \qquad (2\text{-}7\text{-}26)$$

微分溶解热、微分稀释热和摩尔稀释热都难以直接测量，可通过积分溶解热的测定实验用间接方法求得。

在定温定压下，溶解焓是溶液中溶质 B 的物质的量 n_B 和溶剂 A 的物质的量 n_A 的一次齐次函数，

$$(\Delta_{sol}H)_{T,p} = f(n_A, n_B) \qquad (2\text{-}7\text{-}27)$$

应用数学上的欧拉定理推导可得：

$$(\Delta_{sol}H)_{T,p} = n_A\left(\frac{\partial \Delta_{sol}H}{\partial n_A}\right)_{T,p,n_B} + n_B\left(\frac{\partial \Delta_{sol}H}{\partial n_B}\right)_{T,p,n_A} \qquad (2\text{-}7\text{-}28)$$

令 $n_0 = \dfrac{n_A}{n_B}$，则：

$$(\Delta_{sol}H_m)_{T,p} = n_0\left(\frac{\partial \Delta_{sol}H}{\partial n_A}\right)_{T,p,n_B} + \left(\frac{\partial \Delta_{sol}H}{\partial n_B}\right)_{T,p,n_A} \qquad (2\text{-}7\text{-}29)$$

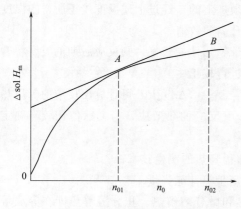

图 2-7-18　$\Delta_{sol}H_m\text{-}n_0$ 曲线

式中，$\Delta_{sol}H_m$ 可由实验测定；n_0 可由实验中所用的溶质和溶剂的物质的量计算得到。作 $\Delta_{sol}H_m\text{-}n_0$ 曲线，见图 2-7-18，曲线某点（n_{01}）的切线斜率为该浓度下的微分稀释焓，切线与纵坐标的截距为该浓度下的微分溶解焓。图中 n_{02} 点的摩尔溶解焓与 n_{01} 点的摩尔溶解焓之差为该过程的摩尔稀释焓。

溶解热的测量可通过绝热测温式量热计进行，它是在绝热恒压不做非体积功的条件下，通过测定量热系统的温度

变化，而推算出该系统在等温等压下的热效应。采用标准物质法进行量热计能当量的标定。可利用 1mol KCl 溶于 200mol 水中的积分溶解热数据进行量热计的标定。当上述溶解过程在恒压绝热式量热计中进行时，可设计如下途径：

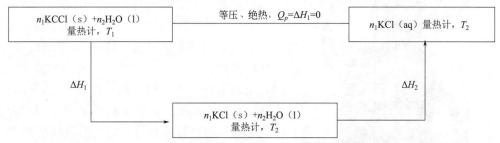

在上述途径中，ΔH_1 为 KCl（s）、H_2O（l）及量热计从 T_1 等压变温至 T_2 过程的焓变，ΔH_2 为在 T_2 温度下，物质的量为 n_1 mol 的 KCl（s）溶于 n_2 mol H_2O（l）中，形成终态溶液的焓变，即溶解焓。根据状态函数特点：

$$\Delta H = \Delta H_1 + \Delta H_2 = 0$$
$$\Delta H_2 = -\Delta H_1$$

因
$$\Delta H_1 = [n_1 C_{p,m}(KCl,s) + n_2 C_{p,m}(H_2O,l) + K] \times (T_2 - T_1)$$
$$\Delta H_2 = n_1 \Delta_{sol} H_m$$

所以：$K = -[n_1 C_{p,m}(KCl,s) + n_2 C_{p,m}(H_2O,l] - (n_1 \Delta_{sol} H_m)/(T_2 - T_1)$

式中，$C_{p,m}$ 为物质的恒压摩尔比热容；$(T_2 - T_1) = \Delta T$ 为溶解前后系统温度的差值（需经过雷诺校正）；$\Delta_{sol} H_m$ 为 1mol KCl 溶解于 200mol H_2O 的积分溶解热，作为已知量。通过上式可计算量热计的能当量 K 值。

再根据相同的原理，测定不同浓度的待测样品的溶解热。

② 仪器　自组装量热计一套（如图 2-7-19 所示，包括保温瓶——代替杜瓦瓶、磁力搅拌器、加样漏斗、贝克曼温度计或数字温差测量仪、1/10℃ 温度计、容量瓶、称量瓶、计时器等）。

③ 操作步骤

a. 量热计的标定

（a）在称量瓶中称取一定量的 KCl。用容量瓶准确量取一定体积室温下的蒸馏水，倒入广口保温杯。

（b）按图 2-7-19 所示，组装好简单绝热式量热计，并调节好贝克曼温度计。

（c）打开磁力搅拌器，保持一定的搅拌速率，待温度变化率基本稳定后，每隔 1min 记录一次温度，连续记录六次作为溶解的前期温度。

（d）将称好的 KCl 迅速倒入量热计，保持相同的搅拌速率，继续每分钟记录一次温度，直到温度不再变化时，再连续记录六个温度作为溶解的后期温度。

（e）读取 1/10℃ 温度计的读数，根据此温度从附表中查出相应的 KCl 的积分溶解热。

图 2-7-19　自组装简单绝热式量热计装置
1—贝克曼温度计；2—磁力搅拌器；
3—加样漏斗；4—保温瓶

（f）称量已倒出 KCl 的空称量瓶质量，准确计算已溶解的 KCl 的质量。

b. 待测样品（以 KNO$_3$ 为例）积分溶解热的测定　按步骤（a）～（f）测定一定质量的 KNO$_3$ 溶于指定量的水中的积分溶解热。

c. 微分溶解热和微分稀释热、积分稀释热的获得　分别测定不同量的 KNO$_3$ 溶于指定量的水中的积分溶解热。作 $\Delta_{sol}H_m - n_0$ 曲线，见图 2-7-18，某点（n_{01}）的切线斜率为该浓度下的微分稀释焓，切线与纵坐标的截距，为该浓度下的微分溶解焓。图中 n_{02} 点的摩尔溶解焓与 n_{01} 点的摩尔溶解焓之差为该过程的摩尔稀释焓。

（2）电热补偿式量热计——补偿法测定溶解热

① 基本原理　对于溶解吸热的体系，如硝酸钾溶解在水中是一个温度随反应的进行而降低的吸热过程，可采用电热补偿法测定。实验时先测定体系的起始温度，溶解进行后温度不断降低，由电加热法使体系复原至起始温度，根据所耗电能求出溶解过程中的热效应 Q。

$$Q = I^2Rt = IUt\,(\text{J}) \qquad (2\text{-}7\text{-}30)$$

式中，I 为通过加热器电阻丝（电阻为 R）的电流强度，A；U 为电阻丝两端所加的电压，V；t 为通电时间，s。

② 仪器　SWC-RJ 一体式溶解热测量装置（参数为：加热功率 $0\sim12.5$W 可调；温度/温差分辨率 0.01℃/0.001℃；计时时间范围 $0\sim9999$s；输出 RS232C 串行口）。

③ 测量步骤

a. 称样　先准确称取若干个（以 8 个为例）空称量瓶的质量，分别加入一定质量（g）m_1、m_2、m_3、m_4、m_5、m_6、m_7、m_8 的硝酸钾，称完后置于干燥器中，称取一定质量 w（g）的蒸馏水于杜瓦瓶内。

b. 连接装置　如图 2-7-20 所示，将杜瓦瓶置于测量装置中，插入测温探头，打开温差仪和搅拌器。将加热器与恒流电源相连，打开恒流电源，根据所测样品调节电流使加热功率为一定值，记下电压、电流值。

c. 测量　记下当前室温。同时观察温差仪测温值，当超过室温约 0.5℃时按下"采零"按钮和"锁定"按钮，并同时按下"计时"按钮开始计时。

将样品从加料口倒入杜瓦瓶中。此时，温差仪显示的温差为负值，表明进行溶解过程吸热。监视温差仪，当数据回归到零时记下时间读数。接着将第二份试样倒入杜瓦瓶中，同样再到温度归零时读取时间值。如此反复，直到所有的样品全部测定完。注意加热速度不能太快，也不能太慢。

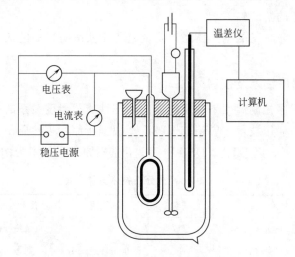

图 2-7-20　电热补偿式量热计

d. 称空瓶质量　在分析天平上称取 8 个空称量瓶的质量，根据两次质量之差计算加入的硝酸钾的准确质量。

e. 数据处理　注意数据处理时应该按照累计硝酸钾的量和累计归零时间计算累计电能以及相应浓度的溶解热效应 $\Delta_{sol}H = \dfrac{Q}{n_{KNO_3}}$。绘制 $\Delta_{sol}H\text{-}\dfrac{n_{H_2O}}{n_{KNO_3}}$ 关系曲线，可以通过作某一浓度的切线，得出其截距为该浓度下的微分溶解热；两个浓度下的积分溶解热的差为从某高浓度稀释到低浓度的稀释热。

对电热补偿法，也可以按下述步骤进行：即测定每一份不同量的样品的溶解情况，并记录加入样品后温度随时间的改变，直至温度维持稳定；溶解结束后，再通电加热，使体系回到溶解前的温度，记录所需时间、电压、电流等，通过电能计算溶解热。

具体步骤如下。

（a）杜瓦瓶中用量筒加一定量的蒸馏水，装置好量热计，开启搅拌器。调节输出为 0，开启记录仪，记录体系温度稳定过程。

（b）分析天平称取一定量硝酸钾，在量热计温度稳定 3～5min 后，从加料漏斗加入，记录过程温度变化。注意，加料漏斗加料前后应加盖，以减少体系与环境的热交换。

（c）待温度没有明显变化后约 3min 停止记录。

（d）电标定过程与上述溶解过程操作类似，即分为标定前期、标定期和标定后期。电标定时控制好加热电压和电流，防止升温过快（使体系在 2～3min 内升高约1℃）。记录好通电到断电的加热时间，当体系升温幅度接近溶解降温幅度时，断开电源，但记录继续进行，直到温度上升趋势与标定前期相似为止。

（e）倒出溶液，清洗烘干杜瓦瓶，重新装入同样量的水，按上述步骤，分别测定其他量的硝酸钾的溶解热。

由于杜瓦瓶并非真正的绝热体系，实验过程中实际有微小的热交换。必须对温差进行雷诺校正。

7.2.3　热分析测量技术及仪器

热分析是在程序控制温度下测量物质的物理性质与温度关系的一类技术。热分析是一类多学科的通用技术，应用范围极广。根据所测物理性质不同，热分析技术分类如表2-7-6所列。以DTA、DSC和TG等基本原理和技术为例作一介绍。

表2-7-6　热分析技术分类

物理性质	技术名称	简称	物理性质	技术名称	简称
质量	热重法	TG	机械特性	机械热分析	TMA
	热导率法	DTG		动态热	
	逸出气检测法	EGD		机械热	
	逸出气分析法	EGA	声学特性	热发声法	
				热传声法	
温度	差热分析	DTA	光学特性	热光学法	
焓	差示扫描量热法[①]	DSC	电学特性	热电学法	
尺度	热膨胀法	TD	磁学特性	热磁学法	

① DSC分类：功率补偿DSC和热流DSC。

7.2.3.1　差热分析法（DTA）

差热分析是在程序控制温度下，测量样品与参比物之间的温度差与温度关系的一种技术。差热分析曲线是描述样品与参比物之间的温差（ΔT）随温度T或时间t的变化关系的。在DTA测量中，曲线上的峰值可以给出关于相变和玻璃化转变温度的信息。DTA峰下面的面积给出了相变热的值。样品温度的变化是由于相转变或反应的吸热或放热效应引起的，如：相转变、熔化、晶体结构的转变、沸腾、升华、蒸发、脱氢反应、断裂或分解反应、氧化或还原反应、晶格结构的破坏和其他化学反应。一般来说，相转变、脱氢还原和一些分解反应产生吸热效应；而结晶、氧化和另一些分解反应产生放热效应。

（1）DTA的基本结构

一般的差热分析仪由加热系统、温度控制系统、信号放大系统、差热系统和记录系统组成（见图2-7-21）。有些型号的产品也包括气氛控制系统和压力控制系统。现将各部分简介如下。

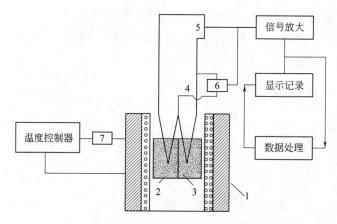

图 2-7-21　差热分析装置示意图

1—加热炉；2—试样；3—参比物；4—测温热电偶；5—温差热电偶；6—测温元件；7—温控元件

① 加热系统：加热系统提供测试所需的温度条件，根据炉温可分为低温炉（<250℃）、普通炉、超高温炉（可达 2400℃）；按结构形式可分为微型、小型、立式和卧式。系统中的加热元件及炉芯材料根据测试范围不同而不同。

② 温度控制系统：温度控制系统用于控制测试时的加热条件，如升温速率、温度测试范围等。它一般由定值装置、调节放大器、可控硅调节器（PID-SCR）、脉冲移相器等组成，随着自动化程度的不断提高，大多数已改为微电脑控制，提高了控温精度。

③ 信号放大系统：通过直流放大器把差热电偶产生的微弱温差电动势放大、增幅、输出，使仪器能够更准确地记录测试信号。

④ 差热系统：差热系统是整个装置的核心部分，由样品室、试样坩埚、热电偶等组成。热电偶是其中的关键性元件，既是测温工具，又是传输信号工具，可根据要求具体选择。

⑤ 记录系统：记录系统早期采用双笔记录仪进行自动记录，目前已能使用微机进行自动控制和记录，并可对测试结果进行分析，给实验研究提供了很大方便。

⑥ 气氛控制系统和压力控制系统：该系统能够给实验研究提供气氛条件和压力条件，增大测试范围，目前已经在一些高端仪器中采用。

（2）DTA 术语

图 2-7-22 所示为典型的差热曲线，通常用下列术语描述该曲线上各典型部分。

基线：ΔT 近似于 0 的区段（AB、DE 段）。

峰：离开基线后又返回基线的区段（如 BCD）。

放热峰：规定向上为放热峰，向下为吸热峰。

峰宽：离开基线后又返回基线之间的温度间隔（或时间间隔）（$B'D'$ 段）。

峰高：垂直于温度（或时间）轴的峰顶到内切基线之间的距离（CF 段）。

峰面积：峰与内切基线所围成的面积（*BCDB*）。

外推起始点（出峰点）：峰前沿最大斜率点切线与基线延长线的交点（*G*）。

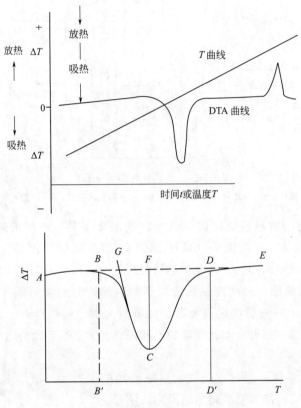

图 2-7-22 典型的差热曲线及曲线上各典型部分说明

（3）差热分析（DTA）的原理

差热原理图如图 2-7-23（a）所示。试样和参比物分别放入坩埚中，置于炉中以一定速率进行程序升温，图中两对热电偶反向联结，构成差示热电偶。s 为试样，r 为参比物。在电表 *T* 处测得的值为试样（sample）温度 T_s；在电表 ΔT 处测的值即为试样温度 T_s 和参比物（reference）温度 T_r 之差 ΔT。设试样和参比物（包括容器、温差电偶等）的热容量 C_s、C_r 不随温度而变，若以 $\Delta T = T_s - T_r$ 对时间 t 作图，所得 DTA 曲线如图 2-7-23（b）所示，图中在未加热时，炉温 $T_w = T_s = T_r$；升温后，未发生反应时，由于有热阻，参比物和试样会有不同程度的热滞后，$T_w > T_s \approx T_r$；由于试样与参比物热容不同，即 $C_s \neq C_r$，在热源传热相同时，试样和参比物温度也不相等，即 $T_s \neq T_r$。随着温度的升高，试样产生了热效应（例如发生相转变，样品吸热），则与参比物间的温差变大，在 DTA 曲线中表现为向下的峰 [见图 2-7-23（b）]。若样品放热，则形成向上的峰。用 Φ 表示升温速率，K 表示传热系数，则基线方程为：

$$(\Delta T)_a = \frac{C_r - C_s}{K} \varPhi \tag{2-7-31}$$

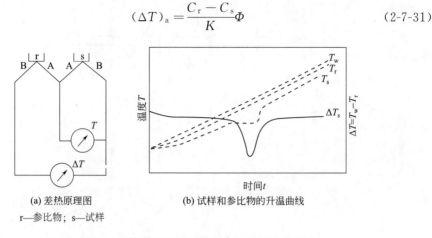

(a) 差热原理图

r—参比物；s—试样

(b) 试样和参比物的升温曲线

图 2-7-23　差热原理图及试样和参比物的升温曲线

从差热图上可清晰地看到差热峰的数目、高度、位置、对称性以及峰面积。峰的个数表示物质发生物理化学变化的次数，峰的大小和方向代表热效应的大小和正负，峰的位置表示物质发生变化的转化温度。在相同的测定条件下，许多物质的热谱图具有特征性。因此，可通过与已知的热谱图的比较来鉴别样品的种类。根据国际热分析协会（International Confederation For Thermal Analysis，ICTA）规定，DTA 曲线放热峰向上，吸热峰向下，灵敏度单位为微伏（μV）。

理论上讲，可通过峰面积的测量对物质发生变化时的热效应进行定量分析，但因影响差热分析的因素较多，定量难以准确。

（4）热效应的定量分析

在差热曲线的基线形成以后，如果试样产生吸热效应，设热效应为 ΔH，此时试样所得的热量（主要讨论试样熔化时的情况）与 DTA 峰下面的面积有关：

$$\Delta H = \frac{gC}{m} S \tag{2-7-32}$$

式中，m 为反应物的质量；ΔH 为反应热；g 为仪器的几何形态常数；C 为样品的热传导率。S 为 DTA 曲线所包围的面积 S 可用下式表示：

$$S = \int_a^\infty [\Delta T - (\Delta T)_a] \mathrm{d}t \tag{2-7-33}$$

式中，ΔT 为温差；a 和 ∞ 为反应开始和结束的时间。这里忽略了微分项和样品的温度梯度，并假设峰面积与样品的比热容无关，所以它是一个近似关系式。DTA 曲线起始点、终点温度及峰面积的确定方法如下。

① DTA 曲线起始点温度的确定（ΔT 的确定）　如图 2-7-24 所示，DTA 曲线的起始温度可取下列任一点的温度：曲线偏离基线之点 T_a 或曲线的峰值温度 T_p；曲线陡峭部分切线和基线延长线这两条线的交点 T_e（外推始点）。其中 T_a 与仪器的灵敏度有关，灵敏度越高则出现得越早，即 T_a 值越低，故一般重复性较差，T_p

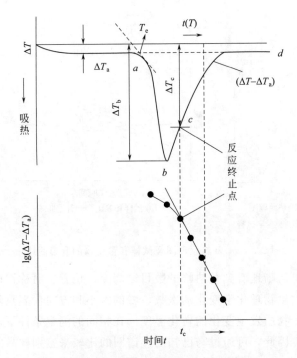

图 2-7-24　DTA 吸热转变曲线

a—反应起始点；b—峰顶；c—反应终点；d—曲线终点

和 T_e 的重复性较好，其中 T_e 最接近热力学的平衡温度。

② DTA 曲线终点温度的确定　反应终点就是热效应的终点，从外观上看，曲线回复到基线的温度是 T_d（终止温度）。而反应的真正终点温度是 T_c，由于整个体系的热惰性，即使反应终了，热量仍有一个散失过程，使曲线不能立即回到基线。T_c 可以通过作图的方法来确定，T_c 之后，ΔT 即以指数函数降低，因而如以 $\lg\left[\Delta T-\left(\Delta T\right)_a\right]$ 对时间 t 作图，应为一直线。当从峰的尾部向峰顶逆向取点时，开始偏离直线的那个点，就是反应终点 c。

③ DTA 峰面积的确定　除利用公式（2-7-33）计算峰面积外，DTA 峰面积还可以利用以下几种方法测量得到。

a. 使用积分仪，可以直接读数或自动记录差热峰的面积。

b. 如果差热峰的对称性好，可作等腰三角形处理，用峰高乘以半峰宽（峰高 1/2 处的宽度）的方法求面积。

c. 剪纸称重法，若记录纸厚薄均匀，可将差热峰剪下来，在分析天平上称其质量，其数值可以代表峰面积。对于反应前后基线没有偏移的情况，只要联结基线就可求得峰面积。（此方法不适于电脑记录仪）

对于基线有偏移的情况，下面两种方法是经常采用的。

a. 分别作反应开始前和反应终止后的基线延长线，它们离开基线的点分别是

T_a和T_f，联结T_a、T_p、T_f各点，便得峰面积，这就是 ICTA（国际热分析协会）所规定的方法［见图 2-7-25（a）］。

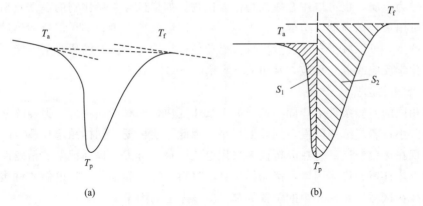

图 2-7-25　基线有偏移的峰面积求法

b. 由基线延长线和通过峰顶T_p作垂线，与 DTA 曲线的两个半侧所构成的两个近似三角形面积S_1、S_2［图 2-7-25（b）中以阴影表示］之和$S = S_1 + S_2$表示峰面积，这种求面积的方法是认为在S_1中丢掉的部分与S_2中多余的部分可以得到一定程度的抵消。

（5）影响差热分析的主要因素

① 气氛和压力的选择

气氛和压力可以影响样品化学反应和物理变化的平衡温度、峰形。因此，必须根据样品的性质选择适当的气氛和压力，有的样品易氧化，可以通入N_2、Ne 等惰性气体。

② 升温速率的影响和选择

升温速率不仅影响峰温的位置，而且影响峰面积的大小，一般来说，在较快的升温速率下峰面积变大，峰变尖锐。但是快的升温速率使试样分解偏离平衡条件的程度也大，因而易使基线漂移。更主要的会导致相邻两个峰重叠，分辨力下降。较慢的升温速率，基线漂移小，使体系接近平衡条件，得到宽而浅的峰，也能使相邻两峰更好地分离，因而分辨力高。但测定时间长，需要仪器的灵敏度高。一般情况下以选择 10～15℃/min 为宜。

③ 试样的预处理及用量

试样用量大，易使相邻两峰重叠，降低了分辨力。一般应尽可能减少用量，最多达到毫克级。样品的颗粒度在 100～200 目，颗粒小可以改善导热条件，但太细可能会破坏样品的结晶度。对易分解产生气体的样品，颗粒应大一些。参比物的颗粒、装填情况及紧密程度应与试样一致，以减小基线的漂移。

④ 参比物的选择

要获得平稳的基线，参比物的选择很重要。要求参比物在加热或冷却过程中不发生任何变化，在整个升温过程中参比物的比热容、热导率、粒度尽可能与试样一致或相近。常用三氧化二铝（α-Al_2O_3）或煅烧过的氧化镁或石英砂作参比物。如分析试样为金属，也可以用金属镍粉作参比物。如果试样与参比物的热性质相差很远，则可用稀释试样的方法解决，主要是减小反应剧烈程度；如果试样加热过程中有气体产生，可以减少气体大量出现，以免使试样冲出。选择的稀释剂不能与试样有任何化学反应或催化反应，常用的稀释剂有 SiC、Al_2O_3 等。

⑤ 纸速的选择

在相同的实验条件下，同一试样如走纸速度快，则峰的面积大，但峰的形状平坦，误差小；若走纸速度慢，则峰面积小。因此，要根据不同样品选择适当的走纸速度。现在比较先进的差热分析仪多采用电脑记录，可大大提高记录的精确性。

除上述外还有许多因素，诸如样品管的材料、大小和形状、热电偶的材质以及热电偶插在试样和参比物中的位置等都是应该考虑的因素。

（6）差热分析的应用范围

① 材料的鉴别与成分分析　应用差热分析对材料进行鉴别主要是根据物质的相变（包括熔融、升华和晶型转变等）和化学反应（包括脱水、分解和氧化还原等）所产生的特征吸热峰或放热峰。有些材料常具有比较复杂的 DTA 曲线，虽然不能对 DTA 曲线上所有的峰作出解释，但是它们像"指纹"一样表征着材料的特性。

② 定性分析物质的物理或化学变化过程　依据差热分析曲线特征，如各种吸热峰与放热峰的个数、形状及相应的温度等，可定性分析物质的物理或化学变化过程，还可依据峰面积半定量地测定反应热。

③ 定量分析　依据：峰面积。因为峰面积反映了物质的热效应（热焓），可用来定量计算参与反应的物质的量或测定热化学参数。

④ 材料相态结构的变化　举例如下。

a. 水：对于含吸附水、结晶水或者结构水的物质，在加热过程中失水时，发生吸热作用，在差热曲线上形成吸热峰。

b. 气体：一些化学物质，如碳酸盐、硫酸盐及硫化物等，在加热过程中由于 CO_2、SO_2 等气体的放出，而产生吸热效应，在差热曲线上表现为吸热峰。不同类物质放出气体的温度不同，差热曲线的形态也不同，利用这种特征就可以对不同类物质进行区分鉴定。

c. 变价：矿物中含有变价元素，在高温下发生氧化，由低价元素变为高价元素而放出热量，在差热曲线上表现为放热峰。变价元素不同，以及在晶格结构中的情况不同，则因氧化而产生放热效应的温度也不同。如 Fe^{2+} 在 $340 \sim 450℃$ 下变成 Fe^{3+}。

d. 重结晶：有些非晶态物质在加热过程中伴随有重结晶的现象发生，放出热量，在差热曲线上形成放热峰。此外，如果物质在加热过程中晶格结构被破坏，变为非晶态物质后发生晶格重构，则也形成放热峰。

e. 晶型转变：有些物质在加热过程中由于晶型转变而吸收热量，在差热曲线上形成吸热峰。因而适合对金属或者合金及一些无机矿物进行分析鉴定。

（7）DTA 存在的两个缺点

① 试样在产生热效应时，升温速率是非线性的，从而使校正系数 K 值变化，难以进行定量；只能进行定性或半定量的分析工作。

② 试样产生热效应时，由于与参比物、环境的温度有较大差异，三者之间会发生热交换，降低了对热效应测量的灵敏度和精确度。

7.2.3.2　差示扫描量热法（DSC）

为了克服差热缺点，发展了 DSC。该法对试样产生的热效应能及时得到应有的补偿，使得试样与参比物之间无温差、无热交换，试样升温速度始终跟随炉温呈线性变化，保证了校正系数 K 值恒定。测量灵敏度和精度大有提高。

（1）DSC 的基本原理

差示扫描量热法（DSC）是在程序控制温度下，测量输入到试样和参比物的热流量差或功率差与温度关系的一种技术。

DSC 和 DTA 仪器装置相似，所不同的是在试样和参比物容器下装有两组补偿加热丝，当试样在加热过程中由于热效应与参比物之间出现温差 ΔT 时，通过差热放大电路和差动热量补偿放大器，使流入补偿电热丝的电流发生变化，当试样吸热时，补偿放大器使试样一边的电流立即增大；反之，当试样放热时则使参比物一边的电流增大，直到两边热量平衡，温差 ΔT 消失为止。换句话说，试样在热反应时发生的热量变化，由于及时输入电功率而得到补偿，所以实际记录的是试样和参比物下面两只电热补偿的热功率之差随时间 t 的变化 $\left(\dfrac{\mathrm{d}H}{\mathrm{d}t} \text{-} t\right)$ 关系。如果升温速率恒定，记录的也就是热功率之差随温度 T 的变化 $\left(\dfrac{\mathrm{d}H}{\mathrm{d}t} \text{-} T\right)$ 关系，如图 2-7-26 所示。纵坐标是试样与参比物的功率差 $\mathrm{d}H/\mathrm{d}t$，也称为热流率，单位为毫瓦（mW），横坐标为温度（T）或时间（t），但纵坐标没有规定吸热、放热的方向。许多厂家生产的 DSC 仪器仍沿用 DTA 规定，即吸热为正，放热为负。

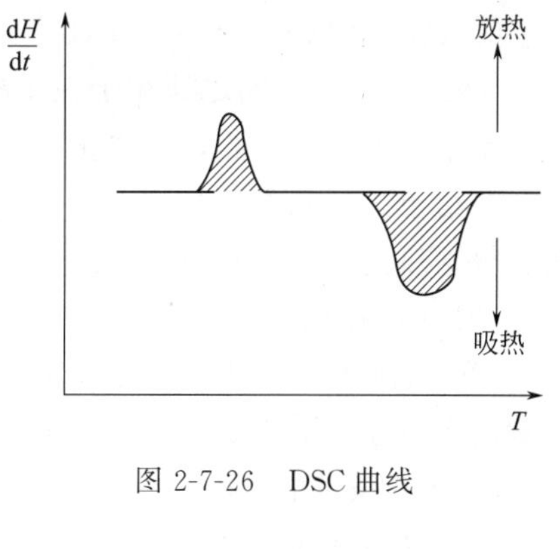

图 2-7-26　DSC 曲线

其峰面积 S 正比于热焓的变化：

$$\Delta H_{\mathrm{m}} = KS \qquad (2\text{-}7\text{-}34)$$

式中，K 为与温度无关的仪器常数。

如果事先用已知相变热的试样标定仪器常数，再根据待测样品的峰面积，就可得到 ΔH 的绝对值。仪器常数的标定，可利用测定锡、铅、铟等纯金属的熔化，从其熔化热的文献值即可得到仪器常数。

因此，用差示扫描量热法可以直接测量热量，这是与差热分析的一个重要区别。此外，DSC 与 DTA 相比，另一个突出的优点是后者在试样发生热效应时，试样的实际温度已不是程序升温时所控制的温度（如在升温时试样由于放热而一度加速升温）。而前者由于试样的热量变化随时可得到补偿，试样与参比物的温度始终相等，避免了参比物与试样之间的热传递，故仪器的反应灵敏，分辨率高，重现性好。

（2）DSC 的基本结构

DSC 仪按测定方法，可分为功率补偿型 DSC 和热流型（Heat Flux）DSC，如图 2-7-27 所示。

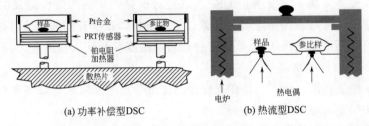

(a) 功率补偿型DSC　　　(b) 热流型DSC

图 2-7-27　DSC 基本结构

① 功率补偿型 DSC　如图 2-7-27（a）所示，在试样和参比样品始终保持相同温度的条件（即：$\Delta T=0$）下，测定为满足此条件试样和参比品两端所需的能量差，并直接作为信号 ΔQ（热量差）输出。试样和参比物分别具有独立的加热器和传感器。整个仪器由两套控制电路进行监控。一套控制温度，使试样和参比物以预定的速率升温，另一套用来补偿二者之间的温度差。无论试样产生任何热效应，试样和参比物都处于动态零位平衡状态，即二者之间的温度差 ΔT 等于 0。这也是 DSC 和 DTA 技术最本质的区别。

② 热流型 DSC　与 DTA 仪器十分相似，这是一种定量的 DTA 仪器，如图 2-7-27（b）所示。不同之处在于在试样与参比物托架下，置一电热片，加热器在程序控制下对加热块加热，其热量通过电热片同时对试样和参比物加热，使之受热均匀。在给予试样和参比物相同功率的条件下，测定试样和参比物两端的温差 ΔT，然后根据热流方程，将 ΔT（温差）换算成 ΔQ（热量差）作为信号输出。

（3）影响因素

DSC 的影响因素与 DTA 基本上相类似，由于 DSC 用于定量测试，因此实验因素的影响显得更重要，其主要的影响因素大致有以下几个方面。

① 实验条件的影响

a. 升温速率 Φ　主要影响 DSC 曲线的峰温和峰形，一般 Φ 越大，峰温越高，峰形越大和越尖锐。实际中，升温速率 Φ 的影响是很复杂的，对温度的影响在很大程度上与试样的种类和转变的类型密切相关。

b. 气氛　实验时，一般对所通气体的氧化还原性和惰性比较注意，而往往容易忽略对 DSC 峰温和热熔值的影响。实际上，气氛的影响是比较大的。如在 He 气氛中所测定的起始温度和峰温比较低，这是由于炉壁和试样盘之间的热阻下降引起的，因为 He 的热导性约是空气的 5 倍，温度响应比较慢，而在真空中温度响应要快得多。

② 试样特性的影响

a. 试样用量。不宜过多，用量过多会使试样内部传热慢，温度梯度大，导致峰形扩大、分辨力下降。

b. 试样粒度。试样粒度的影响比较复杂。通常大颗粒热阻较大，而使试样的熔融温度和熔融热熔偏低。但是当结晶的试样研磨成细颗粒时，往往由于晶体结构的扭曲和结晶度的下降也会导致相类似的结果。对于带静电的粉状试样，由于粉末颗粒间的静电引力使粉状形成聚集体，会引起熔融热熔变大。

c. 试样的几何形状。在高聚物的研究中，发现试样几何形状的影响十分明显。对于高聚物，为了获得比较精确的峰温值，应该增大试样与试样盘的接触面积，减小试样的厚度并采用慢的升温速率。

（4）DSC 曲线峰面积的确定及仪器校正

不管是 DTA 还是 DSC 对试样进行测定的过程中，试样发生热效应后，其热导率、密度、比热容等性质都会有变化，使曲线难以回到原来的基线，形成各种峰形。如何正确选取不同峰形的峰面积，对定量分析来说是十分重要的。DSC 是动态量热技术，对 DSC 仪器重要的校正就是温度校正和量热校正。

① 峰面积的确定　一般来讲，确定 DSC 峰界限有以下四种方法，如图 2-7-28 所示。

a. 若峰前后基线在一直线上，则取基线连线作为峰底线〔见图 2-7-28（a）〕。

b. 当峰前后基线不一致时，取前、后基线延长线与峰前、后沿交点的连线作为峰底线〔见图 2-7-28（b）〕。

c. 当峰前后基线不一致时，也可以过峰顶作为纵坐标平行线，与峰前、后基线延长线相交，以此台阶形折线作为峰底线〔见图 2-7-28（c）〕。

d. 当峰前后基线不一致时，还可以作峰前、后沿最大斜率点切线，分别交于前、后基线的延长线，连接两交点组成峰底线〔见图 2-7-28（d）〕。此法是 ICTA 所推荐的方法。

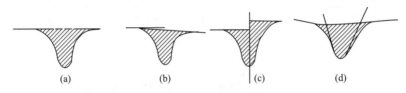

图 2-7-28　DSC 曲线峰界线的确定

② 温度校正（横坐标校正）　　DSC 的温度是用高纯物质的熔点或相变温度进

行校核的，高纯物质常用高纯铟，另外有 KNO_3、Sn、Pb 等。校正方法如图 2-7-29 所示。试样的 DSC 峰温为过其峰顶作斜率（b）与高纯金属熔融峰前沿斜率（a）相同的斜线与峰底线交点 B 所对应的温度 T_e。

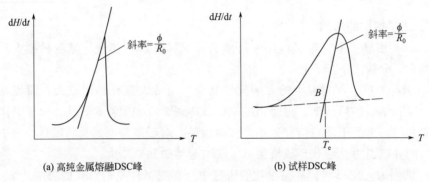

(a) 高纯金属熔融DSC峰　　　　　(b) 试样DSC峰

图 2-7-29　DSC 峰温校正

③ 量热校正（纵坐标的校正）　用已知转变热焓的标准物质（通常用 In、Sn、Pb、Zn 等金属）测定出仪器常数或校正系数 K

$$K = \frac{\Delta H m S}{aA} \qquad (2\text{-}7\text{-}35)$$

式中，A 为 DSC 峰面积 m^2；ΔH 为用来校正的标准物质的转变热焓，J·g^{-1}；S 为记录纸速度，m·s^{-1}；a 为仪器的量程，J·s^{-1}；m 为质量，g；K 为校正系数，J·m^{-1}。

选用的标准物质，其转变温度应与被测试样所测定的热效应温度范围接近，而且校正所选用的仪器及操作条件都应与试样测定时完全一致。

（5）DSC 的应用

鉴于 DSC 能定量地量热、灵敏度高，应用领域很宽，涉及热效应的物理变化或化学变化过程均可采用 DSC 来进行测定。峰的位置、形状、峰的数目与物质的性质有关，故可用来定性地表征和鉴定物质，而峰的面积与反应热焓有关，故可以用来定量计算参与反应的物质的量或者测定热化学参数。其主要应用见表 2-7-7。

表 2-7-7　DSC 的主要应用

序号	应用
1	一般鉴定——与标准物质对照
2	比热容测定
3	热力学参数焓变、熵变的测定
4	玻璃化转变的测定和物理老化速率测定
5	结晶度、结晶热、等温和非等温结晶速率的测定
6	熔融热、结晶稳定性研究

续表

序号	应用
7	热分解动力学研究
8	添加剂和加工条件对稳定性影响研究
9	聚合物动力学研究
10	吸附和解吸-水合物结构等的研究
11	反应动力学研究

（6）DTA 和 DSC 比较

DTA 和 DSC 的共同特点是峰的位置、形状和峰的数目与物质的性质有关，故可以定性地用来鉴定物质；从原则上讲，物质的所有转变和反应都应有热效应，因而可以采用 DTA 和 DSC 检测这些热效应，不过有时由于灵敏度等种种原因的限制，不一定都能观测得出；而峰面积的大小与反应热焓有关，即 $\Delta H = KS$。对 DTA 曲线，K 是与温度、仪器和操作条件有关的比例常数。而对于 DSC 曲线，K 是与温度无关的比例常数。这说明在定量分析中 DSC 优于 DTA，但是目前 DSC 仪测定的温度只能达到 700℃ 左右，温度再高时，只能用 DTA 仪。表 2-7-8 所列为 DTA 及 DSC 操作条件的对比。

表 2-7-8　DTA 及 DSC 操作条件对比

操作条件	为获得大的分辨率	为获得高的灵敏度
试样粒度	小	大
升温速率	慢	快
样品支持器	均温块（K 大，R 小）	试样与参比物容器要隔离（K 大，R 小）
试样比表面积	大	小
气氛	选用高 K 值的，如氦气	选用低 K 值的，如真空

注：K——传热系数；R——热阻。

7.2.3.3　热重法（TG）

（1）TG 的基本原理

热重法（TG）是在程序控制温度下，测量物质质量与温度关系的一种技术。许多物质在加热过程中常伴随质量的变化，这种变化过程有助于研究晶体性质的变化，如熔化、蒸发、升华和吸附等物质的物理现象；也有助于研究物质的脱水、解离、氧化、还原等物质的化学现象。热重分析通常可分为两类：动态（升温）和静态（恒温）。

在热分析过程中通过热天平而得到的试样在加热过程中质量随温度变化的曲线，一般与差热曲线结合使用，通过热重曲线的分析计算，可以了解样品在某一温度下的反应程度及相应的物质含量等信息，是一种常用的热分析方法。热重法实验得到的曲线称为热重曲线（TG 曲线），如图 2-7-30 所示。TG 曲线以质量为纵坐标，以温度（或时间）为横坐标。

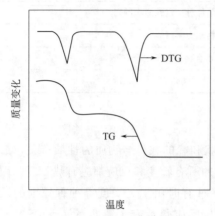

图 2-7-30　典型的热重曲线

从热重法可派生出微商热重法（DTG），是 TG 曲线对温度（或时间）的一阶导数。它表示质量随时间的变化率（失重速率）与温度（或时间）的关系。以物质的质量变化速率 $\dfrac{\mathrm{d}m}{\mathrm{d}t}$ 对温度 T（或时间 t）作图，即得 DTG 曲线，如图 2-7-30 所示。DTG 曲线上的峰代替 TG 曲线上的阶梯，峰面积正比于试样质量。DTG 曲线可以由微分 TG 曲线得到。DTG 曲线比 TG 曲线的优越性大，提高了 TG 曲线的分辨力。微商曲线上的峰顶点为失重速率最大值点，与热重曲线的拐点相对应。微商热重曲线上的峰数与热重曲线的台阶数相等，微商热重曲线峰面积则与失重量成正比。

与 TG 法相比，DTG 法的优点为：①当某一步失重很小时，从 DTG 曲线可以很容易看到该步的失重；②当相邻的两步反应紧靠在一起，从 TG 曲线上无法分辨时，可从 DTG 曲线上分辨；③可以很容易得到最大失重速率以及此时的温度。

（2）基本结构

进行热重分析的基本仪器为热天平，如图 2-7-31 所示，包括天平、炉子、程序控温系统、记录系统等几个部分。除热天平外，还有弹簧秤。

（3）使用注意事项

① 热重法的温度标定　热分析温度非常重要，必须对热天平进行准确的温度标定。有两种标定方法。

a. 居里点法　用几种铁磁材料的居里点进行温度标定。

b. 吊丝融断失重法　用标定温度的金属丝制成直径小于 0.25mm 的吊丝，把一个质量约 5mg 的铂线圈砝码用此种吊丝挂在热天平的试样容器一端，进行升温，通过金属丝熔断来标定。

② 影响热重分析的因素

热重分析的实验结果受到许多因素的影响，基本可分为两类：一是仪器因素，包括升温速率、炉内气氛、炉子的几何形状、坩埚的材料等；二是样品因素，包括样品的质量、粒度、装样的紧密程度、样品的导热性等。

在 TG 的测定中，升温速率增大会使样品分解温度明显升高。如升温太快，试样来不及达到平衡，会使反应各阶段分不开。合适的升温速率为 $5\sim10℃\cdot\mathrm{min}^{-1}$。

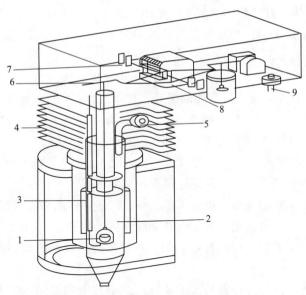

图 2-7-31　热重分析仪基本结构

1—试样；2—加热炉；3—热电偶；4—散热片；5，9—气体入口；6—天平梁；7—吊带；8—磁铁

样品在升温过程中，往往会有吸热或放热现象，这样使温度偏离线性程序升温，从而改变了 TG 曲线位置。样品量越大，这种影响越大。对于受热产生气体的样品，样品量越大，气体越不易扩散。再者，样品量大时，样品内温度梯度也大，将影响 TG 曲线位置。总之实验时应根据天平的灵敏度，尽量减小样品量。样品的粒度不能太大，否则将影响热量的传递；粒度也不能太小，否则开始分解的温度和分解完毕的温度都会降低。

（4）热重分析的应用

热重法的重要特点是定量性强，能准确地测量物质的质量变化及变化的速率。目前，热重法已在下述诸方面得到应用：①无机物、有机物及聚合物的热分解；②金属在高温下受各种气体的腐蚀过程；③固态反应；④矿物的煅烧和冶炼；⑤液体的蒸馏和气化；⑥煤、石油和木材的热解过程；⑦含湿量、挥发物及灰分含量的测定；⑧升华过程；⑨脱水和吸湿；⑩爆炸材料的研究；⑪发现新化合物；⑫吸附和解吸；⑬催化活度的测定；⑭表面积的测定；⑮氧化稳定性和还原稳定性的研究；⑯反应机制的研究。

7.2.3.4　仪器操作规程

目前热分析仪器通常为 DTA-TG 或 DSC-TG 联用仪，因品牌型号不同，其具体操作步骤有所区别，此处仅列出最基本的操作步骤。

（1）DTA-TG 仪器操作及样品测量步骤

① 预热：开启电源和冷却水，整机预热 30min。

② 装样：抬起炉体，分别装参比样和准确称取的待测样品（一般小于等于

10mg），放下炉体。拧紧炉体下侧的两个固定螺母。

③ 氮气流量设定：打开氮气瓶分压阀到 0.1MPa 左右。调节仪器右侧气氛控制箱，使流量计指示到 35mL·min^{-1}左右。

④ 热分析软件参数设定：在电脑上打开热分析软件。按下"新采集"键，进入"参数设定"界面，输入所需要的参数：在参数设定界面左侧输入"基本实验参数"，对试样名称、实验序号、操作者姓名、试样质量等参数正确输入；在右侧输入"升温参数"，对起始温度（输入数据应小于当前炉温约 10℃）、采样间隔、升温速率、终止温度（低于 1400℃）等内容输入完全。

⑤ 测试：电脑软件上按"确定"键开始采集数据。

⑥ 停止测试：点击电脑分析软件的"停止"键，结束采集数据。

⑦ 保存结果：及时在电脑分析软件上保存测试结果。

⑧ 炉体冷却：将炉体抬起转到后侧，对炉体进行降温冷却。将样品坩埚取下清洗干净。

⑨ 关机：炉体冷却至室温后，炉体套回热电偶上，关闭差热天平电源和冷却水电源，盖上仪器外罩。

（2）DSC-TG 操作规程

① 开机

a. 打开天平保护气（通常为高纯氮气），调节流量为 20mL·min^{-1}。

b. 打开恒温水浴槽电源。

c. 预热 30min 后打开 TGA/DSC1 主机电源，一起开始自检，1min 后结束。

d. 开启计算机，双击桌面上的"STARe"图标，进入 TGA/DSC1 软件，建立软件与仪器的连接，如果测试中需要反应气，则打开反应气阀门，并调节气体流量。

② 测试步骤

a. 点击实验界面左侧的"Runtime Editor"编辑实验方法。

b. 在"sample name"一栏中输入样品名称，然后点击"Sent Experiment"。

c. 当电脑屏幕左下角状态栏出现"waiting for sample insertion"时，打开TGA/DSC1 的炉体，将制备好的样品的坩埚放到传感器上，关闭炉体，然后点击软件中"ok"键，实验自动开始。（如果温度高于 950℃，要在坩埚与传感器之间垫上蓝宝石垫片）

d. 测试结束后，当电脑屏幕左下角状态栏中出现"waiting for sample removal"时，打开炉体，取出样品。

③ 数据处理

a. 点击"session/Evaluation Window"打开数据处理窗口。

b. 单击"file/open curve"，在弹出的对话框中选中要处理的曲线，点击"open"打开该曲线。

c. 根据需要对数据进行各种处理。

④ 关机

a. 关闭仪器前，要把炉体中的样品取出。

b. 待炉体温度低于 200℃时，关闭 TGA/DSC1 电源，再关闭计算机。

c. 关闭反应气和保护阀门，最后关闭恒温水浴的电源。

7.2.3.5　仪器维护与注意事项

（1）仪器的维护

① 热分析仪器应尽量远离振动源及大的用电设备。

② 热重仪器的出气口可先串联缓冲瓶再以细管线通到大气中。

③ 恒温水浴的水温调整为至少比室温高出 2～3℃。可将水浴与仪器间的连接水管用隔热材料包裹，以进一步避免室温的影响，提高热重信号稳定性。

④ 仪器可一直处于开机状态，尽量避免频繁开机关机。热重仪器建议一直开着，以保持天平信号稳定。恒温水浴也建议一直开着，有利于保持天平室的温度稳定。热重仪器的保护气可常开（使用小流量即可），有利于保持天平室的干燥。

⑤ 在之前关闭仪器的情况下：DSC 仪器建议开机半小时后进行测试；TG 仪器及其恒温水浴建议至少开机 2～3h 后进行测试；DSC 炉体在 400℃以上必须用 N_2 保护，不能通入空气或氧气。

⑥ 尽量避免在仪器极限温度附近进行长时间恒温操作。

⑦ 试验完成后，等炉温降到 200℃以下后才能打开炉体。

⑧ DSC 仪器原则上不做分解测试，以避免炉体污染。

（2）样品与坩埚

测试样品及其分解物不能对支架、热电偶造成污染。具体防护措施如下。

① 实验前应对样品的组成有大致了解。

② 对于成分与分解物未知的热重测试，从安全的角度可考虑加盖测试。如有危害性气体产生，实验要加大吹扫气的用量。

③ 金属样品的测试需查蒸气压与温度的关系。

④ DSC 尽量不用来进行分解测试，以防炉腔污染。

⑤ 测试样品及其分解物不能与测量坩埚发生反应。

⑥ 铝坩埚测试，测试终止温度不能超过 600℃。

⑦ 绝对避免使用铂坩埚进行金属样品测试。

⑧ 氧化铝坩埚不适合用于测量硅酸盐、氧化铁、晶体材料与其他无机材料等的熔融。

（3）清理炉腔污染

① 对于发生污染的 DSC 炉体：

a. 使用棉花棒蘸上酒精轻轻擦洗；

b. 使用大流量惰性吹扫气氛空烧至 600℃；

c. 在日常使用温度范围内进行基线的验证测试,若基线正常无峰,传感器一般仍可继续使用;

d. 使用标样 In 与 Zn 进行温度与灵敏度的验证测试,若温度与热焓较理论值发生了较大偏差,需要重新进行校正。

② TG 仪器的定期清理:TG 仪器根据使用频率与样品分解情况,一般建议定期进行清理。使用棉花棒蘸上酒精轻轻擦洗:清洗炉体上方的盖子和气体逸出管路;清洗炉壁和底部(要先取出传感器)。

(4)坩埚清洗

以下为推荐的清洗方法。

① Al_2O_3 坩埚　将坩埚放入 40%~60%的盐酸+10%的硝酸和水(摩尔浓度)的混合溶液中浸泡 24h。冷却后用清水冲洗,必要时使用超声波清洗。

将坩埚放入 2%~5%(摩尔浓度)的氨水中煮沸后用清水冲洗,然后在蒸馏水中煮沸 1h,最后将坩埚加热到 1500℃。

② 铂坩埚　将坩埚放入 HF 溶液中浸泡 24h。冷却后用清水冲洗,必要时使用超声波,再用清水冲洗。然后放入蒸馏水中煮沸 1h,最后将坩埚加热到 900℃。

简单清洗,也可直接用酸泡一段时间,随后用清水洗去酸与污染物,烧高温处理。

7.2.3.6　微量量热法

除上述常规差示扫描量热分析外,目前还发展了微量量热分析法。主要包括:微量差示扫描量热法(ultra-sensitive differential scanning calorimetry,US-DSC)、压力扰动量热法(pressure perturbation calorimetry,PPC)、等温滴定量热法(isothermal titration calorimetry,ITC)和多池差示扫描量热法(multi-cell differential scanning calorimetry,MC-DSC)。

(1)微量差示扫描量热法

① 工作原理　微量差示扫描量热仪的工作原理与常规 DSC 基本相同。

② 基本结构　其结构如图 2-7-32 所示。特殊之处在于其精密的结构。对于微量差示扫描仪,其加热元件置于样品池和参比池的支持器内部,其外增设两层绝热屏以防止热量散失。试样和参比物在程序升温或降温的相同环境中,用补偿器测量所必需的热量对温度(或时间)的依赖关系,使两者的温度差保持为零。

③ 特点

a. 采用固定的样品池与参比池,使得实验的重复性好。普通的 DSC 仪器采用的是可替换的(大多是一次性使用的)铝样品池与参比池。

b. 控温元件利用 Peltier 效应的原理,可以很好地控制样品池与参比池的温度,控温精度在 0.002℃以内。传统的 DSC 采用 PID 方式进行程序控温,控温精度差,热惯性大,一般控温精度大于 0.5℃。

c. 测温元件采用温差电敏器件(thermoelectric device)分别精确测量样品池和

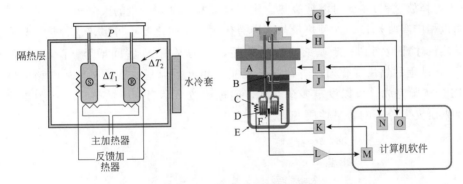

图 2-7-32　微量差示扫描量热仪

A—加热和冷却区；B—Pt 电阻温度探测器；C—功率补偿加热器；D—毛细管室；E—绝热屏；

F—热敏元件；G—压力活塞；H—压力传感器；I—温度控制区；J—温度测量；K—功率补偿；

L—信号放大器；M—反馈控制运算；N—温度控制运算；O—压力控制运算

参比池的温度，可以精确到 0.001℃。普通 DSC 采用热电偶测量样品池和参比池的温度，测温精度比较差，实验误差一般在±0.2℃左右。

d. US-DSC 具有样品用量少、灵敏度高和分辨率高等特点，能够直接用于测量各种物理和化学过程中的微小热效应，如对生化、生物代谢等生物学过程的热效应直接测量，也可以对一些反应过程进行自动跟踪和检测。

（2）压力扰动量热法（PPC）

PPC 是近几年来新发展起来的量热技术，该方法可以用来研究溶液中大分子的水合作用变化时的容量性质的变化；可以精确测量固体或液体样品在温度变化或某一恒定温度过程中的热量信息。

① 基本原理　在样品和参比池溶液上方施加压力与解除压力时，样品池的大分子相对参比池对压力的不同响应伴随有微小的热量变化（ΔQ），ΔQ 通过精密度很高的量热单元测得。目前这种方法主要是通过一种压力扰动附件和 VP-DSC（pressure perturbation accesory for VP-DSC）共同完成的。PPC 法的理论基础是基于热力学第二定律和麦克斯韦关系式推得等压下压力的变化引起热量的变化关系式：

$$\Delta H = Q_{rev} = -T \cdot \Delta p \cdot \left[g_s \overline{V_s} \alpha_s - g_0 \overline{V_0} \alpha_0 \right] \tag{2-7-36}$$

式中，Q_{rev} 为可逆热量变化；Δp 为压力变化；g_s 为溶质的物质的量；g_0 为溶剂的物质的量；$\overline{V_s}$ 为样品池内溶质分子所占体积；$\overline{V_0}$ 为溶剂分子的体积；α_0 为溶剂的热膨胀系数；α_s 为溶质的热膨胀系数；T 为测试温度。

② 基本结构　如图 2-7-33 所示。向 VP-DSC 的几乎完全相同的样品池和参比池分别加入样品溶液和参比溶液。样品池与参比池内溶液的唯一差别是样品池内含有研究的大分子，除此之外，其他的溶液环境相同。这两个池子上方共用一个压力室，即样品溶液和参比溶液处于相同的压力环境。实验开始时，某一温度下，设定压力 p_1 施加于溶液上方，仪器基线达到平衡后，压力室的压力瞬间由 p_1 降至 p_2

（即压力释放过程），此时溶液吸热。由于样品室内含有少量的大分子，大分子受此影响也相应吸收热量，这种热量与溶液总体的热量相比要小得多，这种热量只有微量量热仪才能检测到。当基线再次平衡后，压力又由 p_2 瞬间增至 p_1（即加压过程），此过程的热量变化与压力释放过程完全相反。当基线重新平衡后，该温度下的 PPC 实验完成。可以设定多个温度，通过比较多个温度下的热量受压力影响的规律来研究大分子的容量性质变化。

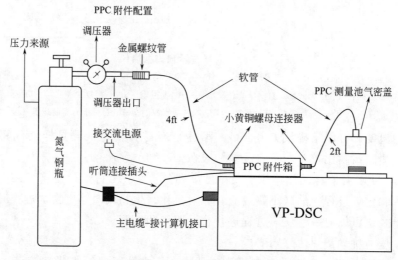

图 2-7-33 压力扰动量热仪

③ 仪器使用范围 应用在化学领域中可用来研究分子间和表面间的相互作用以及分子的组装与识别；高分子领域中可用来研究络合与缔合、热容、熔融、结晶、玻璃化转变等变化；物理学和材料科学领域中可用来研究相变、热容、熔融、结晶与分子动力学等；生命科学中可用来研究蛋白质的吸附、DNA 的杂化、抗原/抗体的反应，酶、药物/病毒或细菌的作用动力学与机理等；食品检测中可用来研究病原体与试剂的作用等。

（3）等温滴定量热法（ITC）

① 仪器原理 等温滴定量热法是近年来发展起来的一种研究生物热力学与生物动力学的重要方法，它通过高灵敏度、高自动化的微量量热仪连续、准确地监测和记录一个变化过程的量热曲线，原位、在线和无损伤地同时提供热力学和动力学信息。微量热法具有许多独特之处。它对被研究体系的溶剂性质、光谱性质和电学性质等没有任何限制条件，即具有非特异性的独特优势，样品用量小，方法灵敏度和精确度高（本仪器最小可检测热功率 2nW，最小可检测热效应 $0.125\mu J$，生物样品最小用量 $0.4\mu g$，温度范围 $2\sim80℃$，滴定池体积 1.43mL）。实验时间较短（典型的 ITC 实验只需 $30\sim60min$，并加上几分钟的响应时间），操作简单（整个实验由计算机控制，使用者只需输入实验参数，如温度、注射次数、注射量等）。测量

时不需要制成透明清澈的溶液，而且量热实验完毕后样品未遭破坏，还可以进行后续分析。

② ITC 的用途　适用于物理化学、生物化学、生物物理、化学生物学、生命科学、药物学、土壤学、胶体化学等。可获得生物分子相互作用的完整热力学参数，包括结合常数、结合位点数、摩尔结合焓、摩尔结合熵、摩尔恒压热容和动力学参数（如酶活力、酶促反应米氏常数和酶转换数）。

③ 仪器基本配置　超灵敏量热仪主机，工作软件，进样、清洗装置，基本附件，如图 2-7-34 所示。

④ 特点和优势

a. 该仪器的检测原理为功率反馈式，功率负反馈补偿，直接测定热量，测得的结果直接，准确。

b. 仪器的灵敏度最高，短期噪声水平 0.5ncal/s（2nW），样品量可以低至微克级。

c. 该仪器可选择化学反应的响应时间，从而能提供研究多样性反应过程的可能性。

d. 该仪器使用时无其他消耗品需求，不需固定化、不需修饰，对包括混悬液、带颜色的样品、一定黏度的样品体系等都可适用。

e. 该仪器的控温方式为 Peltier 电子控温方式，可快速达到控制温度，不需水浴，控温精度高。

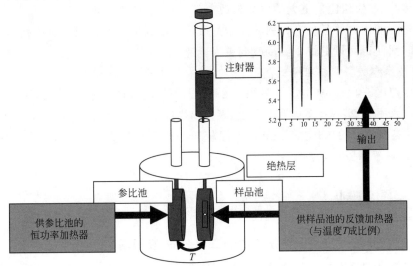

图 2-7-34　等温滴定量热仪

（4）多池差示扫描量热法（MC-DSC）

① 结构特点　多池差示扫描量热仪（MC-DSC）（见图 2-7-35）其原理和结构与传统 DSC 类似。不同之处在于其超高的灵敏度和多样品池结构。该量热仪采用

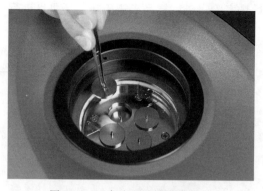

图 2-7-35　多池差示扫描量热仪

了超灵敏的 Peltier 技术，既用于温度控制又作为传感器来检测热效应。Peltier 叶栅实现了恒温操作和高达 $2℃/min$ 的可重复扫描速率的精确控制。Peltier 传感器给出了独立于扫描速率之外的真实的微瓦级检测。是具有微瓦级灵敏度的通用多功能量热仪，可进行连续温度扫描、阶梯式温度扫描和恒温实验，从而进行材料的热力学和动力学测量。该量热仪配备了 4 个可拆卸式样品池，测量效率得到提高。这种全自动量热仪在可拆卸式、哈司特镍合金安瓿瓶中可以同时进行一个参比样品和三个待测样品的测量，为防止挥发，用 O 形环密封安瓿瓶。多个安瓿瓶配置，无需停机，使不同用户的使用更为方便。广口安瓿瓶的设计易于样品的清理和大片个体样品、黏性液体以及悬浮液和溶液的装入。O 形环密封提供了可靠的、准确的密封，压力可达 15 个大气压，足以使得液体水的水蒸气温度高达 $150℃$。哈司特镍合金安瓿瓶可抵抗包括强碱、浓硫酸、浓盐酸和浓硝酸等腐蚀性溶液的侵蚀，并且对生物材料如蛋白质和油脂等也显示惰性。顶盖的设计使安瓿瓶装入量热仪非常简单，使得高压、间歇反应和探针可入式安瓿瓶等非传统情况下的应用更为广泛。

与传统 DSC 相比，更大的样品量改善了由热容定义的准确性，提高了微弱热效应的检测能力，并且可进行稀溶液中溶质反应的研究。与恒温量热仪相比，较短的平衡时间使得测量更快，温度改变更为迅速。

② 技术参数　具体如下。

温度范围 $-40\sim150℃$；检测限 $0.2mW$；测量池容量 $1mL$；样品量最多 $1mL$；短期噪声水平 $0.2\mu W$；基线重复性 $2\mu W$；扫描速率 0（等温）$\sim2℃/min$；响应时间 90s 或达到 99% 的响应需 9min；安瓿瓶和 O 形环材质为哈司特镍合金（Hastelloy）和维通氟橡胶；热测量类型为热流式。

7.3　相图绘制

7.3.1　热分析法（步冷曲线法）绘制二组分固-液相图

热分析是在程序控温下测量物质的物理性质与温度关系的一类技术。这里所指的"热分析法"是通过测定步冷曲线绘制体系相图的方法。

7.3.1.1　基本原理

对所研究的二组分体系，配成一系列不同组成的样品，加热使之完全熔化，然后再均匀降温，记录温度随时间的变化曲线，称为"步冷曲线"，如图 2-7-36（a）

所示。体系若有相变，必然产生相变热，使降温速率减慢，则在步冷曲线上会出现"拐点"或"台阶"，据此可确定相变温度。以横轴表示混合物的组成，纵轴表示温度，即可绘制出被测体系的相图，如图 2-7-36 （b）所示。

以 A 和 B 二组分体系为例，纯组分 A 的步冷曲线如图中 "1" 所示，高温液体从 a 点开始降温，从 a 到 b 的降温过程中没有发生相变，降温速率较快。当冷却到组分 A 的熔点时，固体 A 开始析出，体系处于固-液两相平衡，此时温度保持不变，故步冷曲线上出现 bc 段的"平台"。当液体 A 全部凝固成固体 A 后，温度又继续下降。根据"平台"所对应的温度，可以确定相图中的 A 点，即纯 A 的熔点。

混合物的步冷曲线与纯组分的步冷曲线有所不同，如图中步冷曲线 "2" 所示，从 a' 到 b' 是熔液单纯的降温过程，降温速率较快，当温度达到 b' 点所对应的温度时，开始有固体 A 析出，体系呈两相平衡（熔液和固体 A），但此时温度仍可下降，由于固体 A 析出时产生了相变热，故降温速率减慢，步冷曲线上出现了 b' 点所对应的"拐点"，由此可以确定相图中的 b' 点。随着固体 A 逐渐析出，熔液的组成不断改变，当温度达到 c' 点时，又有固体 B 析出，此时体系处于三相平衡（熔液、固体 A 和固体 B），根据相律可知，$f^* = 2 - 3 + 1 = 0$，所以温度不变，步冷曲线上出现了"平台"，根据此"平台"温度，确定相图中的 c' 点。当熔液全部凝固后，温度又继续下降，这是固体 A 和固体 B 的单纯降温过程。

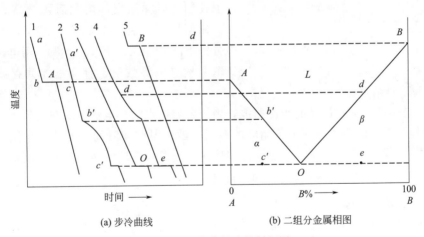

(a) 步冷曲线　　　　　　　(b) 二组分金属相图

图 2-7-36　热分析法绘制相图

步冷曲线 "3" 的特点是高温熔液在降温到 O 点所对应的温度以前没有任何固体析出。在达到 O 点所对应的温度时，固体 A 和固体 B 同时析出，此时体系呈三相平衡，由此确定了相图中的 O 点，O 点以下是固体 A 和固体 B 的降温过程。

步冷曲线 "4" 与 "2" 类似，所不同的是在"拐点" d 处析出的是固体 B，在"平阶" e 处又析出固体 A，同样处于三相平衡，由此确定相图中的 d 点和 e 点。

步冷曲线 "5" 与 "1" 类似，其"平阶"对应纯组分 B 的熔点。

将各样品刚开始发生相变的各点 A、b'、O、d、B 用线连接起来；c'、O、e 各点所对应的温度一样，用直线将它们连接起来；这样 A-B 二组分体系相图便绘制出来了。

7.3.1.2　步冷曲线的测定方法

（1）配制样品

在六个硬质玻璃样品管中，配制金属 A 的质量分数分别为 0、20%、40%、61.9%、80% 和 100% 的 A-B 混合物样品各 100g。在各样品上分别加入少量石墨粉，以防止金属氧化。

（2）测定步冷曲线

步冷曲线的测定装置如图 2-7-37 所示。

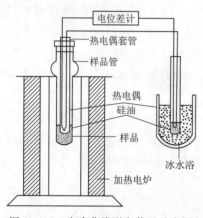

图 2-7-37　步冷曲线测定装置示意图

为改善热电偶的导热性能，在套管内加入少量硅油。热电偶冷端浸入保温瓶的冰水浴中。将样品管放在加热电炉中，缓慢加热，待样品完全熔化后，用热电偶玻璃套管轻轻搅动，使管内各处组成均匀一致，样品表面上均匀地覆盖着一层石墨粉。将热电偶固定于样品管中央，热端插入样品液面以下，但与管底距离应不小于 1cm，以避免外界影响。炉温控制在以样品全部熔化后再升高 50℃ 为宜。用调压器控制电炉的冷却速率，通常为每分钟下降 6～8℃。每间隔 30s，用电位差计读取一次热电势数值，直到三相共存温度以下约 50℃ 时结束。

用坐标纸绘出各样品的步冷曲线，确定各相变点的热电势。从热电偶工作曲线（热电势与温度的曲线）上查得相应的温度，做出温度随时间的变化关系图，即步冷曲线。目前，可直接从与热电偶冷端连接的测温仪表读取转换后的温度值。

7.3.2　沸点仪绘制双液系气-液平衡相图

7.3.2.1　基本原理

根据相平衡原理，对二组分体系，当压力恒定时，在气液平衡两相区，体系的条件自由度为 1。若温度一定，则气液两相的组成也随之而定。当原溶液组成一定时，根据杠杆原理，两相的相对量也一定。反之，保持气液两相的相对量一定，则体系的温度也随之而定。沸点测定仪就是根据这一原理设计的，利用回流的方法保持气液两相相对量一定，测量体系温度，确定温度不变（即两相平衡）后，取出两相样品，测定平衡气相、液相的组成，即相图中该温度下气液两相平衡成分的坐标点（可用阿贝折光仪测定平衡气相、液相的折光率，再通过预先测定的折光率-组成工作曲线来确定平衡时气相、液相的组成）。改变体系总成分，再如上法找出另一对坐标点。这样得若干对坐标点后，分别按气相点和液相点连成气相线和液相线，即得 $T\text{-}x$ 相图。

7.3.2.2　操作技术

（1）沸点仪的安装

将沸点仪洗净、烘干，如图 2-7-38 所示。塞紧带温度计的软木塞，电热丝浸入溶液，但不能靠近容器底部，温度计的水银球不能离电热丝太近。

（2）沸点的测定

自侧管加入所要测定的溶液，其液面应在水银球的中部。打开冷凝水，接上电源，用调压变压器调节电压（约 12V），将液体缓慢加热使液体沸腾，最初在冷凝管下端内的液体不能代表平衡气相的组成，为加速达到平衡，可以等小槽中的气相冷凝液体收集满后，调节冷凝管的三通阀门，使冷凝液体流回至圆底烧瓶，重复三次，直到温度计上的读数稳定数分钟，记录温度计的读数，同时读出环境的温度；算出露茎温度，以便进行温度的校正，并读出室内大气压力。

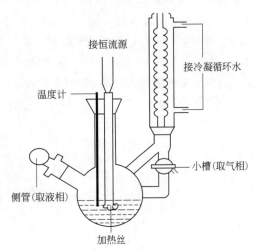

图 2-7-38　沸点仪装置图

由于温度计的水银未全部浸入待测温度的区域内而须进行露茎校正。校正后：

$$t_{沸} = t_{观} + \Delta t_{露茎}$$

溶液的沸点与大气压有关，应用特鲁顿规则及克劳修斯-克拉贝龙公式可得溶液沸点因大气压变动的近似校正公式：

$$\Delta T = \frac{T_{b,0}}{10} \cdot \frac{p - p^{\ominus}}{p^{\ominus}} \tag{2-7-37}$$

式中，ΔT 为沸点的压力校正值；$T_{b,0}$ 为溶液在标准压力下的沸点（均用热力学温度表示）；$p^{\ominus}$ 为标准压力；p 为测定时的大气压。

经以上两项校正后，即得到校正后溶液的沸点。

（3）取样测定组成

切断电源，停止加热，调节冷凝管的三通阀门，使冷凝液体流入取样小试管中，并立即塞紧防止其挥发（此为气相组成液）；再用另一支干燥胶头滴管，从侧管处吸取容器中的溶液 1～2mL，转移到另一小试管立即塞紧（此为液相组成），两支小试管置于盛有冷水的小烧杯中，以防组分改变。并应尽早测定样品的折光率得其组成。再换另一浓度的双液体系溶液，测定其在另一沸点下的气-液平衡组成。

（4）绘制相图

根据若干沸点下的气液平衡组成，绘制 $t-x(y)$ 二元相图。

7.3.3　溶解度法绘制二元水盐相图

以硫酸铵-水系统相图为水盐系统相图。通过测定水盐系统中水的冰点和溶解度来绘制。将盐溶于水时，会使溶液中水的冰点降低，如果使溶液降温，则在低于273K的某个温度析出纯固体冰，盐的浓度不同，析出固体冰的温度也不相同。当盐在水中的浓度比较大时，则在溶液冷却的过程中，析出的固体将不是冰而是盐，这时的溶液称为 $(NH_4)_2SO_4$ 的饱和溶液，此时盐在水中的浓度称为饱和溶解度。同样，温度不同，$(NH_4)_2SO_4$ 的饱和溶液的浓度也不相同。根据不同温度下 $(NH_4)_2SO_4$ 溶液的饱和浓度可绘制 $(NH_4)_2SO_4-H_2O$ 的相图，称为溶解度法。图2-7-39为所绘制的 $(NH_4)_2SO_4-H_2O$ 的相图。

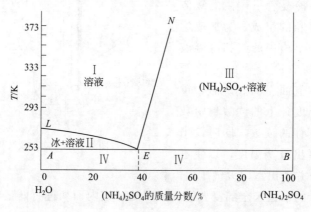

图 2-7-39　　$(NH_4)_2SO_4-H_2O$ 的相图

7.3.4　溶解度法绘制三组分体系等温相图

7.3.4.1　实验原理

三组分体系 $C=3$，在等温等压条件下，根据相律，当相数为1时体系的最大条件自由度为2，即浓度变量最多只有两个，可用平面图表示体系状态和组成之间的关系，称为三元相图。通常用等边三角形坐标表示，如图2-7-40所示。

等边三角形的顶点分别表示 A、B、C 三个纯物质，AB、BC、CA 三条边分别表示 A 和 B、B 和 C、C 和 A 所组成的二组分体系，三角形内任何一点则表示三组分体系。图2-7-40中的 P 点，其组成表示如下：经 P 点作平行于三角形三边的直线，并交三边于 a、b、c 三点。若将三边均分成100等份，则 P 点的 A、B、C 组成分别为：$A\% = \overline{Pa} = \overline{Cb}$，$B\% = \overline{Pb} = \overline{Ac}$，$C\% = \overline{Pc} = \overline{Ba}$。

以醋酸（A）-水（B）-苯（C）体系为例，属于具有一对共轭溶液的三组分体系，即三组分中两对液体 A 和 B，A 和 C 完全互溶，而另一对 B 和 C 只能有限度地混溶，如图2-7-41所示。

图 2-7-41 中，E、P、F 点构成溶解度曲线，溶解度曲线内是两相区，曲线外是单相区。组成介于 EF 之间的系统分为两层；一层是水在苯中的饱和溶液（水的溶解度组成为 F 点）；另一层是苯在水中的饱和溶液（苯的溶解度组成为 E 点），这对溶液称为共轭溶液。K_1L_1、K_2L_2 是连接线，连接线上的两点也为共轭溶液。由于苯在两层溶液中并非等量分配，因此代表两层浓度的各对应点 K_1L_1 等的连线不一定与底边平行。如已知物系点的组成，则可根据连接线利用杠杆规则求得共轭溶液数量的比值。由于溶解度曲线内是两相区，而曲线外是单相区，利用体系在相变化时清浊现象的出现，可以判断体系中各组分间互溶度的大小，绘制溶解度曲线与连接线。

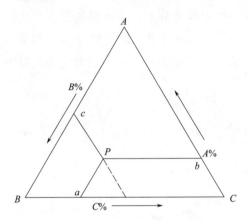

图 2-7-40　等边三角形法表示三元相图

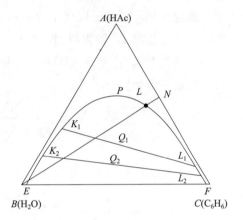

图 2-7-41　共轭溶液的三元相图

7.3.4.2　溶解度曲线的绘制

绘制溶解度曲线的具体做法如下：预先混合一定量的互溶的苯、醋酸溶液，其组成用 N 表示，在此透明的苯、醋酸溶液中加入水，则体系将沿着 NB 移动，到 L 点时体系从清变混，此终点很明显。终点 L 的组成可根据苯、醋酸、水的用量算出。配制不同的苯、醋酸混合溶液，可得到一系列不同组成终点，则可画出溶解度曲线。

7.3.4.3　连接线的绘制

根据所绘制的溶解度曲线，在两相区配制混合溶液，达平衡时，两相的组成一定，只需分析每相中的一个组分的含量（质量百分组成），在溶解度曲线上就可以找出每一相的组成点，连接共轭溶液组成点的连线，即为连接线。先在两相区内配制两个混合液（组成已知），然后用 NaOH 分别滴定每对共轭相中的醋酸含量，根据醋酸含量在溶解度曲线上找出每对共轭相的组成点，连接此两个组成点即为连接线（注意：连接线必须通过混合液的物系点）。

7.4　相对分子质量（分子量）测定方法

　　对于普通小分子物质，其相对分子质量的测定通常利用稀溶液的依数性，在溶剂中加入不挥发性溶质后，溶液的蒸气压下降，导致溶液的沸点高于纯溶剂，冰点低于纯溶剂，溶液具有渗透压等。这些性质的改变值都正比于溶液中溶质分子的数目。据此，可以测定物质的相对分子质量。

　　对于高聚物，高聚物相对分子质量具有多分散性，对于这种多分散性的描述，通常用其平均分子量表述。平均分子量有不同的统计方法，因而具有各种不同的数值。假定在某一高分子试样中含有若干种分子量不等的分子，该试样的总质量为 W，总摩尔数为 n，种类数用 i 表示，第 i 种分子的相对分子质量为 M_i，摩尔数为 n_i，质量为 W_i，在整个试样中的质量分数为 w_i，摩尔分数为 x_i。以数量为统计权重的定义为数均分子量：

$$\overline{M_n} = \frac{\sum_i n_i M_i}{\sum_i n_i} = \sum_i x_i M_i \tag{2-7-38}$$

以质量为统计权重的定义为重均分子量：

$$\overline{M_w} = \frac{\sum_i n_i M_i^2}{\sum_i n_i M_i} = \frac{\sum_i W_i M_i}{\sum_i W_i} = \sum_i w_i M_i \tag{2-7-39}$$

以 z 值为统计权重的定义为 z 均分子量，z_i 定义为 $W_i M_i$：

$$\overline{M_z} = \frac{\sum_i z_i M_i}{\sum_i z_i} = \frac{\sum_i W_i M_i^2}{\sum_i W_i M_i} = \frac{\sum_i n_i M_i^3}{\sum_i n_i M_i^2} \tag{2-7-40}$$

用黏度法测得稀溶液的平均分子量为黏均分子量，定义为：

$$\overline{M_\eta} = \left(\frac{\sum_i W_i M_i^\alpha}{\sum_i W_i} \right)^{\frac{1}{\alpha}} = \left(\frac{\sum_i n_i M_i^{\alpha+1}}{\sum_i n_i M_i} \right)^{\frac{1}{\alpha}} \tag{2-7-41}$$

　　式中，α 为 $[\eta] = K M^\alpha$ 公式中的指数，通常 α 为 0.5～1。当 $\alpha = 1$ 时，$\overline{M_\eta} = \overline{M_w}$；当 $\alpha = -1$ 时，$\overline{M_\eta} = \overline{M_n}$。

　　高聚物分子量的测定方法根据分子量的表达方式不同采用不同的测定方法。数均分子量：可采用端基分析法、沸点升高法、冰点降低法、膜渗透压法和气相渗透压法。重均分子量可采用光散射法和超速离心法。黏均分子量通常采用黏度法测定。分述如下。

7.4.1　凝固点降低法测定物质的相对分子质量

7.4.1.1　实验原理

凝固点降低法测定物质的相对分子质量既简单又准确，在溶液理论研究和实际应用方面都具有重要意义。凝固点降低是稀溶液的一种依数性，由于溶质的加入，使固态纯溶剂从溶液中析出的温度 T_f 比纯溶剂的凝固点 T_f^* 下降，其降低值 $\Delta T_f = T_f^* - T_f$ 与溶液的质量摩尔浓度 m_B 成正比，即：

$$\Delta T_f = K_f m_B \tag{2-7-42}$$

式中，K_f 为凝固点降低常数，它与溶剂的特性有关，$K \cdot mol^{-1} \cdot kg$ 若称取一定量的溶质 W_B（g）和溶剂 W_A（g），配成稀溶液，则此溶液的质量摩尔浓度 m_B（单位为 $mol \cdot kg^{-1}$）为：

$$m_B = \frac{W_B}{M_B W_A} \times 10^3 \tag{2-7-43}$$

式中，M_B 为溶质的摩尔质量。将式(2-7-43)代入式(2-7-42)，整理得：

$$M_B = \frac{K_f W_B}{\Delta T_f W_A} \times 10^3 \tag{2-7-44}$$

若已知某溶剂的凝固点降低常数 K_f 值，通过实验测定此溶液的凝固点降低值 ΔT_f，即可计算溶质的摩尔质量 M_B（单位为 $g \cdot mol^{-1}$），其数值即为该物质的相对分子质量。

通常测凝固点的方法有平衡法和贝克曼法（或步冷曲线法），此处介绍后者。其基本原理是将纯溶剂或溶液缓慢匀速冷却，记录体系温度随时间的变化，绘出步冷曲线（温度-时间曲线），用外推法求得纯溶剂或稀溶液中溶剂的凝固点。

首先，将纯溶剂逐步冷却时，体系温度随时间均匀下降，到某一温度时有固体析出，由于结晶放出的凝固热抵消了体系降温时传递给环境的热量，因而保持固液两相平衡，温度不再改变。在步冷曲线上呈现出一个平台；当全部凝固后，温度又开始下降。从理论上来讲，对于纯溶剂，只要固液两相平衡共存，同时体系温度均匀，那么每次测定的凝固点值应该不变。但实际上由于过冷现象存在，往往每次测定值会有起伏。当过冷现象存在时，纯溶剂的步冷曲线如图 2-7-42（a）所示。即先过冷后足够量的晶体产生时，大量的凝固热使体系温度回升，回升后在某一温度维持不变，此不变的温度作为纯溶剂的凝固点。

稀溶液的凝固点测定也存在上述类似现象，如图 2-7-42（b）所示。没有过冷现象存在时，溶液首先均匀降温，当某一温度有溶剂开始析出时，凝固热抵消了部分体系向环境的放热，因此降温变缓慢，在步冷曲线上表现为一转折点，此温度即为该平衡浓度稀溶液的凝固点，随着溶剂析出，溶液浓度增加，凝固点逐渐降低。但溶液的过冷现象也是普遍存在的。当某一浓度的溶液逐渐冷却成过冷溶液后，通过搅拌或加入晶种促使溶剂结晶，由结晶放出的凝固热抵消了体系降温时传递给环境的热量，使体系温度回升，当凝固放热与体系散热达到平衡时，温度不再回升。

此固液两相共存的平衡温度即为溶液的凝固点。后又随着溶剂析出，凝固点逐渐降低。但过冷太厉害或寒剂温度过低，则凝固热抵偿不了散热，此时温度不能回升到凝固点，在温度低于凝固点时完全凝固，就得不到正确的凝固点。

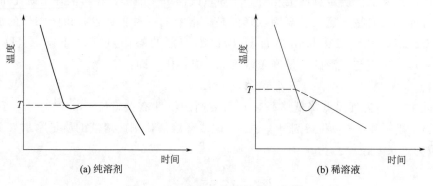

图 2-7-42　溶剂与溶液的冷却曲线

7.4.1.2　操作技术

（1）仪器

以往的实验装置，多用手动控制恒温槽水浴温度并搅拌样品，操作过于复杂，测量时需将样品管取出用手加热，导致样品温度升高程度难以控制，实验结果存在较大误差。近年来对此多有改进，今介绍 NGD-02 型凝固点测定仪，由陕西师范大学研制，其示意图如图 2-7-43 所示。该装置由样品管、加热套管和空气套管组成。加热套管是将电阻丝缠绕在玻璃管上构成的，分成上下两个独立的加热单元，加热线圈 1 主要用于平行测量时对样品进行加热（通过给线圈施加一个比较大的电流实现）和当体系达到固液两相平衡时补偿体系向外界散失的热量（通过给线圈施加一定电流实现，称为补偿电流），使体系更接近于可逆平衡，提高样品凝固点测量的准确性。加热线圈 2 主要用于防止样品在管壁及气液界面上结晶析出，通过温度传感器 2 与数字控温仪设置一定的温度（称为阻凝温度），使管壁及样品上方空气的温度不低于设定值。

（2）操作方法

① 调节寒剂（冷却剂）的温度　取适量粗盐与冰水混合，使寒剂温度为 $-3 \sim -2 \, \text{℃}$，在实验过程中不断搅拌，使寒剂保持此温度。用移液管向清洁、干燥的凝固点管内加入 50mL 纯水，并记下水的温度，插入贝克曼温度计，不要碰壁与触底。先将盛水的凝固点管连同加热套管、空气套管一起直接插入寒剂中，打开测定仪电源开关，设定阻凝、盐水浴温度，均匀搅拌，使水的温度逐渐降低，当样品中出现结晶，温度开始回升时，打开加热线圈 1 的电源开关，调节补偿电流为所需值。当样品温度回升至最高点时，记录该温度值作为溶剂的凝固点。记录完毕，打开样品加热开关使样品温度回升 $0.5 \sim 1.0 \, \text{℃}$ 后，关闭样品加热开关，样品开始降温，按上述方法进行平行测量。

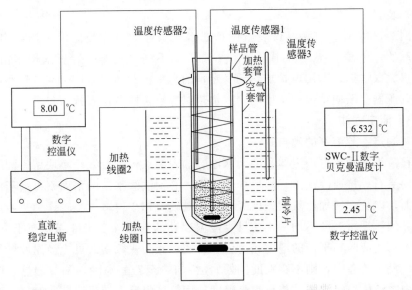

图 2-7-43　NGD-02 型凝固点测定仪

② **溶液凝固点的测定**　用同样的方法测定溶液的凝固点。打开加热开关，将管中冰融化，用压片机将待测溶质压成片，用分析天平精确称重。加入样品，待全部溶解后，测定溶液的凝固点。测定方法与纯水的相同。

根据公式（2-7-44），由所得数据计算溶质的分子量。

7.4.2　沸点升高法测化合物的相对分子质量

以"沸点升高法测定苯甲酸的相对分子质量"为例。

7.4.2.1　实验原理

以乙醇为溶剂，苯甲酸为溶质，利用稀溶液的依数性——沸点升高法测定苯甲酸的相对分子质量。依据公式为：

$$\Delta T_b = k_b m_B \tag{2-7-45}$$

或

$$M_B = k_b \left[\frac{m(B)}{m(A)} \right] \cdot \frac{1}{\Delta T_b} \tag{2-7-46}$$

可求出溶质分子的摩尔质量 M_B，其数值即为该发子的相对分子质量。

式中，k_b 为沸点升高常数；m_B 为溶质 B 的质量摩尔浓度；m（A）、m（B）分别为溶剂和溶质的质量。可利用已知分子量的尿素作为标准样品，测定其在乙醇中的沸点升高值 ΔT_b，即可得到 k_b。再测定待测样品苯甲酸在乙醇中的沸点升高值，可求出其分子量。

7.4.2.2　实验部分

（1）试剂

无水乙醇，尿素，苯甲酸。

（2）装置

如图 2-7-38 所示的沸点仪装置图，把事先调好的贝克曼温度计插入沸点仪，使水银球的一半浸于待测液中。与图 2-7-38 的不同之处是，这里采用水浴加热，把沸点仪放入水浴，即用电炉加热约一定量的水来控制加热温度，在电炉和电源间串联一调压器。欲使系统中温度均匀，加热时沸点仪瓶颈用石棉布包裹。

7.4.2.3 测定方法

（1）测定乙醇溶剂的沸点

用移液管准确移取一定体积的无水乙醇加入沸点仪，投入一小块用乙醇处理并烘干了的沸石。接通冷却水，然后加热水浴，必须注意水浴的水面不可高于沸点仪中的液面，以免直接加热气相。因气相热容量较液相小得多，受较强加热后温度升高快，导致体系内温度不均一，使贝克曼温度计的水银球上半部温度高于下半部，该读数不与气液两相平衡的温度相对应（若使用探头式数字式贝克曼温度计，因整个探头浸没于乙醇中，则不存在此问题）。待加热至乙醇沸腾，调节加热强度，使沸点仪中的液体稳定沸腾，待贝克曼温度计读数稳定后，记录读数，对每个沸点至少读五次读数，相对误差不得大于 $0.01℃$。

（2）测定沸点升高常数

测定了溶剂的沸点后，使系统充分冷却。加入压制成片状的溶质尿素和沸石便可依上述方法测沸点升高值。测定时依溶液从稀到浓的顺序测定，只需多次投入样品片和沸石，不必换溶剂。

（3）测定苯甲酸的分子量

将步骤（2）中的溶液倒回废液瓶，洗净烘干。重新量取与步骤（1）相同体积的乙醇，然后加入沸石和苯甲酸压片，分别测定不同量的苯甲酸时溶液中溶剂沸点的升高值。

7.4.2.4 实验结果

（1）沸点升高常数的获得

根据实测的尿素质量摩尔浓度 m_B 与沸点升高值 ΔT_b 作图，得到一条较严格的直线，其中斜率即是乙醇的沸点升高常数。

（2）苯甲酸的相对分子质量

根据式（2-7-46），可测出不同浓度苯甲酸的相对分子质量。

7.4.2.5 注意事项

① 理论上讲，溶液愈稀，依数性愈严格正确。但是在实验中，浓度太低，ΔT_b 太小，测量误差大。实验表明，质量摩尔浓度 m_B 在 $0.4 \sim 1.2 mol \cdot kg^{-1}$ 范围内，尿素的乙醇溶液的 m_B 与沸点升高值 ΔT_b 的线性关系较好。苯甲酸为溶质时，上述线性关系的质量摩尔浓度范围在 $0.7 mol \cdot kg^{-1}$ 以下。这可能是由于浓度较大时苯甲酸分子间相互作用明显，甚至有二聚分子出现。

② 对于沸点仪的分馏气相的小球内的乙醇液体，应及时返回液相，如小球体

积过大，乙醇的冷凝液不能及时返回，可事先从下管口用长滴管加入乙醇至刚要溢出，这样可保证在回馏过程中溶液浓度不变。

7.4.3　渗透压法测定聚合物分子量

渗透压是溶液依数性的一种。这种方法广泛地被用于测定相对分子质量在 2 万以上聚合物的数均分子量及研究聚合物溶液中分子间相互作用情况。

7.4.3.1　基本原理

（1）理想溶液的渗透压

从溶液的热力学性质可知，溶液中溶剂的化学势比纯溶剂的小，当溶液与纯溶剂用一半透膜隔开后（见图 2-7-44），溶剂分子可以自由通过半透膜，而溶质分子则不能。由于半透膜两侧溶剂的化学势不等，溶剂分子经过半透膜进入溶液中，使溶液液面升高而产生液柱压强，溶液随着溶剂分子渗入而压强逐渐增加，其溶剂的化学势亦增加，最后达到与纯溶剂化学势相同，即渗透平衡。此时两边液柱的压强差称为溶剂的渗透压（Π）。

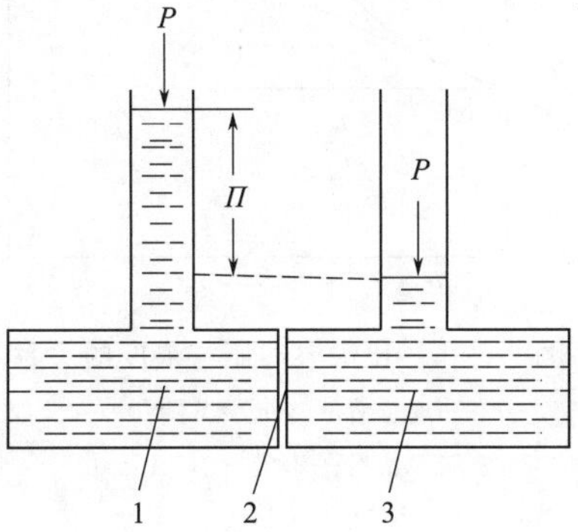

图 2-7-44　半透膜渗透作用示意图
1—溶液池；2—半透膜；3—溶剂池

理想状态下的 Van't Hoff 渗透压公式：

$$\frac{\Pi}{\rho_B} = \frac{RT}{M_B} \qquad (2\text{-}7\text{-}47)$$

式中，$\rho_B = \dfrac{m(B)}{V}$，为溶质 B 的质量浓度。

（2）聚合物溶液的渗透压

高分子溶液中的渗透压，由于高分子链段间以及高分子和溶剂分子之间的相互作用不同，高分子与溶剂分子大小悬殊，使高分子溶液性质偏离理想溶液的规律。实验结果表明，高分子溶液的比浓渗透压 $\dfrac{\Pi}{\rho_B}$ 随浓度而变化，常用维利展开式来表示：

$$\frac{\Pi}{\rho_B} = RT\left(\frac{1}{M_B} + A_2\rho_B + A_3\rho_B^2 + \cdots\cdots\right) \qquad (2\text{-}7\text{-}48)$$

式中，A_2 和 A_3 分别为第二和第三维利系数。

通常，A_3 很小，当浓度很稀时，对于许多高分子体系，高次项可以忽略。则式（2-7-48）可以写作：

$$\frac{\Pi}{\rho_B} = RT\left(\frac{1}{M_B} + A_2\rho_B\right) \qquad (2\text{-}7\text{-}49)$$

即比浓渗透压 $\dfrac{\Pi}{\rho_B}$ 对浓度 ρ_B 作图呈线性关系，如图 2-7-45 中线 2 所示，外推到

$\rho_B \to 0$，从截距和斜率便可以计算出被测样品的分子量 M_B 和体系的第二维利系数 A_2。

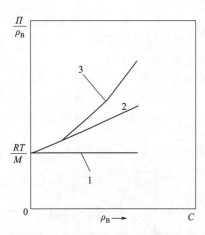

图 2-7-45　比浓渗透压与浓度的关系

1—理想溶液（$A_2 = A_3 = 0$）；

2，3—高分子溶液（2：$A_2 \neq 0$

$A_3 = 0$；3：$A_2 \neq 0$ $A_3 \neq 0$）

但对于有些高分子体系，在实验的浓度范围内，$\dfrac{\Pi}{\rho_B}$ 对浓度 ρ_B 作图，出现明显弯曲，如图 2-7-45 线 3 所示。可用下式表示：

$$\left(\frac{\Pi}{\rho_B}\right)^{\frac{1}{2}} = \left(\frac{RT}{M_B}\right)^{\frac{1}{2}} + \frac{1}{2}\left(\frac{RT}{M_B}\right)^{\frac{1}{2}}\Gamma_2 \rho_B$$

$$(2\text{-}7\text{-}50)$$

同样 $\left(\dfrac{\Pi}{\rho_B}\right)^{\frac{1}{2}}$ 对 ρ_B 作图得线性关系，外推 $\rho_B \to 0$，得截距 $\left(\dfrac{RT}{M_B}\right)^{\frac{1}{2}}$，求得分子量 M_B，由斜率可以求得 Γ_2，Γ_2 与分子量的关系如下：

$$\Gamma_2 = A_2 M_B$$

第二维利系数的数值可以看成高分子链段间和高分子与溶剂分子间相互作用的一种量度，和溶剂化作用以及高分子在溶液中的形态有密切的关系。

7.4.3.2　渗透压的测量

渗透压的测量，有静态法和动态法两类。

（1）静态法　也称渗透平衡法，是让渗透计在恒温下静置，用测高计测量渗透池内的测量毛细管和参比毛细管两液柱高差，直至数值不变，但达到渗透平衡需要较长时间，一般需要几天，如果试样中存在能透过半透膜的低分子，则在此长时间内全部透过半透膜而进入溶剂池，而使液柱高差不断下降，无法测得正确的渗透压数据。

（2）动态法　有速率终点法和升降中点法。当溶液池毛细管液面低于或高于其渗透平衡点时，液面会以较快速率向平衡点方向移动，到达平衡点时流速为零，测量毛细管液面在不同高度 h_i 处的渗透速率 dH/dt，作图外推到 $dH/dt = 0$，得截距 H'_{0i}；减去纯溶剂的外推截距 H_0，差值 $H_{0i} = H'_{0i} - H_0$ 与溶液密度和重力加速度的乘积即为渗透压。但在膜的渗透速率比较高时，dH/dt 值的测量误差比较大。升降中点法是调节渗透计的起始液柱高差，定时观察和记录液柱高差随时间的变化，作高差-时间对数图，估计此曲线的渐近线，再在渐近线的另一侧以等距的液柱重复进行上述测定，然后取此两曲线纵坐标和的半数画图，得一直线再把直线外推到时间为零，即平衡高差。动态法的优点是快速、可靠。测定一个试样只需半天时间，每一浓度测定的时间短，使测得的分子量更接近于真实分子量。本实验采用动态法测量渗透压。

7.4.3.3　仪器药品

改良型 Bruss 膜渗透计；精度 1/50mm 的测高仪；精度 1/10s 的停表；恒温水槽（装有双搅拌器和低滞后的加热器，温度波动小于 0.02℃，溶剂瓶上方用泡沫塑料保温）。聚甲基丙烯酸甲酯，丙酮。

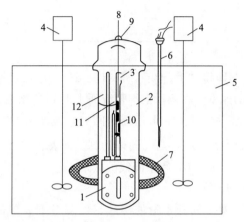

图 2-7-46　改良型 Bruss 膜渗透计装置

1—渗透池；2—溶剂瓶；3—拉杆密封螺丝；4—搅拌器；5—恒温槽；6—接点温度计；
7—加热器；8—拉杆；9—溶剂瓶盖；10—进样毛细管；11—参比毛细管；12—测量毛细管

7.4.3.4　实验步骤

（1）测量纯溶剂的动态平衡点

① 消除半透膜的不对称性。新装置好的渗透计，半透膜往往有不对称性，即当半透膜两边均是纯溶剂时，渗透计的测量毛细管与参比毛细管液柱高常有些差异。测量过溶液的渗透计，则由于高分子在半透膜上的吸附和溶质中低分子量部分的透过，也有这种不对称性。在测定前需用溶剂洗涤多次，并浸泡较长时间，消除膜的不对称性及溶剂差异对渗透压的影响。用特制长针头注射器缓缓插入注液毛细管直至池底，抽干池内溶剂，然后取 2.5mL 待测溶剂，再洗涤一次渗透池并抽干，再注入溶剂，将不锈钢拉杆插入注液毛细管，让拉杆顶端与液面接触，不留气泡，旋紧下端螺丝帽，密封注液管。

② 测量液面上升的速率。通过拉杆调节，使测量毛细管液面位于参比毛细管液面下一定位置，旋紧上端，记录液面高度 h_i（cm），读数精确到 0.002cm。用秒表测定该液面高度上升 1mm 所需时间 t_i。旋松上端螺丝再用拉杆调节测量毛细管液面（若速率很快，可以让其自行上升），使之升高约 0.5cm 再作重复测定。如此，使液面从下往上测量 5～6 个实验点，并测参比毛细管液面高 h_0，计算液柱高差 $\bar{h}_i = h_i - h_0$（cm）和上升瞬间速率 $\mathrm{d}H/\mathrm{d}t$ 即 $1/t$（mm·s⁻¹），将计算结果记录在表 2-7-9 中。

表 2-7-9 上升线测定数据记录

项目	h_0	h_1	h_2	h_3	h_4	h_5	h_6
t_i							
$\overline{h_i}/cm$							
H_i/cm							
$dH/dt/mm \cdot s^{-1}$							

由 $\overline{h_i}$ 对 dH/dt 作图即得"上升线",外推到 $dH/dt=0$,得截距 H'_{0i}。

③ 测量液面下降的速率。将测量毛细管液面上升到参比毛细管液面以上一定位置,记录液面高度 h_i 及液面下降 1mm 所需时间 t_i,液面从上往下也测量 5~6 个实验点并测参比毛细管液面高度 h_0,与②同样计算、列表、作图。由 $\overline{h_i}$ 对 dH/dt 作图得"下降线"。外推到 $dH/dt=0$,得下降线的截距 H'_{0i}。

(2) 测量溶液的动态平衡点

① 制备试样溶液。对不同分子量的样品,可参考下表配制最高浓度。然后以最高浓度的 0.15 倍、0.3 倍、0.5 倍、0.7 倍的浓度估算溶质、溶剂的值,用重量法配制样品溶液 5 个。

$M/g \cdot mol^{-1}$	2×10^4	5×10^4	1×10^5	2.5×10^5	5×10^5	1×10^6
$C \times 10^2/g \cdot cm^{-3}$	0.5	0.5	1	1	1.5	3

② 换液。旋松下端螺丝,抽出拉杆,如同溶剂中一样的操作,用长针头注射器吸干池内液体,取 2.5mL 待测溶液洗涤、抽干、注液、插入拉杆。换液顺序由稀到浓,先测最稀的,测定 5 个浓度的溶液。

③ 各个浓度的"上升线"和"下降线"的测量方法同溶剂。调节测量毛细管的起始液面高度时,不宜过高或过低。测量前根据配制的浓度和大概的分子量预先估计渗透平衡点的高度位置,起始液面高度选择在距渗透平衡点(估计值)3~6mm 处,即在大致相同的推动压头下开始测定。也只有在合适的起始高度下,每次测定所需的时间(从注液至测定完的时间间隔)相同,实验点的线性和重复性才会好。严格做到操作手续一致。每一浓度下的"上升线"和"下降线"记录列表同表 2-7-9,并作图。实验完毕后用纯溶剂洗涤渗透池 3 次。

7.4.3.5 实验数据处理

① 由测量毛细管的液面高度、参比毛细管液面高度按表 2-7-9 计算得到 $\overline{h_i}$、dH/dt 的数据,以 $\overline{h_i}$ 为纵坐标、dH/dt 为横坐标作图并外推到 $dH/dt=0$,即得渗透平衡的柱高差 H_{0i},则此溶液的渗透压为:

$$\Pi_i = H_{0i} g \rho_0 \tag{2-7-51}$$

② 溶液的渗透压测量中，渗透计两毛细管液柱，一是溶液液柱（测量管），另一是溶剂的液柱，它们能造成液压差，确切地说应该考虑溶液与溶剂的密度差别，即所谓密度改正，但一般情况下，溶液较稳，密度改正项不大，且对不同浓度的测量来说，溶液的密度又有差别，各种溶液的密度数据又不全，常常简单地以溶剂密度 ρ_0 代之。

③ 作 $\dfrac{\Pi}{\rho_B}$ -浓度 ρ_B 图 $\left[\text{或} \left(\dfrac{\Pi}{\rho_B}\right)^{\frac{1}{2}} \text{对} \rho_B \text{作图}\right]$，由直线外推值 $\dfrac{\Pi}{\rho_B}$（$\rho_{B\to0}$）或 $\left(\dfrac{\Pi}{\rho_B}\right)^{\frac{1}{2}}$（$\rho_{B\to0}$）计算数均分子量：$\overline{M_n} = \dfrac{RT}{(\Pi/\rho_B)_{\rho_{B\to0}}}$。

该方法原理清楚，无特殊假定；绝对方法，分子量范围广（1 万～150 万），测得的为数均分子量。

注意事项：

① 达到渗透平衡时间很长；

② 所测分子量与膜的种类有关（对膜的质量要求很高）。

7.4.4　光散射法测定聚合物的重均分子量及分子尺寸

光散射法是一种高聚物分子量测定的绝对方法，它的测定下限可达 5×10^3，上限为 10^7。光散射一次测定可得到重均分子量、均方半径、第二维利系数等多个数据，因此在高分子研究中占有重要地位，对高分子电解质在溶液中的形态研究也是一个有力的工具。

7.4.4.1　基本原理

一束光通过介质时，在入射光方向以外的各个方向能观察到光散射现象。介质的散射光强应是各个散射质点的散射光波幅的加和。光散射法研究高聚物的溶液性质时，溶液浓度比较稀，分子间距离较大，一般情况下不产生分子之间的散射光的外干涉。若从分子中某一部分发出的散射光与从同一分子的另一部分发出的散射光相互干涉，称为内干涉。假如溶质分子的尺寸与入射光在介质里的波长处于同一个数量级，同一溶质分子内各散射质点所产生的散射光波就有相互干涉，这种内干涉现象是研究大分子尺寸的基础。高分子链各链段所发射的散射光波有干涉作用，这就是高分子链散射光的内干涉现象。经推导可得光散射计算分子量的基本公式：

$$\frac{1+\cos^2\theta}{2\sin\theta} \times \frac{KC}{R_\theta} = \frac{1}{M}\left(1 + \frac{8\pi^2}{9}\frac{\overline{h^2}}{\lambda^2}\sin^2\frac{\theta}{2} + \cdots\cdots\right) + 2A_2C \qquad (2\text{-}7\text{-}52)$$

式中，$K = \dfrac{4\pi^2}{N_A\lambda_0^4}n^2\left(\dfrac{\partial n}{\partial C}\right)^2$（$N_A$ 为阿伏加德罗常数；n 为溶液折光指数；C 为溶质浓度）；R_θ 为瑞利比 $R_\theta = r^2\dfrac{I(r,\theta)}{I_i}$；式中，$I(r,\theta)$ 为距离散射中心 r（夹角为 θ）处所观察到的单位体积内散射介质所产生的散射光；I_i 是入射光强。θ

为散射角；$\overline{h^2}$ 为均方末端距；A_2 为第二维利系数。

具有多分散体系的高分子溶液的光散射，在极限情况下（即 $\theta \to 0$ 及 $C \to 0$）可写成以下两种形式：

$$\theta \to 0: \qquad \left(\frac{1+\cos^2\theta}{2\sin\theta} \times \frac{KC}{R_\theta} \right)_{\theta \to 0} = \frac{1}{M_w} + 2A_2 C \tag{2-7-53}$$

$$C \to 0: \qquad \left(\frac{1+\cos^2\theta}{2\sin\theta} \times \frac{KC}{R_\theta} \right)_{C \to 0} = \frac{1}{M_w} \left[1 + \frac{8\pi^2}{9\lambda^2} (\overline{h^2})_z \sin^2 \frac{\theta}{2} \right] \tag{2-7-54}$$

如果以 $\dfrac{1+\cos^2\theta}{2\sin\theta} \cdot \dfrac{KC}{R_\theta}$ 对 $\sin^2 \dfrac{\theta}{2} + KC$ 作图，外推至 $C \to 0$，$\theta \to 0$，可以得到两条直线，显然这两条直线具有相同的截距，截距值为 $\dfrac{1}{M_w}$，因而可以求出高聚物的重均分子量，见图 2-7-47。

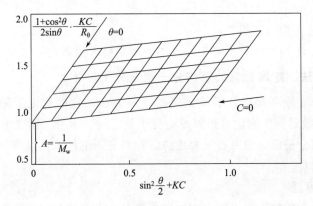

图 2-7-47　高聚物溶液光散射数据典型的 Zimm 双重外推图

图 2-7-47 表示 Zimm 的双重外推法。即从 $\theta \to 0$ 的外推线，其斜率为 $2A_2$，得到第二维利系数 A_2，它反映高分子与溶剂相互作用的大小；$C \to 0$ 的外推线的斜率为 $\dfrac{8\pi^2}{9\lambda^2 M_w} (\overline{h^2})_z$。从而，又可求得高聚物 z 均分子量的均方末端距 $(\overline{h^2})_z$。这就是光散射技术测定高聚物的重均分子量的理论和实验基础。

7.4.4.2　仪器与药品

DAWN EOS 多角度激光光散射仪、示差折光计、压滤器、容量瓶、移液管、烧结砂芯漏斗等；聚苯乙烯、苯等。

光散射仪如图 2-7-48 所示。其构造主要有 4 部分。

① 光源。一般用中压汞灯，$\lambda = 435.8 \text{nm}$ 或 $\lambda = 546.1 \text{nm}$。

② 入射光的准直系统，使光束界线明确。

③ 散射池。玻璃制品，用以盛高分子溶液。它的形状取决于要在几个散射角测定散射光强，有正方形、长方形、八角形、圆柱形等多种形状，半八角形池适用

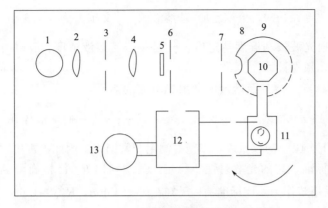

图 2-7-48　光散射测定仪示意图

1—汞灯；2—聚光镜；3—隙缝；4—准直镜；5—干涉滤光片；6~8—光栅；
9—散射池罩；10—散射池；11—光电倍增管；12—直流放大器；13—微安表

于不对称法的测定，圆柱形池可测散射光强的角分布。

④ 散射光强的测量系统，因为散射光强只有入射光强的 10^{-4}，应用光电倍增管使散射光变成电流再经电流放大器，以微安表指示。各个散射角的散射光强可用转动光电管的位置来进行测定，或者采用转动入射光束的方向来进行测定。

示差折光计如图 2-7-49 所示。

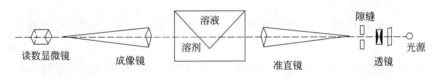

图 2-7-49　示差折光计示意图

7.4.4.3　实验步骤

（1）待测溶液的配制及除尘处理

① 用 100mL 容量瓶在 25℃准确配制 $1 \sim 1.5\text{g} \cdot \text{L}^{-1}$ 的聚苯乙烯的苯溶液，浓度记为 C_0。

② 溶剂苯经洗涤、干燥后蒸馏两次。溶液用 $5^{\sharp}$ 砂芯漏斗在特定的压滤器加压过滤以除尘净化。

（2）折光指数和折光指数增量的测定

分别测定溶剂的折光指数 n 及 5 个不同浓度待测高聚物溶液的折光指数增量，n 和 $\dfrac{\partial n}{\partial C}$ 分别用阿贝折光仪和示差折光仪测得。由示差折光仪的位移值 Δd 对浓度 C 作图，求出溶液的折光指数增量 $\dfrac{\partial n}{\partial C}$。如前所述，$K = \dfrac{4\pi^2}{N_A \lambda_0^4} n^2 \left(\dfrac{\partial n}{\partial C} \right)^2$，$N_A$ 为阿佛加德罗常数，入射光波长 $\lambda_0 = 546\text{nm}$，溶液的折光指数在溶液很稀时可以用溶剂的折光

指数代替。$n_\text{苯}^{25℃}=1.4979$，聚苯乙烯-苯溶液的 $\dfrac{\partial n}{\partial C}$ 文献值为 $0.106\,\text{cm}^{-3}\cdot\text{g}^{-1}$。当溶质、溶剂、入射光波长和温度选定后，$K$ 是一个与溶液浓度、散射角以及溶质分子量无关的常数，预先计算。

（3）参比标准、溶剂及溶液的散射光电流的测量

光散射法实验主要是测定瑞利比 $R_\theta=r^2\,\dfrac{I(r,\theta)}{I_i}$。通常液体在 90°下的瑞利比 R_{90} 值极小，约为 10^{-5} 的数量级，作绝对测定非常困难。因此，常用间接法测量，即选用一个参比标准，它的光散射性质稳定，其瑞利比 R_{90} 已精确测定（如苯、甲苯等）。本实验采用苯作为参比标准物，已知在 $\lambda=546\,\text{nm}$，$R_{90°}^\text{苯}=1.63\times10^{-5}$ 时，则有 $\phi^\text{苯}=R_{90°}^\text{苯}\dfrac{G_0}{G_{90°}}$，$G_{0°}$、$G_{90°}$ 是纯苯在 0°、90°时的检流计读数，ϕ 为仪器常数。

① 测定绝对标准液（苯）和工作标准玻璃块在 $\theta=90°$时散射光电流的检流计读数 $G_{90°}$。

② 用移液管吸取 10mL 溶剂苯放入散射池中，记录在 θ 角为 0°、30°、45°、60°、75°、90°、105°、120°、135°等不同角度时的散射光电流的检流计读数 G_θ^0。

③ 在上述散射池中加入 2mL 聚苯乙烯-苯溶液（原始溶液 C_0），用电磁搅拌器搅拌均匀，此时溶液的浓度为 C_1。待温度平衡后，依上述方法测量 30°~150°各个角度的散射光电流检流计读数 $G_\theta^{C_1}$。

④ 与③操作相同，依次向散射池中再加入聚苯乙烯-苯的原始溶液（C_0）3mL、5mL、10mL、10mL、10mL 等，使散射池中溶液的浓度分别变为 C_2、C_3、C_4、C_5、C_6等，并分别测定 30°~150°各个角度的散射光电流，检流计读数为 $G_\theta^{C_2}$、$G_\theta^{C_3}$、$G_\theta^{C_4}$、$G_\theta^{C_5}$、$G_\theta^{C_6}$ 等。

测量完毕，关闭仪器，清洗散射池。

7.4.4.4　数据处理

① 实验测得的散射光电流的检流计偏转读数记录在下表中。

C_i /(g·L^{-1}) G_i　θ/(°)	30	45	60	75	90	105	120	135	150	0
G^0										
G_{C_1}										
G_{C_2}										
G_{C_i}　G_{C_3}										
G_{C_4}										
G_{C_5}										
G_{C_6}										

② 瑞利比 R_θ 的计算：光散射实验测定的是散射光光电流 G，还不能直接用于计算瑞利比 R_θ。由于 $\dfrac{r^2}{I_0} = \dfrac{R_\theta}{I_\theta} = \dfrac{R_{90°}^{苯}}{I_{90°}^{苯}}$，用检流计偏转读数，则有

$$R_\theta = \frac{R_{90°}^{苯}}{G_{90°}^{苯}/G_{0°}^{苯}}\left[\left(\frac{G_\theta}{G_{0°}}\right)_{溶液} - \left(\frac{G_\theta}{G_{0°}}\right)_{溶剂}\right] = \phi^{苯}\left[\left(\frac{G_\theta}{G_{0°}}\right)_{溶液} - \left(\frac{G_\theta}{G_{0°}}\right)_{溶剂}\right]$$

$$(2\text{-}7\text{-}55)$$

入射光恒定，$(G_{0°})_{溶液} = (G_{0°})_{溶剂} = G_{0°}$，则上式可简化为：

$$R_\theta = \phi'(G_\theta^C - G_\theta^0) \tag{2-7-56}$$

式中，G_θ^C、G_θ^0 为溶液、纯溶剂在 θ 角的检流计读数。$\phi' = \dfrac{\phi^{苯}}{G_{0°}}$。为书写方便，令

$$y = \frac{1 + \cos^2\theta}{2\sin\theta} \times \frac{KC}{R_\theta}$$

横坐标是 $\sin^2\dfrac{\theta}{2} + KC$，其中 K 可任意选取。目的是使图形张开成清晰的格子。K 可选 10^2 或 10^3。将各项计算结果列于下表。

	$\theta/(°)$	30	45	60	75	90	105	120	130
	$\sin\dfrac{\theta}{2}$								
C_1	$G_\theta^{C1} - G_\theta^0$								
	$R_\theta(\times 10^{-4})$								
	$Y(\times 10^{-6})$								
	$\sin^2\dfrac{\theta}{2} + KC$								
C_2	$G_\theta^{C2} - G_\theta^0$								
	$R_\theta(\times 10^{-4})$								
	$Y(\times 10^{-6})$								
	$\sin^2\dfrac{\theta}{2} + KC$								
$\vdots$	$\vdots$								

③ 作 Zimm 双重外推图。

④ 依据各 θ 角的数据画成的直线外推值 $C = 0$，各浓度所测数据连成的直线外推值 $\theta = 0$，则可得到以下各式：

$$[Y]_{\theta=0}^{C=0} = \frac{1}{M_w}$$

求出 $\overline{M}_w$；

$$[Y]_{\theta=0} = \frac{1}{\overline{M}_w} + 2A_2C$$

由斜率可求 A_2 值。

$$[Y]_{C=0} = \frac{1}{\overline{M}_w} + \frac{8\pi^2}{9\overline{M}_w} \frac{\overline{h^2}}{\lambda^2} \sin^2\frac{\theta}{2} + \cdots\cdots$$

斜率是 $\dfrac{8\pi^2}{9\overline{M}_w\lambda^2}\overline{h^2}$，由斜率可求$\overline{h^2}$值。

7.4.5　黏度法测定高聚物的黏均分子量

7.4.5.1　实验原理

用黏度法测定的分子量称黏均分子量，记作 $\overline{M}_\eta$。可溶性的高聚物在稀溶液中的黏度分为高聚物溶液的黏度 η 和纯溶剂的黏度 η_0。高聚物的黏度比纯溶剂的黏度增大的值，用增比黏度表示，记作 η_{sp}：

$$\eta_{sp} = \frac{\eta - \eta_0}{\eta_0} = \frac{\eta}{\eta_0} - 1 = \eta_r - 1 \tag{2-7-57}$$

式中，η_r 为相对黏度，为溶液黏度与溶剂黏度的相对值。

单位浓度下所显示的黏度称比浓黏度，η_{sp}/C，其中 C 是浓度，单位为 $g \cdot mL^{-1}$。

溶液浓度无限稀释时，所表现出的反映每个高聚物分子与溶剂分子之间的内摩擦这一黏度的极限值记为特性黏度 $[\eta]$：

$$\lim_{c \to 0} \eta_{sp}/C = [\eta] \tag{2-7-58}$$

高聚物分子的分子量愈大，则它与溶剂间接触表面也愈大，因此摩擦就愈大，表现出的特性黏度也愈大。黏度法测高聚物分子量正是基于此特性黏度与分子量间的"经验方程式"来计算的，在不同的分子量范围及根据高分子在溶液里的不同形态，要用不同的经验方程式。常用马克-霍温克（Mark-Houwink）经验式：

$$[\eta] = K(\overline{M}_\eta)^\alpha \tag{2-7-59}$$

式中，$\overline{M}_\eta$ 为平均分子量（黏均分子量）；K 为比例常数，α 为与分子形状有关的经验参数。K 和 α 值与温度、聚合物、溶剂性质有关，也和分子量大小有关，K 值受温度影响明显，而 α 值主要取决于高分子线团在某温度下，某溶剂中舒展的程度。K 和 α 数值只能通过其他方法确定（如渗透压法、光散射法等），而通过黏度法只能测得 $[\eta]$。通过公式（2-7-59）计算聚合物的黏均分子量。$\alpha = \dfrac{1+3\varepsilon}{2}$，$\varepsilon$ 也是一个反映高分子与溶剂相互作用的参数。在良溶剂中，因为 $0 < \varepsilon < 0.23$，所以 $0.5 < \alpha < 0.9$；在 θ 溶剂（即溶液符合理想溶液的性质，这时的溶剂称为 θ 溶剂）状态下，$\varepsilon = 0$，$\alpha = 0.5$。对于钢棒高分子 $\alpha = 2$；对于紧密球，$[\eta]$ 与 M 无关。

当液体在毛细管黏度计内因重力作用而流出时，遵守泊叶（Pose-uille）公式：

$$\eta = \frac{\pi r^4 Pt}{8LV} - a\frac{V\rho}{8\pi Lt} \tag{2-7-60}$$

式中，η 为液体黏度；ρ 为液体密度；L 为毛细管长度；r 为毛细管半径；t 为流出时间；V 为流经毛细管的液体体积；a 为毛细管末端校正的参数（一般在 $r/L \ll 1$ 时，可取 $a=1$）；P 为自重压力，故也可写作 $\rho g h$，其中 h 为流经毛细管液体的平均液柱高度，g 为重力加速度，ρ 仍为液体密度，泊氏方程为：

$$\eta = \frac{\pi r^4 h g \rho t}{8LV} - a\frac{V\rho}{8\pi Lt} \tag{2-7-61}$$

对于同一只黏度计而言，r、h、V、L、g、a 均为常数，故泊氏方程可以简化为：

$$\frac{\eta}{\rho} = At - \frac{B}{t} \tag{2-7-62}$$

式中，$B < 1$，当液体流出时间 t 在 2min 左右（大于 100s）时，该项（亦称动能校正项）可以忽略。如测定是在稀溶液中进行的（$C < 1 \times 10^{-2}\,\text{g}\cdot\text{cm}^{-3}$），溶液的密度和溶剂的密度近似相等 $\rho = \rho_0$。所以，在此近似条件下：

$$\eta_r = \frac{\eta}{\eta_0} = \frac{At\rho}{At_0\rho_0} \approx \frac{t}{t_0} \tag{2-7-63}$$

式中，t 为溶液的流出时间；t_0 为纯溶剂的流出时间。

可以证明：$\displaystyle\lim_{C \to 0}\frac{\eta_{sp}}{C} = \lim_{C \to 0}\frac{\ln\eta_r}{C}$。

所以 $\dfrac{\eta_{sp}}{C}$ 和 $\dfrac{\ln\eta_r}{C}$ 的极限都等于特性黏度 $[\eta]$，由此获得 $[\eta]$ 的方法有两种：一种以 $\dfrac{\eta_{sp}}{C}$ 对 C 作图外推 $C \to 0$ 的截距值；另一种以 $\dfrac{\ln\eta_r}{C}$ 对 C 作图，外推 $C \to 0$ 的截距值，或同时作两条线，截距值应重合于一点，这样也可以核实实验的可靠性。

根据经验，在足够稀的溶液中，两条直线的方程为：

$$\frac{\eta_{sp}}{C} = [\eta] + K[\eta]^2 C \tag{2-7-64}$$

$$\frac{\ln\eta_r}{C} = [\eta] - B[\eta]^2 C \tag{2-7-65}$$

得到 $[\eta]$ 值后，代入式（2-7-59），就可算出高聚物的黏均分子量，K 和 a 值可查表得到。

7.4.5.2　实验部分

（1）主要仪器药品

10mL 有刻度吸管 2 支；恒温槽 1 套；乌贝洛氏黏度计 1 支（见图 2-7-50）；吹风机 1 个；称量杯 2 个；50mL 注射器 1 支；100mL 容量瓶 1 只；3$^{\#}$ 纱芯漏斗

（或熔结玻璃漏斗）2只；抽气泵1台；1/10秒表1只；聚乙烯醇；正丁醇有机玻璃苯溶液（浓度约为 $1.0g\cdot L^{-1}$）；蒸馏水；丙酮洗液等。

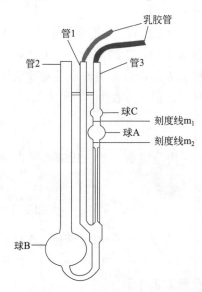

图 2-7-50　乌贝洛氏黏度计构造

（2）操作步骤

① 配制高聚物溶液　称取 0.1g 样品（聚乙烯醇），装入 100mL 清洁烧杯中，再倒入 60mL 蒸馏水加热溶解样品，（化学纯）溶解样品待样品完全溶解后，冷却至室温，加入 2 滴正丁醇去泡，移入 100mL 溶量瓶中定容，再用熔结玻璃漏斗过滤后待用。

② 洗涤黏度计　新黏度计先用洗液洗，再先后用自来水及蒸馏水洗 3 次，烘干。用过的黏度计，则先用丙酮灌入黏度计中，浸洗留在黏度计中的高分子。黏度计的毛细管部分，要反复用丙酮流洗，然后烘干，做到无尘待用。

套在管 1、3 两管头上的两段软橡皮管应事先用稀碱液煮沸以除去管内油蜡，橡皮管内不应有脏物，以免杂质微粒掉入管内。

③ 测定溶剂流出时间　本实验用乌贝洛氏黏度计，如图 2-7-50 所示，是气承悬柱式可稀释的黏度计，用吸管吸 10mL 蒸馏水，从管 2 注入。于恒温槽中恒温 5～10min 再进行测定。在管 1 上套上橡皮管，并用夹子夹牢，使其不通大气，在管 3 上安装橡皮管并接抽气针筒，将蒸馏水从 B 球，经毛细管、A 球抽到 C 球以上（但不能高出恒温槽水面），先拔去针筒并解去夹子，让管 1 通大气，此时液体流回 B 球，使毛细管以上液体悬空。毛细管以上下落，当液面流经刻度线 m_1 时，立即按停表开始计时，当液面降到刻度线 m_2 时，再按停表，测得 m_1、m_2 两刻度之间的液体流经毛细管所需时间，同样重复操作至少三次，它们相差不大于 0.2s，取三次平均值为 t_0，即为溶剂的流出时间。

④ 溶液流出时间的测定　依次加入 10mL、10mL、10mL、10mL、10mL 聚乙烯醇溶液，将溶液稀释，使其浓度分别为 C_1、C_2、C_3、C_4、C_5，用步骤③的方法测定每个浓度溶液的流出时间分别为 t_1、t_2、t_3、t_4、t_5。

7.4.5.3　数据处理

（1）计算各浓度的 η_r、η_{sp}、η_{sp}/C'、$\ln\eta_r/C'$ 并列表，其中，C' 为相对浓度，$C'=\dfrac{C}{C_1}$；C 为每次实验的真实浓度；C_1 为起始浓度。

画图：用 η_{sp}/C'、$\ln\eta_r/C'$ 对 C' 作图得两条直线，外推 $C'\to 0$，得截距 A，以起始浓度 C_1 除之，就得特性黏度：$[\eta]=\dfrac{A}{C_1}$。

（2）计算分子量

查表得 K、α 值代入 $[\eta] = K \overline{M_\eta^\alpha}$ 计算黏均分子量 $\overline{M_\eta^\alpha}$。

该方法设备简单，操作方便，测定周期短，精确度高，测定范围宽（1～1000 万）。

局限性：①对合成的新聚合物，K、α 值不知道；②与浓度 C 的关系大都偏离直线；③工作量较大。

7.4.6　高聚物相对分子质量的其他测定方法简介

7.4.6.1　端基分析法（end-group analysis，简称 EA）

（1）原理

如果线形高分子的化学结构明确而且链端带有可以用化学方法（如滴定）或物理方法（如放射性同位素测定）分析的基团，那么测定一定质量高聚物中端基的数目，即可用下式求得试样的数均相对分子质量。

$$\overline{M_n} = zm/n \tag{2-7-66}$$

式中，m 为试样质量；z 为每条链上待测端基的数目；n 为被测端基的摩尔数。

如果 $\overline{M_n}$ 用其他方法测得，反过来可求出 z，对于支化高分子，支链数目应为 $z-1$。

用端基分析法测得的是数均相对摩尔质量 $\overline{M_n}$。端基明确、可分析，才能用此法；常用来分析的端基有：羧基、羟基、氨基、疏基、环氧基、卤素等。

（2）仪器设备

滴定管、红外光谱仪、核磁共振仪。

（3）注意事项

结构不明确的聚合物不可测定；该方法误差较大，上限分子量 2 万（或 3 万）；多数烯烃类聚合物不可用此法。

7.4.6.2　气相渗透压法（vapor phase osmometry，简称 VPO）

将溶液滴和溶剂滴同时悬吊在恒温 T_0 的纯溶剂的饱和蒸气气氛下时，根据化学势的高低判断，蒸气相中的溶剂分子将向溶液滴凝聚，同时放出凝聚热；使溶液滴的温度升至 T，经过一定时间后两液滴达到稳定的温差 $\Delta T = T - T_0$，ΔT 被转换成电信号 ΔG，而 ΔG 与溶液中溶质的摩尔分数成正比。与测定高聚物分子量的其他方法一样，需要在不同浓度下进行测定，并外推到浓度为零以求取分子量：

$$\frac{\Delta G}{C} = K \left(\frac{1}{M_n} + A_2 C + \cdots\cdots \right) \tag{2-7-67}$$

由 $\dfrac{\Delta G}{C}$ 对浓度 C 作图，当浓度趋于零时得截距：

$$\left(\frac{\Delta G}{C} \right)_{C \to 0} = \frac{K}{M_n} \tag{2-7-68}$$

由上式可求出高聚物的数均分子量。

7.4.6.3　小角激光光散射（LALLS）

　　光散射法用汞灯作光源，光强弱，溶液用量大，散射池也要大，且对除尘要求严格。同时不能在小角度下进行测定。小角激光光散射用氦氖激光作为入射光，可在很小的散射角度下进行测定，角度接近于零，使公式简化。

　　其他方法还有超速离心沉降（又分沉降平衡法和沉降速度法，主要用于蛋白质等的测定）、电子显微镜、凝胶色谱（GPC）等。表 2-7-10 总结了各测定方法的适用范围、方法类型和所测相对分子质量的统计意义。

表 2-7-10　高聚物的各种平均相对分子质量的测定方法

方法名称	适用范围	相对分子质量意义	方法类型
端基分析法	3×10^4 以下	数均	绝对法
冰点降低法	5×10^3 以下	数均	相对法
沸点升高法	3×10^4 以下	数均	相对法
气相渗透法	3×10^4 以下	数均	相对法
膜渗透法	$2 \times 10^4 \sim 1 \times 10^6$	数均	绝对法
光散射法	$2 \times 10^4 \sim 1 \times 10^7$	重均	绝对法
超速离心沉降速度法	$1 \times 10^4 \sim 1 \times 10^7$	各种平均	绝对法
超速离心沉降平衡法	$1 \times 10^4 \sim 1 \times 10^6$	重均,数均	绝对法
黏度法	$1 \times 10^4 \sim 1 \times 10^7$	黏均	相对法
凝胶渗透色谱法	$1 \times 10^3 \sim 1 \times 10^7$	各种平均	相对法

7.5　液体饱和蒸气压和摩尔汽化热的测定

7.5.1　实验原理

　　在一定温度下，纯液体与其自身的蒸气达到气液平衡时，蒸气的压力称为该温度下该液体的饱和蒸气压 p^*。蒸发 1mol 液体所吸收的热量称为该温度下该液体的摩尔气化热 $\Delta_{vap} H_m$。在温度变化范围不大时，可把 $\Delta_{vap} H_m$ 视为常数，表示此温度范围内的平均摩尔气化热。将蒸气视为理想气体，饱和蒸气压与温度的关系可用克劳修斯-克拉贝龙方程式表示：

$$\ln p^* = \frac{-\Delta_{vap} H_m}{R} \times \frac{1}{T} + c \qquad (2-7-69)$$

　　式中，T 为热力学温度，K；p^* 为纯液体在温度 T 时的饱和蒸气压，Pa；$\Delta_{vap} H_m$ 为纯液体在温度 T 时的摩尔气化热，J·mol^{-1}；R 为摩尔气体常数，8.314J·mol^{-1}·K^{-1}；c 为积分常数。

　　测得一组不同温度下纯液体的饱和蒸气压值，用 $\ln p^*$ 对 $1/T$ 作图，得一条直线，由直线的斜率可求得该温度范围内该纯液体的平均摩尔气化热 $\Delta_{vap} H_m$。

7.5.2　测定方法

测定液体饱和蒸气压的方法主要有三种：静态法、动态法和饱和气流法。具体介绍参见第二篇第 11 章"压力的测量与控制"液体饱和蒸气压的测定技术一节。

7.6　反应平衡常数的测定方法

实验方法通常有化学方法和物理方法。化学方法是通过化学分析法测定反应达到平衡时各物质的浓度。但必须防止因测定过程中加入化学试剂而干扰了化学平衡。因此，在进行化学分析之前必须使化学平衡"冻结"在原来平衡的状态。通常采用的方法是骤冷、稀释或加入阻化剂使反应停止，然后进行分析。物理方法就是利用物质的物理性质的变化测定达到平衡时各物质浓度的变化，如通过测定体系的折光率、电导、颜色、压强或容积的改变来测定物质的浓度。物理方法的优点是在测定时不会干扰或破坏体系的平衡状态。此外，还可借助动力学研究，测定对峙反应的正逆反应速率常数，两者之比即为反应的热力学平衡常数。

7.6.1　液相反应平衡常数的测定

根据反应体系的特点，利用分析化学的手段，测得反应达到平衡时，体系中产物和反应物的浓度，利用标准平衡常数的定义即可求出。根据不同的测试体系，常用分析手段有电导法、电动势法、分光光度法等。电导法和电动势法参见电化学技术与方法一章。根据物质反应前后具有不同颜色和对单色光的吸收特性，可借助于分光光度法原理，测定液相反应的平衡常数。如利用分光光度计测定低浓度下铁离子与硫氰酸根离子生成硫氰合铁络离子液相反应的平衡常数；根据甲基红在电离前后具有不同颜色和对单色光的吸收特性，测定甲基红的电离平衡常数。因液相反应体系较复杂，通常要借助一些近似处理。

7.6.1.1　硫氰合铁络离子液相反应平衡常数的测定

（1）实验原理

以铁离子与硫氰酸根离子生成硫氰合铁络离子液相反应为例，Fe^{3+} 与 SCN^- 在溶液中可生成一系列的络离子，并共存于同一个平衡体系中。当 Fe^{3+} 与浓度很低的 SCN^-（一般应小于 $5 \times 10^{-3}\ mol \cdot dm^{-3}$）反应时，只进行一级络合反应 $Fe^{3+} + SCN^- \Longrightarrow Fe[SCN]^{2+}$。因体系本身的复杂性，平衡常数受氢离子的影响，因此，实验只能在同一 pH 值下进行。又因其为离子平衡反应，必须在离子强度一致的条件下进行测定。

其标准平衡常数表示为：

$$K_C^{\ominus} = \frac{[FeSCN^{2+}]_e}{[Fe^{3+}]_e [SCN^-]_e} \tag{2-7-70}$$

由于 $FeSCN^{2+}$ 有颜色，消光值与溶液浓度成正比，借助分光光度计测定平衡体系的消光值，可计算出平衡时 $FeSCN^{2+}$ 的浓度 $[FeSCN^{2+}]_e$，进而再推算出平衡时 Fe^{3+} 和 SCN^- 的浓度 $[Fe^{3+}]_e$ 和 $[SCN^-]_e$。

（2）操作技术

① 仪器药品　分光光度计 1 台（带自制恒温夹套）；超级恒温槽 1 台；容量瓶、移液管若干。$1×10^{-3}\,mol \cdot dm^{-3}\,NH_4SCN$（需准确标定）；$0.1mol \cdot dm^{-3}\,FeNH_4(SO_4)_2$（需准确标定 Fe^{3+} 浓度，并加 HNO_3 使溶液的 H^+ 浓度为 $0.1mol \cdot dm^{-3}$）；$1mol \cdot dm^{-3}$ HNO_3；$1mol \cdot dm^{-3}\,KNO_3$（试剂均用 AR）用于调整离子强度。

② 操作步骤

a. 将恒温槽调到指定温度。

b. 配制离子强度为 0.7，氢离子浓度为 $0.15mol \cdot dm^{-3}$，SCN^- 浓度固定（一般应小于 $5×10^{-3}\,mol \cdot dm^{-3}$），而 Fe^{3+} 浓度不同的几种溶液。其中不加 Fe^{3+} 者为空白溶液，Fe^{3+} 浓度比 SCN^- 浓度远远过量者，为测定仪器吸光系数用，均置于恒温槽中恒温待用。

c. 仪器消（吸）光系数测定：调整分光光度计，将波长调到 460nm 处。然后测定 Fe^{3+} 大量过量的溶液的吸光度，因平衡时 SCN^- 全部与 Fe^{3+} 络合（下标 0 表示起始浓度），则：

$$[FeSCN^{2+}]_{1,\,e} = [SCN^-]_0 \tag{2-7-71}$$

故：

$$E_1 = k[SCN^-]_0 \tag{2-7-72}$$

借此可得到仪器的消光系数 k。

d. 络离子平衡浓度的测定：其他不同 Fe^{3+} 起始浓度的反应溶液，当络合平衡时，测定其吸光度，则可知 $Fe[CNS]^{2+}$ 络离子的平衡浓度。达到平衡时，在体系中：

$$[Fe^{3+}]_{i,\,e} = [Fe^{3+}]_0 - [FeSCN^{2+}]_{i,\,e} \tag{2-7-73}$$

$$[SCN^-]_{i,\,e} = [SCN^-]_0 - [FeSCN^{2+}]_{i,\,e} \tag{2-7-74}$$

将式（2-7-71）、式（2-7-73）和式（2-7-74）代入式（2-7-70），可以计算出不同 Fe^{3+} 起始浓度反应溶液在定温下的平衡常数 $K_{i,e}$ 值。

7.6.1.2　电解质（甲基红）的电离平衡常数测定

（1）实验原理

甲基红在溶液中的电离可表示为：$HMR \rightleftharpoons H^+ + MR^-$，则其电离平衡常数 K 表示为：

$$K = \frac{[H^+][MR^-]}{[HMR]} \tag{2-7-75}$$

或：

$$pK = pH - \lg \frac{[MR^-]}{[HMR]} \tag{2-7-76}$$

测定甲基红溶液的 pH 值，再根据分光光度法（多组分测定方法），可测得 [MR⁻] 和 [HMR] 值，即可求得 pK 值。

溶液中如含有两种组分（或两种组分以上），又具有特征的光吸收曲线，并且各组分的吸收曲线互不干扰，可在不同波长下，对各组分进行分光光度测定。但吸收曲线部分重合时，则两组分（A+B）溶液的吸光度应等于各组分吸光度之和，即吸光度具有加和性。当吸收槽长度一定时，混合溶液在波长分别为 λ_A 和 λ_B 时的吸光度 $E_{\lambda_A}^{A+B}$ 和 $E_{\lambda_B}^{A+B}$ 可表示为：

$$E_{\lambda_A}^{A+B} = E_{\lambda_A}^{A} + E_{\lambda_A}^{B} = k_{\lambda_A}^{A} c_A + k_{\lambda_A}^{B} c_B \tag{2-7-77}$$

$$E_{\lambda_B}^{A+B} = E_{\lambda_B}^{A} + E_{\lambda_B}^{B} = k_{\lambda_B}^{A} c_A + k_{\lambda_B}^{B} c_B \tag{2-7-78}$$

式中，$k_{\lambda_A}^{A}$、$k_{\lambda_A}^{B}$ 和 $k_{\lambda_B}^{A}$、$k_{\lambda_B}^{B}$ 分别为单组分在波长为 λ_A 和 λ_B 时的吸光系数 k 值。而 λ_A 和 λ_B 可以通过测定单组分的光吸收曲线，分别求得其最大吸收波长。如在该波长下，各组分均遵守朗伯-比尔定律，则其测得的吸光度与单组分浓度应为线性关系，直线的斜率即为 k 值，再通过两组分的混合溶液可以测得 $E_{\lambda_A}^{A+B}$ 和 $E_{\lambda_B}^{A+B}$，根据式（2-7-77）和式（2-7-78）可以求出 [HMR] 和 [MR⁻] 值，即 C_A 和 C_B。

（2）操作技术

① 仪器　分光光度计 1 台；酸度计 1 台。

② 实验步骤

a. 制备溶液

（a）甲基红溶液：称取 0.400g 甲基红，加入 300mL 95％的乙醇，待溶后，用蒸馏水稀释至 500mL 容量瓶中。

（b）甲基红标准溶液：取 10.00mL 上述溶液，加入 50mL 95％乙醇，用蒸馏水稀释至 100mL 容量瓶中。

（c）溶液 A：取 10.00mL 甲基红标准溶液，加入 $0.1 \text{mol} \cdot \text{dm}^{-3}$ 盐酸 10mL，用蒸馏水稀释至 100mL 容量瓶中。

（d）溶液 B：取 10.00mL 甲基红标准溶液，加入 $0.05 \text{mol} \cdot \text{dm}^{-3}$ 醋酸钠 20mL，用蒸馏水稀释至 100mL 容量瓶中。将溶液 A、B 和空白液（蒸馏水）分别放入三个洁净的比色槽内。

b. 吸收光谱曲线的测定　测定溶液 A 和溶液 B 的吸收光谱曲线，求出最大吸收峰的波长 λ_A 和 λ_B 值。

c. 验证朗伯-比尔定律，并求出 $k_{\lambda_A}^{A}$，$k_{\lambda_A}^{B}$ 和 $k_{\lambda_B}^{A}$，$k_{\lambda_B}^{B}$。

溶液 A 中甲基红主要以 [HMR] 的形式存在。溶液 B 中甲基红主要以 [MR⁻] 的形式存在。在溶液 A、溶液 B 的最大吸收峰的波长为 λ_A、λ_B 处分别测定上述各溶液的光密度 $E_{\lambda_A}^{A}$，$E_{\lambda_A}^{B}$ 和 $E_{\lambda_B}^{A}$，$E_{\lambda_B}^{B}$。如果在 λ_A、λ_B 处，上述溶液符合朗伯-比尔定律，则可得四条 E-C 直线，由此可求出四个 k 值。

d. 测定混合溶液的总光密度及其 pH 值。

（3）注意事项

① 使用分光光度计时，先接通电源，预热 20min。为了延长光电管的寿命，在不测定时，应将暗盒盖打开。

② 使用酸度计前应预热半小时，使仪器稳定。

7.6.2 气相反应或复相反应平衡常数的测定

对气相反应或复相反应，其标准平衡常数只与气相物质的压力有关，因此只需测定参与反应各气态物质压力即可。对于某些高温下发生的气相反应，在高温下难以取样和测定相应气态物质的压力，因而通常采用"冻结法"或"骤冷法"，即对反应达平衡后的反应体系或混合气体进行冻结，后进行取样分析。

7.6.2.1 不同温度下二氧化碳与碳反应的平衡常数的测量（直接测定法）

（1）实验原理

二氧化碳与碳的反应：$C(s) + CO_2(g) \Longrightarrow 2CO(g)$ $\Delta_r H_m = 157.78 \text{kJ} \cdot \text{mol}^{-1}$

假定反应气相混合物为理想气体，对于复相化学平衡，其平衡常数用各组分气体分压表示：

$$K_p^{\ominus} = \frac{(\dfrac{p_{CO}}{p^{\ominus}})^2}{\dfrac{p_{CO_2}}{p^{\ominus}}} = \frac{(p_{CO})^2}{p_{CO_2} p^{\ominus}} \tag{2-7-79}$$

在实验条件下反应总压近似保持在 101325Pa，故由理想气体状态方程得：

$$K_p^{\ominus} = \frac{4(V_{总} - V_{CO})V_{总}}{3(V_{CO})^2} \tag{2-7-80}$$

式中，V_{CO} 为标准态压力下一氧化碳的体积；$V_{总}$ 为标准态压力下一氧化碳和二氧化碳平衡混合气的总体积。本实验中对反应达平衡后的混合气体"冻结"后进行取样分析，可测出 $V_{总}$ 和 V_{CO}。

该反应除考虑热力学平衡外，还要考虑动力学因素。该反应是非均相反应，CO_2 还原成 CO 的速度在低于 600℃时很慢，温度高于 1100℃速度才显著加快。因此，在较低温度下，反应要达到平衡需要很长时间。

（2）操作技术

检查体系密封性。由二氧化碳钢瓶出来的气体经干燥后进入反应管，在一定的温度下进行反应。将反应后的平衡混合气体，用量气管取样，通过盛有氢氧化钠溶液的吸收瓶对二氧化碳气体进行吸收，记下吸收前后量气管内的体积，就可对平衡混合气体组分进行分析。

7.6.2.2 氨基甲酸铵分解平衡常数的测定

（1）实验原理

根据定义，复相反应的平衡常数只与气相物质的压力有关，因此只需测定氨基甲酸铵的分解压力，即可求得反应的标准平衡常数。

氨基甲酸铵的分解可用下式表示：

$$NH_2COONH_4(s) \Longrightarrow 2NH_3(g) + CO_2(g)$$

设反应中气体为理想气体，则其标准平衡常数 $K_p^{\ominus}$ 可表达为：

$$K_p^{\ominus} = \left(\frac{p_{NH_3}}{p^{\ominus}}\right)^2 \times \frac{p_{CO_2}}{p^{\ominus}} \tag{2-7-81}$$

式中，p_{NH_3} 和 p_{CO_2} 分别为反应温度下 NH_3 和 CO_2 的平衡分压；$p^{\ominus}$ 为标准压力 100kPa。设平衡总压为 p，则：

$$p_{NH_3} = \frac{2}{3}p ;\quad p_{CO_2} = \frac{1}{3}p$$

代入式（2-7-81），得到：

$$K_p^{\ominus} = \frac{4}{27}\left(\frac{p}{p^{\ominus}}\right)^3 \tag{2-7-82}$$

因此测得一定温度下的平衡总压后，即可按式（2-7-82）算出此温度的反应平衡常数 $K_p^{\ominus}$。

（2）操作步骤

实验用静态法测定氨基甲酸铵的分解压力。实验装置与静态法测纯液体饱和蒸气压类似，如图 2-7-51 所示。样品瓶 A 和零压计 B 均装在空气恒温箱 D 中。实验时，打开活塞 1，关闭其余所有活塞。开动机械真空泵 H，再缓慢打开活塞 5 和 4，使系统逐步抽真空并保持硅油零压计两液面相平，然后关闭活塞 5、4 和 1。调节空气恒温箱 D 的温度，让样品在恒温箱的温度 t 下分解，随着氨基甲酸铵分解，零压计中右管液面降低，左管液面升高，出现压差。为消除零压计 B 中的压差，维持零压，先打开活塞 3，随即关闭，再打开活塞 2，此时毛细管 E 中的空气经过缓冲管 G 降压后进入零压计左管上方。再关闭活塞 2，打开活塞 3，如此反复操作，

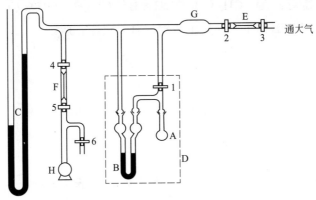

图 2-7-51　分解压测定装置

A—样品瓶；B—零压计；C—汞压力计；D—空气恒温箱；
E，F—毛细管；G—缓冲管；H—真空泵；1~6—真空活塞

待零压计中液面相平且不随时间而变时分解反应达到平衡，从 U 形压力计上测得平衡压差 Δp_t，即为温度 t 下氨基甲酸铵分解的平衡压力与大气压力的差，可计算出氨基甲酸铵的分解压力。利用公式计算反应的标准平衡常数。

7.6.3　借助动力学研究得到化学反应平衡常数

以核磁共振法测定丙酮酸水解反应的速率常数及化学平衡常数为例。

（1）实验原理

利用核磁共振谱图给出的特定信息来测定物质的物性常数——物质发生化学反应的平衡常数。核磁共振峰的化学位移反映了共振核的不同化学环境。当一种共振核在两种不同状态之间快速交换时，共振峰的位置是这两种状态化学位移的权重平均值。共振峰的半高宽与核在该状态下的平均寿命有直接关系。因此，峰的化学位移、峰位置的变化、峰形状的改变等均为物质的化学反应过程提供了重要信息。以丙酮酸水解反应平衡常数测定为例：丙酮酸水解反应是许多含有羰基的化合物在水溶液中常见的酸碱催化反应。丙酮酸水解反应的原理为：丙酮酸在酸性溶液中会水解为 2，2-二羟基丙酸，这是一个可逆水解反应，可用下式表示：

（Ⅰ）　　　　$CH_3COCOOH + H_2O \underset{k_r}{\overset{k_f}{\rightleftharpoons}} CH_3C(OH)_2COOH$

核磁共振技术可用于测定正逆反应的速率常数 k_f、k_r 及平衡常数 K。这是一个酸催化反应，H^+ 浓度会对反应动力学有影响。丙酮酸水解反应的机理如下：

（Ⅱ）　　　　　　　$CH_3COCOOH + H^+ \rightleftharpoons CH_3CCOOHOH^+$

此步可快速平衡，平衡常数为 K_1。

（Ⅲ）　　$CH_3COHCOOH^+ + H_2O \underset{k_H^r}{\overset{k_H^f}{\rightleftharpoons}} CH_3C(OH)_2COOH + H^+$

这里引入缩写：$A = CH_3COCOOH$，$B = CH_3C(OH)_2COOH$，$AH^+ = CH_3C^+OHCOOH$，B 的生成速度由步骤（Ⅲ）决定，所以：

$$\frac{dc_B}{dt} = k_H^f c_{AH^+} - k_H^r c_{H^+} c_B \tag{2-7-83}$$

$$\frac{dc_B}{dt} = k_H^f K_1 c_{H^+} c_A - k_H^r c_{H^+} c_B \tag{2-7-84}$$

$$\frac{dc_B}{dt} = k_H^{f'} c_{H^+} c_A - k_H^r c_{H^+} c_B \tag{2-7-85}$$

当反应（Ⅰ）达到平衡时，热力学平衡常数 K 可表达为：

$$K = \frac{C_{B,eq}}{C_{A,eq}} \tag{2-7-86}$$

当步骤Ⅲ达到平衡时：$\dfrac{dC_B}{dt} = k_H^{f'} C_{H^+} C_{A,eq} - k_H^r C_{H^+} C_{B^-,eq} = 0$

整理得：

$$\frac{C_{B,\,eq}}{C_{A,\,eq}} = \frac{k_H^f}{k_H^r}$$

代入式 (2-7-86) 得：

$$K = \frac{k_H^f}{k_H^r} \tag{2-7-87}$$

因此由正逆反应的速率常数可求得丙酮酸水解反应的化学平衡常数 K。

（2）核磁共振测定的原理

丙酮酸水解反应后会出现 $\delta = 2.60\,mg \cdot kg^{-1}$ 的丙酮酸—CH_3 质子峰，$\delta = 1.75\,mg \cdot kg^{-1}$ 的 2，2-二羟基丙酸—CH_3 质子峰，以及 $\delta = 5.48\,mg \cdot kg^{-1}$ 的羟基、羧基和水构成的混合质子峰。质子峰的自然宽度为 $2/T_2$，T_2 为自旋-自旋弛豫时间，当有质子交换时的半高宽为 Δw，τ 为质子峰的寿命，其关系为：

$$\Delta w = \frac{2}{T_2} + \frac{2}{\tau} \tag{2-7-88}$$

Δw 的单位为 $rad \cdot s^{-1}$，其与频率 Δv（Hz）的关系为：

$$2\tau \cdot \Delta v = \Delta w \tag{2-7-89}$$

在不同氢离子浓度下，丙酮酸—CH_3 质子峰及 2，2-二羟基丙酸—CH_3 质子峰会随着氢离子的浓度增大而变宽。质子峰的寿命 τ 和氢离子催化速率常数 k_{H^+} 的关系如下：

$$\frac{1}{\tau} = k_{H^+} c_{H^+} \tag{2-7-90}$$

由式 (2-7-88) 和式 (2-7-90) 可得，正向反应的半峰宽：

$$\frac{\Delta w_f}{2} = \frac{1}{T_2} + k_H^f c_{H^+} \tag{2-7-91}$$

逆向反应的半峰宽：

$$\frac{\Delta w_r}{2} = \frac{1}{T_2} + k_H^r c_{H^+} \tag{2-7-92}$$

由 $\frac{\Delta w}{2}$ 对 C_{H^+} 作图为一条直线，直线的斜率为正逆向反应速率常数 k_H^f，k_H^r。截距为 $\frac{1}{T_2}$，由式 (2-7-88) 可求得各质子峰的寿命 τ。因此，由正逆反应的 k_H^f、k_H^r 可求得丙酮酸水解反应的平衡常数 K。

（3）操作技术

① 仪器　核磁共振仪，核磁样品管若干，移液枪等。

② 操作步骤

a. 先配制 $6\,mol \cdot L^{-1}$ HCl 水溶液。

b. 在 5 个 10mL 容量瓶中，配制不同氢离子浓度的丙酮酸溶液，丙酮酸浓度固定。

c. 在 5 个核磁样品管中，用移液枪分别移取上述溶液 0.4mL，加入 0.1mL D_2O 水，混合均匀，待测。

d. 用核磁共振仪扫描上述样品管中的样品,使用氢谱扫描,溶剂为 D_2O。

e. 记录各样品管的核磁共振图谱中丙酮酸—CH_3 质子峰、二羟基丙酸—CH_3 质子峰的半峰宽 Δw 及各峰的积分面积。

(4) 数据处理

由半峰宽 Δw 对 C_{H+} 作图,斜率即是正逆反应的速率常数 k_H^f、k_H^r。因此可求得丙酮酸水解反应的化学平衡常数 K。由截距 $1/T_2$,可求得各质子的寿命。

7.6.4 碘和碘离子反应平衡常数的测定

(1) 实验原理

碘溶于碘化物(如 KI)溶液中,主要生成 I_3^-,形成下列平衡:$KI + I_2 \rightleftharpoons KI_3$,即:

$$I_2 + I^- \rightleftharpoons I_3^-$$

其平衡常数 K 为:

$$K = \frac{a_{I_3^-}}{a_{I_2} \cdot a_{I^-}} = \frac{c_{I_3^-}}{c_{I_2} \cdot c_{I^-}} \times \frac{\gamma_{I_3^-}}{\gamma_{I_2} \cdot \gamma_{I^-}} \qquad (2\text{-}7\text{-}93)$$

式中,a、c、γ 分别为活度、质量摩尔浓度和活度系数。在浓度不大的溶液中,

$$\frac{\gamma_{I_3^-}}{\gamma_{I_2} \cdot \gamma_{I^-}} \approx 1$$

故得:

$$K = \frac{c_{I_3^-,\,e}}{c_{I_2,\,e} \cdot c_{I^-,\,e}} \qquad (2\text{-}7\text{-}94)$$

由于在一定温度下达到平衡时,碘在四氯化碳层中的浓度和在水溶液中的浓度比为一常数 K_d,称为分配系数。

$$K_d = \frac{c_{I_2}(CCl_4)}{c_{I_2}(H_2O)} \qquad (2\text{-}7\text{-}95)$$

因此,可通过测定碘在水层和四氯化碳层中的浓度,得到分配系数 K_d。因分配系数只与温度有关,因此可通过预先测定的分配系数 K_d 求出 I_2 在 KI 水溶液中的浓度。即:

$$c_{I_2}(KI \text{溶液}) = \frac{c_{I_2}(CCl_4)}{K_d} \qquad (2\text{-}7\text{-}96)$$

再分析测定 KI 溶液中的总碘量 c_{I_2}(总,KI 溶液),则:

$$c_{I_3^-} = c_{I_2}(\text{总,KI 溶液}) - c_{I_2}(KI \text{溶液}) \qquad (2\text{-}7\text{-}97)$$

由于形成一个 I_3^- 要消耗一个 I^-,所以平衡时 I^- 的浓度为:

$$c_{I^-,\,e} = c_{I^-,\,0} - c_{I_3^-} \qquad (2\text{-}7\text{-}98)$$

将式 (2-7-97)、式 (2-7-98) 代入式 (2-7-94),即可得到碘和碘离子反应的平衡常数。

（2）仪器药品

恒温水浴 1 套；量筒 100mL、25mL；碱式滴定管 25mL；微量滴定管；移液管 25mL、5mL；锥形瓶 250mL；碘量瓶；0.04mol·L^{-1} I$_2$（CCl$_4$）溶液；0.02％ I$_2$ 水溶液；0.0250mol·L^{-1} Na$_2$S$_2$O$_3$ 标准液；0.5％淀粉指示剂；KI 固体。

（3）实验方法

① 控制恒温水温度为一定温度。

② 取 2 个碘量瓶，按下表配制溶液，塞紧塞子。

编号	0.02％ I$_2$ 的溶液	0.100mol·L^{-1} KI 溶液	0.04mol·L^{-1} I$_2$（CCl$_4$）
1	100mL	—	25mL
2	—	100mL	25mL

③ 将配好的溶液振荡均匀，然后置于恒温槽中恒温 1h，恒温期间应每隔 10min 振荡一次。最后一次振荡后，须将附在水层表面的 CCl$_4$ 振荡下去，待两液层充分分离后，才能吸取样品进行分析。

④ 在各号样品瓶中，准确吸取 25mL 水溶液层样品两份，用标准 Na$_2$S$_2$O$_3$ 溶液滴定（其中 1 号水层用微量滴定管，2 号水层用 25mL 碱式滴定管），滴至淡黄色时加数滴淀粉指示剂，此时溶液呈蓝色，继续用 Na$_2$S$_2$O$_3$ 溶液滴至蓝色刚消失。

在各号样品瓶中准确吸取 5mL CCl$_4$ 层样品两份（为了不让水层样品进入移液管，必须用一指头塞紧移液管上端口，直插入 CCl$_4$ 层中或者边向移液管吹气边通过水层插入 CCl$_4$ 层），放入盛有 10mL 蒸馏水的锥形瓶中，加入少许固体 KI，以保证 CCl$_4$ 层中的 I$_2$ 完全提取到水层中，（充分振荡）同样用 Na$_2$S$_2$O$_3$ 标准液滴定，（1 号 CCl$_4$ 层样品用 25mL 滴定管，2 号用微量滴定管）。

由 1 号样品的数据按式（2-7-95）计算分配系数 K_d。由 2 号样品的数据计算 $c(I_2)$、$c(I_3^-)$、$c(I^-)$ 及 K。

（4）实验注意事项

① 本实验玻璃仪器要洁净干燥，移液要准确，尤其 CCl$_4$ 溶液较重，更要严格掌握，以免影响结果。

② 摇动锥形瓶加速平衡时，勿将溶液荡出瓶外，摇后可开塞放气，再盖严。

③ 滴定终点的掌握是分析准确的关键之一，在分析水层时，用 Na$_2$S$_2$O$_3$ 滴至溶液呈淡黄色。再加入淀粉指示剂，至浅蓝色刚刚消退至无色即为终点。在分析 CCl$_4$ 层时，由于 I$_2$ 在 CCl$_4$ 层中不易进入 H$_2$O 层，须充分摇动且不能过早加入淀粉指示剂，终点必须以 CCl$_4$ 层不再有浅蓝色为准。

7.6.5　分配系数的测定

（1）原理

在一定温度和压力下，将一溶质溶解在两种不互溶的溶剂中，则溶质往往同时溶入两种溶剂中。如果溶质在两种溶剂中分子大小相同，且浓度不大，那么达到平衡时，溶质在两种溶剂中的浓度比值为一常数，这就是分配定律：

$$K = \frac{C_A}{C_B} \qquad (2\text{-}7\text{-}99)$$

式中，C_A、C_B 为溶质在 A、B 溶剂中的浓度；K 为分配系数。在一些体系中由于分子的离解或缔合，溶质在不同溶剂中质点的平均大小不同，如在溶剂 A 中的质点比在溶剂 B 中小一半，则分配定律表述为：

$$K = \frac{C_A}{C_B^{1/2}} \qquad (2\text{-}7\text{-}100)$$

为了判断苯甲酸在水中有无缔合现象，假定其缔合度为 n，则分配定律为：$K = \dfrac{C_A}{\sqrt[n]{C_B}}$

则：

$$\lg K = \lg C_A - (1/n)\lg C_B \qquad (2\text{-}7\text{-}101)$$

如测得一系列的 C_A、C_B，用 $\lg C_A$ 对 $\lg C_B$ 作图，由直线的斜率和截距即可分别计算出分配系数 K，缔合度 n。

（2）实验步骤

取 5 个洗净的 150mL 碘量瓶，标明号码，分别加入约 0.6g、0.8g、1.0g、1.2g、1.4g 苯甲酸，用量筒分别加入 25mL 苯和 25mL 蒸馏水，盖好塞子，振摇半小时，使两相充分混合接触。

将 1 号试样转移至分液漏斗中，静置分层。用移液管移取下层（水层）5.00mL，放入 100mL 三角瓶中，加入 25mL 蒸馏水和 1 滴酚酞指示液，用标准碱液滴定，记录所用碱液体积。重复测定两次。

用移液管移取上层（苯层）2.00mL，放入 100mL 三角瓶中，加入 25mL 蒸馏水和 1 滴酚酞指示液，用标准碱液滴定，记录所用碱液体积。重复测定两次。

用上述方法依次测定 2～5 号试样。

根据所测不同浓度的苯甲酸在水相和苯相中的浓度，作图求得分配系数和缔合度。

7.7　活度系数测定方法

平均活度和平均活度系数测量方法主要有：蒸气压法、气液相色谱法、动力学法、稀溶液依数性法、电动势法等。分别介绍如下。

7.7.1　蒸气压法

7.7.1.1　测定原理

引入活度系数 γ 后，拉乌尔定律修正为：

$$a_{x,i} = \gamma_{x,i} x_i = \frac{p_i}{p_i^*} \qquad (2\text{-}7\text{-}102)$$

在二元体系中，在一定温度压力下，在已建立气液相平衡的体系中，分别取出气相和液相样品，测定其浓度。当达到平衡时，除了两相的温度和压力分别相等外，每一组分化学位也相等，即逸度相等，其热力学基本关系为：$f_i^l = f_i^g$，

即：
$$p_i^* \gamma_{x,i}^l x_i = \gamma_{i,0}^g p_i^g \tag{2-7-103}$$

式中，$\gamma_{x,i}^l$ 和 γ_i^g 分别为溶剂在液相和气相中的活度或逸度因子；x_i^l 和 p_i^g 分别为溶剂在液相和气相中的摩尔分数。

得到常压下，气相可视为理想气体，再忽略压力对流体逸度的影响，从而得出低压下气液平衡关系式为：
$$\gamma_i^l x_i^l p_i^* = p y_i^g \tag{2-7-104}$$

式中，p 为体系压力（总压）；p_i^* 为纯组分在平衡温度下的饱和蒸气压；x_i^l、y_i^g 分别为组分 i 在液相和气相中的摩尔分数；γ_i^l 为组分 i 的活度系数。由实验测得等压下气液平衡数据，则可用 $\gamma_i = \dfrac{p y_i^g}{p_i^* x_i^l}$ 计算出不同组成下的活度系数。

7.7.1.2 测定方法

采用循环法，平衡装置利用改进的 Rose 釜。所测定的体系为乙醇（1）-环己烷（2），样品分析采用折光度法。

（1）仪器与操作步骤

① 仪器

平衡釜(见图 2-7-52)；阿贝折射仪；超级恒温槽；50～100℃ 1/10 的标准温度计。

② 操作步骤

a. 平衡釜内加入一定浓度的乙醇-环己烷溶液。打开冷却水，接通电源。开始时慢速加热，5min 后调高加热电流，以使平衡釜内液体沸腾，冷凝回流液控制在每秒 1～2 滴。稳定回流约 15min，以建立平衡状态。

b. 到平衡后，记录温度计的读数，用微量注射器分别取两相样品，用阿贝折射仪测定其折射率，根据折射率与组成关系曲线，得到各相组成。对气相按照理想气体状态方程算出其分压，代入公式即可计算出该组成的活度系数。

（2）注意事项

① 阿贝折射仪的仪器误差和读数误差。

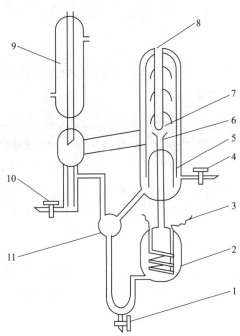

图 2-7-52 改进的 Rose 釜结构图

1—排液口；2—沸腾器；3—内加热器；

4—液相取样口；5—气室；6—气液提升管；

7—气液分离器；8—温度计套管；9—气相冷凝管；

10—气相取样口；11—混合器

② 气液平衡时间的判定误差。

③ 实验器材的气密性。

④ 取样时存在的误差等。

7.7.2　凝固点降低法

对于任意溶液，假定溶剂的凝固热 $\Delta_{fus}H^*_{m,A}$ 不随温度变化，且凝固点降低值 ΔT 不大时，则应有：

$$\ln a_A = \frac{\Delta_{fus}H^*_{m,A}}{R}\left(\frac{1}{T^*_f}-\frac{1}{T_f}\right) \qquad (2\text{-}7\text{-}105)$$

$$\ln a_A = \frac{\Delta_{fus}H^*_{m,A}}{R}\left(\frac{T_f-T^*_f}{T^*_f T_f}\right)=-\frac{\Delta_{fus}H^*_{m,A}}{R(T^*_f)^2}\Delta T \qquad (2\text{-}7\text{-}106)$$

由实验测定凝固点降低值（参见 7.4.1 节凝固点降低法测定物质的摩尔质量），可求得该浓度下溶剂的活度，再根据 $a_A=\gamma_A x_A$ 即可求得活度因子 γ_A。

7.7.3　渗透压法

根据渗透压公式，对于理想混合物或稀溶液：$\Pi V_A=-RT\ln x_A\approx RT x_B$

对于真实溶液：$\Pi V_A=RT\gamma_B x_B$

所以，物质 B 的活度因子为：

$$\gamma_B=\frac{\Pi V_A}{RT x_B} \qquad (2\text{-}7\text{-}107)$$

只要测定溶液渗透压即可求得活度系数。渗透压的测量参见 7.4.3 节渗透压法测定聚合物分子量。

7.7.4　电化学法

常用的为电动势法测定电解质溶液平均离子活度系数。

基本原理：将待测溶液设计为某个电池的电解质，测定其电动势，根据能斯特方程即可求其活度系数。活度系数 γ 是用于表示真实溶液与理想溶液中任一组分浓度的偏差而引入的一个校正因子，它与活度 a、质量摩尔浓度 m 之间的关系为：

$$a=\gamma\frac{m}{m^{\ominus}} \qquad (2\text{-}7\text{-}108)$$

对于电解质溶液，由于溶液是电中性的，通过实验只能测量离子的平均活度系数 $\gamma_\pm$，它与平均活度 $a_\pm$、平均质量摩尔浓度 $m_\pm$ 之间的关系为：

$$a_\pm=\gamma_\pm\frac{m_\pm}{m^{\ominus}} \qquad (2\text{-}7\text{-}109)$$

以电动势法测定 $ZnCl_2$ 溶液的平均活度系数为例介绍。

（1）测定原理

用 $ZnCl_2$ 溶液构成以下单液化学电池：

$Zn(s)|ZnCl_2(a)|AgCl(s),Ag(s)$

该电池反应为：$Zn(s)+2AgCl(s) \Longrightarrow 2Ag(s)+Zn^{2+}(a_{Zn^{2+}})+2Cl^-(a_{Cl^-})$

其电动势为：

$$E = \varphi_{AgCl/Ag}^{\ominus} - \varphi_{Zn^{2+}/Zn}^{\ominus} - \frac{RT}{2F}\ln(a_{Zn^{2+}})(a_{Cl^-})^2$$

$$= \varphi_{AgCl/Ag}^{\ominus} - \varphi_{Zn^{2+}/Zn}^{\ominus} - \frac{RT}{2F}\ln(a_{\pm})^3 \tag{2-7-110}$$

将式（2-7-109）代入式（2-7-110）得：

$$E = E^{\ominus} - \frac{RT}{2F}\ln(a_{\pm})^3 = E^{\ominus} - \frac{RT}{2F}\ln\left(\gamma_{\pm}\frac{m_{\pm}}{m^{\ominus}}\right)^3 \tag{2-7-111}$$

将 $(m_{\pm})^v = (m_+)^{v+} \cdot (m_-)^{v-}$ 代入式（2-7-111）得：

$$E = E^{\ominus} - \frac{RT}{2F}\ln\frac{(m_{Zn^{2+}})(m_{Cl^-})^2}{(m^{\ominus})^3} - \frac{RT}{2F}\ln(\gamma_{\pm})^3 \tag{2-7-112}$$

式中，$E^{\ominus} = \varphi_{AgCl/Ag}^{\ominus} - \varphi_{Zn^{2+}/Zn}^{\ominus}$，称为电池的标准电动势。当电解质的浓度 m 已知时，在一定温度下，测得电池电动势 E 值，再由标准电极电势求得 $E^{\ominus}$，即可求得 $\gamma_{\pm}$。

$E^{\ominus}$ 值还可根据实验结果用外推法得到，其具体方法如下：将 $m_{Zn^{2+}} = m$，$m_{Cl^-} = 2m$ 代入式（2-7-112），可得：

$$E + \frac{RT}{2F}\ln\frac{4m^3}{(m^{\ominus})^3} = E^{\ominus} - \frac{RT}{2F}\ln(\gamma_{\pm})^3 \tag{2-7-113}$$

将德拜-休克尔公式：$\ln r_{\pm} = -A\sqrt{I}$ 和离子强度 $I = \frac{1}{2}\sum m_i Z_i^2 = 3m$ 代入式（2-7-113），可得：

$$E + \frac{RT}{2F}\ln\frac{4m^3}{(m^{\ominus})^3} = E^{\ominus} + \frac{3\sqrt{3}ART}{2F}\sqrt{m} \tag{2-7-114}$$

可见，$E^{\ominus}$ 可由 $E + \frac{RT}{2F}\ln\frac{4m^3}{(m^{\ominus})^3}$ 对 $\sqrt{m}$ 作图，外推至 $m \to 0$，纵坐标上所得的截距即为 $E^{\ominus}$。再利用式（2-7-112）求得电解质的平均离子活度系数。

（2）仪器及试剂

仪器：恒温装置一套，数字式电位差计（内置检流计，标准电池），直流稳压电源，电池装置，100mL 容量瓶 6 只，5mL 和 10mL 移液管各 1 支，250mL 和 400mL 烧杯各 1 只，Ag/AgCl 电极，细砂纸。

试剂：$ZnCl_2$（AR），锌片。

（3）操作步骤

① 溶液的配制：用二次蒸馏水准确配制浓度为 $0.005mol \cdot dm^{-3}$、$0.01mol \cdot dm^{-3}$、$0.02mol \cdot dm^{-3}$、$0.05mol \cdot dm^{-3}$、$0.1mol \cdot dm^{-3}$ 和 $0.2mol \cdot dm^{-3}$ 的标准溶液各 100mL。

② 控制恒温浴温度为（25.0±0.2）℃。

③ 将锌电极用细砂纸打磨至光亮，用乙醇、丙酮等除去电极表面的油，再用

稀酸浸泡片刻以除去表面的氧化物，取出用蒸馏水冲洗干净，备用。

④ 电动势的测定：将配制的 $ZnCl_2$ 标准溶液按由稀到浓的次序分别装入电池管恒温。将锌电极和 $Ag/AgCl$ 电极分别插入装有 $ZnCl_2$ 溶液的电池管中，用电位差计分别测定各种 $ZnCl_2$ 浓度时电池的电动势。

⑤ 实验结束后，将电池、电极等洗净备用。

（4）注意事项

① 测量电动势时注意电池的正、负极不能接错。

② 锌电极要仔细打磨、处理干净方可使用，否则会影响实验结果。

③ $Ag/AgCl$ 电极要避光保存，若表面的 $AgCl$ 层脱落，须重新电镀后再使用。

④ 在配置 $ZnCl_2$ 溶液时，若出现浑浊可加入少量稀硫酸溶解。

7.7.5　利用盐效应紫外分光法测定萘在硫酸铵水溶液中的活度系数

（1）实验原理

萘的水溶液对紫外线的吸收符合朗伯-比尔定律，可用三个不同波长（$\lambda = 267nm$、$\lambda = 275nm$、$\lambda = 283nm$）的光，以水作参比，测定不同相对浓度的萘水溶液的吸光度，以吸光度对萘的相对浓度作图，得到三条通过零点的直线。

$$A_0 = kc_0l \tag{2-7-115}$$

式中，A_0 为萘在纯水中的吸光度；c_0 为萘在纯水中的浓度；l 为溶液的厚度；k 为吸光系数。对萘的盐水溶液，用相同的波长进行测定，并绘制 A-λ 曲线，即可确定吸收峰位置。发现萘在水溶液中和盐水溶液中，都是在波长 267nm、275nm、283nm 处出现吸收峰，吸收光谱几乎相同。说明盐（硫酸铵）的存在并不影响萘的吸收光谱。两种溶液的吸光系数一样。则

$$A = kcl \tag{2-7-116}$$

式中，A 为萘在盐水溶液中的吸光度；c 为萘在盐水中的浓度。把盐加入饱和的非电解质萘的水溶液，非电解质的溶解度会起变化。若盐的加入使非电解质的溶解度减小（增加非电解质的活度系数），此为盐析现象，反之为盐溶现象。

盐效应经验公式：

$$\lg \frac{c_0}{c} = Kc_s \tag{2-7-117}$$

式中，K 为盐析常数；c_s 为盐浓度，$mol \cdot dm^{-3}$。若 $K > 0$，则 $c_0 > c$，为盐析作用；若 $K < 0$，则 $c_0 < c$，为盐溶作用。

当纯的非电解质和它的饱和溶液达平衡时，无论是在纯水或盐溶液里，非电解质的化学势相同，其活度相等：

$$a = \gamma c = \gamma_0 c_0 \tag{2-7-118}$$

式中，γ、γ_0 分别为萘在盐溶液和水溶液中的活度系数。取对数得：

$$\lg \frac{\gamma}{\gamma_0} = \lg \frac{c_0}{c} = Kc_s \tag{2-7-119}$$

通过测定萘水溶液的吸光度与萘盐水溶液的吸光度即可求出活度系数比。若令萘在纯水中活度系数为 1，则可计算出萘在盐水溶液中的活度系数。

（2）操作步骤

① 配置不同浓度萘水溶液，分别在三个波长下测定吸光度值 A_0，将吸光度对萘溶液的相对浓度作图，得三条通过零点的直线，分别求出吸光系数 k。

② 根据测得不同浓度的硫酸铵饱和萘溶液的吸光度 A 计算出一系列活度系数 r 值（r_0 作为 1），以 $\lg r$ 对硫酸铵溶液的相应浓度作图，应呈直线关系。

③ 从图上求出极限盐效应常数 K。

7.7.6　色谱法测定无限稀释溶液的活度系数

以 "气液色谱法测定苯在邻苯二甲酸二壬酯中的无限稀释活度系数" 为例进行介绍。

（1）基本原理

色谱法可以测定易挥发溶质在难挥发溶剂或挥发性溶剂中的无限稀释活度系数。当气液色谱为线性分配等温线、气相为理想气体、载体对溶质的吸附作用可忽略等条件下，根据气体色谱分离原理和气液平衡关系，可推导出溶质 i 在固定液 j 上进行色谱分离时，溶质的校正保留体积与溶质在固定液中无限稀释活度系数之间的关系式。根据溶质的保留时间和固定液的质量，计算出保留体积，就可得到溶质在固定液中的无限稀释活度系数。

实验所用的色谱柱固定液为邻苯二甲酸二壬酯。样品苯进样后气化，并与载气 H_2 混合后成为气相。当载气 H_2 将某一气体组分带过色谱柱时，由于气体组分与固定液的相互作用，经过一定时间流出色谱柱。通常进样浓度很小，在吸附等温线的线性范围内，流出曲线呈正态分布，如图 2-7-53 所示。

设样品保留时间为 t_r（从进样到样品峰顶的时间），死时间为 t_d（从惰性气体空气进样到其峰顶的时间），则校正保留时间为：

$$t'_r = t_r - t_d \qquad (2\text{-}7\text{-}120)$$

校正保留体积为：

$$V'_r = t'_r \overline{F_c} \qquad (2\text{-}7\text{-}121)$$

式中，$\overline{F_c}$ 为校正到柱温、柱压下的载气平均流量，$m^3 \cdot s^{-1}$。校正保留体积与液相体积 V_l 的关系为：

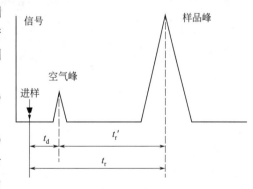

图 2-7-53　色谱流出曲线图

$$V'_r = KV_l \qquad (2\text{-}7\text{-}122)$$

式中，V_l 为液相体积，m^3；K 为分配系数：

$$K = \frac{c_i^l}{c_i^g} \tag{2-7-123}$$

式中，c_i^l 为样品在液相中的浓度，$\text{mol} \cdot \text{m}^{-3}$；$c_i^g$ 为样品在气相中的浓度，$\text{mol} \cdot \text{m}^{-3}$；由式（2-7-122）和式（2-7-123）可得：

$$\frac{c_i^l}{c_i^g} = \frac{V'_r}{V_1} \tag{2-7-124}$$

因气相视为理想气体，则：

$$c_i^g = \frac{p_i}{RT_c} \tag{2-7-125}$$

式中，R 为气体常数；p_i 为样品分压，Pa；T_c 为柱温。

而当溶液为无限稀释时，则：

$$c_i^l = \frac{\rho_1 x_i}{M_1} \tag{2-7-126}$$

式中，ρ_1 为纯液体的密度，$\text{kg} \cdot \text{m}^{-3}$；$M_1$ 为固定液的相对分子质量；x_i 为样品 i 的摩尔分数。

气液平衡时：

$$p_i = p_i^0 \gamma_i^0 x_i \tag{2-7-127}$$

式中，p_i^0 为样品 i 的饱和蒸气压，Pa；γ_i^0 为样品 i 的无限稀释活度系数。将式（2-7-125）～式（2-7-127）代入式（2-7-124）得：

$$V'_r = \frac{V_1 \rho_1 R T_c}{M_1 p_i^0 \gamma_i^0} = \frac{W_1 R T_c}{M_1 p_i^0 \gamma_i^0} \tag{2-7-128}$$

式中，W_1 为固定液标准质量。将式（2-7-121）代入式（2-7-128），则

$$\gamma_i^0 = \frac{W_1 R T_c}{M_1 p_i^0 t'_r \overline{F_c}} \tag{2-7-129}$$

式中，$\overline{F_c}$ 可用下式求得：

$$\overline{F_c} = \frac{3}{2} \left[\frac{\left(\frac{p_b}{p_0}\right)^2 - 1}{\left(\frac{p_b}{p_0}\right)^3 - 1} \right] \left[\frac{(p_0 - p_w)}{p_0} \frac{T_c}{T_a} F_c \right] \tag{2-7-130}$$

式中，p_b 为柱前压力，Pa；p_0 为柱后压力，Pa；T_a 为环境温度，K；p_w 为在 T_a 下的水蒸气压，Pa；T_c 为柱温，K；F_c 为载气在柱后的平均流量，$\text{m}^3 \cdot \text{s}^{-1}$。

只要把准确称量的溶剂作为固定液涂渍在载体上装入色谱柱，用被测溶质作为进样物质，测得式（2-7-130）右端各参数，即可计算溶质 i 在溶剂中的无限稀释活度系数。

（2）实验步骤

实验流程如图 2-7-54 所示。

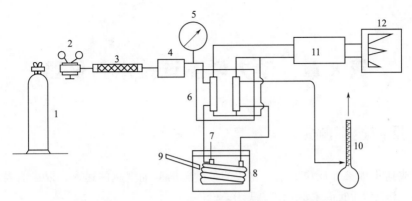

图 2-7-54　色谱法测定无限稀释溶液的活度系数流程

1—氢气钢瓶；2—减压阀；3—干燥器；4—稳压阀；5—标准压力表；6—热导池；

7—净化器；8—恒温箱；9—温度计；10—皂膜流量计；11—电桥；12—记录仪

① 色谱柱的制备。准确称取一定量的邻苯二甲酸二壬酯（固定液）于蒸发皿中，并加适量丙酮以稀释固定液。按固定液与载体之比为 15∶100 来称取白色载体。将固定液均匀地涂渍在载体上。将涂好的固定相装入色谱柱中，并准确计算装入柱内固定相的质量。

② 色谱仪检漏，开启色谱仪。色谱设定条件为：柱温 60℃，气化温度 120℃，桥电流 90mA。当色谱条件稳定后用皂膜流量计测载气在色谱柱后的平均流量，即气体通过肥皂水鼓泡，形成一个薄膜并随气体上移，用秒表测流过 10mL 体积所用时间，控制在 20mL·min^{-1} 左右，用标准压力表测量柱前压。

③ 待色谱仪基线稳定后，用 10μL 进样器准确取样品苯 0.2μL，再吸入 8μL 空气，然后进样。用秒表测定空气峰最大值到苯的峰最大值之间的时间。再分别取 0.4μL、0.6μL、0.8μL 苯，重复上述测定。

④ 实验完毕，先关闭色谱仪的电源，待检测器的温度降到 70℃ 左右时再关闭气源。

（3）数据处理

由不同进样量时苯的校正保留时间，用作图法分别求出苯进样量趋于零时的校正保留时间。根据该校正保留时间，由式（2-7-129）和式（2-7-130）计算苯在邻苯二甲酸二壬酯中的无限稀释活度系数。

第8章 动力学测试技术与仪器

8.1 反应速率测定

反应速率即参加反应的某一物质的浓度随时间而变化的速率，以正值表示，其量纲为［浓度］［时间］$^{-1}$，定义式为：

$$r = \frac{1}{v_B} \times \frac{\mathrm{d}c_B}{\mathrm{d}t} \tag{2-8-1}$$

式中，v_B 为反应方程式中任意物质 B 的化学计量数。

测定反应速率实际是测定 $\dfrac{\mathrm{d}c_B}{\mathrm{d}t}$，通过测定并绘制不同时刻反应系统中某反应物或某产物浓度随时间的变化曲线（动力学曲线如图 2-8-1 所示），再从图上求出不同反应时刻的 $\dfrac{\mathrm{d}c_B}{\mathrm{d}t}$（即在 t 时刻曲线的切线斜率）值，就可以表示反应在 t 时刻的速率。通常测定物质浓度随时间变化的方法有化学法和物理法。

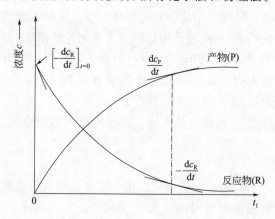

图 2-8-1 反应物和产物浓度随时间变化曲线

8.1.1 化学法

若用一般的化学分析方法测定反应物或生成物浓度，必须采用骤冷、冲稀、加阻化剂或去催化剂等方法来"冻结"反应，使化学反应立即停止在某个时刻，取样检测到的浓度才是该时刻的浓度。化学分析方法比较烦琐，并容易产生误差。

8.1.2 物理法

物理方法是利用某些与系统浓度有关的物理性质进行连续测定或快速测定，此方法不但可以在线测定，而且易于数据的自动采集和信息化处理。被测定的物理量可以有：压力、体积、旋光度、折光率、吸收光谱、电导率、电动势、热导率、介电常数、黏度等。例如：有溴参与的反应，可用溴的可见光吸收光谱去监测反应的进行情形；电导法测定乙酸乙酯皂化反应速率；旋光法测定蔗糖转化反应速率；分光光度法测定酸碱催化下的丙酮碘化反应速率等。

8.2 反应速率常数测定

反应速率方程为 $r = k \, [A]^\alpha [B]^\beta$，此比例系数 k 是一个与浓度无关的量，称为速率常数（rate constant），也称为速率系数。由于在数值上它相当于参加反应的物质都处于单位浓度时的反应速率，故又称为反应的比速率（specific reaction rate）。不同反应有不同的速率常数，速率常数与反应温度、反应介质（溶剂）、催化剂等有关，甚至会随反应器的形状、性质而异。

8.2.1 一级反应速率常数测定

以旋光法测定蔗糖转化反应的速率常数为例。

（1）测定原理

蔗糖在水中转化成葡萄糖与果糖，其反应为：

$$C_{12}H_{22}O_{11} + H_2O \longrightarrow C_6H_{12}O_6 + C_6H_{12}O_6$$
$$\text{（蔗糖）} \qquad\qquad \text{（葡萄糖）} \quad \text{（果糖）}$$

它是一个二级反应，在纯水中此反应的速率极慢，通常需要在 H^+ 催化作用下进行。由于反应时水是大量存在的，尽管有部分水分子参加了反应，仍可近似地认为整个反应过程中水的浓度是恒定的，而且 H^+ 是催化剂，其浓度也保持不变。因此，蔗糖转化反应可作为一级反应。其动力学方程为：

$$-\frac{\mathrm{d}C}{\mathrm{d}t} = kC \tag{2-8-2}$$

式中，k 为反应速率常数；C 为时间 t 时反应物的浓度。将式（2-8-2）积分得：

$$\ln C = -kt + \ln C_0 \tag{2-8-3}$$

式中，C_0 为反应物的初始浓度。

当 $C = 1/2C_0$ 时，t 可用 $t_{1/2}$ 表示，即为反应的半衰期。可得：

$$t_{1/2} = \frac{\ln 2}{k} = \frac{0.693}{k} \tag{2-8-4}$$

由式（2-8-3）可见，$\ln C$ 对 t 作图可得一直线，直线的斜率即为反应速率常数 k。但直接测量反应物浓度比较困难，因此要利用其他物理量间接地进行测定。

　　蔗糖及水解产物均为旋光性物质，但它们的旋光能力不同，故可以利用体系在反应过程中旋光度的变化来衡量反应的进程。溶液的旋光度与溶液中所含旋光物质的种类、浓度、溶剂的性质、液层厚度、光源波长及温度等因素有关。

　　为了比较各种物质的旋光能力，引入了比旋光度的概念。比旋光度可用下式表示：

$$[\alpha]_D^t = \frac{\alpha}{lC} \tag{2-8-5}$$

　　式中，t 为实验温度，℃；D 为光源波长；α 为旋光度；l 为液层厚度，m；C 为浓度，$kg \cdot m^{-3}$。

　　由式（2-8-5）可知，当其他条件不变时，旋光度 α 与浓度 C 成正比。即：

$$\alpha = kC \tag{2-8-6}$$

　　式中，k 为一个与物质旋光能力、液层厚度、溶剂性质、光源波长、温度等因素有关的常数。

　　在蔗糖的水解反应中，反应物蔗糖是右旋性物质，其比旋光度 $[\alpha]_D^{20} = 66.6°$。产物中葡萄糖也是右旋性物质，其比旋光度 $[\alpha]_D^{20} = 52.5°$；而产物中的果糖则是左旋性物质，其比旋光度 $[\alpha]_D^{20} = -91.9°$。因此，随着水解反应的进行，右旋角不断减小，最后经过零点变成左旋。旋光度与浓度成正比，并且溶液的旋光度为各组成的旋光度之和。若反应时间为 0、t、∞ 时溶液的旋光度分别用 α_0、α_t、α_∞ 表示，则：

$$\alpha_0 = k_反 C_0（表示蔗糖未转化）；\quad \alpha_\infty = k_生 C_0（表示蔗糖已完全转化） \tag{2-8-7}$$

　　式（2-8-7）中的 $k_反$ 和 $k_生$ 分别为对应反应物与产物的比例常数。

$$\alpha_t = k_反 C + k_生 (C_0 - C) \tag{2-8-8}$$

由式（2-8-7）和式（2-8-8）联立可以解得：

$$C_0 = \frac{\alpha_0 - \alpha_\infty}{k_反 - k_生} = k'(\alpha_0 - \alpha_\infty) \tag{2-8-9}$$

$$C_t = \frac{\alpha_t - \alpha_\infty}{k_反 - k_生} = k'(\alpha_t - \alpha_\infty) \tag{2-8-10}$$

将式（2-8-9）和式（2-8-10）代入式（2-8-2）即得：

$$\ln(\alpha_t - \alpha_\infty) = -kt + \ln(\alpha_0 - \alpha_\infty) \tag{2-2-11}$$

　　由式（2-8-11）可见，以 $\ln(\alpha_t - \alpha_\infty)$ 对 t 作图为一直线，由该直线的斜率即可求得反应速率常数 k，进而可求得半衰期 $t_{1/2}$。

　　(2) 仪器及试剂

　　旋光仪 1 台；恒温旋光管 1 只；恒温槽 1 套；天平 1 台；停表 1 块；烧杯（100mL）1 个；移液管（30mL）2 个；带塞三角瓶（100mL）2 个；HCl 溶液（6mol·dm^{-3}）；蔗糖（分析纯）。

（3）测定方法

① 将恒温槽调节到（25.0±0.1）℃恒温，然后在恒温旋光管中接上恒温水。

② 旋光仪零点的校正。

洗净恒温旋光管，管内注入蒸馏水，使管内无气泡存在。擦净旋光管及管两端的玻璃片。放入旋光仪中盖上槽盖，打开光源，测定蒸馏水的旋光度，若不为零，需校正为零。

③ 蔗糖水解过程中 α_t 的测定。

用台秤称取 10g 蔗糖，放入 100mL 烧杯中，加入 50mL 蒸馏水配成溶液（若溶液浑浊则需过滤）。用移液管取 30mL 蔗糖溶液置于 100mL 带塞三角瓶中。移取 30mL 4mol·dm^{-3} HCl 溶液于另一 100mL 带塞三角瓶中。一起放入恒温槽内，恒温 10min。取出两只三角瓶，将 HCl 迅速倒入蔗糖中，来回倒三次，使之充分混合。并且在加入 HCl 时开始计时，将混合液装满旋光管（操作与装蒸馏水相同）。装好擦净立刻置于旋光仪中，盖上槽盖。测量不同时间 t 时溶液的旋光度 α_t。测定时要迅速准确，当将三分视野暗度调节相同后，先记下时间，再读取旋光度。每隔一定时间，读取一次旋光度，开始时，可每 3min 读一次，30min 后，每 5min 读一次。测定时间为 2h。

④ α_∞ 的测定。将步骤③剩余的混合液置于近 60℃的水浴中，恒温 30min 以加速反应，然后冷却至实验温度，按上述操作，测定其旋光度，此值即可认为是 α_∞。

⑤ 将恒温槽调节到（30.0±0.1）℃恒温，按实验步骤③、④测定 30.0℃时的 α_t 及 α_∞。

（4）注意事项

① 蔗糖在纯水中水解速率很慢，但在催化剂作用下会迅速加快，其反应速率大小不仅与催化剂种类有关，而且与催化剂的浓度有关。本实验除了用 H$^+$ 作催化剂外，也可用蔗糖酶催化。后者的催化效率更高，并且用量可大大减少。

② 温度对测定反应速率常数的影响很大，所以严格控制反应温度是做好本实验的关键。反应进行到后阶段，为了加快反应进程，采用 50~60℃恒温，使反应进行到底。但温度不能高于 60℃，否则会产生副反应，使反应液变黄。蔗糖是由葡萄糖的苷羟基与果糖的苷羟基之间缩合而成的二糖。在 H$^+$ 催化下，除了苷键断裂进行转化反应外，由于高温还有脱水反应，这就会影响测量结果。

③ 实验中需注意的问题

a. 装样品时，旋光管管盖旋至不漏液体即可，不要用力过猛，以免压碎玻璃片。

b. 在测定 α_∞ 时，通过加热使反应速率加快，转化完全。但加热温度不要超过 60℃。

c. 由于酸对仪器有腐蚀作用，操作时应特别注意，避免酸液漏滴到仪器上。实验结束后必须将旋光管洗净。

d. 旋光仪中的钠光灯不宜长时间开启，测量间隔较长时应熄灭，以免损坏。

8.2.2 二级反应速率常数测定

以电导法测定乙酸乙酯皂化反应的速率常数为例。

（1）测定原理

乙酸乙酯皂化反应是典型的二级反应，其反应式为：

$$CH_3COOC_2H_5 + NaOH = CH_3OONa + C_2H_5OH$$

其速率方程可表示为：$-\dfrac{dC}{dt} = kC_{碱}C_{酯}$

当反应物起始浓度相同即 $C_{碱} = C_{酯} = C_0$ 时，则有：

$$CH_3COOC_2H_5 + NaOH = CH_3OONa + C_2H_5OH$$

$t=0$	C_0	C_0	0	0
$t=t$	C_t	C_t	C_0-C_t	C_0-C_t
$t \rightarrow \infty$	0	0	C_0	C_0

有：$-\dfrac{dC}{dt} = -kC^2$，C 为反应任一时刻的浓度。

积分并整理得速率常数 k 的表达式为：

$$k = \frac{1}{t} \times \frac{C_0 - C_t}{C_0 \cdot C_t} \tag{2-8-12}$$

在反应过程中，C_t 随时间的变化而变化，不同反应的 C_t 可以用各种方法测量，本实验通过测定溶液电导率随时间的变化从而求出速率常数 k。

假定此反应在稀溶液中进行，且 CH_3COONa 全部电离。则参加导电的离子有 Na^+、OH^-、CH_3COO^-，而 Na^+ 反应前后不变，OH^- 的迁移率比 CH_3COO^- 大得多，随着反应的进行，OH^- 不断减少，CH_3COO^- 不断增加，所以体系电导率不断下降。体系电导率（κ）的下降和产物 CH_3COO^- 的浓度成正比。

令 κ_0、κ_t 和 κ_∞ 分别为 0、t 和 ∞ 时刻的电导率，则

时间为 t 时，$C_0 - C_t = K(\kappa_0 - \kappa_t)$，$K$ 为比例常数

$t \rightarrow \infty$ 时，$C_0 = K(\kappa_0 - \kappa_\infty)$

两式联立，整理得：$C_t = K(\kappa_t - \kappa_\infty)$

代入动力学方程（2-8-12），并消去比例常数 K 得：

$$k = \frac{1}{t} \times \frac{C_0 - C_t}{C_0 C_t} = \frac{1}{tC_0} \times \frac{\kappa_0 - \kappa_t}{\kappa_t - \kappa_\infty} \tag{2-8-13}$$

进一步整理得：

$$\kappa_t = \frac{1}{kC_0} \times \frac{\kappa_0 - \kappa_t}{t} + \kappa_\infty \tag{2-8-14}$$

可见，若已知起始浓度 C_0，在恒温条件下，测得 κ_0 和 κ_t，并以 κ_t 对 $\dfrac{\kappa_0 - \kappa_t}{t}$

作图，可得一直线，则直线斜率 $m = \dfrac{1}{kC_0}$，从而求得此温度下的反应速率常数 k。

活化能的测定原理：

$$\ln \frac{k_{T_1}}{k_{T_2}} = \frac{E_a}{R}\left(\frac{1}{T_2} - \frac{1}{T_1} \right) \tag{2-8-15}$$

因此只要测定两个不同温度（T_1、T_2）对应的速率常数 k_1 和 k_2，根据上式可算出反应的表观活化能 E_a。

（2）仪器及试剂

电导率仪 1 台；铂黑电极 1 支；大试管 5 支；烧杯（100mL）3 只；恒温槽 1 台；容量瓶（100mL）2 只；移液管 3 支；锥形瓶（100mL）2 个；锥形瓶（50mL）1 个；0.0200mol·dm^{-3} NaOH（新鲜配制）；0.0200mol·dm^{-3} CH$_3$COOC$_2$H$_5$（新鲜配制）。

（3）测定方法

① 调节恒温槽温度在 25.00℃±0.05℃。

② 安装调节好电导率仪。

③ 在 1 号、2 号、3 号三支大试管中，依次倒入约 20mL 蒸馏水、35mL 0.0200 mol·dm^{-3} NaOH 和 25mL 0.0200mol·dm^{-3} CH$_3$COOC$_2$H$_5$（塞紧试管口，并置于恒温槽中恒温 10min）。

④ κ_0 的测定：从 1 号和 2 号试管中，分别准确移取 10mL 蒸馏水和 10mL NaOH 溶液注入 4 号大试管中摇匀，置于恒温槽中恒温，插入电导池，测定其电导率 κ_0。

⑤ κ_t 的测定：从 2 号试管中准确移取 10mL NaOH 注入 5 号试管中置于恒温槽中恒温，再从 3 号试管中准确移取 10mL CH$_3$COOC$_2$H$_5$ 也注入 5 号试管中，当注入 5mL 酯时启动秒表，用此时刻作为反应的起始时间，加完全部酯后，迅速充分摇匀，并插入电导池（测 κ_0 后该电导电极必须先用水洗，再用滤纸抹干），从计时起 2min 时开始读 κ_t 值，以后每 2min 读一次，至 30min 时可停止测量。

⑥ 反应活化能的测定：在 35℃恒温条件下，用与步骤⑤同样浓度的溶液及方法测 κ_t 值。

将 25℃和 35℃时测得的数据求出 $k_{T_1} k_{T_2}$，代入式（2-8-15），从而求得反应的活化能 E_a。

（4）注意事项

乙酸乙酯皂化反应为吸热反应，混合后体系温度降低，所以在混合后的几分钟所测溶液的电导率偏低，因此最好在反应 4～6min 后开始测定，否则所做 κ_t 对 $\dfrac{\kappa_0 - \kappa_t}{t}$ 的图形为一抛物线，而非直线。实验中还需注意以下问题。

① 乙酸乙酯溶液和 NaOH 溶液浓度相同时，则 C_0 为乙酸乙酯或 NaOH 浓度的一半。

② 配好的 NaOH 溶液要防止空气中的 CO_2 气体进入。

③ 乙酸乙酯溶液需临时配制,配制时动作要迅速,以减少挥发损失。

8.2.3　pH 法测定乙酸乙酯皂化反应的速率常数

(1) 测定原理

乙酸乙酯的皂化是一个二级反应,其反应式为:

$$CH_3COOC_2H_5 + Na^+ + OH^- \longrightarrow CH_3COO^- + Na^+ + C_2H_5OH$$

在反应过程中,各物质的浓度随时间而变。用 pH 计测定溶液的 pH 值随时间的变化关系,可以监测反应的进程,进而可求算反应的速率常数。二级反应的速率与反应物的浓度有关。如果反应物 $CH_3COOC_2H_5$ 和 NaOH 的初始浓度都为 C_0,则反应时间为 t 时,反应所产生的 CH_3COO^- 和 C_2H_5OH 的浓度为 x,而 $CH_3COOC_2H_5$ 和 NaOH 的浓度均为 C_0-x,设逆反应可忽略,则反应物和生成物的浓度随时间变化的关系为:

$$CH_3COOC_2H_5 + NaOH \longrightarrow CH_3COONa + C_2H_5OH$$

$t=0$	C_0	C_0	0	0
$t=t$	C_0-x	C_0-x	x	x
$t \to \infty$	$\to 0$	$\to 0$	$\to C_0$	$\to C_0$

对上述反应的速率方程可表示为:$\dfrac{dx}{dt} = k(C_0-x)(C_0-x)$

积分得:$kt = \dfrac{x}{C_0(C_0-x)}$　　　　　　　　　(2-8-16)

只要测定反应进程中 t 时的 x 值,再将 C_0 代入,就可求出反应速率常数 k 值。

设 t 时刻溶液的 pH 值对应浓度为 C_t,则此时溶液中 OH^- 的浓度为 $C_t(NaOH) = 10^{pH-14}$ 即 $C_0-x = 10^{pH-14}$,则 $kC_0 = (C_0 - 10^{pH-14})/(t \times 10^{pH-14})$,所以用 $C_0 - 10^{pH-14}$ 对 $t \times 10^{pH-14}$ 作图,可得到一条直线,该直线的斜率 $K = kC_0$,即 $k = K/C_0$。测定了两个不同温度下的速率常数 $k(T_1)$ 与 $k(T_2)$ 后可以按式 (2-8-15) 计算反应活化能 E_a。

(2) 仪器及试剂

恒温水浴 1 套;pH 计 1 支;双管反应器 2 只;大试管 1 只;100mL 容量瓶 1 只;20mL 移液管 3 只;0.5mL 刻度移液管 1 只。

$0.0200 \text{mol} \cdot L^{-1}$ NaOH 溶液;分析纯乙酸乙酯;新鲜去离子水或蒸馏水。

(3) 测定方法

① 开启恒温水浴电源,将温度调至 35℃。

② 配制 $0.0200 \text{mol} \cdot L^{-1}$ 纯乙酸乙酯溶液。

③ 测定 35℃时,起始浓度的 pH 值,$C(NaOH) = 10^{pH-14} \text{mol} \cdot L^{-1}$,移取 20mL NaOH 溶液,准确加入 20mL 水,放入 pH 计,稳定后读数并记录。

④ 测定 35℃时,t 时刻对应的 pH 值,$C_t(NaOH) = 10^{pH-14} \text{mol} \cdot L^{-1}$,移

取 20mL NaOH 溶液至测定管，准确加入 20mL 乙酸乙酯溶液至测定管另外一侧，放入 pH 计，记录不同时间 t 的 pH 值。每分钟测定一次，测 25min。

⑤ 重复上述操作，测定 40℃时的 pH 值。

⑥ 处理、计算反应速率常数 k 和表观活化能 E_a。

（4）注意事项

① 乙酸乙酯和氢氧化钠需要新鲜配制，配好的 NaOH 溶液要防止空气中的 CO_2 气体进入。

② pH 计使用前必须标定。

③ 恒温槽的控温要精确。

④ 乙酸乙酯溶液需临时配制，配制时动作要迅速，以减少挥发损失。

8.2.4　毛细管电泳法测定阿魏酸转化反应速率常数

阿魏酸在水溶液中可以慢慢地转化为另一种化合物，最后达到转化平衡。因此该反应为 1-1 级对峙反应。在常温下，用毛细管区带电泳法直接测定阿魏酸浓度随时间变化的规律，并根据高效液相色谱-质谱-质谱分析得到的质谱图及紫外光谱图初步确定转化产物，得出阿魏酸转化反应正向和逆向反应速率常数。

8.2.5　弛豫法测定铬酸根-重铬酸根离子反应的速率常数

（1）测定原理

弛豫是指一个受外来因素（如温度、压力、浓度、pH 值和电场强度等）快速扰动而偏离原平衡位置的体系在新条件下趋向新平衡的过程。弛豫法包括快速扰动方法和快速检测扰动后的不平衡态趋近新平衡态的速度或弛豫时间的方法。由于弛豫时间与速率常数、平衡常数、物种平衡浓度之间有一定的函数关系，因此，如果测出弛豫时间，就可以根据该关系式求出反应的速率常数。同时，化学弛豫也是用来研究快速反应的重要实验方法，适用于半衰期小于 10^{-3}s 的反应。其最大优点是可以将总的速率简化为线性关系，而不论其反应级数是多少，从而使复杂的反应体系处理起来更为简洁。

设有一个平衡体系

$$2A \Longleftrightarrow B+C$$

现给其一个扰动，在扰动的瞬间（$t=0$），任意组分仍处于原来的浓度，用 C_i^0 表示。达到新的平衡后，体系各组分浓度不变，用 C_{ie} 表示。在达到新的平衡前的任意时刻，体系各组分距新平衡浓度差为 ΔC_i。因此，任意时刻各组分的浓度可表示为

$$-\frac{1}{2}\Delta C_A = \Delta C_B = \Delta C_C = \Delta C \tag{2-8-17}$$

上述反应体系的速率方程为：

$$\frac{dC_B}{dt} = \frac{d(C_{Be} + \Delta C_B)}{dt} = \frac{d\Delta C}{dt} = k_f(C_{Ae} - 2\Delta C) - k_r(C_{Be} + \Delta C)(C_{Ce} + \Delta C)$$

$$\tag{2-8-18}$$

体系平衡时有 $k_f C_{Ae}^2 = k_r C_{Be} C_{Ce}$，在有限的微扰内，$\Delta C$ 会很小，可忽略二次项，整理得：

$$-\frac{\mathrm{d}\Delta C}{\mathrm{d}t} = [4 k_f C_{Ae} + k_r (C_{Be} + \Delta C)(C_{ce} + \Delta C)]\Delta C \qquad (2\text{-}8\text{-}19)$$

设 $t=0$ 时的初始浓度差为 ΔC_0，将上式积分，得

$$\ln \frac{\Delta C}{\Delta C_0} = -[4 k_f C_{Ae} + k_r (C_{Be} + C_{ce})]t \qquad (2\text{-}8\text{-}20)$$

或

$$\Delta C = \Delta C_0 \exp\{-[4 k_f C_{Ae} + k_r (C_{Be} + C_{Ce})]\} \qquad (2\text{-}8\text{-}21)$$

由上式可以看出，受到微扰的体系，按指数衰减规律趋向新的平衡态，即弛豫过程具有一级反应的动力学特征。对于此类过程，定义一个特征时间，即弛豫时间 τ 来衡量它衰减的速率。弛豫时间是体系与新平衡浓度之偏差 ΔC 减小到初始浓度差 ΔC_0 的 $1/e$ 所需的时间。即当 $t=\tau$ 时，$\Delta C = \Delta C_0/e$，由式（2-8-21）可得：

$$\tau = \frac{1}{4 k_f C_{Ae} + k_r (C_{Be} + C_{Ce})} \qquad (2\text{-}8\text{-}22)$$

弛豫时间 τ 不仅依赖于反应机制及某一反应的速率常数，还依赖于有关的平衡常数和反应物种的平衡浓度。显然，通过弛豫时间的测定，结合平衡常数和平衡时各物质的浓度就可利用式（2-8-22）求出 k_f 和 k_r。

该实验选择铬酸根-重铬酸根体系，用弛豫法测定其反应速率常数，所采用的扰动方式为体系浓度的突变。铬酸根-重铬酸根在水中的平衡反应为：

$$2H^+ + 2CrO_4^{2-} \Longrightarrow Cr_2O_7^{2-} + H_2O$$

其反应机制为：

$$H^+ + CrO_4^{2-} \Longrightarrow HCrO_4^-$$
$$2HCrO_4^- \Longrightarrow Cr_2O_7^{2-} + H_2O$$

达到平衡时：

$$K_1 = \frac{[HCrO_4^-]}{[H^+][CrO_4^{2-}]} \qquad (2\text{-}8\text{-}23)$$

$$K_2 = \frac{[Cr_2O_7^{2-}]}{[HCrO_4^-]^2} \qquad (2\text{-}8\text{-}24)$$

由于 k_1 和 k_{-1} 远大于 k_2 和 k_{-2}，式（2-8-23）在任何时刻都成立。因此，反应机制中第二步是决速步骤，其速率代表着整个反应体系的速率，其反应速率方程可写为：

$$\frac{\mathrm{d}[Cr_2O_7^{2-}]}{\mathrm{d}t} = k_2 [HCrO_4^-] - k_{-2} [Cr_2O_7^{2-}][H_2O] \qquad (2\text{-}8\text{-}25)$$

参照上述推理方法，可得体系趋向于新平衡的进展速率方程为：

$$-\frac{d\Delta[\mathrm{Cr_2O_7^{2-}}]}{dt}=\{4k_2[\mathrm{HCrO_4^-}]-K_{-2}([\mathrm{Cr_2O_7^{2-}}]+[\mathrm{H_2O}])\}\Delta[\mathrm{Cr_2O_7^{2-}}]$$

$$(2\text{-}8\text{-}26)$$

由于 $[\mathrm{H_2O}]=[\mathrm{Cr_2O_7^{2-}}]$，则式（2-8-26）可写作：

$$-\frac{d\Delta[\mathrm{Cr_2O_7}]}{dt}=\{4k_2[\mathrm{HCrO_4^-}]+k_{-2}[\mathrm{H_2O}]\}\Delta[\mathrm{Cr_2O_7^{2-}}] \qquad (2\text{-}8\text{-}27)$$

由式（2-8-27）得

$$\tau^{-1}=4k_2[\mathrm{HCrO_4^-}]+k_{-2}[\mathrm{H_2O}] \qquad (2\text{-}8\text{-}28)$$

由上式可知，只要测得弛豫时间 τ，以 τ^{-1} 对 $[\mathrm{HCrO_4^-}]$ 作图，便可求得 k_2 和 k_{-2}。

为了求得弛豫时间 τ，对式（2-8-28）作不定积分，得：

$$-\ln\Delta\mathrm{Cr_2O_7^{2-}}=\frac{t}{\tau}+a\text{（常数）} \qquad (2\text{-}8\text{-}29)$$

由式（2-8-29）可知，只要以 $-\ln[\Delta\mathrm{Cr_2O_7^{2-}}]$ 对 t 作图，由直线斜率便可求得 τ，但由于浓度不宜检测，需要做如下代换。

当给体系一个微扰时，则有下列关系：

$$\Delta[\mathrm{HCrO_4^-}]=K_1\{[\mathrm{H^+}]\Delta[\mathrm{CrO_4^{2-}}]+[\mathrm{CrO_4^{2-}}]\Delta[\mathrm{H^+}]\} \qquad (2\text{-}8\text{-}30)$$

由反应可知：

$$\Delta[\mathrm{H^+}]=\Delta[\mathrm{CrO_4^{2-}}] \qquad (2\text{-}8\text{-}31)$$

所以有

$$\Delta[\mathrm{HCrO_4^-}]=K_1\{[\mathrm{H^+}]+[\mathrm{CrO_4^{2-}}]\}\Delta[\mathrm{H^+}] \qquad (2\text{-}8\text{-}32)$$

令 $[\mathrm{Cr}]$ 表示以各种形态存在的铬离子浓度总和。即

$$[\mathrm{Cr}]=[\mathrm{HCrO_4^-}]+2[\mathrm{Cr_2O_7^{2-}}]+[\mathrm{CrO_4^{2-}}] \qquad (2\text{-}8\text{-}33)$$

因 $\Delta[\mathrm{Cr}]=0$，所以有：

$$\Delta[\mathrm{Cr_2O_7^{2-}}]=-\frac{1}{2}\{\Delta[\mathrm{HCrO_4^-}]+\Delta[\mathrm{H^+}]\} \qquad (2\text{-}8\text{-}34)$$

将式（2-8-32）代入式（2-8-34）得

$$\Delta[\mathrm{Cr_2O_7^{2-}}]=-\frac{1}{2}\{K_1([\mathrm{H^+}]+[\mathrm{CrO_4^{2-}}])+1\}\Delta[\mathrm{H^+}] \qquad (2\text{-}8\text{-}35)$$

由实验条件可知：

$$[\mathrm{H^+}]=10^{-7}\sim10^{-6}\ \mathrm{mol\cdot dm^{-3}}$$

所以 $K_1([\mathrm{H^+}][\mathrm{CrO_4^{2-}}])\approx K_1[\mathrm{CrO_4^{2-}}]\ll1$，且可以视为常数，故有下列公式：

$$-\ln\Delta[\mathrm{Cr_2O_7^{2-}}]=-\ln\Delta[\mathrm{H^+}]+b\text{（常数）}=\frac{t}{\tau}+c\text{（常数）} \qquad (2\text{-}8\text{-}36)$$

以 $-\ln[\mathrm{H^+}]$ 对时间 t 作图，其斜率为 τ^{-1}。

（2）仪器及试剂

精密酸度计 1 台；电磁搅拌器 1 套；秒表 1 台；带有恒温夹套的玻璃容器（内径 40mm，高 110mm）1 只；超级恒温水浴 1 台；容量瓶各 3 个；移液管各 1 支；注射器各 1 支；碱式滴定管 1 支；硝酸钾溶液（0.06mol·L^{-1}，离子强度调节剂）；重铬酸钾溶液（0.05mol·L^{-1}，并含 0.06mol·L^{-1} 的硝酸钾溶液）；pH=4.008 的邻苯甲酸氢钾缓冲溶液（25℃）；pH=6.865 的混合磷酸盐（25℃）。

（3）测定方法

① pH 计的标定　用一点法或两点法标定 pH 计。

② 扰动液的配制　准确移取一定体积的 K$_2$Cr$_2$O$_7$ 溶液于 50mL 容量瓶中，用 KNO$_3$ 溶液稀释至刻度，摇匀，得到浓度分别为 0.05mol·L^{-1}、0.025mol·L^{-1} 和 0.01mol·L^{-1} 的三个溶液。

③ 被扰动液的配制　根据配制要求，分别移取一定体积的 0.05mol·L^{-1} 的 K$_2$Cr$_2$O$_7$ 溶液于三个容瓶中，用滴定管加入适量的 2mol·L^{-1} 的 KOH 溶液，再用离子强度调节剂 KNO$_3$ 溶液稀释至刻度，摇匀，得被扰动溶液，其 pH 值为 6.0～7.3，所含 K$_2$Cr$_2$O$_7$ 浓度分别为 0.0025mol·L^{-1}、0.01mol·L^{-1} 和 0.05mol·L^{-1} 左右。

④ 测量　仪器装置如图 2-8-2 所示。

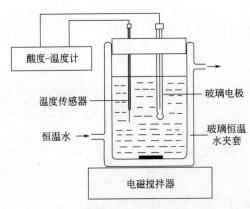

图 2-8-2　弛豫过程 pH 测量装置示意图

开启恒温水浴，准确移取 50mL 被扰动液于玻璃容器中，开启搅拌器，插入 pH 电极和热敏元件，测定 pH 值，并用 2mol·L^{-1} KOH 溶液和 0.5mol·L^{-1} HNO$_3$ 溶液进一步调节体系的 pH 值，使之处于 6.0～7.3 之间的某一合适的数值，待体系温度恒定在 25℃ 时，精确记录 pH 值。用注射器吸取适量的扰动液，迅速注入被扰动体系中，并精确记录 pH 值随时间 t 的变化关系，可在 pH 值每变化 0.002 单位时，读取时间 t。过程需时近百秒，最后等体系达到新的平衡（pH 值恒定时间 2min 以上），准确读取其 pH 值。至少测定 6 组不同配比溶液的实验数据。

注意：为了满足前述近似，必须控制扰动液的加入量，使体系扰动前后离子总浓度改变量小于 5%。

（4）注意事项

① 弛豫法可用于快速反应的研究，其适用的半衰期的范围为 10^{-10}～1s，本实验所测量的体系尽管不算很快，但涉及的原理和数据处理方法具有普遍适用意义。采用温度突变法改变平衡体系是目前使用最广泛的技术，其借助于高压电源使容器充电，触发后产生的焦耳热使得溶液在几微秒内升温 5℃ 左右。

② 研究快速反应的另一重要技术是停止流动法，流动着的反应物溶液在几微

秒内完成混合，在流动突然停止后用计算机跟踪采样，绘制出浓度对时间的曲线，以此来研究反应。在不同温度下测量，可进一步求算反应的热焓和活化能。

③ 对被扰动液的 pH 值要进行控制。可用碱溶液滴定含有一定浓度的 $Cr_2O_7{}^{2-}$ 的 KNO_3 溶液（离子强度调节剂）测定其 pH 值，以此作为本实验 pH 值的参考值。

8.2.6　分光光度法测定丙酮碘化反应的速率方程

（1）测定原理

大多数的化学反应并不是简单反应，而是由若干个基元反应所组成的复杂反应，这类复杂反应的反应速率和反应物活度之间的关系通常不能用质量作用定律表示，因此用实验方法测定反应速率与反应物或产物浓度的关系，即测定反应对各组分的分级数，从而得到复杂反应的速率方程，并以此为基础，推测反应机理、提出反应模式，乃是研究反应动力学的重要内容。

孤立法是动力学研究中常用的一种方法。设计一系列溶液，其中只有某一物质的浓度不同，而其他物质的浓度均相同，借此求得反应对该物质的级数，用同样的方法亦可得到反应对其他各种作用物的级数，从而确定速率方程。本实验通过丙酮碘化反应说明如何应用孤立法确定复杂反应的级数。

丙酮碘化反应为复杂反应，其反应方程式为：

$$CH_3-\overset{\overset{O}{\|}}{C}-CH_3 + I_3^- \xrightarrow{\ H^+\ } CH_3-\overset{\overset{O}{\|}}{C}-CH_2I + 2I^- + H^+$$

反应中 H^+ 作为催化剂，同时反应自身也会生成 H^+，因此该反应是一个自催化反应。实验证明该反应为复杂反应，其步骤为：

$$① \ CH_3COCH_3 + H^+ \longrightarrow CH_3COH \!=\!\!=\! CH_2$$

$$② \ CH_3COH \!=\!\!=\! CH_2 + I_2 \longrightarrow CH_3COCH_2I + H^+ + I^-$$

反应①产生丙烯醇，反应进行时需要一定的时间，然后碘与丙烯醇反应生成碘化丙酮，反应②为快速反应并能进行到底，因此丙酮碘化反应速率是由丙酮烯醇化的速率来决定的。总反应的速率方程为：

$$r = \frac{-dC(A)}{dt} = \frac{-dC(I_3^-)}{dt} = \frac{dC(E)}{dt} = kC^a(A)C^b(I_3^-)C^c(H^+) \quad (2\text{-}8\text{-}37)$$

式中，r 为反应速率；k 为速率系数；$C(A)$、$C(I_3^-)$、$C(H^+)$、$C(E)$ 分别为丙酮、碘、氢离子、碘化丙酮的浓度，$mol \cdot dm^{-3}$；a、b、c 分别为反应对丙酮、碘、氢离子的分级数。

大量实验表明，当酸的浓度不是很高时，丙酮碘化反应对碘是零级，即 $b=0$，但与溶液中丙酮和氢离子浓度密切相关。若反应中丙酮和酸大大过量，而所用的碘量很少，则当少量的碘消耗后，反应物丙酮和酸的浓度仍基本保持不变。故此

$$r = \frac{-dC(A)}{dt} = \frac{-dC(I_3^-)}{dt} = \frac{dC(E)}{dt} = kC^a(A)C^\delta(H^+) = 常数 \quad (2\text{-}8\text{-}38)$$

将 C（I_3^-）对 t 作图，应为一直线，其斜率即为反应速率 r。

要测定反应的分级数，例如 a，至少需要进行两次实验，在两次实验中，丙酮的初始浓度不同，但 H^+ 和 I_3^- 的浓度相同，若用式（2-8-37）和式（2-8-38）分别表示两次实验，则根据式（2-8-39）得到丙酮碘化反应对丙酮的分级数 a。

$$\frac{r_1}{r_2} = \frac{kC_B^b C_{A1}^a}{kC_B^b C_{A2}^a} = \frac{C_{A2}^a}{C_{A1}^a} \qquad (2\text{-}8\text{-}39)$$

根据 r_1、r_2 以及 C_{A1}、C_{A2}，可计算丙酮碘化反应对丙酮的分级数 a。用同样的方法可求得盐酸的分级数 b。

因为碘溶液在可见光区有宽的吸收带，而在此吸收带中，盐酸、丙酮、碘化丙酮和碘化钾溶液均没有明显的吸收，所以可以采用分光光度法直接测量碘浓度的变化来跟踪反应进程。

根据朗伯-比尔定律：

$$A = -\lg T = \varepsilon L C_{I_2} \qquad (2\text{-}8\text{-}40)$$

式中，ε、L 分别为吸光系数和样品池光径长度，εL 可通过测定已知浓度的碘溶液的吸光度 A 代入式（2-8-40）中求得。当 C_A、C_{H^+} 已知时，只要测出不同时刻反应物的吸光度 A，作 A-t 图，根据式（2-8-38）由直线的斜率可求出丙酮碘化反应速率常数 k 值。

测定两个以上不同温度下的速率常数，根据阿伦尼乌斯公式可计算丙酮碘化反应的表观活化能 E_a 值。

（2）仪器及试剂

① 实验仪器　722 型分光光度计，超级恒温槽，带有恒温夹层的比色皿（2cm）秒表，比色管，容量瓶（25mL），移液管（5mL，刻度），烧杯（50mL），碘量瓶（100mL）。

② 试剂

a. 碘溶液（0.050mol·dm^{-3}、0.0050mol·dm^{-3}）：用分析纯的碘和蒸馏水配制所需浓度的碘溶液，由于碘在水中的溶解度很小，需加入等摩尔的碘化钾。即碘溶于等摩尔的碘化钾溶液中配制碘溶液。

b. 标准盐酸溶液（2.00mol·dm^{-3}）：以浓盐酸配制，并经 $Na_2B_4O_7 \cdot 10H_2O$ 标定。

c. 丙酮溶液（2.00mol·dm^{-3}）：用分析纯丙酮在实验前用称重方法配制丙酮溶液，也可用依据实验室当时温度下的相对密度，测量体积的方法配制。丙酮的相对密度为

$$d = 0.81248 - 1.100 \times 10^{-3} t - 8.58 \times 10^{-7} t^2$$

（3）测定方法

① 开启恒温水浴，控制温度为 25℃，并将恒温槽的恒温水通入分光光度计的比色水套中，10min 待温度稳定后方可开始测量。

② 在恒温比色皿中分别注入 0.005mol·L^{-1}碘溶液和蒸馏水，用蒸馏水作空白调节吸光度零点，在波长 520mn 处测定吸光度三次，取其平均值，根据 $\varepsilon L = A/C_{I_2}$ 计算仪器的 εL 值。

③ 酸催化作用下丙酮碘化反应对丙酮、氢离子的分级数的测定。

将已在上述恒温槽中恒温好的碘（0.0200mol·dm^{-3}）、丙酮（2.5000mol·dm^{-3}）、盐酸备用液（2.0000mol·dm^{-3}）和蒸馏水按表 2-8-1 在 50mL 的容量瓶中依次配制成不同配比的溶液。

用移液管先取丙酮和盐酸放入 50mL 的容量瓶中，再放入碘备用液，然后用已恒温好的蒸馏水稀释至刻度，（配制溶液过程中动作要迅速），将容量瓶中的反应液摇匀后迅速倒入已恒温好的 2cm 比色皿中（比色皿需用待测溶液荡洗三次），用蒸馏水作空白调节吸光度零点和 100%透光度后，开启秒表，每隔 1min 测定反应体系的吸光度值，直至读取 10～15 个数据为止。

表 2-8-1　不同配比的碘化酮反应体系

编号	碘备用液 V_1/mL	丙酮备用液 V_2/mL	盐酸备用液 V_3/mL
1	10	10	10
2	10	5	10
3	10	10	5
4	10	10	10

④ 丙酮碘化反应速率系数与表观活化能的测定。将超级恒温槽调至 35℃，重复进行第 4 号反应液的测定。分别将 25℃、35℃下测得的反应液的吸光度值 A 对 t 作图，求出丙酮碘化反应在 25℃、35℃下的速率常数 K 值。根据 $\ln(k_2/k_1) = E_a/R(1/T_1 - 1/T_2)$，求出丙酮碘化反应的表观活化能。

（4）注意事项

本实验的成败关键是反应物浓度的准确性和测量过程中温度的控制。

① 实验中采用孤立法测定丙酮反应的速率常数，计算 k 时要用到丙酮和酸的初始浓度，因此实验中所用的丙酮和盐酸溶液一定要配准。

② 实验中通过测定不同反应时刻体系的吸光度，得到反应速率和速率常数，因此吸光度的测定准确性对最终结果有直接影响，每次测定吸光度数值都应重新调整仪器透光率零点和 100%。

③ 实验计算的活化能偏低可能是由于在测吸光度时，两反应物质混合太慢，导致所测数据有较大的偏差。

④ 在学生实验中得到的 a、c 不一定正好等于 1，要计算反应的速率系数 k 必须用 $a=1$，$c=1$ 处理。

8.2.7 BZ 振荡反应

（1）测定原理

化学振荡：反应系统中某些物理量随时间作周期性的变化。

BZ 体系是指由溴酸盐、有机物在酸性介质中，在有（或无）金属离子催化剂的作用下构成的体系。

本实验以 $BrO_3^- - Ce^{4+} - CH_2(COOH)_2 - H_2SO_4$ 作为反应体系。该体系的总反应为：

$$2H^+ + 2BrO_3^- + 2CH_2(COOH)_2 \longrightarrow 2BrCH(COOH)_2 + 3CO_2 + 4H_2O$$

体系中存在着下面的反应过程。

过程 A：$BrO_3^- + Br^- + 2H^+ \xrightarrow{K_2} HBrO_2 + HOBr$

$$HBrO_2 + Br^- + H^+ \xrightarrow{K_3} 2HOBr$$

过程 B：$BrO_3^- + HBrO_2 + H^+ \xrightarrow{K_4} 2BrO_2 + H_2O$

$$BrO_2 + Ce^{3+} + H^+ \xrightarrow{K_5} HBrO_2 + Ce^{4+}$$

$$2HBrO_2 \xrightarrow{K_6} BrO_3^- + HOBr + H^+$$

Br^- 的再生过程：$4Ce^{4+} + BrCH(COOH)_2 + H_2O + HOBr \xrightarrow{K_7} 2Br^- + 4Ce^{3+} + 3CO_2 + 6H^+$

当 $[Br^-]$ 足够高时，主要发生过程 A，研究表明，当达到准定态时，有 $[HBrO_2] = \dfrac{K_2}{K_3}[BrO_3][H^+]$。

当 $[Br^-]$ 低时，发生过程 B，Ce^{3+} 被氧化。达到准定态时，有 $[HBrO_2] \approx \dfrac{K_4}{2K_6}[BrO_3^-][H^+]$。

可以看出：Br^- 和 BrO_3^- 是竞争 $HBrO_2$ 的。当 $K_3[Br^-] > K_4[BrO_3^-]$ 时，自催化过程不可能发生。自催化是 BZ 振荡反应中必不可少的步骤。否则该振荡不能发生。研究表明，Br^- 的临界浓度为：

$$[Br^-]_{crit} = \frac{K_4}{K_3}[BrO_3^-] = 5 \times 10^{-6}[BrO_3^-]$$

若已知实验的初始浓度 $[BrO_3^-]$，可由上式估算 $[Br^-]_{crit}$。

体系中存在着两个受溴离子浓度控制的过程 A 和过程 B，当 $[Br^-]$ 高于临界浓度 $[Br^-]_{crit}$ 时发生过程 A，当 $[Br^-]$ 低于 $[Br^-]_{crit}$ 时发生过程 B。这样体系就在过程 A、过程 B 间往复振荡。在反应进行时，系统中 $[Br^-]$、$[HBrO_2]$、$[Ce^{3+}]$、$[Ce^{4+}]$ 都随时间作周期性的变化，实验中，可以用溴离子选择电极测定 $[Br^-]$，用铂丝电极测定 $[Ce^{4+}]$、$[Ce^{3+}]$ 随时间变化的曲线。溶液的颜色在黄色和无色之间振荡，若再加入适量的 $FeSO_4$ 邻菲啰啉溶液，溶液的颜色将在蓝色和红色之间振荡。

从加入硫酸铈铵到开始振荡的时间为 $t_{诱}$，诱导期与反应速率成反比，即

$\dfrac{1}{t_{诱}} \propto k = A\exp\left(\dfrac{-E_{表}}{RT}\right)$，并得到

$$\ln\left(\frac{1}{t_{诱}}\right) = \ln A - \frac{E_{表}}{RT} \tag{2-8-41}$$

作图 $\ln\left(\dfrac{1}{t_{诱}}\right) - \dfrac{1}{T}$，根据斜率求出表观活化能 $E_{表}$。

（2）仪器及试剂

BZOAS-IIS 型 BZ 反应数据采集接口系统；微型计算机；HK-2A 型恒温槽；反应器；磁力搅拌器；丙二酸（0.45mol·dm^{-3}）；溴酸钾（0.25mol·dm^{-3}）；硫酸（3.00mol·dm^{-3}）；硫酸铈铵（4×10^{-3}mol·dm^{-3}）。

（3）测定方法

① 连接仪器。铂电极接接口装置电压输入正端，参比电极接接口装置电压输入负端。将接口装置的温度传感器探头插入恒温槽的水浴中，并固定好。

② 接通恒温槽电源，将恒温水通入反应器，将恒温槽温度设定至 30.00℃。

③ 接通 BZ 振荡反应数据采集接口装置电源，启动微机。

④ 运行 BZ 振荡反应实验软件，设置参数。

⑤ 取丙二酸、硫酸、溴酸钾各 8mL 加入反应器，打开磁力搅拌器，并调节好搅拌速度，取硫酸铈铵溶液 8mL，放入一锥形瓶中，置于恒温槽水浴中。

⑥ 等软件显示温度为 30.00℃时，点击开始实验，记录实验数据，等起波之后出现 10 个周期停止记录 。

⑦ 改变温度为 35℃、40℃、45℃、50℃，重复实验。

⑧ 实验完成后，退出软件，保存数据。

⑨ 关闭仪器（接口装置、磁力搅拌器、恒温槽）电源。

⑩ 在微机上处理实验数据。

（4）注意事项

① 实验中溴酸钾试剂要求纯度高，为 GR 级；其余为 AR 级。

② 配制硫酸铈铵溶液时，一定要在 0.2mol·dm^{-3} 硫酸介质中配制，防止发生水解呈浑浊。

③ 反应器应清洁干净，转子位置和速度都必须加以控制。

④ 电压测量仪一定要置于 0.1mV 分辨率的手动状态下。

⑤ 跟电脑连接时，要用专用通信线将电压测量仪的串行口与电脑串行口相接，在相应软件下工作。

8.2.8 碘钟反应

（1）测定原理

在水溶液中，过二硫酸铵与碘化钾发生如下反应：

（Ⅰ）　　　　　　　$S_2O_8^{2-} + 3I^- \Longrightarrow 2SO_4^{2-} + I_3^-$

为了能够测定一定时间（Δt）内 $S_2O_8^{2-}$ 浓度的变化量，在混合过二硫酸铵、碘化钾溶液的同时加入一定体积已知浓度并含有淀粉（指示剂）的 $Na_2S_2O_3$ 溶液，在反应（Ⅰ）进行的同时，有下列反应进行：

（Ⅱ）　　　　　　　$2S_2O_3^{2-} + I_3^- \Longrightarrow S_4O_6^{2-} + 3I^-$

反应（Ⅱ）进行得非常快，而反应（Ⅰ）却缓慢得多，故反应（Ⅰ）生成的 I_3^- 立即与 $S_2O_3^{2-}$ 作用生成无色的 $S_4O_6^{2-}$ 和 I^-，因此反应开始一段时间内溶液无颜色变化，但当 $Na_2S_2O_3$ 耗尽后，反应（Ⅰ）生成的微量碘很快与淀粉作用，而使溶液呈现特征性的蓝色。由于此时（即 Δt）$S_2O_3^{2-}$ 全部耗尽，所以 $S_2O_8^{2-}$ 的浓度变化相当于全部用于消耗 $Na_2S_2O_3$。由上可知，控制在每个反应中硫代硫酸钠的物质的量均相同，这样从反应开始到出现蓝色的这段时间可作为反应初速的计量。由于这一反应能显示自身反应进程，故称为"碘钟"反应。

① 反应级数和速率常数的确定　当反应温度和离子强度相同时，式（Ⅰ）的反应速率方程可写为：

$$-\frac{d[S_2O_8^{2-}]}{dt} = k[S_2O_8^{2-}]^m[I^-]^n \tag{2-8-42}$$

在测定反应级数的方法中，反应初速法能避免反应产物的干扰求得反应物的真实级数。如果选择一系列初始条件，测得对应于析出碘量为 $\Delta[I_2]$ 的蓝色出现的时间 Δt，则反应的初始速率为：

$$-\frac{d[S_2O_8^{2-}]}{dt} = \frac{d[I_3^-]}{dt} = \frac{\Delta[I_3^-]}{\Delta t} \tag{2-8-43}$$

根据式（Ⅱ）的反应计量关系结合硫代硫酸钠的等量假设，可知

$$\frac{\Delta[I_3^-]}{\Delta t} = \frac{2\Delta[S_2O_3^{2-}]}{\Delta t} \tag{2-8-44}$$

根据式（2-8-42）～式（2-8-44）可知，

$$\frac{2\Delta[S_2O_3^{2-}]}{\Delta t} = k[S_2O_8^{2-}]^m[I^-]^n \tag{2-8-45}$$

移项，两边取对数可得

$$\ln\frac{1}{\Delta t} = \ln\frac{k}{2\Delta[S_2O_3^{2-}]} + m\ln[S_2O_8^{2-}] + n\ln[I^-] \tag{2-8-46}$$

因而固定 $[I^-]$，以 $\ln\frac{1}{\Delta t}$ 对 $\ln[S_2O_8^{2-}]$ 作图，根据直线的斜率即可求出 m；固定 $[S_2O_8^{2-}]$，同理可以求出 n。然后根据求出的 m 和 n，计算出在室温下"碘钟反应"的反应速率常数 k。

② 反应活化能的确定　根据 Arrhenius 公式，假定在实验温度范围内活化能

不随温度改变，测得不同温度的速率常数后可按 $\ln k$ 对 $1/T$ 作图，依据所得直线斜率求得活化能。

溶液中的离子反应与溶液的离子强度有关。因此实验时需要在溶液中维持一定的电解质浓度保证离子强度不变。

（2）仪器与试剂

① 仪器　恒温水浴槽一套；50mL 烧杯两个；玻璃棒一支；秒表一只；专用移液管 4 支；专用量筒 2 支。

② 试剂　$0.20\text{mol} \cdot \text{L}^{-1}$ $(NH_4)_2S_2O_8$ 溶液；$0.20\text{mol} \cdot \text{L}^{-1}$ KI 溶液；$0.01\text{mol} \cdot \text{L}^{-1}$ $Na_2S_2O_3$ 溶液；0.4% 淀粉溶液；$0.20\text{mol} \cdot \text{L}^{-1}$ KNO_3 溶液；$0.20\text{mol} \cdot \text{L}^{-1}$ $(NH_4)_2SO_4$ 溶液。

（3）测定方法

① 反应级数和速率常数的测定　按照表 2-8-2 所列数据将每组的 $(NH_4)_2S_2O_8$ 溶液、$(NH_4)_2SO_4$ 溶液和淀粉溶液放入烧杯 A 中混合均匀，KI 溶液、$Na_2S_2O_3$ 溶液和 KNO_3 溶液放入烧杯 B 中混合均匀。然后将两份溶液均放入 20℃的恒温水浴槽里恒温一段时间，之后将两份溶液混合，同时开始计时，并不断搅拌，当溶液出现蓝色时即停止计时。反应的时候也在恒温水浴槽里进行。

表 2-8-2　"碘钟反应"动力学数据测量的溶液配制

序号	1	2	3	4	5
$0.20\text{mol} \cdot \text{L}^{-1}(NH_4)_2S_2O_8$ 溶液/mL	10.0	5.0	2.5	10	10.0
$0.20\text{mol} \cdot \text{L}^{-1}$KI 溶液/mL	10.0	10.0	10.0	5.0	2.5
$0.01\text{mol} \cdot \text{L}^{-1}Na_2S_2O_3$ 溶液/mL	4.0	4.0	4.0	4.0	4.0
0.4%淀粉溶液/mL	1.0	1.0	1.0	1.0	1.0
$0.20\text{mol} \cdot \text{L}^{-1}KNO_3$ 溶液/mL	0	0	0	5.0	7.5
$0.20\text{mol} \cdot \text{L}^{-1}(NH_4)_2SO_4$ 溶液/mL	0	5.0	7.5	0	0

② 反应活化能的测定　按照表 2-8-2 中第 1 组反应的溶液配制方案配制溶液，分别在 15℃ 和 25℃ 下测量溶液出现蓝色所需的时间 Δt 并记录，要注意必须先将溶液在相应的水浴槽中恒温一段时间，待溶液温度与恒温槽温度相同后再将溶液进行混合。

（4）注意事项

① 碘钟反应速率与温度有关。

② 不可随意更改药品用量。

8.3　反应级数确定方法

建立化学反应动力学方程式的中心问题之一是确定反应级数，知道了反应级数就知道了反应过程中各物质的浓度变化规律，因而可以进一步去探讨反应机理，并为化学反应器的设计提供必要的基本数据。表 2-8-3 是几种简单级数反应的速率方程及特征，可作为实验判断简单反应级数的依据。

表 2-8-3　几种简单级数反应的速率方程及特征

级数	类型系数的单位	微分式	积分式	线性关系	半衰期	速率
0	$A \longrightarrow P$	$\dfrac{dx}{dt}=k_0$	$k_0 t = x$	$(a-x)\sim t$	$\dfrac{a}{2k_0}$	浓度·时间$^{-1}$
1	$A \longrightarrow P$	$\dfrac{dx}{dt}=k_1(a-x)$	$k_1 t = \ln\dfrac{a}{a-x}$	$\ln(a-x)\sim t$	$\dfrac{\ln 2}{k_1}$	时间$^{-1}$
2	$A+B \longrightarrow P$ $(a=b)$	$\dfrac{dx}{dt}=k_2(a-x)^2$	$k_2 t = \dfrac{1}{a-x}-\dfrac{1}{a}$	$\dfrac{1}{a-x}\sim t$	$\dfrac{1}{k_2 a}$	浓度$^{-1}$·时间$^{-1}$
	$A+B \longrightarrow P$ $(a\neq b)$	$\dfrac{dx}{dt}=k_2(a-x)$ $(b-x)$	$k_2 t = \dfrac{1}{a-b}\ln\dfrac{b(a-x)}{a(b-x)}$	$\ln\dfrac{b(a-x)}{a(b-x)}\sim t$	$t_{1/2(A)}\neq$ $t_{1/2(B)}$	浓度$^{-1}$·时间$^{-1}$
3	$A+B+C \longrightarrow P$ $(a=b=c)$	$\dfrac{dx}{dt}=k_3(a-x)^3$	$k_3 t = \dfrac{1}{2}\left[\dfrac{1}{(a-x)^2}-\dfrac{1}{a^2}\right]$	$\dfrac{1}{(a-x)^2}\sim t$	$\dfrac{3}{2}\dfrac{1}{k_3 a^2}$	浓度$^{-2}$·时间$^{-1}$
n $(n\neq 1)$	$A \longrightarrow P$	$\dfrac{dx}{dt}=k_n(a-x)^n$	$k_n t = \dfrac{1}{n-1}\left[\dfrac{1}{(a-x)^{n-1}}-\dfrac{1}{a^{n-1}}\right]$	$\dfrac{1}{(a-x)^{n-1}}\sim t$	$\dfrac{2^{n-1}-1}{k_n(n-1)}\cdot$ $\dfrac{1}{a^{n-1}}$	浓度$^{1-n}$·时间$^{-1}$

注：a、b、c 均为反应物起始浓度，x 为产物浓度。

8.3.1　积分法

根据各类反应速率方程的积分公式，借助于作图或尝试计算，以求出反应级数，这类方法皆称为积分法。

积分法比较简便，一般适用于具有简单的整数级数的反应。也可将实验数据代入不同级数反应的浓度与时间的线性关系式中，根据作图结果判断反应级数并求出速率常数。

8.3.2　微分法

当系统中只有一种反应物时，根据动力学方程：

$$r = -\dfrac{dc}{dt}=kc^n \tag{2-8-47}$$

$$\lg r = \lg k + n\lg c \tag{2-8-48}$$

以 $\lg r$ 对 $\lg c$ 作图应为一直线，该直线的截距为 $\lg k$，斜率为反应级数 n。

因此，先从实验测得的数据，作浓度对时间的关系图，从图上求出不同浓度时的斜率以得到各相应的 r 值，然后再以 $\lg r$ 对 $\lg c$ 作图求出反应级数 n。

当反应物有两种或两种以上时，可用以下通式表示反应级数 n_B

$$n_B = \left(\frac{\partial \lg r}{\partial \lg c_B}\right)_{c_i \neq B} \tag{2-8-49}$$

因此要求某物质 B 的反应级数，只需将其余物质的浓度固定不变，通过实验求得 c_B-t 关系，再用作图法求出各 c_B 浓度时的 r 值，以 $\lg r$ 对 $\lg c$ 作图，便可得到 n_B。这种方法叫做孤立法。

8.3.3　半衰期法

当反应物的起始浓度皆相同时，半衰期与浓度的关系可用以下通式表示为：

$$t_{1/2} = \frac{2^{n-1} - 1}{(n-1)k_n a^{n-1}} \tag{2-8-50}$$

$$= B \frac{1}{a^{n-1}} \tag{2-8-51}$$

式中，B 对一定反应来说是一定值；n 为反应级数。如以两个不同的起始浓度 a_1、a_2 进行实验，则

$$(t_{1/2})_1 = B \frac{1}{a_1^{n-1}} \qquad (t_{1/2})_2 = B \frac{1}{a_2^{n-1}}$$

$$\frac{(t_{1/2})_1}{(t_{1/2})_2} = \left(\frac{a_2}{a_1}\right)^{n-1} \tag{2-8-52}$$

两边取对数整理得：$n = 1 + \dfrac{\ln t_{1/2} - \ln t'_{1/2}}{\ln a' - \ln a}$ \qquad (2-8-53)

对式 (2-8-51) 取对数得：

$$\lg t_{1/2} = (1-n)\lg a + \lg B \tag{2-8-54}$$

根据式 (2-8-53) 用两组数据可以求出 n，或实验测得若干组数据后，即可通过式 (2-8-54) 以 $\lg t_{1/2}$ 对 $\lg a$ 作图，从斜率求出反应级数 n。

8.3.4　改变物质数量比例法

设速率方程为：

$$r = k c_A^\alpha c_B^\beta c_C^\gamma \tag{2-8-55}$$

若保持 A 和 C 的浓度不变，而将 B 的浓度增大一倍，若反应速率比原来增大一倍，则可确定 β 等于 1。同理，若保持 B 和 C 的浓度不变，而把 A 的浓度增大 1 倍，若反应速率增大为原来的 4 倍，则 α 等于 2。对于 γ 也可用同样的方法求出。这种方法可应用于较复杂的反应。

8.4　活化能测定

基元反应的活化能数值除了可以利用实验数据求得外，还可以用一些经验方法来估算，估算结果虽然是近似的，但在缺乏准确数据的时候，这种估算值是有其参

考价值的。实验测定活化能的方法如下。

在等温条件下确定反应级数的同时，也获得了该温度下的反应速率常数。改变实验测定的温度水平，可以得到一组反应速率常数 k 与温度 T 的实验数据。根据反应速率常数与反应温度关系的阿伦尼乌斯公式：

$$\ln k = \ln A - \frac{E_a}{RT} \qquad (2\text{-}8\text{-}56)$$

可以用图解法来确定 E_a，以 $\ln k$ 对 $1/T$ 作图，应得一条直线，其斜率为 $-E_a/R$，因此求得实验表观活化能 E_a，也可同时求得频率因子 A。

从键能估算活化能的方法为：基元反应所需活化能约为待破化学键键能的 30%。这表明反应的进行并不要求把原有化学键全部解散，而是生成某种活化的中间物，然后转化为产物，故 E_a 小于待破化学键的键能总和。

有自由基参与的基元反应，活化能约为待破化学键键能的 5.5%。

有分子裂解为两个原子或自由基的基元反应，活化能约等于待破化学键键能。

有自由基复合的基元反应，活化能约为零，有时处于激发态的自由基，复合分子时回到基态，会释放能量，使表观活化能表现为负值。

8.5　催化反应技术

在一个化学反应系统中加入少量某种物质（可以是一种到几种），若能显著改变反应速率，而其本身的化学性质和数量在反应前后都不发生变化，则该物质称为催化剂。催化剂的这种作用称为催化作用，有催化剂参加的反应称为"催化反应"。

8.5.1　均相催化

均相催化是指反应物和催化剂同处一相的催化反应。一类是气相催化反应，乙醛的气相热分解是一个典型的例子，百分之几的碘蒸气可使反应速率增加几百倍。另一类是液相催化反应，其中又有氧化还原催化、酸碱催化和络合催化。氧化还原反应涉及电子的得失，常常比较慢，如果加入少量可变价的离子或其他物质，反应可以得到加速，这类催化就是均相氧化还原催化。酸碱催化是很普遍的液相催化反应，不仅酸和碱有催化作用，而且凡能接受质子的物质（称为广义碱，如 Ac^-）或凡能放出质子的物质（如 H_2O，称为广义酸），都具有催化作用。过渡金属有机络合物在催化剂和反应物间有络合作用发生，故这类催化又称络合催化（或配位催化）。

8.5.2　多相催化

反应物与催化剂处在不同相的催化作用，叫多相催化作用。这通常是指反应物为液体或气体，而催化剂为固体。例如合成氨，反应物是气相中的 H_2 和 N_2，而铁催化剂则是固相；硫酸工业中 SO_2（气相）在 V_2O_5 催化剂（固相）上的接触氧化反应等，都为多相催化作用。

　　吸附对于多相催化作用是一个十分重要的步骤，固体对气体的吸附分为两种类型，即物理吸附和化学吸附。一定温度下，描述达到吸附平衡时吸附量和压力之间的定量关系的式子，称为吸附等温方程式。吸附等温方程式的类型很多，对于物理吸附、化学吸附、单分子层或多分子层吸附，所使用的吸附等温方程式不同。常用的有三种吸附等温式：朗格缪尔（Langmuir）等温吸附方程式、弗兰德利希（Freundlich）经验方程式和 BET 吸附等温方程式。

　　下面以复相催化甲醇分解为例进行说明。

　　（1）测定原理

　　催化剂的活性是催化剂催化能力的量度，通常用单位质量或单位体积催化剂对反应物的转化百分率来表示。复相催化时，反应在催化剂表面进行，所以催化剂比表面积（单位质量催化剂所具有的表面积）的大小对活性起主要作用。评价测定催化剂活性的方法大致可分为静态法和流动法两种。静态法是指反应物不连续加入反应器，产物也不连续移去的实验方法；流动法则相反，反应物不断稳定地进入反应器发生催化反应，离开反应器后再分析其产物的组成。使用流动法时，当流动的体系达到稳定状态后，反应物的浓度就不随时间而变化。流动法操作难度较大，计算也比静态法麻烦，保持体系达到稳定状态是其成功的关键，因此各种实验条件（温度、压力、流量等）必须恒定，另外，应选择合理的流速，流速太大时反应物与催化剂接触时间不够，反应不完全，流速太小则气流的扩散影响显著，有时会引起副反应。

　　本实验采用流动法测量 ZnO 催化剂在不同温度下对甲醇分解反应的催化活性。近似认为该反应无副反应发生（即有单一的选择性），反应式为：

$$CH_3OH(气) \xrightarrow[\triangle]{ZnO\ 催化剂} CO(气) + 2H_2(气)$$

反应在图 2-8-3 所示的实验装置中进行。氮气的流量由毛细管流速计监控，氮气流经预饱和器、饱和器，在饱和器温度下达到甲醇蒸气的吸收平衡。混合气进入管式炉中的反应管与催化剂接触而发生反应，流出反应器的混合物中有氮气、未分解的甲醇、产物一氧化碳及氢气。流出气前进时被冰盐冷却剂冷却，甲醇蒸气被冷凝截留在捕集器中，最后由湿式气体流量计测得的是氮气、一氧化碳、氢气的流量。如若反应管中无催化剂，则测得的是氮气的流量。根据这两个流量便可计算出反应产物一氧化碳及氢气的体积，据此，可获得催化剂的活性大小。

　　指定条件下催化剂的催化活性以每克催化剂使 100g 甲醇分解掉的克数表示。

$$催化活性 = \frac{W'_{CH_3OH}}{W_{CH_3OH}} \times \frac{100}{W_{ZnO}} = \frac{n'_{CH_3OH}}{n_{CH_3OH}} \times \frac{100}{W_{ZnO}} \tag{2-8-57}$$

式中，n_{CH_3OH} 和 n'_{CH_3OH} 分别为进入反应管的及分解掉的甲醇的物质的量。

近似认为体系的压力为实验时的大气压，因此

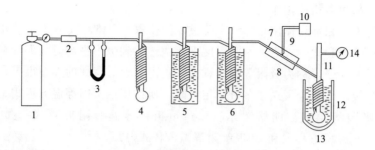

图 2-8-3　氧化锌活性测量装置

1—氮气钢瓶；2—稳流阀；3—毛细管流速计；4—缓冲瓶；5—预饱和器；6—饱和器；7—反应管；
8—管式炉；9—热电偶；10—控温仪；11—捕集器；12—冰盐冷却剂；13—杜瓦瓶；14—湿式流量计

$$p_{体系} = p_{大气压} = p_{CH_3OH} + p_{N_2} \qquad (2\text{-}8\text{-}58)$$

式中，p_{CH_3OH} 为 40℃时的甲醇的饱和蒸气压；p_{N_2} 为体系中 N_2 的分压。根据道尔顿分压定律：

$$\frac{p_{N_2}}{p_{CH_3OH}} = \frac{X_{N_2}}{X_{CH_3OH}} = \frac{n_{N_2}}{n_{CH_3OH}} \qquad (2\text{-}8\text{-}59)$$

可得 30min 内进入反应管的甲醇物质的量 $n'CH_3OH$，式中，n_{N_2} 为 30min 内进入反应管的 N_2 的物质的量。

由理想气体状态方程　　$p_{大气压} V_{CH_3OH} = n'_{CH_3OH} RT$

可得分解掉甲醇的物质的量 n'_{CH_3OH}。其中 $V_{CH_3OH} = \dfrac{1}{3} V_{CO+H_2}$；$T$ 为湿式流量计上指示的温度。

（2）仪器及试剂

实验装置（管式炉，控温仪，饱和器，湿式流量计，氮气钢瓶等）1 套。

甲醇（AR）；ZnO 催化剂（实验室自制）。

（3）测定方法

① 检查装置各部件是否接妥，预饱和器温度为 (43.0 ± 0.1)℃；饱和器温度为 (40.0 ± 0.1)℃，杜瓦瓶中放入冰盐水。

② 将空反应管放入炉中，按第二篇第 11 章气体压力及流量的测量中的说明开启氮气钢瓶，通过稳流阀调节气体流量（观察湿式流量计）在 (100 ± 5) mL·min^{-1} 内，记下毛细管流速计的压差。开启控温仪使炉子升温到 350℃。在炉温恒定、毛细管流速计压差不变的情况下，每 5min 记录湿式流量计读数一次，连续记录 30min。

③ 用粗天平称取 4g 催化剂，取少量玻璃棉置于反应管中，为使装填均匀，一边向管内装催化剂，一边轻轻转动管子，装完后再于上部覆盖少量玻璃棉以防松散，催化剂的位置应处于反应管的中部。

④ 将装有催化剂的反应管装入炉中，热电偶刚好处于催化剂的中部，控制毛

细管流速计的压差与空管时完全相同，待其不变及炉温恒定后，每 5min 记录湿式流量计读数一次，连续记录 30min。

⑤ 调节控温仪使炉温升至 420℃，不换管，重复步骤④的测量。经教师检查数据后停止实验。

（4）注意事项

① 实验中应确保毛细管流速计的压差在有无催化剂时相同。

② 系统必须不漏气。

③ 实验前需检查湿式流量计的水平和水位，并预先运转数圈，使水与气体饱和后方可进行计量。

8.5.3　酶催化

酶催化反应有高度专一性和高活性的特点。一般以下面机理进行反应：

$$\underset{\text{酶}}{E} + \underset{\text{底物}}{S} \underset{k_{-1}}{\overset{k_1}{\rightleftharpoons}} \underset{\substack{\text{酶底物}\\\text{复合体}}}{ES} \overset{k_2}{\longrightarrow} \underset{\text{酶}}{E} + \underset{\text{产物}}{P}$$

通过稳态近似假设，推导出的动力学方程为：

$$r = \frac{k_2 [E_T][S]}{K_M + [S]} \tag{2-8-60}$$

其中，$K_M = \dfrac{k_{-1} + k_2}{k_1}$ 为米氏常数。

在酶浓度一定的情况下，反应速率和底物浓度成正比，即为一级反应，如果底物浓度足够大，为零级反应。

以分光光度法测定蔗糖酶的米氏常数实验为例。

（1）测定原理

酶是由生物体内产生的具有催化活性的蛋白质。它表现出特异的催化功能，因此也叫生物催化剂。酶具有高效性和高度选择性，酶催化反应一般在常温、常压下进行。

在酶催化反应中，底物浓度远远超过酶的浓度，在指定实验条件下，酶的浓度一定时，总的反应速率随底物浓度的增加而增大，直至底物过剩，此时底物的浓度不再影响反应速率，反应速率最大。

Michaelis 应用酶反应过程中形成中间络合物的学说，导出了米氏方程，给出了酶反应速率和底物浓度的关系：

$$v = \frac{v_{max} c_s}{K_M + c_s} \tag{2-8-61}$$

米氏常数 K_M 是反应速率达到最大值一半时的底物浓度。测定不同底物浓度时的酶反应速率，为了准确求得 K_M，用双倒数作图法，可根据直线方程：

$$\frac{1}{v} = \frac{K_M}{v_{max}} \times \frac{1}{c_s} + \frac{1}{v_{max}} \tag{2-8-62}$$

以 $\frac{1}{v}$ 为纵坐标、$\frac{1}{c_s}$ 为横坐标，作图，所得直线的截距是 $\frac{1}{v_{max}}$，斜率是 $\frac{K_M}{v_{max}}$，直线与横坐标的交点为 $-\frac{1}{K_M}$。

该实验用的蔗糖酶是一种水解酶，它能使蔗糖水解成葡萄糖和果糖。该反应的速率可以用单位时间内葡萄糖浓度的增加量来表示，葡萄糖与 3,5-二硝基水杨酸共热后被还原成棕红色的氨基化合物，在一定浓度范围内，葡萄糖的量和棕红色物质颜色深浅程度成一定比例关系，因此可以用分光光度计来测定反应在单位时间内生成葡萄糖的量，从而计算出反应速率。所以测量不同底物（蔗糖）浓度 c_s 的相应反应速率 v，就可用作图法计算出米氏常数 K_M 值。

（2）仪器及试剂

高速离心机一台；分光光度计一台；恒温水浴一套；比色管（25mL）9 支；称液管（1mL）10 支；称液管（2mL）4 支；试管（10mL）10 支；3,5-二硝基水杨酸试剂（即 DNS）；0.1mol·dm^{-3} 醋酸缓冲溶液；蔗糖酶溶液；蔗糖（分析纯）；葡萄糖（分析纯）。

（3）测定方法

① 蔗糖酶的制取　在 50mL 的锥形瓶中加入鲜酵母 10g，加入 0.8g 醋酸钠，搅拌 15～20min 后使块团溶化，加入 1.5mL 甲苯，用软木塞将瓶口塞住，摇动 10min，放入 37℃ 的恒温箱中保温 60h。取出后加入 1.6mL 的 4mol·L^{-1} 的醋酸和 5mL 水，使 pH 值为 4.5 左右。混合物以每分钟 3000 转的离心速率离心半小时，混合物形成三层，将中层移出，注入试管中，为粗制酶液。

② 溶液的配制

a. 0.1% 葡萄糖标准液（1mg·mL^{-1}）：先在 90℃ 下将葡萄糖烘 1h，然后准确称取 1g 于 100mL 烧杯中，用少量蒸馏水溶解后，定量移至 1000mL 容量瓶中。

b. 3,5-二硝基水杨酸试剂（即 DNS）：6.3g DNS 和 262mL 的 2mol·L^{-1} NaOH 加到酒石酸钾钠的热溶液中（182g 酒石酸钾钠溶于 500mL 水中），再加 5g 重蒸酚和 5g 亚硫酸钠，微热搅拌溶解，冷却后加蒸馏水定容到 1000mL，储于棕色瓶中备用。

c. 0.1mol·L^{-1} 的蔗糖液：准确称取 34.2g 蔗糖溶解后定容至 1000 容量瓶中。

③ 葡萄糖标准曲线的制作　在 9 个 50mL 的容量瓶中，加入不同量的 0.1% 葡萄糖标准液及蒸馏水，得到一系列不同浓度的葡萄糖溶液。分别吸取不同浓度的葡萄糖溶液 1.0mL 注入 9 支试管内，另取一支试管加入 1.0mL 蒸馏水，然后在每支试管中加入 1.5mL DNS 试剂，混合均匀，在沸水浴中加热 5min 后，取出以冷水冷却，每支内注入蒸馏水 2.5mL，摇匀。在分光光度计上用 540nm 波长测定其吸光度。由测定结果作出标准曲线。

④ 蔗糖酶米氏常数 K_M 的测定　在 9 支试管中分别加入 0.1mol·L^{-1} 蔗糖液、

醋酸缓冲溶液，总体积达 2mL，于 35℃水浴中预热，另取预先制备的酶液在 35℃水浴中保温 10min，依次向试管中加入稀释过的酶液各 2.0mL，准确作用 5min 后，按次序加入 0.5mL 2mol·L^{-1} 的 NaOH 溶液，摇匀，令酶反应停止，测定时，从每支试管中吸取 0.5mL 酶反应液加入装有 1.5mL DNS 试剂的 25mL 比色管中，加入蒸馏水，在沸水中加热 5min 后冷却，用蒸馏水稀至刻度，摇匀，于 540nm 波长下测定其吸光度。

（4）注意事项

① 米氏常数 K_M 是酶的一种特征常数。K_M 可以认为是酶和底物形成的络合物的不稳定常数，是酶催化反应的一项很好的定量标志。K_M 越小，表示酶和底物反应越完全。K_M 可以表示酶和底物的亲和力的大小。

② 当底物浓度接近于零或很小时，该体系为一级反应，当底物浓度增加到一定极限时，此后的反应速率与底物无关，该体系接近于零级反应。本实验的底物浓度应选择得当，使反应在初级阶段进行。

第 9 章　电化学测试技术与仪器

9.1　电化学常用配套设备与技术

9.1.1　常用电极

9.1.1.1　标准氢电极

单个电极的绝对电势目前还没有办法真正准确地进行计算或测定。而组成电池时，两个电极之间的电势差是可以测量的，所以可选用一个电极作为共同的标准，即标准电极，设定它的电极电势值，并将其他电极与之组成电池，测定该电池的电动势，从而可获得其他电极的相对电极电势。

1953 年，国际纯粹和应用化学联合会（IUPAC）建议采用标准氢电极作为标准电极，此建议已被人们广为接受并成为正式的约定。

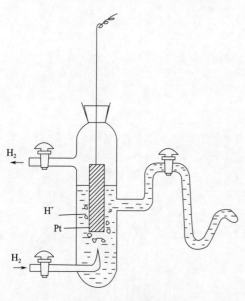

标准氢电极的构造如图 2-9-1 所示。在半电池容器中盛 H^+ 活度为 1 的盐酸溶液（浓度为 1.184mol·dm^{-3} 的 HCl），在其中插入表面镀铂黑的铂电极，通入气压为 1 个标准大气压的 H_2。电极反应是

$$\frac{1}{2} H_2(1p^{\ominus}) \longrightarrow H^+ (a_{H^+} = 1) + e^-$$

待测电极的电极电势的定义是这样规定的，用标准氢电极与待测电极组成以下电池：

标准氢电极 ‖ 待测电极

在这一电池中，标准氢电极发生氧化反应，待测电极发生还原反应，这一电池的电动势，就是待测电极的电极电势。可见，标准氢电极与待测电极组成的电池的电动势，就是该电极的电极电

图 2-9-1　标准氢电极

势（或称电极电位）。**据此，标准氢电极在任何温度下的标准电极电势都等于零。**

9.1.1.2　甘汞电极

（1）基本结构

甘汞电极是实验室中常用的参比电极。具有装置简单、可逆性强、制作方便、

电势稳定等优点。其构造形状很多，但不管哪一种形状，在玻璃容器的底部皆装入少量的汞，然后装汞和甘汞的糊状物，再注入氯化钾溶液，将作为导体的铂丝插入，即构成甘汞电极。图 2-9-2 所示为甘汞电极的一种结构。

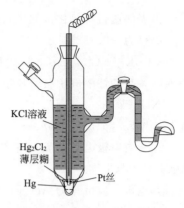

　　电极表示形式如下：

$$Hg\text{-}Hg_2Cl_2(s)\,|\,KCl(a)$$

　　电极反应为：$Hg_2Cl_2(s) + 2e^- \Longrightarrow 2Hg + 2Cl^-(a_{Cl^-})$

$$\varphi_{甘汞} = \varphi_{甘汞}^{\ominus} - \frac{RT}{F}\ln a_{Cl^-}$$

图 2-9-2　甘汞电极构造简图

可见甘汞电极的电势随氯离子活度的不同而改变。不同氯化钾溶液浓度的 $\varphi_{甘汞}$ 与温度的关系见表 2-9-1。

表 2-9-1　不同氯化钾溶液浓度的 $\varphi_{甘汞}$ 与温度的关系

氯化钾溶液浓度/mol·dm^{-3}	电极电势 $\varphi_{甘汞}$/V
饱和	$0.2412 - 7.6 \times 10^{-4}(t-25)$
1.0	$0.2801 - 2.4 \times 10^{-4}(t-25)$
0.1	$0.3337 - 7.0 \times 10^{-5}(t-25)$

　　各文献上列出的甘汞电极的电势数据，常不相符合，这是因为接界电势的变化对甘汞电极电势有影响，由于所用盐桥的介质不同，而影响甘汞电极电势的数据。

　　(2) 甘汞电极的使用与维护

　　由于甘汞电极在高温时不稳定，故甘汞电极一般适用于 70℃ 以下的测量。

　　甘汞电极不宜用在强酸、强碱性溶液中，因为此时的液体接界电位较大，而且甘汞可能被氧化。

　　如果被测溶液中不允许含有氯离子，应避免直接插入甘汞电极，这时应使用双液接甘汞电极。

　　应注意甘汞电极的清洁，不得使灰尘或局外离子进入该电极内部。

　　当电极内溶液太少时应及时补充。

　　此外，银-氯化银电极[Ag-AgCl(s)｜Cl$^-$]也是一种常用的参考电极，在电化学实验中，特别是在含有 Cl$^-$ 的溶液中，得到广泛应用，它有取代甘汞电极的趋势。

9.1.1.3　银-氯化银电极

　　(1) 基本结构

　　属于第二类电极。由金属及其表面上覆盖的一薄层该金属的难溶盐，再插入含有该难溶盐负离子的溶液中构成，故也称为金属难溶盐电极。

由表面覆盖有氯化银的多孔金属银浸在含 Cl^- 的溶液中构成的电极，它的标准电极电势为 $+0.2224V$（25℃）。优点是在升温的情况下比甘汞电极稳定。通常有 $0.1mol \cdot L^{-1} KCl$、$1mol \cdot L^{-1} KCl$ 和饱和 KCl 三种类型。该电极用于含氯离子的溶液时，在酸性溶液中会受痕量氧的干扰，在精确工作中可通氮气保护。当溶液中有 HNO_3 或 Br^-、I^-、NH_4^+、CN^- 等离子存在时，则不能应用。此外，还可用作某些电极（如玻璃电极、离子选择性电极）的内参比电极。

这一类电极电势稳定，常被用作参考电极。银-氯化银电极，可表示为 Ag，AgCl（s）｜Cl^-

其电极反应可写为 AgCl（s）$+e^- {=\!=\!=} $ Ag（s）$+Cl^-$

$$\varphi = \varphi^\ominus + \frac{RT}{F} \ln \frac{1}{a_{Cl^-}}$$

电极电势方程式为：

$$\varphi = \varphi^\ominus - \frac{RT}{F} \ln \frac{1}{a_{Cl^-}}$$

在 298K 时，$\varphi = 0.2222 - 0.05915 \lg a_{Cl^-}$ V

（2）银-氯化银电极的维护

① 参比电极硫酸铜溶液的配制：把化学纯硫酸铜晶体倒入干净的玻璃烧杯中，然后倒入适量的蒸馏水（配置用水温度 25℃），用干净的玻璃棒（不能用金属棒）搅拌溶解，并有部分沉积，至此饱和硫酸铜溶液配成。

② 打开参比电极上盖，把参比电极中的液体倒出，取下各部件。

③ 检查接点连接是否良好，接触不良处重新连接。清除各部位的表面附着物，特别是铜棒应用砂纸打磨干净。检查半透膜是否完好，发现损坏及时更换，如发现堵塞应用热水认真浸泡清洗。

④ 倒入配置好的饱和硫酸铜溶液，使之淹没铜棒的 2/3 以上，拧紧上盖，检查底部半透膜应有溶液渗出，但不能有溶液漏出，否则应更换半透膜。

9.1.1.4　铂黑电极

（1）基本结构

铂黑电极是在铂片上镀一层颗粒较小的黑色金属铂所组成的电极，这是为了增大铂电极的表面积。

电镀前一般需进行铂表面处理。对新制作的铂电极，可放在热的氢氧化钠乙醇溶液中，浸洗 15min 左右，以除去表面油污，然后在浓硝酸中煮几分钟，取出用蒸馏水冲洗。长时间用过的老化的铂黑电极可浸在 40～50℃ 的混酸中（$V_{硝酸}$：$V_{盐酸}$：$V_{水} = 1:3:4$），经常摇动电极，洗去铂黑，再经过浓硝酸煮 3～5min 以除去氯，最后用水冲洗。

以处理过的铂电极为阴极，另一铂电极为阳极，在 $0.5mol \cdot dm^{-3}$ 的硫酸中电解 10～20min，以消除氧化膜。观察电极表面析出氢是否均匀，若有大气泡产生则表明有油污，应重新处理。

在处理过的铂片上镀铂黑，一般采用电解法，电解液的配制方法如下，3g 氯铂酸（H_2PtCl_6）＋0.08g 醋酸铅（$PbAc_2 \cdot 3H_2O$）＋100mL 蒸馏水。

电镀时将处理好的铂电极作为阴极，另一铂电极作为阳极。阴极电流密度为 15mA·cm^{-2}左右，电镀约 20min。如所镀的铂黑一洗即落，则需重新处理。铂黑不宜镀得太厚，但太薄又易老化和中毒。

（2）注意事项

新的（或长期不用的）铂黑电极在使用前应先用乙醇浸洗，再用蒸馏水清洗后方可使用。使用铂黑电极时，在使用前后可浸在蒸馏水中，以防铂黑惰化。如发现铂黑电极失灵，可浸入 10％硝酸或盐酸中 2min，然后用蒸馏水冲洗再进行测量。如情况并无改善，则需更换电极。

9.1.1.5　玻璃电极

用对氢离子活度有电势响应的玻璃薄膜制成的膜电极，是常用的氢离子指示电极。它通常为圆球形，内置 0.1mol·L^{-1}盐酸和氯化银电极或甘汞电极。使用前浸在纯水中使表面形成一薄层溶胀层，使用时将它和另一参比电极放入待测溶液中组成电池，电池电势与溶液 pH 值直接相关。由于存在不对称电势、液接电势等因素，还不能由此电池电势直接求得 pH 值，而采用标准缓冲溶液来"标定"，根据 pH 值的定义式算得。玻璃电极不受氧化剂、还原剂和其他杂质的影响，pH 值测量范围宽广，应用广泛。

（1）pH 玻璃电极的检查

① 把 pH 玻璃电极与参比电极放入 pH＝7.00 的标准缓冲溶液中，当参比电极用甘汞电极时毫伏读数应为 0＋/－30mV；用 Ag/AgCl 电极作参比电极时，读数应为 0＋/－80mV。

② 放入 pH＝4.00 的缓冲溶液中，读数应大于 160mV。

③ 以玻璃电极为指示电极，甘汞电极为参比电极时，在 25℃pH 值变化 1 个单位，其电位差的变化为 59mV。

④ 如果读数与上述范围不符，应进行清洗。

（2）pH 玻璃电极的使用

① 使用新 pH 电极要进行调整，放在蒸馏水中浸泡一段时间，以便形成良好的水合层；浸泡时间与玻璃组成、薄膜厚度有关，一般新制电极及玻璃电导率低、薄膜较厚的电极浸泡时间以 24h 为宜；反之浸泡时间可短些。最近生产的玻璃电极包括 E-201-C 型、65-1Q 型复合电极，因玻璃质量与制作工艺的提高，其说明书上都注明初用或久置不用的电极，使用时只需在 3mol·L^{-1}的 KCl 溶液或去离子水中浸泡 2～10h 即可。

② 测定某溶液之后，要认真冲洗，并吸干水珠，再测下一个样品。

③ 测定时玻璃电极的球泡应全部浸在溶液中，使它稍高于甘汞电极的陶瓷

芯端。

④ 测定时应用磁力搅拌器以适宜的速度搅拌，搅拌的速度不宜过快，否则易产生气泡附在电极上，造成读数不稳。

⑤ 测定有油污的样品，特别是有浮油的样品，用后要用 CCl_4 或丙酮清洗干净，之后需用 $1.2mol \cdot L^{-1}$ 盐酸冲洗，再用蒸馏水冲洗，在蒸馏水中浸泡平衡一昼夜再使用。

⑥ 测定浑浊液之后要及时用蒸馏水冲洗干净，不应留有杂物。

⑦ 测定乳状物的溶液后，要及时用洗涤剂和蒸馏水清洗电极，然后浸泡在蒸馏水中。

⑧ 玻璃电极的内电极与球泡之间不能存在气泡，若有气泡可轻甩让气泡逸出。

（3）pH 玻璃电极的维护

① 如果电极上沾有油污，可用浸有 CCl_4 或丙酮的棉花轻擦。然后放入 $0.1mol \cdot L^{-1}$ HCl 溶液中浸洗 12h，再用蒸馏水反复冲洗。

② 平时常用的 pH 电极，短期内放在 pH＝4.00 的缓冲溶液中或浸泡在蒸馏水中即可。长期存放，放在 pH＝7.00 缓冲溶液或套上橡皮帽放在盒中。

9.1.1.6 复合电极

把 pH 玻璃电极和参比电极组合在一起的电极就是 pH 复合电极。根据外壳材料的不同分为塑壳和玻璃两种。相对于两个电极而言，复合电极最大的好处就是使用方便。

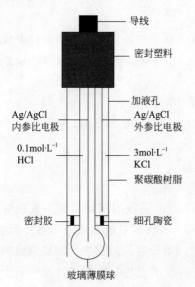

图 2-9-3　pH 复合电极结构示意图

（1）基本结构

pH 复合电极主要由电极球泡、玻璃支持杆、内参比电极、内参比溶液、外壳、外参比电极、外参比溶液、液接界、电极帽、电极导线、插口等组成（见图 2-9-3）。

电极球泡：呈球形，电阻值 $< 250M\Omega$ （25℃）。

玻璃支持管：是支持电极球泡的玻璃管体，由电绝缘性优良的铅玻璃制成，其膨胀系数应与电极球泡玻璃一致。

内参比电极：为银/氯化银电极，主要作用是引出电极电位，要求其电位稳定，温度系数小。

内参比溶液：零电位为 pH＝7 的内参比溶液，是中性磷酸盐和氯化钾的混合溶液，玻璃电极与参比电极构成电池建立零电位的 pH 值，主要取决于内参比溶液的 pH 值及氯离子浓度。

图内标注：导线、密封塑料、加液孔、Ag/AgCl 内参比电极、Ag/AgCl 外参比电极、$0.1mol \cdot L^{-1}$ HCl、$3mol \cdot L^{-1}$ KCl、聚碳酸树脂、密封胶、细孔陶瓷、玻璃薄膜球电极壳：电极壳是支持玻璃电极和液接界，盛放外参比溶液的壳体，通常由聚碳酸酯（PC）塑压成型或者玻璃制成。PC 塑料在有些溶剂中会溶解，如四氯化碳、三氯乙烯、四氢呋喃等，如果测试中含有以上溶剂，就会损坏电极外壳，此时应改用玻璃外壳的 pH 复合电极。

外参比电极：为银/氯化银电极，作用是提供与保持一个固定的参比电势，要求电位稳定，重现性好，温度系数小。

外参比溶液：氯化钾溶液或 KCl 凝胶电解质。

液接界：液接界是外参比溶液和被测溶液的连接部件，要求渗透量稳定，通常用砂芯的。

电极导线：为低噪声金属屏蔽线，内芯与内参比电极连接，屏蔽层与外参比电极连接。

（2）复合电极的使用

① pH 电极使用前必须浸泡，因为 pH 球泡是一种特殊的玻璃膜，在玻璃膜表面有一很薄的水合凝胶层，它只有在充分湿润的条件下才能与溶液中的 H^+ 有良好的响应。同时，玻璃电极经过浸泡，可以使不对称电势大大下降并趋向稳定。pH 玻璃电极一般可以用蒸馏水或 pH＝4 的缓冲溶液浸泡。通常使用 pH＝4 的缓冲液更好一些，浸泡时间 8～24h 或更长，根据球泡玻璃膜厚度、电极老化程度而不同。同时，参比电极的液接界也需要浸泡。因为如果液接界干涸会使液接界电势增大或不稳定，参比电极的浸泡液必须和参比电极的外参比溶液一致，浸泡时间一般为几小时即可。

因此，对 pH 复合电极而言，就必须浸泡在含 KCl 的 pH＝4 缓冲液中，这样才能对玻璃球泡和液接界同时起作用。这里要特别提醒注意，因为过去人们使用单支的 pH 玻璃电极已习惯于用去离子水或 pH＝4 的缓冲液浸泡，后来使用 pH 复合电极时依然采用这样的浸泡方法，甚至在一些不正确的 pH 复合电极的使用说明书中也会进行这种错误的指导。这种错误的浸泡方法引起的直接后果就是使一支性能良好的 pH 复合电极变成一支响应慢、精度差的电极，而且浸泡时间越长，性能越差，因为经过长时间的浸泡，液接界内部（例如砂芯内部）的 KCl 浓度已大大降低了，使液接界电势增大和不稳定。当然，只要在正确的浸泡溶液中重新浸泡数小时，电极还是会复原的。

另外，pH 电极也不能浸泡在中性或碱性的缓冲溶液中，长期浸泡在此类溶液中会使 pH 玻璃膜响应迟钝。

正确的 pH 电极浸泡液的配制：取 pH＝4.00 的缓冲剂（250mL）一包，溶于250mL 纯水中，再加入 56g 分析纯的 KCl，适当加热，搅拌至完全溶解即成。

为了使 pH 复合电极使用更加方便，一些进口的 pH 复合电极和部分国产电极，都在 pH 复合电极头部装有一个密封的塑料小瓶，内装电极浸泡液，电极头长期浸泡其中，使用时拔出洗净就可以了，非常方便。这种保存方法不仅方便，而且对延长电极寿命也是非常有利的，但是塑料小瓶中的浸泡液不要受污染，要注意更换。

② 球泡前端不应有气泡，如有气泡应用力甩去。

③ 电极从浸泡瓶中取出后，应在去离子水中晃动并甩干，不要用纸巾擦拭球泡，否则由于静电感应电荷转移到玻璃膜上，会延长电势稳定的时间，更好的方法是使用被测溶液冲洗电极。

④ pH复合电极插入被测溶液后，要搅拌晃动几下再静止放置，这样会加快电极的响应。尤其使用塑壳pH复合电极时，搅拌晃动要厉害一些，因为球泡和塑壳之间会有一个小小的空腔，电极浸入溶液后有时空腔中的气体来不及排除会产生气泡，使球泡或液接界与溶液接触不良，因此必须用力搅拌晃动以排除气泡。

⑤ 在黏稠性试样中测试之后，电极必须用去离子水反复冲洗多次，以除去黏附在玻璃膜上的试样。有时还需先用其他溶剂洗去试样，再用水洗去溶剂，浸入浸泡液中活化。

⑥ 避免接触强酸强碱或腐蚀性溶液，如果测试此类溶液，应尽量减少浸入时间，用后仔细清洗干净。

⑦ 避免在无水乙醇、浓硫酸等脱水性介质中使用，它们会损坏球泡表面的水合凝胶层。

⑧ 塑壳pH复合电极的外壳材料是聚碳酸酯塑料（PC），PC塑料在有些溶剂中会溶解，如四氯化碳、三氯乙烯、四氢呋喃等，如果测试中含有以上溶剂，就会损坏电极外壳，此时应改用玻璃外壳的pH复合电极。

（3）pH电极的清洗维护

球泡和液接界污染比较严重时，可以先用溶剂清洗，再用去离子水洗去溶剂，最后将电极浸入浸泡液中活化。

（4）pH电极的修复

pH复合电极的"损坏"，其现象是敏感梯度降低、响应慢、读数重复性差，可能由以下三种因素引起，一般客户可以采用适当的方法予以修复。

① 电极球泡和液接界受污染，可以用细的毛刷、棉花球或牙签等，仔细去除污物。有些塑壳pH电极头部的保护罩可以旋下，清洗就更方便了，如污染严重，可按前面的方法使用清洁剂清洗。

② 外参比溶液受污染，对于可充式电极，可以配制新的KCl溶液，再加进去，注意第一、二次加进去时要再倒出来，以便将电极内腔洗净。

③ 玻璃敏感膜老化：将电极球泡用 $0.1 mol \cdot L^{-1}$ 的稀盐酸浸泡 24h。用纯水洗净，再用电极浸泡溶液浸泡 24h。如果钝化比较严重，也可将电极下端浸泡在 4% 的氢氟酸溶液中 3~5s（溶液配制：4mL 氢氟酸用纯水稀释至 100mL），用纯水洗净，然后在电极浸泡溶液中浸泡 24h，使其恢复性能。

9.1.1.7　离子选择性电极

是一类利用膜电势测定溶液中离子的活度或浓度的电化学传感器，当它和含待测离子的溶液接触时，在它的敏感膜和溶液的相界面上产生与该离子活度直接有关的膜电势。离子选择性电极也称膜电极，这类电极有一层特殊的电极膜，电极膜对特定的离子具有选择性响应，电极膜的电位与待测离子含量之间的关系符合能斯特公式。这类电极由于具有选择性好、平衡时间短的特点，是电位分析法用得最多的指示电极。

（1）基本结构

离子选择性电极的基本结构见图 2-9-4。电极的敏感膜固定在电极管的顶端，管内装有内充溶液，其中插入内参比电极（通常为 Ag 为 PERL 电极），内充溶液的作用在于保持膜内表面和内参比电极电势的稳定。

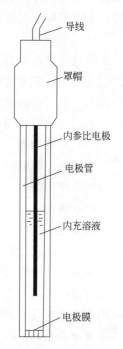

图 2-9-4　离子选择性电极结构图

离子选择性电极是一个半电池（气敏电极例外），它的电势不能单独测量，而必须和适时的外参比电极组成完整的电化学电池，然后测量电池的电动势，它包括以下几项。

$$E = E_m + E_n + E_1 - E_w \qquad (2\text{-}9\text{-}1)$$

式中，E_n 为内参比电极的电势；E_w 与 E_1 为外参电极的电势及其液接部分的液接电势。

在一般测量中，上述三项都要求保持不变，因此电动势 E 与 E_m 之间只差一个常数项，它的变化完全能反映 E_m 的变化。

（2）选择性

电极在对一种主要离子产生响应时，会受到其他离子，包括带有相同和相反电荷的离子的干扰。式（2-9-1）反映了相同电荷离子对膜电势的影响，它用选择性系数 K_{ij} 来表示，此值愈小，电极对 i 离子的选择性愈高，一般要求 K_{ij} 值在 10^{-3} 以下。K_{ij} 不是一个严格的常数，它随测定的方法和条件而异，因此只能用来估量电极对不同离子响应的相对大小，而不能用来定量校正干扰离子所引起的电势变化。电极的选择性主要决定于电极活性材料的物理、化学性质和膜的组成。

（3）测量范围

电极有很宽的测量范围，一般有几个数量级。根据膜电势的公式，以电势对离子活度的对数作图，可得一直线，其斜率为 RT/Z_iF。这就是校正曲线。实际上，当活度 a_i 很低时，由于膜物质本身的溶解以及干扰离子的影响等，校正曲线明显弯曲。电极的线性响应范围是指校正曲线的直线部分，它是定量分析的基础，大多数电极的响应范围为 $10^{-5} \sim 10^{-1}\,mol \cdot L^{-1}$，个别电极达 $10^{-7}\,mol \cdot L^{-1}$，所以测定的灵敏度往往满足不了痕量分析的要求。在采用离子缓冲液时，电极的线性响应范围可大大扩展（如银电极可达 $10 \sim 20\,mol \cdot L^{-1}$），使电极可用于理论研究。

（4）响应速度

电极的响应时间有不同的表示方法，浸入法测定的响应时间是指从电极接触溶液开始至达到稳定电势值（$\pm 1\text{mV}$）的时间；注射法则通过迅速改变测量溶液浓度，测量达到电势最终变化值 ΔE 的固定百分数的时间，如 t_{90}、t_{95} 等。电极的响应时间随电极种类、溶液的浓度、温度、电极处理方法而异。一般，固态电极响应较快，有的只有几毫秒（如硫化银电极）；液膜电极响应较慢，通常从几秒到几分钟。电极的响应速度是判断电极能否用于连续自动分析的重要参数。

（5）准确度

通过测量电势直接计算离子的活度或浓度，其准确度不高，且受到离子价态的限制。理论计算表明，对于一价离子，1mV 的测量误差会导致产生 $\pm 4\%$ 的浓度相对误差。离子价态增加，误差也成倍增加。此外，电极在不同浓度范围有相同的准确度，因此它较适用于低浓度组分的测定。

（6）其他性能

电极的内阻较高，一般在几百千欧到几兆欧之间，玻璃电极和微电极则更高，所以要求使用高输入阻抗的测量仪器。一般，电极寿命在数月至数年间。

（7）应用

离子选择性电极是一种简单、迅速、能用于有色和浑浊溶液的非破坏性分析工具，它不要求复杂的仪器，可以分辨不同离子的存在形式，能测量少到几微升的样品，所以适用于野外分析和现场自动连续监测。与其他分析方法相比，它在阴离子分析方面特别具有竞争能力。电极对活度产生响应这一点也有特殊意义，使它不但可用作络合物化学和动力学的研究工具，而且通过电极的微型化已被用于直接观察体液甚至细胞内某些重要离子的活度变化。离子选择性电极的分析对象十分广泛，它已成功地应用于环境监测、水质和土壤分析、临床化验、海洋考察、工业流程控制以及地质、冶金、农业、食品和药物分析等领域。

9.1.1.8 气敏电极

一类敏化的离子选择性电极，能对溶液中气体的分压产生响应，故常用于测定样品中容易转化成气体的离子组分。实质上，这种电极是一个完整的电化学电池，由离子选择性电极和参比电极组成，所以又称气敏探头。气敏电极主要应用于水质分析、环境监测、生化检验、土壤和食物分析等。

（1）分类

按构型不同，气敏电极可分为两种。

① 隔膜式气敏电极　采用平板式离子选择性电极为指示电极，它和参比电极一起置于顶端有透气膜的外套管内，管中充有内电解液，离子选择性电极的敏感膜紧贴透气膜，两者之间只有极薄的液层，当电极插入试液或置于气体样品中时，待测气体扩散通过透气膜进入薄层溶液，引起其中某一离子活度的变化，它可以通过由离子选择性电极和参比电极所组成的电池来进行测量。

②气隙电极　无透气膜，整个电极系统在密闭的容器内直接悬于样品上方，待测气体通过空气层扩散进入附着于离子选择性电极敏感表面的内电解液薄层中。举例如下。

a. 基于酸碱平衡的气敏电极。如二氧化碳电极和二氧化硫电极等。

b. 基于络合平衡的气敏电极。如氨电极和氢氰酸电极等。

c. 直接响应由被测气体本身转化的离子。如二氧化氮电极和氟化氢电极等。常用的透气膜有硅橡胶、聚氯乙烯、聚四氟乙烯、聚偏氟乙烯、聚苯乙烯和聚丙烯等。

（2）结构

气敏电极是一种气体传感器，由离子选择电极（如 pH 电极等）作为指示电极，与外参比电极一起插入电极管中组成复合电极，电极管中充有特定的电解质溶液——称为中介液，电极管端部紧靠离子选择电极，敏感膜处用特殊的透气膜或空隙间隔把中介液与外测定液隔开，构成了气敏电极。

（3）性能

气敏电极亦被称为气体扩散电极，是应用离子选择电极最近发展起来的一种新型电极，这种间接传感气体的电极，使用的透气膜不能渗透离子，而把测试溶液与内溶液分开，内溶液位于扩散膜与内玻璃 pH 电极或离子选择电极之间，当气体扩散进入内溶液反应达到平衡后，由内电极作出响应，所以选择性特别好。CO_2 电极是最先出现的一种，同一原理又有所谓气隙电极，用气隙代替透气膜，传感电极表面贴有泡沫塑料润湿电解液。目前气敏电极应用普遍的有 NH_3。

（4）测量

测量时，试样中的气体通过透气膜或空隙进入中介液并发生作用，引起中介液中某化学平衡的移动，使得能引起选择电极响应的离子的活度发生变化，电极电位也发生变化，从而可以指示试样中气体的分压。

常见的气敏电极有 NH_3、CO_2、NO_2、H_2S、SO_2 等气敏电极，如表 2-9-2 所列。

表 2-9-2　气敏电极的品种及性能

气敏电极	离子指示电极	中介溶液	化学反应平衡	检测限 $C/\mathrm{mol \cdot L^{-1}}$	试液 pH 值	干扰
CO_2	H	$0.01\mathrm{mol \cdot L^{-1}} NaHCO_3$		10	4	
NH_3	H	NH_4Cl		10	>11	挥发性胺
NO_2	H	$NaNO_2$		5×10	柠檬酸缓冲液	SO_2,CO_2
SO_2	H	$NaHSO_3$		10	HSO_4 缓冲液	Cl_2,NO_2
H_2S	S	柠檬酸缓冲液 pH=5		10	<5	O_2
HCN	Ag	$KAg(CN)_2$		10	<7	H_2S
HF	F	H		10	<2	

续表

气敏电极	离子指示电极	中介溶液	化学反应平衡	检测限 $C/\text{mol} \cdot \text{L}^{-1}$	试液 pH 值	干扰
HAc	H	NaAc		10	<2	
Cl₂	Cl	HSO₄ 缓冲液		5×10	<2	

（5）用途

气敏电极有较高的选择性，它不受试样中离子的直接干扰，但电极的响应速度较慢，对温度的变化也十分敏感。气敏电极的主要应用领域有水质分析、环境监测、生化检验、土壤和食物分析，还用于自动连续监测。

9.1.1.9　圆盘电极

为了研究电极表面电流密度的分布情况、减少或消除扩散层等因素的影响，电化学研究人员通过对比各种电极和搅拌的方式，开发出了一种高速旋转的电极，由于这种电极的端面像一个盘，所以也叫旋转圆盘电极（rotating disk electrode，RDE），简称旋盘电极，还叫转盘电极。还有基于这种电极进一步改进了的旋转圆环电极等，可以测量更为复杂的电极过程的电化学参数。

（1）结构

这种电极的结构特点是圆盘电极与垂直于它的转轴同心并具有良好的轴对称；圆盘周围的绝缘层相对有一定厚度，可以忽略流体动力学上的边缘效应；同时电极表面的粗糙度远小于扩散层厚度。

（2）使用方法

在测量时电极浸入测量溶液不宜太深，一般以 2～3mm 为宜。电极的转速要适当，太慢时自然对流起主要作用，太快时则会出现湍流，不能得到有效参数。要求在旋转过程中保证电极表面出现层流状态。

旋转圆盘电极的极限扩散电流密度公式，由 V. G. Levich（前苏联）于 1942 年提出，Levich 方程如下，极限扩散电流 i_L 是研究电化学动力学的重要参数。如果在不同转速条件下测得 i_L 值，作 i_L-$\omega^{\frac{1}{2}}$ 图，可求出 D；用标准溶液标定后可测反应物的浓度，常用于定量分析。

$$i_L = 0.62nFAD\omega^{\frac{1}{2}}\nu^{-\frac{1}{6}}c \qquad (2\text{-}9\text{-}2)$$

式中　i_L——levich 电流；

　　　n——电荷转移数；

　　　F——法拉第常数；

　　　A——电极面积；

　　　D——扩散系数；

　　　ω——旋转盘角速度；

ν——黏度；

c——溶液浓度。

（3）用途

利用旋转圆环圆盘电极可以检测出电极反应产物特别是中间产物的存在形式与生成量，或圆环电极上捕集到的盘电极反应产物的稳定性等，利用这些测量可以探测一些复杂电极反应的机理和获取更多的电极过程信息。因此在现代电化学测量中是常用的测试手段。电镀添加剂作用机理的探讨或添加剂性能的比较，都可以用到这种电极来进行测试。

9.1.2　盐桥

在两种溶液之间插入盐桥以代替原来的两种溶液的直接接触，减免和稳定液接电位（当组成或活度不同的两种电解质接触时，在溶液接界处由于正负离子扩散通过界面的离子迁移速度不同造成正负电荷分离而形成双电层，这样产生的电位差称为液体接界扩散电位，简称液接电位），使液接电位减至最小以致接近消除。

选择盐桥中的电解质的原则是高浓度、正负离子迁移速率接近相等，且不与电池中的溶液发生化学反应。常采用 KCl、NH_4NO_3 和 KNO_3 的饱和溶液。例如，饱和 KCl 溶液的浓度高达 $4.2mol \cdot dm^{-3}$，当盐桥插入到浓度不大的两电解质溶液之间的界面时，产生了两个接界面，盐桥中 K^+ 和 Cl^- 向外扩散就成为这两个接界面上离子扩散的主流。由于 K^+ 和 Cl^- 的扩散速率相近，使盐桥与两个溶液接触产生的液接电势均很小，且两者方向相反，故相互抵消后降至 $1\sim2mV$。

（1）盐桥的种类和制备方法

① 琼脂-饱和 KCl 盐桥　烧杯中加入 3g 琼脂和 97mL 蒸馏水，使用水浴加热法将琼脂加热至完全溶解。然后加入 30g KCl 充分搅拌，KCl 完全溶解后趁热用滴管或虹吸将此溶液加入已事先弯好的玻璃管中，静置待琼脂凝结后便可使用。

多余的琼脂-饱和 KCl 用磨口塞塞好，使用时重新加热。

若无琼脂，也可以用棉花将内装有氯化钾饱和溶液的 U 形管两端塞住来代替盐桥。

琼脂-饱和 KCl 盐桥不能用于含 Ag^+、Hg^{2+} 等与 Cl^- 反应的离子或含有 ClO_4^- 等与 K^+ 反应的物质的溶液。

② 3％琼脂-$1mol \cdot dm^{-3} K_2SO_4$ 盐桥　在溶液中可使用 $Hg\text{-}Hg_2SO_4$-饱和 K_2SO_4 电极。

③ 3％琼脂-$1mol \cdot dm^{-3} NaCl$ 或 LiCl 盐桥　适用于含高浓度的 ClO_4^- 的溶液，在该溶液中可使用汞-甘汞-饱和 NaCl 或 LiCl 电极。

④ NH_4NO_3 盐桥和 KNO_3 盐桥　在许多溶液中都能使用，但它与通常的各种电极无共同离子，因而在共同使用时会改变参考电极的浓度和引入外来离子，从而可能改变参考电极的电势。另外，在含有高浓度的酸、氨的溶液中不能使用琼脂

盐桥。

a. 简易制备法 用滴管将饱和 KNO_3（或 NH_4NO_3）溶液注入 U 形管中，加满后用捻紧的滤纸塞紧 U 形管两端即可，管中不能存有气泡。

b. 凝胶法 称取琼脂 1g 放入 50mL 饱和 KNO_3 溶液中，浸泡片刻，再缓慢加热至沸腾，待琼脂全部溶解后稍冷，将洗净的盐桥管插入琼脂溶液中，从管的上口将溶液吸满（管中不能有气泡），保持此充满状态冷却到室温，即凝固成冻胶固定在管内。取出擦净备用。

（2）使用注意事项

用盐桥可降低液接电势，但并不能完全消除，一般仍可达 1～2mV，而且测量时不易得到稳定的数据，这是由于液/液界面的条件不易重复所致。这在使用甘汞电极时应特别注意：用于盐桥的饱和 KCl 溶液应经常更换。盐桥口如被待测溶液沾污，测量结果将不稳定，为此，在使用商品甘汞电极时，应把"对流孔"打开，不用时关闭，以便使 KCl 溶液能不断地从盐桥口渗出，以保持新鲜的接界面。一般用盐桥测量得到的电动势，其精确度不会超过 ±1mV。

9.1.3 标准电池

标准电池是作为电动势参考标准用的一种化学电池，是一种高度可逆的电池，它的电动势极其准确，重现性好，具有极小的温度系数，并且能长时间稳定不变。它的主要用途是配合电位差计测定另一电池的电动势。现在国际上通用的标准电池是韦斯顿电池，其一种结构如图 2-9-5 所示。电池由一 H 形管构成，负极为含镉 12.5% 的镉汞齐，正极为汞和硫酸亚汞的糊状物，两极之间盛以硫酸镉的饱和溶液，管的顶端加以密封。电池反应如下：

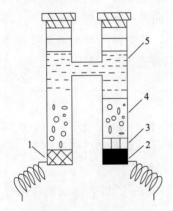

图 2-9-5 韦斯顿标准电池
1—含 Cd12.5% 的镉汞齐；2—汞；
3—硫酸亚汞的糊状物；4—硫酸镉晶体；
5—硫酸镉饱和溶液

负极：$Cd(汞齐) \longrightarrow Cd^{2+} + 2e^-$

正极：$Hg_2SO_4(s) + 2e^- \longrightarrow 2Hg + SO_4^{2-}$

电池反应：$Cd（汞齐）+ Hg_2SO_4（s）+ \frac{8}{3}H_2O = 2Hg(l) + CdSO_4 \cdot \frac{8}{3}H_2O$

标准电池的电动势很稳定，重现性好，20℃时 $E_0 = 1.0186V$，其他温度下 E_t 可按下式算得：

$$E_t = E_0 - 4.06 \times 10^{-5}(t - 20) - 9.5 \times 10^{-7}(t - 20) \tag{2-9-3}$$

使用标准电池时应注意：使用温度 4～40℃，正负极不能接错，不能振荡，不能倒置，携取要平稳。不能用万用表直接测量标准电池。

标准电池只是校验器，不能作为电源使用，测量时间必须短暂，间歇按键，以免电流过大，损坏电池。

电池若未加套直接暴露于日光下，会使硫酸亚汞变质，电动势下降。

按规定时间，需要对标准电池进行计量校正。

9.1.4　检流计

检流计灵敏度很高，常用来检查电路中有无电流通过。主要用在平衡式直流电测量仪器如电位差计、电桥中作示零仪器。另外，在光-电测量、差热分析等实验中测量微弱的直流电流。目前实验室中使用最多的是磁电式多次反射光点检流计，它可以和分光光度计及 UJ-25 型电位差计配套使用。

（1）工作原理

磁电式检流计结构如图 2-9-6 所示。当检流计接通电源后，由灯泡、透镜和光栏构成的光源发射出一束光，投射到平面镜上，又反射到反射镜上，最后成像在标尺上。

被测电流经悬丝通过动圈时，使动圈发生偏转，其偏转的角度与电流的强弱有关。因平面镜随动圈而转动，所以在标尺上光点移动距离的大小与电流的大小成正比。

电流通过动圈时，产生的磁场与永久磁铁的磁场相互作用，产生转动力矩，使动圈偏转。但动圈的偏转又使悬丝的扭力产生反作用力矩，当二力矩相等时，动圈就停在某一偏转角度上。

（2）AC15 型检流计使用方法

仪器面板如图 2-9-7 所示。

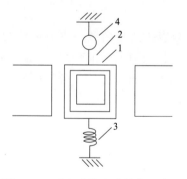

图 2-9-6　磁电式检流计结构示意图

1—动圈；2—悬丝；3—电流引线；4—反射小镜

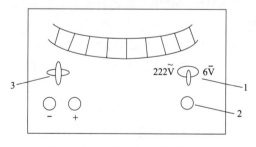

图 2-9-7　AC15 型检流计面板图

1—电源开关；2—零点调节器；3—分流器开关

① 首先检查电源开关所指示的电压是否与所使用的电源电压一致，然后接通电源。

② 旋转零点调节器，将光点准线调至零位。

③ 用导线将输入接线柱与电位差计"电计"接线柱接通。

④ 测量时先将分流器开关旋至最低灵敏度挡（0.01 挡），然后逐渐增大灵敏

度进行测量（"直接"挡灵敏度最高）。

⑤ 在测量中如果光点剧烈摇晃，可按电位差计短路键，使其受到阻尼作用而停止。

⑥ 实验结束时或移动检流计时，应将分流器开关置于"短路"，以防止损坏检流计。

9.1.5 万用电表

万用表又叫多用表、三用表、复用表，是一种多功能、多量程的测量仪表，一般万用表可测量直流电流、直流电压、交流电压、电阻和音频电平等，有的还可以测交流电流、电容量、电感量及半导体的一些参数（如 β）。

万用表由表头、测量线路及转换开关三个主要部分组成。

（1）表头

它是一只高灵敏度的磁电式直流电流表，万用表的主要性能指标基本上取决于表头的性能。表头的灵敏度是指表头指针满刻度偏转时流过表头的直流电流值，这个值越小，表头的灵敏度越高。测电压时的内阻越大，其性能就越好。表头上有四条刻度线，它们的功能如下：第一条（从上到下）标有 R 或 Ω，指示的是电阻值，转换开关在欧姆挡时，即读此条刻度线；第二条标有 ∽ 和 VA，指示的是交、直流电压和直流电流值，当转换开关在交、直流电压或直流电流挡，量程在除交流 10V 以外的其他位置时，即读此条刻度线；第三条标有 10V，指示的是 10V 的交流电压值，当转换开关在交、直流电压挡，量程在交流 10V 时，即读此条刻度线；第四条标有 dB，指示的是音频电平。

（2）测量线路

测量线路是用来把各种被测量对象转换到适合表头测量的微小直流电流的电路，它由电阻、半导体元件及电池组成。它能将各种不同的被测量对象（如电流、电压、电阻等）、不同的量程，经过一系列的处理（如整流、分流、分压等）统一变成一定量限的微小直流电流送入表头进行测量。

（3）转换开关

其作用是用来选择各种不同的测量线路，以满足不同种类和不同量程的测量要求。转换开关一般有两个，分别标有不同的挡位和量程。

需要注意的是，万用表的黑色外用表针插在表的接地接口（COM）中，红色的则根据测定需求插在不同功能接口中。测量时，红色外用表针与待测物的正极相连。在测定过程中，如果表针与待测物连接不好，测定结果不稳定且不准确。

9.1.6 电解槽

电解槽是当直流电通过电解槽时，在阳极与溶液界面处发生氧化反应，在阴极与溶液界面处发生还原反应，以制取所需产品。在电解反应中，电能转化为化学能。

9.1.6.1　构成电解池的条件

① 直流电源。

② 两个电极。其中与电源的正极相连的电极叫做阳极，与电源的负极相连的电极叫做阴极。

③ 电解质溶液或熔融态电解质。

9.1.6.2　电解质导电的实质

对电解质溶液（或熔融态电解质）通电时，电子从电源的负极沿导线流入电解池的阴极，电解质的阳离子移向阴极得电子发生还原反应；电解质的阴离子移向阳极失去电子（有的是组成阳极的金属原子失去电子）发生氧化反应，电子从电解池的阳极流出，并沿导线流回电源的正极。这样，电流就依靠电解质溶液（或熔融态电解质）里阴、阳离子的定向移动而通过溶液（或熔融态电解质），所以电解质溶液（或熔融态电解质）的导电过程，就是电解质溶液（或熔融态电解质）的电解过程。

9.1.6.3　电解槽的种类

（1）根据隔膜分类

电解槽是电解所用主体设备的形式，可分为隔膜电解槽和无隔膜电解槽两类。隔膜电解槽又可分为均向膜（石棉绒）、离子膜及固体电解质膜（如 $\beta\text{-Al}_2\text{O}_3$）等形式；无隔膜电解槽又分为水银电解槽和氧化电解槽等。

（2）根据电解液分类

工业中使用的电解槽由槽体、电解液、阳极和阴极组成，多数用隔膜将阳极室和阴极室隔开。按电解液的不同分为水溶液电解槽、熔融盐电解槽和非水溶液电解槽三类。

① 水溶液电解槽　水溶液电解槽的形式，可分为隔膜电解槽和无隔膜电解槽两类。隔膜电解槽又可分为均向膜（石棉绒）、离子膜及固体电解质膜（如 $\beta\text{-Al}_2\text{O}_3$）等形式；无隔膜电解槽又分为水银电解槽和氧化电解槽等。

采用不同的电解液时，电解槽的结构也有所不同。

水溶液电解槽分为有隔膜和无隔膜两类。一般多用有隔膜电解槽，但在氯酸盐生产和水银法生产氯气和烧碱时，采用无隔膜电解槽。尽量增大单位体积内的电极表面积，可以提高电解槽的生产强度。因此，现代有隔膜电解槽中的电极多为直立式。电解槽因内部部件材质、结构、安装等不同表现出不同的性能与特点。

② 熔融盐电解槽　多用于制取低熔点金属，其特点是在高温下运转，并应尽量防止水分进入，避免氢离子在阴极上还原。例如制取金属钠时，由于钠离子的阴极还原电位很负，还原很困难，必须用不含氢离子的无水熔融盐或熔融的氢氧化物，以免阴极析出氢。为此电解过程需在高温下进行，例如电解熔融氢氧化钠时为310℃，如其中含有氯化钠成为混合电解质时，电解温度为650℃左右。电解槽的高温可以通过改变电极间距，将欧姆电压降所消耗的电能转变为热能来达到。电解

熔融氢氧化钠时，槽体可用铁或镍，电解含有氯化物的熔融电解质时常由于原料中不可避免地带入少量水分，会使阳极生成潮湿的氯气，对电解槽的腐蚀作用很强，因此电解熔融氯化物的电解槽，一般用陶瓷或磷酸盐材料，而不受氯气作用的部位可用铁。熔融盐电解槽中的阴、阳极产物，同样要求妥善隔开，而且应尽快由槽中引出，以免阴极产物金属钠长时间飘浮在电解液表面，会进一步与阳极产物或空气中的氧起作用。

③ 非水溶液电解槽　由于非水溶液电解槽在制取有机产品或电解有机物时，常伴随有各种复杂的化学反应，使其应用受到限制，工业化的不多。一般采用的有机电解液，电导率低，反应速率也慢。因此，必须采用较低的电流密度，极间距尽量缩小。采用固定床或流化床的电极结构有较大的电极表面积，可提高电解槽生产能力。

（3）根据电极的连接方式分类

电解槽按电极的连接方式，可分为单极式和复极式两类电解槽。单极式电解槽中同极性的电极与直流电源并联连接，电极两面的极性相同，即同时为阳极或同时为阴极。复极式电解槽两端的电极分别与直流电源的正负极相连，成为阳极或阴极。电流通过串联的电极流过电解槽时，中间各电极的一面为阳极，另一面为阴极，因此具有双极性。当电极总面积相同时，复极式电解槽的电流较小，电压较高，所需直流电源的投资比单极式者省。复极式一般采用压滤机结构形式，比较紧凑，但易漏电和短路，槽结构和操作管理比单极式复杂。单极式电解槽截面一般为长方形或方形，圆筒形占地大，空间利用率低，采用较少。

9.1.7　导体焊接技术

为了实现不同导体之间的连接，通常可通过借助焊接技术把两个导体连接起来，有时也根据实际情况而采用机械连接或借助导电胶进行粘接。根据对象不同，常用的焊接方式包括电焊、气焊、激光焊、点焊、电烙铁焊。

（1）电焊

主要是借助焊条，主要为对大件铁制品的连接，在电池生产中用得较少。

（2）气焊

主要为乙炔气焊，这种焊接技术在铅酸生产中运用得很多，在锂亚电池的生产中也有应用。在铅酸电池的生产中，借助乙炔焰的高温和加入的焊铅，可把单个的正负极板连接为正负极组。为了把电池正负极组和外接端子连接起来，时常也要用到乙炔气焊。此外，在铅酸电池生产的铅粉和板栅制备两个工序中，有时也要借助乙炔焰来切割或烧熔铅块。由于乙炔焊接属于国家规定的特种工种，因此进行乙炔焰焊接操作时，需要由持有国家相关部分颁布的上岗证的专门人员来进行。

（3）激光焊

主要用在锂离子电池生产时对壳体的焊接中，借助于激光的能量，可以实现钢制壳体的连接，这种焊接技术可以避免焊接位置内部出现气孔，保证电池在使用过程中的密闭性。

（4）点焊

这种焊接技术主要用于对厚度或直径很小的镍、铁和铂等物质的连接中，在镍氢电池、镍镉电池和锂离子电池中用得很普遍。点焊焊接使用专门的点焊机来完成。点焊焊接的原理为：通过点焊机上两工作电极的瞬间放电，烧熔电极之间的待镀物件并使其连接。在使用电焊机时，焊接效果受放电电流和放电时间两个参数控制，一般采用由小到大的方式调节，直到得到好的焊接效果位置。点焊机两电极一般为抗烧熔和导电性能很好的铜质材料制成，在使用过程中，如电极表面上残余有待焊接物质，需要把这些物质打磨掉，否则在随后的焊接中会出现镀件和电极连接在一起的情况。

（5）电烙铁焊

这种焊接方式在电子行业应用得最为广泛。借助于加热的烙铁和焊锡，可以把铜、镍和铁等焊接在一起。使用这种焊接方式，要特别注意这种焊接方式实际上是采用焊锡把两种金属连接在一起，因此，在焊接温度条件下焊锡与焊接材料之间的相容性是决定焊接效果的重要因素。为了提高焊接效果，可以采用用砂纸打磨焊接面，而为提高焊接时对焊锡的烧熔速度，可以在焊接面位上加上少许专用的松香焊膏。

9.2　离子迁移数的测定

（1）测定原理

当电流通过电解质溶液时，溶液中的正、负离子各自向阴、阳两极迁移，由于各种离子的迁移速度不同，各自所带过去的电量也必然不同。每种离子所带过去的电量与通过溶液的总电量之比，称为该离子在此溶液中的迁移数。若正负离子传递电量分别为 q^+ 和 q^-，通过溶液的总电量为 Q，则正负离子的迁移数分别为：

$$t^+ = \frac{q^+}{Q}$$

$$t^- = \frac{q^-}{Q}$$

离子迁移数与浓度、温度、溶剂的性质有关，增加某种离子的浓度则该离子传递电量的百分数增加，离子迁移数也相应增加；温度改变，离子迁移数也会发生变化，但温度升高，正、负离子的迁移数差别较小；同一种离子在不同电解质中迁移数是不同的。

离子迁移数可以直接测定，方法有希托夫法、界面移动法和电动势法等。

用希托夫法测定 $CuSO_4$ 溶液中 Cu^{2+} 和 SO_4^{2-} 的迁移数时，在溶液中间区浓度不变的条件下，分析通电前原溶液及通电后阳极区（或阴极区）溶液的浓度，读取阳极区（或阴极区）溶液的体积，可计算出通电后迁移出阳极区（或阴极区）的

Cu^{2+} 和 SO_4^{2-} 的量。通过溶液的总电量 Q 由串联在电路中的电量计测定。可算出 t^+ 和 t^-。

在迁移管中，两电极均为 Cu 电极。其中放 $CuSO_4$ 溶液。通电时，溶液中的 Cu^{2+} 在阴极上发生还原析出 Cu，而在阳极上金属铜溶解生成 Cu^{2+}。

对于阳极，通电时一方面阳极区有 Cu^{2+} 迁移出，另一方面电极上 Cu 溶解生成 Cu^{2+}，因而有

$$n_{迁,Cu^{2+}} = \frac{q^+}{Q} = n_{原始,Cu^{2+}} - n_{阳极,Cu^{2+}} + n_{电}$$

对于阴极，通电时一方面阴极区有 Cu^{2+} 迁移入，另一方面电极上 Cu^{2+} 析出生成 Cu，因而有

$$n_{迁,Cu^{2+}} = \frac{q^+}{Q} = n_{阴极,Cu^{2+}} - n_{原始,Cu^{2+}} + n_{电}$$

$$t_{Cu^{2+}} = \frac{n_{迁,Cu^{2+}}}{n_{电}}, \quad t_{SO_4^{2-}} = 1 - t_{Cu^{2+}}$$

式中，$n_{迁,Cu^{2+}}$ 为迁移出阳极区或迁入阴极区的 Cu^{2+} 的量；$n_{原始,Cu^{2+}}$ 为通电前阳极区或阴极区所含 Cu^{2+} 的量；$n_{阳极,Cu^{2+}}$ 为通电后阳极区所含 Cu^{2+} 的量；$n_{阴始,Cu^{2+}}$ 为通电后阴极区所含 Cu^{2+} 的量；$n_{电}$ 为通电时阳极上 Cu 溶解（转变为 Cu^{2+}）的量，也等于铜电量计阴极上 Cu^{2+} 析出 Cu 的量。

可以看出希托夫法测定离子的迁移数至少包括两个假定：

① 电的输送者只是电解质的离子，溶剂水不导电，这一点与实际情况接近；

② 不考虑离子水化现象。

实际上正、负离子所带水量不一定相同，因此电极区电解质浓度的改变，部分是由于水迁移所引起的，这种不考虑离子水化现象所测得的迁移数称为希托夫迁移数。

本实验用硫代硫酸钠溶液滴定铜离子浓度。其反应机理如下：

$$4I^- + 2Cu^{2+} \Longrightarrow CuI\downarrow + I_2$$

$$I_2 + 2S_2O_3^{2-} \Longrightarrow S_4O_6^{2-} + 2I^-$$

1mol Cu^{2+} 消耗 1mol $S_2O_3^{2-}$。

（2）仪器及试剂

迁移管 1 套；铜电极 2 只；离子迁移数测定仪 1 台；铜电量计 1 台；分析天平 1 台；碱式滴定管（250mL）1 只；碘量瓶（250mL）2 只；移液管（20mL）3 只；量筒（100mL）1 个。

KI 溶液（10%）；淀粉指示剂（0.5%）；硫代硫酸钠溶液（0.5000mol·L^{-1}）；醋酸溶液（1mol·L^{-1}）；硫酸铜溶液（0.5mol·L^{-1}）。

（3）测定方法

① 取 25mL 0.5mol·L^{-1} 硫酸铜溶液于 250mL 干净容量瓶中，稀释至刻度，得 0.05mol·L^{-1} 的 $CuSO_4$ 溶液。

希托夫法离子迁移数测定装置图见图 2-9-8。

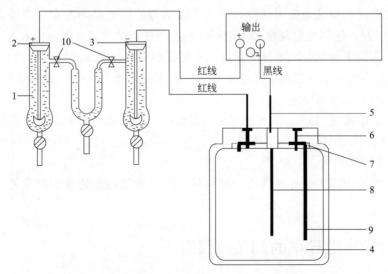

图 2-9-8　希托夫法离子迁移数测定装置图

1—迁移管；2—阳极；3—阴极；4—库仑计；5—阴极插座；

6—阳极插座；7—电极固定板；8—阴极铜片；9—阳极铜片；10—活塞

② 用水洗净迁移管，然后用 $0.05mol \cdot L^{-1}$ 的 $CuSO_4$ 溶液洗净迁移管，并安装到迁移管固定架上。电极表面有氧化层时用细砂纸打磨。

③ 将铜电量计中阴极、阳极铜片取下，先用细砂纸磨光，除去表面氧化层，用蒸馏水洗净，用乙醇淋洗并吹干，在分析天平上称重，装入电量计中。

④ 连接好迁移管、离子迁移数测定仪和铜电量计。

⑤ 接通电源，调节电流强度不超过 10mA，连续通电 90min。

⑥ 取 5mL $0.5000mol \cdot L^{-1}$ $Na_2S_2O_3$ 溶液于 50mL 干净容量瓶中，稀释至刻度，得 $0.0500mol \cdot L^{-1}$ 的 $Na_2S_2O_3$ 溶液。

⑦ 通电前 $CuSO_4$ 溶液的滴定。用移液管从 250mL 容量瓶中移取 10mL $0.05mol \cdot L^{-1}$ 的 $CuSO_4$ 溶液于碘量瓶中，加入 5mL $1mol \cdot L^{-1}$ 的 HAc 溶液，加入 3mL 10％的 KI 溶液，塞好瓶盖，振荡，置暗处 5～10min，以 $0.0500 mol \cdot L^{-1}$ 的 $Na_2S_2O_3$ 标准溶液滴定至溶液呈淡黄色，然后加入 1mL 淀粉指示剂，继续滴定至蓝色恰好消失（乳白色），记录消耗的 $Na_2S_2O_3$ 标准溶液的体积。

⑧ 通电后 $CuSO_4$ 溶液的滴定。停止通电后，关闭活塞12，分别测量阴、阳极区 $CuSO_4$ 溶液的体积，并分别移取 10mL 阴、阳极区 $CuSO_4$ 溶液，用 $Na_2S_2O_3$ 标准溶液滴定，分别记录消耗的 $Na_2S_2O_3$ 标准溶液的体积。

⑨ 将铜电量计中阴极、阳极铜片取下，用蒸馏水洗净，用乙醇淋洗并吹干，在分析天平上称重。

（4）注意事项

① 实验中的铜电极必须是纯度为 99.999% 的电解铜。

② 实验过程中凡是能引起溶液扩散、搅动等的因素必须避免。电极阴、阳极的位置能对调，迁移数管及电极不能有气泡，两极上的电流密度不能太大。

③ 本实验中各部分的划分应正确，不能将阳极区与阴极区的溶液错划入中部，这样会引起实验误差。因此，停止通电后，必须先关闭活塞 10，然后才能测量阴、阳极区 $CuSO_4$ 溶液的体积。

④ 阴、阳极区 $CuSO_4$ 溶液的浓度差别很小，为了避免误差，宜分别用干净的移液管直接移取通电后的阴、阳极区 $CuSO_4$ 溶液进行滴定，测量体积时将用于滴定的体积数计算在内。

⑤ 本实验由铜库仑计的增重计算电量，因此称量及前处理都很重要，需仔细进行。

9.3　电导及电导率的测量及仪器

9.3.1　电导的测定

采用惠斯顿（Wheatstone）电桥法可测定溶液的电导（图 2-9-9）。图中 R 表示电导池，内盛欲测电导的溶液，R 是可以读得电阻值的可调电阻，C 是可调电容，AB 是均匀滑线电阻，其电阻值与长度成正比，I 是一定频率的交流电源，而 T 为检零装置。测定时，移动接触点 F，直至 T 中指示为零，则电桥的两侧电位可视为平衡，即 F、G 两点电位相等。故

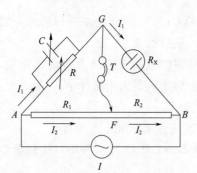

图 2-9-9　测量溶液电导的惠斯顿电桥

$$I_1 R = I_2 R_1$$
$$I_1 R_X = I_2 R_2$$

两式相除得

$$\frac{R}{R_X} = \frac{R_1}{R_2} \tag{2-9-4}$$

因 $R = \rho \dfrac{l}{s}$，故均匀滑线电阻的 R 与长度成正比，即

$$\frac{R_1}{R_2} = \frac{l_{AF}}{l_{FB}}$$

据此

$$G = \frac{1}{R_X} = \frac{R_1}{R_2} \times \frac{1}{R} = \frac{l_{AF}}{l_{FB}} \times \frac{1}{R}$$

因 R 的数值可以读得，故找到平衡点并读出长度数值后便可求出电导 $\dfrac{1}{R_x}$，即 G。电导仪是根据上述原理制成的测量电导的仪器，可以直接读出电导值。

9.3.2　常用电导率仪

9.3.2.1　DDS-11A 型电导率仪

DDS-11A 型电导率仪使用的是基于"电阻分压"原理的不平衡测量方法。仪器使用低周（约 140Hz）及高周（约 1100Hz）两个频率，分别作为低电导率测量和高电导率测量的信号源频率。该仪器操作简便且测量范围广，测试对象包括由较高电导率的一般液体到电导率很小的高纯水，测试数据可直接从表上读取，也可外接记录仪进行连续记录。DDS-11A 型电导率仪的面板如图 2-9-10 所示。

（1）使用方法

① 打开电源开关前，应观察表针是否指零，若不指零可调节表头螺丝使表针指零。

② 将校正、测量开关拨在"校正"位置。

③ 打开电源开关预热数分钟，此时指示灯亮，待指针稳定后调节校正调节器，使表针指向满刻度。

④ 根据待测液电导率的大致范围选用低周或高周，并将高周、低周开关拨向所选位置。

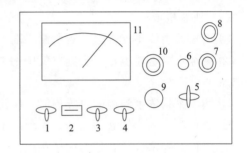

图 2-9-10　DDS-11A 型电导率仪面板图
1—电源开关；2—指示灯；3—高周、低周开关；
4—校正、测量开关；5—量程选择开关；
6—电容补偿调节器；7—电极插口；8—10mV 输出插口；
9—校正调节器；10—可调电阻；11—读数表

⑤ 将量程选择开关拨到测量所需范围，如预先不知道被测溶液电导率的大小，则由最大挡逐挡下降至合适范围，以防表针打弯。

⑥ 根据下面的电极选用原则，选好电极并插入电极插口，其中，各类电极要注意调节好配套电极常数，如配套电极常数为 0.95（电极上已标明），则将电极常数调节器调节到相应的位置 0.95 处。

⑦ 倾去电导池中的电导水，将电导池和电极用少量待测液洗涤 2～3 次，再将电极浸入待测液中并恒温。

⑧ 将校正、测量开关拨向"测量"，这时表头上的指示读数乘以量程开关倍率即为待测液的实际电导率。如果选用 DJS-10 型铂黑电极，应将测得的数据乘以 10，即为待测液的电导率。

⑨ 当量程开关指向黑点时，读表头上刻度（0～1.0 μS·cm^{-1}）的数；当量程开关指向红点时，读表头下刻度（0～3.0 μS·cm^{-1}）的数值。

⑩ 当用 0～0.1 μS·cm^{-1} 或 0～0.3 μS·cm^{-1} 这两挡测量高纯水时，在电极未浸入溶液前，调节电容补偿调节器，使表头指示为最小值（此最小值是电极铂片间

的漏阻，由于此漏阻的存在，使调节电容补偿调节器时表头指针不能达到零点），然后开始测量。

⑪ 如想要了解在测量过程中电导率的变化情况，可将 10mV 输出插口接到自动平衡记录仪上。

（2）电极选择原则

电极选择原则列在表 2-9-3 中。光亮电极用于测量较小的电导率（$0\sim10\mu S \cdot cm^{-1}$），而铂黑电极用于测量电导率（$10\sim10^5\mu S \cdot cm^{-1}$）较大的溶液。实验中通常用铂黑电极，因为它的表面比较大，这样降低了电流密度，减小或消除了极化。但在测量低电导率溶液时，铂黑对电解质有强烈的吸附作用，会出现不稳定的现象，这时宜用光亮铂电极。

（3）注意事项

① 电极的引线不能潮湿，否则测不准。

② 高纯水应迅速测量，否则空气中的 CO_2 溶入水中变为 CO_3^{2-}，使电导率迅速增加。

③ 测定系列浓度溶液的电导率时，应注意按浓度由小到大的顺序测定。

④ 盛待测液的容器必须清洁，避免离子沾污而影响测量结果。

⑤ 电极要轻拿轻放，切勿触碰铂黑。表 2-9-3 所列为电极选择标准。

表 2-9-3　电极选择标准

量程	电导率/$\mu S \cdot cm^{-1}$	测量频率	配套电极
1	$0\sim0.1$	低周	DJS-1 型光亮电极
2	$0\sim0.3$	低周	DJS-1 型光亮电极
3	$0\sim1$	低周	DJS-1 型光亮电极
4	$0\sim3$	低周	DJS-1 型光亮电极
5	$0\sim10$	低周	DJS-1 型光亮电极
6	$0\sim30$	低周	DJS-1 型铂黑电极
7	$0\sim10^2$	低周	DJS-1 型铂黑电极
8	$0\sim3\times10^2$	低周	DJS-1 型铂黑电极
9	$0\sim10^3$	低周	DJS-1 型铂黑电极
10	$0\sim3\times10^3$	高周	DJS-1 型铂黑电极
11	$0\sim10^4$	高周	DJS-1 型铂黑电极
12	$0\sim10^5$	高周	DJS-10 型铂黑电极

9.3.2.2　DDS-11 型电导率仪原理与使用方法

该仪器的测量原理与 DDS-11 型电导率仪一样，使用的也是基于"电阻分压"

原理的不平衡测量方法。其面板如图 2-9-11 所示。使用方法如下。

① 接通电源前，先检查表针是否指零，如不指零，可调节表头上的校正螺丝使表针指零。

② 打开电源开关，指示灯即亮，预热数分钟即可开始工作。

③ 将测量范围选择器旋钮拨到所需的范围挡，如不知被测液电导的大小范围，则应将旋钮置于最大量程挡，然后逐挡减小，以保护表不被损坏。

④ 选择电极。本仪器附有三种电极，分别适用于下列电导范围：被测液电导低于 $5\mu S$ 时，使用 260 型光亮电极；被测液电导在 $5\sim150mS$ 时，使用 260 型铂黑电极；被测液电导高于 150mS 时，使用 U 型电极。

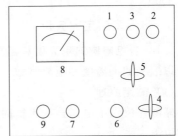

图 2-9-11　DDS-11 型电导率仪的面板图

1~3—电极接线柱；4—校正、测量开关；

5—范围选择器；6—校正调节器；

7—电源开关；8—指示表；9—电源指示灯

⑤ 连接电极引线。使用 260 型电极时，电极上两根同色引线分别接在接线柱 1、2 上，另一根引线接在电极屏蔽线接线柱 3 上。使用 U 型电极时，两根引线分别接在接线柱 1、2 上。

⑥ 用少量待测液洗涤电导池及电极 $2\sim3$ 次，然后将电极浸入待测溶液中，并恒温。

⑦ 将测量、校正开关扳向"校正"，调节校正调节器，使指针停在红色倒三角处。应注意在电导池接妥的情况下方可进行校正。

⑧ 将测量、校正开关扳向"测量"，这时指针指示的读数即为被测液的电导率值。当被测液电导率很高时，每次测量都应在校正后方可读数，以提高测量精度。

9.3.2.3　DDS-307 型电导率仪使用方法

（1）接通电源

开机预热约 30min。

（2）仪器校准

① 把"量程"旋钮指向"检查"，"常数"旋钮指向"1"；"温度"旋钮指向"25℃"线，调节"校准"旋钮显示"100"。

② 调节"常数"旋钮使仪器显示值与电极常数的 100 倍相同（电极常数已标注在电导电极上）。

③ 可分别采用下面两种方式来进行温度补偿。

a. 使"温度"旋钮指向待测溶液的实际温度，则测量值是待测液经过温度补偿后折算为 25℃ 的电导率值。

b. 使"温度"旋钮指向"25"刻度线，则测量值是待测液在实际温度下未经补偿的原始电导率值。

（3）测量

调节"量程"旋钮，选择合适的量程（由Ⅰ到Ⅳ），待显示器有测量数据显示后，读取的数据即为测量溶液的电导率值。（如显示面板不出现数值，表示量程太小，应选择高量程；若只显示 1～2 位数，则表示量程太大，应该选低量程）。其中Ⅰ的量程为 0～20，Ⅱ的量程为 0～200，Ⅲ的量程为 0～2000，Ⅳ的量程为 0～20000。

9.3.3　电导率测定的应用

9.3.3.1　弱电解质的电离度和电离常数的测定

以醋酸的电离度和电离常数测定为例。

（1）测定原理

醋酸在溶液中电离达到平衡时，其电离平衡常数 K_c、浓度 c 和电离度 α 之间存在以下关系：

$$K_c = \frac{c\alpha^2}{1-\alpha} \tag{2-9-5}$$

在一定温度下 K_c 是一个常数，因此可以通过测定醋酸在不同浓度下的电离度，代入上式计算得到 K_c 值。

醋酸溶液的电离度可用电导法来测定。

电解质溶液是靠正、负离子的迁移来传递电流的。电解质溶液的电导率 k 不仅与温度有关，而且还与溶液的浓度有关，通常用摩尔电导率 Λ_m 这个量值来衡量电解质溶液的导电本领。当电解质溶液无限稀释时的摩尔电导率称为无限稀释摩尔电导率 Λ_m^∞。

摩尔电导率与电导率之间有以下的关系：

$$\Lambda_m = \frac{1000}{c}\kappa \tag{2-9-6}$$

根据电离学说，弱电解质溶液的电离度 α 随着溶液的稀释而增大，当溶液无限稀释时，则弱电解质全部电离，$\alpha \to 1$。在一定温度下，溶液的摩尔电导率与离子的真实浓度成正比，因而也与电离度 α 成正比，所以弱电解质溶液的电离度 α 应等于溶液浓度为 c 时的摩尔电导率 Λ_m 和溶液在无限稀释时的摩尔电导率 Λ_m^∞ 之比，即

$$\alpha = \frac{\Lambda_m}{\Lambda_m^\infty} \tag{2-9-7}$$

将式（2-9-7）代入式（2-9-5）得：

$$K_c = \frac{c\Lambda_m^2}{\Lambda_m^\infty(\Lambda_m^\infty - \Lambda_m)} \tag{2-9-8}$$

或者

$$c\Lambda_m = (\Lambda_m^\infty)^2 K_c \frac{1}{\Lambda_m} - \Lambda_m^\infty K_c \tag{2-9-9}$$

在一定温度下，醋酸在溶液电离达到平衡时，如以 $c\Lambda_m$ 对 $\dfrac{1}{\Lambda_m}$ 作图应得一直线，直线斜率为 $(\Lambda_m^\infty)^2 K_c$，如已知 Λ_m^∞，由斜率可求出 HAc 的电离平衡常数。

根据离子的独立运动定律，HAc 的 Λ_m^∞ 可以根据离子无限稀释的摩尔电导率计算出来。

$$(\Lambda_m^\infty)_{HAc} = \lambda_{m \cdot H^+}^\infty + \lambda_{m \cdot Ac^-}^\infty \tag{2-9-10}$$

（2）测定步骤

① 调节恒温槽温度在 $(250.0 \pm 0.1)\,℃$。

② 用容量瓶将 $0.1000\,\text{mol} \cdot \text{dm}^{-3}$ HAc 溶液加蒸馏水稀释成 $0.0500\,\text{mol} \cdot \text{dm}^{-3}$、$0.0250\,\text{mol} \cdot \text{dm}^{-3}$、$0.0125\,\text{mol} \cdot \text{dm}^{-3}$、$0.00625\,\text{mol} \cdot \text{dm}^{-3}$ 四种 HAc 溶液。

③ 测定醋酸溶液的电导率。

用蒸馏水洗净一支试管及铂黑电导电极，再用少量 $0.00625\,\text{mol} \cdot \text{dm}^{-3}$ HAc 溶液振荡洗涤 2～3 次，最后注入 $0.00625\,\text{mol} \cdot \text{dm}^{-3}$ HAc 溶液，置恒温槽恒温 5～10min 后，测定其电导率，同法依次测定 $0.0125\,\text{mol} \cdot \text{dm}^{-3}$、$0.0250\,\text{mol} \cdot \text{dm}^{-3}$、$0.0500\,\text{mol} \cdot \text{dm}^{-3}$ 及 $0.1000\,\text{mol} \cdot \text{dm}^{-3}$ HAc 溶液的电导率。

④ 倒去试管中的 HAc 溶液，用自来水冲洗后，再用蒸馏水振荡洗涤 2～3 次试管及电导电极，注入蒸馏水测定电导率，然后换溶液再测两次，求其平均值。

（3）注意事项

① 测量必须在同一温度下测定。

② 每次测定前，都必须将电导电极以及电导池洗涤干净，以免影响测定结果。

9.3.3.2　难溶盐类溶解度的测定

（1）基本原理

难溶盐的溶解度很小，其饱和溶液可近似为无限稀，饱和溶液的摩尔电导率 Λ_m 与难溶盐的无限稀释溶液中的摩尔电导率 Λ_m^∞ 是近似相等的，即

$$\Lambda_m \approx \Lambda_m^\infty \tag{2-9-11}$$

Λ_m^∞ 可根据科尔劳施（Kohlrausch）离子独立运动定律，由离子无限稀释摩尔电导率相加而得。

在一定温度下，电解质溶液的浓度 c、摩尔电导率 Λ_m 与电导率 κ 的关系为

$$\Lambda_m = \frac{\kappa}{c} \tag{2-9-12}$$

Λ_m 可由手册数据求得，κ 通过测定溶液电导率求得，c 便可从上式求得。

$$\kappa = \kappa_{cell} G \tag{2-9-13}$$

必须指出，难溶盐在水中的溶解度极微，其饱和溶液的电导率 $\kappa_{溶液}$ 实际上是盐的正、负离子和溶剂（H_2O）解离的正、负离子（H^+ 和 OH^-）的电导率之和，在无限稀释条件下有

$$\kappa_{溶液} = \kappa_{盐} + \kappa_{水}$$

因此，测定 $\kappa_{溶液}$ 后，还必须同时测出配制溶液所用水的电导率 $\kappa_{水}$，才能求得 $\kappa_{盐}$。

测得 $\kappa_{盐}$ 后，由式（2-9-12）即可求得该温度下难溶盐在水中的饱和浓度 c，经换算即得该难溶盐的溶解度。

（2）溶液电导测定原理

电导是电阻的倒数，测定电导实际是测定电阻，可用惠斯顿（whentston）电桥进行测量。但测定溶液电阻时有其特殊性，不能应用直流电源，当直流电流通过溶液时，由于电化学反应的发生，不但使电极附近溶液的浓度改变引起浓差极化，还会改变两极本质。因此，必须采用较高频率的交流电，其频率高于 1000Hz。另外，构成电导池的两极采用惰性铂电极，以免电极与溶液间发生化学反应。

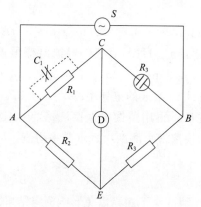

图 2-9-12 惠斯顿电桥

精密的电阻常数用图 2-9-12 所示的交流平衡电桥测量。其中 R_X 为电导池两极间的电阻。R_1、R_2、R_3 在精密测量中均为交流电阻箱（或高频电阻箱），在简单情况下 R_2、R_3 可用均匀的滑线电阻代替。这样，R_1、R_2、R_3 构成电桥的四个臂，适当调节 R_1、R_2、R_3，使 C、E 两点的电位相等，CE 之间无电流通过。电桥达到了平衡，电路中的电阻符合下列关系：

$$\frac{R_1}{R_X} = \frac{R_2}{R_3}$$

如 R_2、R_3 换为均匀滑线电阻时，R_2/R_3 的电阻之比变换为长度之比，可直接从滑线电阻的长度标尺上读出。R_2/R_3 调节越接近 1，测量误差越小，D 为指示平衡的示零器，通常用示波器或灵敏的耳机。电源 S 常用音频振荡器或蜂鸣器等信号发生器。

严格地说，交流电桥的平稳，应该是四个臂上的阻抗的平衡，对交流电来说，电导池的两个电极相当于一个电容器，因此，须在 R_1 上并联可变电容器 C_1，以实现阻抗平衡。

温度对电导有影响，实验应在恒温下进行。

（3）操作步骤

① 调节恒温槽温度在 （25.0±0.5）℃范围内。

② 制备 $BaSO_4$ 饱和溶液。在干净带盖锥形瓶中加入少量 $BaSO_4$，用电导水至少洗 3 次，每次洗涤需剧烈振荡，待溶液澄清后，倾去溶液再加电导水洗涤。洗 3 次以上能除去可溶性杂质，然后加电导水溶解 $BaSO_4$，使之成饱和溶液，并在 25℃恒温槽内静置，使溶液尽量澄清（该过程时间长，可在实验开始前进行），取用时用上部澄清溶液。

③ 测定电导池常数。测定 $0.0200 mol \cdot L^{-1}$ 的 KCl 溶液在 25℃的电导 G，求电导池常数。

④ 测定电导水的电导率 $\kappa_{水}$，依次用蒸馏水、电导水洗电极及锥形瓶各 3 次。在锥形瓶中装入电导水，放入 25℃恒温槽恒温后测定水的电导 $G_{水}$，用电导池常数由式（2-9-13）求 $\kappa_{水}$。

⑤ 测定 25℃饱和 $BaSO_4$ 溶液的电导率 κ_{BaSO_4}。将测定过水的电导电极和锥形瓶用少量 $BaSO_4$ 饱和溶液洗涤 3 次，再将澄清的 $BaSO_4$ 饱和溶液装入锥形瓶，插入电导电极，测定的 $G_{溶液}$ 计算 $\kappa_{溶液}$。

测量电导需在恒温后进行，每种 G 测定需进行 3 次，取平均值。

⑥ 实验完毕，洗净锥形瓶、电极，在瓶中装入蒸馏水，将电极浸入水中保存，关闭恒温槽及电导仪电源开关。

9.3.3.3　电导滴定

（1）实验原理

在一定温度下，电解质溶液的电导率与溶液中的离子组成和浓度有关，而滴定过程中系统的离子组成和浓度都在不断变化，因此可以利用电导率的变化来指示反应终点。电导滴定法是利用滴定终点前后电导率的变化来确定终点的滴定分析方法。该方法的主要优点是，可用于很稀的溶液、有色或浑浊溶液、没有合适指示剂体系的溶液的测定。电导滴定法不仅可用于酸碱反应，也可用于氧化还原反应、配位反应和沉淀反应。

本实验采用电导滴定法测定 HCl 和 HAc 溶液的浓度。

用 NaOH 滴定 HCl 的反应为：

$$H^+ + Cl^- + Na^+ + OH^- = Na^+ + Cl^- + H_2O$$

H^+ 和 OH^- 的电导率都很大，Na^+、Cl^- 及产物 H_2O 的电导率都很小。在滴定开始前由于 H^+ 浓度很大，所以溶液的电导率很大；随着 NaOH 的加入，溶液中的 H^+ 不断与 OH^- 结合成电导率很小的 H_2O，因此在理论终点前，溶液的电导率不断下降。当达到理论终点时溶液具有纯 NaCl 的电导率，此时电导率为最低。当过量的 NaOH 加入后，溶液中 OH^- 浓度不断增大，因此溶液的电导率随 NaOH 的加入而增大。其电导滴定曲线见图 2-9-13 中曲线 1 所示，由滴定曲线的转折点即可确定滴定终点。

用 NaOH 滴定 HAc 的反应式为：

$$HAc + Na^+ + OH^- = Na^+ + Ac^- + H_2O$$

其电导滴定曲线如图 2-9-13 中曲线 2 所示。HAc 的解离度不大，因而未滴定前 H^+ 和 Ac^- 的浓度较小，电导率很低；滴定刚开始时，电导率先略有下降，这是因为少量 NaOH 加入后 H^+ 与 OH^- 结合为电导率很小的 H_2O，生成的 Ac^- 产生同离子效应使得解离度减小。随着滴定的不断进行，非电导的 HAc 浓度逐渐减小，Na^+、Ac^- 浓度不断增大。故溶液的电导率由极小点不断增加至理论终点，但增加得较为缓慢。理论终点后 NaOH 过量，溶液中电导率很大的 OH⁻ 浓度不断增加，因此电导率迅速增加。由滴定曲线的转折点即可确定滴定终点。

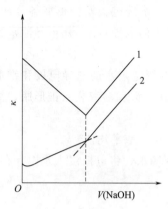

图 2-9-13　电导滴定曲线
1—NaOH 滴定 HCl；
2—NaOH 滴定 HAc

（2）操作步骤

① 取 1mL HCl 于烧杯中并稀释 100 倍（为了避免滴定过程中由于滴定剂加入过多使得总体积变化过大而引起溶液电导率的改变，一般要求滴定剂的浓度比待测定溶液大 10 倍）。

② 装好电导池，按（DDS-11A 型）电导仪的使用方法开启电导仪。

③ 测定。

a. 用移液管移取 50.00mL 待测 HCl 溶液于一干净 200mL 烧杯中，加入 50mL 去离子水，充分搅拌后，将电导电极插入溶液中，测此时溶液的电导率，待读数稳定后记录数据。然后用滴定管加入 NaOH 标准溶液，每加 0.50mL 充分搅拌后，测定并记录溶液的电导率，当溶液电导率由减小转为开始增大后，再测 4～5 个点即可停止。

b. 用移液管移取 50.00mL 待测 HAc 溶液于干净的 200mL 烧杯中，加入 50mL 去离子水，测定步骤与测 HCl 的电导滴定法相同，当溶液电导率由缓慢增加转为显著增加后，再测 4～5 个点即可停止。

④ 实验完毕，用去离子水冲洗电极，将电极浸泡在去离子水中。

9.4　电池电动势的测定

9.4.1　常用电位差计

9.4.1.1　UJ-25 型电位差计

UJ-25 型直流电位差计属于高阻电位差计，它适用于测量内阻较大的电源电动势，以及较大电阻上的电压降等。由于工作电流小，线路电阻大，故在测量过程中工作电流变化很小，因此需要高灵敏度的检流计。它的主要特点是测量时几乎不损耗被测对象的能量，测量结果稳定、可靠，而且有很高的准确度，因此为教学、科研部门广泛使用。

（1）测量原理

电位差计是按照对消法测量原理而设计的一种平衡式电学测量装置，能直接给出待测电池的电动势值（以伏特表示）。图 2-9-14 是对消法测量电动势原理示意图。

从图 2-9-14 可知，电位差计由三个回路组成：工作电流回路、标准回路和测量回路。

① 工作电流回路也叫电源回路，从工作电源正极开始，经电阻 R_N、R_X，再经工作电流调节电阻 R，回到工作电源负极。其作用是借助于调节 R 使在补偿电阻上产生一定的电位降。

② 标准回路从标准电池的正极开始（当换向开关 K 扳向 "1" 一方时），经电阻 R_N，再经检流计 G 回到标准电池负极。其作用是校准工作电流回路以标定补偿电阻上的电位降。通过调节 R 使 G 中电流为

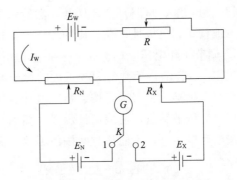

图 2-9-14　对消法测量原理示意图

E_W—工作电源；E_N—标准电池；E_X—待测电池；

R—调节电阻；R_X—待测电池电动势补偿电阻；

K—转换电键；R_N—标准电池电动势补偿电阻；G—检流计

零，此时 R_N 产生的电位降与标准电池的电动势 E_N 相对消，也就是说大小相等而方向相反。校准后的工作电流 I_W 为某一定值，即 $I_W = E_N/R_N$。

③ 测量回路从待测电池的正极开始（当换向开关 K 扳向 "2" 一方时），经检流计 G 再经电阻 R_X，回到待测电池负极。在保证校准后的工作电流 I_W 不变，即固定 R 的条件下，调节电阻 R_X，使得 G 中电流为零。此时 R_X 产生的电位降与待测电池的电动势 E_X 相对消，即 $E_X = I_W R_X$，则 $E_X = (E_N/R_N) R_X$。

所以当标准电池电动势 E_N 和标准电池电动势补偿电阻 R_N 两数值确定时，只要测出待测电池电动势补偿电阻 R_X 的数值，就能测出待测电池电动势 E_X。

从以上工作原理可见，用直流电位差计测量电动势时，有两个明显的优点。

① 在两次平衡中检流计都指零，没有电流通过，也就是说电位差计既不从标准电池中吸取能量，也不从被测电池中吸取能量，表明测量时没有改变被测对象的状态，因此在被测电池的内部就没有电压降，测得的结果是被测电池的电动势，而不是端电压。

② 被测电动势 E_X 的值是由标准电池电动势 E_N 和电阻 R_N、R_X 来决定的。由于标准电池的电动势的值十分准确，并且具有高度的稳定性，而电阻元件也可以获得很高的准确度，所以当检流计的灵敏度很高时，用电位差计测量的准确度就非常高。

（2）使用方法

UJ-25 型电位差计面板如图 2-9-15 所示。电位差计使用时都配用灵敏检流计和标准电池以及工作电源。UJ-25 型电位差计测电动势的范围其上限为 600V，下限为 0.000001V，但当测量高于 1.911110V 以上电压时，就必须配用分压箱来提高上限。下面说明测量 1.911110V 以下电压的方法。

① 连接线路先将（N、X_1、X_2）转换开关放在断的位置，并将左下方三个电

计按钮（粗、细、短路）全部松开，然后依次将工作电源、标准电池、检流计以及被测电池按正、负极性接在相应的端钮上，检流计没有极性的要求。

　　② 调节工作电压（标准化）　将室温时的标准电池电动势值算出，调节温度补偿旋钮（A、B），使数值为校正后的标准电池电动势。将（N、X_1、X_2）转换开关放在 N（标准）位置上，按"粗"电计旋钮，旋动右下方（粗、中、细、微）四个工作电流调节旋钮，使检流计示零。然后再按"细"电计按钮，重复上述操作。注意按电计按钮时，不能长时间按住不放，需要"按"和"松"交替进行。

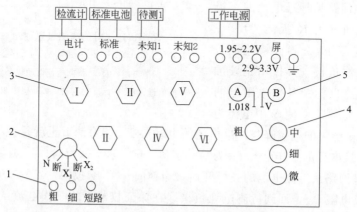

图 2-9-15　UJ-25 型电位差计面板图
1—电计按钮（共 3 个）；2—转换开关；3—电势测量旋钮（共 6 个）；
4—工作电流调节旋钮（共 4 个）；5—标准电池温度补偿旋钮

　　③ 测量未知电动势将（N、X_1、X_2）转换开关放在 X_1 或 X_2（未知）的位置，按下电计"粗"按钮，由左向右依次调节六个测量旋钮，使检流计示零。然后再按下电计"细"按钮，重复以上操作使检流计示零。读出六个旋钮下方小孔示数的总和即为电池的电动势。

　　(3) 注意事项

　　① 测量过程中，若发现检流计受到冲击，应迅速按下短路按钮，以保护检流计。

　　② 由于工作电源的电压会发生变化，故在测量过程中要经常标准化。另外，新制备的电池电动势也不够稳定，应隔数分钟测一次，最后取平均值。

　　③ 测定时电计按钮按下的时间应尽量短，以防止电流通过而改变电极表面的平衡状态。

　　④ 若在测定过程中，检流计一直往一边偏转，找不到平衡点，这可能是由于电极的正负号接错、线路接触不良、导线有断路、工作电源电压不够等原因引起的，应该进行检查。

9.4.1.2　SDC-1 型数字电位差计

　　SDC-1 型数字电位差计是采用误差对消法（又称误差补偿法）测量原理设计的

一种电压测量仪器，它综合了标准电压和测量电路于一体，测量准确，操作方便。测量电路的输入端采用高输入阻抗器件（阻抗≥1014Ω），故流入的电流 $I＝$被测电动势/输入阻抗（几乎为零），不会影响待测电动势的大小。

（1）测量原理

SDC-1 型数字电位差计工作原理如图 2-9-16 所示。

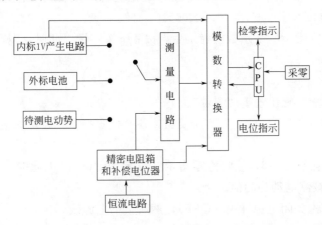

图 2-9-16　SDC-1 型数字电位差计工作原理图

电位差计由 CPU 控制，将标准电压产生电路、补偿电路和测量电路紧密结合，内标电路由精密电阻及元器件产生标准 1V 电压。此电路具有低温漂性能，内标 1V 电压稳定可靠。

当测量开关置于内标时，拨动精密电阻箱电阻，通过恒流电路产生电位，经模数转换电路送入 CPU，由 CPU 显示电位，使得电位显示为 1V。这时，精密电阻箱产生的电压信号与内标 1V 电压送至测量电路，由测量电路测量出误差信号，经模数转换电路送入 CPU，由检零显示误差值，由采零按钮控制，并记忆误差值，以便测量待测电动势时进行误差补偿，消除电路误差。

当测量开关置于外标时，由外标标准电池提供标准电压，拨动精密电阻箱和补偿电位器产生电位显示和检零显示。

测量电路经内标或外标电池标定后，将测量开关置于待测电动势，CPU 对采集到的信号进行误差补偿，拨动精密电阻箱和补偿电位器，使得检零指示为零。此时，说明电阻箱产生的电压与被测电动势相等，电位显示值为待测电动势。

本仪器测量电路的输入端采用高输入阻抗器件（阻抗≥1014Ω），故流入的电流 $I＝$被测电动热/输入阻抗（几乎为零），不会影响待测电动势的大小。若想精密测量电动势，将测量选择开关置于"内标"或"外标"，让待测电动势电路与仪器断开，拨动面板旋钮。测量时，再将选择开关置于"测量"即可。

（2）使用方法（以内标为基准测量）

① 开机用电源线将电位差计后面板的电源插座与约 220V 的电源连接，打开电

源开关（ON），预热 15min。

② 校验。

a. 用测试连接线将被测电动势按"＋"、"－"极与"测量插空"连接。

b. 将"测量"旋钮置于"内标"。

c. 将"100"旋钮置于"1"，"补偿"旋钮逆时针旋转到底，其他旋钮均置于"0"，此时"电位指示"显示"1.00000"。

d. 待"检零指示"显示数值稳定后，按一下采零键，此时，"检零指示"应显示"0000"。

③ 测量。

a. 将"测量"旋钮置于"测量"。

b. 依次调节"100～10⁻⁴"五个旋钮，使"检零指示"显示数值为负且绝对值最小。

c. 调节"补偿旋钮"，使"检零指示"显示为"0000"。此时"电位指示"显示的数值即为被测电动势的值。

④ 关机首先关闭电源开关（OFF），然后拔下电源线。

9.4.2 原电池电动势测定的应用

9.4.2.1 求难溶盐 AgCl 的溶度积 K_{sp}

设计电池如下：

$$Ag(s)\text{-}AgCl(s)\,|\,HCl(0.1000\,mol \cdot kg^{-1})\,\|\,AgNO_3(0.1000\,mol \cdot kg^{-1})\,|\,Ag(s)$$

银电极反应： $\qquad\qquad Ag^+ + e^- \longrightarrow Ag$

银-氯化银电极反应： $\qquad Ag + Cl^- \longrightarrow AgCl + e^-$

总的电池反应为： $\qquad\quad Ag^+ + Cl^- \longrightarrow AgCl$

$$E = E^\ominus - \frac{RT}{F}\ln\frac{1}{a_{Ag^+}a_{Cl^-}}$$

$$E^\ominus = E + \frac{RT}{F}\ln\frac{1}{a_{Ag^+}a_{Cl^-}} \qquad\qquad (2\text{-}9\text{-}14)$$

又

$$\Delta_r G_m^\ominus = -nFE^\ominus = -RT\ln\frac{1}{K_{sp}} \qquad\qquad (2\text{-}9\text{-}15)$$

式中，$n=1$，在纯水中 AgCl 溶解度极小，所以活度积就等于溶度积。所以：

$$\ln K_{sp} = \ln a_{Ag^+} + \ln a_{Cl^-} - \frac{FE}{RT} \qquad\qquad (2\text{-}9\text{-}16)$$

已知 a_{Ag^+}、a_{Cl^-}，测得电池动势 E，即可求 K_{sp}。

9.4.2.2 求电池反应的 $\Delta_r G_m$、$\Delta_r S_m$、$\Delta_r H_m$、$\Delta_r G_m^\ominus$

测定电池"$Ag(s)\text{-}AgCl(s)\,|\,HCl(0.1000\,mol \cdot kg^{-1})\,\|\,AgNO_3(0.1000\,mol \cdot kg^{-1})\,|\,Ag(s)$"在各个温度下的电动势，作 $E\text{-}T$ 图，从曲线斜率可求得任一温度

下的 $(\partial E/\partial T)_p$，利用式（2-9-14）～式（2-9-16）即可求得该电池反应的 $\Delta_r G_m$、$\Delta_r S_m$、$\Delta_r H_m$、$\Delta_r G_m^{\ominus}$。

9.4.2.3　求电极标准电极电势

对铜电极可设计电池如下：

$$Hg(l)\text{-}Hg_2Cl_2(s)|KCl(饱和)\|CuSO_4(0.1000mol \cdot kg^{-1})|Cu(s)$$

铜电极的反应为：　　　　　　$Cu^{2+}+2e^- \longrightarrow Cu$

甘汞电极的反应为：　　　　　$2Hg+2Cl^- \longrightarrow Hg_2Cl_2+2e^-$

电池电动势：

$$E=\varphi_+ - \varphi_- = \varphi_{Cu^{2+},Cu}^{\ominus} + \frac{RT}{2F}\ln a_{Cu^{2+}} - \varphi_{饱和甘汞}$$

所以

$$\varphi_{Cu^{2+}+Cu}^{\ominus} = E - \frac{RT}{2F}\ln a_{Cu^{2+}} + \varphi_{饱和甘汞} \tag{2-9-17}$$

已知 $a_{Cu^{2+}}$ 及 $\varphi_{(饱和甘汞)}$，测得电动势 E，即可求得 $\varphi_{Cu^{2+}/Cu}^{\ominus}$。

9.4.2.4　测定浓差电池的电动势

设计电池如下：

$$Cu(s)|CuSO_4(0.0100mol \cdot kg^{-1})\|CuSO_4(0.1000mol \cdot kg^{-1})|Cu(s)$$

电池的电动势

$$E=\frac{RT}{2F}\ln\frac{a_{Cu^{2+}}}{a_{Cu^{2+}}} = \frac{RT}{2F}\ln\frac{\gamma_{\pm 2}m_2}{\gamma_{\pm 1}m_1} \tag{2-9-18}$$

9.4.2.5　测定溶液的 pH 值

（1）实验原理

利用各种氢离子指示电极与参比电极组成电池，即可从电池电动势算出溶液的 pH 值，常用指示电极有：氢电极、醌-氢醌电极和玻璃电极。下面讨论醌-氢醌（$Q \cdot QH_2$）电极。$Q \cdot QH_2$ 为醌（Q）与氢醌（QH_2）等摩尔混合物，在水溶液中部分分解。

　　　　　　　　$(Q \cdot QH_2)$　　　　(Q)　　(QH_2)

它在水中的溶解度很小。将待测 pH 溶液用 $Q \cdot QH_2$ 饱和后，再插入一只光亮 Pt 电极就构成了 $Q \cdot QH_2$ 电极，可用它构成如下电池：

$$Hg(l)\text{-}Hg_2Cl_2(s)\ \ |饱和 KCl 溶液\|由 Q \cdot QH_2 饱和的待测 pH 溶液（H^+）\ |Pt(s)$$

$Q \cdot QH_2$ 电极反应为：$Q+2H^++2e^- \longrightarrow QH_2$

因为在稀溶液中 $a_{H^+}=c_{H^+}$，

所以：

$$\varphi_{Q \cdot QH_2} = \varphi_{Q \cdot QH_2}^{\ominus} - \frac{RT}{zF}\ln\left(\frac{1}{a_{H^+}^2}\right) = \varphi_{Q \cdot QH_2}^{\ominus} - \left(\frac{2.303RT}{F}\right)pH$$

可见，$Q \cdot QH_2$ 电极的作用相当于一个氢电极，电池的电动势为：

$$E = \varphi_+ - \varphi_- = \varphi_{\varphi \cdot QH_2}^{\ominus} - \frac{2.303RT}{F}pH - \varphi_{饱和甘汞}$$

$$pH = (\varphi_{\varphi \cdot QH_2}^{\ominus} - E - \varphi_{饱和甘汞})/\frac{2.303RT}{F}$$

已知 $\varphi_{Q \cdot QH_2}^{\ominus}$ 及 $\varphi_{饱和甘汞}$，测得电动势 E，即可求 pH。

由于 $Q \cdot QH_2$ 易在碱性液中氧化，待测液的 pH 值不能超过 8.5。

（2）操作步骤

① 电极的制备

a. 银电极的制备　将两支欲镀的银电极用细砂纸轻轻打磨至露出新鲜的金属光泽，再用蒸馏水洗净。将欲用的两支 Pt 电极浸入稀硝酸溶液片刻，取出用蒸馏水洗净。将洗净的电极分别插入盛有镀银液（镀液组成为 100mL 水中加 1.5g 硝酸银和 1.5g 氰化钠）的小瓶中，按图 2-9-17 接好线路，并将两个小瓶串联，控制电流为 0.3mA，镀 1h，得两支白色紧密的镀银电极。

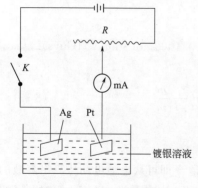

图 2-9-17　银电极的制备

b. Ag-AgCl 电极的制备　将上面制成的一支银电极用蒸馏水洗净，作为正极，以 Pt 电极作负极，在约 1mol·dm⁻³ 的 HCl 溶液中电镀，线路同图 2-9-17。控制电流为 2mA 左右，镀 30min，可得呈紫褐色的 Ag-AgCl 电极，该电极不用时应保存在 KCl 溶液中，储藏于暗处。

c. 铜电极的制备　将铜电极在 1∶3 的稀硝酸中浸泡片刻，取出洗净，作为负极，以另一铜板作正极在镀铜液中电镀（镀铜液组成为：每升中含 125g CuSO₄·5H₂O、25gH₂SO₄、50mL 乙醇）。线路同图 2-9-17。控制电流为 20mA，电镀 20min 得表面呈红色的 Cu 电极，洗净后放入 0.1000mol·kg⁻¹CuSO₄ 中备用。

d. 锌电极的制备　将锌电极在稀硫酸溶液中浸泡片刻，取出洗净，浸入汞或饱和硝酸亚汞溶液中约 10s，表面上即生成一层光亮的汞齐，用水冲洗晾干后，插入 0.1000mol·kg⁻¹ZnSO₄ 中待用。

② 盐桥制备　称取琼脂 1g 放入 50mL 饱和 KNO₃ 溶液中，浸泡片刻，再缓慢加热至沸腾，待琼脂全部溶解后稍冷，将洗净的盐桥管插入琼脂溶液中，从管的上口将溶液吸满（管中不能有气泡），保持此充满状态冷却到室温，即凝固成冻胶固

定在管内。取出擦净备用。

③ 电动势的测定

a. 按有关电位差计附录，接好测量电路。

b. 据有关标准电池的附录中提供的公式，计算室温下的标准电池的电动势。

c. 据有关电位差计附录提供的方法，标定电位差计的工作电流。

d. 分别测定下列六个原电池的电动势。

(a)　$Zn(s) | ZnSO_4(0.1000mol \cdot kg^{-1}) \| CuSO_4(0.1000mol \cdot kg^{-1}) | Cu(s)$

(b)　$Hg(l)\text{-}Hg_2Cl_2(s) |$ 饱和 KCl 溶液 $\| CuSO_4(0.1000mol \cdot kg^{-1}) | Cu(s)$

(c)　$Hg(l)\text{-}Hg_2Cl_2(s) |$ 饱和 KCl 溶液 $\| AgNO_3(0.1000mol \cdot kg^{-1}) | Ag(s)$

(d)　浓差电池 $Cu(s) | CuSO_4(0.0100mol \cdot kg^{-1}) \| CuSO_4(0.1000mol \cdot kg^{-1}) | Cu(s)$

(e)　$Hg(l)\text{-}Hg_2Cl_2(s) |$ 饱和 KCl 溶液 $\|$ 饱和 Q. QH_2 的 pH 未知液 $| Pt(s)$

(f)　$Ag(s)\text{-}AgCl(s) | HCl(0.1000mol \cdot kg^{-1}) \| AgNO_3(0.1000mol \cdot kg^{-1}) |$
$Ag(s)$

测量时应在夹套中通入 25℃恒温水。为了保证所测电池电动势的正确性，必须严格遵守电位差计的正确使用方法。当数值稳定在 ±0.1mV 之内时即可认为电池已达到平衡。对第六个电池还应测定不同温度下的电动势，此时可调节恒温槽温度在 15～50℃之间，每隔 5～10℃测定一次电动势。方法同上，每改变一次温度，须待热平衡后才能测定。

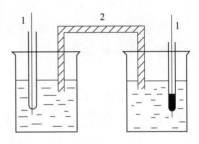

图 2-9-18　电池组成图
1—电极；2—盐桥

电池组成图见图 2-9-18。

④ 数据处理　由测得的六个原电池的电动势进行以下计算。

a. 由原电池 (a) 和 (d) 获得其电动势值。

b. 由原电池 (b) 和 (c) 计算铜电极和银电极的标准电极电势。

c. 由原电池 (e) 计算未知溶液的 pH 值。

d. 由原电池 (f) 计算 AgCl 的 K_{sp}。

e. 将所得第六个电池的电动势与热力学温度 T 作图，并由图上的曲线求取 20℃、25℃、30℃三个温度下的 E 和 $(\partial E/\partial T)_p$ 的值，再分别计算对应的 $\Delta_r G_m$、$\Delta_r S_m$、$\Delta_r H_m$ 和 $\Delta_r G_m^{\ominus}$。

9.4.2.6　电势滴定

测量滴定过程中电池电动势的改变情况，可以找出滴定的终点。这种分析方法叫做电势滴定。现以酸碱滴定为例加以说明。

选一指示电极，如玻璃电极，它的电极电势与溶液 pH 值有关。

$$\varphi_{指} = \varphi_{G}^{\ominus} - 0.05915 \text{pH}$$

若组成电池指示电极 ‖ 甘汞电极

则

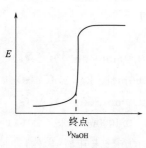

图 2-9-19 电势滴定

$$E = \varphi_{甘汞} - \varphi_{指} = \varphi_{甘汞} - \varphi_{G}^{\ominus} + 0.05915 \text{pH} = E^{\ominus} + 0.05915 \text{pH} \quad (2\text{-}9\text{-}19)$$

$E^{\ominus}$ 是常数，它与 pH 值无关，故此电池的电动势只随溶液的 pH 值而定，由于当滴定至接近终点时，pH 值会产生突跃，故电动势也会产生相应的突变，用仪器可以指示电势的突跃变化，从而可定出终点。图 2-9-19 为用碱滴定酸时，电动势随加入碱的量而变化的图形。除酸碱滴定外，氧化还原反应、沉淀反应等滴定也可用电位滴定法，其优点是快速、自动，不受溶液颜色或沉淀的干扰。

9.4.2.7 电解质的离子平均活度系数测定

$$f_B = a_B / x_B \quad (2\text{-}9\text{-}20)$$

f_B 为真实液体混合物中组分 B 的活度因子。真实溶液中的溶质 B，在温度 T、压力 P 下，溶质 B 的活度系数为：

$$\gamma_B = a_B / (b_B / b^{\ominus}) \quad (2\text{-}9\text{-}21)$$

式中，γ_B 为活度因子（或称活度系数）。

电池：Ag，AgCl | HCl | 玻璃 | 试液 ‖ KCl（饱和）| Hg$_2$Cl$_2$ Hg

$$\varphi_{膜} \quad \varphi_L（液接电势）$$

玻璃电极 ‖ 甘汞电极

$$\varphi_{玻璃} = \varphi_{AgCl/Ag} + \varphi_{膜} \varphi_L = \varphi_{Hg_2Cl_2/Hg}$$

上述电池的电动势：$\quad E = \varphi_{Hg_2Cl_2/Hg} + \varphi_L - \varphi_{玻璃} \quad (2\text{-}9\text{-}22)$

其中：$\varphi_{膜} = K + 0.059 \lg a$（$K$ 是玻璃膜电极外、内膜表面性质决定的常数）

当实验温度为 25℃ 时

$$E = \varphi_{Hg_2Cl_2/Hg} + \varphi_L + \varphi_{AgCl/Ag} - K - 0.11831 \lg a = K - 0.11831 \lg a$$

$$= K - 0.1183 \lg \gamma_{\pm} \, m_{\pm}$$

上式可改写为：$E = K - 0.1183 \lg \gamma_{\pm} - 0.1183 \lg m_{\pm}$

即 $\lg \gamma_{\pm} = (K - E - 0.1183 \lg m_{\pm}) / 0.1183$

根据得拜-休克尔极限公式，对 1-1 价型电解质的稀溶液来说，活度系数有下述关系式

$$\gamma_B = a_B / (b_B / b^{\ominus}) \lg \gamma_{\pm} = -A \sqrt{m}$$

所以 $(K - E - 0.1183 \lg m_{\pm}) / 0.1183 = -A \sqrt{m}$ 或 $E + 0.1183 \lg m = K + 0.1183 A \sqrt{m}$

或将不同浓度的 HCl 溶液构成单液电池，并分别测出其相应的电动势 E 值，

以 $0.1183\lg m$ 为纵坐标，以 $\sqrt{m}$ 为横坐标作图，可得一曲线，将此曲线外推，即可求得 K。求得 K 后，再将各不同浓度 m 时所测得的相应 E 值代入，就可以算出各种不同浓度下的平均离子活度系数 $\gamma_{\pm}$，同时根据 $a_{HCl} = a_{H^+} a_{Cl^-} = a_{\pm}^2 = (\gamma_{\pm} m_{\pm})^2$ 的关系，算出各溶液中 HCl 相应的活度。

(1) 操作步骤

① 溶液配制　分别配置 $0.005 mol \cdot L^{-1}$、$0.01 mol \cdot L^{-1}$、$0.02 mol \cdot L^{-1}$、$0.05 mol \cdot L^{-1}$ 及 $0.1 mol \cdot L^{-1}$ 溶液 50mL。

② 不同浓度的盐酸溶液的电动势测定　测定不同浓度 HCl 溶液的 E。

(2) 数据处理

① 根据 E 值和质量摩尔浓度 m 及其他值绘制曲线求 K' 值。对于一般稀溶液来说，其密度近似等于水的密度，可以近似认为 $c(mol \cdot L^{-1}) = m(mol \cdot kg^{-1})$，这种近似常用于计算中。

由 $m = c_{HCl}/\rho_{水}$，其中 $\rho_{水} = 1.0 kg \cdot m^{-3}$。可计算出 $E + 0.1183\lg m$ 和 $\sqrt{m}$。

将不同浓度的 HCl 溶液分别测出其相应的电动势 E 值，以 $E + 0.1183\lg m$ 为纵坐标，以 $\sqrt{m}$ 为横坐标作图，将此曲线外推，求 K'。

② 计算出各种不同浓度下的平均离子活度系数 γ。

将各不同浓度 m 时所测得的相应 E 值代入

$$\lg\gamma = 1/0.1183(k' - E - 0.1183\lg m)$$

可计算出各种不同浓度下的平均离子活度系数 γ。

③ 根据公式 $\gamma_B = a_b/(b_B/b^{\ominus})$ 及 $a_{HCl} = a_H a_{Cl^-} = a_{\pm}^2 = (\gamma_{\pm} m_{\pm})^2$ 的关系，算出各溶液中 HCl 相应的活度。

由公式可计算出 γ_B。

9.4.2.8　电势-pH 图及其应用

(1) 实验原理

很多氧化还原反应不仅与溶液中离子的浓度有关，而且与溶液的 pH 值有关，即电极电势与浓度和酸度呈函数关系。如果指定溶液的浓度，则电极电势只与溶液的 pH 值有关。在改变溶液的 pH 值时测定溶液的电极电势，然后以电极电势对 pH 值作图，这样就可得到等温、等浓度的电势-pH 值曲线。

对于 Fe^{3+}/Fe^{2+}-EDTA 配合体系在不同的 pH 值范围内，其络合产物不同，以 Y^{4-} 代表 EDTA 酸根离子，将在三个不同 pH 值的区间来讨论其电极电势的变化。

① 高 pH 值时电极反应为：

$$Fe(OH)Y^{2-} + e^- \Longleftrightarrow FeY^{2-} + OH^-$$

根据能斯特 (Nernst) 方程，其电极电势为：

$$\varphi = \varphi^{\ominus} - \frac{RT}{F}\ln\frac{a_{FeY^{2-}} a_{OH^-}}{a_{Fe(OH)Y^{2-}}}$$

稀溶液中水的活度积 K_W 可看作水的离子积，又根据 pH 值定义，则上式可写成

$$\varphi = \varphi^{\ominus} - b_1 - \frac{RT}{F}\ln\frac{m_{\mathrm{FeY^{2-}}}}{m_{\mathrm{Fe(OH)Y^{2-}}}} - \frac{2.303RT}{F}\mathrm{pH} \tag{2-9-23}$$

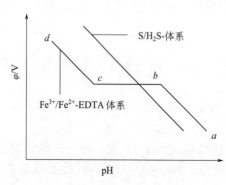

图 2-9-20 Fe^{3+}/Fe^{2+}-EDTA 配合体系在不同的 pH 值范围内的络合反应

在 EDTA 过量时，生成的络合物的浓度可近似看作配制溶液时铁离子的浓度。即 $m_{\mathrm{FeY^{2-}}} \approx m_{\mathrm{Fe^{2+}}}$。在 $m_{\mathrm{Fe^{2+}}}/m_{\mathrm{Fe^{3+}}}$ 不变时，φ 与 pH 值呈线性关系（见图 2-9-20 中的 cd 段）。

② 在特定的 pH 范围内，Fe^{2+} 和 Fe^{3+} 能与 EDTA 生成稳定的络合物 FeY^{2-} 和 FeY^{-}，其电极反应为：

$$\mathrm{FeY^{-}} + \mathrm{e^{-}} \Longrightarrow \mathrm{FeY^{2-}}$$

其电极电势为：

$$\varphi = \varphi^{\ominus} - \frac{RT}{F}\ln\frac{a_{\mathrm{FeY^{2-}}}}{a_{\mathrm{FeY^{-}}}} \tag{2-9-24}$$

式中，$\varphi^{\ominus}$ 为标准电极电势；a 为活度，$a = \gamma m$（γ 为活度系数，m 为质量摩尔浓度）。

则式（2-9-24）可改写成

$$\varphi = \varphi^{\ominus} - \frac{RT}{F}\ln\frac{\varphi_{\mathrm{FeY^{2-}}}}{\gamma_{\mathrm{FeY^{-}}}} - \frac{RT}{F}\ln\frac{m_{\mathrm{FeY^{2-}}}}{m_{\mathrm{FeY^{-}}}} = \varphi^{\ominus} - b_2 - \frac{RT}{F}\ln\frac{m_{\mathrm{FeY^{2-}}}}{m_{\mathrm{FeY^{-}}}} \tag{2-9-25}$$

式中，$b_2 = \dfrac{RT}{F}\ln\dfrac{\gamma_{\mathrm{FeY^{2-}}}}{\gamma_{\mathrm{FeY^{-}}}}$，当溶液离子强度和温度一定时，$b_2$ 为常数。在此 pH 值范围内，该体系的电极电势只与 $m_{\mathrm{FeY^{2-}}}/m_{\mathrm{FeY^{-}}}$ 的值有关，曲线中出现平台区（见图 2-9-20 中的 bc 段）。

③ 低 pH 值时的电极反应为：

$$\mathrm{FeY^{-}} + \mathrm{H^{+}} + \mathrm{e^{-}} \Longrightarrow \mathrm{FeHY^{-}}$$

则可求得：

$$\varphi = \varphi^{\ominus} - b_2 - \frac{RT}{F}\ln\frac{m_{\mathrm{FeHY^{-}}}}{m_{\mathrm{FeY^{-}}}} - \frac{2.303RT}{F}\mathrm{pH} \tag{2-9-26}$$

在 $m_{\mathrm{Fe^{2+}}}/m_{\mathrm{Fe^{3+}}}$ 不变时，φ 与 pH 值呈线性关系（见图 2-9-20 中的 ab 段）。

（2）操作步骤

① 按图 2-9-21 接好仪器装置。

仪器装置如图 2-9-21 所示。复合电极、甘汞电极和铂电极分别插入反应器的三个孔内，反应器的夹套通以恒温水。测量体系的 pH 值采用 pH 计，测量体系的电势采用数字压表。用电磁搅拌器搅拌。

② 配制溶液。预先分别配置 $0.1\mathrm{mol \cdot L^{-1}}$（$NH_4$)$_2Fe(SO_4)_2$、$0.1\mathrm{mol \cdot L^{-1}}$

(NH_4) $Fe(SO_4)_2$（配前加两滴 $4mol \cdot L^{-1} HCl$）、$0.5mol \cdot L^{-1}$ EDTA（配前加 $1.5g$ NaOH）、$4mol \cdot L^{-1} HCl$，$2mol \cdot L^{-1}$ NaOH 各 50mL。然后按下列次序加入：50mL $0.1mol \cdot L^{-1}$ $(NH_4)_2 Fe(SO_4)_2$、50mL $0.1mol \cdot L^{-1}$ (NH_4) $Fe(SO_4)_2$、60mL $0.5mol \cdot L^{-1}$ EDTA、50mL 蒸馏水，并迅速通 N_2。

③ 将复合电极、甘汞电极、铂电极分别插入反应容器盖子上的三个孔，浸于液面下。

④ 将复合电极的导线接到 pH 计上，测定溶液的 pH 值，然后将铂电极、甘汞电极接在数字电压表的"＋"、"－"两端，测定两极间的电动势，此电动势是相对于饱和甘汞电极的电极电势。用滴管从反应容器的第四个孔（即氮气出气口）滴入少量 $4mol \cdot L^{-1}$ NaOH 溶液，改变溶液 pH 值，每次约改变

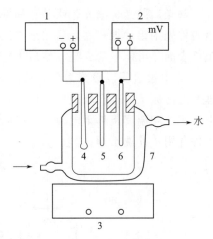

图 2-9-21　实验装置示意图

1—酸度计；2—数字电压表；

3—电磁搅拌器；4—复合电极；

5—饱和甘汞电极；6—铂电极；7—反应器

0.3，同时记录电极电势和 pH 值，直至溶液 pH＝8 时，停止实验。收拾整理仪器。

（3）注意事项

① 搅拌速度必须加以控制，防止由于搅拌不均匀造成加入 NaOH 时，溶液上部出现少量的 $Fe(OH)_3$ 沉淀。

② 甘汞电极使用时应注意 KCl 溶液需浸没水银球，但液体不可堵住加液小孔。

9.5　电镀、电解和电池技术

9.5.1　电镀

通过电化学过程，使金属或非金属工件的表面上再沉积一层金属的方法称为电镀。电镀技术广泛应用于国民经济的各个生产和研究部门，在装饰、防腐、功能表面层等多方面发挥了重要作用。电镀是电解原理的具体应用。电镀时，被镀工件作阴极，欲镀金属（或不溶性电极）作阳极，电解液中含欲镀金属离子。电镀进行中，阳极溶解成金属离子，溶液中的欲镀金属离子在金属工件表面以金属单质或合金的形式析出。其过程如下。

① 镀前处理零件在处理之前，程度不同地存在着毛刺和油污，有的严重腐蚀，给化学或电化学过程增加了额外阻力，有时甚至使零件局部或整个表面不能获得镀层或膜层，还会污染电解液，影响表面处理层的质量。生产上通常包括除油、浸

蚀、磨光、抛光、滚光、吹砂、局部保护、装挂、加辅助电极等。实验室一般将欲镀工件先用粗砂纸打磨，后用细砂纸仔细打磨，磨掉工件表面的锈斑，并使粗糙的工件表面尽可能平滑光亮。然后进行碱洗、酸洗、化学抛光即可。

②电镀过程以镀镍为例，按图 2-9-22 所示把恒流源与镀槽连接好，其中，处理好的待镀工件挂在电镀槽阴极上，镍为阳极，含镍离子的溶液为电解液，在一定电流密度和温度条件下电镀一定时间。得到符合要求厚度的镀层后切断电源，取出工件并用水冲洗干净。

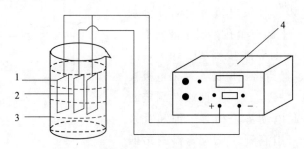

图 2-9-22　电镀装置

1—镍阳极；2—镀件（阴极）；3—电解液；4—直流电源

③镀后处理是为使镀件增强防护性能，提高装饰性能及其他特殊目的而进行的诸如钝化、热熔、封闭和除氢等步骤，是对膜层和镀层的辅助处理。根据不同要求选择不同的处理方式。

得到符合要求的电镀层，除了上面所述须注意的方面外，电镀液、镀槽形状和电镀时的电流、温度等具体参数也非常重要。电镀液的配方可以参考电镀方面的书籍。此外，在电镀研究中，为了快速得到合适的电解电流数据，可以使用霍尔槽。

9.5.2　电解

9.5.2.1　电解原理

与电镀相似，电解也是借助于电化学过程得到所需要的产品，即在电化学反应原理上二者相同，只是电镀的目标产物是镀件及其表面上产生的膜层，而电解则把电化学反应过程中的生成物看作目标产物。将直流电通过电解质溶液或熔体，使电解质在电极上发生化学反应，以制备所需产品的反应过程称为电解。电解过程必须具备电解质、电解槽、直流电供给系统、分析控制系统和对产品的分离回收装置。电解过程应当尽可能采用较低成本的原料，提高反应的选择性，减少副产物的生成，缩减生产工序，便于产品的回收和净化。电解过程已广泛用于有色金属冶炼、氯碱和无机盐生产以及有机化学工业。

电解方式按电解质状态可分为水溶液电解和熔融盐电解两大类。

①水溶液电解　主要有电解水制取氢气和氧气；电解氯化钠（钾）水溶液制氢氧化钠（钾）和氯气、氢气；电解氧化法制各种氧化剂，如过氧化氢、氯酸盐、

高氯酸盐、高锰酸盐、过硫酸盐等；电解还原法如丙烯腈电解制己二腈；湿法电解制金属如锌、镉、铬、锰、镍、钴等；湿法电解精制金属如铜、银、金、铂等。此外，电镀、电抛光、阳极氧化等都是通过水溶液电解来实现的。

　　② 熔融盐电解　主要包括：金属冶炼，如铝、镁、钙、钠、钾、锂、铍等；金属精制，如铝、钍等；此外，还有将熔融氟化钠电解制取元素氟等。

　　电解所用主体设备电解槽的形式，可分为隔膜电解槽和无隔膜电解槽两类。隔膜电解槽又可分为均向膜（石棉绒）、离子膜及固体电解质膜（如 β-Al_2O_3）等形式；无隔膜电解槽又分为水银电解槽和氧化电解槽等。

9.5.2.2　影响电解过程的主要因素

　　判断电解过程优劣的主要标准是单位产品电耗，其高低取决于电解过程的电流效率和电压效率。

　　（1）电流效率

　　定义为单位产品的理论耗电量与实际耗电量之比。理论耗电量可用法拉第定律计算：

$$q = \frac{m}{nF}It \tag{2-9-27}$$

　　此式表明，电解时析出的物质量 q 与析出物质的原子量 m、电流强度 I 及电解时间 t 成正比，而与电解过程中得失电子数 n 及法拉第常数 F 成反比。在正常情况下电流效率比较高。

　　（2）电压效率

　　定义为电解时电解质的理论电解电压与实际电解电压之比。后者即是电解槽的槽电压。槽电压是理论电解电压、超电压和输电导体电压损失之和。影响槽电压大小的因素很多，除前述影响超电压的因素外，还有导线与电极之间的接触电压、隔膜材料、电解槽结构、电流密度等。槽电压通常远大于理论电解电压，导致电压效率很低。因此，降低超电压和输电导体的电压损失是提高电压效率的关键。多年来，人们围绕这一问题进行了多方面的研究，不断改善电解槽结构和电极材料。在电极材料方面的研究，集中于电极材质的选择。在阳极方面由石墨电极发展为钛电极、钛铂铱电极、钛钌电极及其他非钌电极。此外，还开发了有许多特殊用途的二氧化锰电极、二氧化铅电极等。在阴极方面，由铁阴极发展成多孔阴极。近年来，又发展了一种新型氧气电极，将燃料电池的原理应用于电解工业中。无论是阴极或阳极，都有在电极基体表面涂加活性物质的趋势，目的是使电极具有催化作用（称为电催化法），通过降低槽电压以达到节省电能的目的。

9.5.3　电池制备技术

　　化学电源也就是通常所说的电池，是一类能够把化学能转化为电能的便携式移动电源系统，现已广泛应用在人们日常的生产和生活中。电池的种类和型号（包括圆柱状、方形、扣式等）很多，其中，对于常用的电池体系来说，通常根据电池能否重复充电使用，把它们分为一次（或原）电池和二次（或可充电）电池两大类，前者主要有锌锰电池和锂电池，后者有铅酸、镍氢、锂离子和镍镉电池等。除此之外，近年来得到快速发展的燃料电池和电化学电容器（也称超级电容器）通常也被归入电池范畴，但由于它们具有特殊的工作方式，这些电化学储能系统需特殊对待。在这些电池的制备和使用方法上，有很多形似的地方，因此通过熟悉一种电池可以达到了解其他电池的目的。此处以制备一种扣式可充电的镍氢电池为例进行介绍。

9.5.3.1 基本原理

镍氢电池的正极活性物质为具有 P 型半导体性质的 $Ni(OH)_2$，负极为贮氢合金，正、负电极用隔膜分开，根据不同使用条件的要求，采用 KOH 并加入 LiOH 或 NaOH 的电解液。电池充电时，正极中 $Ni(OH)_2$ 被氧化为 NiOOH，而负极则通过电解水生成金属氢化物，从而实现对电能的存储。放电时，正极中的 NiOOH 被还原为 $Ni(OH)_2$，负极中的氢被氧化为水，同时在这个反应过程中向外电路释放出电量。镍氢电池的工作原理如图 2-9-23 所示。

需要指出的是，实际使用的镍氢电池一般要求是准密闭的反应体系，但在充电过程中正、负电极上不可避免地会发生副反应生成氧气和氢气，因此，如何消除这些气体关系到电池的密封问题。这可以通过优化电池设计得到解决，主要为采用用正极限制电池容量和电解液加入量的方法，同时辅助于优化正、负极板工艺和电池组装结构等。其中，电解液的加入量以使电池处于一定的贫液状态为准，主要是为了正极析出的气体能够迁移到负极表面被反应掉，以利于实现氧气在电池内部的循环和负极尽量不析出氢气。把正、负电极的容量之比一般控制在（1:1.3）～（1:1.4），这样电池在充电末期和过充电时，正极析出的氧气可以通过隔膜扩散到负极表面与氢复合还原为 H_2O，负极则因有较多的剩余容量而不容易析出氢气，从而保证电池具有合适的充电内压和电解液损耗率，最终保证电池的高循环寿命。充放电过程中，镍氢电池正、负极上发生的反应如下。

正极： $\qquad Ni(OH)_2 + OH^- \underset{放电}{\overset{充电}{\rightleftharpoons}} NiOOH + H_2O + e^-$

过充电时 $\qquad 4OH^- - 4e^- \longrightarrow 2H_2O + O_2$

负极： $\qquad M + xH_2O + xe^- \underset{放电}{\overset{充电}{\rightleftharpoons}} MH_x + xOH$

过充电时 $\qquad 2H_2O + O_2 + 4e^- \longrightarrow 4OH^-$

电池： $\qquad xNi(OH)_2 + M \underset{放电}{\overset{充电}{\rightleftharpoons}} NiOOH + MH_x$

根据充放电时正、负电极的反应不难看出，影响电池性能的因素是很多的，其中正负电极活性物质在反应过程中的稳定性能和反应活性，以及影响活性物质充分发挥作用的其他因素，包括制备电极时的辅助添加剂和黏结剂，组装电池时所使用的电解液、隔膜和密封材料等，都对电池的性能具有很大的影响。

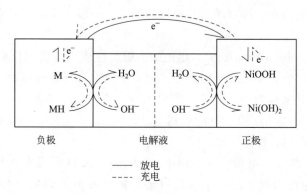

图 2-9-23　镍氢电池的工作原理

9.5.3.2　电池相关基础概念

① 电化当量（electro-equivalent）：电极上通过单位电量所生成的产物的质量。其常用单位为 $g \cdot Ah^{-1}$ 和 $g \cdot F^{-1}$。

② 化学电源（chemical power source）：是一种能够把化学反应释放出来的化学能直接转变成电能——直流电的能量转换系统，通常简称为电池。

构成化学电源的必要条件是：a. 正、负极在空间上必须分开（正、负极反应在不同的区域进行）；b. 电极进行氧化还原反应所转移的电子必须由外电路传递。

化学电源按电解质种类可分为碱性、酸性、中性、有机电解质和固体电解质电池；按工作性质和储存方式可分为原电池、蓄电池、储备电池和燃料电池。

化学电源一般由正极和负极、电解质、隔膜（separator）及外壳等几部分组成。

③ 活性物质（active material）：电极中参加成流反应的物质，如 $Ni(OH)_2$。

对活性物质的要求是：a. 所组成电池的电动势高；b. 电化学活性高，即自发进行反应的能力强；c. 质量比容量和体积比容量大；d. 在电解液中的化学稳定性好；e. 具有高的电子导电性。

④ 集流体（current collector）：指电极中起电子导电作用的骨架材料。

⑤ 电解质（electrolyte）：能在溶液中形成可以自由移动的离子的物质。

电解质是电池的主要组成成分之一，在电池内部担负着传递正、负极之间电荷的作用，所以是一些具有高离子导电性的物质。

对电解质的要求是：a. 化学稳定性强，使储存期间电解质与活性物质界面的电化学反应速率小，从而使电池的放电容量损失减小；b. 比电导高，溶液的欧姆压降小；c. 对于固体电解质，则要求它只具有离子导电性而不能具有电子导电性。

⑥ 电导率（electroconductivity，electroconducbility）：导体面积 A 和长度 l 均为 1 时的电导。常用单位为 Ω^{-1}。

影响电导率的因素有两类：一类是量的因素，即离子数量及离子所带电荷的多少；另一类是质的因素，即离子运动速度的快慢。一般来说，电导率与溶液浓度曲线有极大值。

⑦ 原电池（primary battery）：电池的两极反应或某一极的反应不可逆，经过连续或间歇放电以后，不能用充电的方法使其活性物质恢复到初始状态，即电池只能使用一次，因此又称为一次电池。常见的一次电池有干电池（dry leclanch 的反应不可逆，zinc/carbon）和一般的碱锰（alkaline manganese dioxide/zinc）电池、锌银（Zn/Ag）电池、锂电池等。

⑧ 蓄电池：即二次电池（secondary battery），又称可充电电池（rechargable battery），这类电池两极上进行的反应可逆，因此在放电以后，可用充电的方法使两极活性物质恢复到初始状态，从而获得再次放电的能力。蓄电池在放电时，将化学能转换为电能；充电时，将电能转换为化学能。常见的二次电池有铅酸（lead/acid）电池、镉镍（cadmiumd/nickel）电池、氢镍（MH/Ni）电池、锂离子（Li-ion）电池等。

⑨ 储备电池（standby battery）：电池正负极活性物质和电解质在储存期间没有电接触，直到使用时才借助动力源作用于电解质，使电池"激活"，所以又称为激活电池。

储备电池的特点是电池在使用前处于惰性状态，因此能储存几年甚至几十年。

⑩ 燃料电池（fuel cell）：燃料电池的活性物质储存在电池体系之外，正、负极只起反应催化和导电作用。只要将活性物质连续注入电池并维持电池内部环境稳定，电池就能够长期不断地进行放电，因此又称为连续电池。

⑪ 开路电压（open circut voltage）：外线路中没有电流通过时，电池两极之间的电位差。

⑫ 端电压（terminal voltage）：即电池的工作电压，又称为放电电压。

⑬ 容量（capacity）：指在一定的放电条件下，可以从电池获得的电量。

电池的容量有理论容量、实际容量和额定容量等几种。

a. 理论容量（nominal capacity）：假设活性物质全部参与电池的成流反应所给出的电量。它是根据活性物质的质量按照法拉第定律计算求得的。

b. 实际容量（practical capacity）：指在一定的放电制度下电池实际放出的电量。

c. 额定容量：指设计和制造电池时，规定或保证电池在一定的放电制度下应该放出的最低限度的电量。

⑭ 活性物质利用率：参加成流反应的活性物质的量与活性物质总量的比值。

⑮ 比容量（electricity storage density）：即电荷储存密度，有体积比容量和质量比容量两种，其常用单位分别为 $mAh \cdot cm^{-3}$ 和 $mAh \cdot g^{-1}$。

⑯ 比能量（energy density）：即能量储存密度，有体积比能量和质量比能量两种，其常用单位分别为 $Wh \cdot L^{-1}$ 和 $Wh \cdot kg^{-1}$。

影响比能量的几个因素是：质量效率、反应效率（即活性物质利用率）和电压效率（voltage efficiency）。

⑰ 比功率（power density）：电池的功率是指在一定的放电制度下，单位时间内电池所输出的能量。而单位质量或单位体积的电池所输出的功率称为比功率，常用单位为 $W \cdot kg^{-1}$ 或 $W \cdot L^{-1}$。

⑱ 内阻（inner resistents）：是指电流通过电极或电池时所受到的阻力，它包括欧姆内阻和电化学反应中电极极化所造成的内阻。

欧姆内阻包括电极、隔膜和电解液等各部分欧姆内阻及其接触电阻。欧姆内阻的特点为：a. 与电池的几何尺寸、电池的结构和形状、电池的装配松紧度有关；b. 与放电深度有关；c. 与充放电电流无关。

极化内阻包括电化学极化内阻和浓差极化内阻。电化学极化内阻是在电极与电解质溶液界面上进行电荷交换的阻力，也叫反应电阻。浓差极化内阻则是由于浓差极化而引起的对电流通过的阻碍作用。比较电化学极化内阻和浓差极化内阻，可以得知电化学反应相对于液相传质的难易程度。与欧姆内阻不同的是：极化内阻与电流大小有关。

由于电池内阻的存在，在电池充放电时会有部分电能或化学能转变为热量，降低了电池的能量效率；而且电流越大，产生的热量也就越多，温升就越快，还会影响电池的正常工作。

⑲ 自放电（self-discharge）：电池在储存过程中由于非成流反应而引起的放电容量下降的现象。

自放电分为可逆自放电和不可逆自放电。可逆自放电可以通过再充电复原；而不可逆自放电则不能通过充电复原。

⑳ 放电制度：所规定的电池放电时的各种条件，主要包括放电方法、放电速率、环境温度和终止电压等。

㉑ 放电方法：放电方法主要可分为恒流放电和恒阻放电或者是连续放电和间歇放电。

㉒ 放电速率（discharge rate）：电池的放电速率常用倍率和时率来表示。

a. 倍率：指电池在一定时间内放出其额定容量时所输出的电流值，它在数值上等于额定容量的倍数。

b. 时率：也称为小时率，是以放电时间来表示的放电速率，即以一定的电流放完额定容量所需的小时数。

㉓ 多孔电极（porous electrode）：多孔电极是由具有高比表面积的粉末状活性物质及添加剂等构成的。

采用多孔电极，可以减小电极的真实电流密度，提高活性物质利用率，降低电池充放电过程中的能量损失；同时，也可以改善电池的高倍率放电性能，提高电池的输出功率；另外，还可以降低电极在某些情况下钝化的可能性。

9.5.3.3 电池工艺

电池的制备一般过程包括以下内容，根据电池的外壳尺寸和对性能的要求，确定正负极板和隔膜的尺寸以及活性物质的装填量，然后制备正、负极板，裁制隔膜并配制电解液，再把正、负极板与隔膜卷绕或折叠在一起放入电池壳中，加入适量的电解液，然后封口，接着通过一定的化成制度将电池活化，最后检测电池的性能。具体步骤如下。

(1) 电池设计

根据对电池性能的要求和电池外壳的尺寸，设计正、负极板和隔膜的尺寸及活性物质的装填量。其中，隔膜的长宽尺寸以把正、负极板隔开为准，电池中装入正、负极板的容量以 $(1:1.3)\sim(1:1.4)$ 为准。一般情况下，含 1.3% Co＋ 3.0% Zn 的掺杂元素的球形氢氧化镍的实际放电比容量可按照 $220\text{mAh} \cdot \text{g}^{-1}$ 来计算，稀土系储氢合金粉的实际放电比容量可以按照 $230\text{mAh} \cdot \text{g}^{-1}$ 计算，电解液可选用 $8\text{mol} \cdot \text{L}^{-1}$ 以 KOH 为主（可加入 2% 的 LiOH）的水溶液。

(2) 正负极板的制备

正极板的制备方法为：把 $Ni(OH)_2$ 与约 $3\%\sim6\%$ 的 CoO 和 $2\%\sim8\%$ 的 Ni 粉添加剂混合均匀，再加入相当于以上质量 $5\%\sim7\%$ 的黏结剂（PTFE＋CMC， 60%）和适量的水调制成浆，然后均匀涂覆在泡沫镍集流体中，经烘干、压片后制成镍正极。其中 CoO 可以提高极板的导电性和活性物质的反应可逆性，镍粉的主要作用是提高极板的导电性。

负极板的制备方法为：储氢合金粉与和 $2\%\sim8\%$ Ni 粉混合，再加入以上重量 $5\%\sim7\%$ 的黏结剂（PTFE＋CMC， 60%）和适量的水调制成浆，然后涂覆到泡沫镍集流体中，经烘干、压片后制成金属氢化物负极。

(3) 电池组装

正、负电极和隔膜依次叠在一起并放入扣式电池壳中，加入适量的电解液后盖上上盖片，然后在封口机上封口。其中，在实际制备过程中，可以采用先把正、负极板和隔膜放在电解液中使它们预先吸收一定量的电解液，然后用镊子取出叠片和封口的方法。考虑到正极板的导电性较差，可以采用在正极板片上焊接上极耳并随后焊接到电池壳内壁，或者把极板与电池壳接触一面上的附粉刮除，以露出泡沫镍来增大其与电池壳的接触。如果正、负极板和隔膜叠在一起后厚度比设计厚度小，则可采用在封口时在内部加入垫片的方法增大接触性能。此外，为了增大极板的反应性能，也可以采用降低正、负极板的厚度，采用正、负极板和隔膜多层折叠的方法来制备极组。

(4) 电池化成

制备好的电池要放置适当的时间后再化成，以保证加入的电解液能浸入到极板中（1~3h）。预先把极板在电解液中浸泡的可免除这一步。然后，采用多次充放电的方法，可使正、负电极得到充分活化并使电池达到额定放电容量。在化成过程中，为了加速化成，可以在化成中间把电池放入约 55℃ 的温度环境中 6～8h。可参考以下方法：0.1C 充电 3h，55℃ 的温度环境中放 6～8h 后用 0.2C 放电到 1.0V，然后采用 0.2C 充电 7h 并用 0.2C 放电 1.0V，重复 3 次即可使电池得到活化。

（5）电池性能测试

根据电池生产的国家标准和国际 IEC 标准，电池的性能测试包括外观、充放电容量和寿命、安全性能等。作为一般的检测方法，可以通过检测以下指标来判断电池的性能。

① 看电池的外形尺寸是否达到要求，电池是否漏液和短路等。其中，外形尺寸可用卡尺测量（测量时小心短路），漏液可用化学指示剂，电池短路可用万用表测量电压。

② 通过测定内阻和充放电的方法来评价电池的电性能。其中，使用专用的电池内阻测定仪或电化学工作站中的阻抗方法可以检测电池的内阻，电池的内阻大小影响电池的充放电倍率性能。检测电池在不同充放电电流条件下的充放电平台电压，以及电池的充放电容量随循环次数增加的衰减情况，则可得到电池的真实充放电性能。这些工作可以在电脑控制的充放电仪器上进行。一般情况下，可只测定电池在 0.2C 充放电条件下的充放电曲线来表征其电性能，电池的容量为充电电流与放电时间的乘积。如受实验时间限制，也可采用增大充放电电流的方法。电池的充放电循环性能，对可充电电池也非常重要，但要得到该性能数据，需要一个较长的检测时间。

9.5.4　超级电容器的工艺流程

超级电容器的工艺流程为：配料→混浆→制电极→裁片→组装→注液→活化→检测→包装。

超级电容器在结构上与电解电容器非常相似，它们的主要区别在于电极材料。早期的超级电容器的电极采用炭，炭电极材料的表面积很大，电容的大小取决于表面积和电极的距离，这种炭电极的大表面积再加上很小的电极距离，使超级电容器的容值可以非常大，大多数超级电容器可以做到法拉级，一般情况下容值范围可达 1～5000F。

超级电容器通常包含双电极、电解质、集流体、隔离物四个部件。超级电容器是利用活性炭多孔电极和电解质组成的双电层结构获得超大的电容量的。在超级电容器中，采用活性炭材料制作成多孔电极，同时在相对的两个多孔炭电极之间充填电解质溶液，当在两端施加电压时，相对的多孔电极上分别聚集正、负电子，而电解质溶液中的正、负离子将由于电场作用分别聚集到与正、负极板相对的界面上，从而形成双集电层。

超级电容器具有以下优点。

① 超级电容器不同于电池，在某些应用领域，它可能优于电池。有时将两者结合起来，将电容器的功率特性和电池的高能量存储结合起来，不失为一种更好的

途径。

②　超级电容器在其额定电压范围内可以被充电至任意电位，且可以完全放出。而电池则受自身化学反应限制工作在较窄的电压范围内，如果过放可能造成永久性破坏。

③　超级电容器的荷电状态（SOC）与电压构成简单的函数，而电池的荷电状态则包括多样复杂的换算。

④　超级电容器跟与其体积相当的传统电容器相比可以存储更多的能量，电池跟与其体积相当的超级电容器相比可以存储更多的能量。在一些功率决定能量存储器件尺寸的应用中，超级电容器是一种更好的途径。

⑤　超级电容器可以反复传输能量脉冲而无任何不利影响，相反如果电池反复传输高功率脉冲其寿命会大打折扣。

⑥　超级电容器可以快速充电而电池快速充电则会受到损害。

⑦　超级电容器可以反复循环数十万次，而电池寿命仅几百个循环。

9.5.5　电化学工作站

电化学工作站在电池检测中占有重要地位，它将恒电位仪、恒电流仪和电化学交流阻抗分析仪有机地结合起来，既可以做三种基本的常规实验，也可以做基于这三种基本功能的程式化实验。在实验中，既能检测电池电压、电流、容量等基本参数，又能检测体现电池反应机理的交流阻抗参数，从而完成对多种状态下电池参数的跟踪和分析。

电化学工作站（electrochemical workstation）是电化学测量系统的简称，是电化学研究和教学常用的测量设备。将这种测量系统组成一台整机，内含快速数字信号发生器、高速数据采集系统、电位电流信号滤波器、多级信号增益、IR 降补偿电路以及恒电位仪、恒电流仪。可直接用于超微电极上的稳态电流测量。如果与微电流放大器及屏蔽箱连接，可测量 1pA 或更低的电流。如果与大电流放大器连接，电流范围可拓宽为 $\pm 2A$。某些实验方法的时间尺度的数量级可达 10 倍，动态范围极为宽广。可进行循环伏安法、交流阻抗法、交流伏安法等测量。工作站可以同时进行四电极的工作方式。四电极可用于液/液界面电化学测量，对于大电流或低阻抗电解池（例如电池）也十分重要，可消除由于电缆和接触电阻引起的测量误差。仪器还有外部信号输入通道，可在记录电化学信号的同时记录外部输入的电压信号，例如光谱信号等。这对光谱电化学等实验极为方便。

电化学工作站主要有两大类：单通道工作站和多通道工作站，区别在于多通道工作站可以同时进行多个样品测试，较单通道工作站有更高的测试效率，适合大规模研发测试需要，可以显著地加快研发速度。电化学工作站已经是商品化的产品，不同厂商提供的不同型号的产品具有不同的电化学测量技术和功能，但基本的硬件参数指标和软件性能是相同的。以下以天津市兰力科化学电子高技术公司生产的 LK2005 型设备为例，介绍电化学工作站的主要性能和使用方法。

9.5.5.1　可提供的电化学方法

有以下方法。

①计时电流法；②计时电量法；③电流-时间曲线法；④开路电位-时间曲线法；⑤控制电位电解库仑法；⑥电位溶出分析法；⑦线性扫描伏安（极谱）法；⑧循环伏安法；⑨塔菲尔曲线法；⑩采样电流极谱（伏安）法；⑪线性扫描溶出伏安法；⑫常规脉冲伏安（极谱）法；⑬差分脉冲伏安（极谱）法；⑭差分常规脉冲伏安（极谱）法；⑮差分脉冲溶出伏安法；⑯方波伏安（极谱）法；⑰循环方波伏安法；⑱方波溶出伏安法；⑲交流伏安法；⑳选相交流伏安法；㉑二次谐波交流伏安法；㉒交流溶出伏安法；㉓单电流阶跃计时电位法；㉔线性电流计时电位法；㉕双电流阶跃计时电位法；㉖控制电流电解库仑法；㉗双高阻输入电位测量法；㉘卷积和去卷积伏安法；㉙交流阻抗技术法。

9.5.5.2　基本结构

该电化学分析系统可用于大学的仪器分析实验教学和对无机物、有机物及生物物质的定性和定量分析测定。它由电化学分析系统主机、PC 微机（要求带有 Window 98 中文操作平台）、电极系统、激光打印机及附件组成。根据用户使用仪器的不同要求附件有不同配置，举例如下。

① 各种电极。如滴汞电极、悬汞电极、旋转圆盘电极、金盘电极、银盘电极、铂盘（棒）电极、玻碳电极、饱和甘汞电极、Ag/AgCl 参比电极等。

② 磁力搅拌器。

③ 电解池。三电极玻璃电解池。

LK2005 型电化学工作站硬件系统框图见图 2-9-24。

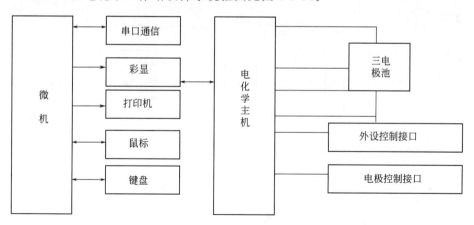

图 2-9-24　LK2005 型电化学工作站硬件系统框图

（1）主机硬件组成

LK2005 型电化学工作站主机分为 Mcs-80c196KC 单片机系统，起始电位和扫描电位发生器和恒电位/恒电流电路，mA 级和 μA 级 I/V 电流/电压转换电路，恒电流调零电路，电压放大和滤波电路，iR 降补偿和基线扣除电路，输入检测控制电路，高速数据采集电路，以及电源电路等几部分，见框图 2-9-25。

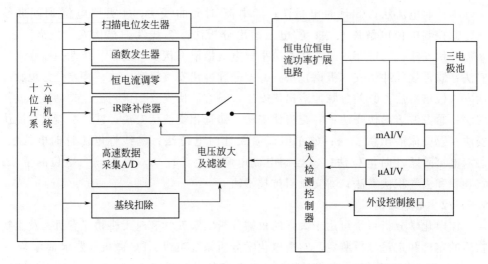

图 2-9-25　LK2005 型电化学工作站主机框图

（2）恒电位电路

恒电位电路是仪器系统稳定运行的关键部分。在 LK98A 的基础上，做了大量改进，经过精心设计，使 LK2005 型系统的恒电位最小分辨力达到 0.1mV（绝对分辨率），恒电位极化槽压达 ±60V，极化电流最大为 ±500mA，电位扫描速率为 0.1mV·s^{-1}～5000V·s^{-1}。同时设置了 iR 补偿程控电路和恒电位功率扩展电路，见图 2-9-26。

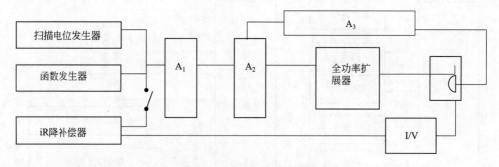

图 2-9-26　恒电位系统框图

（3）起始电位发生器及函数发生器

LK2005 型的起始电位发生器及函数发生器均采用 16 位精密高速的 AD 公司芯片 AD569，转换时间 120ns，转换精度为 1/2LSB。

起始电位发生器基准电压为 ±6.5535V 或 ±3.27675V，双极性输出电压范围为 −6.5535～+6.5535V 或 −3.27675～+3.27675V，提供高精度的扫描电位。函数发生器基准电压为 $\pm 6.5535V$ 或 $\pm 0.32767V$，双极性输出电压范围为 $-6.5535 \sim +6.5535V$ 或 $-0.32767 \sim +0.32767V$。电压转换范围为 $-10.0 \sim +10.0V$，最小分辨力为 $0.1mV$。经过编程可产生阶梯波、脉冲波、三角波、方波、交流波等波形。

（4）iR 降补偿电路

在三电极测量体系中，工作电极和参比电极之间的溶液由于极化电流的流过，产生欧姆压降，将引起参比电位测量误差。为减小欧姆压降的影响，除了在电极体系采取措施外，有效的方法是用电子电路补偿欧姆压降。

iR 降补偿，是将 I/V 转换的电压，作为一个八位 D/A 转换器的基准电压，通过数控预置补偿的比例电压，正反馈叠加于反相加法器的输入端，表示为 $-KR_f$，（K，表示 I/V 输出电压的比例部分，R_f 为 I/V 转换器反馈电阻），令 R_n 为工作电极和参比电极之间的欧姆电阻，则当极极化电流产生时，流过 R_n 和 I/V 转换器的电流相同。

则，当 $KR_f = R_n$ 时，称为全补偿；当 $KR_f < R_n$ 时，为欠补偿；当 $KR_f > R_n$ 时，为过补偿。

当正反馈电路过补偿时会引起过冲和振荡，因此，电路通过程控选择 K 时，一般限制在 $10\% \sim 30\%$ 范围。仪器设置了 iR 降补偿程控开关，可自由通断 iR 补偿功能。

（5）恒电位电路

恒电位系统的核心部分，主要由加法器、跟随器功率扩展器和参比电位阻抗变换器组成。精心设计恒电位电路，对提高整机性能有重要的影响。本系统在恒电位电路上有三个特点。

① 恒电位控制精度达 $0.1mV$，这主要由 D/A 电路和反相输入加法器来保证。

② 恒电位功率扩展，摒弃了国内常规电流扩展技术而采用电压和电流同时扩展的全功率扩展电路，从而使极化槽压最大达 $\pm 60V$，极化电流最小为 $\pm 10nA$，最大为 $\pm$ 最 $100mA$。

③ 恒电位/恒电流采用同一功率扩展电路，经过适当切换，可分别进行恒电位/恒电流测量，从而保证了恒电流的测量精度。

通过对运放放大过程中的误差分析，仪器根据不同的要求使用了不同的运放，如对恒电位系统中的参比测量，输入阻抗的大小决定了参比电极流过的电流。当输入阻抗低时，反馈给恒电位一个较大电流，必然引起参比电极极化造成电压控制与测量误差，解决的方法是在反馈回路中引入电压跟随器 A_2，选用输入阻抗大于 $10^{12}\Omega$ 的高阻抗运放，大大提高了恒电位的精度。

所谓恒电位，就是使研究电极（工作电极）的电位恒定。欲达到恒定，电路必须满足两个条件：一是具有基准电位，使恒定的电位可调；二是满足恒电位调节规律，也就是当电流参数变化时，电化学反应的延续引起电位漂移等，恒电位具自动调节的能力。

　　在电化学体系中，当溶液内阻较大时，欲达到恒定电压下的极化电流，其辅助电极的电位必然要升高，而溶液内阻较小时，如果没有足够的极化电流提供，都不能达到自动调节恒电位的目的。因此，本仪器恒电位系统中使用了电压扩展和电流扩展技术。

　　(6) 恒电流电路

　　LK2005 型系统采用了最新设计的高精度恒电流电路系统，为了保证测试精度，消除零点偏移误差，在电路上增加了恒电流调零电路。恒电流调零电路采用高精度的 12 位 DA 芯片 AD767，最大可调范围正负最大可达 mV 级，见图 2-9-27。

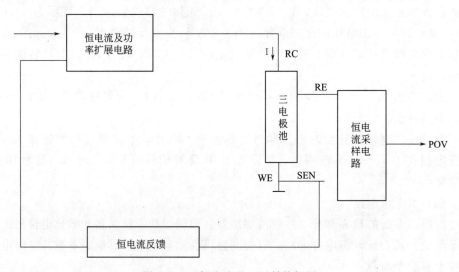

图 2-9-27　恒电流及 I/V 转换框图

　　(7) 高精度、高速度和低噪声数据采集电路

　　数据采集技术一直是智能化仪器的一个关键技术，也是衡量仪器性能指标的一个关键部件，随着电化学仪器的发展，在快速变化的电流（电压）信号检测、响应速度、分辨力、精度、接口能力以及抗干扰能力等方面，对数据采集技术提出了越来越高的要求。

　　LK2005 型电化学工作站的数据采集电路有如下几个特点。

　　① 高速。数据采集的速度直接制约着仪器的扫描速度、方波周期和仪器精度。

　　② 高精度。对电化学分析仪器而言，分析溶液的浓度越低，信号越小，信噪比越小，使仪器检测下限性能受到限制。一般采取运放电压放大形式和标准化处理，要达到 A/D 转换所需的测量幅度和精度，往往放大倍率分为多挡，而每挡的阻抗匹配难以一致，放大线性差，换挡误差大。LK2005 型系统采用程控 D/A 放大电路。由于 D/A 芯片的精度是通过光刻度来保证的，内置电阻匹配精度高，误差仅为 ±1/2LSB，大大提高了电压放大精度。

③ 低噪声。提高信噪比是电化学仪器的一大难题，电化学仪器的电流放大倍率往往在几万倍以上，加上电压放大，对信噪比要求是很苛刻的。为了有效地降低噪声，LK2005 型系统除了在 I/V 转换输入端采取措施外，对数据采集电路，采用光电耦合以隔离数字系统噪声，增设程控低通滤波器等技术。因此大大降低了噪声，提高了信噪比，改善了仪器性能。

此外，还有程控电压放大器、低通滤波器、A/D 模数转换器等部件。

综上所述，LK2005 型电化学工作站是一种智能化精密仪器，整机设计遵循高精度、高速度、强抗干扰能力的原则进行，为相关的科学研究与分析测试工作提供了一个强有力的工具。

9.5.5.3 实验方法选择

在主控菜单下打开"设置"菜单，用鼠标单击"方法选择"，屏幕上弹出方法选择对话框。LK2005 型提供的实验技术分为六大类，其中每类又包含许多具体方法。这六类实验技术分别为"电位阶跃技术"、"线性扫描技术"、"脉冲技术"、"方波技术"、交流技术和"恒电流技术"。

（1）电位阶跃技术（potential step techniques）

电位阶跃（potential step）技术是一类重要的电化学暂态研究方法，可用于测定电子交换数（n）、扩散系数（D）等。电位阶跃方法的原理是将电极电位瞬间升至某一特定值，然后记录工作电极上的电流随时间的衰减曲线（i-t 曲线），如图 2-9-28 所示。

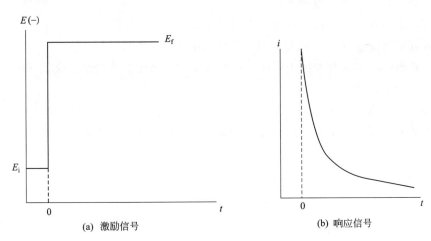

(a) 激励信号   (b) 响应信号

图 2-9-28 单电位阶跃实验

① 单电位阶跃计时电流法（single potential step chronoamperometry）。

单电位阶跃计时电流法原理见图 2-9-29。E_i 和 E_f 分别为初始电位和阶跃电位（电极反应在极限扩散条件下进行），平面电极上的极限扩散电流可表示为：

$$i_d = \frac{nFAD_o^{\frac{1}{2}}C_o^*}{\pi^{\frac{1}{2}}t^{\frac{1}{2}}} \qquad (2\text{-}9\text{-}28)$$

式（2-9-28）称为 Cottrell 方程式。

式中，n 为电子交换数；F 为法拉第常数；A 为电极面积；D_o 为氧化态物质的扩散系数；C_o^* 为氧化态物质的本体浓度。

静止球形电极和滴汞电极上的极限扩散电流公式分别为：

$$i_{球} = nFAD_oC_o^*\left[(\pi D_o t)^{\frac{1}{2}} + r_o\right] \qquad (2\text{-}9\text{-}29)$$

$$和 \qquad i_{滴} = 706nD_o^{\frac{1}{2}}m^{\frac{2}{3}}t^{\frac{1}{6}}C_o^* \qquad (2\text{-}9\text{-}30)$$

式中，r_o 为球形电极的半径；m 为滴汞电极汞的流速。

式（2-9-30）亦称为 Ilkovic 方程式。

由式（2-9-28）～式（2-9-30）可见，利用扩散电流可以计算电子交换数 n，扩散系数 D_o 等参数。

单电位阶跃计时电流法的实验参数如下。

初始电位：E_i（V），取值范围 -10.0～$+10.0$

阶跃电位：E_f（V），取值范围 -10.0～$+10.0$

等待时间：t_w，单位 s

采样间隔时间：Δt，单位 s

采样点数：P 取值范围 0～11000

初始电位为开始阶跃前施加于工作电极的电位，在此电位下电极上无反应发生，没有电流流过（$i=0$ 或有极微弱的残余电流）。

阶跃电位为实验时施加于工作电极的电位。如果此电位足够正或足够负，则反应物达到极限扩散。

如果阶跃电位小于初始电位（$E_f < E_i$），称为正向阶跃，则电极上发生还原反应，为阴极过程，如图 2-9-28 所示。如果阶跃电位大于初始电位（$E_f > E_i$），称为逆向阶跃，则电极上发生氧化反应，为阳极过程，如图 2-9-29 所示。

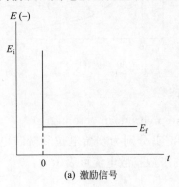

(a) 激励信号

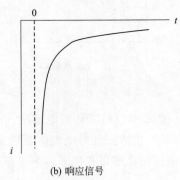

(b) 响应信号

图 2-9-29　逆向阶跃

等待时间是指阶跃电位加上以后的等待时间。在电位阶跃实验中，由于电位实验升高，使得充电电流很大。等待时间的设置可以使用户在充电电流充分衰减后再开始采样，以便得到纯的法拉第电流。等待时间也可设置为"0"。

采样间隔时间是指两次采样之间的时间间隔，最小可设为"1"，即 $1\mu s$。

采样点数为整个阶跃实验所采集的数据点数。最大可设为 11000。

采样点数×采样间隔时间＋等待时间＝整个阶跃实验的时间，也就是记录的 $i\text{-}t$ 曲线的过程时间。因此，合理设置上述参数，可得到任意时间区间内的 $i\text{-}t$ 曲线。

② 双电位阶跃计时电流法（double potential step chronoamperometry）。

双电位阶跃计时电流法，可用于研究不同电位下电极表面的反应情况，如分步氧化（还原）反应，伴随化学反应的电极过程等。电压波形与电流响应如图 2-9-30 所示。

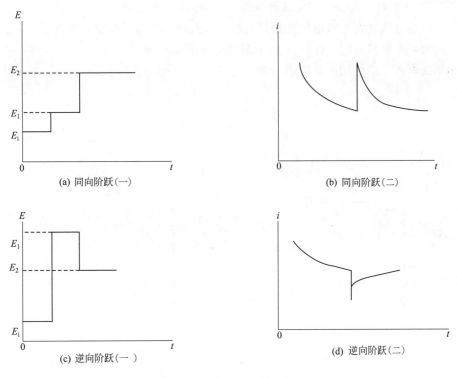

(a) 同向阶跃（一）　　(b) 同向阶跃（二）

(c) 逆向阶跃（一）　　(d) 逆向阶跃（二）

图 2-9-30　双电位阶跃计时法

实验参数：

初始电位 E_i（V）。

阶跃电位一，E_1（V）：第一次阶跃时的电位值。

阶跃电位二，E_2（V）：第二次阶跃时的电位值。

等待时间 t_W，单位 s。

采样间隔时间 Δt，单位 s。

采样点数（点×2）P：实际采样点数是设定值的 2 倍。

双电位阶跃可分为以下几种情况：

a. $E_2 < E_1 < E_i$ 还原过程（E_1）——更负电位下还原（E_2）；

b. $E_2 > E_1 > E_i$ 氧化过程（E_1）——更正电位下氧化（E_2）；

c. $E_1 < E_i$，$E_1 < E_2 < E_i$ 还原过程（E_1）——氧化过程（E_2）；

d. $E_1 > E_i$，$E_1 > E_2 > E_i$ 氧化过程（E_1）——还原过程（E_2）。

如果 $E_2 = E_1$，则为循环阶跃计时电流法，如果 $E_f < E_i$，则电极过程为先还原后氧化，如果 $E_f > E_i$，则电极过程为先氧化后还原。对于可逆电极过程来说，氧化过程与还原过程很相似（曲线），但对于不可逆电极过程来说，则差别较大，凭此可以判断电极反应的可逆性。如果用积分法对计时电流数据进行处理，则得到相应的计时库仑曲线。

③ 计时电量法（chronocoulometric），亦称计时库仑法。

计时电量法是将电极电位由初始电位瞬间升至某一特定电位，然后记录工作电极上的消耗电量随时间（Q-t）的变化曲线，如图 2-9-31 所示。

平面电极上消耗的电量可表示为：

$$Q(t) = \int_0^t i_t \, dt = \frac{2nFAD_0^{\frac{1}{2}} C_0^*}{\pi^{\frac{1}{2}}} t^{\frac{1}{2}} \qquad (2\text{-}9\text{-}31)$$

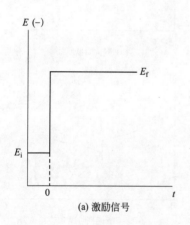
(a) 激励信号

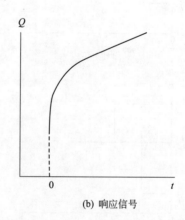
(b) 响应信号

图 2-9-31　计时电量法实验

计时电量法的实验参数如下。

初始电位：E_i（V），取值范围　$-10.0 \sim +10.0$。

阶跃电位：E_f（V），取值范围　$-10.0 \sim +10.0$。

等待时间（s）：$t_w 0 \sim 60000$。

采样间隔时间（s）：Δt　$0.0001 \sim 60000$。

采样点数（点）：P，取值范围 $0 \sim 11000$。

④ 电流-时间曲线（i-t 曲线）。

电流-时间曲线的实验参数如下。

初始电位：E_i（V），取值范围　$-10.0 \sim +10.0$。

采样间隔时间（s）：Δt $0.0001 \sim 60000$。

等待时间（s）：t_w $0 \sim 60000$。

运行时间（s）：t_s $0 \sim 60000$。

说明：

a. 数据采样间隔应根据实验时间长短来选择，实验时间越长，采样间隔越大，采用长的采样间隔能够得到更好的平滑信号以及较低的噪声，最多允许有 11000 个数据点；

b. 实验期间，无论何时数据超过允许数据点数目，数据存储间隔都会被自动地加倍；因此，对于较长的实验，数据点不会被溢出。

⑤ 开路电位-时间曲线（open circuit potential-time curve）。

开路电位-时间曲线的实验参数如下。

初始电位：E_i（V），取值范围　$-10.0 \sim +10.0$。

采样间隔时间（s）：Δt　$0.0001 \sim 60000$。

等待时间（s）：t_w $0 \sim 60000$。

运行时间（s）：t_s $0.001 \sim 300000$。

说明：

a. 系统允许 11000 个数据点，数据密度等于运行时间/11000；

b. 数据采样间隔为 0.1ms 开始。

⑥ 控制电位电解库仑法。

控制电位电解库仑法的实验参数如下。

电解电位（V）：$-10.0 \sim +10.0$。

预电解电位（V）：$-10.0 \sim +10.0$。

结束电流比例（%）：$0 \sim 100$。

预电解时间（s）：$1 \sim 60000$。

说明：

a. 结束电流比例是指在此电流比例时停止实验；

b. 在常规电解之前允许预电解；预电解有助于减小残余电流；系统把预电解结束时的电流作为残余电流，并从总电流中扣除以得到净电流；如果用户将预电解时间设定为零即进行常规电解。

⑦ 电位溶出分析法（potentiometric strippling analysis）。

电位溶出分析法的实验参数如下。

初始电位（V）：$-10.0 \sim +10.0$。

电沉积电位（V）：$-10.0 \sim +10.0$。

电沉积时间（s）：$1 \sim 60000$。

平衡时间（s）：0～60000。

采样间隔时间（s）：0.0001～60000。

采样点数（点）：11000。

说明：

a. 系统将根据电沉积电位自动调节电流极性，负电流用于氧化，正电流用于还原；

b. 采样间隔时间若为10ms，用户至少应该设置1s的溶出时间以获得足够的数据点；如果溶出时间太短，用户应该减小溶出电流。

（2）线性扫描技术（linear potential sweep techniques）

① 线性扫描伏安法（linear sweep voltammetry）。

加一快速变化的电压信号于电解池上，或工作电极电位随外加电压快速地线性变化，记录电流-电位（i-E）曲线的方法，称为线性扫描伏安法。一般来说，普通直流极谱滴汞电极的电位也是线性变化的，但变化速度很慢，在一滴汞的寿命期间变化的量为2mV左右。因此，处理直流极谱问题时，把一滴汞生长期间的工作电极电位视为恒定。线性扫描伏安法则不同，工作电极电位变化速度很快，可用下式表示：

$$E_{(t)} = E_i - \nu t \tag{2-9-32}$$

式中，E_i 为初始电位；ν 为电位扫描速度；$E_{(t)}$ 为 t 时刻的电极电位。线性扫描伏安法的电压波形和电流响应如图2-9-32所示。

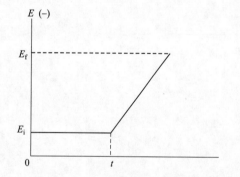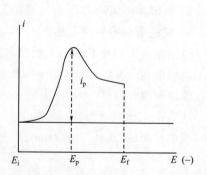

图 2-9-32　线性扫描伏安法的电压波形和电流响应

对于可逆电极反应来说，峰电流 i_p 可表示为：

$$i_p = 0.4463 nFAc^* (nF/RT)^{\frac{1}{2}} \nu^{\frac{1}{2}} D^{\frac{1}{2}} \tag{2-9-33}$$

25℃时，

$$i_p = 2.69 \times 10^5 n^{\frac{3}{2}} AD^{\frac{1}{2}} \nu^{\frac{1}{2}} c^* \tag{2-9-34}$$

式中，i_p（安培）、$A(cm^2)$、$D(cm^2 \cdot s^{-1})$、$\nu(V \cdot s^{-1})$、$c^*(mol \cdot cm^{-3})$ 分别为峰电流、电极面积、活性物质的扩散系数、电位扫描速度和活性物质的本体浓度。式（2-9-33）和式（2-9-34）是线性扫描伏安法定量分析的依据。

峰电位可用下式表示：

$$E_p = E_{\frac{1}{2}} - 1.109RT/nF \tag{2-9-35}$$

即：E_p 与 $E_{\frac{1}{2}}$ 相差一常数，25℃时为 $-28.5/n$ mV。但是由于线性扫描伏安图的峰不很尖锐，一般 E_p 测量较困难，为了方便，常测量 $i = i_p/2$ 时的半峰电位 E_p，其值为：

$$E_p/2 = E_{\frac{1}{2}} + 1.109RT/nF \tag{2-9-36}$$

因此，E_p 大约在 E_p 和 $E_p/2$ 间的中间点，有

$$| E_p - E_p/2 | = 2.2RT/nF \tag{2-9-37}$$

式（2-9-37）可作为可逆波的判据。

由上述可知，可逆波 E_p 与扫描速度无关，而 i_p 则比例于扫描速度的平方根 $\nu^{\frac{1}{2}}$ 同时，$i_p/\nu^{\frac{1}{2}}$ 为常数，比例于 $n^{\frac{3}{2}}$ 和 $D^{\frac{1}{2}}$，可用于计算电极反应的 n 值。

式（2-9-33）和式（2-9-34）适用于平面电极，对于球形电极，有：

$$i_p = i_{p(平面)} + (0.725 \times 10^5) \frac{nADc^*}{r_0} \tag{2-9-38}$$

式中，r_0 为球形电极的半径，cm。其余参数同前。

LK2005 型系统为微机化的仪器，施加于电解池上的电压信号由数/模转换器（DAC）将数字信号转换为电压信号提供，因此对于线性变化的信号实际上输出为阶梯变化信号。如图 2-9-33 所示。

所谓阶梯扫描，就是将线性扫描电压分成 N 个阶梯，每个阶梯的电压增量为 ΔE，在每个阶梯的后期（τ）采样电流值。事实上，当 τ 很大时，此法接近于采样直流极谱，τ 很小时过程就由 τ 的变化速率或扫描速度所控制，ΔE 越小，τ 越短，就越接近线性扫描。

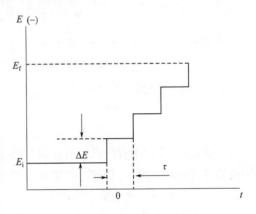

图 2-9-33　阶梯扫描电压波形

实验参数：

初始电位 E_i（V）：$-10.0 \sim +10.0$　扫描的起始电位。

终止电位 E_f（V）：$-10.0 \sim +10.0$　扫描结束时的电位。

扫描速度（V/s）：$0.0001 \sim 5000$　电位变化的速率。

等待时间（s）：$0 \sim 6000$　电位扫描前静止时间。

如果 $E_f < E_i$，则为阴极扫描，工作电极上发生还原反应。如果 $E_f > E_i$，则为阳极扫描，工作电极上发生氧化反应。扫描增量 ΔE 一般取 1mV，特殊情况下可以增大，但一般不应超过 10mV。因为 ΔE 越小，分辨能力越强，曲线点数越密。由于扫描电压是阶梯变化的，所以扫描速度 $v = \Delta E/\tau$。计算机将根据设定的 ΔE

和 τ 值，计算出 τ 值，然后通过每一个阶梯的延时 τ 来控制扫描速度。

② 循环伏安法（cyclic voltammetry）。

当线性扫描达到某一时间时（$t = \lambda$）（或工作电极电位达到开关电位时），将扫描方向反向，这样施加于工作电极上的电位变化及电流响应如图 2-9-34 所示。

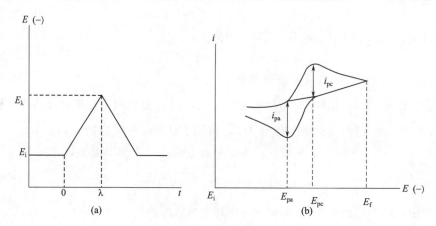

图 2-9-34　循环伏安法原理图

循环伏安法一般不作为成分分析方法，成分分析单向扫描（线性扫描伏安法）就能达到目的。循环伏安法一般用于研究电极过程，是一个十分有用的方法。图 2-9-34（a）中电极电位表达式为：

$$E(t) = E_i - \nu t \qquad (0 < t \leqslant \lambda)$$
$$E(t) = E_i - 2\nu\lambda + \nu t \, (t > \lambda) \tag{2-9-39}$$

图 2-9-34（b）中反向扫描的曲线的形状依赖于开关电位 E，或者说正向扫描的阴极波经过波峰（E_{pc}）后何时开始逆向扫描。若 E_λ 较 E_{pc} 负 $35/n$ mV，一般的逆向扫描的 i-E 曲线与正向扫描曲线的形状大体相同（可逆体系），其基线为阴极波的衰减电流。由循环伏安法可以直接测得的重复参数为阳极峰电流与阴极峰电流的比值 $|i_{pa}/i_{pc}|$，阳极峰电位与阴极峰电位的差值 $|E_{pa} - E_{pc}|$。对于可逆体系，若阴极还原产物是稳定的，则有 $|i_{pc}/i_{pa}| = 1$，与扫描速度、开关电位 E_λ（比 E_{pc} 负 $35/n$ mV以上）和扩散系数无关。若 $|i_{pc}/i_{pa}| \neq 1$，则存在动力学或其他的电极过程。

峰电位差值 $|E_{pa} - E_{pc}| = \Delta E_p$，能够用于判断反应是否可逆。对于可逆过程，虽然对有一定的依赖性（如表 2-9-4 所列），但其值一般接近于 $2.3RT/nF$（或 59mV$/n$，$25℃$）。当重复地进行循环扫描时，阴极峰电流减小，阳极峰电流增大，最后达稳态值（$\Delta E_p = 58$mV$/n$，$25℃$）。

表 2-9-4　可逆体系的 ΔE_p 与 E_λ 的关系（$25℃$）

$n(E_{pc} - E_\lambda)$/mV	$n(E_{pa} - E_{pc})$/mV
71.5	60.5

续表

$n(E_{pc}-E_\lambda)/mV$	$n(E_{pa}-E_{pc})/mV$
121.5	59.2
171.5	58.3
271.5	57.8
∞	57.0

实验参数如下。

初始电位 E_i（V）：$-10.0\sim+10.0$。

开关电位 E_λ（V）：$-10.0\sim+10.0$。

扫描速度（V/s）：$0.0001\sim5000$。

循环次数（次）：N（视需要设定）。

等待时间（s）：t_w $0\sim60000$。

如果 $E_\lambda<E_i$，则工作电极上的反应为还原→氧化过程（先还原后氧化），如果 $E_\lambda>E_i$，则工作电极上的反应为氧化→还原过程（先氧化后还原）。循环次数 N 受数据点数的控制，LK2005 型系统预设的总的实验数据点数为 11000。

③ 塔菲尔曲线（Tafel plot）。

塔菲尔曲线切线的斜率、截距可以用来分析动力学参数，可以计算出电子交换系数、电流交换密度等内容。

实验参数及范围如下。

初始电位（V）：$-10.0\sim+10.0$。

终止电位（V）：$-10.0\sim+10.0$。

扫描速度（V/s）：$0.0001\sim5000$。

等待时间（s）：$0\sim60000$。

说明：初始电位与终止电位至少应该相差 0.01V。

④ 采样电流伏安法。

实验参数及范围如下。

初始电位（V）：$-10.0\sim+10.0$。

终止电位（V）：$-10.0\sim+10.0$。

电位增量（V）：$0.001\sim0.050$。

阶梯时间（s）：$0.0001\sim0.050$。

等待时间（s）：$0\sim60000$。

说明：初始电位和终止电位至少应该相差 0.01V。

⑤ 线性扫描溶出伏安法（linear sweep stripping voltammetry）。

首先将欲测物质部分地用控制电位（恒电位）电解的方法富集于工作电极上

（悬汞电极、汞膜电极或固体微电极），然后电位扫描使欲测物质从电极上"溶出"进入溶液，记录溶出过程的 $i\text{-}E$ 曲线进行分析的方法，称为溶出伏安法。电位扫描方式可以采用线性扫描、脉冲、方波或交流电压，分别称为"线性扫描溶出伏安法"、"脉冲溶出伏安法"、"方波溶出伏安法"和"交流溶出伏安法"。如果在较负的电位下富集，向更正的电位扫描，称"阳极溶出伏安法"；如果在较正的电位下富集，向更负电位方向扫描，叫做"阴极溶出伏安法"。图 2-9-35 为溶出伏安法示意图。

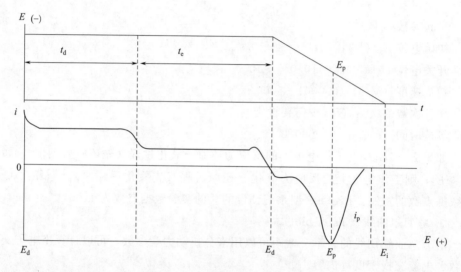

图 2-9-35　阳极溶出伏安法示意图

在富集（淀积）阶段，溶液应进行搅拌或采用旋转电极方式，以提高工作电极表面的富集量。在平衡阶段，溶液应停止搅拌或电极旋转，使溶液充分静止，以使在溶出过程中得到纯的扩散电流。在溶出阶段，电位扫描，富集在电极表面的欲测物质氧化为离子重新进入溶液，并得到溶出峰电流，以此进行定量分析。

实验参数：

初始电位 E_i（V）：$-10.0\sim+10.0$。

电沉积电位 E_d（V）：$-10.0\sim+10.0$。

扫描速度（V/s）：$0.0001\sim5000$。

电沉积时间 t_d（s）：$0\sim60000$。

平衡时间 t_e（s）：$0\sim60000$。

说明：如果 $E_d < E_i$，则为阳极溶出伏安法，即富集（淀积）过程为待测物质在电极表面的还原反应，溶出过程为富集电极表面的待测物质发生氧化反应重新进入溶液。如果 $E_d > E_i$，则为阴极溶出伏安法，即待测物质首先在电极表面氧化富集，然后再还原溶出，进入溶液。

（3）脉冲技术（pulse techniques）

① 常规脉冲极谱（伏安法）〔normal pulse polarography （voltammetry)〕。

常规脉冲极谱有时又称为积分脉冲极谱，它施加于电化学池的电压和时序关系如图 2-9-36 所示。工作电极的电位首先保持在 E_i，维持 $\tau's$，此时不发生电极反应，没有法拉第电流流过。在 $\tau's$ 时，电极电位突然阶跃至 E 值，维持 40～60ms。在加脉冲期间，在脉冲末期一预定时刻 τ 开始记录通过电化学池的电流。脉冲结束时工作电极电位又回复。

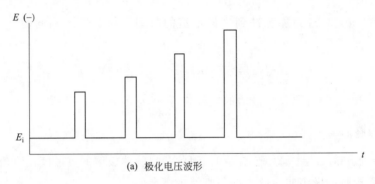

(a) 极化电压波形

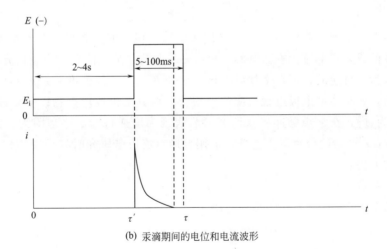

(b) 汞滴期间的电位和电流波形

图 2-9-36　常规脉冲极谱的时序图

到起始电位，开始下一个脉冲周期。每个周期的电极电位保持在 E_i 的时间及加脉冲的时间，采样电流的时间和脉冲结束的时间完全相同，仅脉冲电压较前一周期增加 ΔE （mV）。记录电流的方法有两种：一是在加脉冲后的预定时刻 τ 至脉冲结束前的一极短时间间隔内记录电流的积分值，由此称为积分极谱；二是加脉冲后的时间 τ 的电流和加脉冲前瞬间 （τ') 的电流的差值。LK2005 型记录电流的方式为后者。

若脉冲幅度足够高 （0～2V)，使工作电极电位 $E＝E_i＋E_{脉冲}$ 达到极限扩散电位范围，在加脉冲期间的电流方程式应与式（2-9-28）完全相同（单电位阶跃），即对平面电极有：

$$i_d(\tau) = \frac{nFAD^{\frac{1}{2}}c^*}{\pi^{\frac{1}{2}}(\tau - \tau')^{\frac{1}{2}}} \tag{2-9-40}$$

对汞滴电极而言，如果电极面积使用时的面积，则

$$i_d(\tau) = 706nD^{\frac{1}{2}}c^* m^{\frac{2}{3}}\tau'^{\frac{1}{6}}(\tau/\tau' - 1)^{-\frac{1}{2}} \tag{2-9-41}$$

令 $\tau = \tau' + t_1$，t_1 为加脉冲到采样电流的时间（约等于脉冲宽度），上式可改写为

$$i_d(\tau) = 706nD^{\frac{1}{2}}c^* m^{\frac{2}{3}}\tau'^{\frac{1}{6}}\theta^{-\frac{1}{2}} \tag{2-9-42}$$

式中，$\theta = \dfrac{\tau'}{t_1}$ 与普通直流极谱的方程式（2-9-40）比较，得到

$$i_d \text{常规脉冲} = \theta^{\frac{1}{2}}$$

若 $t_1 = 40\text{ms}$，$\tau' = 3\text{s}$，则 $\theta^{\frac{1}{2}} = 9$，因此常规脉冲极谱的灵敏度比直流极谱提高约 9 倍。常规脉冲极谱曲线的方程与直流极谱类似：

$$E = E_{\frac{1}{2}} + \frac{RT}{nF}\ln\frac{i_d - i}{i} \tag{2-9-43}$$

事实上，常规脉冲极谱是采样电流伏安法，但其时间标度（40～60ms）比普通直流极谱或采样电流伏安法（3s）短得多。因此，某一体系用普通直流极谱法研究，其行为是可逆的，但在常规脉冲极谱法中其行为可能似准可逆或不可逆体系。另一方面，若某体系电极过程反应速率很快，但其电极反应产物以一定速率分解，（设时标为秒），在常规脉冲极谱研究时将表现为可逆行为，这是因为在测量期间（40～60ms）产物的分解可以忽略，但用普通直流极谱研究时将呈现均相化学反应引起的波形失真。

实验参数：

起始电位 E_i（V）：-10.0～+10.0。

终止电位 E_f（V）：-10.0～+10.0。

电位增量 ΔE（V）：0.001～50。

脉冲宽度 t_1（s）：0.0001～60000。

脉冲间隔 τ（s）：0.00001～60000。

等待时间 t_w（s）：0～60000。

说明：脉冲间隔可选择范围 0.1～4s，太小充电电流干扰大，波形失真，太大则扫描速度太慢。常用范围：极谱法 1～2s，伏安法 0.1～1s，脉冲宽度 t_1 的一般取值范围为 10～200ms，常用 30～100ms。电位增量 ΔE 取值范围为 1～10mV，常用 1～5mV，太大会使分辨力降低，波形失真。第一个脉冲的振幅就是 ΔE，以后每次叠加一个 ΔE。

② 差分脉冲极谱（伏安）法［differential pulse polarography（voltammetry）］。

差分脉冲极谱法又称为微分脉冲极谱法，它的基本原理与常规脉冲极谱相同，加于电化学池的极化电压和时序的关系如图 2-9-37 所示。

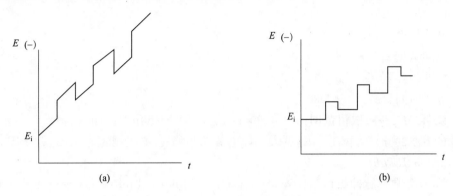

图 2-9-37　差分脉冲极化电压波形

比较图 2-9-36 和图 2-9-37 可知，常规脉冲与差分脉冲之间存在如下重要差别。

a. 差分脉冲极谱的直流电位不是恒定的，滴间呈阶梯式增加或随时间呈线性增加，其扫描速度似普通直流极谱（伏安法可提高速度）。

b. 脉冲的高度（振幅度）保持一恒定值，可选择范围为 5～100mV，这一恒振幅的脉冲叠加在阶梯式扫描电压或线性扫描电压上。

c. 在每个脉冲周期（或汞滴寿命期间）采样两次电流，一次是在加入脉冲前瞬间，一次是在加入脉冲后，记录两点间电流的差值和电极直流电位的关系曲线。

一般在加脉冲前的预电解时间（脉冲间隔）为 0.5～4s，脉冲持续时间（脉冲宽度）为 40～60ms，这些参数同常规脉冲极谱。

差分脉冲极谱不同于常规脉冲极谱，在加入脉冲前电极上存在电极反应，有电流流过。因此差分脉冲极谱曲线是对称性很好的高斯型曲线（峰形），而常规脉冲极谱的曲线是 S 形的。差分脉冲极谱的峰电流用下式表示：

$$i_p = \frac{nFAD^{\frac{1}{2}}c^*}{\pi^{\frac{1}{2}}(\tau-\tau')^{\frac{1}{2}}} \times \left(\frac{1-\sigma}{1+\sigma}\right) \tag{2-9-44}$$

峰电位　　　　　　　　　　$E_p = E_{1/2} - E_n/2$　　　　　　　　　　　（2-9-45）

这里 E_n 为脉冲振幅（高度），$\sigma = \exp(nF/RT - E_n/2)$。

由于峰电位较小（几十毫伏），因此峰电位接近于半波电位。

峰电位因子 $\left(\dfrac{1-\sigma}{1+\sigma}\right)$ 随 $|E_n|$ 的减小而减小，当 $E_n = 0$ 时，其值为零。当 E_n 为负值（$E+E_n$ 更负）时，i_p 为正值（阴极电流）；相反，当 E_n 为正值时，i_p 为负值（阳极电流）。极限条件下，$E_n = 0$，有 $\left(\dfrac{1-\sigma}{1+\sigma}\right) = 1$，这时 i_p 等于常规脉冲极谱的极限扩散电流。

实验参数：

起始电位 E_i（V）：$-10.0 \sim +10.0$。

终止电位 E_f（V）：$-10.0 \sim +10.0$。

电位增量 ΔE（V）：$0.001 \sim 0.05$。

脉冲幅度 E_n（V）：$0.001 \sim 0.1$。

脉冲宽度 t_1（$\tau - \tau'$）（s）：$0.0001 \sim 10$。

脉冲间隔 τ'（s）：$0.0001 \sim 60000$。

等待时间（s）：$0 \sim 60000$。

说明：E_n 一般取值范围为 $2 \sim 100 \text{mV}$，常用 $20 \sim 50 \text{mV}$。如 E_n 很大，使差分脉冲极谱波的分辨力降低。E_n 越大，峰电流的半峰宽 $W_{1/2}$ 越宽。当 E_n 趋于零时，$W_{1/2} = 3.52RTnF$。

③ 差分常规脉冲极谱（伏安）法［differential normal pulse poarography（voltammetry）］。

差分常规脉冲技术的极化电压为差分脉冲和常规脉冲的结合，如图 2-9-38（a）所示。

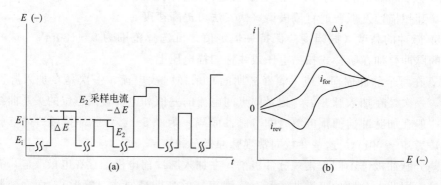

图 2-9-38　差分常规脉冲极谱原理图

电极电位开始在常规脉冲的起始电位 E_i，在适宜的延迟后叠加一双脉冲，脉冲振幅分别为 E_1 和 $E_1 + \Delta E = E_2$，双脉冲结束时回复到起始电位 E_i。在延迟一个脉冲间隔后，加下一个双脉冲，完成了一个双脉冲周期。在下一个周期，E_1 有一个小的增量，ΔE 值不变，叠加两个双脉冲，如此循环。在每个周期中，在第一个双脉冲的 E_2 末期采样电流为正向电流 i_{for}，在第二个双脉冲 $E_{1/2}$ 的采样的电流为逆向电流 i_{rev}，记录正向和逆向电流的差值 Δi［见图 2-9-38（b）］。此法能极好地消除充电电流，具有很大的灵敏度。

实验参数：

起始电位 E_i（V）：$-10.0 \sim +10.0$。

终止电位 E_f（V）：$-10.0 \sim +10.0$。

电位增量 ΔE（V）：$0.001 \sim 0.05$。

脉冲幅度 E_1 （V）：$0.001 \sim 0.1$。

脉冲叠加量 （V）：$0.001 \sim 0.5$。

脉冲宽度 t_1 （s）：$0.001 \sim 1$。

脉冲间隔 τ （s）：$0.0001 \sim 60000$。

等待时间 （s）：$0 \sim 60000$。

这里脉冲宽度实际上是双脉冲的宽度，即在加脉冲时，先在 E_1 保持 $t_{1/2}$，然后阶跃至 $E_1 + \Delta E$ （或 $E_1 - \Delta E$） 保持 $t_{1/2}$。

④ 差分脉冲溶出伏安法 （differential pulse stripping voltammetry）。

差分脉冲溶出伏安法的原理请参阅线性扫描溶出伏安法，不同之处在于电位扫描方式为差分脉冲方式。

实验参数：起始电位 E_i （V）：$-10.0 \sim +10.0$。

电沉积电位 E_d （V）：$-10.0 \sim +10.0$。

电位增量 ΔE （V）：$0.001 \sim 0.05$。

脉冲幅度 E_n （V）：$0.001 \sim 0.1$。

脉冲宽度 t_1 （s）：$0.001 \sim 1$。

脉冲间隔 τ' （s）：$0.0001 \sim 60000$。

电沉积时间 t_d （s）：$0 \sim 60000$。

平衡时间 t_e （s）：$0 \sim 60000$。

（4）方波技术 （square wave techniques）

方波极谱法是发展的分析技术，它是在线性变化的电压上叠加高频率小振幅的连续方波电压，在每个方波半周期的末期采样电流而消除了充电电流的影响。脉冲极谱乃是基于方波极谱的特点，延长方波半周期，在每滴汞末期仅加一个脉冲使干扰电流（充电电流和毛细管噪声电流）得到更好的消除，使灵敏度高于方波极谱，并不需要高浓度的支持电解质，因此优于方波极谱。

这里提出的方波技术不同于 Barker 叠加方波的方法，是线性扫描（阶梯扫描）与差分脉冲技术的结合，又称 Osteryoung 方波。极化电位波形如图 2-9-39 （a）所示。

① 方波伏安法 （square wave voltammetry）。

从图 2-9-39 （a）可以看出，极化电压波形实际上就是在阶梯扫描电压上叠加方波，每个阶梯叠加一个方波，方波的频率和振幅都较高。在方波的正半周期（点 1）和负半周期（点 2）分别采样电流，称为正向电流和逆向电流，记录其差值，即为方波电流 ［见图 2-9-39 （b）］。从理论上讲，方波伏安法比差分脉冲伏安法的灵敏度高，且扫描速度更快。

实验参数：起始电位 E_i （V）：$-10.0 \sim +10.0$。

终止电位 E_f （V）：$-10.0 \sim +10.0$。

电位增量 ΔE （V）：$0.001 \sim 0.5$。

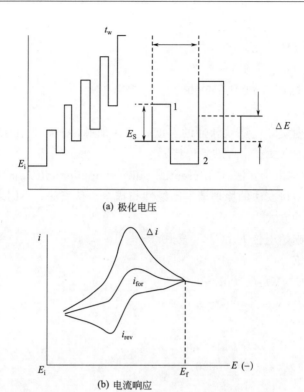

(a) 极化电压

(b) 电流响应

图 2-9-39　方波伏安法的极化电压及电流响应

方波频率 f（kHz）：1～100。

方波幅度 E_s（V）：0.001～0.1。

等待时间（s）：0～60000。

方波幅度的取值范围为 5～100mV，通常使用 20～50mV。与脉冲振幅一样，如果太大，使分辨力下降。电位增量 ΔE 通常取值 1～5mV，太大时分辨力也下降。方波频率的取值范围为 1～100kHz，常用范围为（1～100）kHz。如果 t_f 太大，则要求仪器响应速度快，这时充电电流干扰大，硬件响应速度跟不上。如果 t_w 太小，则扫描速度变慢，显不出方波伏安法的优越性。

方波伏安法的峰电位就是可逆半波电位，即

$$E_p = E_{1/2}^r \tag{2-9-46}$$

而峰电流与差分脉冲峰电流的表达式一致，见式（2-9-44），只不过 $\tau - \tau' = t_w$。

$\sigma = \exp\left[nF/2RT\left(2E_s + \Delta E\right)\right]$。这里 t_w 为方波周期，E_s 为方波振幅，ΔE 为扫描增量。

② 循环方波伏安法（cyclic square wave voltammetry）。

循环方波伏安法是用来研究电极反应机理的一种崭新的方法，它与循环伏安法相比，具有峰电位、峰电流测量，可在较低的支持电解池浓度和较低的反应物浓度条件下进行研究。循环方波伏安法的极化电压波形如图 2-9-40 所示。

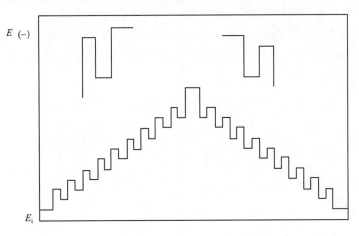

图 2-9-40　循环方波伏安法的极化电压波形

对于可逆体系有 $|i_{pa}/i_{pc}|=1$。由此可见 $E_{pc}=E_{pa}=E_{1/2}^r$，循环方波伏安法在研究电极过程时比循环伏安法更方便。而且对于准可逆电极过程，$E_{1/2}^r=1/2$ $(E_{pc}+E_{pa})$。

实验参数：

起始电位 E_i（V）：$-10.0\sim+10.0$。

开关电位 E_t（V）：$-10.0\sim+10.0$。

扫描增量 ΔE（V）：$0.001\sim0.5$。

方波频率 f(kHz)：$1\sim100$。

方波振幅 E_s（V）：$0.001\sim0.1$。

循环次数（次）：N（视需要设定）。

等待时间（s）：$0\sim60000$。

其中循环次数 N 受数据总量（11000）的控制。如果设 N 得太大，使采集数据量超过 11000，计算机会发出警告。

③ 方波溶出伏安法（square wave stripping voltammetry）。

方波溶出伏安法原理请参阅线性扫描溶出伏安法一节。不同之处在于电位扫描方式为方波扫描方式。

实验参数：

起始电位 E_i（V）：$-10.0\sim+10.0$。

电沉积电位 E_t（V）：$-10.0\sim+10.0$。

扫描增量 ΔE（V）：$0.001\sim0.5$。

方波频率 f(kHz)：$1\sim100$。

方波振幅 E_s（V）：$0.001\sim0.1$。

电沉积时间 t_d（s）：$0\sim60000$。

平衡时间 t_e（s）：0～60000。

（5）交流技术（alternating-current techniques）

交流技术是在线性增加的电压上，叠加一小振幅（1～50mV）低频率（50～60Hz）的正弦交流电压（见图2-9-41），记录电解池的交流电流与直流电压的关系曲线而进行分析的方法，称为交流极谱法。

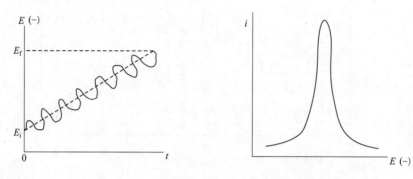

图 2-9-41　交流伏安法的极化电压及电流响应

交流技术包括交流伏安法、选相交流伏安法、二次谐波交流伏安法、交流溶出伏安法。

① 交流伏安法（alternating current voltammetry）。

实验参数：

起始电位 E_i（V）：−10.0～+10.0。

终止电位 E_f（V）：−10.0～+10.0。

电位增量 ΔE（V）：0.001～0.05。

交流振幅 E_s（V）：0.001～0.4。

交流频率 f（kHz）：1～10。

等待时间 t_w（s）：0～60000。

阶梯时间（s）：0.00001～10。

说明：

a. 初始电位与终止电位至少应相差 0.01V；

b. 频率选 1，2，5，10，20，50，…，10000 时，得到好的响应曲线。

② 选相交流伏安法（chang phase alternating current voltammetry）。

实验参数：

起始电位（V）：−10.0～+10.0。

终止电位（V）：−10.0～+10.0。

电位增量（V）：0.001～0.05。

交流振幅（V）：0.001～0.4。

交流频率（kHz）：1～10。

锁定相角（度）：视需要设定。

等待时间（s）：0～60000。

阶梯时间（s）：0.00001～10。

说明：

a. 初始电位与终止电位至少应相差 0.01V；

b. 频率为 1，2，5，10，20，50，…，10000 时，得到好的响应曲线；

c. 采样电流是采集的锁定相角（度）的电流。

③ 二次谐波交流伏安法（2nd harmonic alternating current voltammetry）。

实验参数：

起始电位（V）：－10.0～＋10.0。

终止电位（V）：－10.0～＋10.0。

电位增量（V）：0.001～0.05。

交流振幅（V）：0.001～0.4。

交流频率（kHz）：1～10。

等待时间（s）：0.00001～10。

说明：

a. 初始电位与终止电位至少应相差 0.01V；

b. 频率为 1，2，5，10，20，50，…，10000 时，得到好的响应曲线。

④ 交流溶出伏安法（alternating current stripping voltammetry）。

实验参数：

起始电位（V）：－10.0～＋10.0。

电沉积电位（V）：－10.0～＋10.0。

电位增量（V）：0.001～0.05。

交流振幅（V）：0.001～0.4。

交流频率（kHz）：1～10。

电沉积时间（s）：0～60000。

平衡时间（s）：0～60000。

阶梯时间（s）：0.00001～10。

（6）恒电流技术（controlled-current techniques）

与控制工作电极的电位不同，若控制流过工作电极的电流，常常为恒电流或线性变化电流，记录工作电极电位与时间的关系曲线，这种方法称为计时电位法。这里把单电流阶跃方式称为计时电位法，双电流阶跃方式称循环计时电位法，线性变化电流方式称为程序电流计时电位法。

① 单电流阶跃计时电位法（single controlled-current chronopotentiometry）。

单电流阶跃计时电位法的极化电流和电位响应如图 2-9-42 所示。

对于可逆过程，图 2-9-42（b）中的电位响应曲线可用下式表示：

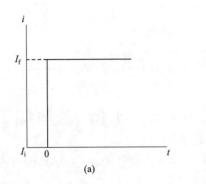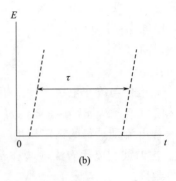

(a) (b)

图 2-9-42　单电流阶跃计时电位法原理图

$$E = E_{\tau/4} + RT/nF\ln\left[(\tau^{1/2} - t^{1/2})/t^{1/2}\right] \tag{2-9-47}$$

式中，τ 为过渡时间，有：

$$\frac{i \cdot \tau^{\frac{1}{2}}}{c^*} = \frac{nFAD^{\frac{1}{2}}\pi^{\frac{1}{2}}}{2} \tag{2-9-48}$$

式（2-9-48）称为 Sand 方程。而 $\dfrac{i\tau^{\frac{1}{2}}}{c^*}$ 称为过渡时间常数。利用过渡时间常数可以求出工作电极的有效面积或活性物的扩散系数。

实验参数：

阶跃电流 I_s（A）：取值范围 $0\sim\pm 0.5$。

采样间隔 Δt（s）：$0.0001\sim 10$（两次采样之间的时间间隔）。

采样点数 N：根据过渡时间的长短设置，最大不超过 11000。

② 线性电流计时电位法（linear controlled-current chronopotentiometry）。

线性电流计时电位法的极化电流是一随时间线性变化的电流，如图 2-9-43 所示。

$$i = \beta t \tag{2-9-49}$$

式中，β 为电流变化速率，$mA \cdot s^{-1}$。对于过渡时间 τ 有：

$$\frac{\beta\tau^{\frac{3}{2}}}{C^*} = \frac{nFAD_0^{\frac{1}{2}}\tau^{\frac{5}{2}}}{2} \tag{2-9-50}$$

线性电流计时电位法的实验参数：

起始电流 I_i（μA）：$\pm 10\sim\pm 0.5$。

终止电流 I_f（μA）：$\pm 10\sim\pm 0.5$。

扫描速度 β（μA/s）：$0.5\sim 10$。

③ 双电流阶跃计时电位法（double controlled-current chronopotentiometry）。

实验参数：

阶跃电流一 I_{s1}（A）：取值范围 $0\sim\pm 0.5$。

阶跃电流二 I_{s2}（A）：取值范围 $0\sim\pm 0.5$。

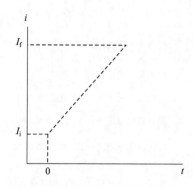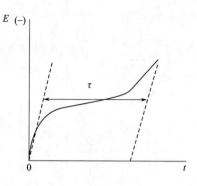

图 2-9-43　线性电流计时电位法

采样间隔 Δt （s）：0.00001～10（两次采样之间的时间间隔）。

采样点数 N （×2）：根据过渡时间的长短设置，最大不超过 11000。

④ 控制电流电解库仑法。

实验参数：

电解电流（A）：取值范围 0～±0.5。

电解时间（s）：1～60000。

采样间隔时间（s）：0.00001～10。

电解终止电位（V）：−10.0～＋10.0。

（7）常见故障

故障	可能原因	处理方法
联机失败	电源未开	打开仪器电源
	电极线未接	联接电极线
	电线损坏	检查并更换电线
	通信口设置于正在使用的通信口不匹配	检查 Fax/ModemFax/Mod
	计算机故障	安装系统
	静电放电	关机然后再开机或重新启动计算机
程序对鼠标操作无响应	计算过程冗长	等待
	通信失败	重新启动计算机和仪器
视窗应用错误		重新启动程序或重新启动计算机
硬件测试错误		重复硬件测试,记录下错误信息,并与我公司服务处联系

故障	可能原因	处理方法
无电流响应	电极接线未连好或破损	检查电极接线
噪声数据	电噪声环境	配置交流稳压电源
	信号太弱	使用最高灵敏度,设置过滤器
	参比电极阻抗太高	检查参比电极头部是否有气泡,换电极
	计算机故障	确认计算机系统内未安装网卡或 Fax/Modem 卡,如果有卡,请拔下卡后再试,如果问题依然存在,请试用其他计算机

第 10 章　光学测量技术与仪器

10.1　折射率的测定与应用

10.1.1　折射率

光从真空射入介质发生折射时，入射角 γ 的正弦值与折射角 β 正弦值的比值 $\sin\gamma/\sin\beta$ 叫做介质的"绝对折射率"，简称"折射率"。它表示光在介质中传播时，介质对光的一种特征。

10.1.2　阿贝折射仪

10.1.2.1　工作原理

阿贝折射仪的外形图如图 2-10-1 所示。

当一束单色光从介质 A 进入介质 B（两种介质的密度不同）时，光线在通过界面时改变了方向，这一现象称为光的折射，如图 2-10-2 所示。

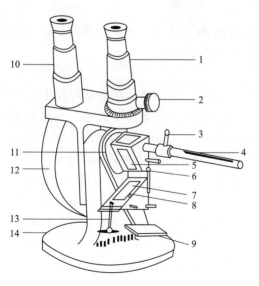

图 2-10-1　阿贝折射仪外形图

1—测量望远镜；2—消色散手柄；3—恒温水入口；

4—温度计；5—测量棱镜；6—铰链；7—辅助棱镜；

8—加液槽；9—反射镜；10—读数望远镜；11—转轴；

12—刻度盘罩；13—闭合旋钮；14—底座

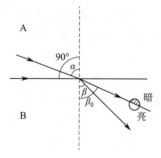

图 2-10-2　光的折射

光的折射现象遵从折射定律：

$$\frac{\sin\alpha}{\sin\beta} = \frac{n_B}{n_A} = n_{A,B} \qquad (2\text{-}10\text{-}1)$$

式中，α 为入射角；β 为折射角；n_A、n_B 为交界面两侧两种介质的折射率；$n_{A,B}$ 为介质 B 对介质 A 的相对折射率。

若介质 A 为真空，因规定 $n=1.0000$，故 $n_{A,B}=n_B$ 为绝对折射率。但介质 A 通常为空气，空气的绝对折射率为 1.00029，这样得到的各物质的折射率称为常用折射率，也称做对空气的相对折射率。同一物质两种折射率之间的关系为：

绝对折射率＝常用折射率×1.00029

根据式（2-10-1）可知，当光线从一种折射率小的介质 A 射入折射率大的介质 B 时（$n_A < n_B$），入射角一定大于折射角（$\alpha > \beta$）。当入射角增大时，折射角也增大，设当入射角 $\alpha=90°$ 时，折射角为 β_0，我们将此折射角称为临界角。因此，当在两种介质的界面上以不同角度射入光线时（入射角 α 从 $0° \sim 90°$），光线经过折射率大的介质后，其折射角 $\beta \leqslant \beta_0$。其结果是大于临界角的部分无光线通过，成为暗区；小于临界角的部分有光线通过，成为亮区。临界角成为明暗分界线的位置，如图 2-10-2 所示。

根据式（2-10-1）可得：

$$n_A = n_B \frac{\sin\beta}{\sin\alpha} = n_B \sin\beta_0 \qquad (2\text{-}10\text{-}2)$$

因此，在固定一种介质时，临界折射角 β_0 的大小与被测物质的折射率是简单的函数关系，阿贝折射仪就是根据这个原理而设计的。

10.1.2.2　仪器结构

阿贝折射仪的光学示意图如图 2-10-3 所示，它的主要部分是由两个折射率为 1.75 的玻璃直角棱镜所构成的，上部为测量棱镜，是光学平面镜，下部为辅助棱镜。其斜面是粗糙的毛玻璃，两者之间有 0.1～0.15mm 厚的空隙，用于装待测液体，并使液体展开成一薄层。当从反射镜反射来的入射光进入辅助棱镜至粗糙表面时，产生漫散射，以各种角度透过待测液体，而从各个方向进入测量棱镜而发生折射。其折射角都落在临界角 β_0 之内，因为棱镜的折射率大于待测液体的折射率，因此入射角从 $0° \sim 90°$ 的光线都通过测量棱镜发生折射。具有临界角 β_0 的光线从测量棱镜出来反射到目镜上，此时若将目镜十字线调节到适当位置，则会看到目镜上呈半明半暗状态。折射光都应落在临界角 β_0 内，成为亮区，其他部分为暗区，构成了明暗分界线。

根据式（2-10-2）可知，若已知棱镜的折射率 $n_{棱}$，通过测定待测液体的临界角 β_0，就能求得待测液体的折射率 $n_{液}$。实际上测定 β_0 值很不方便，当折射光从棱镜出来进入空气后又产生折射，折射角为 β_0'。$n_{液}$ 与 β_0' 之间的关系为：

$$n_{液} = \sin r \sqrt{n_{棱}^2 - \sin^2\beta_0'} - \cos r \sin\beta_0' \qquad (2\text{-}10\text{-}3)$$

式中，r 为常数；$n_{棱} = 1.75$。

测出 β'_0 即可求出 $n_{液}$。因为在设计折射仪时已将 β'_0 换算成 $n_{液}$ 值，故从折射仪的标尺上可直接读出液体的折射率。

在实际测量折射率时，我们使用的入射光不是单色光，而是使用由多种单色光组成的普通白光，因不同波长的光的折射率不同而产生色散，在目镜中看到一条彩色的光带，而没有清晰的明暗分界线，为此，在阿贝折射仪中安置了一套消色散棱镜（又叫补偿棱镜）。通过调节消色散棱镜，使测量棱镜出来的色散光线消失，明暗分界线清晰，此时测得的液体的折射率相当于用单色光钠光 D 线所测得的折射率 n_D。

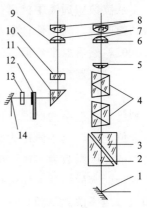

图 2-10-3　阿贝折射仪
光学系统示意图

1—反射镜；2—辅助棱镜；
3—测量棱镜；4—消色散棱镜；
5—物镜；6—分划板；
7，8—目镜；9—分划板；
10—物镜；11—转向棱镜；
12—照明度盘；13—毛玻璃；
14—小反光镜

10.1.2.3　使用方法

（1）仪器安装

将阿贝折射仪安放在光亮处，但应避免阳光的直接照射，以免液体试样受热迅速蒸发。将超级恒温槽与其相连接使恒温水通入棱镜夹套内，检查棱镜上温度计的读数是否符合要求，一般选用 $(20.0 \pm 0.1)℃$ 或 $(25.0 \pm 0.1)℃$。

（2）加样

旋开测量棱镜和辅助棱镜的闭合旋钮，使辅助棱镜的磨砂斜面处于水平位置，若棱镜表面不清洁，可滴加少量丙酮，用擦镜纸顺单一方向轻擦镜面（不可来回擦）。待镜面洗净干燥后，用滴管滴加数滴试样于辅助棱镜的毛镜面上，迅速合上辅助棱镜，旋紧闭合旋钮。若液体易挥发，动作要迅速，或先将两棱镜闭合，然后用滴管从加液孔中注入试样（注意切勿将滴管折断在孔内）。

（3）对光

转动手柄，使刻度盘标尺上的示值为最小，于是调节反射镜，使入射光进入棱镜组。同时，从测量望远镜中观察，使示场最亮。调节目镜，使示场准丝最清晰。

（4）粗调

转动手柄，使刻度盘标尺上的示值逐渐增大，直至观察到视场中出现彩色光带或黑白分界线为止。

（5）消色散

转动消色散手柄，使视场内呈现一清晰的明暗分界线。

（6）精调

再仔细转动手柄，使分界线正好处于 X 形准丝交点上。

（7）读数

从读数望远镜中读出刻度盘上的折射率数值。常用的阿贝折射仪可读至小数点后的第四位，为了使读数准确，一般应将试样重复测量三次，每次相差不能超过0.0002，然后取平均值。

（8）仪器校正

折射仪刻度盘上的标尺的零点有时会发生移动，须加以校正。校正的方法是用一种已知折射率的标准液体（一般是用纯水），按上述方法进行测定，将平均值与标准值比较，其差值即为校正值。纯水在 20℃ 时的折射率为 1.3325，在 15～30℃ 之间的温度系数为 $-0.0001℃^{-1}$。在精密的测量工作中，须在所测范围内用几种不同折射率的标准液体进行校正，并画出校正曲线，以供测试时对照校核。

10.1.2.4　注意事项

阿贝折射仪是一种精密的光学仪器，使用时应注意以下几点。

① 使用时要注意保护棱镜，清洗时只能用擦镜纸而不能用滤纸等。加试样时不能将滴管口触及镜面。对于酸碱等腐蚀性液体不得使用阿贝折射仪。

② 每次测定时，试样不可加得太多，一般只需加 2～3 滴即可。

③ 要注意保持仪器清洁，保护刻度盘。每次实验完毕，要在镜面上加几滴丙酮，并用擦镜纸擦干。最后用两层擦镜纸夹在两棱镜镜面之间，以免镜面损坏。

④ 读数时，有时在目镜中观察不到清晰的明暗分界线，而是畸形的，这是由于棱镜间未充满液体；若出现弧形光环，则可能是由于光线未经过棱镜而直接照射到聚光透镜上。

⑤ 若待测试样折射率不在 1.3～1.7 范围内，则阿贝折射仪不能测定，也看不到明暗分界线。

10.1.3　折射率测定的应用

折射率是物质的重要物理常数之一，许多纯物质都具有一定的折射率，如果其中含有杂质则折射率将发生变化，出现偏差，杂质越多，偏差越大。因此通过折射率的测定，可以测定物质的浓度，鉴定液体的纯度。

10.2　旋光度的测定与应用

10.2.1　旋光现象和旋光度

一般光源发出的光，其光波在垂直于传播方向的一切方向上振动，这种光称为自然光，或称非偏振光；而只在一个方向上有振动的光称为平面偏振光。当一束平面偏振光通过某些物质时，其振动方向会发生改变，此时光的振动面旋转一定的角度，这种现象称为物质的旋光现象。这个角度称为旋光度，以 α 表示。物质的这种使偏振光的振动面旋转的性质叫做物质的旋光性。

凡有旋光性的物质称为旋光物质。偏振光通过旋光物质时，对着光的传播方向看，如果是使偏振面向右（即顺时针方向）旋转的物质，叫做右旋性物质；如果是使偏振面向左（逆时针）旋转的物质，叫做左旋性物质。

物质的旋光度是旋光物质的一种物理性质，除主要取决于物质的立体结构外，还因实验条件的不同而有很大的不同。因此，人们又提出"比旋光度"的概念作为量度物质旋光能力的标准。规定以钠光 D 线作为光源，温度为 293.15K 时，一根 10cm 长的样品管中，装满每毫升溶液中含有 1g 旋光物质的溶液后所产生的旋光度，称为该溶液的比旋光度，即

$$[\alpha]_t^D = \frac{10\alpha}{LC} \tag{2-10-4}$$

式中，D 表示光源，通常为钠光 D 线；t 为实验温度；α 为旋光度；L 为液层厚度；C 为被测物质的质量浓度。为区别右旋和左旋，常在左旋光度前加"一"号。如蔗糖 $[\alpha]_t^D = 52.5°$ 表示蔗糖是右旋物质。而果糖的比旋光度为 $[\alpha]_t^D = -91.9°$，表示果糖为左旋物质。

10.2.2　旋光仪基本结构

旋光度是由旋光仪进行测定的，旋光仪的主要元件是两块尼柯尔棱镜。尼柯尔棱镜是由两块方解石直角棱镜沿斜面用加拿大树脂黏合而成的，如图 2-10-4 所示。

当一束单色光照射到尼柯尔棱镜时，分解为两束相互垂直的平面偏振光，一束折射率为 1.658 的寻常光，一束折射率为 1.486 的非寻常光，这两束光线到达加拿大树脂黏合面时，折射率大的寻常光（加拿大树脂的折射率为 1.550）全反射到底面上，被墨色涂层吸收，而

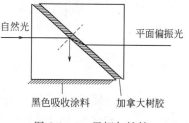

图 2-10-4　尼柯尔棱镜

折射率小的非寻常光则通过棱镜，这样就获得了一束单一的平面偏振光。用于产生平面偏振光的棱镜称为起偏镜，如让起偏镜产生的偏振光照射到另一个透射面与起偏镜透射面平行的尼柯尔棱镜上，则这束平面偏振光也能通过第二个棱镜，如果第二个棱镜的透射面与起偏镜的透射面垂直，则由起偏镜出来的偏振光完全不能通过第二个棱镜。

如果第二个棱镜的透射面与起偏镜的透射面之间的夹角 θ 为 0°～90°，则光线部分通过第二个棱镜，此第二个棱镜称为检偏镜。通过调节检偏镜，能使透过的光线强度在最强和零之间变化。如果在起偏镜与检偏镜之间放有旋光性物质，则由于物质的旋光作用，使来自起偏镜的光的偏振面改变了某一角度，只有检偏镜也旋转同样的角度，才能补偿旋光线改变的角度，使透过的光的强度与原来相同。旋光仪就是根据这种原理设计的，如图 2-10-5 所示。

通过检偏镜用肉眼判断偏振光通过旋光物质前后的强度是否相同是十分困难的，这样会产生较大的误差，为此设计了一种在视野中分出三分视界的装置，原理

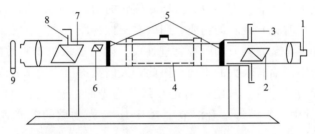

图 2-10-5　旋光仪构造示意图

1—目镜；2—检偏棱镜；3—圆形标尺；4—样品管；5—窗口；

6—半暗角器件；7—起偏棱镜；8—半暗角调节；9—灯

是：在起偏镜后放置一块狭长的石英片，由起偏镜透过来的偏振光通过石英片时，由于石英片的旋光性，使偏振光旋转了一个角度 Φ，通过镜前观察，光的振动方向如图 2-10-6 所示。

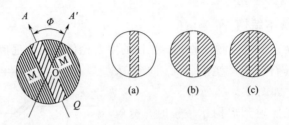

图 2-10-6　三分视野示意图

A 是通过起偏镜的偏振光的振动方向，A' 是又通过石英片旋转一个角度后的振动方向，此两偏振方向的夹角 Φ 称为半暗角（$\Phi = 2° \sim 3°$），如果旋转检偏镜使透射光的偏振面与 A' 平行，在视野中将观察到：中间狭长部分较明亮，而两旁较暗，这是由于两旁的偏振光不经过石英片，如图 2-10-6（b）所示。如果检偏镜的偏振面与起偏镜的偏振面平行（即在 A 的方向时），在视野中将出现：中间狭长部分较暗而两旁较亮，如图 2-10-6（a）所示。当检偏镜的偏振面处于 $\Phi/2$ 时，两旁直接来自起偏镜的光偏振面被检偏镜旋转了 $\Phi/2$，而中间被石英片转过角度 Φ 的偏振面又被检偏镜旋转角度 $\Phi/2$，这样中间和两边的光偏振面都被旋转了 $\Phi/2$，故视野呈微暗状态，且三分视野内的暗度是相同的，如图 2-10-6（c）所示，将这一位置作为仪器的零点，在每次测定时，调节检偏镜使三分视界的暗度相同，然后读数。

10.2.2.1　使用方法

① 调节望远镜焦距：打开钠光灯，稍等几分钟，待光源稳定后，从目镜中观察视野，如不清楚可调节目镜焦距。

② 仪器零点校正：选用合适的样品管并洗净，充满蒸馏水（应无气泡），放入旋光仪的样品管槽中，调节检偏镜的角度使三分视野消失，读出刻度盘上的刻度并

将此角度作为旋光仪的零点。

③ 旋光度测定：零点确定后，将样品管中的蒸馏水换成待测溶液，按同样方法测定，此时刻度盘上的读数与零点时读数之差即为该样品的旋光度。

目前，旋光仪多为自动读数旋光仪，如图 2-10-7 所示。

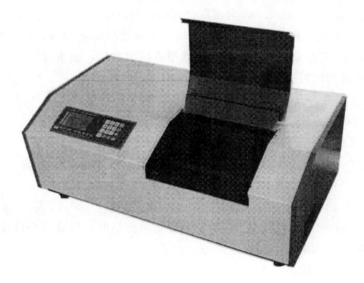

图 2-10-7　自动读数旋光仪实物图

10.2.2.2　自动旋光仪使用方法

① 将旋光仪接于 220V 交流电源。开启电源开关，约 5min 后钠光灯发光正常，就可开始工作。

② 检查旋光仪零位是否准确，即在旋光仪未放试管或放进充满蒸馏水的试管时，观察零度时视场亮度是否一致。如不一致，说明有零位误差，应在测量读数中减去或加上该偏差值。或放松度盘盖背面的四只螺钉，微微转动度盘盖校正之（只能校正0.5°左右的误差，严重的应送制造厂检修）。

③ 选取长度适宜的试管，注满待测试液，装上橡皮圈，旋上螺帽，直至不漏水为止。螺帽不宜旋得太紧，否则护片玻璃会引起应力，影响读数正确性。然后将试管两头残余溶液揩干，以免影响观察清晰度及测定精度。

④ 测定旋光读数：转动度盘、检偏镜，在视场中觅得亮度一致的位置，再从度盘上读数。读数是正的为右旋物质，读数是负的为左旋物质。

⑤ 采用双游标读数法可按下列公式求得结果：

$$Q = (A + B)/2$$

式中，A 和 B 分别为两游标窗读数值。如果 $A = B$，而且度盘转到任意位置都符合等式，则说明旋光仪没有偏心差（一般出厂前旋光仪均作过校正），可以不用对项读数法。

⑥ 旋光度和温度也有关系。对大多数物质，用 $\lambda = 5893\text{Å}$（钠光）测定，当温度升高 1℃ 时，旋光度约减少 0.3%。对于要求较高的测定工作，最好能在 20℃ ± 2℃ 的条件下进行。

10.2.2.3　旋光仪的维护

① 旋光仪应放在通风干燥和温度适宜的地方，以免受潮发霉。

② 旋光仪连续使用时间不宜超过 4h。如果使用时间较长，中间应关熄 10～15min，待钠光灯冷却后再继续使用，或用电风扇吹打，减小灯管受热程度，以免亮度下降和寿命缩短。

③ 试管用后要及时将溶液倒出，用蒸馏水洗涤干净，揩干藏好。所有镜片均不能用手直接揩擦，应用柔软绒布揩擦。

④ 旋光仪使用过程中如果有问题可及时和厂家联系。

⑤ 旋光仪停用时，应将塑料套套上。装箱时，应按固定位置放入箱内并压紧。

10.2.2.4　影响旋光度的因素

（1）浓度的影响

由式（2-10-4）可知，对于具有旋光性物质的溶液，当溶剂不具旋光性时，旋光度与溶液浓度和溶液厚度成正比。

（2）温度的影响

温度升高会使旋光管膨胀而长度加长，从而导致待测液体的密度降低。另外，温度变化还会使待测物质分子间发生缔合或离解，使旋光度发生改变。通常温度对旋光度的影响，可用下式表示：

$$[\alpha]_t^\lambda = [\alpha]_t^D + Z(t-20) \tag{2-10-5}$$

式中，t 为测定时的温度；Z 为温度系数。

不同物质的温度系数不同，一般为 $-0.01 \sim -0.04℃^{-1}$。为此在实验测定时必须恒温，旋光管上装有恒温夹套，与超级恒温槽连接。

（3）浓度和旋光管长度对比旋光度的影响

在一定的实验条件下，常将旋光物质的旋光度与浓度视为成正比，因为将比旋光度作为常数。而旋光度和溶液浓度之间并不是严格地呈线性关系，因此严格来讲，比旋光度并非常数，在精密测定中，比旋光度和浓度间的关系可用下面三个方程之一表示：

$$[\alpha]_t^\lambda = A + Bq \tag{2-10-6}$$

$$[\alpha]_t^\lambda = A + Bq + Cq^2 \tag{2-10-7}$$

$$[\alpha]_t^\lambda = A + \frac{Bq}{C+q} \tag{2-10-8}$$

式中，q 为溶液的百分浓度；A、B、C 为常数，可以通过不同浓度的几次测量来确定。

旋光度与旋光管的长度成正比。旋光管通常是 10cm、20cm、22cm 三种规格。经常使用的是 10cm 长度的。但对旋光能力较弱或者较稀的溶液，为提高准确度，降低读数的相对误差，需用 20cm 或 22cm 长度的旋光管。

10.2.2.5　注意事项

① 旋光仪在使用时，需通电预热几分钟，但钠光灯使用时间不宜过长。

② 旋光仪是比较精密的光学仪器，使用时，仪器金属部分切忌沾污酸碱，防止腐蚀。

③ 光学镜片部分不能与硬物接触，以免损坏镜片。

④ 不能随便拆卸仪器，以免影响精度。

10.2.3　旋光仪的测定与应用

旋光仪是测定物质旋光度的仪器。通过对样品旋光度的测定，可以分析确定物质的浓度、含量及纯度等。广泛应用于医药、食品、有机化工等各个领域。

旋光仪在测定旋光度时，先将已知纯度的标准品或参考样品按一定比例稀释成若干只不同浓度的试样，分别测出其旋光度。然后以横轴为浓度，纵轴为旋光度，绘成旋光曲线。一般来说，旋光曲线均按算术插值法制成查对表形式。测定时，先测出样品的旋光度，根据旋光度从旋光曲线上查出该样品的浓度或含量。此外，旋光度测定法在药物化学中有很多应用，测定比旋光度值可用来鉴别药物或判断药物的纯杂程度。

10.3　分光光度计

10.3.1　分光光度法基本原理

不同物质由于其分子结构不同，对不同波长光线的吸收能力不同，因此，每种物质都具有其特异的吸收光谱。有些无色溶液，光虽对可见光无吸收作用，但所含物质可以吸收特定波长的紫外线或红外线。用光谱来鉴定物质性质及含量的技术，其理论依据（分光光度法）主要是指利用物质特有的朗伯-比尔定律。

朗伯-比尔定律是比色分析的基本原理，这个定律是有色溶液对单色光的吸收程度与溶液及液层厚度间的定量关系。

$$\lg\left(\frac{I}{I_0}\right)_\lambda = -\kappa_\lambda cl \tag{2-10-9}$$

吸光度定义为：

$$A_\lambda = \lg\left(\frac{I_0}{I}\right)_\lambda \tag{2-10-10}$$

则

$$A_\lambda = \kappa_\lambda cl \tag{2-10-11}$$

式中，A_λ 为单色光波长为 λ 时的吸光度（又称光密度）；I_0 为入射光射入介质前的强度；I 为出介质后的强度；$\dfrac{I}{I_0}$ 为透射比，用百分数表示则为透光度；κ_λ 为吸光系数；c 为溶液浓度；l 为溶液层厚度。

10.3.2　分光光度计

分光光度计因使用的波长范围不同而分为紫外光区、可见光区、红外光区以及万用（全波段）分光光度计等。无论哪一类分光光度计都由下列五个部分组成，即光源、单色器、狭缝、样品池，检测器系统。

（1）光源

要求能提供所需波长范围的连续光谱，稳定而有足够的强度。常用的有白炽灯（钨灯、卤钨灯等）、气体放电灯（氢灯、氘灯及氙灯等）、金属弧灯（各种汞灯）等多种。

钨灯和卤钨灯发射 320～2000nm 连续光谱，最适宜工作范围为 360～1000nm，稳定性好，用作可见光分光光度计的光源。氢灯和氘灯能发射 150～400nm 的紫外线，可用作紫外光区分光光度计的光源。红外线光源则由能斯特（Nernst）棒产生。汞灯发射的不是连续光谱，能量绝大部分集中在 253.6nm 波长外，一般作波长校正用。钨灯在出现灯管发黑时应及时更换，如换用的灯型号不同，还需要调节灯座位置的焦距。氢灯及氘灯的灯管或窗口是石英的，且有固定的发射方向，安装时必须仔细校正，接触灯管时应戴手套以防留下污迹。

（2）分光系统（单色器）

单色器是指能从混合光波中分解出来所需单一波长光的装置，由棱镜或光栅构成。用玻璃制成的棱镜色散力强，但只能在可见光区工作，石英棱镜工作波长范围为 185～4000nm，在紫外光区有较好的分辨力而且也适用于可见光区和近红外光区。棱镜的特点是波长越短，色散程度越好。所以用棱镜的分光光度计，其波长刻度在紫外光区可达到 0.2nm，而在长波段只能达到 5nm。有的分光系统是衍射光栅，即在石英或玻璃的表面上刻划许多平行线，刻线处不透光，于是通过光的干涉和衍射现象，较长的光波偏折的角度大，较短的光波偏折的角度小，因而形成光谱。

（3）狭缝

狭缝是指由一对隔板在光通路上形成的缝隙，用来调节入射单色光的纯度和强度，也直接影响分辨力。狭缝可在 0～2mm 宽度内调节，由于棱镜色散力随波长不同而变化，较先进的分光光度计的狭缝宽度可随波长一起调节。

（4）比色杯

比色杯也叫样品池、吸收器或比色皿，用来盛溶液，各个杯子壁厚度等规格应尽可能完全相等，否则将产生测定误差。玻璃比色杯只适用于可见光区，在紫外光区测定时要用石英比色杯。不能用手指拿比色杯的光学面，用后要及时洗涤，可用温水或稀盐酸，还可用乙醇甚至铬酸洗液（浓酸中浸泡不要超过 15min），表面只能用柔软的绒布或拭镜头纸擦净。

（5）检测器系统

有许多金属能在光的照射下产生电流，光愈强电流愈大，此即光电效应。因光照射而产生的电流叫做光电流。受光器有两种：一是光电池；二是光电管。光电池的组成种类繁多，最常见的是硒光电池。光电池受光照射产生的电流颇大，可直接用微电流计量出。但是，当连续照射一段时间后会产生疲劳现象而使光电流下降，要在暗中放置一些时候才能恢复。因此使用时不宜长期照射，随用随关，以防止光电池因疲劳而产生误差。

光电管装有一个阴极和一个阳极，阴极是用对光敏感的金属（多为碱土金属的氧化物）做成的，当光射到阴极且达到一定能量时，金属原子中电子发射出来。光愈强，光波的振幅愈大，放出的电子愈多。电子是带负电的，被吸引到阳极上而产生电流。光电管产生的电流很小，需要放大。分光光度计中常用电子倍增光电管，在光照射下所产生的电流比其他光电管要大得多，这就提高了测定的灵敏度。

检测器产生的光电流以某种方式转变成模拟的或数字的结果，模拟输出装置包括电流表、电压表、记录器、示波器及与计算机联用等，数字输出则通过模拟/数字转换装置如数字式电压表等来完成。

10.3.3　分光光度测定的应用

分光光度法主要应用于微量组分的测定，也能用于高含量组分的测定，多组分分析以及研究化学平衡、络合物的组成等，是生物和化学研究中广泛使用的方法之一，广泛用于糖、蛋白质、核酸、酶等的快速定量检测。

普通的分光光度法在应用中也有了很大的发展。如差示分光光度法，使用一定浓度的经显色的被测液作参比溶液；双波长分光光度法是从光源发出的光线，分别经过两个可以调节的单色器得到两个不同的波长（λ_1 和 λ_2）的单色光，并利用旋光器 RM 使 λ_1 和 λ_2 光交替通过同一吸收池，测定两个波长下吸光度差值 ΔA，求得待测组分含量的方法。另外，分光光度法可以不经分离而测定试液中两种以上的组分。如果两种组分的吸收曲线彼此不互相干扰，可方便地选择适当的波长进行测定，如果两种组分的吸收曲线相互干扰，则可用解联立方程式的方法，求出各组分的含量。

10.4　紫外-可见吸收光谱仪

10.4.1　紫外-可见吸收光谱法

紫外-可见吸收光谱法是利用某些物质的分子吸收 $10\sim800\text{nm}$ 光谱区的辐射来进行分析测定的方法，这种分子吸收光谱产生于价电子和分子轨道上的电子在电子能级间的跃迁，广泛用于有机和无机物质的定性和定量测定。该方法具有灵敏度高、准确度好、选择性优、操作简便、分析速度快等特点。

10.4.2　紫外-可见吸收光谱仪

紫外-可见吸收光谱仪由光源、单色器、吸收池、检测器以及数据处理及记录设备（计算机）等部分组成。普通紫外-可见光谱仪，主要由光源、单色器、样品池（吸光池）、检测器、记录装置组成。为得到全波长范围（$200 \sim 800 nm$）的光，使用分立的双光源，其中氘灯的波长为 $185 \sim 395 nm$，钨灯的波长为 $350 \sim 800 nm$。绝大多数仪器都通过一个动镜实现光源之间的平滑切换，可以平滑地在全光谱范围内扫描。光源发出的光通过光孔调制成光束，然后进入单色器；单色器由色散棱镜或衍射光栅组成，光束从单色器的色散原件发出后成为多组分不同波长的单色光，通过光栅的转动分别将不同波长的单色光经狭缝送入样品池，然后进入检测器（检测器通常为光电管或光电倍增管），最后由电子放大电路放大，从微安表或数字电压表读取吸光度，或驱动记录设备，得到光谱图（见图 2-10-8）。

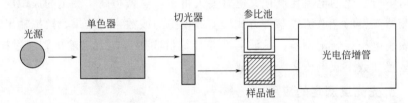

图 2-10-8　双光束分光光度计的原理图

紫外-可见光谱仪设计时一般都尽量避免在光路中使用透镜，主要使用反射镜，以防止由仪器带来的吸收误差。当光路中不能避免使用透明元件时，应选择对紫外线、可见光均透明的材料（如样品池和参考池均选用石英玻璃）。

仪器的发展主要集中在光电倍增管、检测器和光栅的改进上，提高仪器的分辨力、准确性和扫描速度，最大限度地降低杂散光干扰。目前，大多数仪器都配置微机操作。

10.4.3　紫外-可见吸收光谱法的应用

物质的紫外吸收光谱基本上是其分子中生色团及助色团的特征，而不是整个分子的特征。如果物质组成的变化不影响生色团和助色团，就不会显著地影响其吸收光谱，如甲苯和乙苯具有相同的紫外吸收光谱。另外，外界因素如溶剂的改变也会影响吸收光谱，在极性溶剂中某些化合物吸收光谱的精细结构会消失，成为一个宽带。所以，只根据紫外光谱是不能完全确定物质的分子结构的，还必须与红外吸收光谱、核磁共振波谱、质谱以及其他化学、物理方法共同配合才能得出可靠的结论。

利用紫外光谱鉴定有机化合物远不如利用红外光谱有效，因为很多化合物在紫外光区没有吸收或者只有微弱的吸收，并且紫外光谱一般比较简单，特征性不强。利用紫外光谱可以检验一些具有大的共轭体系或发色官能团的化合物，可以作为其他鉴定方法的补充。

在纯度检查方面：如果有机化合物在紫外-可见光区没有明显的吸收峰，而杂质在紫外区有较强的吸收，则可利用紫外光谱检验化合物的纯度。

异构体确定方面：对于异构体的确定，可以通过经验规则计算出 λ_{max} 值，与实测值比较，即可证实化合物是哪种异构体。如：乙酰乙酸乙酯的酮式-烯醇式互变异构。

位阻作用测定方面：由于位阻作用会影响共轭体系的共平面性质，当组成共轭体系的生色基团近似处于同一平面，两个生色基团具有较大的共振作用时，λ_{max} 不改变，ε_{max} 略为降低，空间位阻作用较小；当两个生色基团具有部分共振作用，两共振体系部分偏离共平面时，λ_{max} 和 ε_{max} 略有降低；当连接两生色基团的单键或双键被扭曲得很厉害，以致两生色基团基本未共轭，或具有极小共振作用或无共振作用，剧烈影响其 UV 光谱特征时，情况较为复杂化。在多数情况下，该化合物的紫外光谱特征近似等于它所含孤立生色基团光谱的"加合"。

氢键强度测定方面：溶剂分子与溶质分子缔合生成氢键时，对溶质分子的 UV 光谱有较大的影响。对于羰基化合物，根据在极性溶剂和非极性溶剂中 R 带的差别，可以近似测定氢键的强度。溶剂分子与溶质分子缔合生成氢键时，对溶质分子的 UV 光谱有较大的影响。对于羰基化合物，根据在极性溶剂和非极性溶剂中 R 带的差别，可以近似测定氢键的强度。

定量分析方面：朗伯-比尔定律是紫外-可见吸收光谱法进行定量分析的理论基础，它的数学表达式为：$A = \varepsilon bc$。

第11章 压力的测量与控制

11.1 大气压测定

11.1.1 福廷式气压计

11.1.1.1 基本结构

    福廷式气压计的构造如图 2-11-1 所示。它的外部是一根黄铜管，管的顶端有悬环，用以悬挂在实验室的适当位置。气压计内部是一根一端封闭的装有水银的长玻璃管。玻璃管封闭的一端向上，管中汞面的上部为真空，管下端插在水银槽内。水银槽底部是一羚羊皮袋，下端由螺栓支撑，转动此螺栓可调节槽内水银面的高低。水银槽的顶盖上有一倒置的象牙针，其针尖是黄铜标尺刻度的零点。此黄铜标尺上附有游标尺，转动游标调节螺栓，可使游标尺上下游动。

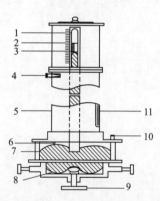

图 2-11-1　福廷式气压计

1—玻璃管；2—黄铜标尺；3—游标尺；

4—调节螺栓；5—黄铜管；6—象牙针；7—汞槽；

8—羚羊皮袋；9—调节汞面的螺栓；10—气孔；11—温度计

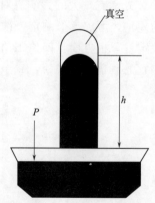

图 2-11-2　气压计原理示意图

    福廷式气压计是一种真空压力计，其原理如图 2-11-2 所示。它以汞柱所产生的静压力来平衡大气压力 P，汞柱的高度就可以度量大气压力的大小。在实验室中，通常用毫米汞柱（mmHg）作为大气压力的单位。毫米汞柱作为压力单位时，它的定义是：当汞的密度为 13.5951g·cm^{-3}（即 0℃时汞的密度，通常作为标准密度，用符号 ρ_0 表示）、重力加速度为 980.555cm·s^{-2}（即纬度 45°的海平面上的重力加速度，通常作为标准重力加速度，用符号 g_0 表示）时，1mm 高的汞柱所产生的静压力为 1mmHg。mmHg 与 Pa 单位之间的换算关系为：

$$1mmHg = 10^{-3}m \times \frac{13.5951 \times 10^{-3}}{10^{-6}} kg \cdot cm^{-3} \times 980.665 \times 10^{-2} m \cdot s^{-2} = 133.322Pa$$

11.1.1.2　福廷式气压计的使用方法

① 慢慢旋转螺栓，调节水银槽内水银面的高度，使槽内水银面升高。利用水银槽后面磁板的反光，注视水银面与象牙尖的空隙，直至水银面与象牙尖刚刚接触，然后用手轻轻扣一下铜管上面，使玻璃管上部水银面凸面正常。稍等几秒钟，待象牙针尖与水银面的接触无变动时为止。

② 调节游标尺。转动气压计旁的螺栓，使游标尺升起，并使下沿略高于水银面。然后慢慢调节游标，直到游标尺底边及其后边金属片的底边同时与水银面凸面顶端相切。这时观察者眼睛的位置应和游标尺前后两个底边的边缘在同一水平线上。

③ 读取汞柱高度。当游标尺的零线与黄铜标尺中某一刻度线恰好重合时，则黄铜标尺上该刻度的数值便是大气压值，不须使用游标尺。当游标尺的零线不与黄铜标尺上任何一刻度重合时，那么游标尺零线所对标尺上的刻度，则是大气压值的整数部分（mm）。再从游标尺上找出一根恰好与标尺上的刻度相重合的刻度线，则游标尺上刻度线的数值便是气压值的小数部分。

④ 整理工作。记下读数后，将气压计底部螺栓向下移动，使水银面离开象牙针尖。记下气压计的温度及所附卡片上气压计的仪器误差值，然后进行校正。

11.1.1.3　福廷式气压计读数的校正

水银气压计的刻度是以温度为 0℃、纬度为 45° 的海平面高度为标准的。若不符合上述规定，从气压计上直接读出的数值，除进行仪器误差校正外，在精密的工作中还必须进行温度、纬度及海拔高度的校正。

（1）仪器误差的校正

由于仪器本身制造得不精确而造成的读数上的误差称为"仪器误差"。仪器出厂时都附有仪器误差的校正卡片，应首先加上此项校正。

（2）温度影响的校正

由于温度的改变，水银密度也随之改变，因而会影响水银柱的高度。同时由于铜管本身的热胀冷缩，也会影响刻度的准确性。当温度升高时，前者引起偏高，后者引起偏低。由于水银的膨胀系数较铜管的大，因此当温度高于 0℃ 时，经仪器校正后的气压值应减去温度校正值；当温度低于 0℃ 时，要加上温度校正值。气压计的温度校正公式如下：

$$p_0 = \frac{1+\beta t}{1+\alpha t}p = p - p\frac{\alpha - \beta}{1+\alpha t}t$$

式中，p 为气压计读数，mmHg；t 为气压计的温度，℃；α 为水银柱在 0～35℃ 之间的平均体膨胀系数，$\alpha = 0.0001818$；β 为黄铜的线膨胀系数，$\beta =$

0.0000184；p_0 为读数校正到 0℃ 时的气压值，mmHg。显然，温度校正值即为

$p\dfrac{\alpha-\beta}{1+\alpha t}$。其数值列有数据表，实际校正时，读取 p、t 后可查表求得。

（3）海拔高度及纬度的校正

重力加速度（g）随海拔高度及纬度不同而异，致使水银的重量受到影响，从而导致气压计读数的误差。其校正办法是：经温度校正后的气压值再乘以（$1-2.6\times10^{-3}\cos2\lambda-3.14\times10^{-7}H$）。式中，$\lambda$ 为气压计所在地纬度，（°）；H 为气压计所在地海拔高度，m。此项校正值很小，在一般实验中可不必考虑。

（4）其他

如水银蒸气压的校正、毛细管效应的校正等，因校正值极小，一般都不考虑。

11.1.1.4　注意事项

① 调节螺栓时动作要缓慢，不可旋转过急。

② 在调节游标尺与汞柱凸面相切时，应使眼睛的位置与游标尺前后下沿在同一水平线上，然后再调到与水银柱凸面相切。

③ 发现槽内水银不清洁时，要及时更换水银。

11.1.2　定槽式气压计

如图 2-11-3 所示。

（1）工作原理

定槽式气压计也称寇乌式水银气压计。它是一根一端封闭的玻璃管内装满水银，开口的一端垂直插入水银槽中，是根据玻璃管中水银在重力作用下平衡时，水银柱高度表示大气压力的原理制造的。定槽式与动槽式（福廷式）的区别在水银槽部。它的水银槽是一个固定容积的铁槽，没有皮囊、水银面调节螺钉以及象牙针。当气压变化时，水银柱在玻璃管内上升或下降所增加或减少的水银量，必将引起水银槽内的水银减少或增加，使槽内的水银面向下或向上变动。即整个气压计的基点随水银柱顶的高度变动。

（2）操作方法

参考福廷式气压计。

（3）注意事项

气压计应安装在温度少变、光线充足的气压室内，如无气压室，可安置在特制的保护箱内，气压计应牢固、垂直地悬挂在墙壁、水泥柱或坚固的木柱上，切勿安置在热源（暖气管、火炉）和门窗旁边，以及阳光直接照射的地方。气压室内不得堆放杂物。安装前，应将挂板或保护箱牢固地固定在准备悬挂气压计的地方。再小心地从木盒（皮套）中取出气压计，槽部向上，稍稍拧紧槽底，调整螺旋约 1~2 圈，慢慢地将气压计倒转过来，使表直立，槽部在下。然后先将槽的下端插入挂板的固定环里，

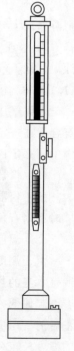

图 2-11-3
定槽式气压计

再把气压计顶悬环套入挂钩中，使气压计自然垂直后，慢慢旋紧固定环上的三个螺栓（注意不能改变气压计的自然垂直状态），将气压计固定。最后旋转槽底调整螺栓，使槽内水银面下降到象牙针尖稍下的位置为止。安装后要稳定 3h，方能观测使用。

11.2　常压测量仪器

11.2.1　液柱式压力计

液柱式压力计是物理化学实验中用得最多的压力计。其构造简单、使用方便，能测量微小压力差，准确度较高，且制作容易，价格低廉，但测量范围不大，示值与工作液体密度有关，且结构不牢固，耐压程度较差。以下介绍 U 形管压力计。

液柱式 U 形管压力计由两端开口的垂直 U 形玻璃管及垂直放置的刻度标尺所构成。管内下部盛有的适量工作液体作为指示液。图 2-11-4 中 U 形管的两支管分别连接于两个测压口。因为气体的密度远小于工作液的密度，因此，由液面差 Δh 及工作液的密度 ρ、重力加速度 g 可得到下式：

$$p_1 = p_2 + \Delta h \rho g \text{ 或 } \Delta h = \frac{p_1 - p_2}{\rho g}$$

U 形管压力计可用来测量：

① 两气体压力差；

② 气体的表压（p_1 为测量气压，p_2 为大气压）；

③ 气体的绝对压力（令 p_2 为真空，p_1 即为绝对压力）；

④ 气体的真空度（p_1 通大气，p_2 为负压，可测其真空度）。

图 2-11-4　U 形管压力计

Δh—液面差；

p_1—测量气压；

p_2—大气压

11.2.2　弹性式压力计

利用弹性元件的弹性力来测量压力，是测压仪表中相当重要的一种形式。由于弹性元件的结构和材料不同，具有各不相同的弹性位移与被测压力的关系。物理化学实验室中接触较多的为单管式弹簧管压力计。这种压力计的压力由弹簧管固定端进入，通过弹簧管自由端的位移带动指针运动，指示压力值，如图 2-11-5 所示。

使用弹性式压力计时应注意以下几点。

① 合理选择压力表量程。为了保证足够的测量精度，选择的量程应在仪表分度标尺的 (1/2) ～ (3/4) 范围内。

② 使用时环境温度不得超过 35℃，如超过应给予温度修正。

③ 测量压力时，压力表指针不应有跳动和停滞现象。

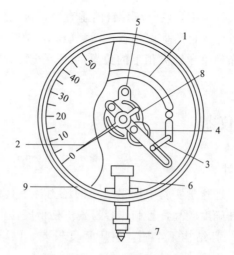

图 2-11-5　单管式弹簧管压力计

1—金属弹簧管；2—指针；3—连杆；4—扇形齿轮；5—弹簧；6—底座；7—测压接头；8—小齿轮；9—外壳

④ 对压力表应定期进行校验。

11.3　真空系统

11.3.1　真空度分类

在物理化学实验中，通常按真空度的获得和测量方法不同，将真空区域划分为以下几部分。

粗真空：$10^2 \sim 1\,kPa$；分子相互碰撞为主，分子自由程 $\lambda \ll$ 容器尺寸 d。

低真空：$10^3 \sim 10^{-1}\,Pa$；分子相互碰撞和分子与器壁碰撞不相上下，$\lambda \approx d$。

高真空：$10^{-1} \sim 10^{-6}\,Pa$；分子与器壁碰撞为主，$\lambda \gg d$。

超高真空：$10^{-6} \sim 10^{-10}\,Pa$；分子与器壁碰撞次数亦减少，形成一个单分子层的时间已达分钟或小时。

极高真空：$10^{-10}\,Pa$；分子数目极为稀少，以致统计涨落现象较严重，与经典的统计理论产生偏离。

11.3.2　真空的获得与真空泵分类

凡是能从容器中抽出气体，使气体压力降低的装置，均可称为真空泵。主要有水冲泵、机械泵、扩散泵、分子泵、钛泵、低温泵等。

（1）机械泵

实验室常用的真空泵为旋片式真空泵，如图 2-11-6 所示。一般只能产生 $1.333 \sim 0.1333\,Pa$ 的真空，其极限真空为 $0.1333 \sim 1.333 \times 10^{-2}\,Pa$。它主要由泵体和偏心转子组成。经过精密加工的偏心转子下面安装有带弹簧的滑片，由电动机带动，偏心转子紧贴泵腔壁旋转。滑片靠弹簧的压力也紧贴泵腔壁。滑片在泵腔中连续运转，使泵腔被滑片分成的两个不同的容积呈周期性地扩大和缩小。气体从进气嘴进入，被压缩后经过排气阀排出泵体外。如此循环往复，将系统内的压力减小。

旋片式机械泵的整个机件浸在真空油中，这种油的蒸气压很低，既可起润滑作用，又可起封闭微小的漏气和冷却机件的作用。

在使用机械泵时应注意以下几点。

① 机械泵不能直接抽含可凝性气体的蒸气、挥发性液体等。因为这些气体进入泵后会破坏泵油的品质，降低油在泵内的密封和润滑作用，甚至会导致泵的机件生锈。因而必须在可凝气体进泵前先使其通过纯化装置。例如，用无水氯化钙、五氧化二磷、分子筛等吸收水分；用石蜡吸收有机蒸气；用活性炭或硅胶吸收其他蒸气等。

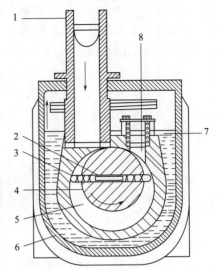

图 2-11-6　旋片式真空泵

1—进气嘴；2—旋片弹簧；3—旋片；
4—转子；5—泵体；6—油箱；
7—真空泵油；8—排气嘴

② 机械泵不能用来抽含腐蚀性成分的气体。如含氯化氢、氯气、二氧化氮等的气体。因这类气体能迅速侵蚀泵中精密加工的机件表面，使泵漏气，不能达到所要求的真空度。遇到这种情况时，应当使气体在进泵前先通过装有氢氧化钠固体的吸收瓶，以除去有害气体。

③ 机械泵由电动机带动。使用时应注意马达的电压。若是三相电动机带动的泵，第一次使用时特别要注意三相马达旋转方向是否正确。正常运转时不应有摩擦、金属碰击等异声。运转时电动机温度不能超过 $50\sim60℃$。

④ 机械泵的进气口前应安装一个三通活塞。停止抽气时应使机械泵与抽空系统隔开而与大气相通，然后再关闭电源。这样既可保持系统的真空度，又可避免泵油倒吸。

（2）扩散泵

扩散泵是一种次级泵，它需要机械泵作为前级泵。油扩散泵比机械泵能获得更高的真空度，工作压力范围是 $10^{-1}\sim10^{-6}$ Pa，起始压强正好是机械泵的极限压强。因此油扩散泵通常要利用机械泵作为前级泵，将真空度抽到 10^{-1} Pa后才能打开油扩散泵。油扩散泵是利用

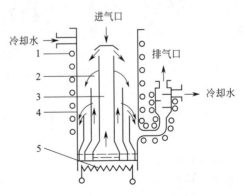

图 2-11-7　扩散泵结构图

1—水冷套；2—喷油嘴；3—导流管；
4—泵壳；5—加热器

气体的扩散性质制作的，油扩散泵主要由泵体、扩散喷嘴、蒸气导管、油锅、加热器、扩散器、冷却系统和喷射喷嘴等部分组成。

当油扩散泵用前级泵预抽到低于 1Pa 真空时，油锅可开始加热。沸腾时喷嘴喷出高速的蒸气流，热运动的气体分子扩散到蒸气流中，与定向运动的油蒸气分子碰撞。气体分子因此而获得动量，产生和油蒸气分子运动方向相同的定向流动到达前级，油蒸气被冷凝释出气体分子，即被前级泵抽走而达到抽气目的。其极限真空度可达 10^{-7} Pa。

（3）分子泵

分子泵是利用高速旋转的转子把动量传输给气体分子，使之获得定向速度，从而被压缩、被驱送向排气口后被前级抽走的一种真空泵。一般可获得小于 10^{-8} Pa 的无油真空。

这种泵具体可分为以下几种。

① 牵引分子泵　气体分子与高速运动的转子相碰撞而获得动量，被驱送到泵的出口。

② 涡轮分子泵　是靠高速旋转的动叶片和静止的定叶片相互配合来实现抽气的分子泵。这种泵通常在分子流状态下工作。

③ 复合分子泵　它是由涡轮式和牵引式两种分子泵串联组合起来的一种复合型的分子真空泵。

（4）钛泵

① 基本结构　钛泵是耐腐蚀泵的一种。是指与被送液体相接触的零部件用钛或钛合金制成的泵。化工用钛或钛合金泵多为离心泵。钛泵的抽气机理通常认为是化学吸附和物理吸附的综合，一般以化学吸附为主，极限真空度在 10^{-8} Pa。

② 分类　钛泵可分为二极型和三极型，三极型可提高对氩（Ar）的抽速。二极型钛泵的结构为：阳极由许多个厚 $0.1 \sim 0.3$mm、直径为 $12 \sim 40$mm 的不锈钢薄壁圆筒构成，在阳极的两端加有 $1 \sim 3$mm 厚的钛阴极。阳极筒的轴线与阴极面垂直，二者之间加 $3 \sim 7$kV 的电压，阳极筒的轴向加 $1000 \sim 3000$S 的均匀磁场。

③ 工作原理　在钛泵阳极筒中运动的电子，有轴向速度分量 V_z 和径向速度分量 V_r，因为 V_r 与轴向磁场 B_z 垂直，电子会受到洛仑兹力作用，所以电子的运动为轴向的直线运动和横截面上的轮滚线运动。当阳极电压较高时，为了避免电子"滚落"到阳极上，必须加一个较强的轴向磁场。在轴线方向，当电子向阳极筒的中心截面运动时，受电场力的加速作用，电子的速度愈来愈大，越过中心截面后，电场力起阻碍作用而使电子做减速运动，靠近阴极板时 V_z 衰减为零，电子重新受电场力的加速作用而反向加速运动，过中心截面后又开始减速，如此不停地重复上述运动。气体分子和旋转的电子碰撞而被电离，气体离子在电场的作用下，飞向并轰击阴极钛板。离子轰击钛板产生两种作用：a. 溅射钛，形成钛膜；b. 打出二次电子。

溅射出来的钛原子，淀积在阳极内壁和阴极板上，形成新鲜的钛膜维持钛泵的抽气能力。离子的溅射能力随入射离子的能量、质量和入射角的不同而不同，能量大、质量大的离子的溅射能力也大；斜射比垂直轰击的效果要好。为了保证阳极筒上的钛膜的吸气能力，必须保证足够的溅射率，即要求有足够的电压，以保证离子得到足够的轰击能量。离子轰击钛板，可打出二次电子，二次电子受电磁场作用进入旋转电子云里，补充失去的电子。每个气体分子被电离的同时，都至少放出一个电子，这些电子也进入到旋转电子云里，它们和二次电子一起补偿因跑到阳极上而损失的电子，从而能不断地维持潘宁放电。

（5）低温泵

低温泵是能达到极限真空的泵，它可获得 $10^{-9} \sim 10^{-10}$ Pa 的超高真空或极高真空。工作原理是：在低温泵内设有由液氦或制冷机冷却到极低温度的冷板。它使气体凝结，并保持凝结物的蒸气压力低于泵的极限压力，从而达到抽气作用。低温抽气的主要作用是低温冷凝、低温吸附和低温捕集。

① 低温冷凝　气体分子冷凝在冷板表面上或冷凝在已冷凝的气体层上，其平衡压力基本上等于冷凝物的蒸气压。抽空气时，冷板温度必须低于 25K；抽氢时，冷板温度更低。低温冷凝抽气冷凝层厚度可达 10mm 左右。

② 低温吸附　气体分子以一个单分子层厚（10^{-8}cm 数量级）被吸附到涂在冷板上的吸附剂表面上。吸附的平衡压力比相同温度下的蒸气压力低得多。如在 20K 时氢的蒸气压力等于大气压力，用 20K 的活性炭吸氢时吸附平衡压力则低于 10^{-8}Pa。这样就可能在较高温度下通过低温吸附来进行抽气。

③ 低温捕集　在抽气温度下不能冷凝的气体分子，被不断增长的可冷凝气体层埋葬和吸附。

11.3.3　真空的测量

真空的测量实际上就是测量低压下气体的压力，常用的测压仪器有 U 形水银压力计、麦氏真空计、热偶真空计、电离真空计和数字式低真空压力测试仪等。

粗真空的测量一般用 U 形水银压力计，对于较高真空度的系统使用真空规。真空规有绝对真空规和相对真空规两种。麦氏真空规称为绝对真空规，即真空度可以用测量到的物理量直接计算而得。而其他如热偶真空规、电离真空规等均称为相对真空规，测得的物理量只能经绝对真空规校正后才能指示相应的真空度。

热偶真空计的原理是利用在低气压下气体的热导率与气体压强间有依赖关系。因此，如果把一段金属丝封入导管中，接入真空系统，并通过一定的电流使金属丝加热，则金属丝的温度取决于输入功率与散热的平衡关系。当输入功率一定时，丝温与气体的热导率有关。只要用某种方法测出丝温变化，即可经校准而读出压强。

热阴极电离真空计通常用来测量高真空。热阴极灯丝 A 通电加热后发射热电子，栅状阳极 B 带有较高的正电压。热电子被阳极 B 电压加速，并被阳极收集。因为阳极为栅状，所以将有一些电子穿过阳极，这些电子在带有负电子的板状收集极 C 的作用下又返回阳极，并在空间来回振荡，最后，阳极的正离子被收集极 C 所收集，形成一定的离子流 I_i。对于一定的电子流 I_e，离子流 I_i 和气体的压强成正比。

目前实验室中测量粗真空的水银压力计大都已被数字式低真空测压仪取代，该仪器是运用压阻式压力传感器原理测定实验系统与大气压之间的压差，消除了汞的污染，对环境保护和人类健康有极大的好处。该仪器的测压接口在仪器后的面板上。使用时，先将仪器按要求连接在实验系统上（注意实验系统不能漏气），再打开电源预热 10min；然后选择测量单位，调节旋钮，使数字显示为零；最后开动真空泵，仪器上显示的数字即为实验系统与大气压之间的压差值。

测量真空度一般有以下五种方法。

（1）与外界大气压力相比较

在图 2-11-8 中，装有水银的 U 形管两端开口。一端直通大气，另一端与真空系统连接（设压力为 P_A），两端的水银柱的高度差为 Δh，若设大气压为 $P_大$，有 $P_大 - P_A = \Delta h$，则 $P_A = P_大 - \Delta h$。但是，必须注意，大气压并非为760 mmHg，气压计只有在海拔高度为零时，其读数才代表当地当时的大气压。

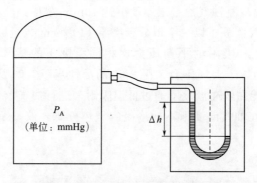

图 2-11-8　用 U 形水银管测量真空度

设在某地区某一时刻，大气压计读数为 P_B，而海拔高度为 H，则该地区实际大气压为：$P_大 = P_B - H/10$，因此，真空系统的压力为：

$$P_A = P_大 - \Delta h = P_B - H/10 - \Delta h \qquad (2\text{-}11\text{-}1)$$

另一种常见的测量仪器为弹簧真空表。弹簧真空表是按 0.1MPa 这一压力作为基准而设计制造的，因此，在实际使用中应根据本地区的实际气压情况进行修正。

（2）与绝对真空相比较

在图 2-11-9 中，使用的 U 形管一端封闭且充满水银（注意：不能有气泡夹

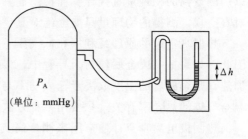

图 2-11-9　用微型 U 形计测量真空度

在里面），另一端开口并与真空系统（设压力为 P_A）连接，U 形管的两端水银柱高度差为 Δh，则真空系统内压力：$P_A = \Delta h$。

这一方法，在实际生产中直接应用时称微型 U 形计或残压计。

当 $P_A < 2\text{mmHg}$ 时，为避免水银的毛细作用和观察者的视差，可将微型 U 形计内的汞换成黏度较低的油（挥发率较低的植物色拉油也可），若油的相对密度为 r，则：

$$P_A = \Delta h \times \frac{r}{13.6} \tag{2-11-2}$$

注意：封闭端必须充满油，绝不能夹带任何气泡。

（3）利用气体的波义耳定律进行测定

在图 2-11-10 中，所示的转动式真空计，V1 为水银储存器（平时水平放置，储有水银），使用时，将 V1 置于高处，使 V1 内的水银注入 V2 和 d 管内，设 M-M' 平面到 d 管的体积为 V，则：

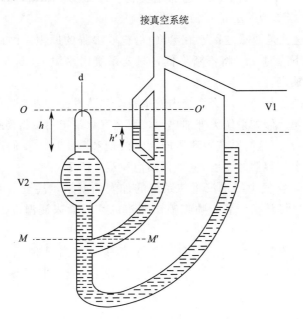

图 2-11-10　用转动麦氏计测量真空度

$$PV = \frac{\pi d^2}{4} hh'$$

$$P = \frac{\pi d^2}{4V} hh'$$

设：

$$K = \frac{\pi d^2}{4V}$$

则：

$$P = K \times h \times h' \tag{2-11-3}$$

若在结构设计和水银灌装中使水银能达 OO' 平面，

则：
$$P = K \times h^2 \qquad\qquad (2\text{-}11\text{-}4)$$

这就是在实际生产中使用的转动式麦氏真空计的测量原理，因此，一旦水银不能达到 OO' 平面，就必须对测量结果按式（2-11-3）进行换算。麦氏真空计只能用于测量不凝性气体分压。当水蒸气喷射真空泵处于极限工作状态时，由于抽吸和返流相平衡，这时系统内的气体由不凝气与可凝气两部分组成，所以利用麦氏计测出的数据并不代表真实的压力，只能用作参考值。当水蒸气喷射真空泵处于抽除不凝性气体的工作状态时，工作蒸气的返流可忽略不计，这时麦氏计测得的数据可以视为系统的实际压力。

（4）利用泵或系统内的温度来计量真空度

水的物理特性表明，在不同温度下，水的饱和蒸气压是不同的，两者有着对应的关系。在日常生活中，当在一定压力（P）下加热水时，如果温度达到 $t = t_s$（压力 P 所对应水的饱和温度），水成为饱和水，再转化为湿蒸汽、干饱和蒸汽，直到过热蒸汽。压力 P 变化，t_s 也随之变化。在 P 为 1atm（1 个标准大气压）时，$t_s = 100℃$；当 P 为 2atm（2 个标准大气压）时 $t_s = 120.5℃$。在 $P = 0.57$atm 时，$t_s = 85℃$，这就是西藏地区水在 80℃ 左右就沸腾的原因。因此，在真空制冷中，系统内压力下降时，t_s 将不断降低，只要系统内水温 $t > t_s$，那么水将沸腾、汽化并被真空泵抽走。

假如系统有外加热源，那么系统内的水将全部蒸发光，真空度的上升取决于抽速和汽化的速度差。假如系统无外加热源，那么汽化带走热量将使剩余水的温度不断下降，直到 $t = t_s$。这时系统内残压即为水的饱和蒸汽压。我们可以通过测量剩余水的温度或存水容器的温度 t_A 来预知饱和蒸汽压 P_A。

当 $t < 0℃$ 时，空气中的水汽将在系统的外表面凝结，甚至结冰。如果系统内无明显的存水点，可从扩压管与喷嘴喷出蒸汽的交界面来测温度 t_B，从而预知饱和蒸汽压 P_B。

由于大气和蒸汽管道传热的影响，由 A 点和 B 点测得的 t_A、t_B 将比 t_H 大，可以肯定系统内真空度（残压）P_H 小于 P_A 和 P_B。这就是温压转换器的基本工作原理。

（5）其他真空仪表

在水蒸气喷射真空泵的工作真空度范围，还可以选用薄膜式真空计、振膜式真空计、电阻式真空计等真空测量仪表。

但薄膜式真空计适用于无极性分子的抽气场合，因此，测量口应离开喷射泵抽气口相当远的距离以避免水蒸气分子的影响，且价格较贵。

电阻式真空计价格适中，其测量电路有定压式、定流式、定温式三种，常用的是定温式电阻真空计，但对噪声、振动比较敏感，零位漂移比较大。

11.4　高压气体钢瓶及其使用

11.4.1　气体钢瓶的分类

气瓶是指在正常环境下（−40～60℃）可重复充气使用的，公称工作压力为0～30MPa（表压），公称容积为 0.4～1000L 的盛装永久气体、液化气体或溶解气体等的移动式压力容器。

（1）按充装介质的性质分类

按充装介质的性质可分为：永久气体气瓶、液化气体气瓶和溶解气体气瓶。

永久气体（压缩气体）因其临界温度小于−10℃，常温下呈气态，所以称为永久气体，如氢、氧、氮、空气、煤气及氩、氦、氖、氪等。这类气瓶一般都以较高的压力充装气体，目的是增加气瓶的单位容积充气量，提高气瓶利用率和运输效率。常见的充装压力为 15MPa，也有的充装压力为 20～30MPa。

液化气体气瓶充装时都以低温液态灌装。有些液化气体的临界温度较低，装入瓶内后受环境温度的影响而全部气化。有些液化气体的临界温度较高，装瓶后在瓶内始终保持气液平衡状态，因此，可分为高压液化气体和低压液化气体。

高压液化气体是指临界温度大于或等于−10℃，且小于或等于 70℃ 的气体。常见的有乙烯、乙烷、二氧化碳、六氟化硫、氯化氢、三氟甲烷（F-13）、三氟甲烷（F-23）、六氟乙烷（F-116）、氟己烯等。常见的充装压力有 15MPa 和12.5MPa 等。低压液化气体是指临界温度大于 70℃ 的液体。如溴化氢、硫化氢、氨、丙烷、丙烯、异丁烯、1,3-丁二烯、1-丁烯、环氧乙烷、液化石油气等。《气瓶安全监察规程》规定，液化气体气瓶的最高工作温度为 60℃。低压液化气体在60℃时的饱和蒸气压都在 10MPa 以下，所以这类气体的充装压力都不高于 10MPa。

溶解气体气瓶是专门用于盛装乙炔的气瓶。由于乙炔气体极不稳定，故必须把它溶解在溶剂（常见的为丙酮）中。气瓶内装满多孔性材料，以吸收溶剂。乙炔瓶充装乙炔气，一般要求分两次进行，第一次充气后静置 8h 以上，再进行第二次充气。

（2）按制造方法分类

按制造方法分为钢制无缝气瓶、钢制焊接气瓶和缠绕玻璃纤维气瓶。

钢制无缝气瓶是以钢坯为原料，经冲压拉伸制造或以无缝钢管为材料，经热旋压收口收底制造的钢瓶。瓶体材料为采用碱性平炉、电炉或吹氧碱性转炉冶炼的镇静钢，如优质碳钢、锰钢、铬钼钢或其他合金钢。用于盛装永久气体（压缩气体）和高压液化气体。

钢制焊接气瓶是以钢板为原料，冲压卷焊制造的钢瓶。瓶体及受压元件材料为采用平炉、电炉或氧化转炉冶炼的镇静钢，材料要求有良好的冲压和焊接性能。这类气瓶用于盛装低压液化气体。

缠绕玻璃纤维气瓶是以玻璃纤维加黏结剂缠绕或碳纤维制造的气瓶。一般有一个铝制内筒，其作用是保证气瓶的气密性，承压强度则依靠玻璃纤维缠绕的外筒，这类气瓶由于绝热性能好、重量轻，多用于盛装呼吸用压缩空气，供消防、毒区或缺氧区域作业人员随身背挎并配以面罩使用。一般容积较小（1～10L），充气压力多为 15～30MPa。

（3）按公称工作压力分类

气瓶按公称工作压力分为高压气瓶和低压气瓶。高压气瓶是指公称工作压力为 30MPa、20MPa、15MPa、12.5MPa 和 8MPa 的气瓶。低压气瓶是指公称工作压力为 5MPa、3MPa、2MPa、1.6MPa 和 1MPa 的气瓶。

11.4.2 气体钢瓶的使用

（1）气体钢瓶的使用

① 在钢瓶上装上配套的减压阀。检查减压阀是否关紧，方法是逆时针旋转调压手柄至螺杆松动为止。

② 打开钢瓶总阀门，此时高压表显示出瓶内储气总压力。

③ 慢慢地顺时针转动调压手柄，至低压表显示出实验所需压力为止。

④ 停止使用时，先关闭总阀门，待减压阀中余气逸尽后，再关闭减压阀。

（2）注意事项

① 钢瓶应存放在阴凉、干燥、远离热源的地方。可燃性气瓶应与氧气瓶分开存放。

② 搬运钢瓶要小心轻放，钢瓶帽要旋上。

③ 使用时应装减压阀和压力表。可燃性气瓶（如 H_2、C_2H_2）气门螺丝为反丝；不燃性或助燃性气瓶（如 N_2、O_2）气门螺丝为正丝。各种压力表一般不可混用。

④ 不要让油或易燃有机物沾染到气瓶上（特别是气瓶出口和压力表上）。

⑤ 开启总阀门时，不要将头或身体正对总阀门，防止万一阀门或压力表冲出伤人。

⑥ 不可把气瓶内气体用光，以防重新充气时发生危险。

⑦ 使用中的气瓶每三年应检查一次，装腐蚀性气体的钢瓶每两年检查一次，不合格的气瓶不可继续使用。

⑧ 氢气瓶应放在远离实验室的专用小屋内，用紫铜管引入实验室，并安装防回火装置。

11.4.3 常用气体钢瓶的外部颜色标志

见表 2-11-1。

表 2-11-1 气体钢瓶标识

序号	充装气体名称	化学式	瓶色	字样	字色	色环
1	乙炔	$CH\equiv CH$	白	乙炔不可近火	大红	
2	氢	H_2	淡绿	氢	大红	$P=20$,淡黄色单环 $P=30$,淡黄色双环
3	氧	O_2	淡(酞)蓝	氧	黑	
4	氮	N_2	黑	氮	淡黄	$P=20$,白色单环 $P=30$,白色双环
5	空气		黑	空气	白	
6	二氧化碳	CO_2	铝白	液化二氧化碳	黑	$P=20$,黑色单环
7	氨	NH_3	淡黄	液化氨	黑	
8	氯	Cl_2	深绿	液化氯	白	
9	氟	F_2	白	氟	黑	
10	一氧化氮	NO	白	一氧化氮	黑	
11	二氧化氮	NO_2	白	液化二氧化氮	黑	
12	碳酰氯	$COCl_2$	白	液化光气	黑	
13	砷化氢	AsH_3	白	液化砷化氢	大红	
14	磷化氢	PH_3	白	液化磷化氢	大红	
15	乙硼烷	B_2H_6	白	液化乙硼烷	大红	
16	四氟甲烷	CF_4	铝白	氟氯烷 14	黑	
17	二氟二氯甲烷	CCl_2F_2	铝白	液化氟氯烷 12	黑	
18	二氟溴氯甲烷	$CBrClF_2$	铝白	液化氟氯烷 12B1	黑	
19	三氟氯甲烷	$CClF_3$	铝白	液化氟氯烷 13	黑	
20	三氟溴甲烷	$CBrF_3$	铝白	液化氟氯烷 B1	黑	$P=12.5$,深绿色单环
21	六氟乙烷	CF_3CF_3	铝白	液化氟氯烷 116	黑	
22	一氟二氯甲烷	$CHCl_2F$	铝白	液化氟氯烷 21	黑	
23	二氟氯甲烷	$CHClF_2$	铝白	液化氟氯烷 22	黑	
24	三氟甲烷	CHF_3	铝白	液化氟氯烷 23	黑	
25	四氟二氯乙烷	$CClF_2-CClF_2$	铝白	液化氟氯烷 114	黑	
26	五氟氯乙烷	CF_3-CClF_2	铝白	液化氟氯烷 115	黑	
27	三氟氯乙烷	CH_2Cl-CF_3	铝白	液化氟氯烷 133a	黑	
28	八氟环丁烷	$CF_2CF_2CF_2CF_2$	铝白	液化氟氯烷 C318	黑	
29	二氟氯乙烷	CH_3CClF_2	铝白	液化氟氯烷 142b	大红	
30	1,1,1-三氟乙烷	CH_3CF_3	铝白	液化氟氯烷 143a	大红	
31	1,1-二氟乙烷	CH_3CHF_2	铝白	液化氟氯烷 152a	大红	

续表

序号	充装气体名称		化学式	瓶色	字样	字色	色环
32	甲烷		CH_4	棕	甲烷	白	$P=20$,淡黄色单环 $P=30$,淡黄色双环
33	天然气			棕	天然气	白	
34	乙烷		CH_3CH_3	棕	液化乙烷	白	$P=15$,淡黄色单环 $P=20$,淡黄色双环
35	丙烷		$CH_3CH_2CH_3$	棕	液化丙烷	白	
36	环丙烷		$CH_2CH_2CH_2$	棕	液化环丙烷	白	
37	丁烷		$CH_3CH_2CH_2CH_3$	棕	液化丁烷	白	
38	异丁烷		$(CH_3)_3CH$	棕	液化异丁烷	白	
39	液化石油气	工业用		棕	液化石油气	白	
		民用		银灰	液化石油气	大红	
40	乙烯		$CH_2=CH_2$	棕	液化乙烯	淡黄	$P=15$,白色单环 $P=20$,白色双环
41	丙烯		$CH_3CH=CH_2$	棕	液化丙烯	淡黄	
42	1-丁烯		$CH_3CH_2CH=CH_2$	棕	液化丁烯	淡黄	
43	2-顺丁烯		$\begin{array}{c}H_3C-CH\\ \parallel \\ H_3C-CH\end{array}$	棕	液化顺丁烯	淡黄	
44	2-反丁烯		$\begin{array}{c}H_3C-CH\\ \parallel \\ HC-CH_3\end{array}$	棕	液化反丁烯	淡黄	
45	异丁烯		$(CH_3)_2C=CH_2$	棕	液化异丁烯	淡黄	
46	1,3-丁二烯		$CH_2=(CH)_2=CH_2$	棕	液化丁二烯	淡黄	
47	氩		Ar	银灰	氩	深绿	
48	氦		He	银灰	氦	深绿	$P=20$,白色单环 $P=30$,白色双环
49	氖		Ne	银灰	氖	深绿	
50	氪		Kr	银灰	氪	深绿	
51	氙		Xe	银灰	液氙	深绿	
52	三氟化硼		BF_3	银灰	氟化硼	黑	
53	一氧化二氮		N_2O	银灰	液化笑气	黑	$P=15$,深绿色单环
54	六氟化硫		SF_6	银灰	液化六氟化硫	黑	$P=12.5$,深绿色单环
55	二氧化硫		SO_2	银灰	液化二氧化硫	黑	
56	三氯化硼		BCl_3	银灰	液化氯化硼	黑	
57	氟化氢		HF	银灰	液化氟化氢	黑	

续表

序号	充装气体名称	化学式	瓶色	字样	字色	色环
58	氯化氢	HCl	银灰	液化氯化氢	黑	
59	溴化氢	HBr	银灰	液化溴化氢	黑	
60	六氟丙烯	$CF_3CF{=}CF_2$	银灰	液化全氟丙烯	黑	
61	硫酰氟	SO_2F_2	银灰	液化硫酰氟	黑	
62	氘	D_2	银灰	氘	大红	
63	一氟化碳	CO	银灰	一氟化碳	大红	
64	氟乙烯	$CH_2{=}CHF$	银灰	液化氟乙烯	大红	$P{=}12.5$,深黄色单环
65	1,1-二氟乙烯	$CH_2{=}CF_2$	银灰	液化偏二氟乙烯	大红	
66	甲硅烷	SiH_4	银灰	液化甲硅烷	大红	
67	氯甲烷	CH_3Cl	银灰	液化氯甲烷	大红	
68	溴甲烷	CH_3Br	银灰	液化溴甲烷	大红	
69	氯乙烷	C_2H_5Cl	银灰	液化氯乙烷	大红	
70	氯乙烯	$CH_2{=}CHCl$	银灰	液化氯乙烯	大红	
71	三氟氯乙烯	$CF_2{=}CClF$	银灰	液化三氟氯乙烯	大红	
72	溴乙烯	$CH_2{=}CHBr$	银灰	液化溴乙烯	大红	
73	甲胺	CH_3NH_2	银灰	液化甲胺	大红	
74	二甲胺	$(CH_3)_2NH$	银灰	液化二甲胺	大红	
75	三甲胺	$(CH_3)_3N$	银灰	液化三甲胺	大红	
76	乙胺	$C_2H_5NH_2$	银灰	液化乙胺	大红	
77	二甲醚	CH_3OCH_3	银灰	液化甲醚	大红	
78	甲基乙烯基醚	$CH_2{=}CHOCH_3$	银灰	液化乙烯基甲醚	大红	
79	环氧乙烷	CH_2OCH_2	银灰	液化环氧乙烷	大红	
80	甲硫醇	CH_3SH	银灰	液化甲硫醇	大红	
81	硫化氢	H_2S	银灰	液化硫化氢	大红	

注:1. 色环栏内的 P 是气瓶的公称工作压力,单位是 MPa。

2. 序号 39,民用液化石油气瓶上的字样应排成两行,"家用燃料"居中的下方为"(LPG)"。

11.4.4　氧气减压阀

(1) 基本结构及原理

氧气减压阀的外观及工作原理见图 2-11-11 和图 2-11-12。

氧气减压阀的高压腔与钢瓶连接,低压腔为气体出口,并通往使用系统。高压表的示值为钢瓶内储存气体的压力。低压表的出口压力可由调节螺杆控制。

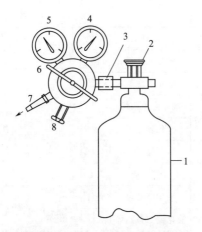

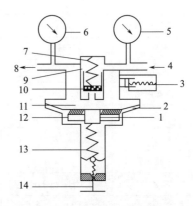

图 2-11-11　安装在气体钢瓶上
的氧气减压阀示意图

1—钢瓶；2—钢瓶开关；3—钢瓶与减压表连接螺母；
4—高压表；5—低压表；6—低压表压力调节螺杆；
7—出口；8—安全阀

图 2-11-12　氧气减压阀工作原理示意图

1—弹簧垫块；2—传动薄膜；3—安全阀；
4—进口（接气体钢瓶）；5—高压表；6—低压表；
7—压缩弹簧；8—出口（接使用系统）；9—高压气室；
10—活门；11—低压气室；12—顶杆；
13—主弹簧；14—低压表压力调节螺杆

使用时先打开钢瓶总开关，然后顺时针转动低压表压力调节螺杆，使其压缩主弹簧并传动薄膜、弹簧垫块和顶杆而将活门打开。这样进口的高压气体由高压室经节流减压后进入低压室，并经出口通往工作系统。转动调节螺杆，改变活门开启的高度，从而调节高压气体的通过量并达到所需的压力值。

减压阀都装有安全阀。它是保护减压阀并使之安全使用的装置，也是减压阀出现故障的信号装置。如果由于活门垫、活门损坏或由于其他原因，导致出口压力自行上升并超过一定许可值，则安全阀会自动打开排气。

（2）氧气减压阀的使用方法

① 按使用要求的不同，氧气减压阀有许多规格。最高进口压力大多为 150kg·cm^{-2}（约 150×10^5 Pa），最低进口压力不小于出口压力的 2.5 倍。出口压力规格较多，一般为 0～1kg·cm^{-2}（1×10^5 Pa），最高出口压力为 40kg·cm^{-2}（约 40 $\times 10^5$ Pa）。

② 安装减压阀时应确定其连接规格是否与钢瓶和使用系统的接头相一致。减压阀与钢瓶采用半球面连接，靠旋紧螺母使二者完全吻合。因此，在使用时应保持两个半球面的光洁，以确保良好的气密效果。安装前可用高压气体吹除灰尘。必要时也可用聚四氟乙烯等材料作垫圈。

③ 氧气减压阀应严禁接触油脂，以免发生火警事故。

④ 停止工作时，应将减压阀中的余气放净，然后拧松调节螺杆以免弹性元件长久受压变形。

⑤ 减压阀应避免撞击振动，不可与腐蚀性物质相接触。

（3）其他气体减压阀

有些气体，例如氮气、空气、氩气等永久性气体，可以采用氧气减压阀。但还有一些气体，如氨等腐蚀性气体，则需要专用减压阀。市面上常见的有氮气、空气、氢气、氨、乙炔、丙烷、水蒸气等专用减压阀。

这些减压阀的使用方法及注意事项与氧气减压阀基本相同。但是，还应该指出：专用减压阀一般不用于其他气体。为了防止误用，有些专用减压阀与钢瓶之间采用特殊连接口。例如氢气和丙烷均采用左牙螺纹，也称反向螺纹，安装时应特别注意。

11.5　液体饱和蒸气压的测定技术

测定液体饱和蒸气压的方法主要有三种：静态法、动态法和饱和气流法。对于痕量蒸气压的测定，有 Knudsen 隙透法、蒸发速率法、色谱法、热重法、差示扫描量热法等。以下分别介绍。

11.5.1　静态法

（1）原理

在一定温度下直接测定体系处于气液平衡时气相的压力。实验装置如图 2-11-13 所示。由三个相连的玻璃球 A、B、C 组成，图中 A 球中储存待测液体（例如纯水），B 球和 C 球间用 U 形管连通，构成"等压计"（又称平衡管）。U 形管内放置被测液体或不易挥发、不与被测液体发生反应或相互吸收的液体作为液封和平衡指示器。测量时，当 U 形管两边液面处于同一水平面时，表示 U 形管两边上方的气体压力相等，迅速记下此时的温度和压力，则 A 球中纯液体（纯水）的饱和蒸气

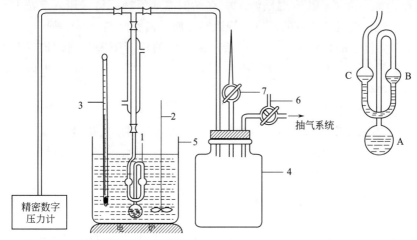

图 2-11-13　液体饱和蒸气压测定装置

1—平衡管；2—搅拌器；3—温度计；4—缓冲瓶；5—恒温水浴；6—三通活塞；7—直通活塞

压等于加在 C 管上面的外压。此法要求体系内无杂质气体，适用于具有较大蒸气压的液体，准确性较高，但对较高温度下的蒸气压测定，由于温度难以控制而准确度较差。

（2）操作技术（以测定纯水饱和蒸气压为例）

① 将纯水装入等压计中，保持球 A 中装入 2/3 体积的纯水，球 C 和 B 之间 U 形管中两边水面处同一水平位置，直至水面接近球 B 的底部为止。

② 检查系统是否漏气。关闭系统与大气直通的活塞 7，旋转三通活塞 6 使系统与真空泵连通，开动真空泵，抽气减压至压力计有一定示数时，关闭三通活塞 6，使系统与真空泵、大气皆不相通。观察压力计示数，如果在 3～5min 内维持不变，则系统不漏气。否则说明系统漏气，应设法排除漏气故障。

③ 排除球 A 和球 B 间的空气，保证 B 球液面上方为纯的待测液体水的饱和蒸汽：可通过真空泵对系统减压至液体轻微沸腾，此时 A、B 管内的空气不断随蒸气经 C 管逸出，如此持续 3～5min，可认为空气排除干净。

④ 不同温度下纯水饱和蒸气压的测定。可采用升温法和降温法测定。

a. 升温法　是从常温下开始测定，每设定一个温度，需用真空泵将系统压力降低至液体在该温度下沸腾，观察平衡管两侧液面高度，当两边液面相平时，记录压力，即为该温度下的饱和蒸气压。升高温度，液体继续沸腾，其饱和蒸气压增大，平衡管两边液面不再等高，系统一侧 B 面因蒸气压升高而降低，因此，需要通过调整直通大气的阀门 7 加大外压，使蒸气压与外压相等，记录此时的压力即为第二个温度下的饱和蒸气压。按此操作，每隔一定温度测其饱和蒸气压。该法的优点是温度容易控制，缺点是通过直通大气阀门增加外压时，若控制不当，可能造成空气倒灌进系统，需重新排空气。

b. 降温法　为了防止升温法测定中空气倒灌的问题，可采用降温法测定。即先将液体加热到接近其沸点的温度，轻微减压使平衡管两侧液面相平，记录此时压力为第一个温度下的饱和蒸气压。随着水浴温度的逐渐下降，液体饱和蒸气压降低，平衡管两边液面不平，系统一侧 B 面升高，外压侧 C 面升高，此时需继续抽气降压至两边处于同一水平时，迅速记下此时的温度和压力。如此，可测定一系列温度下的饱和蒸气压。

⑤ 通过不同温度下饱和蒸气压的测定，还可求算摩尔气化焓。

作 $\ln P$-$1/T$ 图，依据 $\ln P$-$1/T$ 直线的斜率，求纯水在实验温度区内的平均摩尔气化热 $\Delta_{vap}H_m$。

11.5.2　动态法

（1）原理

在不同的外界压力下测定液体的沸点。这种方法是基于液体的蒸气压与外界压力相等时液体沸腾（沸腾时的温度就是液体的沸点）的原理提出的。测定的装置较简单，如图 2-11-14 所示，只要一个带冷凝管的烧瓶与压力计及抽气系统连接起来就可构成。实验时先将体系抽至一定真空度，测定在此压力下液体的沸点，然后逐次往体系放进空气，增加外界压力，并每次测定相应的沸点。此法对温度控制要求不高，对于沸点较低的液体，用此法测定蒸气压与温度关系比较简单。

（2）操作步骤

① 准确读取测定时的大气压值。

② 系统检漏：将洁净干燥的三颈烧瓶 2 和冷凝管 7 相连，向三颈烧瓶中注入约占其体积 1/2 的蒸馏水，使水面距测量温度计水银球 1～2cm，插入带旋塞的毛细管 6。打开二通旋塞 8、11，关闭进气毛细管旋塞 6、9 以及抽气旋塞 10。使真空泵与大气相通，开启真空泵电源，待其运转正常后，打开抽气旋塞 10 给测量系统减压直至真空表读数为 0.05MPa。关闭抽气旋塞 10，5min 内压力读数无变化，说明系统不漏气。若压力读数不断下降，说明系统漏气，必须设法排除之。检查完毕后，关闭旋塞 10，开启旋塞 9，使测量系统恢复常压。

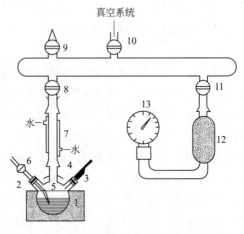

图 2-11-14 动态法液体饱和蒸气压测定装置
1—电热套；2—三颈烧瓶；3—1/10 标准温度计；
4—0～100℃普通温度计；5—纱布；
6,9—进气毛细管旋塞；7—冷凝管；
8,11—二通旋塞；10—抽气旋塞；
12—干燥管；13—精密真空表

③ 不同外压下水沸腾温度的测定。

打开冷却水。关闭旋塞 9，缓慢开启旋塞 10，将测量系统减压至表压为 0.08MPa 左右，关闭抽气旋塞 10。加热升高水温直至沸腾，适当减小加热功率使水保持微沸。待压力表读数稳定后，记下标准温度计 3 的读数 $t_观$ 和压力值 p，以及用于露茎校正的环境温度计 4 的读数 $t_环$。打开旋塞 6，使系统缓慢增压直至表压为 0.07MPa，关闭旋塞 6，加热使液体沸腾，同法测定该压力下的沸腾温度及压力值。同理可分别测定不同表压时的沸腾温度值。在测量表压为 0MPa（即 1 大气压）时的沸腾温度时，必须打开旋塞 9，关闭真空泵。

④ 测量结束后，待蒸馏水冷却后关闭冷却水。关闭旋塞 11，以免干燥管中的干燥剂受潮。关闭旋塞 8 和 9，使系统与大气隔开。

11.5.3 饱和气流法

（1）原理

饱和气流法多用于蒸气压较低的化合物的蒸气压的测定，特别适合于测定饱和蒸气压低于 10^{-3}～1Pa 的有机化合物，亦可测定固态易挥发物质如碘的蒸气压。测量原理是：在一定的温度和压力下，把一定体积的载气（空气或惰性气体）缓慢地通过待测物质，使载气被所测溶液或固体物质的蒸气饱和，然后测定气相的温度及该温度下混合气体的组成，根据道尔顿分压定律算出所测物质的蒸气压。实验的关键是保证载气被所测溶液的蒸气饱和以及试样在载气中含量的准确测定，常用气相色谱分析气体组成，实验装置主要包括：氮气流输送系统，试样饱和柱，恒温与测温系统，组成分析系统，组成分析系统采用气相色谱或者采用合适的溶液进行吸收再分析其组成。它的缺点是通常不易达到真正的饱和状态，因此实测值偏低。此法通常只用来求溶液蒸气压的相对降低量。

（2）方法

以"饱和气流法测定碳酸丙烯酯稀溶液饱和蒸气压"为例介绍：测定方法和装置如图 2-11-15 所示。常温下碳酸丙烯酯（简称丙碳，PC）稀溶液的丙碳饱和蒸气压很低，很难用经典的静态法或动态法测准，故采用饱和气流法测定。本方法是使脱除 CO_2 的空气流二次稳定地通过一定浓度的丙碳稀溶液液层，控制气速与液温，使气流被丙碳蒸气饱和，然后测定气相温度及该温度下气体中的丙碳含量。按道尔顿分压定律算出饱和蒸气压。

被测丙碳纯度 99.7% 以上，准确配制一定浓度的稀液，气相中丙碳含量用变色酸比色法 721 分光光度计测定。气相温度计用 0.1℃ 的标准水银温度计校正，气相压力用 U 形水柱表示，湿式气体流量计经体积标定。为使通过液层的气体被丙碳蒸气充分饱和，测定时将稀溶液加热恒温，气体经过一次同浓度稀液预饱和，并对气体预热，整个气体恒温装置下部在水浴中恒温，中上部电热丝加热并用继电器控制恒温，外壁用玻璃布保温。通入气流速度以满足分析量为原则严格控制，为防止 PC 雾沫随气流带出，气相部分填充干净聚丙烯填料。

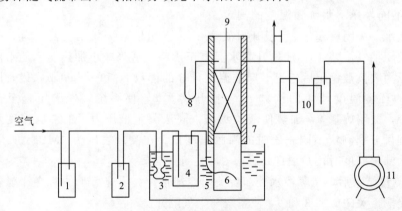

图 2-11-15　饱和蒸气压试验装置示意图

1— CO_2 吸收装置；2,4—丙碳稀溶液瓶；3—气体预热管；5—恒温水浴槽；6—气体恒温装置(内装聚丙烯填料)；7—加热保温层(内绕电阻丝)；8—U 形压力计；9—气相温度计；10—250mL 取样吸收瓶；11—湿式气体流量计

（3）实验操作

① 标准曲线的建立　由纯丙碳配成浓度为 0.0444mg·mL^{-1} 的标准液。从该标准液中准确吸取 0.10mL、0.20mL、0.30mL、0.40mL、0.50mL、0.60mL、

0.70mL、0.80mL 溶液分别置于 10mL 容量瓶中，各加入 0.5mL 0.5％高碘酸溶液，放置 10min 再加入 0.5mL 5％亚硫酸钠溶液，摇匀，在振荡下加入 5mL0.2％铬酸溶液，于沸水浴上加热半小时，取下冷却。用水稀释至刻度，在 570nm 下，以空白为参比测定吸光度（A）。

　　② 饱和蒸气压测定步骤　被测样气以一定速率通入吸收瓶中，通毕后将吸收液移入 250mL 容量瓶，加 10mL2 mol·L⁻¹氢氧化钠溶液，放置 20min，皂化后加 10mL 2.5mol·L⁻¹硫酸溶液，用水稀释至刻度。用 1mL 移液管准确吸取此溶液 0.5mL 置于 10mL 容量瓶中，按测定标准曲线样品的方法测定吸光度。在标准曲线上查得丙碳浓度。经计算得到不同温度的丙碳稀溶液的饱和蒸气压。

11.5.4　Knudsen 隙透法

　　极微蒸气压的测定具有的一定难度，主要有 Knudsen 隙透法、同位素示踪法和扭转质量损失复合法，后两者由于实验条件苛刻而很少采用。Knudsen 隙透法又分为质量隙透法和扭转隙透法。Knudsen 质量隙透法的测定原理是将小而轻的装有样品的 Knudsen 隙透盒放入一高真空的隙透室中，将其扩散过程作为 Knudsen 扩散处理，由分子运动理论可得出计算样品的蒸气压。Knudsen 扭转隙透法的测定原理是：具备 Knudsen 隙透条件的样品盒用细丝悬挂在真空室内，当样品盒内饱和蒸气压由盒侧面隙透孔向外逸流时，产生的扭力矩使悬挂的扭力盒发生扭转，扭转角度反映了盒内逸出蒸气的分子束密度，由此可得出物质的饱和蒸气压，扭转法不仅简化了测量过程，同时避免了质量法由系统取样称量产生的误差，至今该方法仍用于高碳数烷烃以及其他有机物的饱和蒸气压的测定。

11.5.5　蒸发率法

　　对于真空用及航天用油和润滑油脂，饱和蒸气压值是一个重要参数。我国多采用蒸发速率法测量真空用油脂的饱和蒸气压。航天工业行业标准 QJ 2667—94 是目前国内用于空间机械润滑油饱和蒸气压测定的权威方法，它采用了蒸发率法，即在以油扩散泵为主抽气泵的真空测试室内，将放在蒸发锅内的试样加热，使油蒸气通过蒸发孔、限制孔板，凝聚于卡恩型真空微量天平的天平盘上，其质量可由天平测控电流换算给出，进而得到蒸发速率以及饱和蒸气压。此法仪器较为复杂，关键部件是测量试样蒸发质量的真空天平。

11.5.6　现代蒸气压测量方法

　　（1）色谱法（GC）

　　直接测量高沸点化合物的蒸气压（如 $p<1kPa$）是非常困难的，气相色谱法已经发展为测量蒸气压的方法。在非极性固定相和恒温条件下，化合物的停留时间直接相关于蒸气压：

$$\ln\frac{T_s}{T_R}=(1-\frac{\Delta H_s}{\Delta H_R})\ln p_R-C \qquad (2\text{-}11\text{-}5)$$

$$\ln p_s = \frac{\Delta H_s}{\Delta H_R}\ln p_R + C \tag{2-11-6}$$

式中，下标 s 和 R 分别表示待测试样和参考试样；T、p 和 ΔH 分别为调整保留时间、蒸气压和蒸发热。将参考物质在各个温度下的蒸气压 p_R 与色谱测量的调整保留时间之比 $\frac{T_s}{T_R}$ 作图，可以得到 $\frac{\Delta H_s}{\Delta H_R}$ 和 C 值，再由式（2-11-6）可获得待测试样的蒸气压。参考试样的选择对实验结果影响较大，最好选取结构相似的同族物质。

（2）热重法（TG）

热重法测量蒸气压和升华焓、蒸发焓一直是研究热点。物质发生固-液或固-气相变时，质量损失速率决定其蒸发参数。其测量原理：假定表面积不变时，升华和蒸发在动力学上是零级反应，恒温条件下，由蒸发引起的质量损失速率是常数，真空下的蒸发可由 Langmuir 方程描述：

$$-\frac{dm}{dt} = p\alpha\sqrt{\frac{M}{2\pi RT}} \tag{2-11-7}$$

式中，$-\frac{dm}{dt}$ 为单位面积的蒸发速率；p 为蒸气压；M 为蒸发气体的相对分子质量；R 为气体常数；T 为热力学温度；α 为蒸发系数（一般为1）。当有吹扫气存在时，α 值不能取 1，但实验条件固定时，α 可由已知蒸气压的标准物质的质量损失速率决定，对式（2-11-7）重排可得：

$$p = \frac{\sqrt{2\pi R}}{\alpha}\frac{dm}{dt}\sqrt{\frac{T}{M}} \tag{2-11-8}$$

当采用标准物质在不同温度的蒸气压时，将蒸气压 p 和仪器测得的 $\frac{dm}{dt}\sqrt{\frac{T}{M}}$ 值作图，可以得到常数项 $\frac{\sqrt{2\pi R}}{\alpha}$，再根据样品的热重曲线，即可得到待测试样的蒸气压。标准物质的选择可以不考虑化学结构和相态。近年来利用热重技术的恒温模式、非等温模式和调制型升温模式研究升华和蒸发现象较多。

（3）差示扫描量热法（DSC）

静态法和沸点法测量蒸气压时，样品用量大且测量费时。现代研究中，快速的痕量分析是必然趋势，差示扫描量热法是一个很好的痕量分析方法。差示扫描量热法既能测量常压，又能测量高压（需要使用高压 DSC）。

基本原理：根据克劳修斯-克拉伯龙方程，物质在不同压力下有不同的沸点。利用 DSC 技术，根据 DSC 图谱测得物质的气化焓，找到物质的准确沸点，即可计算出物质在不同温度时的蒸气压。需要注意的是，沸点为 DSC 曲线的斜率（dQ/dt）的最大值，而不是峰顶温度。样品量的多少会影响测量结果，推荐的是

$2 \sim 3\text{mg}$。

11.6　分解压的测定及其应用

分解压是指固体或液体化合物发生分解反应，在指定的温度下达到平衡时，所生成的气体的总压力，称为分解压。如碳酸钙的分解反应达平衡时，二氧化碳的分压就是分解压。

以氨基甲酸铵分解压和反应标准平衡常数的测定为例。

（1）测定原理

氨基甲酸铵（NH_2COONH_4）不稳定，加热易发生如下分解反应：

$$NH_2COONH_4(s) \rightleftharpoons 2NH_3(g) + CO_2(g)$$

该反应是可逆的多相反应。若将气体看成理想气体，并将分解产物从系统中移走，则很容易达到平衡，其经验平衡常数 K_p 可表示为：

$$K_p = p_{NH_3}^2 \cdot p_{CO_2} \tag{2-11-9}$$

式中，p_{NH_3}、p_{CO_2} 分别为平衡时 NH_3 和 CO_2 的分压，又因固体氨基甲酸铵的蒸气压可忽略不计，故体系的总压 $p_{总}$ 为：

$$p_{总} = p_{NH_3} + p_{CO_2}$$

称为反应的分解压力，从反应的计量关系知

$$p_{NH_3} = 2p_{CO_2}$$

则有
$$p_{NH_3} = \frac{2}{3}p_{总} \text{ 和 } p_{CO_2} = \frac{1}{3}p_{总} \tag{2-11-10}$$

可见当体系达平衡后，测得平衡总压后就可求算实验温度的平衡常数 K_p。

为将平衡常数与热力学函数联系起来，定义标准平衡常数。化学热力学规定温度为 T、压力为 100kPa 的理想气体为标准态，100kPa 称为标准态压力。p_{NH_3}、p_{CO_2} 或 $p_{总}$ 除以 100kPa 就得标准平衡常数。

$$K_p^{\ominus} = \left(\frac{2}{3} \cdot \frac{p_{总}}{p^{\ominus}}\right)^2 \left(\frac{1}{3} \cdot \frac{p_{总}}{p^{\ominus}}\right) = \frac{4}{27}\left(\frac{p_{总}}{p^{\ominus}}\right)^3 = \frac{4}{27 \times 10^{15}}p_{总}^3$$

温度对标准平衡常数的影响可用下式表示：

$$\frac{\mathrm{d}\ln K_p^{\ominus}}{\mathrm{d}T} = \frac{\Delta H_m}{RT^2} \tag{2-11-11}$$

式中，ΔH_m 为等压下反应的摩尔焓变即摩尔热效应，在温度范围不大时 ΔH_m 可视为常数，由积分得：

$$\ln K_p^{\ominus} = -\frac{\Delta H_m}{RT} + C \tag{2-11-12}$$

作 $\ln K_p^{\ominus}$-$\frac{1}{T}$ 图应得一直线，斜率 $S = -\dfrac{\Delta H_m}{R}$，由此算得 $\Delta H_m = -RS$。

反应的标准摩尔吉布斯函数变化与标准平衡常数的关系为：

$$\Delta_r G_m = -RT\ln K \qquad (2\text{-}11\text{-}13)$$

用标准摩尔热效应和标准摩尔吉布斯函数变可近似地计算该温度下的标准熵变：

$$\Delta_r S_m = \frac{(\Delta_r H_m - \Delta_r G_m)}{T} \qquad (2\text{-}11\text{-}14)$$

因此，由实验测出一定温度范围内不同温度 T 时氨基甲酸铵的分解压力（即平衡总压），可分别求出标准平衡常数及热力学函数：标准摩尔热效应、标准摩尔吉布斯函数变化及标准摩尔熵变。

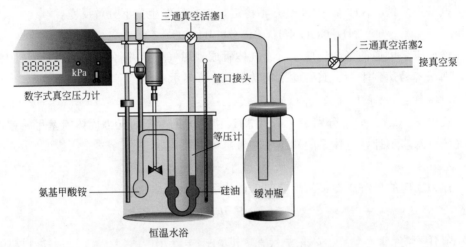

图 2-11-16 等压法测氨基甲酸铵分解压装置示意图

(2) 仪器和试剂

① 仪器 等压法测分压装置；数字式低真空测压仪（DPC-2C）。

② 试剂 氨基甲酸铵（自制）；硅油。

等压法测氨基甲酸铵分解装置如图 2-11-16 所示。等压计中的封闭液通常选用邻苯二甲酸二壬酯、硅油或石蜡油等蒸气压小且不与系统中任何物质发生化学作用的液体。若它与 U 形汞压力计连用，由于硅油的密度与汞的密度相差悬殊，故等压计中两液面若有微小的高度差，可忽略不计。该实验中采用数字式低真空测压仪测定系统总压。

(3) 测定方法

① 检漏 检查活塞和气路，开启真空泵，抽气至系统达到一定真空度，关闭活塞 1，停止抽气。观察数字式压力测量仪的读数，判断是否漏气，如果在数分钟内压力计读数基本不变，表明系统不漏气。若有漏气，则应从泵至系统分段检查，并用真空油脂封住漏口，直至不漏气为止，才可进行下一步实验。

② 测量 打开恒温水浴开关，设定温度为（30.0±0.1）℃。打开真空泵，将

系统中的空气排出，约 15min，关闭旋塞，停止抽气。缓慢开启旋塞接通毛细管，小心地将空气逐渐放入系统，直至等压计 U 形管两臂硅油齐平，立即关闭旋塞，观察硅油面，反复多次地重复放气操作，直至 10min 内硅油面齐平不变，即可读数。

　　③ 重复测量　再使系统与真空泵相连，在开泵 1～2min 后，再打开旋塞。继续排气，约 10min 后，按如上操作重新测定氨基甲酸铵的分解压力。如两次测定结果压力差小于 200Pa，可进行下一步实验。

　　④ 升温测量　调节恒温槽的温度为 35℃，在升温过程中逐渐从毛细管缓慢放入空气，使分解的气体不至于通过硅油鼓泡。恒温 10min。最后至 U 形管两臂硅油面齐平且保持 10min 不变，即可读取测压仪读数及恒温槽温度。同法测定 40℃、45℃时的分解压。

　　⑤ 复原　实验完毕后，将空气慢慢放入系统，使系统解除真空。关闭测压仪。

　　(4) 注意事项

　　① 体系必须达到平衡后，才能读取数字压力计的压力差。

　　② 恒温槽温度控制到 ±0.1℃。

　　③ 玻璃等压计中的封闭液一定要选用黏度小、密度小、蒸气压低，并且与反应体系不发生作用的液体。

第 12 章　界面化学测量技术与仪器

12.1　液体表面张力测定方法

测定表面张力的方法分为三类：静态法、半静态法和动态法。

① 静态法：使表（界）面与体相溶液处于静止状态，如毛细升高法、滴外形法。

② 半静态法：在测定过程中表（界）面周期性更新，如气泡最大压力法、滴体积法等。

③ 动态法：测定中，液体表（界）面周期性伸缩变化与表（界）面形成的时间有关，从而求出不同时间的表（界）面张力（即动态表面张力），如振荡射流法。

12.1.1　静态法

12.1.1.1　毛细管升高法

（1）测定原理

当干净的玻璃毛细管插入液体时，若此液体能够润湿毛细管，则因表面张力的作用，液体将沿毛细管上升，直到上升的力被液柱的重力所平衡而停止上升为止，如图 2-12-1 所示。

$$h = \frac{2\sigma}{\Delta \rho g R}\cos\theta \qquad (2\text{-}12\text{-}1)$$

式（2-12-1）为液体上升高度的计算公式。

式中，$\Delta\rho$ 为液体与气体的密度差，通常可以忽略气体的密度；R 为毛细管半径；θ 为接触角；g 为重力加速度。测定液体上升的高度便能计算表面张力。

（2）方法特点与注意事项

测定用的毛细管要求采用透明干净的玻璃毛细管，其内管横截面要求是圆形的，管径大小要均匀。用测高仪所测定的液柱上升的高度是毛细管弯曲面底到管外的水平液面的高度差 h，如图 2-12-1 所示。由于接触角 θ 不易测准，所以这种方法只能测定能完全润湿毛细管的液体（$\cos\theta = 1$）。毛细管升高法测定液体表面张力，理论清楚，方法简单，常作为标准方法使用。

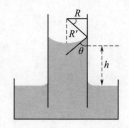

图 2-12-1　毛细管升高法测定表面张力

12.1.1.2　脱环法与吊片法

（1）脱环法测定原理

用天平的一臂或扭力丝设备，将一铂制成的圆环平置在液面上，然后测定使环脱离表面所需的力 F，根据式（2-12-2）计算液体表面张力。

$$\sigma = Ff/4\pi R \qquad (2\text{-}12\text{-}2)$$

式中，σ 为表面张力；R 为环的平均半径；f 为校正因子。

（2）吊片法测定原理

将一薄片（玻璃、云母、铂片等）悬吊在天平一臂上，使其底边与液面平行，测定底边刚接触液面时所受的压力 f，f 等于表面张力与吊片边长的乘积：

$$\sigma = f/2l \qquad (2\text{-}12\text{-}3)$$

式中，l 为吊片边长。

（3）方法特点与注意事项

脱环法或吊片法为静态法，不需要任何校正因子或密度数据，所用材料要求液体能够完全润湿，要求测定的液面远大于吊环和吊片，否则会对结果产生影响。

12.1.2　半静态法

12.1.2.1　气泡最大压力法

（1）测定原理

将待测表面张力的液体装于表面张力仪中，使毛细管的端面与液面相切，如图 2-12-2 所示。由于毛细现象，液面将沿毛细管上升，打开抽气瓶的活塞缓缓抽气，系统减压，毛细管内液面上受到一个比表面张力仪瓶中液面上（即系统）大的压力，当此压力差——附加压力（$p_s = p_{大气} - p_{系统}$）在毛细管端面上产生的作用力稍大于毛细管口液体的表面张力时，气泡就从毛细管口脱出，此附加压力与表面张力成正比，与气泡的曲率半径成反比，其关系式为拉普拉斯公式：$p_s = \dfrac{2\sigma}{R}$。式中，p_s 为附加压力；σ 为表面张力；R 为气泡的曲率半径。

如果毛细管半径很小，则形成的气泡基本上是球形的。当气泡开始形成时，表面几乎是平的，这时曲率半径最大；随着气泡的形成，曲率半径逐渐变小，直到形成半球形，这时曲率半径 R 和毛细管半径 r 相等，曲率半径达最小值。这时附加压力达最大值，气泡形成过程如图 2-12-2 所示。

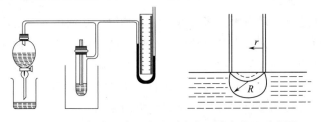

图 2-12-2　气泡最大压力法测定表面张力装置示意图

气泡进一步长大，R 变大，附加压力则变小，直到气泡逸出。根据上式，$R = r$ 时的最大附加压力为：

$$p_{s最大} = \frac{2\sigma}{r} \text{或} \sigma = \frac{r}{2} p_{s最大} = \frac{r}{2} \rho g \, \Delta h_{最大} \tag{2-12-4}$$

对于同一套表面张力仪，毛细管半径 r，测压液体的密度、重力加速度都为定值，因此为了数据处理方便，将上述因子放在一起，用仪器常数 K 来表示，上式简化为：

$$\sigma = K \Delta h_{最大} \tag{2-12-5}$$

式中的仪器常数 K 可用已知表面张力的标准物质测得，通常用纯水来标定。

（2）方法特点与注意事项

气泡最大压力法与接触角无关，而且装置简单，测定迅速，同时由于是半静态法，气液界面不断更新，表面活性的杂质影响比较小，所以适用于测定纯液体或洁净的、溶质分子质量比较小的溶液的表面张力。

式（2-12-4）只适用于半球面的情况，测定时毛细管与液面相切，若毛细管口没入液体一定深度，需要对没入深度的静压力予以校正，液体能润湿毛细管口时 R 用毛细管外径，不能润湿时用毛细管内经。

12.1.2.2　滴体积法

（1）测定原理

当液体在一支细管的管口滴落时，落滴的重量与管口半径、液体的表面张力有关，可从落滴的重量推算液体的表面张力。直接测定落滴的重量的方法称为滴重法。通过测定落滴的体积来推算液体表面张力的方法称为滴体积法。

根据从半径为 r 的垂直管末端缓缓滴落的液滴体积 V 或重量 W 求算表面张力。

$$W = mg = V\rho g = 2\pi r\sigma \tag{2-12-6}$$

当液滴能润湿管端时，r 为管端外径，不润湿时为内径。

（2）方法特点与注意事项

滴重法测定表面张力，具有仪器简单、便于恒温、不易污染等特点，且能方便地测定表面张力，但耗时较长。

12.1.3　动态法

（1）振荡射流法测定原理

振荡射流法是测定动态表面张力的方法。其原理是液体在一定压力下从椭圆形毛细管口射出后，在表面张力和流动液体惯性力的双重作用下，截面周期性地由椭圆变为圆形，两圆形截面间液柱长成为波长。由于距管口距离远近不同，表面形成的时间早晚不同，波长也不同，离管口越近，表面形成时间越短，表面张力越大，通过光学摄影的方法测量射流波长，可测定表面张力。

计算动态表面张力的公式为：

$$\sigma = \frac{2w^2(1+1.542B^2)}{(3\lambda^2+15\pi^2 r^2)r\rho} \qquad (2\text{-}12\text{-}7)$$

式中，ρ 为液体密度；λ 为射流波长；w 为射流流量；r 为射流平均直径。

（2）方法特点与注意事项

振荡射流法用于了解表面形成不同时间时液体的表面张力，例如在乳状液和泡沫生成时，新的表面不断形成，乳化剂和起泡剂分子在表面的吸附速率成了这些体系得以稳定存在的重要限制步骤，而表面吸附将引起表面张力的变化，因此，研究表面张力与时间的变化关系有着重要的实际意义。对于不透明液体可用增长液滴法测定动态表面张力。

12.2　固体表面张力的测定方法

固体不同于液体，固体内部的原子或分子不像液体那样可以自由移动，因此固体表面张力的测定采用间接方法，或从理论上估算固体表面张力。常用的方法有临界表面张力测定法和估算法。

12.2.1　临界表面张力测定法

（1）测定原理

将一系列已知表面张力的液体置于表面张力较小的高分子固体表面上，并分别测定其润湿角，则各液体的表面张力和润湿角的余弦之间具有直线关系，将直线外推到 $\cos\theta=1$（即 $\theta=0°$），则对应液体的表面张力即为此固体的临界表面张力 σ_c。

（2）方法特点与注意事项

当液体的表面张力小于固体的临界表面张力时，该液体能够润湿固体表面，反之，若液体的表面张力大于固体的临界表面张力，则此液体不能润湿固体表面。

12.2.2　熔融外推法

（1）测定原理

在固体熔点之上，测定若干不同温度下的熔融液体的表面张力。做温度-表面张力关系图，外推到低温固态时的数据即为该固体在某温度下的表面张力。

（2）方法特点与注意事项

用外推法求固体表面张力，要注意相变对表面张力的影响。尽管通常认为此影响不大，但用这种方法所得到的结果也只能是近似的。

12.2.3　应力拉伸法

测定原理：在固体熔点之下，测定薄片或丝状固体应变速度与应力的关系，求出应变速度为零时的应力即为沿薄片或丝周线的表面张力值。

12.2.4　解理劈裂法

（1）测定原理

直接测量劈裂某些晶体所施加的负荷，以及所形成的新表面的面积，两者相除，即得表面能。

（2）方法特点

此法难度大，精度差。

12.2.5　溶解热法

（1）测定原理

高度分散的粉体有大的表面积。在良溶剂中溶解时，大表面消失，表面能释放。用溶解热对比法，测定同一物质的微米或纳米级粉体，以及一般尺度的粉体的溶解热，其热量差值与表面积之比为表面能。

（2）方法特点

此法要求高灵敏度量热技术和极细粉体。

12.2.6　估算法

（1）测定原理

固体是由位置固定的分子或原子组成的。根据组成固体的晶格间力，原则上可用于计算固体的表面张力。

（2）注意事项　此法不用于离子晶体。对于离子晶体，需用其他方法计算。

通过颗粒大小不同的固体在液体中的溶解度不同，也可根据式（2-12-8）计算固液界面张力。

$$RT\ln\frac{S_2}{S_1}=\frac{2r_{1-s}M}{\rho}\left(\frac{1}{R'_2}-\frac{1}{R'_1}\right) \qquad (2\text{-}12\text{-}8)$$

式中，S_1、S_2 分别为小颗粒和大颗粒固体的溶解度；M 为固体的相对分子质量；ρ 为固体的密度；r_{1-s} 为小颗粒的半径。

式（2-12-8）实际应用时需颗粒极细 S_1、S_2 才能显示。

12.3　接触角测定技术

接触角的测定包括对固体表面的接触角和粉体的接触角的测定。

12.3.1　固体表面的接触角测定方法

12.3.1.1　角度测量法

如图 2-12-3 所示，量角法从三相接触点处引切线，测定切线与相界面的夹角。为便于操作与观测，常将被观测部分投影放大。为了克服引切线的困难，可用插板法，当插板插入角度调至三相交界面不出现弯曲时，板与液面的夹角即为接触角。

图 2-12-3　量角法
测定固体表面的接触角

由于角度测量法是利用各种手段直接观测固体表面上的平衡液滴，以及液体中附着于固体表面上的气泡外形，而量出接触角，因此该方法直观、设备简单（有商品仪器出售），但要求观察者从三相交界处人为作气液界面切线，故有不可避免的不准确性，且此类方法较难避免环境污染。

12.3.1.2　测高法

通过液滴高度的测量值与接触角间的关系计算接触角的方法。包括小液滴法和平衡液滴法。

（1）小液滴法

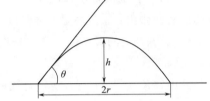

在水平的固体被测表面上放一小滴液体，其高度为 h ，底宽为 $2r$ ，液滴很小时（$<10^{-10}\,\mathrm{m}^3$），可近似地视为球的一部分，根据式（2-12-9），通过 h 、r 的测定，便可求出接触角 θ（见图 2-12-4）。

图 2-12-4　小液滴法测定固体表面的接触角

$$\sin\theta = 2hr/(h^2 + r^2)\ \text{或}\ \tan(\theta/2) = h/r \tag{2-12-9}$$

（2）平衡液滴法

当在上述小液滴上不断增加液体量时，液滴不断增高，同时因重力作用，液滴不断摊开，当达到一定液量时，再继续增加液量，由于重力与张力的平衡，液滴高度不再增加，只增加液滴直径。利用液滴势能与表面能的平衡关系，便可导出接触角的关系式：

$$\cos\theta = 1-\rho g h^2/2\sigma_{1-\mathrm{g}} \tag{2-12-10}$$

式中，h 为液滴平衡时的最大高度；g 为重力加速度；ρ、$\sigma_{1-\mathrm{g}}$ 分别为液体的密度及液-气表面张力。

只要测出 h ，而 ρ 和 $\sigma_{1-\mathrm{g}}$ 已知，可计算出接触角 θ。

12.3.2　粉体表面接触角测定方法

（1）渗透法

固态粉体间的空隙相当于一束毛细管，由于毛细作用，液体能自发地渗入粉体柱中。当毛细管垂直时，液体在毛细管中流动的动力学方程如下：

$$h^2 = c\sigma t r\cos\theta/(2\eta) \tag{2-12-11}$$

式中，h 为润湿液体上升的高度；t 为润湿液体上升的时间；θ 为润湿液体对粉末的接触角；η 为润湿液体黏度；c 为毛细管因子；r 为粉末间空隙的毛细管平均半径，此值是无法求得的。

通常将 cr 作为仪器参数，用一已知表面张力、黏度且 θ 为 0° 的液体为参考液，先测定其 t-h 关系，应用式（2-12-11）求出参数 cr ，再用待测液体测定其在相同填充条件下粉体柱中渗透的 t-h 关系，因 cr 已知，从而可求出待测液在此粉体上的接触角 θ。

测量装置如图 2-12-5 所示。

该测定方法也称为高度法。它是利用液体在粉体中上升的高度和时间的关系测定粉末在润湿液体中的接触角的。

(2) 压力法

当固体粉末均匀填入管中后,管一端封闭,另一端垂直插入液体。液体渗透过程中压缩粉体床中的气体而引起压力差(ΔP),它与时间 t 的关系为:

$$\Delta P^2 = \beta \sigma t \cos\theta / \eta \tag{2-12-12}$$

式中,ΔP 为气体引起的压力差;β 为与粉体床本身性质有关的参数;σ 为润湿液体的表面张力;η 为润湿液体黏度。

作 ΔP^2 与 t 的关系图,得一条近似的线性直线,其斜率为:

$$K = \beta \sigma \cos\theta / \eta \tag{2-12-13}$$

式中,K 为 ΔP^2 与 t 线性直线的斜率。从上式可得:

$$\theta = \arccos(K\eta / \sigma\beta) \tag{2-12-14}$$

式中,$K\eta / \sigma\beta$ 仅与润湿液体的性质有关,可查物理化学手册得到,K 值也可通过试验结果计算得到,因此,要计算出 θ 值,关键是确定 β 值。

测量装置如图 2-12-6 所示。

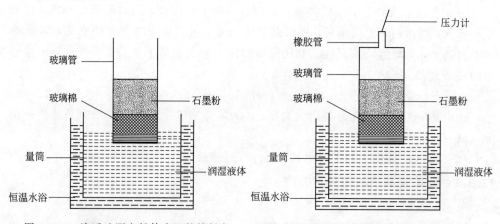

图 2-12-5 渗透法测定粉体表面的接触角　　图 2-12-6 压力法测定粉体接触角的装置

12.4 吸附量测定技术

吸附量是吸附研究中最重要的物理量。吸附量通常以达到吸附平衡时(平衡压力或平衡浓度)单位质量(1g 或 1kg)或单位表面吸附剂吸附的吸附质的量(质量、物质的量、体积等)表示。例如

$$q = V/m \text{ 或 } q = n/m \tag{2-12-15}$$

对于一定的吸附物质,吸附量取决于温度和压力。即

$$q = f(T, p) \tag{2-12-16}$$

气体吸附量的测定方法有动态法和静态法两种。动态法有常压流动法和色谱法。静态法有容量法和重量法。

12. 4. 1　动态法

把吸附质气体连续导入到吸附剂试样上，根据吸附质气体的减少量测定吸附量称为流动法。

（1）连续流动色谱法

让氮气和氦气的混合气体在 77K 下流过试样，用气相色谱仪中的热导率检测器测量流出的气体组成，在氦气对氮气吸附的影响很小时，就能测量氮气的吸附量。由于吸附平衡和吸附量均由色谱和记录仪示出，保证整个测定过程是快速的。流动色谱法是一种简便快速而又有一定准确度的方法，被广泛应用于气体吸附量的测定。

（2）连续流动法

用气体流量调节器控制吸附剂以很慢的恒定速度吸附气体，测量气体压力变化和时间的关系，由于气体被试样吸附时压力上升速度变慢，将有试样的压力变化曲线与没有试样的压力变化曲线之差对时间积分就能求得吸附等温线。连续流动法测量装置与测量方法都比较简单，吸附平衡也快，在实验室中被广泛应用。

12. 4. 2　静态法

（1）容量法

在测定气体吸附量的方法中，容量法是根据气体容积和压力的关系测量吸附量的方法。在容量法中，用 p 表示压力，V 为 1mol 气体的容积，T 为热力学温度，R 为气体常数。对于常压吸附，根据理想气体状态方程：

$$pV = RT \tag{2-12-17}$$

对于高压吸附，根据 Virial（维利）方程：

$$pV/RT = 1 + B_2/V + B_3/V^2 + \cdots \cdots \tag{2-12-18}$$

式中，B_2、B_3 是维利系数。或者根据真实气体状态方程（范德华方程）：

$$(p + a/V_2)(V - b) = RT \tag{2-12-19}$$

式中，a、b 为常数。

根据吸附前后的压力变化选择合适的公式计算吸附量。

当分子量越大、压力越高时，式（2-12-17）和式（2-12-18）或式（2-12-19）之间的差别就越大，这时必须采用式（2-12-18）或式（2-12-19）。在测量低分子量的气体吸附时，容量法的灵敏度比重量法高。

尽管容量法的原理看起来简单，但容积、压力、真空泄漏、容器壁上的吸附等许多意外因素都容易增大测量误差，因此，测定时必须充分注意。

（2）重量法

重量法是根据试样重量的变化测量吸附量的方法。对于低分子量的吸附质，重量法的测量误差比容量法大，对于高分子量的吸附质，重量法的测量误差减小。产生误差的原因有试样温度、浮力、对流和吸附气体的非理想性等。

重量法中，电子天平虽然灵敏度高，但由于使用了金属和绝缘覆盖层，容易被腐蚀。全石英天平虽然灵敏度不那么高，但如果使用带聚四氟乙烯密封圈的旋塞，能测定除氟化氢以外的几乎所有气体。使用磁悬浮天平，通过选择不同的试样池材质，能够进行腐蚀性吸附质和腐蚀性吸附剂的吸附测量，具有测量温度范围大（从低温到高温）和压力范围宽的优点，还能扩大到密度测量、热分析和材料腐蚀性的测量。

容量法和重量法都要求温度传感器的温度等于试样温度。温度传感器要尽量放在试样附近。在气相吸附量的测定中，粉末和多孔体的传热性差，加之在预处理和吸脱附时放热或吸热，因此必须保证粉末的实际温度（试样内的温度分布）等于希望的吸附温度。为了快速进行预处理和达到吸附平衡，要精心设计试样池以加速吸附质向试样内部扩散，使温度迅速达到平衡。

12.4.3　液相吸附量的测量方法

（1）测定原理

液相吸附量的测定方法是把吸附质溶解在溶解剂中，让吸附剂和溶液接触，达到吸附平衡后，分离出吸附剂，测定吸附后的溶液中的吸附质浓度，根据与初始浓度的差值计算吸附量。

（2）注意事项

液相吸附测量中必须注意实验容器的密封性和容器壁对吸附质的吸附。挥发性高的吸附质需要采用管形瓶。塑料制的容器壁容易吸附有机物，在测量微量有机物的吸附时最好避免使用。搅拌器的振幅和搅拌速度也与实验容器的容量和使用的溶液量有关，搅拌速度太快，有时反而降低搅拌效率。达到吸附平衡的搅拌时间随着吸附剂和吸附质变化，必须通过预备实验确定。粒状吸附剂的平衡时间比粉状和纤维状吸附剂长，有时需要一个星期以上。溶剂的黏度高，平衡时间也长。从溶液中分离吸附剂的方法有离心法和过滤法。采用过滤法时，必须注意吸附质在滤纸上的吸附。为了减小滤纸吸附的影响，可把最初的滤纸丢掉，只分析后面的滤液。有时从滤纸中溶解下来的杂质也影响分析，需要选择合适材质的滤纸。分离操作温度和吸附温度不同时，吸附平衡会发生改变，所以应缩短分离操作时间。

12.5　吸附模型确定

12.5.1　绘制吸附等温线

吸附等温线分为五种类型，通过吸附等温线的形状和对等温线数据的处理可以获得吸附剂与吸附分子相互作用的大小，以及吸附剂表面和孔径分布等信息，表征各类吸附等温线的方程式称为吸附等温方程式。

12.5.2　确定吸附模型

通过实验数据绘制吸附等温线，并进行吸附等温方程式的拟合便可确定吸附模型。常见等温方程式有朗格缪尔单分子层吸附等温式、Freundlich 弗伦德利西吸附方程、BET 多分子层吸附等温式。通过方程式建立的假设与拟合结果，可确定吸附模型。

12.6　固体比表面积测定方法——BET 法

BET 比表面积测试法简称 BET 测试法，该方法依据著名的 BET 理论为基础而得名。BET 是三位科学家（Brunauer、Emmett 和 Teller）的首字母缩写，三位科学家在从经典统计理论推导出的多分子层吸附公式的基础上，得出了著名的 BET 方程，成为了颗粒表面吸附科学的理论基础，并被广泛应用于颗粒表面吸附性能的研究及相关检测仪器的数据处理中。

（1）测定原理

根据 BET 吸附理论，在物理吸附中，吸附质与吸附剂之间的作用力是范德华力，而吸附质分子之间的作用力也是范德华力，所以当气相中的吸附质分子被吸附在多孔固体表面上之后，它们还可能从气相中吸附同类分子，因而吸附是多层的。

据此推导出 BET 方程为：

$$\frac{P}{V(P_0-P)}=\frac{1}{V_m C}+\frac{C-1}{V_m C}\times\frac{P}{P_0} \qquad (2\text{-}12\text{-}20)$$

式中，P 为平衡压力；V 为平衡时的吸附量；P_0 为吸附平衡下吸附质的饱和蒸气压；V_m 为单分子饱和吸附体积；C 为与吸附热和凝聚热有关的常数。

BET 方程的适用范围是相对压力 $\dfrac{P}{P_0}$ 在 0.05～0.35 之间。

（2）测定方法

通过试验可测得一系列的 P 和 V，以 $\dfrac{P}{V(P_0-P)}$ 对 $\dfrac{P}{P_0}$ 作图，得一直线 $y=a+bx$，其斜率为 $b=\dfrac{C-1}{V_m C}$，截距为 $a=\dfrac{1}{V_m C}$，从而由斜率和截距可求得单分子层饱和吸附量：

$$V_m=\frac{1}{a+b} \qquad (2\text{-}12\text{-}21)$$

由 V_m，再根据每一个被吸附的分子在吸附剂表面上所占有的面积，即可计算出每克固体样品所具有的表面积。对 N_2 来说，每个氮分子在吸附剂表面占有的面积为 0.162 nm^2，所以每毫升被吸附的 N_2 分子铺成单分子层时所占有的面积为：

$$S_0 = \frac{N_A \sigma_m}{22.4 \times 10^3}$$

$$= \frac{6.023 \times 10^{23} \times 0.162 \times 10^{-18}}{22.4 \times 10^3}$$

$$= 4.36 (\text{m}^2 \cdot \text{mL}^{-1})$$

根据比表面积的定义

$$S_{BET} = \frac{S}{W}$$

$$= \frac{V_m N_A \sigma_m}{22400W} \qquad (2\text{-}12\text{-}22)$$

式中，N_A 为阿伏伽德罗常数；V_m 为单分子饱和吸附体积，mL（标准状况）；W 为固体吸附剂质量，g；σ_m 为吸附质分子的横截面积，$\sigma_m = 0.162\text{nm}^2$。若以 N_2 为吸附质，液氮温度 -195.8℃，则比表面积利用下式直接计算：

$$S_{BET} = 4.36 \frac{V_m}{W} \qquad (2\text{-}12\text{-}23)$$

12.7　多孔性物质孔径、孔径分布以及固体表面分维值测定

12.7.1　平均孔半径 r 测定

根据测出的孔性固体的比孔容 V_p（1g 固体的孔体积）和比表面积 S，设孔为均匀圆柱形孔，则

$$r = 2V_p / S \qquad (2\text{-}12\text{-}24)$$

12.7.2　孔径分布的简单测定

利用 Kelvin 公式，在第四型和第五型的吸附等温线滞后环部分的脱附分支上以适当的间距取点，根据所选点的相对压力，用 Kelvin 公式计算相应的孔半径，在各选择点相应于各自的相对压力有一定吸附量，将吸附量换算为吸附体积，即为根据 Kelvin 公式计算出的相应孔半径的吸附体积，吸附体积与相应孔半径关系曲线称为孔径分布的积分分布曲线。

12.7.3　固体表面分维值测定

对于固体表面，分维值是表面粗糙性的参数。由分形几何可知，粗糙平面可用介于 2~3 之间的分维描述。测定表面分维 D 的方法有吸附法、热力学法、电化学法等，吸附法应用得较多，有气相吸附法和液相吸附法。

（1）气体单层饱和吸附量法

用气体吸附法测定固体比表面积的原理是在一定压力下气体在 1g 固体表面形成饱和单层覆盖，若算出每个吸附分子的横截面积，测出单层饱和吸附量，二者的乘积即为固体比表面积。

对于粗糙表面，当所用吸附质气体分子大小不同时，因固体孔隙大小不同引起的屏蔽作用可使测出的比表面积大小不同。这就是说，对于同一粗糙度固体表面，其比表面积的大小可因选用吸附质气体分子大小不同而异，较小的分子能进入小孔隙，因而用小的气体分子测出的比表面积大些，如图 2-12-7 所示。

图 2-12-7　粗糙固体比表面积大小与测定
所用气体分子截面积有关的示意图

若吸附分子半径为 r，截面积为 σ，对于完全平滑的表面，单层饱和吸附量 n_m 正比于 r^{-2}，即 $n_m \propto r^{-2}$。对于分维为 D 的粗糙表面，则应有 $n_m \propto r^{-D}$，或 $n_m \propto \sigma^{-D/2}$。因而可得：

$$\lg n_m = (-D/2)\lg \sigma + 常数 \tag{2-12-25}$$

由于表面积 $A = n_m\sigma$，故可得到

$$\lg A = (1-D/2)\lg \sigma + 常数 \tag{2-12-26}$$

由式（2-12-25）和式（2-12-26）可知，只要测得不同气体分子在同一固体表面上的吸附等温线，用适当的吸附等温方程（如 Langmuir 方程、BET 二常数方程等）处理求得 n_m，即可求出 D 值。σ 值可通过一定的模型算出：

$$\sigma = 1.091[M/N_A]^{2/3} \tag{2-12-27}$$

式中，M 为吸附质摩尔质量；ρ 为液态（或固态）吸附质密度；N_A 为阿伏伽德罗常数。

（2）FHH 方程法

若将多层吸附和毛细凝结区域的吸附质看作是厚度均匀、平板状的液膜，根据 Polanyi 吸附势能理论可以得到 Frenkel-Halsey-Hill（FHH）方程：

$$\alpha = K\left[\ln(p_0/p)\right]^{-\frac{1}{s}} \tag{2-12-28}$$

式中，α 为平衡压力为 p 时的吸附量；p_0 为实验温度时吸附质的饱和蒸气压；K 为与温度、吸附层厚度、固体表面性质有关的常数；S 为特征常数，与吸附质及吸附剂作用强度有关，通常在 2～3 间，当吸附质与吸附剂间只有色散力作用时，$S=3$。当具有变形性质的固体表面上吸附膜的体积等于单层饱和吸附分子数目与分子体积乘积的若干倍时，Avnir 等导出了在毛细凝结区域 FHH 的变形形式：

$$\alpha = K\left[\ln(p_0/p)\right]^{D-3} \tag{2-12-29}$$

$$\ln\alpha = (D-3)\ln\left[\ln(p_0/p)\right] + \ln K \tag{2-12-30}$$

由式（2-12-31）可知，在毛细凝结区域内，$\ln\alpha$ 对 $\ln\left[\ln(p_0/p)\right]$ 作图应为直线，由直线的斜率可求得 D 值。

（3）液相吸附法

许多液相吸附的等温线（特别是稀溶液中吸附等温线）多为 Langmuir 型的，用 Langmuir 方程处理可得到极限吸附量 n_1。只要测出在同一固体表面上不同吸附质的吸附等温线，即可求出它们的极限吸附量 n_1，用与式（2-12-25）类似的形式

处理，可方便地求出 D 值。

$$\lg n_1 = (-D/2)\lg \sigma_a + 常数 \qquad (2\text{-}12\text{-}31)$$

应当说明的是，液相吸附的极限吸附量 n_1 与气体吸附的单层饱和吸附量 n_m 不同。前者是吸附质的最大吸附量，在达到 n_1 时吸附剂表面仍可能有溶剂分子存在；n_m 是单层紧密排列时的吸附量。式中，σ_a 是表观分子面积，表示在极限吸附时吸附质分子表观占据面积，包含了一部分溶剂分子的贡献。显然，σ_a 必将大于密堆积方式排列的分子截面积。

σ_a 可根据固体比表面积 S 和极限吸附量 n_1 计算：

$$\sigma_a = S/n_1。 \qquad (2\text{-}12\text{-}32)$$

12.8 表面压测定及其应用

12.8.1 表面压测定

表面压 π 可由朗格缪尔（Langmuir）膜天平直接测定。如图 2-12-8 所示，在一长方形盘内盛满纯净的水，将一定量溶有成膜物的溶液滴加在浮片 D 与滑尺 C 之间的水面上，待溶剂（常用苯或石油醚）挥发后，不溶于水的物质在水面上铺展成单分子膜。浮片与扭力天平 B 相连接，可测量成膜时作用于浮片水平方向上的力，从而直接测定表面压。膜面积可由浮片与滑尺间的距离来确定，改变滑尺的位置就可以改变膜的面积，再由浮片的移动测

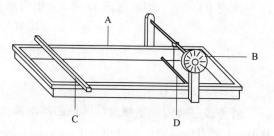

图 2-12-8　膜天平示意图

A—盛水的长盘；B—扭力天平；C—滑尺或障片；D—浮片

量不同膜面积时的表面压 π。根据成膜物质的量可知膜中的分子数，由膜面积可求得每个分子所占有的面积 a。这样就可以得到一系列的 π-a 数据，这是研究表面膜的性质所必需的数据。

12.8.2 利用表面压测物质的摩尔质量

单分子膜内分子所占有的面积大小和分子间的距离不同时，表面膜可能表现出不同的性质，当表面膜的行为像理想气体时，符合类似于三维理想气体的理想气态膜的状态方程式：

$$\pi a = kT \qquad (2\text{-}12\text{-}33)$$

式中，k 为波兹曼常量。

若蛋白质铺展成单分子膜，则当表面浓度较低时，符合上述二维理想气体膜状态方程，并可改写为：

$$\pi A_s = nRT = \frac{W}{M}RT \qquad (2\text{-}12\text{-}34)$$

式中，A_s 为膜面积；n 为蛋白质的物质的量；W、M 分别为蛋白质的质量和摩尔质量。利用上式可求得蛋白质的摩尔质量，这是表面膜的重要应用之一。该方法测定蛋白质的摩尔质量的优点是样品用量少，并可用于相对分子质量低于 25000 的蛋白质，这在生物化学领域十分重要。

12.9　临界胶束浓度的实验测定

临界胶束浓度的实验测定方法包括表面张力法、电导法、增溶法、光散射法。

12.9.1　表面张力法

表面活性剂溶液表面张力的降低仅出现在 cmc 以前，当浓度达到 cmc 时，溶液内单个分子的浓度保持恒定，表面吸附达到动态平衡，吸附量不再随表面活性剂浓度的增加而增加，表面张力开始平缓下降，或不再改变。在表面张力随浓度变化曲线上出现明显转折时，此点即 cmc。

此法测出的 cmc 均方根误差为 2%～3%，测定时要注意在平衡态下测定表面张力。

12.9.2　电导法

离子型表面活性剂溶液的电导率在极稀溶液中与小分子无机电解质差别不大，当浓度达到 cmc 后由于胶束的形成，电导率变化减小，电导率-浓度关系图呈现折线状，折点处浓度即为 cmc。此法适用于离子型表面活性剂，且不能加入其他电解质。

12.9.3　增溶法

当表面活性剂浓度达 cmc 时胶束大量形成，某些难溶或不溶的有机物可增溶于胶束中，使这些物质的溶解能力大大增加，故测出增溶量与表面活性剂浓度的关系，转折点处的表面活性剂浓度即为 cmc。

12.9.4　光散射法

由于胶束大小在胶体范围内，因而有光散射现象，测定体系光散射某些参数（如散射光强度）随表面活性剂浓度的变化，转折点处即为 cmc。

12.10　分子截面积测定

根据某些表面活性分子在溶液表面定向排列并成单分子层排布的特点，假设每个分子占据的面积为表面活性剂的横截面积，可通过测定不同浓度的表面活性物质时溶液所具有的表面张力，借助吉布斯吸附公式和郎格缪尔吸附等温式，计算吸附质分子的截面积。

配制不同浓度表面活性剂溶液，测定不同浓度溶液的表面张力，绘制 $\gamma\text{-}C$ 关系图。根据所绘制的 $\gamma\text{-}C$ 关系图，求不同浓度下的切线斜率，根据吉布斯吸附等温线求得某一温度下不同吸附质浓度的表面吸附量：

$$\Gamma = -\frac{\alpha_B}{RT}\left(\frac{\partial\gamma}{\partial\alpha_B}\right)_{T,p} \tag{2-12-35}$$

根据方程 （2-12-35）可得

$$C/\Gamma = C/\Gamma_\infty + 1/k\,\Gamma_\infty \tag{2-12-36}$$

式中，以 C/Γ 对 C 作图，直线的斜率为饱和吸附量 Γ_∞。饱和吸附时，表面活性剂分子产生表面吸附和定向的紧密排列，假设每个分子占据的面积为表面活性剂的横截面积，则

$$S_o = 1/(\Gamma_\infty N_A) \tag{2-12-37}$$

12.11　单分子膜厚度测定

单分子膜厚度的测定方法包括应用透射电子显微镜测定膜厚度；可测定厚度在几纳米或几十纳米的单分子膜。也可通过饱和吸附量的测定计算单分子膜厚度。通过下式求得单分子层厚度：

$$\delta = \Gamma_\infty M/\rho \tag{2-12-38}$$

式中，ρ 为溶质的密度；M 为相对分子质量。

可计算出吸附层厚度 δ。

第13章　胶体大分子体系测量技术与仪器

13.1　胶体的制备技术

溶胶的制备方法大致有两种：一种是使粒子变小的分散法；另一种是使分子或离子聚结成胶粒的凝聚法。由于溶胶的聚结不稳定性，还必须在制备溶胶的过程中加入稳定剂（如电解质或表面活性剂）。吸附在胶粒表面，使胶粒能够稳定地分散在分散介质中。

13.1.1　分散法

使大块物质在有稳定剂存在时分散成胶体粒子通常有四种方法：机械研磨、超声波分散、电弧法和胶溶法。

① 机械研磨法　使用球磨机或胶体磨，利用两片靠得很近的坚硬的磨盘或磨刀高速反向运转时产生的剪切力，使物质被磨细。

② 超声波分散法　是利用频率高于 16000Hz 的超声波传入介质，使介质产生相同频率的疏密交替，对分散相产生撕碎力而达到分散的效果。超声波分散广泛应用于乳状液制备。

③ 电弧分散法　主要用于制备金属溶胶。将欲分散的金属作为电极，浸在不断冷却的水中，水中加少量 NaOH 作为稳定剂。加直流电压，并调节两电极距离使之放电，则在电弧作用下，电极表面上的金属原子蒸发，但随即又被水冷却而凝聚成胶体粒子。

④ 胶溶法　是使暂时凝集起来的分散相重新分散的方法。将新生成的并经过洗涤的沉淀，加入少量电解质作为稳定剂（又称胶溶剂），经搅拌，沉淀就会重新分散成为溶胶。这种作用叫做胶溶作用。例如，将新生成的 $Fe(OH)_3$ 沉淀，加入少量 $FeCl_3$ 溶液，可制得红棕色的氢氧化铁溶胶。

13.1.2　凝聚法

凝聚法需先制成难溶物分子（或离子）的过饱和溶液，再使之相互结合成胶体粒子。通常分为物理凝聚和化学凝聚两种方法。

（1）物理凝聚法

利用突然冷却或改换溶剂等物理过程使物质凝聚。例如，将汞蒸气通入冷水中可得汞溶胶，将硫黄的酒精溶液冲入水中，则因硫黄在水中溶解度降低而析出形成硫黄的水溶胶。

（2）化学凝聚法

利用各种化学反应生成不溶性产物，在其从饱和溶液中析出的过程中，使之停留在胶粒大小阶段。可利用改变反应温度或反应物浓度等条件促进溶胶的形成。举例如下。

利用氧化还原反应制备金溶胶：

$$KAuO_2 + 3HCHO + K_2CO_3 \longrightarrow Au(溶液) + 3HCOOK + H_2O + KHCO_3$$

利用复分解制备硫化砷溶胶：

$$2H_3AsO_3 + 3H_2S \longrightarrow As_2S_3(溶胶) + 6H_2O$$

利用水解反应制备氢氧化铁溶胶：

$$FeCl_3(溶液) + 3H_2O(沸水) \longrightarrow Fe(OH)_3(溶胶) + 3HCl$$

以上制备溶胶的例子中，虽没有外加稳定剂，但胶粒表面吸附的具有溶剂化层的反应物离子起了稳定剂的作用。

13.2　溶胶的净化

制备溶胶的过程中，少量电解质的存在常能起到稳定剂的作用，但电解质浓度过大，反而容易引起胶粒聚沉而使溶胶遭到破坏，因而必须将溶胶净化（除去过量的电解质）。

常用的净化方法是渗析法。将欲净化的溶胶装在半透膜袋内，然后把膜袋浸在蒸馏水中，因膜内的电解质能透过膜进入水中而使膜内溶胶中的电解质浓度降低。不断更换蒸馏水，即可不断地除去电解质或其他杂质，达到净化溶胶的目的。

为了提高渗透速度，可以适当提高渗析的温度，以加快离子的扩散速度。特别是在外加电场的作用下可以更有效地提高离子迁移速度，称为电渗析法。

超过滤也是净化溶胶的方法，用半透膜代替滤纸在减压或加压下使溶胶过滤，便可使溶胶与其他小分子杂质分开。若将超过滤与电渗析相结合，称为电超滤法，纯化溶胶的效果更好。

13.3　胶体电动电位测定

13.3.1　宏观电泳法

在外加电场作用下，荷电的胶粒与分散介质间会发生相对运动，胶体粒子在分散介质中向正极或负极移动的现象称为电泳。电泳法测定动电势，又可分为宏观法和微观法。

宏观法一般用来观察微粒与另一不含此微粒的导电液体的界面在电场中的移动速度，故称界面移动法，包括纸上电泳、凝胶电泳、板上电泳、显微电泳、界面移动电泳等。

（1）界面移动电泳仪（见图 2-13-1）

先在漏斗中装入待测溶胶，打开活塞，使溶胶进入 U 形管，待溶胶在左、右两臂的液面与活塞等高时，关闭活塞。在活塞上部的管中，加入超滤液或等渗溶液。小心打开活塞，接通电源，观察液面的变化。若是无色溶胶，必须用紫外吸收等光学方法读出液面的变化。

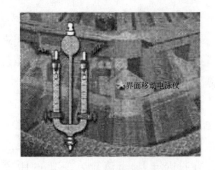

图 2-13-1　界面移动电泳仪

选择合适的介质，使电泳过程中保持液面清晰。根据通电时间和液面升高或下降的刻度，计算电泳的速度。

$$\xi = K\pi\eta u/(\varepsilon w) = \frac{K\pi\eta}{\varepsilon} \times \frac{s/t}{E/L} \tag{2-13-1}$$

（2）区带电泳

将惰性的固体或凝胶作为支持物，两端接正、负电极，在其上面进行电泳，从而将电泳速度不同的各组成分离。

区带电泳实验简便、易行，样品用量少，分离效率高，是分析和分离蛋白质等生物胶体的基本方法。常用的区带电泳有：纸上电泳、圆盘电泳和板上电泳等。

① 纸上电泳　用滤纸作为支持物的电泳称为纸上电泳。先将一厚滤纸条在一定 pH 值的缓冲溶液中浸泡，取出后两端夹上电极，在滤纸中央滴少量待测溶胶，电泳速度不同的各组分即以不同速度沿纸条运动，经一段时间后，在纸条上形成距起点不同距离的区带，区带数等于样品中的组分数。将该滤纸干燥后再浸入染料液中，由于各不同组分对染料的选择吸附不同而显示不同的颜色，从而可以区分不同的组分。纸上电泳的分离能力不是很强，只能将人体血清或血浆分成 5 个组分（见图 2-13-2）。

② 凝胶电泳　用淀粉凝胶、琼胶或聚丙烯酰胺等凝胶作为载体，则称为凝胶电泳。将凝胶装在玻管中，滴入样品，电泳后各组分在管中形成圆盘状凝胶电泳的分辨力极高。例如，纸上电泳只能将血清分成五个组分，而用聚丙烯酰胺凝胶做的圆盘电泳可将血清分成 25 个组分（见图 2-13-3）。

③ 板上电泳　将凝胶铺在玻板上进行的电泳称为平板电泳（见图 2-13-4）。

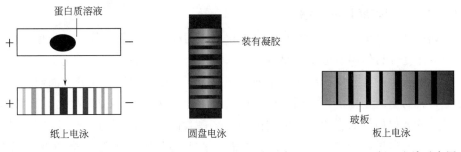

图 2-13-2　纸上电泳示意图　　图 2-13-3　凝胶电泳示意图　　图 2-13-4　板上电泳示意图

13.3.2　微电泳法

微电泳法则是直接观察单个粒子在电场中的泳动速度。利用微电泳法测定分散系统的动电电势时，将分散相粒子在电场作用下的泳动通过显微镜放大，直接观测溶液中被测粒子的定向运动（也可放大成像在投影屏上），读出在一定的距离内多次换向泳动的时间和次数，求其平均值，从而得到电泳速度（见图 2-13-5）。

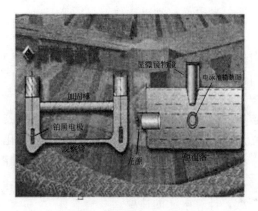

图 2-13-5　微电泳仪示意图

微电泳方法简单、快速，胶体用量少，可以在胶粒所处的环境中直接观察和测定电泳速度及电动电位。

13.3.3　电渗法

电渗法是通过测定在一定电场强度 E 下，介质相对于固定不动的毛细管（或多孔塞）流动时，在单位时间内流经毛细管的液体体积（cm^3）来求算 ξ。实验装置如图 2-13-6 所示。

$$\xi = \frac{\eta \kappa}{\varepsilon I} Q \qquad\qquad (2\text{-}13\text{-}2)$$

式中，Q 为体积流速；ε 为介质的介电常数；η 为介质黏度；κ 为液体的电导率；I 为电流密度；ξ 为动电电势。

只要测出体积流速、电导率和电流强度，即可求出 ξ 电势。

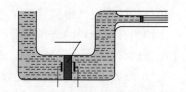

图 2-13-6　电渗实验装置图

13.4　大分子溶液黏度测定技术

13.4.1　不同黏度计的介绍

黏度计是测量流体黏度的物性分析仪器。黏度是流体物质的一种物理特性，它反映流体受外力作用时分子间呈现的内部摩擦力，物质的黏度与其化学成分密切相关。在工业生产和科学研究中，常通过测量黏度来监控物质的成分或品质。如在高分子材料的生产过程中，应用黏度计可以监测合成反应生成物的黏度，自动控制反应终点。其他如石油裂化、润滑油掺和、某些食品和药物等的生产过程自动控制、原油管道输送过程监测、各种石油制品和油漆的品质检验等，都需要进行黏度测量。

13.4.1.1　乌贝洛克黏度计

乌氏黏度也叫运动黏度/动力黏度，主要是测定液体的流动性。在流动着的液体层之间存在着切向的内部摩擦力，如果要使液体通过管子，必须消耗一部分功来克服这种流动的阻力。仪器有一个恒温水浴缸，待测样品在乌氏黏度计内恒温流动的时间乘以黏度计系数就是运动黏度。运动黏度乘以样品在当前温度下的密度就是动力黏度。一般如变压器油、汽轮机油、导热油、液压油都是测定运动黏度。执行标准 GB/T 265。

使用方法如下。

① 取出乌氏黏度计，如图 2-12-7（a）所示，按照规定制成一定浓度的溶液，用 3 号垂熔玻璃漏斗滤过，弃去初滤液（约 1mL）。

② 取续滤液（不得少于 7mL）沿洁净、干燥的乌氏黏度计的管 2 内壁注入 B 中，将黏度计垂直固定于恒温水浴（水浴温度除另有规定外，应为 25.00℃ ± 0.05℃）中，并使水浴的液面高于球 C，放置 15min。

③ 将管口 1、3 各接一乳胶管，夹住管口①的胶管，自管口 3 处抽气，使被测溶液的液面缓缓升高至球 C 的中部，先开放管口 3，再开放管口 1，使供试品溶液在管内自然下落，用秒表准确记录液面自测定线 m_1 下降至测定线 m_2 处的流出时间。

④ 重复测定两次，两次测定值相差不得超过 0.1s，取两次的平均值为供试液的流出时间（t）。

⑤ 取经 3 号垂熔玻璃漏斗滤过的溶剂进行同样的操作，重复测定两次，两次测定值应相同，为溶剂的流出时间（t_0）。按下式计算特性黏度：

$$特性黏数　[\eta] = \frac{\ln\eta_r}{C} \tag{2-13-3}$$

式中，η_r 为相对黏度，$\eta_r = t/t_0$；C 为测溶液的浓度，$g \cdot mL^{-1}$。

η_r：相对黏度，$\eta_r = t/t_0$，溶液黏度对溶剂黏度的相对值。

η_{sp}：增比黏度，$\eta_{sp} = (\eta - \eta_0)/\eta_0 = (\eta/\eta_0) - 1 = \eta_{r-1}$，反映了高分子与高分子之间、纯溶剂与高分子之间的内摩擦效应。

η_{sp}/C：比浓黏度，单位浓度下所显示出的黏度。

$[\eta]$：特性黏度，反映了高分子与溶剂分子之间的内摩擦。

13.4.1.2　奥氏黏度计

奥氏黏度计是奥斯瓦尔德（W. Ostwald）设计的，如图 2-13-7（b）所示。它是带有两个球泡的 U 形玻璃管，A 泡上、下放各有一刻痕 a 和 b，其下方为一段毛细管。使用时，使体积相等的两种不同液体分别流过 A 泡下的同一毛细管，由于两种液体的黏滞系数不同，因而流完的时间不同。测定时，一般都是用水作为标准液体。先将水注入 D 泡内，然后吸入 A 泡中，并使水面达到刻痕 a 以上。由于重力作用，水经毛细管流入 D 泡，当水面从刻痕 a 降到刻痕 b 时，记下其间经历的时间 t_1，然后在 D 泡内换以相同体积的待测液体，用相同的方法测出相应的时间

t_2根据相应公式计算各种黏度值的大小。

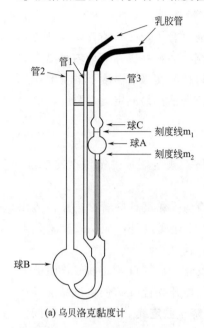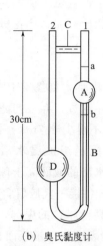

(a) 乌贝洛克黏度计　　　　　　(b) 奥氏黏度计

A，D—球；B—毛细管；C—加固用的玻璃棒；a，b—环形测定线

图 2-13-7　黏度计

　　奥氏黏度计制作容易，操作简便，具有较高的测量精度，奥氏黏度计特别适用于黏滞系数小的液体，如水、汽油、酒精、血浆或血清等的研究。

　　奥氏黏度计使用方法如下。

　　① 先将奥氏黏度计用洗液和蒸馏水洗干净，然后烘干备用。

　　② 然后调节奥氏黏度计恒温槽至（25.0±0.1）℃。

　　③ 用移液管取一定量待测液放入奥氏黏度计中，然后把奥氏黏度计垂直固定在恒温槽中，恒温5~10min。

　　④ 用打气球接于D管并堵塞2管，向管内打气。待液体上升至C球的2/3处，停止打气，打开管口2。利用秒表测定液体流经两刻度间所需的时间。重复同样的操作，测定5次，要求各次的时间相差不超过0.3s，取其平均值。

　　⑤ 最后将奥氏黏度计中的待测液倾入回收瓶中，用热风吹干。再用移液管取10mL蒸馏水放入黏度计中，与前述步骤相同，测定蒸馏水流经刻度a至b所需的时间，重复同样的操作，要求同前。

13.4.1.3 转筒式黏度计

　　转筒式黏度计外部为一平底圆筒，同轴的中心有一个圆柱体。在圆筒和狭缝间有两个互相平行的表面所构成的狭缝，聚合物液体就位于此狭缝中。通过无级调速器的带动来使圆筒做旋转运动。圆柱悬挂于一个测力装置上，并且通过弹簧与之相连。当圆筒旋转时，狭缝中的聚合物液体因受到剪切作用而发生流动，因为体液存在黏滞性从而带动圆柱转动，直到圆柱的转矩与弹簧力相平衡而停止转动，这时候圆筒旋转了一定的角度 θ。平衡时，液体的剪切作用也到达了稳定状态，再通过圆柱的转矩和圆筒的转速便可以通过公式计算环缝中各位置上的剪切力和剪切速率。

转筒式黏度计由旋转黏度计机头、主机底座、辅助控制箱、加热器、测量转子、电源线、盛样筒、盛样筒架、盛样筒盖、专用钳子等组成。

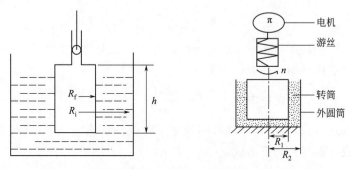

图 2-13-8　单圆筒转筒式和双圆筒旋转式黏度计示意图

设圆筒的角速度为 ω，弹簧的扭矩常数为 K，那么圆柱表面的转矩为 $M=K\theta$ 距离圆筒轴心 r 的剪切应力 τ 可由圆柱浸入液体中的深度 L 给出：

$$\tau=\frac{M}{2\pi R_i^2 L} \tag{2-13-4}$$

在 r 处圆面上的剪切速率 γ 可用角速度 ω 来表示：

$$\gamma=\frac{\mathrm{d}v}{\mathrm{d}\gamma}=\frac{\gamma\,\mathrm{d}\omega}{\mathrm{d}\gamma} \tag{2-13-5}$$

所以聚合物的黏度为

$$\eta=\frac{M}{4\pi\omega L}\left(\frac{R_0^2-R_i^2}{R_i^2 R_0^2}\right) \tag{2-13-6}$$

因此测定平衡状态下圆柱与圆筒的转矩 M 和角速度 ω 就可以计算出表观黏度。如果改变角速度 ω，那么圆柱上的 M 也会相应地变化，得到一系列的 ω-M 值，可获得液体的流动曲线。

转筒式黏度计的优点是结构简单，运行可靠，造价低廉，标定简单，维护方便，适合国内大规模生产等。

13.4.1.4　锥板式黏度计

锥板式黏度计由一个在上部的圆锥体和一个在下部的圆板组成，圆锥和圆板的中心都在同一条轴线上，圆锥的顶部与原板相接触，圆锥和圆板都是可转动的部分，和转筒黏度计稍不同的是，

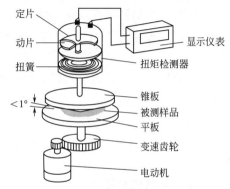

图 2-13-9　锥板式黏度计示意图

聚合物熔体处于圆锥和圆板构成的夹角为 θ 的狭缝中，转动圆板，由于液体的黏滞性，将带动圆锥转动，在剪切平衡的条件下，圆锥在转动一定角度后停止旋转。如果圆板旋转的角速度为 ω，圆锥产生的转矩为 M，那么距离圆板旋转中心 r 处的线速度为 $\gamma\omega$，液体在这里的厚度为 $r\tan\theta$。在 θ 很小的情况下可以看做 $r\tan\theta \approx r\theta$，那么 r 处的剪切速率为：

$$\gamma = \frac{\gamma\omega}{\gamma\tan\theta} = \frac{\omega}{\theta} \qquad (2\text{-}13\text{-}7)$$

式中，Y 与 r 无关。锥板式黏度计的特点之一就是在 $\theta < 4°$ 时，黏度计中的液体的各个部分都具有相同的剪切速率。

在 r 处，液体的剪切速率应为：$T_r = \dfrac{3M}{2\pi r^3}$ \qquad (2\text{-}13\text{-}8)

当 $\theta < 4°$ 时，可以将圆锥和圆板间的空间看做一条狭缝，这时对牛顿液体和非牛顿液体来说，下列公式仍然成立

$$\gamma_a = \frac{3\theta M}{2\pi\omega R^3} = \frac{M}{b\omega} \qquad (2\text{-}13\text{-}9)$$

式中，b 为仪器常数，其值为 $b = \dfrac{2\pi R^3}{3\theta}$ \qquad (2\text{-}13\text{-}10)

锥板式黏度计通常用于 Y 在 $0.001 \sim 10\mathrm{s}^{-1}$ 范围的聚合物液体流动行为的研究。

锥板式黏度计应用于低黏度流体，如溶剂型胶黏剂、乳胶、油、石油、化学试剂、油漆、感光树脂、聚合物溶液、油墨；中等黏度流体，如油漆、沥青、纸浆、淀粉、树脂、牙膏；高黏度流体，如沥青、环氧树脂、凝胶、油墨、分散剂、油墨化妆品和药品等，在进行流变实验时，可使用本标准仪器。

13.4.1.5　电磁旋转球黏度计

电磁旋转球黏度计的测量原理是通过由电磁相互作用驱动的球体旋转来测定液体的黏度。两个磁体连接到转子上从而建立一个旋转磁场。被测样品置于一个小试管内。在管内有一个铝球。试管位于温度控制室内，而球位于两个磁体的中心，被旋转磁场诱导的球形成涡电流。产生的洛伦兹力使得磁场和涡流之间产生转矩，从而使球旋转。球的转速取决于磁场的旋转速度、磁场的大小和球体周围的样品的黏度，因此可用于液体黏度的测定。测定中，球体的运动由一个视频监控摄像头监控。

电磁旋转球黏度计直接与样品接触的所有部件都是一次性的、廉价的，测量在一个密封的样品容器内进行，具有良好的密封性，测量时只需要很小的样本量（0.3mL），测试时间短，温度稳定，可重复性好，是一种新型的黏度测试方式，非常适用于水溶性聚合物、胶黏剂、离子液体和发光材料，以及各种溶液的黏度测量等。

13.4.1.6　落球式黏度计

落球式黏度计是基于 Hoeppler 测量原理，对透明牛顿流体进行简单而精确的

动态黏度测量。实验中，测量落球在重力作用下，经倾斜成一个工作角度的样品填充管降落所需要的时间，该样品填充管装配在一个允许样品管自身可做 180°快速大翻转的中心轴承上，因而可以立即进行重复测量。测量结果采用多次测量中落球降落所花的平均时间，再通过一个转换公式将时间读数换算成最终的黏度值。

图 2-13-10 为落球式黏度计示意图。

使用方法如下。

① 用等时法寻找小球匀速下降区，测出其长度 l。N_1 和 N_2 之间为匀速下降区。

② 用螺旋测微器测定 6 个同类小球的直径 d，取平均值并计算小球直径的误差。

③ 将一个小球在量筒中央尽量接近液面处轻轻投下，使其进入液面时初速度为零，测出小球通过匀速下降区 l 的时间 t，重复 6 次，取平均值，然后求出小球均速下降的速度。根据斯托克斯公式（2-13-11）计算所测液体黏度 η。

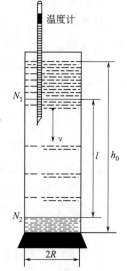

图 2-13-10　落球式黏度计示意图

$$\eta=\frac{1}{18}\frac{(\rho-\rho_0)gd^2}{v}　　（2\text{-}13\text{-}11）$$

实验时使小球在有限的圆形油筒中下落，由于液体不是无限宽广的，考虑圆筒器壁的影响，对斯托克斯公式加以修正，式（2-13-11）变为：

$$\eta=\frac{1}{18}\cdot\frac{(\rho-\rho_0)gd^2}{v\left(1+2.4\cdot\dfrac{d}{D}\right)\left(1+1.65\cdot\dfrac{d}{h}\right)}　　（2\text{-}13\text{-}12）$$

式中，ρ 与 ρ_0 分别为小球密度和液体密度；g 为重力加速度；D 为圆筒的内径；h 为筒内液体的高度；d 为小球直径；v 为小球的平衡速度。测定时液体的温度 T 应取实验开始时的温度和实验结束时的温度的平均值。根据式（2-13-12）计算 η 的平均值及其测定误差。

落球式黏度计也是测定聚合物黏度的一种工具，但是很少用来测定熔体的黏度，它的局限性在于不容易得到剪切力和剪切速率等基本数据，因此，主要适合于对牛顿流体进行简单而精确的动态黏度测量。

13.4.2　黏度法测定水溶性高聚物相对分子质量

分子量是表征化合物特性的基本参数之一。但高聚物的相对分子质量大小不一，参差不齐，一般在 $10^3 \sim 10^7$ 之间，所以通常所测高聚物的相对分子质量是统计平均分子量。用于测定高聚物相对分子质量的方法有黏度法、端基分析、沸点升高、冰点降低、等温蒸馏、超离心沉降及扩散法等，用黏度法测定的分子量称"黏均分子量"记作 $\overline{M}_\eta$。

线型高分子可被溶剂分子分散,在具有足够动能的条件下相互移动,成为黏度态,η 是可溶性的高聚物在稀溶液中的黏度,是它在流动过程中所存在内摩擦的反映,这种摩擦主要有:溶剂分子与溶剂分子之间的内摩擦,表现出来的黏度叫纯溶剂的黏度,记作 η_0;还有高分子与高分子之间的内摩擦以及高分子与溶剂分子之间的内摩擦。三者总和表现为高聚物溶液的黏度,记作 η。

在同一温度下,高聚物的黏度一般都比纯溶剂的黏度大,即 $\eta > \eta_0$,这些黏度增加的分数叫做增比黏度,记作 η_{sp},即

$$\eta_{sp} = \frac{\eta - \eta_0}{\eta_0} = \frac{\eta}{\eta_0} - 1 = \eta_r - 1 \tag{2-13-13}$$

式中,η_r 为相对黏度,这是指溶液黏度对溶剂黏度的相对值,仍是整个溶液的黏度行为;η_{sp} 则意味着这已扣除了溶剂分子之间的内摩擦效应。

溶液的浓度可大可小,显然,浓度愈大,黏度也就愈大,为了便于比较,将单位浓度下所显示的黏度(即引入 η_{sp}/C)称做比浓黏度,其中 C 为浓度,单位为 $g \cdot mL^{-1}$。

为了进一步消除高分子与高分子之间的内摩擦效应,必须将溶液无限稀释,使得每个高聚物分子彼此相隔极远,其相互干扰可以忽略不计。这一黏度的极限值记为:

$$\lim_{c \to 0} \eta_{sp}/C = [\eta] \tag{2-13-14}$$

式中,$[\eta]$ 为特性黏度,高聚物分子的分子量愈大,则它与溶剂间的接触表面也愈大,因此摩擦就愈大,表现出的特性黏度也愈大。

黏度法测高聚物分子量不同于平衡热力学导出的关系式,分子量和黏度的关系绝不是通用的,而是取决于许多因素。所以从溶液的黏度数据,无法直接用理论来计算分子量。必须通过"经验方程式"来计算,在不同的分子量范围及根据高分子在溶液里的不同形态,可能要用不同的经验方程式。

目前常用的是两个参数的经验式:

$$[\eta] = K \overline{M}_\eta^a \tag{2-13-15}$$

式中,$\overline{M}_\eta^a$ 为平均分子量(黏均分子量);K 为比例常数;a 为与分子形状有关的经验参数。

K 值和 a 值与温度、聚合物、溶剂性质有关,也和分子量大小有关,K 值受温度影响明显,而 a 值主要取决于高分子线团在某温度下、某溶剂中舒展的程度。K 和 a 的数值只能通过其他方法确定(如渗透压法、光散射法等),而通过黏度法只能测得 $[\eta]$,通过公式(2-13-15)计算聚合物的黏均分子量。

当液体在毛细管黏度计内因重力作用而流出时遵守泊肃叶(Poiseuille)公式:

$$\eta = \frac{\pi r^4 Pt}{8LV} - m\frac{V\rho}{8\pi Lt} \tag{2-13-16}$$

式中，η 为液体的黏度；ρ 为液体的密度；L 为毛细管的长度；r 为毛细管的半径；t 为流出的时间；V 为流经毛细管的液体体积；m 为毛细管末端校正的参数（一般在 $r/L \ll 1$ 时，可以取 $m=1$）；P 为自重压力，故也可写作 $hg\rho$，其中 h 为流经毛细管液体的平均液柱高度，g 为重力加速度，ρ 仍为液体密度，泊肃叶公式变为：

$$\eta = \frac{\pi r^4 hg\rho t}{8LV} - m\frac{V\rho}{8\pi Lt} \tag{2-13-17}$$

对于同一支黏度计而言，r、h、V、L、g、m 均为常数，故：

$$\frac{\eta}{\rho} = At - \frac{B}{t} \tag{2-13-18}$$

式中，$B<1$，当流出的时间 t 在 2min 左右（大于 100s）时，该项（亦称动能校正项）可以忽略。如测定是在稀溶液中进行的（$C<1 \times 10^{-2}\mathrm{g \cdot cm^{-3}}$），溶液的密度和溶剂的密度近似相等 $\rho = \rho_0$，在此近似条件下：

$$\eta_{\mathrm{r}} = \frac{At\rho}{At_0\rho_0} \approx \frac{t}{t_0} \tag{2-13-19}$$

式中，t 为溶液的流出时间；t_0 为纯溶剂的流出时间。

因为

$$\lim_{c \to 0}\frac{\eta_{\mathrm{sp}}}{C} = \lim_{c \to 0}\frac{\ln\eta_{\mathrm{r}}}{C} \tag{2-13-20}$$

所以 $\dfrac{\eta_{\mathrm{sp}}}{C}$ 和 $\dfrac{\ln\eta_{\mathrm{r}}}{C}$ 的极限都等于特性黏度 $[\eta]$，由此可知获得 $[\eta]$ 的方法有两种：一种以 $\dfrac{\eta_{\mathrm{sp}}}{C}$ 对 C 作图外推 $C \to 0$ 的截距值；另一种以 $\dfrac{\ln\eta_{\mathrm{r}}}{C}$ 对 C 作图，外推 $C \to 0$ 的截距值；或同时作图，两条线的截距应重合于一点，这样也可以核实实验的可靠性，如图 2-13-11 所示。

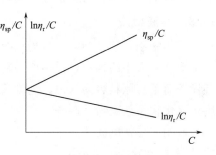

图 2-13-11　外推法求黏度示意图

如果实验在足够稀的溶液中进行，这两条直线的方程为：

$$\frac{\eta_{\mathrm{sp}}}{C} = [\eta] + K[\eta]^2 C \tag{2-13-21}$$

$$\frac{\ln\eta_{\mathrm{r}}}{C} = [\eta] - B[\eta]^2 C \tag{2-13-22}$$

通常不必用溶液的真实浓度作图，而用对起始浓度的相对浓度作图，这样，所有的测定用同一格式的坐标纸，C' 为相对浓度，C_1 为起始浓度，C 为真实浓度。

因为 $C' = \dfrac{C}{C_1}$，用 $\dfrac{\eta_{\mathrm{sp}}}{C}$ 和 $\dfrac{\ln\eta_{\mathrm{r}}}{C}$ 对 C 作图，A 为截距，即：

$$\begin{cases} \dfrac{\eta_{sp}}{C'} = A + DC' \\[3mm] \dfrac{\ln\eta_r}{C} = A - EC' \end{cases}$$ (2-13-23)

又，用 $C' = \dfrac{C}{C_1}$ 代入，得：$\begin{cases} \dfrac{\eta_{sp}}{C} = \dfrac{A}{C_1} + \dfrac{D}{C_1^2}C \\[3mm] \dfrac{\ln\eta_r}{C} = \dfrac{A}{C_1} - \dfrac{E}{C_1^2}C \end{cases}$ (2-13-24)

与原式对照得：$[\eta] = \dfrac{A}{C_1}$，并由 $K[\eta]^2 = \dfrac{D}{C_1^2}$，$B[\eta]^2 = \dfrac{E}{C_1^2}$，得到 $[\eta]$ 值，代入式 (2-13-15)，就可算出高聚物的黏均分子量，K 值和 a 值可查表得到。

13.5　纳米材料制备

纳米微粒的制备方法，可以按制备原料状态分为三大类：气相法、液相法和固相法；按反应物状态分为干法和湿法；另外，按反应的过程分为物理法和综合法。其中大部分方法都具有粒径均匀、粒度可控、操作简单等优点；但是有的也存在可生产材料范围较窄、反应条件较高，如需高温高压等缺点。

13.5.1　液相法

液相法制备纳米微粒是将均相溶液通过各种途径使溶质和溶剂分离，溶质形成一定形状和大小的颗粒，得到所需粉末的前驱体，热解后得到纳米微粒。液相法具有设备简单、原料容易获得、纯度高、均匀性好、化学组成控制准确等优点，主要用于氧化物系超微粉的制备。

液相法包括沉淀法、水解法、喷雾法、乳液法、溶胶-凝胶法，其中应用最广的是溶胶-凝胶法、沉淀法。

（1）沉淀法

沉淀法是指包括一种或多种离子的可溶性盐溶液，若加入沉淀剂（如 OH^-、$C_2O_4^{2-}$ 等）于一定温度下使溶液发生水解，形成不溶性的氢氧化物、水合氧化物或盐类从溶液中析出，将溶剂和溶液中原有的阳离子洗去，经热解或热脱，即可得到所需的氧化物粉料。

沉淀法包括共沉淀、直接沉淀法、均相沉淀法等。直接沉淀法的优点是容易制取高纯度的氧化物纳米微粒。

（2）微乳液法

乳液法是利用两种互不相溶的溶剂在表面活性剂的作用下形成一个均匀的乳液，从乳液中析出固相，这样可使成核、生长、聚结、团聚等过程局限在一个微小的球形液滴内，从而可形成球形颗粒，且避免了颗粒之间的进一步团聚。

微乳液法具有实验装置简单，能耗低，操作容易，所得纳米粒子粒径分布窄，且单分散性、界面性和稳定性好，与其他方法相比粒径易于控制，适应面广等优点。

（3）溶剂热法

溶剂热法是高温高压下在溶剂（水、苯等）中进行有关化学反应的总称。常见的方法有水热法和有机溶液法。

水热法可以控制微粉的粒径、形态、结晶度和组成，尤其是该法生产的粉体有较低的表面能，所以粉体无团聚或少团聚，这一特性使粉体烧结性能大大提高，因而该法特别适用于陶瓷生产。水热法的不足在于其一般只能制备氧化物粉体，关于晶核形成过程和晶体生长过程的控制影响因素等很多方面缺乏深入研究，目前还没有得出令人满意的解释。另外，水热法有高温高压步骤，使其对生产设备的依赖性比较强，这也影响和阻碍了水热法的发展。

（4）溶胶-凝胶法

溶胶-凝胶法用于制备纳米微粒、纳米薄膜、纳米复合材料等。它是以金属醇盐 Zn(OR) 为原料，在有机介质中对其进行水解、缩聚反应，使溶液经溶胶化得到凝胶，凝胶再经干燥、煅烧成粉体的方法。此法生产的产品粒度小、纯度高、反应温度低（可以比传统方法低 $400 \sim 500 ℃$），过程易控制；颗粒分布均匀、团聚少、介电性能较好。但成本昂贵，排放物对环境有污染，有待改善。

13.5.2　气相法

气相法是指直接利用气体或者通过各种手段将物质变为气体，使之在气体状态下发生物理或化学反应，最后在冷却过程中凝聚长大形成纳米微粒的方法。气体蒸发法制备的纳米微粒主要具有如下特点：表面清洁，粒度整齐，粒径分布窄，粒度容易控制，颗粒分散性好。气相法通过控制可以制备出液相法难以制得的金属、碳化物、氮化物、硼化物等非氧化物超微粉。气相法包括溅射法、气体蒸发法、化学气相反应法、化学气相凝聚法等，其中应用较多的是化学气相反应法和气体蒸发法。

化学气相反应法也叫气相沉淀法（CVD），是利用挥发性的金属化合物的蒸发，通过化学反应生成所需化合物在保护气体环境下快速冷凝，从而制备各类物质的纳米微粒的方法。该法制备的纳米微粒颗粒均匀，纯度高，粒度小，分散性好，化学反应活性高，工艺可控和连续。

13.5.3　固相法

固相法是通过固相到固相的变化来制备粉体，基础的固相法是金属或金属氧化物按一定的比例充分混合，研磨后进行煅烧，通过发生固相反应直接制得超微粉，或者是再次粉碎得到超微粉。在该法的尺寸降低的过程中，物质无变化：机械粉碎用球磨机、喷射磨等进行。

　　固相法包括热分解法、固相反应法、火花放电法、溶出法、球磨法。固相反应不使用溶剂，具有高选择性、高产率、低能耗、工艺过程简单等特点。高能球磨法是靠压碎、击碎等作用，将金属机械地粉碎成粉末，并在冷态下反复挤压和破碎，使之成为弥散分布的超细粒子。其工艺简单，成本低廉，但颗粒易受污染，且颗粒分布不均匀。其中室温、近室温固相反应合成纳米材料的方法的突出优点是操作方便，合成工艺简单，粒径均匀，且粒度可控，污染小，同时又可以避免或减少液相中易出现的硬团聚现象。对于固相反应，反应速率是影响粒径大小的主要因素，而反应速率是由研磨方式和反应体系所决定的。另外，表面活性剂的加入对改变颗粒的分散性有明显作用，其用量对粒径大小的影响存在最佳值。不同的反应配比对产物的均匀程度也有影响，一般配比越大，均匀性越差，但分散性越好。

13.5.4　SPD 法

　　SPD（severe plastic deformation）纳米化技术是近年来发展的一种致力于使材料纳米化的方法。其技术是在不改变金属材料结构相变与成分的前提下，通过对金属材料施加很大的剪切应力而引入高密度位错，并经过位错增殖、运动、重排和湮灭等一系列过程，将平均晶粒尺寸细化到 $1\mu m$ 以下，获得由均匀等轴晶组成、大角度晶界占多数的超细晶金属材料的一种工艺方法。该法克服了由粉体压合法带来的残余空隙、球磨法带来的杂质等不足，并且适用于不同形状尺寸的金属、合金、金属间化合物等。SPD 纳米结构材料表现出了很好的低周疲劳性能，弹性模量偏低，具有超塑性等。

　　SPD 法的特点是利用剧烈塑性变形的方式，在较低温度下（一般 $<0.4T_m$，T_m 为金属熔点）使常规金属材料粗晶整体细化为大角晶界纳米晶，无结构相变与成分改变，其主要的变形方式是剪切变形。它不仅是一种材料形状加工的手段，而且可以成为独立改变材料内部组织和性能的一种技术，在某些方面甚至超过热处理的功效。它能充分破碎粗大增强相，尤其是在促使细小颗粒相均匀分布时比普通轧制、挤压效果更好，显著提高了金属材料的延展性和可成形性。通过 SPD 法制备的材料称为 SPD 材料，它的晶粒平均尺寸为 100nm 左右，因此认为 SPD 材料是一种纳米材料。

　　通过 SPD 法制备金属纳米材料时，除了对模具、设备、材料等有严格要求外，SPD 法能否使金属材料形成纳米结构，主要应当满足以下工艺要求：①大塑性变形量，能够在材料内部获得大角度晶界的超细晶粒结构，这是保证金属材料性能改善的先决条件；②相对低的变形温度，因为在冷变形条件下，多晶体塑性变形主要是晶内变形，有利于多晶体材料的晶粒细化；③变形材料内部承受一定的高压，由于通过 SPD 制备纳米/超细晶金属材料的总应变量一般为 3.2～12，故变形材料一般应承受兆帕级的高压。

13.5.5　超声场中湿法

　　超声场中湿法具有工艺简单、成本低、效果好的优点。传统的湿法制备超细粉末普遍存在的问题是易形成严重的团聚结构，从而破坏了粉体的超细均匀特性。超声的空化效应很好地解决了这个问题，该效应不仅促进晶核的形成，同时起到控制晶核同步生长的作用，为制备超细、均一的纳米粉末创造了良好的基础。超声场中湿法包括超声沉淀-煅烧法、超声电解法、超声水解法、超声化学法、超声雾化法等。

13.5.6　自组装法

自组装是在无人为干涉的条件下，组元通过共价键作用自发地缔结成热力学上稳定、结构上确定、性能上特殊的聚集体的过程。自组装过程一旦开始，将自动进行到某个预期终点，分子等结构单元将自动排列成有序的图形，即使是形成复杂的功能体系也不需要外力的作用。

第 14 章   大型测试仪器简介

在物理化学实验研究中，除前述基本的实验技术和仪器外，随着现代物理化学的发展趋势从体相到表相、从静态到动态、从平衡态到非平衡态的过渡，必然涉及一些大型的仪器和技术方法。如研究分子结构以及鉴别化学物种的红外光谱、研究分子结构和物质成分判定的拉曼光谱、研究物质荧光/磷光性质的荧光光谱仪、研究物相定性或定量分析的 X 射线粉末衍射仪、观察物质表面形貌结构特征的扫描电子显微镜、观察物质内部精细结构的透射电子显微镜、以纳米级分辨率获得表面形貌结构信息及表面粗糙度信息的原子力显微镜。

14.1   红外光谱仪

红外光谱仪是利用物质对不同波长的红外辐射的吸收特性，进行分子结构和化学组成分析的仪器。当样品吸收了一定频率的红外辐射后，分子的振动能级发生跃迁，透过的光束中相应频率的光被减弱，造成参比光路与样品光路相应辐射的强度差，从而得到所测样品的红外光谱。

14.1.1   红外光区的划分

红外线与 X 射线、紫外线、可见光以及无线电波等都是电磁波的一种。红外光区位于可见光区和微波区之间，波长范围为 $0.75\sim1000\mu m$，其波段划分见表 2-14-1，中红外是研究和应用得最多的区域，一般所说的红外光谱就是指中红外区的红外光谱。

表 2-14-1   红外光区波段的划分

波段名称	波长范围/μm	波数范围/cm^{-1}	频率范围/Hz
近红外	$0.78\sim2.5$	$13300\sim4000$	$4.0\times10^{14}\sim1.2\times10^{14}$
中红外	$2.5\sim50$	$4000\sim200$	$1.2\times10^{14}\sim6.0\times10^{12}$
远红外	$50\sim1000$	$200\sim10$	$6.0\times10^{12}\sim3.0\times10^{11}$

14.1.2   红外光谱及其谱图特征

当样品受到频率连续变化的红外线的照射时，分子吸收某些频率的辐射，并由其振动或转动运动引起偶极矩的净变化，产生分子振动和转动能级从基态到激发态的跃迁，从而形成的分子吸收光谱称为红外光谱，又称为分子振动转动光谱。

红外光谱图为记录红外线的百分透射比与波数或波长的关系曲线，通常以红外线通过样品的吸光度（A）或百分透射率（$T\%$）为纵坐标，以红外线的波长（λ）或波数（cm^{-1}）为横坐标。

14.1.3　红外光谱的产生条件

① 红外辐射光子的能量与分子振动能级跃迁所需能量相同。

② 辐射与物质间有相互耦合作用（偶极矩有变化）。

对称分子：没有偶极矩，辐射不能引起共振，无红外活性，如 N_2、O_2、Cl_2 等。

非对称分子：有偶极矩和红外活性，如 CO_2 和 H_2O 分子。因此，红外测试应去除空气和水的干扰。

14.1.4　基团特征频率和特征吸收峰

（1）基团频率区（$4000 \sim 1300 cm^{-1}$）

能代表基团存在，并有较高强度的吸收谱带——基团特征频率，其所在的位置又称特征吸收峰。根据基团的振动形式，可分为四个区。

① X—H 伸缩振动区（$4000 \sim 2500 cm^{-1}$），X＝C、N、O、S。

② 三键和累积双键伸缩振动区（$2500 \sim 1900 cm^{-1}$），主要是C≡C、C≡N、C＝C＝C、C＝C＝O。

③ 双键伸缩振动区（$1900 \sim 1500 cm^{-1}$），C＝O 的伸缩振动出现在 $1900 \sim 1650 cm^{-1}$，烯烃 C＝C 键伸缩振动出现在 $1680 \sim 1630 cm^{-1}$。芳烃的 C＝C 伸缩振动在 $1600 cm^{-1}$ 和 $1500 cm^{-1}$ 附近范围产生两个峰（有时候裂分成 4 个峰），这是芳环骨架结构的特征谱带，常用于确定芳环的存在。

④ C—H 弯曲振动区（$1500 \sim 1300 cm^{-1}$）。

（2）指纹区（$1300 \sim 400 cm^{-1}$）

指纹区包含了不含氢的单键伸缩振动、各键的弯曲振动及分子的骨架振动。特点是振动频率相差不大，振动耦合作用较强，易受邻近基团的影响。分子结构稍有不同，该区吸收就有细微差别，可以用于鉴定化合物的"指纹"，因此称为指纹区。

① $1300 \sim 900 cm^{-1}$ 区域主要是 C—O、C—N、C—F、C—P、C—S、P—O、Si—O 等单键的伸缩振动和 C＝S、S＝O、P＝O 等双键的伸缩振动吸收频率区。

② $900 \sim 400 cm^{-1}$ 区域是一些重原子伸缩振动和变形振动的吸收频率区。利用这一区域苯环的＝C—H 面外变形振动吸收峰和 $2000 \sim 1650 cm^{-1}$ 区域苯环的＝C—H 变形振动吸收峰，可以共同确定苯环的取代类型。这一区域也可以用于化合物顺反构型的确认。

红外吸收谱的特征频率反映了化合物结构上的特点，可以用来鉴定未知物的结构组成或确定其官能团，常见官能团以及无机离子的红外特征频率见表 2-14-2 和表 2-14-3。

表 2-14-2　常见无机离子的红外特征频率

基团	吸收峰位置/cm⁻¹	基团	吸收峰位置/cm⁻¹
$B_4O_7^{2-}$	1200～1040（强、宽），1150～1100，1050～1000，1050～800，	PO_4^{3-}	1120～940（强、宽）
CN^-	2230～2180（强）	$P_3O_4^-$	1220～1100（强、宽），1060～960（常以尖的双峰或多峰出现），950～850，770～705
SCN^-	2160～2040（强）	AsO_3^{3-}	840～700（强、宽）
HCO_3^-	3300～2000（宽、多个峰），1930～1840（弱、宽），1700～1600（强），1000～940，840～830，710～690	AsO_4^{3-}	850～770（强、宽）
CO_3^{2-}	1530～1320（强），1100～1040（弱）890～800，745～670（弱）	VO_4^{3-}	900～700（强、宽）
SiO_3^{2-}	1010～970（强、宽）	HSO_4^-	288（宽），2600～2200（宽），1360～1100（强、宽），1080～1000，800～850
SiO_4^{4-}	1175～860（强、宽）		
TiO_3^{2-}	700～500（强、宽）	SO_3^{2-}	980～910［强、$(NH_4)_2SO_4$ 无此峰］，660～615
ZrO_3^{2-}	770～700（弱），600～500（强、弱）	SO_4^{2-}	1210～1040（强、宽），1036～960（弱、尖），680～580
SnO_3^{2-}	700～600（强、宽）	$S_2O_7^{2-}$	1310～1260（强、宽），1070～1050（尖），740～690
NO_2^-	1350～1170（强、宽）850～820（弱）	ScO^-	770～700（强、宽）
NO_3^-	1810～1730（弱、尖、有的呈双峰）	SeO_4^-	910～840（强、宽）
$H_2PO_3^-$	1450～1330（强、宽），1060～1020（弱、尖），850～800（尖），770～715（弱、中）	$Cr_2O_7^{2-}$	990～880（弱、常在920～880出现1～2个尖峰），840～720（强）
HPO_3^{2-}	2400～3200（强），1220～1140（强、宽），102～1075，1065～1035，825～800	CrO_4^{2-}	930～850（强、宽）
PO_3^{3-}	2400～2340（强），1120～1070（强、宽），1102～1005，1000～870，1350～1200（强、宽），1150～1040（强），800～650（常出现多个峰）	MnO_4^{2-}	840～750（强、宽）
		WO_4^{2-}	900～750（强、宽）
$H_2PO_4^-$	2000～2750（弱、宽），2500～2150（弱、宽），1900～1600（弱、宽），1410～1200，1150～1040（强、宽），1000～950，920～830	ClO_3^-	1050～900（强、双峰或多个峰）
		ClO_2^-	1150～1050（强、宽）
		BrO_3^-	850～740（强、宽）
		IO_3^-	830～800（强、宽）
		MnO_4^-	950～870（强、宽）
		结晶水	3600～3000（强、宽），1670～1600

表 2-14-3　常见官能团的红外特征频率

化合物类型	振动形式	波数范围/cm⁻¹
烷烃	C—H 伸缩振动	2975～2800
	CH_2 变形振动	约 1465
	CH_3 变形振动	1385～1370
	CH_2 变形振动（4 个以上）	约 720
烯烃	=CH 伸缩振动	3100～3010
	C=C 伸缩振动（孤立）	1690～1630
	C=C 伸缩振动（共轭）	1640～1610
	C—H 面内变形振动	1430～1290

续表

化合物类型	振动形式	波数范围/cm^{-1}
烯烃	C—H 变形振动（—CH ＝CH$_2$）	约 990 和约 910
	C—H 变形振动（反式）	约 970
	C—H 变形振动　（＼C＝CH$_2$）	约 890
	C—H 变形振动（顺式）	约 700
	C—H 变形振动（三取代）	约 815
炔烃	≡C—H 伸缩振动	约 3300
	C≡C 伸缩振动	约 2150
	≡C—H 变形振动	650～600
芳烃	＝C—H 伸缩振动	3020～3000
	C＝C 骨架伸缩振动	约 1600 和约 1500
	C—H 变形振动和 δ 环（单取代）	770～730 和 15～685
	C—H 变形振动（邻位二取代）	770～735
	C—H 变形振动和 δ 环（间位二取代）	约 880，约 780 和约 690
	C—H 变形振动（对位二取代）	850～800
醇	O—H 伸缩振动	3650 或 3400～3300（氢键）
	C—O 伸缩振动	1260～1000
醚	C—O—C 伸缩振动（脂肪）	1300～1000
	C—O—C 伸缩振动（芳香）	约 1250 和约 1120
醛	O＝C—H 伸缩振动	约 2820 和约 2720
	C＝O 伸缩振动	约 1725
酮	C＝O 伸缩振动	约 1715
	C—C 伸缩振动	1300～1100
酸	O—H 伸缩振动	3400～2400
	C＝O 伸缩振动	1760 或 1710（氢键）
	C—O 伸缩振动	1320～1210
	O—H 变形振动	1440～1400
	O—H 面外变形振动	950～900
酯	C＝O 伸缩振动	1750～1735
	C—O—C 伸缩振动（乙酸酯）	1260～1230
	C—O—C 伸缩振动	1210～1160

续表

化合物类型	振动形式		波数范围/cm^{-1}
酰卤	C＝O 伸缩振动		1810～1775
	C—Cl 伸缩振动		730～550
酸酐	C＝O 伸缩振动		1830～1800 或 1775～1740
	C—O 伸缩振动		1300～900
胺	N—H 伸缩振动		3500～3300
	N—H 变形振动		1640～1500
	C—N 伸缩振动(烷基碳)		1200～1025
	C—N 伸缩振动(芳基碳)		1360～1250
	N—H 变形振动		约 800
酰胺	N—H 伸缩振动		3500～3180
	C＝O 伸缩振动		1680～1630
	N—H 变形振动(伯酰胺)		1640～1550
	N—H 变形振动(仲酰胺)		1570～1515
	N—H 面外变形振动		约 700
卤代烃	C—F 伸缩振动		1400～1000
	C—Cl 伸缩振动		785～540
	C—Br 伸缩振动		650～510
	C—I 伸缩振动		600～485
氰基化合物（R—C≡N）	C≡N 伸缩振动		2260～2210
硫腈化合物	C≡N 伸缩振动		2175～2140
硝基化合物	脂肪族—NO$_2$	N＝O 不对称伸缩振动	1600～1530
		N＝O 对称伸缩振动	1390～1300
	芳香族—NO$_2$	N＝O 不对称伸缩振动	1550～1490
		N＝O 对称伸缩振动	1355～1315
亚硝基化合物	N＝O 伸缩振动		1600～1500
硝酸酯（R—O—NO$_2$）	N＝O 不对称伸缩振动		1650～1500
	N＝O 对称伸缩振动		1300～1250
硝酸酯（R—O—NO）	N＝O 对称伸缩振动		1680～1610
	O—N 对称伸缩振动		815～750
巯基化合物	S—H 伸缩振动		约 2550

续表

化合物类型	振动形式	波数范围/cm⁻¹
亚砜	S＝O 伸缩振动	1070～1030
砜	S＝O 不对称伸缩振动	1350～1300
	S＝O 对称伸缩振动	1160～1120
磺酸酯 (R—SO₂—OR)	S＝O 不对称伸缩振动	1370～1335
	S＝O 对称伸缩振动	1200～1170
	S—O 伸缩振动	1000～750
硫酸酯 (RO—SO₂—OR)	S＝O 不对称伸缩振动	1415～1380
	S＝O 对称伸缩振动	1200～1185
磺酸	S＝O 不对称伸缩振动	1350～1342
	S＝O 对称伸缩振动	1165～1150
磺酸盐	S＝O 不对称伸缩振动	约 1175
	S＝O 对称伸缩振动	约 1050
膦(R₂P—H)	P—H 伸缩振动	2320～2270
	P—H 变形振动	1090～810
磷氧化合物	P＝O 伸缩振动	1210～1140
异氰酸酯	—N＝C＝O 不对称伸缩振动	2275～2250
	—N＝C＝O 对称伸缩振动	1400～1350
异硫氰酸酯	—N＝C＝S 伸缩振动	约 2125
亚胺 (R₂C＝N—R)	—C＝N—伸缩振动	1690～1640
烯酮	C＝C＝O　不对称收缩振动	约 2150
	C＝C＝O　对称收缩振动	约 1120
丙二烯	C＝C＝C　不对称收缩振动	2100～1950
	C＝C＝C　对称收缩振动	约 1070
硫酮	—C＝S 伸缩振动	1200～1050

14.1.5　频率位移的影响因素

分子内基团的红外吸收会受到邻近基团及整个分子其他部分的影响，也会因测定条件及样品的物理状态而改变，所以同一基团的特征吸收会在一定范围内波动。

影响的因素有以下几方面。

（1）化学键的强度

一般来说，化学键越强，则力常数 K 越大，红外吸收频率 n 越大。如 $C\equiv C$ 键，$C=C$ 键和 $C-C$ 键的伸缩振动吸收频率随键强度的减弱而减小。

化学键	$C-C$	$C=C$	$C\equiv C$
伸缩振动频率/cm^{-1}	1200	1715	2150

（2）诱导效应

诱导效应可以改变吸收频率。如羰基连接有拉电子基团可增强 $C=C$ 键的频率，加大 $C=O$ 键的力常数 K，使 $C=O$ 吸收向高频方向移动。

基团	$R-\overset{\overset{O}{\|\|}}{C}-R$	$R-\overset{\overset{O}{\|\|}}{C}-Cl$
$C=O$ 伸缩振动频率/cm^{-1}	1715	1785～1815

（3）共轭效应

共轭效应常使 $C=O$ 双键的极性增强，双键性降低，减弱键的强度使吸收向低频方向移动。例如羰基与 α、β 不饱和双键共轭，从而削弱了碳氧双键，使羰基伸缩振动吸收频率向低波数位移。

基团	$R-\overset{\overset{O}{\|\|}}{C}-R$	$R-\overset{\overset{O}{\|\|}}{C}-\overset{\|}{C}=\overset{\|}{C}- \longleftrightarrow R-\overset{\overset{O^-}{\|}}{C}=\overset{\|}{C}-\overset{\overset{+}{\|}}{C}-$
$C=O$ 伸缩振动频率/cm^{-1}	1715	1586～1670

（4）成键碳原子的杂化状态

一般化学键的原子轨道 s 成分越多，化学键力常数 K 越大，吸收频率越高。

化学键	$\equiv C-H$	$-C-H$	$-C-H$
杂化类型	sp	sp^2	sp^3
$C-H$ 伸缩振动频率/cm^{-1}	3300	3100	2900

（5）键张力的影响

主要是环状化合物环的大小不同影响键的力常数，使环内或环上基团的振动频率发生变化。具体变化在不同体系也有不同。例如：环丙烷的 $C-H$ 伸缩频率在 3030cm^{-1}，而开链烷烃的 $C-H$ 伸缩频率在 3000cm^{-1} 以下。

（6）氢键效应

形成氢键后基团的伸缩频率都会下降。例如：乙醇的自由羟基的伸缩振动频率

是 $3640cm^{-1}$，而其缔合物的振动频率是 $3350cm^{-1}$。形成氢键还使伸缩振动谱带变宽。

（7）振动的耦合

若分子内的两个基团位置很近，振动频率也相近，就可能发生振动耦合，使谱带分成两个，在原谱带高频和低频一侧各出现一个谱带。例如乙酸酐的两个羰基间隔一个氧原子，它们发生耦合，羰基的频率分裂为 $1818cm^{-1}$ 和 $1750cm^{-1}$（预期如果没有耦合，其羰基振动将出现在约 $1760cm^{-1}$）。弯曲振动也能发生耦合。

（8）物态变化的影响

通常同种物质气态的特征频率较高，液态和固态较低。如丙酮 $\nu_{C=O}$（气）$=$ $1738cm^{-1}$，$\nu_{C=O}$（液）$=1715cm^{-1}$。又如不同状态下的水也会影响吸收频率（见表 2-14-4）。

表 2-14-4　不同状态水的红外吸收频率　　　　　单位：cm^{-1}

水的存在状态	O—H 伸缩振动	弯曲振动
游离水（H_2O）	3756	1595
吸附水（H_2O）	3435	1630
结晶水（$n\,H_2O$）	3200～3250	1670～1685
结构水（羟基水—OH）	约 3640	1350～1260

14.1.6　仪器的分类和基本构造

红外光谱仪是利用物质对不同波长的红外辐射的吸收特性，进行分子结构和化学组成分析的仪器。红外光谱仪可以分为两大类：色散型和干涉型。其基本结构和工作原理分别如图 2-14-1 和图 2-14-2 所示。

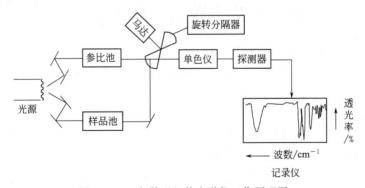

图 2-14-1　色散型红外光谱仪工作原理图

（1）色散型红外光谱仪

通常由光源、单色器、探测器和计算机处理信息系统组成。由于具有需采用狭缝、光能量受到限制、扫描速度慢以及不适于过强或过弱的吸收信号的分析等不足之处，目前已较少使用。

（2）干涉调频分光型傅里叶变换红外光谱仪

主要由光源（高压汞灯、硅碳棒等）、干涉仪、检测器、计算机和记录系统组成。其核心部分为 Michelson 干涉仪，它将光源来的信号以干涉图的形式送往计算机进行 Fourier 变换的数学处理，最后将干涉图还原成光谱图。它与色散型红外光度计的主要区别在于干涉仪和电子计算机两部分。傅里叶变换红外光谱具有扫描速率快（适合仪器联用）、信号强、分辨率高、可重复性稳定等特点，可以对样品进行定性和定量分析，目前被广泛使用。

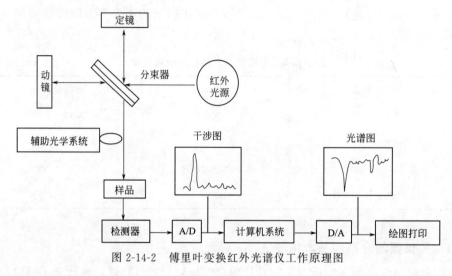

图 2-14-2　傅里叶变换红外光谱仪工作原理图

14.1.7　红外光谱测定技术

（1）对试样的要求

① 试样尽可能是单一组分的纯物质（＞98％），因此在测量前，样品需要纯化。

② 试样不应含有水（水可产生红外吸收且可侵蚀吸收池的盐窗）。

③ 试样浓度和厚度应适当，以使光谱图中绝大多数吸收峰处于 10％～80％透光率范围内。

（2）制样方法

① 对气体样品应采用玻璃气槽来进行测量。

② 液体样品常采用液膜法和涂膜法。

a. 液膜法　对沸点较高的液体，直接滴在两块盐片之间，形成没有气泡的毛细厚度液膜，然后用夹具固定，放入仪器光路中进行测试。

b. 涂膜法　将液体样品涂于晶体窗片上，并缓慢挥发溶剂至成膜后进行测定。适用于黏度较大、低沸点的溶剂样品。

③ 固体样品最常用的是压片法，其他还有糊状法（液体石蜡法）、熔融法与裂解法。

a. 压片法　将 1～2mg 固体试样与 200mg 纯 KBr（分析纯级以上）研细混合，研磨到粒度小于 $2\mu m$，在油压机上压成透明薄片，一般片子厚度应在 0.5mm 以下，厚度大于 0.5mm 时，常可在光谱上观察到干涉条纹，对供试品光谱产生干扰。

b. 糊状法　研细的固体粉末和石蜡油调成糊状，涂在两盐窗上，进行测试，此法可消除水峰的干扰。液体石蜡本身有红外吸收，此法不能用来研究饱和烷烃的红外吸收。

c. 熔融法　对熔点低，在熔融时不发生分解、升华和其他化学变化的物质，用熔融法制备。可将样品直接用红外灯或电吹风加热熔融后涂制成膜。

（3）测试方法和操作步骤

① 打开红外光谱仪的电源开关。

② 点击电脑桌面上的红外工作站软件图标。

③ 点击测定，使屏幕转到测定界面。之后初始化仪器。

④ 制备溴化钾空白片和样品压片。

⑤ 将压制好的溴化钾空白片放入光谱仪样品仓内的样品架上。

⑥ 点击测定按钮下的背景按钮，输入光谱名称，确认采集参比背景光谱。

⑦ 背景谱图采集完毕后，将待测样品片放入光谱仪内，关上仓盖。

⑧ 用软件可对谱图进行各种分析处理，保存，也可从文件菜单中选择打印，打印出谱图报告。

⑨ 退出系统，关闭红外光谱仪。

14.1.8　红外光谱图解析步骤

用红外光谱图确定化合物的结构时，要求使用较纯的化合物样品，一般的原则如下。

（1）已知物的鉴定

将试样谱图与标准谱图或与相关文献上的谱图对照。

（2）未知物结构分析

解析前了解尽可能多的信息（如试样来源、熔点、沸点、折射率、旋光度等）。

① 根据质谱、元素分析结果得到该物质的分子式，并求出其不饱和度 U。

② 确定官能团。查找基团频率，推测分子可能存在的官能团。

③ 查看红外指纹区，进一步验证基团的相关峰。

④ 根据频率位移考虑相邻基团的性质（是否是电负性基团取代）来确定连接方式，进而推断分子结构。

⑤ 通过其他定性方法进一步综合验证。如紫外可见光谱、核磁、拉曼光

谱等。

在谱图解析之前，首先要排除不属于样品的杂质峰、溶剂峰和鬼峰。例如，$3700 \sim 3450 \mathrm{cm}^{-1}$ 的水峰，$2400 \mathrm{cm}^{-1}$ 附近可能出现的 CO_2 吸收峰。

14.1.9　仪器的使用与维护

① 测定时实验室的温度应在 $15 \sim 30 ℃$，相对湿度应在 65% 以下，所用电源应配备有稳压装置和接地线。因要严格控制室内的相对湿度，室内一定要有除湿装置。

② 如所用的是单光束型傅里叶红外分光光度计（目前应用最多），实验室里的 CO_2 含量不能太高，因此实验室里的人数应尽量少，无关人员最好不要进入，还要注意适当通风换气。

③ 为防止仪器受潮而影响使用寿命，红外实验室应经常保持干燥，即使仪器不用，也应每周开机至少两次，每次半天，同时开除湿机除湿。

④ 压片用模具使用后应立即把各部分擦干净，必要时用水清洗干净并擦干，置于干燥器中保存，以免锈蚀。

14.1.10　典型例题图谱分析

【例 2-14-1】 已知某化合物分子式为 $C_4H_6O_2$，而且结构中含有一个酯羰基（$1760 \mathrm{cm}^{-1}$）和一个端乙烯基（$-CH=CH_2$）（$1649 \mathrm{cm}^{-1}$），试推断其结构。

解： 计算该化合物的不饱和度：$U = 1 + 4 + (0-6)/2 = 2$，说明分子中除了酯羰基和乙烯基外没有其他的不饱和基团。对于分子式为 $C_4H_6O_2$，既符合不饱和度，又含有一个酯羰基和一个端乙烯基（$-CH=CH_2$）的化合物只能写出以下两种结构。

A	$H_2C=C-\overset{\overset{O}{\|}}{C}-O-CH_3$（H 在下）	丙烯酸甲酯
B	$H_3C-\overset{\overset{O}{\|}}{C}-O-C=CH_2$（H 在下）	醋酸乙烯酯

在（A）的结构中酯羰基伸缩振动出现在 $1710 \mathrm{cm}^{-1}$（羰基和乙烯基共轭）附近；（B）的结构中酯羰基伸缩振动出现在 $1760 \mathrm{cm}^{-1}$（烯酯和芳酯）附近。所以该化合物的结构应该是醋酸乙烯酯。

【例 2-14-2】 某化合物分子式为 C_7H_8O，试根据其红外光谱图，推测其结构。

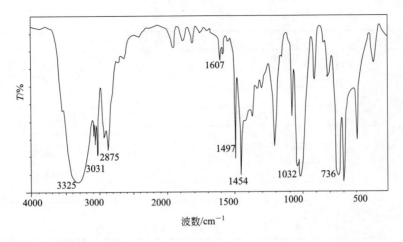

解：

不饱和度	$U=1+7+(0-8)/2=4$		可能含有苯环
谱 峰 归 属	波数/cm^{-1}		归属
	3326		O—H 伸缩振动
	3030		苯环上═C—H 伸缩振动,可能是芳香族化合物
	2875		饱和 C—H 伸缩振动峰
	1607		芳环 C═C 骨架伸缩振动
	1497,1454		芳环 C═C 骨架伸缩振动
	1039		C═O 伸缩振动(伯醇)
	736,698		苯环上相邻 5 个 H 原子═C—H 的面外变形振动和 骨架变形振动,苯环单取代的特征
推测结构			⌬—CH$_2$—OH
结构验证			不饱和度与计算结构相符,并与标准谱图对照证明结果正确

【例 2-14-3】　某化合物分子式为 $C_3H_7NO_2$，试根据其谱图推断其结构，并说明依据。

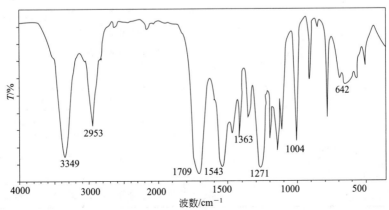

解：

不饱和度	$U=3+(1-7)/2+1=1$	
谱峰归属	波数/cm^{-1}	归属
	3349	仲胺 N—H 伸缩振动特征峰
	2953	饱和碳氢 C—H 伸缩振动 ν_{C-H}
	1704	羰基 C=O 伸缩振动 $\nu_{C=O}$
	1543	N—H 变形振动吸收峰
	1363	甲基对称变形振动 $\delta_s(CH_3)$
	1271,1004	C—O—N 伸缩振动
	642	N—H 变形振动吸收峰
推测结构	$$\overset{\displaystyle O}{H_3C-NH-\overset{\|}{C}-O-CH_3}$$	

【例 2-14-4】 某化合物分子式为 C_9H_{10}，试根据其谱图推断其结构。

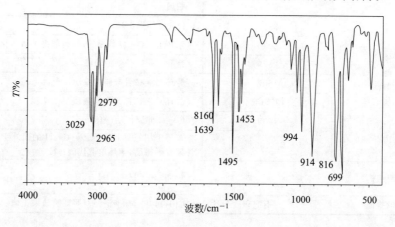

解：

不饱和度	$U=1+9+(0-10)/2=5$	可能含有苯环和 C=O、C=C 或其他环
谱峰归属	波数/cm^{-1}	归属
	3029	多个峰不饱和碳氢=C—H 伸缩振动，说明可能是芳香化合物，可能含有 C=C
	2979	饱和 C—H 伸缩振动
	1639	烯烃 C=C 伸缩振动，小于 1600cm^{-1}，可能是乙烯基、顺式或亚乙烯基型烯烃；吸收频率偏低，可能是共轭所致
	1603,1495,1453	芳环 C=C 骨架伸缩振动，1495cm^{-1} 吸收峰比较强，说明没有共轭基团与苯环相连
	994,914	=C—H 面外变形振动，—CH=CH$_2$ 特征峰
	741,699	苯环上相邻 5 个 H 原子=C—H 的面外变形振动和环骨架变形振动，苯环单取代的特征

续表

不饱和度	$U = 1 + 9 + (0 - 10)/2 = 5$	可能含有苯环和含有 C=O、C=C 或环
推测结构		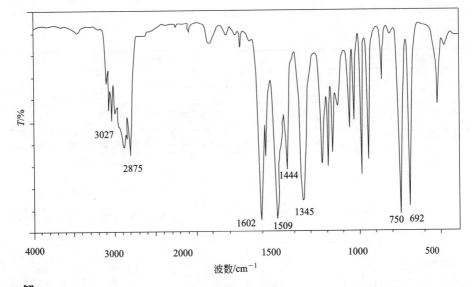 —CH₂—CH=CH₂
结构验证	其不饱和度与计算结构相符,并与标准谱图对照证明结果正确	

（上表中推测结构公式部分应为：苯环—CH₂—CH=CH₂）

【例 2-14-5】 某化合物分子式为 $C_8H_{11}N$，试根据其谱图推断其结构，并说明原因。

解：

不饱和度	$U = 8 + (1 - 11)/2 + 1 = 4$	
	波数/cm⁻¹	归属
	3027	不饱和 C—H 伸缩振动 ν_{C-H}
谱峰归属	2875	饱和 C—H 伸缩振动 ν_{C-H}
	1602,1577	芳环骨架伸缩振动 $\nu_{C=C}$
	1509,1444	芳环骨架伸缩振动 $\nu_{C=C}$
	1345	C_{Ar}—H 伸缩振动 ν_{C-N}
	750,692	苯环上相邻的 5 个 H 原子=C—H 的面外变形振动和环骨架变形振动
推测结构	苯环—N(CH₃)(CH₃)	
结构验证	其不饱和度与计算结构相符,并与标准谱图对照证明结果正确	

【例 2-14-6】 某化合物分子式为 C_8H_9NO，试根据其谱图推断其结构。

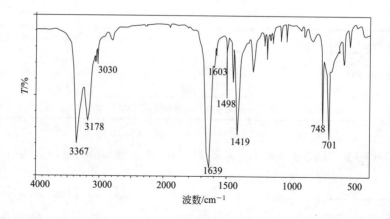

解:

不饱和度	$U = 1+8+(1-9)/2 = 5$	可能含有苯环和 C=O、C=C 或其他环
	波数/cm^{-1}	归属
谱峰归属	3367,3178	N—H 伸缩振动,双峰可能为—NH$_2$
	3030	不饱和 C—H 伸缩振动 $\nu_{=C-H}$
	1639	C=O 吸收峰和 N—H 变形振动吸收峰重叠,因为分子中有 N,吸收频率较低可能为伯酰胺
	1603,1498	芳环 C=C 骨架伸缩振动,1603cm^{-1}吸收峰强度较小,说明没有共轭基团与苯环相连
	1419	和 CH$_2$ 的 C—H 变形振动,波数低移,可能与羰基相连
	750,701	苯环上相邻 5 个 H 原子=C—H 的面外变形振动和环骨架变形振动,苯环单取代的特征
推测结构		C$_6$H$_5$—CH$_2$—CO—NH$_2$ (苯乙酰胺结构图)
结构验证		其不饱和度与计算结构相符,并与标准谱图对照证明结果正确

【例 2-14-7】 某化合物分子式为 C$_9$H$_{12}$,试根据其谱图推断其结构,并说明依据。

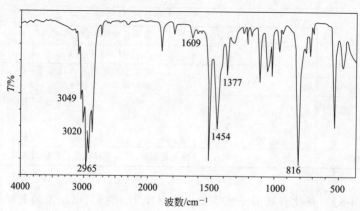

解：

不饱和度	$U = 1 + 9 + (0 - 12)/2 = 4$	可能含有苯环	
谱峰归属	波数/cm^{-1}		归属
	3049,3020		苯环上=C—H 的伸缩振动,说明可能是芳香族化合物
	2695		饱和 C—H 伸缩振动 ν_{C-H}
	1609,1516,1454		芳环 C=C 骨架伸缩振动,1609cm^{-1}吸收峰强度较小,说明没有共轭基团与苯环相连
	1377		和 CH_3 的 C—H 变形振动
	816		苯环上相邻 2 个 H 原子=C—H 的面外变形振动,苯环对位取代的特征
推测结构	H_3C—〔苯环〕—CH_2—CH_3		
结构验证	其不饱和度与计算结构相符,并与标准谱图对照证明结果正确		

14.2　拉曼光谱仪

　　拉曼光谱仪主要研究物质成分的判定与确认,还可以应用于刑侦进行毒品的检测及珠宝行业宝石的鉴定。该仪器结构简单,操作简便,测量快速、高效、准确,以低波数测量能力著称;采用共焦光路设计以获得更高分辨率,可对样品表面进行微米级的微区检测,也可用此进行显微影像测量。

14.2.1　瑞利散射和拉曼散射

　　当高频率的单色激光束到达分子时,它与电子发生强烈的作用,使分子极化,产生一种以入射频率向所有方向散射的光,这一过程称为瑞利散射。瑞利散射为分子和光子间的弹性碰撞,无能量交换,散射光的频率与入射光相同,仅改变方向。散射光的强度与散射方向有关,且与入射频率的四次方成正比。如果光子与物质分子的碰撞过程中,将一部分能量给予分子或从分子处得到能量,这样被分子散射出来的光就有频率改变的现象发生,这一现象称为拉曼散射。拉曼散射过程是非弹性的,即光子与分子相互作用中有能量的交换且方向改变,失去或得到的能量相当于分子振动能级的能量。

14.2.2　拉曼光谱的物理学原理

　　拉曼效应的机制和荧光现象不同,并不吸收激发光,因此不能用实际的上能级来解释,玻恩和黄昆用虚的上能级概念来说明拉曼效应。图 2-14-3 是说明拉曼效应的一个简化能级图。

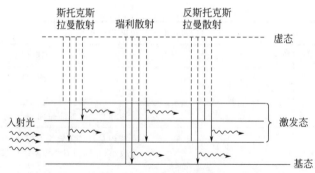

图 2-14-3 光散射分子跃迁能级图

假设散射物分子原来处于电子基态，当受到入射光照射时，激发光与物质分子的作用引起极化可以看作虚的吸收，表述为电子跃迁到激发虚态，激发虚态能级上的电子立即跃迁到下能级而发光，即为散射光。存在如图 2-14-3 所示的三种情况，散射光中既有与入射光频率相同的谱线，称为瑞利线；也有与入射光频率不同的谱线，称为拉曼线。在拉曼线中，又把频率小于入射光频率的谱线称为斯托克斯线，而把频率大于入射光频率的谱线称为反斯托克斯线。

14.2.3 拉曼位移的定义

斯托克斯与反斯托克斯散射光的频率与激发光源频率之差 $\Delta \nu$ 统称为拉曼位移（Raman Shift）。因此拉曼位移是分子振动能级的直接量度。拉曼位移取决于分子振动能级的变化，不同的化学键或基态有不同的振动方式，决定了其能级间的能量变化，因此，与之对应的拉曼位移是特征的。与分子红外光谱不同，极性分子和非极性分子都能产生拉曼光谱，这是拉曼光谱进行分子结构定性分析的理论依据。图 2-14-4 给出的是拉曼光谱示意图。

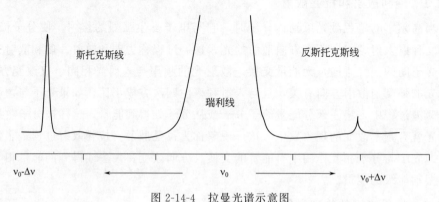

图 2-14-4 拉曼光谱示意图

14.2.4 拉曼光谱图

图 2-14-5 为典型的拉曼光谱图。由图可见，纵坐标为散射强度，横坐标为拉曼位移，通常采用相对于瑞利线的位移数值表示，单位为波数（cm^{-1}），瑞利线的

位置为零点。位移为正数的谱线是斯托克斯线，位移为负数的是反斯托克斯线。由于它们完全对称地分布在瑞利线的两侧，一般记录的拉曼光谱只取斯托克斯线。

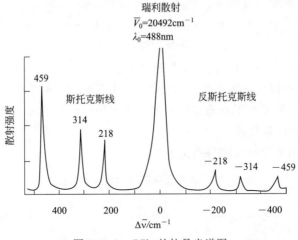

图 2-14-5　CCl_4 的拉曼光谱图

拉曼散射谱线的波数虽然随入射光波数的不同而不同，但对同一样品，同一拉曼谱线的位移与入射光的波长无关，只和样品的振动转动能级有关；在以波数为变量的拉曼光谱图上，斯托克斯线和反斯托克斯线对称地分布于瑞利线的两侧，这是由于在上述两种情况下分别对应于得到或失去了一个振动量子的能量。此外，反斯托克斯线的强度远小于斯托克斯线的强度，这是基于玻尔兹曼分布的原理，处于基态振动上的粒子数远大于处于激发态振动上的粒子数。

14.2.5　拉曼光谱的特征谱带及强度

在拉曼光谱中，官能团谱带的频率与其在红外光谱中出现的频率基本一致。然而，通常在拉曼光谱中出现的强谱带在红外光谱中却成为弱谱带甚至不出现，反之亦然。所以，这两种光谱技术常互为补充。

① 相互排斥规则。凡有对称中心的分子，若红外是活性的，则拉曼是非活性的；反之，若红外为非活性的，则拉曼是活性的。如 O_2 只有一个对称伸缩振动，它在红外中很弱或不可见，而在拉曼中较强。

② 相互允许规则。一般来说，凡无对称中心的分子，其红外和拉曼光谱可以都是活性的。例如水的三个振动 v_{as}、v_s 和 δ 皆是红外和拉曼活性的。

③ 相互禁阻规则。少数分子的振动在红外和拉曼中都是非活性的。如乙烯的扭曲振动既无偶极矩变化，也无极化度变化，故在红外及拉曼中皆为非活性的。表 2-14-5 给出了常见化学基团的拉曼光谱特性。

14.2.6　拉曼光谱的一些基本特征

① 同种分子的非极性键 S—S、C=C、N=N、C≡C 产生强的拉曼谱带，并按单键—双键—三键的顺序谱带强度增加。

② 红外光谱中，由 C≡N、C=S、S—H 伸缩振动产生的谱带一般较弱或强度可变，而在拉曼光谱中它们则是强谱带。

③ 环状化合物的对称呼吸振动常常是最强的拉曼谱带。

④ 在拉曼光谱中，X=Y=Z、C=N=C、O=C=O 这类键的对称伸缩振动是强谱带，在红外中弱；相反，反对称伸缩在拉曼中弱，在红外中强。

⑤ C—C 伸缩振动在拉曼光谱中是强谱带。

⑥ 醇和烷烃的拉曼光谱相似：(a) C—O 键与 C—C 键的力常数或键的强度没有很大差别；(b) 羟基和甲基质量仅相差 2 个单位；(c) 与 C—H 和 N—H 谱带比较，O—H 拉曼谱带较弱。

常见化学基团的拉曼光谱特性见表 2-14-5。

表 2-14-5　常见化学基团的拉曼光谱特性

频带/cm^{-1}		振动基团	强度		基团	成分
			红外	拉曼		
O—H 伸缩振动		O—H 伸缩振动	很强	很弱	羟基	液相
=C—H 伸缩振动		=C—H 伸缩振动	强—中	中	不饱和	脂肪
C—H 伸缩振动		C—H 伸缩振动	强—中	中	饱和	脂肪
C≡N 伸缩振动		C≡N 伸缩振动	中	强	腈	
C=O 伸缩振动		C=O 伸缩振动	强	中—强	酯	脂肪、氨基酸
C=O 伸缩振动		C=O 伸缩振动	强	弱—中	羧酸	脂肪、氨基酸
C=O 伸缩振动		C=O 伸缩振动	强	中—强	酰胺Ⅰ	蛋白质
C=C 伸缩振动		C=C 伸缩振动	中—弱	强	非共轭	脂肪
C=C 伸缩振动		C=C 伸缩振动	中	强	反式	脂肪
C=C 伸缩振动		C=C 伸缩振动	中	强	顺式	脂肪
N—H 弯曲振动		N—H 弯曲振动	强	弱	酰胺Ⅱ	蛋白质
C—H 剪式振动		C—H 剪式振动	中	中—弱	脂肪族—CH$_2$	脂肪
C—O 伸缩振动		C—O 伸缩振动	强		羧化物	氨基酸、脂肪
N—H 弯曲振动		N—H 弯曲振动	弱—中	强	酰胺Ⅱ	蛋白质
P—O 弯曲振动		P—O 弯曲振动	很强	中—弱	磷酸酯	脂肪、核酸
		骨架指纹图谱				
C—O 伸缩振动		C—O 伸缩振动	强	中—弱	酯	碳水化合物
主链模式		主链模式		中	α-(1→4)链接	淀粉
C—O—C 主链		C—O—C 主链	中—弱	中—强	β-构型	葡萄糖、半乳糖
C—O—C 主链		C—O—C 主链	中—弱	中—强	α-构型	甘露糖
C—H 摇摆振动		C—H 摇摆振动	弱—中	很弱	脂肪族—CH$_2$	脂肪
主链模式		主链模式		很强		淀粉

14.2.7　红外光谱与拉曼光谱比较

拉曼光谱与红外光谱在化合物结构分析上各有所长，可以相辅相成，更好地研究分子振动及结构组成。因此，红外光谱与拉曼光谱互称为姊妹谱。对于具有对称中心的分子来说，具有一互斥规则：与对称中心有对称关系的振动，红外不可见，拉曼可见；与对称中心无对称关系的振动，红外可见，拉曼不可见。表 2-14-6 给出了拉曼光谱与红外光谱分析技术的比较。

（1）相似之处

拉曼光谱与红外光谱一样，都能提供分子振动频率的信息，对于一个给定的化学键，其红外吸收频率与拉曼位移相等，均代表第一振动能级的能量。

（2）不同之处

① 红外光谱的入射光及检测光都是红外线，而拉曼光谱的入射光和散射光大多是可见光。拉曼效应为散射过程，拉曼光谱为散射光谱，红外光谱对应的是与某一吸收频率能量相等的（红外）光子被分子吸收，因而红外光谱是吸收光谱。

② 机理不同。从分子结构性质变化的角度来看，拉曼散射过程来源于分子的诱导偶极矩，与分子极化率的变化相关。通常非极性分子及基团的振动导致分子变形，引起极化率的变化，是拉曼活性的。红外吸收过程与分子永久偶极矩的变化相关，一般极性分子及基团的振动引起永久偶极矩的变化，故通常是红外活性的。

③ 制样技术不同。红外光谱制样复杂，拉曼光谱无需制样，可直接测试水溶液。

表 2-14-6　拉曼光谱与红外光谱分析技术的比较

拉曼光谱	红外光谱
拉曼效应产生于入射光子与分子振动能级的能量交换	红外光谱是入射光子引起分子中成键原子振动能级的跃迁而产生的光谱
拉曼频率位移的程度正好相当于红外吸收频率，因此红外测量能够得到的信息同样也出现在拉曼光谱中	互补
红外光谱解析中的定性三要素（即吸收频率、强度和峰形）对拉曼光谱解析也适用，但拉曼光谱中还有退偏振比 ρ	红外光谱解析中的定性三要素（即吸收频率、强度和峰形）
非极性官能团的拉曼散射谱带较为强烈，因为非极性对称分子价电子振动时偶极矩变化较小，例如，许多情况下 C＝C 伸缩振动的拉曼谱带比相应的红外谱带较为强烈	极性官能团的红外谱带较为强烈，C＝O 的伸缩振动的红外谱带比相应的拉曼谱带更为显著
碳链的振动用拉曼光谱表征更为方便	对于链状聚合物来说，碳链上的取代基用红外光谱较易检测出来
光谱范围 $40\sim4000cm^{-1}$	光谱范围 $400\sim4000cm^{-1}$
水可作为溶剂	水不能作为溶剂
样品可盛于玻璃瓶、毛细管等容器中直接测定	不能用玻璃容器测定
固体可直接测定，易于升温实验	固体常需要研磨，KBr 压片

14.2.8　拉曼光谱的优缺点

14.2.8.1　拉曼光谱的优点

① 一些在红外光谱中为弱吸收或强度变化的谱带，在拉曼光谱中可能为强谱带，从而有利于这些基团的检出，如 S—S、C—C、C＝C、N＝N 等红外吸收较弱的基团，在拉曼光谱中信号较为强烈。

② 拉曼光谱低波数方向的测定范围宽（$25cm^{-1}$），有利于提供重原子的振动信息。

③ 特别适合于研究水溶液体系，水的拉曼散射极其微弱，对生物大分子的研

究非常有利。

④ 比红外光谱有更好的分辨率。

⑤ 任何形状、尺寸、透明度的样品只要能被激光照射到均可直接测定，无需制样。由于激光束的直径较小，且可进一步聚焦，因而极微量样品都可测量。

14.2.8.2 拉曼光谱的不足

① 不同振动峰重叠和拉曼散射强度容易受光学系统参数等因素的影响。

② 荧光现象对傅里叶变换拉曼光谱分析的干扰。

③ 在进行傅里叶变换光谱分析时，常出现曲线的非线性的问题。

④ 任何一种物质的引入都会对被测体的体系带来某种程度的污染，这等于引入了一些产生误差的可能性，会对分析的结果产生一定的影响。

14.2.9 拉曼光谱仪的介绍

拉曼散射强度正比于入射光的强度，并且在产生拉曼散射的同时，必然存在强度大于拉曼散射至少 1000 倍的瑞利散射。因此，在设计或组装拉曼光谱仪和进行拉曼光谱实验时，必须同时考虑既要尽可能增强入射光的光强和最大限度地收集散射光，又要尽量地抑制和消除主要来自瑞利散射的背景杂散光，提高仪器的信噪比。拉曼光谱仪一般由图 2-14-6 所示的五个部分构成。

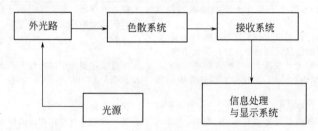

图 2-14-6　拉曼光谱仪的基本结构

（1）光源

它的作用是提供单色性好、功率大并且尽可能大的波长工作范围的入射光。目前拉曼光谱实验的光源已全部用激光器代替历史上使用的汞灯。对常规的拉曼光谱实验，常见的气体激光器基本上可以满足实验的需要。在某些拉曼光谱实验中要求入射光的强度稳定，这就要求激光器的输出功率稳定。

（2）外光路

外光路部分包括聚光、集光、样品架、滤光和偏振等部件。

（3）色散系统

色散系统使拉曼散射光按波长在空间分开，通常使用单色仪。

（4）接收系统

拉曼散射信号的接收使用光电倍增管，这是一种单通道接收类型。

（5）信息处理与显示系统

为了提取拉曼散射信息，常用的电子学处理方法是直流放大、选频和光子计数，然后用记录仪或计算机接口软件画出图谱。

拉曼光谱仪根据光学系统的不同，可以分为两大类：一类为色散型激光拉曼光谱仪；另一类则为傅里叶变换拉曼光谱仪。

① 色散型激光拉曼光谱仪主要由以下几个部分组成：激光光源、样品室（显微平台）、单色器、检测器和数据处理系统。根据检测器的不同可将激光拉曼光谱仪分为单道和多道激光拉曼光谱仪。

② 傅里叶变换拉曼光谱仪与色散型拉曼光谱仪完全不同，它主要由以下几个部分组成：激光光源、样品室、相干滤波器、干涉仪、检测器和计算机处理数据（进行傅里叶变换）。

14.2.10　拉曼光谱仪的操作

① 首先打开激光器电源，预热半小时左右。

② 取出 1 支液体样品管，用分析纯乙醇清洗内外壁，待挥发之后，倒入测试样品。

③ 将样品管固定在样品架上，再放入样品台上。调节样品台上的微调螺钉，使聚焦后的激光束位于样品管的中心。调节样品台和聚光透镜的上下左右微调部件，使聚焦后的光束最细的部位位于集光镜和单色仪的光轴上。样品被照明部分通过集光镜，清晰地成像于单色仪狭缝上。反复调节集光镜前后左右的位置，只要细致观察样品在狭缝上的像就能达到这一目的。

④ 调节偏振旋转器，使激光的振动极大值方向与单色仪光轴方向一致，样品在狭缝上的像亮度最大。将单色仪转到 651.9nm 附近，入射狭缝开在 $250\sim300\mu m$。以后逐步调小至 $100\sim150\mu m$。

⑤ 开启高压电源，此时应有强拉曼谱线的峰，调节集光镜架上的微调螺钉，使聚焦在单色仪入射狭缝的像对称分布；打开计算机，进入计算机操作系统后，单击"测量"按钮，弹出"测量条件输入"对话框。输入适当的条件参数后，点击"存盘"按钮进行保存。当所有条件参数都已输入后，点击"确定"按钮，便可进行测量，记录下测试样品的拉曼散射图谱。

14.2.11　仪器的使用与维护

① 保证使用环境：具备暗室条件；无强震动源、无强电磁干扰；不可受阳光直射。

② 光学器件表面有灰尘，不允许接触擦拭，可用气球小心吹掉。

③ 实验结束，首先取出样品，关断电源。

④ 注意激光器电源开、关机的顺序正好相反。

14.2.12　谱图解析实例

分子的振动表现为分子的键长和键角的变化，化合物的各种基团振动都有特征的频率，称为基团频率。频率位移的大小和方向以及强度的变化与这个基团的化学环境变化有关。所以可根据基团的特征频率、频率位移、谱峰强度变化判断分子中各种基团存在与否以及化学环境变化。

此外，通过对拉曼光谱的分析可以知道物质的振动转动能级情况，从而可以鉴别物质，分析物质的性质。

【例 2-14-8】 某化合物分子式为 C_5H_{10}，根据其拉曼光谱图推断结构，并归属各谱峰。

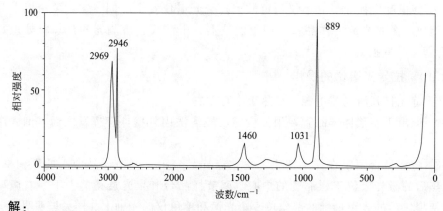

解：

不饱和度	$U=1+5-10/2=1$	谱图中没有不饱和键谱峰，可能为环烷烃	
吸收谱带/cm^{-1}		谱峰归属	结构
2969,2946		饱和 C—H 伸缩振动，ν_{C-H}	
1460		饱和 C—H 变形振动，δ_{C-H}	
1030		C—C 伸缩振动，ν_{C-C}	
889		环呼吸振动	

【例 2-14-9】 某化合物分子式为 $C_8H_{11}N$，根据其拉曼光谱图推断结构，并归属各谱峰。

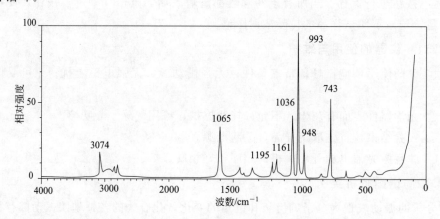

解：

不饱和度	$U=1+8+(1-11)/2=4$	苯环化合物	
吸收谱带/cm^{-1}	谱峰归属		结构
3074	不饱和 C—H 伸缩振动，$\nu_{=C-H}$		
1605	苯环 C=C 变形振动，$\delta_{C=C}$		
1193	面内变形振动，$\delta_{C=H}$		
1037	面内变形振动 $\delta_{C=H}$，单取代特征		
993	环呼吸振动		
743	环变形振动		

【例 2-14-10】　某化合物分子式为 $C_6H_{12}O$，根据其拉曼光谱图推断结构，并归属各谱峰。

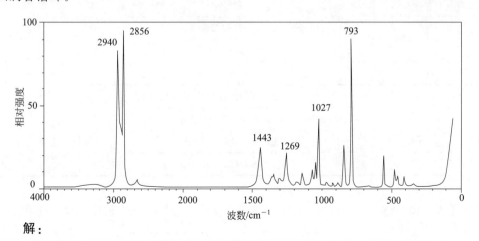

解：

吸收谱带/cm^{-1}	谱峰归属	结构
约 3400	$\nu(O-H)$，谱峰既宽又弱，常常被忽略	
2940	$\nu_{as}(CH_2)$	
2856	$\nu_s(CH_2)$，强度高于不对称伸缩振动	
1441	CH_2 的剪式振动 $\delta_{(C-H)}$	
1269	CH_2 的扭曲振动	
1027	$\nu(C-C)$	
793	环呼吸振动，特征性强	

【例 2-14-11】 某化合物分子式为 C_8H_{10}，根据其拉曼光谱图推断结构，并归属各谱峰。

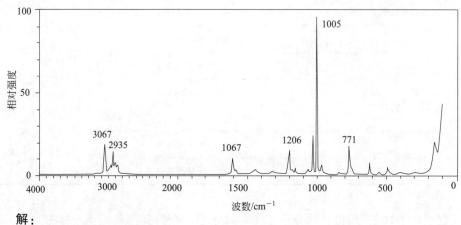

解:

吸收谱带/cm^{-1}	谱峰归属	结构
3066	芳环的不饱和 C—H 伸缩振动 $\nu(=C-H)$	
2935	饱和 C—H 伸缩振动 $\nu(C-H)$	
1607	芳环骨架 C≡C 伸缩振动 $\nu(C=C)$	
1206	面内变形振动 $\delta(C-H)$	CH_2CH_3 苯环
1039	面内变形振动 $\delta(C-H)$，单取代特征谱带（1030～1015cm^{-1}）	
1005	三角形环呼吸振动，特征性强	
771	环变形振动（825～675cm^{-1}）	

【例 2-14-12】 m-ZrO$_2$ 和 t-ZrO$_2$ 的特征拉曼光谱如下图，根据光谱鉴别物质。

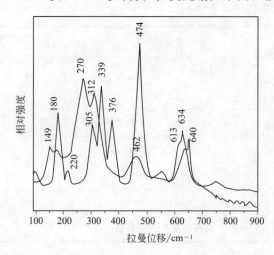

解：

物质	谱峰归属/cm^{-1}
m-ZrO$_2$（单斜相）	176,187,220,305,340,376,474,510,536,558,613,634
t-ZrO$_2$（四方相）	149,270,313,462,600,640

对于单斜相（m），谱峰 474cm^{-1} 强于 634cm^{-1}，而四方相（t）恰好相反。单斜相的拉曼谱图中，在 472cm^{-1} 和 634cm^{-1} 两个谱峰之间有些弱的谱峰存在，而这些谱峰在四方相的拉曼谱图中是不存在的。

对于无机体系，拉曼光谱比红外光谱要优越得多，因为在振动过程中，水的极化度变化很小，因此其拉曼散射很弱，干扰很小。此外，络合物中金属-配位体键的振动频率一般都在 100~700cm^{-1} 范围内，用红外光谱研究比较困难。然而这些键的振动常具有拉曼活性，且在上述范围内的拉曼谱带易于测定，因此适合于对络合物的组成、结构和稳定性等方面进行研究。

各种高岭土的鉴别：FT-Raman 光谱是陶瓷工业中快速而有效的测量技术。陶瓷工业中常用原料如高岭土、多水高岭土、地开石和珍珠陶土的 FT-Raman 光谱如图 2-14-7（a）所示。由图可知，它们都有各自的特征谱带，而且比图 2-14-7（b）所示的红外光谱更具特征性。

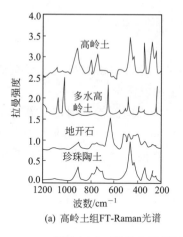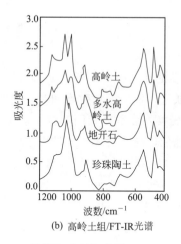

(a) 高岭土组FT-Raman光谱　　　(b) 高岭土组/FT-IR光谱

图 2-14-7　高岭土组 FT-Raman 光谱和 FT-IR 光谱

14.3　荧光光谱仪

通过荧光光谱仪的检测，可以获得物质的激发光谱、发射光谱、量子产率、荧光强度、荧光寿命、斯托克斯位移、荧光偏振与去偏振特性，以及荧光的淬灭方面的信息。

14.3.1 荧光与磷光的产生过程

当物质分子吸收外界能量后，从基态跃迁至激发态，处于激发态的分子不稳定，并且寿命很短，自发地由能量高的状态跃迁到能量低的状态，这个过程称为弛豫过程；弛豫过程既可以是非辐射跃迁，也可以是辐射跃迁。若分子返回基态时以辐射的形式（荧光和磷光）释放能量，这就是光致发光。荧光与磷光的发射过程如图 2-14-8 所示。

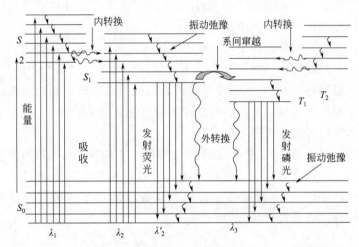

图 2-14-8 荧光与磷光的发射过程

（1）非辐射跃迁

① 振动弛豫：同一电子能级内以热能量交换形式由高振动能级至低相邻振动能级间的跃迁，发生振动弛豫的时间一般为 $10^{-12}\,\mathrm{s}$。

② 内转换：多重度相同的电子能级中等能级间的无辐射能级跃迁。通过内转换和振动弛豫，高激发单重态的电子跃回第一激发单重态的最低振动能级。

③ 外转换：激发分子与溶剂或其他分子之间产生相互作用而转移能量的非辐射跃迁；外转换使荧光或磷光减弱或"猝灭"。

④ 系间窜越：不同多重态，有重叠的转动能级间的非辐射跃迁。系间窜越改变了电子自旋，属禁阻跃迁，可以通过自旋-轨道耦合进行。

（2）辐射跃迁

① 荧光发射：受光激发的分子经振动弛豫、内转换、振动弛豫到达第一电子激发单重态的最低振动能级，以辐射的形式失活回到基态，发出荧光。发射荧光的能量比分子吸收的能量小，波长长。

② 磷光发射：若第一激发单重态的分子通过系间窜跃到达第一激发三重态，再通过振动弛豫转至该激发的最低振动能级，然后以辐射的形式回到基态，发出的光线称为磷光。由于激发三重态能量较激发单重态低，所以磷光的波长比荧光的波长稍长。

14.3.2　荧光光谱类型

① 激发光谱：固定发射光的波长（即最大发射波长），化合物发射的荧光强度与激发光波长的关系曲线。激发光谱曲线的最高处，处于激发态的分子最多，荧光强度最大。

② 发射光谱：固定激发光的波长，测量不同荧光波长处荧光的强度，得到荧光光谱，即发射强度与发射波长的关系。

③ 同步荧光光谱：荧光物质既有发射光谱又具有激发光谱，在同时扫描两个单色器波长的情况下绘制光谱，由测得的荧光强度信号与对应的发射波长或激发波长构成的光谱图。

④ 三维荧光光谱：描述荧光强度同时随激发波长和发射波长变化的三维关系图谱。

14.3.3　荧光光谱的特征

荧光光谱显示的某些普遍特征为荧光物质的识别提供了基本原则，包括以下三个方面：Stokes 位移、发射光谱的形状与激发波长无关、镜像规则。

14.3.4　荧光寿命

当某种物质被一束激光激发后，该物质的分子吸收能量后从基态跃迁到某一激发态上，再以辐射跃迁的形式发出荧光回到基态。当激发停止后，分子的荧光强度降到激发时最大强度的 1/e 所需的时间称为荧光寿命，即自由离子或晶体中离子的能级寿命，常用 t 表示。如荧光强度的衰减符合指数衰减的规律：$I_t = I_0 e^{-kt}$，其中 I_0 是激发时最大荧光强度，I_t 是时间 t 时的荧光强度，k 是衰减常数。假定在时间 τ 时测得的 I_t 为 I_0 的 1/e，则 τ 是定义的荧光寿命。

14.3.5　荧光量子产率 Φ

能产生荧光的分子称为荧光分子。产生荧光的分子必须具备两个条件，即要有合适的结构（通常含有苯环或稠环的刚性结构有机分子）和一定的荧光量子产率，物质分子发射荧光的能力用荧光量子产率（Φ）表示，见式（2-14-1）。

$$\Phi = \frac{\text{发射荧光的分子数}}{\text{激发态的分子数}} = \frac{\text{发射的光子数}}{\text{吸收的光子数}} \qquad (2\text{-}14\text{-}1)$$

14.3.6　荧光与物质分子结构的关系

① 电子跃迁类型。$\pi^* \rightarrow \pi$ 跃迁的荧光效率高，系间窜跃至三重态的速率常数较小，有利于荧光的产生。

② 共轭效应。含有 $\pi^* \rightarrow \pi$ 跃迁能级的芳香族化合物的荧光最常见且最强。具有较大共轭体系或脂环羰基结构的脂肪族化合物也可能产生荧光。

③ 取代基效应。苯环上有吸电子基团常常会妨碍荧光的产生；而给电子基团会使荧光增强。表 2-14-7 给出了乙醇溶液中苯环取代基的荧光相对强度。

表 2-14-7　苯环取代基的荧光相对强度（乙醇溶液）

化合物	分子式	荧光波长 λ_f/nm	荧光的相对强度
苯	C_6H_6	$270 \sim 310$	10
甲苯	$C_6H_5CH_3$	$270 \sim 320$	17
丙基苯	$C_6H_5C_3H_7$	$270 \sim 320$	17
氟代苯	C_6H_5F	$270 \sim 320$	10
氯代苯	C_6H_5Cl	$275 \sim 345$	7
溴代苯	C_6H_5Br	$290 \sim 380$	5
碘代苯	C_6H_5I	—	0
苯酚	C_6H_5OH	$285 \sim 365$	18
酚离子	$C_6H_5O^-$	$310 \sim 400$	10
苯甲醚	$C_6H_5OCH_3$	$285 \sim 345$	20
苯胺	$C_6H_5NH_2$	$310 \sim 405$	20
苯胺离子	$C_6H_5NH_3^+$	—	0
苯甲酸	C_6H_5COOH	$310 \sim 390$	3
苯基氰	C_6H_5CN	$280 \sim 360$	20
硝基苯	$C_6H_5NO_2$	—	0

④ 平面刚性结构效应。可降低分子振动，减少与溶剂的相互作用，故具有很强的荧光。如荧光素和酚酞有相似结构，荧光素有很强的荧光，酚酞却没有。

14.3.7　影响荧光的环境因素

① 溶剂极性的影响。增加溶剂的极性，一般有利于荧光的产生。

② 温度的影响。降低体系温度可以提高荧光量子产率。

③ pH 值。含有酸性或碱性取代基的芳香化合物的荧光与 pH 值有关。pH 值的变化影响了荧光基团的电荷状态，从而使其荧光发生变化。

④ 重原子效应。重原子具有增强系间穿越的作用，从而能降低荧光量子产率。

⑤ 内滤光作用和自吸收现象。溶液中含有某些物质能吸收激发光或荧光物质发射的荧光，使荧光强度较弱的现象称为内滤光作用，如色胺酸中的重铬酸钾；化合物的荧光发射光谱的短波长端与其吸收光谱的长波长端重叠，产生自吸收，如蒽化合物。

⑥ 荧光淬灭。荧光分子与溶剂分子或其他分子之间相互作用，使荧光强度减弱的现象称为荧光淬灭。

⑦ 其他影响因素。如氢键、吸附、溶剂黏度增加等均可提高荧光的量子产率，这都可用减少了分子的热振动和增加了分子的刚性来解释。

14.3.8　荧光光谱仪的主要构造

荧光光谱仪的主要构造一般由以下几个部分组成。

激发光源：常用汞弧灯、氢弧灯及氙灯等。

单色器：一是激发单色器，用于选择激发光波长；二是发射单色器，用于选择发射到检测器上的荧光波长，并与激发光入射方向垂直。

样品池：放置测试样品，用石英做成。

检测器：接受光信号并将其转变为电信号。

记录显示系统：检测器出来的电信号经过放大器放大后，由记录仪记录下来，并可数字显示。

14.3.9　样品的准备

（1）块状固体

① 为了获取尽可能理想的光谱，减小内外表面因素的干扰，最好切成规则形状，并进行抛光。

② 如果要做系列样品特性的对比，应尽量在尺寸和光洁度上将其制为同一规格。

③ 对于与各向异性有关的测试，务必要注意光轴（或 x、y、z 轴）的位置。

④ 对于有自吸收特性的样品要注意其对测试结果的影响。

（2）粉体和微晶

① 避免混入诸如滤纸纤维、胶水等杂质，以免其发光对测试结果产生影响。

② 样品应尽量保存在不会引入杂质又防潮避光的样品管（盒）中。

③ 对于强光下不稳定的化合物，测试时应特别注意控制入射光的强度，避免破坏样品。

④ 粉体和微晶样品一般夹在石英玻璃片中进行测试。

（3）液体

① 溶液样品尽量使用透明的玻璃化溶液，避免在这种汇聚式光路中由于比色皿中溶液的前后吸收不均导致的光谱失真问题。

② 为安全起见，对于使用挥发性剧毒溶剂的测试，一定要有合适的防护。

③ 易挥发、易变质的溶液最好现配现测。

由于物质的发射特性和吸收特性是紧密相关的，所以提前做好吸收谱可以有效缩短荧光测试的摸索时间。对于不知道相关特性的样品，吸收谱的测试比荧光光谱的测试要容易得多。所以，建议大家先测一下样品的吸收谱，并从中找出感兴趣的吸收峰和特性，在荧光测试时以便参考。

14.3.10　测试步骤

① 打开总电源，依次打开制冷电源、光谱仪控制电源，根据需要的光源开启氙灯或是其他灯源。

②打开计算机，双击应用程序图标进入工作站。

③常温下样品测试。打开样品室的盖子，放入待测样品，然后盖好。对于液体样品，将样品装入比色皿后放置于样品室内的样品架上，将固体样品置于固体样品架上。

④发射光谱和激发光谱测试。选择发射扫描设置窗口，设置单色器波长为待检测波长和检测器波长，选择合适的波长扫描范围、滤光片、扫描间隔、停留时间和扫描次数，设置完毕后点击开始测量，得到发射光谱。选择激发扫描设置窗口，根据发射谱中的峰确定激发波长，选择合适的波长扫描范围、滤光片、扫描间隔、停留时间和扫描次数，设置完毕后点击开始测量，得到激发光谱。

⑤保存数据。

⑥关机。先关光源，再关电源。

14.3.11　滤光片以及光路狭缝和扫描速度的选择

为了消除剩余入射光对荧光光谱产生的影响，通常要选择合适的长波通型截止滤光片。激发谱扫描过程中，通常选择比发射波长短、比激发谱最长波长长的长波通型截止滤光片。发射谱扫描过程中，通常选择比激发波长长，比发射谱最短波长短的长波通型截止滤光片。激发波长一定要小于发射波长。

如果光路狭缝太大，荧光信号太强，容易超出仪器检测范围，损伤仪器；如果狭缝开得太小，荧光信号又太弱，检测比较困难，所以要选择大小合适的狭缝。

如果扫描太快，容易跳峰，忽略特征性的峰信号；扫描太慢则浪费时间。所以只要能扫描得到平滑的光谱曲线就可以了。

14.3.12　荧光光谱仪的使用与维护

电源：电压、电流、电源的稳定性须符合仪器规定。

光源：须预热 20min，灯及窗口要保持清洁。

单色器：应注意防潮、防尘、防污和防机械损伤。

光电倍增管：加高压时切不可受外来光线直接照射。

样品池：使用时应同一个方向插放，不能经常摩擦。

清扫光谱仪：光谱仪的外部和样品转换器可以用一块湿抹布擦干净。放置样品的开口部位、样品夹持器以及嵌入物必须用干刷子或者真空清扫器来进行清扫，每天清扫一次。

密闭循环冷却系统：系统储水器需要周期性地加满去离子水。

检查真空泵的油位：需要定期检查真空泵油位的油质。如果油中出现脏物或含有白色泡沫，则必须从排油孔中将原油抽走。

气体瓶更换：当气体瓶中的压力太低时，气体传感器不工作，这样会破坏安全回路，并禁止光谱仪操作。为防止其瓶内的杂质进入分析仪，在瓶压为 10 个大气压时即更换新气。

水过滤器的更换：如果水流量变得很低，将不能打开高压，这时需更换水过滤器，建议每年更换一次。

14.3.13　荧光光谱的应用

（1）常规分析

用于荧光物质的定性和定量分析、化学表征、色谱流出物的检测等；无机化合物的分析与有机试剂形成配合物后测量；可测量约 60 多种元素。

（2）有机化合物的分析

荧光法在有机化合物中应用较广，芳香化合物多能发出荧光，脂肪族化合物往往与荧光试剂作用后才可产生荧光。

（3）辨别食品真伪以及分析食品种类

食品中含有很多具有荧光特性的物质，如芳香族氨基酸、蛋白质中色氨酸残基、多酚类物质、黄酮类物质、叶绿素、维生素、核黄素以及美拉德产物等，一些食品添加剂、农药和工业污染物也具有内源性荧光，这些物质的荧光图谱为食品定性定量技术提供基本信息。

与新油相比，煎炸后的食用油在 $370 \sim 380nm$ 附近的荧光峰消失，而在 461nm 和 479nm 附近出现新的荧光峰，用以鉴定煎炸食用油。又如，3 年、5 年和 8 年陈酒的荧光峰分别在 504nm、488nm、505nm，最佳激发波长都在 370nm 附近，该研究为黄酒的特征标识、品牌鉴定、年代鉴定、黄酒食用安全等研究提供了有科学意义的参考。

（4）获得分子信息

如测量分子内间距、决定键合平衡、研究结构变化等。

（5）医药研究

研究膜结构和功能、确定抗体的形态、研究生物分子的异质性、评价药物的相互作用、确定酶的活性和反应、荧光免疫分析、监测体内化学过程等。

（6）环境监测

水和空气中以及农药残留污染物的鉴别和计量等。

表 2-14-8 和表 2-14-9 给出了某些无机物和有机物的荧光测定方法。

表 2-14-8　某些无机物的荧光测定法

离子	试剂	λ/nm		检出限 /μg·cm^{-3}	干扰
		吸收	荧光		
Al^{3+}	石榴茜素 R	470	500	0.007	Be,Co,Cr,Cu,F$^-$,NO$_3^{3-}$,Ni, PO$_4^{3-}$,Th,Zr
F^-	石榴茜素 R—Al 配合物 （熄灭）	470	500	0.001	Be,Co,Cr,Cu,Fe,Ni,PO$_4^{3-}$, Th,Zr
$B_4O_7^{2-}$	二苯乙醇酮	370	450	0.04	Be,Sb

续表

离子	试剂	λ/nm		检出限 /μg·cm⁻³	干扰
		吸收	荧光		
Cd^{2+}	2-(邻-羟基苯)间氮杂氧	365	蓝色	2	NH_3
Li^+	8-羟基喹啉	370	580	0.2	Mg
Sn^{4+}	黄酮醇	400	470	0.008	F^-,Zr,PO_4^{3-}
Zn^{2+}	二苯乙醇酮	—	绿色	10	Be,B,Sb 显色离子

表 2-14-9 某些有机化合物的荧光测定法

待测物	试剂	激发光波长/nm	荧光波长/nm	测定范围 $c/(\mu g \cdot cm^{-3})$
丙三醇	苯胺	紫外	蓝色	0.1~2
糠醛	蒽酮	465	505	1.5~15
蒽		365	400	0~5
苯基水杨酸酯	N,N'-二甲基甲酰胺(KOH)	366	410	$3×10^{-8}~5×10^{-6}$ mol·dm⁻³
1-萘酚	0.1mol·dm⁻³ NaOH	紫外	500	
四氧嘧啶(阿脲)	苯二胺	紫外(365)	485	10^{-10}
维生素 A	无水乙醇	345	490	0~20
氨基酸	氧化酶等	315	425	0.01~50
蛋白质	曙红 Y	紫外	540	0.06~6
肾上腺素	乙二胺	420	525	0.001~0.02
胍基丁胺	邻苯二醛	365	470	0.05~5
玻璃酸酶	3-乙酰氧基吲哚	395	470	0.001~0.033
青霉素	α-甲氧基-6-氯-9-(β-氨乙基)-氨基氮杂蒽	420	500	0.0625~0.625

14.4 X 射线粉末衍射仪

X 射线衍射仪是利用 X 射线衍射法对物质进行非破坏性分析的仪器,可对样品进行结构参数分析,如物相定性与定量分析,衍射谱的指标化及点阵参数测定,晶粒尺寸及点阵畸变测定,粉末衍射图谱拟合修正晶体结构,结构分析,结晶度测定,此外还可进行高低温下的结构变化的动态分析等。

14.4.1 X 射线衍射的原理

1912 年劳埃等根据理论预见，并用实验证实了 X 射线与晶体相遇时能发生衍射现象，证明了 X 射线具有电磁波的性质，成为 X 射线衍射学的第一个里程碑。当一束单色 X 射线入射到晶体时，由于晶体是由原子规则排列的晶胞组成的，这些规则排列的原子间距离与入射的 X 射线波长有与 X 射线衍射分析相同的数量级，故由于不同原子散射的 X 射线相互干涉，在某些特殊方向上产生强 X 射线衍射，衍射线在空间分布的方位和强度，与晶体结构密切相关，每种晶体所产生的衍射花样都反映出该晶体内部的原子分配规律。这就是 X 射线衍射的基本原理。

14.4.2 X 射线的产生

X 射线管实际上是一只真空二极管，它有两个电极：作为阴极的用于发射电子的灯丝（钨丝）和作为阳极的用于接受电子轰击的靶（又称对阴极）。当灯丝被通电加热至高温 2000℃时，大量的热电子产生，在正、负极之间的高压作用下被加速，高速轰击到靶面上。高速电子到达靶面，运动突然受阻，其动能部分转变为辐射能，以 X 射线的形式放出，这种形式产生的辐射称为轫致辐射。轰击到靶面上电子束的总能量只有极小一部分转变为 X 射线能，而大部分都转变成热能。

14.4.3 仪器基本构造

分析物质 X 射线衍射的仪器，形式多种多样，用途各异，但仪器构成皆如图 2-14-9 所示，其硬件主要由 X 射线光源、衍射信号检测系统及数据处理和打印图谱系统等几部分构成。

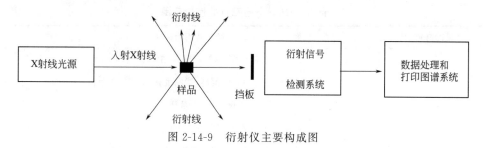

图 2-14-9 衍射仪主要构成图

① 高稳定度 X 射线源。提供测量所需的 X 射线，改变 X 射线管阳极靶材质可改变 X 射线的波长，调节阳极电压可控制 X 射线源的强度。常用的 X 射线管按其结构设计的特点可分为三种类型：可拆式管、密封式管、转靶式管。最常用的是密封式管，其结构如图 2-14-10 所示。

② 样品及样品位置取向的调整机构系统。样品须是单晶、粉末、多晶或微晶的固体块。X 射线衍射仪按其测角台扫描平面的取向有水平（或称卧式）和垂直（又称立式）两种结构，立式结构不仅可以按 q-2q 方式进行扫描，而且可以实现样品台静止不动的 q-q 方式扫描。

③ 射线检测器。X 射线衍射仪可用的辐射探测器有正比计数器、闪烁计数器、

Si(Li) 半导体探测器，其中常用的是正比计数器和闪烁计数器。检测衍射强度或同时检测衍射方向，通过仪器测量记录系统或计算机处理系统可以得到多晶衍射图谱数据。

④ 衍射图的处理分析系统。现代 X 射线衍射仪都附带安装有专用衍射图处理分析软件的计算机系统，它们的特点是自动化和智能化。数字化的 X 射线衍射仪的运行控制以及衍射数据的采集分析等过程都可以通过计算机系统控制完成。

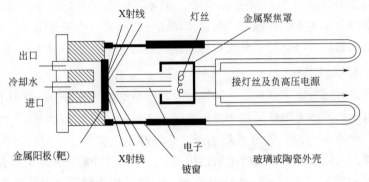

图 2-14-10　密封式 X 射线管结构示意图

14.4.4　实验参数的选择

（1）阳极靶的选择以及使用范围

选择阳极靶的基本要求：尽可能避免靶材产生的特征 X 射线激发样品的荧光辐射，以降低衍射花样的背底，使图样清晰。不同靶材的使用范围见表 2-14-10。

表 2-14-10　不同靶材的使用范围

靶的材料	经常使用的条件
Cu	除了黑色金属试样以外的一般无机物,有机物
Co	黑色金属试样(强度高,背底也高,最好用单色器)
Fe	黑色金属试样(缺点是靶的允许负荷小)
Cr	黑色金属试样(强度低,但 P/B 大),应力测定
Mo	测定钢铁试样或利用透射法测定吸收系数大的试样
W	单晶的劳厄照相(也可以用 Mo 靶、Cu 靶,靶材原子序数大,强度越高)

必须根据试样所含元素的种类来选择最适宜的特征 X 射线波长（靶）。当 X 射线的波长稍短于试样成分元素的吸收限时，试样强烈地吸收 X 射线，并激发产生成分元素的荧光 X 射线，背底增高。其结果是峰背比（信噪比）P/B 低（P 为峰强度，B 为背底强度），衍射图谱难以分清。

X 射线衍射所能测定的 d 值范围，取决于所使用的特征 X 射线的波长。X 射线衍射所需测定的 d 值范围大都在 0.1～1nm 之间。为了使这一范围内的衍射峰易于分离而被检测，需要选择合适波长的特征 X 射线，详见表 2-14-11。一般测试使用铜靶，但因 X 射线的波长与试样的吸收有关，可根据试样物质的种类分别选用 Co、Fe 或 Cr 靶。此外还可选用钼靶，这是由于钼靶的特征 X 射线波长较短、穿透能力强，如果希望在低角处得到高指数晶面衍射峰，或为了减少吸收的影响等，均可选用钼靶。生产厂家提供铜靶并提供镍滤波片过滤 K_β 线。

表 2-14-11　几种不同靶材的特征 X 射线波长

阳极靶元素	原子序数 Z	K 系特征谱波长/Å			
		$K_{\alpha1}$	$K_{\alpha2}$	$K_\alpha^\ast$	K_β
Cr	24	2.28970	2.29306	2.29100	2.08487
Fe	26	1.936042	1.939980	1.937355	1.75661
Co	27	1.788965	1.792850	1.790262	1.62079
Ni	28	1.657910	1.661747	1.659189	1.500135
Cu	29	1.540542	1.544390	1.541838	1.392218
Mo	42	0.709300	0.713590	0.710730	0.632288

（2）发散狭缝的选择（DS）

发散狭缝（DS）决定了 X 射线水平方向的发散角，限制试样被 X 射线照射的面积。如果使用较宽的发射狭缝，X 射线强度增加，但在低角处入射 X 射线超出试样范围，照射到边上的试样架，出现试样架物质的衍射峰或漫散峰，给定量相分析带来不利的影响。因此有必要按测定目的选择合适的发散狭缝宽度。

通常定性物相分析选用 1°发散狭缝，当低角度衍射特别重要时，可以选用 1/2°（或 1/6°）发散狭缝。

（3）防散射狭缝的选择（SS）

防散射狭缝用来防止空气等物质引起的散射 X 射线进入探测器，选用 SS 与 DS 角度相同。

（4）接收狭缝的选择（RS）

接收狭缝的大小影响衍射线的分辨率。接收狭缝越小，分辨率越高，衍射强度越低。通常物相定性分析时使用 0.3mm 的接收狭缝，精确测定可使用 0.15mm 的接收狭缝。

（5）滤波片的选择

Z 滤＜Z 靶－（1～2）：Z 靶＜40，Z 滤＝Z 靶－1；Z 靶＞40，Z 滤＝Z 靶－2。

（6）扫描范围的确定

不同的测定目的，其扫描范围也不同。当选用 Cu 靶进行无机化合物的相分析时，扫描范围一般为 90°～2°（2θ）；对于高分子，有机化合物的相分析，其扫描范围一般为 60°～2°；在定量分析或进行点阵参数测定时，一般只对欲测衍射峰扫描几度。

（7）扫描速度的确定

常规物相定性分析常采用每分钟 2°或 4°的扫描速度，在进行点阵参数测定、微量分析或物相定量分析时，常采用每分钟 1/2°或 1/4°的扫描速度。

14.4.5   X 射线粉末衍射谱图特征

如图 2-14-11 所示，粉末衍射图一般由横坐标（2θ）、纵坐标（衍射强度）以及衍射峰组成。

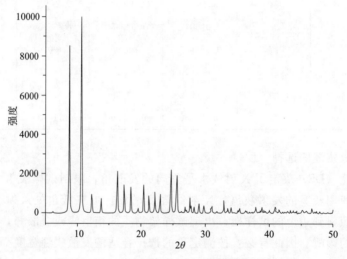

图 2-14-11   X 射线粉末衍射图

由于在许多情况下样品的尺寸太小，不能满足常规的单晶 X 射线衍射的测量要求，因此由粉末衍射图确定晶体结构或得到一些结构信息显得很重要。表 2-14-12列出了从 X 射线粉末衍射谱图能得到的不同材料的特征。

表 2-14-12   从 X 射线粉末衍射谱图能得到的不同材料的特征

测量	材料的性质和信息
峰位置(2θ角度值)	晶胞尺寸
多余的峰	杂质(或指标化错误)
系统消光	对称性
背底	是否有无定形结构存在
峰宽	晶体尺寸、应力、张力、堆垛层错
峰强度	晶体结构

14.4.6　试样的要求及制备

X 射线衍射分析的样品主要有粉末样品、块状样品、薄膜样品、纤维样品等。样品不同，分析目的不同（定性分析或定量分析），则样品制备方法也不同。

（1）粉末样品

X 射线衍射分析的粉末试样必需满足这样两个条件：晶粒要细小，试样无择优取向（取向排列混乱）。所以，通常将试样研细后使用，可用玛瑙研钵研细。定性分析时粒度应小于 $44\mu m$（350 目），定量分析时应将试样研细至 $10\mu m$ 左右。较方便地确定 $10\mu m$ 粒度的方法是，用拇指和中指捏住少量粉末，并碾动，两手指间没有颗粒感觉的粒度大致为 $10\mu m$。一般用粉末制样，样品制备应要求均质，粒度合适。样品要磨得尽量细，有利于避免择优取向，原则上在不导致晶粒畸变和物相转变的前提下磨得越细越好。且避免颗粒不均匀，颗粒太大，衍射强度低，峰形不好，分辨率低。常用的粉末样品架为玻璃试样架，在玻璃板上蚀刻出试样填充区为 $(20\times 18)\,mm^2$。玻璃样品架主要用于粉末试样较少时（约少于 $500\,mm^3$）使用。充填时，将试样粉末一点一点地放进试样填充区，重复这种操作，使粉末试样在试样架里均匀分布并用玻璃板压平实，要求试样面与玻璃表面齐平。如果试样的量少到不能充分填满试样填充区，可在玻璃试样架凹槽里先滴一薄层用醋酸戊酯稀释的火棉胶溶液，然后将粉末试样撒在上面，待干燥后测试。样品表面必须与测角仪轴重合，否则将会使峰形失真，并且会使角度位置出现偏差，导致测量误差。

（2）块状样品

先将块状样品表面研磨抛光，大小不超过 $(20\times 18)\,mm^2$，然后用橡皮泥将样品粘在样品支架上，要求样品表面与样品支架表面平齐。

（3）微量样品

取微量样品放入玛瑙研钵中将其研细，然后将研细的样品放在单硅样品支架上（切割单晶硅样品支架时使其表面不满足衍射条件），滴数滴无水乙醇使微量样品在单晶硅片上分散均匀，待乙醇完全挥发后即可测试。

（4）薄膜样品制备

将薄膜样品剪成合适的大小，用胶带纸粘在玻璃样品支架上即可。

14.4.7　仪器操作步骤

（1）开机前的准备和检查

将制备好的试样插入衍射仪样品台，盖上顶盖，关闭防护罩；开启水龙头，使冷却水流通；X 射线管窗口应关闭，管电流表、管电压表指示在最小位置；接通总电源。

（2）开机操作

开启衍射仪总电源，启动循环水泵；待数分钟后，打开计算机 X 射线衍射仪应用软件，设置管电压、管电流至需要值，设置合适的衍射条件及参数，开始样品测试，得到衍射谱图。

（3）停机操作

测量完毕，关闭 X 射线衍射仪应用软件，取出试样，15min 后关闭循环水泵，关闭水源；关闭衍射仪总电源及线路总电源。

（4）数据记录和处理

测试完毕后，可将样品测试数据存入磁盘供随时调出处理。原始数据需经过曲线平滑、K_{α_2} 扣除、谱峰寻找等数据处理步骤，最后打印出待分析试样衍射曲线和 d 值、2θ、强度、衍射峰宽等数据供分析鉴定。

另外，粉末衍射标准联合委员会 JCPDS（Joint Committee for Powder Diffraction Standards）将文献中可靠的粉末数据编印成卡片，由 JCPDS 卡片数据库中查出试样的标准衍射数据，将实验数据与其比对，分析试样的物相和纯度，并对各衍射峰进行指标化。

14.4.8 X 射线粉末衍射分析的应用

14.4.8.1 X 射线衍射的物相定性分析

定性分析鉴别出待测样品是由哪些"物相"所组成的。X 射线之所以能用于物相分析是因为由各衍射峰的角度位置所确定的晶面间距 d 以及它们的相对强度 I/I_0 是物质的固有特性。每种物质都有特定的晶格类型和晶胞尺寸，而这些又都与衍射角和衍射强度有着对应关系，所以可以像根据指纹来鉴别人一样用衍射图像来鉴别晶体物质，即将未知物相的衍射花样与已知物相的衍射花样相比较。

既然多晶体的衍射花样是被鉴定物质的标志，那么就有必要大量搜集各种已知物质的多晶体衍射花样。Hanawalt 早在 20 世纪 30 年代就开始搜集并获得了上千种已知物质的衍射花样，1942 年由美国材料试验协会（The American Society for Testing Materiats）整理并出版的卡片约 1300 张，这就是通常使用的 ASTM 卡片。此种卡片后来逐年均有所增添。1969 年起，由美国材料试验协会和英国、法国、加拿大等国家的有关协会共同组成了"粉末衍射标准联合委员会"，负责卡片的收集、校订和编辑工作，并出版了"粉末衍射卡组（The Powder Diffraction File）"，简称 PDF 卡片，为了检索的迅速方便，又制订了索引。

进行物相定性分析时，一般采用粉末照相法或粉末衍射仪法测定所含晶体的衍射角，根据布拉格方程，进而获得晶面间距 d 及各衍射线的相对强度，最后与标准衍射花样（JCPDS）进行比较鉴别。

X 射线衍射物相分析方法有以下几种。

（1）三强线法

① 从前反射区（$2\theta < 90°$）中选取强度最大的三根线，使其 d 值按强度递减的次序排列。

② 在数字索引中找到对应的 d_1（最强线的面间距）组。

③ 按次强线的面间距 d_2 找到接近的几列。

④ 检查这几列数据中的第三个 d 值是否与待测样的数据对应，再查看第四至第八强线数据并进行对照，最后从中找出最可能的物相及其卡片号。

⑤ 找出可能的标准卡片，将实验所得 d 及 I/I_1 跟卡片上的数据详细对照，如果完全符合，物相鉴定即告完成。

如果待测样的数据与标准数据不符，则须重新排列组合并重复②～⑤的检索手续。如为多相物质，当找出第一物相之后，可将其线条剔出，并将留下线条的强度重新归一化，再按过程①～⑤进行检索，直到得出正确答案。

（2）特征峰法

对于经常使用的样品，对其衍射谱图应该充分了解掌握，可根据其谱图特征进行初步判断。例如在 $26.5°$ 左右有一强峰，在 $68°$ 左右有五指峰出现，则可初步判定样品含 SiO_2。

（3）参考文献资料

在国内国外各种专业科技文献上，许多科技工作者都发表了很多 X 射线衍射谱图和数据，这些谱图和数据可以作为标准和参考供分析测试时使用。

（4）计算机检索法

随着计算机技术的发展，计算机检索得到普遍应用，这种方法可以很快地得到分析结果，分析准确度在不断提高，但最后还必须进行人工检索和校对才能最后得出鉴定结论。

【例 2-14-13】　下图是某种硅晶体的标准 PDF 卡片样片，请分析卡片上通常能提供哪些信息。

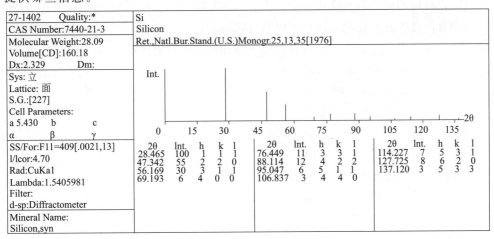

解： 卡片上包含的信息如下。

① 卡片序号。Quality 右上角标号 ＊ 表示数据高度可靠；○表示可靠性较低；无符号者表示一般；i 表示已指数化和估计强度，但不如有星号的卡片可靠；有 c 表示数据为计算值。

② 化学分析、试样来源、分解温度、转变点、热处理、实验温度等。

③ 物相的结晶学数据。

④ 所用实验条件。

⑤ 矿物学通用名称、有机物结构式。

⑥ 物相的化学式和名称。

⑦ 收集到的衍射的 d（或相应的角度值）、I/I_1 和 hkl 值。

14.4.8.2　常用 XRD 软件

（1）Pcpdfwin

它是在衍射图谱标定以后，按照 d 值检索。一般可以有限定元素，按照三强线、结合法等方法，所检索出的卡片很多时候不对，一张复杂的衍射谱有时候一天也没办法弄清楚。

（2）Search match

可以实现和原始实验数据的直接对接，可以自动或手动标定衍射峰的位置，对于一般的图都能很好地应付，而且有几个小工具使用很方便。如放大功能键、十字定位线、坐标指示按钮、网格线条等。最重要的是它有自动检索功能，可以帮你很方便地检索出你要找的物相，也可以进行各种限定以缩小检索范围。如果你对于你的材料较为熟悉，一张含有 4、5 相的图谱，检索也就几分钟，效率很高，而且它还有自动生成实验报告的功能。

（3）High score

几乎 Search match 中所有的功能，High score 都具备，而且它比 Search match 更实用。

① 它可以调用的数据格式更多。

② 窗口设置更人性化，用户可以自己选择。

③ 谱线位置的显示方式，可以让你更直接地看到检索的情况。

④ 手动加峰或减峰更加方便。

⑤ 可以对衍射图进行平滑等操作，视图更漂亮。

⑥ 可以更改原始数据的步长、起始角度等参数。

⑦ 可以进行 0 点的校正和对峰的外形进行校正。

⑧ 可以进行半定量分析。

⑨ 物相检索更加方便，检索方式更多。

⑩ 可以编写批处理命令，对于同一系列的衍射图，一键搞定。

（4）Jade

和 Highscore 相比自动检索功能稍差，但它有比之更多的功能。

① 它可以进行衍射峰的指标化处理。

② 进行晶格参数的计算。

③ 根据标样对晶格参数进行校正。

④ 轻松计算峰的面积、质心。

⑤ 出图更加方便，你可以在图上更加随意地进行编辑。

14.4.8.3　X 射线衍射的物相定量分析

定量分析的依据是：各相衍射线的强度随该相含量的增加而增加（即物相的相对含量越高，则 X 衍射线的相对强度也越高）。

常用的定量方法：外标法、内标法、基体冲洗法。

① 外标法　标准物质不加到待测试样中，且通常以某纯待测物相为标样，制成一系列外标试样，测绘出工作曲线，进行定量分析，这种方法称为外标法。

【例 2-14-14】　有大批量 A 相和 B 相混合物，需分析 A 相含量。通常取 A 相作外标物质，制作一系列已知量的 B 相混合外标样，测定各外标试样中 A 相、纯 A 相 hkl 线条强度比，可做出工作曲线。然后测定待测样品中的 A 相和纯 A 相 hkl 线条的强度比，可在工作曲线上查出 A 相含量。

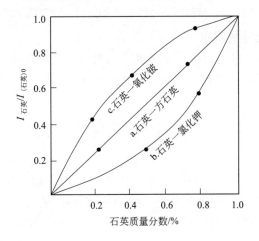

图 2-14-12　分析石英含量的工作曲线

图 2-14-12 为分析石英含量的工作曲线。外标法的优点是待测样中不混入标准物质，其缺点是强度不同时检测，会影响测量的准确度。

② 内标法　把试样中待测相的某根衍射线强度与掺入试样中含量已知的标准物质的某根衍射线强度相比较。简单来说，当试样中所含物相数 $n > 2$，而且各相的质量吸收系数不相同时，需要往试样中加入某种标准物质（内标物质）来帮助分析，这种方法称为内标法。

③ K 值法（又称基体冲洗法）　该法是由内标法发展而来的，也要往样品中加入内标物。与内标法不同的是，K 值法不用绘制定标曲线，免去了许多繁复的实验操作，使分析过程大为简化。

14.4.8.4　材料状态鉴别

不同的物质状态对 X 射线的衍射作用是不相同的，因此可以利用 X 射线衍射谱来区别晶态和非晶态。一般非晶态物质的 XRD 谱为一条直线；漫散型峰的 XRD 一般是由液体型固体和气体型固体所构成的；微晶态具有晶体的特征，但晶粒小会产生衍射峰的宽化弥散，而结晶好的晶态物质会产生尖锐的衍射峰。图 2-14-13 是某种物质在不同状态下对应的 XRD 衍射图。

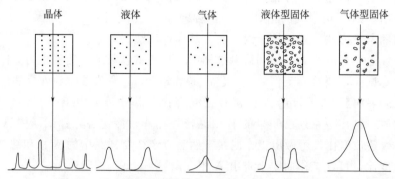

图 2-14-13　材料的不同状态以及相应的 XRD 谱示意图

14.4.8.5　微晶粒尺寸的测定

微晶是指尺度在 $10^{-7} \sim 10^{-5}$ cm 的相干散射区，这种尺度足以引起可观测的衍射线宽化。利用微晶相干散射导致衍射宽化的原理，Scherrer 导出了微晶宽化表达式及其使用条件：

$$D_{hkl} = \frac{0.89\lambda}{\beta_{hkl}\cos\theta} \qquad (2\text{-}14\text{-}2)$$

式中，β_{hkl} 为衍射线的半高宽：$\beta_{hkl} = 4\varepsilon_{1/2}$，$\varepsilon_{1/2} = \dfrac{1.40\lambda}{2\pi N d\cos\theta}$。

N 为有一微晶（hkl）面列的层数，面间距为 d，那么 $D_{hkl} = Nd_{hkl}$。所获得的 D_{hkl} 为垂直于反射面（hkl）的晶粒平均尺度。Scherrer 公式的使用范围为 $D_{hkl} = 30 \sim 2000$Å。

14.4.8.6　X 射线衍射晶体结构分析

通过测定纯样品的 X 射线粉末衍射，也可以来解析样品的晶体结构分析，可以更直观地知道样品的内部原子排列结构。

通常有以下几个步骤：①样品制备与选择；②测量晶胞参数；③收集衍射强度；④确定晶体空间群；⑤修正；⑥结构描述。

14.4.8.7　薄膜分析

测量的数据用于确定样品性能，如化学组分、点阵间距、错配度、层厚、粗糙度、点阵缺陷及层错等。对薄膜分析，通常的要求是入射角必须高度精确。通常来说薄膜的衍射信息很弱，因此需采用一些先进的 X 射线光学组件和探测器技术。

14.4.8.8　X 射线微观应力测定

材料受外力作用发生形变，而材料内部相变化时，会使滑移层、形变带、孪晶以及夹杂、晶界、亚晶界、裂纹、空位和缺陷等附近产生不均匀的塑性流动，从而使材料内部存在微区应力。这种应力也会由多相物质中不同取向晶粒的各向异性收缩或相邻相的收缩不一致及共格畸变引起，这种应力会使晶面的面间距发生改变，表现在 X 射线中，使衍射宽化。

$$\sigma_{平} = E \frac{\pi\beta\cot\theta}{180° \times 4} \tag{2-14-3}$$

式中，β 为 X 射线线型的半高宽；E 为材料的弹性模量。

14.4.8.9　小角 X 衍射

在纳米多层膜材料中，两薄膜层材料反复重叠，形成调制界面。当 X 射线入射时，周期良好的调制界面会与平行于薄膜表面的晶面一样，在满足 Bragg 条件时，产生相干衍射，形成明锐的衍射峰。由于多层膜的调制周期比金属和化合物的最大晶面间距大得多，所以只有小周期多层膜调制界面产生的 XRD 衍射峰可以在小角度衍射时观察到，而大周期多层膜调制界面的 XRD 衍射峰则因其衍射角度更小而无法进行观测。因此，对制备良好的小周期纳米多层膜可以用小角度 XRD 方法测定其调幅周期。

14.4.9　X 射线粉末衍射仪的日常维护和使用

① 建议房间温度：15～25℃，温度变化小于 1℃/30min，高分辨仪器的房间温度：22℃±1℃。

② 相对湿度：20%～80%。

③ 务必定期清洁仪器内部以免灰尘聚集在某些重要部件的表面上，影响仪器的正常工作。

④ 请每天注意水流量的变化，最佳的冷却水温度是 20～25℃。

⑤ 当超过 1h 不用仪器时，将 X 射线管设定至待机状态；当超过两个星期不用仪器时，将 X 射线管高压关闭；当超过十个星期不用仪器时，将 X 射线管拆下，这样有利于延长 X 射线管的使用寿命。

⑥ X 射线管和探测器的窗口都是用铍制造的，请不要触摸这些铍窗口，同时更不要像普通垃圾一样丢弃 X 射线管和探测器。

⑦ 如果快门无法打开，通常情况是由某个安全回路工作不正常所致，千万不要试图跳过安全回路。

⑧ 在关门时，尽量避免过度用力以免影响安全系统。

⑨ X 射线操作者要具备射线防护知识，要定期接受射线职业健康检查，特别注意眼、皮肤、指甲和血象的检查，检查记录要建档保存。

14.5　扫描电子显微镜

扫描电子显微镜（SEM）是介于透射电镜和光学显微镜之间的一种微观形貌观察手段，可直接利用样品表面材料的物质性能进行微观成像。

14.5.1　扫描电子显微镜的工作原理

扫描电子显微镜是利用聚焦得非常细的高能电子束在试样表面逐点扫描成像。试样可为块状或粉末颗粒，成像信号可以是二次电子、背散射电子或吸收电子。其中二次电子是最主要的成像信号，由电子枪发射的能量为 $5\sim35kV$ 的电子，以交叉斑作为电子源，经过二级聚光镜及物镜的缩小形成具有一定能量、一定束流强度和束斑直径的微细电子束，在扫描线圈驱动下，于试样表面按一定时间、空间顺序作栅网式扫描。聚焦电子束与试样相互作用，产生二次电子发射（以及其他物理信号），二次电子发射量随试样表面形貌而变化。二次电子信号被探测器收集转换成电信号，经视频放大后输入到显像管栅极，调节与入射电子束同步扫描的显像管亮度，得到反映试样表面形貌的二次电子像。

14.5.2　扫描电子显微镜的基本结构

扫描电子显微镜由电子光学系统、信号收集及显示系统、真空系统及电源系统组成。其结构如图 2-14-14 所示。

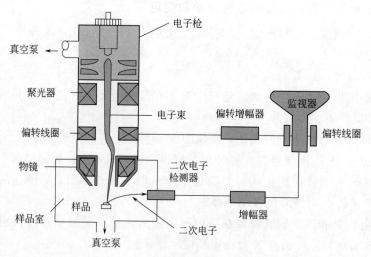

图 2-14-14　扫描电子显微镜的结构示意图

（1）电子光学系统

电子光学系统由电子枪、电磁透镜、扫描线圈和样品室等部件组成。其作用是用来获得扫描电子束，作为产生物理信号的激发源。为了获得较高的信号强度和图像分辨率，扫描电子束应具有较高的亮度和尽可能小的束斑直径。

（2）信号收集及显示系统

其作用是检测样品在入射电子作用下产生的物理信号，然后经视频放大作为显像系统的调制信号。不同的物理信号需要不同类型的检测系统，大致可分为三类：电子检测器、应急荧光检测器和 X 射线检测器。在扫描电子显微镜中最普遍使用的是电子检测器，它由闪烁体、光导管和光电倍增器所组成。

（3）真空系统和电源系统

真空系统的作用是为保证电子光学系统正常工作，防止样品污染，提供高的真空度，一般情况下要求保持 $10^{-4} \sim 10^{-5}$ mmHg 的真空度。电源系统由稳压、稳流及相应的安全保护电路所组成，其作用是提供扫描电子显微镜各部分所需的电源。

14.5.3　扫描电子显微镜的特点

① 能够直接观察样品表面的微观结构，样品制备过程简单，对样品的形状没有任何限制，粗糙表面也可以直接观察。

② 样品在样品室中可动的自由度非常大，可以作三度空间的平移和旋转，这给观察不规则形状样品的各个区域细节带来了方便。

③ 图像富有立体感。扫描电子显微镜的景深是光学显微镜的数百倍，是透射电镜的数十倍，故所得到的图像立体感比较强。

④ 放大倍数范围大，从几倍到几十万倍连续可调。分辨率也比较高，介于光学显微镜和透射电镜之间。

⑤ 电子束对样品的损伤与污染程度小。由于扫描电子显微镜电子束束流小，不是固定一点照射样品表面，而是以光栅扫描方式照射样品，因此对样品的损伤与污染程度比较小。

⑥ 在观察样品微观形貌的同时，还可以利用从样品发出的其他物理信号作相应的分析，如微区成分分析。如果在样品室内安装加热、冷却、弯曲、拉伸等附件，则可以观察相变、断裂等动态的变化过程。

14.5.4　扫描电子显微镜的样品制备

14.5.4.1　样品制备的一般原则

① 显露出欲分析的位置。

② 表面导电性良好，需能排除电荷。

③ 不得有松动的粉末或碎屑（以避免抽真空时粉末飞扬污染镜柱体）。

④ 需耐热，不得有熔融蒸发的现象。

⑤ 不能含液状或胶状物质，以免挥发。

⑥ 非导体表面需镀金（影像观察）或镀炭（成分分析）。

14.5.4.2　对样品处理的要求

① 样品表面要处理干净。扫描电子显微镜主要是观察样品表面形貌和结构，如果所要研究的材料表面附有附着物，它们将掩盖表面微细结构，最终会影响扫描电子显微镜图像的质量和美观，不利于分析和解释。

② 样品必须彻底干燥。扫描电子显微镜需在真空条件下正常工作，含水量高的样品会在真空的镜筒中造成影响。在干燥处理中要尽量减少样品表面形貌的变形，临界点干燥被视为最理想的干燥方法。

③ 非导电样品的导电处理。由于电子束在样品表面做光栅状扫描，如果样品

导电性能不好，会在样品上聚集电荷放电，有时会损伤样品。一般玻璃材料、纤维材料、高分析材料以及陶瓷材料不导电，因此需要在样品表面喷镀一层导电性能好的金属膜，一般膜厚 10～20nm。

④ 保护样品研究面。扫面电镜的主要功能是做表面形貌观察或断面结构观察，所以保护样品表面或断面的细微结构是一个十分重要的问题。在清洗、固定、脱水、干燥等各个处理环节都不能触及或挤压乃至损伤其观察面。

⑤ 要求标记物要有形态。用扫描电子显微镜进行细胞化学研究时，要求标记物应具有一定的形态，以便让扫描电子显微镜可以识别。

14.5.4.3　样品的制备关键步骤

① 取样。因研究目的不同，对取样很难做一般的叙述和统一的要求，但应注意研究目的对样品具有针对性，避免盲目取样，研究目的的典型性，即所取样品应该要有研究的具体对象。

② 清洗。清洗时针对研究目的和样品性质以及污染物的性质选用不同的清洗液和清洗方法。常用的清洗液有蒸馏水、生理盐水和各种缓冲液，特殊的有蛋白分解酶、氯仿、二甲苯、加酶缓冲液等。

③ 固定。采用化学或物理方法，快速而准确地（不失真）把样品结构或表面形貌依原样保存下来。

④ 脱水。用脱水剂取代样品中的游离水，以便进行干燥处理。

⑤ 干燥。首先无变形干燥，以保证样品干燥后体积和结构都不变形，其次必须干燥彻底。

⑥ 粘样。保证样品在样品台上不移动，不掉落，尤其是做倾斜、旋转观察时避免其掉落。

⑦ 镀膜。

⑧ 电镜观察。

14.5.5　分析测试步骤

下面以 JSM-6700F 扫描电子显微镜为例，阐述仪器的具体使用说明。

① 确认设备和环境状态正常后，按操作台上的"OPNPOWER"的右钮开机，开启操控面板电源，开计算机，进入 JEOLPC-SEM 工作界面。

② 检查工作状态，确认主机上 WD 为 8mm，EXCH 灯亮，TILT 为 0；按 VENT 键，灯闪烁，停闪后打开样品室门，把样品架放在样品台坐上（注意运行样品台选择程序，否则样品台移动范围不对，造成设备损害），关上样品室门；按 EVAC 键，灯闪烁，停闪后将样品送入样品室内，这时要确认 HLDR 灯亮；抽真空 10min 左右，确认样品室真空度小于 2×10^{-4} Pa 后方可加电压。

③ 按主机上的 GUN VAVLE CLOSE 键，此灯熄灭，电子束开始扫描。用操控器上的 LOW MAG 选用低放大倍率，用样品台上的 WD 轴粗调焦，出现图像后再逐步放大，最后用 FOCUC 细聚焦；为了调焦方便，可以按操控器上的 RDC

IMAG 键选用小窗口和按操控器上的 QUICK VIEW 快速扫描。

④ 按操控器上的 ACB 钮即可自动调整亮度对比度，也可用 CONTRAST 和 BRIGHTNESS 钮手工调整。得到一幅满意的图像时，可按 FREEZE 记录下图像。

⑤ 完成观测后关高压（HT），按 GUN VAVLE CLOSE 钮，指示灯变黄。

⑥ 运行样品台位置初始化程序，EXCH POSN 指示灯亮，拉动样品杆将样品置于样品交换室内，HLDR 灯亮，按 VENT 按钮，样品交换室放气，取出样品后按 EVAC 按钮。

⑦ 退出操作界面，关计算机。按"OPN POWER"左钮关机，关控制面板电源。

14.5.6　影响电子显微镜影像品质的因素

① 电子枪的种类：使用场发射、LaB_6 或钨丝的电子枪。

② 电磁透镜的完美度。

③ 电磁透镜的型式：In-lens，semi in-lens，off-lens。

④ 样品室的洁净度：避免粉尘、水气、油气等污染。

⑤ 操作条件：加速电压、工作电流、仪器调整、样品处理、真空度。

⑥ 环境因素：振动、磁场、噪声、接地。

14.5.7　仪器的维护和使用

① 禁止在扫描电子显微镜下观察有腐蚀性的化学试剂、液态及强磁性样品。

② 电子枪是有寿命的，在实验结束后，关闭电子枪，可延长电子枪的寿命。

③ 更换样品时，一定要检查样品高度，样品高度不得超过 30 mm，以防止样品碰到极靴。

④ 保证电镜室洁净、无尘，采用空调、抽湿等手段，控制好室内环境因素。房间内温度在（20 ± 5）℃，湿度在 60% 以下。

⑤ 检查机械泵的油液面，若其液面在窗口油位刻线的水平下，应马上添加机械泵油，如果观察到机械泵窗口油呈茶色，应马上更换机械泵油。

⑥ 定期检查循环水状况，保证冷却水温度为（20 ± 2）℃。关注其液面变化并定期更换，防止循环系统堵塞和结垢，影响水循环系统的工作效率。

⑦ 定期清洗镜筒内的活动光阑、样品台、电子枪室等易受污染的部件，确保电子光路正常工作。

⑧ 定期检查电镜的 X 射线是否泄漏，加强防护措施，保障人身安全。

⑨ 定期开启电镜不常用的背散射电子成像系统、成分成像系统、拓扑成像系统、立体成像系统等功能系统，防止电气元件老化，每次开启时间不应少于 1h。

14.5.8　扫描电子显微镜应用实例

（1）断口形貌分析

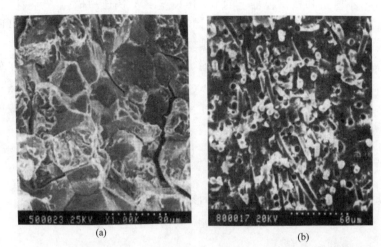

(a)　　　　　　　　　　　(b)

图 2-14-15　CrMnSi 钢沿晶断二次电子像和碳纤维增强陶瓷复合材料断口的二次电子像

图 2-14-15（a）是 CrMnSi 钢普通的沿晶断裂断口照片。因为靠近二次电子检测器的断裂面亮度大，背面则暗，故断口呈冰糖块状或呈石块状。含 Cr、Mo 的合金钢产生回火脆性时发生沿晶断裂，一般认为其原因是 S、P 等有害杂质元素在晶界上偏聚使晶界强度降低，从而导致沿晶断裂。沿晶断裂属于脆性断裂，断口上无塑性变形迹象。

图 2-14-15（b）为碳纤维增强陶瓷复合材料的断口照片，可以看出，断口上有很多纤维拔出。由于纤维的强度高于基体，因此承载时基体先开裂，但纤维没有断裂，仍能承受载荷，随着载荷进一步增大，基体和纤维界面脱粘，直至载荷达到纤维断裂强度时，纤维断裂。由于纤维断裂的位置不都在基体主裂纹平面上，一些纤维与基体脱粘后断裂位置在基体中，所以断口上有大量露头的拔出纤维，同时还可看到纤维拔出后留下的孔洞。

（2）样品表面形貌

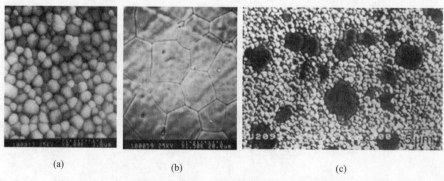

(a)　　　　　　　　　(b)　　　　　　　　　(c)

图 2-14-16　三种成分 ZrO_2-Y_2O_3 陶瓷烧结自然表面的二次电子像

图 2-14-16 给出了三种成分 ZrO_2-Y_2O_3 陶瓷烧结自然表面的扫描电子显微镜照

片。图 2-14-16（a）成分为 ZrO_2-2mol％ Y_2O_3，烧结温度 1500℃，为晶粒细小的正方相；图 2-14-16（b）为 1500℃烧结 ZrO_2-6mol％ Y_2O_3 陶瓷的自然表面形态，为晶粒尺寸较大的单相立方相；图 2-14-16（c）为正方相与立方相双相混合组织，细小的晶粒为正方相，其中的大晶粒为立方相。

（3）材料变形与断裂动态过程的原位观察

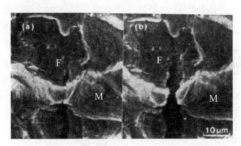

图 2-14-17　铁素体（F）＋马氏体（M）双相钢拉伸断裂过程原位观察

图 2-14-17 为双相钢拉伸断裂过程的动态原位观察结果。可以看出，铁素体首先产生塑性变形，并且裂纹先萌生于铁素体（F）中，扩展过程中遇到马氏体（M）受阻。加大载荷，马氏体前方的铁素体中产生裂纹，而马氏体仍没有断裂，继续加大载荷，马氏体才断裂，将裂纹连接起来向前扩展。

14.6　透射电子显微镜

透射电子显微镜（transmission electron microscope，TEM）是利用高能电子束充当照明光源而进行放大成像的大型显微分析设备。

14.6.1　成像原理

电子枪发射的电子在阳极加速电压的作用下，高速地穿过阳极孔，被聚光镜会聚成很细的电子束照明样品。因为电子束穿透能力有限，所以要求样品做得很薄，观察区域的厚度在 200nm 左右。由于样品微区的厚度、平均原子序数、晶体结构或位向有差别，使电子束透过样品时发生部分散射，其散射结果使通过物镜光阑孔的电子束强度产生差别，经过物镜聚焦放大在其像平面上，形成第一幅反映样品微观特征的电子像。然后再经中间镜和投影镜两级放大，投射到荧光屏上对荧光屏感光，即把透射电子的强度转换为人眼直接可见的光强度分布，或由照相底片感光记录，从而得到一幅具有一定衬度的高放大倍数的图像。

14.6.2　透射电镜的基本结构

透射电镜一般由电子光学系统、真空系统和供电系统三大部分组成。

（1）电子光学系统

电子光学系统通常又称为镜筒，是电镜最基本的组成部分，是用于照明、成像、显像和记录的装置。整个镜筒按自上而下的顺序排列着电子枪、双聚光镜、样品室、物镜、中间镜、投影镜、观察室、荧光屏及照相室等。通常又把电子光学系统分为照明、成像和观察记录部分。图 2-14-18 为透射电镜显微镜光路原理图和电子光学部分示意图。

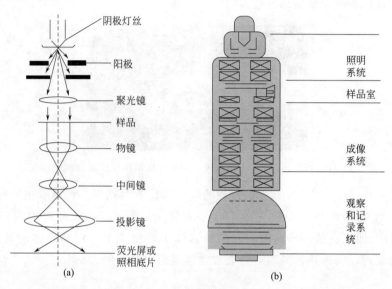

图 2-14-18 透射电镜显微镜光路原理图和电子光学部分示意图

（2）真空系统

为保证电镜正常工作，要求电子光学系统应处于真空状态下。电镜的真空度一般应保持在 10^{-5} Torr，这需要机械泵和油扩散泵两级串联才能得到保证。目前的透射电镜增加一个离子泵以提高真空度，真空度可高达 133.322×10^{-8} Pa 或更高。

（3）供电控制系统

供电控制系统主要提供两部分电源，一是用于电子枪加速电子的小电流高压电源；二是用于各透镜激磁的大电流低压电源。目前先进的透射电镜多已采用自动控制系统，其中包括真空系操作的自动控制，从低真空到高真空的自动转换、真空与高压启闭的连锁控制，以及用微机控制参数选择和镜筒合轴对中等。

14.6.3 试样的制备

（1）粉末样品的制备

用超声波分散器将需要观察的粉末在溶液中分散成悬浮液，用滴管滴几滴在覆盖有碳加强火棉胶支持膜的电镜铜网上。待其干燥后，再蒸上一层碳膜，即成为电镜观察用的粉末样品。

（2）薄膜样品的制备

块状材料是通过减薄的方法制备成对电子束透明的薄膜样品。制备薄膜一般有以下步骤。

① 切取厚度小于 0.5mm 的薄块。

② 用金相砂纸研磨，把薄块减薄成 0.05～0.1mm 的薄片。为避免严重发热或形成应力，可采用化学抛光法。

③ 用电解抛光或离子轰击法进行最终减薄，在孔洞边缘获得厚度小于 500nm 的薄膜。

（3）复型样品的制备

样品通过表面复型技术获得。所谓复型技术就是把样品表面的显微组织浮雕复制到一种很薄的膜上，然后把复制膜（叫做"复型"）放到透射电镜中去观察分析，这样才使透射电镜应用于显示材料的显微组织。复型方法中用得较普遍的是碳一级复型、塑料二级复型和萃取复型。

14.6.4　透射扫描的一般操作步骤

（1）抽真空

接通总电源，打开冷却水，接通抽真空开关，真空系统就自动地抽真空。一般经 15～20min 后，真空度即可达到 10^{-4}～10^{-5}Torr，持高真空指示灯亮后即可上机工作。

（2）加电子枪高压

接通镜筒内的电源，给电子枪和透镜供电，由低速级至高速级给电子枪加高压，直至所需值。

（3）更换样品

通常在电子枪加高压而关断灯丝电源的条件下置换样品。取出样品时，首先打开过渡室和样品空间的空气锁紧阀门，向外拉样品杆，然后将过渡室放气，最终拉出样品杆，从样品座中取出样品。换上所需观察的样品，必须将样品钢网牢固地夹持在样品杆的样品座中，然后将样品杆插入过渡室，抽过渡室低真空并使其达到真空度要求，打开过渡室和样品空间的空气锁紧阀，将样品杆推进样品室。

（4）加灯丝电流并使电子束对中

顺时针方向转动灯丝电流钮，慢慢加大灯丝电流，注意电子束流表的指示数值和荧光屏亮度，当灯丝电流加大到一定值时，束流表的指示数值和荧光屏亮度不再增大，即达到灯丝电流饱和值。

（5）图像观察

当束流调到所需值后，最终推进样品杆，用样品平移传动装置把样品座调到观察位置，即可进行图像观察。首先在低倍下观察，选择感兴趣的视场，并将其移到荧屏中心，然后调节中间镜电流确定放大倍数，调节物镜电流使荧光屏上的图像聚焦至最清晰。

（6）照相记录

当荧光屏上的图像聚焦至最清晰时，便可进行照相记录。调节图像亮度和相应的曝光时间，当二者配匹得当（曝光表上绿灯亮）时，拉开曝光快门，将荧光屏翻起，让携带样品信息的电子束照射到胶片上使其感光，正常曝光时间以 $4\sim 8s$ 为宜。

（7）停机

顺序地关断灯丝电源，关断高压、镜筒内的电源，关断抽真空开关、约30min后关断总电源和冷却水。

14.6.5　透射电子显微镜的优缺点

① 散射能力强。和 X 射线相比，电子束的散射能力是前者的一万倍，因此可以在很微小的区域获得足够的衍射强度，容易实现微米、纳米区域的加工与成分研究。

② 原子对电子的散射能力远大于 X 射线的散射能力，即使是微小晶粒（纳米晶体）亦可给出足够强的衍射。

③ 分辨率高。其分辨率已经优于 0.2nm，可用来直接观察重金属原子像。

④ 束斑可聚焦。会聚束衍射（纳米束衍射），可获得三维衍射信息，有利于分析点群、空间群对称性。

⑤ 成像：正空间信息。直接观察结构缺陷；直接观察原子团（结构像）；直接观察原子（原子像），包括 Z 衬度像。

⑥ 衍射：倒空间信息。选择衍射成像（衍衬像），获得明场、暗场像有利于结构缺陷分析，从结构像可能推出相位信息。

⑦ 全部分析结果的数字化。数据数字化，便于计算机存储与处理，与信息平台接轨的电子显微学不仅是 X 射线晶体学的强有力补充，特别适合微晶、薄膜等显微结构分析，对于局域微结构分析，尤其是纳米结构分析具有独特的优势。

但是，仪器精密价格昂贵，而且要求样品的厚度很薄，样品厚度要在 $100\sim 200nm$。因此处理样品的过程很复杂，且要求条件很高，电子显微镜需在真空条件下工作。

14.6.6　透射电镜的日常维护与使用

① 应每天用吸尘器彻底清洁主机室，保持电镜、桌面、地面的洁净。应使用空调使室内温度保持在 20℃左右，用去湿机使相对湿度保持在 70％左右。

② 循环水水温调节在 20℃左右，应及时添加水。定期更换循环水，以防污染水管。定期清洗水槽、过滤器和热交换器等。

③ 注意观察机械泵油量及油的颜色，要求在小白点以上，观察是否漏油，如果漏油，需要更换油封。观察机械泵噪声，可在皮带上加点消音剂，建议使用固体石蜡，或者更换皮带。

④ 注意样品杆两个 O 形圈以及样品杆头部的清洁度，在换样品时，请选择合适大小的螺丝刀且不要拧得太紧，以免损坏螺丝。

⑤ 空压机应根据不同地域以及季节调整放水周期，并定期将过滤网进行除尘。

⑥ 对于使用 SF_6 作为电镜绝缘气体，压箱中的绝缘气体压力下限为

0.005MPa，一般充气到 0.01MPa，但不要超过 0.015MPa。如果压力过低则会导致不能加高压，具体表现是高压的按钮不亮。

14.6.7　透射电镜操作注意事项

① 请勿用透射电镜观察磁性样品，磁性样品有可能给电镜造成严重伤害。

② 严禁用手触摸样品杆 O 形圈至样品杆顶端的任何部位。

③ 电镜样品台红灯亮时不要插入或拔出样品杆。

④ 插入或拔出样品杆之前必须确认样品台已回零。

⑤ 任何机械操作都不要太用力（包括装卸样品，插拔样品杆，操作旋钮、按钮等）。

14.6.8　透射电镜的应用

早期的透射电子显微镜功能主要是观察样品形貌，后来发展到可以通过电子衍射原位分析样品的晶体结构。具有能将形貌和晶体结构原位观察的两个功能是其他结构分析仪器（如光镜和 X 射线衍射仪）所不具备的。

透射电子显微镜增加附件后，其功能可以从原来的样品内部组织形貌观察（TEM）、原位的电子衍射分析（Diff），发展到还可以进行原位的成分分析（能谱仪 EDS、特征能量损失谱 EELS）、表面形貌观察（二次电子像 SED、背散射电子像 BED）和透射扫描像（STEM）。

结合样品台设计成高温台、低温台和拉伸台，透射电子显微镜还可以在加热状态、低温冷却状态和拉伸状态下观察样品动态的组织结构、成分的变化，使得透射电子显微镜的功能进一步拓宽。

透射电子显微镜功能的拓宽意味着一台仪器在不更换样品的情况下可以进行多种分析，尤其是可以针对同一微区位置进行形貌、晶体结构、成分（价态）的全面分析。

利用透射电镜，我们可以获得：高分辨的结构像（形貌），微区的结构信息（晶体衍射），微区的成分信息（EDS 分析和 EELS 分析），随着材料科学研究的不断深入（材料的表面、界面分析以及纳米材料研究等），分析的尺度越来越小，如图 2-14-19 所示。

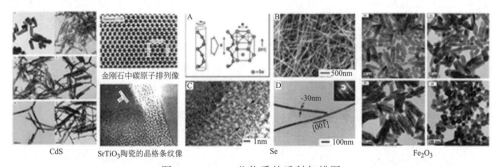

图 2-14-19　一些物质的透射扫描图

【例 2-14-15】 图 2-14-20 是一篇科技论文对 $SrCO_3$ 纳米线材料在不同时间的生长透射扫描图，是左上角及其对应的电子衍射分析。请对此图片进行简单说明。

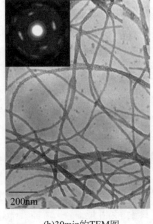

(a)30min的TEM图　　　　(b)30min的TEM图　　　　(c)60min的TEM图

图 2-14-20　$SrCO_3$ 纳米线材料不同时间生长透射扫描图

解：

(a)	(b)	(c)
a. 颗粒为长圆形:定向生长 b. 颗粒自组装形成的长串:纳米线 c. 电子衍射花样为不清晰的亮环:非晶	a. 纳米线已经形成 b. 在受到电子束照射时发生变形 c. 电子衍射花样为规律性的斑点	a. 纳米已经完全形成 b. 在电子束照射下较为稳定 c. 电子衍射花样:纳米线的取向一致 d. 晶体的 C 轴同纳米线的走向一致

14.7　原子力显微镜

随着人类科技的不断发展，纳米尺度上物质的结构、相互作用以及一些特殊的现象等越来越受到关注，所以各种研究方法和仪器手段也应运而生。原子力显微镜（atomic force microscope，简称 AFM）利用其微悬臂上尖细探针与样品的原子之间的作用力，从而达到检测的目的，具有原子级的分辨率。由于原子力显微镜既可以观察导体，也可以观察非导体，从而弥补了扫描隧道显微镜不能观察非导体的不足。

14.7.1　原子力显微镜的基本原理

原子力显微镜的工作原理如图 2-14-21 所示。将一个对微弱力极敏感的微悬臂一端固定，另一端有一微小的针尖，针尖与样品表面轻轻接触，由于针尖尖端原子与样品表面原子间存在极微弱的排斥力，通过在扫描时控制这种力的恒定，带有针尖的微悬臂将会对应于针尖与样品表面原子间作用力的等位面而在垂直于样品的表面方向起伏运动。利用光学检测法或隧道电流检测法，可测得微悬臂对应于扫描各点的位置变化，从而可以获得样品表面形貌的信息。

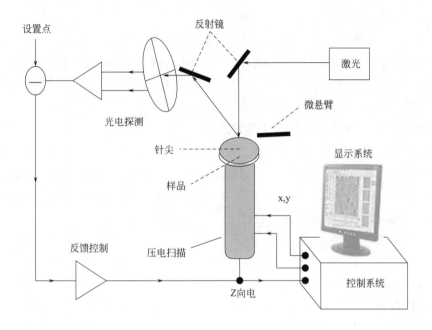

图 2-14-21　原子力显微镜的工作原理

14.7.2　仪器结构

在原子力显微镜的系统中，可分成三个部分：力检测部分、位置检测部分和反馈系统。

（1）力检测部分

原子力显微镜使用微小悬臂（见图 2-14-22）来检测原子之间力的变化量。这微小悬臂有一定的规格，例如：长度、宽度、弹性系数等，而这些规格的选择是依照样品的特性，以及操作模式的不同而选择不同类型的探针。通常来说，微悬臂是由一个 $100 \sim 500 \mu m$ 长和大约 $500nm \sim 5\mu m$ 厚的硅片或氮化硅片制成的。微悬臂顶端有一个尖锐针尖，用来检测样品与针尖间的相互作用力。

（2）位置检测部分

当原子力显微镜的微悬臂与样品之间有了交

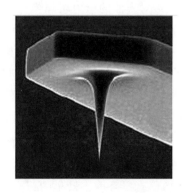

图 2-14-22　原子力显微镜微悬臂

互作用之后，会使得悬臂摆动。所以当激光照射在微悬臂的末端时，其反射光的位置也会随着悬臂摆动而有所改变，造成偏移量的产生。在整个系统中是依靠激光光斑位置检测器将偏移量记录下并转换成电信号，控制器再将电信号转化为图像反映到显示屏上。

（3）反馈系统

当信号经由激光检测器输入之后，在反馈系统中会将此信号当作反馈信号，作为内部的调整信号，同时对整个显微镜系统进行调整，进而驱使通常由压电陶瓷管制作的扫描器做适当的移动，以保持样品与针尖有一定的作用力，并防止微悬臂过度撞击样品从而导致微悬臂和样品被损坏。

14.7.3　原子力显微镜的基本工作模式

根据针尖与样品作用方式不同，原子力显微镜的操作模式主要可以划分为接触式、非接触式和间歇接触式三种。接触式及非接触式易受外界其他因素的影响（如水分子的吸引），造成刮伤材料表面及分辨率差，从而导致影像失真，使用上会有限制，尤其在生物及高分子软性材料上。

（1）接触式

接触模式是 AFM 最直接的成像模式。AFM 在整个扫描成像过程中，探针针尖始终与样品表面保持紧密的接触，而相互作用力是排斥力。扫描时，悬臂施加在针尖上的力有可能破坏试样的表面结构，因此力的大小范围在 $10^{-10}\sim10^{-6}\,N$。此方法不适合于表面柔软的样品。

（2）非接触式

使用非接触式模式探测试样表面时悬臂在距离试样表面上方 $5\sim10nm$ 的距离处振荡。这时，样品与针尖之间的相互作用由范德华力控制，通常为 $10^{-12}\,N$，因而不会破坏样品的表面，而且针尖也不会被污染，适合于研究柔嫩物体的表面。这种操作模式的缺点是在室温大气环境下难以使用。因为样品表面会积聚薄薄的一层水，它会在样品与针尖之间搭起一个小的毛细桥，从而把针尖和表面吸在一起，导致尖端对表面的压力增加。

（3）间歇接触式

间歇接触式介于接触模式和非接触模式之间。悬臂在试样表面上方以其共振频率振荡，针尖仅仅是周期性地短暂地接触样品表面，从而使针尖接触样品时所产生的侧向力被明显地减小了。探测表面柔软的样本时，间歇接触式是最好的方法。

14.7.4　原子力显微镜的工作环境

原子力显微镜受工作环境的限制较小，它可以在超高真空、气相、液相和电化学的环境下操作。

① 真空环境：最早的扫描隧道显微镜（STM）研究是在超高真空下进行操作的。随后随着 AFM 的出现，人们开始使用真空 AFM 研究固体表面。真空 AFM

避免了大气中杂质和水膜的干扰，但其操作比较复杂。

② 气相环境：在气相环境中，AFM 操作比较容易，它是广泛采用的一种工作环境，因 AFM 操作不受样品导电性的限制，它可以在空气中研究任何固体表面，气相环境中 AFM 多受样品表面水膜的干扰。

③ 液相环境：在液相环境中，AFM 是把探针和样品放在液池中工作的，它可以在液相中研究样品的形貌。液相中 AFM 消除了针尖和样品之间的毛细现象，因此减小了针尖对样品的总作用力。液相 AFM 的应用十分广泛，包括生物体系、腐蚀或任一液固界面的研究。

④ 电化学环境：正如超高真空体系一样，电化学系统为 AFM 提供了另一种控制环境，电化学 AFM 是在原有 AFM 基础上添加了电解池、双恒电位仪和相应的应用软件。电化学 AFM 可以现场研究电极的性质。包括化学和电化学过程诱导的吸附、腐蚀以及有机和生物分子在电极表面的沉积和形态变化等。

14.7.5　原子力显微镜的主要特点

① 分辨能力高。其高分辨能力远远超过扫描电子显微镜（SEM），以及光学粗糙度仪。样品表面的三维数据满足了研究、生产、质量检验越来越微观化的要求。

② 非破坏性。探针与样品表面相互作用力为 10^{-8} N 以下，远比以往触针式粗糙度仪压力小，因此不会损伤样品，也不存在扫描电子显微镜的电子束损伤问题。另外扫描电子显微镜要求对不导电的样品进行镀膜处理，而原子力显微镜则不需要。

③ 应用范围广。可用于表面观察、尺寸测定、表面粗糙测定、颗粒度解析、突起与凹坑的统计处理、成膜条件评价、保护层的尺寸台阶测定、层间绝缘膜的平整度评价、VCD 涂层评价、定向薄膜的摩擦处理过程的评价、缺陷分析等。

④ 软件处理功能强。其三维图像显示其大小、视角、颜色、光泽，可以自由设定，并可选用网络、等高线、线条显示。同时拥有图像处理的宏管理，断面的形状与粗糙度解析，形貌解析等多种功能。

原子力显微镜的缺点在于成像范围太小，速度慢，受探头和样品因素的影响较大；针尖易磨钝或受污染（磨损无法修复、污染清洗困难）；针尖与样品间的作用力较小。

14.7.6　样品的要求

原子力显微镜研究对象可以是有机固体、聚合物以及生物大分子等。样品的载体选择范围很大，包括云母片、玻璃片、石墨、抛光硅片、二氧化硅和某些生物膜等。其中最常用的是新剥离的云母片，主要原因是其非常平整且容易处理。而抛光硅片最好要用浓硫酸与 30% 双氧水的 7∶3 混合液在 90 ℃下煮 1h。利用电性能测试时需要导电性能良好的载体，如石墨或镀有金属的基片。

试样的厚度，包括试样台的厚度，最大为 10 mm。如果试样过重，有时会影响扫描仪的动作，因此不要放过重的试样。试样的大小以不大于试样台的大小（直径 20mm）为大致的标准，稍微大一点也没问题。但是，其最大值约为 40mm。此外，样品需固定好后才能测定，如果未固定好就进行测量则可能产生移位。

（1）粉末样品的制备

粉末样品的制备常用的是胶纸法，先把两面胶纸粘贴在样品座上，然后把粉末撒到胶纸上，吹去粘贴在胶纸上的多余粉末即可。

（2）块状样品的制备

玻璃、陶瓷及晶体等固体样品需要抛光，注意固体样品表面的粗糙度（如纳米四氧化三铁颗粒：把四氧化三铁纳米粉分散到溶剂中，越稀越好，然后涂于解离后的云母片上，自然晾干或用旋涂机旋涂都可以）。

14.7.7　实验操作步骤

① 按照电脑—控制机箱—高压电源—激光器的顺序开启仪器。

② 观察光斑是否有干涉条纹，若有则仪器正常。

③ 将样品装入夹具。

④ 转动粗调旋钮将样品慢慢移动到距离探针 1mm 左右。

⑤ 转动微调旋钮使样品继续靠近探针，直至光斑向 PSD 跳变。

⑥ 逆时针转动微调旋钮使机箱上的 Z 反馈信号稳定在 $-150 \sim -250$ 之间。

⑦ 打开扫描软件，调整扫描参数，开始扫描。

⑧ 扫描完毕后，将样品退出夹具。

⑨ 按激光器—高压电源—控制机箱—电脑的顺序依次关闭仪器。

⑩ 处理图像，得到粗糙度。

14.7.8　原子力显微镜的使用与维护

① 本仪器是高精度精密测量仪器，操作时要严格遵守操作规程。

② 操作时，手要稳，动作要轻，要细心仔细。

③ 不要在粉尘过多或温度过高的环境中使用该仪器。

④ 为了防止升温，在腔内只有通风冷却扇，请不要取下或阻碍其运转。

⑤ 手动调节样品底座向针尖趋近时，一定要慢慢趋近，不得回调，并保证趋近和退离针尖时松开蝴蝶螺母。

⑥ 调节光路过程中，可以根据反射光点的大小和探测器的位置对探针进行适当的调节，让光斑照射在探针针尖上。同时可以利用光学显微镜进行细调。

⑦ 在调节光路完毕后，必须把保护盖盖上，减少电磁波的干扰。

⑧ 利用减震架和关闭日光灯的方法，避免不必要的干扰信号。如果干扰信号仍存在，可以打开低通滤波，适当选择等级。

⑨ 在扫描过程中，最好扫描两次，因为第二次对图像有一定的矫正作用。

⑩ 扫描器的选择和扫描范围：最佳扫描范围是最大扫描范围的 1/10。

14.7.9　原理力显微镜的应用

14.7.9.1　原理力显微镜在材料科学上的应用

（1）材料表面形貌的探测

通过检测探针与样品间的作用力可表征样品表面的三维形貌，这是 AFM 最基本的功能。由于表面的高低起伏状态能够准确地以数值的形式获取，AFM 对表面整体图像进行分析可得到样品表面的粗糙度、颗粒度、平均梯度、孔结构和孔径分布等参数，也可对样品的形貌进行丰富的三维模拟显示，使图像更适合于人的直观视觉。图 2-14-23 就是接触式检测下得到的二氧化硅增透薄膜原子力图像，同时还可以看到其表面的逼真的三维形貌。

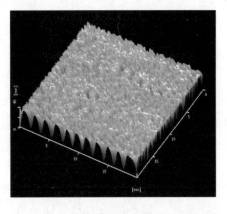

图 2-14-23　二氧化硅增透薄膜原子力图像

（2）粉体材料的分析

粉体材料领域的研究中，通过原子力显微镜可以从分子或原子水平尺度直接观察到晶体或非晶体的形貌、缺陷、空位能、聚集能及各种力的相互作用。粉体材料大量应用于工业生产中，但目前对粉体材料的检测方法比较少，制样也比较困难。而原子力显微镜作为一种新的检测手段，其制样简单，容易操作。比如用化学法制备 SnS 粉体，并将其旋涂在硅基板上进行原子力显微镜成像，如图 2-14-24 所示。从图中可以看出，球形 SnS 纳米粒子分布均匀，单个粒子尺寸大约为 15 nm。

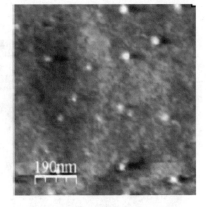

图 2-14-24　SnS 粉体材料在原子力显微镜下的成像

（3）晶体生长方面的应用

晶体生长理论在发展过程中形成了很多模型，可是这些模型大多是理论分析的间接研究，它们和实际情况究竟有无出入，这是人们最为关心的。因而人们希望用显微手段直接观察到晶面生长的过程。用光学显微镜、相衬干涉显微镜、激光全息干涉术等对晶体晶面的生长进行直接观测，也取得了一些成果。但是，由于这些显微技术分辨率太低，或者是对实验条件要求过高，出现了很多限制因素，不容易对生长界面进行分子原子级别的直接观测。原子力显微镜则为我们提供了一个原子级观测研究晶体生长界面过程的全新的有效工具。利用它的高分辨率和可以在溶液和大气环境下工作的能力，为我们精确地实时观察生长界面的原子级分辨图像、了解界面生长过程和机理创造了难得的机遇。

美国科学家展示了一种新技术，就是利用原子力显微镜（AFM）触发晶体生长的初结并实时地控制和观察晶体生长过程，如图 2-14-25 所示。

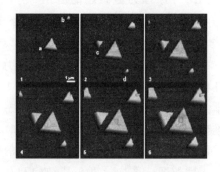

图 2-14-25　晶体的生长

14.7.9.2　原子力显微镜在高分子科学方面的应用

AFM 在高分子方面的应用起源于 1988 年，如今，AFM 已经成为高分子科学的一个重要研究手段，AFM 的使用促进了高分子研究的迅速发展。

（1）高分子材料纳米机械性能的研究

扫描探针技术是研究高分子材料纳米范围机械性能的强有力的工具。在接触式 AFM 中，以不同的力扫描样品可以得到样品机械性能的信息。高分子材料弹性模量的变化范围从几兆帕到几千兆帕，这就需要根据样品的不同性质来选择低力或高力对样品成像。图 2-14-26 为在水中拉伸 PE 条带施加不同力时获得的样品变形图像。在强力扫描样品时，可以看到沿纤维走向有以 25nm 为周期的明暗变化。

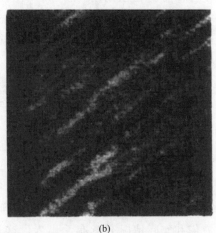

(a)　　　　　　　　　　　　　　　　(b)

图 2-14-26　水相中接触式 AFM 下获得的聚乙烯变形图

（2）高分子组分分布研究

许多高分子材料由不均一相组成，因此研究相的分布可以给出高分子材料许多重要的信息。如图 2-14-27 所示，增韧塑料是由两种不同高分子材料和橡胶颗粒共混而成的，其高度图和相图有明显的不同。相图中不仅可以分辨出两种不同的高分子组分，而且可以见到约 1nm 尺寸的橡胶颗粒。

(a) 高度图　　　　　　　　　　　　　　(b) 相图

图 2-14-27　增韧塑料的高度图和相图（扫描范围为 $5\mu m$）

14. 7. 9. 3　原子力显微镜在生物大分子中的应用

AFM 是研究生物大分子强有力的工具。生物大分子不同于一般高分子聚合物，它在生物体中多以单个分子存在，因此容易得到单个分子的形貌图像，单个生物分子的三维形貌及动力学性质研究对解释生命现象有不可估量的作用。如今人们用 AFM 研究各种生物分子，如 DNA、蛋白质、抗原抗体分子及其他一些重要分子。

（1）蛋白质

对于蛋白质，AFM 的出现极大地推动了其研究进展。AFM 可以观察一些常见的蛋白质，诸如白蛋白、血红蛋白、胰岛素及分子马达和噬菌调理素吸附在不同固体界面上的行为，对了解生物相容性、体外细胞的生长、蛋白质的纯化、膜中毒有很大帮助。例如，Dufrene 等利用 AFM 考察了吸附在高分子支撑材料表面上的胶原蛋白的组装行为。AFM 实验证实了胶原蛋白组装有时连续、有时不连续的性质，通过形貌图也提供了胶原蛋白纤维状结构特征。

（2）脱氧核糖核酸（DNA）

目前，DNA 的许多构象诸如弯曲、超螺旋、小环结构、三链螺旋结构、DNA 三通接点构象、DNA 复制和重组的中间体构象、分子开关结构和药物分子插入到 DNA 链中的相互作用都广泛地被 AFM 考察，获得了许多新的理解。

（3）核糖核酸（RNA）

AFM 对 RNA 的研究还不是很多，结晶的转运 RNA 和单链病毒 RNA 以及寡聚 Poly（A）的单链 RNA 分子的 AFM 图像已经被获得。因为在于不同的缓冲条件下，单链 RNA 的结构变化十分复杂，所以单链 RNA 分子的图像不容易采集。

（4）核酸与蛋白质复合物（nuclearacids-protein complex）

DNA 和蛋白质分子的特定相互作用在分子生物学中起着关键作用。蛋白质与 DNA 结合的精确位点图谱和不同细胞状态下结合位点的测定对于了解复杂细胞体系的功能与机理，特别是基因表达的控制都十分关键。AFM 作为一种高度分辨率达 0.1nm，宽度分辨率为 2nm 左右的表面分析技术，已广泛地用于表征各类 DNA-蛋白质的复合物。

（5）细胞（cell）

AFM 不仅能够提供超光学极限的细胞结构图像，还能够探测细胞的微机械特性，利用 AFM 力-曲线技术甚至能够实时地检测细胞动力学和细胞运动过程。利用 AFM 研究细胞很少用样品预处理，尤其是能够在近生理条件下对它们进行研究。

AFM 在细胞研究方面的一个最重要的用途是对活细胞的动力学过程、细胞间的相互作用以及细胞对其内外干扰因素的响应进行实时成像。目前，AFM 已经可以对外来病毒感染的细胞进行实时考察。AFM 还可以研究活性状态下血小板形状的变化情况和培养的胰腺细胞对淀粉消化酶的响应情况。

（6）病毒（virus）

早期，AFM 在生物学上的应用主要集中在病毒研究。烟草花叶病毒（TMV）和星形烟草花叶病毒（STMV）是迄今为止研究得最多的病毒类型。

14.7.9.4　原子显微镜对生物分子间力谱曲线的观测

对生物分子表面的各种相互作用力进行测量，是 AFM 的一个十分重要的功能。这对于了解生物分子的结构和物理特性是非常有意义的。因为这种作用力决定两种分子的相互吸引或者排斥，接近或者离开，化学键的形成或者断裂，生物分子立体构象的维持或者改变等。

将两种分子分别固定于 AFM 的基底和探针尖端上，然后使带有一种分子的探针尖端在垂直方向上不断地接近和离开基底上的另一种分子。这时，两种分子间的相互作用力，就是二者间的相对距离的函数。这种力与距离间的函数关系曲线，称为力谱曲线。

利用 AFM 获得的力谱曲线在生物医学中的应用：在探测一个细胞之后，根据所遇到的阻力，AFM 就会赋予一个表明细胞柔软度的数值。研究人员发现，尽管正常细胞的硬度各有不同，但癌细胞比正常细胞要柔软得多，所研究的胰腺、肺部和乳腺细胞均是如此。利用 AFM 还可以研究不同药物对癌细胞的影响，针对细胞用药后，AFM 可以观察在药物的作用下细胞的变化情况。这样可以开发出比当前所用的药物毒性更小，但同样能够阻止正常细胞发生癌变的药物，以免因癌症扩散而危及生命。

第三篇　常用数据

第 15 章　国际单位制

15.1　国际单位制（SI）基本单位及其定义

国际单位制（SI）由 7 个基本单位、2 个辅助单位、19 个具有专门名称和符号的导出单位以及 16 个用来构成十进制倍数和分数单位的词头组成。由此可以导出其他单位。下面列表分别介绍并略加说明。

表 3-15-1　SI 基本单位及其定义

量的名称	单位名称	单位符号	定义
长度	米	m	米为在时间间隔 1/299792458 s 期间光在真空中所通过的路径长度
质量	千克[1]	kg	等于保存在巴黎国际权度衡局的铂铱合金圆柱体的千克原器的质量
时间	秒	s	是铯 133 原子基态的两个超精细能级之间跃迁所对应的辐射的 9192631770 个周期的持续时间
电流	安[培][2]	A	在真空中,截面积可忽略的两根相距 1 m 的无限长平行圆直导线内通以等量恒定电流时,若导线间相互作用力在每米长度上为 2×10^{-7} N,则每根导线中的电流为 1 A
热力学温度	开[尔文][2]	K	是水三相点热力学温度的 1/273.16
发光强度	坎[德拉][2]	Cd	是一光源在给定方向上的发光强度。该光源发出频率为 540×10^{12} Hz 的单色辐射,且在该方向上的辐射强度为 1/683 W·sr^{-1}
物质的量	摩[尔][2]	mol	是一系统的物质的量,系统中所包含的基本单位与 0.012 千克碳 12 的原子数目相等

① 质量是 SI 中唯一没有自然基准的物理量;也只有质量的基本单位带有十进制数单位。

② 去掉方括号是中文名称的全称;去掉方括号及其中的字,即成为简称。以下诸表用法相同。

15.2　国际单位制的辅助单位及其定义

表 3-15-2　国际单位制的辅助单位及其定义

量的名称	单位名称	单位符号	定义
平面角	弧度①	rad	两条射线从圆心向圆周射出,形成一个夹角和夹角正对的一段弧。当这段弧长正好等于圆的半径时,两条射线的夹角为 1 弧度。根据定义,圆周的弧度数为 $2\pi r/r = 2\pi$,$360°$ 角 $= 2\pi$ 弧度
立体角	球面度①	sr	球面度是立体角的国际单位,是三维的弧度。1 球面度所对应的立体角所对应的球面表面积为 r^2。球表面积为 $4\pi r^2$,因此整个球有 4π 个球面度,即 $\Omega = S/r^2$

① 无量纲:GB 3102.1~GB 3102.10 将其作为导出量。

15.3　具有专门名称和符号的国际制导出单位

表 3-15-3　具有专门名称和符号的国际制导出单位

量的单位	单位名称	单位符号	用国际制导出单位表示的关系式	用国际制基本单位表示的关系式
频率	赫[兹]	Hz		s^{-1}
力,重力	牛[顿]	N		$m \cdot kg \cdot s^{-2}$
压力,应力	帕[斯卡]	Pa	$N \cdot m^{-2}$	$m^{-1} \cdot kg \cdot s^{-2}$
能[量],功,热	焦[耳]	J	$N \cdot m$	$m^2 \cdot kg \cdot s^{-2}$
功率,辐射通量	瓦[特]	W	$J \cdot s^{-1}$	$m^2 \cdot kg \cdot s^{-3}$
电荷[量]	库[仑]	C		$A \cdot s$
电压,电动势,电位(电势)	伏[特]	V	$W \cdot A^{-1}$	$m^2 \cdot kg \cdot s^{-3} \cdot A^{-1}$
电容	法[拉]	F	$C \cdot V^{-1}$	$m^{-2} \cdot kg^{-1} \cdot s^4 \cdot A^2$
电阻	欧[姆]	Ω	$V \cdot A^{-1}$	$m^2 \cdot kg \cdot s^{-3} \cdot A^{-2}$
电导	西[门子]	S	$A \cdot V^{-1}$	$m^{-2} \cdot kg^{-1} \cdot s^3 \cdot A^2$
磁通量	韦[伯]	Wb	$V \cdot s$	$m^{-2} \cdot kg \cdot s^{-2} \cdot A^{-1}$
磁通量密度,磁感应密度	特[斯拉]	T	$Wb \cdot m^{-2}$	$kg \cdot s^{-2} \cdot A^{-1}$
电感	亨[利]	H	$Wb \cdot A^{-1}$	$m^2 \cdot kg \cdot s^{-2} \cdot A^{-2}$
光通量	流[明]	lm		$cd \cdot sr$
[光]照度	勒[克斯]	lx	$lm \cdot m^{-2}$	$m^{-2} \cdot cd \cdot sr$
放射性活度①	贝可[勒尔]	Bq		s^{-1}

续表

量的单位	单位名称	单位符号	用国际制导出单位表示的关系式	用国际制基本单位表示的关系式
吸收剂量[①]	戈[瑞]	Gy	$J \cdot kg^{-1}$	$m^2 \cdot s^{-2}$
剂量当量[①]	希[沃特]	Sv	$J \cdot kg^{-1}$	$m^2 \cdot s^{-2}$
摄氏温度	摄氏度	℃		K

① 由于人类健康防护上的需要而确定的。

15.4　可与国际制单位并用的其他单位

表 3-15-4　可与国际制单位并用的其他单位

量的名称	单位名称	单位符号	与 SI 的换算关系
时间	分;时;天(日)	min; h; d	$1min = 60s$; $1h = 60min = 3600s$ $1d = 24h = 86400s$
平面角	[角]秒;[角]分;度	("); ('); (o)	$1'' = (\pi/64800)rad$; $1' = 60'' = (\pi/10800)rad$; $1° = 60' = (\pi/180)rad$
质量	吨;原子质量单位	t; u	$1t = 1000kg$; $1u = 1.6605655 \times 10^{-27}kg$[①]
体积,容积	升	L,(l)	$1L = 1dm^3 = 10^{-3}m^3$
能	电子伏	eV	$1eV = 1.6021892 \times 10^{-19}$[①]$m^2 \cdot kg \cdot s^{-1}$
旋转速度	转每分	$r \cdot min^{-1}$	$1r \cdot min^{-1} = (1/60) r \cdot s^{-1}$
长度	海里	n mile	$1n\ mile = 1852m$
速度	节	kn	$1kn = 1n\ mile \cdot h^{-1} = (1852/3600) m \cdot s^{-1}$
级差	分贝	dB	
线密度	特[克斯]	tex	$1tex = 1g \cdot km^{-1}$
表观功率;视在功率	伏安	VA	$1VA = 1W$

① 数值需由实验得出。

15.5　一些习惯使用单位与国际制单位的换算

表 3-15-5　一些习惯使用单位与国际制单位的换算

量的名称	单位名称	单位符号	与 SI 的换算关系
长度	埃	Å	$1Å = 0.1nm = 10^{-10}m$
压力	巴	Bar	$1bar = 0.1MPa = 10^5Pa$
	标准大气压	atm	$1atm = 101325Pa$

续表

量的名称	单位名称	单位符号	与 SI 的换算关系
	托	Torr	$1\text{Torr} = (101325/760)\text{Pa}$
	毫米汞柱	mmHg	$1\text{mmHg} = 133.3224\text{Pa}$
	千克力每平方厘米(工程大气压)	$\text{kgf} \cdot \text{cm}^{-2}$	$1\text{kgf} \cdot \text{cm}^{-2} = 9.80665 \times 10^4\text{Pa}$
	毫米水柱	mmH_2O	$1\text{mmH}_2\text{O} = 9.806375\text{Pa}$
[动力]黏度	泊	P	$1\text{P} = 1\text{dyn} \cdot \text{s} \cdot \text{cm}^{-2} = 0.1\text{Pa} \cdot \text{s}$
运动黏度	斯[托克斯]	St	$1\text{St} = 1\text{cm}^2 \cdot \text{s}^{-1} = 10^{-4}\text{m}^2 \cdot \text{s}^{-1}$
能,功	瓦[特]小时	$\text{W} \cdot \text{h}$	$1\text{W} \cdot \text{h} = 3600\text{J}$
热量	卡	cal	$1\text{cal} = 4.1868\text{J}$

15.6　构成倍数或分数的国际制词冠

表 3-15-6　构成倍数或分数的国际制词冠

倍数词头	词头名称		词头符号	分数词头	词头名称		词头符号
	法文	中文			法文	中文	
10^{18}	Exa	艾[可萨]	E	10^{-1}	Déci	分	D
10^{15}	Peta	拍[它]	P	10^{-2}	Centi	厘	C
10^{12}	Téra	太[拉]	T	10^{-3}	Milli	毫	M
10^{9}	Giga	吉[咖]	G	10^{-6}	Micro	微	M
10^{6}	Méga	兆	M	10^{-9}	Nano	纳[诺]	N
10^{3}	Kilo	千	k	10^{-12}	Pico	皮[可]	P
10^{2}	Hecto	百	h	10^{-15}	Femto	飞[母托]	F
10^{1}	Déca	十	da	10^{-18}	Atto	阿[托]	N

第 16 章　基本物理化学常数

16.1　物理化学常数

表 3-16-1　物理化学常数

常数名称	符号	数值	单位(SI)	单位(cgs)
真空光速	c	2.99792458	10^8 米·秒$^{-1}$	10^{10} 厘米·秒$^{-1}$
基本电荷	e	1.6021892	10^{-19} 库仑	10^{-20} 厘米$^{1/2}$·克$^{1/2}$
阿伏伽德罗常数	N_A	6.022045	10^{23} 摩$^{-1}$	10^{23} 克分子$^{-1}$
原子质量	u	1.6605655	10^{-27} 千克	10^{-24} 克
电子静质量	m_e	9.109534	10^{-31} 千克	10^{-28} 克
质子静质量	m_p	1.6726485	10^{-27} 千克	10^{-24} 克
法拉第常数	F	9.648456	10^4 库仑·摩$^{-1}$	10^3 厘米$^{1/2}$·克$^{1/2}$·克分子$^{-1}$
普朗克常数	h	6.626176	10^{-34} 焦耳·秒	
电子荷质比	e/m_e	1.7588047	10^{11} 库仑·千克$^{-1}$	10^{-27} 尔格·秒
里德堡常数	$R\infty$	1.097373177	10^7 米$^{-1}$	10^7 厘米$^{1/2}$·克$^{-1/2}$
波尔磁子	μ_B	9.274078	10^{-24} 焦耳·特$^{-1}$	10^6 厘米$^{-1}$
气体常数	R	8.31441	焦耳·度$^{-1}$·摩$^{-1}$	10^{-21} 尔格·高斯$^{-1}$
		1.9872		10^7 尔格度$^{-1}$·克分子$^{-1}$
		0.0820562		卡·度$^{-1}$·克分子$^{-1}$
玻尔兹曼常数	k	1.380662	10^{-23} 焦耳·度$^{-1}$	升·大气压·克分子$^{-1}$·度$^{-1}$
万有引力常数	G	6.6720	10^{-11} 牛顿·米^2·千克$^{-2}$	10^{-16} 尔格·度$^{-1}$
重力加速度	g	9.80665	米·秒$^{-1}$	10^{-8} 达因·厘米^2·克$^{-2}$
				10^2 厘米·秒$^{-2}$

16.2　物理化学中主要物理量符号名称（拉丁文）

表 3-16-2　物理化学中主要物理量符号名称（拉丁文）

物理量符号	名称	物理量符号	名称
A	Helmholtz 函数（自由能）	N	系统中的分子

物理量符号	名称	物理量符号	名称
A	指前因子,面积	n	物质的量;反应级数
a_s	体积比表面	N_A	阿伏伽德罗常数
a_m	质量比表面	P	相数(亦用 Φ);概率因子
a	VanderWaals 常数;相对活度	P	压力
$a_\pm$	离子平均活度	Q	热量;电量
b	VanderWaals 常数;碰撞参量	R	标准摩尔气体常数;电阻
b_B	物质 B 的质量摩尔浓度	R'	独立化学反应条件数和其他限制条件数
$b_\pm$	离子平均质量摩尔浓度	R	反应速率
B	任意物质;溶质	S	熵;物种数
C	热容;独立组分数	T	热力学温度
$C_{p,m}$	等压摩尔热容	t	时间;摄氏温度;迁移数
$C_{V,m}$	等容摩尔热容	U	热力学能;离子电迁移率
c	物质的量浓度;光速	V	体积
D	解离能;扩散系数	V_a	吸附量
E	能量;电动势;电极电势	$V_m(B)$	物质 B 的摩尔体积
e	电子电荷	V_B	物质 B 的偏摩尔体积
f	逸度;自由度数	W	功
F	Faraday 常数;力	W_e	体积功或膨胀功
G	Gibbs 函数(自由能);电导	W_f	非体积功或非膨胀功
g	重力加速度;渗透因子	w_B	物质 B 的质量分数
H	焓	x_B	物质 B 的摩尔分数
H	Planck 常数	y_B	物质 B 在气相的摩尔分数
I	电流强度;光强度;离子强度	Z	配位数;碰撞频率
j	电流密度	Z	离子价数;电荷数
k	Boltzmann 常数(或 k_B);反应速率常数		
L	Avogadro 常数		
m_B	物质 B 的质量摩尔浓度		

16.3　物理化学中的物理量符号名称（希腊文）

表 3-16-3　物理化学中的物理量符号名称（希腊文）

物理量符号	名称	物理量符号	名称
α	热膨胀系数；转化率；解离度；相态	θ	特征温度
β	冷冻系数；相态	δ	非状态函数的微变量(正体)；距离；厚度
γ	比热容($C_{p,m}/C_{V,m}$之值)；活度因子；表面张力	Δ	状态函数的变化量
$\gamma_{\pm}$	平均活度因子	μ_J	Joule 系数
ε	能量；介电常数	μ_{J-T}	Joule-Thomson 系数
ζ	动电电势	ν	速率
η	热机效率；超电势；黏度	ξ	反应进度
θ	覆盖率；接触角	Σ	连续加和
κ	电导率	Π	渗透压，表面压
λ	波长	ρ	电阻率；密度；体积质量
Λ_m	摩尔电导率	τ	弛豫时间，时间间隔
Λ_m^{∞}	无限稀摩尔电导率	ν	振动频率
μ	化学势；折合质量	ψ	波函数；电势
σ	波数；表面张力；对称数	φ	电极电势；渗透因子；量子效率
ν_B	物质 B 的计量系数		
υ	振动量子数		
Γ	表面吸附超量；吸附量		

16.4　水在不同温度下的密度，折射率，黏度，介电常数和离子积常数 K_w

表 3-16-4 中折射率 n^D 是指钠光源的 D 光线；黏度是指单位面积的液层，以单位速度流过相隔单位距离的固定液面时所需的切线力。其单位是：每平方米秒牛顿，即 $N \cdot s \cdot m^{-2}$ 或 $kg \cdot m^{-1} \cdot s^{-1}$ 或 $Pa \cdot s$（帕·秒）；介电常数（相对）是指某物质作介质时，与相同条件真空情况下电容的比值。故介电常数又称相对电容率，无量纲。

表 3-16-4　水在不同温度下的密度，折射率，黏度，介电常数和离子积常数 K_w

温度/℃	密度 ρ/(g·cm^{-3})	折射率 n^D	黏度 η/(10^3kg·m^{-1}·s^{-1})	介电常数 ε	离子积常数 K_w/10^{-14}
0	0.99984	1.33395	1.7702	87.74	0.11
5	0.999965	1.33388	1.5108	85.76	0.17
10	0.999700	1.33369	1.3039	83.83	0.30
15	0.999099	1.33339	1.1374	81.95	0.46
20	0.998203	1.33300	1.0019	80.10	0.69
21		1.33290	0.9764	79.73	
22	0.99777	1.33280	0.9532	79.38	
23		1.33271	0.9310	79.02	0.87
24	0.99730	1.33261	0.9100	78.65	0.93
25	0.997044	1.33250	0.8903	78.30	1.00
26	0.99678	1.33240	0.8703	77.94	1.10
27		1.33229	0.8512	77.60	1.17
28	0.99623	1.33217	0.8328	77.24	1.29
29		1.33206	0.8145	76.90	1.38
30	0.995646	1.33194	0.7973	76.55	1.48
35	0.99403	1.33131	0.7190	74.83	2.09
40	0.99222	1.33061	0.6526	73.15	2.95
45		1.32985	0.5972	71.51	
50	0.98804	1.32904	0.5468	69.91	5.5
55		1.32817	0.5042	68.35	
60	0.98320	1.32725	0.4669	66.82	9.55
65			0.4341	65.32	
70	0.97777		0.4050	63.86	15.8
75			0.3792	62.43	
80	0.97179		0.3560	61.03	25.1
85			0.3352	59.66	
90	0.96531		0.3165	58.32	38.0
95			0.2995	57.01	
100	0.95836		0.2840	55.72	55.0

16.5　一些有机化合物的折射率（298.15 K）及温度系数

表 3-16-5　一些有机化合物的折射率（298.15 K）及温度系数

名　称	n_{D}^{25}	$\dfrac{\mathrm{d}n}{\mathrm{d}t}$	名　称	n_{D}^{25}	$\dfrac{\mathrm{d}n}{\mathrm{d}t}$
甲　醇	1.326	0.00040	氯　仿	1.444	0.00059
水	1.33252		四氯化碳	1.459	0.00055
乙　醚	1.352	0.00056	乙　苯	1.493	
丙　酮	1.357	0.00049	甲　苯	1.494	0.00057
乙　醇	1.359	0.00040	苯	1.498	0.00066
醋　酸	1.370	0.00039	苯乙烯	1.545	
乙酸乙酯	1.370		溴　苯	1.557	0.00048
正己烷	1.372	0.00055	苯　胺	1.583	0.00048
1-丁醇	1.397		溴　仿	1.587	

16.6　一些常见液体的介电常数

表 3-16-6　一些常见液体的介电常数

化学式	名　称	$t/℃$	ε	化学式	名　称	$t/℃$	ε
$AlBr_3$	三溴化铝	100	3.38	H_2S	硫化氢	-85	9.26
Ar	氩	-185	15.18	PH_3	膦	-25	2.71[①]
$AsBr_3$	三溴化砷	35	9.0	H_3Sb	锑化三氢	-50	2.58
$AsCl_3$	三氯化砷	20	12.6	He	氦	-269	1.408
AsH_3	胂	-100	2.50	I_2	碘	118	11.1
AsI_3	三碘化砷	150	7	NH_3	氨	-77	25
BBr_3	三溴化硼	0	2.58	N_2	氮	-195	1.433
B_2H_6	乙硼烷	-92	1.87	N_2H_4	肼	20	52.9
B_5H_{12}	戊硼烷	25	21.1	N_2O	一氧化二氮	0	1.61
$BrNO$	亚硝酰溴	15	13.4	N_2O_4	四氧化二氮	15	2.56
Br_2	溴	20	3.09	O_2	氧	-183	1.483
$ClNO$	亚硝酰氯	12	18.2[①]	P	磷	47	4.00
Cl_2	氯	-50	2.101	PBr_3	三溴化磷	20	3.9
Cl_2OS	亚硫酰二氯	20	9.25	PCl_3	三氯化磷	25	3.43

化学式	名　称	$t/℃$	ε	化学式	名　称	$t/℃$	ε
Cl_2O_2S	磺酰氯	22	10.0	PCl_5	五氯化磷	160	2.85
Cl_3OP	磷酰氯	22	13.3	PI_3	三碘化磷	65	4.1
CrO_2Cl_2	铬酰氯	20	2.6	$PSCl_3$	硫代氯化磷	22	5.8
F_2	氟	-202	1.54	$PbCl_4$	四氯化铅	20	2.78
$GeCl_4$	四氯化锗	25	2.43	S	硫	118	3.52
HBr	溴化氢	-87	7.00	SO_2	二氧化硫	18	3.11①
HCl	氯化氢	-114	12	S_2Cl_2	氯化硫	15	4.79
HF	氟化氢	-73	175	$SbBr_3$	三溴化锑	100	20.9
HI	碘化氢	-50	3.39	SbI_3	三碘化锑	175	13.9
H_2	氢	-253	1.231	Se	硒	250	5.40
H_2O	水	25	78.38	$SiCl_4$	四氯化硅	16	2.40
H_2O_2	过氧化氢	0	84.2	$SnCl_4$	四氯化锡	20	2.87
$TiCl_4$	四氯化钛	20	2.80	$C_2H_4O_2$	甲酸甲酯	20	8.5
VCl_4	四氯化钒	25	3.05	C_2H_5Br	溴乙烷	20	9.39
$VOCl_3$	三氯氧化钒	25	3.4	C_2H_5Cl	氯乙烷	0	12.25
CCl_2O	碳酰氯	22	4.34①	C_2H_5ClO	2-氯乙烷	25	25.8
CCl_3F	氟三氯甲烷	-78	2.3	C_2H_5I	碘乙烷	20	7.82
CCl_4	四氯化碳	25	2.228	C_2H_5NO	乙酰胺	83	59
CN_4O_8	四硝基甲烷	25	2.52	C_2H_5NO	N-甲基甲酰胺	23	3.0
CS_2	二硫化碳	20	2.641	$C_2H_5NO_3$	硝基乙烷	30	28.05
$CHBr_3$	三溴甲烷	20	4.39	C_2H_6	乙烷	20	1.44①
$CHCl_3$	三氯甲烷	20	4.806	C_2H_6O	二甲基醚	25	5.02①
HCN	氰化氢	20	114.9	C_2H_6O	乙醇	25	24.3
CH_2Br_2	二溴甲烷	10	7.77	$C_2H_6O_2$	乙二醇	25	37.7
CH_2Cl_2	二氯甲烷	20	9.08	C_2H_6S	甲硫醚	20	6.2
CH_2I_2	二碘甲烷	25	5.32	C_2H_6S	乙硫醚	15	6.91
CH_2O_2	甲酸	16	58.5	C_2H_7N	二甲胺	25	5.26①
CH_3Br	溴甲烷	0	9.82	C_2H_7N	乙胺	10	6.94
CH_3Cl	氯甲烷	-20	12.6①	$C_2H_8N_2$	1,2-乙二胺	20	14.2
CH_3I	碘甲烷	20	7.00	C_3H_5Br	3-溴丙烯	19	7.0
CH_3NO	甲酰胺	20	109	C_3H_5Cl	3-氯丙烯	20	8.2

续表

化学式	名　　称	$t/℃$	ε	化学式	名　　称	$t/℃$	ε
CH_3NO_2	硝基甲烷	30	35.87	C_3H_5ClO	表氯醇	22	22.6
CH_3NO_3	硝酸甲酯	18	23.5	$C_3H_5ClO_2$	氯乙酸甲酯	21	12.9
CH_4	甲烷	−161	1.675	$C_3H_5Cl_3$	1,2,3-三氯丙烷	20	7.5
CH_4O	甲醇	25	32.66	C_3H_5N	丙腈	20	27.2
CH_5N	甲胺	25	9.4①	$C_3H_5N_3O_9$	三硝基甘油	20	19.3
$C_2Cl_3F_3$	1,1,2-三氯三氟乙烷	25	2.41	C_3H_6	丙烯	20	1.87①
C_2Cl_4	四氯乙烯	25	2.30	$C_3H_6Br_2$	1,2-二溴丙烷	20	4.3
C_2N_2	氰	23	2.52①	$C_3H_6Cl_2$	1,2-二氯丙烷	26	8.93
C_2HCl_3	三氯乙烯	16	3.42	C_3H_6O	丙酮	25	20.70
C_2HCl_3O	三氯乙醛	20	4.94	C_3H_6O	烯丙醇	15	21.6
$C_2HCl_3O_2$	三氯乙酸	60	4.6	C_3H_6O	丙醛	17	18.5
C_2HCl_5	五氯乙烷	20	3.73	$C_3H_6O_2$	甲酸乙酯	25	7.16
$C_2HF_3O_2$	三氟乙酸	20	39.5	$C_3H_6O_2$	醋酸甲酯	25	6.68
$C_2H_2Br_2$	顺-1,2-二溴乙烯	25	7.08	$C_3H_6O_2$	丙酸	40	3.30
$C_2H_2Br_2$	反-1,2-二溴乙烯	25	2.88	$C_3H_6O_3$	乳酸	18	22
$C_2H_2Br_4$	1,1,2,2-四溴乙烷	22	7.0	C_3H_7Br	1-溴丙烷	25	8.09
$C_2H_2Cl_2$	1,1-二氯乙烯	16	4.67	C_3H_7Br	2-溴丙烷	25	9.46
$C_2H_2Cl_2$	顺-1,2-二氯乙烯	25	9.20	C_3H_7Cl	1-氯丙烷	20	7.7
$C_2H_2C_2$	反-1,2-二氯乙烯	25	2.14	C_3H_7I	1-碘丙烷	20	7.00
$C_2H_2Cl_4$	1,1,1,2-四氯乙烷	20	8.20	C_3H_7I	2-碘丙烷	20	8.19
C_2H_3BrO	乙酰溴	20	16.2	C_3H_7NO	N,N-二甲基甲酰胺	25	36.7
C_2H_3ClO	乙酰氯	22	15.8	$C_3H_7NO_2$	1-硝基丙烷	30	23.24
$C_2H_3ClO_2$	氯乙酸	61	12.3	$C_3H_7NO_2$	2-硝基丙烷	30	25.52
$C_2H_3Cl_3$	1,1,1-三氯乙烷	20	7.52	C_3H_8	丙烷	20	1.683①
C_2H_3N	乙腈	20	37.5	C_3H_8O	1-丙醇	25	20.1
$C_2H_4Br_2$	1,2-二溴乙烷	25	4.78	C_3H_8O	2-丙醇	25	18.3
$C_2H_4Cl_2$	1,1-二氯乙烷	18	10.0	$C_3H_8O_2$	1,2-丙二醇	20	32.0
$C_2H_4Cl_2$	1,2-二氯乙烷	25	10.37	$C_3H_8O_2$	1,3-丙二醇	20	35.0
C_2H_4O	乙醛	20	21.1	C_3H_8N	2-甲氧基乙醇	30	16.0
C_2H_4O	环氧乙烷	−1	13.9	$C_3H_8O_2$	二甲氧基甲烷	20	2.7
$C_2H_4O_2$	醋酸	20	6.15	$C_3H_8O_3$	甘油	25	42.5

续表

化学式	名　称	$t/℃$	ε	化学式	名　称	$t/℃$	ε
$C_3H_9BO_3$	硼酸三甲酯	20	8.0	$C_4H_{10}O$	二乙基醚	20	4.335
C_3H_9N	异丙胺	20	5.5	$C_4H_{10}O_2$	1,4-丁二醇	30	30.2
C_3H_9N	三甲基胺	25	2.44①	$C_4H_{11}S$	1-丁硫醇	25	4.95
C_4Cl_6	六氯代-1,3-丁二烯	25	2.55	$C_4H_{11}S_2$	过硫化二乙基	25	5.72
$C_4H_4O_3$	马来酐	60	50	$C_4H_{11}N$	丁胺	21	5.3
$C_4H_4N_2$	吡嗪	50	2.80	$C_4H_{11}N$	异丁胺	21	4.4
$C_4H_4N_2$	琥珀腈	57	56.5	$C_4H_{11}N$	二乙基胺	22	3.6
C_4H_4O	呋喃	25	2.95	C_5FeO_5	五羰基铁	20	2.60
C_4H_4S	噻吩	16	2.76	$C_5H_4O_2$	糠醛	20	41.9
$C_4H_5Cl_3O_2$	三氯醋酸乙酯	20	7.8	C_5H_5N	吡啶	25	12.3
C_4HN	吡咯	18	7.48	C_5H_8	2-甲基-1,3-丁二烯	25	2.10
$C_4H_5NO_2$	氰基醋酸甲酯	20	28.8	C_5H_8O	环戊酮	−51	16.3
$C_4H_6Cl_2O_2$	二氯醋酸乙酯	22	10.3	$C_5H_8O_2$	2,4-戊二酮	20	25.7
C_4H_6O	二乙烯基醚	20	3.94	C_5H_9N	戊腈	21	17.4
$C_4H_6O_3$	乙酐	19	20.7	C_5H_9N	3-甲基丁腈	22	18.0
$C_4H_7ClO_2$	氯醋酸乙酯	21	11.4	C_5H_{10}	1-戊烯	20	2.100
C_4H_7N	丁腈	21	20.3	C_5H_{10}	2-甲基-1-丁烯	20	2.197
C_4H_7N	2-甲基丙腈	24	20.4	C_5H_{10}	环戊烷	20	1.965
$C_4H_8Cl_2$	1,2-二氯丁烷	20	7.22	$C_5H_{10}O$	环戊醇	20	18.0
$C_4H_8Cl_2$	1,4-二氯丁烷	25	8.90	$C_5H_{10}O$	2-戊酮	20	15.45
C_4H_8ClO	二(2-氯乙基)醚	20	21.2	$C_5H_{10}O$	3-戊酮	20	17.00
C_4H_8O	丁醇	26	13.4	$C_5H_{10}O$	戊醛	17	10.1
C_4H_8O	2-丁酮	20	18.51	$C_5H_{10}O_2$	甲酸异丁酯	19	6.41
C_4H_8O	乙基乙烯基醚	30	3	$C_5H_{10}O_2$	醋酸丙酯	19	5.69
$C_4H_8O_2$	1,4-二噁烷	25	2.209	$C_5H_{10}O_2$	丙酸乙酯	19	5.65
$C_4H_8O_2$	醋酸乙酯	25	6.02	$C_5H_{10}O_2$	丁酸甲酯	20	5.6
$C_4H_8O_2$	丙酸甲酯	19	5.5	$C_5H_{10}O_2$	戊酸	20	2.66
$C_4H_8O_2$	甲酸丙酯	19	7.72	$C_5H_{10}O_2$	3-甲基丁酸	20	2.64
$C_4H_8O_2$	丁酸	20	2.97	$C_5H_{10}O_2$	1,3-二噁戊烷	25	6.38
$C_4H_8O_2$	2-甲基丙酸	10	2.71	$C_5H_{10}O_3$	碳酸二乙酯	20	2.82
C_4H_9Br	1-溴丁烷	20	7.07	$C_5H_{11}Br$	1-溴戊烷	25	6.32

化学式	名　　称	$t/℃$	ε	化学式	名　　称	$t/℃$	ε
C_4H_9Br	1-溴-2-甲基丙烷	25	7.18	$C_5H_{11}Cl$	1-氯戊烷	11	6.6
C_4H_9Br	2-溴丁烷	25	8.64	$C_5H_{11}Cl$	1-氯-3-甲基丁烷	20	6.05
C_4H_9Br	2-溴-2-甲基丙烷	25	10.15	$C_5H_{11}I$	1-碘戊烷	20	5.81
C_4H_9Cl	1-氯丁烷	20	7.39	$C_5H_{11}N$	哌啶	22	5.8
C_4H_9Cl	1-氯-2-甲基丙烷	14	6.49	C_5H_{12}	戊烷	20	1.844
C_4H_9Cl	2-氯-2-甲基丙烷	0	10.95	C_5H_{12}	异戊烷	20	1.843
C_4H_9I	1-碘丁烷	20	6.22	$C_5H_{12}O$	1-戊醇	25	13.9
C_4H_9I	1-碘-2-甲基丙烷	20	6.47	$C_5H_{12}O$	2-甲基-2-丁醇	25	5.82
C_4H_9I	2-碘丁烷	20	7.87	$C_5H_{12}O$	3-甲基-1-丁醇	25	14.7
C_4H_9I	2-碘-2-甲基丙烷	20	8.42	$C_5H_{12}S$	1-戊硫醇	25	4.55
C_4H_9NO	吗啉	25	7.33	$C_5H_{13}N$	戊胺	22	4.5
C_4H_9NO	N,N-二甲基乙酰胺	25	37.8	$C_6H_4ClNO_2$	o-氯硝基苯	50	37.7
C_4H_{10}	丁烷	20	1.774[①]	$C_6H_4ClNO_2$	m-氯硝基苯	50	20.9
C_4H_{10}	异丁烷	20	1.756[①]	$C_6H_4ClNO_2$	p-氯硝基苯	120	8.09
$C_4H_{10}Hg$	二乙基汞	23	2.3	$C_6H_4Cl_2$	o-二氯苯	25	9.93
$C_4H_{10}O$	1-丁醇	25	17.1	$C_6H_4Cl_2$	m-二氯苯	25	5.04
$C_4H_{10}O$	2-丁醇	25	15.8	$C_6H_4Cl_2$	p-二氯苯	50	2.41
$C_4H_{10}O$	2-甲基-2-丙醇	30	10.9	C_6H_5Br	溴苯	25	5.40
$C_4H_{10}O$	2-甲基-1-丙醇	25	17.7	C_6H_5Cl	氯苯	25	5.621
C_6H_5ClO	o-氯酚	25	6.31	$C_6H_{18}OSi_2$	六甲基二硅氧烷	20	2.17
C_6H_5ClO	p-氯酚	55	9.47	C_7H_5ClO	苯甲酰氯	20	23
C_6H_5F	氟苯	25	5.42	C_7H_6N	苄腈	25	25.20
C_6H_5I	碘苯	20	4.63	$C_7H_6Cl_2$	2,4-二氯甲苯	20	6.9
$C_6H_5NO_2$	硝基苯	25	34.78	C_7H_6O	苯甲醛	20	17.8
$C_6H_5NO_3$	o-硝基酚	50	17.3	C_7H_7O	水杨醛	30	17.1
C_6H_6	苯	25	2.274	C_7H_7Br	p-溴甲苯	58	5.49
C_6H_6ClN	m-氯苯胺	19	13.4	C_7H_7Cl	o-氯甲苯	20	4.45
$C_6H_6N_2O_2$	o-硝基苯胺	90	34.5	C_7H_7Cl	m-氯甲苯	20	5.55
$C_6H_6N_2O_2$	p-硝基苯胺	160	56.3	C_7H_7Cl	p-氯甲苯	20	6.08
C_6H_6O	酚	60	9.78	C_7H_7Cl	苄基氯	13	7.0
C_6H_7N	苯胺	20	6.89	C_7H_7F	o-氟甲苯	30	4.22

续表

化学式	名　称	$t/℃$	ε	化学式	名　称	$t/℃$	ε
C_6H_8N	2-甲基吡啶	20	9.8	C_7H_7F	m-氟甲苯	30	5.42
$C_6H_8N_2$	苯肼	23	7.2	C_7H_7F	p-氟甲苯	30	5.86
C_6H_{10}	环己烯	25	2.220	$C_7H_7NO_2$	o-硝基甲苯	20	27.4
$C_6H_{10}O$	环己酮	20	18.6	$C_7H_7NO_2$	m-硝基甲苯	20	23.8
$C_6H_{10}O$	异亚丙基丙酮	0	15.6	$C_7H_7NO_2$	p-硝基甲苯	58	22.2
$C_6H_{10}O$	乙酰乙酸乙酯	22	15.7	C_7H_8	甲苯	25	2.379
$C_6H_{10}O$	丙酸酐	16	18.3	C_7H_8O	o-甲酚	30	10.9
$C_6H_{10}O$	草酸二乙酯	21	8.1	C_7H_8O	m-甲酚	25	11.8
$C_6H_{11}Cl$	氯代环己烷	25	7.6	C_7H_8O	p-甲酚	58	9.91
C_6H_{12}	环己烷	25	2.016	C_7H_8O	苯甲醇	20	13.1
C_6H_{12}	甲基环戊烷	20	1.985	C_7H_8O	茴香醚	25	4.33
C_6H_{12}	乙基环丁烷	20	1.965	C_7H_9N	N-甲基苯胺	22	5.97
$C_6H_{12}O$	环己醇	25	15.0	C_7H_9N	o-甲基苯胺	18	6.34
$C_6H_{12}O$	2-己酮	14	14.6	C_7H_9N	m-甲基苯胺	18	5.95
$C_6H_{12}O$	4-甲基-2-丁酮	20	13.1	C_7H_9N	p-甲基苯胺	54	4.98
$C_6H_{12}O$	3,3-二甲基-2-丁酮	14	13.1	C_7H_9N	苄胺	21	4.6
$C_6H_{12}O_2$	甲酸戊酯	25	6.49	$C_7H_{12}O$	2-甲基环己酮	20	14.0
$C_6H_{12}O_2$	醋酸丁酯	20	5.01	$C_7H_{12}O$	3-甲基环己酮	20	12.4
$C_6H_{12}O_2$	醋酸异丁酯	20	5.29	$C_7H_{12}O$	4-甲基环己酮	20	12.4
$C_6H_{12}O_2$	丙酸丙酯	20	4.7	$C_7H_{12}O_4$	丙二酸二乙酯	25	8.03
$C_6H_{12}O_2$	丁酸乙酯	18	5.10	C_7H_{14}	甲基环己烷	20	2.020
$C_6H_{12}O_2$	戊酸甲酯	19	4.3	C_7H_{14}	1-庚烯	20	2.05
$C_6H_{12}O_2$	己酸	71	2.63	$C_7H_{14}O$	2-庚酮	20	11.95
$C_6H_{12}O_2$	双丙酮醇	25	18.2	$C_7H_{14}O_2$	醋酸戊酯	20	4.75
$C_6H_{12}O_3$	三聚乙醛	25	13.9	$C_7H_{14}O_2$	醋酸异戊酯	30	4.63
$C_6H_{12}O_3$	醋酸-2-乙氧基乙酯	30	7.57	$C_7H_{14}O_2$	戊酸乙酯	18	4.71
$C_6H_{13}Br$	1-溴己烷	25	5.82	$C_7H_{14}O_2$	丁酸丙酯	20	4.3
$C_6H_{13}I$	1-碘己烷	20	5.37	$C_7H_{14}O_2$	庚酸	71	2.59
$C_6H_{13}N$	环己胺	−21	5.37	$C_7H_{15}Br$	1-溴庚烷	25	5.33
C_6H_{14}	己烷	20	1.890	$C_7H_{15}Cl$	1-氯庚烷	22	5.48
$C_6H_{14}O$	二丙醚	26	3.3	C_7H_{16}	庚烷	20	1.924

续表

化学式	名　　称	$t/℃$	ε	化学式	名　　称	$t/℃$	ε
$C_6H_{14}O$	二异丙基醚	25	3.88	C_7H_{16}	2-甲基己烷	20	1.919
$C_6H_{14}O$	1-己醇	25	13.3	C_7H_{16}	3-甲基己烷	20	1.927
$C_6H_{14}O_2$	1,1-二乙氧基乙烷	25	3.80	C_7H_{16}	2,2-二甲基戊烷	20	1.912
$C_6H_{14}O_2$	己二醇	30	24.4	C_7H_{16}	2,3-二甲基戊烷	20	1.939
$C_6H_{14}O_3$	二甘醇二甲基醚	23	7.3	C_7H_{16}	2,4-二甲基戊烷	20	1.914
$C_6H_{14}N$	三乙基胺	25	2.42	C_7H_{16}	3,3-二甲基戊烷	20	1.937
$C_6H_{15}N$	二丙基胺	21	2.9	C_7H_{16}	3-乙基戊烷	20	1.939
C_7H_{16}	2,2,3-三甲基丁烷	20	1.927	$C_9H_{14}O_6$	甘油三醋酸酯	20	7.19
$C_7H_{16}O$	乙基戊基醚	23	3.6	$C_9H_{18}O_2$	丁酸异戊酯	20	4.0
$C_7H_{16}O$	1-庚醇	22	12.10	C_9H_{20}	壬烷	20	1.972
$C_7H_{16}O$	2-庚醇	22	9.21	C_9H_{20}	2-甲基辛烷	20	1.97
$C_7H_{16}O$	3-庚醇	22	6.86	C_9H_{20}	4-甲基辛烷	20	1.97
$C_7H_{16}O$	4-庚醇	22	6.17	$C_{10}H_7Br$	1-溴萘	25	4.83
C_8H_7N	o-甲苯基腈	23	18.5	$C_{10}H_7Cl$	1-氯萘	25	5.04
C_8H_8	苯乙烯	25	2.43	$C_{10}H_8$	萘	85	2.54
C_8H_8O	苯乙酮	25	17.39	$C_{10}H_{10}O_4$	邻苯二甲酸二甲酯	24	8.5
$C_8H_8O_2$	苯甲酸甲酯	20	6.59	$C_{10}H_{12}$	1,2,3,4-四氢化萘	20	2.757
$C_8H_8O_3$	水杨酸甲酯	30	9.41	$C_{10}H_{14}$	异丁基苯	17	2.35
C_8H_{10}	乙苯	20	2.412	$C_{10}H_{14}$	叔丁基苯	20	2.38
C_8H_{10}	o-二甲苯	20	2.568	$C_{10}H_{14}$	p-甲基异丙基苯	20	2.243
C_8H_{10}	m-二甲苯	20	2.374	$C_{10}H_{18}$	顺十氢化萘	20	2.197
C_8H_{10}	p-二甲苯	20	2.270	$C_{10}H_{18}$	反十氢化萘	20	2.172
$C_8H_{10}O$	苯乙醚	20	4.22	$C_{10}H_{20}O$	薄荷醇	42	3.95
$C_8H_{11}N$	N,N-二甲基苯胺	20	4.91	$C_{10}H_{22}$	癸烷	20	1.991
$C_8H_{11}N$	N-乙基苯胺	20	5.76	$C_{10}H_{22}O$	1-癸醇	20	1.983
$C_8H_{14}O_3$	丁酸酐	20	12.9	$C_{11}H_{10}$	1-甲基萘	20	2.71
$C_8H_{16}O_2$	辛酸	20	2.45	$C_{11}H_{24}$	十一烷	20	2.005
$C_8H_{16}O_2$	丁酸异丁酯	20	4.1	$C_{12}H_{10}$	联苯	75	2.53
$C_8H_{16}O_2$	丙酸异戊酯	20	4.2	$C_{12}H_{10}N_2O$	氧化偶氮苯	40	5.1
$C_8H_{17}Br$	1-溴辛烷	25	5.00	$C_{12}H_{10}O$	二苯醚	30	3.65
$C_8H_{17}Cl$	1-氯辛烷	25	5.05	$C_{12}H_{11}N$	二苯胺	53	3.3

续表

化学式	名　　称	$t/℃$	ε	化学式	名　　称	$t/℃$	ε
C_8H_{18}	辛烷	20	1.948	$C_{12}H_{26}$	十二烷	20	2.014
C_8H_{18}	2,2,3-三甲基戊烷	20	1.96	$C_{12}H_{26}O$	1-十二烷醇	25	6.5
C_8H_{18}	2,2,4-三甲基戊烷	20	1.940	$C_{13}H_{10}O$	二苯酮	50	11.4
$C_8H_{18}O$	1-辛醇	20	10.34	$C_{13}H_{12}$	二苯基甲烷	25	2.57
$C_8H_{18}O$	2-辛醇	20	8.20	$C_{14}H_{10}$	菲	110	2.72
$C_8H_{18}O$	4-甲基-3-庚醇	20	5.25	$C_{14}H_{10}O_2$	苯偶酰	95	13.0
$C_8H_{18}O$	5-甲基-3-庚醇	20	6.13	$C_{14}H_{12}O_2$	苯甲酸苄酯	21	4.9
$C_8H_{18}O$	二丁基醚	25	3.06	$C_{14}H_{14}$	1,2-二苯基乙烷	110	2.38
$C_8H_{19}N$	二异丁基胺	22	2.7	$C_{14}H_{30}O$	1-十四烷醇	40	4.71
C_9H_7N	喹啉	25	9.00	$C_{16}H_{22}O_4$	邻苯二甲酸二丁酯	30	6.436
C_9H_7N	异喹啉	26	10.7	$C_{16}H_{32}O_2$	十六烷酸	71	2.30
$C_9H_{10}O_2$	醋酸苄酯	21	5.1	$C_{16}H_{34}O$	1-十六烷醇	50	3.82
$C_9H_{10}O_2$	苯甲酸乙酯	20	6.02	$C_{18}H_{32}O_2$	亚油醇	20	2.71
C_9H_{12}	枯烯	20	2.380	$C_{18}H_{34}O_2$	油酸	20	2.46
C_9H_{12}	p-乙基甲苯	25	2.240	$C_{18}H_{34}O_4$	癸二酸二丁酯	30	4.540
C_9H_{12}	丙苯	20	2.369	$C_{18}H_{36}O_2$	硬脂酸	70	2.29
C_9H_{12}	1,2,4-三甲基苯	17	2.42	$C_{18}H_{38}O$	1-十八烷醇	60	3.42
C_9H_{12}	苯	20	2.279	$C_{22}H_{44}O_2$	硬脂酸丁酯	30	3.11
$C_9H_{12}O$	苯甲基乙基醚	20	3.9	$C_{24}H_{38}O_2$	邻苯二甲酸二辛酯	25	5.1
$C_9H_{13}N$	N,N-二甲基-o-甲苯胺	20	3.4				

① 表示测试压力为液体的饱和蒸气压（该温度下其饱和蒸气压大于 101325Pa）。

16.7　一些有机物的黏度

表 3-16-7　一些液体有机物的黏度

化学式	名　　称	黏度/(mPa·s)					
		$-25℃$	$0℃$	$25℃$	$50℃$	$75℃$	$100℃$
不含碳化合物							
Br_2	溴		1.252	0.944	0.746		
H_2O	水		1.793	0.890	0.547	0.378	0.282
Hg	汞			1.526	1.402	1.312	1.245

续表

化　学　式	名　　称	黏度/(mPa·s)					
		−25℃	0℃	25℃	50℃	75℃	100℃
N_2H_4	肼			0.876	0.628	0.480	0.384
NO_2	二氧化氮		0.532	0.402			
PCl_3	三氯化磷	0.870	0.662	0.529	0.439		
$SiCl_4$	四氯硅烷			99.4	96.2		
$SiHCl_3$	三氯硅烷		0.415	0.326			
含碳化合物							
CCl_3F	三氯氟甲烷	0.740	0.539	0.421			
CCl_4	四氯甲烷		1.321	0.908	0.656	0.494	
CS_2	二硫化碳		0.429	0.352			
$CHBr_3$	三溴甲烷			1.857	1.367	1.029	
$CHCl_3$	三氯甲烷	0.988	0.706	0.537	0.427		
HCN	氰化氢		0.235	0.183			
CH_2Br_2	二溴甲烷	1.948	1.320	0.980	0.779	0.652	
CH_2Cl_2	二氯甲烷	0.727	0.533	0.413			
CH_2O_2	甲酸			1.607	1.030	0.724	0.545
CH_3I	碘代甲烷		0.594	0.469			
CH_3NO	甲酰胺		7.114	3.343	1.833		
CH_3NO_2	硝基甲烷	1.311	0.875	0.630	0.481	0.383	0.317
CH_4O	甲醇	1.258	0.793	0.544			
CH_5N	甲胺	0.319	0.231				
$C_2Cl_3F_3$	1,1,2-三氯三氟乙烷	1.465	0.945	0.656	0.481		
C_2Cl_4	四氯乙烯		1.114	0.844	0.663	0.535	0.442
C_2HCl_3	三氯乙烯		0.703	0.545	0.444	0.376	
C_2HCl_5	五氯乙烷		3.761	2.254	1.491	1.061	
$C_2HF_3O_2$	三氟乙酸			0.808	0.571		
$C_2H_2Cl_2$	顺-1,2-二氯乙烯	0.786	0.575	0.445			
$C_2H_2Cl_2$	反-1,2-二氯乙烯	0.522	0.398	0.317	0.261		
$C_2H_2Cl_4$	1,1,1,2-四氯乙烷	3.660	2.200	1.437	1.006	0.741	0.570
$C_2H_3ClF_2$	1-氯-1,1-二氟乙烷	0.477	0.376				
C_2H_3ClO	乙酰氯			0.368	0.294		

续表

化 学 式	名　　称	黏度/(mPa·s)					
		−25℃	0℃	25℃	50℃	75℃	100℃
$C_2H_3Cl_3$	1,1,1-三氯乙烷	1.847	1.161	0.793	0.578	0.428	
C_2H_3N	乙腈		0.400	0.369	0.284	0.234	
$C_2H_4Br_2$	1,2 二溴乙烷			1.595	1.116	0.837	0.661
$C_2H_4Cl_2$	1,1-二氯乙烷			0.464	0.362		
$C_2H_4Cl_2$	1,2-二氯乙烷		1.125	0.779	0.576	0.447	
$C_2H_4O_2$	乙酸			1.056	0.786	0.599	0.464
$C_2H_4O_2$	甲酸甲酯		0.424	0.325			
C_2H_5Br	溴乙烷	0.635	0.477	0.374			
C_2H_5Cl	氯乙烷	0.416	0.319				
C_2H_5I	碘乙烷		0.723	0.556	0.444	0.365	
C_2H_5NO	N-甲基甲酰胺		2.549	1.678	1.155	0.824	0.606
$C_2H_5NO_2$	硝基乙烷	1.354	0.940	0.688	0.526	0.415	0.337
C_2H_6O	乙醇	3.262	1.786	1.074	0.694	0.476	
C_2H_6OS	二甲亚砜			1.987	1.290		
$C_2H_6O_2$	1,2-亚乙基二醇			16.1	6.554	3.340	1.975
C_2H_6S	二甲硫醚		0.356	0.284			
C_2H_6S	乙硫醇		0.364	0.287			
C_2H_7N	二甲胺	0.300	0.232				
C_2H_7NO	乙醇胺			21.1	8.560	3.935	1.998
C_3H_5Br	3-溴丙烯		0.620	0.471	0.373		
C_3H_5Cl	3-氯丙烯		0.408	0.314			
C_3H_5ClO	表氯醇	2.492	1.570	1.073	0.781	0.597	0.474
C_3H_5N	丙腈			0.294	0.240	0.202	
C_3H_6O	丙酮	0.540	0.395	0.306	0.247		
C_3H_6O	烯丙醇			1.218	0.759	0.505	
C_3H_6O	丙醛			0.321	0.249		
$C_3H_6O_2$	甲酸乙酯		0.506	0.380	0.300		
$C_3H_6O_2$	乙酸甲酯		0.477	0.364	0.284		

续表

化 学 式	名 称	黏度/(mPa·s)					
		−25℃	0℃	25℃	50℃	75℃	100℃
C₃H₆O₂	丙酸		1.499	1.030	0.749	0.569	0.449
C₃H₇Br	1-溴丙烷		0.645	0.489	0.387		
C₃H₇Br	2-溴丙烷		0.612	0.458	0.359		
C₃H₇Cl	1-氯丙烷		0.436	0.334			
C₃H₇Cl	2-氯丙烷		0.401	0.303			
C₃H₇I	1-碘丙烷		0.970	0.703	0.541	0.436	0.363
C₃H₇I	2-碘丙烷		0.883	0.653	0.506	0.407	
C₃H₈NO	N,N-二甲基甲酰胺		1.176	0.794	0.624		
C₃H₇NO₂	1-硝基丙烷	1.851	1.160	0.798	0.589	0.460	0.374
C₃H₈O	1-丙醇	8.645	3.815	1.945	1.107	0.685	
C₃H₈O	2-丙醇		4.619	2.038	1.028	0.576	
C₃H₈O₂	1,2-丙二醇		248	40.4	11.3	4.770	2.750
C₃H₈O₃	丙三醇			934	152	39.8	14.8
C₃H₈S	1-丙硫醇		0.503	0.385			
C₃H₈S	2-丙硫醇		0.477	0.357	0.280		
C₃H₉N	正丙胺			0.376			
C₃H₉N	异丙胺		0.454	0.325			
C₄H₄O	呋喃	0.661	0.475	0.351			
C₄H₅N	吡咯		2.085	1.225	0.828	0.612	
C₄H₆O₃	乙酸酐		1.241	0.843	0.614	0.472	0.377
C₄H₇N	丁腈			0.553	0.418	0.330	0.268
C₄H₈O	2-丁酮	0.720	0.533	0.405	0.315	0.249	
C₄H₈O	四氢呋喃	0.849	0.605	0.456	0.359		
C₄H₈O₂	1,4-二噁烷			1.177	0.787	0.569	
C₄H₈O₂	乙酸乙酯		0.578	0.423	0.325	0.259	
C₄H₈O₂	丙酸甲酯		0.581	0.431	0.333	0.266	
C₄H₈O₂	甲酸丙酯		0.669	0.485	0.370	0.293	
C₄H₈O₂	丁酸		2.215	1.426	0.982	0.714	0.542

续表

化 学 式	名　　称	黏度/(mPa・s)					
		−25℃	0℃	25℃	50℃	75℃	100℃
$C_4H_8O_2$	2-甲基丙酸		1.857	1.226	0.863	0.639	0.492
$C_4H_8O_2S$	环丁砜				6.280	3.818	2.559
C_4H_8S	四氢噻吩			0.973	0.912		
C_4H_9Br	1-溴丁烷		0.815	0.606	0.471	0.379	
C_4H_9Cl	1-氯丁烷		0.556	0.422	0.329	0.261	
C_4H_9N	吡咯烷	1.914	1.071	0.704	0.512		
C_4H_9NO	N,N-二甲基乙酰胺			1.956	1.279	0.896	0.661
C_4H_9NO	吗啉			2.021	1.247	0.850	0.627
$C_4H_{10}O$	1-丁醇	12.19	5.185	2.544	1.394	0.833	0.533
$C_4H_{10}O$	2-丁醇			3.096	1.332	0.698	0.419
$C_4H_{10}O$	2-甲基-2-丙醇			4.312	1.421	0.678	
$C_4H_{10}O$	乙醚		0.283	0.224			
$C_4H_{10}O_3$	二甘醇			30.200	11.130	4.917	2.505
$C_4H_{10}S$	乙硫醚		0.558	0.422	0.331	0.267	
$C_4H_{11}N$	丁胺		0.830	0.574	0.409	0.298	
$C_4H_{11}N$	异丁胺		0.770	0.571	0.367		
$C_4H_{11}N$	二乙基胺			0.319	0.239		
$C_4H_{11}NO_2$	二乙醇胺				109.5	28.7	9.100
$C_5H_4O_2$	糠醛		2.501	1.587	1.143	0.906	0.772
C_5H_5N	吡啶		1.361	0.879	0.637	0.497	0.409
C_5H_{10}	1-戊烯	0.313	0.241	0.195			
C_5H_{10}	2-甲基-2-丁烯		0.255	0.203			
C_5H_{10}	环戊烷		0.555	0.413	0.321		
$C_5H_{10}O$	异亚丙基丙酮	1.291	0.838	0.602	0.465	0.381	0.326
$C_5H_{10}O$	2-戊酮		0.641	0.470	0.362	0.289	0.238
$C_5H_{10}O$	3-戊酮		0.592	0.444	0.345	0.276	0.227
$C_5H_{10}O_2$	甲酸丁酯		0.937	0.644	0.472	0.362	0.289
$C_5H_{10}O_2$	乙酸丙酯		0.768	0.544	0.406	0.316	0.255
$C_5H_{10}O_2$	丙酸乙酯		0.691	0.501	0.380	0.299	0.242
$C_5H_{10}O_2$	丁酸甲酯		0.759	0.541	0.406	0.318	0.257

化 学 式	名　　称	黏度/(mPa·s)					
		-25℃	0℃	25℃	50℃	75℃	100℃
$C_5H_{10}O_2$	异丁酸甲酯		0.672	0.488	0.373	0.296	
$C_5H_{11}N$	哌啶			1.573	0.958	0.649	0.474
C_5H_{12}	戊烷	0.351	0.274	0.224			
C_5H_{12}	异戊烷	0.376	0.277	0.214			
$C_5H_{12}O$	1-戊醇	25.4	8.512	3.619	1.820	1.035	0.646
$C_5H_{12}O$	2-戊醇			3.470	1.447	0.761	0.465
$C_5H_{12}O$	3-戊醇			4.149	1.473	0.727	0.436
$C_5H_{12}O$	2-甲基-1-丁醇		4.453	1.963	1.031	0.612	
$C_5H_{12}O$	3-甲基-1-丁醇		8.627	3.692	1.842	1.031	0.631
$C_5H_{13}N$	戊胺		1.030	0.702	0.493	0.356	
C_6F_6	六氟苯			2.789	1.730	1.151	
$C_6H_4Cl_2$	o-二氯苯		1.958	1.324	0.962	0.739	0.593
$C_6H_4Cl_2$	m-二氯苯		1.492	1.044	0.787	0.628	0.525
C_6H_5Br	溴苯		1.560	1.074	0.798	0.627	0.512
C_6H_5Cl	氯苯	1.703	1.058	0.753	0.575	0.456	0.369
C_6H_5ClO	o-氯酚			3.589	1.835	1.131	0.786
C_6H_5ClO	m-氯酚			4.041			
C_6H_5F	氟代苯		0.749	0.550	0.423	0.338	
C_6H_5I	碘代苯		2.354	1.554	1.117	0.854	0.683
$C_6H_5NO_2$	硝基苯		3.036	1.863	1.262	0.918	0.704
C_6H_6	苯			0.604	0.436	0.335	
C_6H_6ClN	o-氯苯胺			3.316	1.913	1.248	0.887
C_6H_6O	酚				3.437	1.784	1.099
C_6H_7N	苯胺			3.847	2.029	1.247	0.850
$C_6H_8N_2$	苯肼			13.0	4.553	1.850	0.848
C_6H_{10}	环己烯		0.882	0.625	0.467	0.364	
$C_6H_{10}O$	环己酮			2.017	1.321	0.919	0.671
$C_6H_{10}N$	己腈			0.912	0.650	0.448	0.382
C_6H_{12}	环己烷			0.894	0.615	0.447	
C_6H_{12}	甲基环戊烷	0.927	0.653	0.479	0.364		

续表

化 学 式	名　称	黏度/(mPa·s)					
		−25℃	0℃	25℃	50℃	75℃	100℃
C_6H_{12}	1-己烯	0.441	0.326	0.252	0.202		
$C_6H_{12}O$	环己醇			57.5	12.3	4.274	1.982
$C_6H_{12}O$	2-己酮	1.300	0.840	0.583	0.429	0.329	0.262
$C_6H_{12}O$	4-甲基-2-戊酮			0.545	0.406		
$C_6H_{12}O_2$	乙酸丁酯		1.002	0.685	0.500	0.383	0.305
$C_6H_{12}O_2$	乙酸异丁酯			0.676	0.493	0.370	0.286
$C_6H_{12}O_2$	丁酸乙酯			0.639	0.453		
$C_6H_{12}O_2$	双丙酮醇	28.7	6.621	2.798	1.829	1.648	
$C_6H_{12}O_3$	三聚乙醛			1.079	0.692	0.485	0.362
$C_6H_{13}N$	环己胺			1.944	1.169	0.782	0.565
C_6H_{14}	乙烷		0.405	0.300	0.240		
C_6H_{14}	2-甲基戊烷		0.372	0.286	0.226		
C_6H_{14}	3-甲基戊烷		0.395	0.306			
$C_6H_{14}O$	二丙醚		0.542	0.396	0.304	0.242	
$C_6H_{14}O$	1-己醇			4.578	2.271	1.270	0.781
$C_6H_{15}N$	三乙基胺		0.455	0.347	0.273	0.221	
$C_6H_{15}N$	二丙基胺		0.751	0.517	0.377	0.288	0.228
$C_6H_{15}N$	二异丙基胺			0.393	0.300	0.237	
$C_6H_{15}NO_3$	三乙醇胺			609	114	31.5	11.7
C_7H_5N	苄腈			1.267	0.883	0.662	0.524
C_7H_7Cl	o-氯甲苯		1.390	0.964	0.710	0.547	0.437
C_7H_7Cl	m-氯甲苯		1.165	0.823	0.616	0.482	0.391
C_7H_7Cl	p-氯甲苯			0.837	0.621	0.483	0.390
C_7H_8	甲苯	1.165	0.778	0.560	0.424	0.333	0.270
C_7H_8O	o-甲酚				3.035	1.562	0.961
C_7H_8O	m-甲酚			12.9	4.417	2.093	1.207
C_7H_8O	苯甲醇			5.474	2.760	1.618	1.055
C_7H_8O	苯甲醚			1.056	0.747	0.554	0.427

续表

化 学 式	名 　 称	黏度/(mPa·s)					
		−25℃	0℃	25℃	50℃	75℃	100℃
C_7H_9N	N-甲基苯胺		4.120	2.042	1.222	0.825	0.606
C_7H_9N	o-甲基苯胺		10.3	3.823	1.936	1.198	0.839
C_7H_9N	m-甲基苯胺		8.180	3.306	1.679	1.014	0.699
C_7H_9N	苄胺			1.624	1.080	0.769	0.577
C_7H_{14}	甲基环己烷		0.991	0.679	0.501	0.390	0.316
C_7H_{14}	1-庚烯		0.441	0.340	0.273	0.226	
$C_7H_{14}O$	2-庚酮			0.714	0.407	0.297	
$C_7H_{14}O_2$	庚酸			3.840	2.282	1.488	1.041
C_7H_{16}	庚烷	0.757	0.523	0.387	0.301	0.243	
C_7H_{16}	3-甲基己烷			0.350			
$C_7H_{16}O$	1-庚醇			5.810	2.063	1.389	0.849
$C_7H_{16}O$	2-庚醇			3.955	1.799	0.987	0.615
$C_7H_{16}O$	3-庚醇				1.957	0.976	0.584
$C_7H_{16}O$	4-庚醇			4.207	1.695	0.882	0.539
$C_7H_{17}N$	庚胺			1.314	0.865	0.600	0.434
C_8H_8	苯乙烯		1.050	0.695	0.507	0.390	0.310
C_8H_8O	苯乙酮			1.681			0.634
$C_8H_8O_2$	苯甲酸甲酯			1.857			
$C_8H_8O_3$	水杨酸甲酯					1.102	0.815
C_8H_{10}	乙苯		0.872	0.631	0.482	0.380	0.304
C_8H_{10}	o-二甲苯		1.084	0.760	0.561	0.432	0.345
C_8H_{10}	m-二甲苯		0.795	0.851	0.445	0.353	0.289
C_8H_{10}	p-二甲苯			0.603	0.457	0.359	0.290
$C_8H_{10}O$	苯乙醚			1.197	0.817	0.594	0.453
$C_8H_{11}N$	N,N-二甲基苯胺		1.996	1.300	0.911	0.675	0.523
$C_8H_{11}N$	N-乙基苯胺		3.981	2.047	1.231	0.825	0.596
C_8H_{16}	乙基环己烷		1.139	0.784	0.579		
$C_8H_{16}O_2$	辛酸			5.020	2.656	1.654	1.147
C_8H_{18}	辛烷		0.700	0.508	0.385	0.302	0.243
$C_8H_{18}O$	1-辛醇			7.288	3.232	1.681	0.991

化 学 式	名 称	黏度/(mPa·s)					
		−25℃	0℃	25℃	50℃	75℃	100℃
$C_8H_{18}O$	4-甲基-3-庚醇		1.904	1.085	0.702	0.497	0.375
$C_8H_{18}O$	5-甲基-3-庚醇		2.052	1.178	0.762	0.536	0.401
$C_8H_{18}O$	3-乙基-1-己醇		20.7	6.271	2.631	1.360	0.810
$C_8H_{18}O$	二丁基醚	1.417	0.918	0.637	0.466	0.356	0.281
$C_8H_{19}N$	二丁基胺		1.509	0.918	0.619	0.449	0.345
$C_8H_{19}N$	二异丁基胺		1.115	0.723	0.511	0.384	0.303
C_9H_7N	喹啉			3.337	1.892	1.201	0.833
C_9H_{10}	1,2-二氢化茚		2.230	1.357	0.931	0.692	0.545
C_9H_{12}	枯烯		1.075	0.737	0.547		
$C_9H_{14}O$	异佛尔酮		4.201	2.329	1.415	0.923	0.638
$C_9H_{18}O$	5-壬酮			1.199	0.834	0.619	0.484
$C_9H_{18}O_2$	壬酸			7.011	3.712	2.234	1.475
C_9H_{20}	壬烷		0.964	0.665	0.488	0.375	0.300
$C_9H_{20}O$	1-壬醇			9.123	4.032		
$C_{10}H_{10}O_4$	邻苯二甲酸二甲酯		63.2	14.4	5.309	2.824	1.980
$C_{10}H_{14}$	丁基苯			0.950	0.683	0.515	
$C_{10}H_{18}$	顺十氢化萘	12.8	5.645	3.042	1.875	1.271	0.924
$C_{10}H_{18}$	反十氢化萘	6.192	3.243	1.948	1.289	0.917	0.689
$C_{10}H_{20}O_2$	癸酸				4.327	2.651	
$C_{10}H_{22}$	癸烷	2.188	1.277	0.838	0.598	0.453	0.359
$C_{10}H_{22}O$	1-癸醇			10.9	4.590		
$C_{11}H_{24}$	十一烷		1.707	1.098	0.763	0.562	0.433
$C_{12}H_{10}O$	二苯基醚				2.130	1.407	1.023
$C_{12}H_{26}$	十二烷		2.277	1.383	0.930	0.673	0.514
$C_{13}H_{12}$	二苯基甲烷					1.265	0.929
$C_{13}H_{28}$	十三烷		2.909	1.724	1.129	0.796	0.594
$C_{14}H_{30}$	十四烷			2.128	1.376	0.953	0.697
$C_{16}H_{22}O_4$	邻苯二甲酸二丁酯	483	66.4	16.6	6.470	3.495	2.425
$C_{16}H_{34}$	十六烷			3.032	1.879	1.260	0.899
$C_{18}H_{38}$	十八烷				2.487	1.609	1.132

16.8　常用流体材料的黏度值

表 3-16-8　常用流体材料的黏度值，常温(20℃)的近似黏度　　单位:cP(厘泊)

材料名称	黏度	材料名称	黏度
乙醚	0.233	乙烯	16
甲基酮	0.4	蓖麻油	23
苯	0.652	植物油	72～500
甲苯	0.69	10# 汽车机油	65
汽油	0.8	20# 汽车机油	125
三氯乙烯	0.82	30# 汽车机油	200
四氯化碳	0.969	60# 汽车机油	1000
水	1	发动机油	2500
酒精	1.2	清漆	420
水银	1.55	洗发水	900～11000
煤油	2.3	环氧树脂	1200
柴油	2.28～6.08	甘油	1180
浓硫酸(98%)	4	蜂蜜	3000
牛奶	3	墨汁	45000
花生油	10	凡士林油	100000
原油	1～100		

16.9　常见气体的液化温度（沸点）T_b 和固化温度（熔点）T_m

表 3-16-9　常见气体的液化温度（沸点）T_b 和固化温度（熔点）T_m

名称	化学式	固化温度(熔点)T_m/ K	液化温度(沸点)T_b/K
氢	H_2	13.84	20.26
氦	He	3.5	4.216
氮	N_2	63.15	77.34
氧	O_2	54.40	90.19
氟	F_2	55.20	85.24
氯	Cl_2	172.16	239.10
溴	Br_2	265.9	298.15

名称	化学式	固化温度(熔点)T_m/ K	液化温度(沸点)T_b/K
氖	Ne	24.57	27.1
氩	Ar	83.85	87.29
氪	Kr	115.95	119.93
氙	Xe	161.3	165.1
甲烷	CH_4	90.68	111.67
一氧化碳	CO	68.10	81.66
二氧化碳	CO_2	217.0	
硫化氢	H_2S	187.63	212.82
氟化氢	HF	109.09	293.1
氯化氢	HCl	159.05	118.11
碘化氢	HI	222.36	237.80
二硫化碳	CS_2	161.1	319.41
二氧化硫	SO_2	197.68	263.14
三氧化硫	SO_3	335.4	316.5
四氯化硅	$SiCl_4$	205	330.2
四氟化硅	SiF_4	182.9	
硅烷	SiH_4	88.5	161.8
氨	NH_3	195.4	240
磷化氢	PH_3	139.38	185.42

第17章 热化学数据

下列表中的标准热力学数据是以温度 25.0℃（298.15K）处于标准状态（100kPa）的 1mol 纯物质为基准的。物质状态表示符号为：g——气态，l——液态，s——固体，cr——晶体。

其中　$\Delta_f H_m^{\ominus}$——物质的标准摩尔生成焓（298.15K），kJ·mol^{-1}；

$\Delta_f G_m^{\ominus}$——物质的标准摩尔生成 Gibbs 自由能（298.15K），kJ·mol^{-1}；

$S_m^{\ominus}$——物质的标准摩尔熵（298.15K），J·mol^{-1}·K^{-1}；

$C_{p,m}$——物质的等压摩尔热容（298.15K），J·mol^{-1}·K^{-1}。

17.1　常见无机物、有机物的热力学数据

17.1.1　常见无机物的标准生成焓、标准生成吉布斯自由能、标准熵和等压摩尔热容

表 3-17-1　常见无机化合物的标准生成焓、标准生成吉布斯自由能、标准熵和等压摩尔热容

序号（No.）	分子式	$\Delta_f H_m^{\ominus}$ /(kJ·mol^{-1})	$\Delta_f G_m^{\ominus}$ /(kJ·mol^{-1})	$S_m^{\ominus}$ /(J·mol^{-1}·K^{-1})	$C_{p,m}$ /(J·mol^{-1}·K^{-1})
1	Ac（cr）	0.0	—	56.5	27.2
	Ac（g）	406.0	366.0	188.1	20.8
2	Ag（cr）	0.0	—	42.6	25.4
	Ag（g）	284.9	246.0	173.0	20.8
3	AgBr（cr）	−100.4	−96.9	107.1	52.4
4	AgBrO$_3$（cr）	−10.5	71.3	151.9	—
5	AgCl（cr）	−127.0	−109.8	96.3	50.8
6	AgClO$_3$（cr）	−30.3	64.5	142.0	—
7	AgClO$_4$（cr）	−31.1			
8	AgCN（cr）	146.0	156.9	107.2	66.7
9	Ag$_2$CO$_3$（cr）	−505.8	−436.8	167.4	112.3
10	Ag$_2$CrO$_4$（cr）	−731.7	−641.8	217.6	142.3
11	AgF（cr）	−204.6	—	—	—

续表

序号 （No.）	分子式	$\Delta_f H_m^{\ominus}$ /(kJ · mol^{-1})	$\Delta_f G_m^{\ominus}$ /(kJ · mol^{-1})	$S_m^{\ominus}$ /(J · mol^{-1} · K^{-1})	$C_{p,m}$ /(J · mol^{-1} · K^{-1})
12	AgI (cr)	−61.8	−66.2	115.5	56.8
13	AgIO$_3$ (cr)	−171.1	−93.7	149.4	102.9
14	AgNO$_3$ (cr)	−124.4	−33.4	140.9	93.1
15	Ag$_2$O (cr)	−31.1	−11.2	121.3	65.9
16	Ag$_2$S (cr)	−32.6	−40.7	144.0	76.5
17	Ag$_2$SO$_4$ (cr)	−715.9	−618.4	200.4	131.4
18	Al (cr)	0.0	—	28.3	24.4
	Al (g)	330.0	289.4	164.6	21.4
19	AlBr$_3$ (cr)	−527.2	—	—	101.7
	AlBr$_3$ (g)	−425.1	—	—	—
20	AlCl$_3$ (cr)	−704.2	−628.8	110.7	91.8
	AlCl$_3$ (g)	−583.2	—	—	—
21	AlF$_3$ (cr)	−1510.4	−1431.1	66.5	75.1
	AlF$_3$ (g)	−1204.6	−1188.2	277.1	62.6
22	AlI$_3$ (cr)	−313.8	−300.8	159.0	98.7
	AlI$_3$ (g)	−207.5	—	—	—
23	Al$_2$O$_3$ (cr)	−1675.7	−1582.3	50.9	79.0
24	AlPO$_4$ (cr)	−1733.8	−1617.9	90.8	93.2
25	Al$_2$S$_3$ (cr)	−724.0	—	—	—
26	Am (cr)	0.0	—	—	—
27	Ar (g)	0.0	—	154.8	20.8
28	As (cr) (灰,gray)	0.0	—	35.1	24.6
	As (cr) (黄,yellow)	14.6	—	—	—
	As (g) (黄,yellow)	302.5	261.0	174.2	20.8
29	AsBr$_3$ (cr)	−197.5	—	—	—
	AsBr$_3$ (g)	−130.0	−159.0	363.9	79.2
30	AsCl$_3$ (l)	−305.0	−259.4	216.3	—
	AsCl$_3$ (g)	−261.5	−248.9	327.2	75.7
31	AsF$_3$ (l)	−821.3	−774.2	181.2	126.6
	AsF$_3$ (g)	−785.8	−770.8	289.1	65.6
32	AsH$_3$ (g)	66.4	68.9	222.8	38.1
33	AsI$_3$ (cr)	−58.2	−59.4	213.1	105.8
	AsI$_3$ (g)	—	—	388.3	80.6

序号 (No.)	分子式	$\Delta_f H_m^{\ominus}$ /(kJ·mol^{-1})	$\Delta_f G_m^{\ominus}$ /(kJ·mol^{-1})	$S_m^{\ominus}$ /(J·mol^{-1}·K^{-1})	$C_{p,m}$ /(J·mol^{-1}·K^{-1})
34	As$_2$O$_5$ (cr)	−924.9	−782.3	105.4	116.5
35	As$_2$S$_3$ (cr)	−169.0	−168.6	163.6	116.3
36	At (cr)	0.0	—	—	—
37	Au (cr)	0.0	—	47.4	25.4
	Au (g)	366.1	326.3	180.5	20.8
38	AuBr$_3$ (cr)	−53.3	—	—	—
39	AuCl$_3$ (cr)	−117.6	—	—	—
40	AuF$_3$ (cr)	−363.6	—	—	—
41	AuI (cr)	0.0	—	—	—
42	B (cr)	0.0	—	5.9	11.1
	B (g)	565.0	521.0	153.4	20.8
43	BBr$_3$ (l)	−239.7	−238.5	229.7	—
	BBr$_3$ (g)	−205.6	−232.5	324.2	67.8
44	BCl$_3$ (l)	−427.2	−387.4	206.3	106.7
45	BF$_3$ (g)	−1136.0	−1119.4	254.4	50
46	BH$_3$ (g)	100.0	—	—	—
47	B$_2$H$_6$ (g)	35.6	86.7	232.1	56.9
48	BI$_3$ (g)	71.1	20.7	349.2	70.8
49	B$_2$O$_3$ (cr)	−1273.5	−1194.3	54.0	—
	B$_2$O$_3$ (g)	−843.8	−832.0	279.8	66.9
50	B$_2$S$_3$ (cr)	−240.6	—	—	—
	B$_2$S$_3$ (g)	67.0	—	—	—
51	Ba (cr)	0.0	—	62.8	28.1
	Ba (g)	180.0	146.0	170.2	20.8
52	BaBr$_2$ (cr)	−757.3	−736.8	146.0	—
53	BaCl$_2$ (cr)	−858.6	−810.4	123.7	75.1
54	BaCO$_3$ (cr)	−1216.3	−1137.6	112.1	85.3
55	BaF$_2$ (cr)	−1207.1	−1156.8	96.4	71.2
56	BaH$_2$ (cr)	−178.7	—	—	—
57	BaI$_2$ (cr)	−602.1	—	—	—
58	Ba(NO$_2$)$_2$ (cr)	−768.2	—	—	—
59	Ba(NO$_3$)$_2$ (cr)	−992.1	−796.6	213.8	151.4
60	BaO (cr)	−553.5	−525.1	70.4	47.8

序号 (No.)	分子式	$\Delta_f H_m^{\ominus}$ /(kJ·mol^{-1})	$\Delta_f G_m^{\ominus}$ /(kJ·mol^{-1})	$S_m^{\ominus}$ /(J·mol^{-1}·K^{-1})	$C_{p,m}$ /(J·mol^{-1}·K^{-1})
61	Ba(OH)$_2$(cr)	−944.7	—	—	—
62	BaS(cr)	−460.0	−456.0	78.2	49.4
63	BaSO$_4$(cr)	−1473.2	−1362.2	132.2	101.8
64	Be(cr)	0.0	—	9.5	16.4
	Be(g)	324.0	286.6	136.3	20.8
65	BeBr$_2$(cr)	−353.5	—	—	—
66	BeCl$_2$(cr)	−490.4	−445.6	82.7	64.8
67	BeCO$_3$(cr)	−1025.0	—	—	—
68	BeF$_2$(cr)	−1026.8	−979.4	53.4	51.8
69	BeI$_2$(cr)	−192.5	—	—	—
70	BeO(cr)	−609.4	−580.1	13.8	—
71	Be(OH)$_2$(cr)	−902.5	−815.0	51.9	—
72	BeS(cr)	−234.3	—	—	—
73	BeSO$_4$(cr)	−1205.2	−1093.8	77.9	85.7
74	Bi(cr)	0.0	—	56.7	25.5
	Bi(g)	207.1	168.2	187.0	20.8
75	BiCl$_3$(cr)	−379.1	−315.0	177.0	105.0
	BiCl$_3$(g)	−265.7	−256.0	358.9	79.7
76	BiI$_3$(cr)	—	−175.3	—	—
77	Bi(OH)$_3$(cr)	−711.3	—	—	—
78	Bi$_2$O$_3$(cr)	−573.9	−493.7	151.5	113.5
79	Bi$_2$S$_3$(cr)	−143.1	−140.6	200.4	122.2
80	Bk(cr)	0.0	—	—	—
81	Br(g)	111.9	82.4	175.0	20.8
82	BrF$_3$(l)	−300.8	−240.5	178.2	124.6
	BrF$_3$(g)	−255.6	−229.4	292.5	66.6
83	BrF$_5$(l)	−458.6	−351.8	225.1	—
	BrF$_5$(g)	−428.9	−350.6	320.2	99.6
84	BrO(g)	125.8	108.2	237.6	32.1
85	CO(g)	−110.5	−137.2	197.7	29.1
86	CO$_2$(g)	−393.5	−394.4	213.8	37.1
87	Ca(cr)	0.0	—	41.6	25.9
	Ca(g)	177.8	144.0	154.9	20.8

序号 (No.)	分子式	$\Delta_f H_m^{\ominus}$ /(kJ·mol^{-1})	$\Delta_f G_m^{\ominus}$ /(kJ·mol^{-1})	$S_m^{\ominus}$ /(J·mol^{-1}·K^{-1})	$C_{p,m}$ /(J·mol^{-1}·K^{-1})
88	CaBr$_2$(cr)	−682.8	−663.6	130.0	—
89	CaCl$_2$(cr)	−795.4	−748.8	108.4	72.9
90	CaCO$_3$(cr) (方解石，calcite)	−1207.6	−1129.1	91.7	83.5
91	CaCO$_3$(cr) (霰石，aragonite)	−1207.8	−1128.2	88.0	82.3
92	CaF$_2$(cr)	−1228.0	−1175.6	68.5	67.0
93	CaH$_2$(cr)	−181.5	−142.5	41.4	41.0
94	CaI$_2$(cr)	−533.5	−528.9	142.0	—
95	Ca(NO$_3$)$_2$(cr)	−938.2	−742.8	193.2	149.4
96	CaO(cr)	−634.9	−603.3	38.1	42.0
97	Ca(OH)$_2$(cr)	−985.2	−897.5	83.4	87.5
98	CaS(cr)	−482.4	−477.4	56.5	47.4
99	CaSO$_4$(cr)	−1434.5	−1322.0	106.5	99.7
100	Cd(cr)	0.0	—	51.8	26.0
	Cd(g)	111.8		167.7	20.8
101	CdBr$_2$(cr)	−316.2	−296.3	137.2	76.7
102	CdCl$_2$(cr)	−391.5	−343.9	115.3	74.7
103	CdCO$_3$(cr)	−750.6	−669.4	92.5	—
104	CdF$_2$(cr)	−700.4	−647.7	77.4	—
105	CdI$_2$(cr)	−203.3	−201.4	161.1	80.0
106	CdO(cr)	−258.4	−228.7	54.8	43.4
107	Cd(OH)$_2$(cr)	−560.7	−473.6	96.0	—
108	CdS(cr)	−161.9	−156.5	64.9	—
109	CdSO$_4$(cr)	−933.3	−822.7	123.0	99.6
110	Ce(cr)	0.0	—	72.0	26.9
	Ce(g)	423.0	385.0	191.8	23.1
111	CeCl$_3$(cr)	−1053.5	−977.8	151.0	87.4
112	CeO$_2$(cr)	−1088.7	−1024.6	62.3	61.6
113	CeS(cr)	−459.4	−451.5	78.2	50.0
114	Cf(cr)	0.0	—	—	—

序号 (No.)	分子式	$\Delta_f H_m^{\ominus}$ /(kJ·mol^{-1})	$\Delta_f G_m^{\ominus}$ /(kJ·mol^{-1})	$S_m^{\ominus}$ /(J·mol^{-1}·K^{-1})	$C_{p,m}$ /(J·mol^{-1}·K^{-1})
115	Cl (g)	121.3	105.3	165.2	21.8
116	Cl$_2$(g)	0.0	—	223.1	33.9
117	Cl$_2$CO(g)	−219.1	−204.9	283.5	57.7
118	ClF$_3$(g)	−163.2	−123.0	281.6	63.9
	ClF$_3$(l)	−189.5			
119	ClO$_2$(g)	102.5	120.5	256.8	42.0
120	Cl$_2$OS (g)	−212.5	−198.3	309.8	66.5
	Cl$_2$OS (l)	−245.6	—	—	121.0
121	Cl$_2$O$_2$S (g)	−364.0	−320.0	311.9	77.0
	Cl$_2$O$_2$S (l)	−394.1	—	—	134.0
122	Cm (cr)	0.0			
123	Co (cr)	0.0		30.0	24.8
	Co (g)	424.7	380.3	179.5	23.0
124	CoBr$_2$(cr)	−220.9	—	—	79.5
125	CoCl$_2$(cr)	−312.5	−269.8	109.2	78.5
126	CoCO$_3$(cr)	−713.0			—
127	CoF$_2$(cr)	−692.0	−647.2	82.0	68.8
128	CoI$_2$(cr)	−88.7	—	—	—
129	Co(NO$_3$)$_2$(cr)	−420.5			
130	CoO (cr)	−237.9	−214.2	53.0	55.2
131	Co(OH)$_2$(cr)	−539.7	−454.3	79.0	—
132	CoS (cr)	−82.8	—	—	
133	CoSO$_4$(cr)	−888.3	−782.3	118.0	
134	Cr (cr)	0.0	—	23.8	23.4
	Cr (g)	396.6	351.8	174.5	20.8
135	CrBr$_2$(cr)	−302.1	—	—	
136	CrCl$_3$(cr)	−556.5	−486.1	123.0	91.8
137	CrF$_3$(cr)	−1159.0	−1088.0	93.9	78.7

续表

序号 (No.)	分子式	$\Delta_f H_m^{\ominus}$ $/(kJ \cdot mol^{-1})$	$\Delta_f G_m^{\ominus}$ $/(kJ \cdot mol^{-1})$	$S_m^{\ominus}$ $/(J \cdot mol^{-1} \cdot K^{-1})$	$C_{p,m}$ $/(J \cdot mol^{-1} \cdot K^{-1})$
138	CrI_3 (cr)	−205.0	—	—	—
139	Cr_2O_3 (cr)	−1139.7	−1058.1	81.2	118.7
140	Cs (cr)	0.0	—	85.2	32.2
	Cs(g)	76.5	49.6	175.6	20.8
141	CsBr (cr)	−405.8	−391.4	113.1	52.9
142	CsCl (cr)	−443.0	−414.5	101.2	52.5
143	$CsClO_4$ (cr)	−443.1	−314.3	175.1	108.3
144	$CsHCO_3$ (cr)	−966.1	—	—	—
145	Cs_2CO_3 (cr)	−1139.7	−1054.3	204.5	123.9
146	CsF (cr)	−553.5	−525.5	92.8	51.1
147	$CsHSO_4$ (cr)	−1158.1	—	—	—
148	CsI (cr)	−346.6	−340.6	123.1	52.8
149	$CsNH_2$ (cr)	−118.4	—	—	—
150	$CsNO_3$ (cr)	−506.0	−406.5	155.2	—
151	Cs_2O_2 (cr)	−286.2	—	—	—
152	CsOH (cr)	−417.2	—	—	—
153	Cs_2O (cr)	−345.8	−308.1	146.9	76.0
154	Cs_2S (cr)	−359.8	—	—	—
155	Cs_2SO_3 (cr)	−1134.7	—	—	—
156	Cs_2SO_4 (cr)	−1143.0	−1323.6	211.9	134.9
157	Cu (cr)	0.0	—	33.2	24.4
	Cu (g)	337.4	297.7	166.4	20.8
158	CuBr (cr)	−104.6	−100.8	96.1	54.7
159	$CuBr_2$ (cr)	−141.8	—	—	—
160	CuCl (cr)	−137.2	−119.9	86.2	48.5
161	$CuCl_2$ (cr)	−220.1	−175.7	108.1	71.9
162	CuCN (cr)	96.2	111.3	84.5	—
163	CuF_2 (cr)	−542.7	—	—	—
164	CuI (cr)	−67.8	−69.5	96.7	54.1
165	$Cu(NO_3)_2$	−302.9			

序号 (No.)	分子式	$\Delta_f H_m^{\ominus}$ /(kJ·mol^{-1})	$\Delta_f G_m^{\ominus}$ /(kJ·mol^{-1})	$S_m^{\ominus}$ /(J·mol^{-1}·K^{-1})	$C_{p,m}$ /(J·mol^{-1}·K^{-1})
166	CuO (cr)	−157.3	−129.7	42.6	42.3
167	Cu(OH)$_2$ (cr)	−449.8	—	—	—
168	CuS (cr)	−53.1	−53.6	66.5	47.8
169	CuSO$_4$ (cr)	−771.4	−662.2	109.2	—
170	CuWO$_4$ (cr)	−1105.0	—	—	—
171	Cu$_2$O (cr)	−168.6	−146.0	93.1	63.6
172	Cu$_2$S (cr)	−79.5	−86.2	120.9	76.3
173	Dy (cr)	0.0	—	74.8	28.2
	Dy (g)	290.4	254.4	196.6	20.8
174	Dy$_2$O$_3$ (cr)	−1863.1	−1771.5	149.8	116.3
175	Er (cr)	0.0	—	73.2	28.1
	Er (g)	317.1	280.7	195.6	20.8
176	Er$_2$O$_3$ (cr)	−1897.9	−1808.7	155.6	108.5
177	Eu (cr)	0.0	—	77.8	27.7
	Eu (g)	175.3	142.2	188.8	20.8
178	Eu$_2$O$_3$ (cr)	−1651.4	−1556.8	146.0	122.2
179	F (g)	79.4	62.3	158.8	22.7
180	F$_2$ (g)	0.0	—	202.8	31.3
181	F$_2$CO (g)	−639.8	—	—	—
182	Fe (cr)	0.0	—	27.3	25.1
	Fe (g)	416.3	370.7	180.5	25.7
183	FeBr$_2$ (cr)	−249.8	−238.1	140.6	
184	FeBr$_3$ (cr)	−268.2	—		
185	FeCl$_2$ (cr)	−341.8	−302.3	118.0	76.7
186	FeCl$_3$ (cr)	−399.5	−334.0	142.3	96.7
187	FeCO$_3$ (cr)	−740.6	−666.7	92.9	82.1
188	FeCr$_2$O$_4$ (cr)	−1444.7	−1343.8	146.0	133.6
189	FeF$_2$ (cr)	−711.3	−668.6	87.0	68.1
190	FeI$_2$ (cr)	−113.0	—		
191	FeI$_3$ (g)	71.0	—		

序号 (No.)	分子式	$\Delta_f H_m^{\ominus}$ /(kJ · mol⁻¹)	$\Delta_f G_m^{\ominus}$ /(kJ · mol⁻¹)	$S_m^{\ominus}$ /(J · mol⁻¹ · K⁻¹)	$C_{p,m}$ /(J · mol⁻¹ · K⁻¹)
192	$FeMoO_4(cr)$	−1075.0	−975.0	129.3	118.5
193	$FeO(cr)$	−272.0	—	—	—
194	$Fe_2O_3(cr)$	−824.2	−742.2	87.4	103.9
195	$Fe_3O_4(cr)$	−1118.4	−1015.4	146.4	143.4
196	$FeS(cr)$	−100.0	−100.4	60.3	50.5
197	$FeSO_4(cr)$	−928.4	−820.8	107.5	100.6
198	$FeWO_4(cr)$	−1155.0	−1054.0	131.8	114.6
199	$Fm(cr)$	0.0	—	—	—
200	$Fr(cr)$	0.0	—	95.4	—
201	$Ga(cr)$	0.0	—	40.9	25.9
	$Ga(g)$	277.0	238.9	169.1	25.4
	$Ga(l)$	5.6	—	—	—
202	$GaBr_3(cr)$	−386.6	−359.8	180.0	—
203	$GaCl_3(cr)$	−524.7	−454.8	142.0	—
204	$GaF_3(cr)$	−1163.0	−1085.3	84.0	—
205	$Ga_2O_3(cr)$	−1089.1	−998.3	85.0	92.1
206	$Ga(OH)_3(cr)$	−964.4	−831.3	100.0	—
207	$Gd(cr)$	0.0	—	68.1	37.0
	$Gd(g)$	397.5	359.8	194.3	27.5
208	$Gd_2O_3(cr)$	−1819.6	—	—	106.7
209	$Ge(cr)$	0.0	—	31.1	23.3
	$Ge(g)$	372.0	331.2	167.9	30.7
210	$GeBr_4(g)$	−300.0	−318.0	396.2	101.8
	—	−347.7	−331.4	280.7	—
211	$GeCl_4(g)$	−495.8	−457.3	347.7	96.1
	—	−531.8	−462.7	245.6	—
212	$GeF_4(g)$	−1190.2	−1150.0	301.9	—
213	$GeI_4(cr)$	−141.8	−144.3	271.1	—
	$GeI_4(g)$	−56.9	−106.3	428.9	104.1
214	$H(g)$	218.0	203.3	114.7	20.8

序号 （No.）	分子式	$\Delta_f H_m^{\ominus}$ /(kJ · mol^{-1})	$\Delta_f G_m^{\ominus}$ /(kJ · mol^{-1})	$S_m^{\ominus}$ /(J · mol^{-1} · K^{-1})	$C_{p,m}$ /(J · mol^{-1} · K^{-1})
215	$H_2(g)$	0.0	—	130.7	28.8
216	H_3AsO_4	−906.3	—	—	—
217	$H_3BO_3(cr)$	−1094.3	−968.9	88.8	81.4
	$H_3BO_3(g)$	−994.1	—	—	—
218	$HBr\,(g)$	−36.3	−53.4	198.7	29.1
219	$HCl\,(g)$	−92.3	−95.3	186.9	29.1
220	$HClO(g)$	−78.7	−66.1	236.7	37.2
221	$HClO_4(l)$	−40.6	—	—	—
222	$HF\,(l)$	−299.8	—	—	—
	$HF\,(g)$	−273.3	−275.4	173.8	—
223	$HI\,(g)$	26.5	1.7	206.6	29.2
224	$HIO_3(cr)$	−230.1	—	—	—
225	$HNO_2(g)$	−79.5	−46.0	254.1	45.6
226	$HNO_3(l)$	−174.1	−80.7	155.6	109.9
	$HNO_3(g)$	−135.1	−74.7	266.4	53.4
227	$H_2O\,(l)$	−285.8	−237.1	70.0	75.3
	$H_2O\,(g)$	−241.8	−228.6	188.8	33.6
228	$H_2O_2(l)$	−187.8	−120.4	109.6	89.1
	$H_2O_2(g)$	−136.3	−105.6	232.7	43.1
229	$H_3P\,(g)$	5.4	13.4	210.2	37.1
230	$HPO_3(cr)$	−948.5	—	—	—
231	$H_3PO_2(cr)$	−604.6	—	—	—
	$H_3PO_2(l)$	−595.4	—	—	—
232	$H_3PO_3(cr)$	−964.4	—	—	—
233	$H_3PO_4(cr)$	−1284.4	−1124.3	110.5	106.1
	$H_3PO_4(l)$	−1271.7	−1123.6	150.8	145.0
234	$H_4P_2O_7(cr)$	−2241.0	—	—	—
	$H_4P_2O_7(l)$	−2231.7	—	—	—
235	$H_2S\,(g)$	−20.6	−33.4	205.8	34.2
236	$H_2SO_4(l)$	−814.0	−690.0	156.9	138.9

续表

序号 (No.)	分子式	$\Delta_f H_m^{\ominus}$ /(kJ·mol^{-1})	$\Delta_f G_m^{\ominus}$ /(kJ·mol^{-1})	$S_m^{\ominus}$ /(J·mol^{-1}·K^{-1})	$C_{p,m}$ /(J·mol^{-1}·K^{-1})
237	H_3Sb (g)	145.1	147.8	232.8	41.1
238	H_2Se (g)	29.7	15.9	219.0	34.7
239	H_2SeO_4 (cr)	−530.1	—	—	—
240	H_2SiO_3 (cr)	−1188.7	−1092.4	134.0	—
241	H_4SiO_4 (cr)	−1481.1	−1332.9	192.0	—
242	H_2Te (g)	99.6	—	—	—
243	He (g)	0.0	—	126.2	20.8
244	Hf (cr)	0.0	—	43.6	25.7
	Hf (g)	619.2	576.5	186.9	20.8
245	$HfCl_4$ (cr)	−990.4	−901.3	190.8	120.5
	$HfCl_4$ (g)	−884.5			
246	HfF_4 (cr)	−1930.5	−1830.4	113.0	—
	HfF_4 (g)	−1669.8	—	—	—
247	HfO_2 (cr)	−1144.7	−1088.2	59.3	60.3
248	Hg (cr)	0.0	—	75.9	28.0
	Hg (g)	61.4	31.8	175.0	20.8
249	$HgBr_2$ (cr)	−170.7	−153.1	172.0	
250	Hg_2Br_2 (cr)	−206.9	−181.1	218.0	
251	$HgCl_2$ (cr)	−224.3	−178.6	146.0	
252	Hg_2Cl_2 (cr)	−265.4	−210.7	191.6	
253	Hg_2CO_3 (cr)	−553.5	−468.1	180.0	
254	HgI_2 (cr)	−105.4	−101.7	180.0	
255	Hg_2I_2 (cr)	−121.3	−111.0	233.5	
256	HgO (cr)	−90.8	−58.5	70.3	44.1
257	HgS (cr)	−58.2	−50.6	82.4	48.4
258	$HgSO_4$ (cr)	−707.5	—	—	—
259	Hg_2SO_4 (cr)	−743.1	−625.8	200.7	132.0
260	Ho (cr)	0.0	—	75.3	27.2
	Ho (g)	300.8	264.8	195.6	20.8
261	I (g)	106.8	70.2	180.8	20.8

序号 (No.)	分子式	$\Delta_f H_m^{\ominus}$ /(kJ·mol^{-1})	$\Delta_f G_m^{\ominus}$ /(kJ·mol^{-1})	$S_m^{\ominus}$ /(J·mol^{-1}·K^{-1})	$C_{p,m}$ /(J·mol^{-1}·K^{-1})
262	I$_2$(cr)	0.0	—	116.1	54.4
	I$_2$(g)	62.4	19.3	260.7	36.9
263	In (cr)	0.0	—	57.8	26.7
	In (g)	243.3	208.7	173.8	20.8
264	Ir (cr)	0.0	—	35.5	25.1
	Ir (g)	665.3	617.9	193.6	20.8
265	K(cr)	0.0	—	64.7	29.6
	K (g)	89.0	60.5	160.3	20.8
266	KAlH$_4$(cr)	−183.7	—	—	—
267	KBH$_4$(cr)	−227.4	−160.3	106.3	96.1
268	KBr (cr)	−393.8	−380.7	95.9	52.3
269	KBrO$_3$(cr)	−360.2	−271.2	149.2	105.2
270	KBrO$_4$(cr)	−287.9	−174.4	170.1	120.2
271	KCl (cr)	−436.5	−408.5	82.6	51.3
272	KClO$_3$(cr)	−397.7	−296.3	143.1	100.3
273	KClO$_4$(cr)	−432.8	−303.1	151.0	112.4
274	KCN (cr)	−113.0	−101.9	128.5	66.3
275	K$_2$CO$_3$(cr)	−1151.0	−1063.5	155.5	114.4
276	KF (cr)	−567.3	−537.8	66.6	49.0
277	KH (cr)	−57.7	—	—	—
278	KHSO$_4$(cr)	−1160.6	−1031.3	138.1	
279	KH$_2$PO$_4$(cr)	−1568.3	−1415.9	134.9	116.6
280	KI (cr)	−327.9	−324.9	106.3	52.9
281	KIO$_3$(cr)	−501.4	−418.4	151.5	106.5
282	KIO$_4$(cr)	−467.2	−361.4	175.7	—
283	KMnO$_4$(cr)	−837.2	−737.6	171.7	117.6
284	KNH$_2$(cr)	−128.9	—	—	—
285	KNO$_2$(cr)	−369.8	−306.6	152.1	107.4
286	KNO$_3$(cr)	−494.6	−394.9	133.1	96.4

序号 (No.)	分子式	$\Delta_f H_m^\ominus$ /(kJ·mol^{-1})	$\Delta_f G_m^\ominus$ /(kJ·mol^{-1})	$S_m^\ominus$ /(J·mol^{-1}·K^{-1})	$C_{p,m}$ /(J·mol^{-1}·K^{-1})
287	KNa (l)	6.3	—	—	—
288	KOH (cr)	−424.8	−379.1	78.9	64.9
289	KO$_2$ (cr)	−284.9	−239.4	116.7	77.5
290	K$_2$O (cr)	−361.5	—	—	—
291	K$_2$O$_2$ (cr)	−494.1	−425.1	102.1	—
292	K$_3$PO$_4$ (cr)	−1950.2	—	—	—
293	K$_2$S (cr)	−380.7	−364.0	105.0	—
294	KSCN (cr)	−200.2	−178.3	124.3	88.5
295	K$_2$SO$_4$ (cr)	−1437.8	−1321.4	175.6	131.5
296	K$_2$SiF$_6$ (cr)	−2956.0	−2798.6	226.0	—
297	Kr (g)	0.0		164.1	20.8
298	La (cr)	0.0		56.9	27.1
	La (g)	431.0	393.6	182.4	22.8
299	La$_2$O$_3$ (cr)	−1793.7	−1705.8	127.3	108.8
300	Li (cr)	0.0	—	29.1	24.8
	Li (g)	159.3	126.6	138.8	20.8
301	LiAlH$_4$ (cr)	−116.3	−44.7	78.7	83.2
302	LiBH$_4$ (cr)	−190.8	−125.0	75.9	82.6
303	LiBr (cr)	−351.2	−342.0	74.3	—
304	LiCl (cr)	−408.6	−384.4	59.3	48.0
305	LiClO$_4$ (cr)	−381.0	—	—	—
306	Li$_2$CO$_3$ (cr)	−1215.9	−1132.1	90.4	99.1
307	LiF (cr)	−616.0	−587.7	35.7	41.6
308	LiH (cr)	−90.5	−68.3	20.0	27.9
309	LiI (cr)	−270.4	−270.3	86.8	51.0
310	LiNH$_2$ (cr)	−179.5	—	—	—
311	LiNO$_2$ (cr)	−372.4	−302.0	96.0	—
312	LiNO$_3$ (cr)	−483.1	−381.1	90.0	—
313	LiOH (cr)	−484.9	−439.0	42.8	49.7
314	Li$_2$O (cr)	−597.9	−561.2	37.6	54.1

序号 (No.)	分子式	$\Delta_f H_m^{\ominus}$ /(kJ·mol^{-1})	$\Delta_f G_m^{\ominus}$ /(kJ·mol^{-1})	$S_m^{\ominus}$ /(J·mol^{-1}·K^{-1})	$C_{p,m}$ /(J·mol^{-1}·K^{-1})
315	$Li_2O_2(cr)$	-634.3	—	—	—
316	$Li_3PO_4(cr)$	-2095.8	—	—	—
317	$Li_2S(cr)$	-441.4	—	—	—
318	$Li_2SO_4(cr)$	-1436.5	-1321.7	115.1	117.6
319	$Li_2SiO_3(cr)$	-1648.1	-1557.2	79.8	99.1
320	$Lr(cr)$	0.0	—	—	—
321	$Lu(cr)$	0.0	—	51.0	26.9
	$Lu(g)$	427.6	387.8	184.8	20.9
322	$Md(cr)$	0.0	—	—	—
323	$Mg(cr)$	0.0	—	32.7	24.9
	$Mg(g)$	147.1	112.5	148.6	20.8
324	$MgBr_2(cr)$	-524.3	-503.8	117.2	—
325	$MgCl_2(cr)$	-641.3	-591.8	89.6	71.4
326	$MgCO_3(cr)$	-1095.8	-1012.1	65.7	75.5
327	$MgF_2(cr)$	-1124.2	-1071.1	57.2	61.6
328	$MgH_2(cr)$	-75.3	-35.9	31.1	35.4
329	$MgI_2(cr)$	-364.0	-358.2	129.7	—
330	$Mg(NO_3)_2(cr)$	-790.7	-589.4	164.0	141.9
331	$MgO(cr)$	-601.6	-569.3	27.0	37.2
332	$Mg(OH)_2(cr)$	-924.5	-833.5	63.2	77.0
333	$MgS(cr)$	-346.0	-341.8	50.3	45.6
334	$MgSO_4(cr)$	-1284.9	-1170.6	91.6	96.5
335	$MgSeO_4(cr)$	-968.5	—	—	—
336	$Mg_2SiO_4(cr)$	-2174.0	-2055.1	95.1	118.5
337	$Mn(cr)$	0.0	—	32.0	26.3
	$Mn(g)$	280.7	238.5	173.7	20.8
338	$MnBr_2(cr)$	-384.9	—	—	—
339	$MnCl_2(cr)$	-481.3	-440.5	118.2	72.9
340	$MnCO_3(cr)$	-894.1	-816.7	85.8	81.5
341	$Mn(NO_3)_2(cr)$	-576.3	—	—	—

续表

序号 (No.)	分子式	$\Delta_f H_m^{\ominus}$ /(kJ·mol^{-1})	$\Delta_f G_m^{\ominus}$ /(kJ·mol^{-1})	$S_m^{\ominus}$ /(J·mol^{-1}·K^{-1})	$C_{p,m}$ /(J·mol^{-1}·K^{-1})
342	MnO_2(cr)	−520.0	−465.1	53.1	54.1
343	MnS(cr)	−214.2	−218.4	78.2	50.0
344	$MnSiO_3$(cr)	−1320.9	−1240.5	89.1	86.4
345	Mn_2SiO_4(cr)	−1730.5	−1632.1	163.2	129.9
346	Mo(cr)	0.0	—	28.7	24.1
	Mo(g)	658.1	612.5	182.0	20.8
347	N(g)	472.7	455.5	153.3	20.8
348	N_2(g)	0.0	—	191.6	29.1
349	NH_3(g)	−45.9	−16.4	192.8	35.1
350	NH_2NO_2(cr)	−89.5	—	—	—
351	NH_2OH(cr)	−114.2	—	—	—
352	NH_4Br(cr)	−270.8	−175.2	113.0	96.0
353	NH_4Cl(cr)	−314.4	−202.9	94.6	84.1
354	NH_4ClO_4(cr)	−295.3	−88.8	186.2	—
355	NH_4F(cr)	−464.0	−348.7	72.0	65.3
356	NH_4HSO_3(cr)	−768.6	—	—	—
357	NH_4HSO_4(cr)	−1027.0	—	—	—
358	NH_4I(cr)	−201.4	−112.5	117.0	—
359	NH_4NO_2(cr)	−256.5	—	—	—
360	NH_4NO_3(cr)	−365.6	−183.9	151.1	139.3
361	$(NH_4)_2HPO_4$(cr)	−1566.9	—	—	—
362	$(NH_4)_3PO_4$(cr)	−1671.9	—	—	—
363	$(NH_4)_2SO_4$(cr)	−1180.9	−901.7	220.1	187.5
364	$(NH_4)_2SiF_6$(cr)	−2681.7	−2365.3	280.2	228.1
365	N_2H_4(l)	50.6	149.3	121.2	98.9
	N_2H_4(g)	95.4	159.4	238.5	49.6
366	NO_2(g)	33.2	51.3	240.1	37.2
N_2O(g)	82.1	104.2	219.9	38.5
368	N_2O_3(l)	50.3	—	—	—
	N_2O_3(g)	83.7	139.5	312.3	65.6

序号 (No.)	分子式	$\Delta_f H_m^\ominus$ /(kJ·mol⁻¹)	$\Delta_f G_m^\ominus$ /(kJ·mol⁻¹)	$S_m^\ominus$ /(J·mol⁻¹·K⁻¹)	$C_{p,m}$ /(J·mol⁻¹·K⁻¹)
369	$N_2O_4(l)$	−19.5	97.5	209.2	142.7
	$N_2O_4(g)$	9.2	97.9	304.3	77.3
370	$N_2O_5(cr)$	−43.1	113.9	178.2	143.1
	$N_2O_5(g)$	11.3	115.1	355.7	84.5
371	$Na(cr)$	0.0	—	51.3	28.2
	$Na(g)$	107.5	77.0	153.7	20.8
372	$NaAlF_4(g)$	−1869.0	−1827.5	345.7	105.9
373	$NaBF_4(cr)$	−1844.7	−1750.1	145.3	120.3
374	$NaBH_4(cr)$	−188.6	−123.9	101.3	86.8
375	$NaBr(cr)$	−361.1	−349.0	86.8	51.4
	$NaBr(g)$	−143.1	−177.1	241.2	36.3
376	$NaBrO_3(cr)$	−334.1	−242.6	128.9	—
377	$NaCl(cr)$	−411.2	−384.1	72.1	50.5
378	$NaClO_3(cr)$	−365.8	−262.3	123.4	—
379	$NaClO_4(cr)$	−383.3	−254.9	142.3	—
380	$NaCN(cr)$	−87.5	−76.4	115.6	70.4
381	$Na_2CO_3(cr)$	−1130.7	−1044.4	135.0	112.3
382	$NaF(cr)$	−576.6	−546.3	51.1	46.9
383	$NaH(cr)$	−56.3	−33.5	40.0	36.4
384	$NaHSO_4(cr)$	−1125.5	−992.8	113.0	—
385	$NaI(cr)$	−287.8	−286.1	98.5	52.1
386	$NaIO_3(cr)$	−481.8	—	—	92.0
387	$NaIO_4(cr)$	−429.3	−323.0	163.0	—
388	$NaNH_2(cr)$	−123.8	−64.0	76.9	66.2
389	$NaNO_2(cr)$	−358.7	−284.6	103.8	
390	$NaNO_3(cr)$	−467.9	−367.0	116.5	92.9
391	$NaOH(cr)$	−425.6	−379.5	64.5	59.5
392	$Na_2B_4O_7(cr)$	−3291.1	−3096.0	189.5	186.8
393	$Na_2HPO_4(cr)$	−1748.1	−1608.2	150.5	135.3

续表

序号 （No.）	分子式	$\Delta_f H_m^{\ominus}$ /(kJ·mol^{-1})	$\Delta_f G_m^{\ominus}$ /(kJ·mol^{-1})	$S_m^{\ominus}$ /(J·mol^{-1}·K^{-1})	$C_{p,m}$ /(J·mol^{-1}·K^{-1})
394	NaMnO$_4$(cr)	−1156.0	—	—	—
395	Na$_2$MoO$_4$(cr)	−1468.1	−1354.3	159.7	141.7
396	Na$_2$O(cr)	−414.2	−375.5	75.1	69.1
397	Na$_2$O$_2$(cr)	−510.9	−447.7	95.0	89.2
398	Na$_2$S(cr)	−364.8	−349.8	83.7	—
399	Na$_2$SO$_3$(cr)	−1100.8	−1012.5	145.9	120.3
400	Na$_2$SO$_4$(cr)	−1387.1	−1270.2	149.6	128.2
401	Na$_2$SiF$_6$(cr)	−2909.6	−2754.2	207.1	187.1
402	Na$_2$SiO$_3$(cr)	−1554.9	−1462.8	113.9	—
403	Nb(cr)	0.0	—	36.4	24.6
	Nb(g)	725.9	681.1	186.3	30.2
404	Nd(cr)	0.0	—	71.5	27.5
	Nd(g)	327.6	292.4	189.4	22.1
405	Ne(g)	0.0	—	146.3	20.8
406	Ni(cr)	0.0	—	29.9	26.1
	Ni(g)	429.7	384.5	182.2	23.4
407	NiBr$_2$(cr)	−212.1	—	—	—
408	NiCl$_2$(cr)	−305.3	−259.0	97.7	71.7
409	NiI$_2$(cr)	−78.2	—	—	—
410	Ni(OH)$_2$(cr)	−529.7	−447.2	88.0	—
411	NiS(cr)	−82.0	−79.5	53.0	47.1
412	NiSO$_4$(cr)	−872.9	−759.7	92.0	138.0
413	Ni$_2$O$_3$(cr)	−489.5	—	—	—
414	No(cr)	0.0	—	—	—
415	O(g)	249.2	231.7	161.1	21.9
416	O$_2$(g)	0.0	—	205.2	29.4
417	O$_3$(g)	142.7	163.2	238.9	39.2
418	Os(cr)	0.0	—	32.6	24.7
	Os(g)	791.0	745.0	192.6	20.8

序号 (No.)	分子式	$\Delta_f H_m^{\ominus}$ /(kJ·mol^{-1})	$\Delta_f G_m^{\ominus}$ /(kJ·mol^{-1})	$S_m^{\ominus}$ /(J·mol^{-1}·K^{-1})	$C_{p,m}$ /(J·mol^{-1}·K^{-1})
419	P(白,white)(cr)	0.0	—	41.1	23.8
	P(红,red)(cr)	−17.6	—	22.8	21.2
	P(黑,black)(cr)	−39.3	—	—	—
420	PCl$_3$(l)	−319.7	−272.3	217.1	—
	PCl$_3$(g)	−287.0	−267.8	311.8	71.8
421	PCl$_5$(cr)	−443.5	—	—	—
	PCl$_5$(g)	−374.9	−305.0	364.6	112.8
422	PF$_3$(g)	−958.4	−936.9	273.1	58.7
423	PF$_5$(g)	−1594.4	−1520.7	300.8	84.8
424	PI$_3$(cr)	−45.6	—	—	—
425	Pa(cr)	0.0	—	51.9	—
	Pa(g)	607.0	563.0	198.1	22.9
426	Pb(cr)	0.0	—	64.8	26.4
	Pb(g)	195.2	162.2	175.4	20.8
427	PbBr$_2$(cr)	−278.7	−261.9	161.5	80.1
428	PbCl$_2$(cr)	−359.4	−314.1	136.0	—
429	PbCl$_4$(l)	−329.3	—	—	—
430	PbCO$_3$(cr)	−699.1	−625.5	131.0	87.4
431	PbCrO$_4$(cr)	−930.9	—	—	—
432	PbI$_2$(cr)	−175.5	−173.6	174.9	77.4
433	PbMoO$_4$(cr)	−1051.9	−951.4	166.1	119.7
434	Pb(NO$_3$)$_2$(cr)	−451.9	—	—	—
435	PbO(黄, yellow)(cr)	−217.3	−187.9	68.7	45.8
	PbO(红,red)(cr)	−219.0	−188.9	66.5	45.8
436	PbO$_2$(cr)	−277.4	−217.3	68.6	64.6
437	PbS(cr)	−100.4	−98.7	91.2	49.5
438	PbSO$_3$(cr)	−669.9	—	—	—
439	PbSO$_4$(cr)	−920.0	−813.0	148.5	103.2
440	PbSiO$_3$(cr)	−1145.7	−1062.1	109.6	90.0
441	Pb$_2$SiO$_4$(cr)	−1363.1	−1252.6	186.6	137.2

序号 (No.)	分子式	$\Delta_f H_m^{\ominus}$ /(kJ·mol^{-1})	$\Delta_f G_m^{\ominus}$ /(kJ·mol^{-1})	$S_m^{\ominus}$ /(J·mol^{-1}·K^{-1})	$C_{p,m}$ /(J·mol^{-1}·K^{-1})
442	Pd (cr)	0.0	—	37.6	26.0
	Pd (g)	378.2	339.7	167.1	20.8
443	Pm (cr)	0.0	—	—	—
	Pm (g)	0.0	—	187.1	24.3
444	Pr (cr)	0.0	—	73.2	27.2
	Pr (g)	355.6	320.9	189.8	21.4
445	Pt (cr)	0.0	—	41.6	25.9
	Pt (g)	565.3	520.5	192.4	25.5
446	PtBr$_2$(cr)	−82.0	—	—	—
447	PtCl$_2$(cr)	−123.4	—	—	—
448	PtS (cr)	−81.6	−76.1	55.1	43.4
449	Pu (cr)	0.0			
450	Ra (cr)	0.0	—	71.0	—
	Ra (g)	159.0	130.0	176.5	20.8
451	Rb (cr)	0.0	—	76.8	31.1
	Rb (g)	80.9	53.1	170.1	20.8
452	RbBr (cr)	−394.6	−381.8	110.0	52.8
453	RbCl (cr)	−435.4	−407.8	95.9	52.4
454	RbClO$_4$(cr)	−437.2	−306.9	161.1	—
455	Rb$_2$CO$_3$(cr)	−1136.0	−1051.0	181.3	117.6
456	RbF (cr)	−557.7	—	—	—
457	RbH (cr)	−52.3	—	—	—
458	RbHSO$_4$(cr)	−1159.0	—	—	—
459	RbI (cr)	−333.8	−328.9	118.4	53.2
460	RbNH$_2$(cr)	−113.0	—	—	—
461	RbNO$_2$(cr)	−367.4	−306.2	172.0	—
462	RbNO$_3$(cr)	−495.1	−395.8	147.3	102.1
463	RbOH (cr)	−418.2	—	—	—
464	Rb$_2$O (cr)	−339.0	—	—	—
465	Rb$_2$O$_2$(cr)	−472.0			

序号 （No.）	分子式	$\Delta_f H_m^{\ominus}$ $/(kJ \cdot mol^{-1})$	$\Delta_f G_m^{\ominus}$ $/(kJ \cdot mol^{-1})$	$S_m^{\ominus}$ $/(J \cdot mol^{-1} \cdot K^{-1})$	$C_{p,m}$ $/(J \cdot mol^{-1} \cdot K^{-1})$
466	$Rb_2SO_4(cr)$	−1435.6	−1316.9	197.4	134.1
467	Re (cr)	0.0	—	36.9	25.5
	Re (g)	769.9	724.6	188.9	20.8
468	Rh (cr)	0.0	—	31.5	25.0
	Rh (g)	556.9	510.8	185.8	21.0
469	Rn (cr)	0.0	—	176.2	20.8
470	Ru (cr)	0.0	—	28.5	24.1
	Ru (g)	642.7	595.8	186.5	21.5
471	S (cr)（正交，Ortho）	0.0	—	32.1	22.6
	S (cr)（单斜，Mono）	0.3	—	—	—
	S (g)（单斜，Mono）	277.2	236.7	167.8	23.7
472	$SO_2(l)$	−320.5	—	—	—
	$SO_2(g)$	−296.8	−300.1	248.2	39.9
473	$SO_3(cr)$	−454.5	−374.2	70.7	
	$SO_3(l)$	−441.0	−373.8	113.8	—
	$SO_3(g)$	−395.7	−371.1	256.8	50.7
474	Sb (cr)	0.0	—	45.7	25.2
	Sb (g)	262.3	222.1	180.3	20.8
475	$SbCl_3(cr)$	−382.2	−323.7	184.1	107.9
476	Sc (cr)	0.0	—	34.6	25.5
	Sc (g)	377.8	336.0	174.8	22.1
477	Se (cr)	0.0	—	42.4	25.4
	Se (g)	227.1	187.0	176.7	20.8
478	$SeO_2(cr)$	−225.4	—	—	—
479	Si (cr)	0.0	—	18.8	20.0
	Si (g)	450.0	405.5	168.0	22.3
480	SiC(cr)（立方相，Cub）	−65.3	−62.8	16.6	26.9
	SiC (cr)（六方相，Hex）	−62.8	−60.2	16.5	26.7
481	$SiCl_4(l)$	−687.0	−619.8	239.7	145.3
	$SiCl_4(g)$	−657.0	−617.0	330.7	90.3

续表

序号 (No.)	分子式	$\Delta_f H_m^{\ominus}$ /(kJ·mol^{-1})	$\Delta_f G_m^{\ominus}$ /(kJ·mol^{-1})	$S_m^{\ominus}$ /(J·mol^{-1}·K^{-1})	$C_{p,m}$ /(J·mol^{-1}·K^{-1})
482	SiO$_2$(α)(cr)	−910.7	−856.3	41.5	44.4
	SiO$_2$(α)(g)	−322.0	—	—	—
483	Sm(cr)	0.0	—	69.6	29.5
	Sm(g)	206.7	172.8	183.0	30.4
484	Sn(白,white)(cr)	0.0		51.2	27.0
	Sn(灰,gray)(cr)	−2.1	0.1	44.1	25.8
	Sn(灰,gray)(g)	301.2	266.2	168.5	21.3
485	SnCl$_2$(cr)	−325.1	—	—	—
486	SnCl$_4$(cr)	−511.3	−440.1	258.6	165.3
	SnCl$_4$(g)	−471.5	−432.2	365.8	98.3
487	Sn(OH)$_2$(cr)	−561.1	−491.6	155.0	—
488	SnO$_2$(cr)	−577.6	−515.8	49.0	52.6
489	SnS(cr)	−100.0	−98.3	77.0	49.3
490	Sr(cr)	0.0	—	52.3	26.4
	Sr(g)	164.4	130.9	164.6	20.8
491	SrCl$_2$(cr)	−828.9	−781.1	114.9	75.6
492	Sr(NO$_3$)$_2$(cr)	−978.2	−780.0	194.6	149.9
493	SrO(cr)	−592.0	−561.9	54.4	45.0
494	Sr(OH)$_2$(cr)	−959.0	—	—	—
495	SrSO$_4$(cr)	−1453.1	−1340.9	117.0	—
496	Ta(cr)	0.0	—	41.5	25.4
	Ta(g)	782.0	739.3	185.2	20.9
497	Tb(cr)	0.0	—	73.2	28.9
	Tb(g)	388.7	349.7	203.6	24.6
498	Tc(cr)	0.0	—	—	—
	Tc(g)	678.0		181.1	20.8
499	Te(cr)	0.0		49.7	25.7
	Te(g)	196.7	157.1	182.7	20.8
500	TeO$_2$(cr)	−322.6	−270.3	79.5	—

序号 （No.）	分子式	$\Delta_f H_m^{\ominus}$ /(kJ·mol^{-1})	$\Delta_f G_m^{\ominus}$ /(kJ·mol^{-1})	$S_m^{\ominus}$ /(J·mol^{-1}·K^{-1})	$C_{p,m}$ /(J·mol^{-1}·K^{-1})
501	Th (cr)	0.0	—	51.8	27.3
	Th (g)	602.0	560.7	190.2	20.8
502	ThO$_2$(cr)	−1226.4	−1169.2	65.2	61.8
503	Ti (cr)	0.0	—	30.7	25.0
	Ti (g)	473.0	428.4	180.3	24.4
504	TiCl$_2$(cr)	−513.8	−464.4	87.4	69.8
505	TiO$_2$(cr)	−944.0	888.8	50.6	55.0
506	Tl (cr)	0.0	—	64.2	26.3
	Tl (g)	182.2	147.4	181.0	20.8
507	TlBr (cr)	−173.2	−167.4	120.5	—
	TiBr (g)	−37.7	—	—	—
508	TlCl (cr)	−204.1	−184.9	111.3	50.9
	TiCl (g)	−67.8	—	—	—
509	Tl$_2$CO$_3$(cr)	−700.0	−614.6	155.2	—
510	TlF (cr)	−324.7	—	—	—
	TlF(g)	−182.4	—	—	—
511	TlI (cr)	−123.8	−125.4	127.6	—
	TlI (g)	7.1	—	—	—
512	TlNO$_3$(cr)	−243.9	−152.4	160.7	99.5
513	TlOH (cr)	−238.9	−195.8	88.0	—
514	Tl$_2$O (cr)	−178.7	−147.3	126.0	—
515	Tl$_2$SO$_4$(cr)	−931.8	−830.4	230.5	—
516	Tm (cr)	0.0	—	74.0	27.0
	Tm (g)	232.2	197.5	190.1	20.8
517	U (cr)	0.0	—	50.2	27.7
	U (g)	533.0	488.4	199.8	23.7
518	UO (g)	21.0	—	—	—
519	V (cr)	0.0	—	28.9	24.9
	V (g)	514.2	754.4	182.3	26.0
520	VBr$_4$(g)	−336.8	—	—	—

序号 (No.)	分子式	$\Delta_f H_m^{\ominus}$ /(kJ·mol^{-1})	$\Delta_f G_m^{\ominus}$ /(kJ·mol^{-1})	$S_m^{\ominus}$ /(J·mol^{-1}·K^{-1})	$C_{p,m}$ /(J·mol^{-1}·K^{-1})
521	VCl$_4$(cr)	−569.4	−503.7	255.0	—
	VCl$_4$(g)	−525.5	−492.0	362.4	96.2
522	V$_2$O$_5$(cr)	−1550.6	−1419.5	131.0	127.7
523	W(cr)	0.0	—	32.6	24.3
	W(g)	849.4	807.1	174.0	21.3
524	WBr$_6$(cr)	−348.5	—	—	—
525	WCl$_6$(cr)	−602.5	—	—	—
	WCl$_6$(g)	−513.8	—	—	—
526	WO$_2$(cr)	−589.7	−533.9	50.5	56.1
527	Xe(g)	0.0	—	169.7	20.8
528	Y(cr)	0.0	—	44.4	26.5
	Y(g)	421.3	381.1	179.5	25.9
529	Y$_2$O$_3$(cr)	−1905.3	−1816.6	99.1	102.5
530	Yb(cr)	0.0	—	59.9	26.7
	Yb(g)	152.3	118.4	173.1	20.8
531	Zn(cr)	0.0	—	41.6	25.4
	Zn(g)	130.4	94.8	161.0	20.8
532	ZnBr$_2$(cr)	−328.7	−312.1	138.5	—
533	ZnCl$_2$(cr)	−415.1	−369.4	111.5	71.3
	ZnCl$_2$(g)	−266.1	—	—	—
534	ZnCO$_3$(cr)	−812.8	−731.5	82.4	79.7
535	ZnF$_2$(cr)	−764.4	−713.3	73.7	65.7
536	ZnI$_2$(cr)	−208.0	−209.0	161.1	—
537	Zn(NO$_3$)$_2$(cr)	−483.7	—	—	—
538	ZnO(cr)	−350.5	−320.5	43.7	40.3
539	Zn(OH)$_2$(cr)	−641.9	−553.5	81.2	—
540	ZnSO$_4$(cr)	−982.8	−871.5	110.5	99.2
541	Zn$_2$SiO$_4$(cr)	−1636.7	−1523.2	131.4	123.3
542	Zr(cr)	0.0	—	39.0	25.4
	Zr(g)	608.8	566.5	181.4	26.7

续表

序号 (No.)	分子式	$\Delta_f H_m^{\ominus}$ /(kJ・mol^{-1})	$\Delta_f G_m^{\ominus}$ /(kJ・mol^{-1})	$S_m^{\ominus}$ /(J・mol^{-1}・K^{-1})	$C_{p,m}$ /(J・mol^{-1}・K^{-1})
543	ZrBr$_4$(cr)	−760.7	—	—	—
544	ZrCl$_2$(cr)	−502.0	—	—	—
545	ZrCl$_4$(cr)	−980.5	−889.9	181.6	119.8
546	ZrF$_4$(cr)	−1911.3	−1809.9	104.6	103.7
547	ZrI$_4$(cr)	−481.6	—	—	—
548	ZrO$_2$(cr)	−1100.6	−1042.8	50.4	56.2
549	Zr(SO$_4$)$_2$(cr)	−2217.1	—	—	172.0
550	ZrSiO$_4$(cr)	−2033.4	−1919.1	84.1	98.7

17.1.2 常见有机化合物的标准生成焓、标准生成吉布斯自由能、标准熵

表 3-17-2 常见有机化合物的标准生成焓、标准生成吉布斯自由能、标准熵

物质	$\Delta_f H_m^{\ominus}$(298.15K) /(kJ・mol^{-1})	$\Delta_f G_m^{\ominus}$(298.15K) /(kJ・mol^{-1})	$S_m^{\ominus}$(298.15K) /(J・K^{-1}・mol^{-1})
烃　类			
CH$_4$(g),甲烷	−74.847	50.827	186.30
C$_2$H$_2$(g),乙炔	226.748	209.200	200.928
C$_2$H$_4$(g),乙烯	52.283	68.157	219.56
C$_2$H$_6$(g),乙烷	−84.667	−32.821	229.60
C$_3$H$_6$(g),丙烯	20.414	62.783	267.05
C$_3$H$_6$(g),丙烷	−103.847	−23.391	270.02
C$_4$H$_6$(g),1,3-丁二烯	110.16	150.74	278.85
C$_4$H$_8$(g),1-丁烯	−0.13	71.60	305.71
C$_4$H$_8$(g),顺-2-丁烯	−6.99	65.96	300.94
C$_4$H$_8$(g),反-2-丁烯	−11.17	63.07	296.59
C$_4$H$_8$(g),2-甲基丙烯	−16.90	58.17	293.70
C$_4$H$_{10}$(g),正丁烷	−126.15	−17.02	310.23
C$_4$H$_{10}$(g),异丁烷	−134.52	−20.79	294.75
C$_6$H$_6$(g),苯	82.927	129.723	269.31

物质	$\Delta_f H_m^{\ominus}(298.15K)$ /(kJ·mol^{-1})	$\Delta_f G_m^{\ominus}(298.15K)$ /(kJ·mol^{-1})	$S_m^{\ominus}(298.15K)$ /(J·K^{-1}·mol^{-1})
$C_6H_6(l)$，苯	49.028	124.597	172.35
$C_6H_{12}(g)$，环己烷	−123.14	31.92	298.51
$C_6H_{14}(g)$，正己烷	−167.19	−0.09	388.85
$C_6H_{14}(l)$，正己烷	−198.82	−4.08	295.89
$C_6H_5CH_3(g)$，甲苯	49.999	122.388	319.86
$C_6H_5CH_3(l)$，甲苯	11.995	114.299	219.58
$C_6H_4(CH_2)(g)$，邻二甲苯	18.995	122.207	352.86
$C_6H_4(CH_3)_2(l)$，邻二甲苯	−24.439	110.495	246.48
$C_6H_4(CH_3)_2(g)$，间二甲苯	17.238	118.977	357.80
$C_6H(CH_3)_2(l)$，间二甲苯	−25.418	107.817	252.17
$C_6H_4(CH_3)_2(g)$，对二甲苯	17.949	121.266	352.53
$C_6H_4(CH_3)_2(l)$，对二甲苯	−24.426	110.244	247.36

含 氧 化 合 物

物质	$\Delta_f H_m^{\ominus}(298.15K)$ /(kJ·mol^{-1})	$\Delta_f G_m^{\ominus}(298.15K)$ /(kJ·mol^{-1})	$S_m^{\ominus}(298.15K)$ /(J·K^{-1}·mol^{-1})
$HCOH(g)$，甲醛	−115.90	−110.0	220.2
$HCOOH(g)$，甲酸	−362.63	−335.69	251.1
$HCOOH(l)$，甲酸	−409.20	−345.9	128.95
$CH_3OH(g)$，甲醇	−201.17	−161.83	237.8
$CH_3OH(l)$，甲醇	−238.57	−166.15	126.8
$CH_2COH(g)$，乙醛	−166.36	−133.67	265.8
$CH_3COOH(l)$，乙酸	−487.0	−392.4	159.8
$CH_3COOH(g)$，乙酸	−436.4	−381.5	293.4
$C_2H_5OH(l)$，乙醇	−277.63	−174.36	160.7
$C_2HOH(g)$，乙醇	−235.31	−168.54	282.1
$CH_3COCH_3(l)$，丙酮	−248.283	−155.33	200.0
$CH_3COCH_3(g)$，丙酮	−216.69	−152.2	296.00
$C_2H_5OC_2H_5(l)$，乙醚	−273.2	−116.47	253.1
$CH_3COOC_2H_5(l)$，乙酸乙酯	−463.2	−315.3	259
$C_6H_5COOH(s)$，苯甲酸	−384.55	−245.5	170.7

物质	$\Delta_f H_m^{\ominus}$(298.15K) /(kJ·mol^{-1})	$\Delta_f G_m^{\ominus}$(298.15K) /(kJ·mol^{-1})	$S_m^{\ominus}$(298.15K) /(J·K^{-1}·mol^{-1})
卤 代 烃			
CH$_3$Cl(g),氯甲烷	−82.0	−58.6	234.29
CH$_2$Cl$_2$(g),二氯甲烷	−88	−59	270.62
CHCl$_3$(l),氯仿	−131.8	−71.4	202.9
CHCl$_3$(g),氯仿	−100	−67	296.48
CCl$_4$(l),四氯化碳	−139.3	−68.5	214.43
CCl$_4$(g),甲氯化碳	−106.7	−64.0	309.41
C$_6$H$_5$Cl(l),氯苯	116.3	−198.2	197.5
含 氮 化 合 物			
NH(CH$_3$)$_2$(g),二甲胺	−27.6	59.1	273.2
C$_5$H$_5$N(l),吡啶	78.87	159.9	179.1
C$_6$H$_5$NH$_2$(l),苯胺	35.31	153.35	191.6
C$_6$H$_5$NO$_2$,(l)硝基苯	15.90	146.36	244.3

17.2　其他

17.2.1　一些无机物的等压摩尔热容与温度的关系

等压摩尔热容与温度的经验关系式通常有如下两种：

$$C_{P,m} = a + bT + cT^2 + \cdots\cdots$$

或　　　　　　　$$C_{p,m} = a + bT + c'T^{-2} + \cdots\cdots$$

式中，a、b、c、c'为经验常数，其数值与适用温度范围如表所列，并给出 298.15 K 的等压摩尔热容值。

表 3-17-3　一些无机物的等压摩尔热容与温度的关系 (标准压力 $p^{\ominus}=100$kPa)

物质	热容					
	方程式 $C_{p,m}=f(T)$ 的系数				适用温度 范围/K	$C_{p,m}$(298.15K) /(J·mol·K^{-1})
	a	$b\times10^3$	$c'\times10^{-5}$	$c\times10^7$		
Ag(s)	23.97	5.284	−0.251	—	273~1234	27.2
Al(s)	20.67	12.38	—	—	273~931.7	24.4
As(s)	21.88	9.29	—	—	298~1100	24.6
Au(s)	23.68	5.19	—	—	298~1336	25.4

续表

物质	热容					
	方程式 $C_{p,m}=f(T)$ 的系数				适用温度范围/K	$C_{p,m}$(298.15K) /(J·mol·K^{-1})
	a	$b\times10^3$	$c'\times10^{-5}$	$c\times10^7$		
B(s)	6.44	18.41	—	—	298~1200	11.1
Ba(s)	—	—	—	—		28.1
Bi(s)	18.79	22.59	—	—	298~544	25.5
Br$_2$(g)	35.241	4.0735	—	−1.4874	300~1500	36.0
Br$_2$(l)	—	—	—	—		75.7
C(金刚石)	9.12	13.22	−619	—	298~1200	6.1
C(石墨)	17.15	4.27	−879	—	298~2300	8.5
Ca-α(s)	21.92	14.64	—	—	298~673	25.9
Cd-α(s)	22.84	10.318	—	—	273~594	26.0
Cl$_2$(g)	36.90	0.25	−2.845	—	298~3000	33.9
C$_0$(s)	19.75	17.99	—	—	298~718	24.8
Cr(s)	24.43	9.87	−3.68	—	298~1823	23.4
Cu(s)	22.64	6.28	—	—	298~1357	24.4
F$_2$(g)	34.69	1.84	−3.85	—	273~2000	31.3
Fe-α(s)	14.10	29.71	−1.80	—	273~1033	25.1
H$_2$(g)	29.658	−0.8364	—	2.0117	500~1500	28.8
Hg(l)	27.66	—	—	—	273~634	28.0
I$_2$(s)	40.12	49.700	—	—	298~386.8	54.5
I$_2$(g)	37.196	—	—	—	456~1500	36.9
K(s)	25.27	13.05	—	—	298~336.6	29.6
Mg(s)	25.69	6.28	−3.26	—	298~923	24.9
Mn-α(s)	23.85	—	−1.59	—	298~1000	26.3
N$_2$(g)	27.87	4.27	—	—	298~2500	29.1
Na(s)	20.92	22.43	—	—	298~371	28.2
Ni-α(s)	16.99	29.46	—	—	298~633	26.1
O$_2$(g)	36.162	0.845	−4.310	—	298~1500	29.4
O$_3$(g)	41.254	10.29	5.52	—	298~2000	39.2
P(s)黄磷	23.22	—	—	—	273~317	23.8

物质	热容				适用温度范围/K	$C_{p,m}(298.15K)$ /(J·mol·K^{-1})
	方程式 $C_{p,m}=f(T)$的系数					
	a	$b\times10^3$	$c'\times10^{-5}$	$c\times10^7$		
P(s)赤磷	19.83	16.32	—	—	298~800	21.2
Pb(s)	25.82	6.69	—	—	273~600.5	26.4
Pt(s)	24.02	5.16	4.60	—	298~1800	25.9
S(s)单斜	14.90	29.12	—	—	368.2~392	23.6
S(s)正交	14.98	26.11	—	—	298~368.6	22.6
S(g)	35.73	1.17	−3.31	—	298~2000	23.7
Sb(s)	23.05	7.28	—	—	298~903	25.2
Si(s)	23.225	3.6756	−3.7964	—	298~1600	20.0
Sn(s)白	18.46	28.45	—	—	298~505	27.0
Zn(s)	22.38	10.04	—	—	298~692.7	25.062
AgBr(s)	33.18	64.43	—	—	298~703	52.4
AgCl(g)	62.26	4.18	−11.30	—	298~728	50.8
AgI(s)	24.35	100.83	—	—	298~423	56.8
AgNO$_3$(s)	78.78	66.94	—	—	298~433	93.1
Ag$_2$O(s)	55.48	29.49	—	—		88.0
AlCl$_3$(s)	55.44	117.15			298~465.6	91.1
Al$_2$O$_3$(s)-α(s)刚玉	114.77	12.80	−35.44	—	298~1800	79.0
Al$_2$(SO$_4$)$_3$(s)	368.57	61.92	−113.47	—		259.41
As$_2$O$_3$(s)	35.02	203.34	—	—		95.65
B$_2$O$_3$(s)	36.53	106.27	−5.48	—	298~723	62.8
BaCl$_2$(s)	71.1	13.97	—	—	298~1198	75.1
BaCO$_3$(s)毒重石	110.00	8.79	—	−24.27	298~1083	86.0
Ba(NO$_3$)$_2$(s)	125.73	149.4	−16.78	—	298~850	151.4
BaO(s)						47.3
BaSO$_4$	141.4	—	−35.27	—	298~1300	101.8
Bi$_2$O$_3$(s)	103.51	33.47	—	—	298~800	113.5
CCl$_4$(g)	97.65	9.62	−15.06	—	298~1000	83.30
CCl$_4$(l)						131.75

物质	热容				适用温度范围/K	$C_{p,m}(298.15K)$ /(J·mol·K^{-1})
	方程式 $C_{p,m}=f(T)$ 的系数					
	a	$b\times10^3$	$c'\times10^{-5}$	$c\times10^7$		
CO(g)	26.5366	7.6830	−0.46	—	290~2500	29.1
CO$_2$(g)	28.66	35.702	—	—	300~2000	37.1
COCl$_2$(g)	67.157	12.108	−9.033	—	298~1000	57.7
CS$_2$(g)	52.09	6.69	−7.53	—	298~1800	45.4
CaC-α(s)	68.62	11.88	−8.66	—	298~720	62.7
CaCO$_3$(s)方解石	104.52	21.92	−25.94	—	298~1200	83.5
CaCl$_2$(s)	71.88	12.72	−2.51	—	298~1055	72.9
CaO(s)	48.83	4.52	6.53	—	298~1800	42.0
Ca(OH)$_2$(s)	89.5				276~373	87.5
Ca(NO$_3$)$_2$(s)	122.88	153.97	−17.28	—	298~800	149.4
CaSO$_4$(s)	77.49	91.92	−6.561	—	273~1373	99.7
Ca$_3$(PO$_4$)$_2$-α(s)	201.84	166.02	−20.92	—	298~1373	227.8
CdO(s)	40.38	8.70	—	—	273~1800	43.4
CdS(s)	54.0	3.774	—	—	273~1273	—
CoCl$_2$(s)	60.29	61.09	—	—	298~1000	78.5
Cr$_2$O$_3$(s)	119.37	9.20	−15.65	—	298~1800	118.74
CuCl(s)	43.93	40.58	—	—	273~695	48.5
CuCl$_2$(s)	70.29	35.56	—	—	298~773	71.9
CuO (s)	38.79	20.08	—	—	298~1250	42.3
CuSO$_4$(s)	107.53	17.99	−9.00	—	273~873	—
Cu$_2$O (s)	62.34	23.85	—	—	298~1200	63.6
FeCO$_3$(s)菱铁矿	48.66	112.1	—	—	298~885	82.1
FeO (s)	159.0	6.78	−3.088	—	298~1200	—
FeS 黄铁矿(s)	44.77	55.90	—	—	273~773	61.92
Fe$_2$O$_3$(s)	97.74	72.13	−12.89	—	298~1100	103.9
Fe$_3$O$_4$磁铁矿(s)	167.03	78.91	−41.88	—	298~1100	143.4
HBr(g)	26.15	5.86	1.09	—	298~1600	29.1
HCN(g)	37.32	12.97	−4.69	—	298~2000	35.9

物质	热容				适用温度范围/K	$C_{p,m}(298.15K)$ /(J·mol·K^{-1})
	方程式 $C_{p,m}=f(T)$ 的系数					
	a	$b\times10^3$	$c'\times10^{-5}$	$c\times10^7$		
HCl(g)	26.53	4.60	1.09	—	298~2000	29.1
HF(g)	26.90	3.43	—	—	273~2000	—
HI(g)	26.32	5.94	0.92	—	298~2000	29.2
HNO$_3$(l)	—	—	—	—		109.9
H$_2$O(g)	30.00	10.71	0.33	—	298~2500	33.6
H$_2$O(l)	—	—	—	—		75.3
H$_2$O$_2$(l)	—	—	—	—		89.1
H$_2$S(g)	29.37	15.40	—	—	298~1800	34.2
H$_2$SO$_4$(l)	—	—	—	—		138.9
HgCl$_2$(s)	64.0	43.1	—	—	273~553	—
HgI$_2$(s)红色	72.8	16.74	—	—	273~403	—
HgO(s)红色	—	—	—	—		44.1
HgS(s)红色	—	—	—	—		48.4
Hg$_2$SO$_4$(s)	—	—	—	—		132.0
Hg$_2$Cl$_2$(s)	—	—	—	—		
KAl(SO$_4$)$_2$(s)	234.14	82.34	−58.41	—	298~1000	192.97
KBr(s)	48.37	13.89	—	—	298~1000	52.3
KCl(s)	41.38	21.76	3.22	—	298~1043	51.3
KClO$_3$(s)	—	—	—	—		100.3
KI (s)	—	—	—	—		52.9
KMnO$_4$(s)	—	—	—	—		117.6
KNO$_3$(s)	60.88	118.8	—	—	298~401	96.4
K$_2$Cr$_2$O$_7$(s)	153.39	229.3	—	—	298~671	230
K$_2$SO$_4$(s)	120.37	99.58	−17.82	—	298~856	131.5
MgCl$_2$(s)	79.08	5.94	−8.62	—	298~927	71.4
MgCO$_3$(s)菱镁矿	77.91	57.74	−17.41	—	298~750	75.5
Mg(NO$_3$)$_2$(s)	44.69	297.90	7.49	—	298~600	141.9

续表

物质	热容					
	方程式 $C_{p,m}=f(T)$ 的系数				适用温度 范围/K	$C_{p,m}$(298.15K) /(J·mol·K^{-1})
	a	$b\times10^3$	$c'\times10^{-5}$	$c\times10^7$		
MgO(s)	42.59	7.28	−6.19	—	298~2100	37.2
Mg(OH)$_2$(s)	43.51	112.97	—	—	273~500	77.0
MgSO$_4$(s)	—	—	—	—		96.5
MnO(s)	46.48	8.12	−3.68		298~1800	45.4
MnO$_2$(s)	69.45	10.21	−16.23		298~800	54.1
NH$_3$(g)	25.895	32.999	—	−3.046	291~1000	35.1
NH$_4$Cl(s)	49.37	133.89	—	—	298~457.7	84.1
NH$_4$NO$_3$(s)	—	—	—	—		139.3
NH$_4$(SO$_4$)$_2$(s)	103.64	281.16	—	—	298~600	187.5
NO(g)	29.41	3.85	−0.59	—	273~2500	29.9
NO$_2$(g)	42.93	8.54	−6.74	—	298~2000	37.2
NOCl$_2$(g)	44.89	7.70	−6.95	—	298~2000	38.87
N$_2$O(g)	45.69	8.62	−8.54	—	298~2000	38.6
N$_2$O$_4$(g)	83.89	39.75	−14.90	—	298~1000	79.2
N$_2$O$_5$(g)	—	—	—	—		95.3
NaCl(s)	45.94	16.32	—	—	298~1073	50.5
NaHCO$_3$(s)	—	—	—	—		87.6
NaNO$_3$(s)						92.88
NaOH(s)	80.33				298~593	59.5
Na$_2$CO$_3$(s)	—	—	—	—		112.3
Na$_2$SO$_4$(s)						128.2
NiCl$_2$(s)	54.81	54.39	—	—	298~800	71.7
NiO(s)	47.3	9.00	—	—	273~1273	44.4
PCl$_3$(g)	83.965	1.209	−11.322	—	298~1000	71.8
PCl$_5$(g)	19.83	449.06	—	−498.7	298~500	112.8
PH$_3$(g)	18.811	60.132	—	170.37	298~1500	37.1

物质	热容					
	方程式 $C_{p,m}=f(T)$ 的系数				适用温度范围/K	$C_{p,m}(298.15K)$ /(J·mol·K^{-1})
	a	$b\times10^3$	$c'\times10^{-5}$	$c\times10^7$		
PbCO$_3$(s)	51.84	119.7	—	—	298~800	87.4
PbCl$_2$(s)	66.78	33.47	—	—	298~771	77.0
PbO(s)红色	44.35	16.74	—	—	298~900	45.8
PbO$_2$(s)	53.1	33.64	—	—		64.6
PbSO$_4$(s)	45.86	129.7	17.57	—	298~1100	103.2
SO$_2$(g)	43.43	10.63	−5.94	—	298~1800	39.9
SO$_3$(g)	57.32	26.86	−13.05	—	298~1200	50.7
SiO$_2$(s)-α 石英	46.94	34.31	−11.30	—	298~848	44.4
ZnO(s)	48.99	5.10	—	−9.12	298~1600	40.3
ZnS(s)	50.88	5.19	−5.69	—	298~1200	46.0
ZnSO$_4$(s)	71.42	87.93	—	—	298~1000	99.2

17.2.2 一些有机物的等压摩尔热容与温度的关系

表 3-17-4 一些有机物的等压摩尔热容与温度的关系（标准压力 $p^{\ominus}=100kPa$）

物质	热容					
	方程式 $C_{p,m}=f(T)$ 的系数				适用温度范围/K	$C_{p,m}(298.15K)$ /(J·mol·K^{-1})
	a	$b\times10^3$	$c'\times10^{-5}$	$c\times10^7$		
CH$_4$(g) 甲烷	14.318	74.663	—	−17.426	291~1500	35.7
C$_2$H$_2$(g) 乙炔	50.75	16.07	−10.29		298~2000	44.0
C$_2$H$_4$(g) 乙烯	11.322	122.00	—	37.903	291~1500	42.9
C$_2$H$_6$(g) 乙烷	5.753	175.109	—	−57.852	291~1000	52.5
C$_3$H$_6$(g) 丙烯	12.443	188.380	—	−47.597	270~510	63.89
C$_3$H$_8$(g) 丙烷	1.715	270.75	—	−94.483	298~1500	73.6
C$_4$H$_6$(g) 1,3-丁二烯	9.67	243.84	—	87.65		79.54
C$_4$H$_{10}$(g)正丁烷	18.230	303.558	—	−92.65	298~1500	97.45
C$_6$H$_6$(g) 苯	21.09	400.12	—	−169.9		82.4

物质	热容					
	方程式 $C_{p,m}=f(T)$ 的系数				适用温度 范围/K	$C_{p,m}$(298.15K) /(J·mol·K^{-1})
	a	$b\times10^3$	$c'\times10^{-5}$	$c\times10^7$		
C_6H_6 (l) 苯						136.0
C_6H_{12} (g) 环己烷	32.221	525.824	—	−173.99	298~1500	106.27
C_6H_{12} (l) 环己烷						154.9
C_7H_8 (g) 甲苯	19.83	474.72	—	−195.4		103.64
C_7H_8 (l) 甲苯						—
C_8H_{10} (g) 苯乙烯	13.10	545.6		−221.3		122.09
C_8H_{10} (l) 乙苯						183.2
$C_{10}H_8$ (s) 萘						165.3
CH_4O (l) 甲醇						81.1
CH_4O (g) 甲醇	20.42	103.7	—	−24.640	300~700	44.1
C_2H_6O (l) 乙醇						111.3
C_2H_6O (g) 乙醇	14.970	208.560	—	71.090	300~1000	65.6
C_3H_8O (g) 丙醇	−2.59	312.419	—	105.52		87.11
C_3H_8O (l) 异丙醇						156.5
C_3H_8O (g) 异丙醇						89.3
$C_4H_{10}O$ (l) 乙醚						175.6
$C_4H_{10}O$ (g) 乙醚						119.5
CH_2O (g) 甲醛	18.820	58.379		−15.606	291~1500	35.4
C_2H_4O (g) 乙醛	31.054	121.457		−36.577	298~1500	55.3
C_7H_6O (l) 苯甲醛						172.0
C_3H_6O (g) 丙酮	22.472	201.782	—	−63.521	298~1500	74.5
CH_2O_2 (l) 蚁酸						99.0
CH_2O_2 (g) 蚁酸	30.67	89.20	—	−34.539	300~700	
C_2H_4O (l) 乙酸						123.3
C_2H_4O (g) 乙酸	21.76	193.13	—	−76.78	300~700	63.4
$C_2H_2O_4$ (s) 草酸	—	—	—	—	—	91.0
C_2H_4O (s) 苯甲酸	—	—	—	—	—	146.8

物质	热容					
	方程式 $C_{p,\mathrm{m}}=f(T)$ 的系数				适用温度范围/K	$C_{p,\mathrm{m}}$(298.15K) /(J·mol·K^{-1})
	a	$b\times10^3$	$c'\times10^{-5}$	$c\times10^7$		
C$_7$H$_6$O$_2$(s)苯酚	—	—	—	—	—	127.4
CHCl$_3$(l)	29.506	148.942	—	−90.734	273~773	65.7
CH$_3$Cl(g)	14.903	96.224	—	−31.552	273~773	40.8
CH$_4$ON$_2$(s)尿素						93.14
C$_2$H$_5$Cl(g)氯乙烷						62.8
C$_6$H$_5$Cl(l)氯苯						150.1
C$_6$H$_7$N(l)苯胺						191.9
C$_6$H$_5$NO$_2$(l)硝基苯						185.8

17.2.3　部分有机化合物的标准摩尔燃烧焓（298.15K）

表 3-17-5　部分有机化合物的标准摩尔燃烧焓（298.15K）

物质	$\Delta_{\mathrm{c}}H_{\mathrm{m}}^{\ominus}$/(kJ·mol^{-1})	物质	$\Delta_{\mathrm{c}}H_{\mathrm{m}}^{\ominus}$/(kJ·mol^{-1})
CH$_4$(g) 甲烷	−890.31	C$_3$H$_8$O$_3$(l) 甘油	−1664.4
C$_2$H$_4$(g) 乙烯	−1410.97	C$_6$H$_5$OH(s) 苯酚	−3063
C$_2$H$_2$(g) 乙炔	−1299.63	HCHO(g)甲醛	−563.6
C$_2$H$_6$(g) 乙烷	−1559.88	CH$_3$CHO(g) 乙醛	−1192.4
C$_3$H$_6$(g) 丙烯	−2058.49	CH$_3$COCH$_3$(l) 丙酮	−1802.9
C$_3$H$_8$(g) 丙烷	−2220.07	CH$_3$COOC$_2$H$_5$(l)乙酸乙酯	−2254.21
C$_4$H$_{10}$(g) 正丁烷	−2878.51	(COOCH$_3$)$_2$(l) 草酸甲酯	−1677.8
C$_4$H$_{10}$(g) 异丁烷	−2871.65	(C$_2$H$_5$)$_2$O(g) 乙醚	−2730.9
C$_4$H$_8$(g) 丁烯	−2718.60	HCOOH(l)甲酸	−269.9
C$_5$H$_{12}$(g) 戊烷	−3536.15	CH$_3$COOH(l) 乙酸	−871.5
C$_6$H$_6$(l) 苯	−3267.62	(COOH)$_2$(s) 草酸	−246.0
C$_6$H$_{12}$(l) 环己烷	−3919.91	C$_6$H$_5$COOH (s) 苯甲酸	−3227.5
C$_7$H$_8$(l) 甲苯	−3909.95	CS$_2$(l) 二硫化碳	−1075
C$_8$H$_{10}$(l) 对二甲苯	−4552.86	C$_6$H$_5$NO$_2$(l) 硝基苯	−3097.8
C$_{10}$H$_8$(s) 萘	−5153.9	C$_6$H$_5$NH$_2$(l) 苯胺	−3397.0
CH$_3$OH(l) 甲醇	−726.64	C$_6$H$_{12}$O$_6$(s) 葡萄糖	−2815.8
C$_2$H$_5$OH(l) 乙醇	−1366.75	C$_{12}$H$_{22}$O$_{11}$(s) 蔗糖	−5648
(CH$_2$OH)$_2$(l) 乙二醇	−1192.9	C$_{10}$H$_{16}$O(s) 樟脑	−5903.6

17.2.4 无机化合物在水中的标准摩尔溶解焓和标准溶解吉布斯自由能

此处标准摩尔溶解焓是指 298.15K，1mol 标准状态下的纯物质 B 溶于水生成 1mol·L^{-1} 的理想溶液过程的热效应，此过程的吉布斯自由能变化称为标准摩尔溶解吉布斯自由能。

表 3-17-6 无机化合物在水中的标准摩尔溶解焓和标准溶解吉布斯自由能

化合物	$\Delta_{sol}H_m^{\ominus}$/(kJ·mol^{-1})	$\Delta_{sol}G_m^{\ominus}$/(kJ·mol^{-1})	化合物	$\Delta_{sol}H_m^{\ominus}$/(kJ·mol^{-1})	$\Delta_{sol}G_m^{\ominus}$/(kJ·mol^{-1})
AgBr	84.39	70.04	Ca(NO$_3$)$_2$	−19.16	−33.01
AgCN	110	92.5	Ca(OH)$_2$	−16.74	−30.42
AgCl	65.49	55.67	Ca$_3$(PO$_4$)$_2$(α)	−73.2	177.4
AgI	112.2	91.7	Ca$_3$(PO$_4$)$_2$(β)	−62.3	186.6
AgNCS	94.1	68.41	CaSO$_4$(α)	−26.86	15.31
AgNO$_3$	22.6	−0.75	CaSO$_4$(β)	−31.30	10.88
AgCrO$_4$	61.76	86.24	CaSO$_4$·2H$_2$O	570.53	499.28
Ag$_2$SO$_4$	17.8	28.1	CdCl$_2$	−18.7	3.8
AlCl$_3$	−331	−251	CdSO$_4$	−51.88	0.59
BaCO$_3$	1.5	48.9	CeCl$_3$	−143.9	−87.9
BaCl$_2$	−13.4	−12.8	Cl$_2$	−23	6.90
Ba(NO$_3$)$_2$	39.71	26.28	CoCl$_2$	−79.9	−46.9
BaSO$_4$	26.28	56.94	CuSO$_4$	−7314	−17
Br$_2$(l)	−2.6	3.9	FeCl$_2$	−81.6	−39.0
CO(g)	−10.4	17.2	FeCl$_3$	−151	−64.4
CO$_2$(g)	−20.3	8.33	FeSO$_4$	−69.9	−2.5
CaCO$_3$	−13.05	47.40	HBr(g)	−85.14	−50.54
CaCl$_2$	−81.3	−67.9	HCl(g)	−74.85	−35.96
CaF$_2$	11.5	56.1	HF(g)	−20.29	−23
CaHPO$_4$	−20.59	38.2	PbCl$_2$	23	27.2
CaHPO$_4$·2H$_2$O	568.6	511.95	PbF$_2$	−3	35
H$_2$S(g)	−19	5.69	HI(g)	−81.67	−53.30

续表

化合物	$\Delta_{sol}H_m^{\ominus}$ /(kJ·mol^{-1})	$\Delta_{sol}G_m^{\ominus}$ /(kJ·mol^{-1})	化合物	$\Delta_{sol}H_m^{\ominus}$ /(kJ·mol^{-1})	$\Delta_{sol}G_m^{\ominus}$ /(kJ·mol^{-1})
$H_2SO_4(l)$	−95.27	−54.52	$HNO_3(l)$	−33.3	−30.5
H_2SiO_3	5.9	13	$SrCl_2$	−51.25	−40.8
H_3PO_4	1.7	100	$SrSO_4$	−1.97	36.9
$HgCl_2$	7.9	5.4	$TiCl$	42.34	21.3
I_2	22.6	16.4	$TlNO_3$	41.92	8.74
$MgCl_2$	−159.8	−125.3	$ZnCl_2$	−73.14	−40.1
$Mg(OH)_2$	−2.30	64.1	$Zn(OH)_2$	29.4	93.51
$MgSO_4$	−91.2	−28.9	$ZnSO_4$	−80.3	−17
$Mg(NO_3)_2$	−90.9	−87.9	$NH_4H_2PO_4$	16.3	0.8
$MnCl_2$	−73.76	−50	NH_4NO_3	25.6	−6.69
$MnSO_4$	−64.9	−15	$(NH_4)_2SO_4$	6.57	−0.88
$NH_3(g)$	−34.2	−10.1	$NiCl_2$	−82.8	−49.0
NH_4Br	16.8	−7.9	$NiSO_4$	−90.4	−30.5
NH_4Cl	14.4	−7.66	$O_2(g)$	−12	16
NH_4F	−1.17	−9.41	$PH_3(g)$	−14.9	11.9
NH_4HCO_3	25	0			

17.2.5 一些离子在水中的标准摩尔生成焓、标准摩尔生成吉布斯自由能、标准熵和等压摩尔热容

表 3-17-7 一些离子在水中的标准摩尔生成焓、标准摩尔生成吉布斯自由能、标准熵和等压摩尔热容（标准压力 $p^{\ominus}=100kPa$，298.15K）

离子	$\Delta_f H_m^{\ominus}$	$\Delta_f G_m^{\ominus}$	$S_m^{\ominus}$	$C_{p,m}^{\ominus}$/(J·K^{-1}·mol^{-1})
Ag^+	105.579	77.107	72.68	21.8
$Ag(NH_3)_2^+$	−111.29	−17.12	245.2	
Al^{3+}	−531	−485	−321.7	
Ba^{2+}	−537.64	−560.77	9.6	
Br^-	−121.55	−103.96	82.4	−141.8
CH_3COO^-	−486.01	−369.31	86.6	

离子	$\Delta_f H_m^{\ominus}$	$\Delta_f G_m^{\ominus}$	$S_m^{\ominus}$	$C_{p,m}^{\ominus}/(J \cdot K^{-1} \cdot mol^{-1})$
CN^-	150.6	172.4	94.1	
CO_3^{2-}	-677.14	-527.81	-56.9	
$C_2O_4^{2-}$	-825.1	-673.9	45.6	
Ca^{2+}	-542.83	-553.58	-53.1	
Cd^{2+}	-75.9	-77.612	-73.2	
Ce^{3+}	-696.2	-672.0	-205	
Ce^{4+}	-537.2	-503.8	-301	
Cl^-	-167.16	-131.228	56.5	-136.4
ClO^-	-107.1	-36.8	42	
ClO_2^-	-66.5	-17.2	101.3	
ClO_3^-	-103.97	-7.95	162.3	
ClO_4^-	-129.33	-8.52	182.0	
Co^{2+}	-58.2	-54.4	-113	
$[Co(NH_3)_4]^+$	-145.2	-92.4	13	
$[Co(NH_3)_6]^+$	-584.9	-157.0	14.6	
Cu^+	71.67	49.98	40.6	
Cu^{2+}	64.77	65.49	-99.6	
$Cu(NH_3)_2^{2+}$	-142.3	-30.36	111.3	
$Cu(NH_3)_4^{2+}$	-348.5	-111.07	273.6	
F^-	-332.63	-278.79	-13.8	-106.7
Fe^{2+}	-89.1	-78.90	-137.7	
Fe^{3+}	-48.5	-4.7	-315.9	
H^+	0	0	0	0
$HCOO^-$	-425.55	-351.0	92	-87.9
HCO_3^-	-691.99	-586.77	91.2	
HS^-	-17.6	12.08	62.8	
HSO_3^-	-626.22	-527.73	139.7	
Hg^{2+}	171.1	164.40	-32.2	
Hg_2^{2+}	172.4	153.52	84.5	
I^-	-55.19	-51.57	111.3	-142.3
K^+	-252.38	-283.27	102.5	21.8
La^{3+}	-707.1	-683.7	-217.6	-13
Li^+	-278.49	-293.31	13.4	68.6
Mg^{2+}	-466.85	-454.8	-138.1	

续表

离子	$\Delta_f H_m^{\ominus}$	$\Delta_f G_m^{\ominus}$	$S_m^{\ominus}$	$C_{p,m}^{\ominus}/(J \cdot K^{-1} \cdot mol^{-1})$
Mn^{2+}	−220.75	−228.1	−73.6	50
NH_4^+	−132.51	−79.31	113.4	79.9
NO_2^-	−104.6	−32.2	123.0	−97.5
NO_3^-	−205.0	−108.74	146.4	−86.6
Na^+	−240.12	−261.905	59.0	46.4
Ni^{2+}	−54.0	−45.6	−128.9	
OH^-	−229.994	−157.244	−10.75	−148.5
PO_4^{3-}	−1277.4	−1018.7	−222	
Pb^{2+}	−1.7	−24.43	10.5	
S^{2-}	33.1	85.8	−14.6	
SCN^-	76.44	92.71	144.3	−40.2
SO_3^{2-}	−635.6	−486.5	−29	
SO_4^{2-}	−909.27	−744.53	20.1	−293
$S_2O_3^{2-}$	−648.5	−522.5	67	
Th^{4+}	−769.0	−705.1	−422.6	
Tl^+	5.36	−32.40	125.5	
Zn^{2+}	−153.89	−147.06	−112.1	46
VO^{2+}	−486.6	−446.4	−133.9	

17.2.6 一些键能数据 (298.15K)

表 3-17-8 一些键能数据 (298.15K)

键	$D/(kJ \cdot mol^{-1})$	键	$D/(kJ \cdot mol^{-1})$	键	$D/(kJ \cdot mol^{-1})$
H—H	436.0	C—H	414	P—Cl	326
Li—Li	105	N—H	390	S—Cl	−255
N≡N	944.7	O—H	463	K—Cl	423
O—O	139	F—H	565	Ca—Cl	368
O=O	498.3	Na—H	197	As—Cl	293
F—F	155	Si—H	318	Se—Cl	243
Na—Na	71	P—H	322	Br—Cl	217
Si—Si	222	S—H	347	Rb—Cl	427
P—P	200	Cl—H	431.4	Ag—Cl	301

键	$D/(\text{kJ} \cdot \text{mol}^{-1})$	键	$D/(\text{kJ} \cdot \text{mol}^{-1})$	键	$D/(\text{kJ} \cdot \text{mol}^{-1})$
S—S	225	K—H	180	Sn—Cl	318
Cl—Cl	242.3	Cu—H	276	Sb—Cl	310
K—K	49	As—H	247	I—Cl	209
Ge—Ge	188	Se—H	276	Cs—Cl	423
As—As	188	Br—H	366	C—N	292
As≡As	381	Rb—H	163	C≡N	890
Se—Se	209	Ag—H	243	C—O	350
Se=Se	272	C≡C	835.1	C=O	745
Br—Br	193	N—N	163	C—S	272
Rb—Rb	45.2	Te—H	239	C=S	536
Sn—Sn	163	I—H	299	P—N	577
Sb—Sb	121	Cs—H	175.7	S=O	498
Sb≡Sb	288.7	Li—H	481	C≡O	1046
C—C	344	C—Cl	329	C—F	328
C=C	610	N—Cl	192	C—Br	276
Te—Te	222	O—Cl	218	C—I	240
I—I	150.9	F—Cl	253	C—Si	290
Cs—Cs	43.5	Na—Cl	410	N—O	175
Li—H	243	Si—Cl	380		

17.2.7　常见物质的饱和蒸气压与温度的关系

物质的蒸气压 p（Pa）按下式计算：

$$\lg p = A - \frac{B}{C+t} + D$$

式中，A、B、C 为常数；t 为温度，℃；D 为压力单位的换算因子，其值为 2.1249。

表 3-17-9　常见物质的饱和蒸气压与温度的关系

名称	分子式	适用温度范围/℃	A	B	C
四氯化碳	CCl$_4$		6.87926	1212.021	226.41
氯仿	CHCl$_3$	−30～150	6.90328	1163.03	227.4
甲醇	CH$_4$O	−14～65	7.89750	1474.08	229.13

续表

名称	分子式	适用温度范围/℃	A	B	C
1,2-二氯乙烷	$C_2H_4Cl_2$	$-31\sim99$	7.0253	1271.3	222.9
醋酸	$C_2H_4O_2$	$0\sim36$	7.80307	1651.2	225
		$36\sim170$	7.18807	1416.7	211
乙醇	C_2H_6O	$-2\sim100$	8.32109	1718.10	237.52
丙酮	C_3H_6O	$-30\sim150$	7.02447	1161.0	224
异丙醇	C_3H_8O	$0\sim101$	8.11778	1580.92	219.61
乙酸乙酯	$C_4H_8O_2$	$-20\sim150$	7.09808	1238.71	217.0
正丁醇	$C_4H_{10}O$	$15\sim131$	7.47680	1362.39	178.77
苯	C_6H_6	$-20\sim150$	6.90561	1211.033	220.790
环己烷	C_6H_{12}	$20\sim81$	6.84130	1201.53	222.65
甲苯	C_7H_8	$-20\sim150$	6.95464	1344.80	219.482
乙苯	C_8H_{10}	$-20\sim150$	6.95719	1424.251	213.206

注：摘自 John A. Dean,《Lange's Handbook of Chemistry》, 12th (0～3) (1979)。

17.2.8 纯水的饱和蒸气压与温度的关系

表 3-17-10 纯水的饱和蒸气压与温度的关系

温度/℃	饱和蒸气压/Pa	温度/℃	饱和蒸气压/Pa	温度/℃	饱和蒸气压/Pa	温度/℃	饱和蒸气压/Pa
-15.0	191.5	-1.0	567.7	13.0	1497.3	27.0	3564.9
-14.0	208.0	0.0	610.5	14.0	1598.1	28.0	3779.5
-13.0	225.5	1.0	656.7	15.0	1704.92	29.0	4005.4
-12.0	244.5	2.0	705.8	16.0	1817.7	30.0	4242.8
-11.0	264.9	3.0	757.9	17.0	1937.2	31.0	4492.38
-10.0	286.5	4.0	813.4	18.0	2063.4	32.0	4754.7
-9.0	310.1	5.0	872.3	19.0	2196.74	33.0	5053.1
-8.0	335.2	6.0	935.0	20.0	2337.8	34.0	5319.38
-7.0	362.0	7.0	1001.6	21.0	2486.6	35.0	5489.5
-6.0	390.8	8.0	1072.6	22.0	2643.47	36.0	5941.2
-5.0	421.7	9.0	1147.8	23.0	2808.82	37.0	6275.1
-4.0	454.6	10.0	1228	24.0	2983.34	38.0	6625.0
-3.0	489.7	11.0	1312	25.0	3167.2	39.0	6986.3
-2.0	527.4	12.0	1402.3	26.0	3360.91	40.0	7375.9

温度/℃	饱和蒸气压/Pa	温度/℃	饱和蒸气压/Pa	温度/℃	饱和蒸气压/Pa	温度/℃	饱和蒸气压/Pa
41.0	7778	68.0	28554	95.0	84513	122.0	211459
42.0	8199	69.0	29828	96.0	87675	123.0	218163
43.0	8639	70.0	31157	97.0	90935	124.0	225022
44.0	9101	71.0	32517	98.0	94295	125.0	232104
45.0	9583.2	72.0	33943	99.0	97770	126.0	239329
46.0	10086	73.0	35423	100.0	101324	127.0	246756
47.0	10612	74.0	36956	101.0	104737	128.0	254356
48.0	11163	75.0	38543	102.0	108732	129.0	26158
49.0	11735	76.0	40183	103.0	112673	130.0	270124
50.0	12333	77.0	41916	104.0	116665	135.0	312941
51.0	12959	78.0	43636	105.0	120799	140.0	361425
52.0	13611	79.0	45462	106.0	125045	145.0	4155533
53.0	14292	80.0	47342	107.0	129402	150.0	476024
54.0	15000	81.0	49289	108.0	133911	155.0	54405
55.0	15737	82.0	51315	109.0	138511	160.0	618081
56.0	16505	83.0	53408	110.0	143263	165.0	7007620
57.0	17308	84.0	55568	111.0	148147	170.0	792055
58.0	18142	85.0	57808	112.0	153152	175.0	892468
59.0	19012	86.0	60114	113.0	158309	180.0	1002608
60.0	19916	87.0	62488	114.0	163619	185.0	1123083
61.0	20856	88.0	64941	115.0	169049	190.0	125008
62.0	21834	89.0	67474	116.0	174644	195.0	1398383
63.0	22849	90.0	70095	117.0	180378	200.0	1554423
64.0	23906	91.0	72800	118.0	186275	205.0	1723865
65.0	25003	92.0	75592	119.0	192334	210.0	1907235
66.0	26143	93.0	78473	120.0	198535	215.0	2105528
67.0	27326	94.0	81338	121.0	204889		

第 18 章　溶液热力学和相平衡热力学数据

18.1　溶液热力学数据

18.1.1　不同温度下气体在水中的亨利常数

表 3-18-1　化合物在水中的亨利常数

序号	分子式	名称	$MW/$ $(g \cdot mol^{-1})$	T_F/K	T_B/K	$T_s/℃$	$H(T_s)/atm$[①]	$H(T_s)/[atm \cdot (mol/m^3)^{-1}]$
							亨利常数 H	
1	C_2H_2	乙炔	26.038	192.40	189.00	25.0	1.3997×10^3	2.5195×10^{-2}
2	混合物	空气	28.960	59.15	78.67	—	—	—
3	C_3H_4	丙二烯	40.065	136.87	238.65	—	—	—
4	NH_3	氨	17.031	195.41	239.72	25.0		
5	Ar	氩	39.948	83.80	87.28	25.0	3.9696×10^4	7.1451×10^{-1}
6	AsF_5	五氟化砷	169.914	193.35	220.35	—	—	—
7	AsH_3	砷化氢	77.945	156.28	210.67	25.0	6.1949×10^3	1.1151×10^{-1}
8	BCl_3	三氯化硼	117.169	166.15	285.65	—	—	—
9	BF_3	三氟化硼	67.806	146.05	173.35	0.0	1.1744×10^3	2.1138×10^{-2}
10	BrF_5	五氟化溴	174.896	211.75	313.55	—	—	—
11	BrF_3	三氟化溴	136.890	281.92	398.90	—	—	—
12	C_2BrF_3	三氟溴乙烯	160.921	—	270.65	—	—	—
13	$CBrF_3$	三氟溴甲烷	148.910	105.15	215.26	25.0	2.6684×10^4	4.8031×10^{-1}
14	C_4H_6	1,3-丁二烯	54.092	164.25	268.74	25.0	3.9555×10^3	7.1198×10^{-2}
15	C_4H_{10}	n-丁烷	58.123	134.86	272.65	25.0	5.0901×10^4	9.1621×10^{-1}
16	C_4H_8	1-丁烯	56.107	87.80	266.90	25.0	1.3588×10^4	2.4459×10^{-1}
17	C_4H_8	顺-2-丁烯	56.107	134.26	276.87	25.0	1.3222×10^4	2.3800×10^{-1}
18	C_4H_8	反-2-丁烯	56.107	167.62	274.03	25.0	1.2834×10^4	2.3101×10^{-1}
19	$C_4H_{10}S$	n-丁硫醇	90.189	157.46	371.61	25.0	4.9932×10^2	8.9877×10^{-3}
20	$C_4H_{10}S$	仲丁基硫醇	90.189	133.02	358.13	25.0	3.6829×10^2	6.6291×10^{-3}

续表

亨利常数 H

序号	分子式	名称	$MW/$ $(g \cdot mol^{-1})$	T_F/K	T_B/K	$T_s/℃$	$H(T_s)/atm^{①}$	$H(T_s)/[atm \cdot (mol/m^3)^{-1}]$
21	$C_4H_{10}S$	叔丁基硫醇	90.189	274.26	337.37	25.0	2.9765×10^2	5.3576×10^{-3}
22	CO_2	二氧化碳	44.010	216.58	194.70	25.0	1.6352×10^3	2.9433×10^{-2}
23	CS_2	二硫化碳	76.143	161.58	319.37	25.0	5.8174×10^3	1.0471×10^{-1}
24	CO	一氧化碳	28.010	68.15	81.70	25.0	5.7979×10^4	1.0436
25	CCl_4	四氯化碳	153.822	250.33	349.79	25.0	1.6299×10^3	2.9338×10^{-2}
26	CF_4	四氟化碳	88.005	89.56	145.09	25.0	2.9576×10^5	5.3236
27	CF_2O	碳酰氟	66.007	161.89	188.58	—	—	—
28	COS	氧硫化碳	60.076	134.35	223.00	25.0	2.6075×10^3	4.6934×10^{-2}
29	Cl_2	氯	70.905	172.12	239.12	25.0	6.2485×10^2	1.1247×10^{-2}
30	ClF_3	三氟化氯	92.448	190.15	284.65	—	—	—
31	C_4H_5Cl	2-氯-1,3-丁二烯	88.536	143.15	332.55	—	—	—
32	$CHClF_2$	二氟氯甲烷	86.468	115.73	232.32	25.0	1.6749×10^3	3.0148×10^{-2}
33	C_2ClF_5	五氟氯乙烷	154.467	173.71	234.04	25.0	1.4320×10^5	2.5776
34	C_2ClF_3	三氟氯乙烯	116.470	115.00	245.30	—	—	—
35	$CClF_3$	三氟氯甲烷	104.459	92.15	191.74	25.0	6.2407×10^4	1.1233
36	C_2N_2	氰	52.036	245.25	252.00	20.0	2.9559×10^2	5.3206×10^{-3}
37	$CClN$	氯化氰	61.470	266.65	286.00	25.0	1.0784×10^2	1.9412×10^{-3}
38	C_4H_8	环丁烷	56.107	182.48	285.66			
39	C_6H_{12}	环己烷	84.161	279.69	353.87	25.0	1.0785×10^4	1.9412×10^{-1}
40	C_5H_{10}	环戊烷	70.134	179.31	322.40	25.0	1.0430×10^4	1.8774×10^{-1}
41	C_3H_6	环丙烷	42.081	145.73	240.37	21.1	4.2356×10^3	7.6240×10^{-2}
42	$C_{10}H_{22}$	n-癸烷	142.285	243.49	447.30	25.0	2.8508×10^5	5.1314
43	D_2	氘	4.032	18.73	23.65	25.0	6.8581×10^4	1.2344
44	B_2H_6	乙硼烷	27.670	107.65	180.65	—	—	—
45	CBr_2F_2	二氟二溴甲烷	209.816	163.05	295.94	—	—	—
46	$C_2Br_2F_4$	四氟1,2-二溴乙烷	259.824	162.65	320.41			

亨利常数 H

序号	分子式	名称	$MW/$ $(\text{g}\cdot\text{mol}^{-1})$	T_F/K	T_B/K	$T_s/℃$	$H(T_s)/\text{atm}^{①}$	$H(T_s)/[\text{atm}\cdot (\text{mol}/\text{m}^3)^{-1}]$
47	CCl_2F_2	二氟二氯甲烷	120.913	115.15	243.36	25.0	2.1667×10^4	3.9001×10^{-1}
48	$CHCl_2F$	氟二氯甲烷	102.923	138.15	282.05	25.0	2.8982×10^2	5.2167×10^{-3}
49	SiH_2Cl_2	二氯甲硅烷	101.007	151.15	281.45	—	—	—
50	$C_2Cl_2F_4$	四氟1,2-二氯乙烷	170.921	179.15	276.92	25.0	6.7079×10^4	1.2074
51	$C_4H_{10}S_2$	过硫化二乙基	122.255	171.63	427.13	—	—	—
52	$C_4H_{10}S$	二乙基硫醚	90.189	169.20	365.25	20.0	1.2336×10^2	2.2204×10^{-3}
53	$C_2H_3ClF_2$	1,1-二氟-1-氯乙烷	100.495	142.35	263.14	—	—	—
54	$C_2H_4F_2$	1,1-二氟乙烷	66.051	156.15	247.35	27.5	1.4108×10^3	2.5395×10^{-2}
55	$C_2H_2F_2$	1,1-二氟乙烯	64.035	129.15	187.50	25.0	2.0879×10^4	3.7582×10^{-1}
56	CH_2F_2	二氟甲烷	52.024	137.00	221.50	25.0	6.3570×10^2	1.1443×10^{-2}
57	C_2H_7N	二甲胺	45.084	180.96	280.03	—	—	—
58	$C_2H_6S_2$	过硫化二甲基	94.202	188.44	382.90	—	—	—
59	C_2H_6O	二甲醚	46.069	131.66	248.31	18.0	3.6909×10	6.6435×10^{-4}
60	C_5H_{12}	2,2-二甲基丙烷	72.150	256.58	282.65	25.0	1.1686×10^5	2.1034
61	C_2H_6S	二甲硫醚	62.136	174.88	310.48	25.0	1.1194×10^2	2.0148×10^{-3}
62	Si_2H_6	乙硅烷	62.219	140.65	259.00	—	—	—
63	C_2H_6	乙烷	30.070	90.35	184.55	25.0	2.6770×10^4	4.8186×10^{-1}
64	C_4H_6	丁炔	54.092	147.43	281.22	25.0	1.0115×10^3	1.8208×10^{-2}
65	C_2H_7N	乙胺	45.084	192.15	289.73	20.0	1.4442	2.5995×10^{-5}
66	C_2H_5Cl	氯乙烷	64.514	136.75	285.42	20.0	3.8400×10^2	6.9120×10^{-3}
67	C_2H_4	乙烯	28.054	104.01	169.47	25.0	1.1515×10^4	2.0727×10^{-1}
68	C_2H_4O	环氧乙烷	44.053	161.45	283.85	25.0	1.3228×10^1	2.3811×10^{-4}

续表

亨利常数 H

序号	分子式	名称	$MW/$ $(g \cdot mol^{-1})$	T_F/K	T_B/K	$T_s/℃$	$H(T_s)/atm^{①}$	$H(T_s)/[atm \cdot (mol/m^3)^{-1}]$
69	C_2H_6S	乙硫醇	62.136	125.26	308.15	25.0	1.6077×10^2	2.8938×10^{-3}
70	F_2	氟	37.997	53.53	84.95	—	—	—
71	GeH_4	锗烷	76.642	107.26	185.00			
72	GeF_4	四氟化锗	148.600	258.15	236.65			
73	He	氦	4.003	1.76	4.22	25.0	1.4295×10^5	2.5730
74	C_7H_{16}	n-庚烷	100.204	182.57	371.58	25.0	1.4884×10^5	2.6791
75	C_3F_6O	六氟丙酮	166.023	151.15	245.88	—	—	—
76	C_2F_6	六氟乙烷	138.012	172.45	194.95	25.0	9.3976×10^5	1.6915×10^{-1}
77	C_3F_6	六氟丙烯	150.023	116.65	243.55	—	—	—
78	C_6H_{14}	己烷	86.177	177.84	341.88	25.0	7.2173×10^4	1.2991
79	H_2	氢	2.016	13.95	20.39	25.0	7.0832×10^4	1.2749
80	HBr	溴化氢	80.912	186.34	206.45		—	—
81	HCl	氯化氢	36.461	158.97	188.15			
82	HCN	氰化氢	27.026	259.91	298.85			
83	HF	氟化氢	20.006	189.79	292.67			
84	HI	碘化氢	127.912	222.38	237.55		—	—
85	H_2Se	硒化氢	80.976	209.15	232.05	25.0	6.7307×10^2	1.2115×10^{-2}
86	H_2S	硫化氢	34.082	187.68	212.80	25.0	5.4118×10^2	9.7410×10^{-3}
87	IF_5	五氟化碘	221.897	282.55	377.63	—	—	—
88	C_4H_{10}	异丁烷	58.123	113.54	261.43	25.0	6.3913×10^4	1.1504
89	C_4H_8	异丁烯	56.107	132.81	266.25	25.0	1.1470×10^4	2.0645×10^{-1}
90	$C_4H_{10}S$	异丁硫醇	90.189	128.31	361.64	25.0	3.8351×10^2	6.9030×10^{-3}
91	C_3H_8S	异丙硫醇	76.163	142.61	325.71	25.0	2.3174×10^2	4.1714×10^{-3}
92	Kr	氪	83.800	115.78	119.80	25.0	2.2161×10^4	3.9889×10^{-1}
93	混合物	MAPP 气	—	—	—			
94	CH_4	甲烷	16.043	90.67	111.66	25.0	3.5356×10^4	6.3640×10^{-1}

续表

亨利常数 H

序号	分子式	名称	$MW/$ $(g \cdot mol^{-1})$	T_F/K	T_B/K	$T_s/℃$	$H(T_s)/atm^{①}$	$H(T_s)/[atm \cdot (mol/m^3)^{-1}]$
95	C_3H_4	丙炔	40.065	170.45	249.94	25.0	5.9069×10^2	1.0632×10^{-2}
96	CH_3Br	溴甲烷	94.939	179.55	276.71	25.0	3.7656×10^2	6.7780×10^{-3}
97	C_5H_{10}	3-甲基-1-丁烯	70.134	104.66	293.21	25.0	2.9007×10^4	5.2213×10^{-1}
98	CH_3Cl	氯甲烷	50.488	175.45	248.93	25.0	4.5840×10^2	8.2512×10^{-3}
99	C_3H_8O	甲乙醚	60.096	160.00	280.50	25.0	3.0964×10^1	5.5734×10^{-4}
100	C_3H_8S	甲乙硫醚	76.156	167.20	340.15	25.0	1.0986×10^2	1.9775×10^{-3}
101	CH_3F	氟甲烷	34.033	131.35	194.82	15.0	7.7625×10^2	1.3972×10^{-2}
102	CH_4S	甲硫醇	48.109	150.18	279.11	15.0	1.0775×10^2	1.9396×10^{-3}
103	C_3H_6O	甲基乙烯基醚	58.080	151.15	278.65	—	—	—
104	CH_5N	一甲胺	31.057	179.69	266.82	—	—	—
105	Ne	氖	20.180	24.55	27.09	25.0	1.2263×10^5	2.2072
106	NiC_4O_4	羰基镍	170.735	248.15	315.65	—	—	—
107	NO	氧化氮	30.006	112.15	121.38	25.0	2.8739×10^4	5.1729×10^{-1}
108	N_2	氮	28.013	63.15	77.35	25.0	8.7143×10^4	1.5685
109	NO_2	二氧化氮	46.006	261.95	294.00	—	—	—
110	NF_3	三氟化氮	71.002	66.36	144.09	—	—	—
111	N_2O_3	三氧化二氮	76.012	170.00	275.15	—	—	—
112	$NOCl$	亚硝酰氯	65.459	213.55	267.77	—	—	—
113	N_2O	氧化亚氮	44.013	182.33	184.67	25.0	2.2914×10^3	4.1244×10^{-2}
114	C_8H_{18}	辛烷	114.231	216.38	398.83	25.0	2.7196×10^5	4.8952
115	C_4F_8	八氟环丁烷	200.031	232.96	267.17	26.0	2.1469×10^5	3.8644
116	C_5F_8	八氟环戊烯	212.041	203.15	300.15	—	—	—
117	O_2	氧	31.999	54.36	90.17	25.0	4.3630×10^4	7.8532×10^{-1}
118	F_2O	二氟化氧	53.996	49.25	128.55	0.0	1.8295×10^4	3.2931×10^{-1}
119	O_3	臭氧	47.998	80.15	161.85	0.0	2.5170×10^3	4.5305×10^{-2}
120	C_2HF_5	五氟乙烷	120.022	170.15	225.15	—	—	—
121	C_5H_{12}	n-戊烷	72.150	143.42	309.22	25.0	7.0302×10^4	1.2654
122	$ClFO_3$	氟氧化氯	102.449	125.41	226.49	25.0	9.4734×10^3	1.7052×10^{-1}

亨利常数 H

序号	分子式	名称	$MW/$ $(g \cdot mol^{-1})$	T_F/K	T_B/K	$T_s/℃$	$H(T_s)/atm$[①]	$H(T_s)/[atm \cdot (mol/m^3)^{-1}]$
123	C_4F_{10}	全氟丁烷	238.028	144.95	271.15	—	—	—
124	C_4F_8	全氟-2-丁烯	200.031	138.15	270.36	—	—	—
125	C_3F_8	全氟丙烷	188.020	125.46	236.40	15.0	1.7555×10^6	3.1599×10^{-1}
126	CCl_2O	光气	98.916	145.37	280.71	25.0	7.9994×10^2	1.4398×10^{-2}
127	PH_3	磷化氢	33.998	139.37	185.41	25.0	6.7766×10^3	1.2198×10^{-1}
128	PF_5	五氟化磷	125.966	179.35	188.65	—	—	—
129	PF_3	三氟化磷	87.969	121.85	171.95	—	—	—
130	C_3H_8	丙烷	44.096	85.46	231.11	25.0	3.7998×10^4	6.8396×10^{-1}
131	C_3H_6	丙烯	42.081	87.90	225.43	25.0	1.1313×10^4	2.0363×10^{-1}
132	C_3H_6O	环氧丙烷	58.080	161.22	307.05	20.0	4.0240	7.2432×10^{-5}
133	C_3H_8S	n-丙硫醇	76.163	159.95	340.87	25.0	2.5127×10^2	4.5228×10^{-3}
134	SiH_4	甲硅烷	32.117	88.15	161.00	—	—	—
135	$SiCl_4$	四氯化硅	169.896	204.30	330.00	—	—	—
136	SiF_4	四氟化硅	104.079	186.35	178.35	—	—	—
137	SO_2	二氧化硫	64.065	200.00	263.13	25.0	4.0674×10	7.32113×10^{-4}
138	SF_6	六氟化硫	146.056	222.45	209.25	25.0	2.2752×10^5	4.0953
139	SF_4	四氟化硫	108.060	149.15	233.15	—	—	—
140	SO_2F_2	硫酰氟	102.060	137.33	217.77	—	—	—
141	C_2Cl_4	四氯乙烯	165.833	250.80	394.40	25.0	1.4968×10^3	2.6942×10^{-2}
142	C_2F_4	四氟乙烯	100.016	142.00	197.51	25.0	3.3949×10^4	6.1107×10^{-1}
143	N_2F_4	四氟肼	104.007	111.65	198.95	—	—	—
144	C_4H_8S	四氢噻吩	88.173	176.99	394.27	—	—	—
145	C_4H_4S	噻吩	84.142	234.94	357.31	25.0	1.5990×10^2	2.8782×10^{-3}
146	CCl_3F	氟三氯甲烷	137.368	162.04	296.97	30.0	6.7582×10^3	1.2165×10^{-1}
147	$SiHCl_3$	三氯甲硅烷	135.452	144.95	305.00	—	—	—
148	$C_2Cl_3F_3$	1,2,2-三氟-1,1,2-三氯乙烷	187.375	238.15	320.75	25.0	2.6684×10^4	4.8031×10^{-1}
149	CHF_3	三氟甲烷	70.014	117.97	190.99	25.0	4.1804×10^3	7.5246×10^{-2}
150	C_3H_9N	三甲胺	59.111	156.08	276.02	—	—	—

续表

亨利常数 H

序号	分子式	名称	$MW/$ $(g \cdot mol^{-1})$	T_F/K	T_B/K	$T_s/℃$	$H(T_s)/atm$[①]	$H(T_s)/[atm \cdot (mol/m^3)^{-1}]$
151	$C_3H_{10}Si$	三甲基甲硅烷	74.198	137.26	279.85	—	—	—
152	WF_6	六氟化钨	297.830	272.65	290.45	—	—	—
153	C_4H_4	乙烯基乙炔	52.076	—	278.25	30.0	$1.5489×10^3$	$2.7880×10^{-2}$
154	C_2H_3Br	溴乙烯	106.950	135.35	288.95	—	—	—
155	C_2H_3Cl	氯乙烯	62.499	119.36	259.78	25.0	$1.2437×10^3$	$2.2387×10^{-2}$
156	C_2H_3F	氟乙烯	46.044	112.65	200.95	—	—	—
157	Xe	氙	131.290	161.36	165.03	25.0	$1.2669×10^4$	$2.2804×10^{-1}$

① 1atm=101325Pa。

注：H——化合物在水中的亨利定律常数，atm 或 atm $\cdot (mol/m^3)^{-1}$；

T_s——温度，℃；

$H(T_s)$——在指定温度 T_s 时化合物在水中的亨利定律常数，atm 或 atm $\cdot (mol/m^3)^{-1}$；

MW——化合物的相对分子质量，g $\cdot mol^{-1}$；

T_F——化合物凝固温度，K；

T_B——化合物的沸点，K。

18.1.2 常用酸、碱、盐溶液的活度系数 (298.15K)

表 3-18-2 常用酸、碱、盐溶液的活度系数 (298.15K)

序号	分子式	溶液浓度/(mol·L⁻¹)							
		0.1	0.2	0.3	0.4	0.5	0.6	0.8	1.0
1	$AgNO_3$	0.734	0.657	0.606	0.567	0.536	0.509	0.464	0.429
2	$AlCl_3$	0.337	0.305	0.302	0.313	0.331	0.356	0.429	0.539
3	$Al_2(SO_4)_3$	0.035	0.0225	0.0176	0.0153	0.0143	0.0140	0.0149	0.0175
4	$BaCl_2$	0.500	0.444	0.419	0.405	0.397	0.391	0.391	0.395
5	$Ba(ClO_4)_2$	0.524	0.481	0.464	0.459	0.462	0.469	0.487	0.513
6	$BeSO_4$	0.150	0.109	0.0885	0.0759	0.0692	0.0639	0.0570	0.0530
7	$CaCl_2$	0.518	0.472	0.455	0.448	0.448	0.453	0.470	0.500
8	$Ca(ClO_4)_2$	0.557	0.532	0.532	0.544	0.564	0.589	0.654	0.743
9	$CdCl_2$	0.2280	0.1638	0.1329	0.1139	0.1006	0.0905	0.0765	0.0669
10	$Cd(NO_3)_2$	0.513	0.464	0.442	0.430	0.425	0.423	0.425	0.433
11	$CdSO_4$	0.150	0.103	0.0822	0.0699	0.0615	0.0553	0.0468	0.0415
12	$CoCl_2$	0.522	0.479	0.463	0.459	0.462	0.470	0.492	0.531

续表

序号	分子式	溶液浓度/(mol·L^{-1})							
		0.1	0.2	0.3	0.4	0.5	0.6	0.8	1.0
13	$CrCl_3$	0.331	0.298	0.294	0.300	0.314	0.335	0.397	0.481
14	$Cr(NO_3)_3$	0.319	0.285	0.279	0.281	0.291	0.304	0.344	0.401
15	$Cr_2(SO_4)_3$	0.0458	0.0300	0.0238	0.0207	0.0190	0.0182	0.0185	0.0208
16	$CsBr$	0.754	0.694	0.654	0.626	0.603	0.506	0.558	0.530
17	$CsCl$	0.756	0.694	0.656	0.628	0.606	0.589	0.563	0.544
18	CsI	0.754	0.692	0.651	0.621	0.599	0.581	0.554	0.533
19	$CsNO_3$	0.733	0.655	0.602	0.561	0.528	0.501	0.458	0.422
20	$CsOH$	0.795	0.761	0.744	0.739	0.739	0.742	0.754	0.771
21	$CsAc$	0.799	0.771	0.761	0.759	0.762	0.768	0.783	0.802
22	Cs_2SO_4	0.456	0.382	0.338	0.311	0.291	0.274	0.251	0.235
23	$CuCl_2$	0.510	0.457	0.431	0.419	0.413	0.411	0.412	0.419
24	$Cu(NO_3)_2$	0.512	0.461	0.440	0.430	0.427	0.428	0.438	0.456
25	$CuSO_4$	0.150	0.104	0.083	0.070	0.062	0.056	0.048	0.042
26	$FeCl_2$	0.520	0.475	0.456	0.450	0.452	0.456	0.475	0.508
27	HBr	0.805	0.782	0.777	0.781	0.789	0.801	0.832	0.871
28	HCl	0.796	0.767	0.756	0.755	0.757	0.763	0.783	0.809
29	$HClO_4$	0.803	0.778	0.768	0.766	0.769	0.776	0.795	0.823
30	HI	0.818	0.807	0.811	0.823	0.839	0.860	0.908	0.963
31	HNO_3	0.791	0.754	0.735	0.725	0.720	0.717	0.718	0.724
32	H_2SO_4	0.246	0.209	0.183	0.167	0.156	0.148	0.137	0.132
33	KBr	0.772	0.722	0.693	0.673	0.657	0.646	0.629	0.617
34	KCl	0.770	0.718	0.688	0.666	0.649	0.637	0.618	0.604
35	$KClO_3$	0.749	0.681	0.635	0.599	0.568	0.541	—	—
36	K_2CrO_4	0.456	0.382	0.340	0.313	0.292	0.276	0.253	0.235
37	KF	0.775	0.727	0.700	0.682	0.670	0.661	0.650	0.645
38	$K_3Fe(CN)_6$	0.268	0.212	0.184	0.167	0.155	0.146	0.135	0.128
39	$K_4Fe(CN)_6$	0.139	0.0993	0.0808	0.0693	0.0614	0.0556	0.0479	—
40	KH_2PO_4	0.731	0.653	0.602	0.561	0.529	0.501	0.456	0.421
41	KI	0.778	0.733	0.707	0.689	0.676	0.667	0.654	0.645
42	KNO_3	0.739	0.663	0.614	0.576	0.545	0.519	0.476	0.443
43	KOH	0.776	0.739	0.721	0.713	0.712	0.712	0.721	0.735

续表

序号	分子式	溶液浓度/(mol·L⁻¹)							
		0.1	0.2	0.3	0.4	0.5	0.6	0.8	1.0
44	KAc	0.796	0.766	0.754	0.750	0.751	0.754	0.766	0.783
45	KSCN	0.769	0.716	0.685	0.663	0.646	0.633	0.614	0.599
46	K_2SO_4	0.436	0.356	0.313	0.283	0.261	0.243	—	—
47	LiAc	0.784	0.742	0.721	0.709	0.700	0.691	0.688	0.689
48	LiBr	0.796	0.766	0.756	0.752	0.753	0.758	0.777	0.803
49	LiCl	0.790	0.757	0.744	0.740	0.739	0.743	0.755	0.774
50	$LiClO_4$	0.812	0.794	0.792	0.798	0.808	0.820	0.852	0.887
51	$LiNO_3$	0.788	0.752	0.736	0.728	0.726	0.727	0.733	0.743
52	LiOH	0.760	0.702	0.665	0.638	0.617	0.599	0.573	0.554
53	Li_2SO_4	0.468	0.389	0.361	0.337	0.319	0.307	0.289	0.277
54	$MgCl_2$	0.528	0.488	0.476	0.474	0.480	0.490	0.521	0.569
55	$MgSO_4$	0.150	0.107	0.087	0.076	0.068	0.062	0.054	0.049
56	$MnCl_2$	0.518	0.471	0.452	0.444	0.442	0.445	0.457	0.481
57	$MnSO_4$	0.150	0.105	0.085	0.073	0.064	0.058	0.049	0.044
58	NH_4Cl	0.770	0.718	0.687	0.665	0.649	0.636	0.617	0.603
59	NH_4NO_3	0.740	0.677	0.636	0.606	0.582	0.562	0.530	0.504
60	$(NH_4)_2SO_4$	0.423	0.343	0.300	0.270	0.248	0.231	0.206	0.189
61	NaAc	0.791	0.757	0.744	0.737	0.735	0.736	0.745	0.757
62	NaBr	0.782	0.741	0.719	0.704	0.697	0.692	0.687	0.683
63	NaCl	0.778	0.735	0.710	0.693	0.681	0.673	0.662	0.657
64	$NaClO_3$	0.772	0.720	0.688	0.664	0.645	0.630	0.606	0.589
65	$NaClO_4$	0.775	0.729	0.701	0.683	0.668	0.656	0.641	0.629
66	Na_2CrO_4	0.464	0.394	0.353	0.327	0.307	0.292	0.269	0.253
67	NaF	0.765	0.710	0.676	0.651	0.632	0.616	0.592	0.573
68	NaH_2PO_4	0.744	0.675	0.629	0.593	0.563	0.539	0.499	0.468
69	NaI	0.787	0.751	0.735	0.727	0.723	0.723	0.727	0.736
70	$NaNO_3$	0.762	0.703	0.666	0.638	0.617	0.599	0.570	0.548
71	NaOH	0.764	0.725	0.706	0.695	0.688	0.683	0.677	0.677
72	NaSCN	0.787	0.750	0.731	0.720	0.715	0.712	0.710	0.712
73	Na_2SO_4	0.452	0.371	0.325	0.294	0.230	0.252	0.225	0.204
74	$NiCl_2$	0.522	0.479	0.463	0.460	0.464	0.471	0.496	0.563

续表

序号	分子式	溶液浓度/(mol·L^{-1})							
		0.1	0.2	0.3	0.4	0.5	0.6	0.8	1.0
75	NiSO$_4$	0.150	0.105	0.084	0.071	0.063	0.056	0.048	0.043
76	Pb(NO$_3$)$_2$	0.405	0.316	0.267	0.234	0.210	0.192	0.164	0.145
77	RbAc	0.796	0.767	0.756	0.753	0.755	0.759	0.773	0.792
78	RbBr	0.763	0.706	0.673	0.650	0.632	0.617	0.595	0.578
79	RbCl	0.764	0.709	0.675	0.652	0.634	0.620	0.599	0.583
80	RbI	0.762	0.705	0.671	0.647	0.629	0.614	0.591	0.575
81	RbNO$_3$	0.734	0.658	0.606	0.565	0.534	0.508	0.465	0.430
82	Rb$_2$SO$_4$	0.451	0.374	0.331	0.301	0.279	0.263	0.238	0.219
83	SrCl$_2$	0.511	0.461	0.442	0.433	0.430	0.431	0.441	0.461
84	Sr(NO$_3$)$_2$	0.478	0.410	0.373	0.348	0.329	0.314	0.292	0.275
85	TlClO$_4$	0.730	0.652	0.599	0.559	0.527	—	—	—
86	TlNO$_3$	0.702	0.606	0.545	0.500	—	—	—	—
87	UO$_2$Cl$_2$	0.539	0.505	0.497	0.500	0.512	0.527	0.565	0.614
88	UO$_2$(NO$_3$)$_2$	0.543	0.512	0.510	0.518	0.534	0.555	0.608	0.679
89	UO$_2$SO$_4$	0.150	0.102	0.0807	0.0689	0.0611	0.0566	0.0483	0.0439
90	ZnCl$_2$	0.518	0.465	0.435	0.413	0.396	0.382	0.359	0.341
91	Zn(NO$_3$)$_2$	0.530	0.487	0.472	0.463	0.471	0.478	0.499	0.533
92	ZnSO$_4$	0.150	0.104	0.084	0.071	0.063	0.057	0.049	0.044

18.1.3　稀溶液的依数性常数

表 3-18-3　稀溶液的依数性常数——某些溶剂的凝固点常数

溶剂	分子式	凝固点 t_f/℃	降低常数 K_f/(K·kg·mol^{-1})
醋酸	C$_2$H$_4$O$_2$	16.66	3.9
四氯化碳	CCl$_4$	-22.95	29.8
1,4-二噁烷	C$_4$H$_8$O$_2$	11.8	4.63
1,4-二溴代苯	C$_6$H$_4$Br$_2$	87.3	12.5
苯	C$_6$H$_6$	5.533	5.12
环己烷	C$_6$H$_{12}$	6.54	20.0
萘	C$_{10}$H$_8$	80.29	6.94
樟脑	C$_{10}$H$_{16}$O	178.75	37.7
水	H$_2$O	0	1.86

表 3-18-4　稀溶液的依数性常数——某些物质的沸点升高常数

溶剂	沸点 t_b/℃	K_b/(K·kg·mol^{-1})	溶剂	沸点 t_b/℃	K_b/(K·kg·mol^{-1})	溶剂	沸点 t_b/℃	K_b/(K·kg·mol^{-1})
硝基苯	210.9	5.27	水	100	0.516	氯仿	61.2	3.83
苯胺	184.4	3.69	苯	80.2	2.57	乙酸甲酯	57.0	2.06
苯酚	181.2	3.60	乙醇	78.3	1.0	丙酮	56	1.5
溴化乙烯	131.5	6.43	乙酸乙酯	77.2	2.79	二硫化碳	46.3	2.29
乙酸	118.4	3.1	四氯化碳	76.7	5.3	乙醚	34.5	2.0
吡啶	115.4	2.69	甲醇	64.7	0.84	二氧化硫	−10	1.45

18.2　相平衡数据

18.2.1　常见有机溶剂间的共沸混合物

表 3-18-5　常见有机溶剂间的共沸混合物及组成

共沸混合物	组分的沸点/℃	共沸物的组成(质量分数)/%	共沸物的沸点/℃
乙醇-乙酸乙酯	78.3,78.0	30∶70	72.0
乙醇-苯	78.3,80.6	32∶68	68.2
乙醇-氯仿	78.3,61.2	7∶93	59.4
乙醇-四氯化碳	78.3,77.0	16∶84	64.9
乙酸乙酯-四氯化碳	78.0,77.0	43∶7	75.0
甲醇-四氯化碳	64.7,77.0	21∶79	55.7
甲醇-苯	64.7,80.4	39∶61	48.3
氯仿-丙酮	61.2,56.4	80∶20	64.7
甲苯-乙酸	101.5,118.5	72∶28	105.4
乙醇-苯-水	78.3,80.6,100	19∶74∶7	64.9

18.2.2　一些溶剂与水形成的二元共沸物及组成

表 3-18-6　一些溶剂与水形成的二元共沸物及组成

溶剂	沸点/℃	共沸点/℃	含水量/%	溶剂	沸点/℃	共沸点/℃	含水量/%
氯仿	61.2	56.1	2.5	甲苯	110.5	85.0	20
四氯化碳	77.0	66.0	4.0	正丙醇	97.2	87.7	28.8
苯	80.4	69.2	8.8	异丁醇	108.4	89.9	88.2
丙烯腈	78.0	70.0	13.0	二甲苯	137~140.5	92.0	37.5
二氯乙烷	83.7	72.0	19.5	正丁醇	117.7	92.2	37.5
乙腈	82.0	76.0	16.0	吡啶	115.5	94.0	42

续表

溶剂	沸点/℃	共沸点/℃	含水量/%	溶剂	沸点/℃	共沸点/℃	含水量/%
乙醇	78.3	78.1	4.4	异戊醇	131.0	95.1	49.6
乙酸乙酯	77.1	70.4	8.0	正戊醇	138.3	95.4	44.7
异丙醇	82.4	80.4	12.1	氯乙醇	129.0	97.8	59.0
乙醚	35	34	1.0	二硫化碳	46	44	2.0
甲酸	101	107	26				

18.2.3　某些水-盐的最低共熔温度

表 3-18-7　某些水-盐的最低共熔温度及组成

盐	低共熔温度 T/K	低共熔温度时组成盐的质量分数	盐	低共熔温度 T/K	低共熔温度时组成盐的质量分数
$BaCl_2$	275.35	0.225	$MgSO_4$	269.9	0.1650
$CaCl_2$	218.2	0.320	$(NH_4)_2SO_4$	254.9	0.3980
$Ca(NO_3)_2$	257.15	0.35	NaI	241.7	0.390
$CuSO_4$	272.0	0.119	$NaBr$	245.2	0.403
$FeCl_3$	218.2	0.331	$NaCl$	252.1	0.233
$FeSO_4$	271.33	0.1304	Na_2SO_4	269.6	0.127
KNO_3	270	0.1120	KI	250.2	0.523
KBr	260.6	0.3130	$Sr(NO_3)_2$	258.65	0.245
$MgCl_2$	239.55	0.216	$ZnSO_4$	266.55	0.272
$Mg(NO_3)_2$	244.15	0.346	$ZnCl_2$	211.15	0.51

18.2.4　部分金属单质的低共熔混合物

表 3-18-8　部分金属单质的低共熔混合物

组分1	熔点 T_m/℃	组分2	熔点 T_m/℃	低共熔点 T_E/℃	低共熔组成(质量分数)/%	
Sn	232	Pb	327	183	Sn：63.0	Pb：37.0
Sn	232	Zn	420	198	Sn：91.0	Zn：9.0
Sn	232	Ag	961	221	Sn：96.5	Ag：3.5
Sn	232	Cu	1083	227	Sn：99.2	Cu：0.8
Sn	232	Bi	271	140	Sn：42.0	Bi：58.0
Sb	630	Pb	327	246	Sb：12.0	Pb：88.0
Bi	271	Pb	327	124	Bi：55.5	Pb：44.5
Bi	271	Cd	321	146	Bi：60.0	Cd：40.0
Cd	321	Zn	420	270	Cd：83.0	Zn：17.0

18.2.5 部分无机化合物的共熔

表 3-18-9 部分无机化合物的共熔

组分 1	组分 2	低共熔点 T_E/℃	低共熔组成(组分 2 的摩尔分数)	组分 1	组分 2	低共熔点 T_E/℃	低共熔组成(组分 2 的摩尔分数)
AgBr	KCl	318	0.235	Hg_2Cl_2	CuCl	320	0.72
AgCl	KBr	320	0.251		NH_4Cl	328	0.71
	KCl	318	0.30	KCl	NaF	648	0.265
$AgNO_3$	AgBr	163.5	0.23	K_2CO_3	NaF	552	0.51
	$LiNO_3$	171.5	0.25	KF	LiF	492	0.50
$AlBr_3$	$AlCl_3$	76	0.42	KNO_3	NaCl	285	0.10
Al_2O_3	CaF_2	1270	0.78	LiCl	LiF	498	0.28
$BaCl_2$	CaF_2	791	0.21	Li_2CO_3	LiCl	506	0.60
	NaCl	640	0.61	$MnCl_2$	$SrCl_2$	500	0.54
$BaCO_3$	$BaCl_2$	860	0.925	NH_4Cl	$NaNO_3$	121	0.137
	$CaCO_3$	1139	0.52	Na_2CO_3	NaCl	638	0.57
	Na_2CO_3	686	0.63		NaOH	286	0.90
BaO	MgO	1475	0.45	Na_2CrO_4	$CaCO_3$	690	0.38
$CaCl_2$	$MgCl_2$	621	0.609		Na_2CO_3	655	0.48
	NaCl	500	0.47	NaF	LiF	652	0.61
CaF_2	NaCl	778	89	$NaNO_3$	$LiNO_3$	206	0.47
CaO	NaBr	368	0.53	$PbCl_2$	$MnCl_2$	408	0.30
Cu_2O	CaO	1140	0.47	$PbSO_4$	Na_2SO_4	735	0.47
$FeCl_3$	$FeCl_2$	297.5	0.135	$SnCl_2$	NaCl	183	0.31
	NaCl	158	0.46	$SrCl_2$	$MgCl_2$	535	0.505
FeO	CaO	1079	0.32		NaCl	565	0.50
FeS	FeO	920	0.35	$Sr(NO_3)_2$	KNO_3	275	0.85

18.2.6 部分单质气体的临界常数

气体的临界常数包括临界温度、临界压力、临界摩尔体积等。临界温度是指在这个温度之上，无论加多大的压力都不能使气体液化的温度。临界压力是指气体在临界温度之下液化时所需的最低压力。临界摩尔体积是指气体在临界温度、临界压力之下 1mol 的体积，可以由临界密度来计算。

　　临界温度、临界压力、临界摩尔体积是指共存的气相与液相的密度正好相等时的热力学温度、压力和摩尔体积的值。

表 3-18-10　部分单质气体的临界常数

序号	分子式	临界温度 T_c/℃	临界压力 p_c/10^6Pa	临界密度 ρ_c/(g·mL^{-1})
1	Ar	−122.4	4.8734	0.533
2	As	530.0	34.651	—
3	Br$_2$	311.0	10.334	1.26
4	Cs	1806.0	—	0.44
5	Cl$_2$	144.0	7.7003	0.573
6	D$_2$	−234.9	1.6515	0.669
7	F$_2$	−128.85	5.2149	0.574
8	H$_2$	−240.17	1.2928	0.0314
9	He	−267.96	0.22695	0.0698
10	^{3}He	−269.84	0.11449	0.0414
11	Hg	1462.0	18.946	—
12	I$_2$	546.0	—	1.64
13	K	1950.0	16.211	0.187
14	Kr	−63.8	5.5016	0.919
15	Li	2950.0	68.897	0.105
16	N$_2$	−147.0	3.3942	0.313
17	Na	2300.0	35.462	0.198
18	Ne	−228.75	2.7559	0.484
19	O$_2$	−118.57	5.0426	0.436
20	O$_3$	−12.1	5.5726	0.54
21	P	721.0	—	—
22	Ra	104.0	6.2818	—
23	Rb	1832.0	—	0.34
24	S	1041.0	11.753	—
25	Si	−3.5	4.8430	—
26	Xe	16.583	5.8400	1.11

18.2.7　某些有机化合物的临界常数

表 3-18-11　某些有机化合物的临界常数

序号	中文名称	英文名称	分子式	临界温度 T_c/ ℃	临界压力 p_c/ 10^6Pa	临界密度 ρ_c/(g·mL^{-1})
1	氯二氟甲烷	chlorodifluoromethane	$CHClF_2$	96.0	4.9768	0.525
2	氟二氯甲烷	fluorodichloromethane	$CHCl_2F$	178.5	5.1673	0.522
3	氯仿	chloroform	$CHCl_3$	263.4	5.4712	0.5
4	氟三氯甲烷	fluorotrichloromethane	CCl_3F	198.0	4.4074	0.554
5	四氯化碳	carbon tetrachloride	CCl_4	283.2	4.5594	0.558
6	三氟甲烷	fluoroform	CHF_3	25.74	4.8360	0.525
7	二溴甲烷	methylene bromide	CH_2Br_2	331.0	7.1937	—
8	二氯甲烷	dichloromethane	CH_2Cl_2	237.0	6.6871	—
9	氯代甲烷	chloromethane	CH_3Cl	143.1	6.6790	0.353
10	氟甲烷	fluoromethane	CH_3F	44.55	5.8765	0.300
11	甲烷	methane	CH_4	−82.60	4.6049	0.162
12	甲醇	methanol	CH_3OH	239.43	8.0954	0.272
13	甲硫醇	methanethiol	CH_3SH	196.8	7.2342	0.332
14	甲胺	methylamine	CH_3NH_2	156.9	7.4571	—
15	二甲胺	dimethylamine	$(CH_3)_2NH$	164.5	5.3094	—
16	溴三氟甲烷	bromotrifluoromethane	$CBrF_3$	67.0	3.9717	0.72
17	氯三氟甲烷	chlorotrifluoromethane	$CClF_3$	28.9	3.9210	0.579
18	全氟甲烷	tetrafluoromethane	CF_4	−45.6	3.7387	0.630
19	二氯二氟甲烷	dichlorodifluoromethane	CCl_2F_2	111.80	4.1247	0.558
20	三氟乙烯	trifluoroethene	C_2HF_3	271.0	5.0153	—
21	乙腈	acetonitrile	C_2H_3N	274.7	4.8329	0.237
22	乙炔	acetylene	C_2H_2	35.18	6.1389	0.231
23	乙醛	aldehyde	CH_3CHO	188.0	—	—
24	1,2-二氯乙烯	1,2-dichloroethene	$C_2H_2Cl_2$	243.3	5.5118	—
25	1,1-二氟乙烯	1,1-difluoroethene	$C_2H_2F_2$	30.1	4.4327	0.417
26	1-氯-1,1-二氟乙烷	1-chloro-1,1-difluoroethane	$C_2H_3ClF_2$	137.1	4.1237	0.435
27	乙烯	ethene	C_2H_4	9.2	5.0315	0.218
28	1,1-二氟乙烷	1,1-difluoroethane	$C_2H_4F_2$	113.5	4.4955	0.365

序号	中文名称	英文名称	分子式	临界温度 T_c/℃	临界压力 p_c/10^6Pa	临界密度 ρ_c/(g·mL^{-1})
29	环氧乙烷	epoxy ethane	C_2H_4O	196.0	7.1937	0.314
30	乙酸	acetic acid	$C_2H_4O_2$	321.3	5.7752	0.351
31	乙酸酐	acetic anhydride	$(CH_3CO)_2O$	296.0	4.6812	—
32	溴乙烷	bromoethane	C_2H_5Br	230.7	6.2311	0.507
33	氯乙烷	monochloro ethane	C_2H_5Cl	187.2	5.2686	
34	乙烷	ethane	C_2H_6	32.28	4.8795	0.203
35	乙醇	ethanol	C_2H_5OH	243.1	6.3791	0.276
36	乙硫醇	ethanethiol	C_2H_5SH	226.0	5.4915	0.300
37	乙胺	ethylamine	$C_2H_5NH_2$	183.0	5.6232	—
38	1,2,2-三氯-1,1,2-三氟乙烷	1,2,2-trichloro-1,1,2-trifluoroethane	$C_2Cl_3F_3$	214.1	3.4144	0.576
39	全氟乙烯	tetrafluoroethylene	C_2F_4	33.3	3.9433	0.58
40	丙炔	propyne	C_3H_4	129.23	5.6273	0.245
41	丙腈	propanenitrile	C_3H_5N	291.2	4.1845	0.240
42	丙烯	propylene	C_3H_6	91.8	4.6202	0.233
43	环丙烷	cyclopropane	C_3H_6	124.65	5.4945	
44	丙酮	acetone	C_3H_6O	236.5	4.7823	0.278
45	甲酸甲酯	methyl formate	$C_2H_4O_2$	214.0	6.0035	0.349
46	甲酸乙酯	ethyl formate	$C_3H_6O_2$	235.3	4.7377	0.323
47	甲酸丙酯	propyl formate	$C_4H_8O_2$	264.9	4.0609	0.309
48	甲酸异丁酯	*i*-butyl formate	$C_5H_{10}O_2$	278.0	3.8805	0.29
49	甲酸戊酯	amyl formate	$C_6H_{12}O_2$	303.0	—	—
50	乙酸甲酯	methyl acetate	$C_3H_6O_2$	233.7	4.6941	0.325
51	乙酸乙酯	ethyl acetate	$C_4H_8O_2$	250.1	3.8491	0.308
52	乙酸丙酯	propyl acetate	$C_5H_{10}O_2$	276.2	3.3628	0.269
53	乙酸丁酯	*n*-butyl acetate	$C_6H_{12}O_2$	306.0	—	—
54	乙酸异丁酯	*i*-butyl acetate	$C_6H_{12}O_2$	288.0	—	—
55	丙酸甲酯	methyl propionate	$C_4H_8O_2$	257.4	4.0041	0.312
56	丙酸乙酯	ethyl propionate	$C_5H_{10}O_2$	272.9	3.3617	0.296
57	丙酸丙酯	propyl propionate	$C_6H_{12}O_2$	305.0	—	—
58	丙酸异丁酯	*i*-butyl propionate	$C_7H_{14}O_2$	319.0	—	—

续表

序号	中文名称	英文名称	分子式	临界温度 $T_c/$ ℃	临界压力 $p_c/10^6$Pa	临界密度 $\rho_c/(g \cdot mL^{-1})$
59	丁酸甲酯	methyl-n-butyrate	$C_5H_{10}O_2$	281.3	3.4732	0.300
60	丁酸乙酯	ethyl-n-butanoate	$C_6H_{12}O_2$	293.0	3.0396	0.28
61	戊酸	valeric acid	$C_5H_{10}O_2$	378.0	—	—
62	异丙醇	i-propanol	C_3H_8O	235.16	4.7640	0.273
63	甲基乙基醚	methyl ethyl ether	C_3H_8O	164.7	4.3972	0.272
64	三甲基胺	trimethylamine	C_3H_9N	160.1	4.0730	0.233
65	丙胺	n-propylamine	C_3H_9N	233.8	4.7417	—
66	丁腈	butyronitrile	C_4H_7N	309.1	3.7893	—
67	丁烯	butylene	C_4H_8	146.4	4.0224	0.234
68	邻乙基甲苯	o-ethyltoluene	C_9H_{12}	380.0	3.1411	0.28
69	间乙基甲苯	m-ethyltoluene	C_9H_{12}	363.0	3.1411	0.28
70	对乙基甲苯	p-ethyltoluene	C_9H_{12}	363.0	3.1411	0.28
71	正丁酸	n-butyric acid	$C_4H_8O_2$	355.0	5.2686	0.304
72	丁烷	butane	C_4H_{10}	152.1	3.8197	0.228
73	乙醚	ethyl ether	$C_4H_{10}O$	193.55	3.6373	0.265
74	正丁醇	n-butanol	$C_4H_{10}O$	289.78	4.4124	0.270
75	正丁胺	n-butyl amine	$C_4H_{10}N$	251.0	4.1541	—
76	二乙胺	diethylamine	$C_4H_{11}N$	223.5	3.7083	0.243
77	全氟丁烷	octafluorobutane	C_4F_{10}	113.2	2.3232	0.629
78	吡啶	pyridine	C_5H_5N	346.8	5.6333	0.312
79	环戊烷	cyclopentane	C_5H_{10}	238.5	4.5077	0.27
80	2-戊酮	2-pentanone	$C_5H_{10}O$	290.8	3.8906	0.286
81	正戊烷	n-pentane	C_5H_{12}	196.5	3.3790	0.237
82	2,2-二甲基丙烷	2,2-dimethylpropane	C_5H_{12}	160.60	3.1986	0.238
83	溴苯	phenyl bromide	C_6H_5Br	397.0	4.5188	0.485
84	氯苯	chlorobenzene	C_6H_5Cl	359.2	4.5188	0.365
85	碘苯	phenyl iodide	C_6H_5I	448.0	4.5188	0.581
86	苯	benzene	C_6H_6	288.94	4.8978	0.302
87	苯酚	phenol	C_6H_5OH	421.1	6.1298	0.41
88	苯胺	aniline	$C_6H_5NH_2$	426.0	5.3091	0.34

续表

序号	中文名称	英文名称	分子式	临界温度 T_c / ℃	临界压力 p_c / 10^6Pa	临界密度 ρ_c /(g·mL^{-1})
89	全氟苯	octafluorobenzene	C_6F_6	243.57	3.3042	—
90	甲基环戊烷	methyl cyclopentane	C_6H_{12}	259.6	3.7893	0.264
91	环己烷	cyclohexane	C_6H_{12}	280.3	4.0730	0.273
92	正己烷	n-hexane	C_6H_{14}	234.2	2.9686	0.233
93	2,2-二甲基丁烷	2,2-dimethylbutane	C_6H_{14}	215.58	3.0801	0.240
94	三乙基胺	triethylamine	$C_6H_{15}N$	262.0	3.0396	0.26
95	苯甲醛	benzaldehyde	C_6H_5CHO	352.0	2.1783	—
96	甲苯	toluene	C_7H_8	318.57	4.6151	0.292
97	邻甲苯酚	o-cresol	C_7H_8O	424.4	5.0052	0.384
98	间甲苯酚	m-cresol	C_7H_8O	432.6	4.5594	0.346
99	对甲苯酚	p-cresol	C_7H_8O	431.4	5.1470	0.391
100	甲基环己烷	methyl cyclohexane	C_7H_{14}	299.1	3.4773	0.285
101	3-乙基戊烷	3-ethyl pentane	C_7H_{16}	267.42	2.8906	0.241
102	乙苯	ethyl benzene	C_8H_{10}	343.94	3.6090	0.284
103	邻二甲苯	o-xylene	C_8H_{10}	357.1	3.7326	0.243
104	间二甲苯	m-xylene	C_8H_{10}	343.82	3.4955	0.282
105	对二甲苯	p-xylene	C_8H_{10}	343.0	3.5107	0.282
106	2,3-二甲苯酚	2,3-dimethylphenol	$C_8H_{11}O$	449.7	4.8633	0.26
107	2,4-二甲苯酚	2,4-dimethylphenol	$C_8H_{11}O$	434.4	4.3570	0.24
108	2,5-二甲苯酚	2,5-dimethylphenol	$C_8H_{11}O$	449.9	4.8636	0.26
109	2,6-二甲苯酚	2,6-dimethylphenol	$C_8H_{11}O$	427.8	4.2557	0.24
110	3,4-二甲苯酚	3,4-dimethylphenol	$C_8H_{11}O$	456.7	4.9649	0.27
111	3,5-二甲苯酚	3,5-dimethylphenol	$C_8H_{11}O$	442.4	3.6477	0.20
112	N,N-二甲基苯胺	N,N-dimethylaniline	$C_8H_{11}N$	411.0	3.6272	—
113	正辛烷	n-octane	C_8H_{18}	295.61	2.4863	0.232
114	1-辛烯	1-octene	C_8H_{16}	293.4	—	—
115	1-辛醇	1-octanol	$C_8H_{17}OH$	385.0	—	0.266

续表

序号	中文名称	英文名称	分子式	临界温度 $T_c/℃$	临界压力 $p_c/10^6 Pa$	临界密度 $\rho_c/(g \cdot mL^{-1})$
116	2-辛醇	2-octanol	$C_8H_{18}O$	364.0	—	—
117	2,2-二甲基己烷	2,2-dimethylhexane	C_8H_{18}	276.65	2.5248	0.239
118	2,2,3-三甲基戊烷	2,2,3-trimethylpentane	C_8H_{18}	290.28	2.7295	0.262
119	1,2,3-三甲基苯	1,2,3-trimethylbenzene	C_9H_{12}	257.96	2.9534	0.252
120	丙苯	n-propylbenzene	C_9H_{12}	365.15	3.1996	0.273
121	丁苯	n-butylbenzene	$C_{10}H_{14}$	387.3	2.8866	0.270
122	正壬烷	n-nonane	C_9H_{20}	321.41	2.3100	—
123	1-壬醇	1-nonanol	$C_9H_{19}OH$	404.0	—	0.264
124	正庚烷	n-heptane	C_7H_{16}	267.0	27.00	0.232
125	光气	phosgene	$COCl_2$	182.0	5.6739	0.52
126	二硫化碳	carbon bisulfide	CS_2	279.0	7.9029	0.44

18.2.8 某些无机化合物的临界常数

表 3-18-12 某些无机化合物的临界常数

分子式	临界温度 $T_c/℃$	临界压力 $p_c/10^6 Pa$	临界密度 $\rho_c/(g \cdot mL^{-1})$	分子式	临界温度 $T_c/℃$	临界压力 $p_c/10^6 Pa$	临界密度 $\rho_c/(g \cdot mL^{-1})$
空气(Air)	−140.6	3.7691	0.313	$HfCl_4$	450.0	5.7752	1.05
$AlBr_3$	356.0	2.6343	0.510	$HgCl_2$	700.0		1.56
$AlCl_3$	490.0	2.8876	0.860	NF_3	−39.2	4.5290	—
$AsCl_3$	318.0	—	0.720	NH_3	132.4	11.276	0.235
BBr_3	300.0	—	0.90	NO	−93.0	6.4844	0.52
BCl_3	178.8	38.704	—	NO_2	158.0	10.132	0.55
BF_3	−12.3	4.9849	—	N_2F_4	36.2	3.7488	—
B_2H_6	16.6	4.0528	—	N_2H_4	380.0	14.691	—
$BiCl_3$	906.0	11.955	1.21	N_2O	36.41	7.2443	0.452
$(CN)_2$	127	5.9778	—	PH_3	51.6	6.5351	
CO	−140.24	3.4985	0.301	SF_6	45.54	3.7589	0.736
CO_2	31.0	7.3760	0.468	SO_2	157.6	7.8837	0.525
COS	102.0	5.8765	0.44	SO_3	217.8	8.2069	0.63
$GeCl_4$	279.0	3.8501	0.65	$SbCl_3$	521.0	—	0.84

分子式	临界温度 $T_c/℃$	临界压力 $p_c/10^6 Pa$	临界密度 $\rho_c/(g \cdot mL^{-1})$	分子式	临界温度 $T_c/℃$	临界压力 $p_c/10^6 Pa$	临界密度 $\rho_c/(g \cdot mL^{-1})$
HBr	90.0	8.5514	—	$SiClF_3$	34.5	3.4651	—
HCl	51.5	8.3082	0.45	$SiCl_2F_2$	95.8	3.4955	—
HCN	183.6	5.3902	0.195	$SiCl_3F$	165.3	3.5765	—
HI	150.8	8.3082	—	$SiCl_4$	234.0	3.7488	0.521
HF	188.0	6.4844	0.29	SiF_4	−14.1	3.7184	—
H_2O	373.09	22.047	0.32	$SnCl_4$	318.8	3.7488	0.742
D_2O	370.8	21.662	0.36	$TiCl_4$	365.0	4.6607	0.56
H_2S	100.0	8.9364	0.346	UF_6	232.6	4.6607	1.41
H_2Se	138.0	3.8501	—	$ZrCl_4$	505.0	5.7651	0.730

第 19 章　电化学数据

19.1　电解质溶液

19.1.1　常见离子水溶液中无限稀释时的摩尔电导率

表 3-19-1　常见离子水溶液中无限稀释时的摩尔电导率（298.15 K）[①]

离子	$10^4 \Lambda_m^\infty$ $(S \cdot m^2 \cdot mol^{-1})$	离子	$10^4 \Lambda_m^\infty$ $(S \cdot m^2 \cdot mol^{-1})$	离子	$10^4 \Lambda_m^\infty$ $(S \cdot m^2 \cdot mol^{-1})$	离子	$10^4 \Lambda_m^\infty$ $(S \cdot m^2 \cdot mol^{-1})$
Ag^+	61.9	K^+	73.5	F^-	54.4	IO_3^-	40.5
Ba^{2+}	127.8	La^{3+}	208.8	ClO_3^-	64.4	IO_4^-	54.5
Be^{2+}	108	Li^+	38.69	ClO_4^-	67.9	NO_2^-	71.8
Ca^{2+}	118.4	Mg^{2+}	106.12	CN^-	78	NO_3^-	71.4
Cd^{2+}	108	NH_4^+	73.5	CO_3^{2-}	144	OH^-	198.6
Ce^{3+}	210	Na^+	50.11	CrO_4^{2-}	170	PO_4^{3-}	207
Co^{2+}	106	Ni^{2+}	100	$Fe(CN)_6^{4-}$	444	SCN^-	66
Cr^{3+}	201	Pb^{2+}	142	$Fe(CN)_6^{3-}$	303	SO_3^{2-}	159.8
Cu^{2+}	110	Sr^{2+}	118.92	HCO_3^-	44.5	SO_4^{2-}	160
Fe^{2+}	108	Tl^+	76	HS^-	65	Ac^-	40.9
Fe^{3+}	204	Zn^{2+}	105.6	HSO_3^-	50	$C_2O_4^{2-}$	148.4
H^+	349.82			HSO_4^-	50	Br^-	73.1
Hg^+	106.12			I^-	76.8	Cl^-	76.35

① 各离子的温度系数除 H^+（0.0139℃$^{-1}$）和 OH^-（0.018℃$^{-1}$）外均为 0.02℃$^{-1}$。

19.1.2　一些电解质水溶液在不同浓度时的摩尔电导率

表 3-19-2　一些电解质水溶液的摩尔电导率（Λ_m）单位：$S \cdot cm^2 \cdot mol^{-1}$（25℃）

化合物 ＼ $C/(mol \cdot L^{-1})$	无限稀	0.0005	0.001	0.005	0.01	0.02	0.05	0.1
$AgNO_3$	133.29	131.29	130.45	127.14	124.70	121.35	115.18	109.09
1/2 $BaCl_2$	139.91	135.89	134.27	127.96	123.88	119.03	111.42	105.14
HCl	425.95	422.53	421.15	415.59	411.80	407.04	398.89	391.13
KCl	149.79	147.74	146.88	143.48	141.20	138.27	133.30	128.90
$KClO_4$	139.97	138.69	137.80	134.09	131.39	127.86	121.56	115.14

续表

$C/(mol \cdot L^{-1})$ 化合物	无限稀	0.0005	0.001	0.005	0.01	0.02	0.05	0.1
1/4 $K_4Fe(CN)_6$	184	—	167.16	146.02	134.76	122.76	107.65	97.82
KOH	217.5	—	234	230	228	—	219	213
1/2 $MgCl_2$	129.34	125.55	124.15	118.25	114.49	109.99	103.03	97.05
NH_4Cl	149.6	—	146.7	134.4	141.21	138.25	133.22	128.69
NaCl	126.39	124.44	123.68	120.59	118.45	115.70	111.01	106.69
CH_3COONa	91.0	89.2	88.5	85.68	83.72	81.20	76.88	72.76
NaOH	247.7	245.5	244.6	240.7	237.9	—	—	—

19.1.3　不同浓度的 KCl 溶液在不同温度下的电导率 κ

KCl 溶液的浓度：在空气中称取 74.56g KCl，溶于 18℃水中，稀释到 1L，其浓度为 1.000 mol·L^{-1}（密度 1.0449 g·mL^{-1}），再稀释得到其他浓度溶液。

表 3-19-3　不同浓度的 KCl 溶液在不同温度下的电导率 κ　　单位 S·cm^{-1}

$t/℃$	$c/(mol \cdot L^{-1})$			
	1.000	0.1000	0.0200	0.0100
0	0.06541	0.00715	0.001521	0.000776
5	0.07414	0.00822	0.001752	0.000896
10	0.08319	0.00933	0.001994	0.001020
15	0.09252	0.01048	0.002243	0.001147
16	0.09441	0.01072	0.002294	0.001173
17	0.09631	0.01095	0.002345	0.001199
18	0.09822	0.01119	0.002397	0.001225
19	0.10014	0.01143	0.002449	0.001251
20	0.10207	0.01167	0.002501	0.001278
21	0.10400	0.01191	0.002553	0.001305
22	0.10594	0.01215	0.002606	0.001332
23	0.10789	0.01239	0.002659	0.001359
24	0.10984	0.01264	0.002712	0.001386
25	0.11180	0.01288	0.002765	0.001413
26	0.11377	0.01313	0.002819	0.001441
27	0.11574	0.01337	0.002873	0.001468
28		0.01362	0.002927	0.001496
29		0.01387	0.002981	0.001524
30		0.01412	0.003036	0.001552

续表

$t/℃$	$c /(mol \cdot L^{-1})$			
	1.000	0.1000	0.0200	0.0100
35		0.01539	0.003312	
36		0.01564	0.003368	

19.1.4 常见有机液体的电导率

表 3-19-4　常见有机液体的电导率

液体名称	温度/℃	电导率/$(\mu S \cdot cm^{-1})$	液体名称	温度/℃	电导率/$(\mu S \cdot cm^{-1})$
丙酮	25.0	$2 \times 10^{-2} \sim 6 \times 10^{-2}$	乙基碘	25.0	$< 2.0 \times 10^{-2}$
乙基溴	25.0	$< 2.0 \times 10^{-2}$	亚乙基二氯	25.0	$< 1.7 \times 10^{-2}$
苯	—	7.6×10^{-2}	乙胺	0.0	4.0×10^{-1}
苯乙醚	25.0	$< 1.7 \times 10^{-2}$	乙酐	0.0	1.0
苯甲酸	125.0	3.0×10^{-3}	乙腈	20.0	7.0
苯甲酸乙酯	25.0	$< 1.0 \times 10^{-3}$	乙酯	25.0	$< 4.0 \times 10^{-7}$
苯甲酸苄酯	25.0	$< 1.0 \times 10^{-3}$	乙酰乙酸乙酯	25.0	4.0×10^{-2}
苯甲醛	25.0	1.5×10^{-1}	乙酰苯	25.0	6.0×10^{-3}
苯胺	25.0	2.4×10^{-2}	乙酰氯	25.0	4.0×10^{-1}
苯酚	25.0	$< 1.7 \times 10^{-2}$	乙酰胺	100.0	< 43
松节油	—	2.0×10^{-7}	乙酰溴	25.0	2.4
邻甲苯胺	25.0	< 2.0	乙醇	25.0	1.35×10^{-3}
正庚烷	—	$< 1.0 \times 10^{-7}$	乙酸	0.0	5.0×10^{-3}
油酸	15.0	$< 2.0 \times 10^{-4}$	呱啶	25.0	$< 2.0 \times 10^{-1}$
草酸二乙酯	25.0	7.6×10^{-1}	乙酸乙酯	25.0	$< 1.0 \times 10^{-3}$
茜素	233.0	1.45	乙醛	15.0	1.7
	25.0	1.12×10^{-2}			
乙酸甲酯	25.0	3.4	二乙基胺	-33.5	2.2×10^{-3}
烯丙醇	25.0	7.0	二甲苯	-130.0	$< 1.0 \times 10^{-9}$
					5.0×10^{-5}
萘	82.0	4.0×10^{-4}	硫氰酸甲酯	25.0	1.5
二氯化硫	35.0	1.5×10^{-2}	硫氰酸乙酯	25.0	1.2
	440.0	1.2×10^{-1}			
二氯乙酸	25.0	7.0×10^{-2}	异硫氰酸乙酯	25.0	1.26×10^{-1}
二氯乙醇	25.0	12.0	异硫氰酸苯酯	25.0	1.4

液体名称	温度/℃	电导率/(μS·cm^{-1})	液体名称	温度/℃	电导率/(μS·cm^{-1})
二硫化碳	1.0	7.8×10^{-12}	硫酰氯 SO$_2$Cl$_2$	25.0	3.0×10^{-2}
丁子香酚	25.0	$<1.7\times10^{-2}$	三氯乙酸	25.0	3.0×10^{-3}
异丁醇	-33.5	8.0×10^{-2}	正己烷	18.0	$<1.0\times10^{-12}$
三甲基胺	25.0	2.2×10^{-4}	硝酸甲酯	25.0	4.5×10^{-6}
己腈	25.0	3.7	硝酸乙酯	25.0	5.3×10^{-7}
硫酸二甲酯	0.0	1.6×10^{-1}	邻或对硝基甲苯	25.0	$<2.0\times10^{-1}$
硫酸二乙酯	25.0	2.6×10^{-1}	氯乙醇	25.0	5.0×10^{-1}
硝基甲烷	18.0	6.0×10^{-1}	正丙醇	18.0	5.0×10^{-2}
硝基苯	0.0	5.0×10^{-3}	氯仿	25.0	$<2.0\times10^{-2}$
水杨醛	25.0	1.6×10^{-1}	间氯苯胺	25.0	5.0×10^{-1}
壬烷	25.0	$<1.7\times10^{-2}$	氰	—	$<7.0\times10^{-2}$
丙腈	25.0	$<1.0\times10^{-1}$	氰化氢	0.0	3.3×10^{-6}
丙酮	18.0	2.0×10^{-2}	喹啉	25.0	2.2×10^{-2}
	25.0	6.0×10^{-2}			
氯化乙烯	25.0	3.0×10^{-2}	硬脂酸	80.0	$<4.0\times10^{-7}$
异丙醇	25.0	3.5	蒎烯	23.0	$<2.0\times10^{-4}$
正丙基溴	25.0	$<2.0\times10^{-2}$	蒽	230.0	3.0×10^{-4}
丙酸	25.0	$<1.0\times10^{-3}$	溴化乙烯	25.0	64
				19.0	$<2.0\times10^{-4}$
丙醛	25.0		对甲苯胺	100.0	6.2×10^{-2}
戊烷	19.5	$<2.0\times10^{-4}$	间甲酚	25.0	$<1.7\times10^{-2}$
异戊酸	80.0	$<4.0\times10^{-7}$	邻甲氧基苯酚	25.0	2.8×10^{-1}
甲苯	—	$<1.0\times10^{-8}$	甘油	25.0	6.4×10^{-2}
甲基乙基酮	25.0	1.0×10^{-1}	甘醇	25.0	3.0×10^{-1}
甲基碘	25.0	$<2.0\times10^{-2}$	石油	—	3.0×10^{-7}
甲酰胺	25.0	4.0	四氯化碳	18.0	4.0×10^{-12}
甲醇	18.0	4.4×10^{-1}	光气	25.0	7.0×10^{-3}
甲酸	18.0	56	伞花烃	25.0	$<2.0\times10^{-2}$
溴苯	25.0	$<2.0\times10^{-5}$	糖醛	25.0	1.5
煤油	25.0	$<1.7\times10^{-2}$	磺酰氯	25.0	2.0
碳酸二乙酯	25.0	1.7×10^{-2}	磷酰氯	25.0	2.2

19.1.5　某些熔融电解质中阴阳离子的迁移数

表 3-19-5　某些熔融电解质中阴阳离子的迁移数

电解质	温度/℃	t_+	t_-	电解质	温度/℃	t_+	t_-
AgCl	650	0.85	0.15	$MgCl_2$	800	0.48	0.52
$AgNO_3$	350	0.76	0.24	NaCl	860	0.62	0.38
$BaCl_2$	1000	0.23	0.77	$NaNO_3$	350	0.71	0.29
$CaCl_2$	900	0.42	0.58	$PbBr_2$	600	0.67	0.33
$CdCl_2$	605	0.66	0.34	$PbCl_2$	550	0.24	0.76
CsCl	685	0.64	0.36	RbCl	785	0.58	0.42
KCl	830	0.62	0.38	$RbNO_3$	450	0.49	0.51
KNO_3	350	0.60	0.40	$SrCl_2$	1000	0.26	0.74
LiCl	600	0.75	0.25	TlCl	500	0.49	0.51
$LiNO_3$	350	0.84	0.16	$ZnCl_2$	600	0.60	0.40

19.2　金属电阻率及其温度系数

表 3-19-6　金属电阻率及其温度系数

物质	温度 t/℃	电阻率 ρ/($10^{-8}\Omega\cdot m$)	电阻温度系数 a_R/℃$^{-1}$
银	20	1.586	0.0038 (20℃)
铜	20	1.678	0.00393 (20℃)
金	20	2.40	0.00324 (20℃)
铝	20	2.6548	0.00429 (20℃)
钙	0	3.91	0.00416 (0℃)
铍	20	4.0	0.025 (20℃)
镁	20	4.45	0.0165 (20℃)
钼	0	5.2	
铱	20	5.3	0.003925 (0~100℃)
钨	27	5.65	
锌	20	5.196	0.00419 (0~100℃)
钴	20	6.64	0.00604 (0~100℃)
镍	20	6.84	0.0069 (0~100℃)
镉	0	6.83	0.0042 (0~100℃)
铟	20	8.37	
铁	20	9.71	0.00651 (20℃)

19.3　可逆电池的电极电势

19.3.1　标准电极氢标还原电极电势

表 3-19-7　标准电极氢标还原电极电势（298.15 K，101.325 kPa）

序号	电极过程	$\varphi^{\ominus}/V$
1	$Ag^+ + e^- \Longrightarrow Ag$	0.7996
2	$Ag^{2+} + e^- \Longrightarrow Ag^+$	1.980
3	$AgBr + e^- \Longrightarrow Ag + Br^-$	0.0713
4	$AgBrO_3 + e^- \Longrightarrow Ag + BrO_3^-$	0.546
5	$AgCl + e^- \Longrightarrow Ag + Cl^-$	0.222
6	$AgCN + e^- \Longrightarrow Ag + CN^-$	-0.017
7	$Ag_2CO_3 + 2e^- \Longrightarrow 2Ag + CO_3^{2-}$	0.470
8	$Ag_2C_2O_4 + 2e^- \Longrightarrow 2Ag + C_2O_4^{2-}$	0.465
9	$Ag_2CrO_4 + 2e^- \Longrightarrow 2Ag + CrO_4^{2-}$	0.447
10	$AgF + e^- \Longrightarrow Ag + F^-$	0.779
11	$Ag_4[Fe(CN)_6] + 4e^- \Longrightarrow 4Ag + [Fe(CN)_6]^{4-}$	0.148
12	$AgI + e^- \Longrightarrow Ag + I^-$	-0.152
13	$AgIO_3 + e^- \Longrightarrow Ag + IO_3^-$	0.354
14	$Ag_2MoO_4 + 2e^- \Longrightarrow 2Ag + MoO_4^{2-}$	0.457
15	$[Ag(NH_3)_2]^+ + e^- \Longrightarrow Ag + 2NH_3$	0.373
16	$AgNO_2 + e^- \Longrightarrow Ag + NO_2^-$	0.564
17	$Ag_2O + H_2O + 2e^- \Longrightarrow 2Ag + 2OH^-$	0.342
18	$2AgO + H_2O + 2e^- \Longrightarrow Ag_2O + 2OH^-$	0.607
19	$Ag_2S + 2e^- \Longrightarrow 2Ag + S^{2-}$	-0.691
20	$Ag_2S + 2H^+ + 2e^- \Longrightarrow 2Ag + H_2S$	-0.0366
21	$AgSCN + e^- \Longrightarrow Ag + SCN^-$	0.0895
22	$Ag_2SeO_4 + 2e^- \Longrightarrow 2Ag + SeO_4^{2-}$	0.363
23	$Ag_2SO_4 + 2e^- \Longrightarrow 2Ag + SO_4^{2-}$	0.654
24	$Ag_2WO_4 + 2e^- \Longrightarrow 2Ag + WO_4^{2-}$	0.466
25	$Al_3 + 3e^- \Longrightarrow Al$	-1.662
26	$AlF_6^{3-} + 3e^- \Longrightarrow Al + 6F^-$	-2.069
27	$Al(OH)_3 + 3e^- \Longrightarrow Al + 3OH^-$	-2.31

续表

序号	电极过程	$\varphi^{\ominus}/\text{V}$
28	$AlO_2^- + 2H_2O + 3e^- \Longrightarrow Al + 4OH^-$	-2.35
29	$Am^{3+} + 3e^- \Longrightarrow Am$	-2.048
30	$Am^{4+} + e^- \Longrightarrow Am^{3+}$	2.60
31	$AmO_2^{2+} + 4H^+ + 3e^- \Longrightarrow Am^{3+} + 2H_2O$	1.75
32	$As + 3H^+ + 3e^- \Longrightarrow AsH_3$	-0.608
33	$As + 3H_2O + 3e^- \Longrightarrow AsH_3 + 3OH^-$	-1.37
34	$As_2O_3 + 6H^+ + 6e^- \Longrightarrow 2As + 3H_2O$	0.234
35	$HAsO_2 + 3H^+ + 3e^- \Longrightarrow As + 2H_2O$	0.248
36	$AsO_2^- + 2H_2O + 3e^- \Longrightarrow As + 4OH^-$	-0.68
37	$H_3AsO_4 + 2H^+ + 2e^- \Longrightarrow HAsO_2 + 2H_2O$	0.560
38	$AsO_4^{3-} + 2H_2O + 2e^- \Longrightarrow AsO_2^- + 4OH^-$	-0.71
39	$AsS_2^- + 3e^- \Longrightarrow As + 2S^{2-}$	-0.75
40	$AsS_4^{3-} + 2e^- \Longrightarrow AsS_2^- + 2S^{2-}$	-0.60
41	$Au^+ + e^- \Longrightarrow Au$	1.692
42	$Au^{3+} + 3e^- \Longrightarrow Au$	1.498
43	$Au^{3+} + 2e^- \Longrightarrow Au^+$	1.401
44	$AuBr_2^- + e^- \Longrightarrow Au + 2Br^-$	0.959
45	$AuBr_4^- + 3e^- \Longrightarrow Au + 4Br^-$	0.854
46	$AuCl_2^- + e^- \Longrightarrow Au + 2Cl^-$	1.15
47	$AuCl_4^- + 3e^- \Longrightarrow Au + 4Cl^-$	1.002
48	$AuI + e^- \Longrightarrow Au + I^-$	0.50
49	$Au(SCN)_4^- + 3e^- \Longrightarrow Au + 4SCN^-$	0.66
50	$Au(OH)_3 + 3H^+ + 3e^- \Longrightarrow Au + 3H_2O$	1.45
51	$BF_4^- + 3e^- \Longrightarrow B + 4F^-$	-1.04
52	$H_2BO_3^- + H_2O + 3e^- \Longrightarrow B + 4OH^-$	-1.79
53	$B(OH)_3 + 7H^+ + 8e^- \Longrightarrow BH_4^- + 3H_2O$	-0.481
54	$Ba^{2+} + 2e^- \Longrightarrow Ba$	-2.912
55	$Ba(OH)_2 + 2e^- \Longrightarrow Ba + 2OH^-$	-2.99
56	$Be^{2+} + 2e^- \Longrightarrow Be$	-1.847
57	$Be_2O_3^{2-} + 3H_2O + 4e^- \Longrightarrow 2Be + 6OH^-$	-2.63
58	$Bi^+ + e^- \Longrightarrow Bi$	0.5

续表

序号	电极过程	$\varphi^{\ominus}/V$
59	$Bi^{3+}+3e^-\rightleftharpoons Bi$	0.308
60	$BiCl_4^-+3e^-\rightleftharpoons Bi+4Cl^-$	0.16
61	$BiOCl+2H^++3e^-\rightleftharpoons Bi+Cl^-+H_2O$	0.16
62	$Bi_2O_3+3H_2O+6e^-\rightleftharpoons 2Bi+6OH^-$	-0.46
63	$Bi_2O_4+4H^++2e^-\rightleftharpoons 2BiO^++2H_2O$	1.593
64	$Bi_2O_4+H_2O+2e^-\rightleftharpoons Bi_2O_3+2OH^-$	0.56
65	$Br_2(水溶液,aq)+2e^-\rightleftharpoons 2Br^-$	1.087
66	$Br_2(液体)+2e^-\rightleftharpoons 2Br^-$	1.066
67	$BrO^-+H_2O+2e^-\rightleftharpoons Br^-+2OH$	0.761
68	$BrO_3^-+6H^++6e^-\rightleftharpoons Br^-+3H_2O$	1.423
69	$BrO_3^-+3H_2O+6e^-\rightleftharpoons Br^-+6OH^-$	0.61
70	$2BrO_3^-+12H^++10e^-\rightleftharpoons Br_2+6H_2O$	1.482
71	$HBrO+H^++2e^-\rightleftharpoons Br^-+H_2O$	1.331
72	$2HBrO+2H^++2e^-\rightleftharpoons Br_2(水溶液,aq)+2H_2O$	1.574
73	$CH_3OH+2H^++2e^-\rightleftharpoons CH_4+H_2O$	0.59
74	$HCHO+2H^++2e^-\rightleftharpoons CH_3OH$	0.19
75	$CH_3COOH+2H^++2e^-\rightleftharpoons CH_3CHO+H_2O$	-0.12
76	$(CN)_2+2H^++2e^-\rightleftharpoons 2HCN$	0.373
77	$(CNS)_2+2e^-\rightleftharpoons 2CNS^-$	0.77
78	$CO_2+2H^++2e^-\rightleftharpoons CO+H_2O$	-0.12
79	$CO_2+2H^++2e^-\rightleftharpoons HCOOH$	-0.199
80	$Ca^{2+}+2e^-\rightleftharpoons Ca$	-2.868
81	$Ca(OH)_2+2e^-\rightleftharpoons Ca+2OH^-$	-3.02
82	$Cd^{2+}+2e^-\rightleftharpoons Cd$	-0.403
83	$Cd^{2+}+2e^-\rightleftharpoons Cd(Hg)$	-0.352
84	$Cd(CN)_4^{2-}+2e^-\rightleftharpoons Cd+4CN^-$	-1.09
85	$CdO+H_2O+2e^-\rightleftharpoons Cd+2OH^-$	-0.783
86	$CdS+2e^-\rightleftharpoons Cd+S^{2-}$	-1.17
87	$CdSO_4+2e^-\rightleftharpoons Cd+SO_4^{2-}$	-0.246
88	$Ce^{3+}+3e^-\rightleftharpoons Ce$	-2.336
89	$Ce^{3+}+3e^-\rightleftharpoons Ce(Hg)$	-1.437

序号	电极过程	$\varphi^{\ominus}/V$
90	$CeO_2+4H^++e^-\Longrightarrow Ce^{3+}+2H_2O$	1.4
91	$Cl_2(气体)+2e^-\Longrightarrow 2Cl^-$	1.358
92	$ClO^-+H_2O+2e^-\Longrightarrow Cl^-+2OH^-$	0.89
93	$HClO+H^++2e^-\Longrightarrow Cl^-+H_2O$	1.482
94	$2HClO+2H^++2e^-\Longrightarrow Cl_2+2H_2O$	1.611
95	$ClO_2^-+2H_2O+4e^-\Longrightarrow Cl^-+4OH^-$	0.76
96	$2ClO_3^-+12H^++10e^-\Longrightarrow Cl_2+6H_2O$	1.47
97	$ClO_3^-+6H^++6e^-\Longrightarrow Cl^-+3H_2O$	1.451
98	$ClO_3^-+3H_2O+6e^-\Longrightarrow Cl^-+6OH^-$	0.62
99	$ClO_4^-+8H^++8e^-\Longrightarrow Cl^-+4H_2O$	1.38
100	$2ClO_4^-+16H^++14e^-\Longrightarrow Cl_2+8H_2O$	1.39
101	$Cm^{3+}+3e^-\Longrightarrow Cm$	−2.04
102	$Co^{2+}+2e^-\Longrightarrow Co$	−0.28
103	$[Co(NH_3)_6]^{3+}+e^-\Longrightarrow [Co(NH_3)_6]^{2+}$	0.108
104	$[Co(NH_3)_6]^{2+}+2e^-\Longrightarrow Co+6NH_3$	−0.43
105	$Co(OH)_2+2e^-\Longrightarrow Co+2OH^-$	−0.73
106	$Co(OH)_3+e^-\Longrightarrow Co(OH)_2+OH^-$	0.17
107	$Cr^{2+}+2e^-\Longrightarrow Cr$	−0.913
108	$Cr^{3+}+e^-\Longrightarrow Cr^{2+}$	−0.407
109	$Cr^{3+}+3e^-\Longrightarrow Cr$	−0.744
110	$[Cr(CN)_6]^{3-}+e^-\Longrightarrow [Cr(CN)_6]^{4-}$	−1.28
111	$Cr(OH)_3+3e^-\Longrightarrow Cr+3OH^-$	−1.48
112	$Cr_2O_7^{2-}+14H^++6e^-\Longrightarrow 2Cr^{3+}+7H_2O$	1.232
113	$CrO_2^-+2H_2O+3e^-\Longrightarrow Cr+4OH^-$	−1.2
114	$HCrO_4^-+7H^++3e^-\Longrightarrow Cr^{3+}+4H_2O$	1.350
115	$CrO_4^{2-}+4H_2O+3e^-\Longrightarrow Cr(OH)_3+5OH^-$	−0.13
116	$Cs^++e^-\Longrightarrow Cs$	−2.92
117	$Cu^++e^-\Longrightarrow Cu$	0.521
118	$Cu^{2+}+2e^-\Longrightarrow Cu$	0.342
119	$Cu^{2+}+2e^-\Longrightarrow Cu(Hg)$	0.345

序号	电极过程	$\varphi^{\ominus}/V$
120	$Cu^{2+}+Br^-+e^- \mathrm{=\!=\!=} CuBr$	0.66
121	$Cu^{2+}+Cl^-+e^- \mathrm{=\!=\!=} CuCl$	0.57
122	$Cu^{2+}+I^-+e^- \mathrm{=\!=\!=} CuI$	0.86
123	$Cu^{2+}+2CN^-+e^- \mathrm{=\!=\!=} [Cu(CN)_2]^-$	1.103
124	$CuBr_2^-+e^- \mathrm{=\!=\!=} Cu+2Br^-$	0.05
125	$CuCl_2^-+e^- \mathrm{=\!=\!=} Cu+2Cl^-$	0.19
126	$CuI_2^-+e^- \mathrm{=\!=\!=} Cu+2I^-$	0.00
127	$Cu_2O+H_2O+2e^- \mathrm{=\!=\!=} 2Cu+2OH^-$	-0.360
128	$Cu(OH)_2+2e^- \mathrm{=\!=\!=} Cu+2OH^-$	-0.222
129	$2Cu(OH)_2+2e^- \mathrm{=\!=\!=} Cu_2O+2OH^-+H_2O$	-0.080
130	$CuS+2e^- \mathrm{=\!=\!=} Cu+S^{2-}$	-0.70
131	$CuSCN+e^- \mathrm{=\!=\!=} Cu+SCN^-$	-0.27
132	$Dy^{2+}+2e^- \mathrm{=\!=\!=} Dy$	-2.2
133	$Dy^{3+}+3e^- \mathrm{=\!=\!=} Dy$	-2.295
134	$Er^{2+}+2e^- \mathrm{=\!=\!=} Er$	-2.0
135	$Er^{3+}+3e^- \mathrm{=\!=\!=} Er$	-2.331
136	$Es^{2+}+2e^- \mathrm{=\!=\!=} Es$	-2.23
137	$Es^{3+}+3e^- \mathrm{=\!=\!=} Es$	-1.91
138	$Eu^{2+}+2e^- \mathrm{=\!=\!=} Eu$	-2.812
139	$Eu^{3+}+3e^- \mathrm{=\!=\!=} Eu$	-1.991
140	$F_2+2H^++2e^- \mathrm{=\!=\!=} 2HF$	3.053
141	$F_2O+2H^++4e^- \mathrm{=\!=\!=} H_2O+2F^-$	2.153
142	$Fe^{2+}+2e^- \mathrm{=\!=\!=} Fe$	-0.447
143	$Fe^{3+}+3e^- \mathrm{=\!=\!=} Fe$	-0.037
144	$[Fe(CN)_6]^{3-}+e^- \mathrm{=\!=\!=} [Fe(CN)_6]^{4-}$	0.358
145	$[Fe(CN)_6]^{4-}+2e^- \mathrm{=\!=\!=} Fe+6CN^-$	-1.5
146	$FeF_6^{3-}+e^- \mathrm{=\!=\!=} Fe^{2+}+6F^-$	0.4
147	$Fe(OH)_2+2e^- \mathrm{=\!=\!=} Fe+2OH^-$	-0.877
148	$Fe(OH)_3+e^- \mathrm{=\!=\!=} Fe(OH)_2+OH^-$	-0.56
149	$Fe_3O_4+8H^++2e^- \mathrm{=\!=\!=} 3Fe^{2+}+4H_2O$	1.23
150	$Fm^{3+}+3e^- \mathrm{=\!=\!=} Fm$	-1.89

序号	电极过程	$\varphi^{\ominus}/\text{V}$
151	$Fr^+ + e^- \Longrightarrow Fr$	-2.9
152	$Ga^{3+} + 3e^- \Longrightarrow Ga$	-0.549
153	$H_2GaO_3^- + H_2O + 3e^- \Longrightarrow Ga + 4OH^-$	-1.29
154	$Gd^{3+} + 3e^- \Longrightarrow Gd$	-2.279
155	$Ge^{2+} + 2e^- \Longrightarrow Ge$	0.24
156	$Ge^{4+} + 2e^- \Longrightarrow Ge^{2+}$	0.0
157	$GeO_2 + 2H^+ + 2e^- \Longrightarrow GeO(棕色) + H_2O$	-0.118
158	$GeO_2 + 2H^+ + 2e^- \Longrightarrow GeO(黄色) + H_2O$	-0.273
159	$H_2GeO_3 + 4H^+ + 4e^- \Longrightarrow Ge + 3H_2O$	-0.182
160	$2H^+ + 2e^- \Longrightarrow H_2$	0.0000
161	$H_2 + 2e^- \Longrightarrow 2H^-$	-2.25
162	$2H_2O + 2e^- \Longrightarrow H_2 + 2OH^-$	-0.8277
163	$Hf^{4+} + 4e^- \Longrightarrow Hf$	-1.55
164	$Hg^{2+} + 2e^- \Longrightarrow Hg$	0.851
165	$Hg_2^{2+} + 2e^- \Longrightarrow 2Hg$	0.797
166	$2Hg^{2+} + 2e^- \Longrightarrow Hg_2^{2+}$	0.920
167	$Hg_2Br_2 + 2e^- \Longrightarrow 2Hg + 2Br^-$	0.1392
168	$HgBr_4^{2-} + 2e^- \Longrightarrow Hg + 4Br^-$	0.21
169	$Hg_2Cl_2 + 2e^- \Longrightarrow 2Hg + 2Cl^-$	0.2681
170	$2HgCl_2 + 2e^- \Longrightarrow Hg_2Cl_2 + 2Cl^-$	0.63
171	$Hg_2CrO_4 + 2e^- \Longrightarrow 2Hg + CrO_4^{2-}$	0.54
172	$Hg_2I_2 + 2e^- \Longrightarrow 2Hg + 2I^-$	-0.0405
173	$Hg_2O + H_2O + 2e^- \Longrightarrow 2Hg + 2OH^-$	0.123
174	$HgO + H_2O + 2e^- \Longrightarrow Hg + 2OH^-$	0.0977
175	$HgS(红色) + 2e^- \Longrightarrow Hg + S^{2-}$	-0.70
176	$HgS(黑色) + 2e^- \Longrightarrow Hg + S^{2-}$	-0.67
177	$Hg_2(SCN)_2 + 2e^- \Longrightarrow 2Hg + 2SCN^-$	0.22
178	$Hg_2SO_4 + 2e^- \Longrightarrow 2Hg + SO_4^{2-}$	0.613
179	$Ho^{2+} + 2e^- \Longrightarrow Ho$	-2.1
180	$Ho^{3+} + 3e^- \Longrightarrow Ho$	-2.33
181	$I_2 + 2e^- \Longrightarrow 2I^-$	0.5355

续表

序号	电极过程	$\varphi^{\ominus}/V$
182	$I_3^- + 2e^- \mathbin{=\!=} 3I^-$	0.536
183	$2IBr + 2e^- \mathbin{=\!=} I_2 + 2Br^-$	1.02
184	$ICN + 2e^- \mathbin{=\!=} I^- + CN^-$	0.30
185	$2HIO + 2H^+ + 2e^- \mathbin{=\!=} I_2 + 2H_2O$	1.439
186	$HIO + H^+ + 2e^- \mathbin{=\!=} I^- + H_2O$	0.987
187	$IO^- + H_2O + 2e^- \mathbin{=\!=} I^- + 2OH^-$	0.485
188	$2IO_3^- + 12H^+ + 10e^- \mathbin{=\!=} I_2 + 6H_2O$	1.195
189	$IO_3^- + 6H^+ + 6e^- \mathbin{=\!=} I^- + 3H_2O$	1.085
190	$IO_3^- + 2H_2O + 4e^- \mathbin{=\!=} IO^- + 4OH^-$	0.15
191	$IO_3^- + 3H_2O + 6e^- \mathbin{=\!=} I^- + 6OH^-$	0.26
192	$2IO_3^- + 6H_2O + 10e^- \mathbin{=\!=} I_2 + 12OH^-$	0.21
193	$H_5IO_6 + H^+ + 2e^- \mathbin{=\!=} IO_3^- + 3H_2O$	1.601
194	$In^+ + e^- \mathbin{=\!=} In$	-0.14
195	$In^{3+} + 3e^- \mathbin{=\!=} In$	-0.338
196	$In(OH)_3 + 3e^- \mathbin{=\!=} In + 3OH^-$	-0.99
197	$Ir^{3+} + 3e^- \mathbin{=\!=} Ir$	1.156
198	$IrBr_6^{2-} + e^- \mathbin{=\!=} IrBr_6^{3-}$	0.99
199	$IrCl_6^{2-} + e^- \mathbin{=\!=} IrCl_6^{3-}$	0.867
200	$K^+ + e^- \mathbin{=\!=} K$	-2.931
201	$La^{3+} + 3e^- \mathbin{=\!=} La$	-2.379
202	$La(OH)_3 + 3e^- \mathbin{=\!=} La + 3OH^-$	-2.90
203	$Li^+ + e^- \mathbin{=\!=} Li$	-3.040
204	$Lr^{3+} + 3e^- \mathbin{=\!=} Lr$	-1.96
205	$Lu^{3+} + 3e^- \mathbin{=\!=} Lu$	-2.28
206	$Md^{2+} + 2e^- \mathbin{=\!=} Md$	-2.40
207	$Md^{3+} + 3e^- \mathbin{=\!=} Md$	-1.65
208	$Mg^{2+} + 2e^- \mathbin{=\!=} Mg$	-2.372
209	$Mg(OH)_2 + 2e^- \mathbin{=\!=} Mg + 2OH^-$	-2.690
210	$Mn^{2+} + 2e^- \mathbin{=\!=} Mn$	-1.185
211	$Mn^{3+} + 3e^- \mathbin{=\!=} Mn$	1.542

序号	电极过程	$\varphi^{\ominus}/\text{V}$
212	$MnO_2+4H^++2e^-\!\!=\!\!=Mn^{2+}+2H_2O$	1.224
213	$MnO_4{}^-+4H^++3e^-\!\!=\!\!=MnO_2+2H_2O$	1.679
214	$MnO_4{}^-+8H^++5e^-\!\!=\!\!=Mn^{2+}+4H_2O$	1.507
215	$MnO_4{}^-+2H_2O+3e^-\!\!=\!\!=MnO_2+4OH^-$	0.595
216	$Mn(OH)_2+2e^-\!\!=\!\!=Mn+2OH^-$	-1.56
217	$Mo^{3+}+3e^-\!\!=\!\!=Mo$	-0.200
218	$MoO_4{}^{2-}+4H_2O+6e^-\!\!=\!\!=Mo+8OH^-$	-1.05
219	$N_2+2H_2O+6H^++6e^-\!\!=\!\!=2NH_4OH$	0.092
220	$2NH_3OH^++H^++2e^-\!\!=\!\!=N_2H_5{}^++2H_2O$	1.42
221	$2NO+H_2O+2e^-\!\!=\!\!=N_2O+2OH^-$	0.76
222	$2HNO_2+4H^++4e^-\!\!=\!\!=N_2O+3H_2O$	1.297
223	$NO_3{}^-+3H^++2e^-\!\!=\!\!=HNO_2+H_2O$	0.934
224	$NO_3{}^-+H_2O+2e^-\!\!=\!\!=NO_2{}^-+2OH^-$	0.01
225	$2NO_3{}^-+2H_2O+2e^-\!\!=\!\!=N_2O_4+4OH^-$	-0.85
226	$Na^++e^-\!\!=\!\!=Na$	-2.713
227	$Nb^{3+}+3e^-\!\!=\!\!=Nb$	-1.099
228	$NbO_2+4H^++4e^-\!\!=\!\!=Nb+2H_2O$	-0.690
229	$Nb_2O_5+10H^++10e^-\!\!=\!\!=2Nb+5H_2O$	-0.644
230	$Nd^{2+}+2e^-\!\!=\!\!=Nd$	-2.1
231	$Nd^{3+}+3e^-\!\!=\!\!=Nd$	-2.323
232	$Ni^{2+}+2e^-\!\!=\!\!=Ni$	-0.257
233	$NiCO_3+2e^-\!\!=\!\!=Ni+CO_3{}^{2-}$	-0.45
234	$Ni(OH)_2+2e^-\!\!=\!\!=Ni+2OH^-$	-0.72
235	$NiO_2+4H^++2e^-\!\!=\!\!=Ni^{2+}+2H_2O$	1.678
236	$No^{2+}+2e^-\!\!=\!\!=No$	-2.50
237	$No^{3+}+3e^-\!\!=\!\!=No$	-1.20
238	$Np^{3+}+3e^-\!\!=\!\!=Np$	-1.856
239	$NpO_2+H_2O+H^++e^-\!\!=\!\!=Np(OH)_3$	-0.962
240	$O_2+4H^++4e^-\!\!=\!\!=2H_2O$	1.229
241	$O_2+2H_2O+4e^-\!\!=\!\!=4OH^-$	0.401
242	$O_3+H_2O+2e^-\!\!=\!\!=O_2+2OH^-$	1.24

序号	电极过程	$\varphi^{\ominus}/V$
243	$Os^{2+}+2e^-\!=\!=\!Os$	0.85
244	$OsCl_6{}^{3-}+e^-\!=\!=\!Os^{2+}+6Cl^-$	0.4
245	$OsO_2+2H_2O+4e^-\!=\!=\!Os+4OH^-$	-0.15
246	$OsO_4+8H^++8e^-\!=\!=\!Os+4H_2O$	0.838
247	$OsO_4+4H^++4e^-\!=\!=\!OsO_2+2H_2O$	1.02
248	$P+3H_2O+3e^-\!=\!=\!PH_3(g)+3OH^-$	-0.87
249	$H_2PO_2{}^-+e^-\!=\!=\!P+2OH^-$	-1.82
250	$H_3PO_3+2H^++2e^-\!=\!=\!H_3PO_2+H_2O$	-0.499
251	$H_3PO_3+3H^++3e^-\!=\!=\!P+3H_2O$	-0.454
252	$H_3PO_4+2H^++2e^-\!=\!=\!H_3PO_3+H_2O$	-0.276
253	$PO_4{}^{3-}+2H_2O+2e^-\!=\!=\!HPO_3{}^{2-}+3OH^-$	-1.05
254	$Pa^{3+}+3e^-\!=\!=\!Pa$	-1.34
255	$Pa^{4+}+4e^-\!=\!=\!Pa$	-1.49
256	$Pb^{2+}+2e^-\!=\!=\!Pb$	-0.126
257	$Pb^{2+}+2e^-\!=\!=\!Pb(Hg)$	-0.121
258	$PbBr_2+2e^-\!=\!=\!Pb+2Br^-$	-0.284
259	$PbCl_2+2e^-\!=\!=\!Pb+2Cl^-$	-0.268
260	$PbCO_3+2e^-\!=\!=\!Pb+CO_3{}^{2-}$	-0.506
261	$PbF_2+2e^-\!=\!=\!Pb+2F^-$	-0.344
262	$PbI_2+2e^-\!=\!=\!Pb+2I^-$	-0.365
263	$PbO+H_2O+2e^-\!=\!=\!Pb+2OH^-$	-0.580
264	$PbO+4H^++2e^-\!=\!=\!Pb+H_2O$	0.25
265	$PbO_2+4H^++2e^-\!=\!=\!Pb^{2+}+2H_2O$	1.455
266	$HPbO_2{}^-+H_2O+2e^-\!=\!=\!Pb+3OH^-$	-0.537
267	$PbO_2+SO_4{}^{2-}+4H^++2e^-\!=\!=\!PbSO_4+2H_2O$	1.691
268	$PbSO_4+2e^-\!=\!=\!Pb+SO_4{}^{2-}$	-0.359
269	$Pd^{2+}+2e^-\!=\!=\!Pd$	0.915
270	$PdBr_4{}^{2-}+2e^-\!=\!=\!Pd+4Br^-$	0.6
271	$PdO_2+H_2O+2e^-\!=\!=\!PdO+2OH^-$	0.73
272	$Pd(OH)_2+2e^-\!=\!=\!Pd+2OH^-$	0.07
273	$Pm^{2+}+2e^-\!=\!=\!Pm$	-2.20

序号	电极过程	$\varphi^{\ominus}/V$
274	$Pm^{3+}+3e^- \Longrightarrow Pm$	-2.30
275	$Po^{4+}+4e^- \Longrightarrow Po$	0.76
276	$Pr^{2+}+2e^- \Longrightarrow Pr$	-2.0
277	$Pr^{3+}+3e^- \Longrightarrow Pr$	-2.353
278	$Pt^{2+}+2e^- \Longrightarrow Pt$	1.18
279	$[PtCl_6]^{2-}+2e^- \Longrightarrow [PtCl_4]^{2-}+2Cl^-$	0.68
280	$Pt(OH)_2+2e^- \Longrightarrow Pt+2OH^-$	0.14
281	$PtO_2+4H^++4e^- \Longrightarrow Pt+2H_2O$	1.00
282	$PtS+2e^- \Longrightarrow Pt+S^{2-}$	-0.83
283	$Pu^{3+}+3e^- \Longrightarrow Pu$	-2.031
284	$Pu^{5+}+e^- \Longrightarrow Pu^{4+}$	1.099
285	$Ra^{2+}+2e^- \Longrightarrow Ra$	-2.8
286	$Rb^++e^- \Longrightarrow Rb$	-2.98
287	$Re^{3+}+3e^- \Longrightarrow Re$	0.300
288	$ReO_2+4H^++4e^- \Longrightarrow Re+2H_2O$	0.251
289	$ReO_4^-+4H^++3e^- \Longrightarrow ReO_2+2H_2O$	0.510
290	$ReO_4^-+4H_2O+7e^- \Longrightarrow Re+8OH^-$	-0.584
291	$Rh^{2+}+2e^- \Longrightarrow Rh$	0.600
292	$Rh^{3+}+3e^- \Longrightarrow Rh$	0.758
293	$Ru^{2+}+2e^- \Longrightarrow Ru$	0.455
294	$RuO_2+4H^++2e^- \Longrightarrow Ru^{2+}+2H_2O$	1.120
295	$RuO_4+6H^++4e^- \Longrightarrow Ru(OH)_2^{2+}+2H_2O$	1.40
296	$S+2e^- \Longrightarrow S^{2-}$	-0.476
297	$S+2H^++2e^- \Longrightarrow H_2S(水溶液,aq)$	0.142
298	$S_2O_6^{2-}+4H^++2e^- \Longrightarrow 2H_2SO_3$	0.564
299	$2SO_3^{2-}+3H_2O+4e^- \Longrightarrow S_2O_3^{2-}+6OH^-$	-0.571
300	$2SO_3^{2-}+2H_2O+2e^- \Longrightarrow S_2O_4^{2-}+4OH^-$	-1.12
301	$SO_4^{2-}+H_2O+2e^- \Longrightarrow SO_3^{2-}+2OH^-$	-0.93
302	$Sb+3H^++3e^- \Longrightarrow SbH_3$	-0.510
303	$Sb_2O_3+6H^++6e^- \Longrightarrow 2Sb+3H_2O$	0.152
304	$Sb_2O_5+6H^++4e^- \Longrightarrow 2SbO^++3H_2O$	0.581

续表

序号	电极过程	$\varphi^{\ominus}/V$
305	$SbO_3^- + H_2O + 2e^- =\!=\!= SbO_2^- + 2OH^-$	-0.59
306	$Sc^{3+} + 3e^- =\!=\!= Sc$	-2.077
307	$Sc(OH)_3 + 3e^- =\!=\!= Sc + 3OH^-$	-2.6
308	$Se + 2e^- =\!=\!= Se^{2-}$	-0.924
309	$Se + 2H^+ + 2e^- =\!=\!= H_2Se(水溶液,aq)$	-0.399
310	$H_2SeO_3 + 4H^+ + 4e^- =\!=\!= Se + 3H_2O$	-0.74
311	$SeO_3^{2-} + 3H_2O + 4e^- =\!=\!= Se + 6OH^-$	-0.366
312	$SeO_4^{2-} + H_2O + 2e^- =\!=\!= SeO_3^{2-} + 2OH^-$	0.05
313	$Si + 4H^+ + 4e^- =\!=\!= SiH_4(气体)$	0.102
314	$Si + 4H_2O + 4e^- =\!=\!= SiH_4 + 4OH^-$	-0.73
315	$SiF_6^{2-} + 4e^- =\!=\!= Si + 6F^-$	-1.24
316	$SiO_2 + 4H^+ + 4e^- =\!=\!= Si + 2H_2O$	-0.857
317	$SiO_3^{2-} + 3H_2O + 4e^- =\!=\!= Si + 6OH^-$	-1.697
318	$Sm^{2+} + 2e^- =\!=\!= Sm$	-2.68
319	$Sm^{3+} + 3e^- =\!=\!= Sm$	-2.304
320	$Sn^{2+} + 2e^- =\!=\!= Sn$	-0.138
321	$Sn^{4+} + 2e^- =\!=\!= Sn^{2+}$	0.151
322	$SnCl_4^{2-} + 2e^- =\!=\!= Sn + 4Cl^- (1mol \cdot L^{-1} HCl)$	-0.19
323	$SnF_6^{2-} + 4e^- =\!=\!= Sn + 6F^-$	-0.25
324	$Sn(OH)_3^- + 3H^+ + 2e^- =\!=\!= Sn^{2+} + 3H_2O$	0.142
325	$SnO_2 + 4H^+ + 4e^- =\!=\!= Sn + 2H_2O$	-0.117
326	$Sn(OH)_6^{2-} + 2e^- =\!=\!= HSnO_2^- + 3OH^- + H_2O$	-0.93
327	$Sr^{2+} + 2e^- =\!=\!= Sr$	-2.899
328	$Sr^{2+} + 2e^- =\!=\!= Sr(Hg)$	-1.793
329	$Sr(OH)_2 + 2e^- =\!=\!= Sr + 2OH^-$	-2.88
330	$Ta^{3+} + 3e^- =\!=\!= Ta$	-0.6
331	$Tb^{3+} + 3e^- =\!=\!= Tb$	-2.28
332	$Tc^{2+} + 2e^- =\!=\!= Tc$	0.400
333	$TcO_4^- + 8H^+ + 7e^- =\!=\!= Tc + 4H_2O$	0.472

续表

序号	电极过程	$\varphi^{\ominus}/V$
334	$TcO_4^- + 2H_2O + 3e^- \Longrightarrow TcO_2 + 4OH^-$	-0.311
335	$Te + 2e^- \Longrightarrow Te^{2-}$	-1.143
336	$Te^{4+} + 4e^- \Longrightarrow Te$	0.568
337	$Th^{4+} + 4e^- \Longrightarrow Th$	-1.899
338	$Ti^{2+} + 2e^- \Longrightarrow Ti$	-1.630
339	$Ti^{3+} + 3e^- \Longrightarrow Ti$	-1.37
340	$TiO_2 + 4H^+ + 2e^- \Longrightarrow Ti^{2+} + 2H_2O$	-0.502
341	$TiO^{2+} + 2H^+ + e^- \Longrightarrow Ti^{3+} + H_2O$	0.1
342	$Tl^+ + e^- \Longrightarrow Tl$	-0.336
343	$Tl^{3+} + 3e^- \Longrightarrow Tl$	0.741
344	$Tl^{3+} + Cl^- + 2e^- \Longrightarrow TlCl$	1.36
345	$TlBr + e^- \Longrightarrow Tl + Br^-$	-0.658
346	$TlCl + e^- \Longrightarrow Tl + Cl^-$	-0.557
347	$TlI + e^- \Longrightarrow Tl + I^-$	-0.752
348	$Tl_2O_3 + 3H_2O + 4e^- \Longrightarrow 2Tl^+ + 6OH^-$	0.02
349	$TlOH + e^- \Longrightarrow Tl + OH^-$	-0.34
350	$Tl_2SO_4 + 2e^- \Longrightarrow 2Tl + SO_4^{2-}$	-0.436
351	$Tm^{2+} + 2e^- \Longrightarrow Tm$	-2.4
352	$Tm^{3+} + 3e^- \Longrightarrow Tm$	-2.319
353	$U^{3+} + 3e^- \Longrightarrow U$	-1.798
354	$UO_2 + 4H^+ + 4e^- \Longrightarrow U + 2H_2O$	-1.40
355	$UO_2^+ + 4H^+ + e^- \Longrightarrow U^{4+} + 2H_2O$	0.612
356	$UO_2^{2+} + 4H^+ + 6e^- \Longrightarrow U + 2H_2O$	-1.444
357	$V^{2+} + 2e^- \Longrightarrow V$	-1.175
358	$VO^{2+} + 2H^+ + e^- \Longrightarrow V^{3+} + H_2O$	0.337
359	$VO_2^+ + 2H^+ + e^- \Longrightarrow VO^{2+} + H_2O$	0.991
360	$VO_2^+ + 4H^+ + 2e^- \Longrightarrow V^{3+} + 2H_2O$	0.668
361	$V_2O_5 + 10H^+ + 10e^- \Longrightarrow 2V + 5H_2O$	-0.242
362	$W^{3+} + 3e^- \Longrightarrow W$	0.1
363	$WO_3 + 6H^+ + 6e^- \Longrightarrow W + 3H_2O$	-0.090

续表

序号	电极过程	$\varphi^{\ominus}/V$
364	$W_2O_5+2H^++2e^-\Longrightarrow 2WO_2+H_2O$	-0.031
365	$Y^{3+}+3e^-\Longrightarrow Y$	-2.372
366	$Yb^{2+}+2e^-\Longrightarrow Yb$	-2.76
367	$Yb^{3+}+3e^-\Longrightarrow Yb$	-2.19
368	$Zn^{2+}+2e^-\Longrightarrow Zn$	-0.7618
369	$Zn^{2+}+2e^-\Longrightarrow Zn(Hg)$	-0.7628
370	$Zn(OH)_2+2e^-\Longrightarrow Zn+2OH^-$	-1.249
371	$ZnS+2e^-\Longrightarrow Zn+S^{2-}$	-1.40
372	$ZnSO_4+2e^-\Longrightarrow Zn(Hg)+SO_4^{2-}$	-0.799

19.3.2　常用参比电极的电极电势及温度系数

表 3-19-8　常用参比电极的电极电势及温度系数（298.15 K；相对于标准氢电极）

名称	体系	$\varphi^{\ominus}/V$	$\dfrac{dE}{dT}/(mV\cdot K^{-1})$
氢电极	$Pt，H_2\mid H^+(a_{H^+}=1)$	0.0000	
饱和甘汞电极	$Hg，Hg_2Cl_2\mid$饱和 KCl	0.2415	-0.761
标准甘汞电极	$Hg，Hg_2Cl_2\mid 1mol\cdot L^{-1}KCl$	0.2800	-0.275
$0.1mol\cdot L^{-1}$甘汞电极	$Hg，Hg_2Cl_2\mid 0.1mol\cdot L^{-1}KCl$	0.3337	-0.875
银-氯化银电极	$Ag，AgCl\mid 0.1mol\cdot L^{-1}KCl$	0.290	-0.3
氧化汞电极	$Hg，HgO\mid 0.1mol\cdot L^{-1}KOH$	0.165	
硫酸亚汞电极	$Hg，Hg_2SO_4\mid 1mol\cdot L^{-1}Hg_2SO_4$	0.6758	
硫酸铜电极	$Cu\mid$饱和 $CuSO_4$	0.316	0.7

19.3.3　不同温度下饱和甘汞电极（SCE）的电极电势

表 3-19-9　不同温度下饱和甘汞电极（SCE）的电极电势（298.15K；相对于标准氢电极）

$t/℃$	$\varphi^{\ominus}/V$	$t/℃$	$\varphi^{\ominus}/V$
0	0.2568	40	0.2307
10	0.2507	50	0.2233
20	0.24444	60	0.2154
25	0.2412	70	0.2071
30	0.2378		

19.3.4 甘汞电极的电极电势与温度的关系

表 3-19-10 甘汞电极的电极电势与温度的关系

甘汞电极	φ / V
SCE	$0.2412 - 6.61 \times 10^{-4}(t-25) - 1.75 \times 10^{-6}(t-25)^2 - 9 \times 10^{-10}(t-25)^3$
NCE	$0.2801 - 2.75 \times 10^{-4}(t-25) - 2.50 \times 10^{-6}(t-25)^2 - 4 \times 10^{-9}(t-25)^3$
0.1NCE	$0.3337 - 8.75 \times 10^{-4}(t-25) - 3 \times 10^{-6}(t-25)^2$

19.3.5 韦斯顿（Weston）标准电池电动势不同温度的校正值

表 3-19-11 韦斯顿（Weston）标准电池电动势不同温度校正值

t /℃	E /V	t /℃	E /V
11	1.01874	21	1.01826
12	1.01868	22	1.01822
13	1.01863	23	1.01817
14	1.01858	24	1.01812
15	1.01853	25	1.01807
16	1.01848	26	1.01802
17	1.01843	27	1.01797
18	1.01839	28	1.01792
19	1.01834	29	1.01786
20	1.01830	30	1.01781

19.4 不可逆电极过程

19.4.1 常见气体在不同电极上的超电势（过电位）

电极反应中，在给定电流密度下一个电极的实际电势偏离平衡值，偏离值的大小规定为电极的超电势，用符号"η"表示。超电势的单位为伏特（V）。

表 3-19-12 常见气体在不同电极上的超电势（过电位）（298.15 K）

电极名称	电流密度 i/(A·m^{-2})				
	10	100	1000	5000	50000
H_2（1 mol·L^{-1} H_2SO_4溶液）					
Ag	0.097	0.13	0.3	0.48	0.69

电极名称	电流密度 $i/(A \cdot m^{-2})$				
	10	100	1000	5000	50000
Al	0.3	0.83	1.00	1.29	—
Au	0.017	—	0.1	0.24	0.33
Bi	0.39	0.4	—	0.78	0.98
Cd	—	1.13	1.22	1.25	
Co	—	0.2	—	—	—
Cr	—	0.4	—	—	—
Cu	—	—	0.35	0.48	0.55
Fe	—	0.56	0.82	1.29	—
石墨 C	0.002	—	0.32	0.60	0.73
Hg	0.8	0.93	1.03	1.07	—
Ir	0.0026	0.2	—	—	—
Ni	0.14	0.3	—	0.56	0.71
Pb	0.40	0.4	—	0.52	1.06
Pd	0	0.04	—	—	—
Pt(光滑的)	0.0000	0.16	0.29	0.68	—
Pt(镀铂黑的)	0.0000	0.030	0.041	0.048	0.051
Sb	—	0.4	—	—	—
Sn	—	0.5	1.2	—	—
Ta	—	0.39	0.4	—	—
Zn	0.48	0.75	1.06	1.23	—
$O_2(1 \text{ mol} \cdot L^{-1} \text{ KOH 溶液})$					
Ag	0.58	0.73	0.98	—	1.13
Au	0.67	0.96	1.24	—	1.63
Cu	0.42	0.58	0.66	—	0.79
石墨 C	0.53	0.90	1.09	—	1.24
Ni	0.35	0.52	0.73	—	0.85
Pt(光滑的)	0.72	0.85	1.28	—	1.49
Pt(镀铂黑的)	0.40	0.52	0.64	—	0.77

续表

电极名称	电流密度 $i/(A \cdot m^{-2})$				
	10	100	1000	5000	50000
Cl_2(饱和 NaCl 溶液)					
石墨 C	—	—	0.25	0.42	0.53
Pt(光滑的)	0.008	0.03	0.054	0.161	0.236
Pt(镀铂黑的)	0.006	—	0.026	0.05	—
Br_2(饱和 NaBr 溶液)					
石墨 C	—	0.002	0.027	0.16	0.33
Pt(光滑的)	—	0.002	—	0.26	—
Pt(镀铂黑的)	—	0.002	0.012	0.069	0.21
I_2(饱和 NaI 溶液)					
石墨 C	0.002	0.014	0.097	—	—
Pt(光滑的)	—	0.003	0.03	0.12	0.22
Pt(镀铂黑的)	—	0.006	0.032	—	0.196

19.4.2　水溶液中各种电极上氢的超电势（过电位）——塔菲尔（Tafel）公式中的参数值 a，b 及交换电流密度 i_0.（$i = 1A \cdot cm^{-2}$）

表 3-19-13　水溶液中各种电极上氢的超电势（过电位）——塔菲尔（Tafel）公式中的参数值 a，b 及交换电流密度 i_0.（$i = 1A \cdot cm^{-2}$）

金属	溶液	a	b	i_0
Pb	$0.5mol \cdot L^{-1}$ H_2SO_4	−1.56	0.110	6.6×10^{-15}
Hg	$0.5mol \cdot L^{-1}$ H_2SO_4	−1.415	0.113	3.0×10^{-13}
Cd	$0.65mol \cdot L^{-1}$ H_2SO_4	−1.4	0.12	2.2×10^{-12}
Zn	$0.5mol \cdot L^{-1}$ H_2SO_4	−1.24	0.118	3.1×10^{-11}
Cu	$1.0mol \cdot L^{-1}$ H_2SO_4	−0.80	0.115	1.1×10^{-7}
Ag	$1mol \cdot L^{-1}$ HCl	−0.95	0.116	6×10^{-9}
Fe	$1mol \cdot L^{-1}$ HCl	−0.70	0.125	2.5×10^{-6}
Ni	$0.11mol \cdot L^{-1}$ NaOH	−0.64	0.110	1.5×10^{-6}
Pd	$1.1mol \cdot L^{-1}$ KOH	−0.53	0.130	8×10^{-5}
光亮 Pt	$1mol \cdot L^{-1}$ HCl	−0.10	0.13	0.17

第 20 章　动力学数据

20.1　简单级数反应的动力学参数

20.1.1　一些典型反应的活化能 E_a 和指前因子 A 的值

阿仑尼乌斯公式给出了反应的速率常数对温度的依赖关系：

$$\lg k = \lg A - \frac{E_a}{2.303RT}$$

表 3-20-1　一些典型反应的活化能 E_a 和指前因子 A 的值

一级反应	溶剂	$E_a/(kJ \cdot mol^{-1})$	$\lg A/s^{-1}$
$NH_4CNO \longrightarrow NH_2CONH_2$	水	97.1	12.6
$N_2O_5 \longrightarrow N_2O_4 + 1/2O_2$	气相	103.3	13.7
$CH_3N_2CH_3 \longrightarrow C_2H_6 + N_2$	气相	219.7	13.5
$C_3H_6(环丙烷) \longrightarrow CH_3CH=CH_2$	气相	272.0	12.2
二级反应	溶剂	$E_a/(kJ \cdot mol^{-1})$	$\lg A/(mol^{-1} \cdot dm^3 \cdot s^{-1})$
$CH_3COOC_2H_5 + NaOH \longrightarrow CH_3COONa + C_2H_5OH$	水	47.3	7.2
$n\text{-}C_5H_{11}Cl + KI \longrightarrow n\text{-}C_5H_{11}I + KCl$	丙酮	77.0	8.0
$C_2H_5ONa + CH_3I \longrightarrow C_2H_5OCH_3 + NaI$	乙醇	81.6	11.4
$C_2H_5Br + NaOH \longrightarrow C_2H_5OH + NaBr$	乙醇	89.5	11.6
$CH_3I + HI \longrightarrow CH_4 + 2I$	气相	139.7	12.2
$2HI \longrightarrow H_2 + I_2$	气相	184.1	11.2
$H_2 + I_2 \longrightarrow 2HI$	气相	165.3	11.2
三级反应	溶剂	$E_a/(kJ \cdot mol^{-1})$	$\lg A/(mol^{-2} \cdot dm^6 \cdot s^{-1})$
$2NO + O_2 \longrightarrow 2NO_2$	气相	-4.6	3.02
$Br + Br + M \longrightarrow Br_2 + M$	气相	0	9.60

20.1.2 某些三分子反应的动力学参数

表 3-20-2 某些三分子反应的动力学参数

反 应	指前因子 $\lg A/(dm^6 \cdot mol^{-2} \cdot s^{-1})$	活化能/$(kJ \cdot mol^{-1})$	空间因子 P(计算值)
$2NO+O_2 \longrightarrow 2NO_2$	3.02	−46.2	10^{-7}
$22NO+Cl_2 \longrightarrow 2NOCl$	3.66	15.54	10^{-6}
$2NO+Br_2 \longrightarrow 2NOBr$	3.50		10^{-6}
$2NO_2+M \longrightarrow N_2O_4+M$	6.50	−9.66	10^{-4}
(M∼N,在1大气压,25℃)			
$H+H+M \longrightarrow H_2+M$	10.0		1
$H+O_2+M \longrightarrow HO_2+M$	7.1,8.1		$10^{-3},10^{-2}$
(M∼H_2)(M∼O_2)			
$Br+Br+M \longrightarrow Br_2+M$	9.6		0.4
(M∼He,H_2,N_2,CH_4,CO_2,)			
$O+O_2+M \longrightarrow O_3+M$	7.54	−2.52	10^{-3}
(M∼O_2,O_3,CO_2,N_2,He)			
$O+NO+M \longrightarrow NO_2+M$ (空气)	11.3		1
$N+N+N_2 \longrightarrow 2N_2$	9.8		0.4

20.2 复杂反应动力学-若干平行反应的正向与逆向的反应速率常数

表 3-20-3 用弛豫法测定的若干对行反应的正向与逆向的反应速率常数

反 应	反应温度/K	$k_+/(m^3 \cdot mol^{-1} \cdot s^{-1})$	k_-/s^{-1}	使用方法
酸碱平衡				
$H^+ +OH^- \rightleftharpoons H_2O$	298	1.4×10^8	2.5×10^{-5}	电场脉冲
$H^+ +C_3N_2H_4 \rightleftharpoons C_3N_2H_5^+$	286	1.5×10^7	1.5×10^3	温度突跃
$OH^- +NH_4^+ \rightleftharpoons NH_3+H_2O$	295	3.4×10^7	6×10^5	超声吸收
$OH^- +C_5H_{12}N^+ \rightleftharpoons C_5H_{11}N+H_2O$	298	2.2×10^7	3×10^7	超声吸收
水合				

续表

反　　　应	反应温度/K	$k_+/(m^3 \cdot mol^{-1} \cdot s^{-1})$	k_-/s^{-1}	使用方法
$CH_3COCO_2H \Longrightarrow CH_3C(OH)_2CO_2H$	298	5.3×10^{-4}	2.2×10^{-1}	压力突跃
质子迁移				
$HCPR + ADP^{3-} \Longrightarrow CPR^- + HADP^{2-}$	286	2×10^5	1×10^{5①}	温度突跃
CPR＝氯酚红				
ADP＝二磷酸腺苷				
电子迁移				
$Q + Q^{2-} \Longrightarrow 2Q^-$	284	2.6×10^5	7×10^{4①}	温度突跃
Q＝苯醌				
金属络合物的形成				
$Mg^{2+} + ATP^{4-} \Longrightarrow MgATP^{2-}$	298	1.2×10^4	1.2×10^3	温度突跃
ATP＝三磷酸腺苷				
双核含水物的形成				
$2FeOH^{2+} \Longrightarrow (FeOH)_2^{4+}$	298	6.0×10^{-2}	1.2×10^{-1}	压力突跃
二聚				
$2C_6H_5COOH \Longrightarrow (C_6H_5COOH)_2$	298	1.6×10^6	3.7×10^6	超声吸收

① k_- 以 $m^3 \cdot mol^{-1} \cdot s^{-1}$ 为单位。

20.3　气相反应动力学

20.3.1　某些物质热分解反应的活化能及其相应键的断裂能

表 3-20-4　某些物质热分解反应的活化能及其相应键的断裂能

化合物	活化能 E/kJ	断裂键	键的断裂能/kJ
碘乙烷	215.5	C_2H_5—I	210.0
氯丙烷	248.1	C_3H_7—Cl	242.7
苯乙烷	263.6	$C_6H_5CH_2$—CH_3	260.7
苄基溴	211.3	$C_6H_5CH_2$—Br	202.9
2,3-丁二酮	251.0	CH_3CO—$COCH_3$	242.7
丙烯	326.4	CH_3CHCH_2—H	322.2

20.3.2 一些包括原子和自由基的双分子置换反应的动力学参数

表 3-20-5 一些包括原子和自由基的双分子置换反应的动力学参数

反　　应	活化能 $E/(kJ \cdot mol^{-1})$	$\lg A/(cm^3 \cdot mol^{-1} \cdot s^{-1})$	
		观　测　值	计　算　值
$H + H_2 \longrightarrow H_2 + H$	36.8	14.0	13.7；13.8
$Br + H_2 \longrightarrow BrH + H$	73.6	13.5	14.1
$H + CH_4 \longrightarrow H_2 + CH_3$	50.2	13	13.2
$H + C_2H_6 \longrightarrow H_2 + C_2H_5$	28.5	12.5	13.1
$CH_3 + H_2 \longrightarrow CH_4 + H$	41.8	12.3	12.0；10.4
$CD_3 + CH_4 \longrightarrow CD_3H + CH_3$	58.6	11	11.3；10.9
$CH_3 + C_2H_6 \longrightarrow CH_4 + C_2H_5$	46.9	10.8	11.0
$CD_3 + C_2H_6 \longrightarrow CD_3H + C_2H_5$	43.5	11.3	11.3
$CH_3 + i\text{-}C_4H_{10} \longrightarrow CH_4 + C_4H_9$	31.8	10	9.8
$CH_3 + n\text{-}C_6H_{12} \longrightarrow CH_4 + C_6H_{11}$	33.9	11.0	
$CH_3 + CH_3COCH_3 \longrightarrow CH_4 + CH_2COCH_3$	40.6	11.6	11
$CD_3 + CD_3COCD_3 \longrightarrow CD_4 + CD_2COCD_3$	47.3	11.8	
$CD_3 + C_6H_6 \longrightarrow CD_3H + C_6H_5$	38.5	10.4	
$CH_3 + C_6H_5CH_3 \longrightarrow CH_4 + C_6H_5CH_2$	29.3	10	
$CF_3 + CH_4 \longrightarrow CF_3H + CH_3$	39.7	11.0	
$CF_3 + C_2H_6 \longrightarrow CF_3H + C_2H_5$	32.2	11.4	

20.3.3 几种混合气体的爆炸极限

表 3-20-6 几种混合气体的爆炸极限（可燃气体在空气中的体积分数）

气体	低限	高限	气体	低限	高限
H_2	4	74	C_2H_2	2.5	80
NH_3	16	27	C_5H_{12}	1.6	7.8
CS_2	1.25	44	C_2H_4	3.0	29
CO	12.5	74	C_6H_6	1.4	6.7
CH_4	5.3	14	CH_3OH	7.3	36
C_2H_6	3.2	12.5	C_2H_5OH	4.3	19
C_3H_8	2.4	9.5	$(C_2H_5)O$	1.9	48
C_4H_{10}	1.9	8.4	$CH_3COOC_2H_5$	2.1	8.5

20.4 液相反应动力学

20.4.1 五氧化二氮在不同溶剂中进行分解反应的动力学参数

表 3-20-7 液相反应动力学——五氧化二氮在不同溶剂中进行分解反应的动力学参数

溶 剂	$k \times 10^5$ (298.15K)	lg$A$	$E/(kJ \cdot mol^{-1})$
四氯化碳	4.09	13.8	106.7
氯 仿	5.54	13.7	102.9
1,2-二氯乙烷	4.79	13.6	102.1
五氯乙烷	4.30	14.0	104.6
硝基甲烷	3.13	13.5	102.5
溴	4.27	13.3	100.4
四氧化二氮	7.05	14.2	104.6
硝 酸	0.147	14.8	118.4
氯化丙烯	0.510	14.6	112.9

20.4.2 部分液相反应的标准摩尔体积和标准摩尔熵

表 3-20-8 若干反应的标准摩尔活化体积和标准摩尔活化熵

反 应	溶 剂	$\Delta^{\neq} V_m^{\ominus}$ /(cm^3·mol^{-1})	$\Delta^{\neq} S_m^{\ominus}$ /(J·K^{-1}·mol^{-1})
$Co(NH_3)_5Br^{2+} + OH^- \longrightarrow Co(NH_3)_5OH^{2+} + Br^-$	H_2O	8.5	92
$(CH_3)(C_2H_5)(C_6H_5)(C_6H_5CH_2)N^+Br^- \longrightarrow (CH_3)(C_6H_5)(C_6H_5CH_2)N + C_2H_5Br$	H_2O	3.3	63
$CH_2BrCOOCH_3 + S_2O_3^{2-} \longrightarrow CH_2(S_2O_3^-)COOCH_3 + Br^-$	H_2O	3.2	25
蔗糖 $+ H_2O \xrightarrow{H^+}$ 葡萄糖 $+$ 果糖	H_2O	2.5	33
$C_2H_5O^- + C_2H_5I \longrightarrow C_2H_5OC_2H_5 + I^-$	C_2H_5OH	-4.1	-42
$CH_2ClCOO^- + OH^- \longrightarrow CH_2OHCOO^- + Cl^-$	H_2O	-6.1	-56
$CH_2BrCOO^- + S_2O_3^{2-} \longrightarrow CH_2(S_2O_3^-)COO^- + Br^-$	H_2O	-4.8	-71
$CH_3COOCH_3 + H_2O \xrightarrow{H^+} CH_3COOH + CH_3OH$	H_2O	-8.7	-42
$CH_3CONH_2 + H_2O \xrightarrow{OH^-} CH_3COOH + NH_3$	H_2O	-14.2	-142
$C_5H_5N + C_2H_5I \longrightarrow C_5H_5(C_2H_5)N^+I^-$	CH_3COCH_3	-16.8	-146
$C_6H_5CCl_3 \longrightarrow C_6H_5CCl_2^+ + Cl^-$	80%C_2H_5OH	-14.5	-146

20.5 酶催化动力学

20.5.1 某些酶的活性——转换数

酶的转换数 k_2 表示单位时间内一个酶分子所能催化底物发生反应的分子数，表示了酶催化反应能力的强弱。

表 3-20-9 某些酶的活性——转换数

酶	转换数 k_2	酶	转换数 k_2
溶菌酶	30	乳酸脱氢酶	6×10^4
DNA-聚合酶 I	900	青霉素酶	1.2×10^5
胰凝乳蛋白酶	6000	乙酰胆碱酯酶	1.5×10^6
半乳糖苷酶	1.25×10^4	过氧化氢酶	5×10^6
己糖激酶	2×10^4	碳酸酐酶	3.6×10^7

20.5.2 某些酶反应的米氏常数 K_m 值

表 3-20-10 某些酶反应的米氏常数 K_m 值

酶	底物	$K_m/(mol \cdot L^{-1})$	酶	底物	$K_m/(mol \cdot L^{-1})$
葡萄糖氧化酶	D-葡萄糖	7.7	尿素酶	尿素	4.0
L-氨基酸氧化酶	L-亮氨酸	1.0	蔗糖酶	蔗糖	50
乳糖酶	乳糖	7.5	醇脱氢酶	乙醇	13
天冬酰胺酶	L-天冬酰胺	0.018	葡萄糖淀粉酶	麦芽糖	1.2

20.6 光化学反应

20.6.1 几种常用光源的波长及强度值

表 3-20-11 几种常用光源的波长及强度值

光源	有效波长范围/nm	有代表性的强度数值[1]/(爱因斯坦 $\cdot s^{-1} \cdot cm^{-2}$)
(a)弱光源		
钨灯	450~可见光	
氢灯	165~可见光	
炭弧灯	400~可见光	

光　　源	有效波长范围/nm	有代表性的强度数值[①]/(爱因斯坦·s^{-1}·cm^{-2})
(b)中等光源		
低压汞弧灯	185～254	(254)2×10^{-10}
镉弧灯	229～326	
锌弧灯	214～308	
(c)强光源		(400)5×10^{-9}
太阳光	340～可见光	(350)3×10^{-9}
中压汞弧灯	200～可见光	(313)1×10^{-9} (366)1.5×10^{-9}
高压汞弧灯	240～可见光	(366)1.2×10^{-9}
氙弧灯	200～可见光	
氦氖连续激光器	633	(633)5×10^{-9}

① 括号内为所对应的波长值（nm）。

20.6.2　同一反应在气相和液相中的量子产率比较

表 3-20-12　气相中和液相中的量子产率的比较

反　　应	$\lambda/10^{-8}$m	量子产率	
		气　相	液　相
$2NH_3 \longrightarrow N_2 + 3H_2$	2100	0.14～0.32	0(在液氨中)
$CH_3COOH \longrightarrow CH_4 + CO_2$	<2300	1	0.45(在 H_2O 中)
$Cl_2O \longrightarrow Cl_2 + \frac{1}{2}O_2$	4358	3.2	1.8(在 CCl_4 中)
$NO_2 \longrightarrow NO + \frac{1}{2}O_2$	4050	1.1	0.03(在 CCl_4 中)
$Pb(CH_3)_4 \longrightarrow Pb + 2C_2H_6$	2357	0.50	0.4(在己烷中)
$Ni(CO)_4 \longrightarrow Ni + 4CO$	3010～3135	0	2.8(在 CCl_4 中)

20.6.3　某些溶液中光化学反应的量子产率

表 3-20-13　某些溶液中光化学反应的量子产率

反　　应	溶　剂	$\lambda/10^{-8}$m	量子产率
$2HI \longrightarrow H_2 + I_2$	H_2O	2070	0.34
顺式-$C_4H_8 + I_2 \longrightarrow C_4H_8I_2$	$CHCl_3$	4360	2.48
$2Fe^{3+} + I_2 \longrightarrow 2Fe^{2+} + 2I^-$	H_2O	5790	1

反　　　应	溶　剂	$\lambda/10^{-8}$ m	量子产率
$ClCH_2COOH + H_2O \longrightarrow HOCH_2COOH + HCl$	H_2O	2537	1
$2H_2O_2 \longrightarrow 2H_2O + O_2$	H_2O	3100	$7\sim80$
$H_2C_2O_4 \longrightarrow H_2O + CO + CO_2$	H_2O	$2540\sim4350$	$0.49\sim0.60(UO_2^{2+}$ 作为光敏剂$)$
$2CCl_3Br + O_2 \longrightarrow 2COCl_3 + Br_2$	CCl_3Br	$4070\sim4360$	$0.9(Br_2$ 作为光敏剂$)$
马来酯 $\longrightarrow$ 富马酯	CCl_4	4360	$296(Br_2$ 作为光敏剂$)$

第 21 章 胶体和界面相关数据

21.1 界面化学常用数据

21.1.1 不同温度下水的表面张力 σ

表 3-21-1 不同温度下水的表面张力 σ 单位：$10^3 N \cdot m^{-1}$

$t/℃$	σ	$t/℃$	σ	$t/℃$	σ	$t/℃$	σ
0	75.64	17	73.19	26	71.82	60	66.18
5	74.92	18	73.05	27	71.66	70	64.42
10	74.22	19	72.90	28	71.50	80	62.61
11	74.07	20	72.75	29	71.35	90	60.75
12	73.93	21	72.59	30	71.18	100	58.85
13	73.78	22	72.44	35	70.38	110	56.89
14	73.64	23	72.28	40	69.56	120	54.89
15	73.59	24	72.13	45	68.74	130	52.84
16	73.34	25	71.97	50	67.91		

21.1.2 常见无机物的表面张力

表中物质均为液态，接触相为空气和蒸气混合时的表面张力。表面张力与温度有关，满足

$$\gamma = a - bT$$

表 3-21-2 常见无机物的表面张力

分子式	表面张力		分子式	表面张力	
	$a/(mN \cdot m^{-1})$	$b/(mN \cdot m^{-1} \cdot K^{-1})$		$a/(mN \cdot m^{-1})$	$b/(mN \cdot m^{-1} \cdot K^{-1})$
Ar	34.28	0.2493	N_2	26.42	0.2265
$AsBr_3$	54.51	0.1043	NO	-67.48	0.5853
$AsCl_3$	41.67	0.0978	N_2O	5.09	0.2032

分子式	表面张力		分子式	表面张力	
	$a/(\text{mN} \cdot \text{m}^{-1})$	$b/(\text{mN} \cdot \text{m}^{-1} \cdot \text{K}^{-1})$		$a/(\text{mN} \cdot \text{m}^{-1})$	$b/(\text{mN} \cdot \text{m}^{-1} \cdot \text{K}^{-1})$
BBr_3	31.90	0.1280	$NOCl$	29.49	0.1493
BF_3	-2.92	0.2030	NOF	14.00	0.1165
B_2H_6	-3.13	0.1785	NO_2F	8.26	0.1854
Br_2	45.5	0.1820	O_2	-33.72	0.2561
BrF_3	38.30	0.0999	PBr_3	45.34	0.1283
BrF_5	25.24	0.1098	PCl_3	31.14	0.1266
ClF_3	26.9	0.1660	PI_3	61.66	0.06771
ClO_3F	12.24	0.1576	$POCl_3$	35.22	0.1275
CO	-30.20	0.2073	$PSCl_3$	37.00	0.1272
$COCl_2$	22.59	0.1456	S_2Cl_2（二聚物）	46.23	0.1464
COS	12.12	0.1779	SF_4	12.87	0.1734
DH	6.537	0.1883	SF	5.66	0.1190
F_2	-16.10	0.1646	SO_2	26.58	0.1948
$GaCl_3$	35.0	0.1000	$SOCl_2$	36.10	0.1416
HBr	13.10	0.2079	SO_2Cl_2	32.10	0.1328
HF	10.41	0.07867	$SbCl_3$	47.87	0.1238
H_2O_2	78.97	0.1549	SbF_5	49.07	0.1937
H_2S	48.95	0.1758	SeF_4	38.61	0.1274
H_2Se	22.32	0.1482	$SiCl_4$	20.78	0.09962
H_2Te	29.03	0.2619	$SiHCl_3$	20.43	0.1076
Hg	490.6	0.2049	$SnCl_4$	29.92	0.1134
IF_5	33.16	0.1318	UF_6	25.5	0.1240
Kr	40.576	0.2890	—	—	—

21.1.3 常见有机化合物的表面张力

表中物质均为液态，接触相为空气和蒸气混合时的表面张力。表面张力与温度有关，满足

$$\gamma = a - b_T$$

表 3-21-3　常见有机化合物的表面张力

名　称	表面张力		名　称	表面张力	
	$a/(\text{mN}\cdot\text{m}^{-1})$	$b/(\text{mN}\cdot\text{m}^{-1}\cdot\text{K}^{-1})$		$a/(\text{mN}\cdot\text{m}^{-1})$	$b/(\text{mN}\cdot\text{m}^{-1}\cdot\text{K}^{-1})$

1. 脂链烃类、环烃

名　称	a	b	名　称	a	b
乙基环己烷	27.78	0.1054	2,2,3-三甲基丁烷	20.70	0.09726
甲基环戊烷	24.63	0.1163	2,2,3-三甲基戊烷	22.46	0.08950
戊　烷	18.25	0.11021	2,2,4-三甲基戊烷	20.55	0.08876
二甲氧基甲烷	23.59	0.1199	1,1,1-三氯乙烷	28.28	0.1242
2,2-二甲基丁烷	18.29	0.0990	1,1,2-三氯乙烷	37.40	0.1351
2,3-二甲基丁烷	19.38	0.09998	三溴甲烷	48.14	0.1308
2,3-二甲基戊烷	19.94	0.09565	己　烷	20.44	0.1022
2,4-二甲基戊烷	20.09	0.09715	1-己烯	20.47	0.10271
1-戊烯	18.20	0.1099	1,1,2,2-四氯乙烷	38.75	0.1268
1,4-二氧六烷	36.23	0.1391	1,1,2,2,-四溴乙烷	52.37	0.1463
顺-2-戊烯	19.73	0.1172	辛　烷	23.52	0.09509
1,1-二氯乙烷	27.03	0.1186	1-辛烯	23.68	0.09581
1,2-二氯乙烷	35.43	0.1428	庚　烷	22.10	0.0980
1,2-二氯丙烷	31.42	0.1240	1-庚烯	22.28	0.09908
1,3-二氯丙烷	36.40	0.1233	环己烷	27.62	0.1188
1,2-二溴乙烷	35.43	0.1428	联环己烷	34.61	0.0951
二氯甲烷	30.41	0.1284	2-甲基丁烷	17.20	0.1103
二溴甲烷	42.77	0.1488	五氯乙烷	37.09	0.1178
二碘甲烷	70.21	0.1613	壬　烷	24.72	0.09347
十一碳烷	26.46	0.09010	1—壬烯	24.90	0.09379
十二碳烷	27.12	0.08843	2-溴丁烷	27.48	0.1107
十三碳烷	27.73	0.08719	碘代甲烷	33.42	0.1234
1-十三碳烯	28.01	0.08839	碘代乙烷	31.67	0.1286
甲基环己烷	26.11	0.1130	1-碘代丙烷	31.64	0.1136
环戊烷	25.53	0.1462	2-碘代丙烷	29.35	0.1107
癸　烷	25.67	0.09197	1-溴己烷	29.81	0.09669
1-癸烯	25.84	0.09190	1-溴丙烷	28.30	0.1218
1-氨基-2-甲基丙烷	24.48	0.1092	2-溴丙烷	26.21	0.1183
硝基甲烷	40.72	0.1678	2-甲基己烷	21.22	0.09635

名　称	表面张力		名　称	表面张力	
	$a/(\text{mN}\cdot\text{m}^{-1})$	$b/(\text{mN}\cdot\text{m}^{-1}\cdot\text{K}^{-1})$		$a/(\text{mN}\cdot\text{m}^{-1})$	$b/(\text{mN}\cdot\text{m}^{-1}\cdot\text{K}^{-1})$
硝基乙烷	35.27	0.1255	3-甲基己烷	21.73	0.09699
1-氯丁烷	25.97	0.1117	2-甲基戊烷	19.37	0.09967
2-氯丁烷	24.40	0.1118	3-甲基戊烷	20.26	0.1060
1-硝基丙烷	32.62	0.1009	1-氯-2,3-环氧丙烷	39.76	0.1360
2-硝基丙烷	32.18	0.1158	溴乙烷	26.52	0.1159
环己烯	29.23	0.1223	1-溴丁烷	28.71	0.1126
2-硫杂丁烷	24.9	23.4	1-氯丙烷	24.41	0.1246
硫杂环戊烷	38.44	0.1342	2-氯丙烷	21.37	0.0883
1-氯-2-甲基丙烷	24.40	0.1099	1-氯戊烷	27.09	0.1076
3-氯-1-丙烯	25.50	0.0946	氯仿	29.91	0.1295
DL-α-蒎烯	28.35	0.09444	四氯化碳	29.49	0.1224
L-β-蒎烯	28.26	0.09343			

2. 芳香烃

名　称			名　称		
苯	31.54	0.1320	对二甲苯	30.69	0.1074
甲苯	30.90	0.1189	1,2,3-三甲苯	30.91	0.1040
乙苯	31.48	0.1094	1,2,4-三甲苯	31.76	0.1025
邻二甲苯	32.51	0.1101	1,3,5-三甲苯	29.79	0.08966
间二甲苯	31.23	0.1104	对氟代甲苯	30.44	0.1109
间氟代甲苯	32.31	0.1257	异丙基苯	30.32	0.1054
氟代苯	29.67	0.1204	1,2-二甲氧基苯	34.4	0.0642
氯苯	35.97	0.1191	间二氯苯	38.30	0.1147
溴苯	38.14	0.1160	对二氯苯	34.66	0.0879
碘代苯	41.52	0.1123	甲氧基苯	38.11	0.1204
邻氯甲苯	34.93	0.1082	乙氧基苯	35.17	0.1104
邻溴甲苯	36.62	0.09979	硝基苯	46.34	0.1157
萘	42.84	0.1107	1-硝基-2-甲氧基苯	48.62	0.1185
1-氯萘	44.12	0.1035	丁基苯	31.28	0.1025
1-溴萘	46.44	0.1018	仲丁基苯	30.48	0.0979
1,2,3,4-四氢萘	35.55	0.0954	叔丁基苯	30.10	0.0985

续表

名　称	表面张力		名　称	表面张力	
	$a/(mN \cdot m^{-1})$	$b/(mN \cdot m^{-1} \cdot K^{-1})$		$a/(mN \cdot m^{-1})$	$b/(mN \cdot m^{-1} \cdot K^{-1})$
3. 醇、醚、酚					
甲　醇	24.00	0.0773	2-甲氧基乙醇	33.30	0.0984
乙　醇	24.05	0.0832	2,2-(亚乙基二氧基)二乙醇	47.33	0.0880
1-丙醇	25.26	0.0777	2-甲基-1-丙醇	24.53	0.0795
2-丙醇	22.90	0.0789	2-甲基-2-丁醇	24.18	0.0748
1-丁醇	27.18	0.0898	3-甲基-1-丁醇	25.76	0.0820
1-己醇	27.81	0.0801	2-甲基-1-戊醇	26.98	0.0819
环己醇	35.33	0.0966	3-甲基-1-戊醇	26.92	0.07894
1-戊醇	27.54	0.0874	4-甲基-1-戊醇	25.93	0.07434
2-戊醇	25.96	0.1004	2-甲基-2-戊醇	25.07	0.08606
1-辛醇	29.09	0.0795	1-癸醇	30.34	0.07324
2-辛醇	27.96	0.08197	3-甲基-2-戊醇	27.14	0.0919
1-壬醇	29.79	0.07589	4-甲基-2-戊醇	24.67	0.0821
1,3-丙二醇	47.43	0.0903	2-甲基-3-戊醇	26.43	0.0914
2-丙炔-1-醇	38.59	0.1270	3-甲基-3-戊醇	25.48	0.0888
2-丙烯-1-醇	27.53	0.0902	顺-2-甲基环己醇	32.45	0.0770
四氢-2-呋喃甲醇	39.96	0.1008	顺-3-甲基环己醇	29.08	0.0629
顺-4-甲基环己醇	29.07	0.0690	2-丁氧基乙醇	28.18	0.0816
1-十二烷醇	31.25	0.0748	2,2′-氧代二乙醇	46.97	0.0880
1-丁硫醇	28.07	0.1142	苯甲醇	38.25	0.1381
苯硫醇	41.41	0.1202	2-氨基乙醇	51.11	0.1117
二乙醚	18.92	0.0908	二异丙醚	19.89	0.1048
二丁基醚	24.78	0.0934	二戊基醚	26.66	0.0925
二(2-甲氧基乙基)醚	32.47	0.1164	二异戊醚	24.76	0.0871
二丙基醚	22.60	0.1047	二苯基醚	35.17	0.1104
丁基乙基醚	22.75	0.1049	二(2-氯乙基)醚	40.57	0.1306
邻硝基茴香醚	48.62	0.1185	间甲酚	38.00	0.09237
邻甲酚	39.43	0.1011	苯　酚	43.54	0.1068
对甲酚	38.58	0.0962	对氯酚	46.0	0.1049
邻氯酚	42.5	0.1122			

名　称	表面张力		名　称	表面张力	
	$a/(mN·m^{-1})$	$b/(mN·m^{-1}·K^{-1})$		$a/(mN·m^{-1})$	$b/(mN·m^{-1}·K^{-1})$
4. 酸、醛、酮					
甲酸	39.87	0.1098	2-戊酮	24.89	0.06547
乙酸	29.58	0.0994	3-戊酮	27.36	0.1047
乙酸酐	35.52	0.1436	丙酮	26.26	0.112
丙酸	28.68	0.0993	2-丁酮	26.77	0.1122
丁酸	28.35	0.0920	2,4-戊二酮	33.28	0.1144
1-戊酸	28.90	0.0887	苯乙酮	41.92	0.1154
氯乙酸	43.27	0.1117	环己酮	37.67	0.1242
三氟乙酸	15.64	0.08444	苯甲醛	40.72	0.1090
3-甲基丁酸	27.28	0.0886	糠醛	46.41	0.1327
乙醛	23.90	0.1360			
1-丁醛	26.67	0.0925			
水杨醛	45.38	0.1242			
5. 酯					
甲酸甲酯	28.29	0.1572	乙酸甲酯	27.95	0.1289
丙酸甲酯	27.58	0.1258	丁酸甲酯	27.48	0.1145
乙酸乙酰甲酯	34.98	0.0944	苯甲酸甲酯	40.10	0.1171
马来酸二甲酯	40.73	0.1220	硫酸二甲酯	41.26	0.1163
水杨酸甲酯	42.15	0.1174	氰乙酸甲酯	41.32	0.1074
甲酸乙酯	26.47	0.1315	苯甲酸乙酯	37.16	0.1059
乙酸乙酯	26.29	0.1161	肉桂酸乙酯	39.99	0.1045
丙酸乙酯	26.72	0.1168	乳酸乙酯	30.72	0.0983
丁酸乙酯	26.55	0.1045	马来酸二乙酯	34.67	0.1039
水杨酸乙酯	41.00	0.1091	氰乙酸乙酯	38.80	0.1092
乙酰乙酸乙酯	34.42	0.1015	3-甲基丁酸乙酯	25.79	0.1006
草酸二乙酯	34.32	0.1119	硫酸二乙酯	35.47	0.0976
丙二酸二乙酯	33.91	0.1042	碳酸二乙酯	28.62	0.1100
甲酸丙酯	26.77	0.1119	乙酸丙酯	26.60	0.1120
乙酸烯丙酯	28.73	0.1186	乙酸异丙酯	24.44	0.1072

名　　称	表面张力		名　　称	表面张力	
	$a/(\text{mN} \cdot \text{m}^{-1})$	$b/(\text{mN} \cdot \text{m}^{-1} \cdot \text{K}^{-1})$		$a/(\text{mN} \cdot \text{m}^{-1})$	$b/(\text{mN} \cdot \text{m}^{-1} \cdot \text{K}^{-1})$
甲酸丁酯	27.08	0.1026	苯酸丙酯	36.55	0.1069
乙酸丁酯	27.55	0.1068	马来酸二丁酯	32.46	0.0865
磷酸三丁酯	28.71	0.0666	乙酸异戊酯	26.75	0.0989
乙酸戊酯	27.66	0.09943	苯甲酸苄酯	48.07	0.1065
2-甲基丙基甲酸酯	26.14	0.1122	2-甲基丙基乙酸酯	25.59	0.1013
1-甲基丙基乙酸酯	25.72	0.1054			

6. 腈、胺

名　　称	表面张力		名　　称	表面张力	
乙　腈	29.58	0.1178	苯甲腈	41.69	0.1159
丙　腈	29.63	0.1153	苯乙腈	44.57	0.1155
丁　腈	29.51	0.1037	丙烯腈	29.58	0.1178
丁二腈,琥珀腈	53.26	0.1079	辛　腈	29.61	0.0802
戊　腈	29.28	0.0937	己二腈	47.88	0.0973
己　腈	29.64	0.0907	4-甲基戊腈	28.89	0.0917
甲酰胺	59.13	0.0842	三乙醇胺	22.70	0.0992
丙　胺	24.86	0.1243	烯丙胺	27.49	0.1287
二甲基胺	29.50	0.1265	异丙胺	19.91	0.09719
乙酰胺	47.66	0.1021	苯　胺	44.83	0.1085
二丁胺	26.50	0.0952	1-丁胺	26.24	0.1122
二丙胺	24.86	0.1022	2-丁胺	23.75	0.1057
二异丙胺	21.83	0.1077	异丁胺	24.48	0.1092
二卞胺	43.27	0.1086	二乙胺	22.71	0.1143
1,2-乙二胺	44.77	0.1398	环己胺	34.19	0.1188
对甲苯胺	39.58	0.0957	邻甲苯胺	42.87	0.1094
邻氯苯胺	42.46	0.08667	间甲苯胺	40.33	0.0979

7. 其他

名　　称	表面张力		名　　称	表面张力	
二硫化碳	35.29	0.1484	哌　啶	31.79	0.1153
吡　啶	39.82	0.1306	喹　啉	42.25	0.1063
吡　咯	39.81	0.1100	噻　吩	34.00	0.1328
苄基氯	39.92	0.1227	2-甲基吡啶	36.11	0.1243
苯甲酰氯	41.34	0.1084			

21.1.4 水与某种液体（2）之间的两相界面张力

表 3-21-4　水与某种液体（2）之间的两相界面张力（20℃）

液体(2)	$10^3\sigma/$ $(N \cdot m^{-1})$	液体(2)	$10^3\sigma/$ $(N \cdot m^{-1})$	液体(2)	$10^3\sigma/$ $(N \cdot m^{-1})$	液体(2)	$10^3\sigma/$ $(N \cdot m^{-1})$
异戊烷	48.7	碘乙烷	41.8	溴苯	38.1	癸醇	8.97
己烷	50.8	二硫化碳	48.4	邻硝基甲苯	27.2	乙硫醇	26.1
环己烷	50.59	乙酸乙酯	6.8	间硝基甲苯	27.7	乙醚	10.7
庚烷	51.23	辛酸甲酯	20.62	硝基苯	25.7	异戊酸	2.7
辛烷	51.68	辛酸乙酯	25.5	苯胺	5.8	庚酸	7.0
壬烷	51.96	月桂酸甲酯	23.92	1-氯萘	40.7	辛酸	8.5
癸烷	52.3	苯	35.0	1-溴萘	42.1	2-戊酮	6.3
十一烷	52.51	甲苯	36.25	异戊醇	4.8	2-己酮	9.6
十二烷	52.78	乙苯	37.1	正丁醇	1.8	3-己酮	13.6
十四烷	53.32	邻二甲苯	36.1	异丁醇	2.0	2-辛酮	14.1
四氯化碳	45.0	间二甲苯	37.9	1-己醇	6.8	2-壬酮	16.03
四溴化碳	38.8	对二甲苯	37.8	庚醇	7.7	汞	375
氯仿	31.6	氯苯	37.4	正辛醇	8.5		

21.1.5 汞与某种液体（2）之间的两相界面张力

表 3-21-5　汞与某种液体（2）之间的两相界面张力（20℃）

液体(2)	$10^3\sigma/$ $(N \cdot m^{-1})$	液体(2)	$10^3\sigma/$ $(N \cdot m^{-1})$	液体(2)	$10^3\sigma/$ $(N \cdot m^{-1})$
己烷	378	丁醇	375	甲苯	359
环己烷	374	环戊醇	356	邻二甲苯	359
辛烷	375	1-己醇	372	间二甲苯	357
壬烷	372	1-辛醇	352	对二甲苯	361
四氯化碳	359	乙醚	379	氯苯	360
氯仿	357	戊酸	330	溴苯	350
甲醇	383	油酸	32237.1	硝基苯	350
乙醇	389	苯	363	苯胺	341

21.1.6　部分有机液体对金属固体的接触角

表 3-21-6　部分有机液体对金属固体的接触角

［接触角 $\theta/(°)$；前进角 $\theta_a/(°)$；后退角 $\theta_r/(°)$；表中 * 表示前进角；♯ 表示后退角］

液　体	固　体					
	Al	Ag	Cu	Fe	Ni	Pt
四氯化碳	2	0		0	0	0
二硫化碳						10^*；$7.0^♯$
乙　醚						$5\sim10$
乙　醇						$13\sim25$
正丁醇						42
2-丁醇						29
丙　酮	4	0	0	0	3	0
正丁酸						42
油　酸			14^*；$0^♯$			25^*；$16^♯$
甘　油						20^*；$0^♯$
苯	6	0	0	2	5	0
苯　胺	5	0	0	2	6	0

21.1.7　水对部分有机化合物的接触角

表 3-21-7　水对部分有机化合物的接触角

物　质	接触面			物　质	接触面		
	$\theta_a/(°)$	$\theta/(°)$	$\theta_r/(°)$		$\theta_a/(°)$	$\theta/(°)$	$\theta_r/(°)$
癸　酸		60		蒽		$92\sim94$	
十六酸		71		萘		$62\sim95$	
正辛酸		45		乙基纤维素	80		47
肉桂酸		40		醋酸纤维素	67		52
硬脂酸		$96\sim106$		尼　龙		70	
二苯甲酮		65		聚乙烯		94	
甲基联苯		62		聚醋酸乙烯	89		27
联苯胺		80		聚三氯乙烯		92	
联苯醚		88		聚乙烯醇		95	
偶氮苯	$89\sim92$		$62\sim64$	聚四氟乙烯		108	
苯甲酸		62		聚丁烯		91	
煤　油		110		聚甲基丙烯酸甲酯	72		36
石　蜡	116		108	聚氯乙烯		87	

21.1.8 作为吸附质分子的截面积

表 3-21-8 作为吸附质分子的截面积

物　质	分子式	$100A_m/\text{nm}^2$	物　质	分子式	$100A_m/\text{nm}^2$
氩	Ar	14.7	甲苯	C_7H_8	55.2
四氯化碳	CCl_4	39.2	氢	H_2	12.1
氯仿	$CHCl_3$	27.5	水	H_2O	10.5
甲烷	CH_4	17.8	碘	I_2	35.3
乙炔	C_2H_2	22.0	氪	Kr	20.2
乙烷	C_2H_6	23.0	氨	NH_3	14.0
乙醇	C_2H_5OH	28.3	氮	N_2	16.2
丙酮	C_3H_6O	16.7	氖	Ne	10.0
异丙醇	C_3H_8O	38.8	氧	O_2	13.6
呋喃	C_4H_4O	40.3	氙	Xe	23.2
乙醚	$C_4H_{10}O$	42	一氧化碳	CO	16.8
苯	C_6H_6	43.6	二氧化碳	CO_2	21.8

注：此处所给数据为多种测试方法的平均值。

21.2 表面活性剂数据

21.2.1 某些表面活性剂在水溶液中的临界胶束浓度 cmc

表 3-21-9 某些表面活性剂在水溶液中的临界胶束浓度 cmc

名　称	测定温度/℃	$\text{cmc}/(\text{mol}\cdot\text{L}^{-1})$
十六烷基三甲基氯化铵	25	1.60×10^{-2}
十六烷基三甲基溴化铵	25	9.12×10^{-5}
十二烷基三甲基溴化铵	25	1.60×10^{-2}
溴化十二烷基代吡啶	25	1.23×10^{-2}
辛烷基磺酸钠	25	1.50×10^{-1}
辛烷基硫酸钠	40	1.36×10^{-1}
十二烷基硫酸钠	40	8.60×10^{-3}
十四烷基硫酸钠	40	2.40×10^{-3}
十六烷基硫酸钠	40	5.80×10^{-4}
十八烷基硫酸钠	40	1.70×10^{-4}

名　　称	测定温度/℃	cmc/(mol·L^{-1})
硬脂酸钾	50	4.5×10^{-4}
油酸钾	50	1.2×10^{-3}
月桂酸钾	25	1.25×10^{-2}
十二烷基磺酸钠	25	9.0×10^{-3}
月桂醇聚氧乙烯(6)醚	25	8.7×10^{-5}
月桂醇聚氧乙烯(9)醚	25	1.0×10^{-4}
月桂醇聚氧乙烯(12)醚	25	1.4×10^{-4}
十四醇聚氧乙烯(6)醚	25	1.0×10^{-5}
丁二酸二辛基磺酸钠	25	1.24×10^{-2}
氯化十二烷基胺	25	1.6×10^{-2}
对十二烷基苯磺酸钠	25	1.4×10^{-2}
月桂酸蔗糖酯	25	2.38×10^{-6}
棕榈酸蔗糖酯	25	9.5×10^{-5}
硬脂酸蔗糖酯	25	6.6×10^{-5}
吐温 20	25	6×10^{-2}(以下数据单位是 g·L^{-1})
吐温 40	25	3.1×10^{-2}
吐温 60	25	2.8×10^{-2}
吐温 65	25	5.0×10^{-2}
吐温 80	25	1.4×10^{-2}
吐温 85	25	2.3×10^{-2}

21.2.2　临界胶束浓度与碳氢链结构的关系

表 3-21-10　临界胶束浓度与碳氢链结构的关系

化学结构式	临界胶束浓度/(mol·L^{-1})
$C_4H_9CH_2-C_4H_9CHSO_3Na$	0.20
$C_{10}H_{21}SO_3Na$	0.045
$(C_8H_{17})_2N(CH_3)_2Cl$	0.0266
$C_{16}H_{33}N(CH_3)_3Cl$	0.0014
$C_6H_{12}CH_2-C_6H_{12}CHSO_3Na$	0.0097
$C_{14}H_{29}SO_3Na$	0.0024

21.2.3 部分表面活性剂溶液的胶束聚集数

表 3-21-11 部分表面活性剂溶液的胶束聚集数

表面活性剂	温度/℃	n	表面活性剂	温度/℃	n
$C_8H_{17}SO_4Na$	23	20	$C_{12}H_{25}NH_3Cl$	25	55.5
$C_{10}H_{21}SO_4Na$	23	50	$C_{14}H_{29}N(C_2H_5)_3Br$	25	55
$C_{12}H_{25}SO_4Na$	23	71	$C_{14}H_{29}N(C_4H_9)_3Br$	25	35
$(C_8H_{17}SO_4)_2Mg$	23	51	$C_{12}H_{25}(OC_2H_4)_6OH$	15	140
$(C_{10}H_{21}SO_4)_2Mg$	60	103	$C_{12}H_{25}(OC_2H_4)_6OH$	25	400
$(C_{12}H_{25}SO_4)_2Mg$	60	107	$C_{12}H_{25}(OC_2H_4)_6OH$	35	1400
$C_{12}H_{25}SO_4Na$ (0.01mol/L NaCl)	25	89	$C_{12}H_{25}(OC_2H_4)_6OH$	45	4000
$C_{12}H_{25}SO_4Na$ (0.03mol/L NaCl)	25	102	$C_{12}H_{25}(OC_2H_4)_8OH$	25	123
$C_{12}H_{25}SO_4Na$ (0.05mol/L NaCl)	25	105	$C_{12}H_{25}(OC_2H_4)_{12}OH$	25	81
$C_{12}H_{25}SO_4Na$ (0.1mol/L NaCl)	25	112	$C_{12}H_{25}(OC_2H_4)_{18}OH$	25	51
$C_{10}H_{21}N(CH_3)_3Br$	25	36	$C_{12}H_{25}(OC_2H_4)_{33}OH$	25	40
$C_{12}H_{25}N(CH_3)_3Br$	25	50	$C_{10}H_{21}(OC_2H_4)_6OH$	35	260
$C_{14}H_{29}N(CH_3)_3Br$	25	70	$C_{14}H_{29}(OC_2H_4)_6OH$	34	16600

21.2.4 部分表面活性剂在水溶液表面的饱和吸附量和分子最小截面积

表 3-21-12 部分表面活性剂在水溶液表面的饱和吸附量和分子最小截面积

表面活性剂	温度/℃	饱和吸附量 Γ_∞/$(10^{-10}mol/cm^2)$	分子最小截面积 A_{min}/nm^2	表面活性剂	温度/℃	饱和吸附量 Γ_∞/$(10^{-10}mol/cm^2)$	分子最小截面积 A_{min}/nm^2
n-$C_{10}H_{21}SO_4Na$	25	3	0.56	n-$C_{18}H_{37}N(CH_3)_3Br$	25	2.6	0.64
n-$C_{12}H_{25}SO_4Na$	25	3.16	0.53	n-$C_{12}H_{25}O(EO)_3H$	25	3.98	0.42
n-$C_{12}H_{25}SO_4Na$	60	2.65	0.63	n-$C_{12}H_{25}O(EO)_4H$	25	3.63	0.46
n-$C_{14}H_{29}SO_4Na$	25	3.7	0.45	n-$C_{12}H_{25}O(EO)_5H$	25	3.0	0.56
n-$C_{10}H_{21}SO_3Na$	10	3.37	0.49	n-$C_{12}H_{25}O(EO)_7H$	25	2.6	0.64
n-$C_{10}H_{21}SO_3Na$	25	3.22	0.52	n-$C_{12}H_{25}O(EO)_8H$	10	2.56	0.65
n-$C_{10}H_{21}SO_3Na$	40	3.05	0.54	n-$C_{12}H_{25}O(EO)_8H$	25	2.52	0.66
n-$C_{14}H_{29}N(CH_3)_3Br$	30	2.7	0.62	n-$C_{12}H_{25}O(EO)_8H$	40	2.46	0.67
n-$C_{14}H_{29}N(C_3H_7)_3Br$	30	1.90	0.88	n-$C_{12}H_{25}O(EO)_{12}H$	25	2.3	0.73
n-$C_{16}H_{33}N(CH_3)_3Br$	30	1.8	0.91	n-$C_{12}H_{25}O(EO)_{12}H$	25	1.9	0.88

21.2.5　部分表面活性剂的 Kraff 点

表 3-21-13　离子型表面活性剂的 T_k

表面活性剂	$T_k/℃$	表面活性剂	$T_k/℃$
$C_{12}H_{25}SO_3Na$	38	$C_{12}H_{25}(OCH_2CH_2)_2OSO_3Na$	-1
$C_{14}H_{29}SO_3Na$	48	$[C_{12}H_{25}(OCH_2CH_2)_2OSO_3]_2Ca$	<0
$C_{16}H_{33}SO_3Na$	57	$[C_{12}H_{25}(OCH_2CH_2)_2OSO_3]_2Ba$	35
$C_{12}H_{25}OSO_3Na$	16	$C_{10}H_{21}COO(CH_2)_2SO_3Na$	8
$(C_{12}H_{25}OSO_3)_2Ca$	50	$C_{12}H_{23}COO(CH_2)_2SO_3Na$	24
$CH_3(CH_2)_8CH(CH_3)CH_2OSO_3Na$	<0	$C_{14}H_{29}COO(CH_2)_2SO_3Na$	36
$C_{14}H_{29}OSO_3Na$	30	$C_{10}H_{21}OOC(CH_2)_2SO_3Na$	12
$C_{16}H_{33}OSO_3Na$	45	$C_{12}H_{25}OOC(CH_2)_2SO_3Na$	26
$C_{16}H_{33}OSO_3NH_2(C_2H_4OH)_2$	<0	$C_{14}H_{29}OOC(CH_2)_2SO_3Na$	39
$C_{10}H_{21}CH(CH_3)C_6H_4SO_3Na$	32	$n\text{-}C_7F_{15}SO_3Na$	56
$C_{12}H_{25}CH(CH_3)C_6H_4SO_3Na$	46	$n\text{-}C_7F_{15}SO_3Li$	<0
$C_{14}H_{29}CH(CH_3)C_6H_4SO_3Na$	54	$n\text{-}C_8F_{17}SO_3Na$	75
$C_{16}H_{33}CH(CH_3)C_6H_4SO_3Na$	61	$n\text{-}C_7F_{15}SO_3K$	80
$C_{12}H_{25}(OCH_2CH_2)OSO_3Na$	11	$n\text{-}C_8F_{17}SO_3NH_4$	41
$C_{16}H_{33}(OCH_2CH_2)OSO_3Na$	36	$n\text{-}C_7F_{15}COOLi$	<0
$C_{16}H_{33}(OCH_2CH_2)_2OSO_3Na$	24	$n\text{-}C_7F_{15}COONa$	8
$C_{16}H_{33}(OCH_2CH_2)_3OSO_3Na$	19		

21.2.6　部分表面活性剂的 HLB 值

表 3-21-14　部分表面活性剂的 HLB 值

商品名	化学名	中文名	类　型	HLB
—	oleic acid	油酸	阴离子	1.0
Span 85	sorbitan tribleate	失水山梨醇三油酸酯	非离子	1.8
Arlacel 85	sorbitan trioleate	失水山梨醇三油酸酯	非离子	1.8
Atlas G-1706	polyoxyethylene sorbitol beeswax derivative	聚氧乙烯山梨醇蜂蜡衍生物	非离子	2.0
Span 65	soibitan tristearate	失水山梨醇三硬脂酸酯	非离子	2.1
Arlacel 65	sorbitan tristearate	失水山梨醇三硬脂酸酯	非离子	2.1
Atlas G-1050	polyoxyethylene sorbitol hexastearate	聚氧乙烯山梨醇六硬脂酸酯	非离子	2.6

续表

商品名	化学名	中文名	类型	HLB
Emcol EO-50	ethyleneglycol fatty acid ester	乙二醇脂肪酸酯	非离子	2.7
Emcol ES-50	ethyleneglycol fatty acid ester	乙二醇脂肪酸酯	非离子	2.7
Atlas G-1704	polyoxyethylene sorbitol beeswax derivative	聚氧乙烯山梨醇蜂蜡衍生物	非离子	3.0
Emcol PO-50	propylene glycol fatty acid ester	丙二醇脂肪酸酯	非离子	3.4
Atlas G-922	propylene glycol fatty acid ester	丙二醇单硬脂酸酯	非离子	3.4
"Pure"（纯）	propylene glycol fatty acid ester	丙二醇单硬脂酸酯	非离子	3.4
Atlas G-2158	propylene glycol fatty acid ester	丙二醇单硬脂酸酯	非离子	3.4
Emcol PS-50	ethylene glycol fattyacid ester	丙二醇脂肪酸酯	非离子	3.4
Emcol EL-50	ethyleneglycol fattyacid ester	乙二醇脂肪酸酯	非离子	3.6
Emcol PP-50	propylene glycol fatty acid ester	丙二醇脂肪酸酯	非离子	3.7
Arlacel C	sorbitan sesquioleate	失水山梨醇倍半油酸酯	非离子	3.7
Arlacel 83	sorbitan sesquiolate	失水山梨醇倍半油酸酯	非离子	3.7
AtlasG-2859	polyoxyethyle esorbitol 4,5-oleate	聚氧乙烯山梨醇 4,5-油酸酯	非离子	3.7
Atmul 67	glycerol monostearate	单硬脂酸甘油酯	非离子	3.8
Atmul 84	glycerol monostearate	单硬脂酸甘油酯	非离子	3.8
Tegin 515	glycerolmonostee (rateglycerol monostearate)	单硬脂酸甘油酯	非离子	3.8
Aldo 33	glycerol monostearate	单硬脂酸甘油酯	非离子	3.8
"Pure"（纯）	hydroxylatedlanolin	单硬脂酸甘油酯	非离子	3.8
Ohlan	polyoxyethylene sorbitol beeswax	羟基化羊毛脂	非离子	4.0
AriasG-1727	derivative	聚氧乙烯山梨醇蜂蜡衍生物	非离子	4.0
Emcol PM-50	propylene glycol fatty acid ester	丙二醇脂肪酸酯	非离子	4.1
Span 80	sorbitan monooleate	失水山梨醇单油酸酯	非离子	4.3
Arlacel 80	Sorbiatan monooleate	失水山梨醇单油酸酯	非离子	4.3
Atlas G-917	propylene glycol monolaurate	丙二醇单月桂酸酯	非离子	4.5
AtlasG-3851	propylene glycol monolaurate	丙二醇单月桂酸酯	非离子	4.5
EmcolPL-50	propylene glycol fatty acid ester	丙二醇脂肪酸酯	非离子	4.5
Span 60	sorbitan monostearate	失水山梨醇单硬脂酸酯	非离子	4.7
Arlacel 60	sorbitan monostearate	失水山梨醇单硬脂酸酯	非离子	4.7

商品名	化学名	中文名	类　型	HLB
AtlasG-2139	diethylene glycol monooleat	二乙二醇单油酸酯	非离子	4.7
Emcol DO-50	diethyleneglycol fattyacidester	二乙二醇脂肪酸酯	非离子	4.7
AtlasG-2146	diethylene glycol monostearate	二乙二醇单硬脂酸酯	非离子	4.7
Emcol DS-50	diethyleneglycol fatty acidester	二乙二醇脂肪酸酯	非离子	4.7
Ameroxol OE-2	P. O. E. (2)oleylalcohol	聚氧乙烯(2EO)油醇醚	非离子	5.0
AtlasG-1702	polyoxyethylene sorbitol beeswax derivative	聚氧乙烯山梨醇蜂蜡衍生物	非离子	5.0
Emcol DP-50	diethylene glycol fatty acid ester	二乙二醇脂肪酸酯	非离子	5.1
Aldo 28	glycerol monostearate	单硬脂酸甘油酯	非离子	5.5
Tegin	glycerol monoStearate	单硬脂酸甘油酯	非离子	5.5
Emcol DM-50	diethylene glycolfattyacidester	二乙二醇脂肪酸酯	非离子	5.6
Glucate-SS	methyl glucoside seequisterate	甲基葡萄糖苷倍半硬脂酸酯	非离子	6.0
AtlasG-1725	polyoxyethylene sorbitol beeswax derivative	聚氧乙烯山梨醇蜂蜡衍生物	非离子	6.0
AtlasG-2124	diethylene glycol monolaurate	二乙二醇单月桂酸酯	非离子	6.1
Emcol DL-50	diethylene glycol fatty acid ester	二乙二醇脂肪酸酯	非离子	6.1
Glaurin	diethylene glycol monolaurate	二乙二醇单月桂酸酯	非离子	6.5
Span 40	sorbitan monopalmitate	失水山梨醇单棕榈酸酯	非离子	6.7
Arlacel 40	sorbitan monopalmitate	失水山梨醇单棕榈酸酯	非离子	6.7
AtlasG-2242	Polyoxyethylene dioleate	聚氧乙烯二油酸酯	非离子	7.5
AtlasG-2147	tetraethylene glycol monostearate	四乙二醇单硬脂酸酯	非离子	7.7
AtlasG-2140	tetraethylene glycol mbnooleat	四乙二醇单油酸酯	非离子	7.7
AtlasG-2800	volvoxvlropylene mannitoldioleate	聚氧丙烯甘露醇二油酸酯	非离子	8.0
Atlas G-1493	polyoxyet hylene sorbitol lanolin oleate derivative	聚氧乙烯山梨醇羊毛脂油酸衍生物	非离子	8.0
Atlas G-1425	polyoxyethylene sorbitol lanolin derivative	聚氧乙烯山梨醇羊毛脂衍生物	非离子	8.0
Atlas G-3608	polyoxypropylene stearate	聚氧丙烯硬脂酸酯	非离子	8.0
Solulan 5	P. O. E(5)lanolin alcohol	聚氧乙烯(5EO)羊毛醇醚	非离子	8.0
Span 20	sorbitan monolaurate	失水山梨醇月桂酸酯	非离子	8.6
Arlacel 20	sorbitan monolaurate	失水山梨醇月桂酸酯	非离子	8.6

续表

商品名	化学名	中文名	类　型	HLB
Emulphor VN-430	polyoxyethylene fatty acid	聚氧乙烯脂肪酸	非离子	8.6
Atbs G-2111	polyoxyethylene oxypropylene oleate	聚氧乙烯氧丙烯油酸酯	非离子	9.0
Atlas G-1734	polyoxythylene sorbitol beeswax derivative	聚氧乙烯山梨醇蜂蜡衍生物	非离子	9.0
Atlas G-2125	tetraethylene glycol monolaurate	四乙二醇单月桂酸酯	非离子	9.4
Brij 30	polyoxyethylene 1auryl ether	聚氧乙烯月桂醚	非离子	9.5
Tween 61	polyoxethylene sorbitan monostearate	聚氧乙烯(4EO)失水山梨醇单硬脂酸酯	非离子	9.6
Atlas G-2154	hoxaethylene glycolmonostearate	六乙二醇单硬脂酸酯	非离子	9.6
Splulan PB-5	P. O. P(5)laolin alcohol	聚氧丙烯(5PO)羊毛醇醚	非离子	10.0
Tween 81	polyoxyethylene sorbitan monooleate	聚氧乙烯(5EO)失水山梨醇单油酸酯	非离子	10.0
Atlas G-1218	polyoxyethylene esters of mixed fatty and resin acids	混合脂肪酸和树脂酸的聚氧乙烯酯类	非离子	10.2
Atlas G-3806	polyoxyethylene cetyl ether	聚氧乙烯十六烷基醚	非离子	10.3
Tween 65	polyoxyethylene sorbitan tristearate	聚氧乙烯(20EO)失水山梨醇三硬脂酸酯	非离子	10.5
Atlas G-3705	polyoxyethylene laurylether	聚氧乙烯月桂醚	非离子	10.8
Tween 85	polyoxyethylenesorbitan trioleate	聚氧乙烯(20EO)失水山梨醇三油酸酯	非离子	11.0
Atlas G-2116	polyoxyethylene oxypropylene oleate	聚氧乙烯氧丙烯油酸酯	非离子	11.0
Atlas G-1790	polyoxyethylene lanolin derivative	聚氧乙烯羊毛脂衍生物	非离子	11.0
Atlas G-2142	polyoxyethylene monooleate	聚氧乙烯单油酸酯	非离子	11.1
Myrj 45	polyoxyethylene monostearate	聚氧乙烯单硬脂酸酯	非离子	11.1
Atlas G-2141	polyoxyethylene enemonooleate	聚氧乙烯单油酸酯	非离子	11.4
P. E. G. 400 monooleate	polyoxyethylene monooleate	聚氧乙烯单油酸酯	非离子	11.4
Atlas G-2076	polyoxyethylene monopalmitate	聚氧乙烯单棕榈酸酯	非离子	11.6
S-541	polyoxyethylene monostearate	聚氧乙烯单硬脂酸酯	非离子	11.6
P. E. G. 400 monostearate	polyoxyethylene monostearate	聚氧乙烯单硬脂酸酯	非离子	11.6
Atlas G-3300	alkyl aryl sulfonate	烷基芳基磺酸盐	阴离子	11.7
—	triethan01amine oleate	三乙醇胺油酸酯	阴离子	12.0

商品名	化学名	中文名	类　型	HLB
Ameroxl OE-10	P. O. E. (10)oleyl alcohol	聚氧乙烯(10EO)油醇醚	非离子	12.0
Atlas G-2127	polyoxyethylene monolaurate	聚氧乙烯单月桂酸酯	非离子	12.8
Igepal CA-630	polyoxyethylene alkyl phonol	聚氧乙烯烷基酚	非离子	12.8
Solulan 98	acetylated P. O. E. (10) landin-derive	聚氧乙烯(10EO)乙酰化羊毛脂衍生物	非离子	13.0
Atlas G-1431	polyoxyethylene sorbitol landing derivative	聚氧乙烯山梨醇羊毛脂衍生物	非离子	13.0
Atlas G-1690	polyoxyethylene alkyl aryle ether	聚氧乙烯烷基芳基醚	非离子	13.0
S-307	polyoxyethylene monolaurate	聚氧乙烯单月桂酸酯	非离子	13.1
P. E. G 400 mono-lurate	polyoxyethylene monolaurate	聚氧乙烯单月桂酸酯	非离子	13.1
Atlas G-2133	polyoxyethylene lauryl ether	聚氧乙烯月桂醚	非离子	13.1
Atlas G-1794	polyoxyethylene castor oil	聚氧乙烯蓖麻油	非离子	13.3
Emulphor EL-719	polyoxyethylene vegetable oil	聚氧乙烯植物油	非离子	13.3
Tween 21	polyoxyethylene sorbitan mono-laurate	聚氧乙烯(4EO)失水山梨醇单月桂酸酯	非离子	13.3
Renex 20	polyoxyethylene esters of mixed fatty and resin acide	混合脂肪酸和树脂酸的聚氧乙烯酯类	非离子	13.5
Atlas G-1441	polyoxyethylene sorbitol lanolin derivative	聚氧乙烯山梨醇羊毛脂衍生物	非离子	14.0
Solulan C-24	P. O. E. (24)cholesterol	聚氧乙烯(24EO)胆固醇醚	非离子	14.0
Solulan PB-20	P. O. P. (20)lanolin alcohol	聚氧丙烯(20PO)羊毛醇醚	非离子	14.0
Atlas G-7596	polyoxyethylene sotbitan mono-laurat	聚氧乙烯失水山梨醇单月桂酸酯	非离子	14.9
Tween 60	polyoxyethylene sorbitan monos-tearate	聚氧乙烯(20EO)失水山梨醇单硬脂酸酯	非离子	14.9
Ameroxol OE-20	P. O. O. (20)oleyl alcohol	聚氧乙烯(20EO)油醇醚	非离子	15.0
Glucamate SSE-20	P. O. E. (20)Glucamate SS	聚氧乙烯(20EO)甲基葡萄糖苷倍半油酸酯	非离子	15.0
Solulan 16	P. O. E. (16)lanolin alcohol	聚氧乙烯(16EO)羊毛醇醚	非离子	15.0
Solulan 25	P. O. E. (25)lanolin alcohol	聚氧乙烯(25EO)羊毛醇醚	非离子	15.0
Solulan 97	acetylated P. O. E. (20)lanolin deriv	聚氧乙烯(9EO)乙酰化羊毛脂衍生物	非离子	15.0
Tween 80	polyoxyethylene sorbitan monos-tearate	聚氧乙烯(20EO)失水山梨醇单油酸酯	非离子	15.0

续表

商品名	化学名	中文名	类　型	HLB
Myrj 49	polyoxyethylene monostearat	聚氧乙烯单硬脂酸酯	非离子	15.0
Altlas G-2144	polyoxyethylene monooleate	聚氧乙烯单油酸酯	非离子	15.1
Atlas G-3915	polyoxyethylene oleyl ether	聚氧乙烯油基醚	非离子	15.3
Atlas G-3720	polyoxyethylene stearyl alcohol	聚氧乙烯十八醇	非离子	15.3
Atlas G-3920	polyoxyethylene oleyl alcohol	聚氧乙烯油醇	非离子	15.4
Emulphor ON-870	polyoxyethylene fatty alcohol	聚氧乙烯脂肪醇	非离子	15.4
Atlas G-2079	polyoxyethylene glycol monop-almitate	聚乙二醇单棕榈酸酯	非离子	15.5
Tween 40	polyoxyethylene sorbitan monop-almitate	聚氧乙烯(20EO)失水山梨醇单棕榈酸酯	非离子	15.6
Atlas G-3820	polyoxyethylene cetyl alcohol	聚氧乙烯十六烷基醇	非离子	15.7
Atlas G-2162	polyoxyethylene oxypropylene stearate	聚氧乙烯氧丙烯硬脂酸酯	非离子	15.7
Atlas G-1741	polyoxyethylene sorbitan lanolin derivative	聚氧乙烯山梨醇羊毛脂衍生物	非离子	16.0
Myrj 51	polyoxyethylene monostearate	聚氧乙烯单硬脂酸酯	非离子	16.0
Atlas G-7596P	polyoxyethylene sorbitan mono-laurate	聚氧乙烯失水山梨醇单月桂酸酯	非离子	16.3
Atlas G-2129	polyoxyethylene monolaurate	聚氧乙烯单月桂酸酯	非离子	16.3
Atlas G-3930	polyoxyethylene oleyl ether	聚氧乙烯油基醚	非离子	16.6
Tween 20	polyoxyethylene sorbitan mono-laurate	聚氧乙烯(20EO)失水山梨醇单月桂酸酯	非离子	16.7
Brij 35	polyoxyethylene lauryl ether	聚氧乙烯月桂醚	非离子	16.9
Myrj 52	polyoxyethylene monolaurate	聚氧乙烯单硬脂酸酯	非离子	16.9
Myrj 53	polyoxyethylene monolaurate	聚氧乙烯单硬脂酸酯	非离子	17.9
—	sodium oleate	油酸钠	阴离子	18.0
Atlas G-2159	polyoxyethylene monolaurate	聚氧乙烯单硬脂酸酯	非离子	18.8
—	potassium oleate	油酸钾	阴离子	20.0
Atlas G-263	N-cetyl N-ethyl morpholinium ethosulfate	N-十六烷基-N-乙基吗啉基乙基硫酸钠	阳离子	25～30
Texapon K-12	pure sodium lauryl sulfate	纯月桂基硫酸钠	阴离子	40

21.3　胶体化学常用数据

表 3-21-15　电解质对几种溶胶的聚沉值

溶胶	电解质	聚沉值 /(mmol·L^{-1})	溶胶	电解质	聚沉值 /(mmol·L^{-1})
As_2S_3 （负电）	LiCl	58.4	AgI （负电）	$LiNO_3$	165
	NaCl	51		$NaNO_3$	140
	KCl	49.5		KNO_3	136
	KNO_3	50		$RbNO_3$	126
	HCl	31		$Ca(NO_3)_2$	2.40
	1/2 K_2SO_4	65		$Mg(NO_3)_2$	2.60
	$CaCl_2$	0.65		$Pb(NO_3)_2$	2.43
	$MgCl_2$	0.72		$Al(NO_3)_3$	0.067
	$BaCl_2$	0.69		$La(NO_3)_3$	0.069
	$MgSO_4$	0.81		$Ce(NO_3)_3$	0.069
	$AlCl_3$	0.093			
	$Al(NO_3)_3$	0.095			
	$Ce(NO_3)_3$	0.080			
$Al(OH)_3$ （正电）	NaCl	43.5	$Fe(OH)_3$ （正电）	NaCl	103.1
	KCl	46		$NaNO_3$	131.2
	KNO_3	60		Na_2SO_4	0.22
	K_2SO_4	0.30		$Na_2C_2O_4$	0.24
	$K_2Cr_2O_7$	0.63		$K_3[Fe(CN)_6]$	0.096
	$K_2C_2O_4$	0.69		$K_4[Fe(CN)_6]$	0.069
	$K_3[Fe(CN)_6]$	0.08			
	$K_4[Fe(CN)_6]$	0.05			

第 22 章　部分仪器常数

22.1　热电偶热电势与温度换算表

22.1.1　铂铑-铂热电偶（分度号 LB-3；新分度号 S）

表 3-22-1　铂铑-铂热电偶（分度号 LB-3；分度号 S）热电势与温度换算

温度 /℃	热电动势（参考端温度为 0℃）/mV									
	0	1	2	3	4	5	6	7	8	9
−50	−0.236									
−40	−0.194	−0.199	−0.203	−0.207	−0.211	−0.215	−0.220	−0.224	−0.228	−0.232
−30	−0.150	−0.155	−0.159	−0.164	−0.168	−0.173	−0.177	−0.181	−0.186	−0.190
−20	−0.103	−0.108	−0.112	−0.117	−0.122	−0.127	−0.132	−0.136	−0.141	−0.145
−10	−0.053	−0.058	−0.063	−0.068	−0.073	−0.078	−0.083	−0.088	−0.093	−0.098
0	0	−0.005	−0.011	−0.016	−0.021	−0.027	−0.032	−0.037	−0.042	−0.048
0	0	0.005	0.011	0.016	0.022	0.027	0.033	0.038	0.044	0.050
10	0.055	0.061	0.067	0.072	0.078	0.084	0.090	0.095	0.101	0.107
20	0.113	0.119	0.125	0.131	0.137	0.142	0.148	0.154	0.161	0.167
30	0.173	0.179	0.185	0.191	0.197	0.203	0.210	0.216	0.222	0.228
40	0.235	0.241	0.247	0.254	0.260	0.266	0.273	0.279	0.236	0.292
50	0.299	0.305	0.312	0.318	0.325	0.331	0.338	0.345	0.351	0.358
60	0.365	0.371	0.378	0.385	0.391	0.398	0.405	0.412	0.419	0.425
70	0.432	0.439	0.446	0.453	0.460	0.467	0.474	0.481	0.488	0.495
80	0.502	0.509	0.516	0.523	0.530	0.537	0.544	0.551	0.558	0.566
90	0.573	0.580	0.587	0.594	0.602	0.609	0.616	0.623	0.631	0.638
100	0.645	0.653	0.660	0.667	0.675	0.682	0.690	0.697	0.704	0.712
110	0.719	0.727	0.734	0.742	0.749	0.757	0.764	0.772	0.780	0.787
120	0.795	0.802	0.811	0.818	0.825	0.833	0.841	0.848	0.856	0.864
130	0.872	0.879	0.887	0.895	0.903	0.910	0.918	0.926	0.934	0.942
140	0.950	0.957	0.965	0.973	0.981	0.989	0.997	1.005	1.013	1.021

温度 /℃	热电动势（参考端温度为 0℃）/mV									
	0	1	2	3	4	5	6	7	8	9
150	1.029	1.037	1.045	1.053	1.061	1.069	1.077	1.085	1.093	1.101
160	1.109	1.117	1.125	1.133	1.141	1.149	1.158	1.166	1.174	1.182
170	1.190	1.198	1.207	1.215	1.223	1.231	1.240	1.248	1.256	1.264
180	1.273	1.281	1.289	1.297	1.306	1.314	1.322	1.331	1.339	1.347
190	1.356	1.364	1.373	1.381	1.389	1.398	1.406	1.415	1.423	1.432
200	1.440	1.448	1.457	1.465	1.474	1.482	1.491	1.499	1.508	1.516
210	1.525	1.534	1.542	1.551	1.559	1.568	1.576	1.585	1.594	1.602
220	1.611	1.620	1.628	1.637	1.645	1.654	1.663	1.671	1.680	1.689
230	1.698	1.706	1.715	1.724	1.732	1.741	1.750	1.759	1.767	1.776
240	1.785	1.794	1.802	1.811	1.820	1.829	1.838	1.846	1.855	1.864
250	1.873	1.882	1.891	1.899	1.908	1.917	1.926	1.935	1.944	1.953
260	1.962	1.971	1.979	1.988	1.997	2.006	2.015	2.024	2.033	2.042
270	2.051	2.060	2.069	2.078	2.087	2.096	2.105	2.114	2.123	2.132
280	2.141	2.150	2.159	2.168	2.177	2.186	2.195	2.204	2.213	2.222
290	2.232	2.241	2.250	2.259	2.268	2.277	2.286	2.295	2.304	2.314
300	2.323	2.332	2.341	2.350	2.359	2.368	2.378	2.387	2.396	2.405
310	2.414	2.424	2.433	2.442	2.451	2.460	2.470	2.479	2.488	2.497
320	2.506	2.516	2.525	2.534	2.543	2.553	2.562	2.571	2.581	2.590
330	2.599	2.608	2.618	2.627	2.636	2.646	2.655	2.664	2.674	2.683
340	2.692	2.702	2.711	2.720	2.730	2.739	2.748	2.758	2.767	2.776
350	2.786	2.795	2.805	2.814	2.823	2.833	2.842	2.861	2.861	2.870
360	2.880	2.889	2.890	2.908	2.917	2.927	2.936	2.946	2.955	2.965
370	2.974	2.984	2.993	3.003	3.012	3.022	3.031	3.041	3.050	3.059
380	3.069	3.078	3.088	3.097	3.107	3.117	3.126	3.136	3.145	3.155
390	3.164	3.174	3.183	3.193	3.202	3.212	3.221	3.231	3.241	3.250
400	3.260	3.269	3.279	3.288	3.298	3.308	3.317	3.327	3.336	3.346
410	3.356	3.365	3.375	3.384	3.394	3.404	3.413	3.423	3.433	3.442
420	3.452	3.462	3.471	3.481	3.491	3.500	3.510	3.520	3.529	3.539
430	3.549	3.558	3.568	3.578	3.587	3.597	3.607	3.616	3.626	3.636
440	3.645	3.655	3.665	3.675	3.684	3.694	3.704	3.714	3.723	3.733

温度 /℃	热电动势（参考端温度为0℃）/mV									
	0	1	2	3	4	5	6	7	8	9
450	3.743	3.752	3.762	3.772	3.782	3.791	3.801	3.811	3.821	3.931
460	3.840	3.850	3.860	3.870	3.879	3.889	3.899	3.909	3.919	3.928
470	3.938	3.948	3.958	3.968	3.977	3.987	3.997	4.007	4.017	4.027
480	4.036	4.046	4.056	4.066	4.076	4.086	4.095	4.105	4.115	4.125
490	4.135	4.145	4.155	4.164	4.174	4.184	4.194	4.204	4.214	4.224
500	4.234	4.243	4.253	4.263	4.273	4.283	4.293	4.303	4.313	4.323
510	4.333	4.343	4.352	4.362	4.372	4.382	4.392	4.402	4.412	4.422
520	4.432	4.442	4.452	4.462	4.472	4.482	4.492	4.502	4.512	4.522
530	4.532	4.542	4.552	4.562	4.572	4.582	4.592	4.602	4.612	4.622
540	4.632	4.642	4.652	4.662	4.672	4.682	4.692	4.702	4.712	4.722
550	4.732	4.742	4.752	4.762	4.772	4.782	4.792	4.802	4.812	4.822
560	4.832	4.842	4.852	4.862	4.873	4.883	4.893	4.903	4.913	4.923
570	4.933	4.943	4.953	4.963	4.973	4.984	4.994	5.004	5.014	5.024
580	5.034	5.044	5.065	5.075	5.075	5.085	5.095	5.105	5.115	5.125
590	5.136	5.146	5.166	5.176	5.176	5.186	5.197	5.207	5.217	5.227
600	5.237	5.247	5.268	5.278	5.278	5.288	5.298	5.309	5.319	5.329
610	5.339	5.350	5.370	5.380	5.380	5.391	5.401	5.411	5.421	5.431
620	5.442	5.452	5.473	5.483	5.483	5.493	5.503	5.514	5.524	5.534
630	5.544	5.555	5.575	5.586	5.586	5.596	5.606	5.617	5.627	5.741
640	5.648	5.658	5.679	5.689	5.689	5.700	5.710	5.720	5.731	5.637
650	5.751	5.762	5.772	5.782	5.793	5.803	5.814	5.824	5.834	5.845
660	5.855	5.866	5.876	5.887	5.897	5.907	5.918	5.928	5.939	5.949
670	5.960	5.970	5.980	5.991	6.001	6.012	6.022	6.033	6.043	6.054
680	6.064	6.075	6.085	6.096	6.106	6.117	6.127	6.138	6.148	6.159
690	6.169	6.180	6.190	6.201	6.211	6.222	6.232	6.243	6.253	6.264
700	6.274	6.285	6.293	6.306	6.316	6.327	6.338	6.348	6.359	6.369
710	6.380	6.390	6.401	6.412	6.422	6.433	6.443	6.454	6.465	6.475
720	6.486	6.496	6.507	6.518	6.528	6.539	6.549	6.560	6.571	6.581
730	6.592	6.603	6.613	6.624	6.635	6.645	6.656	6.667	6.677	6.688
740	6.699	6.709	6.720	6.731	6.741	6.752	6.763	6.773	6.784	6.495

续表

温度 /℃	热电动势（参考端温度为 0℃）/mV									
	0	1	2	3	4	5	6	7	8	9
750	6.805	6.816	6.827	6.838	6.848	6.859	6.870	6.880	6.891	6.902
760	6.913	6.923	6.934	6.945	6.956	6.966	6.977	6.988	6.999	7.009
770	7.020	7.031	7.042	7.053	7.063	7.074	7.085	7.096	7.107	7.117
780	7.128	7.139	7.150	7.161	7.171	7.182	7.193	7.204	7.215	7.225
790	7.236	7.247	7.256	7.269	7.280	7.291	7.301	7.312	7.323	7.334
800	7.345	7.356	7.367	7.377	7.388	7.399	7.410	7.421	7.432	7.443
810	7.454	7.465	7.476	7.486	7.497	7.508	7.519	7.530	7.541	7.552
820	7.563	7.574	7.585	7.596	7.607	7.618	7.629	7.640	7.651	7.661
830	7.672	7.683	7.694	7.705	7.716	7.727	7.738	7.749	7.760	7.771
840	7.782	7.793	7.804	7.815	7.826	7.837	7.848	7.859	7.870	7.881
850	7.892	7.904	7.915	7.926	7.937	7.948	7.959	7.970	7.981	7.992
860	8.003	8.014	8.025	8.036	8.047	8.058	8.069	8.081	8.092	8.103
870	8.114	8.125	8.136	8.147	8.158	8.169	8.180	8.192	8.203	8.214
880	8.225	8.236	8.247	8.258	8.270	8.281	8.290	8.303	8.314	8.325
890	8.336	8.348	8.359	8.370	8.381	8.392	8.404	8.415	8.426	8.437
900	8.448	8.460	8.471	8.482	8.493	8.504	8.516	8.527	8.538	8.549
910	8.560	8.572	8.583	8.594	8.605	8.617	8.628	8.639	8.650	8.662
920	8.673	8.684	8.695	8.707	8.718	8.729	8.741	8.752	8.763	8.774
930	8.786	8.797	8.808	8.820	8.831	8.842	8.854	8.865	8.876	8.888
940	8.899	8.910	8.922	8.933	8.944	8.956	8.967	8.978	8.990	9.001
950	9.012	9.024	9.035	9.047	9.058	9.069	9.081	9.092	9.103	9.115
960	9.126	9.138	9.149	9.160	9.172	9.183	9.195	9.206	9.217	9.229
970	9.240	9.252	9.263	9.275	9.286	9.298	9.309	9.320	9.332	9.343
980	9.355	9.366	9.378	9.389	9.401	9.412	9.424	9.435	9.447	9.458
990	9.470	9.481	9.493	9.504	9.516	9.527	9.539	9.550	9.562	9.573
1000	9.585	9.596	9.608	9.619	9.631	9.642	9.654	9.665	9.677	9.689
1010	9.700	9.712	9.723	9.735	9.746	9.758	9.770	9.781	9.793	9.804
1020	9.816	9.828	9.839	9.851	9.862	9.874	9.886	9.897	9.909	9.920
1030	9.932	9.944	9.955	9.967	9.979	9.990	10.002	10.013	10.005	10.037
1040	10.048	10.060	10.072	10.083	10.095	10.107	10.118	10.130	10.142	10.154

续表

温度 /℃	热电动势（参考端温度为0℃）/mV									
	0	1	2	3	4	5	6	7	8	9
1050	10.165	10.177	10.189	10.200	10.212	10.224	I0.235	10.247	10.259	10.271
1060	10.282	10.294	10.306	10.318	10.329	10.341	10.358	10.364	10.376	10.388
1070	10.400	10.411	10.423	10.435	10.447	10.459	10.470	10.482	10.494	10.506
1080	10.517	10.529	10.541	10.553	10.565	10.576	10.588	10.600	10.612	10.624
1090	10.635	10.647	10.659	10.671	10.683	10.694	10.706	10.718	10.730	10.742
1100	10.754	10.765	10.776	10.789	10.801	10.813	10.825	10.836	10.848	10.860
1110	10.872	10.881	10.896	10.908	10.919	10.931	10.943	10.955	10.967	10.979
1120	10.991	11.003	11.014	11.026	11.038	11.050	11.062	11.074	11.086	11.098
1130	11.110	11.121	11.133	11.145	11.157	11.169	11.181	11.193	11.205	11.217
1140	11.229	11.241	11.252	11.264	11.276	11.288	11.300	11.312	11.324	11.336
1150	11.348	11.360	11.372	11.384	11.396	11.408	11.420	11.432	11.443	11.455
1160	11.467	11.479	11.491	11.503	11.515	11.527	11.539	11.551	11.563	11.575
1170	11.587	11.599	11.611	11.623	11.635	11.647	11.659	11.671	11.683	11.695
1180	11.707	11.719	11.731	11.743	11.755	11.767	11.779	11.791	11.803	11.815
1190	11.827	11.839	11.851	11.863	11.875	11.887	11.899	11.911	11.923	11.935
1200	11.947	11.959	11.971	11.983	11.995	12.007	12.019	12.031	12.043	12.055
1210	12.067	12.079	12.091	12.103	12.116	12.128	12.140	12.152	12.164	12.176
1220	12.188	12.200	12.212	12.224	12.236	12.248	12.260	12.272	12.284	12.296
1230	12.308	12.320	12.332	12.345	12.357	12.369	12.381	12.393	12.405	12.417
1240	12.429	12.441	12.453	12.465	12.477	12.489	12.501	12.514	12.526	12.538
1250	12.550	12.562	12.574	12.586	12.598	12.610	12.622	12.634	12.647	12.659
1260	12.671	12.683	12.695	12.707	12.719	12.731	12.743	12.755	12.767	12.780
1270	12.792	12.804	12.816	12.828	12.840	12.852	12.864	12.876	12.888	12.901
1280	12.913	12.925	12.937	12.949	12.961	12.973	12.985	12.997	13.010	13.022
1290	13.034	13.046	13.058	13.070	13.082	13.094	13.107	13.119	13.131	13.143
1300	13.155	13.167	13.179	13.191	13.203	13.216	13.228	13.240	13.252	13.264
1310	13.276	13.288	13.300	13.313	13.325	13.337	13.349	13.361	13.373	13.385
1320	13.397	13.410	13.422	13.434	13.446	13.458	13.470	13.482	13.495	13.507
1330	13.519	13.531	13.543	13.555	13.567	13.579	13.592	13.604	13.616	13.628
1340	13.640	13.652	13.664	13.677	13.689	13.701	13.713	13.725	13.737	13.749

温度 /℃	热电动势（参考端温度为 0℃）/mV									
	0	1	2	3	4	5	6	7	8	9
1350	13.761	13.774	13.786	13.798	13.810	13.822	13.834	13.846	13.859	13.871
1360	13.883	13.895	13.907	13.919	13.931	13.943	13.956	13.968	13.980	13.992
1370	14.004	14.016	14.028	14.040	14.053	14.065	14.077	14.089	14.101	14.113
1380	14.125	14.138	14.150	14.162	14.174	14.186	14.198	14.210	14.222	14.235
1390	14.247	14.259	14.271	14.283	14.295	14.307	14.319	14.332	14.344	14.356
1400	14.380	14.392	14.404	14.416	14.429	14.441	14.453	14.465	14.477	
1410	14.489	14.501	14.513	14.526	14.538	14.550	14.562	14.574	14.586	14.598
1420	14.610	14.622	14.635	14.647	14.659	14.671	14.683	14.695	14.707	14.719
1430	14.731	14.744	14.756	14.768	14.780	14.792	14.804	14.816	14.828	14.840
1440	14.852	14.865	14.877	14.889	14.901	14.913	14.925	14.937	14.949	14.961
1450	14.973	14.985	14.998	15.010	15.022	15.034	15.046	15.058	15.070	15.082
1460	15.094	15.106	15.118	15.130	15.143	15.155	15.167	15.179	15.191	15.203
1470	15.215	15.227	15.239	15.251	15.263	15.275	15.287	15.299	15.311	15.324
1480	15.336	15.348	15.360	15.372	15.384	15.396	15.408	15.420	15.432	15.444
1490	15.456	15.468	15.480	15.492	15.504	15.516	15.528	15.540	15.552	15.564
1500	15.576	15.589	15.601	15.613	15.625	15.637	15.649	15.661	15.673	15.685
1510	15.697	15.709	15.721	15.733	15.745	15.757	15.769	15.781	15.893	15.805
1520	15.817	15.829	15.841	15.853	15.865	15.877	15.889	15.901	15.913	15.925
1530	15.937	15.949	15.961	15.973	15.985	15.997	16.009	16.021	16.033	16.045
1540	16.057	16.069	16.080	16.092	16.104	16.116	16.128	16.140	16.152	16.164
1550	16.188	16.200	16.212	16.224	16.236	16.248	16.260	16.272	16.294	
1560	16.296	16.308	16.319	16.331	16.343	16.355	16.367	16.379	16.391	16.403
1570	16.415	16.427	16.439	16.451	16.462	16.474	16.486	16.498	16.510	16.522
1580	16.534	16.546	16.553	16.569	16.531	16.593	16.605	16.617	16.629	16.641
1590	16.653	16.664	16.676	16.688	16.700	16.712	16.724	16.736	16.747	16.759
1600	16.771	16.783	16.795	16.807	16.819	16.830	16.842	16.854	16.866	16.878
1610	16.890	16.901	16.913	16.925	16.937	16.949	16.960	16.972	16.984	16.996
1620	17.008	17.019	17.031	17.043	17.055	17.067	17.078	17.090	17.102	17.114
1630	17.125	17.137	17.149	17.161	17.173	17.184	17.196	17.208	17.220	17.231
1640	17.243	17.255	17.267	17.278	17.290	17.302	17.313	17.325	17.337	17.349

续表

温度 /℃	热电动势（参考端温度为0℃）/mV									
	0	1	2	3	4	5	6	7	8	9
1650	17.360	17.372	17.384	17.396	17.407	17.419	17.431	17.442	17.454	17.466
1660	17.477	17.489	17.501	17.512	17.524	17.536	17.548	17.559	17.571	17.583
1670	17.594	17.606	17.617	17.629	17.641	17.652	17.664	17.676	17.687	17.699
1680	17.711	17.722	17.734	17.745	17.757	17.769	17.780	17.792	17.803	17.815
1690	17.826	17.838	17.850	17.861	17.873	17.884	17.896	17.907	17.919	17.930
1700	17.924	17.953	17.965	17.976	17.988	17.999	18.010	18.022	18.033	18.045
1710	18.056	18.068	18.079	18.090	18.102	18.113	18.124	18.136	18.147	18.158
1720	18.170	18.181	18.192	18.204	18.215	18.226	18.237	18.249	18.260	18.271
1730	18.282	18.293	18.305	18.316	18.327	18.338	18.349	18.360	18.372	18.383
1740	18.394	18.405	18.416	18.427	18.438	18.449	18.460	18.471	18.482	18.493
1750	18.504	18.515	18.526	18.536	18.547	18.558	18.569	18.580	18.591	18.602
1760	18.612	18.623	18.634	18.645	18.655	18.666	18.677	18.687	18.698	18.709

22.1.2 镍铬-镍硅（镍铬-镍铝）热电偶（分度号 EU-2；新分度号 K）

表 3-22-2 镍铬-镍硅（镍铬-镍铝）热电偶（分度号 EU-2；新分度号 K）热电势与温度换算

温度 /℃	热电动势（参考端温度为0℃）/mV									
	0	1	2	3	4	5	6	7	8	9
−50	−1.889	−1.925	−1.961	−1.996	−2.032	−2.067	−2.102	−2.137	−2.137	−2.208
−40	−1.527	−1.563	−1.600	−1.636	−1.673	−1.709	−1.745	−1.781	−1.817	−1.853
−30	−1.156	−1.193	−1.231	−1.268	−1.305	−1.342	−1.379	−1.416	−1.453	−1.490
−20	−0.777	−0.816	−0.854	−0.892	−0.930	−0.968	−1.005	−1.043	−1.081	−1.118
−10	−0.392	−0.431	−0.469	−0.508	−0.547	−0.585	−0.624	−0.662	−0.701	−0.739
−0	0	−0.039	−0.079	−0.118	−0.157	−0.197	−0.238	−0.275	−0.314	−0.353
0	0	0.039	0.079	0.119	0.158	0.198	0.238	0.277	0.317	0.357
10	0.397	0.437	0.477	0.517	0.557	0.597	0.637	0.677	0.718	0.758
20	0.798	0.838	0.879	0.919	0.960	1.000	1.041	1.081	1.122	1.162
30	1.203	1.244	1.285	1.325	1.366	1.407	1.448	1.489	1.529	1.570
40	1.611	1.652	1.693	1.734	1.776	1.817	1.858	1.899	1.940	1.981
50	2.022	2.064	2.105	2.146	2.188	2.229	2.270	2.312	2.353	2.394

续表

温度 /℃	热电动势（参考端温度为 0℃）/mV									
	0	1	2	3	4	5	6	7	8	9
60	2.436	2.477	2.519	2.560	2.601	2.643	2.684	2.726	2.767	2.809
70	2.850	2.892	2.933	2.975	3.016	3.058	3.100	3.141	3.183	3.224
80	3.266	3.307	3.349	3.390	3.432	3.473	3.515	3.558	3.598	3.639
90	3.881	3.722	3.764	3.805	3.847	3.888	3.930	3.971	4.012	4.054
100	4.095	4.137	4.178	4.219	4.261	4.302	4.343	4.384	4.426	4.467
110	4.508	4.549	4.590	4.632	4.673	4.714	4.755	4.796	4.837	4.878
120	4.919	4.960	5.001	5.042	5.083	5.124	5.164	5.205	5.246	5.287
130	5.327	5.368	5.409	5.450	5.490	5.531	5.571	5.612	5.652	5.693
140	5.733	5.774	5.814	5.855	5.895	5.936	5.976	6.016	6.057	6.907
150	6.137	6.177	6.218	6.258	6.298	6.338	6.378	6.419	6.459	6.449
160	6.539	6.579	6.619	6.659	6.699	6.739	6.779	6.819	6.859	6.899
170	6.939	6.979	7.019	7.059	7.099	7.139	7.179	7.219	7.259	7.299
180	7.338	7.378	7.418	7.458	7.498	7.538	7.578	7.618	7.658	7.697
190	7.737	7.777	7.817	7.857	7.897	7.937	7.977	8.017	8.057	8.097
200	8.137	8.177	8.216	8.256	8.296	8.336	8.376	8.416	8.456	8.497
210	8.537	8.577	8.617	8.657	8.697	8.737	8.777	8.817	8.857	8.898
220	8.938	8.978	9.018	9.058	9.099	9.139	9.179	9.220	9.260	9.300
230	9.341	9.381	9.421	9.462	9.502	9.543	9.583	9.624	9.664	9.705
240	9.745	9.786	9.826	9.867	9.907	9.948	9.989	10.029	10.071	10.111
250	10.151	10.192	10.233	10.274	10.315	10.355	10.396	10.437	10.478	10.519
260	10.560	10.600	10.641	10.682	10.723	10.764	10.805	10.846	10.887	10.928
270	10.969	11.010	11.051	11.093	11.134	11.175	11.216	11.257	11.298	11.339
280	11.381	11.422	11.463	11.504	11.545	11.587	11.628	11.669	11.711	11.752
290	11.793	11.835	11.876	11.918	11.959	12.000	12.042	12.083	12.125	12.166
300	12.207	12.249	12.290	12.332	12.373	12.415	12.456	12.498	12.539	12.581
310	12.623	12.664	12.706	12.747	12.789	12.831	12.872	12.914	12.955	12.997
320	13.039	13.080	13.122	13.164	13.205	13.247	13.289	13.331	13.372	13.414
330	13.456	13.497	13.539	13.581	13.623	13.665	13.706	13.748	13.790	13.832
340	13.874	13.915	13.957	13.999	14.041	14.083	14.125	14.167	14.208	14.250
350	14.292	14.334	14.376	14.418	14.460	14.502	14.544	14.586	14.628	14.670

续表

温度 /℃	热电动势（参考端温度为0℃）/mV									
	0	1	2	3	4	5	6	7	8	9
360	14.712	14.754	14.796	14.838	14.880	14.922	14.964	15.006	15.048	15.090
370	15.132	15.174	15.216	15.258	15.300	15.342	15.394	15.426	15.468	15.510
380	15.552	15.594	15.636	15.679	15.721	15.763	15.805	15.847	15.889	15.931
390	15.974	16.016	16.058	16.100	16.142	16.184	16.227	16.269	16.311	16.353
400	16.395	16.438	16.480	16.522	16.564	16.607	16.649	16.691	16.733	16.776
410	16.818	16.860	16.902	16.945	16.987	17.029	17.072	17.114	17.156	17.199
420	17.241	17.283	17.326	17.368	17.410	17.453	17.495	17.537	17.580	17.622
430	17.664	17.707	17.749	17.792	17.834	17.876	17.919	17.961	18.004	18.046
440	18.088	18.131	18.137	18.216	18.258	18.300	18.343	18.385	18.428	18.470
450	18.513	18.555	18.598	18.640	18.683	18.725	18.768	18.810	18.853	18.895
460	18.938	18.980	19.023	19.065	19.108	19.150	19.193	19.235	19.178	19.320
470	19.363	19.405	19.448	19.490	19.533	19.576	19.618	19.661	19.703	19.746
480	19.788	19.831	19.873	19.916	19.959	20.001	20.044	20.086	20.129	20.172
490	20.214	20.257	20.299	20.342	20.385	20.427	20.470	20.512	20.555	20.598
500	20.640	20.683	20.725	20.768	20.811	20.853	20.896	20.938	20.981	21.024
510	21.066	21.109	21.152	21.194	21.237	21.280	21.322	21.365	21.407	21.450
520	21.493	21.535	21.578	21.621	21.663	21.706	21.749	21.791	21.834	21.876
530	21.919	21.962	22.004	22.047	22.090	22.132	22.175	22.218	22.260	22.303
540	22.346	22.388	22.431	22.473	22.516	22.559	22.601	22.644	22.687	22.729
550	22.772	22.815	22.857	22.900	22.942	22.985	23.028	23.070	23.113	23.156
560	23.198	23.241	23.284	23.326	23.369	23.411	23.454	23.497	23.539	23.582
570	23.624	23.667	23.710	23.752	23.795	23.837	23.880	23.923	23.965	24.008
580	24.055	24.093	24.136	24.178	24.221	24.263	24.306	24.348	24.391	24.434
590	24.476	24.519	24.561	24.694	24.646	24.689	24.731	24.774	24.817	24.859
600	24.902	24.944	24.987	25.029	25.072	25.114	25.175	25.199	25.242	25.248
610	25.327	25.369	25.412	25.454	25.497	25.539	25.582	25.624	25.666	25.709
620	25.751	25.794	25.836	25.879	25.921	25.964	26.006	26.048	26.091	26.133
630	26.176	26.218	26.260	26.303	26.345	26.387	26.430	26.472	26.515	26.557
640	26.599	26.642	26.684	26.726	26.769	26.811	26.853	26.896	26.938	26.980
650	27.022	27.065	27.107	27.149	27.192	27.234	27.276	27.318	27.361	27.403

温度 /℃	热电动势（参考端温度为 0℃）/mV									
	0	1	2	3	4	5	6	7	8	9
660	27.445	27.487	27.529	27.572	27.614	27.656	27.698	27.740	27.783	27.825
670	27.867	27.909	27.951	27.993	28.035	28.078	28.120	28.162	28.204	28.246
680	28.288	28.330	28.372	28.414	28.456	28.498	28.540	28.583	28.625	28.667
690	28.709	28.751	28.793	28.835	28.877	28.919	28.961	29.002	29.044	29.086
700	29.128	29.170	29.212	29.264	29.296	29.338	29.380	29.422	29.464	29.505
710	29.547	29.589	29.631	29.637	29.715	29.756	29.798	29.840	29.882	29.924
720	29.965	30.007	30.049	30.091	30.132	30.174	30.216	30.257	30.299	30.341
730	30.383	30.424	30.466	30.508	30.549	30.591	30.632	30.674	30.716	30.757
740	30.799	30.840	30.882	30.924	30.965	31.007	31.048	31.090	31.131	31.173
750	31.214	31.256	31.297	31.339	31.380	31.422	31.463	31.504	31.546	31.587
760	31.629	31.670	31.712	31.753	31.794	31.836	31.877	31.918	31.960	32.001
770	32.042	32.084	32.125	32.166	32.207	32.249	32.290	32.331	32.372	32.414
780	32.455	32.496	32.537	32.578	32.619	32.661	32.702	32.743	32.784	32.825
790	32.866	32.907	32.948	32.990	33.031	33.072	33.113	33.154	33.195	33.236
800	33.277	33.318	33.359	33.400	33.411	33.482	33.523	33.564	33.604	33.645
810	33.686	33.727	33.768	33.809	33.850	33.891	33.931	33.972	34.013	34.054
820	34.095	34.136	34.176	34.217	34.258	34.299	34.339	34.380	34.421	34.461
830	34.502	34.543	34.583	34.624	34.665	34.705	34.746	34.787	34.827	34.868
840	34.909	34.949	34.990	35.030	35.071	35.111	35.152	35.192	35.233	35.273
850	35.314	35.354	35.395	35.435	35.476	35.516	35.557	35.597	35.637	35.678
860	35.718	35.758	35.799	35.839	35.880	35.920	35.960	36.000	36.041	36.081
870	36.121	36.162	36.202	36.242	36.282	36.323	36.363	36.403	36.443	36.483
880	36.524	36.564	36.604	36.644	36.684	36.724	36.764	36.804	36.844	36.885
890	36.925	36.965	37.005	37.045	37.085	37.125	37.165	37.205	37.245	37.285
900	37.325	37.365	37.405	37.445	37.484	37.524	37.564	37.604	37.644	37.684
910	37.724	37.764	37.803	37.843	37.883	37.923	37.963	38.002	38.042	38.082
920	38.122	38.162	38.201	38.241	38.281	38.320	38.360	38.400	38.439	38.479
930	38.519	38.558	38.598	38.638	38.677	38.717	38.756	38.796	38.836	38.875
940	38.915	38.954	38.994	39.033	39.073	39.112	39.152	39.191	39.231	39.270
950	39.310	39.349	39.388	39.428	39.467	39.507	39.546	39.585	39.625	39.664

温度 /℃	热电动势（参考端温度为 0℃）/mV									
	0	1	2	3	4	5	6	7	8	9
960	39.704	39.743	39.782	39.821	39.861	39.900	39.939	39.979	40.018	40.057
970	40.096	40.136	40.175	40.214	40.253	40.292	40.332	40.371	40.410	40.449
980	40.488	40.527	40.566	40.605	40.645	40.684	40.723	40.762	40.801	40.840
990	40.879	40.918	40.957	40.996	41.035	41.074	41.113	41.152	41.191	41.230
1000	41.269	41.308	41.347	41.385	41.424	41.463	41.502	41.541	41.580	41.619
1010	41.657	41.696	41.735	41.774	41.813	41.851	41.890	41.929	41.968	42.006
1020	42.045	42.084	42.123	42.161	42.200	42.239	42.277	42.316	42.355	42.393
1030	42.432	42.470	42.509	42.548	42.586	42.625	42.663	42.702	42.740	42.779
1040	42.817	42.856	42.894	42.933	42.971	43.010	43.048	43.087	43.125	43.164
1050	43.202	43.240	43.279	43.317	43.356	43.394	43.432	43.471	43.509	43.547
1060	43.585	43.624	43.662	43.700	43.739	43.777	43.815	43.853	43.891	43.930
1070	43.968	44.006	44.044	44.082	44.121	44.159	44.197	44.235	44.273	44.311
1080	44.349	44.387	44.425	44.463	44.501	44.539	44.577	44.615	44.653	44.691
1090	44.729	44.767	44.805	44.843	44.881	44.919	44.957	44.995	45.033	45.071
1100	45.108	45.146	45.184	45.222	45.260	45.297	45.335	45.373	45.411	45.448
1110	45.486	45.524	45.561	45.599	45.637	45.675	45.712	45.750	45.787	45.825
1120	45.863	45.900	45.938	45.975	46.018	46.051	46.088	46.126	46.163	46.201
1130	46.238	46.275	46.313	46.350	46.388	46.425	46.463	46.500	46.537	46.575
1140	46.612	46.649	46.687	46.724	46.761	46.799	46.836	46.873	46.910	46.948
1150	46.985	47.022	47.059	47.096	47.134	47.171	47.208	47.245	47.282	47.319
1160	47.356	47.393	47.430	47.468	47.505	47.542	47.579	47.616	47.653	47.689
1170	47.726	47.763	47.800	47.837	47.874	47.911	47.948	47.985	48.024	48.058
1180	48.095	48.132	48.169	48.205	48.242	48.279	48.316	48.352	48.389	48.426
1190	48.462	48.499	48.536	48.572	48.609	48.645	48.682	48.718	48.755	48.792
1200	48.828	48.865	48.901	48.937	48.974	49.010	49.047	49.083	49.120	49.156
1210	49.192	49.229	49.265	49.301	49.338	49.374	49.410	49.446	49.483	49.519
1220	49.555	49.591	49.627	49.663	49.700	49.736	49.772	49.808	49.844	49.880
1230	49.916	49.952	49.988	50.024	50.060	50.096	50.132	50.168	50.204	50.240
1240	50.276	50.311	50.347	50.383	50.419	50.455	50.491	50.528	50.562	50.598
1250	50.633	50.669	50.705	50.741	50.776	50.812	50.847	50.883	50.919	50.954

温度 /℃	热电动势（参考端温度为0℃）/mV									
	0	1	2	3	4	5	6	7	8	9
1260	50.990	51.025	51.061	51.096	51.132	51.167	51.203	51.238	51.274	51.309
1270	51.344	51.380	51.415	51.450	51.486	51.521	51.556	51.592	51.627	51.662
1280	51.697	51.733	51.768	51.803	51.838	51.873	51.908	51.943	51.979	52.014
1290	52.049	52.084	52.119	52.154	52.189	52.224	52.259	52.294	52.329	52.364
1300	52.398	52.433	52.468	52.503	52.538	52.573	52.608	52.642	52.677	52.712
1310	52.747	52.781	52.816	52.851	52.886	52.920	52.955	52.989	53.024	53.059
1320	53.093	53.128	53.162	53.197	53.232	53.266	53.301	53.335	53.370	53.404
1330	53.439	53.473	53.507	53.542	53.576	53.611	53.645	53.679	53.714	53.748
1340	53.782	53.817	53.851	53.885	83.920	53.954	53.988	54.022	54.057	54.091
1350	54.125	54.159	54.193	54.228	54.262	54.296	54.330	54.364	54.398	54.432
1360	54.466	54.501	54.535	54.569	54.603	54.637	54.671	54.705	54.739	54.773
1370	54.807	54.841	54.875							

22.1.3　镍铬-考铜热电偶（分度号 EA-2；分度号 E）

表 3-22-3　镍铬-考铜热电偶（分度号 EA-2；分度号 E）热电势与温度换算

温度 /℃	热电动势（参考端温度为0℃）/mV									
	0	1	2	3	4	5	6	7	8	9
−270	−9.835									
−260	−9.797	−9.802	−9.808	−9.813	−9.817	−9.821	−9.825	−9.828	−9.831	−9.833
−250	−9.719	−9.728	−9.737	−9.746	−9.754	−9.762	−9.770	−9.777	−9.784	−9.791
−240	−9.604	−9.617	−9.630	−9.642	−9.654	−9.666	−9.677	−9.688	−9.699	−9.709
−230	−9.455	−9.472	−9.488	−9.503	−9.519	−9.534	−9.549	−9.563	−9.577	−9.591
−220	−9.274	−9.293	−9.313	−9.332	−9.350	−9.368	−9.386	−9.404	−9.421	−9.438
−210	−9.063	−9.085	−9.107	−9.129	−9.151	−9.172	−9.193	−9.214	−9.234	−9.254
−200	−8.824	−8.850	−8.874	−8.899	−8.923	−8.947	−8.971	−8.994	−9.017	−9.040
−190	−8.561	−8.588	−8.615	−8.642	−8.669	−8.696	−8.722	−8.748	−8.774	−8.799
−180	−8.273	−8.303	−8.333	−8.362	−8.391	−8.420	−8.449	−8.477	−8.505	−8.533
−170	−7.963	−7.995	−8.027	−8.058	−8.090	−8.121	−8.152	−8.183	−8.213	−8.243
−160	−7.631	−7.665	−7.699	−7.733	−7.767	−7.800	−7.833	−7.866	−7.898	−7.931

续表

温度 /℃	热电动势（参考端温度为0℃）/mV									
	0	1	2	3	4	5	6	7	8	9
−150	−7.279	−7.315	−7.351	−7.387	−7.422	−7.458	−7.493	−7.528	−7.562	−7.597
−140	−6.907	−6.945	−6.983	−7.020	−7.058	−7.095	−7.132	−7.169	−7.206	−7.243
−130	−6.516	−6.556	−6.596	−6.635	−6.675	−6.714	−6.754	−6.792	−6.830	−6.809
−120	−6.107	−6.149	−6.190	−6.231	−6.273	−6.314	−6.356	−6.395	−6.436	−6.476
−110	−5.680	−5.724	−5.767	−5.810	−5.853	−5.896	−5.938	−5.981	−6.023	−6.056
−100	−5.237	−5.282	−5.327	−5.371	−5.416	−5.460	−5.505	−5.549	−5.593	−5.637
−90	−4.777	−4.824	−4.870	−4.916	−4.963	−5.009	−5.055	−5.100	−5.146	−5.191
−80	−4.301	−4.350	−4.398	−4.446	−4.493	−4.541	−4.588	−4.636	−4.683	−4.730
−70	−3.811	−3.860	−3.910	−3.959	−4.009	−4.058	−4.107	−4.156	−4.204	−4.253
−60	−3.306	−3.357	−3.408	−3.459	−3.509	−3.560	−3.610	−3.661	−3.711	−3.761
−50	−2.787	−2.839	−2.892	−2.944	−2.996	−3.048	−3.100	−3.152	−3.203	−3.254
−40	−2.254	−2.308	−2.362	−2.416	−2.469	−2.522	−2.575	−2.628	−2.681	−2.734
−30	−1.709	−1.764	−1.819	−1.874	−1.929	−1.983	−2.038	−2.092	−2.146	−2.200
−20	−1.151	−1.208	−1.264	−1.320	−1.376	−1.432	−1.487	−1.543	−1.599	−1.654
−10	−0.581	−0.639	−0.696	−0.754	−0.811	−0.868	−0.925	−0.932	−1.038	−1.095
−0	0.000	−0.059	−0.117	−0.176	−0.234	−0.292	−0.350	−0.408	−0.466	−0.524
0	0.000	0.059	0.118	0.176	0.235	0.295	0.354	0.413	0.472	0.532
10	0.591	0.651	0.711	0.770	0.830	0.890	0.950	1.011	1.071	1.311
20	1.192	1.252	1.313	1.373	1.434	1.495	1.556	1.617	1.678	1.739
30	1.801	1.862	1.924	1.985	2.047	2.109	2.171	2.233	2.295	2.357
40	2.419	2.482	2.544	2.607	2.669	2.732	2.795	2.858	2.921	2.984
50	3.047	3.110	3.173	3.237	3.300	3.364	3.428	3.491	3.555	3.619
60	3.683	3.748	3.812	3.876	3.941	4.005	4.070	4.134	4.199	4.264
70	4.329	4.394	4.459	4.524	4.590	4.655	4.720	4.786	4.852	4.917
80	4.983	5.049	5.115	5.181	5.247	5.314	5.380	5.446	5.513	5.579
90	5.646	5.713	5.780	5.846	5.913	5.981	6.048	6.115	6.182	6.250
100	6.317	6.385	6.452	6.520	6.588	6.656	6.724	6.792	6.860	6.928
110	6.996	7.064	7.133	7.201	7.270	7.339	7.407	7.476	7.545	7.614
120	7.683	7.752	7.821	7.890	7.960	8.029	8.099	8.168	8.238	8.307

温度 /℃	热电动势（参考端温度为 0℃）/mV									
	0	1	2	3	4	5	6	7	8	9
130	8.377	8.447	8.517	8.587	8.657	8.727	8.797	8.867	8.938	9.008
140	9.078	9.149	9.220	9.290	9.361	9.432	9.503	9.573	9.614	9.715
150	9.787	9.858	9.929	10.000	10.072	10.143	10.215	10.286	10.358	10.429
160	10.051	10.573	10.645	10.717	10.789	10.861	10.933	11.005	11.077	11.150
170	11.222	11.294	11.367	11.439	11.512	11.585	11.657	11.730	11.803	11.876
180	11.949	12.022	12.095	12.168	12.241	12.314	12.387	12.461	12.534	12.608
190	12.681	12.755	12.828	12.902	12.975	13.049	13.123	13.197	13.271	13.345
200	13.419	13.493	13.567	13.641	13.715	13.789	13.864	13.938	14.012	14.087
210	14.161	14.236	14.310	14.385	14.460	14.534	14.609	14.684	14.759	14.834
220	14.909	14.984	15.059	15.134	15.209	15.284	15.359	15.435	15.510	15.585
230	15.661	15.736	15.812	15.887	15.963	16.038	16.114	16.190	16.266	16.341
240	16.417	16.493	16.569	16.645	16.721	16.797	16.873	16.949	17.025	17.091
250	17.178	17.254	17.330	17.406	17.483	17.559	17.636	17.712	17.789	17.865
260	17.942	18.018	18.095	18.172	18.248	18.325	18.402	18.479	18.556	18.633
270	18.710	18.787	18.864	18.941	19.018	19.095	19.172	19.249	19.326	19.404
280	19.481	19.558	19.636	19.713	19.790	19.868	19.945	20.023	20.100	20.178
290	20.256	20.333	20.411	20.488	20.566	20.644	20.722	20.800	20.877	20.955
300	21.033	21.111	21.189	21.267	21.345	21.423	21.501	21.579	21.657	21.735
310	21.814	21.892	21.970	22.048	22.127	22.205	22.283	22.362	22.440	22.518
320	22.579	22.675	22.754	22.832	22.911	22.989	23.068	23.147	23.225	23.304
330	23.383	23.461	23.540	23.619	23.698	23.777	23.855	23.934	24.013	24.092
340	24.171	24.250	24.329	24.408	24.487	24.566	24.645	24.724	24.803	24.882
350	24.961	25.041	25.120	25.199	25.278	25.357	25.473	25.516	25.595	25.675
360	25.754	25.833	25.913	25.992	26.072	26.151	26.230	26.310	26.389	26.469
370	26.549	26.628	26.708	26.787	26.867	26.947	27.026	27.106	27.186	27.265
380	27.345	27.425	27.504	27.584	27.664	27.744	27.824	27.903	27.983	28.063
390	28.143	28.223	28.303	28.383	28.463	28.543	28.623	28.703	28.783	28.863
400	28.943	29.023	29.103	29.183	29.263	29.343	29.423	29.503	29.584	29.664
410	29.744	29.824	29.904	29.984	30.065	30.145	30.225	30.305	30.386	30.466

温度 /℃	热电动势（参考端温度为0℃）/mV									
	0	1	2	3	4	5	6	7	8	9
420	30.546	30.627	30.707	30.787	30.868	30.948	31.028	31.109	31.189	31.270
430	31.350	31.430	31.511	31.591	31.672	31.752	31.833	31.913	31.994	32.074
440	32.155	32.235	32.316	32.396	32.477	32.557	32.638	32.719	32.799	32.880
450	32.960	33.041	33.122	33.202	33.283	33.364	33.444	33.525	33.605	33.686
460	33.767	33.848	33.928	34.009	34.090	34.170	34.251	34.332	34.413	34.493
470	34.574	34.655	34.736	34.816	34.897	34.978	35.059	35.140	35.220	35.301
480	35.382	35.463	35.544	35.624	35.705	35.786	35.867	35.948	36.029	36.109
490	36.190	36.271	36.352	36.433	36.514	36.595	36.675	36.756	36.837	36.918
500	36.999	37.080	37.161	37.242	37.323	37.404	37.484	37.565	37.646	37.727
510	37.808	37.889	37.970	38.051	38.132	38.213	38.293	38.374	38.455	38.536
520	38.617	38.698	38.779	38.860	38.941	39.022	39.103	39.184	39.264	39.345
530	39.426	39.507	39.588	39.669	39.750	39.831	39.912	39.993	40.074	40.155
540	40.236	40.316	40.397	40.478	40.559	40.640	40.721	40.802	40.883	40.964
550	41.045	41.125	41.206	41.287	41.368	41.449	41.530	41.611	41.692	41.773
560	41.853	41.934	42.015	42.096	42.177	42.258	42.339	42.419	42.500	42.581
570	42.662	42.743	42.824	42.904	42.985	43.066	43.147	43.228	43.308	43.389
580	43.470	43.551	43.632	43.712	43.793	43.874	43.955	44.035	44.116	44.197
590	44.278	44.358	44.439	44.520	44.601	44.681	44.762	44.843	44.923	45.004
600	45.085	45.165	45.246	45.327	45.407	45.488	45.569	45.649	45.730	45.811
610	45.891	45.972	46.052	46.133	46.213	46.294	46.375	46.455	46.536	46.616
620	46.697	46.777	46.858	46.938	47.019	47.099	47.180	47.260	47.341	47.421
630	47.502	47.582	47.663	47.743	47.824	47.904	47.984	48.065	48.145	48.226
640	48.306	48.386	48.467	48.547	48.627	48.708	48.788	48.868	48.949	49.029
650	49.109	49.189	49.270	49.350	49.430	49.510	49.591	49.671	49.751	49.831
660	49.911	49.992	50.072	50.152	50.232	50.312	50.392	50.472	50.553	50.633
670	50.713	50.793	50.873	50.953	51.033	51.113	51.193	51.273	51.353	51.433
680	51.513	51.593	51.673	51.753	51.833	51.913	51.993	52.073	52.152	52.232
690	52.312	52.392	52.472	52.552	52.632	52.711	52.791	52.871	52.951	53.031
700	53.110	53.190	53.270	53.350	53.429	53.509	53.589	53.668	53.748	53.828
710	53.907	53.987	54.066	54.146	54.226	54.305	54.385	54.464	54.544	54.623

续表

温度 /℃	热电动势（参考端温度为 0℃）/mV									
	0	1	2	3	4	5	6	7	8	9
720	54.703	54.782	54.862	54.941	55.021	55.100	55.180	55.259	55.339	55.418
730	55.498	55.577	55.656	55.736	55.815	55.894	55.974	56.053	56.132	56.212
740	56.291	56.370	56.449	56.529	56.608	56.687	56.766	56.845	56.924	57.004
750	57.083	57.162	57.241	57.320	57.399	57.478	57.557	57.636	57.715	57.794
760	57.873	57.952	58.031	58.110	58.189	58.268	58.347	58.426	58.505	58.584
770	58.663	58.742	58.820	58.899	58.978	59.057	29.136	59.214	59.293	59.372
780	59.451	59.529	59.608	59.687	59.765	59.844	59.923	60.001	60.080	60.159
790	60.237	60.316	60.394	60.473	60.551	60.630	60.708	60.787	60.865	60.944
800	61.022	61.101	61.179	61.258	61.336	61.414	61.493	61.571	61.649	61.728
810	61.806	61.884	61.962	62.041	62.119	62.197	62.275	62.353	62.432	62.510
820	62.588	62.666	62.744	62.822	62.900	62.978	63.056	63.134	63.212	63.290
830	63.368	63.446	63.524	63.602	63.680	63.758	63.836	63.914	63.992	64.069
840	64.147	64.225	64.303	64.380	64.458	64.536	64.614	64.691	64.769	64.847
850	64.924	65.002	65.080	65.157	65.235	65.312	65.390	65.467	65.545	65.622
860	65.700	65.777	65.855	65.932	66.009	66.087	66.164	66.241	66.319	66.396
870	66.473	66.551	66.628	66.705	66.782	66.859	66.937	67.014	67.091	67.168
880	67.245	67.322	67.399	67.476	67.553	67.630	67.707	67.784	67.869	67.938
890	68.015	68.092	68.169	68.246	68.323	68.399	68.476	68.553	68.630	68.706
900	68.783	68.860	68.936	69.013	69.090	69.166	69.243	69.320	69.396	69.473
910	69.549	69.626	69.702	69.779	69.855	69.931	70.008	70.084	70.161	70.237
920	70.313	70.390	70.466	70.542	70.618	70.694	70.771	70.847	70.923	70.999
930	71.075	710151	71.227	71.304	71.380	71.456	71.532	71.608	71.683	71.759
940	71.835	71.911	71.987	72.063	72.139	72.215	72.290	72.366	72.442	72.518
950	72.593	72.669	72.745	72.820	72.896	72.972	73.047	73.123	73.199	73.274
960	73.350	73.425	73.501	73.576	73.652	73.727	73.802	73.878	73.953	74.029
970	74.104	74.179	74.255	74.330	74.405	74.480	74.556	74.631	74.706	74.781
980	74.857	74.932	75.007	75.082	75.157	75.232	75.307	75.382	75.458	75.533
990	75.608	75.683	75.758	75.823	75.908	75.983	76.058	76.133	76.208	76.283
1000	76.358									

22.2 热电阻与温度换算

22.2.1 铂热电阻分度表（分度号：Pt100）

表 3-22-4 铂热电阻分度表（分度号：Pt100）$R_0 = 100.00\Omega$

温度/℃	电阻值/Ω									
	0	1	2	3	4	5	6	7	8	9
−200	18.49									
−190	22.80	22.37	21.94	21.51	21.08	20.65	20.22	19.79	19.36	18.93
−180	27.08	26.65	26.23	25.80	25.37	24.94	24.52	24.09	23.66	23.23
−170	31.32	30.90	30.47	30.05	29.63	29.20	28.78	28.35	27.93	27.50
−160	35.53	35.11	34.69	34.27	33.85	33.43	33.01	32.59	32.16	31.74
−150	39.71	39.30	38.88	38.46	38.04	37.63	37.21	36.79	36.37	35.95
−140	43.87	43.45	43.04	42.63	42.21	41.79	41.38	40.96	40.55	40.13
−130	48.00	47.59	47.18	46.76	46.35	45.94	45.52	45.11	44.70	44.28
−120	52.11	51.70	51.29	50.88	50.47	50.06	49.64	49.23	48.82	48.41
−110	56.19	55.78	55.38	54.97	54.56	54.15	53.74	53.33	52.92	52.52
−100	60.25	59.85	59.44	59.04	58.63	58.22	57.82	57.41	57.00	56.60
−90	64.30	63.90	63.49	63.09	62.68	62.28	61.87	61.47	61.06	60.66
−80	68.33	67.92	67.52	67.12	66.72	66.31	65.91	65.51	65.11	64.70
−70	72.33	71.93	71.53	71.13	70.73	70.33	69.93	69.53	69.13	68.73
−60	76.33	75.93	75.53	75.13	74.73	74.33	73.93	73.53	73.13	72.73
−50	80.31	79.91	79.51	79.11	78.72	78.32	77.92	77.52	77.13	76.73
−40	84.27	83.88	83.48	83.08	82.69	82.29	81.89	81.50	81.10	80.70
−30	88.22	87.83	87.43	87.04	86.64	86.25	85.85	85.46	85.06	84.67
−20	92.16	91.77	91.37	90.98	90.59	90.19	89.80	89.40	89.01	88.62
−10	96.09	95.69	95.30	94.91	94.52	94.12	93.75	93.34	92.95	92.55
−0	100.00	99.61	99.22	98.83	98.44	98.04	97.65	97.26	96.87	96.48
0	100.00	100.39	100.78	101.17	101.56	101.95	102.34	102.73	103.12	103.51
10	103.90	104.29	104.68	105.07	105.40	105.85	106.24	106.63	107.02	107.40
20	107.79	108.18	108.57	108.96	109.35	109.73	110.12	110.51	110.90	111.28

续表

温度 /℃	电阻值/Ω									
	0	1	2	3	4	5	6	7	8	9
30	111.67	112.06	112.45	112.83	113.22	113.61	113.99	114.38	114.77	115.15
40	115.54	115.93	116.31	116.70	117.08	117.47	117.85	118.24	118.62	119.01
50	119.40	119.78	120.16	120.55	120.93	121.32	121.70	122.09	122.47	122.86
60	123.24	123.62	124.01	124.39	124.77	125.16	125.54	125.92	126.31	126.69
70	127.07	127.45	127.84	128.22	128.60	128.98	129.37	129.75	130.13	130.51
80	130.89	131.27	131.66	132.04	132.42	132.80	133.18	133.56	133.94	134.32
90	134.70	135.08	135.46	135.84	136.22	136.60	136.98	137.36	137.74	138.12
100	138.50	138.88	139.26	139.64	140.02	140.39	140.77	141.15	141.53	141.91
110	142.29	142.66	143.04	143.42	143.80	144.17	144.55	144.93	145.31	145.68
120	146.06	146.44	146.81	147.19	147.57	147.94	148.32	148.70	149.07	149.45
130	149.82	150.20	150.57	150.95	151.33	151.70	152.08	152.45	152.83	153.20
140	153.58	153.95	154.32	154.70	155.07	155.45	155.82	156.19	156.57	156.94
150	157.31	157.69	158.06	158.43	158.81	159.18	159.55	159.93	160.30	160.67
160	161.04	161.42	161.79	162.16	162.53	162.90	163.27	163.65	164.02	164.39
170	164.76	165.13	165.50	165.87	166.24	166.61	166.98	167.35	167.72	168.09
180	168.46	168.83	169.20	169.57	169.94	170.31	170.68	171.05	171.42	171.79
190	172.16	172.53	172.90	173.26	173.63	174.00	174.37	174.74	175.10	175.47
200	175.84	176.21	176.57	176.94	177.31	177.68	178.04	178.41	178.78	179.14
210	179.51	179.88	180.24	180.61	180.97	181.34	181.71	182.07	182.44	182.80
220	183.17	183.53	183.90	184.26	184.63	184.99	185.36	185.72	186.08	186.45
230	186.82	187.18	187.54	187.91	188.27	188.63	189.00	189.36	189.72	190.09
240	190.45	190.81	191.18	191.54	191.90	192.26	192.63	192.99	193.35	193.71
250	194.07	194.44	194.80	195.16	195.52	195.88	196.24	196.60	196.96	197.33
260	197.69	198.05	198.41	198.77	199.13	199.49	199.85	200.21	200.57	200.93
270	201.29	201.65	202.01	202.36	202.72	203.08	203.44	203.80	204.16	204.52
280	204.88	205.23	205.59	205.95	206.31	206.67	207.02	207.38	207.74	208.10
290	208.45	208.81	209.12	209.52	209.88	210.24	210.59	210.95	211.31	211.66
300	212.02	212.37	212.73	213.09	213.44	213.80	214.15	214.51	214.86	215.22

续表

温度 /℃	电阻值/Ω									
	0	1	2	3	4	5	6	7	8	9
310	215.57	215.93	216.28	216.64	216.99	217.35	217.70	218.05	218.41	218.76
320	219.12	219.47	219.82	220.18	220.52	220.88	221.24	221.58	221.94	222.29
330	222.65	223.00	223.35	223.70	224.06	224.41	224.76	225.11	225.46	225.81
340	226.17	226.52	226.87	227.22	227.57	227.92	228.27	228.62	228.97	229.32
350	229.67	230.02	230.37	230.72	231.07	231.42	231.77	232.12	232.47	232.82
360	233.17	233.52	233.87	234.22	234.56	234.91	235.26	235.61	235.96	236.31
370	236.65	237.00	237.35	237.70	238.04	238.39	238.74	239.09	239.43	239.78
380	240.13	240.47	240.82	241.17	241.51	241.86	242.20	242.55	242.90	243.24
390	243.59	243.93	244.28	244.62	244.97	245.31	245.66	246.00	246.35	246.69
400	247.04	247.38	247.73	248.07	248.41	248.76	249.10	249.45	249.79	250.13
410	250.48	250.82	251.16	251.50	251.85	252.19	252.53	252.88	253.22	253.58
420	253.90	254.24	254.59	254.93	255.27	255.61	255.95	256.29	256.64	256.98
430	257.32	257.66	258.00	258.34	258.68	259.02	259.36	259.70	260.04	260.38
440	260.72	261.06	261.40	261.74	262.08	262.42	262.76	263.10	263.43	263.77
450	264.11	264.45	264.79	265.13	265.47	265.80	266.14	266.48	266.82	267.15
460	267.49	267.83	268.17	268.50	268.84	269.18	269.51	269.85	270.19	270.52
470	270.86	271.20	271.53	271.87	272.20	272.54	272.88	273.21	273.55	273.88
480	274.22	274.55	274.89	275.22	275.56	275.89	276.23	276.56	276.89	277.23
490	277.56	277.90	278.23	278.56	278.90	279.23	279.56	279.90	280.23	280.56
500	280.90	281.23	281.56	281.89	282.23	282.56	282.89	283.22	283.55	283.89
510	284.22	284.55	284.88	285.21	285.54	285.87	286.21	286.54	286.87	287.20
520	287.53	287.86	288.19	288.52	288.85	289.18	289.51	289.84	290.17	290.50
530	290.83	291.16	291.49	291.81	292.14	292.47	292.80	293.13	293.46	293.79
540	294.11	294.44	294.77	295.10	295.43	295.75	296.08	296.41	296.74	297.06
550	297.39	297.72	298.04	298.37	298.70	299.02	299.35	299.68	300.00	300.33
560	300.65	300.98	301.31	301.63	301.96	302.28	302.61	302.93	303.26	303.58
570	303.91	304.23	304.56	304.88	305.20	305.53	305.85	306.18	306.50	306.82
580	307.15	307.47	307.79	308.12	308.45	308.76	309.09	309.41	309.73	310.05

续表

温度/℃	电阻值/Ω									
	0	1	2	3	4	5	6	7	8	9
590	310.38	310.70	311.02	311.34	311.66	311.99	312.31	312.63	312.95	313.27
600	313.59	313.92	314.24	314.56	314.88	315.20	315.52	315.84	316.16	316.48
610	316.80	317.12	317.44	317.76	318.08	318.40	318.72	319.04	319.36	319.68
620	319.99	320.31	320.63	320.95	321.27	321.53	321.91	322.22	322.54	322.86
630	323.18	323.49	323.81	324.13	324.45	324.76	325.08	325.40	325.72	326.03
640	326.35	326.66	326.98	327.30	327.61	327.91	328.25	328.56	328.88	329.19
650	329.51	329.82	330.14	330.45	330.77	331.08	331.40	331.71	332.03	332.34
660	332.66	332.97	333.28	333.60	333.91	334.23	334.54	334.85	335.17	335.48
670	335.79	336.11	336.42	336.73	337.04	337.36	337.67	337.98	338.29	338.61
680	338.92	339.23	339.54	339.85	340.16	340.48	340.79	341.10	341.41	341.72
690	342.03	342.34	342.65	342.96	343.27	343.58	343.89	344.20	344.51	344.82
700	345.13	345.44	345.75	346.06	346.37	346.68	346.99	347.30	347.60	347.91
710	348.22	348.53	348.84	349.15	319.45	319.76	350.07	350.38	350.69	350.99
720	351.30	351.61	351.91	352.22	352.53	352.83	353.14	353.45	353.75	354.06
730	354.37	354.67	354.98	355.28	355.59	355.90	356.20	356.51	356.81	357.12
740	357.42	357.73	358.03	358.34	358.64	358.95	359.25	359.55	359.86	360.16
750	360.47	360.77	361.07	361.38	361.68	361.98	362.29	362.59	362.89	363.19
760	363.50	363.80	364.10	364.40	364.71	365.01	365.31	365.61	365.91	366.22
770	366.52	366.82	367.12	367.42	367.72	368.02	368.32	368.63	368.93	369.23
780	369.53	369.83	370.13	370.43	370.73	371.03	371.33	371.63	371.93	372.22
790	372.52	372.82	373.12	373.42	373.72	374.02	374.32	.74.61	374.91	375.21
800	375.51	375.81	376.10	376.40	376.70	377.00	377.29	377.59	377.89	378.19
810	378.48	378.78	379.08	379.37	379.67	379.97	380.26	380.56	380.85	381.15
820	381.45	381.74	382.04	382.33	382.63	382.92	383.22	383.51	383.81	384.10
830	384.40	384.69	384.98	385.28	385.57	385.87	386.16	386.45	386.75	387.04
840	387.34	387.63	387.92	388.21	388.51	388.80	389.09	389.39	389.68	389.97
850	390.26									

22.2.2　铜热电阻分度表（分度号：Cu50）

表 3-22-5　铜热电阻分度表（分度号：Cu50）$R_0 = 50.00\Omega$

温度/℃	电阻/Ω									
	0	1	2	3	4	5	6	7	8	9
−50	39.24									
−40	41.40	41.18	40.97	40.75	40.54	40.32	40.10	39.89	39.67	39.46
−30	43.55	43.34	43.12	42.91	42.69	42.48	42.27	42.05	41.83	41.61
−20	45.70	45.49	45.27	45.06	44.84	44.63	44.41	44.20	43.93	43.77
−10	47.85	47.64	47.42	47.21	46.99	46.78	46.56	46.35	46.13	45.62
−0	50.00	49.78	49.57	49.36	49.14	48.92	48.71	48.50	48.28	48.07
0	50.00	50.21	50.43	50.64	50.86	51.07	51.28	51.50	51.71	51.93
10	52.14	52.36	52.57	52.78	53.00	53.21	53.43	53.64	53.86	54.07
20	54.28	54.50	54.71	54.92	55.14	55.35	55.57	55.73	56.00	56.21
30	56.42	56.64	56.85	57.07	57.28	57.49	57.71	57.92	58.14	58.35
40	58.56	58.78	58.99	59.20	59.42	59.63	59.85	60.06	60.27	60.49
50	60.70	60.92	61.13	61.34	61.56	61.77	61.98	62.20	62.41	62.62
60	62.84	63.05	63.27	63.48	63.70	63.91	64.12	64.34	64.55	64.76
70	64.98	65.19	65.41	65.62	65.83	66.05	66.26	66.48	66.69	66.90
80	67.12	67.33	67.54	67.76	67.97	68.19	68.40	68.62	68.83	69.04
90	69.26	69.47	69.68	69.90	70.11	70.33	70.54	70.76	70.97	71.18
100	71.40	71.61	71.83	72.04	72.25	72.47	72.68	72.90	73.11	73.33
110	73.54	73.75	73.97	74.19	74.40	74.61	74.83	75.04	75.26	75.47
120	75.68	75.90	76.11	76.33	76.54	76.76	76.97	77.19	77.40	77.62
130	77.83	78.05	78.26	78.48	78.69	78.91	79.12	79.34	79.55	79.77
140	79.98	80.20	80.41	80.63	80.84	81.06	81.27	81.49	81.70	81.92
150	82.13									

22.3　恒温槽常用加热浴种类

表 3-22-6　恒温槽常用加热浴种类

名　称	加热介质	极限温度/℃	备　注
水　浴	水	100.0	通常不超过 98℃
油　浴	棉籽油	210.0	初次使用的棉籽油,要保证最高温度不超过 180℃,在多次使用以后温度才可升高到 210℃
	甘　油	220.0	
	石蜡油	220.0	
	$58^{\#} \sim 62^{\#}$ 汽缸油	250.0	
	甲基硅油	250.0	
	苯基硅油	300.0	
硫酸浴	硫酸	250.0	
空气浴	空气	300.0	
石蜡浴	熔点为 30~60℃的石蜡	300.0	
砂　浴	砂	400.0	
金属浴	铜或铅	500.0	在使用金属浴时,要预先涂上一层石墨在器皿底部,用以防止熔融金属黏附在器皿上,尤其是在使用玻璃器皿时;要切记在金属凝固前应将其移出金属浴
	锡	600.0	
	铝青铜(90%Cu、10%Al 合金)	700.0	

22.4　常用冷却剂

22.4.1　一种盐、酸或碱和水或冰组成的冷却剂

一种盐、酸或碱可以和水或冰组成工作中常用的冷却剂。X(g)盐、酸或碱和 100g 水在 10~15℃时混合,温度降低 Δt(℃)。$Y/$(g)盐和 100g 冰混合,温度将降到冰盐点（水和盐的最低共熔点）。

表 3-22-7　一种盐、酸或碱和水或冰组成的冷却剂

序　号	盐	X/g	$\Delta t/℃$	Y/g	冰盐点/℃
1	$CaCl_2$	250.0	23.0	42.2	−55.0
2	$CaCl_2 \cdot 6H_2O$	—	—	41.0	−9.0
3	$CaCl_2 \cdot 6H_2O$			82.0	−21.5

序　号	盐	X/g	$\Delta t/℃$	Y/g	冰盐点/℃
4	$CaCl_2 \cdot 6H_2O$	—	—	100.0	−29.0
5	$CaCl_2 \cdot 6H_2O$	—	—	125.0	−40.3
6	$CaCl_2 \cdot 6H_2O$	—	—	150.0	−49.0
7	$CaCl_2 \cdot 6H_2O$	—	—	500.0	−54.0
8	$CaCl_2 \cdot 6H_2O$	—	—	143.0	−55.0
9	$FeCl_2$	—	—	49.7	−55.0
10	$MgCl_2$	—	—	27.5	−33.6
11	$NaCl$	36.0	2.5	30.4	−21.2
12	$(NH_4)_2SO_4$	75.0	6.0	62.0	−19.0
13	$NaNO_3$	75.0	18.5	59.0	−18.5
14	NH_4NO_3	100.0	27.0	50.0	−17.0
15	NH_4Cl	30.0	18.0	25.0	−15.0
16	KCl	30.0	13.0	30.0	−11.0
17	$Na_2S_2O_3$	70.0	18.7	42.8	−11.0
18	$MgSO_4$	85.0	8.0	23.4	−3.9
19	KNO_3	16.0	10.0	13.0	−2.9
20	Na_2CO_3	40.0	9.0	6.3	−2.1
21	K_2SO_4	12.0	3.0	6.5	−1.6
22	CH_3COONa	51.1	15.4	—	—
23	$KSCN$	150.0	34.5	—	—
24	NH_4Cl	133.0	31.2	29.7	−15.8
25	$(NH_4)_2CO_3$	30.0	12.0	—	—
26	$Na_2SO_4 \cdot 10H_2O$	20.0	7.0	—	—
27	NH_4SCN	133.0	31.0	—	—
28	$Pb(NO_3)_2$	—	—	54.3	−2.7
29	$ZnSO_4$	—	—	37.4	−6.6
30	$ZnCl_2$	—	—	108.3	−62.0
31	K_2CO_3	—	—	65.3	−36.5

序　号	盐	X/g	Δt/℃	Y/g	冰盐点/℃
32	BaCl₂	—	—	40.8	−7.8
33	MnSO₄	—	—	90.5	−10.5
34	浓 H₂SO₄	—	—	25.0	−20.0
35	66% H₂SO₄	—	—	100.0	−37.0
36	稀 HNO₃	—	—	100.0	−40.0
37	HCl	—	—	33.0	−86.0
38	NaOH	—	—	23.5	−28.0
39	KOH	—	—	47.1	−65.0

22.4.2　两种盐和水组成的冷却剂

在 15℃时，于 100g 水中溶解指定质量及配比的两种盐，温度可以下降 Δt（℃），从而实现冷却目的。

表 3-22-8　两种盐和水组成的冷却剂

序　号	盐混合物质量配比	Δt/℃
1	NH₄Cl(100.0g)＋KNO₃(100.0g)	40.0
2	NH₄NO₃(54.0g)＋NH₄SCN(83.0g)	39.6
3	NH₄NO₃(13.0g)＋KSCN(146.0g)	39.2
4	NH₄SCN(84.0g)＋NaNO₃(60.0g)	36.0
5	NH₄NO₃(100.0g)＋Na₂CO₃(100.0g)	35.0
6	NH₄Cl(33.0g)＋KNO₃(33.0g)	27.0
7	NH₄Cl(31.2g)＋KNO₃(31.2g)	27.0
8	NH₄SCN(82.0g)＋KNO₃(15.0g)	20.4
9	NH₄NO₃(72.0g)＋NaNO₃(60.0g)	17.0
10	NH₄Cl(29.0g)＋KNO₃(18.0g)	10.6
11	NH₄Cl(22.0g)＋NaNO₃(51.0g)	9.8

22.4.3　两种盐和冰组成的冷却剂

实验中混合指定量的两种盐和 100g 冰，温度可以下降 Δt（℃），从而实现冷却目的。但其中的两种盐和冰必须以细碎状混合，以达到最佳冷却效果。

表 3-22-9　两种盐和冰组成的冷却剂

序　　号	盐混合物质量配比	$\Delta t / ℃$
1	$NH_4NO_3(41.6g)+NaCl(41.6g)$	40.0
2	$NH_4SCN(39.5g)+NaNO_3(55.4g)$	37.4
3	$KNO_3(2.0g)+KSCN(112.0g)$	34.1
4	$KNO_3(38.0g)+NH_4Cl(13.0g)$	31.0
5	$NH_4Cl(13.0g)+NaNO_3(37.5g)$	30.7
6	$NH_4Cl(20.0g)+NaCl(40.0g)$	30.0
7	$NH_4SCN(67.0g)+KNO_3(9.0g)$	28.2
8	$NH_4NO_3(52.0g)+NaNO_3(55.0g)$	25.8
9	$KNO_3(9.0g)+NH_4NO_3(74.0g)$	25.0
10	$NH_4Cl(12.0g)+(NH_4)_2SO_4(50.5g)$	22.5
11	$NH_4Cl(18.8g)+NH_4NO_3(44.0g)$	22.1
12	$NaNO_3(62.0g)+(NH_4)_2SO_4(69.0g)$	20.0
13	$NaNO_3(62.0g)+KNO_3(10.7g)$	19.4
14	$KCl(12.0g)+NH_4Cl(19.4g)$	18.0
15	$KNO_3(13.5g)+NH_4Cl(26.0g)$	17.8
16	$KCl(24.5g)+KNO_3(4.5g)$	11.8
17	$Na_2SO_4 \cdot 10H_2O(9.6g)+(NH_4)_2SO_4(69.0g)$	20.0

22.4.4　干冰冷却剂和气体冷却剂

干冰就是固态的二氧化碳,通常呈块状,在 $-78.5℃$ 下吸热升华成气态,主要用作冷冻剂(如制冰淇淋)和冷却剂。过量的干冰和某些液体混合,在标准大气压下能产生表 3-22-10 所示的低温。很多液态气体都是优良的冷却剂,使用时一定要注意安全,如温度、压力的变化,易燃易爆气体更要注意。使用时的具体要求如下:

① 使用时,液态气体要首先经过减压阀进入耐压橡皮袋和缓冲瓶,之后再进入使用仪器,一定要防止液态气体由于压力的突然变化而发生爆炸。

② 使用时,工作人员必须戴保暖手套,以防止发生冻伤。

③ 使用干冰时,要先在气体钢瓶出口处接上透气且保温的棉布袋,大量放出的液体二氧化碳在其中变为干冰。

④ 使用液态氧时,为了防止燃烧,绝不允许与任何有机化合物接触、混合。

⑤ 使用液态氢时，要防止周围空气中的氢气含量大于5％，否则会发生剧烈爆炸。因此要把气化的氢气排入高空，或者采取适当方法使其燃烧掉。

表 3-22-10　干冰冷却剂和气体冷却剂

序　号	液体名称	冷却温度/℃
1	二甘醇二乙醚＋干冰	−52
2	氯乙烷＋干冰	−60
3	乙醇(85.5％)＋干冰	−68
4	乙醇＋干冰	−72
5	三氯化磷＋干冰	−76
6	氯仿＋干冰	−77
7	乙醚＋干冰	−78
8	三氯乙烯＋干冰	−78
9	丙酮＋干冰	−86
10	干　冰	−78.5
11	液态氢	−252.8
12	液态氦	−268.9
13	液态氮	−195.8
14	液态氧	−183.0
15	液态甲烷	−161.4
16	液态氧化亚氮	−89.8

附录 元素的相对原子质量表

附表 元素的相对原子质量表(1997)$A_r(^{12}C)=12$

序数	元素符号	元素名称	相对原子质量	序数	元素符号	元素名称	相对原子质量
1	H	氢	1.00794(7)	27	Co	钴	58.93320(9)
2	He	氦	4.002602(2)	28	Ni	镍	58.6934(2)
3	Li	锂	6.941(2)	29	Cu	铜	63.546(3)
4	Be	铍	9.012182(3)	30	Zn	锌	65.39(2)
5	B	硼	10.811(7)	31	Ga	镓	69.723(1)
6	C	碳	12.0107(8)	32	Ge	锗	72.61(2)
7	N	氮	14.00674(7)	33	As	砷	74.92160(2)
8	O	氧	15.9994(3)	34	Se	硒	78.96(3)
9	F	氟	18.9984032(5)	35	Br	溴	79.904(1)
10	Ne	氖	20.1797(6)	36	Kr	氪	83.80(1)
11	Na	钠	22.989770(2)	37	Rb	铷	85.4678(3)
12	Mg	镁	24.3050(6)	38	Sr	锶	87.62(1)
13	Al	铝	26.981538(2)	39	Y	钇	88.90585(2)
14	Si	硅	28.0855(3)	40	Zr	锆	91.224(2)
15	P	磷	30.973761(2)	41	Nb	铌	92.90638(2)
16	S	硫	32.066(6)	42	Mo	钼	95.94(1)
17	Cl	氯	35.4527(9)	43	Tc	锝	[98]
18	Ar	氩	39.948(1)	44	Ru	钌	101.07(2)
19	K	钾	39.0983(1)	45	Rh	铑	102.90550(2)
20	Ca	钙	40.078(4)	46	Pd	钯	106.42(1)
21	Sc	钪	44.955910(8)	47	Ag	银	107.8682(2)
22	Ti	钛	47.867(1)	48	Cd	镉	112.411(8)
23	V	钒	50.9415(1)	49	In	铟	114.818(3)
24	Cr	铬	51.9961(6)	50	Sn	锡	118.710(7)
25	Mn	锰	54.938049(9)	51	Sb	锑	121.760(1)
26	Fe	铁	55.845(2)	52	Te	碲	127.60(3)

续表

序数	元素符号	元素名称	相对原子质量	序数	元素符号	元素名称	相对原子质量
53	I	碘	126.90447(3)	82	Pb	铅	207.2(1)
54	Xe	氙	131.29(2)	83	Bi	铋	208.98038(2)
55	Cs	铯	132.90543(2)	84	Po	钋	[209]
56	Ba	钡	137.327(7)	85	At	砹	[210]
57	La	镧	138.9055(2)	86	Rn	氡	[222]
58	Ce	铈	140.116(1)	87	Fr	钫	[223]
59	Pr	镨	140.90765(2)	88	Ra	镭	[226]
60	Nd	钕	144.24(3)	89	Ac	锕	[227]
61	Pm	钷	[145]	90	Hh	钍	232.0381(1)
62	Sm	钐	150.36(3)	91	Pa	镤	231.03588(2)
63	Eu	铕	151.964(1)	92	U	铀	238.0289(1)
64	Gd	钆	157.25(3)	93	Np	镎	[237]
65	Tb	铽	158.92534(2)	94	Pu	钚	[244]
66	Dy	镝	162.50(3)	95	Am	镅	[243]
67	Ho	钬	164.93032(2)	96	Cm	锔	[247]
68	Er	铒	167.26(3)	97	Bk	锫	[247]
69	Tm	铥	168.93421(2)	98	Cf	锎	[251]
70	Yb	镱	173.04(3)	99	Es	锿	[252]
71	Lu	镥	174.67(1)	100	Fm	镄	[257]
72	Hf	铪	187.49(2)	101	Md	钔	[258]
73	Ta	钽	180.9479(1)	102	No	锘	[259]
74	W	钨	183.84(1)	103	Lr	铹	[260]
75	Re	铼	186.207(1)	104	Rf	𬬻	[261]
76	Os	锇	190.23(3)	105	Db	𬭊	[262]
77	Ir	铱	192.217(3)	106	Sg	𬭳	[263]
78	Pt	铂	195.078(2)	107	Bh	𬭛	[264]
79	Au	金	196.96655(2)	108	Hs	𬭶	[265]
80	Hg	汞	200.59(2)	109	Mt	䥑	[266]
81	Tl	铊	204.3833(2)	110	Ds	𫟼	[271]

注：1. 相对原子质量后面括号中的数字表示末位数的误差范围。

2. 表中 [ ] 内的数据是最稳定同位素的相对原子质量。

参 考 文 献

[1] 傅献彩，沈文霞，姚天扬等编．物理化学．第5版．北京：高等教育出版社，2012.

[2] 胡英主编．物理化学．第5版．北京：高等教育出版社，2008.

[3] 朱志昂主编．近代物理化学，北京：科学出版社，2004.

[4] 江琳才，何广平，孙艳辉等．物理化学．第3版．北京：高等教育出版社，2013.

[5] 朱传征，褚莹，许海涵编．物理化学．第2版．北京：科学出版社，2008.

[6] 万洪文，詹正坤编．物理化学．第2版．北京：高等教育出版社，2010.

[7] 艾树涛编著．非平衡态热力学概论，武汉：华中科技大学出版社，2009.

[8] 复旦大学等编著，庄继华修订．物理化学实验．第3版．北京：高等教育出版社，2004.

[9] 顾月姝编．物理化学实验．北京：化学工业出版社，2004.

[10] 孙文东，陆嘉星编．物理化学实验．第3版，北京：高等教育出版社，2014.

[11] 何广平，南俊民，孙艳辉编．物理化学实验．北京：化学工业出版社，2007.

[12] 北京大学化学学院物理化学实验教学组编．北京大学化学基础实验教材系列：物理化学实验．第4版．北京：北京大学出版社，2002.

[13] 孙尔康著．物理化学实验．南京：南京大学出版社，2005.

[14] 印永嘉主编．物理化学简明手册．北京：高等教育出版社，1988.

[15] 姚允斌等主编．物理化学手册．上海：上海科学技术出版社，1985.

[16] 张析主编．实用化学手册．北京：科学出版社，2003.

[17] 夏玉宇主编．化学实验室手册．北京：化学工业出版社，2008.

[18] 李华昌符斌主编．实用化学手册．北京：化学工业出版社，2006.

[19] 李梦龙主编．化学数据速查手册．北京：化学工业出版社，2006.

[20] Ihsan Barin, Gregor Platzki. Thermochemical Data of Pure Substances（纯物质热力学数据），(3rd Edition），Wiley-VCH，2004.

[21] Buford D. Smith, Rakesh Srivastav. Thermodynamic Data for Pure Compounds（纯化合物热力学数据），Elsevier Science Ltd，1986.

[22] Speight J G. Lange's Handbook of Chemistry,（16th edition），CD & W Inc.，Laramie，Wyoming，2004.

[23] David R Lide. CRC-Handbook of Chemistry and Physics, 11st Edition，Ohio CRC Press，2009.

[24] Robert C. Weast，Handbook of Chem. & Phys.，63th E，Ohio CRC Press，1982.

[25] David R L. CRC Handbook of Chemistry and Physics，77th ed.，Ohio CRC Press，1997.

[26] Ann B Butrow, Rickey J Seyler. Vapor pressure by DSC：extending ASTM E 1782 below 5 kPa, Thermochimica Acta，402（2003）145－152.

[27] 李艳红，王升宝，常丽萍．饱和蒸气压测定方法的评述，煤化工，2006，5：44-47.

[28] （美）卡尔 L 约斯主编．Matheson 气体数据手册．陶鹏成，黄建彬，朱大方译．北京：化学工业出版社，2003.

[29] 许越编．化学反应动力学．北京：化学工业出版社，2005.

[30] 韩德刚，高盘良．化学反应动力学基础．北京：北京大学出版社，1987.

[31] 陈诵英，陈平，李永旺等．催化反应动力学．北京：化学工业出版社，2007.

[32] 张华民．储能与液流电池技术，储能科学与技术，2012，1（1）58-63.

[33] Bard A J，Faulkner L R 著．电化学方法原理和应用．邵元华，朱国逸，董献堆等译．北京：化学工业出版社，2008.

[34] 王培义，徐宝财等编著．表面活性剂——合成、性能、应用，北京：化学工业出版社，2007.

[35] 赵振国编著．应用胶体与界面化学．北京：化学工业出版社，2013.

[36] 陈宗淇，王光信，徐桂英编．胶体与界面化学．北京：高等教育出版社，2011.

[37] 沈钟，赵振国，王国庭．胶体与界面化学．北京：化学工业出版社，2004.

[38] 江龙编著．胶体化学概论．北京：科学出版社，2002.

[39] 赵振国．吸附法研究固体表面的分形性质，大学化学，2005，20（4）22-28.

[40] 尹东霞，马沛生，夏淑倩．液体表面张力测定方法的研究进展，2007，23（3）424-429.

[41] 梁英教，车荫昌主编．无机物热力学数据手册．沈阳：东北大学出版社，1993.

[42] 张建成，王夺元．现代光化学．北京：化学工业出版社，2006.

[43] 樊美公．光化学基本原理和光子学材料科学．北京：科学出版社，2001.

[44] 陆维敏，陈芳．谱学基础与结构分析．北京：高等教育出版社，2005.

[45] 刘崇华，黄宗平．光谱分析仪器使用与维护．北京：化学工业出版社，2010.

[46] 张华，彭勤纪，李亚明等．现代有机波谱分析．北京：化学工业出版社，2005.

[47] 郭素枝．扫描电镜技术及其应用．厦门：厦门大学出版社，2006.

[48] 付洪兰．实用电子显微镜技术．北京：高等教育出版社，2012.

[49] 林贤福．现代波谱分析方法．上海：华东理工大学出版社，2009.

[50] 宁永成．有机波谱学谱图解析．北京：科学出版社，2010.

[51] 郝晨生，齐海群．材料分析测试技术．北京：北京大学出版社，2011.

[52] 张锐．现代材料分析方法．北京：化学工业出版社，2010.

[53] 白春礼，田芳，罗克．扫描力显微术．北京：科学出版社，2000.

[54] 黄润生，沙振舜，唐涛．近代物理实验．第2版．南京：南京大学出版社，2008.

[55] 杨序纲，杨潇．原子力显微术及其应用．北京：化学工业出版社，2012.

[56] 周维列，王中林．扫描电子显微学及在纳米技术中的应用．北京：高等教育出版社，2007.

[57] 吉昂，陶光仪，卓尚军等．X射线荧光光谱分析．北京：科学出版社，2003.

[58] 曹国庆，钟彤．仪器分析技术．北京：化学工业出版社，2009.

[59] 张向宇．实用化学手册．北京：国防工业出版社，2011.

[60] Binnig G，Quate C F，Gerber Ch. Atomic Force Microscope. Phys. Rev. Lett，1986；56（9），930-933.